元素の周期表

族→ 周期↓	1	2	3	4	5	6	7	8	9	10	11	12	13	14	15	16	17	18
1	1 H 1.008																	2 He 4.003
2	3 Li 6.941†	4 Be 9.012											5 B 10.81	6 C 12.01	7 N 14.01	8 O 16.00	9 F 19.00	10 Ne 20.18
3	11 Na 22.99	12 Mg 24.31											13 Al 26.98	14 Si 28.09	15 P 30.97	16 S 32.07	17 Cl 35.45	18 Ar 39.95
4	19 K 39.10	20 Ca 40.08	21 Sc 44.96	22 Ti 47.87	23 V 50.94	24 Cr 52.00	25 Mn 54.94	26 Fe 55.85	27 Co 58.93	28 Ni 58.69	29 Cu 63.55	30 Zn 65.38*	31 Ga 69.72	32 Ge 72.63	33 As 74.92	34 Se 78.97	35 Br 79.90	36 Kr 83.80
5	37 Rb 85.47	38 Sr 87.62	39 Y 88.91	40 Zr 91.22	41 Nb 92.91	42 Mo 95.95	43 Tc (99)	44 Ru 101.1	45 Rh 102.9	46 Pd 106.4	47 Ag 107.9	48 Cd 112.4	49 In 114.8	50 Sn 118.7	51 Sb 121.8	52 Te 127.6	53 I 126.9	54 Xe 131.3
6	55 Cs 132.9	56 Ba 137.3	57 La 138.9	72 Hf 178.5	73 Ta 180.9	74 W 183.8	75 Re 186.2	76 Os 190.2	77 Ir 192.2	78 Pt 195.1	79 Au 197.0	80 Hg 200.6	81 Tl 204.4	82 Pb 207.2	83 Bi 209.0	84 Po (210)	85 At (210)	86 Rn (222)
7	87 Fr (223)	88 Ra (226)	89 Ac (227)	104 Rf (267)	105 Db (268)	106 Sg (271)	107 Bh (272)	108 Hs (277)	109 Mt (276)	110 Ds (281)	111 Rg (280)	112 Cn (285)	113 Nh (278)	114 Fl (289)	115 Mc (289)	116 Lv (293)	117 Ts (293)	118 Og (294)

網かけの元素は本書でよく現れる

遷移元素

ランタノイド	58 Ce 140.1	59 Pr 140.9	60 Nd 144.2	61 Pm (145)	62 Sm 150.4	63 Eu 152.0	64 Gd 157.3	65 Tb 158.9	66 Dy 162.5	67 Ho 164.9	68 Er 167.3	69 Tm 168.9	70 Yb 173.0	71 Lu 175.0
アクチノイド	90 Th 232.0	91 Pa 231.0	92 U 238.0	93 Np (237)	94 Pu (239)	95 Am (243)	96 Cm (247)	97 Bk (247)	98 Cf (252)	99 Es (252)	100 Fm (257)	101 Md (258)	102 No (259)	103 Lr (262)

ここに示した原子量は、実用上の便宜を考えて、国際純正・応用化学連合（IUPAC）で承認された最新の原子量に基づき、日本化学会原子量専門委員会が独自に作成した表によるものである。本来、同位体存在度の不確定さは、自然に、あるいは人為的に起こりうる変動や実験誤差のために、元素ごとに異なる。個々の原子量の値は、日本化学会原子量専門委員会の値は、正確度が保証された有効数字の桁数が大きく異なる。本表の原子量を引用する際には、このことに注意を喚起することが望ましい。なお、本表の原子量の信頼性は有効数字の4桁目で±1以内である。また、安定同位体がなく、天然で特定の同位体組成を示さない元素については、その元素の放射性同位体の質量数の一例を（ ）内に示した。したがって、その値を原子量として扱うことはできない。
†市販製品中のリチウム化合物のリチウムの原子量は 6.938 から 6.997 の幅をもつ。 *亜鉛に関しては原子量の信頼性は有効数字4桁目で±2である。

© 2017 日本化学会 原子量専門委員会

MARC LOUDON・JIM PARISE

ラウドン 有機化学（上）

山 本　学　監訳

後 藤　敬・豊田真司・箕浦真生・村 田　滋　訳

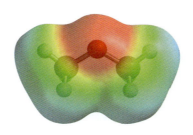

東京化学同人

Organic Chemistry
Sixth Edition

Marc Loudon
Purdue University

Jim Parise
University of Notre Dame

Copyright © 2016 by W. H. Freeman and Company

Tarra と Shala へ…
私の娘になってくれた息子達の妻へ．

Julian へ…
君のあふれるような活気は価値ある時代を予見させる．
—— ML

Kat と私の家族へ
—— JP

著者について

Marc Loudon はルイジアナ州立大学バトンルージュ校でBS(学士)を得，1968年にカリフォルニア大学バークレー校でDon Noyce教授(有機化学)の下でPhD(博士)を得た．バークレー校のDan Koshland教授(生化学)の下で2年間博士研究員を務めた後，コーネル大学の化学科で専門職進学生および科学専攻生に有機化学を教えた．1977年パデュー大学の薬学部医化学生薬学科(現在は医化学分子薬理学科)に赴任し，薬学進学生に有機化学を教授した．1988年から2007年まで薬学看護健康科学研究科の副研究科長を務めた．彼は教育者としてつぎのようなさまざまな表彰を受けている：the Clark Award of the College of Arts and Sciences at Cornell (1976); The Heine Award of the School of Pharmacy at Purdue (1980 および 1985); Purdue's Class of 1922 Helping Students Learn Award (1988); パデュー大学で最良の教師に与えられる the Charles B. Murphy Award (1999); the Indiana "Professor of the Year" Award of the Carnegie Foundation (2000). Loudon博士は1996年にGustav E. Cwalina Distinguished Professorの称号を与えられ，授業と授業方法で優れた教授であると大学が認めた最初の3名の教授会メンバーのひとりとなった．1997年にパデュー大学のTeaching Academyのメンバーに任命され，1999年にパデュー大学の恒久的な"Book of Great Teachers"に名を連ねた．

Loudon博士は1993年から現在までGeorge Bodner教授，さらに最近はAnimesh Aditya教授と共同で，多人数の有機化学の授業での共同学習法を開発し，実践してきた．最近では，2010〜2014年にHHMIが出資したNEXUSプロジェクトに関わり，医療専門職進学課程の学生のニーズに合わせて初期段階の有機化学の授業を完全に設計し直した．2015年パデュー大学からの退職にあわせてCwalina Distinguished Professor Emeritusの称号を得た．Loudon博士は多くの研究論文を執筆し，学内の研究マニュアルを共同執筆しており，本書のStudy Guide and Solutions Manualの共同執筆者でもある．本書は1984年に初版が出版された．

Loudon博士とJudy夫人は2014年に金婚式を迎え，成人した2人の子息と6歳から20歳の4人の孫がいる．Loudon博士はピアノとオルガンの優れた演奏者であり，プロとして活躍している．Loudon夫妻はテニスや旅行をエンジョイしている．

Jim Parise は2000年にニューヨーク州立大学オスウィーゴ校でBSを得た．2007年デューク大学のEric Toone教授の下で有機化学のPhDを得た．ノースカロライナ大学チャペルヒル校David Lawrence教授の下で博士研究員をした後，デューク大学化学科に赴任し，専門職進学生および科学専攻生に有機化学を教え，さらに有機化学実験コースを担当した．2011年にノートルダム大学校の化学・生化学科に移った．彼は主として専門職進学生への授業を担当し，また付随する実験の指導を監督している．最近彼はノートルダム大学の一年次学生への優れた授業を表彰するThomas P. Madden Award を受けた(2015)．彼は教授法技術と統合的な授業運営に研究を集中している．また新任教師への指導プログラムの開発にも携わっている．Parise博士は実験室マニュアルや実験レポートの書き方についての章を執筆あるいは共同執筆している．本書のStudy Guide and Solutions Manualの共同執筆者である．

まえがき

第6版の概要

　有機化学を学ぼうと努力しているのにうまくいかない学生達は，多くの場合内容を暗記しようとしているとわれわれは思っているし，化学教育における調査でもそのような結果が出ている．学生が成功する鍵の一つは，有機化学の一つの部分を次の部分につなげられるように彼らを助けること，非常に違うように見えるさまざまな反応が基本的なところで互いにつながっているということを学生に理解させることである．本書の最も重要な目的は学生が<u>有機化学の中身を互いに関連づけながら理解できるようにすること</u>である．以下に学生がこの目的を達せられるように本書がとる方法を述べる．

酸−塩基の枠組みを使うことが反応機構を理解する鍵である

　本書 "Organic Chemistry" 第6版は官能基に基づいて組立てられているが，"なぜ反応が起こるのか"を学生に理解してもらうために，反応機構を用いて論理的に説明している．しかし反応機構だけでは学生が必要とする"関連づけた理解"を与えることはできない．多くの学生は機構を暗記するべきものととらえ，"巻矢印表記法"に困惑しがちである．酸−塩基の化学を理解することが，多くの有機化学反応機構の理解への扉を開ける鍵となると思っている．本書では Lewis 酸−塩基と Brønsted 酸−塩基を反応機構の論理的思考の基礎に用いている．学生達は一般化学の学習で，これらの定義を正しく覚えたとしても，さらに広範な化学の領域でのこれらの概念の関わりを本当に理解している学生はほとんどいない．3章で酸−塩基の基本的な概念を述べる．"求核剤"，"求電子剤"，"脱離基"などの用語はこれらの Lewis や Brønsted の酸−塩基の概念から簡単に出てくるし，巻矢印表記法の意味も容易に理解できる．学生がどのくらいこれらの原則をマスターできたかを試すために多くの練習問題を用意してある．新しい種類の反応が出てくるたびに，これらの考え方を繰返し強調している．ラジカル反応にもふれるが，それは電子対の概念を完全に確立してからである．

段階的なトピックの展開で重要な概念を補強する

　本書では，複雑な概念を"段階的に"導入している．すなわち，さまざまな概念を最初は比較的簡単な方法で導入し，次にそれらの概念を少し複雑な側面から見直し，その後またさらに高度なレベルで復習し直すというやり方である．

　酸−塩基の化学は段階的な展開の例である．酸−塩基の化学と巻矢印表記法を最初に導入した章の後，反応や機構の例でそれらを使うときに詳しく復習し，新しい反応の種類が出てくるたびに復習し直す．

　立体化学も段階的アプローチの別の例である．立体異性の概念は4章(アルケン)で導入される．立体化学の詳細はその2章後にでてくる．環状化合物と反応の立体化学はその次の章である．基が等価か非等価かという問題はさらにそのあとで，酵素触媒(10章)や NMR 分光法(13章)に関連して導入される．

　有機合成へのアプローチはもう一つの例である．簡単な反応から始めて，逆合成の考え方

を学生に理解してもらう．次に比較的簡単な2段階か3段階の反応を用いて多段階合成の考え方を導入する．その後，立体化学が関わる問題を扱い，さらにその後で，保護基の使い方を導入する．

　共鳴の取扱いも別の例である．1章で共鳴混成体の構造式で共鳴に初めて接する．ついで3章で巻矢印を使って共鳴構造式を導くことを学び，共鳴が安定化と深く結びついていることを学ぶ．15章で共鳴の全体像を復習し，分子軌道法で共鳴の妥当性を学ぶ．

　このような重要な事項の段階的提示は繰返すことが重要である．重要事項の繰返しは効果的ではないように思われるかもしれないが，学習を進める過程では重要であると思っている．教師は，あるトピックについて最初に出てきたときにそれについてあらゆることを教えようとしがちである．しかしこれまでの経験から，一度にすべてを教えられると圧倒されてしまう学生がいる．同じ課題を少しずつ新しい詳細を加えながら何度も取上げることによって，学習が深まり概念をしっかり習得することができることがわかっている．2回目以降に取上げるときは，最初に学んだときの知識と相互参照できるようにしている．完全な形で定義されていない専門用語がそのまま放置されるということはない．

日常生活におけるたとえを使うことで学生自身で知識を構築することを手助けする

　われわれは新しい知識をすでに知っている知識と関連づけることによって，学生自身の頭の中で知識体系を構築するという構成的学習法がよいと考えている．これが有機化学を学ぶうえで相関的なアプローチが重要である理由である．化学における原理を説明する際に，日常経験する事例をたとえとして示すことによって，新しい知識をすでに知っている知識と関連づけができるようにしたのも同じ理由である．それらの多くは，たとえば144ページや146ページにあるように図や写真入りのコラムの形になっている．

健康科学全般への興味を高めるべく生体内での応用を多く取上げている

　有機化学の授業の多くは医学部・薬学部進学課程の学生や生命化学に興味をもつ学生が受講している．学生が興味をもつことに沿って教えることが学生の学習意欲を高めることがわかっている．著者の一人 Marc Loudon（ML）は，米国医科大学協会（American Association of Medical Colleges）とハワードヒューズ医科大学（HHMI）が提出した報告書 "Scientific Foundations of Future Physicians" から生まれた HHMI-NEXUS プログラム（2010〜2014）に最初から関わった．この報告書は，医学界が医学部進学課程の学生の学部教育において望む重要な成果を提示した．この報告書と同時期に，医学界および生物科学界から，基礎コース（数学，物理学，化学，特に有機化学）を大幅に改定して，合成法に関する事項を減らし，医学や生物学に関連する事項を増やすべきであるとの討論結果が公表された．

　われわれは，この線に沿った変更を求める人たちのための教科書を製作することにした．したがって，第6版での変更の多くは，有機化学の授業の根幹であった化学的な厳密さを残しつつ，生物学に関連したトピックを多く取入れたことにある．

　第6版では生物学に関連するユニークなトピックとして，8章のすべてを非共有結合性相互作用にあて，さらに15章でこれを補足するトピックを入れてある．補酵素についての多くの節を関連する章に入れた．たとえば，NAD^+ によって促進される酸化はアルコールの

酸化についての節の後に入っており，NADH還元についての節はアルデヒドやケトンのヒドリド還元についての節の後に入れてある．生物学を指向した授業をサポートするために，リン酸エステル，リン酸無水物，チオエステルなどの化学を生物学的な重要性に関連させて述べたまったく新しい25章を加えた．本書を通して，そのようなトピックは化学からの視点を維持している．酵素の触媒機構や補酵素の関与についての最近の研究を，化学の原理を示すための重要な事例として選んでいる．11章の分子内反応に関する節を書き直し，分子内で反応が起こるということが酵素触媒が関与する反応の大きな速度増大を理解するための基礎であることを示した．アミノ酸とタンパク質についての章(27章)は最近の進歩を踏まえて第5版を完全に書き改めた．炭水化物や核酸の章も増強した．これらのどの章もオンライン版に移してしまうということはしていない．

本書はどんな授業にも対応できる

生物学に重点を置く授業への要求に適応すると同時に，他の使い方にも柔軟に対応できるようつとめた．より伝統的な，合成に重点を置く授業をしようとする教師も，授業を行うのに必要な情報のすべてを本書の中に見いだせるはずである．どの程度生物学を含めるかは教師の自由である．

このような多様性のために，本文が第5版よりかなり長くなった．本書を最初から始めて最後まで読んで終わりというわけにはいかない．どこを取上げるかという選択が必要になり，それは教師に任せられる．

このように長くなったことで，ひと通り有機化学を学んだ学生がある課題についてさらに勉強してより広い全体像をつかもうとするときに役に立つ参考書となるであろう．

問題を解くことは学習過程で不可欠な要素である

すべての教師がそうであるし有機化学でいい成績をとった学生ならば誰でも，問題を解くことが有機化学を学ぶための秘訣であることを知っている．本書には1782題の問題があり，その多くはそれぞれ数問からなっているが，簡単な練習問題から優秀な学生でもてこずるようなものまで多岐にわたっている．多くはそのテーマに関する過去の文献から直接選んでいる．885題は本文中に置かれ，今学んでいるテーマを学生が理解しているかどうかを問う練習問題である．章末にある897題は，その章で扱ったテーマ全体をカバーしており，多くの場合それ以前の章で学んだテーマも含んでいる．

さらに128題の例題をあちこちに挿入してある．それぞれに問題を解いていく過程にある論法を詳しく説明する"解法"がつけてある．

フルカラーの使用によって教えやすくしてある

色彩を使って本書をデザインする際に，次の点に最も重点を置いた．すなわち，教えやすさや機能性のためにだけ色彩を使うということである．学生は本を読んでいて何が重要なのかがわからないと不安になるものである．色使いや図の表現法や本書のデザインそのものもDon Normanの著書 "The Psychology of Everyday Things（日用品の心理学）" にある考え方にならっている．根底にある考え方は，色を使うということが学生の学習過程の促進の潜在

意識的なきっかけとなるはずであるということである．

イラストつきのコラムは知識を濃縮する

　イラストつきの短いコラムや補足記事はいろいろな目的をもつ．たとえを示すものもあり，歴史的な背景や生物学との関連を説明するものもあり，個々の科学者のノーベル賞受賞につながった功績の紹介，気候変動やバイオ燃料のような現実問題への洞察なども含んでいる．笑いを誘うものもいくつかあるだろう．

補助教材は学生にも教師にも役に立つ

　"Study Guide and Solutions Manual（日本語版はありません）"には反応のまとめ，すべての問題の解法，Study Guide Links，および Further Explorations が入っている．Study Guide Links は学生がさらに説明を必要とするようなトピックについてより詳しい説明をしている．たとえば，"有機反応の学び方"とか，"構造問題の解き方"である．Further Explorations は本文のレベルを超える短い説明をしている．"Fourier 変換 NMR"がその例である．"反応の復習"はすべての反応についてその詳細や反応機構をまとめてある．"問題の解答"の部分は本文中および章末のすべての問題の解法を収録してある．解法は単なる解答ではなく，詳しい説明をつけてあり，学生が復習をしたり自分で解法を見つけることができるように，本文と完全に相互参照されている．

　ノートルダム大学の有機化学の教師である Jim Parise 教授（JP）が第 6 版で著者に加わった．Jim は "Study Guide and Solutions Manual" の主責任者であり，本書の 23 章と 24 章を改訂してくれ，その他の章についても査読し助言をくれた．

　教師向け教材として，パワーポイント用スライドや JPEG フォーマットの図や写真などを提供している．

本書は学術的な歴史をもつ

　"Organic Chemistry" の第 1 版は 1984 年に刊行されたが，すべてのトピックを原著論文や総説にさかのぼって再確認したので刊行までに 7 年半を要した．続版は第 6 版を含めて，この学術的進歩の追究を踏襲している．ほぼすべての反応例は文献からとったものである．すべての版は綿密な査読を受けることができた．

謝　辞

　パデュー大学図書館の電子資料は 25 年前には想像もできなかったような方法で本書の文献調査を簡素化してくれた．電子図書館を結実させたパデュー大学の名誉図書館長 Emily Mobley と，それを引続き発展させた現館長 Jim Mullins に感謝する．このプロジェクトに重要な援助をしてくれた前化学司書 Jeremy Garritano（現在はメリーランド大学），および健康科学司書 Vicki Killion に感謝する．助言，援助，示唆をしてくれたパデュー大学での ML の同僚達 ── John Grutzner, George Bodner, Don Bergstrom, Mark Green, Chris Rochet,

Carol Post, Rodolfo Pinal, Markus Lill, David Nichols, Mark Cushman, Casey Krusemark, Karl Wood に感謝する．HHMI-NEXUS プログラムでの ML の同僚である Chris Hrycyna 教授, Jean Chmielewski, Marcy Towns は本書の改訂に特別の着想を与えてくれた．ML と一緒に有機化学を教えており，本書および Solutions Manual の多くの章で細かい提案や査読をしてくれた Animesh Aditya 教授には特に感謝する．この序文の後に掲げた表で名前をあげた査読者は本書を完璧なものにするのに多大な援助をしてくれた．またいろいろな提案やコメントを寄せ，誤りを指摘してくれた全国の学生や教師にも感謝したい．本版を利用する学生からのコメントを歓迎する．loudonm@purdue.edu および james.parise@nd.edu に電子メールを送ってほしい．

　Roberts and Company Publishers の Ben Roberts はきわめて精力的な出版人であるだけでなく，よき友人である．コロラド州ボールダーの TechArts 社（Kathi Townes 社長）の組版の専門家に特に感謝する．プロジェクトマネージャーの Julianna Scott Fein の大変な努力と援助，編集者 John Murdzek の助言と細部への注意，きわめて有能な校正者 Kate St.Clair の熟練した仕事，図版編集者 Sharon Donahue の高い処理能力に感謝する．掲載図一覧の部分で名前をあげた方々には，彼らの業績を引用することを快く許してくださったことに対して感謝したい．

　ML は Judy とその家族の愛とサポートがなかったならば，本書を完成させることはできなかったであろう．言葉にできないほど感謝している．

　JP は妻 Kathryn と家族の支援と激励に感謝したい．またニューヨーク州立大学オスウィーゴ校，デューク大学，ノートルダム大学での師や同僚に恩恵を受けた．特に共著者である ML とともに仕事をし学んだことに感謝し，彼の信頼と指導に感謝する．

　本書を使ってくれる学生達が有機化学の勉強を通じて科学の驚くべき多様性と美を感じてくれることを願い，そしてわれわれが本書を執筆するのを楽しんだのと同じくらいに，本書を使うことで力を得てくれることを願う．

MARC LOUDON
2015 年 4 月　West Lafayette, Indiana

JIM PARISE
2015 年 4 月　Notre Dame, Indiana

査読者 と 顧問

著者と出版社は本版の製作にあたり，有機化学界から受けた多大な援助に深く感謝する．本版の査読者と顧問を以下に列挙する．何名かは両方に関与している．

第6版の査読者

Animesh V. Aditya, Purdue University
Igor Alabugin, Florida State University
John Bartmess, University of Tennessee
Peter Beak, University of Illinois
Jason Belitsky, Oberlin College
Thomas Berke, Brookdale, The County College of Monmouth
Daniel Bernier, Riverside Community College
Michael Best, University of Tennessee
Caitlin Binder, California State University, Monterey Bay
Dan Blanchard, Kutztown University of Pennsylvania
Lisa Bonner, Eckerd College
Paul Bonvallet, College of Wooster
Ned B. Bowden, The University of Iowa
Stephen G. Boyes, Colorado School of Mines
David Brown, Davidson College
Rebecca Broyer, University of Southern California
Paul Carlier, Virginia Tech
David Cartrette, South Dakota State University
Allen Clauss, University of Wisconsin
Geoffrey W. Coates, Cornell University
Bryan Cowen, University of Denver
Michael Danahy, Bowdoin College
William Daub, Harvey Mudd College
William Dichtel, Cornell University
Sally Dixon, University of Southampton
Andrew Duncan, Willamette University
Jason Dunham, Ball State University
Mark Elliott, Cardiff University
Brian Esselman, University of Wisconsin-Madison
Ed Fenlon, Franklin & Marshall College
Marcia France, Washington and Lee University
Lee Friedman, University of Maryland
Bruce Ganem, Cornell University
Sarah Goh, Williams College
Bobbie Grey, Riverside City College
Nicholas J. Hill, University of Wisconsin-Madison
John Hoberg, University of Wyoming
Joseph Houck, University of Maryland
Lyle Isaacs, University of Maryland
Madeleine Joullie, University of Pennsylvania
Sarah Kirk, Willamette University
Riz Klausmeyer, Baylor University
Brian Long, University of Tennessee
Leonard MacGillivray, University of Iowa
Charles Marth, Western Carolina University
Dan Mattern, University of Mississippi
James McKee, University of the Sciences in Philadelphia
John Medley, Centre College
Kevin P. C. Minbiole, Villanova University
Timothy Minger, Mesa Community College
Michael P. Montague-Smith, University of Maryland
Michael Nee, Oberlin College
Donna Nelson, University of Oklahoma
James Nowick, University of California, Irvine
Kimberly Pacheco, University of Northern Colorado
Laura Parmentier, Beloit College
Joshua Pierce, North Carolina State University
David P. Richardson, Williams College
Robert E. Sammelson, Ball State University
Paul Sampson, Kent State University
Nicole L. Snyder, Davidson College
Gary Spessard, University of Oregon
Brian M. Stoltz, California Institute of Technology
Scott Stoudt, Coe College
Jennifer Swift, Georgetown University
Eric Tillman, Bucknell University
Mark M. Turnbull, Clark University
David A. Vosburg, Harvey Mudd College
Ross Weatherman, Rose-Hulman Institute of Technology
Carolyn Kraebel Weinreb, Saint Anselm College
Travis Williams, University of Southern California
Jimmy Wu, Dartmouth College
Hubert Yin, University of Colorado

第 5 版の編集顧問

以下の編集顧問は各章を査読し，図のスタイルや教育効果を評価し，多くの重要な編集方針に助言を与えてくれた．

Carolyn Anderson, Calvin College
John Bartmess, University of Tennessee
Marcia B. France, Washington and Lee University
Robert Hammer, Louisiana State University
David Hansen, Amherst College
Ahamindra Jain, Harvard University
James Nowick, University of California, Irvine
Paul R. Rablen, Swarthmore College

第 5 版の全般的査読者

以下の全般的査読者は第 4 版から第 5 版への改訂案の作製を助けてくれた．

Angela Allen, University of Michigan, Dearborn
Don Bergstrom, Purdue University
David Brown, Davidson College
Scott Bur, Gustavus Adolphus College
Joyce Blair Easter, Virginia Wesleyan University
Tom Evans, Denison College
Natia Frank, University of Victoria
Phillip Fuchs, Purdue University
Ronald Magid, University of Tennessee
Tim Minger, Mesa Community College
William Ojala, University of St. Thomas
Andy Phillips, University of Colorado, Boulder
Jetze J. Tepe, Michigan State University
Scott Ulrich, Ithaca College

第 5 版の各章査読者

以下の査読者は各章を詳細に査読してくれた．

Carolyn E. Anderson, Calvin College
John Bartmess, University of Tennessee
Marcia B. France, Washington and Lee University
David Hansen, Amherst College
Ahamindra Jain, Harvard University
Joseph Konopelski, University of California, Santa Cruz
Paul LePlae, Wabash College
Dewey G. McCafferty, Duke University（and his students）
Nasri Nesnas, Florida Institute of Technology
Paul R. Rablen, Swarthmore College
Christian M. Rojas, Barnard College
Barry Snider, Brandeis University
Scott A. Snyder, Columbia University
Dasan M. Thamattoor, Colby College
Lawrence T. Scott, Boston College
Scott Ulrich, Ithaca College
Richard G. Weiss, Georgetown University

第 5 版のフォーカスグループ参加者

以下の顧問は本書の値段，学生の学習傾向，補助教材の価値などを議論する重要なフォーカスグループに参加してくれた．

David Hansen, Amherst College
Robert Hanson, Northeastern University
Ahamindra Jain, Harvard University
Cynthia McGowan, Merrimack College
Eriks Rozners, Northeastern University
Bela Torok, University of Massachusetts, Boston

訳者まえがき

　自然科学とその技術は21世紀に入ってますます発展の度を速めている．化学，なかんずく有機化学もその例外ではない．それとともに，物理学，生物学などの周辺分野との相関も一層深くなっており，有機化学の学習においても，これまで以上にこれら周辺分野に対する理解を必要とするようになってきている．また著者まえがきに述べられているように，近年特に需要が高まっている医薬分野を目指す学生への有機化学教授法の重要性が指摘されている．それを踏まえて有機化学の教科書もその内容や形を変えることが求められており，本書はその要請に応えるべく編まれた教科書である．酵素反応などの生体内での有機化学反応，有機合成反応の医薬品合成への応用，生体内での医薬品の作用機構などへの言及が盛込まれている．このように本書で取扱う内容は広範囲にわたるが，その取捨選択は教師の裁量に任せられる．有機反応機構や有機合成に講義の重点を置きたいと考える教師の要望にも十分応えられる内容をもっている．

　本書では，有機化学の学習の前提となる力学や電磁気学の基礎知識あるいは一般化学で学んだ概念をしっかり復習したうえで前に進むように組立てられている．また生体内で起こる酵素反応の理解に不可欠な分子間相互作用については1章を割いて詳しく説明を加えているのも大きな特徴といえよう．

　さらに本書では，学習が進むに従って，それまで学んだ重要事項が折に触れて繰返し述べられている．つまり現在学んでいることが以前に学んだこととどう結びつくかをしっかり理解できるように配慮されている．

　常に言われることであるが，有機化学を会得する唯一の方法は，教科書の紙面を眼で追うだけではなく，自分で鉛筆を使って反応式を書き巻矢印を使って電子の動きを追うことで反応を理解し，また平面構造式や立体構造式を丁寧に描いて分子の構造や立体化学を理解することである．そのために本書では本文の中に多くの例題や問題が置かれ，章末には他の類書では見られないほど豊富な追加問題が用意されている．読者諸氏はぜひこれらの問題にしっかり取組んで欲しい．

　なお，巻矢印表記法については，原著者の許諾を得て，原著の表記法に若干の変更を加えて(詳しくは4章134ページ参照)，より理解しやすくした．

　最後に，本書の翻訳にあたって，大きなご尽力をいただいた東京化学同人編集部の住田六連氏，竹田 恵氏に深く感謝申し上げる．

訳 者 一 同

要 約 目 次

上 巻

1 化学結合と化学構造
2 アルカン
3 酸と塩基：巻矢印表記法
4 アルケン入門：構造と反応性
5 アルケンへの付加反応
6 立 体 化 学
7 環状化合物：反応の立体化学
8 非共有結合性の分子間相互作用
9 ハロゲン化アルキルの化学
10 アルコールとチオールの化学
11 エーテル，エポキシド，グリコール，スルフィドの化学
12 分光法入門：赤外分光法と質量分析法
13 核磁気共鳴分光法
14 アルキンの化学

下 巻

15 ジエン，共鳴，芳香族性
16 ベンゼンとその誘導体の化学
17 アリル位とベンジル位の反応性
18 ハロゲン化アリール，ビニル型ハロゲン化物，フェノール類の化学：遷移金属触媒
19 アルデヒドとケトンの化学：カルボニル付加反応
20 カルボン酸の化学
21 カルボン酸誘導体の化学
22 エノラートイオン，エノール，α,β不飽和カルボニル化合物の化学
23 アミンの化学
24 炭 水 化 物
25 チオエステル，リン酸エステル，リン酸無水物の化学
26 芳香族複素環と核酸の化学
27 アミノ酸，ペプチド，タンパク質
28 ペリ環状反応

上 巻 目 次

1　化学結合と化学構造 ... 1

- 1・1　序　論 ... 1
  - A. 有機化学とは何か？ ... 1
  - B. 有機化学はどのように役立つのか？ ... 1
  - C. 有機化学の誕生 ... 2
- 1・2　化学結合の古典的理論 ... 3
  - A. 原子の中の電子 ... 3
  - B. イオン結合 ... 3
  - C. 共有結合 ... 4
    Lewis構造式 4／形式電荷 6／Lewis構造式を描くための規則 7
  - D. 極性共有結合 ... 8
- 1・3　共有結合化合物の構造 ... 11
  - A. 分子の形を決める方法 ... 11
  - B. 分子構造の予測 ... 12
    結合距離 12／結合角 13／二面角 16
- 1・4　共鳴構造式 ... 17
- 1・5　電子の波動としての性質 ... 19
- 1・6　水素原子の電子構造 ... 19
  - A. 軌道, 量子数, エネルギー ... 19
  - B. 軌道の三次元的な特徴 ... 21
  - C. まとめ：水素の原子軌道 ... 24
- 1・7　さらに複雑な原子の電子構造 ... 24
- 1・8　共有結合の別の見方：分子軌道 ... 26
  - A. 分子軌道法 ... 26
  - B. 分子軌道法と H_2 のLewis構造式 ... 30
- 1・9　混成軌道 ... 31
  - A. メタンの結合 ... 31
  - B. アンモニアの結合 ... 33

2　アルカン ... 39

- 2・1　炭化水素 ... 39
- 2・2　直鎖のアルカン ... 40
- 2・3　アルカンの立体配座 ... 42
  - A. エタンの立体配座 ... 42
  - B. ブタンの立体配座 ... 44
  - C. 立体配座を描く方法 ... 48
- 2・4　構造異性体と命名法 ... 51
  - A. 異　性　体 ... 51
  - B. 有機命名法 ... 52
  - C. アルカンの置換命名法 ... 52
  - D. 高度に短縮された構造式 ... 56
  - E. 炭素の置換様式の分類 ... 58
- 2・5　シクロアルカン, 骨格構造式, 置換基の略号 ... 58
  骨格構造式 59／置換基の略号の使い方 60／置換シクロアルカンの命名法 60
- 2・6　アルカンの物理的性質 ... 61
  - A. 沸　点 ... 62
  - B. 融　点 ... 62
  - C. その他の物理的性質 ... 63
- 2・7　燃　焼 ... 65
  - A. アルカンの燃焼 ... 65
  - B. 生命過程の化学における燃焼 ... 66
- 2・8　官能基, 化合物群, "R"表記 ... 67
  - A. 官能基と化合物群 ... 67
  - B. "R"表記 ... 67
- 2・9　アルカンの産出と利用 ... 68

3　酸と塩基：巻矢印表記法 ... 75

- 3・1　Lewis酸-塩基会合反応 ... 75
  - A. 電子不足化合物 ... 75
  - B. Lewis塩基と電子不足化合物の反応 ... 75
  - C. Lewis酸-塩基会合反応と解離反応のための巻矢印表記法 ... 77
- 3・2　電子対置換反応 ... 78
  - A. 電子不足ではない原子への電子の供与 ... 78
  - B. 求核剤, 求電子剤, 脱離基 ... 80
- 3・3　共鳴構造式を導きだすための巻矢印表記法 ... 81
- 3・4　Brønsted-Lowryの酸と塩基 ... 83
  - A. Brønsted酸およびBrønsted塩基の定義 ... 83

B. 共役酸および共役塩基 ………………… 85	3・5 自由エネルギーと化学平衡 ………………… 95
C. Brønsted 酸の強さ ………………… 86	3・6 酸性度と構造との関係 ………………… 97
D. Brønsted 塩基の強さ ………………… 88	A. 元素効果 ………………… 97
E. 酸-塩基反応における平衡 ………………… 89	B. 電荷効果 ………………… 99
F. 共役酸-塩基対の解離状態 ………………… 91	C. 極性効果 ………………… 99

4 アルケン入門: 構造と反応性 ………………… 109

4・1 アルケンの構造と結合 ………………… 109	A. ハロゲン化水素の付加の位置選択性 ………………… 133
A. アルケンにおける炭素の混成 ………………… 110	B. ハロゲン化水素の付加における
B. π 結合 ………………… 111	カルボカチオン中間体 ………………… 134
C. 二重結合立体異性体 ………………… 114	C. カルボカチオンの構造と安定性 ………………… 136
4・2 アルケンの命名法 ………………… 117	D. ハロゲン化水素の付加における
A. IUPAC 置換命名法 ………………… 117	カルボカチオン転位 ………………… 139
B. シス-トランス異性体の命名法:	4・8 反応速度 ………………… 142
EZ 表記法 ………………… 120	A. 遷移状態 ………………… 142
4・3 不飽和度 ………………… 125	B. エネルギー障壁 ………………… 143
4・4 アルケンの物理的性質 ………………… 126	C. 多段階反応と律速段階 ………………… 145
4・5 アルケン異性体の相対的安定性 ………………… 127	D. Hammond の仮説 ………………… 147
A. 生 成 熱 ………………… 128	4・9 触媒反応 ………………… 149
B. アルケン異性体の相対的安定性 ………………… 129	A. アルケンの触媒的水素化 ………………… 150
4・6 アルケンの付加反応 ………………… 132	B. アルケンの水和 ………………… 151
4・7 アルケンへのハロゲン化水素の付加 ………………… 133	C. 酵素による触媒反応 ………………… 154

5 アルケンへの付加反応 ………………… 159

5・1 求電子付加反応概説 ………………… 159	C. アルケンからのアルコールの合成法の比較 ………………… 172
5・2 アルケンとハロゲンとの反応 ………………… 161	5・5 アルケンのオゾン分解 ………………… 174
A. 塩素と臭素の付加 ………………… 161	オゾニドの生成 174／オゾニドの反応 175
B. ハロヒドリン ………………… 163	5・6 アルケンへの臭化水素のラジカル付加 ………………… 178
5・3 有機化学反応式の書き方 ………………… 165	A. 過酸化物効果 ………………… 178
5・4 アルケンのアルコールへの変換 ………………… 166	B. ラジカルと片羽矢印表記 ………………… 179
A. アルケンのオキシ水銀化-還元 ………………… 166	C. ラジカル連鎖反応 ………………… 180
アルケンのオキシ水銀化 166／オキシ水銀化	連鎖開始 181／連鎖成長 182／連鎖停止 182
による付加体のアルコールへの変換 167	D. 過酸化物効果の説明 ………………… 185
B. アルケンのヒドロホウ素化-酸化 ………………… 168	E. 結合解離エネルギー ………………… 188
アルケンの有機ボランへの変換 169／有機ボ	5・7 重合体: アルケンのラジカル重合 ………………… 191
ランのアルコールへの変換 171	5・8 化学工業におけるアルケン ………………… 193

6 立 体 化 学 ………………… 201

6・1 鏡像異性体, キラリティー, 対称性 ………………… 201	A. 偏 光 ………………… 208
A. 鏡像異性体とキラリティー ………………… 201	B. 光学活性 ………………… 209
B. 不斉炭素と立体中心 ………………… 202	C. 鏡像異性体の光学活性 ………………… 210
C. キラリティーと対称性 ………………… 204	6・4 鏡像異性体の混合物 ………………… 211
6・2 鏡像異性体の命名法: RS 表示法 ………………… 205	A. 鏡像異性体過剰率 ………………… 211
6・3 鏡像異性体の物理的性質: 光学活性 ………………… 207	B. ラセミ体 ………………… 212

6・5 立体化学相関 ··· 214
6・6 ジアステレオマー ··· 216
6・7 メソ化合物 ··· 219
6・8 鏡像異性体の分割 ··· 221
 A. キラルクロマトグラフィー ························· 222
 B. ジアステレオマー塩の生成 ························· 224
 C. 選択的結晶化 ··· 226
6・9 速やかに相互変換する立体異性体 ··············· 227
 A. 内部回転によって相互変換する
   立体異性体 ··· 227
 B. 不斉窒素: アミンの反転 ····························· 229
  他の原子の反転 230
6・10 正四面体炭素の仮定 ··································· 231

7 環状化合物: 反応の立体化学   239

7・1 単環アルカンの相対的安定性 ····················· 239
7・2 シクロヘキサンの立体配座 ························· 240
 A. いす形配座 ··· 240
 B. いす形配座の相互変換 ································ 244
 C. 舟形およびねじれ舟形配座 ······················· 245
7・3 一置換シクロヘキサン: 配座解析 ·············· 247
7・4 二置換シクロヘキサン ································ 249
 A. 二置換シクロヘキサンの
   シス-トランス異性 ································· 249
 B. 環状メソ化合物 ·· 253
 C. 配座解析 ··· 255
7・5 シクロペンタン、シクロブタン、
   シクロプロパン ·· 256
 A. シクロペンタン ·· 256
 B. シクロブタンとシクロプロパン ················ 257
7・6 二環化合物と多環化合物 ····························· 258
 A. 分類と命名法 ·· 258
 B. 環のシスおよびトランス縮合 ···················· 260
 C. トランス形シクロアルケンと Bredt 則 ······ 262
 D. ステロイド ··· 263
7・7 立体異性体を含む反応 ································ 265
 A. 鏡像異性体を含む反応 ································ 265
 B. ジアステレオマーを含む反応 ···················· 267
7・8 化学反応の立体化学 ···································· 269
 A. 付加反応の立体化学 ··································· 269
 B. 置換反応の立体化学 ··································· 271
 C. 臭素付加の立体化学 ··································· 273
 D. ヒドロホウ素化-酸化の立体化学 ·············· 276
 E. 他の付加反応の立体化学 ···························· 278
  触媒的水素化 278／オキシ水銀化-還元 278

8 非共有結合性の分子間相互作用   286

8・1 ハロゲン化アルキル、アルコール、
   チオール、エーテル、スルフィド
   の定義と分類 ·· 286
8・2 ハロゲン化アルキル、アルコール、
   チオール、エーテル、スルフィド
   の命名法 ··· 288
 A. ハロゲン化アルキルの命名法 ···················· 288
  慣用命名法 288／置換命名法 288
 B. アルコールとチオールの命名法: 主基 ······ 289
  慣用命名法 289／置換命名法 290
 C. エーテルとスルフィドの命名法 ················ 293
  慣用命名法 293／置換命名法 293／複素環の
  命名法 294
8・3 ハロゲン化アルキル、アルコール、チオール、
   エーテル、スルフィドの構造 ····················· 295
8・4 非共有結合性の分子間相互作用:
   はじめに ··· 296
8・5 均一系の非共有結合性分子間引力:
   沸点と融点 ·· 296
 A. 誘起双極子間の引力:
   van der Waals 引力(分散力) ·················· 297
  分 極 率 299
 B. 永久双極子間に働く引力 ···························· 300
 C. 水素結合 ··· 303
 D. 融 点 ··· 306
8・6 不均一な分子間相互作用: 溶液と溶解性 ······ 308
 A. 溶液: 定義とエネルギー論 ························ 309
 B. 溶媒の分類 ··· 312
 C. 共有結合化合物の溶解性 ···························· 313
 D. 水に対する炭化水素の溶解度: 疎水結合 ······ 318
 E. 固体の共有結合化合物の溶解性 ················· 321
 F. イオン化合物の溶解性 ································ 322
8・7 溶解性と溶媒和の原理の応用 ······················ 325
 A. 細胞膜と薬剤の溶解性 ································ 325
 B. カチオン結合分子 ······································ 330
  クラウンエーテルとクリプタンド 330／イオ
  ノホア抗生物質 332／イオンチャネル 332
8・8 非共有結合性分子間相互作用の強さ ············ 334

9 ハロゲン化アルキルの化学 ……………… 341

- 9・1 求核置換反応およびβ脱離反応の概要 ……… 341
  - A. 求核置換反応 ……………………………… 341
  - B. β脱離反応 ………………………………… 343
  - C. 求核置換反応とβ脱離反応との競争 ……… 344
- 9・2 求核置換反応における平衡 ………………… 344
- 9・3 反応速度 ……………………………………… 346
  - A. 反応速度の定義 …………………………… 346
  - B. 速度則 ……………………………………… 347
  - C. 標準活性化自由エネルギーと
    速度定数の関係 …………………………… 347
- 9・4 S_N2 反応 ……………………………………… 349
  - A. S_N2 反応の速度則と反応機構 …………… 349
  - B. S_N2 反応および Brønsted 酸-塩基反応の
    相対速度 …………………………………… 351
  - C. S_N2 反応の立体化学 ……………………… 351
  - D. S_N2 反応におけるハロゲン化アルキルの
    構造の効果 ………………………………… 353
  - E. S_N2 反応における求核性 ………………… 354
    求核性に対する塩基性と溶媒の効果 355／求核性への分極率の効果 360
  - F. S_N2 反応における脱離基の効果 ………… 361
  - G. S_N2 反応のまとめ ………………………… 361
- 9・5 E2 反応 ……………………………………… 362
  - A. E2 反応の反応機構と速度則 ……………… 362
  - B. なぜ E2 反応は協奏か？ …………………… 362
  - C. E2 反応における脱離基の効果 …………… 364
  - D. E2 反応における速度論的重水素
    同位体効果 ………………………………… 364
  - E. E2 反応の立体化学 ………………………… 365
  - F. E2 反応の位置選択性 ……………………… 367
  - G. E2 反応と S_N2 反応の競争の詳細 ………… 369
  - H. E2 反応のまとめ …………………………… 373
- 9・6 S_N1 反応および E1 反応 …………………… 373
  - A. S_N1 と E1 反応の速度則と反応機構 ……… 374
  - B. 律速段階と生成物決定段階 ……………… 375
  - C. S_N1-E1 反応における反応性と
    生成物分布 ………………………………… 377
  - D. S_N1 反応の立体化学 ……………………… 378
  - E. S_N1 反応および E1 反応のまとめ ………… 380
- 9・7 ハロゲン化アルキルの置換反応と
  脱離反応のまとめ ……………………………… 381
- 9・8 有機金属化合物：Grignard 試薬および
  有機リチウム反応剤 …………………………… 383
  - A. Grignard 試薬と有機リチウム反応剤 …… 384
  - B. Grignard 試薬と
    有機リチウム反応剤の調製 ……………… 384
  - C. Grignard 試薬および有機リチウム反応剤の
    加プロトン分解 …………………………… 385
- 9・9 カルベンおよびカルベノイド ……………… 387
  - A. α脱離反応 ………………………………… 387
  - B. Simmons-Smith 反応 ……………………… 389
- 9・10 ハロゲン化アルキルの
  工業的な合成および用途 …………………… 390
  - A. アルカンのラジカルハロゲン化 ………… 390
    ラジカルハロゲン化の位置選択性 392
  - B. ハロゲンを含む化合物の用途 …………… 394
  - C. 環境問題 …………………………………… 394

10 アルコールとチオールの化学 ………………… 403

- 10・1 Brønsted 酸と塩基としてのアルコールと
  チオール ……………………………………… 403
  - A. アルコールとチオールの酸性度 ………… 403
  - B. アルコキシドおよびチオラートの生成 … 404
  - C. アルコールの酸性度への極性効果 ……… 405
  - D. アルコールの酸性度への溶媒効果 ……… 406
  - E. アルコールおよびチオールの塩基性 …… 407
- 10・2 アルコールの脱水 …………………………… 408
- 10・3 アルコールとハロゲン化水素との反応 …… 412
- 10・4 アルコール由来の脱離基 …………………… 414
  - A. アルコールのスルホン酸エステル誘導体 … 414
    スルホン酸エステルの構造 414／スルホン酸エステルの合成 415／スルホン酸エステルの反応性 416
  - B. アルキル化剤 ……………………………… 418
  - C. 無機強酸のエステル誘導体 ……………… 418
  - D. 塩化チオニルとトリフェニルホスフィン
    ジブロミドのアルコールとの反応 ……… 419
  - E. 生物学的脱離基：リン酸イオン
    および二リン酸イオン …………………… 421
- 10・5 アルコールのハロゲン化アルキルへの
  変換：まとめ ………………………………… 423
- 10・6 有機化学における酸化および還元 ………… 424
  - A. 半反応および酸化数 ……………………… 425
  - B. 酸化剤および還元剤 ……………………… 428
- 10・7 アルコールの酸化 …………………………… 430
  - A. アルデヒドおよびケトンへの酸化 ……… 430
  - B. カルボン酸への酸化 ……………………… 432

10・8　エタノールの生物学的酸化………… 433	B.　チオールの酸化………………………… 443
10・9　置換基の化学的および立体化学的関係… 435	10・11　アルコールの合成………………………… 444
A.　化学的等価性と非等価性…………… 436	10・12　有機合成の計画：逆合成解析………… 444
B.　アルコールデヒドロゲナーゼの反応の	10・13　エタノールおよび
立体化学…………………………… 439	メタノールの製造と用途………… 446
10・10　オクテットの拡張とチオールの酸化… 441	エタノール 446／メタノール 447
A.　オクテットの拡張……………………… 441	

11　エーテル，エポキシド，グリコール，スルフィドの化学 …………………………… 455

11・1　エーテルとスルフィドの塩基性……… 455	B.　グリコールの酸化的開裂……………… 476
11・2　エーテルとスルフィドの合成………… 456	11・7　オキソニウム塩とスルホニウム塩…… 478
A.　Williamson エーテル合成…………… 456	A.　オキソニウム塩とスルホニウム塩の反応… 478
B.　アルケンのアルコキシ水銀化‐還元… 458	B.　S-アデノシルメチオニン：
C.　アルコールの脱水およびアルケンへの	自然界におけるメチル化剤………… 478
付加によるエーテルの合成………… 459	11・8　分子内反応と近接効果………………… 479
11・3　エポキシドの合成……………………… 461	A.　分子内反応の速度論的利点………… 481
A.　アルケンのペルオキシカルボン酸	B.　近接効果と実効モル濃度…………… 484
による酸化………………………… 461	C.　隣接基関与の立体化学的結果……… 487
B.　ハロヒドリンの環化…………………… 463	D.　分子内反応と酵素触媒反応………… 489
11・4　エーテルの開裂………………………… 464	11・9　エーテルとスルフィドの酸化………… 490
11・5　エポキシドの求核置換反応…………… 466	A.　エーテルの酸化と安全性の問題…… 490
A.　塩基性条件での開環反応……………… 466	B.　スルフィドの酸化…………………… 491
B.　酸性条件での開環反応……………… 468	11・10　有機合成の三つの基本的な操作……… 493
C.　エポキシドと有機金属反応剤との反応… 471	11・11　エナンチオピュアな化合物の合成：
11・6　グリコールの合成と酸化的開裂……… 473	不斉エポキシ化……………………… 494
A.　グリコールの合成……………………… 473	

12　分光法入門：赤外分光法と質量分析法 …………………………………………………… 506

12・1　分光法入門……………………………… 506	B.　ハロゲン化アルキルの IR スペクトル… 520
A.　電　磁　波…………………………… 506	C.　アルケンの IR スペクトル…………… 520
B.　吸収分光法…………………………… 508	D.　アルコールとエーテルの IR スペクトル… 523
12・2　赤外分光法……………………………… 510	12・5　IR スペクトルの測定法………………… 524
A.　IR スペクトル………………………… 510	12・6　質量分析法入門………………………… 524
B.　赤外分光法の物理的基礎…………… 511	A.　電子イオン化質量スペクトル……… 524
12・3　赤外線の吸収と化学構造……………… 513	B.　同位体ピーク………………………… 527
A.　赤外吸収の位置を決定する要因…… 514	C.　フラグメント化……………………… 529
B.　赤外吸収強度を決定する要因……… 517	D.　分子イオン：
12・4　官能基による赤外吸収………………… 519	化学イオン化質量スペクトル…… 532
A.　アルカンの IR スペクトル…………… 520	E.　質量分析計…………………………… 535

13　核磁気共鳴分光法 …………………………………………………………………………… 541

13・1　プロトン NMR 分光法の概要………… 541	A.　化学シフト…………………………… 545
13・2　NMR 分光法の物理的基礎…………… 543	B.　化学シフトの目盛…………………… 547
13・3　NMR スペクトル：化学シフトと積分… 545	C.　化学シフトと構造の関係…………… 548

- D. NMRスペクトルの吸収の数 551
- E. 積分によるプロトン数の決定 554
- F. 化学シフトと積分を用いた
     未知構造の決定 554
- 13・4 NMRスペクトル：スピン-スピン分裂 556
  - A. $n+1$ 分裂則 557
  - B. 分裂はなぜ起こるのか？ 559
  - C. 分裂をもつNMRスペクトルを用いた
       未知構造の決定 561
- 13・5 複雑なNMRスペクトル 563
  - A. 複合分裂 563
  - B. $n+1$ 則が成り立たない場合 568
- 13・6 プロトンNMRにおける
         重水素置換の利用 570
- 13・7 特徴的な官能基のNMR吸収 571
  - A. アルケンのNMRスペクトル 572
  - B. アルカンとシクロアルカンの
       NMRスペクトル 575
  - C. ハロゲン化アルキルとエーテルの
       NMRスペクトル 575
  - D. アルコールのNMRスペクトル 576
- 13・8 動的な系のNMR分光法 578
- 13・9 他核のNMR分光法：炭素NMR 580
  - A. 他核のNMR分光法 580
  - B. ^{13}C NMR分光法 581
- 13・10 分光法を用いた構造解析の問題の解き方 586
- 13・11 NMR分光計 589
- 13・12 磁気共鳴画像法 590

14 アルキンの化学 601

- 14・1 アルキンの構造と結合 601
- 14・2 アルキンの命名法 603
- 14・3 アルキンの物理的性質 605
  - A. 沸点と溶解性 605
  - B. アルキンの赤外分光法 605
  - C. アルキンのNMR分光法 606
     プロトンNMR分光法 606／^{13}C NMR分光
     法 606
- 14・4 三重結合への付加反応入門 607
- 14・5 アルキンのアルデヒドとケトンへの変換 609
  - A. アルキンの水和 609
  - B. アルキンのヒドロホウ素化-酸化 612
- 14・6 アルキンの還元 613
  - A. アルキンの触媒的水素化 613
  - B. 液体アンモニア中でナトリウムを用いた
       アルキンの還元 614
- 14・7 1-アルキンの酸性度 616
  - A. アルキニルアニオン 616
  - B. 求核剤としてのアルキニルアニオン 619
- 14・8 アルキンを用いた有機合成 620
- 14・9 フェロモン 622
- 14・10 アルキンの存在と用途 623

付　録 1

- I. 有機化合物の置換命名法 1
- II. 有機化合物の赤外吸収 2
- III. 有機化合物のプロトンNMR化学シフト 3
- IV. 有機化合物の^{13}C NMR化学シフト 4
- V. 合成法のまとめ 5
- VI. 炭素-炭素結合形成反応 8
- VII. 有機官能基の典型的な酸性度と塩基性度 9
- VIII. 代表的な定数 11

掲　載　図　出　典 12
和　文　索　引 13
欧　文　索　引 20

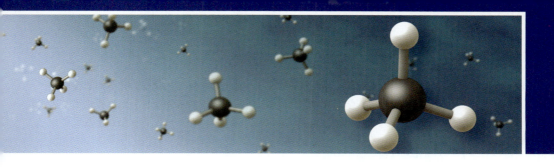

化学結合と化学構造

1・1 序論

A. 有機化学とは何か？

有機化学(organic chemistry)は炭素の化合物を扱う科学の一分野である．数千万種類の有機化合物が知られている．可能な有機化合物の数は無限といってよい．しかしこれらのすべてに共通していることは炭素を含んでいるということである．有機化合物の数が莫大であるのは，炭素が他の炭素と結合して長い鎖を形成することができるという特異な能力をもっているからであり，そのことをこれから学んでいく．

B. 有機化学はどのように役立つのか？

抗がん剤イマチニブ(Gleevec® という名で市販されている)の構造を次に示す．

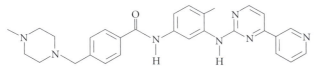

イマチニブ (Gleevec®)

諸君はこの構造をどう解釈すればよいのかまだわからないだろうが，そのうち学ぶことになる．有機化学がいかに役立つかをイマチニブがはっきり示してくれる．2001年以前は比較的まれな血液と骨髄のがんである慢性骨髄性白血病(CML)と診断されることは死を宣告されるのと同じであった．しかしがん専門医の B. Drucker（ドラッカー）と生化学者の N. Lydon（ライドン）は CML の遺伝的な根拠から，鍵となる酵素 Bcr-Abl を阻害する能力をもついくつかの有機化合物を選び出した．つまり CML の進行を抑える方法を見つけることができた．彼らは有機化学者との共同研究を通じてそのような化合物の類似体(似た構造をもつ化合物)を数多く合成し，究極の医薬品としてイマチニブに到達した．医師の C. Sawyers（ソーヤーズ）が行った臨床試験の結果，イマチニブは2001年に米国食品医薬品局(FDA)によって承認された．イマチニブはほとんどの場合 CML を治癒することができ，他のがんの治療にも有効であることが証明された．多数の有機化合物をすばやく合成してその性質を調べることができるという能力がこの医薬品の開発にきわめて重要であったが，そのためには有機化学の知識を必要とした．広い目で見ると，有機化学，分子生物学および医学の連携が有効な新薬の開発の未来を拓くのである．なぜなら医薬品のほとんどは有機化合物なのだから．

この教科書で有機化学を一通り学び終えたときには，諸君はイマチニブをはじめとする多くの重要な分子の構造と化学的な性質を理解することができるだろう．もし諸君が新薬発見の興奮に参加したいと思うのであれば，その道に誘ってくれるさらに進んだ勉学の準備となろう．また諸君が実践的な健康管

理の専門職へのキャリアをめざすのであれば，あらゆる生命科学の基礎である生化学の化学的基礎を理解するのに役立つであろう．有機化学は医学で役立つだけではない．多くの有用な材料が有機化学に基づいている．繊維，防弾チョッキ，人工甘味料，スポーツ用具，コンピューターといったさまざまなものが有機化学に基づく材料でできている．

実用性を別にしても，有機化学は理論面と実験面をあわせもつ知的学問である．諸君は有機化学の学習を通じて，問題解決の基本的なスキルを見つけだして応用することができるようになり，同時に莫大な実用的価値のある課題を学ぶことになる．諸君の目標が専門の化学者になることであっても，医療従事者の本流を歩むことであっても，また科学技術の時代において広い見識をもつ市民になることであっても，有機化学の学習は意義のあることであろう．

この教科書にはいくつかの目的がある．一つには有機化合物の命名法，分類，構造，そして性質などの基本を提供することであり，また有機分子のおもな反応や合成法を紹介することである．しかし何よりも，反応を単に暗記するのではなく，反応を理解し，さらに予測することができるような基本的原則を明らかにすることである．数千万種類もの有機化合物とその反応や性質を秩序立ててまとめていこう．その過程で有機化学の医学，産業，あるいはその他の分野への重要な応用をいろいろ紹介する．

C. 有機化学の誕生

有機化学の応用は，すでに述べたように，生命科学に限られているわけではないが，"有機"という言葉は生命体との結びつきを暗示している．事実，有機化学の科学としての誕生は生命科学の発展と密接に関連している．

16世紀には，学者達は生命現象が化学としての特性をもつと認識していたようである．Paracelsus(パラケルスス)という名前でよりよく知られているスイスの医師であり錬金術師であった T. B. von Hohenheim(ホーエンハイム)(ca. 1493～1541)は，医学を水銀，硫黄および塩という"元素"で取扱おうとした．病人はこれらの元素の一つが欠乏しており，したがってその欠けた物質を補う必要があると考えた．Paracelsus はこの考えに基づいて何人もの病人を治癒させたと伝えられている．

18世紀までに，化学者達は生命過程の化学的側面を現代的な意味で捉えるようになっていった．A. L. Lavoisier(ラボアジェ)(1743～1794)は呼吸が燃焼と同じく酸素の取込みと二酸化炭素の放出であることを認識していた．

ほぼ同じ頃，ある種の化合物が生命系と関連していること，そしてそれらの化合物が炭素を含んでいることが見いだされた．それらの化合物は生命過程の原因である"生命力"から生じる，あるいはその結果であると考えられた．生命体から単離される物質に有機という言葉を当てはめたのはスウェーデンの化学者 J. J. Berzelius(ベルセリウス)(1779～1848)である．これらの化学物質が基本的に有機化合物であるという事実から，これらの物質は実験科学者の範疇(はんちゅう)外にあると考えられた．生命は理解不可能なものであり，有機化合物は生命に由来するのだから，有機化合物も理解不可能なものである，というのが当時の論理だったのだろう．

有機化学(生きているもの)と無機化学(生きていないもの)の間の壁は，もともと医学で教育を受けたドイツ人分析化学者である F. Wöhler(ウェーラー)(1800～1882)が1828年に偶然に発見した事実によって崩れはじめた．彼は無機化合物であるシアン酸アンモニウムを加熱して，ほ乳類の尿排出物として知られていた尿素を得た．

(1・1)

Wöhler はこの生物由来の物質を"腎臓を使わずに，つまり人でも犬でもいいのだが動物を使わずに"

合成したとはっきりと悟った．その後ほどなく，他の有機化合物も合成された．1845年に H. Kolbe によって酢酸が，また 1856〜1863 年の間に M. Berthelot によってアセチレンとメタンが合成された．"生気論"は，生命体の化学には何か特別な人間の理解を超えたものがあるという直感的な見方であり，広く受入れられた公式理論ではなかったが，Wöhler は自身の尿素の合成によって生気論的考え方が終焉したとは考えなかった．むしろ彼の仕事はいわゆる有機化合物の合成がもはや実験室での研究の領域の外にあるとは考えない時代のはじまりを示唆していた．有機化学者は今では生物学的に重要な分子ばかりでなく，風変わりな構造をもつ面白い分子や純粋に理論的に興味深い分子の研究をしている．したがって，有機化学はその起源に関係なく炭素の化合物を取扱う．Wöhler はそのような発展を予期していたのであろうが，彼の師である Berzelius に "有機化学はすばらしいものに満ちた原始の熱帯林のように思われます" と書き送っている．

1・2 化学結合の古典的理論

有機化学を理解するには，**化学結合**(chemical bond)，分子の中で原子をつなぎ合わせている力，について少し理解しておく必要がある．まず，化学結合についての古い，ないしは "古典的な" 考え方，確かに古いが現在でも役に立つ考え方を見ることにする．次に本章の最後の部分で化学結合を記述するより現代的な方法を学ぶ．

A. 原子の中の電子

化学は原子や分子の中の電子の挙動が原因となって起こる．その挙動の基礎は原子中の電子の配置であり，周期表からその配置がわかる．したがってまず周期表の組立てを復習しよう(本書表紙内側を参照)．青い四角内に示した元素は有機化学で特に重要な元素であり，その原子番号や周期表での位置を覚えておくことは今後役に立つだろう．しかし，さしあたっては結合の概念を展開するうえで重要である周期表の以下の特徴を考察しておこう．

それぞれの元素の中性原子はその原子番号と同じ数の陽子と電子をもっている．表の周期性，つまり元素を似た化学的性質をもつグループに分類できるということから，電子が原子核のまわりで層ないしは殻をつくっているという考え方が生まれた．原子のなかで最も外側にある電子殻は**原子価殻**(valence shell)といい，その殻にある電子を**原子価電子**(valence electron)あるいは単に**価電子**という．リチウム，ナトリウム，カリウムは1個の価電子をもち，炭素は4個，ハロゲンは7個，そしてヘリウム以外の貴ガス元素は8個の価電子をもつ．ヘリウムは2個の価電子をもつ．

W. Kossel(1888〜1956)は1916年に，原子がイオン化するとき，それに最も近い原子番号をもつ貴ガスと同じ数の電子をもつように価電子を得たり失ったりする傾向をもつことを発見した．たとえば，1個の価電子(全部で19個の電子)をもつカリウムは，最も近い貴ガス(アルゴン)と同じ数の電子(18個)をもつように，価電子1個を失ってカリウムイオン K^+ になりやすい．7個の価電子(全部で17個の電子)をもつ塩素は，電子1個を受入れてアルゴンと同数の18個の電子をもつ塩化物イオン Cl^- になりやすい．貴ガスはその原子価殻にオクテット(つまり8個)の電子をもつので，原子が価電子を得たり失ったりして貴ガスと同じ電子配置をもつイオンを生成する傾向を**オクテット則**(octet rule)という．

B. イオン結合

構成原子がイオンとして存在する化合物を**イオン化合物**(ionic compound)という．塩化カリウム KCl は典型的なイオン化合物である．カリウムイオンと塩化物イオンの電子配置はオクテット則に従う．

KCl の結晶構造を図 1・1 に示す．この KCl の構造は多くのイオン化合物の典型例であり，陽イオン(カチオン)は陰イオン(アニオン)に囲まれており，アニオンはカチオンに囲まれている．結晶構造は反対の電荷をもつイオン間の相互作用によって安定化している．このような反対電荷間の安定化相互作用を**静電引力**(electrostatic attraction)という．多くのイオンを一つにまとめている静電引力を**イオン結合**

(ionic bond)という．つまり，KClの結晶構造はカリウムイオンと塩化物イオンの間のイオン結合によって保たれている．イオン結合は向きによらず同じである，すなわち，カチオンはそれに隣接するどのアニオンとも同じ引力をもち，アニオンはそれに隣接するどのカチオンとも同じ引力をもつ．

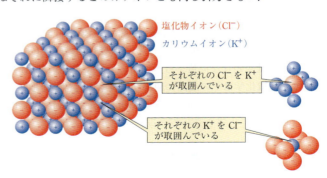

図1・1 KClの結晶構造．この物質の中でカリウムと塩素はそれぞれカリウムイオン K^+ および塩化物イオン Cl^- として存在している．K^+ と Cl^- の間のイオン結合は静電引力である．それぞれのカチオンはアニオンに取囲まれ，それぞれのアニオンはカチオンに取囲まれている．したがって，イオン結合におけるイオン間の引力はあらゆる方向で同じである．

KClのようなイオン化合物を水に溶かすと，遊離イオンに解離する(それぞれのイオンは水分子に囲まれているが，§8・6Fでこの過程についてさらに学ぶ)．それぞれのカリウムイオンは溶液中でそれぞれの塩化物イオンとはほぼ無関係に動きまわる．KCl溶液中を電気が流れることは，このようなイオンが存在することを示している．つまり，KClを水に溶かすとイオン結合は壊れる．

まとめると，

1. イオン結合はイオン間の静電引力である．
2. イオン結合は向きによらず同じである，つまり空間中で方向性をもたない．
3. イオン化合物を水に溶かすと，イオン結合は壊れる．

問 題

1・1 次の化学種には何個の価電子があるか．
(a) Na (b) Ca (c) O^{2-} (d) Br^+

1・2 二つの異なる化学種が同数の電子をもつとき，これらは<u>等電的</u>であるという．次の条件を満たす化学種の名前を書け．
(a) ネオンと等電的であり1価の負電荷をもつイオン
(b) ネオンと等電的であり1価の正電荷をもつイオン
(c) アルゴンと等電的であり2価の正電荷をもつイオン
(d) 中性のフッ素と等電的なネオンの化学種

C. 共 有 結 合

多くの化合物がKClのイオン結合とは大きく異なる結合をもつ．これらの化合物もその溶液も電気伝導性を示さない．この事実はこれらの化合物がイオン化合物ではないことを示している．このような化合物で原子をまとめている結合力は，KClにおけるそれとどのように違うのだろうか．1916年に米国の物理化学者 G. N. Lewis(1875〜1946)は非イオン化合物における結合の電子モデルを提唱した．このモデルによれば非イオン化合物の化学結合は結合している原子間で<u>共有</u>される電子対からなる**共有結合**(covalent bond)である．共有結合についての考え方を検討しよう．

Lewis 構造式　共有結合の最も簡単な例の一つは，水素分子における二つの水素原子の間の結合である．

$$H:H \qquad H—H$$
共有結合

":"や"—"の記号はいずれも電子対を表している．電子対が共有されることが共有結合の本質である．このような表記を用いて電子対結合を表す分子構造式を **Lewis 構造式**（Lewis structure）という．水素分子では電子対結合が二つの水素原子を結びつけている．概念的には，二つの水素原子の価電子が対を形成することによって結合ができると考えることができる．

$$H\cdot + H\cdot \longrightarrow H:H \tag{1·2}$$

この共有結合における二つの電子は水素原子の間で同等に共有されている．電子は互いに反発するが，それぞれの水素原子の電子が両方の水素の原子核から同時に引張られているために結合ができる．

二つの異なる原子の間の共有結合の例は，最も簡単な安定有機分子であるメタン CH_4 に見られる．概念的には，炭素の 4 個の価電子のそれぞれを水素の価電子と対にして 4 個の C—H 電子対結合をつくることによってメタンが生成する．

$$\cdot\ddot{C}\cdot + 4H\cdot \longrightarrow H:\overset{H}{\underset{H}{\ddot{C}}}:H \quad \text{または} \quad H-\overset{H}{\underset{H}{\overset{|}{C}}}-H \quad \text{または} \quad CH_4 \tag{1·3}$$

今までの例では，結合をつくっている原子のすべての価電子が共有されている．しかし水 H_2O のような共有結合化合物では，いくつかの価電子が共有されないままになることがある．水分子では酸素は 6 個の価電子をもつ．そのうちの二つは水素と結びついて 2 本の O—H 共有結合をつくり，4 個の価電子は残っている．これらは水の Lewis 構造式で酸素上の電子対として表される．一般に Lewis 構造式で共有されていない価電子は 2 個の点で表され，**非共有電子対**（unshared pair）あるいは**孤立電子対**（lone pair）とよばれる．

非共有電子対   H—Ö—H

水をよく H—O—H とか H_2O とか書くが，非共有電子対がそこにあることを本能的に思い出せるようになるまではすべての非共有電子対を二つの点で示す習慣にしておくとよい．

これまでの例で，重要な点が明らかになる．多くの安定な共有結合化合物ではそれぞれの原子のまわりの共有電子と非共有電子の総和は 8 個である（水素では 2 個）．これが共有結合についての**オクテット則**（octet rule）である．オクテット則が化学反応性を理解するうえできわめて重要であることがわかってくるであろう．これはイオン生成についてのオクテット則（§1・2A）とよく似ているが，違うのはイオン化合物では価電子が一つのイオンに完全に属しているのに対して，共有結合化合物では共有電子は結合をつくっている原子のそれぞれについて 1 回，つまり 2 回数えることである．

共有結合化合物がどのようにオクテット則に従うのか見てみよう．メタンの構造式（式 1·3）において炭素原子のまわりには 4 個の共有電子対が，つまり 8 個の共有電子があり，オクテットになっている．それぞれの水素は水素に対するオクテット則の数である 2 個の電子をもっている．同様に水分子の酸素は 4 個の共有電子と 2 組の非共有電子対，合わせて 8 個の電子をもち，水素は共有電子を 2 個ずつもつ．

共有結合化合物中の二つの原子は 2 本以上の共有結合で結合することもある．次の化合物はよく見られる例である．

$$\overset{H}{\underset{H}{\ddot{C}}}::\overset{H}{\underset{H}{\ddot{C}}} \quad \text{または} \quad \overset{H}{\underset{H}{C}}=\overset{H}{\underset{H}{C}} \quad\quad \overset{H}{\underset{H}{C}}::\ddot{\ddot{O}} \quad \text{または} \quad \overset{H}{\underset{H}{C}}=\ddot{O} \quad\quad H-C::C-H \quad \text{または} \quad H-C\equiv C-H$$

エチレン ホルムアルデヒド アセチレン

エチレンとホルムアルデヒドは 2 組の電子対からなる**二重結合**（double bond）をそれぞれ 1 個ずつもっている．アセチレンは 3 組の電子対からなる**三重結合**（triple bond）をもつ．

すべての有機化合物は共有結合をもっているので，共有結合は有機化学において特に重要である．

形式電荷 これまでの話で考えた Lewis 構造式は中性分子のものである．しかし多くのよく見かけるイオン種，たとえば $[SO_4]^{2-}$, $[NH_4]^+$, $[BF_4]^-$ などもまた共有結合をもっている．B–F 共有結合をもつテトラフルオロホウ酸イオンを考えてみよう．

$$\left[\begin{array}{c}:\!\ddot{F}\!:\\|\\:\!\ddot{F}\!-\!B\!-\!\ddot{F}\!:\\|\\:\!\ddot{F}\!:\end{array}\right]^-$$ テトラフルオロホウ酸イオン

このイオンは負電荷をもっているから，このイオン中の一つ以上の原子が電荷をもっているはずだが，それはどれだろう？ 厳密な答はすべての原子が電荷を分けあっているということである．しかし化学者は電荷を特定の原子に帰属して電子を整理する便利で重要な方法を採用してきた．そのようにして各原子に帰属された電荷を**形式電荷**(formal charge) という．それぞれの原子上の形式電荷を全部あわせると，そのイオンの全電荷と等しくなる．

一つの原子がもつ形式電荷を計算するとき，価電子の総数をその原子とそれと結合している原子の間で分けなければならない．各原子はその結合電子の<u>半数</u>と非共有電子の<u>すべて</u>を引受けることになる．形式電荷の帰属は次のような手順で行う．

1. その原子の<u>中性状態</u>での価電子の数を求める．
2. その原子がもっている共有結合の数と非共有電子の数を合計してその原子の価電子数を求める．この数を<u>価電子カウント</u>(valence electron count) とよぶことにする．共有結合の数は結合電子の半数であり，結合 1 本について電子 1 個を数えることになる．
3. 1. の数から 2. の数を引くと，それが形式電荷である．

実際の手順を例題 1・1 に示す．

例題 1・1

上に構造式を示したテトラフルオロホウ酸イオン $[BF_4]^-$ における各原子の形式電荷を求めよ．

解法 上で述べた手順をまずフッ素に適用しよう．

中性原子での価電子数： 7
価電子カウント： 7 （非共有電子 6 個と共有結合から 1 個）
フッ素の形式電荷： 中性原子での価電子数 − 価電子カウント = 7 − 7 = 0

$[BF_4]^-$ 中のフッ素原子はすべて等価であるから，形式電荷はみな同じ 0 である．したがってホウ素が負の形式電荷をもたなければならないということになる．計算で確かめよう．

中性原子での価電子数： 3
価電子カウント： 4 （4 本の共有結合から 1 個ずつ）
ホウ素の形式電荷： 中性原子での価電子数 − 価電子カウント = 3 − 4 = −1

ホウ素の形式電荷が −1 であるから，ホウ素上に負電荷がある右のような $[BF_4]^-$ の構造式が描ける．

構造式に電荷を書くときは，各原子に形式電荷を書いてもよいし，イオン全体の電荷を書いてもよいが，<u>その両方を書いてはならない</u>．

形式電荷　　全体の電荷　　両方を書いてはならない

Lewis 構造式を描くための規則　これまでの2節で述べたことをまとめると次のようになる．

1. 水素が共有できる電子は2個までである．
2. 周期表の第二周期（リチウムからはじまる行）にある原子については結合電子の数と非共有電子の数の和は8を超えることはない（オクテット則）．しかしこれらの原子は8個より少ない電子をもつことはある．
3. 周期表の第三周期以降の原子は9個以上の電子をもつこともありうる．しかし本書の後の箇所で例外について議論するまでは規則2が成り立つと考えてよい．
4. Lewis 構造式には価電子ではない電子は書かない．
5. 各原子上の形式電荷を例題1・1で述べた手順で計算して，0でない場合は該当する原子に＋あるいは－の記号で示す．

ここで非常に重要な注意点がある，それは"価電子カウント"には二つのタイプがあるということである．原子が完全なオクテットをもっているかどうかを確認するときには，すべての非共有電子とすべての結合電子を数えなければならない（上述の規則2）．形式電荷を決めるときには非共有電子のすべてと結合電子の半分を数えればよい．

例題 1・2

共有結合化合物であるメタノール CH_4O の Lewis 構造式を描け．オクテット則が成り立ち，しかもどの原子も形式電荷をもたないと仮定せよ．

解　法　炭素が中性でありしかもオクテット則に従うためには，4本の共有結合をもたなければならない．

$$-\overset{|}{\underset{|}{C}}-$$

酸素と水素が形式電荷をもたず，かつオクテット則に反しないためには，それぞれ一つの形しか描けない．

$$-\ddot{\underset{..}{O}}-\qquad H-$$

炭素と酸素を結合させ，残りの結合を水素で満たせば，問題の基準に合致する構造式が得られる．

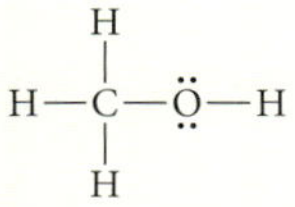

$$H-\overset{H}{\underset{H}{\overset{|}{C}}}-\ddot{\underset{..}{O}}-H \qquad \text{メタノールの正しい Lewis 構造式}$$

問　題

1・3　次の化学種の Lewis 構造式を描け．すべての非共有電子対を書き，形式電荷があればそれを示せ．いずれの場合もオクテット則に従うと仮定せよ．
(a) $HCCl_3$　(b) NH_3（アンモニア）　(c) $[NH_4]^+$（アンモニウムイオン）　(d) $[H_3O]^+$

1・4　式 C_2H_6O に対応する Lewis 構造式を二つ描け．すべての結合がオクテット則に従い，どの原子も形式電荷をもたないと仮定せよ．

1・5　次の構造式の各原子について形式電荷を計算せよ．それぞれの場合に，構造式全体の電荷はどうなるか．

(a)
$$H-\overset{H}{\underset{H}{\overset{|}{B}}}-\overset{H}{\underset{H}{\overset{|}{N}}}-H$$

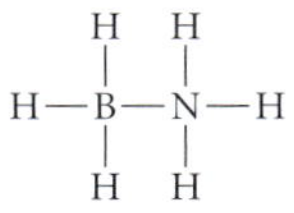

(b)
$$\ddot{\underset{..}{O}}-\overset{:\ddot{O}:}{\underset{:\ddot{O}:}{\overset{|}{P}}}-\ddot{\underset{..}{O}}-H$$

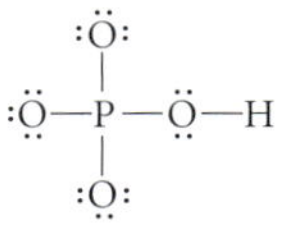

D. 極性共有結合

多くの共有結合では，電子は結合している二つの原子に同等に共有されているのではない．たとえば共有結合化合物である塩化水素 HCl を考えてみよう（HCl は水に溶かすと H_3O^+ イオンと Cl^- イオンを生成するが，気体状態では純粋な HCl は共有結合化合物である）．H−Cl 共有結合中の電子は二つの原子間で均等に共有されているのではない．電子は塩素の方に引寄せられており，これを分極しているという．電子が偏って共有されている結合を**極性共有結合**(polar covalent bond)という．H−Cl 結合は極性共有結合の一例である．

結合が極性かどうかをどのように判断するのだろうか．結合の両端にある二つの原子が結合電子を求めて綱引きをしていると考えてみよう．共有結合中で原子が電子を自分の方に引寄せようとする傾向はその原子の**電気陰性度**(electronegativity)で表される．有機化学で重要な元素の電気陰性度を表 1・1 に示す．この表をよく見よう．表の上方にいくに従って，また右にいくに従って電気陰性度は大きくなる．原子が電子を強く引きつけるほど，その原子はより**電気陰性**(electronegative)である．フッ素は最も電気陰性な元素である．電気陰性度は周期表を下にいくほど，また左にいくほど小さくなる．電子を引きつける能力が小さいほど，その原子は**電気陽性**(electropositive)である．よく見られる安定な元素のなかではセシウムが最も電気陽性である．

表 1・1 おもな主要族元素の Pauling の電気陰性度の平均値

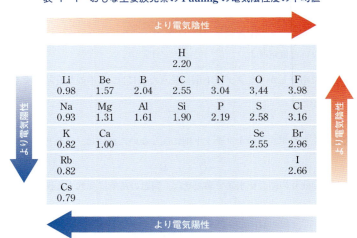

結合している二つの原子の電気陰性度が同じであれば，結合電子は均等に共有される．しかし結合している二つの原子がかなり異なる電気陰性度をもつ場合は電子は均等には共有されず，結合は極性をもつ（極性共有結合をイオンになろうとしている共有結合であると考えてもよい！）．したがって，極性共有結合は電気陰性度が大きく異なる原子間の結合である．結合の極性を次のように表すことがある．

$$\overset{\delta+}{H}-\overset{\delta-}{Cl}$$

この表記において，デルタ δ は"部分的な"という意味で，つまり HCl の水素原子は部分的正電荷をもち，塩素原子は部分的負電荷をもっている．

極性を図示するのによく用いられる方法は**静電ポテンシャル図**(electrostatic potential map：EPM)である．分子の EPM は全電子密度図から出発する．これは分子軌道法から得られる分子内の電子の空間的分布を示す図である．分子軌道法については §1・8 で学ぶ．EPM では正電荷や負電荷のある領域を色分けして示す．負電荷の多い領域は赤色で，正電荷の多い領域は青色で示される．中性の領域は緑色である．

正電荷　　　　　　　　　　　　　　　負電荷

ポテンシャル図とよばれるのは，仮想的な正電荷と分子との相互作用の，分子内の各点における大きさを表しているからである．この正電荷が分子内の負電荷に近づけば引力的なポテンシャルエネルギーが生じ，これが赤色で表される．またこの正電荷が正電荷に近づけば反発的なポテンシャルエネルギーが生じ，これが青色で表される．

H−Cl の EPM では Cl のまわりが赤色の領域になり，H のまわりが青色の領域になっている．これは Cl の電気陰性度が H より大きいことから予測されるとおりである．これと対照的に，水素分子の EPM では，二つの水素原子が電子を同等に共有しているのでこれらの原子のまわりは同じ色になっている．緑色であるのは水素原子が二つとも正味の電荷をもたないことを示している．

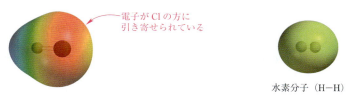

塩化水素（H−Cl）　　　　　水素分子（H−H）

共有結合をもつ分子での電子の偏りは**双極子モーメント**(dipole moment，略号はギリシャ文字のミュー μ)という量で測られる．双極子モーメントは普通デバイという誘導単位で表示される．デバイは D と略記され，1936 年のノーベル化学賞を受賞した P. Debye(1884〜1966)にちなんでいる．HCl 分子は 1.08 D の双極子モーメントをもち，電子が均一に分布している水素分子 H_2 は双極子モーメントをもたない．

双極子モーメントは次の式で定義される．

$$\mu = qr \tag{1・4}$$

ここで q は分離した電荷の大きさであり，r は正電荷の位置から負電荷の位置に向かうベクトルである．HCl のような簡単な分子ではベクトル r の大きさは単に HCl 結合の長さであり，ベクトルは H（双極子の正末端）から Cl（負末端）に向かう．双極子モーメントはベクトル量であり，μ と r は同じ向き，つまり双極子の正末端から負末端に向かう向きをもつ．その結果，HCl 分子の双極子モーメントのベクトルは H−Cl 結合に沿って H から Cl に向かっている．

HCl の双極子モーメントのベクトル

双極子モーメントの大きさが，分離した電荷の量(q)だけでなくそれらの電荷間の距離(r)にも影響されることに注意しよう．したがって，比較的少量の電荷が大きな距離を隔てて存在する分子は，大きな電荷が短距離で存在している分子と同程度の双極子モーメントをもちうることになる．

> 物理学で電気を学ぶと，双極子ベクトルは負末端から正末端に向かうという約束になっていることに気づくだろう．つまり物理学の約束では H−Cl の双極子モーメントベクトルは Cl から H に向かっている．これに対して化学では，分子の双極子モーメントは電子の偏りに起因すると考えるので，双極子モーメントのベクトルは電子が多い方を向くことになっている．この二つの約束事は部分電荷の位置が違うのではなく，双極子モーメントベクトルの頭と尾がどちらを向くとするかが違うだけであることを理解しよう．常にどちらか一方を使うことにしておけば，ベクトル計算にどちらの約束を使っても構わない．

永久双極子モーメントをもつ分子は**極性分子**(polar molecule)とよばれる．HCl は極性分子であり，H_2 は無極性分子である．複数の極性結合をもつ分子もある．それぞれの極性結合はそれに付随する双

極子モーメントをもっており，**結合双極子**(bond dipole)とよばれる．そのような極性分子の正味の双極子モーメントは結合双極子のベクトル和である．（HCl は結合を一つしかもたないので，その双極子モーメントは H–Cl 結合双極子に等しい）．通常の極性有機分子の双極子モーメントは 1 D～3 D の範囲にある．

結合双極子のベクトル性を二酸化炭素分子 CO_2 を例に見てみよう．

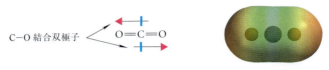

二酸化炭素の EPM

一般化学で学んだと思うが，CO_2 は<u>直線分子</u>である．したがって二つの C–O 結合双極子は逆方向を向いている．この二つは同じ大きさであるから<u>完全に相殺する</u>(同じ大きさで逆向きの二つのベクトルは常に相殺する)．したがって CO_2 は<u>極性結合</u>をもつにもかかわらず<u>無極性分子</u>である．これに対して，結合双極子が相殺<u>しない</u>分子では，結合双極子のベクトル和に相当する双極子モーメントをもつことになる．たとえば，水分子では，結合角が 104.5° なので O–H 結合双極子がベクトル和されて，結合角を二等分する向きに 1.84 D の双極子モーメントをもつ．水の EPM はこの双極子ベクトルを示唆する電荷分布を示しており，酸素のまわりに負電荷が集中し水素のまわりに正電荷がある．

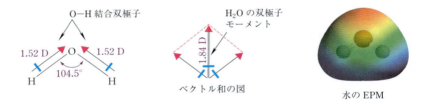

極性は分子の化学的および物理的性質に大きく影響するので，非常に重要な概念である．たとえば，分子の極性からその分子がどのような反応をするかを推測することができる．HCl に戻ると，この分子は水中でその結合の極性から示唆されるような形でイオンに解離する．

$$H_2O + \overset{\delta+}{H}-\overset{\delta-}{Cl} \longrightarrow H_3O^+ + Cl^- \tag{1·5}$$

有機化学を学んでいくと，結合の極性が化学反応性を理解する鍵を与えてくれる多くの例が出てくる．

結合の極性はまた，形式電荷の概念に適用できる洞察を与えてくれることからも有用である．形式電荷は電荷を記録するための手段にすぎないことを頭に入れておかなくてはならない．形式電荷が実際の電荷に対応している場合もある．たとえば水酸化物イオン ^-OH の場合，酸素は水素より電気陰性度がずっと大きいので，実際の負電荷は酸素原子上にある．この場合，形式電荷の位置と実際の電荷の位置は一致している．しかし形式電荷と実際の電荷が一致しないこともある．たとえば，$^-BF_4$ アニオンでは，フッ素はホウ素よりはるかに電気陰性度が大きい(表 1·1)．したがって電荷の大部分はフッ素上にあるはずである．事実テトラフルオロホウ酸イオンの各原子上の<u>実際の電荷</u>はこの予測に一致している．

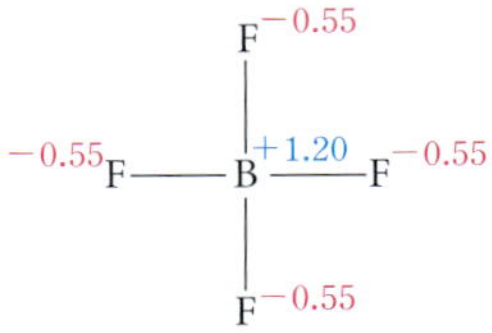

テトラフルオロホウ酸イオンの実際の電荷

Lewis 構造式はこのような分布を簡単には示してくれないので，形式電荷の規則に従うとホウ素上に電荷があることになる（例題 1・1 参照）．しかし，このように形式電荷を一つの原子上に示すことで Lewis 構造式の取扱いがずっと楽になるのである．一方で，結合の極性についての知識を適用すれば電荷が実際にはどこにあるのかを容易に知ることができる．

問 題

1・6 次の有機化合物の各結合の極性を分析せよ．C−C 結合以外で最も極性の小さな結合はどれか．部分正電荷が最も多いのはどの炭素か．

$$\begin{array}{c} \text{H} \quad \text{O} \\ | \quad \| \\ \text{H}-\text{C}-\text{C}-\text{Cl} \\ | \\ \text{Cl} \end{array}$$

1・7 次のイオンについて，形式電荷は実際の電荷がどこにあるのかをほぼ正確に表しているだろうか．それぞれのイオンについて説明せよ．

(a) $\overset{+}{N}H_4$ (b) $:\overset{-}{N}H_2$ (c) $\overset{+}{C}H_3$

1・3 共有結合化合物の構造

共有結合をもつ化合物の**構造**(structure)を知るには，**原子のつながり方**(atomic connectivity)と**分子の幾何学的形状**(molecular geometry)がわかればよい．原子のつながり方とは分子内の原子がどのようにつながっているかを特定することである．たとえば 2 個の水素原子が酸素と結合しているといえば，水分子の原子のつながり方を特定したことになる．分子の幾何学的形状とは，各原子がどのくらい離れているか，そしてそれらが空間内でどのように配置されているかを特定することである．

分子の幾何学的形状を知るより前にまず原子のつながり方を知らなければならない．共有結合化合物が三次元の物体であるという概念は 19 世紀の後半に間接的な化学的および物理的証拠から得られた．しかし 20 世紀初頭までは分子を原子のレベルで見る手段がなかったので，このような概念が物理的実体のあるものかどうか知るよしもなかった．1920 年代までに研究者達は二つの疑問を発することができるようになった．(1) 有機分子は特定の形をもつのだろうか．もしそうならどのような形だろうか．(2) 分子の形をどのように予測できるだろうか．

A. 分子の形を決める方法

20 世紀初頭における化学物理学の最大の進歩の一つは，分子の構造を推測する手段の発見であった．そのような技術には NMR 分光法，赤外分光法，紫外−可視分光法，質量分析法があり，これらについて 12〜15 章で学ぶ．これらの技術は非常に重要であり，まず原子のつながり方についての情報を与えてくれる．しかし分子構造を細部まで完全に決定するためにはさらに別の方法が必要である．現在最も完全な分子構造を与えてくれるのは，X 線結晶解析，電子線回折，およびマイクロ波分光法の三つの手段である．

結晶中の原子の配列は X 線結晶解析(X-ray crystallography)で決定される．この技術は 1910 年代に発見され，高速コンピューターが使えるようになって革命的進化を遂げた．X 線が結晶中の原子によって正確なパターンで回折され，それを数学的に解析することによって分子構造を決めることができる．1930 年頃に電子線回折(electron diffraction)が開発された．これを使うと気体状物質の分子による電子線の回折を解析して分子内の原子の配列についての情報が得られる．第二次世界大戦中のレーダーの開発に伴ってマイクロ波分光法(microwave spectroscopy)が発展した．これは気相中の分子によるマイクロ波の吸収から分子構造の詳細な情報を得る方法である．

本書における分子構造の三次元的詳細の多くは気相での方法，すなわち電子線回折およびマイクロ波

分光法によって得られたものである．気相での測定が困難な分子についてはX線結晶解析が最も重要な構造の情報源となる．これらと同程度の正確さで溶液中の分子の構造を決める手段は存在しない．ほとんどの化学反応は溶液中で起こるのだから，これは残念なことである．しかし気相での構造と結晶中での構造が一致することから，溶液中の分子構造も固体や気体中での分子構造とあまり違わないと考えてよい．

B. 分子構造の予測

分子の反応の仕方は化学結合の性質で決まる．化学結合の性質は分子構造と密接な関係がある．したがって化学反応性を理解する出発点になるという意味で分子構造は重要である．

共有結合化合物で原子のつながり方がわかれば，構造を記述するのにはあと何が必要だろうか．HClのような簡単な二原子分子から出発しよう．このような分子の構造は結合している原子核の中心間の距離，すなわち**結合距離**(bond length)で決まる．結合距離は，ナノメートル(nm)，ピコメートル(pm)，オングストローム(Å)などの単位で表されるが，本書ではnmに統一する($1\,\text{nm} = 1000\,\text{pm} = 10\,\text{Å} = 10^{-9}\,\text{m}$)．したがってHClの構造はH–Cl結合の長さ$0.1274\,\text{nm}$で完全に特定される．

3個以上の原子をもつ分子では，その構造を決めるにはそれぞれの結合距離だけでなく**結合角**(bond angle)，すなわち同じ原子につく2本ずつの結合のなす角度を知る必要がある．たとえば水H_2Oの構造はO–H結合距離とH–O–H結合角がわかると完全に決まる．

分子構造についてこれまで学んできたことを整理すると，結合距離の傾向を分析したり，おおよその結合角を予測したりするのに必要ないくつかの原則にまとめられる．

結合距離　結合距離について以下の三つの一般化ができる．重要性の高い順に並べると，

1. 結合距離は周期表を高周期(下の行)にいくほど大きくなる．この傾向を図1・2に例示する．たとえば，硫化水素のH–S結合は図1・2の水素を含む他の結合のどれよりも長い．炭素，窒素，酸素が周期表の第二周期にあるのに対して硫黄は第三周期にある．同様に，C–H結合はC–F結合より短く，C–F結合はC–Cl結合より短い．これらの効果は原子の大きさを反映している．結合距離は結合している原子の中心間の距離だから，原子が大きくなれば結合は長くなる．

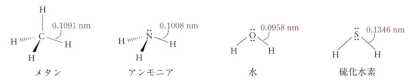

図1・2　結合距離に対する原子の大きさの効果．それぞれの構造において水素への結合はすべて等しい．破線のくさびで表した結合は紙面の後方にあり，実線のくさびで表した結合は紙面の手前にある．硫化水素を他の分子と比べると，周期表を高周期に向かうほど結合距離が大きくなることがわかる．メタン，アンモニア，水を比べると，周期表の同じ行(周期)の中では原子番号が大きくなると結合距離が小さくなることがわかる．

2. 結合次数が大きくなるに従って結合距離が小さくなる．**結合次数**(bond order)は二つの原子に共有される共有結合の数を表す．たとえば，C–C結合は結合次数1であり，C=C結合は結合次数2，C≡C結合は結合次数3である．結合次数が大きくなるに従って結合距離が小さくなる様子を図

1・3 に示す．炭素-炭素結合の結合距離は C—C > C=C > C≡C の順である．

3. 周期表の一つの周期の中では結合次数が同じ結合は原子番号が大きくなると(右にいくと)短くなる．たとえば，図 1・2 の H—C, H—N, H—O を比べてみよう．同様に，H₃C—F の C—F 結合は 0.139 nm で H₃C—CH₃ の C—C 結合の 0.154 nm より短い．周期表の同一周期で右方にある原子はより小さいから，この傾向も項目 1 と同じく，原子の大きさの違いのためである．しかしこの効果は異なる周期の原子を比べた場合の結合距離の違いに比べるとずっと小さい．

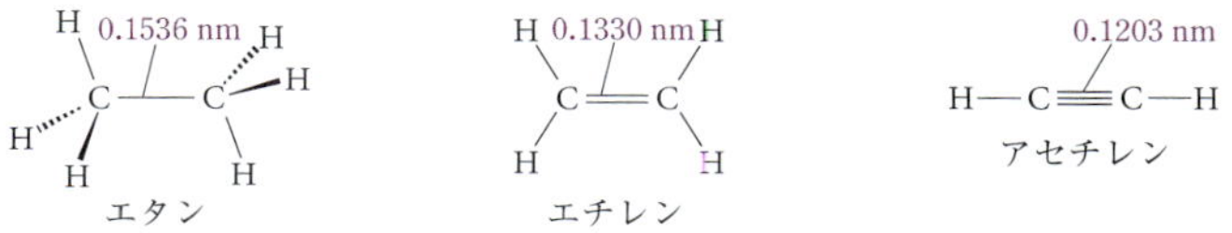

[エタン 0.1536 nm] [エチレン 0.1330 nm] [アセチレン 0.1203 nm]

図 1・3 結合距離に対する結合次数の効果．炭素-炭素結合次数が大きくなると距離は小さくなる．

結合角 結合角は分子の形を決める．たとえば，H₂O や BeH₂ のような三原子分子では，分子が折れ曲がっているか直線状であるかは結合角によって決まる．おおよその結合角を予測するために，一般化学で学んだ**原子価殻電子対反発理論**(valence-shell electron-pair repulsion theory: VSEPR theory)を用いる．VSEPR 理論によれば結合電子対も非共有電子対も空間的な大きさをもっている．VSEPR 理論の基本的な考え方は，結合や非共有電子対はそれらが互いになるべく離れるように中心原子のまわりに配置されるというものである．この配置をとることによって結合電子間の反発が最小になる．

VSEPR 理論をまず結合電子だけをもつ分子の三つの場合，つまり中心原子に 4 個，3 個，および 2 個の基が結合している場合に適用してみよう．

中心原子に 4 個の基が結合している場合，中心原子が四面体構造をとるときに結合は互いに最も遠くなる．このとき結合している 4 個の基は**四面体**(tetrahedron)の頂点に位置する．四面体とは四つの三角形の面をもつ三次元の物体である(図 1・4a)．メタン CH₄ は正四面体構造をもつ．正四面体とはすべての辺が同じ長さをもつ四面体のことである(図 1・4b)．中心原子は炭素であり，4 個の基は水素である．メタンの水素が正四面体の頂点に位置すると C—H 結合は互いに最も離れる．メタンの 4 本の C—H 結合は等価であるから，水素は正四面体の頂点に位置する．正四面体であることから結合角は 109.5° となる(図 1・4c)．

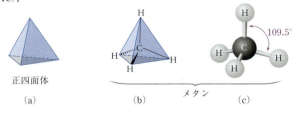

図 1・4 メタンの正四面体構造．(a) 正四面体．(b) メタンでは炭素は正四面体の中心にあり 4 個の水素は頂点に位置する．(c) メタンの球棒模型．正四面体構造であることから結合角は 109.5° になる．

結合角を予測する目的で VSEPR 理論を適用する場合，すべての基が等しいとみなす．たとえば CH₃Cl(クロロメタン)では，C—Cl 結合は C—H 結合よりかなり長いが，炭素を取巻く基をあたかも等価であるかのように扱う．結合角は正四面体角の 109.5° から若干ずれているが，クロロメタンは事実上四面体構造をしている．

四面体構造はこれから繰返し出てくるので，これに慣れる努力が必要である．四面体炭素は**線-くさび構造式**(line-and-wedge structure)で表示することが多い．その例を次のジクロロメタン CH₂Cl₂ の構

造で示す.

炭素, 2個の塩素, 2本のC−Cl結合は紙面内にある. C−Cl結合は実線で示す. 水素の一つは紙面の後方にある. 炭素からこの水素に向かう結合は紙面の後方を向いており, くさび形の破線で示す. 残りの水素は紙面の手前にある. この水素への結合は紙面の手前に向いており, くさび形の実線で示す. どんな分子でも複数の線−くさび構造式が可能である. どのように描くかはどのように分子を見るかによる. 二つの水素を紙面内に置き, 塩素を紙面外に置いてもよいし, 水素と塩素1個ずつを紙面内に置いて他の水素と塩素を紙面外に置いてもよい.

四面体構造(あるいは他のどんな形でもよいのだが)に慣れるよい方法は**分子模型**(molecular model)を使うことである. 分子模型は市販されており, これを使って簡単な有機分子を組立てることができる. たぶん担当の教師が模型のセットを購入すること求めたり, 推薦したりしてくれるだろう. <u>ほとんどすべての初心者が有機化学の三次元的側面を理解するために, 少なくとも最初は, 分子模型を必要とする.</u> いくつかのタイプの分子模型を図1・5に示す. 本書では, 結合の方向性を理解するために**球棒模型**(ball-and-stick model, 図1・5a)を, また原子や分子の広がりを理解するために**空間充填模型**(space-filling model, 図1・5c)を用いる. 諸君は安価な球棒模型のセットを購入して頻繁に使うとよい. <u>まず上で述べたジクロロメタン分子の模型を組立てて線−くさび構造式と比べてみよ.</u>

図1・5 メタンの分子模型. (a) 球棒模型では原子は球で, 結合はそれらをつなぐ棒で表される. 最も安価な学生用の分子模型はこのタイプである. (b) ワイヤー・フレーム模型では中心原子(この場合は炭素)とそれにつく結合が示される. (c) 空間充填模型では原子はその共有結合半径あるいは原子半径に比例する半径の球で表される. 空間充填模型は原子あるいは分子が占める空間の大きさを表すのに特に効果的である.

問 題

1・8 もし必要なら分子模型を使ってジクロロメタン(上図参照)の別の線−くさび構造式を少なくとも二つ描け.

一つの原子のまわりに3個の基がある場合, 三つの結合すべてが同一平面上にあって互いに120°になっているとき, 結合は互いに最も離れている. たとえば三フッ化ホウ素の構造がそうである.

このような場合, 中心原子(この場合はホウ素)は**平面三角形**(trigonal planar)構造をもつという.

コンピューターによる分子モデリング

科学者はコンピューターを用いて分子模型を表示することがある．巨大分子の分子模型を実際につくるのは時間的にも金銭的にも非常に高いものにつくので，コンピューターによる分子モデリングは巨大分子について特に有用である．計算にかかるコストが低下してきたのでコンピューターによる分子モデリングはますます実用的なものになってきた．本書に出てくる模型の多くは，分子モデリングプログラムで出力された結果をもとに描かれている．

一つの原子のまわりに <u>2 個の基</u>がある場合，結合が最も離れるためには結合角が 180° になる必要がある．アセチレン H−C≡C−H の各炭素がそのような構造になっている．それぞれの炭素は二つの基，すなわち水素およびもう一方の炭素に結合している．三重結合の 3 本の結合はいずれも一つの原子に結合しているので，VSEPR 理論を考える場合は一つの結合とみなす（他の化合物での二重結合も同様である）．180° の結合角をもつ原子は <u>直線</u>(linear)構造であるという．つまりアセチレンは <u>直線</u>分子である．

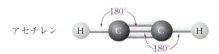

次に非共有電子対を VSEPR 理論でどのように取扱うかを考えよう．<u>非共有電子対はその末端に原子核をもたない結合とみなされる</u>．たとえば，VSEPR 理論ではアンモニア :NH₃ は "4 本の結合"，すなわち 3 本の N−H 結合および非共有電子対，に取巻かれていると考える．これらの結合は四面体の頂点を向いているから，水素は四面体の四つの頂点のうちの三つを占めている．したがって，:NH₃ は非共有電子対を含めると基本的に四面体構造をもつ．しかし 3 本の N−H 結合は三角錐の辺に沿っているので，この構造を <u>三角錐</u>(trigonal pyramidal)構造とよぶ．

VSEPR 理論ではまた非共有電子対は通常の結合よりも大きな空間を占めると仮定する．つまりこの電子対はもう一つの原子核に束縛されないので広がっていると考えることができる．その結果，非共有電子対と他の結合との結合角は正四面体角よりやや大きくなり，N−H 結合間の結合角はやや小さくなると予測される．実際，アンモニアの H−N−H 結合角は 107.3° である．

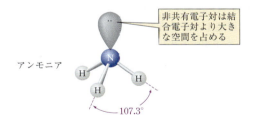

例題 1・3

次の分子のそれぞれの結合角を予測せよ．また結合を最も短いものから順に並べよ．

$$\overset{1}{H}-\overset{2}{\underset{(a)}{C}}\equiv\overset{3}{\underset{(b)}{C}}-\overset{4}{\underset{(c)}{\underset{(d)}{C}}}\overset{\overset{5}{O}}{\underset{}{\|(e)}}-\overset{6}{Cl}$$

解　法　炭素-2 は二つの基(H と C)に結合しているので，その構造は直線状である．同様に炭素-3

も直線構造である．残りの炭素(炭素-4)は三つの基(C, O, Cl)と結合しているので，ほぼ平面三角形構造をしている．結合を長さの順に並べるには，結合距離の規則の<u>重要性の順</u>を思い出そう．結合距離に最も大きな影響をもつのは，結合原子が属する周期表の行(周期)である．したがって C－H 結合は C－C 結合や C－O 結合より短く，C－C 結合や C－O 結合は C－Cl 結合より短い．その次に大きな効果は結合次数である．したがって C≡C 結合は C＝O 結合より短く，C＝O 結合は C－C 結合より短い．これらの結論をまとめると，結合距離の順序は $(a) < (b) < (e) < (c) < (d)$ となる．

問 題

1・9 次の分子のおおよその構造を予測せよ．
(a) $[BF_4]^-$　(b) 水　(c) $H_2C=\ddot{O}$　(d) $H_3C-C≡N:$
　　　　　　　　　　　　　　　ホルムアルデヒド　　アセトニトリル

1・10 次の分子のそれぞれの結合角を予測せよ．また結合を最も短いものから順に並べよ．

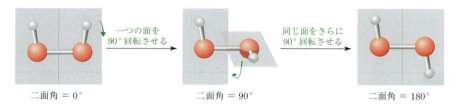

二面角　これまでに述べてきたものよりさらに複雑な分子の形を完全に記述するには，結合距離や結合角だけでなく<u>隣接する二つの原子につく結合の空間的関係を特定する必要がある</u>．

この問題を過酸化水素 H－Ö－Ö－H の分子を例に説明しよう．O－O－H 結合角はともに 96.5° である．しかし結合角がわかっただけでは過酸化水素分子の形を完全に記述するには不十分である．その理由を理解するために，酸素の一つとそれにつく 2 本の結合がつくる平面が交わる様子を想像してみよう(図 1・6)．過酸化水素の構造を完全に記述するためには，これら二つの平面がなす角度を知る必要がある．この角度を**二面角**(dihedral angle)あるいは**ねじれ角**(torsion angle)とよぶ．この二面角の 3 通りの場合を図 1・6 に示す．過酸化水素の分子模型をつくって，一つの O－H 結合を固定してもう一方の酸素とそれに結合する水素を O－O 結合のまわりで回転させてみれば二面角について納得できるだろう(実際の過酸化水素の二面角は問題 1・42 で求める)．分子のもつ結合の数が多ければ特定すべき二面角も多くなる．2 章以降で二面角を予測するのに必要な原則のいくつかを学ぶ．

図 1・6　二面角の概念．過酸化水素 H－O－O－H を例に示す．結合角には関係ない．二面角の 3 通りの場合(0°, 90°, 180°)を示す．

まとめると，分子の形は結合距離，結合角および二面角で完全に特定することができる．二原子分子の形は結合距離だけで完全に決まる．中心原子に 2 個以上の他の原子が結合している分子の形は結合距離と結合角で決まる．さらに複雑な分子の形を特定するには結合距離，結合角，二面角が必要である．

問題

1・11 次のイオンのうち，その構造を完全に特定するために二面角が必要なのはどれか．説明せよ．

$$H_3C-\overset{+}{N}H_3 \qquad PF_6^- \qquad H\ddot{\underset{..}{O}}-\ddot{\underset{..}{O}}:^-$$
$$\quad A \qquad\qquad B \qquad\qquad C$$

1・4 共鳴構造式

一つの Lewis 構造式だけでは正確に表すことができない化合物もある．たとえばニトロメタン H_3C-NO_2 の構造を考えてみよう．

$$H_3C-\overset{+}{\underset{\underset{:\ddot{O}:^-}{\|}}{N}}\overset{\ddot{O}:}{} \qquad ニトロメタン$$

この Lewis 構造式には N—O 単結合と N＝O 二重結合が 1 本ずつある．前の節で学んだように二重結合は単結合より短いはずである．しかしニトロメタンの 2 本の窒素–酸素結合は同じ長さであり，しかもその長さは他の化合物で知られている窒素–酸素の単結合と二重結合の長さの中間であることが実験からわかっている．ニトロメタンの構造を次のように書き表すことによってこの状況を理解することができる．

$$\left[H_3C-\overset{+}{\underset{\underset{:\ddot{O}:^-}{\|}}{N}}\overset{\ddot{O}:}{} \quad\longleftrightarrow\quad H_3C-\overset{+}{\underset{\underset{:\ddot{O}:}{\|}}{N}}\overset{:\ddot{O}:^-}{} \right] \qquad (1・6)$$

双頭の矢印（↔）はニトロメタンがこの二つの構造式の"平均"の構造をもつことを意味している．この二つの構造式を**共鳴構造式**（resonance structure）とよび，ニトロメタンはこの二つの構造式の**共鳴混成体**（resonance hybrid）であるという．双頭の矢印 ↔ は化学平衡で用いられる矢印 ⇌ とは別のものであることに注意しよう．ニトロメタンの二つの構造式は速やかに相互変換しているのではなく，つまり平衡にあるのではない．一つの構造の異なる表現法である．本書ではこの点を強調するために共鳴構造式を角括弧に入れて示すことにする．

式(1・6)の二つの共鳴構造式は架空のものであるが，ニトロメタンは実在する分子である．ニトロメタンの構造を一つの Lewis 構造式だけで正確に表せないので，二つの架空の構造式の混成体として表さねばならないのである．

ニトロメタンの場合のように二つの共鳴構造式が同一であれば，二つの構造式はこの分子を記述するのに同等に重要である．ニトロメタンは式(1・6)の二つの構造式の 1：1 の平均であると考えることができる．たとえば，二つの酸素原子は電荷を半分ずつ分けあっており，また窒素–酸素結合は単結合でも二重結合でもなくその中間の結合になっている．この混成体としての性質は，部分結合を破線で表す一つの構造式で表すことができる．たとえばニトロメタンは次のような式のいずれかで表現される．

$$H_3C-\overset{+}{\underset{\underset{O^{\delta-}}{\|}}{N}}\overset{O^{\delta-}}{} \quad あるいは \quad H_3C-\overset{+}{\underset{\underset{O}{\|}}{N}}\overset{O}{-}$$

左側の構造式では負電荷を分けあっている位置が部分電荷で明示されている．右側の式では負電荷の位置は明示されていない．このような構造式は便利なこともあるが，電子をカウントする規則を適用するのが難しい．混乱をさけるため，本書では通常の共鳴構造式を使うことにする．

二つの共鳴構造式が同一ではない場合，分子の構造は二つの構造式の加重平均となる．すなわち，そ

の分子を表すのに一方の構造式が他方よりも重要である．たとえば，メトキシメチルカチオンはその例である．

$$[\text{H}_2\overset{+}{\text{C}}-\ddot{\text{O}}-\text{CH}_3 \longleftrightarrow \text{H}_2\text{C}=\underset{+}{\ddot{\text{O}}}-\text{CH}_3] \tag{1・7}$$

メトキシメチルカチオン

右側の構造式がこのカチオンをよりよく表している．それはすべての原子が完全なオクテットをもっているからである．したがってC–O結合はかなりの二重結合性をもっており，正の形式電荷の大部分は酸素上にある．

> 電荷を管理するための手段である形式電荷は，共鳴構造式でも通常の構造式と同様の制限を受ける．メトキシメチルカチオンの形式電荷の大部分は酸素上にあるが，酸素は炭素より電気陰性度が大きいので，実際の正電荷のより多くの部分はCH$_2$炭素が担っている．

共鳴構造式の特に重要な点は，共鳴構造式がそれらによって表される分子やイオンなどの化学種の安定性と密接な関連があることである．共鳴構造式の混成体で表される化学種は，個々の構造式をもつ架空の化学種よりも安定である．たとえば実際のニトロメタン分子は式(1・6)の共鳴構造式で表される架空の分子のいずれよりも安定である．そこでニトロメタンやメトキシメチルカチオンは共鳴安定化(resonance-stabilization)しているといわれる．

どのようなときに共鳴構造式を使い，どのように描き，どのようにそれらの相対的重要性を知ればよいだろうか．3章で共鳴構造式を導きだす方法を学び，15章で共鳴の別の面を詳しく学ぶ．その他の章でも共鳴構造式がでてくれば，その重要性を指摘する．次の点を頭に入れよう．

1. 共鳴構造式は一つのLewis構造式だけでは正しく表せない化学種について用いる．
2. 共鳴構造式は平衡にあるのではない．つまり共鳴構造式で記述される化学種はある時間は一方の共鳴構造式で表される構造をとり，他の時間は別の共鳴構造式で表される構造をとるということではなく，構造は一つしかない．
3. その化学種の実際の構造は共鳴構造式を加重平均したものである．共鳴構造式が同一であれば，それらは同等に寄与している．
4. 共鳴混成体はそれに寄与する構造式で表される架空の構造のいずれよりも安定である．共鳴構造式で表現される分子は共鳴安定化しているという．

問題

1・12 ベンゼンという化合物はただ1種類の炭素–炭素結合しかもたず，それは単結合と二重結合の中間の長さである．次の構造式をもとにして，炭素–炭素結合距離を説明できるベンゼンの共鳴構造式をもう一つ描け．

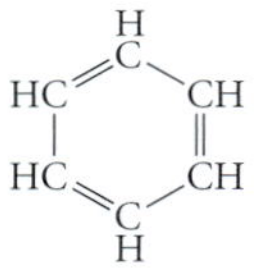

ベンゼン

1・13 (a) アリルアニオンについて，次の構造式と並んで二つのCH$_2$炭素が同等で区別できないことを示すもう一つの共鳴構造式を描け．

$$[\text{H}_2\text{C}=\text{CH}-\overset{-}{\text{C}}\text{H}_2 \longleftrightarrow \quad\quad\quad]$$

アリルアニオン

(b) これらの共鳴構造式に従うと，それぞれのCH$_2$炭素にはどのくらいの負電荷があるか．
(c) アリルアニオンを破線の結合と部分電荷を用いた一つの構造式で描け．

1·5 電子の波動としての性質

　共有結合は二つの原子の間で1組あるいはそれ以上の電子対を共有してできることを学んだ．この化学結合の単純なモデルは非常に便利であるが，不適切な面もある．量子力学という科学の分野を用いると化学結合の性質をさらに深く洞察することができる．量子力学は原子や分子の中の電子の挙動を詳しく取扱う．この理論は高度な数学を含んでいるが，数学の詳細に踏込まなくても，そこから得られる一般的な結論を理解することができる．量子力学の出発点は，電子のような小さな粒子は波動の性質ももち合わせているという考え方である．この考え方はどのように出てきたのだろうか．

　20世紀の初頭，電子の挙動のいくつかの点が従来の理論では説明できないことが明らかになった．電子が粒子であることは疑いの余地がなかった．その電荷と質量をともに測定することができたからである．しかし電子は光と同様に回折することがわかった．回折は粒子ではなく波動がもつ性質である．当時の物理学では粒子と波動は無関係な現象として扱われていた．1920年代の中頃になって量子力学が出現して，このような考え方に変化が起きた．この理論によれば，電子のような極微小物体の世界では粒子と波動には本質的な違いはないのである．電子のような微小粒子は波動物理学で記述することができる．いいかえれば，物質は波動と粒子の二重性をもっている．

　この波動と粒子の二重性によって，電子についての考え方をどのように変えればよいのだろうか．日常生活でわれわれは決定論的な世界に慣れている．すなわちどんな物体についてもその位置を正確に測定することができ，またその速度を実用的な目的では望みの精度で決めることができる．たとえば机の上に置かれた野球のボールを指さして，自信をもって次のようにいうことができる．"このボールは静止しており(その速度は0であり)，机の端からちょうど30 cmのところにある"．われわれの感覚では，電子についてはそのような測定ができないということを理解できない．問題は人も化学の教科書も野球のボールも一定の大きさをもっているが，電子やその他の微小物体はこれらよりはるかに小さいということである．量子力学の中心的原理であるHeisenbergの不確定性原理(Heisenberg uncertainty principle)によれば，粒子の位置と速度を決定する正確さは本質的に限定されている．バスケットボールや有機化学の教科書のような"大きな"物体，これには分子も含まれるが，については，位置の不確実さはその物体のサイズに比べて小さく，取るに足らない．しかし電子のような微小な物体については，その不確実さが重要になる．その結果電子の位置は不確実になる．Heisenbergの不確定性原理によれば，電子がある一定の空間領域にある確率がわかるにすぎない．

　まとめると，

1. 電子は波動に似た性質をもつ．
2. 電子の正確な位置を特定することはできない．電子がある一定の空間領域を占めている確率がわかるだけである．

1·6 水素原子の電子構造

　共有結合を量子力学の立場から理解するためには，まず原子の電子構造についてこの理論が教えてくれることを理解しなければならない．この節では最も簡単な原子である水素への量子論の応用について述べる．水素を取上げるのは，その電子構造が非常に詳細に議論されてきたからであり，その議論がさらに複雑な原子にそのまま応用できるからである．

A. 軌道，量子数，エネルギー

　水素原子についての初期のモデルでは，ちょうど地球が太陽のまわりを回っているのと同じように，電子は原子核のまわりの決まった軌道(orbit)を回っていると考えられた．量子力学ではこのorbitがorbitalに置き換えられた．この二つは似た名前であるがまったく違うものである．原子軌道(atomic orbital)は原子の中の電子の波動性を記述したものである．水素の原子軌道とは水素原子中の電子の許

容された状態，すなわち許容された波の動きであると考えることができる．

物理学では原子軌道は**波動関数**(wavefunction)とよばれる関数で記述される．つまり，正弦波を $\psi = \sin x$ という関数で表現するのと同じである．これは一次元の簡単な波動関数である．原子中の電子の波動関数も概念的には似ているが，こちらは三次元に広がっており，その関数の形は異なる．

水素原子中の電子には可能な多くの軌道すなわち状態がある．この電子の波としての性質はいくつかの波動関数のどれか一つで記述される．"電子波"の数学では，各軌道は3種類の**量子数**(quantum number)で記述される．もう一度簡単なたとえとして，簡単な波動方程式 $\psi = \sin nx$ を考えよう．異なる n の値に対して異なる波が得られる．n が整数に限定されるとすると，n はこのタイプの波の量子数であると考えることができる(問題 1・14 参照)．電子の波動関数は3種類の量子数を含む．量子数は電子の波動方程式において重要な意味をもつのであるが，われわれは量子数は電子のもつ種々の軌道，つまり波の動き，を区別する標識ないし記述子であると考えておこう．これらの量子数は一定の値だけをとることができ，ある量子数の値が別の量子数の値に依存することもある．

主量子数(principal quantum number)は n で表され，1以上の整数値をとることができる．すなわち $n = 1, 2, 3, \cdots$ である．

角運動量量子数〔angular momentum quantum number，方位量子数(azimuthal quantum number)ともよばれる〕は l で表され，n の値に依存する．l 量子数は0から $n-1$ までの整数値をとることができる．すなわち $l = 0, 1, 2, \cdots, n-1$ である．主量子数と混同されないように，l の値は文字で符号化され，$l = 0$ は s，$l = 1$ は p，$l = 2$ は d，$l = 3$ は f で表すことになっている．l の値を表 1・2 にまとめた．$n = 1$ をもつ軌道ないし波動関数は一つだけである，その軌道は $l = 0$ であり，1s 軌道という．しかし $n = 2$ には0と1の二つの l の値が許される．したがって水素原子中の電子は 2s 軌道と 2p 軌道のどちらにも入ることができる．

表 1・2 3 種類の軌道量子数の間の関係

n	l	m_l	n	l	m_l	n	l	m_l
1	0 (1s)	0	2	0 (2s)	0	3	0 (3s)	0
				1 (2p)	−1		1 (3p)	−1
					0			0
					+1			+1
							2 (3d)	−2
								−1
								0
								+1
								+2

磁気量子数(magnetic quantum number)は m_l で表される第三の量子数である．その値は l の値に依存する．m_l 量子数は0および $\pm l$ までの正負の整数値をとることができる．すなわち $m_l = 0, \pm 1, \pm 2, \cdots, \pm l$ である．したがって，$l = 0$(s 軌道)に対して m_l は0だけである．$l = 1$(p 軌道)に対して m_l は -1，0，$+1$ の値をとりうる．いいかえればどの主量子数についても s 軌道は一つだけであり，$n > 1$ の場合はどの主量子数についても3個の p 軌道があり，それぞれが m_l の各値に対応している．l と m_l は複数の可能性があるので，n が増すに従って軌道の数は増加していく，この点を表 1・2 に $n = 3$ までについて示した．

水素原子中の電子はある一定の状態すなわち軌道だけに存在できるのと同様に，そのエネルギーもある一定の値だけをとる．それぞれの軌道はそれに特有の電子エネルギーと結びついている．水素原子中の電子のエネルギーはその軌道の主量子数で決まる．これが量子論の中核的な考え方の一つである．電子のエネルギーは特定の値だけをとり，これを量子化されているという．このような電子の性質は波動

性の直接的結果である．水素原子中の電子は $n=1$ の軌道(1s軌道)に存在し，電子のエネルギーをより大きな n (たとえば $n=2$)をもつ状態に上げるのに必要な正確な量のエネルギーをたとえば光によって供給されない限り，この状態に留まる．

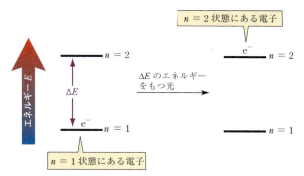

そのようなエネルギーの供給が起こると，電子はエネルギーを吸収して直ちに $n=2$ の軌道に特有の新たなよりエネルギーの大きい波の動きをとる．(原子が量子化された性質をもつことを示す最初の鍵はこのようなエネルギー吸収の実験から得られた)．わかりやすいたとえがある．ソーダ水の瓶の口(フルートの方がもっと洗練されているが)に息を吹きつけたことがあれば，瓶のサイズによってある一定の音だけが出ることを知っているだろう．強く吹いても音程は変わらず大きな音になるだけである．しかしさらに強く吹くと突如高い音程にジャンプする．つまり音程は量子化されているのである．ある一定の音の振動数(音程)だけが許されている．このような現象が見られるのは音が瓶の中の空気の運動だからであり，一定の大きさの空洞の中で，ある一定の音程の音だけが相殺されずに存在しうるのである．強く吹くに従ってより高い音程(最低の音程の倍音という)に段階的に変化するのは，原子の中で電子がより高いエネルギー状態(軌道)に段階的に移るのと似ている．瓶の中での倍音が"量子数"の大きな波動関数で記述されるのと同じように，より高いエネルギーの軌道はより大きな主量子数 n の波動関数で記述される．

B. 軌道の三次元的な特徴

有機化学にとって原子構造の最も重要な観点の一つは，それぞれの軌道が電子の存在確率の高い三次元空間領域で特徴づけられるということである．つまり軌道は三次元的な特徴をもっている．軌道のサイズはおもに主量子数 n に支配される．n が大きくなるほど，その軌道が占める空間領域は大きくなる．軌道の形は角運動量量子数 l に支配される．軌道の向きは磁気量子数 m_l に支配される．これらの点を例で示そう．

電子が1s軌道を占めるとき，電子は原子核を中心とする球の内部で見いだされる(図1・7)．その球内のどこに電子があるのかは不確定性原理のために特定できない．電子の位置はあくまでも確率である．量子論の計算によれば，1s軌道にある電子が原子核を中心とする半径0.14 nmの球の内部で見いだされる確率は90%である．この"90%の確率レベル"を軌道のおおよそのサイズと考える．したがって，1s軌道にある電子を，その大部分が原子核から0.14 nm以内にある電子密度の雲として図示することができる．

> 軌道は実際のところ三次元の関数であるから，空間の各点において軌道の値(つまり電子の確率)をプロットするには第四の次元を要する．われわれは三次元までに限られているから，図1・7や今後出てくる軌道図では，それぞれの軌道を電子の存在確率の一定範囲(ここでは90%)を囲む三次元的な図として示す．それぞれの図において電子の確率の詳しい定量的な分布は示されない．

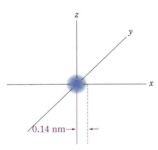

図 1・7　1s 軌道．電子密度の大部分(90%)は原子核を中心とする半径 0.14 nm の球の内側にある．

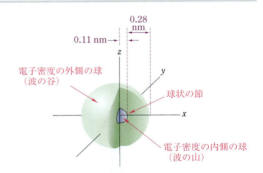

図 1・8　2s 軌道の断面図．波の山を含む正の領域は青で，谷を含む負の領域は緑で示されている．この軌道の電子密度は同心の二つの球で表現される．2s 軌道は 1s 軌道よりもかなり大きい．2s 軌道の電子密度の大部分(90%)は原子核を中心とする半径 0.39 nm の球の内側にある．

　電子が 2s 軌道を占める場合は，やはり球状に分布するが，その球はかなり大きく 1s 軌道の約 3 倍の半径をもつ(図 1・8)．3s 軌道はさらに大きい．軌道のサイズはその電子がより大きなエネルギーをもつことを反映している．より大きなエネルギーをもつ電子は正電荷をもつ原子核の引力からより大きく逃れることができる．

　2s 軌道には節とよばれる軌道のもつ重要な三次元的特徴がある．振動している弦に見られる波や水たまりに現れる波を見たことがあれば，波に山や谷，つまり波が最も高くなったり最も低くなったりする領域，があることを知っているだろう．三角法によれば，簡単な正弦波 $\psi = \sin x$ は山で正符号，谷で負符号をもつ(図 1・9)．波は連続的であるから，山と谷の間のどこかで 0 にならなければならない．波が 0 になる点，あるいは三次元波では面，を**節**(node)という．

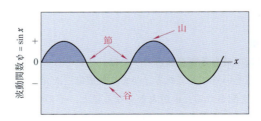

図 1・9　通常の正弦波($\psi = \sin x$ のプロット)の山，谷，および節．山は ψ が正の領域であり，谷は ψ が負の領域である．$\psi = 0$ の点が節である．

　図 1・8 やその後の図を見ればわかるように，山と谷を色分けして，山を青色，谷を緑色で示してある．軌道の節の性質が議論に重要ではない場合は軌道を灰色で示す．

　　混乱しがちな一つの点に特に注意を払おう．電子の波動関数の符号は電子の電荷ではない．電子は常に負の電荷をもつ．波動関数の符号は波を記述する数学的な表現上の符号のことである．便宜上，山の部分(青色で示す)が正符号(+)をもち，谷の部分(緑色で示す)が負符号(−)をもつ．

　図 1・8 で示したように 2s 軌道は節を一つもつ．この節は原子核に近い山の部分と原子核から遠い谷の部分とを隔てている．2s 軌道は三次元波であるから節は球面状である．2s 軌道の節面は無限に薄い球殻である．2s 軌道は二重の同心球状の電子密度で特徴づけられる．

2s 軌道において波の山は 2s 波動関数の正の値と対応し，波の谷は負の値と対応している．電子密度が 0 の球殻である節は山と谷の間にある．「電子が節に存在しえないとすれば，電子はどのように節を通過するのか」と質問する学生がいる．その答は，電子は波動であり，振動する弦の節がその波の一部であるのと同様に，電子の節もその波の一部である，ということになる．電子は弦とは似ていないが，弦の波とは似ている．

 次に有機化学で特に重要な 2p 軌道に移ろう（図 1・10）．2p 軌道を見ると，量子数 l がどのように軌道の形を支配しているのかがわかる．s 軌道はいずれも球状であるが，p 軌道はいずれも亜鈴状をしており三次元的な向きをもっている（すなわち特定の軸に沿っている）．2p 軌道を構成している二つの球状の空間的な広がり〔これをローブ (lobe) という〕の一つ（青色）は波の山に相当し，もう一つのローブ（緑色）は波の谷に相当している．電子密度すなわち電子を見いだす確率は，両方のローブの対応する部分で同一である．二つのローブは同じ軌道の一部であることに注意しよう．2p 軌道における節は，原子核を通って二つのローブを隔てており，平面である．p 軌道のサイズは他の軌道と同様その主量子数に支配される．2p 軌道は原子核から 2s 軌道と同じ程度の距離に広がっている．

 図 1・10(b) は 2p 軌道の慣習的な表示法を示している．このようにローブを丸みの少ない"液滴"状で表すことが多い（この形は波動関数の二乗に由来しており実際の電子密度に比例している）．この形は 2p 軌道の方向性が強調されており，便利である．この描き方が広く採用されているので，本書でもこれを使う．

 2p 軌道は 3 個あり，その一つ一つが量子数 m_l が取りうる値のそれぞれに対応していることを思い出

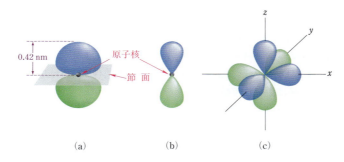

図 1・10　(a) 2p 軌道．軌道を二つのローブに分けている節面に注意しよう．電子密度の大部分 (90%) は原子核から 0.42 nm 以内にある．(b) 2p 軌道を表現するのによく用いられる描き方．(c) 三つの 2p 軌道を一緒に示した図．それぞれの軌道は異なる m_l 量子数の値をもつ．

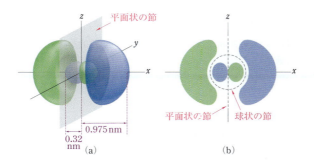

図 1・11　(a) 3p 軌道の透視図．平面状の節だけを描いてある．このような軌道が三つあり，互いに垂直になっている．3p 軌道は図 1・10 の 2p 軌道よりずっと大きいことに注意せよ．電子密度の大部分 (90%) は原子核から 0.975 nm 以内にあり，その 60% は外側の大きなローブにある．(b) 平面状の節と球状の節の両方を示した 3p 軌道の断面図．

そう（表 1・2）．三つの 2p 軌道の図は量子数 m_l がどのように軌道の方向性を支配しているかを示している．2p 軌道のそれぞれがのっている軸は互いに直交している．そこで三つの 2p 軌道を $2p_x, 2p_y, 2p_z$ と書いて区別する．この 3 個の 2p 軌道を重ねて示したのが図 1・10(c) である．

　原子軌道をもう一つ，3p 軌道を調べよう（図 1・11）．まず，主量子数が大きくなった結果として軌道のサイズが大きくなっていることに注意しよう．この軌道の 90% 確率レベルは原子核からほぼ 1 nm のところにまで広がっている．次に，3p 軌道の形に注目しよう．一般的なローブの形をしているが，節で隔てられた四つの部分からなっている．内側の二つの領域は 2p 軌道のローブに似ている．しかし外側の領域は大きく広がっており，マッシュルームの傘のような形をしている．最後に，節の数と特徴に注意しよう．3p 軌道は二つの節をもつ．一つは 2p 軌道の節と同様に平面状で原子核を通っている．もう一つは図 1・11(b) に示したように球状で内側のローブと外側のローブを隔てている．主量子数 n の軌道は $n-1$ 個の節をもつ．3p 軌道は $n = 3$ であるから $(3-1) = 2$ 個の節をもつ．n が大きくなれば節の数も増し，そのエネルギーも大きくなる．この点も音波と驚くほど似ており，より高い音程の倍音はより多くの節をもつ．

C. まとめ：水素の原子軌道

水素原子の軌道に関する重要なポイントをまとめると，

1. 軌道とは電子に許容された状態のことである．軌道は電子の波動性を記述している．軌道を数学的に記述したものを波動関数とよぶ．
2. Heisenberg の不確定性原理によれば，軌道内の電子の密度は確率で表される．軌道を電子密度の"雲"と考えることができる．
3. 軌道は 3 種類の量子数で記述される．
    a. 主量子数 n は軌道のエネルギーを支配する．n が大きければエネルギーも大きい．
    b. 角運動量量子数 l は軌道の形を支配する．$l = 0$ の軌道（s 軌道）は球状である．$l = 1$ の軌道（p 軌道）は 1 本の軸に沿った複数のローブをもつ．
    c. 磁気量子数 m_l は軌道の向きを支配する．
4. $n > 1$ の軌道は電子密度が 0 の面である節をもつ．節は電子密度の山の部分と谷の部分，いいかえれば軌道を記述する波動関数の符号が逆である部分を隔てている．主量子数 n の軌道は $n-1$ 個の節をもつ．
5. 軌道のサイズは n が増すに従って大きくなる．

問題

1・14 波動関数 $\psi = \sin nx$ の $0 \leq x \leq \pi$ の領域での曲線を $n = 1, 2, 3$ について描け．"量子数" n と波動関数の節の数との関係はどうなっているか．

1・15 この節で学んだ軌道の形の傾向を用いて，次の軌道の一般的な特徴を書け．
　(a) 3s 軌道　　(b) 4s 軌道

1・7　さらに複雑な原子の電子構造

　原子番号が 2 より大きな原子がもつ電子の軌道は，大雑把にいって，水素原子の軌道と本質的に同じである．軌道の形も節の性質も似ている．しかし重要な相違点が一つある．水素以外の原子では主量子数 n が同じでも l が異なる電子は異なるエネルギーをもつ．たとえば，炭素と酸素は水素と同じように 2s 軌道と 2p 軌道をもつが，水素とは違ってこれらの軌道にある電子は異なるエネルギーをもつ．2 個以上の電子をもつ原子のエネルギー準位の順序を模式的に図 1・12 に示す．この図からわかるように，エネルギー準位間のギャップは主量子数が増すに従って順次小さくなる．さらに，主量子数が異なる軌

道間のエネルギーギャップは同じ主量子数をもつ軌道間のギャップより大きい．つまり，2s 軌道と 3s 軌道のエネルギー差は 3s 軌道と 3p 軌道のエネルギー差より大きい．

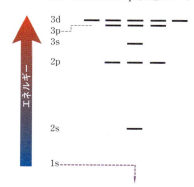

図 1・12　異なる軌道の相対的なエネルギーを炭素原子の最初の三つの主量子数について示す．1s 軌道のエネルギーはこの縮尺に従えば 2s 軌道より 5 ページ分下の方にある！ 原子が異なればエネルギー準位の離れ方も異なる．4s 軌道はここには書いていないが 3d 軌道とほぼ同じエネルギーである．原子番号がさらに大きい原子では 4s 軌道は 3d 軌道よりエネルギーが低くなる．

水素より大きな原子は 2 個以上の電子をもつ．これらの原子の**電子配置**(electronic configuration) を考えよう．電子配置とは電子がどのようにそれぞれの原子軌道に配分されるかということである．電子配置を記述するには，電子の磁気的性質である**電子スピン**(electron spin) の概念を導入しなければならない．スピンは四つ目の量子数 m_s で特徴づけられ，量子論によれば m_s は $+1/2$(上向き)と $-1/2$(下向き)の値を取りうる．これらは "上向き(up)" と "下向き(down)" として区別されることがある．したがって原子中の電子は 4 種類の量子数，すなわち 3 種類の軌道量子数 n, l, m_l と 1 種類のスピン量子数 m_s をもつ．

構成原理(Aufbau principle, Aufbau はドイツ語で buildup を意味する) によって電子配置が決まる．この原理によれば，Pauli の排他原理および Hund の規則に反しないように最も低いエネルギーの軌道から順に電子を一つずつ配置していく．**Pauli の排他原理**(Pauli exclusion principle) によれば，どの二つの電子も 4 種類の量子数が同じ値をもつことはない．この原理の結果として，一つの軌道を占めることができる電子は 2 個までであり，その 2 個の電子は異なるスピンをもたなければならない．2 個の電子をもつヘリウム原子の電子配置を考えてみよう．この二つの電子はそのスピンが違う限り 1s 軌道を占めることができる．その結果，ヘリウムの電子配置を次のように書き表すことができる．

$$\text{ヘリウム He：} (1s)^2$$

この表示はヘリウムが 1s 軌道に 2 個の電子をもつことを意味している．さらにその 2 個の電子に同じ軌道を占めているのだから，それらは逆向きのスピンをもたなければならない．

Hund の規則を説明するために，有機化学において最も重要な元素である炭素の電子配置を考えてみよう．炭素原子は 6 個の電子をもつ．最初の 2 個の電子はスピンを逆向きにして 1s 軌道に入る．次の 2 個も逆向きのスピンで 2s 軌道に入る．残りの 2 個の電子が三つの等価な 2p 軌道にどのように入るかを決めるのが Hund の規則である．**Hund の規則**(Hund's rule) によれば，まず，同じエネルギーの軌道に電子が入る場合は軌道が満たされる前に電子は一つずつ別々の軌道に入る．さらに，これらの対になっていない電子のスピンは同じ向きである．電子を矢印で表し，矢印の向きをスピンの向きに対応させると，炭素の電子配置は次のように表される．

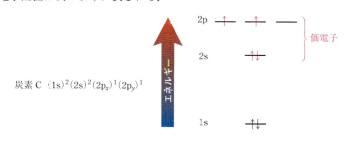

炭素 C　$(1s)^2(2s)^2(2p_x)^1(2p_y)^1$

Hund の規則に従うと，炭素の 2p 軌道にある電子は同じスピンをもち対をつくっていない．2 個の電子が異なる 2p 軌道に入ると，それぞれ別の空間領域を占めることになり，電子間の反発が最小になる〔図 1・10(c) で三つの 2p 軌道が互いに直交していたことを思い出そう〕．上の図で示したように炭素の電子配置をより詳しく書くと $(1s)^2(2s)^2(2p_x)^1(2p_y)^1$ となり，2 個の 2p 電子が異なる軌道にあることを明示している．下付きの x と y の選択は任意である，$2p_x$ と $2p_z$ でも，あるいはもっと別の組合わせでも構わない．重要なのは二つの半占 2p 軌道が違うものであるということである．

§1・2A で最初に定義した原子価電子という用語を今まで学んできた量子論をもとに定義し直そう．**原子価電子**(valence electron，単に**価電子**ともいう)とは最大の主量子数をもつ軌道を占める電子である（ただし，この定義が当てはまるのは主要族元素だけである）．たとえば，炭素の 2s 電子および 2p 電子は価電子である．したがって中性の炭素原子は 4 個の価電子をもつ．価電子が入っている軌道を**原子価軌道**(valence orbital)という．したがって炭素の 2s 軌道と 2p 軌道は原子価軌道である．原子間の化学的な相互作用は価電子および原子価軌道で起こるので，おもな原子の価電子をすぐわかるようにしておくことが大切である．

例題 1・4

硫黄原子の電子配置を述べよ．価電子と原子価軌道を示せ．

解　法　硫黄の原子番号は 16 なので，中性の硫黄原子は 16 個の電子をもつ．構成原理に従って，最初の 2 個の電子はスピンを逆にして（つまり対をつくって）1s 軌道に入る．次の 2 個の電子もスピンを逆にして 2s 軌道を占める．その次の 6 個の電子は 3 個の 2p 軌道を占めるが，それぞれの 2p 軌道にはスピンを逆にして入る．次の 2 個の電子はスピンを対にして 3s 軌道に入る．残りの 4 個の電子は 3 個の 3p 軌道に配分される．Hund の規則に従うと，最初の 3 個は対をつくらず同じスピンで 3 個の等価な 3p 軌道，すなわち $3p_x, 3p_y, 3p_z$ に一つずつ入る．最後の 1 個は 3p 軌道のどれか，たとえば $3p_x$ 軌道にスピンを逆にして入る．これをまとめると，

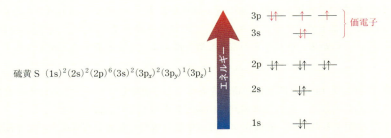

硫黄 S $(1s)^2(2s)^2(2p)^6(3s)^2(3p_x)^2(3p_y)^1(3p_z)^1$

この図からわかるように，硫黄の価電子は 3s 電子および 3p 電子であり，3s 軌道と 3p 軌道が原子価軌道である．

問　題

1・16 次の原子やイオンの電子配置を書け．価電子と原子価軌道を示せ．
(a) 酸素原子　　(b) 塩化物イオン Cl^-　　(c) カリウムイオン K^+　　(d) ナトリウム原子

1・8　共有結合の別の見方: 分子軌道

A. 分子軌道法

化学結合の一つの見方では，結合は二つの特定の原子間に局在化している 2 個の電子でできているとする．これが Lewis の電子対結合の最も簡単な見方である．このような見方は便利ではあるが，やや限

定的である．原子が分子に組込まれると，各原子から化学結合に供給される電子は個々の原子に局在するのではなく，分子全体で共有される．したがって，原子軌道ではもはや分子にある電子の状態を適切に表現することができない．これに代わって，**分子全体**に広がる**分子軌道**(molecular orbital：MO)が用いられる．

　分子の電子配置を決めるやり方は，原子軌道の代わりに分子軌道を使うということ以外は，原子の電子配置を決めるやり方と大差はない．2 個の孤立した水素原子から出発して水素分子 H_2 の電子配置に到達する手順は，概念的に次の四つのステップにまとめることができる．

ステップ 1　分子を構成する原子の孤立した状態から出発して，それらを分子中の位置まで近づける．価電子の入った原子軌道は重なり合う．

H_2 の場合，これは 2 個の水素原子を原子核間の距離が H–H 結合の長さになるまで近づけることを意味する(図 1・13a)．この距離では二つの 1s 軌道は重なり合う．

ステップ 2　重なり合う原子軌道を相互作用させて分子軌道(MO)をつくる．

このステップは，2 個の水素原子の 1s 軌道を何らかの方法で組合わせて H_2 の MO をつくることを意味する．分子は原子を組合わせてできるのだから，分子軌道も原子軌道を組合わせてできると考えるのは妥当である．原子軌道を組合わせて分子軌道をつくる過程を以下で学ぶことになる．

ステップ 3　MO をエネルギーが増大する順に並べる．

ステップ 1，2 で H_2 についてエネルギーの異なる二つの MO ができる．これらの MO の相対的なエネルギーを決める方法も以下で学ぶ．

ステップ 4　**Pauli** の原理と **Hund** の規則を使って，構成原子からの電子を MO のエネルギーが増大する順に MO に再配分することによって分子の電子配置を決める．

2 個の電子(もとの水素原子のそれぞれから 1 個ずつ)を H_2 の MO に再配分してこの分子の電子配置をつくる．

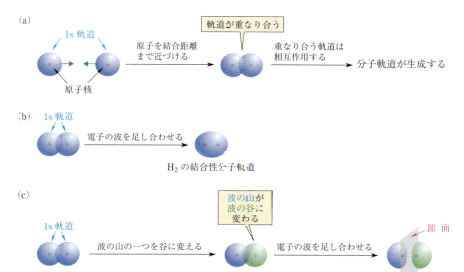

図 1・13　H_2 分子軌道の生成．(a) 二つの水素原子を H–H 結合距離まで近づけて 1s 軌道を重ね合わせる．これらの原子軌道の相互作用によって分子軌道が生成する．(b) H_2 の結合性 MO を生成するには，相互作用する二つの水素原子の 1s 軌道の波動関数を足し合わせる．(c) H_2 の反結合性 MO を生成するには，二つの 1s 軌道の波動関数を差し引く．それには山の一つを谷に変えてから足し合わせる．この過程で反結合性 MO には節が一つできる．

ステップ2とステップ3をどのように実行するかが分子軌道の生成を理解する鍵である．量子論には，計算をしなくても分子軌道の本質的な特徴を理解させてくれるいくつかの簡単な規則がある．それらの規則を H_2 や二つの原子軌道の重なりを含むその他の例に当てはめながら説明していこう（これらの規則はもっと複雑な規則を少しだけ単純化したものである）．

分子軌道を生成する規則は，

1. <u>二つの原子軌道を組合わせると二つの分子軌道ができる</u>．
   H_2 についていえば，分子を構成する二つの水素原子のもつ 1s 軌道を重ね合わせることによって二つの分子軌道ができることを意味する．先に進むと三つ以上の原子軌道を組合わせる場合がでてくる．j 個の原子軌道を組合わせると，常に j 個の分子軌道ができる．

2. <u>分子軌道の一つは二つの原子軌道が重なり合う領域で足し算されて生成する</u>．
   これを H_2 に適用するには，1s 軌道が波の山であることを思い出そう．二つの山を加え合わせると，それらは強め合う．二つの 1s 軌道を重なり合う領域で加え合わせると，強めあって二つの原子核を含む領域で連続的な軌道を生成する（図 1·13b）．この分子軌道を**結合性分子軌道**（bonding molecular orbital：bonding MO）とよぶ．電子がこの MO を占めると，これらの電子は二つの原子核を同時に引寄せる．いいかえれば，電子は原子核の周囲の領域を占めるだけではなく，二つの原子核の間の領域を占める．つまり二つのレンガの間のモルタルがレンガをつなぎ合わせるのと同じように，これらの電子は原子核をつなぐセメントの役割を果たす．

3. <u>もう一つの分子軌道は二つの原子軌道が重なり合う領域で引き算されて生成する</u>．
   二つの 1s 軌道を引き算するために，1s 軌道のどちらかを山から谷に変える．これは 1s 波動関数の数学的符号を変えることと等価である．次に，できた二つの軌道を加え合わせる．この過程を図 1·13(c) に示す．波の山を谷と足し合わせると，重なり合う領域で二つの波が相殺されて，波が 0 の領域すなわち**節**ができる．この場合節は平面となる．このようにしてできた軌道を**反結合性分子軌道**（antibonding molecular orbital：antibonding MO）とよぶ．原子核間の領域に電子密度がないので，この軌道を占める電子は結合を弱める．

4. <u>これら二つの分子軌道は異なるエネルギーをもつ．軌道のエネルギーは節の数が増すに従って増大する．結合性 MO は孤立した 1s 軌道より低いエネルギーをもち，反結合性 MO は孤立した 1s</u>

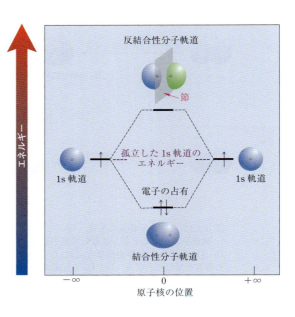

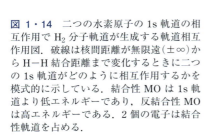

図 1·14 二つの水素原子の 1s 軌道の相互作用で H_2 分子軌道が生成する軌道相互作用図．破線は核間距離が無限遠（±∞）から H−H 結合距離まで変化するときに二つの 1s 軌道がどのように相互作用するかを模式的に示している．結合性 MO は 1s 軌道より低エネルギーであり，反結合性 MO は高エネルギーである．2 個の電子は結合性軌道を占める．

軌道より高いエネルギーをもつ．

軌道のエネルギーは図 1・14 に示した**軌道相互作用図**（orbital interaction diagram）にまとめられる．この図は相互作用する二つの原子の核の位置に対して軌道のエネルギーをプロットしたものである．孤立した原子軌道とそのエネルギーを図の左右に示し，分子軌道とそのエネルギーを中央に示す．原子間の距離は結合距離に相当する．節の数から MO の相対的なエネルギーがわかる．MO の節が多いほどそのエネルギーは高い．結合性 MO は節をもたず，したがってより低エネルギーである．反結合性 MO は節を一つもち，よりエネルギーが高い．二つの MO のエネルギーが孤立した 1s 軌道のエネルギーの上下に広がっていることに注意しよう．つまり，結合性 MO のエネルギーはある一定のエネルギー量だけ低く，反結合性 MO はそれと同じエネルギー量だけ高い．

MO がどのように生成し，それらのエネルギーがどのようになるかがわかったところで，これらの MO に電子を配置しよう．構成原理を用いる．再配分すべき電子はそれぞれの水素原子から 1 個ずつ計 2 個である．スピンを逆にして 2 個とも結合性 MO に入ることができる．結合性 MO が 2 個の電子に占有されることも図 1・14 で示されている．

軌道のエネルギーというとき，実際にはその軌道を占める電子のエネルギーのことをいっている．したがって，結合性 MO にある電子はもとの 1s 軌道にある 2 個の電子よりも低いエネルギーをもっている．いいかえれば結合形成はエネルギー的に有利な過程である．H_2 の結合性 MO にある電子のそれぞれは H-H 結合の安定性のほぼ半分を担っている．1 mol の H_2 を水素原子に解離するには約 435 kJ を要する．つまり結合電子 1 個について約 218 kJ である．これは 1 kg の水の温度を融点から沸点まで上げるのに十分すぎるエネルギーであり，化学の尺度では非常に大きい．

今述べた考え方によれば，水素分子における化学結合は結合性分子軌道が 2 個の電子で占有された結果である．反結合性分子軌道が占有されないのなら，なぜこの軌道のことを考慮するのか不思議に思うかもしれない．その理由は反結合性軌道も占有されることがありうるからである．水素分子にもう一つ電子が入るとすれば，その電子は反結合性分子軌道に入ることになる．その結果生成するのは水素分子アニオン H_2^- である（問題 1・17b 参照）．H_2^- は実際に存在する．なぜならば，水素分子の結合性分子軌道にある各電子はこの分子の安定性にも同様に寄与する．H_2^- の 3 番目の電子は反結合性分子軌道にあり，結合性軌道にある電子 1 個がもたらす安定化を相殺するだけの高いエネルギーをもつが，結合性分子軌道にあるもう一つの電子による安定化はそのまま残る．つまり H_2^- は水素分子の半分ほどの安定性をもつにすぎないが，安定な化学種である．レンガとモルタルのたとえでいえば，結合性 MO にある電子はちょうどモルタルが 2 枚のレンガを接着させるように二つの核を結びつけるが，反結合性 MO にある電子は"反モルタル"として働き，二つの核をつながないだけではなく，結合性電子の結びつこうとする働きを阻害する．例題 1・5 でわかるように二原子分子であるヘリウム分子 He_2 をつくろうとするとき反結合性 MO の重要性が特に明白になる．

例題 1・5

なぜ He_2 が存在しないのか分子軌道法を用いて説明せよ．He_2 の分子軌道は H_2 の場合と同様にしてつくることができる．

解　法　He_2 の MO の軌道相互作用図は H_2 の場合（図 1・14）と基本的に同じである．しかし He_2 は各ヘリウム原子から 2 電子ずつ，計 4 個の電子をもつ．構成原理に従って，2 個の電子は結合性 MO に入るが，残りの 2 個は反結合性 MO を占めなければならない．結合性電子による安定化は反結合性電子による不安定化によって相殺される．したがって He_2 の生成はエネルギー的に有利ではない．その結果 He は単原子である．

分子軌道は原子軌道と同様に形があり，それは電子密度の高い領域に対応している．図1・13(b)と図1・14に示した H_2 の結合性分子軌道の形を考えてみよう．この分子軌道では，電子は楕円体状の空間領域を占めている．二つの原子核を結ぶ軸のまわりで水素分子を回転しても，電子密度の形は変化しない．水素分子の結合は**円筒対称**(cylindrical symmetry)をもつということができる．図1・15に円筒対称をもついくつかの物体を示す．原子核間軸のまわりで電子密度が円筒対称をもつ結合を **σ (シグマ)結合** (sigma bond, σ bond)という．したがって水素分子の結合はσ結合である．最低エネルギーの原子軌道を表すのに用いる文字 s に対応するギリシャ文字σが，水素の結合性分子軌道を表すのに選ばれたのである．

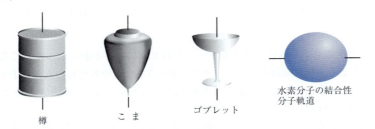

樽　　　　こま　　　　ゴブレット　　　水素分子の結合性分子軌道

図 1・15 円筒対称をもつ物体の例．円筒軸(黒線)のまわりで物体をいくら回転しても同じ形に見えるならば，その物体は円筒対称である．

問題

1・17 次の化学種について図1・14に相当する軌道相互作用図を描け．二原子種として存在すると思われるのはどれか．単原子種に解離すると考えられるのはどれか．説明せよ．
(a) He_2^+ イオン　　(b) H_2^- イオン　　(c) H_2^{2-} イオン　　(d) H_2^+ イオン

1・18 H_2 の結合解離エネルギーは 435 kJ mol^{-1} である．つまり H_2 を原子に解離するのにこの量のエネルギーを必要とする．H_2^+ の結合解離エネルギーを予測し，その根拠を説明せよ．

B. 分子軌道法と H_2 の Lewis 構造式

H_2 の量子力学的な表現と Lewis の電子対結合の考え方との関連を調べよう．H_2 の Lewis 構造式では，結合は二つの原子核の間で共有された電子対で表される．量子力学的な表現では，結合は2個の電子が結合性分子軌道にあり，そのために原子核間の領域に電子密度が存在することの結果である．電子が両方の原子核から引力を受けて，これらの電子がセメントの役割を果たして原子核を結びつけている．したがって H_2 の場合，Lewis の電子対結合と結合性分子軌道を電子対が占めているという量子力学的考え方とは等価である．Lewis 構造式では電子対を原子核の間にはっきりと書くが，量子論では，電子は核間の領域に高い確率で存在するが，その他の空間領域にも存在しうる．

分子軌道法における結合次数の式から，被占結合性 MO と電子対結合の関連がはっきりわかる．結合次数(§1・3B 参照)は，二つの原子核間の結合が単結合(結合次数 = 1)か，二重結合(結合次数 = 2)か，三重結合(結合次数 = 3)かを示すものであった．分子軌道法における結合次数の式は式(1・8)のようになる．

$$結合次数 = \frac{結合性 MO にある電子の数 - 反結合性 MO にある電子の数}{2} \quad (1・8)$$

分母の2は共有結合1個が2個の電子を必要とする事実を表している．たとえば，この式を H_2 分子に適用すると，結合性 MO に2個の電子があり，反結合性 MO には電子がないから，結合次数は $(2-0)/2 = 1$ となる．したがって水素分子の共有結合は一重の電子対結合(単結合)である．

しかし分子軌道法によれば，化学結合は必ずしも電子対を必要としない．たとえば，H_2^+（水素分子カチオンであり Lewis 構造式では $H^+_\cdot H$ と表現できる）は気相で安定に存在する化学種である（問題 1・17d 参照）．このイオンは中性の水素分子が結合性分子軌道に 2 個の電子をもつのと違って 1 個しかもたないので水素分子そのものほど安定ではない．水素分子アニオン H_2^- は前節で述べたが結合性電子 2 個と反結合性電子 1 個からなる三電子結合をもつと考えられる．反結合性軌道にある電子も二つの原子核に共有されているが，結合をエネルギー的に不利にしている（H_2^- は H_2 ほど安定ではない，29 ページ参照）．この例からわかるように，電子が原子核間で共有されることが結合に寄与しないこともある．それにもかかわらず結合性 MO に電子が 2 個あり，反結合性 MO が空であるとき，いいかえれば電子対結合ができるとき H_2 は最も安定になる．

> **問 題**
>
> **1・19** 問題 1・17(d) の答を参照して，H_2^+ イオンの共有結合の結合次数を計算せよ．その結果は問題 1・18 の答とどう関連するか．

1・9 混成軌道

A. メタンの結合

有機化合物の化学結合を解明することが最終的な目標なので，その最初の段階はメタン CH_4 における結合を理解することである．結合の問題に量子論が適用される以前から，メタンの水素が，したがって水素への結合が中心炭素から正四面体の頂点の方向を向いていることが実験によって知られていた．しかし炭素原子の原子価軌道は正四面体方向を向いていない．すでに学んだように，2s 軌道は球対称であり（図 1・8 参照），2p 軌道は互いに直交している（図 1・10 参照）．炭素の原子価軌道が正四面体方向を向いていないとすれば，なぜメタンは正四面体分子なのだろうか．

この問題への現代的な解法は分子軌道法を適用することである．H_2 に適用した単純な規則だけではすまないが，うまく分子軌道法を適用することができる．その結果は炭素の 2s 軌道 1 個，2p 軌道 3 個，および正四面体方向に位置した 4 個の水素の 1s 軌道を組合わせることによって 4 個の結合性 MO と 4 個の反結合性 MO が生成する（8 個の原子軌道を組合わせれば 8 個の分子軌道ができる．§1・8A の規則 1 で $j=8$）．8 個の電子（炭素から 4 個，4 個の水素からそれぞれ 1 個）が 2 個ずつ対をつくって結合性軌道をちょうど満たす．このように分子軌道を記述することによってメタンの電子的な性質を正確に説明することができる．

このような分子軌道によるメタンの記述がわかりにくいのは，分子内のそれぞれの電子対が特定の結合と関連していないからであろう．各原子から提供された電子が分子全体に再配分されているのである．原子がどこから始まりどこで終わるのかさえわからない．メタンの 4 個の結合性 MO にある電子の寄与をすべて足し合わせると**全電子密度**（total electron density）が得られる．これがメタン分子の中で電子を見いだす確率を示している（§1・2D で出てきた静電ポテンシャル図 EPM を重ね合わせたのが全電子密度図になる）．

メタン
全電子密度図

メタン
分子模型を埋め込んだ
全電子密度図

水素分子
分子模型を埋め込んだ
全電子密度図

全電子密度図でメタンは四面体の形をしているが，C−H 結合ははっきりわからない．これに対して

H$_2$ は結合が1本だけなので，前節で述べたように電子密度とH–H結合を関連づけることができる．

歴史的に，化学者は分子は原子が個々の結合で結ばれてできていると考えてきた．われわれは分子模型を組立てて，手に持って調べたり，原子を引抜いて別の原子と取替えたりするのが好きである．メタンの分子軌道法による記述は確かに<u>結合</u>ができることを示しているのだが，個々の原子の間の独立した化学結合を合理的に考えることはできるが，厳密には定義できないものとしている（H$_2$ のような単純な分子は別であるが）．それにもかかわらず，化学結合の概念は有機化学において非常に便利であり無視することはできない．そこで次のような問題がでてくる．独立したC–H結合の考え方を維持したままメタンの結合を説明する電子論(Lewis構造式以外の)はあるのだろうか．

正しくないことがわかっている結合論を使うのは不適切だと思われるかもしれない．しかし科学はこのやり方でうまくいくのである．理論というのは役に立つ予測ができるように大量の知識を一体化するための骨格にすぎない．諸君がよく知っている理想気体の法則 $PV = nRT$ がその例である．実在の気体のほとんどはこの法則に正確には従わないが，この法則を使って役に立つ予測をすることができる．たとえば，冬に気温が低下したとき自動車のタイヤの圧力がどうなるか考えるとき，この法則は"圧力は低下する"という完全に役に立つ答を与えてくれる．もし1℃下がるごとに圧力がどのくらい変化するかを正確に計算したいときには，もっと正確な理論が必要になるのだが，ある現象を説明するのに分子軌道法が必要になる場合もあるだろうが，多くの場合，独立した化学結合で考えることができるより単純だがより不正確な理論で十分である．

C–H結合という考え方を維持したままメタンの結合を電子的に記述する方法は1930年代にL. Pauling（ポーリング）(1901～1994)によって開発された．彼は米国カリフォルニア工科大学の化学者で，化学結合に関する業績により1954年のノーベル化学賞を受賞している．Pauling の理論は<u>メタン中の炭素の原子価軌道は原子状炭素における軌道とは異なる</u>という前提に基づいている．しかし，メタン中の炭素の軌道は原子状炭素の軌道から簡単に導かれる．メタンの炭素の場合，2s 軌道と三つの 2p 軌道を混ぜ合わせて，純粋な s と純粋な p の中間の性質をもつ4個の<u>等価</u>な軌道を新たにつくる．このような操作を**混成**(hybridization)とよび，新しい軌道を**混成軌道**(hybrid orbital)とよぶ．さらに詳しくいうと，混成軌道は量子数 l が異なる原子軌道の混合によって得られる．炭素の新たな混成軌道はそれぞれ s を 1/4，p を 3/4 もつので，sp^3 軌道とよばれる．炭素の6個の電子は 1s 軌道1個と主量子数2に相当する4個の sp^3 混成軌道に配分される．これはまとめると次のようになる．

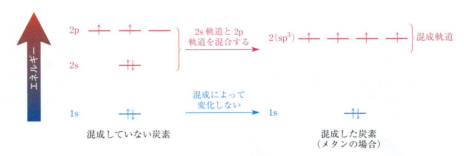

この軌道の混合は数学的な操作であり，図1・16(a)に透視図で示した sp^3 混成軌道が得られる．多くの教科書ではもっと簡単な図1・16(b)のような表現が用いられる．これらの図からわかるように，sp^3 軌道は 2p 軌道と同じように節で隔てられた二つのローブからなっている．しかしローブの一方は非常に小さく，他方は非常に大きい．いいかえれば，<u>sp^3 混成軌道における電子密度には強い方向性がある</u>．このように方向性があるという特徴は大きなローブの軸に沿って結合ができるには好都合である．

混成軌道の数(この場合は4)は，それをつくるために混ぜ合わせた軌道の数と同じである(s 軌道1

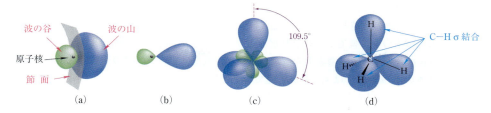

図 1・16 (a) 炭素 sp^3 混成軌道の透視図. (b) sp^3 軌道のより一般的な表示法. (c) 炭素の 4 個の sp^3 軌道を一緒に描いた図. (d) 正四面体構造のメタンの軌道図. 炭素 sp^3 軌道と水素 1s 軌道の重なりで生成する 4 本の等価な σ 結合を示している. 各軌道の後ろ側のローブは(c)では描いてあるが, (d)では省略されている.

個+p 軌道 3 個 = sp^3 軌道 4 個). 4 個の炭素 sp^3 軌道の大きなローブは図 1・16(c)に示したように正四面体の各頂点の方向を向いている. 混成理論によれば, メタンの 4 個の電子対結合のそれぞれは, 電子 1 個をもつ水素 1s 軌道とやはり電子 1 個をもつ炭素 sp^3 軌道との重なりによって生成する. その結果できる結合は σ 結合である.

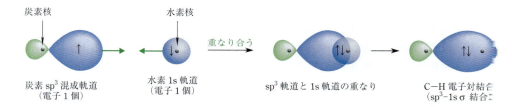

この軌道の重なりは H_2 の分子軌道をつくるときに考えた二つの原子軌道の重なりとよく似ている. しかし混成軌道の取扱いはそれぞれの結合を別々に扱うので分子軌道の取扱いとは異なる. 図 1・16(d) にメタンについて混成軌道で結合ができた状態を示す.

炭素の混成そのものはエネルギーを要する(もしそうでないならば, 原子状の炭素は混成した配置で存在するはずである). しかしここで示したのはメタンの炭素のモデルである. 混成することによって炭素は混成することなく水素と結合する場合よりもはるかに強い結合を形成することができ, その結合の強さは混成に必要なエネルギーを上回っている. なぜ混成によって結合は強くなるのだろうか. 第一に, 結合は互いにできる限り離れており, 結合をつくっている電子対の間の反発は最小になっている. これに対して混成していない炭素の純粋な s 軌道と p 軌道は四面体構造になっていない. 第二に, 混成軌道のそれぞれで電子密度の大部分は結合した水素の方に寄っている. この方向性のために炭素核と水素核の間で電子はより強い"接着剤"として働き, 結合はより強く(すなわちより安定に)なる.

B. アンモニアの結合

混成軌道の考え方はアンモニア: NH_3 のような非共有電子対をもつ化合物に容易に拡張できる. アン

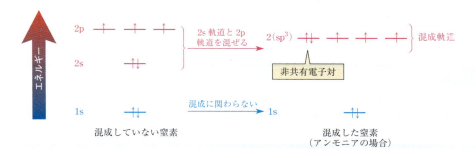

モニアの窒素の原子価軌道は，メタンの炭素の場合と同じように混成して4個のsp³混成軌道を生成する．しかし対応する炭素の軌道とは違って，混成軌道の一つは2個の電子で占められている．

電子1個をもつ窒素のsp³軌道がそれぞれ電子1個をもつ水素原子の1s軌道と重なってアンモニアの3本のN–Hσ結合をつくる．窒素上の満たされたsp³軌道はアンモニアの非共有電子対となる．非共有電子対と3本のN–H結合はsp³混成軌道でできているので正四面体の頂点を向いている(図1・17)．アンモニアで軌道の混成が起こる利点は炭素と同じである．混成によって非共有電子対と3個の水素は互いにできる限り離れることができ，それと同時に，強い方向性をもつN–Hができる．

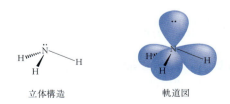

立体構造　　　　　軌道図

図1・17　アンモニア：NH₃の混成軌道による表現．図1・16と同様に混成軌道の小さなローブは省略してある．

§1・3Bで見たように，アンモニアのH–N–H結合角は107.3°であり，正四面体角(109.5°)より少し小さい．混成軌道の考え方でこの構造の変化も説明できる．s軌道の方がp軌道よりエネルギーが低いので，非共有電子対はs軌道を好む．あるいは別の見方をすれば，非共有電子対は化学結合に関わらないので，空間的に方向性をもつ軌道に入る利点がない．しかし非共有電子対が混成していない2s軌道に入るとすると，水素との結合は純粋な2p軌道でつくらなければならなくなる．そのような結合では，電子密度の半分は水素と逆の方向を向いており，結合は弱くなる．またその場合，H–N–H結合角は，結合をつくっている2p軌道間の角度である90°になる．実際のアンモニアの構造は，非共有電子対がs性の高い軌道を好む性質と，結合が混成を好む性質との妥協の産物となる．非共有電子対が入る軌道は結合をつくる軌道より少しs性が高くなる．s軌道は全空間を覆うように広がるので(図1・8参照)，s性の高い軌道はより大きな空間を占める．したがって，非共有電子対は結合より大きな空間を要する．そのため非共有電子対とN–H結合との角度は正四面体角より大きくなり，その結果N–H結合間の角度は正四面体角より小さくなる．これはアンモニアにVSEPR理論を適用して得られた結論(§1・3B)と同じである．

原子の混成と原子のまわりの結合の空間配置との間には関連がある．四つの基(非共有電子対を含めて)が四面体形に結合している原子はsp³混成をしている．逆もまた正しい，sp³混成をした原子は常に四面体構造をもつ．平面三角形の結合の配置は別の混成と関連しており，直線形の結合の配置はさらに別の混成と関連している(これらの混成については4章および14章で述べる)．ともかく，混成と分子構造は密接に関連している．

共有結合を混成を用いて説明すると，イオン結合と共有結合の最も重要な違いの一つが明らかになる．共有結合は明確な空間的方向性をもつが，イオン結合はあらゆる方向に同じである．共有結合が方向性をもつために分子は形をもつ．そしていずれわかってくるが，分子の形は化学反応性に重大な影響をもつ．

問題

1・20　(a) 酸素のsp³混成軌道を用いて水分子の混成軌道図を描け．
(b) 2組の非共有電子対の存在によって正四面体構造からどのようにずれるか予測し，その根拠を説明せよ．

1章のまとめ

- 化合物にはイオン結合と共有結合という2種類の結合がある．イオン結合化合物ではイオンが静電引力（反対電荷間の引力）によって結びついている．共有結合化合物では電子を共有することによって結合をつくる．
- イオンの生成も共有結合の形成も基本的に，各原子は8個の原子価電子（水素は2個の電子）をもつ，というオクテット則に従う．
- 形式電荷の考え方は，その化学種中の電荷を個々の構成原子に割当てる．形式電荷の計算法は例題 1・1 で述べた．形式電荷は電荷のつじつまを合わせるための手段である．原子がもつ実際の電荷と形式電荷が一致しないこともある．
- 極性共有結合において，電子は異なる電気陰性度をもつ結合原子間で同等には共有されない．電子が偏ることによって結合双極子モーメントが生じる．分子の双極子モーメントは個々の結合双極子モーメントのベクトル和である．局所的な電荷の分布は静電ポテンシャル図 (EPM) で図示される．
- 分子の構造は原子のつながり方とその幾何構造で決まる．分子の幾何構造は結合距離，結合角，および二面角で決まる．結合距離は，重要性の高い順に，結合している原子が属する周期表の周期，結合次数（結合が単結合か，二重結合か，三重結合か），結合している原子が属する周期表の列（族），に支配される．結合角は，原子に結合する基ができるだけ離れようとすると仮定してほぼ予測することができる．
- 一つの Lewis 構造式だけでは的確に表せない分子は，二つ以上の仮想的な Lewis 構造式の加重平均である共鳴混成体で表すことができる．共鳴混成体はそれに寄与する共鳴構造のどれよりも安定である．
- 原子や分子の中の電子は，その波動性のために軌道とよばれる一定の許容されたエネルギー状態だけで存在することができる．軌道は原子や分子中の電子がもつ波としての性質を，その空間的な広がりを含めて表現したものである．軌道は波動関数によって数学的に記述される．
- 原子の軌道にある電子は n, l, m_l で表される量子数によって特徴づけられる．電子スピンは4番目の量子数 m_s で記述される．主量子数 n が大きいほど電子のエネルギーは高い．水素以外の原子ではエネルギーは量子数 l にも依存する．
- ある種の軌道はその波の山の部分と谷の部分を隔てる節をもつ．量子数 n の軌道は $n-1$ 個の節をもつ．
- 軌道中の電子密度の分布は量子数 l に支配される特徴的な空間配置をもつ．たとえば，すべての s 軌道は球状であり，すべての p 軌道は二つの同じサイズのローブをもつ．軌道の向きは量子数 m_l に支配される．
- 原子軌道と分子軌道には構成原理に従って電子が入る．
- 共有結合は異なる原子の軌道が重なり合うことによって生成する．分子軌道法によれば，共有結合は結合性分子軌道が電子で占有されることによって生じる．
- 軌道の方向性は混成軌道を用いて説明される．原子の混成とその原子に結合する原子の幾何配置は密接に関連している．sp^3 混成をしている原子はすべて四面体構造をもつ．

追 加 問 題

1・21 次の各組の中で，固体状態で完全なイオン結合をもつと思われる化合物を一つあげよ．
(a) CCl_4　HCl　NaAt　K_2
(b) CS_2　CsF　HF　XeF_2　BF_3

1・22 次の化学種の水素以外の原子で完全なオクテットをもつのはどれか．それぞれの化学種の形式電荷を示せ．すべての非共有電子対は表示されている．
(a) CH_3　(b) :NH_3　(c) :CH_3
(d) BH_3　(e) :Ï:　(f) BH_4

1・23 次の各化合物について Lewis 構造式を一つ描け．すべての非共有電子対を示せ．化合物中のどの原子も形式電荷をもたず，水素以外のすべての原子はオクテットになっている（水素は2電子）．
(a) C_2H_3Cl
(b) ケテン C_2H_2O（炭素-炭素二重結合をもつ）
(c) アセトニトリル C_2H_3N　（炭素-窒素三重結合をもつ）

1・24 化学式 C_4H_{10} をもつ化合物の Lewis 構造式を二つ描け．どの原子も電荷をもたず，すべての炭素は完全なオクテットをもつ．

1・25 次の化学種について，各原子の形式電荷と化学種全体の電荷を示せ．すべての非共有電子対は表示されている．

(a) 過塩素酸イオン
(b) トリメチルアミンオキシド
(c) オゾン

(d)  H−C̈−H メチレン
(e) 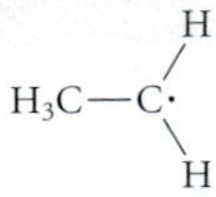 H₃C−C̣H₂−H (エチルラジカル)
(f) 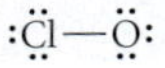 :C̈l−Ö: 次亜塩素酸イオン

[H₂C=C(H)−⁺NH₃ ←✗→ H₂C−⁺C(H)−NH₃]

1・26 (a) 塩素原子, (b) ケイ素原子(Si), (c) アルゴン原子, (d) マグネシウム原子, の電子配置を書け. Si の原子価電子および原子価軌道を示せ.

1・27 水素原子の量子論で許されないのは次の軌道のうちどれか. その理由を説明せよ.

$$2s \quad 6s \quad 5d \quad 2d \quad 3p$$

1・28 次の分子のおおよその結合角を予測し，その根拠を説明せよ.

(a) :CH₂ (b) BeH₂ (c) ⁺CH₃
(d) :Cl₄Si (H−C−C 角と C−C−C 角を示せ)
(e) Ö=Ö−Ö⁻ オゾン
(f) H₂C=C=CH₂ アレン
(g) 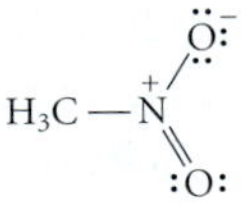 H₃C−⁺N(=O)(−O⁻)

1・29 次の分子の結合角を予測し，結合距離を小さい順に並べよ．決められない場合があればそれを指摘し説明せよ.

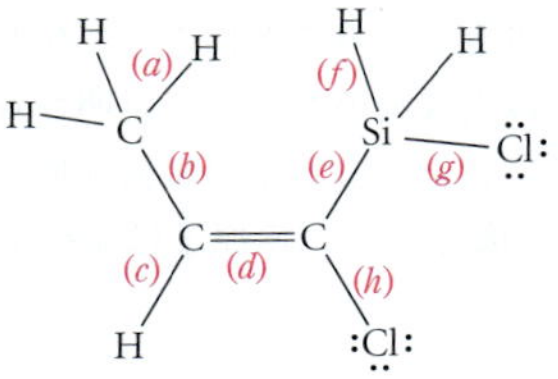

(構造式: H₃C(a)−(b)C(c)=C(d)−(e)Si(f)(H)(H)(g)−(h)Cl, H, H, :Cl:)

1・30 (a) 酸素の sp³ 混成軌道を用いてオキソニウムイオン H₃O⁺の混成軌道図をつくれ.
(b) オキソニウムイオンの H−O−H 結合角は水のそれと比べて大きいか小さいか．その根拠を説明せよ.

1・31 アリルカチオンは次の共鳴構造式で表される.

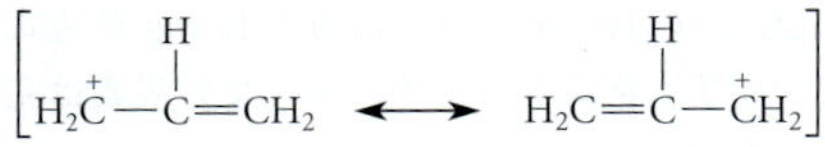

[H₂⁺C−C(H)=CH₂ ←→ H₂C=C(H)−⁺CH₂] アリルカチオン

(a) アリルカチオンのそれぞれの炭素−炭素結合の結合次数はいくつか.
(b) アリルカチオンの各炭素にどれだけの正電荷があるか.
(c) 上の構造式はアリルカチオンを合理的に表しているが，次のカチオンは類似の構造式では表現できない．なぜ右側の構造式が合理的な共鳴構造式ではないのか説明せよ.

1・32 次に示す炭酸イオンの共鳴構造式について考えよ.

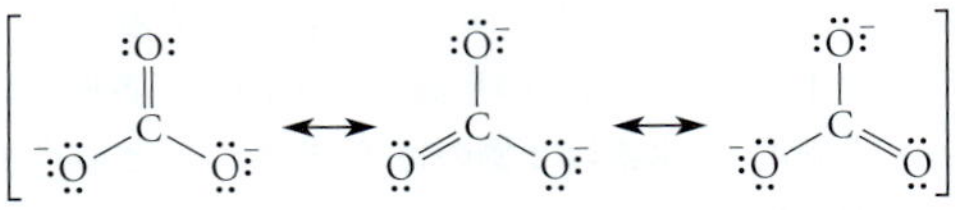

[:Ö:−C(−:Ö:⁻)(−:Ö:⁻) ←→ :Ö:⁻−C(=Ö)(−:Ö:⁻) ←→ :Ö:⁻−C(−:Ö:⁻)(=Ö)]

(a) 炭酸イオンの酸素原子のそれぞれにどのくらいの負電荷があるか.
(b) 炭酸イオンの炭素−酸素結合の結合次数はいくつか.

1・33 (a) 原子軌道には球状と平面状の 2 種類の節がある. 2s, 2p, 3p 軌道の節を調べて，次の記述と一致することを示せ.
  1. 主量子数 n の軌道は $n-1$ 個の節をもつ.
  2. l の値は平面状の節の数を表している.
(b) 5s 軌道には球状の節がいくつあるか．3d 軌道ではいくつあるか．3d 軌道には全部でいくつの節があるか.

1・34 次に示すのはエネルギー的に等価な五つの 3d 軌道の一つである．問題 1・33 の答から，この 3d 軌道の節を描け．それぞれの節と波の山と谷とを関連づけよ(ヒント: どこを山にするかは問題ではない．山と谷の相対的な位置だけが問題である).

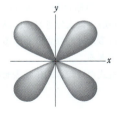

1・35 4p 軌道の図を描け．節および山と谷の領域を示せ(ヒント: 図 1・11 を用い，問題 1・33a の節の記述を参考にせよ).

1・36 フッ素が塩素よりかなり大きな電気陰性度をもつにもかかわらず，H₃C−Cl(双極子モーメント 1.94 D)と H₃C−F(双極子モーメント 1.82 D)がほぼ同じ双極子モーメントをもつ事実を説明せよ.

1・37 (a) ジメチルマグネシウムの炭素−マグネシウム結合の結合双極子の概略図を描け.

$$H_3C-Mg-CH_3$$
ジメチルマグネシウム

(b) ジメチルマグネシウムの幾何構造はどうなっているか．その理由を説明せよ.
(c) ジメチルマグネシウムの双極子モーメントについてどのようなことがいえるか.

1・38 結合角を予測する原理からはエチレンについて予測される次の二つの構造を区別することはできない．

　　　平面形　　　　ねじれ形

エチレンの双極子モーメントは 0 である．この実験事実ならエチレンの二面角についての情報が得られるだろうか．その理由は何か．

1・39 (a) ギ酸メチルの H−C=O 結合角を予測せよ．

　　　ギ酸メチル

(b) ギ酸メチルの二面角の一つは O=C−O 結合を含む平面と C−O−C 結合を含む平面とのなす角度である．（結合の一つが両平面に共通であることに注意せよ）．この二面角が 0° である構造と 180° である構造を描け．

1・40 水の双極子モーメントが 1.84 D であるという事実から，水分子が直線構造であるか折れ曲がった構造であるかを判断することができることを説明せよ．

1・41 C−Cl 結合が大きな結合モーメントをもつにもかかわらず，四塩化炭素 CCl_4 の双極子モーメントが 0 である理由をベクトルの知識を用いて説明せよ（ヒント：どれか二つの C−Cl 結合モーメントのベクトル和を求め，次に残りの二つの C−Cl 結合モーメントのベクトル和を求めよ．得られた二つのモーメントのベクトル和で分子の双極子モーメントが得られる．分子模型を使え）．

1・42 H_2O_2 がとりうる二面角のうちの 3 種類（0°, 90°, 180°）が図 1・6 に示してある．

(a) H_2O_2 分子がこれらの二面角のいずれかで存在すると仮定しよう．H_2O_2 が大きな双極子モーメント（2.13 D）をもつという事実から，どの二面角が除外されるか．その理由を説明せよ．

(b) O−H 結合の結合双極子モーメントは 1.52 D である．この事実と (a) で述べた H_2O_2 の双極子モーメントの値からこの分子の二面角を求めよ．H−O−O 結合角は既知の値（96.5°）を用いよ（ヒント：余弦定理を用いよ）．

1・43 水の双極子モーメント（1.84 D）と H−O−H 結合角（104.45°）がわかっているとして，問題 1−2(b) の O−H 結合の結合モーメントが 1.52 D であるという記述が正しいことを説明せよ．

1・44 二つの 2s 軌道を結合ができる距離まで近づけたとしよう（この距離では波の谷は重なり合う）．Li_2 分子の結合性および反結合性分子軌道をつくり，軌道相互作用図を描け．

1・45 別々の原子にある二つの 2p 軌道が図 P1・45 に示すように，軸が重なるように置かれている場合を考えよう．図に示すように，二つの波の山（青色のローブ）がちょうど重なるところまで二つの原子核を近づけたとしよう．この重なりによって新しい分子軌道が生成する．

(a) 生成する結合性および反結合性分子軌道の形を描け．
(b) それぞれの分子軌道の節を示せ．
(c) 分子軌道生成の際の軌道相互作用図を描け．
(d) 結合性分子軌道に 2 個の電子が入ると，できる結合はσ 結合だろうか．その理由を説明せよ．

1・46 別々の原子にある二つの 2p 軌道が図 P1・46 に示すように，軸が平行になるように置かれている場合を考えよう．図に示すような重なりになるまで二つの原子核を近づけたとしよう．この重なりによって新しい分子軌道が生

図 P1・45

図 P1・46

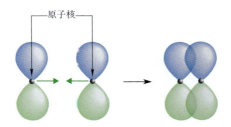

成する.
(a) 生成する結合性および反結合性分子軌道の形を描け.
(b) それぞれの分子軌道の節を示せ.
(c) 分子軌道生成の際の軌道相互作用図を描け.
(d) 結合性分子軌道に2個の電子が入ると，できる結合はσ結合だろうか．その理由を説明せよ.

1・47 酸素分子 O_2 の分子軌道をつくってみよう．x 軸（紙面内の水平な軸）に沿って2個の酸素原子を結合ができる距離まで近づけて，原子軌道の重なりによって分子軌道ができることを考える.
(a) 2s 原子軌道が相互作用して生成する結合性分子軌道 $2s\sigma$ および反結合性分子軌道 $2s\sigma^*$ の図を描け．節を示せ（ヒント：問題 1・44 参照）.
(b) $2p_x$ 原子軌道が重なって生成する結合性分子軌道 $2p\sigma$ および反結合性分子軌道 $2p\sigma^*$ の図を描け（ここでも x 軸は紙面内の水平な軸であることに注意せよ）．節を示せ（ヒント：問題 1・45 参照）.
(c) $2p_y$ 原子軌道が重なって生成する結合性分子軌道 $2p\pi_y$ および反結合性分子軌道 $2p\pi_y^*$ の図を描け（y 軸は紙面内にある鉛直軸である）．節を示せ（ヒント：問題 1・46 参照）.
(d) $2p_z$ 原子軌道が重なって生成する結合性分子軌道 $2p\pi_z$ および反結合性分子軌道 $2p\pi_z^*$ は(c)の $2p\pi_y$ および $2p\pi_y^*$ と形は同じであるがこれらとは 90° の角度をなしていることを示せ（z 軸は紙面に垂直な鉛直軸である）.
(e) これらの MO ともとの原子軌道のエネルギー順は次のようになる.
$2s\sigma < 2s(原子軌道) < 2s\sigma^* < 2p\sigma < 2p\pi_y = 2p\pi_z < 2p(原子軌道) < 2p\pi_y^* = 2p\pi_z^* < 2p\sigma^*$
これらの原子軌道と MO のエネルギーを示す軌道相互作用図を描け．二つの酸素原子に由来する価電子をこれらの軌道に書き込め.
(f) 正味の(0 でない)電子スピンをもつ分子は磁性をもつ．液体の O_2 を磁石の両極の間に留めることができる理由を説明せよ.
(g) 次の Lewis 構造式のうち O_2 の共有結合を最もよく表すのはどれか．その理由を説明せよ(ヒント：式 1・8 を適用せよ).

$:\ddot{O}=\ddot{O}:$ $\quad$ $\cdot\ddot{O}—\ddot{O}\cdot$ $\quad$ $\cdot\ddot{O}\equiv\ddot{O}\cdot$ $\quad$ $:\ddot{O}=\ddot{O}:$
$\ \ A$ $\quad\quad\quad\ \ B$ $\quad\quad\quad\ \ C$ $\quad\quad\quad\ \ D$

$[\cdot\ddot{O}—\ddot{O}\cdot \longleftrightarrow \cdot\ddot{O}\equiv\ddot{O}\cdot]$
E

1・48 水素分子が光を吸収すると，電子が1個結合性軌道から反結合性軌道へ跳び上がる．この光の吸収によって水素分子が2個の水素原子に解離する理由を説明せよ(光解離とよばれるこの過程は化学反応を開始させるのによく用いられる).

1・49 遠い宇宙へと旅をして，地球とは異なる量子数の配置からできた周期表を見つけたとしよう．その宇宙での規則は，次のようになっている.
 1. 主量子数 $n = 1, 2, \cdots$（地球と同じ）
 2. 角運動量量子数 $l = 0, 1, 2, \ldots, n-1$（地球と同じ）
 3. 磁気量子数 $m_l = 0, 1, 2, \ldots, l$
  （すなわち 0 と l までの正の整数）
 4. スピン量子数 $m_s = -1, 0, +1$
  （すなわち3個の値が許される）
(a) Pauli の排他原理が成り立つとして，各軌道に許される電子の最大数はどうなるか.
(b) この周期表で原子番号 8 の元素の電子配置を書け.
(c) 2番目の貴ガスの原子番号はいくつか.
(d) オクテット則の代わりにどんな規則があるだろうか.

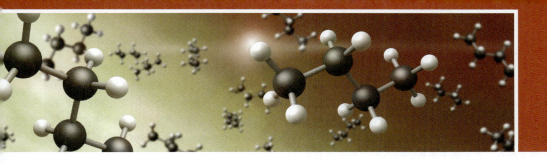

2

アルカン

　すべての有機化合物は炭素を含んでいるが，広範な他の元素を含むものも多い．しかしそのような多様性に踏込む前に，最も簡単な有機化合物である炭化水素から始めなければならない．**炭化水素** (hydrocarbon) とは炭素および水素だけを元素として含む化合物のことである．

2・1　炭化水素

　メタン CH_4 は最も簡単な炭化水素である．§1・3B で学んだように，メタンのすべての水素原子は等価であり，正四面体の頂点を占めている．では，中心の炭素が水素だけと結合しているのではなく，別の 1 個の炭素と結合しており，その炭素もオクテット則を満たす数の水素と結合している場合を考えてみよう．そのような化合物がエタンである．

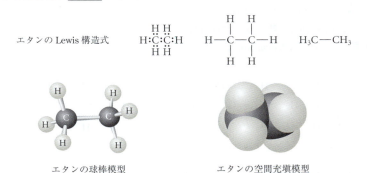

エタンの Lewis 構造式

エタンの球棒模型　　　エタンの空間充塡模型

　エタンでは二つの炭素原子間の結合は C−H 結合より長いが，C−H 結合と同じく Lewis の考え方からすれば共有結合である．混成軌道の考え方でいえば，エタンの炭素−炭素結合は二つの炭素の sp^3 混成軌道が重なってできた結合にある 2 個の電子からなっている．つまりエタンの炭素−炭素結合は sp^3-sp^3 σ 結合である(図 2・1)．エタンの C−H 結合はメタンのそれとよく似ており，炭素の sp^3 混成軌道と水素の 1s 軌道の重なりで生成する共有結合で成り立っている．つまり sp^3-1s σ 結合である．エタンの各炭素は 4 個の基と結合しているので，H−C−C 結合角と H−C−H 結合角はともにほぼ正四面体角である．

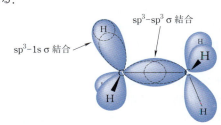

図 2・1　エタンの結合の混成軌道表現　見やすくするために炭素 sp^3 軌道の後ろの小さなローブは省略してある．矢印の先の結合については，それを構成している sp^3 軌道と 1s 軌道を破線で示してある．

いくつもの炭素がこのように結合して水素原子を含む炭素鎖を形成して炭化水素ができることは納得できるであろう．炭素が他の炭素と安定な結合を形成する能力こそが，膨大な数の有機化合物が知られることになる理由である．初期の化学では革命的な考え方であった炭素鎖の概念は 1858 年頃にドイツの化学者 A. Kekulé(ケクレ)(1829～1896)とスコットランドの化学者 A. S. Couper(クーパー)(1831～1892)によって独立に考えだされた．この考えを思いついたことへの Kekulé の解説は面白い．

> ロンドンに滞在中，私はクラパムコモンに近いクラパムロードにしばらく住んでいた…ある晴れた夏の夕方，私は最終の乗合馬車に乗り，いつものように屋上席に座って，昼間なら生活感にあふれている寂れた街路を通って帰路についていた．私は居眠りをして原子が私の目の前で跳ね回っている夢を見た．それまではこの小さな存在が私の目の前に現れるときはいつも常に動きまわっていた．しかしそのときは，二つの小さな原子が対をつくって結合をつくっていた…より大きな原子が鎖をつくり，その鎖の端に小さな原子を引きずっていた…車掌の「クラパムロード」という叫び声で私は目を覚ました．しかしその夜はその夢で見たものを紙に描くことで時間を過ごした．これが"構造論"の起源である．

炭化水素は大きく脂肪族炭化水素と芳香族炭化水素に分類される．**脂肪族炭化水素**(aliphatic hydrocarbon) には3種類の炭化水素すなわち，アルカン，アルケン，アルキンがある(脂肪族 aliphatic という語は"脂肪"を意味するギリシャ語の *aleiphatos* からきている．脂肪は後に学ぶように脂肪族基である長い炭素鎖を含んでいる)．**アルカン**(alkane)から脂肪族炭化水素の学習を始めよう．アルカンは**パラフィン**(paraffin)ともよばれる．アルカンは単結合だけを含む炭化水素である．メタンとエタンが最も簡単なアルカンである．その次に炭素-炭素二重結合をもつ炭化水素である**アルケン**〔alkene，**オレフィン**(olefin)ともよばれる〕や炭素-炭素三重結合をもつ炭化水素である**アルキン**〔alkyne，**アセチレン**(acetylene)類ともよばれる〕について学ぶ．最後にベンゼンやその置換誘導体である**芳香族炭化水素**(aromatic hydrocarbon)について学ぶ．

2・2　直鎖のアルカン

アルカンで炭素鎖はいろいろな形をとる．枝分かれしていない直鎖状のものもあれば枝分かれしたものもあり，さらに環として存在するものもある(環状アルカン)．枝分かれをしていない炭素鎖をもつアルカンは**ノルマルアルカン**(normal alkane)あるいは ***n*-アルカン**(*n*-alkane)とよばれることもある．枝分かれをしていない(直鎖の)アルカンの例をそのいくつかの物理的性質とともに表 2・1 に示す．最初の 12 個の直鎖アルカンの名称は多くの有機化合物を命名する基礎となるものなのでしっかり覚えてほしい．メタン，エタン，プロパン，ブタンの名称は有機化学の初期の歴史に起源をもつが，それより高位のアルカンの名称は対応するギリシャ語の数詞に由来している．たとえばペンタン pentane (*pent* = 5)，ヘキサン hexane (*hex* = 6)などである．

有機分子の表示法はいろいろあるので，ヘキサンを例にとって説明しよう．化合物の**分子式**(molecular formula，たとえばヘキサンは C_6H_{14})はその化合物の原子組成を表す．すべての非環状アルカン(環をもたないアルカン)は一般式 C_nH_{2n+2} (*n* は炭素原子の数)をもつ．分子の**構造式**(structural

表 2・1 直鎖のアルカン

化合物名	分子式	短縮構造式	融点(°C)	沸点(°C)	密度* (g mL^{-1})
メタン	CH_4	CH_4	−182.5	−161.7	—
エタン	C_2H_6	CH_3CH_3	−183.3	−88.6	—
プロパン	C_3H_8	$CH_3CH_2CH_3$	−187.7	−42.1	—
ブタン	C_4H_{10}	$CH_3(CH_2)_2CH_3$	−138.3	−0.5	—
ペンタン	C_5H_{12}	$CH_3(CH_2)_3CH_3$	−129.8	36.1	0.6262
ヘキサン	C_6H_{14}	$CH_3(CH_2)_4CH_3$	−95.3	68.7	0.6603
ヘプタン	C_7H_{16}	$CH_3(CH_2)_5CH_3$	−90.6	98.4	0.6837
オクタン	C_8H_{18}	$CH_3(CH_2)_6CH_3$	−56.8	125.7	0.7026
ノナン	C_9H_{20}	$CH_3(CH_2)_7CH_3$	−53.5	150.8	0.7177
デカン	$C_{10}H_{22}$	$CH_3(CH_2)_8CH_3$	−29.7	174.0	0.7299
ウンデカン	$C_{11}H_{24}$	$CH_3(CH_2)_9CH_3$	−25.6	195.8	0.7402
ドデカン	$C_{12}H_{26}$	$CH_3(CH_2)_{10}CH_3$	−9.6	216.3	0.7487
イコサン	$C_{20}H_{42}$	$CH_3(CH_2)_{18}CH_3$	+36.8	343.0	20 °C で固体

* 20 °C における液体の密度.

formula)はその Lewis 構造式であり,原子の**つながり方**(connectivity)を示す.たとえばヘキサンの構造式は次のように表される.

ヘキサン

$$\begin{array}{c}H\ H\ H\ H\ H\ H\\|\ |\ |\ |\ |\ |\\H-C-C-C-C-C-C-H\\|\ |\ |\ |\ |\ |\\H\ H\ H\ H\ H\ H\end{array}$$

このタイプの式は分子の幾何構造を表しているのではないことに注意しよう.このように水素原子をいちいち描くのは時間を要するので,**短縮構造式**(condensed structural formula)とよばれる簡略化した表示法で同じ情報を伝えることができる.

ヘキサン $H_3C—CH_2—CH_2—CH_2—CH_2—CH_3$

このような構造式では,水素原子は炭素原子に単結合で結合していると考えるので,明示されている結合は炭素原子間の結合である.そのような結合も省略されることがあり,したがってヘキサンは $CH_3CH_2CH_2CH_2CH_2CH_3$ と書くこともできる.構造式は表 2・1 の 3 列目に示すようにさらに省略されることもある.このような式では,たとえば $(CH_2)_4$ は $—CH_2CH_2CH_2CH_2—$ を意味しており,したがってヘキサンは $CH_3(CH_2)_4CH_3$ と書くことができる.

ヘキサンのさらに別の表示法　　$CH_3CH_2CH_2CH_2CH_2CH_3$　　$CH_3(CH_2)_4CH_3$

直鎖のアルカンは炭素鎖の CH_2 基(**メチレン基** methylene group)が 1 個ずつ違う一連の化合物群である.このようにメチレン基の数が違う一連の化合物を**同族列**(homologous series)という.つまり直鎖のアルカンは一つの同族列を構成している.一般に同族列の化合物の物理的性質は規則的に変化する.表 2・1 を見ると,直鎖のアルカンの沸点や密度は炭素数が増すに従って規則的に変化していることがわかる.この変化から性質が未知の他の化合物の性質を容易に予測することができる.

フランスの化学者 C. Gerhardt(ジェラール)(1816～1856)は 1845 年頃に同族列の化合物についての重要な化学的観察を行った.彼の観察は現在でも有機化学を学ぶうえで重要な示唆を与えてくれる.彼は"これらの物質は同じ反応式に従って反応をする,そして一つの化合物の反応がわかれば他の化合物の反応が予測で

きる"と書いている．彼がいっていることは，たとえばプロパンの化学反応がわかればエタン，ブタン，あるいはドデカンも同様の反応をするということを確信をもっていえるということである．

> **問題**
>
> **2・1** (a) 18 個の炭素原子をもつ直鎖のアルカンは何個の水素原子をもつか．
> (b) 23 個の水素原子をもつ直鎖のアルカンは存在するか．もしそうならその構造式を描け．もしそうでないならその理由を説明せよ．
> **2・2** トリデカン $C_{13}H_{28}$ の構造式を描き，その沸点を予測せよ．

2・3 アルカンの立体配座

§1・3B で，多くの分子の構造を理解するには結合距離と結合角だけではなく二面角をも特定しなければならないことを学んだ．二面角とは二つの交わる平面のなす角度である．この節では二面角を簡単に目で見る方法について学ぶ．次に，簡単なアルカンであるエタンとブタンを使って，さらに複雑な分子で二面角を予測することができる汎用性のある簡単な原理を学ぶ．

A. エタンの立体配座

エタンにおける二面角を特定するためには，二つの炭素上の C−H 結合の関係を明確にしなければならない．そのための便利な方法は，米国オハイオ州立大学化学科の教授であった M. S. Newman (1908〜1993) が考案した Newman 投影図を使うことである．**Newman 投影図**(Newman projection)は一つの結合(これを投影結合とよぶ)に沿って平面に投影するものである．たとえば，エタン分子を図 2・2 に示すように，その炭素−炭素結合に沿った Newman 投影図で見たいとしよう．この投影図では炭素−炭素結合が投影結合となる．Newman 投影図を描くには，まず円を描くことから始める．投影結合の目に近い炭素に結合している残り 3 個の結合を円の中心に向けて描く．投影結合の遠い方の炭素に

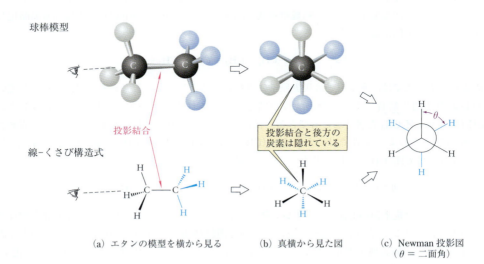

(a) エタンの模型を横から見る　　(b) 真横から見た図　　(c) Newman 投影図
(θ = 二面角)

図 2・2　球棒模型(上)や線-くさび構造式(下)からエタンの Newman 投影図を導く方法．目から遠い C−H 結合と水素は青色で示してある．(a)に示すように，投影しようとする結合の端からエタン分子を見る．真横から見た図を(b)に示す．これを紙面上に投影したのが Newman 投影図(c)である．Newman 投影図では，円の中心に向けて描かれた結合は手前の炭素に結合しており，円の周辺に向けて描かれた結合(青色)は後方の炭素に結合している．投影結合(炭素−炭素結合)は隠れている．

結合している残りの結合を円の周辺に描く．エタンの Newman 投影図(図 2・2c)では，円の中心に向かっている 3 本の C−H 結合は手前の炭素に結合している．円周に向かう C−H 結合は後方の炭素に結合している．各炭素の 4 番目の結合である投影結合そのものは隠れている．

エタンの Newman 投影図から C−H 結合間の二面角 θ がすぐわかる．分子内のすべての二面角を特定すれば，その立体配座を特定したことになる．分子の立体配座(conformation，単に配座ともいう)とは，すべての二面角が特定された時の原子の空間配列のことである．分子の一部分の配座，たとえば個々の結合のまわりの配座を問題にする場合もある．

エタンの Newman 投影図から 2 種類の特徴的な配座があることがわかる．それはねじれ形配座と重なり形配座である．

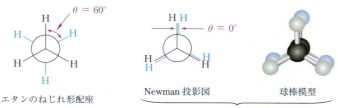

エタンのねじれ形配座　　　Newman 投影図　　　球棒模型
　　　　　　　　　　　　エタンの重なり形配座

ねじれ形配座(staggered conformation，ねじれ配座ともいう)では，一方の炭素の 1 本の C−H 結合が他方の炭素の 2 本の C−H 結合のなす角度を二等分している．ねじれ形配座の最も小さな二面角は θ = 60° である(残りの二面角は θ = 180° と θ = 300° である)．**重なり形配座**(eclipsed conformation，重なり配座ともいう)では，それぞれの炭素の C−H 結合は Newman 投影図では重なり合っている．最も小さな二面角は θ = 0° である(残りの二面角は θ = 120° と θ = 240° である)．ねじれ形配座と重なり形配座の間の配座も可能であるが，この二つの配座が最も重要である．

エタンの優先配座はどちらだろうか．図 2・3 に示すように相対エネルギーを二面角に対してプロットすることで，エタンの配座のエネルギーを記述することができる．この図で二面角は色をつけた水素と炭素の結合のなす角度である．図 2・3 を理解するには，エタンの分子模型を組立て，どちらかの炭素を固定して他方の炭素を C−C 軸のまわりに回転させればよい．どちらの炭素を回転させても構わないが，図 2・3 では手前の炭素を回転させている．回転角が変化するにつれて，模型は三つの同じねじれ形配座と三つの同じ重なり形配座を交互に通過する．図 2・3 からわかるように同じ配座は同じエネルギーをもつ．またこの図から，重なり形配座はエネルギー極大にあり，ねじれ形配座はエネルギー極小にあることがわかる．したがって，ねじれ形配座はエタンの最も安定な配座である．図からねじれ形配座は重なり形配座より約 12 kJ mol^{-1} だけ安定であることがわかる．これは，1 mol のねじれ形エタンを別のねじれ形エタンに変えるのに，約 12 kJ のエネルギーが必要であることを意味している．

ねじれ形配座がより安定である理由は何年にも渡って議論されてきた．ある理論によれば，エタンの結合性分子軌道がねじれ形配座で特に安定であるからとされた．別の理論によれば，二つの炭素上の C−H 結合の電子の間の反発のためとされた．これらの結合は二面角が 0° のときに接近するので，重なり形配座で反発はより大きくなる．このような反発は**ねじれひずみ**(torsional strain)とよばれる．この反発は水素原子間の反発ではなく結合中の電子そのものの間の反発であることに注意しよう．最近の評価では，この二つの因子のどちらも重要であるとされている．

一つのねじれ形配座は，どちらかの炭素を炭素‒炭素結合のまわりで回転させれば別のねじれ形配座に変わる．このような結合のまわりでの回転を(分子全体の回転運動と区別するために)**内部回転**(internal rotation)とよぶ．内部回転が起こるためには，エタン分子は重なり形配座を通過しなければならない．そのためには重なり形配座に相当するエネルギーを得て，次にまたそれを失わなければならない．このエネルギーはどこからくるのだろうか．

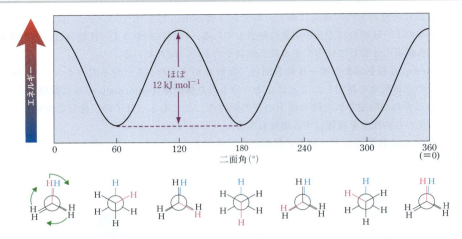

図 2・3　エタンの炭素-炭素結合のまわりの二面角に対するエネルギーの変化．この図では，後方の炭素を固定して手前の炭素を緑色の矢印のように回転させている．横軸の二面角は赤色の水素への結合と青色の水素への結合のなす角度である．ねじれ形配座がエネルギー極小にあり，重なり形配座がエネルギー極大にあることに注意しよう．

　0 K 以上の温度では，分子は常に動いており，したがって運動エネルギーをもっている．その運動エネルギーの現れが熱である．エタンの試料のなかで，分子は無秩序に動き回っている．動いている分子は頻繁に衝突し，その衝突によって分子はエネルギーを得たり失ったりしている．一つのエタン分子が衝突によって十分なエネルギーを得ると，内部回転を起こして，エネルギーの高い重なり形配座を経て別のねじれ形配座に移ることができる．あるエタン分子が内部回転を起こすのに十分なエネルギーを獲得できるかどうかは厳密には確率の問題である．しかし温度の高い分子はより大きな運動エネルギーをもつので，内部回転は温度が高いほど起こりやすい．

　エタンが内部回転を起こす確率は回転の速度に反映される．つまりある分子は毎秒何回一つのねじれ形配座から別のねじれ形配座に変化するだろうかということである．この速度は回転が起こるのにどのくらいのエネルギーが必要かということで決まる．必要なエネルギーが大きいほど速度は小さくなる．エタンの場合，12 kJ mol^{-1} が必要である．このエネルギーは十分に小さいので，エタンの内部回転は非常に低い温度でも非常に速く起こる．25 ℃ でエタンは一つのねじれ形配座から別のねじれ形配座への回転を毎秒約 10^{11} 回という速さで起こす．つまりねじれ形配座同士の相互変換はほぼ 10^{-11} 秒に1回起こることを意味している．どの一つのねじれ形配座もこのような短い寿命しかもたないにもかかわらず，エタン分子はほとんどの時間はねじれ形配座で存在し，重なり形配座は過渡的に通過するだけである．したがって内部回転とは，こまのように絶えず回っていると考えるのではなく，一つのねじれ形配座から別のねじれ形配座へ絶えずジャンプしていると考えるのが正しい．

B. ブタンの立体配座

　ブタンには異なる 2 種類の炭素-炭素結合がある．すなわち末端の二つの C–C 結合(青色)と中央の C–C 結合(赤色)である．

$$H_3C—CH_2—CH_2—CH_3$$

ブタン
2 種類の C–C 結合

中央の C–C 結合の内部回転を考えよう．この回転はエタンの場合より少し複雑であるが，この回転を調べると分子の立体配座について新しい重要な洞察が得られる．エタンのときと同じように図 2・4 に示す Newman 投影図を使う．投影結合，ここでは中央の C–C 結合，は Newman 投影図では隠れてい

ることを思い出そう．

　ブタンの二面角に対してエネルギーをプロットした図を図 2・5 に示す．ここでも分子模型を使って，どちらかの炭素（図 2・5 では目から遠い炭素）を固定して他方の炭素を回転させると，回転に伴う変化がよくわかる．

　図 2・5 から，ブタンのねじれ形配座がエタンの場合と同様にエネルギー極小にあり，したがってブタンの安定配座であることがわかる．しかしブタンではすべてのねじれ形配座が（同様にすべての重なり形配座が）同じわけではない．異なるねじれ形配座にはそれぞれ特定の名前がついている．二つの C－CH_3 結合間の二面角が 60° と 300°（－60° といってもよいが）の配座は，**ゴーシュ配座**（gauche conformation，"そらす"を意味するフランス語の *gauchir* にちなむ）とよばれ，二面角が 180° の配座は

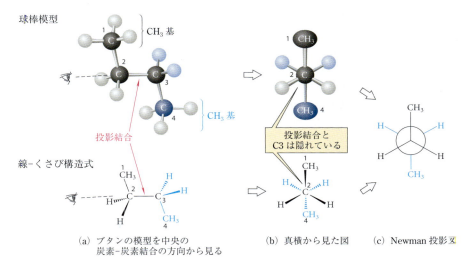

図 2・4　球棒模型（上）や線-くさび構造式（下）からブタンの Newman 投影図を導く方法．投影結合の後側の炭素についている結合と基は青色で示してある．ブタンの配座の一つだけを示している．

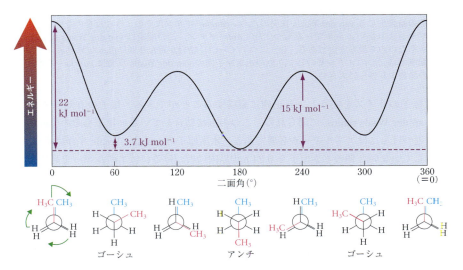

図 2・5　ブタンの中央の炭素-炭素結合のまわりの二面角に対するエネルギーの変化．この図では，後方の炭素を固定して手前の炭素を緑色の矢印のように回転させている．横軸の二面角は二つの C－CH_3 結合のなす角度である．

アンチ配座(anti conformation)とよばれる．

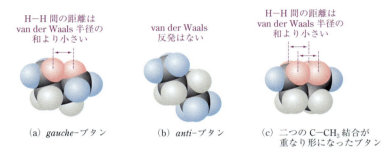

ゴーシュ配座
$\theta = 60°$

アンチ配座
$\theta = 180°$

ゴーシュ配座
$\theta = 300° (= -60°)$

結合の間の関係もゴーシュおよびアンチの用語を用いて記述される．二面角が $\pm 60°$ の関係にある二つの結合は**ゴーシュ結合**(gauche bond)とよばれ，二面角が $180°$ の関係にある二つの結合は**アンチ結合**(anti bond)とよばれる．これらは隣接する炭素上にある結合についての用語であることに注意しよう．

図 2・5 からブタンのゴーシュ配座とアンチ配座が異なるエネルギーをもつことがわかる．アンチ配座は 3.7 kJ mol^{-1} だけ安定である．ゴーシュ配座は二つのメチル基が非常に，つまりそれぞれの水素が互いの空間領域を占有してしまうほど近くに，接近しているために不安定になっている．図 2・6(a) にある空間充填模型をみればそのことを理解できよう．

図 2・6 CH_3(メチル)水素を色分けして示したブタンのいろいろな配座の空間充填模型．(a) *gauche*-ブタン．一方の CH_3 基の水素原子の一つが他方の CH_3 基の水素原子の一つと非常に接近しており，互いの van der Waals 半径内に侵入している(ピンク色で示す)．その結果生じる van der Waals 反発のため，*gauche*-ブタンはそのような反発のない *anti*-ブタンより高いエネルギーをもつ．(b) *anti*-ブタン．この配座は van der Waals 反発をもたないので最も安定である．(c) 二つの C−CH_3 結合が重なり形になったブタン．この配座では二つのメチル基のピンク色の水素原子間の van der Waals 反発は *gauche*-ブタンの場合よりさらに大きい．

この問題は原子のサイズを使うとより正確に議論することができる．原子の有効サイズは **van der Waals 半径**(van der Waals radius)で測られる．二つの直接結合していない原子をその van der Waals 半径の和以内に近づけるにはエネルギーが必要である．水素原子の van der Waals 半径は約 0.12 nm であり，直接結合していない 2 個の水素原子を 0.24 nm 以内に近づけるにはエネルギーを必要とする．2 個の水素をさらに近づけようとすれば，さらにエネルギーが必要となる．二つの直接結合していない 2 個の原子をその van der Waals 半径の和以内に近づけるために要する余分なエネルギーを **van der Waals 反発**(van der Waals repulsion)という．つまりブタンがゴーシュ配座になるにはさらにエネルギーを必要とする．いいかえれば，ゴーシュ形ブタンは二つの CH_3 基にある互いに結合していない水素原子間の van der Waals 反発によって不安定化している．そのような van der Waals 反発はアンチ配座には存在しない(図 2・6b 参照)．したがって *anti*-ブタンは *gauche*-ブタンより安定なのである．

エタンの場合と同じように，ブタンの重なり形配座はねじれひずみによって不安定化している．しかし二つの C−CH_3 結合が重なっている配座では不安定さのおもな原因は，ゴーシュ配座におけるよりさ

らに接近しているメチル水素間の van der Waals 反発である(図 2・6c)．この配座(図 2・5 で $\theta = 0°$)は重なり形配座の中でも最も不安定であることに注意しよう．

ブタンの配座の相対的なエネルギーを理解することは重要である．なぜなら，異なる安定配座が平衡で存在する場合，最も安定な配座すなわち最低エネルギーの配座が最も多く存在するからである．つまりブタンのアンチ配座がブタンの最も多く存在する配座である．室温ではゴーシュ配座で存在する分子の約 2 倍の分子がアンチ配座で存在する．

ブタンのアンチ配座とゴーシュ配座は室温で速やかに相互変換しており，その速さはエタンのねじれ形配座の場合とほぼ同じである．重なり形配座はエネルギー極大にあり不安定なので，観測しうるほどには存在しない．

分子の立体配座やそれらの相対エネルギーの研究を**配座解析**(conformational analysis)という．本節で配座解析の重要な原則を学んだので，これをさらに複雑な分子に応用することができるであろう．その原則をまとめると，

1. 単結合のねじれ形配座は重なり形配座より安定である．
2. van der Waals 反発(非結合原子間の反発)は原子が van der Waals 半径の和以内に無理に近づけられたときに起こる．
3. van der Waals 反発をもつ配座はそのような反発のない配座より不安定である．
4. C—C 単結合の回転は多くの場合非常に速く，極低温以外では配座を分離するのは難しい．

例題 2・1

2-メチルヘキサンの C3—C4 結合について C3 が手前になるようにしてアンチ配座の Newman 投影図を描け．

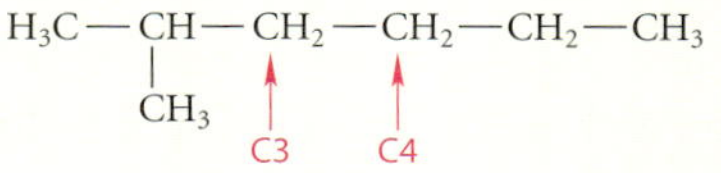

$$H_3C—CH—CH_2—CH_2—CH_2—CH_3 \quad \text{2-メチルヘキサン}$$
$$\quad\quad |$$
$$\quad\quad CH_3$$
（C3, C4 の位置を示す矢印）

解 法　まず投影結合を表す"空の" Newman 投影図を描く．投影結合(C3—C4 結合)は隠れて見えないことを思い出そう．次のどちらを使ってもよい．

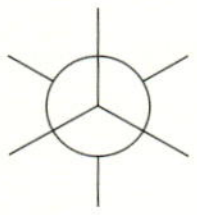

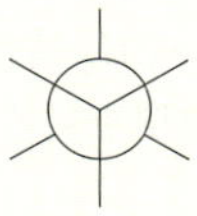

左側を使うことにしよう．問題で指示されたように手前の炭素が C3 である．C3 についている投影結合以外の結合の先にある基を確認しよう．それらは 2 個の H と $(CH_3)_2CH-$ である．これらを Newman 投影図の手前の炭素に結合させる．すべての基が手前の炭素についている限り，どの基がどの結合の先につくのかは問題ではない．

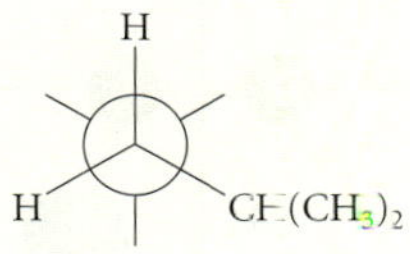

次に後方の炭素 C4 についている投影結合以外の結合の先にある基を確認しよう．それらは 2 個の H と $-CH_2CH_3$ である．アンチ配座を描くのだからこれらの基がどこにつくのかが問題となる．$-CH_2CH_3$ は $(CH_3)_2CH-$ のアンチの位置にこなければならない．アンチとは二面角 180° を意味することを思い出そう．Newman 投影図はある一つの結合の立体配座を調べるために使うものである．いくつかの異なる結合の配座を調べるときには，それぞれの結合について別の複数の配座を検討しなければならない．

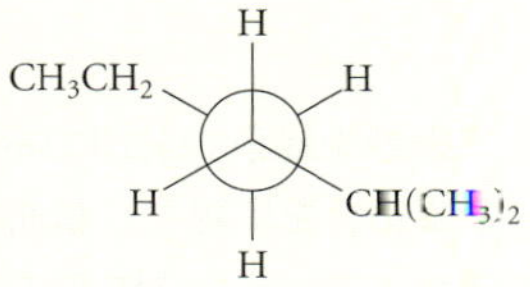

2-メチルヘキサン
C3—C4 結合に関してアンチ配座

問題

2・3 (a) 枝分かれをした炭素鎖をもつ化合物であるイソペンタンの C2–C3 結合に関してねじれ形配座と重なり形配座のそれぞれについて Newman 投影図を描け.

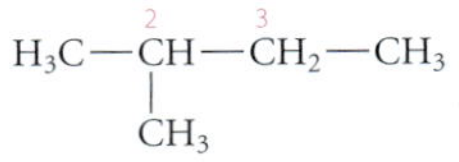

$$H_3C-\overset{2}{C}H-\overset{3}{C}H_2-CH_3 \quad \text{イソペンタン}$$
$$\underset{CH_3}{|}$$

すべてのねじれ形配座と重なり形配座を描くこと.
(b) 図 2・5 でのブタンの場合と同様に，イソペンタンの二面角に対してエネルギーをプロットした図を描け．エネルギー極大とエネルギー極小のそれぞれに(a)で描いた配座を当てはめよ.
(c) イソペンタンの試料で(a)で描いた配座のどれが最も多く存在すると考えられるか．その理由を説明せよ．

2・4 ブタンの末端の C–C 結合について問題 2・3 と同じ問に答えよ．

C. 立体配座を描く方法

前節で Newman 投影図を使って特定の配座を表現する方法を学んだ．本節では分子の特定の配座を描く別の方法を学ぼう．この節が終わるとき特定の配座を描く 3 通りの方法を学んだことになる．

1. Newman 投影図（すでに学んだ）
2. 線–くさび構造式
3. 木挽き台投影図

後の二つの方法は基本的に構造を透視図で示す方法であり，美術学校に通わなくてもちゃんと描けるようになりたい．すでにおなじみのブタンのアンチ配座を例にとってこれらを説明しよう．分子模型を手元に置いて読み進んで欲しい．

線–くさび構造式(line-and-wedge structure, dash-wedge structure) は §1・3B で四面体炭素を描くときに用いた方法を拡張したものである．その時と同様に，紙面内にある結合を実線で表し，紙面の手前に出る結合を実線のくさびで，紙面の後方を向く結合を破線のくさびで表す．しかし今度は，2 個以上の炭素について同時にこの作業をしなければならない．注目する結合（ここでは中央の C–C 結合）とそれに隣接する二つの結合（ここでは C–CH₃ 結合）が紙面内になるように，つまりちょうど真横から見るように分子模型を置く．このように模型を見ると，後方の水素が手前の水素に隠れてしまう（式 2・1 の A）．

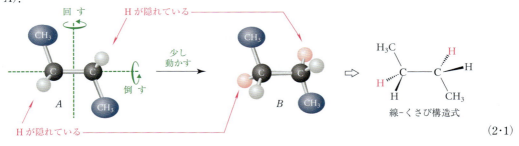

(2・1)

そこで模型を緑色の矢印で示すように少し回したり倒したりすると B のようになるので，ここで紙面内にある結合を実線で，紙面の手前に出る結合を実線のくさびで，紙面の後方を向く結合を破線のくさびで表すと線–くさび構造式ができあがる．"倒して回す"のはすべての基がちゃんと見えればどの方向でもよいのだが，本書では多くの場合，式(2・1)で示したように統一する．A で隠れていた水素を B で赤色で示す．実線のくさびで表した結合と破線のくさびで表した結合の関係に注意しよう．たとえば

式(2·1)の図では，破線のくさびで描かれた後方に向く結合は実線のくさびで描かれた手前に出る結合より少し上にある．

線-くさび構造式(あるいは相当する分子模型)を横から見て紙面に投影すればNewman投影図ができあがる．

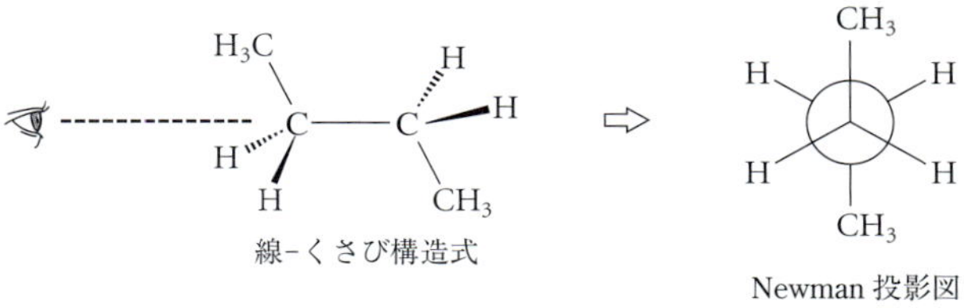

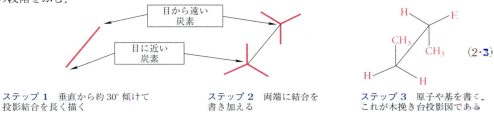
(2·2)

この操作は図2·4で詳しく示してある．

木挽き台投影図(sawhorse projection)は模型を右上方から見たとして描いた投影結合の図である．これまでと同じブタンのアンチ配座を使って木挽き台投影図を描いてみよう．木挽き台投影図を描くには次の段階をふむ．

(2·3)

ステップ1 垂直から約30°傾けて投影結合を長く描く
ステップ2 両端に結合を書き加える
ステップ3 原子や基を書く．これが木挽き台投影図である

透視図であることを強調するために投影結合をくさびにして木挽き台投影図を描くことを好む人もいる．しかし，わざわざくさびにしなくても透視図であることはわかるはずである．

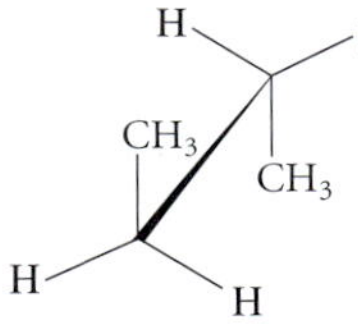

投影結合をくさびで表した木挽き台投影図 (2·4)

重なり形配座の線-くさび構造式を描くためには，式(2·1)に示した手順を少し変えなければならない．分子模型を横から見て(A)，それを少し倒す(B)．実線のくさびと破線のくさびの離し方や長さを少し誇張して紙面に描けばよい．

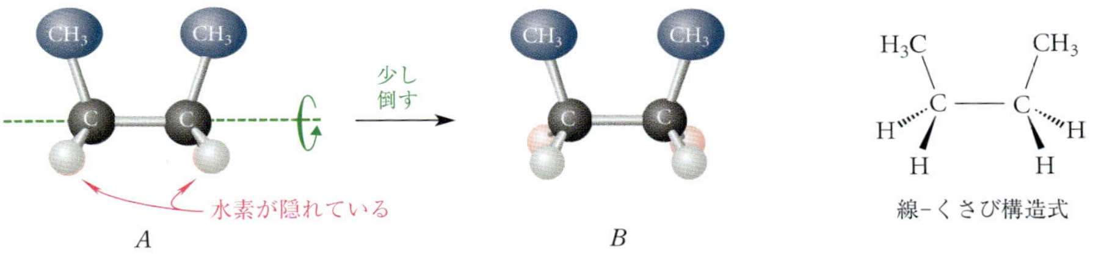

(2·5)

A　水素が隠れている　　B　　線-くさび構造式

重なり形配座の木挽き台投影図やNewman投影図を描く手順はねじれ形配座の場合と同じである．

立体配座を描くとき，特定の一つの結合(投影結合)に焦点を当てることが多いが，複数の結合の配座を同時に描くことができる場合もある．次のヘキサンの全アンチ配座がその例である．

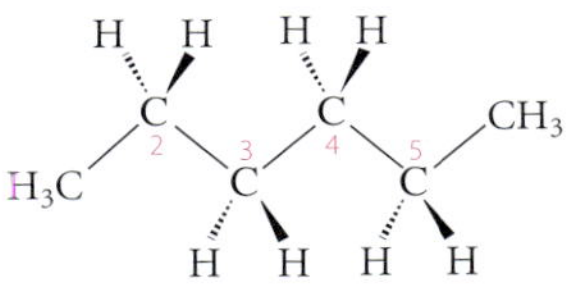

ヘキサン
C2–C3, C3–C4, C4–C5結合がすべてのアンチ配座の場合

線-くさび構造式を描くときに初心者がよく犯す間違いを，次のイソブタンの間違った描き方を例に示す．

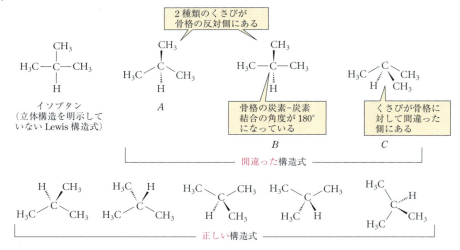

間違った構造式のうち二つ（A と B）では，2 種類のくさびが紙面内に描かれた炭素-炭素結合の骨格の両側に描かれている．これは同じ側に描かないとおかしい．構造式 B では紙面内の結合がまっすぐになっている．投影図では紙面内の結合は四面体角に近くなるように描かなければならない．C ではくさびが誤った側に描かれている．これは骨格の凸側に描かないとおかしい．正しい描き方の例をいくつか示した．線-くさび構造式を正しく描けるようになる最善の方法は，慣れるまで常に分子模型と照らし合わせることである．上に示したイソブタンの正しい構造式を分子模型とよく比べてみるとよい．

十分な美的感覚をもっていれば，どんな構造式でも描けるようになる．しかし非常に枝分かれの多い構造の透視図を描こうとすると，困難に直面するだろう．幸いなことに，これまでに述べた三つの方法で，要求の多くは満たされるはずである．7 章では環状化合物の立体配座とその描き方を学ぶ．

問題

2・5 (a) 本節で学んだ手順を使って，ブタンの二つのゴーシュ配座の両方について，中央の炭素-炭素結合に関して線-くさび構造式と木挽き台投影図を描け．分子模型を用いよ．
(b) 次に示すジブロモメタン H_2CBr_2 の線-くさび構造式のうち，正しいものはどれか．間違った構造式について，なぜ間違っているのかを述べよ．

2・6 (a) 必要なら分子模型を使って，次の線-くさび構造式で示された構造について Newman 投影図と木挽き台投影図を描け．C2 が手前になるようにして C2−C3 結合を投影し，大きな基は簡略化して示せ．
(b) (a)で描いた Newman 投影図で，C2 を C2−C3 結合のまわりで時計回りに 120° 回転し，生成した配座を木挽き台投影図と線-くさび構造式で描け．
(c) (a)で描いた Newman 投影図で，C2 を C2−C3 結合のまわりで 180° 回転し，生成した配座を木挽き台投影図と線-くさび構造式で描け．

2・4 構造異性体と命名法

A. 異性体

アルカンの一つの炭素が別の3個以上の炭素と結合していれば，その箇所で炭素鎖の枝分かれが起こる．最も小さな枝分かれアルカンは4個の炭素からなる．その結果4炭素アルカンは2種類存在する．一つは<u>ブタン</u>，もう一つは<u>イソブタン</u>である．

$$H_3C-CH_2-CH_2-CH_3 \quad \text{ブタン 沸点 } -0.5\,°\text{C}$$

イソブタン 沸点 $-11.7\,°\text{C}$

この二つは異なる性質をもつ異なる化合物である．たとえばブタンの沸点は $-0.5\,°\text{C}$ であり，イソブタンの沸点は $-11.7\,°\text{C}$ である．しかしともに同じ分子式 C_4H_{10} をもつ．同じ分子式をもつ異なる化合物を**異性体**(isomer)という．

異性体には種類がある．ブタンとイソブタンのように原子のつながり方，つまり原子の結合順序が異なる異性体を**構造異性体**(constitutional isomer; structural isomer ということもあるが好ましくない)という．イソブタンでは3個の炭素と結合している炭素が1個あるのに対してブタンではそのような炭素はないから，ブタンとイソブタンでは原子のつながり方が異なっている．

例題 2・2

次の4個の構造式で，構造異性体であるのはどれか．他の構造式と同じものでも異性体でもないのはどれか．解答の根拠を説明せよ．

A: $CH_3CHCHCH_3$ (上下に CH_3)
B: $CH_3CHCH_2CH_3$ (上に CH_3, 下に CH_3)
C: $CH_3CH_2CHCH_3$ (下に CH と H_3C, CH_3)
D: $CH_3CHCH_2CH_2CH_3$ (下に CH_3)

解法 化合物は同じものであるか異性体であるとき，同一の分子式をもつ．A は他の構造式 (C_7H_{16}) とは異なる分子式 (C_6H_{14}) をもつので，A が他と同じでも異性体でもない分子である．問題の残りを解くには，<u>Lewis 構造式は原子のつながり方しか示さない</u>ということを思い出す必要がある．実線のくさびや破線のくさびのような三次元的要素を加えない限り分子の実際の形を示さない．つまり，一つの構造をさまざまな方法で描くことができる．分子中の原子のつながり方は，上下逆さまにしようが，どのような描き方をしようが変わらない．このことを念頭に置いて，各構造式での原子のつながり方を見てみよう．構造式 B と C を比べると，どちらも2個の CH_3 基が CH に結合し，その CH は別の CH に結合している．その CH は CH_3 基と CH_2CH_3 基に結合している．B ではこのつながり方のパターンは左端から始まっているが，C では下から始まっている．しかしつながり方は両者で同じである．どちらの構造式も同じつながり方をしているので，これらは同じ分子を表している．構造式 D と B (あるいは D と C) は同じ分子式 C_7H_{16} をもつが，調べればわかるとおり，原子のつながり方が違っており，したがってこれらは構造異性体である．

分子式 C_4H_{10} をもつ構造異性体はブタンとイソブタンだけである．しかし炭素数がさらに多いアルカンではさらに多くの構造異性体が可能となる．ヘプタン C_7H_{16} では7個，デカン $C_{10}H_{22}$ では75個，イコサン $C_{20}H_{42}$ では 366,319 個もの構造異性体がある．これだけのことからも，数千万種類の有機化合物が知られており，さらに数千万種類の化合物が見つかるであろうことは納得できよう．したがって化学の知識を整然とまとめるには，それぞれの化合物に曖昧さのない名称をつける体系的な命名法が必要である．

B. 有機命名法

標準となる有機命名法をつくるという組織だった努力は 1892 年ジュネーブでの国際会議でなされた提案に始まる．化学の専門家の集まりである国際純正・応用化学連合（International Union of Pure and Applied Chemistry：IUPAC）の提案に基づいて，いくつかの命名法の体系が開発され承認された．現在最も広く用いられている体系は**置換命名法**（substitutive nomenclature）とよばれている*.

アルカンの命名法の IUPAC 規則は他のほとんどの化合物群についての置換命名法の基礎をなしている．したがってこれらの規則を学び，応用できるようになることが重要である．

C. アルカンの置換命名法

アルカンは次の 10 項目の規則を順に適用することによって命名される．つまり，今問題とする化合物の名称が，ある規則で曖昧さなく決まらないときは，このリストの次の規則を適用するということを，名称が曖昧さなく決まるまで繰返す．

1. 枝分かれのないアルカンは表 2・1 に示すように炭素の数に従って命名される．
2. 枝分かれした炭素鎖をもつアルカンについては主鎖を決める．

主鎖（principal chain）とはその分子の中で最も長い連続した炭素鎖である．たとえば，

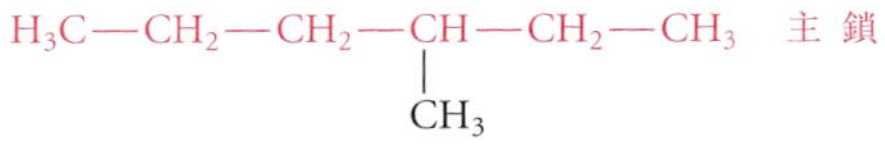

H3C—CH2—CH2—CH—CH2—CH3
CH3
主 鎖

主鎖を探すときには，一つの化合物について何通りもの短縮構造式が描けることを考慮しなければならない（例題 2・2）．たとえば，次の構造式は同じ分子を表しており，赤色で示したのが主鎖である．

H3C—CH2—CH2—CH—CH2—CH3
CH3
H3C—CH—CH2—CH3
CH2—CH2—CH3

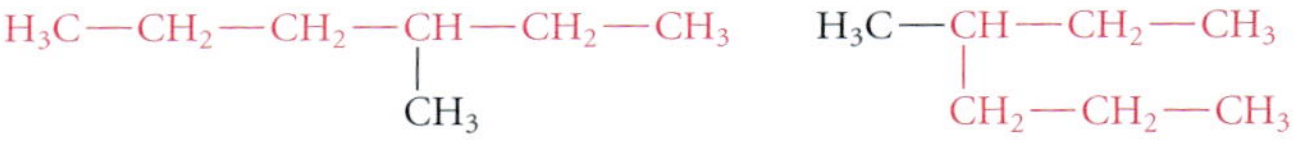

これらの構造式で原子のつながり方は同じであり，したがって同じ分子を表していることを確認せよ．

3. 構造式中の二つ以上の鎖が同じ長さをもつ場合は，枝分かれの多い鎖を主鎖とする．

次の構造式はそのような状況の例である．

CH2—CH3
H3C—CH—CH—CH2—CH2—CH3
CH3
枝を一つもつ 6 炭素鎖
CH2—CH3
H3C—CH—CH—CH2—CH2—CH3
CH3
枝を二つもつ 6 炭素鎖
（こちらが主鎖となる）

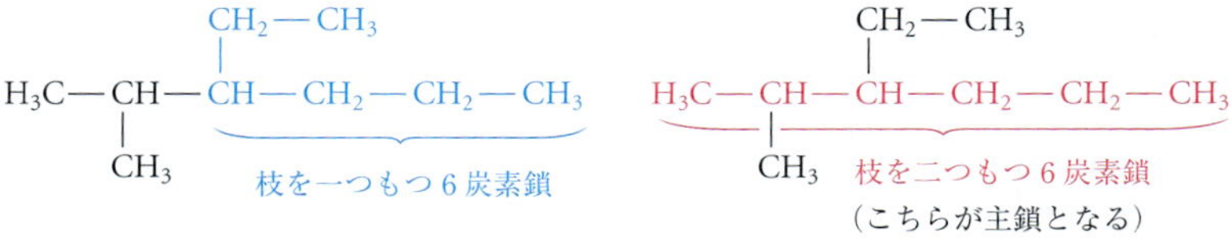

正しい主鎖の選び方は右側である．右側の構造式は枝が二つあるのに対して左側では枝は一つしかない（左側の選び方では枝が大きくそれ自身が枝分かれをしているが，それは問題にならない）．

4. 最初の枝分かれがより小さな番号になるように，主鎖の炭素に末端から順に番号をふる．

次の構造式では CH_3 基の枝がついている炭素が小さい番号になるように端から順に番号をつける．

6 5 4 3 2 1
H3C—CH2—CH2—CH—CH2—CH3
1 2 3 4 5 6
CH3
正しい番号づけ
誤った番号づけ

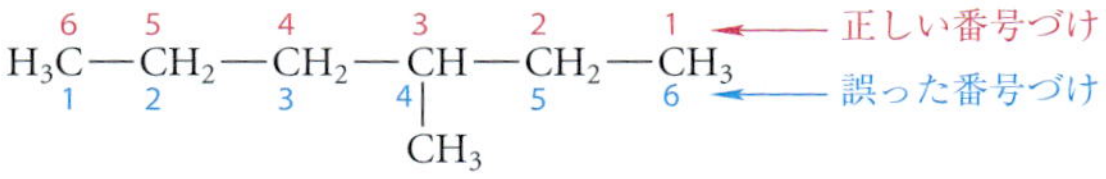

＊訳注：IUPAC 命名法による名称は英語名である．日本語による名称は，日本化学会が定めた“化合物名日本語表記の原則”に従って英語名を日本語名に変換したものである．その基本は“字訳”とよばれる，原語のつづりを発音とは関係なく機械的にカタカナに変換する方法である．したがって，命名法を理解するにはまず英語名のつくり方を理解しなければならない．本書では，命名法に関する部分では，英語名と日本語名を併記する．

5. それぞれの枝を命名し，それが結合する主鎖の炭素の番号を見いだす．

前の例では枝となっている基は CH$_3$ 基である．メチル基とよばれるこの基は主鎖の炭素-3 に結合している．

枝となっている基は一般に置換基(substituent)とよばれ，アルカンに由来する置換基はアルキル基(alkyl group)とよばれる．アルキル基は炭素をいくつもっていてもよい．枝分かれのないアルキル基の名称はそれと同じ数の炭素をもつアルカンの名称の語尾から ane を取去り yl をつけ加える．日本語名はこれを字訳する．

—CH$_3$	メチル (methyl = methane + yl)
—CH$_2$CH$_3$ あるいは —C$_2$H$_5$	エチル (ethyl = ethane + yl)
—CH$_2$CH$_2$CH$_3$	プロピル (propyl)

アルキル置換基自体が枝分かれしている場合もある．最もよく出てくる枝分かれアルキル基は表 2・2 に示すような特別の名称をもっている．これらの名称は非常によく出てくるので覚えなければならない．iso(イソ)という接頭語は炭素鎖の末端に 2 個のメチル基をもつ置換基に用いられることに注意しよう．またイソブチル(isobutyl)基と s-ブチル(s-butyl)基は混同しやすいので，その違いに特に気をつけよう（置換基の略号については §2・5 で述べる）．

表 2・2 小さな枝分かれアルキル基の名称と略号

基の構造	骨格構造式*	短縮構造式	略号*	名 称
H$_3$C\\CH— / H$_3$C		(CH$_3$)$_2$CH—	i-Pr あるいは iPr	イソプロピル isopropyl
H$_3$C\\CHCH$_2$— / H$_3$C		(CH$_3$)$_2$CHCH$_2$—	i-Bu あるいは iBu	イソブチル isobutyl
CH$_3$CH$_2$CH— / CH$_3$		—	s-Bu あるいは sBu	s-ブチル s-butyl
CH$_3$ / H$_3$C—C— \\ CH$_3$		(CH$_3$)$_3$C—	t-Bu あるいは tBu	t-ブチル t-butyl
CH$_3$ / H$_3$C—C—CH$_2$— \\ CH$_3$		(CH$_3$)$_3$CCH$_2$—	—	ネオペンチル neopentyl

* 骨格構造式と略号の使い方は §2・5 で紹介する．括弧は置換基が結合している主鎖を表す．

6. 置換基が結合している主鎖の炭素の番号，ハイフン，枝の名称，主鎖に相当するアルカンの名称，の順に書いて名称を組立てる．

H$_3$C—CH$_2$—CH$_2$—CH—CH$_2$—CH$_3$
                    |
                    CH$_3$

名称：3-メチルヘキサン
3-methylhexane

↑ 主鎖の名称
アルキル置換基の番号と名称

英語名では枝の名称と主鎖の名称はあわせて一語で書くことに注意しよう．また名称自体はそれと異性体の関係にある直鎖のアルカンの名称とはまったく関係が<u>ない</u>ことにも注意しよう．つまり，上例の化合物は炭素 7 個をもつので<u>ヘプタンの構造異性体</u>であるが，主鎖が炭素 6 個をもつので<u>ヘキサンの誘導体</u>として命名される．

例題 2・3

次の化合物を命名し，これと構造異性体の関係にある直鎖のアルカンの名称を書け．

$$H_3C-CH_2-CH_2-CH-CH_2-CH_2-CH_3$$
$$\underset{CH_3}{\overset{|}{CH}}-CH_3$$

解 法　主鎖は 7 個の炭素をもつので，置換ヘプタンとして命名される．枝は炭素-4 にあり次の構造をもつ．

$$\underset{CH_3}{\overset{|}{CH}}-CH_3$$

表 2・2 からこの基は<u>イソプロピル基</u>である．したがって化合物の名称は 4-イソプロピルヘプタンとなる．

$$H_3C-CH_2-CH_2-CH-CH_2-CH_2-CH_3$$
$$\underset{CH_3}{\overset{|}{CH}}-CH_3$$

4-イソプロピルヘプタン
4-<u>isopropyl</u>heptane

アルキル基の名称は表 2・2 を参照

この化合物の分子式は $C_{10}H_{22}$ なので，これの構造異性体である直鎖のアルカンは<u>デカン</u>である．

7. 主鎖が複数の置換基をもつ場合は，各置換基にその位置番号を割当てる．同じ置換基が複数ある場合はその数を倍数接頭語 di(ジ)，tri(トリ)，tetra(テトラ) などを使って示す．

$$H_3C-\underset{\underset{CH_3}{|}}{\overset{\overset{CH_3}{|}}{C}}-CH_2CH_2CH_3$$

2,2-ジメチルペンタン
<u>2,2</u>-<u>di</u>methylpentane

↑　　↑
メチル置換基が 2 個

メチル基の枝はともに
主鎖の炭素-2 に結合している

例題 2・4

次の構造式で，同じ化合物を表しているのはどの二つか．その化合物を命名せよ．

$$\begin{array}{c} H_3C-CH_2 \\ | \\ H_3C-CH_2-CH \\ | \\ CH_3 \end{array} \qquad \begin{array}{c} H_3C-CH-CH_2-CH_2-CH_3 \\ | \qquad | \\ CH_3 \quad CH_3 \end{array} \qquad \begin{array}{c} H_3C-CH-CH-CH_2-CH_3 \\ | \quad | \\ CH_2 \quad CH_3 \\ | \\ CH_3 \end{array}$$

$$A \hspace{4cm} B \hspace{4cm} C$$

解 法　A と C は原子のつながり方が同じである〔CH_3，CH_2，(CH_3 に結合している CH)，(CH_3 に結合している CH)，CH_2，CH_3〕．これらの構造式で表される化合物は主鎖に 6 炭素をもっており，したがってヘキサンとして命名される．炭素-3 と炭素-4 にメチル基の枝がある．したがって名称は 3,4-ジメチルヘキサン 3,4-dimethylhexane となる（化合物 B は次の規則を学んでから命名しよう）．

8. 主鎖の二つ以上の炭素に置換基が結合している場合には，2通りの可能な番号づけにおける置換基の位置番号を一つずつ比べて，最初に違いが現れる位置番号が小さい方を選ぶ．

これは命名法でも一番間違いやすい規則であるが，系統的に行えば簡単である．この規則を適用するには，まず主鎖の末端から番号をふって得られる2通りの位置番号の組合わせを書きだす．次の例では 3,3,5- と 3,5,5- である．

```
            CH₃
    1   2   3 |  4    5    6    7
   H₃C—CH₂—C—CH₂—CH—CH₂—CH₃     考えられる名称：
    7   6   5 |  4    3    2    1    3,3,5-トリメチルヘプタン 3,3,5- trimethylheptane（正）
            CH₃   CH₃                3,5,5-トリメチルヘプタン 3,5,5- trimethylheptane（誤）
```

次にこの二つの組 (3,3,5) と (3,5,5) の数字を一対ずつ比べる．
一対ずつ比べるやり方は，

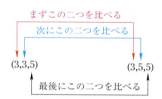

この例で最初に違いが現れるのは，2番目の比較，つまり3か5かである．3が5より小さいので，最初の組合わせが選ばれる．これ以降の数字の組に違いがあっても，考えなくてよい．数字を足し合わせて小さい方を選ぶというのも誤りである．置換基の名称が同じか違うかもまったく関係なく，数字だけを考えればよい．

次の規則は名称中で置換基を並べる，つまり"記載する"順序についての規則である．置換基を記載する順序と位置番号とを混同してはならない．

9. 置換基は主鎖における位置に無関係に，アルファベット順に名称中に記載する．アルファベット順を決めるときには di, tri などの倍数接頭語および s- や t- などのハイフンでつながる接頭語は無視する．しかし iso, neo, cyclo（§2・5）などの接頭語は置換基の名称に含まれる．

次にこの規則の適用例を示す．

```
    7    6    5    4    3    2    1                     CH₃
   H₃C—CH₂—CH—CH₂—CH₂—CH—CH₃            CH₃CH₂CH₂—C—CH₂—CH—CH₂CH₃
               |              |                          |        |
              CH₂            CH₃                        CH₃      CH₂CH₃
               |
              CH₃
                                                   3-エチル-5,5-ジメチルオクタン
      5-エチル-2-メチルヘプタン                      3-ethyl-5,5-dimethyloctane
      5-ethyl-2-methylheptane                  （dimethyl は並べるときは m から始まると考える）
   （ethyl は methyl より位置番号は大きいが前にくる）
```

10. 異なる基の番号づけがこれまでの規則で決まらない場合は，最初に記載される基により小さい番号をつける．

次の化合物は 1〜9 の規則では 3-エチル-5-メチルヘプタンか 5-エチル-3-メチルヘプタンか決めることができない．名称中でエチル基が先に記載されている（規則9）ので，規則10によってエチル基が小さい番号をもつことになる．

```
   H₃C—CH₂—CH—CH₂—CH—CH₂—CH₃      3-エチル-5-メチルヘプタン
              |        |                       3-ethyl-5-methylheptane
             CH₃     C₂H₅
```

これら10項目の規則では決められないさらに複雑な名称もあるが，ほとんどの場合はこれで十分なはずである．

> **問 題**
>
> **2・7** 次の化合物を命名せよ．
> (a)
> $$\begin{array}{c} \text{CH}_3 \quad \text{CH}_3 \\ | \quad\quad | \\ \text{CH}_3\text{CHCHCH}_2\text{CHCH}_3 \\ | \\ \text{CH}_3 \end{array}$$
> (b) 例題 2・4 の化合物 B
>
> (c)
> $$\begin{array}{c} \text{CH}_2\text{CH}_2\text{CH}_3 \\ | \\ \text{CH}_3\text{CH}_2\text{CHCHCH}_2\text{CH}_3 \\ | \\ \text{CH}_2\text{CH}_2\text{CH}_3 \end{array}$$
> (d)
> $$\begin{array}{c} \text{CH}_3 \quad \text{CH}_3 \\ | \quad\quad | \\ \text{CH}_3\text{CH}_2\text{CCH}_2\text{CH}_2\text{CHCH}_3 \\ | \\ \text{CH}_3 \end{array}$$

D. 高度に短縮された構造式

スペースを節約したい場合には，次の例のように括弧を使って高度に短縮された構造式にして1行に収まるようにすることがある．

$$(\text{CH}_3)_4\text{C} \quad \text{や} \quad \text{C}(\text{CH}_3)_4 \quad \text{は} \quad \text{H}_3\text{C}-\overset{\overset{\displaystyle\text{CH}_3}{|}}{\underset{\underset{\displaystyle\text{CH}_3}{|}}{\text{C}}}-\text{CH}_3 \quad \text{を意味する}$$

構造が複雑であると，特に初心者には，括弧内のどの原子が括弧外のどの原子と結合しているのかすぐにはわからないことがあるが，少し考えればわかるはずである．普通，構造式は括弧記号の一方が結合している二つの原子の間にくるように書かれている（水素を除いて）．しかし疑わしければ，括弧の中の原子で通常の結合数を満たしていない原子を探せばよい．上の例のように括弧の中の基が CH_3 である場合，この炭素は3個の結合（Hとの）しかもっていない．したがってこの炭素が括弧の外の炭素と結合していなければならない．もう一つの例として，次の化合物の CH_2OH 基を考えてみよう．

$$(\text{CH}_3)_2\text{CH}-\text{CH}(\text{CH}_2\text{OH})_2 \quad \text{は} \quad \begin{array}{c} \text{H}_3\text{C} \quad\quad \text{CH}_2\text{OH} \\ \diagdown \quad\quad \diagup \\ \text{CH}-\text{CH} \\ \diagup \quad\quad \diagdown \\ \text{H}_3\text{C} \quad\quad \text{CH}_2\text{OH} \end{array} \quad \text{を意味する}$$

酸素は炭素および水素と結合しているから結合を満たしている（2対の非共有電子対を忘れてはならない）．しかし各 CH_2OH 基の炭素は括弧の中では三つの基としか結合していない（H 2個とO）ので，括弧の外の炭素と結合しているのはこの炭素である．

短縮構造式の意味がすぐにわからないときは，<u>短縮されていない構造式に書き直してみればよい</u>．書き直すのに時間がかかる場合もあるだろうが，そのうち慣れてきて容易に短縮構造式を解釈できるようになるだろう．

> 諸君が有機化学をものにできるかどうかは，問題の途中の段階をノートに書きだすことに時間を割くかどうかにかかっている．ノートに書く手間を省きたがる学生も多い．そうしたくなる理由の一つに時間がないということがあるかもしれない．しかし，比較的少数の問題を段階を追って着実に解く方が，たくさんの問題を大急ぎでやるよりはるかに有効な時間の使い方であることを肝に銘じよう．例題2・5は命名法の問題を段階を追って解くやり方の例である．

例題 2・5

4-*s*-ブチル-5-エチル-3-メチルオクタンの Lewis 構造式を書け．次にその短縮構造式を書け．

解 法　これまでは構造式に名前をつけてきた．この問題ではこれまでとは逆に名称から構造式を書くことになる．いきなり構造式を書こうとしてはならない．途中の構造式を書きながら系統的に段階的に進まなければならない．まず主鎖を書く．名称がオクタンで終わっているから，主鎖は 8 個の炭素をもつ．水素原子を省いて主鎖を書くと，

$$\text{C—C—C—C—C—C—C—C}$$

次にどちらかの端から（下の例では左端から）主鎖に番号をふり，名称にある枝を正しい位置につける．*s*-ブチル基を炭素-4 に，エチル基を炭素-5 に，メチル基を炭素-3 に（必要ならば *s*-ブチル基の構造を表 2・2 で復習しよう）．

$$\begin{array}{c}\text{H}_3\text{C—CH}_2\text{—CH—CH}_3 \leftarrow s\text{-ブチル基}\\ \text{C—C—C—C—C—C—C—C}\\ {\scriptstyle 1\ \ 2\ \ 3\ \ 4\ \ 5\ \ 6\ \ 7\ \ 8}\\ \text{CH}_3 \quad\ \ \text{CH}_2\text{—CH}_3\end{array}$$

最後に主鎖の各炭素が四つの結合をもつ（4 価）ように水素を補う．

$$\begin{array}{c}\text{H}_3\text{C—CH}_2\text{—CH—CH}_3\\ \text{H}_3\text{C—CH}_2\text{—CH—CH—CH—CH}_2\text{—CH}_2\text{—CH}_3\\ \text{CH}_3\quad\ \ \text{CH}_2\text{—CH}_3\end{array}$$

4-*s*-ブチル-5-エチル-3-メチルオクタン

構造式を短縮して書くには，同じ炭素に結合する似た基は括弧に入れてまとめる．*s*-ブチル基は名称では一つしかないが，構造式には二つあることに注意しよう（下の構造式で赤色で示す）．後は主鎖の残りの部分とエチル基の枝からなる．

$$\begin{array}{c}\text{H}_3\text{C—CH}_2\text{—CH—CH}_3\\ \text{H}_3\text{C—CH}_2\text{—CH—CH—CH—CH}_2\text{—CH}_2\text{—CH}_3 \Rightarrow (\text{CH}_3\text{CH}_2\text{CH})_2\text{CHCHCH}_2\text{CH}_2\text{CH}_3\\ \text{CH}_3\quad\ \ \text{CH}_2\text{—CH}_3 \qquad\qquad\qquad\quad \text{CH}_3\quad \text{CH}_2\text{CH}_3\end{array}$$

命名法と化学索引

世界中の化学に関する知識情報は**化学文献** (chemical literature) に収められる．化学文献とは書籍，雑誌，特許，技術レポート，総説など化学研究の公表された記録である．注目する有機化合物について何が知られているのかを見いだすには，すべての化学文献を調べなければならない．そのような調査をするために，有機化学者が頼る二つの大きな索引がある．一つは米国化学会の Chemical Abstracts Service が刊行している *Chemical Abstracts* であり，1907 年以降あらゆる化学文献の主要な索引として機能してきた．もう一つは *Beilstein's Handbook of Organic Chemistry* である．これはすべての化学者に単に *Beilstein*（バイルシュタイン）として知られているもので，1881 年以来有機化合物の詳細な情報を出版してきた．以前はこれらの索引を調べるのは，図書館で数時間も数日も費やさなければならない手作業の骨の折れる仕事であった．しかし現在では *Chemical Abstracts* も *Beilstein* も効率的な検索エンジン（それぞれ SciFinder® および Reaxys® とよばれる）を備えており，化学者はパソコンで化学情報を検索することができる．命名法は，特に *Chemical Abstracts* では，化合物を見つけるためにきわめて重要であるが，構造式を入力して化合物を検索することも可能である．*Chemical Abstracts* で検索すると，注目する化合物に言及しているあらゆる文献についてアブストラクトとよばれる短い要約が得られ，同時に各文献の詳細な引用文献も得られる．*Beilstein* では適切な引用文献だけでなく化合物の性質についての詳しい要約も得られる．またどちらの索引でも化学反応を検索することができる．

問 題

2・8 ヘキサンおよびヘプタンのすべての異性体の構造式を描け．それらの体系名を書け．

2・9 次の化合物を命名せよ．名称を組立てる前にまず主鎖を正しく探し出せ．

(a) CH₃CH₂—CH—CH—CH₂CH₂CH₃
　　　　　　　|　　|
　　　　　　 CH₂　CH₃
　　　　　　　|
　　　　　　 CH₂—CH₂—CH₃

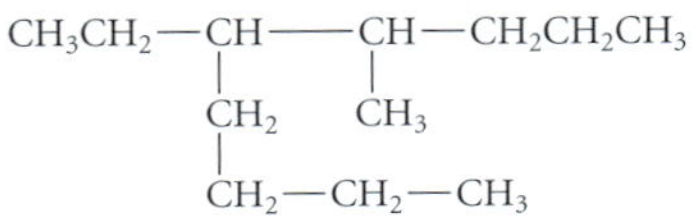

(b) 　　　　　　　　　CH₃　CH₂CH₃
　　　　　　　　　　　|　　 |
　　CH₃CH₂CH₂CH—C—CH—CH₂CH₂CH₃
　　　　　　　　　　|　　 |
　　　　　　　　　 CH₃　CH₃

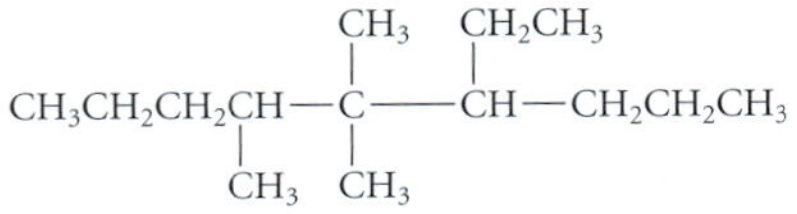

2・10 $(CH_3CH_2CH_2)_2CHCH(CH_2CH_3)_2$ についてすべての炭素-炭素結合を明示した構造式を描き，これを命名せよ．

2・11 4-イソプロピル-2,4,5-トリメチルヘプタンの構造式を描け．

E. 炭素の置換様式の分類

化学反応の学習を始める前に，枝分かれ化合物における炭素の置換様式を知っておく必要がある．炭素はそれが1個，2個，3個，4個の他の炭素と結合しているとき，それぞれ**第一級**(primary)，**第二級**(secondary)，**第三級**(tertiary)，**第四級**(quaternary)であるという．

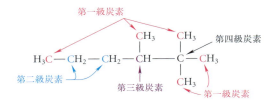

同様に，それぞれのタイプの炭素に結合している水素を，第一級水素，第二級水素，第三級水素とよぶ．

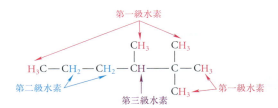

問 題

2・12 4-イソプロピル-2,4,5-トリメチルヘプタン(問題2・11)の構造式で，
(a) 第一級，第二級，第三級，第四級の炭素を指摘せよ．
(b) 第一級，第二級，第三級の水素を指摘せよ．
(c) 次の基のそれぞれ一つを丸で囲め．
　　　　メチル基，エチル基，イソプロピル基，s-ブチル基，イソブチル基

2・13 例題2・5に出てきた4-s-ブチル-5-エチル-3-メチルオクタンの構造式にあるエチル基とメチル基を指摘せよ．これらの基は必ずしも名称中で言及されているとは限らないこと，特定の炭素が二つ以上の基に含まれているかもしれないことに注意せよ．

2・5　シクロアルカン，骨格構造式，置換基の略号

アルカンにはその炭素鎖が輪になっている，つまり環状のものがあり，それらは**シクロアルカン**(cycloalkane)とよばれる．シクロアルカンは対応するアルカンの名称に cyclo(シクロ)という接頭語を

つけて命名する．したがって，六員環のシクロアルカンはシクロヘキサン cyclohexane である．

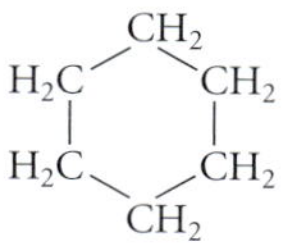

シクロヘキサン
cyclohexane

簡単なシクロアルカンの名称と物理的性質を表 2・3 に掲げる．環を一つもつシクロアルカンの一般式は同じ炭素数の非環状アルカンより水素が 2 個少ない．たとえばヘキサンの分子式が C_6H_{14} であるのに対してシクロヘキサンの分子式は C_6H_{12} である．環が一つのシクロアルカンの一般式は C_nH_{2n} である．

表 2・3 簡単なシクロアルカンの物理的性質

化合物	沸点（℃）	融点（℃）	密度（g mL^{-1}）
シクロプロパン	-32.7	-127.6	—
シクロブタン	12.5	-50.0	—
シクロペンタン	49.3	-93.9	0.7457
シクロヘキサン	80.7	6.6	0.7786
シクロヘプタン	118.5	-12.0	0.8098
シクロオクタン	150.0	14.3	0.8340

シクロアルカンの炭素も四面体構造であるから，シクロアルカンの炭素骨格は（シクロプロパンを除いて）平面ではない．シクロアルカンの立体配座については 7 章で学ぶ．今のところは，シクロアルカンの短縮構造式はその立体配座について何の情報も与えていないということを覚えておこう．

骨格構造式　　構造式を書く際の重要な約束事に，**骨格構造式**（skeletal structure）の使用がある．炭化水素の骨格構造式では炭素-炭素結合だけを描く．この方法ではシクロアルカンは多角形で示される．各頂点に炭素があり，4 価を満たすだけの水素が各炭素に結合していると考える．したがってシクロヘキサンの骨格構造式は次のように表される．

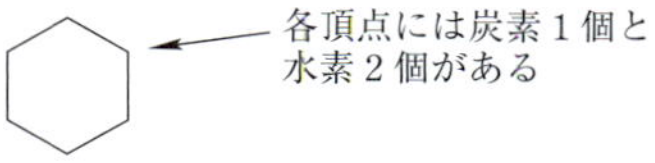

各頂点には炭素 1 個と
水素 2 個がある

骨格構造式は非環状アルカンについても描くことができる．たとえばヘキサンは次のように描ける．

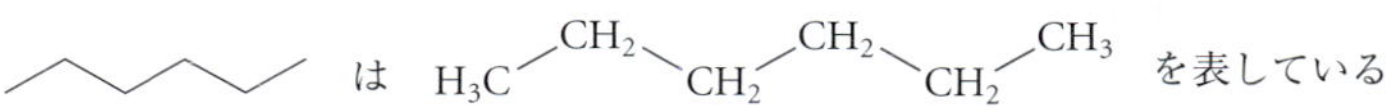

　　　　　　　は　$H_3C-CH_2-CH_2-CH_2-CH_2-CH_3$　を表している

非環状化合物の骨格構造式を描くときには，各頂点だけではなく構造式の末端にも炭素があることを忘れてはならない．つまり上の例ではヘキサンの 6 個の炭素は折れ線の頂点と末端で表されている．骨格構造式の例をさらに三つあげる．

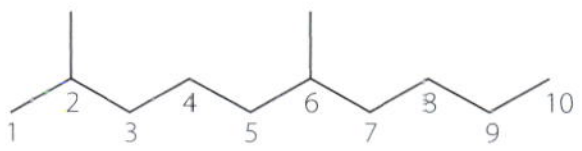

2,6-ジメチルデカン 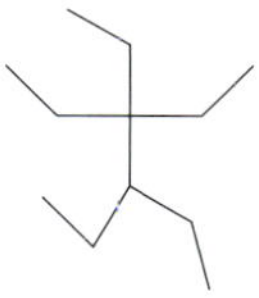　　　　3,3,4-トリエチルヘキサン 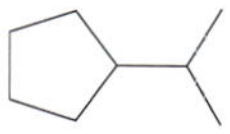　　　　イソプロピルシクロペンタン

2. アルカン

置換基の略号の使い方　簡略化した構造式を描くときに使われるもう一つの方法が簡単なアルキル置換基を略号で表す方法である．普通はアルキル基の名称の最初の 2 文字を使う．たとえば Me = methyl(メチル) = $-CH_3$, Et = ethyl(エチル) = $-CH_2CH_3$, Pr = propyl(プロピル) = $-CH_2CH_2CH_3$, Bu = butyl(ブチル) = $-CH_2CH_2CH_2CH_3$. 枝分かれをもつ小さな基も簡略化することができ，それらの略号を表 2・2 に示した．たとえば t-Bu あるいは tBu = t-butyl(t-ブチル) = $-C(CH_3)_3$. これらの略号は次の例で示すように，骨格構造式とともに用いるときに特に便利である．

2,4-ジメチルヘキサン

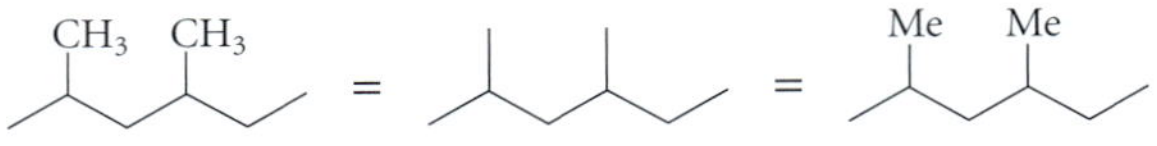

置換基の化学式を使った骨格構造式 ＝ 骨格構造式 ＝ 置換基の略号を使った骨格構造式

イソプロピルシクロペンタン

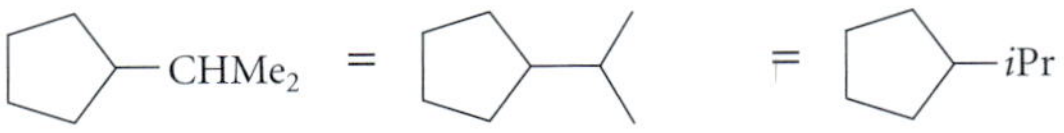

イソプロピルシクロペンタンの例は，基の略号を使う構造式にも何通りかの描き方があることを示している．

置換シクロアルカンの命名法　置換シクロアルカンの命名法は基本的に非環状アルカンの命名法の規則に従う．

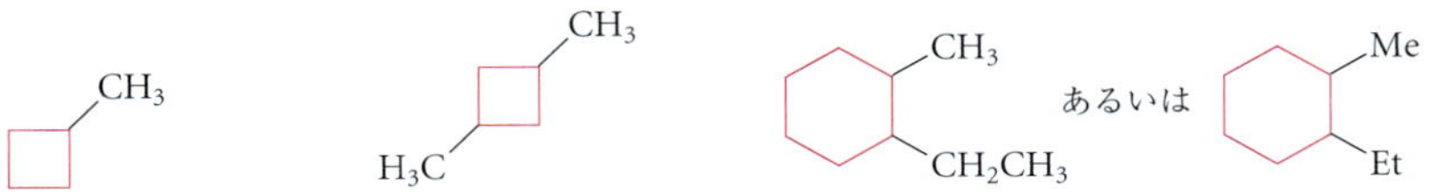

メチルシクロブタン
methylcyclobutane

1,3-ジメチルシクロブタン
1,3-dimethylcyclobutane

1-エチル-2-メチルシクロヘキサン
1-ethyl-2-methylcyclohexane
（アルファベット順に並べるという規則 9 に注意）

一置換シクロアルカンでは位置番号を表す接頭語 1 は必要ない．たとえば最初の例はメチルシクロブタンであり，1-メチルシクロブタンではない．しかし 2 個以上の置換基がある場合は，それらの相対的な位置を示すために番号をつけなければならない．アルファベット順で最初にくる置換基に位置番号 1 をつける．

本書にでてくる大部分の環状化合物では上述の例のように環に小さなアルキル基が結合している．そのような場合は環を主鎖として扱う．しかし環よりも多くの炭素をもつ非環状炭素鎖がある場合は，環を置換基として扱う．

$CH_3CH_2CH_2CH_2CH_2-$◁　1-シクロプロピルペンタン
1-cyclopropylpentane
（ペンチルシクロプロパンではない）

例題 2・6

次の化合物を命名せよ．

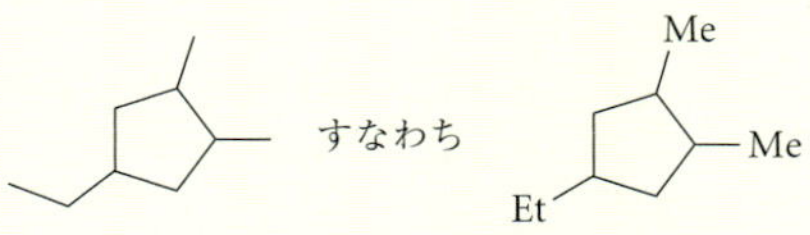

すなわち

解法　この問題は環状アルカンの命名法の例であると同時に，命名法の規則 8，つまり "違いが現れる最初の点" についての規則を適用するよい例である．この化合物は 2 個のメチル基と 1 個のエチル基をもつシクロペンタンである．環の炭素に順に番号をふると，どの炭素を炭素-1 にするかによって，

次の3通りの番号づけ(とそれに基づく名称)が可能である．

1,2,4-	4-エチル-1,2-ジメチルシクロペンタン	4-ethyl-1,2-dimethylcyclopentane
1,3,4-	1-エチル-3,4-ジメチルシクロペンタン	1-ethyl-3,4-dimethylcyclopentane
1,3,5-	3-エチル-1,5-ジメチルシクロペンタン	3-ethyl-1,5-dimethylcyclopentane

正しい名称は，(名称そのものではなく)番号のつけ方を指示する規則8で決まる．番号づけはいずれも1で始まっているので，2番目の数字を比較する．この時点で1,2,4-が選ばれる．したがって，正しい名称は 4-エチル-1,2-ジメチルシクロペンタン (4-ethyl-1,2-dimethylcyclopentane) である．

例題 2・7

t-ブチルシクロヘキサンの骨格構造式を描け．

解 法　この問題の要点は t-ブチル基を骨格構造式でどのように表現するかである．この基の枝分かれ炭素は四つの結合のうち三つが CH_3 と結合している．したがって，

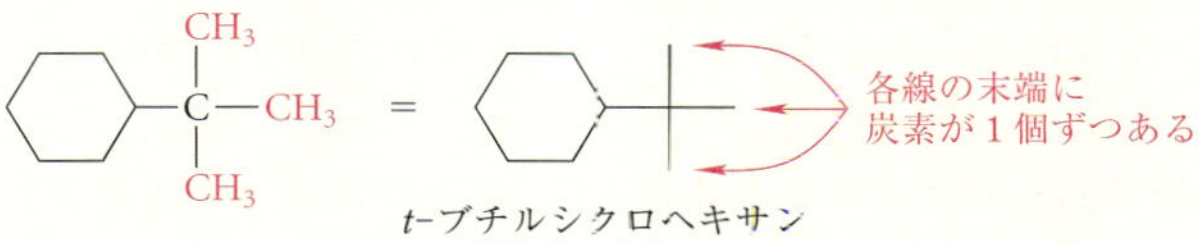

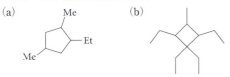

t-ブチルシクロヘキサン
t-butylcyclohexane
(骨格構造式)

各線の末端に炭素が1個ずつある

問 題

2・14　次の化合物を骨格構造式で表せ．
(a)
$$CH_3CH_2CH_2CH\text{—}\underset{|}{\overset{\underset{|}{CH_3}}{CH}}\text{—}C(CH_3)_3$$
$\qquad\qquad\qquad\quad\;\;CH_3$

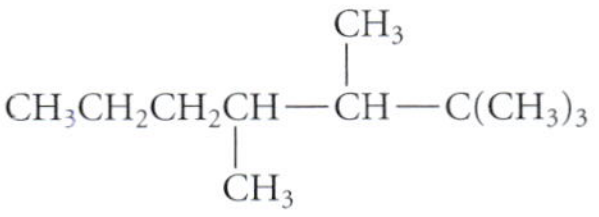

(b) エチルシクロペンタン

2・15　問題 2・14 の構造式を置換基の略号を用いて書き換えよ．(a)については，メチル基の略号がなるべく多くなるような構造式を一つ描け(ヒント: 6個のメチル基がある)．次に，メチル基の略号2個と t-ブチル基の略号を使った5炭素骨格の構造式を描け．

2・16　次の化合物を命名せよ．
(a)　　　　　　　(b)

2・17　次の環を含む炭素 n 個のアルカンは何個の水素をもつか．
(a) 2個の環　　(b) 3個の環　　(c) m 個の環

2・18　次の分子式のアルカンは何個の環をもつか．その根拠を説明せよ．
(a) C_8H_{10}　　(b) C_7H_{12}

2・6 アルカンの物理的性質

新しい化合物群を学ぶたびに，それらの沸点，融点，密度，溶解度などの傾向を考えることになる．有機化合物のこれらの性質は，その化合物を扱ったり反応に用いたりするときの条件を決めるもの

で重要である．たとえば，医薬品を製造したり調剤したりするときの形状はその物理的性質に左右される．農業においてアンモニア（常温で気体）と尿素（結晶性の固体）はともに重要な窒素源であるが，物理的な性質の違いのために取扱い方や散布の方法がまったく異なる．

諸君の目標は個々の化合物の物理的性質を暗記することではなく，物理的性質が構造の変化に伴ってどのように変化するかを予測できるようになることである．

A. 沸　点

沸点（boiling point）は，物質の蒸気圧が大気圧（海水面では 760 mmHg）と等しくなる温度である．表 2・1 から，メタン，エタン，プロパン，ブタンが室温（約 25 °C）で気体であることがわかる．炭素数 5～17 の直鎖のアルカンは液体である．

直鎖のアルカンの沸点は炭素数の増大とともに規則的に上昇する（図 2・7）．同族列の中で炭素 1 個につき 20～30 °C ずつ沸点が上昇するのは多くの有機化合物に見られる一般的傾向である．この傾向は液体状態で分子間に働く非共有結合性の引力に基づいている．この分子間引力が大きいほど，それを断ち切ってそのような引力が働かない気体状態になるのにより多くのエネルギー（熱，高温）を要する．つまり，液体での分子間引力が大きいほど，沸点は高くなる．ここで，分子間に働いているのは共有結合ではないこと，また，分子間引力は分子自身がもつ共有結合の強さとはまったく関係がないこと，をしっかり理解しよう．

このような引力の物理学的基礎は，多くの場面，特に生物学において重要であり，§8・5 でさらに学ぶ．

B. 融　点

物質の**融点**（melting point）は，その物質が自発的かつ完全に固体から液体に変換される最低温度である．融点は有機化合物の同定や純度の評価に使われる性質なので，有機化学において特に重要な物理的性質である．融点は一般に不純物によって低下する．さらに融点幅（物質が融ける温度の幅）は一般に純物質では狭く，不純物が存在すると広くなる．融点は結晶中での分子間の安定化相互作用および分子の対称性（結晶中に分子がうまく収まる場合の数がこれによって決まる）に大きく影響される．融点が高いほど，その結晶構造は液体状態に比べて安定である．多くのアルカンは室温で気体か液体であり，比較

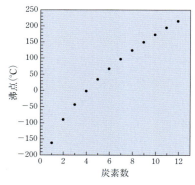

図 2・7 直鎖のアルカンの沸点を炭素原子の数に対してプロットした図．アルカンのサイズが大きくなるに従って炭素 1 個について 20～30 °C ずつ沸点が上昇することに注目しよう．

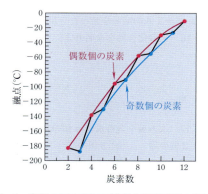

図 2・8 直鎖のアルカンの融点を炭素原子の数に対してプロットした図．まず分子の大きさとともに融点が上昇することに注目しよう．さらに偶数個の炭素をもつアルカン（赤色）は奇数個の炭素をもつアルカン（青色）とは別の曲線にのっていることに注目しよう．この傾向は他のさまざまなタイプの有機化合物においても見られる．

的低い融点をもつが，その融点は他のタイプの有機化合物の融点と同じような傾向を示す．

その一つの傾向として，融点は炭素の数とともに上昇する（図2・8）．もう一つの傾向は，偶数個の炭素をもつ直鎖のアルカンの融点は，奇数個の炭素をもつ直鎖のアルカンの融点とは別のより高い曲線上にのる．これは偶数個の炭素をもつアルカンが結晶状態でより効率的に充填されることを示している．いいかえれば，奇数個の炭素をもつアルカンは偶数個の炭素をもつアルカンより結晶中での"収まり"が悪い．このような融点の交互性は他の一連の化合物，たとえば表2・3のシクロアルカンでも見られる．融点に対する結晶力の効果については§8・5Dでさらに学ぶ．

枝分かれ鎖をもつ炭化水素は，枝分かれによって結晶内での規則的な充填が妨げられるので，直鎖のものよりも一般に低い融点をもつ．しかし枝分かれ分子が高い対称性をもつ場合は，結晶内での収まりがよくなるので融点が比較的高くなる．たとえば，非常に対称性が高いネオペンタンの融点は $-16.8\,°C$ で，対称性の低いペンタン（$-129.8\,°C$）に比べるとかなり高い．また，コンパクトで対称性の高いシクロヘキサン（$+6.6\,°C$）と伸びて対称性が低いヘキサン（$-95.3\,°C$）の融点を比べてみよ．

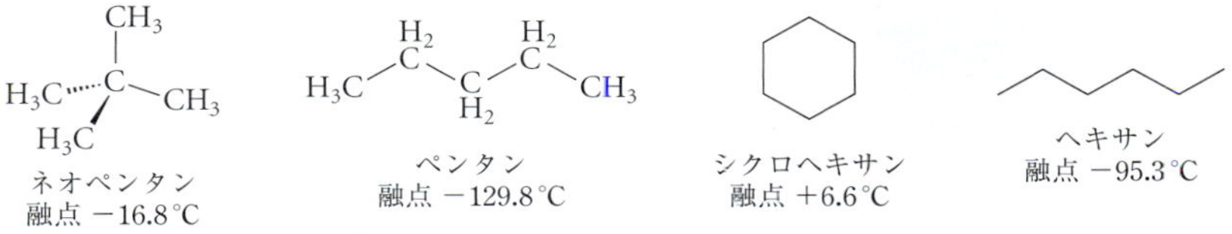

ネオペンタン
融点 $-16.8\,°C$

ペンタン
融点 $-129.8\,°C$

シクロヘキサン
融点 $+6.6\,°C$

ヘキサン
融点 $-95.3\,°C$

まとめると，融点は次のような一般的傾向を示す．

1. 同族列の中では分子量が増大するに伴って融点は上昇する．
2. 多くの場合，非常に対称性の高い分子は著しく高い融点をもつ．
3. 多くの同族列において融点はのこぎりの歯状の挙動を示す（図2・8参照）．

問題

2・19 融点と化合物を組合わせよ．
(a) $-109\,°C,\ -56\,°C,\ +100.7\,°C$: オクタン，2-メチルヘプタン，2,2,3,3-テトラメチルブタン
(b) $-93\,°C,\ +5.5\,°C$: ベンゼン，トルエン

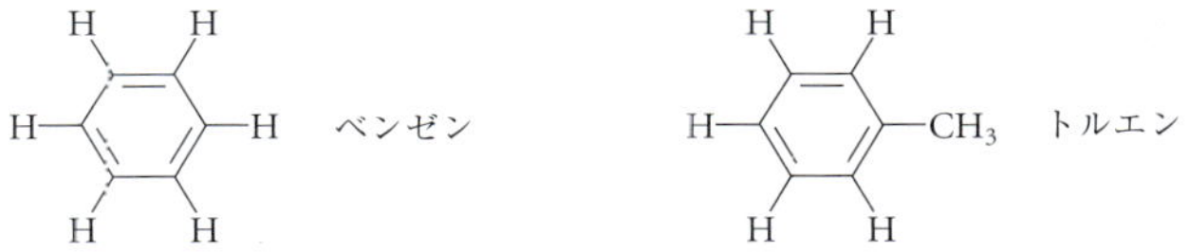

ベンゼン

トルエン

C. その他の物理的性質

有機化合物のその他の重要な物理的性質として，双極子モーメント，溶解度，および密度がある．分子の双極子モーメント（§1・2D）はその分子の極性を決め，その極性が物理的性質に影響を与える．炭素と水素は電気陰性度に大きな差がないので，アルカンの双極子モーメントはほぼ無視することができ，したがってアルカンは非極性分子である．双極子モーメントをもたないエタンと $1.82\,D$ の双極子モーメントをもつフルオロメタンのEPMの図を比べてみよう．

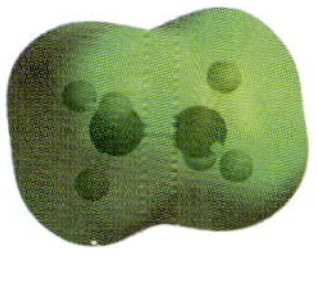

エタンのEPM

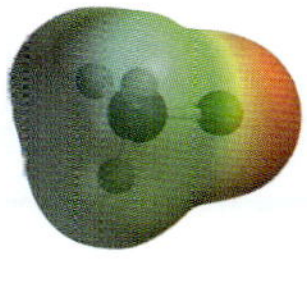

フルオロメタン
（H_3C-F）のEPM

多くの反応は溶液中で行うので，溶液にするにはどの溶媒を用いるべきかを決めるために溶解度は重要である．水への溶解度はいくつかの理由で特に重要である．一つには，水が生体系での溶媒だからである．したがって，水への溶解度は医薬品や他の生物学的に重要な化合物の活性においてきわめて重要な要素である．また有機溶媒による環境汚染を制御する努力の一環として，大規模な化学プロセスで水を溶媒として用いることに大きな関心が集まっている．水を基本とする化学プロセスで用いる化合物の水への溶解度は重要である（8章で溶解度と溶媒の問題をさらに深く学ぶ）．アルカンはあらゆる実用的な目的で水には不溶である．そこで"油は水とは混ざらない"という言い回しが出てくる（アルカンは原油の主成分である）．

化合物の密度もまた沸点や融点と同じようにその化合物の扱い方を決める性質である．たとえば，水に不溶性の化合物が水より密度が大きいか小さいかで，その化合物を水に加えたとき上に浮くか下に沈むかが決まる．アルカンは水より密度がかなり小さい．そのために，アルカンと水の混合物ははっきりと二層をなし，密度の小さいアルカンが上に浮く．油膜もこの現象の一例である（図2・9）．

図2・9 炭化水素は密度が低く水に不溶であるために，2005年のハリケーン・リタの直後の洪水の際，テキサスの製油所で石油漏れをプラスチックチューブで囲込むことができた．

 脂肪と油

料理に使われる脂肪と油は融点に対する構造の影響をよく表している．ラード，バター，植物性ショートニングは室温で固体である．これらは結晶格子にうまく収まる枝分かれのないアルキル鎖をもっている．料理用の油は基本的に一つ以上の二重結合をもつ脂肪（商業的には"不飽和脂肪"とよばれる）であり，二重結合のために炭化水素鎖が曲がっている．この形状のために規則的な結晶格子の形成が困難になっている．このような構造上の特徴をもつ植物性油，キャノーラ油，オリーブ油などの油は融点が大きく低下して，室温で液体となる．

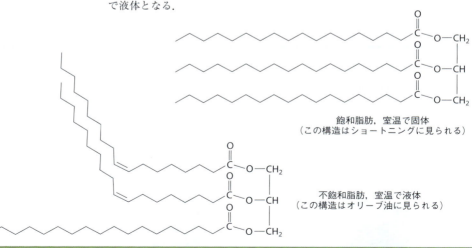

飽和脂肪，室温で固体
（この構造はショートニングに見られる）

不飽和脂肪，室温で液体
（この構造はオリーブ油に見られる）

> **問　題**
>
> **2・20** ガソリンはほぼアルカンからなる．ガソリン火災を消火するのに水があまり役立たないのはなぜか．

2・7　燃　焼

A. アルカンの燃焼

　アルカンは有機化合物の中で最も反応性に乏しいものの一つである．アルカンは通常の酸や塩基とは反応せず，また通常の酸化剤や還元剤とも反応しない．

　しかしアルカンは他の多くの有機化合物に共通に見られる一つの反応性を示す．それは可燃性であるということである．つまりアルカンは適当な熱源，たとえば炎や点火プラグからの火花，によって反応が開始されれば，酸素と速やかに反応して二酸化炭素と水を生成する．この反応を**燃焼**(combustion)という．天然ガスの主成分であるメタンの燃焼がその例である．

$$CH_4 + 2O_2 \longrightarrow CO_2 + 2H_2O \tag{2・6}$$

　この反応は完全燃焼を表している．つまり生成物は二酸化炭素と水だけである．酸素が不足する条件では不完全燃焼が起こり，一酸化炭素 CO のような副生成物が生成する．一酸化炭素は赤血球細胞に入ると酸素を組織に運搬するタンパク質であるヘモグロビンに酸素の代わりに結びついてしまうので，猛毒である．CO は無色無臭であり，専用の装置がないと検出が難しい．

　ガソリンの入った容器を発火させることなく空気中を持ち運ぶことができるということは，アルカンと酸素をただ混ぜただけでは燃焼が起こらないことを示している．しかし，いったん火花が供給されると燃焼は激しく進行する．

　アルカンは燃焼の際に非常に多くのエネルギーを放出するので，有機化合物の中でも最良の化学的なエネルギー供給源の一つである．これがアルカンが輸送や暖房用の燃料として重要である理由である．たとえば，自動車用ガソリンの主成分である 2,2,4-トリメチルペンタンは完全燃焼すると，1 mol (114 g, 165 mL) 当たり 5461 kJ の熱を放出する．

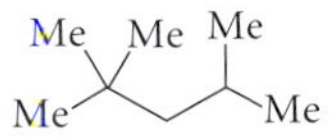

$$\text{2,2,4-トリメチルペンタン} + \frac{25}{2}O_2 \longrightarrow 8\,CO_2 + 9\,H_2O \tag{2・7}$$

　これは非常に大きなエネルギーである．このアルカンはたった 165 mL で普通の燃費をもつ 1400 kg の自動車を約 800 m 走らせることができるし，またエネルギーが無駄なく消費できると仮定すると，ほぼ 11.4 L の 0 ℃ の水を 100 ℃ の水蒸気に変えることができる．

　アルカンの燃焼に関する二つの問題点は，(1) 反応で生じたエネルギーが仕事として回収される効率，(2) 反応の生成物，特に二酸化炭素，である．典型的な自動車のエンジンの効率はほぼ 20～25% である．ガソリンエンジンでこれが大幅に上昇するとは思えない．他のもっと効率的な自動車の動力源として，再生燃料を含むさまざまな方法で電気を発生させてそれを用いる方法があり，活発な研究が進んでいる．熱源として炭化水素の燃焼は非常に効率的であるが，CO_2 の発生という問題が残る．

　式(2・7)に示すように，炭化水素の炭素原子 1 個は 2 個の酸素原子と結合して二酸化炭素 1 分子を生成し，1 対の水素原子は 1 個の酸素原子と結合して 1 分子の水を生成する．大気は比較的少量の水しか保持できず，過剰の水は雨や雪として地球に降り注ぐ．しかし大気中の二酸化炭素を除去する自然現象は限られている．太古から地球の大気中の CO_2 の量はほぼ 290 ppm に保たれてきたが，産業の時代の到来とともに大気中の CO_2 量は劇的に増加し始めた．現在では約 40% 増加して 400 ppm に近づいている (図 2・10)．しかもその大部分は最近の 35 年間に起こっている．その大部分が生産されたものなの

で，二酸化炭素は地球を覆って熱を反射する働きをする温室効果ガスとよばれる化合物の中でも最も重要なものである．多くの科学者が地球の温度が温室効果ガスのために上昇していると考えており，この現象は地球温暖化とよばれている．そのような科学者によれば，地球温暖化はハリケーンの強度の増大，氷河の急速な後退，動植物種の絶滅の加速化など環境に深刻な悪影響を及ぼし始めている．地球温暖化によって極地の氷が融けて海水面が上昇し，その結果沿岸地域での洪水のために数億人の居住地が失われると予測されている．このような懸念や，世界の産油地域の政治的な不安定に対する懸念の結果として，代替燃料の開発が緊急の課題となっている．理想的には，燃焼によって大気中の正味の CO_2 量を増やさないような安価で豊富に得られる燃料の生産が目標となる．

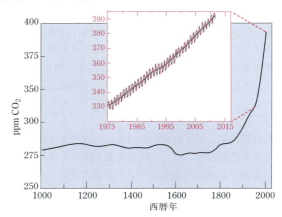

図 2・10　過去 1000 年間の大気中の CO_2 量．1958 年以前のデータは年代既知の氷層試料に閉じ込められた空気泡から得られた．それ以降のデータはスクリプス海洋学研究所(1958〜1974)および米国海洋大気庁(NOAA, 1974〜現在)によってハワイのマウナロア山にある大気捕集設備から得られたものである．挿入図は 1975 年以降のデータを詳しく示している．このデータから CO_2 量が季節的に変動することがわかる．CO_2 量が 19 世紀以降連続的に上昇していることに注目せよ．

燃焼の小規模ではあるが重要な用途として分子式の決定手段としての役割がある．質量のわかった有機化合物の燃焼によって生成する CO_2 の質量から，その試料中の炭素の量を計算することができる．同様に，生成する H_2O の量から試料中の水素の量を求めることができる（他の元素の燃焼分析の手段も開発されている）．燃焼分析の例を問題 2・44 と問題 2・45 に示す．

問　題

2・21　次の反応の係数を含めた一般式を書け．
(a) アルカン（分子式 C_nH_{2n+2}）の完全燃焼
(b) 環 1 個をもつシクロアルカン（分子式 C_nH_{2n}）の完全燃焼

2・22　60 L のガソリンを自動車のエンジンで燃焼させたとき大気中に放出される CO_2 は何 kg か．完全燃焼を仮定せよ．またガソリンはオクタン異性体の混合物であり，その密度は 0.692 g mL^{-1} であると仮定せよ（約 10 体積％の酸素を含む添加物は無視する）．

B. 生命過程の化学における燃焼

18 世紀のフランスの化学者 A. Lavoisier（ラボアジェ）が見いだしたように，ヒトやその他の好気性生物は O_2 を吸入し CO_2 を吐き出しており，その意味では燃焼を行っている．生化学的な燃料は食物から得ているグルコースという糖の一種である．

$$\text{D-グルコピラノース } C_6H_{12}O_6 + 6\,O_2 \longrightarrow 6\,CO_2 + 6\,H_2O \tag{2・8}$$
（グルコースの一つの形）

1 mol の固体のグルコースから得られるエネルギーの量は，すべて熱として放出されると仮定すると，2750 kJ である（ちなみに 6 炭素のアルカンであるヘキサンの燃焼で得られるエネルギーは 4163 kJ である）．グルコースの生化学的"燃焼"はマッチで点火して燃やすということではない．生物体は一度に一つか二つの結合を切ってグルコースを分解する一連の化学反応を用いている．各段階で放出されるエネルギーを，アデノシン三リン酸（ATP）のような必要なときにすぐエネルギー源として使えるような分子の形でたくわえる．この反応については本書でも学ぶが，生化学を学べばさらに完全な概観が得られる．ヒトの体はグルコースの"燃焼"で生成するエネルギーを，条件によるが 40〜60％の効率で得ている．ヒトの代謝が自動車エンジンより 2〜3 倍効率的であるとすると，内燃機関が 1 mol の 2,2,4-トリメチルペンタンから得るよりも多くのエネルギーを 1 mol のグルコースの"燃焼"から得ていることになる．

2・8 官能基，化合物群，"R"表記

A. 官能基と化合物群

アルカンは有機化学の概念的な"根幹"である．アルカンの C–H を置き換えることによって多くの官能基ができる．**官能基**（functional group）とは固有のつながり方をした原子の集まりであって，さまざまな化合物のどこにあっても同じような化学反応性を示す．同じ官能基をもつ化合物を**化合物群**（compound class）という．次の例を考えてみよう．

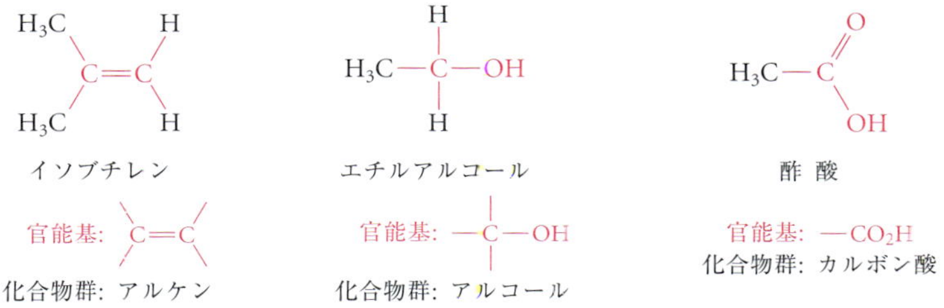

イソブチレン　　　　　エチルアルコール　　　　　酢酸

官能基：C=C　　　官能基：–C–OH　　　官能基：–CO$_2$H
化合物群：アルケン　化合物群：アルコール　化合物群：カルボン酸

たとえば，アルケンという化合物群に固有の官能基は炭素–炭素二重結合である．ほとんどのアルケンは同じタイプの反応を起こし，その反応は二重結合で，あるいはその近くで起こる．同様にアルコール化合物群のすべての化合物はアルキル基の炭素原子に結合した OH 基をもつ．アルコールに特徴的な反応は OH 基あるいはそれが結合している炭素で起こり，分子の残りの部分の構造によらず同様の化学反応を起こす．いうまでもなく，2 種類以上の官能基をもつ化合物もある．そのような化合物は複数の化合物群に属することになる．

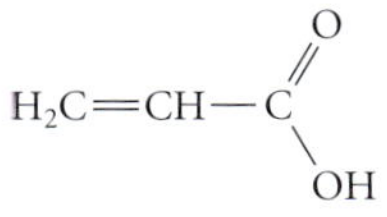

アクリル酸
C=C と CO$_2$H の二つの官能基をもち，したがってアルケンでもありカルボン酸でもある

本書の大部分は，よく見られる官能基とそれに対応する化合物群を中心に構成されている．後の章でおもな官能基のそれぞれについて詳しく学ぶことになるが，ここでよく見られる官能基と化合物群を理解しておいてほしい．表紙の内側に一覧表が載っている．

B. "R"表記

ある化合物群全体を表す一般的な構造式を使いたい場合がある．そのようなとき，あらゆるアルキル基（§2・4C 参照）を R で表す **R 表記**（R notation）を用いるとよい．たとえば塩化アルキルを R–Cl と表すことができる．

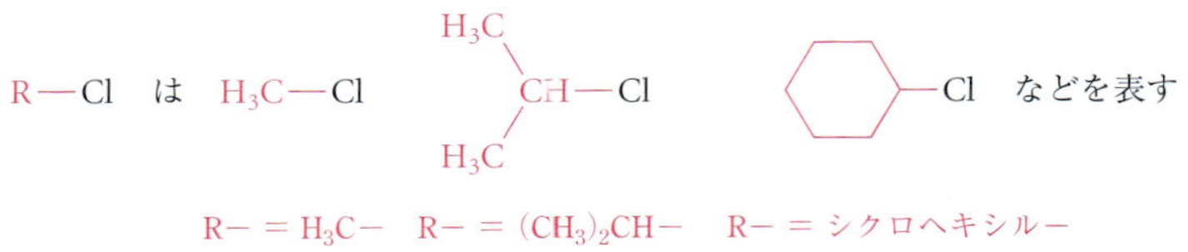

R—Cl は H₃C—Cl , (CH₃)₂CH—Cl , C₆H₁₁—Cl などを表す

R— = H₃C—　　R— = (CH₃)₂CH—　　R— = シクロヘキシル—

メチル，エチル，イソプロピルのようなアルキル基がアルカンに由来する置換基であるのと同様に，**アリール基**(aryl group)はベンゼンやその誘導体に由来する置換基である．最も簡単なアリール基は炭化水素であるベンゼンに由来する**フェニル基**(phenyl group)で Ph— と略記される．アリール基の環炭素で他の基と結合していない炭素には，明示されていないがそれぞれ1個の水素が結合していることに注意しよう（これは骨格構造式で普通に使われる方法である，§2・5参照）．

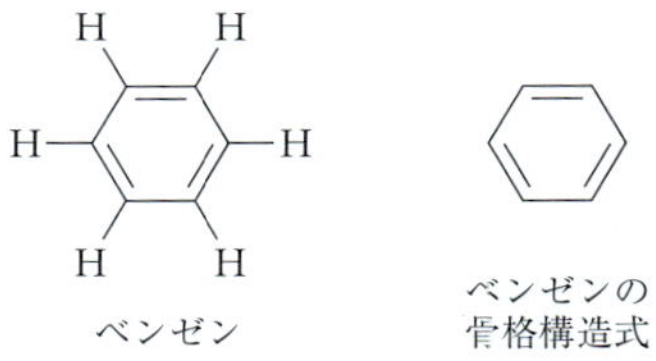

ベンゼン　　ベンゼンの骨格構造式

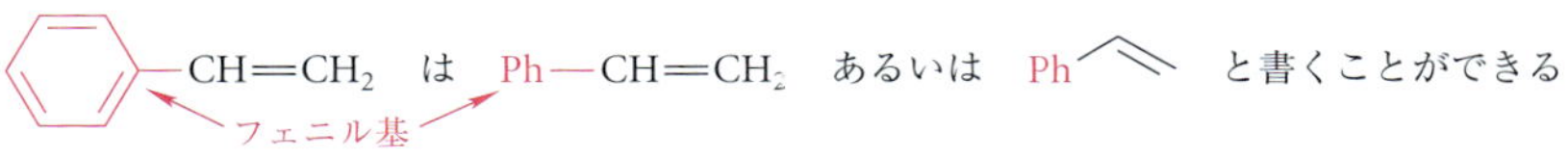

Ph—CH=CH₂ は Ph—CH=CH₂ あるいは Ph— と書くことができる
　　↑
　　フェニル基

他のアリール基は Ar— と略記される．したがって Ar—OH は次のような化合物を表すことがあるし，もっと別のものを表すこともある．

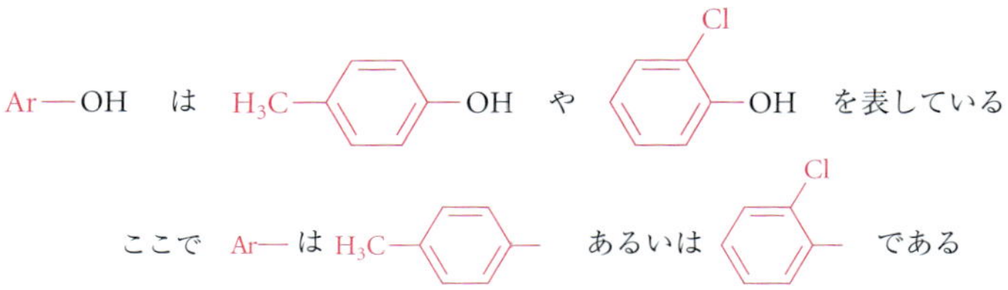

Ar—OH は H₃C—C₆H₄—OH や Cl—C₆H₄—OH を表している

ここで Ar— は H₃C—C₆H₄— あるいは Cl—C₆H₄— である

ベンゼンやその誘導体は16章で学ぶが，それ以前にも置換基としてフェニル基やアリール基をもつ例が多く出てくる．

問題

2・23 次の化合物の構造式を一つ描け（複数の構造式があるかもしれない）．
(a) 分子式 $C_2H_4O_2$ をもつカルボン酸
(b) 分子式 $C_5H_{10}O$ をもつアルコール

2・24 分子式 $C_5H_{12}O_2$ をもつ化合物がある．この化合物は次のどの化合物群に属することが可能だろうか．可能な化合物群についてはその一例をあげ，不可能な化合物群についてはその理由を述べよ．
　　アミド　　エーテル　　カルボン酸　　フェノール　　アルコール　　エステル

2・9　アルカンの産出と利用

ほとんどのアルカンは**石油**(petroleum)すなわち原油に由来する(petroleum という語は古代ギリシャ語の"岩 *petra*"とラテン語の"油 *oleum*"からきており，"岩石から得られる油"を意味する）．石油はアルカンと芳香族炭化水素（ベンゼンおよびその誘導体）を主成分とする黒ずんだ粘性のある混合物であり，これを**分別蒸留**(fractional distillation)という方法で分離する．分別蒸留では，混合物をゆっくりと

沸騰させ，生じる蒸気を集め，冷やして再び液体にする．沸点の低い化合物はより容易に気化するので，分別蒸留の最初の凝縮物は混合物の中の揮発しやすい成分に富んでいる．蒸留が進むにつれて凝縮物はより沸点の高い成分を含むようになる．有機化学実験を履修する学生は実験室規模の分別蒸留を経験することになろう．工業規模の分別蒸留は数階分の高さのある蒸留塔を用いて大規模に行われる(図2・11)．石油の分別蒸留で得られるおもな成分を図2・12に示す．

もう一つの重要なアルカン源は天然ガスであり，その主成分はメタンである．天然ガスはいろいろなタイプのガス田で得られる．最近は，水平水圧破砕(フラッキング)で岩石層に閉じ込められた天然ガス(シェールガス)を放出させる方法が用いられている．この技術は大量の水と化学薬品を使用する．この方法は米国内での天然ガス供給に大きく貢献してきたが，環境への影響のために異論もある．

生体起源のメタンもあり，将来は商業的利用も考えられる．たとえば，メタンは嫌気性細菌(酸素がなくても活動する細菌)の作用で有機物が分解される際に発生する(図2・13)．たとえば，化学者がメタンと同定する以前から"沼気"として知られていたこの物質は，この種の作用で生成する．この生化学過程は動物やヒトの排泄物からメタンをつくるのに用いられる．このようにして生成するメタンは地域的な電力源として実用化されている(図2・13)．メタンを燃やして熱を発生させ，これで電力を得ている．この過程は二酸化炭素を発生するが，その炭素は動物やヒトが食べた食物からきており，その食物中の炭素は光合成によって大気中の二酸化炭素から得たものである．いいかえれば，この過程で生成

図2・11 化学工業ではここに示すような蒸留塔を用いて化合物を沸点別に分離している．

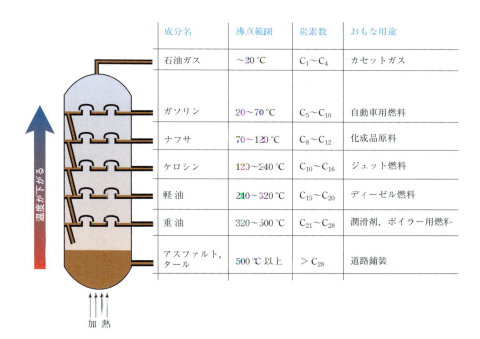

成分名	沸点範囲	炭素数	おもな用途
石油ガス	〜20 °C	C_1〜C_4	カセットガス
ガソリン	20〜70 °C	C_5〜C_{10}	自動車用燃料
ナフサ	70〜120 °C	C_8〜C_{12}	化成品原料
ケロシン	120〜240 °C	C_{10}〜C_{16}	ジェット燃料
軽油	240〜320 °C	C_{15}〜C_{20}	ディーゼル燃料
重油	320〜500 °C	C_{21}〜C_{28}	潤滑剤, ボイラー用燃料
アスファルト, タール	500 °C 以上	$> C_{28}$	道路舗装

図2・12 工業的な蒸留塔の模式図．下から上に向かってカラムの温度は低下する．底部に原油を入れて加熱する．蒸気は上昇するにつれて冷やされ液化する．カラムの下から上にいくに従って，より沸点の低い成分が順次集められる．おもな成分，その沸点範囲，含まれる化合物の炭素数，おもな用途を示してある．

した CO_2 は "リサイクルされた CO_2" であり，大気中の CO_2 の正味の増加には寄与しない．

　低分子量のアルカンはさまざまな用途，特に自動車用燃料として大きな需要がある．しかし油田から直接得られるアルカンはこの需要を満たすことができない．石油工業は高分子量のアルカンを低分子量のアルカンやアルケンに変換する方法（接触分解とよばれる）を開発した．また直鎖のアルカンを自動車燃料として点火特性が優れた枝分かれしたアルカンに変える方法（改質とよばれる）も開発された．

図 2・13　インディアナ州北西部の巨大な酪農場の肥料発酵槽では牛の排泄物からメタンをつくっている．そのメタンを燃やしてつくった電気は農場の送電網に送られ，農場で必要な電力のかなりの部分をまかなっている．メタン細菌（メタンを生成する細菌）がそのような発酵を行っている．挿入図はメタン細菌の一つ *Methanococcus voltae* である．この名称は1776年に北部イタリアで "燃える空気"（メタン）を採集した A. Volta にちなんでいる．

自動車用燃料としてのアルカン：燃料添加物

　自動車用燃料としての質はアルカンによって大きく変化する．枝分かれアルカンは直鎖のアルカンより燃料として優れている．自動車用燃料の質は内燃エンジン内での発火速度と関連している．早期発火はエンジンのノッキングを起こし，エンジンの性能が低下する．激しいノッキングはエンジンに深刻なダメージを与える．自動車用燃料の質の目安となるのはオクタン価である．オクタン価が高いほど燃料として優れている．諸君は給油機にガソリンのグレードとしてオクタン価が表示されているのを目にしたことがあるだろう．オクタン価 100 と 0 はそれぞれ 2,2,4-トリメチルペンタンとヘプタンに帰属される．この二つの化合物の混合割合がオクタン価を 0 から 100 の間で定義するのに用いられる．たとえば 2,2,4-トリメチルペンタンとヘプタンの 1：1 混合物と同じ性能をもつガソリンはオクタン価 50 である．現代の自動車に使われるガソリンのオクタン価は 87〜95 の範囲内にある．

　ガソリンのオクタン価を改善するために種々の添加剤が用いられる．過去にはテトラエチル鉛 $(CH_3CH_2)_4Pb$ がもっぱらこの目的に用いられたが，鉛による大気汚染に対する関心と触媒コンバーター（鉛によって阻害される）の出現によって，米国では 1976 年〜1986 年に，EU では 2000 年までに段階的に廃止された．これに代わって t-ブチルメチルエーテル〔MTBE, $(CH_3)_3COCH_3$〕がアンチノック添加剤として使われるようになった．MTBE の生産は華々しく増大したが，1990 年代中頃にいくつかの地域で貯蔵槽から地下水への漏出が発見されて，環境問題の対象となった．MTBE は動物実験で発がん性が認められたので，多くの都市や州でガソリン添加物としての MTBE の使用を禁止した．MTBE の代替物としてエタノール CH_3CH_2OH を用いることができ，エタノールはトウモロコシの糖類の発酵で生産される．米国ではエタノールはアンチノック添加剤 MTBE の代替品としてだけではなく，ガソリンそのものの代替品としても使われるようになった．燃料としてのエタノールの需要があまりに大きくなってトウモロコシの価格は急上昇し，エタノール生産のためのトウモロコシの需要のために動物の飼料としてのトウモロコシに依存する食品（たとえば牛乳，鶏肉，牛肉など）の価格にかなりの影響を与えた．アジアの市場では MTBE がアンチノック添加剤として使われ続けている．アンチノック剤としては他の酸素を含む多くの化合物も使うことができるが，価格的に MTBE やエタノールに対抗できない．

自動車用燃料，燃料油，航空燃料が世界の炭化水素消費の大部分を占めている．アラビアの石油王がかつて"石油は燃やすには貴重すぎる"と述べたことがあった．疑いもなく彼は石油の燃料以外の重要な用途について言及したのであった．石油は炭素の主要源であり，これから合成樹脂や医薬品など多様な産物を合成するための出発有機材料が得られる．つまり石油は有機化学原料すなわちより複雑な化学物質を合成するための基礎的な有機化合物の基幹をなすものである．しかし原油価格の不安定さや供給が将来急速に困難になる可能性のために，植物起源の化合物など他の起源の原材料の開発に対する関心が高まり研究が進んでいる．

2章のまとめ

- アルカンは炭素-炭素単結合だけを含む炭化水素である．アルカンには直鎖アルカン，枝分かれアルカン，環をもつアルカンがある．
- アルカンは四面体構造をもつ sp^3 混成炭素からなる．室温で速やかに相互変換する複数のねじれ形配座で存在する．van der Waals 反発を最小にする立体配座が最も低いエネルギーをもち，最も多く存在する．ブタンではアンチ配座が最も多く，ゴーシュ配座はそれより少ない．
- 特定の結合の立体配座を図示するには Newman 投影図，木挽き台投影図，線-くさび構造式などが用いられる．複数の連続した炭素-炭素結合を平面に描くことができる場合は，その立体配座を一つの線-くさび構造式で表現することができる．
- 異性体は同じ分子式をもつ異なる化合物である．同じ分子式をもつが原子のつながり方が異なる異性体を構造異性体という．
- アルカンは IUPAC の置換命名法の規則に従って命名される．化合物の名称はその主鎖に基づく．アルカンの場合，主鎖は連続した最も長い炭素鎖である．
- アルカンや多くの有機化合物の沸点は，同族列の中で炭素1個ごとに20〜30℃ずつ上昇する．
- アルカンや多くの有機化合物の融点は，同族列の中では炭素数の増大とともに上昇する．しかし奇数個の炭素をもつアルカンと偶数個の炭素をもつアルカンは異なる曲線上にのり，後者の方が高い値を示す．
- 燃焼はアルカンの最も重要な反応である．燃焼の実用的な応用によって世界中のエネルギーの多くが生成する．
- 有機化合物は官能基によって分類される．同じ官能基をもつ化合物は同じタイプの反応を起こす．
- "R"表記はアルキル基の一般的略号として使われる．Ph はフェニル基の略号であり，Ar はアリール基（置換フェニル基）の略号である．
- アルカンは石油に由来しており，ほとんど燃料として用いられる．また他の有機化合物の工業的生産の原材料としても重要である．

追加問題

2・25 最初の化合物の沸点を参考にして，2番目の化合物の沸点を予測せよ．

(a) CH₃CH₂CH₂CH₂CH₂CH₂Br （沸点 155 ℃）
   CH₃CH₂CH₂CH₂CH₂CH₂Br

(b)
  O
  ∥
  CH₃CCH₂CH₂CH₂CH₃ （沸点 128 ℃）
  O
  ∥
  CH₃CCH₂CH₂CH₂CH₂CH₃

(c)
  O
  ∥
  CH₃CCH₂CH₂CH₂CH₃ （沸点 152 ℃）
       O
       ∥
  CH₃CH₂CCH₂CH₂CH₃

2・26 主鎖が5炭素および6炭素からなるオクタンのすべての異性体について構造式を描き，命名せよ．

2・27 次の分子の各炭素は第一級，第二級，第三級，第四級のいずれか．

(a) (b)

2・28 次の条件を満たすアルカンあるいはシクロアルカンの構造式を一つ描け．
(a) 4個以上の炭素をもち，第一級水素だけをもつ化合物
(b) 5個の炭素をもち第二級水素だけをもつ化合物
(c) 第三級水素だけをもつ化合物

(d) 分子量が 84.2 である化合物

2・29 IUPAC 置換命名法を用いて次の化合物を命名せよ.

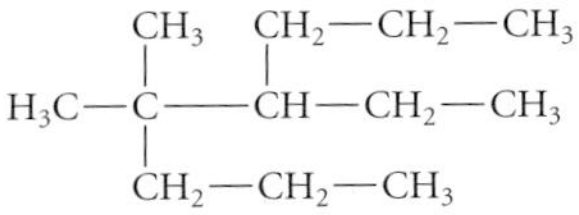

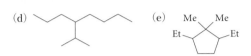

2・30 次の名称に相当する構造式を描け.
(a) 4-イソブチル-2,5-ジメチルヘプタン
(b) 2,3,5-トリメチル-4-プロピルヘプタン(骨格構造式)
(c) 5-s-ブチル-6-t-ブチル-2,2-ジメチルノナン

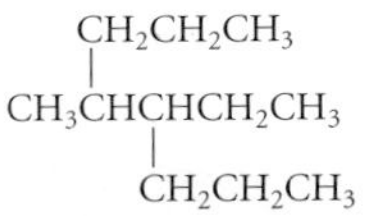

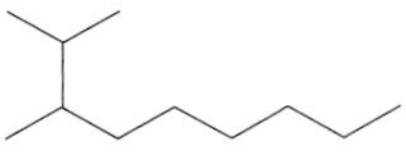

2・31 次の化合物名はいずれも構造を特定できるが,正しい IUPAC 置換名ではないものがある.名称が正しくない化合物に正しい名称をつけよ.
(a) 2-エチル-2,4,6-トリメチルヘプタン
(b) 5-ネオペンチルデカン
(c) 1-シクロプロピル-3,4-ジメチルシクロヘキサン
(d) 3-ブチル-2,2-ジメチルヘキサン

2・32 次の化合物に置換名をつけよ.

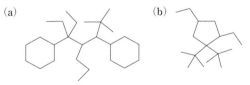

2・33 次の各組で同じ化合物を表している二つの構造式はどれとどれか.

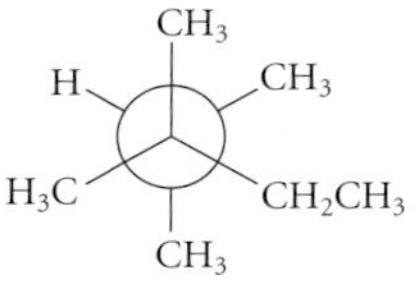

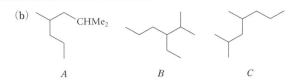

2・34 (a) 問題 2・33(a) で他の二つの化合物とは異なる化合物の骨格構造式を描き,命名せよ.
(b) 問題 2・33(b) で他の二つの化合物とは異なる化合物について,最も安定な配座を Newman 投影図で描け. IUPAC 命名法で炭素-3 と炭素-4 の間の結合について炭素-3 から見た Newman 投影図を描くこと.どのような曖昧さがあるか述べよ.この化合物を命名せよ.

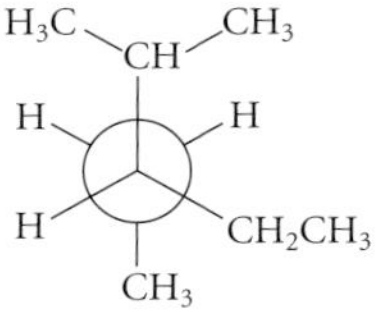

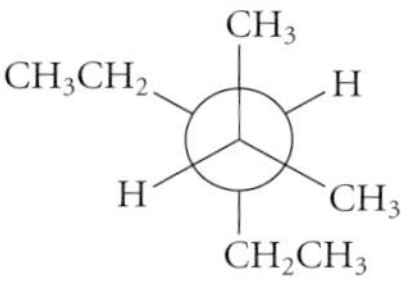

2・35 クロロエタン CH_3-CH_2-Cl の炭素-炭素結合の回転角に対するエネルギーの図を描け.内部回転のエネルギー障壁は 15.5 kJ mol^{-1} である.この値を図に書込め.

2・36 2,2,3,3-テトラメチルブタンの C2-C3(中央)結合の二面角に対するエネルギーの図が,エタンの場合(図2・3)と違うとすれば,どのように違うか説明せよ.

2・37 1,2-ジクロロエタン $Cl-CH_2-CH_2-Cl$ のアンチ配座はゴーシュ配座より 4.81 kJ mol^{-1} だけ安定である. ゴーシュ配座から測った炭素-炭素結合の回転の二つのエネルギー障壁は 21.5 kJ mol^{-1} と 38.9 kJ mol^{-1} である.
(a) 炭素-炭素結合の二面角とエネルギーのグラフを描け.グラフにエネルギー差を書込み,極大と極小に対応する配座を描け.
(b) 最も多く存在するのはどの配座か.その理由を説明せよ.

2・38 (a) 2,2-ジメチルペンタンの主鎖の炭素-炭素結合のそれぞれについて最も安定な配座の Newman 投影図を描け.分子模型を用いよ.
(b) これらを組合わせて 2,2-ジメチルペンタンの最も安定な配座を予測せよ.
(c) (b) で予測した配座の線-くさび構造式を描け.その際,主鎖の炭素-炭素結合を実線で,主鎖から水素への結合を実線のくさびあるいは破線のくさびで表し,メチル基は CH_3 あるいは Me で表せ.

2・39 化合物 A の構造が 1972 年に決定されたとき,この化合物が化合物 B (イソブタン)に比べて著しく長い C-C 結合と著しく大きな C-C-C 結合角をもつことが見いだされた.

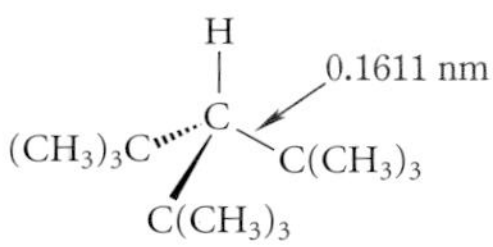

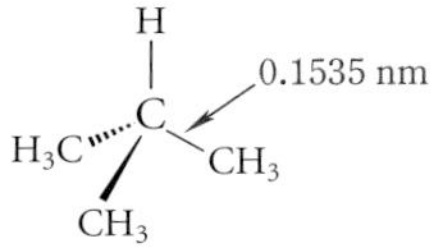

結合距離と結合角が化合物 A の方が大きい理由を説明せよ．

2・40 次の化合物のどちらが，明示された結合の内部回転のエネルギー障壁がより高いだろうか．推論の根拠を注意深く述べよ．

$$(CH_3)_3C-C(CH_3)_3 \qquad (CH_3)_3Si-Si(CH_3)_3$$
$$\quad A \qquad\qquad\qquad B$$

2・41 §1・3Bで学んだ C-C 結合と C-O 結合の相対的な長さに基づいて，次の化合物のどちらで明示された結合に関するゴーシュ配座とアンチ配座のエネルギー差がより大きいかを予測せよ．その根拠を説明せよ．

$$CH_3O-CH_2CH_3 \qquad CH_3CH_2-CH_2CH_3$$
$$\quad A \qquad\qquad\qquad B$$

2・42 (a) 1,2-ジブロモエタン $Br-CH_2-CH_2-Br$ のアンチ配座の双極子モーメントはどのような値になるか．
(b) 内部回転が可能な化合物の双極子モーメント μ は次の式のように各配座の双極子モーメントの加重平均で表される．

$$\mu = \mu_1 N_1 + \mu_2 N_2 + \mu_3 N_3$$

ここで μ_i ($i = 1, 2, 3$) は配座 i の双極子モーメント, N_i は配座 i のモル分率である．配座 i のモル分率は i の物質量をすべての配座の全物質量で割ったものである．1,2-ジブロモエタンでは平衡時に 82 mol% のアンチ配座と 9 mol% ずつのゴーシュ配座が存在し，1,2-ジブロモエタンの双極子モーメントの実測値は 1.0 D である．上記の式と (a) の答えを使って 1,2-ジブロモエタンのゴーシュ配座の双極子モーメントを計算せよ．

2・43 ある自動車で一年に約 19300 km を走行し，ガソリン燃費は $10.6\ km\ L^{-1}$ であった．この自動車の炭素排出量 (大気中に放出された炭素の重量) はいくらか．ガソリン添加物を無視し，ガソリンの密度を $0.692\ g\ mL^{-1}$ とせよ．

2・44 これは未知化合物の組成式を決めるのに燃焼がどのように使われるかを示す問題である．化合物 X (8.00 mg) を酸素気流下に燃焼させると CO_2 24.60 mg と H_2O 11.51 mg が得られる．
(a) この X の試料中の炭素と水素の質量を計算せよ．
(b) X 中には炭素 1 mol について何 mol の水素が存在するか．C_1H_x の式で表せ．
(c) この式に x が整数になるまで順次整数をかけよ．得られた式が X の組成式である．X の分子式は組成式を整数倍したものであり，分子量がわかれば求めることができる．

2・45 燃焼分析によって，化合物 Y は質量比で炭素 87.17%, 水素 12.83% を含むことがわかった．
(a) 問題 2・44(b) と (c) の手順を使って Y の分子式を求めよ (ヒント: まず組成式を求め，すべてのアルカンとシクロアルカンは偶数個の水素をもつことを思い出して分子量の最も小さい化学式を求めて，これを Y の分子式とせよ).
(b) (a) の分子式を満たし，第三級炭素は 2 個で残りはすべて第二級炭素であるアルカンの構造式 (環をもつかもしれない) を描け (複数の正解がありうる).
(c) (a) の分子式を満たし，第一級水素と第三級炭素はなく第四級炭素が 1 個あるアルカンの構造式 (環をもつかもしれない) を描け (複数の正解がありうる).

2・46 アルカンの水素を塩素に置き換える反応を考えよう．

$$-\underset{|}{\overset{|}{C}}-H \longrightarrow -\underset{|}{\overset{|}{C}}-Cl$$

(a) ペンタンにこの反応を行うと，$C_5H_{11}Cl$ の分子式をもつ化合物は何種類得られるか．それらの Lewis 構造式を描け．次にそれぞれの化合物について分子模型を組立てよ (線-くさび構造式を描いてもよい). それによって答が変わっただろうか．説明せよ．
(b) 2,2-ジメチルブタンについて (a) と同じ分析を行え．

2・47 次の化合物はどのような化合物群に属するか．

(a) CH_3CH_2 基と CH_3CH_2 基が C=O に結合した構造
(b) イソブチル基に $C\equiv N$ が結合した構造
(c) シクロヘキサノール (OH が付いたシクロヘキサン)
(d) オキセタンにエチル基のような構造

2・48 α-アミノ酸はタンパク質の基礎単位である．その多くは次のような構造をもっている．

$$H_3\overset{+}{N}-\underset{R}{\overset{|}{C}}H-\overset{O}{\underset{\|}{C}}-O^-　\quad α-アミノ酸の一般的構造$$

これらのアミノ酸は側鎖 R が異なるだけである．次のアミノ酸の側鎖にはどのような官能基があるだろうか (ヒント: 本書の表紙内側を参照).

(a) アスパラギン
(b) チロシン
(c) トレオニン

2・49 有機化合物は多くの異なる官能基をもちうる．神経系の阻害剤であるアセブトロール（図 P2・49）に存在する（アルカン炭素以外の）官能基を同定せよ．各官能基が属する化合物群は何か．

2・50 (a) 分子式 C_4H_9NO をもち，互いに構造異性体である二つのアミドがあり，いずれもイソプロピル基をその構造の一部にもっている．この二つの異性体アミドの構造式を描け．

(b) 分子式は C_4H_9NO であるが，イソプロピル基をもたない別の二つのアミドの構造式を描け．

(c) (a)と(b)のアミドの構造異性体であるがアミドではなく，アミン官能基とアルコール官能基をもつ化合物 X の構造式を描け．

(d) 分子式 C_4H_9NO をもち，ニトリル官能基をもつ化合物はありうるだろうか．判断の根拠を説明せよ．

図 P2・49

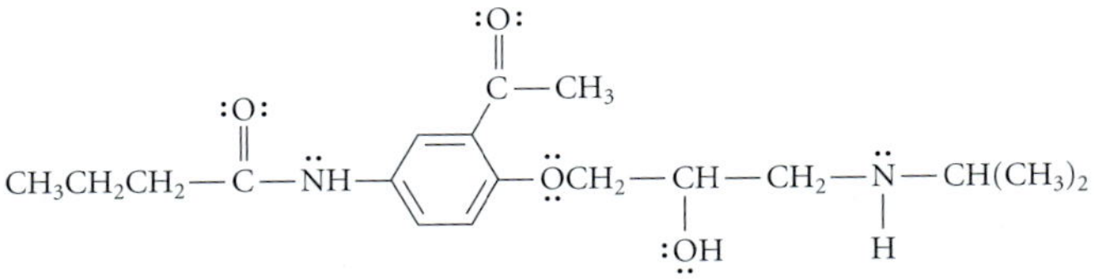

アセブトロール

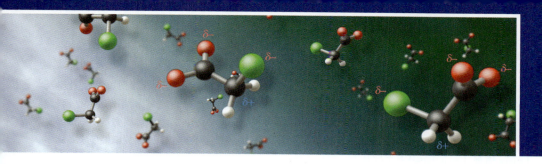

酸と塩基：巻矢印表記法

　本章では基礎化学の授業で学んだテーマである酸–塩基反応に焦点を当てる．酸–塩基反応は有機化学で特に重要である．なぜなら第一に，多くの有機反応はそれ自体が酸–塩基反応そのものであり，よく知られている一般的な無機の酸–塩基反応と似ているためである．これは単純な酸–塩基反応の原理を理解すれば，類似した有機反応の原理も理解できることを意味している．第二に，酸–塩基反応は，複雑な反応を考える際に役に立つ単純な例となるからである．特に本章では巻矢印表記法について学ぶ．これは有機化学の反応を理解し，さらには有機反応を予測することもできる強力な手段である．最後に，酸–塩基反応が化学平衡を考える際に有用であることを示す．

3・1　Lewis 酸–塩基会合反応

A. 電子不足化合物

　§1・2C で，共有結合は多くの場合，その原子のもっている結合電子および非共有原子価電子の合計が 8（水素では 2）に等しいというオクテット則に準拠していることを学んだ．オクテット則（水素の場合には"デュエット"則）は，周期表の第一および第二周期の共有結合した原子について例外なく成り立つ．第三周期以上の原子が共有結合に関与しているときにはオクテットを超えることがあるが，これらの周期の主要族元素についてもこの規則に従うことが多い．

　オクテット則は電子の最大数を規定しているが，原子はオクテット（8 電子）未満の電子をもつ可能性がある．特に，いくつかの化合物は，オクテットに対して一つまたは複数の電子対が足りない原子を含む．このような化学種は**電子不足化合物**(electron deficient compound)とよばれている．電子不足化合物の例として，三フッ化ホウ素がある．

$$\ddot{\underset{\ddot{\,\,}}{\text{F}}}-\underset{|}{\overset{:\ddot{\text{F}}:}{\text{B}}}-\ddot{\underset{\ddot{\,\,}}{\text{F}}}: \quad 三フッ化ホウ素$$

三フッ化ホウ素は電子不足であり，そのホウ素は原子価殻に六つの電子しかなく，オクテットに対して電子 2 個，すなわち電子対が一つ足りない．

B. Lewis 塩基と電子不足化合物の反応

　電子不足化合物はその原子価殻のオクテットを満たすように化学反応を起こす傾向がある．このような反応では，電子不足化合物は，一つ以上の非共有電子対をもつ化学種と反応する．そのような反応の例として，三フッ化ホウ素とフッ化物イオンの反応がある．

(3・1a)

このような反応では，電子不足化合物は Lewis 酸として作用する．**Lewis 酸**(Lewis acid)とは，化学反応で電子対を受入れて新しい結合を形成する化学種である．式(3・1a)において三フッ化ホウ素は，Lewis 酸であり，生成物であるテトラフルオロホウ酸イオンの新しい B−F 結合を形成するためにフッ化物イオンから電子対を受入れている．新たな結合を形成するために電子対を Lewis 酸に供与する化学種は，**Lewis 塩基**(Lewis base)とよばれる．フッ化物イオンは，式(3・1a)における Lewis 塩基である．この例のように，電子不足の Lewis 酸と Lewis 塩基が一つの生成物を与える場合，その反応を **Lewis 酸−塩基会合反応**(Lewis acid–base association reaction)とよぶ．

$$\text{:F}-\overset{\text{:F:}}{\underset{\text{:F:}}{\text{B}}}\text{−F:} + \text{:F:}^- \underset{\text{Lewis 酸−塩基}\atop\text{解離反応}}{\overset{\text{Lewis 酸−塩基}\atop\text{会合反応}}{\rightleftarrows}} \left[\text{:F}-\overset{\text{:F:}}{\underset{\text{:F:}}{\text{B}}}\text{−F:}\right]^- \quad (3\cdot1\text{b})$$

(Lewis 酸：電子受容体)　(Lewis 塩基：電子供与体)　ホウ素は完全にオクテットを満たす

この会合反応の結果として，生成物のテトラフルオロホウ酸イオンの各原子は完全なオクテットをもつ．実際に，オクテットを満たすことがこの反応の主要な駆動力である．

　　オクテットを数える手順における特別な点は，式(3・1a)，式(3・1b)で明らかである．フッ化物イオンは，オクテットを満たしており，それは BF_3 と電子対を共有した後も，生成物の BF_4^- でフッ素はまだオクテットを満たしている．諸君は "フッ素が電子を共有する前と後の両方で，どのようにオクテットをもつことができるのか？" と疑問に思うかもしれない．答は，フッ化物イオンでは非共有電子対を数え，BF_4^- の場合には，フッ素の非共有電子だけでなく，新たに形成された化学結合の両方の電子を数えるからである．2 回電子を数えるこのようなやり方が正当化される理由は，それが化学反応性を予測するために非常に有用だからである．オクテットの電子を数える手順は，形式電荷を計算する際に使用したものと異なることに今一度注意しよう(§1・2C 参照)．

　Lewis 酸−塩基会合反応の逆反応は，**Lewis 酸−塩基解離反応**(Lewis acid–base dissociation reaction)である．つまり BF_4^- から BF_3 と F^- への解離，つまり式(3・1a)と式(3・1b)における逆反応，は Lewis 酸−塩基解離反応の一例である．

例題 3・1

Lewis 酸−塩基会合反応において Lewis 塩基 Cl^- を以下の化合物のどれと反応させることができるか．

$$H-\overset{H}{\underset{H}{C}}-H \qquad \text{:}\overset{\text{:Cl:}}{\underset{}{\text{Cl}}}-Al-\overset{}{\text{Cl:}}$$

メタン　　　　　塩化アルミニウム

解法　会合反応において Lewis 酸として反応するためには，Lewis 塩基 Cl^- から電子対を受入れる必要がある．塩化アルミニウムのアルミニウムは電子対一つ分だけオクテットに不足している．したがって，塩化アルミニウムは電子不足化合物であり，以下のように容易に会合反応で Cl^- から電子対を受入れることができる．

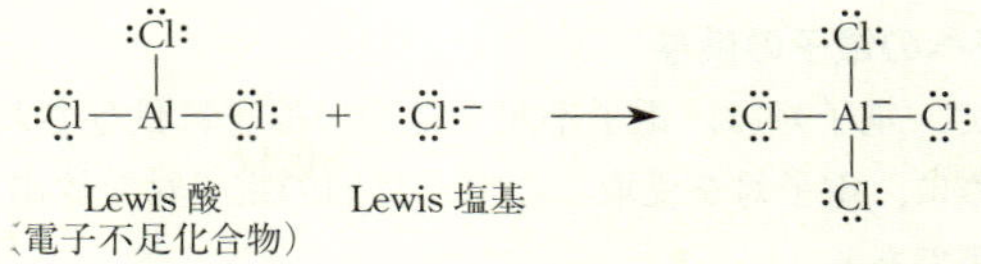

$$:\ddot{\text{C}}\text{l}-\text{Al}-\ddot{\text{C}}\text{l}: \; + \; :\ddot{\text{C}}\text{l}:^- \longrightarrow :\ddot{\text{C}}\text{l}-\text{Al}-\ddot{\text{C}}\text{l}:$$

(上のAl化合物: Lewis酸 (電子不足化合物), Cl⁻: Lewis塩基)

対照的に，メタン中のすべての原子は，貴ガス電子配置(炭素は8, 水素は2)をもつ．したがって，メタンは電子不足ではなく，Lewis酸-塩基会合反応を起こさない．

C. Lewis酸-塩基会合反応と解離反応のための巻矢印表記法

有機化学者は化学反応における電子対を追跡するための記述法を開発した．これは，**巻矢印表記法** (curved-arrow notation) とよばれる．この表記法は，Lewis塩基と電子不足のLewis酸との反応に適用する場合，電子供与体(Lewis塩基)から電子受容体(Lewis酸)への電子の"流れ"によって化学結合の形成を表す．この"電子の流れ"は，電子供与体から電子受容体へ向かう巻矢印で示される．この表記法を式(3・1a)の反応に適用すると以下のようになる．

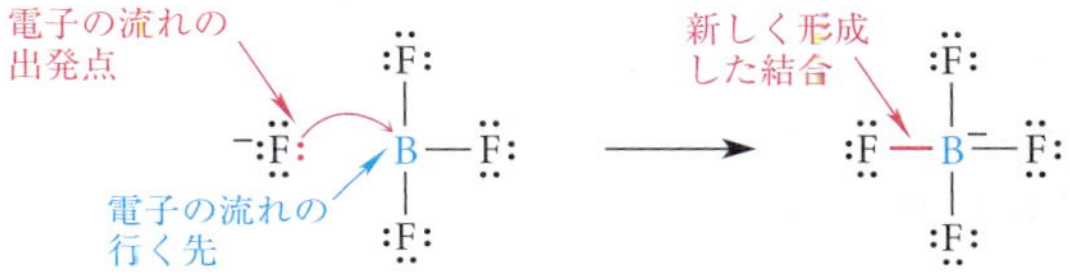

$$:\ddot{\text{F}}:^- \; + \; \text{B}(\ddot{\text{F}})_3 \longrightarrow [\text{BF}_4]^- \tag{3・2}$$

(電子の流れの出発点：F⁻の非共有電子対；電子の流れの行く先：B；新しく形成した結合：B-F)

赤い曲線の矢印は，フッ化物イオンの非共有電子対がBF₄⁻の新しく形成した結合で共有電子対になることを示している．

巻矢印表記法を正しく使うには，形式電荷を計算し適切に生成物に割当てる必要がある．巻矢印表記法を含む各反応において，それぞれの反応物の電荷の総和は生成物の電荷の総和に等しくなければならない．つまり反応の前後で総電荷は保存されている．したがって，式(3・2)では，反応物の電荷の和は−1であり，したがって生成物も同じ電荷をもっている必要がある．ホウ素とフッ素上の形式電荷を算出することで，電荷はホウ素上に存在すると決まる．

Lewis酸-塩基解離反応への巻矢印表記法の適用を説明するために，⁻BF₄のBF₃とF⁻への解離を考えてみよう．この反応は式(3・2)の逆反応である．この反応を巻矢印表記で表すと次のようになる．

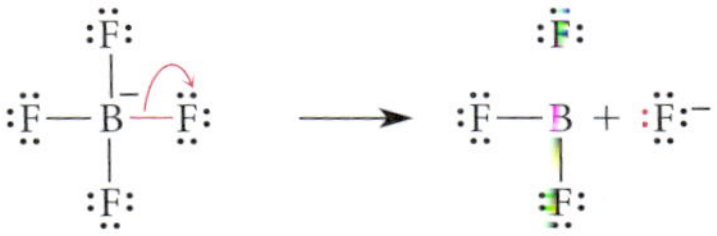

$$[\text{BF}_4]^- \longrightarrow \text{BF}_3 \; + \; :\ddot{\text{F}}:^- \tag{3・3}$$

この反応において，B−F結合が開裂し，この結合の電子がフッ素に流込む電子対の源となりF⁻が生成する．

問題

3・1 巻矢印表記法を用いて以下のLewis酸-塩基会合反応を生成物へ導け．形式電荷の割当てに注意すること．Lewis酸およびLewis塩基を明記し，電子を供与する原子をそれぞれ特定せよ．

(a) $\text{H}_3\text{C}-\overset{\text{CH}_3}{\underset{\text{CH}_3}{\text{C}^+}} \; + \; \text{H}_2\ddot{\text{O}}: \longrightarrow$

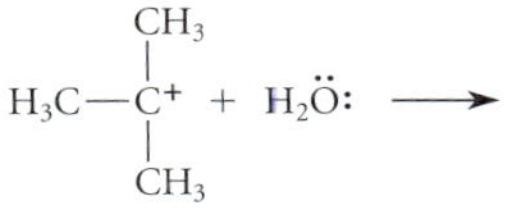

(b) $\ddot{\text{N}}\text{H}_3 \; + \; \text{B}(\ddot{\text{F}})_3 \longrightarrow$

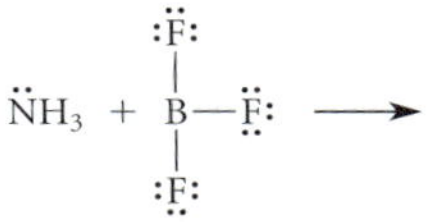

3・2 電子対置換反応

A. 電子不足ではない原子への電子の供与

いくつかの反応において，電子対は，電子不足ではない原子に供与される．これが起こるときには，オクテット則を満たすために，電子対を受取った原子は別の電子対を放出しなければならない．以下の反応はそのような過程の例である．

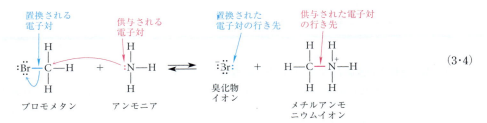

(3・4)

この反応において，ブロモメタンの炭素が，アンモニアの窒素の電子対を受取る．その結果，この窒素が炭素に結合してメチルアンモニウムイオンを与え，ブロモメタンの C－Br 結合の電子対は，臭化物イオンの4番目の非共有電子対となる．この電子対が臭素原子に向かって流れていなければ，炭素はオクテット則で許されるよりも多くの電子をもつことになってしまう．

このタイプの反応は，一つの電子対(この場合は C－Br 結合の電子対)が他の原子から電子対の供与によって置換されており，**電子対置換反応**(electron-pair displacement reaction)とよばれる．このような反応の多くでは，一つの原子が二つの他の原子との間でやりとりされる．この例では，炭素が臭素からアンモニアの窒素に移っている．

巻矢印表記法は特に電子対置換反応を追跡するのに便利である．この用法は式(3・4)に示した．この場合，二つの巻矢印が必要で，一つは供与される電子対のため，もう一つは置き換えられる電子対のためである．再度，それぞれの巻矢印は電子対，この場合は非共有電子対または結合電子対の中心から始まり，電子を受容する原子上で終わることに注意しよう．

§3・1C で説明したように，式(3・4)でも反応式の前後の総電荷の保存にも注意しよう．左側の電荷の総和は0なので，右側のすべての電荷の合計も0でなければならない．

供与される電子対は，非共有電子対からも結合電子対からも生じうる．これは，次式の $^-AlH_4$ とクロロメタンとの反応によりメタン，AlH_3，塩化物イオンが生成する例に示される．

(3・5)

この表記法では，供与される電子対をもつ結合が切断され，原子(Al－H 結合の H)が電子対を伴ってアルミニウムから離れて電子対を受取る原子(クロロメタンの C)に移る．

例題 3・2

次の反応に巻矢印を書き加えよ．

$(CH_3)_3\overset{+}{S}:$　$:\overset{..}{O}H^-$　⟶　$(CH_3)_2\overset{..}{S}:$　+　$H_3C-\overset{..}{O}H$

トリメチルスルホ　水酸化物　　　ジメチル　　メタノール
ニウムイオン　　　イオン　　　　スルフィド

解法 この反応において，酸素の非共有電子対はトリメチルスルホニウムイオンのメチル炭素の一つと結合を形成する．生成物では硫黄は二つの炭素に結合しているので，オクテット則を満たすように炭素−硫黄結合が切断される．したがって，硫黄−炭素結合の電子対は硫黄上へ移り，酸素の非共有電子対は炭素原子との結合に使われ，結果として炭素は(その三つの水素原子とともに)硫黄から酸素へと移る．電子対置換反応では二つの巻矢印が必要である．巻矢印はその電子対の出発点からその行く先に向けて描くことを忘れないようにしよう．供与される電子対の出発点は，⁻OH であり，その電子対の行く先は炭素原子である．したがって，1 本の巻矢印は ⁻OH の電子対(3 対のいずれか)から炭素原子に向かい，炭素は 8 電子しかもてないので，硫黄に電子対を与えなくてはならない．したがって，この電子対の出発点は，C−S 結合であり，その行く先は硫黄である．この反応における巻矢印は次のとおりである．

$$(CH_3)_2\ddot{S}^+—CH_3 \quad :\!\ddot{\underset{..}{O}}H \longrightarrow (CH_3)_2\ddot{S}: + H_3C—\ddot{\underset{..}{O}}H$$

この反応では，メチル基が硫黄から酸素に移っている．

例題 3・2 は，反応を説明するためにどのように巻矢印を書くかを示している．次の例題 3・3 では，巻矢印表記から反応の生成物を考えよう．

例題 3・3

巻矢印を示した次の二つの反応物の反応について，生成物の構造式を描け．

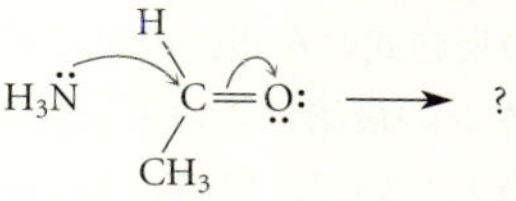

$$H_3\ddot{N} \quad \overset{H}{\underset{CH_3}{C}}\!=\!\ddot{\underset{..}{O}}: \longrightarrow \ ?$$

解法 巻矢印の出発点となる結合または非共有電子対は，生成物の同じ場所にはない．巻矢印の先は，生成物において新たな結合または非共有電子対が存在する場所を指している．次の手順を用いて生成物を描く．

ステップ1 すべての原子を出発物と同じ位置に描く．

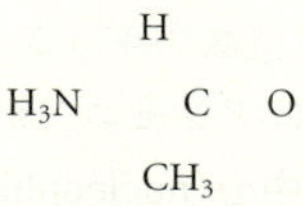

$$H_3N \quad \overset{H}{\underset{CH_3}{C}} \quad O$$

ステップ2 変化しない結合と電子対を描く．

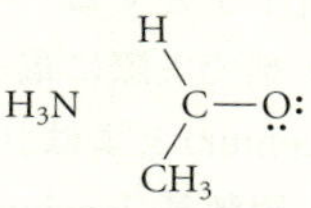

$$H_3N \quad \overset{H}{\underset{CH_3}{C}}\!—\!\ddot{O}:$$

ステップ3 巻矢印で示された新たな結合および電子対を描く．

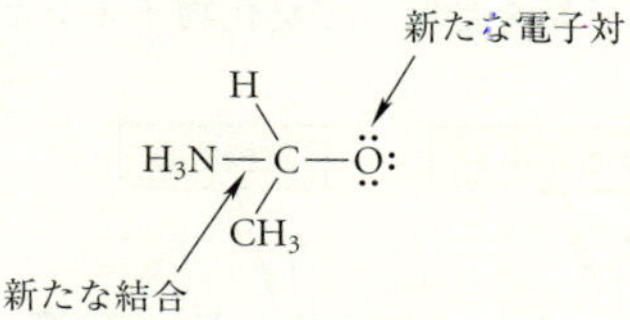

$$H_3N\!—\!\overset{H}{\underset{CH_3}{C}}\!—\!\ddot{\underset{..}{O}}:$$

新たな電子対／新たな結合

ステップ4 生成物中の形式電荷を書入れる．反応物と生成物中の形式電荷の総和は，同じでなければならず，この場合は 0 である．

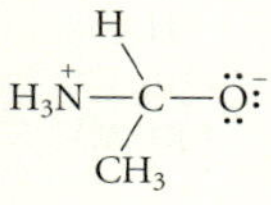

$$H_3\overset{+}{N}\!—\!\overset{H}{\underset{CH_3}{C}}\!—\!\ddot{\underset{..}{O}}:^-$$

問題

3・2 次の場合のそれぞれについて，巻矢印表記法で示される反応の生成物を示せ．

(a) HO:⁻ CH₂—Cl: 　(b) (CH₃)₂C=C(CH₃)₂　H—Br:　(c) H₂C=O, H₂C—O⁺, :O:⁻
　　　　｜
　　　　CH₃

3・3 以下の左から右へ向かう反応に巻矢印を書き加えよ（ヒント：3本の巻矢印を使う）．

CH₃O:⁻　H—CH₂—CH—Br: ⟶ CH₃O—H　H₂C=CH　:Br:⁻
　　　　　　　　｜　　　　　　　　　　｜
　　　　　　　CH₃　　　　　　　　　　CH₃

B. 求核剤，求電子剤，脱離基

　この節では，電子対置換反応の構成要素を分類するために広く使われている用語について述べる．まず巻矢印表記法を導入するために用いた化学反応に戻ることとしよう．

$$:\!Br\!-\!CH_3 + :NH_3 \rightleftarrows :\!Br:^- + H_3C\!-\!NH_3^+ \qquad (3\cdot6)$$

ブロモメタン　アンモニア　　　　臭化物イオン　　メチルアンモニウムイオン

　まずは Lewis 酸–塩基の観点から，この反応式の左辺について考えてみよう．アンモニアは Lewis 塩基であり，電子対を供与する．ブロモメタンの炭素はこの電子対を受入れ，Lewis 酸と考えられる．しかし，それはまた臭素に結合電子対を供与していて，同時に Lewis 塩基であるとも考えられる．臭素はこの結合電子対を受入れる Lewis 酸とみなされる．この例は，Lewis 酸–塩基の用語がこの反応でのそれぞれの役割を個々に記述するためにはあまり役に立たないことを示している．

　電子対置換反応の構成要素に使われる用語は，<u>求核剤，求電子剤，脱離基</u>である．**求核剤**(nucleophile，"愛する"という意味のギリシャ語の *philos* から)は，電子対を供与し新たな結合を生成する化学種である．式(3・6)ではアンモニアが求核剤である．電子対を実際に供与する原子は**求核原子**(nucleophilic atom)または**求核中心**(nucleophilic center)とよばれる．アンモニアの窒素が求核中心である．**求電子剤**(electrophile，"電子を愛する")は求核剤から電子対を受入れる化学種である．ブロモメタンは求電子剤である．求電子剤で実際に電子対を受入れる原子は，**求電子原子**(electrophilic atom)または**求電子中心**(electrophilic center)とよばれる．ブロモメタンの炭素は求電子中心である．結合切断に伴って電子を受入れる基は，**脱離基**(leaving group)とよばれる．臭素は脱離基であり，切断される炭素–臭素結合から電子対を受取って臭化物イオンとなる．

[脱離基][求電子中心]　　　[求核中心]

$$:\!Br\!-\!CH_3 + :NH_3 \rightleftarrows :\!Br:^- + H_3C\!-\!NH_3^+ \qquad (3\cdot7)$$

ブロモメタン　アンモニア　　臭化物　メチルアンモ
（求電子剤）（求核剤）　　　イオン　ニウムイオン

　逆反応では，求核剤と脱離基の役割が入換わるが，求電子中心は同じである．

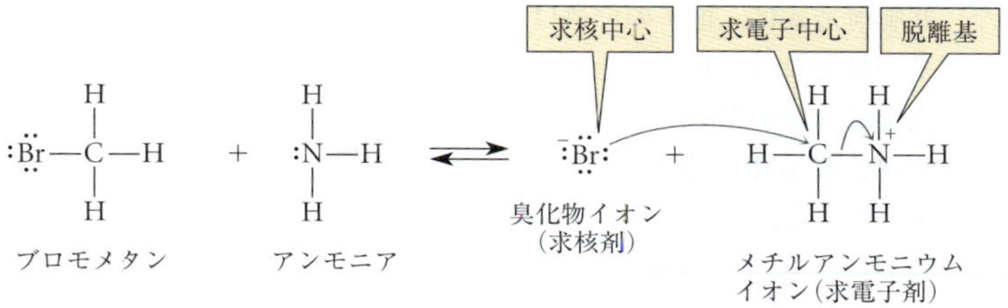

3・3 共鳴構造式を導きだすための巻矢印表記法

(反応式 3・8: ブロモメタン + アンモニア → 臭化物イオン(求核剤) + メチルアンモニウムイオン(求電子剤); 求核中心, 求電子中心, 脱離基のラベル付き)

同じ用語を Lewis 酸–塩基の会合および解離に適用することができる．例として式(3・2)を用いる．

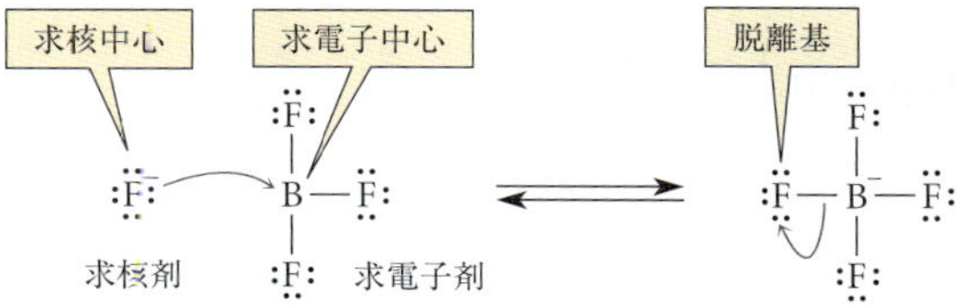

(反応式 3・9: F⁻ (求核剤) + BF₃ (求電子剤) ⇌ BF₄⁻; 求核中心, 求電子中心, 脱離基のラベル付き)

Lewis 酸–塩基反応の会合の方向(正方向)には，求核剤と求電子剤があるが，脱離基は存在しない．解離(逆)方向では脱離基はあるが求核剤はない．

いくつかの電子対置換反応において，求核電子対が非共有電子対ではなく結合に由来する場合があることをすでに述べた．

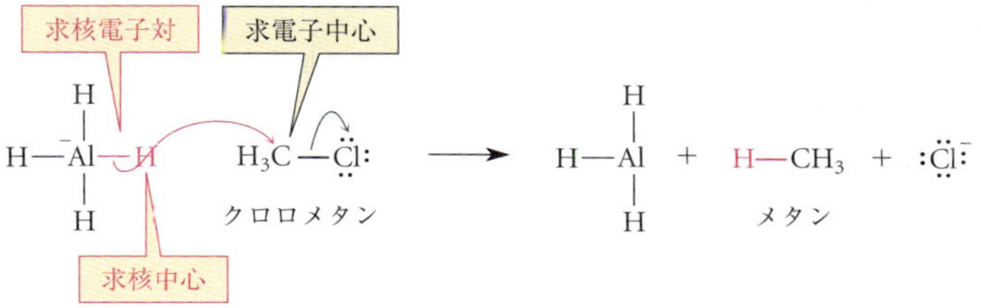

(反応式 3・10: H₃Al–H + H₃C–Cl → H₂Al + H–CH₃ + :Cl⁻; クロロメタン → メタン; 求核電子対, 求核中心, 求電子中心のラベル付き)

この場合では，求核中心は結合電子対をもつ水素原子である．

問題

3・4 次に示す例題 3・2 で扱った反応について，求核中心，求電子中心，および正方向での脱離基を特定せよ（必要ならば硫黄とメチル基との間の結合を示すこと）．

$(CH_3)_3S^+$ + $:\ddot{O}H^-$ → $(CH_3)_2\ddot{S}:$ + $H_3C-\ddot{O}H$
トリメチルスルホニウムイオン　水酸化物イオン　ジメチルスルフィド　メタノール

3・5 (a) 巻矢印表記法を用いて次の Lewis 酸–塩基会合反応を完成させよ．

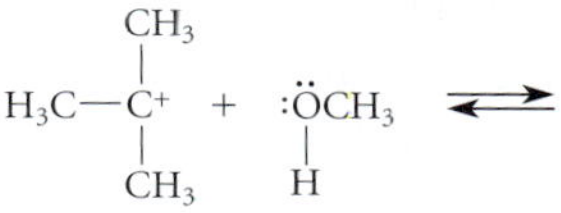

$H_3C-\overset{CH_3}{\underset{CH_3}{C^+}}$ + $:\ddot{O}CH_3^-$ ⇌

(b) 反応式が完成したら，逆反応の巻矢印表記を書け．
(c) (a)での反応の正方向および逆方向について，求核中心，求電子中心，および脱離基を特定せよ．

3・3 共鳴構造式を導きだすための巻矢印表記法

§1・4 で化合物の構造が一つの Lewis 構造式で十分に表記できないとき，共鳴構造式が使われると

いうことを学んだ．共鳴構造式は，電子の位置は異なるが，原子核は移動しない．諸君が出会う共鳴構造式の大部分は，電子が対となって動く．巻矢印表記法は電子対の流れをたどるのに用いられ，この表記はまた，共鳴構造式を導きだすため，いいかえれば一つの共鳴構造式からどのように別の共鳴構造式が得られるかを示すため，にも用いることができる．例題3・4は§1・4で説明した共鳴安定化した二つの分子でこの点を説明する．

例題 3・4

次のそれぞれの組において，右側の共鳴構造式がどのように左側の構造式から導きだされるかを巻矢印で示せ．

(a) $[CH_3\ddot{O}-\overset{+}{C}H_2 \longleftrightarrow CH_3\overset{+}{O}=CH_2]$ メトキシメチルカチオン

(b) $\left[H_3C-\overset{+}{\underset{\underset{\ddot{\ddot{O}}:}{\|}}{N}}^{:\ddot{O}:^-} \longleftrightarrow H_3C-\overset{+}{\underset{\underset{:\ddot{O}:^-}{\|}}{N}}^{\ddot{O}:}\right]$ ニトロメタン

解法 (a) 左側の構造式では，正荷電をもつ炭素は，電子不足である．右側の構造式は，この炭素に酸素から非共有電子対を供与することによって導かれる．

$$[CH_3\overset{\frown}{\ddot{O}}-\overset{+}{C}H_2 \longleftrightarrow CH_3\overset{+}{O}=CH_2]$$

この変換は，Lewis酸-塩基会合反応に似ていて，同じ巻矢印が使用されている．一つの巻矢印は電子不足炭素への非共有電子対の供与を示す．

(b) 左側の構造式から右側の構造式を導きだすためには，上側の酸素の非共有電子対を窒素への結合の生成に用い，下側の窒素-酸素の結合のうち一つを下側の酸素上の非共有電子対を形成するために用いる必要がある．

$$\left[H_3C-\overset{+}{N}^{:\ddot{O}:^-} \longleftrightarrow H_3C-\overset{+}{N}^{\ddot{O}:}\right]$$

新しい結合の形成には他の結合の置き換えを必要とするので二つの矢印が必要である．したがって，電子対置換の巻矢印表記法を使用する．

上の例の両方とも，巻矢印表記法は左から右の方向に適用している．この表記法は，どちらの構造式からでももう一方の構造式を導きだすために適用できる．したがって，(a)の右から左へ向かう巻矢印表記は次のようになる．

$$[CH_3\ddot{O}-\overset{+}{C}H_2 \longleftrightarrow CH_3\overset{+}{O}=CH_2]$$

(b)の右から左へ向かう巻矢印を書いてみよ．

重要な点について繰返しておく．共鳴構造式を導くための巻矢印の使い方は，反応を説明するためのものと同一であるが，共鳴構造式の相互変換は反応ではない．共鳴構造式に含まれる原子は移動しない．二つの共鳴構造式が組合わさって一つの分子を表現している．

問題

3・6 (a) 巻矢印表記法を用いて，下に示すアリルカチオンの共鳴構造式を描き，それぞれの炭素-炭素結合の結合次数が1.5をもつことと，正電荷が両方の末端炭素原子によって等しく分けられていることを示せ（結合次数1.5の結合は，単結合と二重結合の中間の性質をもつ）．

$$[\overset{+}{H_2C}-CH=CH_2 \longleftrightarrow \quad ? \quad] \text{ アリルカチオン}$$

(b) 巻矢印表記法を用いて，下に示すアリルアニオンの共鳴構造式を描き，二つの炭素-炭素結合の結合次数が 1.5 をもつことと，非共有電子対(および負電荷)は両側の末端炭素により均等に等しく分けられることを示せ．

$$\left[\text{H}_2\ddot{\text{C}}{-}\text{CH}{=}\text{CH}_2 \longleftrightarrow ? \right] \quad \text{アリルアニオン}$$

(c) 巻矢印表記法を用いて，下に示すベンゼンの共鳴構造式を描き，すべての炭素-炭素結合が同一であり，1.5 の結合次数をもつことを示せ．

$$\left[\bigcirc\hspace{-1.1em}\bigcirc \longleftrightarrow ? \right] \quad \text{ベンゼン}$$

3・4 Brønsted-Lowry の酸と塩基

A. Brønsted 酸および Brønsted 塩基の定義

Lewis の概念ほど一般的ではないが Brønsted-Lowry 酸-塩基の概念は，有機化学できわめて重要かつ有用な酸および塩基についての別の考え方である．酸および塩基の Brønsted-Lowry の定義は Lewis が酸性度と塩基性度についての考えを公式化したのと同じ 1923 年に提案された．この定義では化学反応において，プロトン H^+ を供与する化学種は **Brønsted 酸**(Brønsted acid)とよばれ，プロトンを受入れる化学種は **Brønsted 塩基**(Brønsted base)とよばれる．

水酸化物イオンとアンモニウムイオンとの反応は，Brønsted 酸-塩基反応の一例である．

$$\underset{\substack{\text{アンモニウムイオン} \\ (\text{Brønsted 酸})}}{\text{H}{-}\overset{+}{\text{N}}(\text{H})_2{-}\text{H}} + \underset{\substack{\text{水酸化物イオン} \\ (\text{Brønsted 塩基})}}{:\!\ddot{\text{O}}\text{H}^-} \rightleftarrows \underset{\substack{\text{アンモニア} \\ (\text{Brønsted 塩基})}}{\text{H}{-}\ddot{\text{N}}(\text{H})_2\!:} + \underset{\substack{\text{水} \\ (\text{Brønsted 酸})}}{\text{H}{-}\ddot{\text{O}}\text{H}} \quad (3 \cdot 11\text{a})$$

(移動したプロトン)

この反応式の左辺で，アンモニウムイオンは Brønsted 酸として作用し，水酸化物イオンは Brønsted 塩基として作用している．右から左に反応式を見ると，水が Brønsted 酸として，アンモニアは Brønsted 塩基として作用している．

上記の Brønsted 酸-塩基反応の"古典的な"定義は，プロトンの動きに焦点を当てている．しかし有機化学においては常に電子の動きに注目しよう．式(3・11a)が示すように，どのような Brønsted 酸-塩基反応でも電子対置換反応として巻矢印で記述することができる．**Brønsted 酸-塩基反応**(Brønsted acid-base reaction)は求電子中心がプロトンである電子対置換反応の特殊な例にすぎない．これは Brønsted 酸から Brønsted 塩基へのプロトンの移動をひき起こす電子の動きである．求電子中心がプロトンである場合，電子供与体は求核剤ではなく，Brønsted 塩基とよばれる．Brønsted 酸はプロトンを Brønsted 塩基に与える化学種である．

$$\underset{\substack{\text{Brønsted 酸} \\ \text{プロトン供与体}}}{\text{H}{-}\overset{+}{\text{N}}(\text{H})_2{-}\text{H}} + \underset{\substack{\text{Brønsted 塩基} \\ \text{プロトンに電子対を供与する}}}{:\!\ddot{\text{O}}\text{H}^-} \rightleftarrows \text{H}{-}\ddot{\text{N}}(\text{H})_2\!: + \text{H}{-}\ddot{\text{O}}\text{H} \quad (3 \cdot 11\text{b})$$

(Brønsted 酸-塩基反応 水素原子上での電子対置換) (移動したプロトン)

有機化学における多くの電子対置換反応は，Brønsted 酸-塩基反応と類似している．以下の例で，唯一の形式上の違いは求電子中心である．つまり，Brønsted 酸-塩基反応では求電子中心はプロトンであり，他の電子対置換ではプロトン以外の原子（たとえば炭素）である．

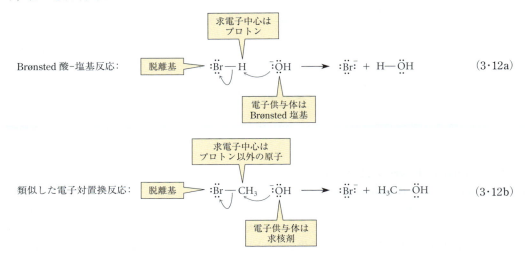

これら 2 種類の反応は形式的に類似しているが，重要な違いは，ほとんどの Brønsted 酸-塩基反応が類似の有機反応よりもはるかに速く進むということである．たとえば，式(3·12a)での反応は瞬時に起こり（条件にもよるが 1 秒間に約 10^9 回），一方，式(3·12b)においては条件により数分または数時間かかることもある．この違いにもかかわらず，二つの反応の基本的な類似性は重要かつ有用である．

表記法についての重要な注意：Brønsted 酸の伝統的な定義が"プロトン移動"を含むので，次のように間違って巻矢印表記法を使いたくなるかもしれない．

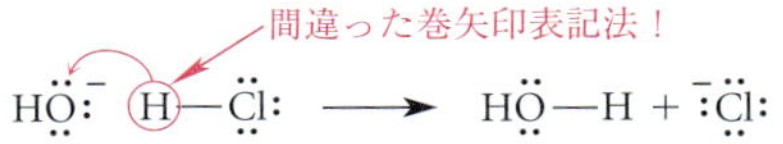

これは電子対の流れではなくプロトンの動きを示しているので正しくない．次のように電子対の流れを示すのが巻矢印の正しい使い方である．

問題

3·7 以下の電子対置換反応のそれぞれについて，巻矢印表記を示せ．求核剤，求核中心，求電子剤，求電子中心および脱離基を特定せよ．次に，類似の Brønsted 酸-塩基反応を書け（同じ脱離基が求電子中心であるプロトンに結合している場合を考えよ）．それぞれの反応において Brønsted 酸と Brønsted 塩基を特定せよ．

(a)
```
     CH₃                      CH₃
      |                        |
  :O⁺—CH₃  +  ⁻:S—CH₃  ⟶  :O:  +  H₃C—S—CH₃
      |                        |
     CH₃                      CH₃
```

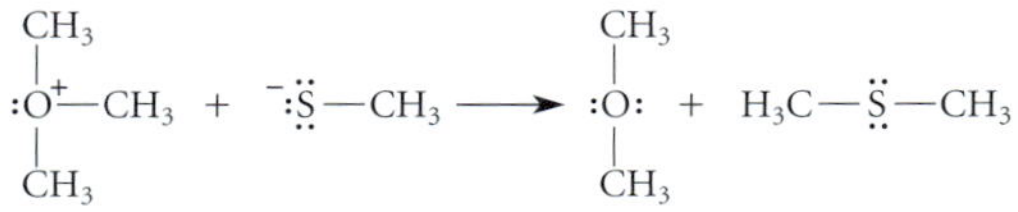

(b) H₃C—CH₂—Br: + :C≡N:⁻ ⟶ H₃C—CH₂—C≡N: + :Br:⁻

3·8 式(3·12a)と式(3·12b)に示す反応について，同じ物質量の ⁻OH，H—Br および H₃C—Br を溶液中に一緒に混ぜた場合，どのような生成物が生成するか（ヒント：二つの可能な反応のうちのどちらがより速いか）．

B. 共役酸および共役塩基

Brønsted 酸がプロトンを失うとその**共役塩基**(conjugate base)が生成し，Brønsted 塩基がプロトンを得ると，その**共役酸**(conjugate acid)が生成する．Brønsted 酸は，プロトンを失うと Brønsted 塩基となるから，この酸と生じる塩基は**共役酸-塩基対**(conjugate acid-base pair)を構成している．どのような Brønsted 酸-塩基反応にも2組の共役酸-塩基対がある．たとえば式(3·11b)では，$^+NH_4$ と NH_3 は共役酸-塩基対の一つであり，H_2O と ^-OH がもう一方である．

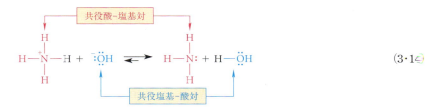
(3·14)

共役酸-塩基対は平衡矢印の両側にあることに注意しよう．たとえば，$^+NH_4$ と NH_3 は共役酸-塩基対であるが，$^+NH_4$ と ^-OH は，共役酸-塩基対ではない．

酸または塩基としての化合物の識別は，それが特定の化学反応でどのように働くかによる．たとえば水は酸と塩基のどちらとしても働くことができる．酸または塩基のどちらとしても働くことができる化合物を**両性化合物**(amphoteric compound)とよび，水は両性化合物の典型的な例である．たとえば，式(3·14)では，水は酸-塩基対 $H_2O/^-OH$ 中の共役酸であり，次の反応では，水は酸-塩基対 H_3O^+/H_2O における共役塩基である．

$$H-\overset{H}{\underset{H}{\overset{+}{N}}}-H + :\overset{..}{\underset{H}{O}}-H \;\rightleftharpoons\; H-\overset{H}{\underset{H}{N}}: + H-\overset{+}{\underset{H}{\overset{..}{O}}}-H \qquad (3·15)$$

　　　酸　　　　　塩基　　　　　塩基　　　　酸

問 題

3·9　以下の反応において共役酸-塩基対を特定し，各対内でどちらが酸か塩基かを明確にせよ．次に左から右へ向かう反応について巻矢印表記を書け．

(a) $\ddot{N}H_3 + ^-:\ddot{O}H \rightleftharpoons ^-:\ddot{N}H_2 + H_2\ddot{O}:$

(b) $\ddot{N}H_3 + \ddot{N}H_3 \rightleftharpoons ^-:\ddot{N}H_2 + ^+\ddot{N}H_4$

3·10　$H_2\ddot{O}/^-:\ddot{O}H$ と $CH_3\ddot{O}H/CH_3\ddot{O}:^-$ が共役酸-塩基対として働く Brønsted 酸-塩基反応を書け．

---

§3·4A と §3·4B では，反応に関するさまざまな化学種の役割を解析した．これから学習する反応のほとんどが，これらの役割で解析できるので，これらの節を理解すれば，反応を理解し，予測するのに役立つであろう．この理解の第一歩は，諸君が反応を解析する際に学んだ定義を適用することである．例題3·5はそのような反応の解析を示す．

例題 3·5

以下は，既知の有機反応における個々の反応段階を表す一連の酸-塩基反応であり，三つのアルキル基をもつ炭素上での $-Br$ の $-OH$ による置換を表している．正方向のみを考慮して，各反応を Brønsted 酸-塩基反応，または Lewis 酸-塩基会合/解離反応に分類せよ．次の用語のうちのどれか一つを使い化

学種 A〜H（または各化学種の中の基）を分類せよ．Brønsted 塩基，Brønsted 酸，求核剤，求核中心，求電子剤，求電子中心，脱離基．Brønsted 酸-塩基反応については，共役酸-塩基対を示すこと．

$$\underset{A}{H_3C-\underset{CH_3}{\underset{|}{\overset{CH_3}{\overset{|}{C}}}}-Br:} \;\rightleftarrows\; \underset{B}{H_3C-\underset{CH_3}{\underset{|}{\overset{CH_3}{\overset{|}{C^+}}}}} \;\; \underset{C}{:\ddot{Br}:^-} \tag{3・16a}$$

$$\underset{B}{H_3C-\underset{CH_3}{\underset{|}{\overset{CH_3}{\overset{|}{C^+}}}}} \;\; \underset{D}{:\ddot{O}-H} \;\rightleftarrows\; \underset{E}{H_3C-\underset{CH_3}{\underset{|}{\overset{CH_3}{\overset{|}{C}}}}-\overset{+}{\underset{}{O}}-H} \tag{3・16b}$$

$$\underset{E}{H_3C-\underset{CH_3}{\underset{|}{\overset{CH_3}{\overset{|}{C}}}}-\overset{+}{O}-H} \;\; \underset{F}{:OH_2} \;\rightleftarrows\; \underset{G}{H_3C-\underset{CH_3}{\underset{|}{\overset{CH_3}{\overset{|}{C}}}}-\ddot{O}:} \;+\; \underset{H}{H-\overset{+}{O}H_2} \tag{3・16c}$$

解 法 最初に，個々の反応を分類し，それから，個々の化学種の役割を考えよ．式(3・16a)の反応は，Lewis 酸-塩基解離反応である（巻矢印が一つだけであることが解離を示していることに注意しよう）．化合物 A では，Br が脱離基である．

式(3・16b)は，Lewis 酸-塩基会合反応である．カチオン B が求電子剤であり，電子不足炭素が求電子中心である．水分子 D は求核剤であり，その酸素が求核中心である．

式(3・16c)は，Brønsted 酸-塩基反応である．イオン E および化合物 G は共役 Brønsted 酸-塩基対を構成し，化合物 F および H もまた共役 Brønsted 塩基-酸対となる．水分子 F は，Brønsted 塩基である．水から電子対を受取る E のプロトンは，求電子中心であり，G となる E の一部が脱離基である．

問 題

3・11 例題 3・5 の式(3・16a)〜式(3・16c)のそれぞれについて逆反応を示せ．

3・12 以下の各反応において，指定された巻矢印を用いて反応を完成させよ．各反応を Brønsted 酸-塩基反応，または Lewis 酸-塩基の会合/解離反応に分類せよ．そして次の用語のうちの一つを用いてそれぞれの化学種（あるいはその一部）を分類せよ．Brønsted 塩基，Brønsted 酸，求核剤，求核中心，求電子剤，求電子中心，脱離基．正反応を完了したら，逆反応について巻矢印（複数可）を書き，同様の練習をせよ．

(a) $H_2C=CH_2 \quad H-\ddot{Br}: \longrightarrow$

(b) $H_2\ddot{O}: \quad \underset{OH}{\overset{OH}{\underset{|}{B}}}-OH \longrightarrow$

C. Brønsted 酸の強さ

広範な有機反応の理解に役立つ酸-塩基化学のもう一つの考え方は，Brønsted 酸および塩基の強さである．Brønsted 酸の強さは，それがプロトンを標準的な Brønsted 塩基にどれほど移動させるかによって決定される．比較のためによく使われてきた標準的な Brønsted 塩基は水である．酸(HA)から水へのプロトンの移動は，次の平衡式によって示される．

$$HA + H_2O \;\rightleftarrows\; A^- + H_3O^+ \tag{3・17}$$

この反応の平衡定数は，次式で与えられる．

$$K_{eq} = \frac{[A^-][H_3O^+]}{[HA][H_2O]} \tag{3・18}$$

角括弧内は平衡状態でのモル濃度である．水は溶媒であり，その濃度が平衡にある他の化学種の濃度によらず実質的に一定なので，式(3・18)の両辺に[H_2O]をかけて**酸解離定数**(acid dissociation constant)とよばれる別の定数 K_a を定義する．

$$K_a = K_{eq}[H_2O] = \frac{[A^-][H_3O^+]}{[HA]} \tag{3・19}$$

酸はそれぞれ固有の解離定数をもっている．酸を所定の濃度で水に溶解したときに酸解離定数が大きいほど，より多くの H_3O^+ イオンが生成する．このように，Brønsted 酸の強さはその解離定数の大きさによって測られる．

Brønsted 酸の解離定数は 10 の累乗の範囲にわたるので，対数で酸の強さを表現するのが便利である．負の対数の略語として p を使用して，次のように定義する．

$$pK_a = -\log K_a \tag{3・20a}$$
$$pH = -\log [H_3O^+] \tag{3・20b}$$

いくつかの Brønsted 酸の **pK_a** を，pK_a の減少する順に表 3・1 に示す．より強い酸がより大きな K_a をもっているので，式(3・20a)から，強い酸ほど小さい pK_a をもっていることになる．したがって，HCN ($pK_a = 9.4$)は水($pK_a = 15.7$)よりも強い酸であり，つまり，表 3・1 の第 1 列で，酸の強さは表の上から下へいくに従って増大する．

問題

3・13 以下の解離定数をもつ酸の pK_a を求めよ．
(a) 10^{-3} (b) 5.8×10^{-6} (c) 50

3・14 以下の pK_a をもつ酸の解離定数を求めよ．
(a) 4 (b) 7.8 (c) -2

3・15 (a) 問題 3・13 ではどの酸が最も強いか．
(b) 問題 3・14 ではどの酸が最も強いか．

表 3・1 の pK_a の値に関して次の 3 点は特に重要である．1 番目のポイントは，非常に強いまたは弱い酸についての pK_a に関係する．水溶液中の酸の pK_a を直接決定できるのは，H_3O^+ より弱く，H_2O より強い酸に限られている．その理由は，H_3O^+ が水中に存在できる最も強い酸だからである．もしより強い酸を水に溶かすと，それは直ちに解離して H_3O^+ を生成する．同様に ^-OH は水の中に存在しうる最も強力な塩基であり，より強い塩基は水と即座に反応して ^-OH を生成することとなる．しかし，非常に強い酸および非常に弱い酸の pK_a は他の溶媒中で測定することができ，これらの pK_a から多くの場合水中での pK_a が推定できる．これは，表 3・1 の HCl などの強酸と NH_3 などの非常に弱い酸の酸性度の推定の基礎となる．これらのおおよその pK_a の値は多くの応用に役立つ．

非常に重要な第二のポイントは，有機化学の反応の多くは非水溶媒中で行われるということである．非水溶媒中での pK_a の値は水溶媒中で求められた値とは異なっている．しかも，非水溶媒中の相対的な pK_a の値が水中での値と同じ順序である場合も，そうでない場合もある(8 章で溶媒の効果について学ぶ)．それにもかかわらず，表 3・1 に示した水中での pK_a の値は，最も容易に入手可能で包括的なデータであり，酸性度および塩基性度の議論の基礎となる．

表 3・1　いくつかの酸および塩基の相対的な強さ

共役酸	pK_a	共役塩基
$\ddot{\text{N}}\text{H}_3$（アンモニア）	～35†	⁻:$\ddot{\text{N}}\text{H}_2$（アミドイオン）
R$\ddot{\text{O}}$H（アルコール）	15～19*	R$\ddot{\text{O}}$:⁻（アルコキシドイオン）
H$\ddot{\text{O}}$H（水）	15.7	H$\ddot{\text{O}}$:⁻（水酸化物イオン）
HPO_4^{2-}（リン酸水素イオン）	12.3	PO_4^{3-}（リン酸イオン）
R$\ddot{\text{S}}$H（チオール）	10～12*	R$\ddot{\text{S}}$:⁻（チオラートイオン）
$\text{R}_3\overset{+}{\text{N}}\text{H}$（トリアルキルアンモニウムイオン）	9～11*	R_3N:（トリアルキルアミン）
$\overset{+}{\text{N}}\text{H}_4$（アンモニウムイオン）	9.25	H_3N:（アンモニア）
HCN（シアン化水素酸）	9.40	⁻:CN（シアン化物イオン）
H_2PO_4^-（リン酸二水素イオン）	7.21	HPO_4^{2-}（リン酸水素イオン）
H$\ddot{\text{S}}$H（硫化水素酸）	7.0	H$\ddot{\text{S}}$:⁻（硫化物イオン）
R—C(=O)—$\ddot{\text{O}}$H（カルボン酸）	4～5*	R—C(=O)—$\ddot{\text{O}}$:⁻（カルボン酸イオン）
H$\ddot{\text{F}}$:（フッ化水素酸）	3.2	:$\ddot{\text{F}}$:⁻（フッ化物イオン）
H_3PO_4（リン酸）	2.2	H_2PO_4^-（リン酸二水素イオン）
HNO_3（硝酸）	−1.3	NO_3^-（硝酸イオン）
$\text{H}_3\overset{+}{\text{O}}$（オキソニウムイオン）	−1.7	$\text{H}_2\ddot{\text{O}}$:（水）
 H_3C—C₆H₄—SO_3H（p-トルエンスルホン酸）	−2.8†	 H_3C—C₆H₄—SO_3^-（p-トルエンスルホン酸イオン, またはトシラートイオン）
H_2SO_4（硫酸）	−3†	HSO_4^-（硫酸水素イオン）
H$\ddot{\text{Cl}}$:（塩酸）	−6～−7†	:$\ddot{\text{Cl}}$:⁻（塩化物イオン）
H$\ddot{\text{Br}}$:（臭化水素酸）	−8～−9.5†	:$\ddot{\text{Br}}$:⁻（臭化物イオン）
H$\ddot{\text{I}}$:（ヨウ化水素酸）	−9.5～−10†	:$\ddot{\text{I}}$:⁻（ヨウ化物イオン）
HClO_4（過塩素酸）	−10†	ClO_4^-（過塩素酸イオン）

† 概算値，正確な値は測定することができない．
* 正確な値は置換基 R の種類による．

（左側：酸性度が増大　右側：塩基性度が増大）

最後のポイントは水の K_a と関係している．その値は $10^{-15.7}$ であり，すなわち pK_a = 15.7 である．K_a を $K_w = [\text{H}_3\text{O}^+][^-\text{OH}] = 10^{-14}\,\text{M}^2$，または $-\log K_w = 14$ の式で定義される水のイオン積定数と混同してはいけない．水の解離定数は次式によって定義される．

$$K_a = \frac{[\text{H}_3\text{O}^+][^-\text{OH}]}{[\text{H}_2\text{O}]} = \frac{K_w}{[\text{H}_2\text{O}]} = \frac{10^{-14}\,\text{M}^2}{55.6\,\text{M}} = 10^{-15.7}\,\text{M}$$

この式は，分母に水自身の濃度があるので，水のイオン積とは 1/55.6 倍異なる．この因子の対数 −1.7 は pK_a と pK_w の差を意味している．

$$\text{H}_2\text{O のp}K_a = -\log K_w - \log(1/55.6) = 15.7$$

D. Brønsted 塩基の強さ

Brønsted 塩基の強さはその共役酸の pK_a に直接関連している．したがって，フッ化物イオンの塩基性度はその共役酸 HF の pK_a で示され，アンモニアの塩基性度は，その共役酸であるアンモニウムイオ

ン NH_4^+ の pK_a によって表される．つまり，塩基が弱いというとき，その共役酸が強いといっていることになり，あるいは塩基が強いならば，その共役酸は弱い．したがって，共役酸の pK_a を見ることにより二つの塩基のどちらがより強いかがわかる．より強い塩基にはより大きな（あるいは負で小さい）pK_a をもつ共役酸がある．たとえば，HCN の pK_a が水のそれより小さいので，$^-$CN（HCN の共役塩基）は $^-$OH（水の共役塩基）より弱い塩基ということになる．したがって，表3・1 の第三列の塩基の強さは，表の下から上へ増加する．

塩基性の尺度として pK_a を使うとき，式(3・17)の逆反応で示すように，酸性の H_3O^+ からプロトンを引抜く塩基の能力を暗黙のうちに意味している．酸 AH の K_a（またはその対数形 pK_a）がその共役塩基 A^- の塩基性を説明するのに十分ではあるが，塩基性度定数 K_b とよばれる塩基性度の別の尺度が用いられることがある．塩基性度定数は弱酸 H_2O からプロトンを引抜くための塩基の能力に基づいている．塩基を A^- とすると，その平衡は次のように表される．

$$A^- + H_2O \rightleftharpoons AH + {}^-OH \tag{3・21}$$

この反応の平衡定数は次式で与えられる．

$$K_{eq} = \frac{[^-OH][AH]}{[H_2O][A^-]} \tag{3・22a}$$

塩基性度定数(basicity constant) K_b はこの式に $[H_2O]$ をかけることにより定義される．

$$[H_2O]K_{eq} = \frac{[^-OH][AH]}{[A^-]} = K_b \tag{3・22b}$$

塩基性度定数の負の対数をとったものが pK_b である．
任意の共役酸-塩基対に対して pK_a と pK_b との間に次の単純な関係がある．

$$pK_b = pK_w - pK_a = 14 - pK_a \tag{3・23}$$

ここで K_w は水のイオン積定数 $= 10^{-14} M^2$ であり $pK_w = 14$ である．本書では，酸および塩基の強度を記述する場合 pK_a を使用するが，pK_b が出てきたときには，式(3・23)の単純な関係で簡単に pK_a に変換したり，またはその逆のことができる．たとえば，アンモニウムイオン $^+NH_4$ の pK_a は 9.25 であり（表3・1），この数値は共役塩基であるアンモニアの塩基性も示しているが，同様の目的のためにアンモニアの pK_b すなわち $14 - 9.25 = 4.75$ を使用することもできる．

問 題

3・16 共役塩基 A^- の塩基性は，共役酸 AH の pK_a が大きくなると増加する．共役塩基 A^- の塩基性は，pK_b が大きくなるとどのように変化するか．

3・17 (a) 酢酸 CH_3CO_2H の pK_a は 4.67 である．その共役塩基である酢酸イオン $CH_3CO_2^-$ の pK_b を求めよ．
(b) 酢酸ナトリウム水溶液が塩基性であるのに対し，酢酸の水溶液が酸性である理由を説明せよ．

E．酸-塩基反応における平衡

Brønsted 酸と塩基が反応するとき，関係する二つの酸の pK_a を比較することにより平衡が右と左のどちらに偏るのか簡単にわかる．酸と塩基との反応における平衡は，常により弱い酸とより弱い塩基の側に偏る．たとえば，以下の酸-塩基反応では H_2O がより弱い酸であり，$^-$CN がより弱い塩基である．

ため平衡は右に偏る．

$$\underset{\substack{pK_a = 9.4 \\ (より強い酸)}}{HCN} + \underset{(より強い塩基)}{OH^-} \rightleftharpoons \underset{(より弱い塩基)}{{}^-CN} + \underset{\substack{pK_a = 15.7 \\ (より弱い酸)}}{H_2O} \quad (3\cdot24)$$

酸–塩基反応の平衡定数を見積もることは役立つことが多い．酸–塩基反応の平衡定数は，関連する二つの酸の pK_a から簡単な方法で計算することができる．この計算を行うには，右辺の酸の pK_a から左辺の酸の pK_a を引いて得られる数の逆対数をとる．次の酸–塩基反応を考える．

$$AH + B^- \rightleftharpoons A^- + BH \quad (3\cdot25)$$

ここで AH の pK_a は pK_{AH} であり BH の pK_a は pK_{BH} である．平衡定数は次の式により算出される．

$$\log K_{eq} = pK_{BH} - pK_{AH} \quad (3\cdot26a)$$

すなわち

$$K_{eq} = 10^{(pK_{BH} - pK_{AH})} \quad (3\cdot26b)$$

この手順を例題 3・6 で式(3・24)の反応を使って例示し，章末の問題 3・56 でもさらに取上げる．

例題 3・6

水酸化物イオンと HCN との反応の平衡定数を算出せよ（式 3・24 を参照）．

解　法　最初に，反応式の両辺で，酸を特定する．プロトンを失ってシアン化物イオン ^-CN を生成するので，左辺の酸は HCN であり，プロトンを失って水酸化物イオン ^-OH を生成するので，右辺の酸は H_2O である．計算をする前に平衡が左または右のどちらに偏るかを考えること．強い酸と強い塩基は，常に式の一方の辺にあり，より弱い酸と弱い塩基が他の辺にあることを覚えておくこと．平衡は常に弱酸と弱塩基の側に偏る．つまり式(3・24)の右辺が有利であり，したがって左から右の方向の平衡定数が >1 であることを意味している．これで自分の計算が妥当であるかどうか迅速に確認できる．次に式(3・26a)を使う．式(3・24)の左辺の酸 HCN の pK_a を右辺の H_2O の pK_a から引くことにより，必要な平衡定数 K_{eq} の対数が与えられる（関連する pK_a は表 3・1 参照）．

$$\log K_{eq} = 15.7 - 9.4 = 6.3$$

この反応の平衡定数はこの数の逆対数である．

$$K_{eq} = 10^{6.3} = 2 \times 10^6$$

この大きい数値は式(3・24)の平衡が右に大きく偏っていることを意味している．すなわち水酸化ナトリウムの溶液中に NaOH と同じ物質量の HCN を溶解すると，^-OH または HCN のいずれかよりもはるかに多くの ^-CN が含まれる溶液となる．個々の化学種がどれくらいの量存在するかは平衡定数を用いた詳細な計算によって決定することができるが，今回のような場合には計算は不要である．平衡定数がとても大きいのでたとえ水が溶媒として大過剰にあるとしても反応は大きく右に偏る．これはまた水に NaCN を溶解する場合，ごくわずかの ^-CN が H_2O と反応して ^-OH および HCN を与えることを意味する．通常，$K_{eq} \geq 10^2$ である場合，反応は"完全に右に"偏っているといい，$K_{eq} \leq 10^{-2}$ である場合，反応は"完全に左に"偏っているという．

問　題

3・18 表 3・1 の pK_a の値を使って，以下の反応の平衡定数を計算せよ．
(a) 酸 HCN に対して塩基として作用する NH_3
(b) 酸 HCN に対して塩基として作用する F^-

両性化合物（§3・4B）に出くわすと，ときどき酸性度および塩基性度を混同する学生がいる．水はこの種の問題の代表例である．上記の定義によると水の酸性度（または共役塩基である水酸化物イオンの塩基性度）が，H_2O 自身の pK_a により示されるのに対して水の塩基性度はその共役酸，H_3O^+ の pK_a により示される．これらの二つの量は，水のまったく異なる反応に対応している．

塩基として作用する水：
$$H_2O + AH \rightleftharpoons H_3O^+ + A^- \qquad (3·27a)$$
$$pK_a = -1.7$$

酸として作用する水：
$$B:^- + H_2O \rightleftharpoons BH + {}^-OH \qquad (3·27b)$$
$$pK_a = 15.7$$

問 題

3・19 以下の反応の平衡式を書け．表3・1を用いて，それぞれの平衡にある酸性種に関連した pK_a を求めよ．
 (a) 酸としての水に対して塩基として作用するアンモニア
 (b) 塩基としての水に対して酸として作用するアンモニア
これらの反応のうちのどれがより大きい K_{eq} をもち，アンモニアの水溶液中でより重要であるか．

F．共役酸-塩基対の解離状態

酸または塩基が水溶液中に存在する場合，その**解離状態**（dissociation state）は，つまりそれが共役酸状態であるか共役塩基状態であるか，あるいは両者の混合物であるかは，溶液の pH で決まる．次に述べる理由のために酸-塩基対の解離状態を知ることは重要である．最も一般的な理由は，酸-塩基対の化学反応性は解離状態に依存しているということである．たとえば，生物学および医学における多くの状況は解離状態で決まる．酵素など多くの生体分子は酸性基や塩基性基を含んでおり，これらの生体分子の化学的性質を理解するには，これらの基の解離状態を理解する必要がある．多くの薬物の生物学的活性は細胞内へのそれらの取込みを含め，その解離状態に依存する．この節では，酸-塩基対の解離状態を判断する方法を示す．

具体的な例として，カルボン酸の解離平衡を考えてみよう．

$$R-\overset{O}{\underset{}{C}}-OH + H_2O \rightleftharpoons R-\overset{O}{\underset{}{C}}-O^- + H_3O^+ \qquad (3·28)$$
$$\quad AH \qquad\qquad\qquad A$$

この平衡状態において共役酸を AH，その共役塩基を A とし，便宜上 A の電荷を省く．

Le Châtelier の原理を適用すると，非常に大きな H_3O^+ 濃度すなわち低 pH 条件下で，平衡は共役酸状態つまり AH に偏ると考えられる．同様に，もし H_3O^+ が非常に低濃度（すなわち高 pH）ならば，平衡は共役塩基状態，すなわち A に偏るだろう．どちらか一方の状態に偏らせるには厳密にどんな pH が必要で，それによってどのくらい偏るのだろうか．その答は反応の平衡定数，この場合酸解離定数 K_a で決まる（§3・4C，式3・19を参照）．

$$K_a = \frac{[H_3O^+][A]}{[AH]} \qquad (3·29a)$$

$[H_3O^+]$ および K_a は通常，対数値の pH と pK_a で与えられるので，この式を対数で表すと都合がよい．この式の両側の対数をとると，

$$\log K_a = \log[H_3O^+] - \log\frac{[A]}{[AH]} \qquad (3·29b)$$

式(3·20a)および式(3·20b)を用いると次のようになる.

$$-pK_a = -pH + \log \frac{[A]}{[AH]} \tag{3·29c}$$

これを書換えると,

$$pH = pK_a + \log \frac{[A]}{[AH]} \tag{3·29d}$$

式(3·29d)は, **Henderson-Hasselbalch 式**(ヘンダーソン ハッセルバルヒ)(Henderson-Hasselbalch equation)として知られており, それはまさに解離定数の式の対数形である(式3·29a).

　ここで非常に重要なポイントは, 解離定数 K_a はその酸に固有のものであるということである. これを変えることはできない. しかし, pH は溶液の特性であり, 実験的に変えることができる. 実験的にいったん pH を固定すると, 式(3·29d)によると[A]/[AH]比は固定される. あるいは逆にいえば実験的に[A]/[AH]比を決めれば, それから pH を決めることができる. したがって, 酸-塩基対の解離状態は溶液の pH (変更することができる)と酸の pK_a (変更することはできない)で決まる.

　Henderson-Hasselbalch 式を次式のように書換えると,

$$pH - pK_a = \log \frac{[A]}{[AH]} \tag{3·29e}$$

酸の解離状態すなわち[A]/[HA]比は, 溶液の pH と酸の pK_a の差で決まることがわかる.

　ある酸 AH を水に溶解し, [A]/[AH]の比を特定の値に固定したいとする. この比を固定するには, 二つの方法がある. 一つの方法は, $^-$OH を加えて(たとえば, NaOH や KOH を添加することによって) pH を調整すること, あるいは, 同じことであるが, 溶液中の共役塩基 A を溶解した場合 H_3O^+ を加えて(たとえば, HCl を加えることによって)pH を調整することである. [A]/[AH]比を固定する 2 番目の方法は特に生物学でよく用いられる. 酸 AH またはその共役塩基 A(または両方)を一定の pH をもつ大過剰の緩衝液に溶かす. "大過剰"の緩衝液が必要であるのは, pH を変化させるような AH または A と緩衝液との酸-塩基反応が無視できるようにするためである. ヒトの細胞中では, 炭酸塩/炭酸水素塩/CO_2 緩衝液系で, pH = 7.4 ("生理的 pH")に保たれており, 大部分の酸-塩基対は, 緩衝液より非常に薄い濃度で存在している. したがって細胞中の希釈溶液中に存在する酸-塩基対の解離状態は, pK_a と緩衝液の pH との関係で決まる.

　一定の pK_a をもつ酸があるとき, その解離状態はどのように pH に依存しているだろうか. 答は式(3·29a)または式(3·29d)にあるが, これらの式を少し変形すると, この問題を非常に簡便に扱うことができる. 酸のすべての形の合計濃度は, [AH]+[A]で与えられる. 解離した割合 f_A は, 全体に対する解離した形 A の割合である.

$$f_A = \frac{[A]}{[A] + [AH]} \tag{3·30a}$$

ここで式(3·29a)を変形して$[A] = K_a[AH]/[H_3O^+]$として, これを式(3·30a)に代入して, 共通因子[AH]を消去する.

$$f_A = \frac{K_a[AH]/[H_3O^+]}{(K_a[AH]/[H_3O^+]) + [AH]} = \frac{K_a}{K_a + [H_3O^+]} \tag{3·30b}$$

pH と pK_a の定義と $x = 10^{\log x}$ という対数の性質を用いると, 式(3·30b)は次のように書換えることができる.

$$f_A = \frac{10^{-pK_a}}{10^{-pK_a} + 10^{-pH}} \tag{3·30c}$$

まったく同じようなやり方で，解離していない酸の割合 f_{AH} は式(3·30d)のようになる．

$$f_{AH} = \frac{[AH]}{[A] + [AH]} = \frac{[AH]}{(K_a[AH]/[H_3O^+]) + [AH]} = \frac{[H_3O^+]}{K_a + [H_3O^+]} = \frac{10^{-pH}}{10^{-pK_a} + 10^{-pH}} \quad (3·30d)$$

式(3·30b)の関数が $[H_3O^+] \gg K_a$ (つまり，非常に低い pH)のときの $f_A = 0$ から，$[H_3O^+] \ll K_a$ (非常に高い pH)のときの $f_A = 1$ へと変化することを確かめよ．逆に f_{AH} (式 3·30d)はこの両極端で 1 から 0 へ変化する．定義からそうでなければならないのだが，$f_{AH} + f_A$ の和が 1 に等しいということも確認せよ．

今まで見てきたように，そして式(3·29e)が示すように，酸-塩基対の解離状態は共役酸の pH と pK_a との差の関数である．$pH - pK_a = \Delta$ とすると f_A と f_{AH} は Δ だけの関数として表される(問題 3·20)．

$$f_A = \frac{1}{1 + 10^{-\Delta}} \quad (3·31a)$$

$$f_{AH} = \frac{1}{1 + 10^{\Delta}} \quad (3·31b)$$

これら二つの関数をプロットすると，図 3·1 に示す S 字曲線となる．これらのグラフについて，いくつか注意すべき点がある．

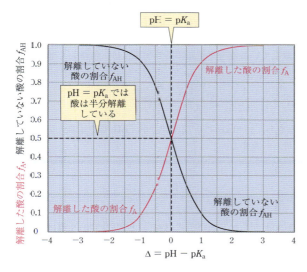

図 3·1 溶液の pH と酸の pK_a の差の関数としての酸 AH の解離形(赤曲線)と非解離形(黒曲線)の割合．曲線の左の半分では，pH は pK_a より小さい，右の半分では，pH は pK_a より大きい．pH および pK_a が等しいとき，酸が半分解離していることに注意しよう．

1. $pH = pK_a$ では，$f_A = f_{AH} = 0.5$ である．すなわち，pK_a は酸-塩基対が半分解離している pH に等しい．これが何を意味するかをしっかり理解しよう．酸が"半分解離する"ということは，プロトンが所定の分子から半分除去されることを意味するものではない．これは，A および AH 分子の集団で，その濃度が等しいことを意味する．つまり，分子の半分が A 形であり，半分が AH 形である．同様に，平衡は動的である．すなわち，プロトンはこれらの分子中ですばやく交換しているが，[A]/[AH]比は 1.0 に維持されている．

2. pK_a よりかなり小さい pH では，すなわち $pH \ll pK_a$ のとき，酸はほとんど解離していない．pH が pK_a より 1 単位低い場合，酸の約 10% が解離している．pH が pK_a よりも 2 単位低い場合，約 1% の酸が解離している．

3. pK_a よりかなり大きな pH では，すなわち $pH \gg pK_a$ のとき，大半の酸は解離している．pH が pK_a より 1 単位高い場合，酸は約 90% が解離している．pH が pK_a より 2 単位高い場合，約 99% が解離していることになる．

注意点2と3について，いかなる pH でも 0%の酸が解離している状態にはならないが，pH が低下するにつれて解離が 0%に漸近的に近づいていることがわかる．同様に，酸はどのような pH でも 100% 解離とはならないが，pH が上がると 100% 解離に漸近的に近づく．実際的には，通常 pH がその pK_a の2単位以上小さいとき酸は"まったく解離していない"，pH がその pK_a より2単位以上大きいときを"完全に解離した"という．

例題 3・7

ヒスチジン残基(B，特定の酵素の構造の中の官能基の一つ)は，$pK_a = 7.8$ の共役酸をもつ．生理的 pH (pH = 7.4)で存在するそれぞれの形(BH および B)の割合はいくらか．

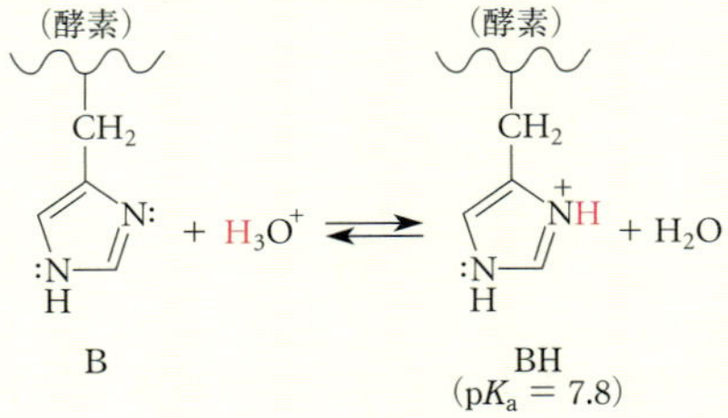

解法 計算をする前に，何を見つけるべきなのか考えよう．生理的 pH (pH = 7.4)が pK_a を下回っている(pH $-pK_a < 0$)ので，ヒスチジン残基は半解離より少なくなければならない([BH] > [B])．そして，pH $-pK_a = \Delta = -0.4$ のとき(図 3・1 で曲線の左側)の曲線を見ると，解離の割合が 0.2 と 0.3 の間でなければならないことを示している．解離している割合を正確に計算するには，解離した形を B として式(3・31a)を使用する．

$$f_B = \frac{1}{1 + 10^{-(-0.4)}} = \frac{1}{1 + 10^{0.4}} = \frac{1}{1 + 2.51} = \frac{1}{3.51} = 0.28$$

これは，酵素分子の 28%が B 形のヒスチジンをもち，1 − 0.28 = 0.72(72%)が，BH 形のヒスチジンをもつことを示している．この計算は，事前の分析と一致する．

問題

3・20 pH $-pK_a = \Delta$ とする．式(3・30c)と式(3・30d)からはじめて，式(3・31a)と式(3・31b)を導け．

3・21 イブプロフェンは，抗炎症薬として処方箋なしで買える医薬品である．

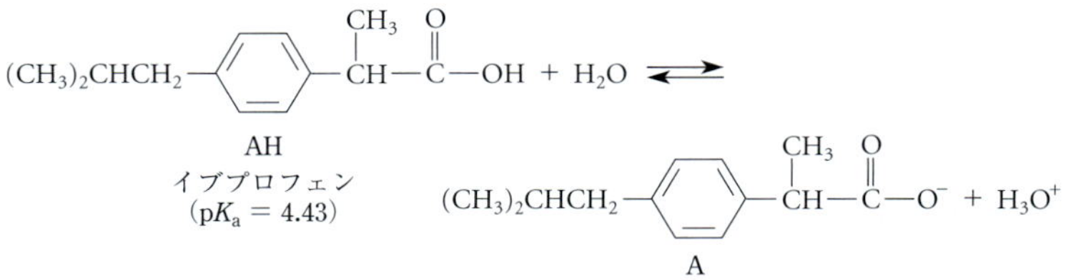

(a) pH = 5.0 で過剰量の緩衝溶液を含んでいるイブプロフェンの水溶液の濃度が 10^{-4} M のとき，イブプロフェンとその共役塩基の濃度をそれぞれ求めよ．
(b) イブプロフェンは，経口的に投与される．イブプロフェンは，胃酸でどのように解離するか(胃酸の pH を 2.0 であるとせよ)．
(c) 血中(pH = 7.4)のイブプロフェンの解離状態を示せ．

3・22 酢酸 CH_3CO_2H は，$pK_a = 4.76$ のカルボン酸である．酢酸の 0.1M 水溶液において，解離した酢酸の割合 f_A を求めよ．

3・23 タバコに含まれる習慣性化合物であるニコチンは，2回プロトン化することができる．

$$B \underset{H_2O}{\overset{H_3O^+}{\rightleftarrows}} BH \underset{H_2O}{\overset{H_3O^+}{\rightleftarrows}} BH_2$$

B ニコチン　　BH $pK_a = 8.02$　　BH_2 $pK_a = 3.13$

(a) 本節で得られた情報と上に示した pK_a を使い，計算をせずに1から10までのpH範囲で f_B, f_{BH}, f_{BH_2} のプロットを同じグラフ中に図示せよ．
(b) どのような pH のとき f_{BH} が最大になるか説明せよ．
(c) 少量のニコチンが血液に溶けている場合，ニコチンのどの形が最も多く存在するか．

3・5　自由エネルギーと化学平衡

前節で学んだように，反応の平衡定数からどの化学種が平衡で最も多く存在するかがわかる．この節では反応系の平衡定数と反応物および生成物の相対的な安定性の関係を調べる．

比較的弱い酸の例として，フッ化水素酸の解離平衡からはじめよう．

$$H-F + H_2O \rightleftarrows F^- + H_3O^+ \tag{3・32}$$

表3・1から，HFの pK_a は3.2である．したがってHFの解離定数 K_a は $10^{-3.2}$ すなわち 6.3×10^{-4} となる．この小さな平衡定数の値は，HFが水溶液で少しだけ解離していることを意味する．たとえば0.1 MのHF水溶液中で，平衡定数式を用いて計算すると，約7%がフッ化物イオンと水和プロトンに解離することがわかる．

解離定数は，以下のように生成物と反応物との間の標準自由エネルギーの差に関連している．K_a を式(3・19)で定義した解離定数とすると，**標準解離自由エネルギー**(standard free energy of dissociation)は以下のように定義される．

$$\Delta G_a^\circ = -RT \ln K_a = -2.3 RT \log K_a \tag{3・33}$$

ここでは ln は自然対数(底は e)，log は常用対数(底は 10)を示し，R はモル気体定数(8.314×10^{-3} kJ K^{-1} mol^{-1})で，T はケルビン(K)単位の温度である．$-\log K_a$ は定義により pK_a (式 3・20a)であるので，式(3・33)を次のように書き直すことができる．

$$\Delta G_a^\circ = 2.3 RT \,(pK_a) \tag{3・34}$$

HFのイオン化について，式(3・34)の標準解離自由エネルギー ΔG_a° は，イオン化生成物(H_3O^+ と F^-)およびイオン化していない酸(HF)の標準自由エネルギーの差に等しい．溶媒であり参照塩基である水の標準自由エネルギーは，すべての酸に対して共通であるため，任意に0とする(すなわち，無視される)．

HFの $pK_a (= 3.2)$ を式(3・34)に導入すると，25 °C (298 K)のとき，次のようになる．

$$\Delta G_a^\circ = 18.2 \text{ kJ mol}^{-1}$$

この標準自由エネルギー変化の意味は，解離平衡の生成物(H_3O^+ と F^-)が解離してない酸 HF より 18.2 kJ mol^{-1} だけ大きな自由エネルギーをもつことを示す．つまり，生成物は，標準状態(通常，気体の場合 1 atm，液体や溶液の場合 1 mol L^{-1})で 18.2 kJ mol^{-1} だけ不安定である．物理的に，これは，

HFのイオン化反応に，電池のような自由エネルギー源をつなぐことができたならば，$1\,\text{mol L}^{-1}$のHFを$1\,\text{mol L}^{-1}$の水和プロトンと$1\,\text{mol L}^{-1}$のフッ化物イオンに変換するために$18.2\,\text{kJ}$のエネルギーをこの電池が提供しなければならないということを意味する．あるいは，考え方を変えると，$1\,\text{mol L}^{-1}$の水和プロトンと$1\,\text{mol L}^{-1}$のフッ化物イオンを含んでいる水溶液をつくり，これらを$1\,\text{mol L}^{-1}$のHFと水に完全に変換すると，この溶液は$18.2\,\text{kJ mol}^{-1}$の自由エネルギーを放出することとなる．

では，この結果を出発物をS，生成物をPとする反応に一般化してみよう．次のようにPとSの間の相互変換の平衡定数K_{eq}は，標準自由エネルギー差$(G_{\text{P}}^\circ - G_{\text{S}}^\circ)$と関連づけられる．

$$\Delta G^\circ = G_{\text{P}}^\circ - G_{\text{S}}^\circ = -2.3RT\log K_{\text{eq}} \tag{3.35}$$

書換えると，

$$\log K_{\text{eq}} = \frac{-\Delta G^\circ}{2.3RT} \tag{3.36a}$$

すなわち

$$K_{\text{eq}} = 10^{-\Delta G^\circ/2.3RT} \tag{3.36b}$$

K_{eq}がΔG°へ指数関数的に依存することに注意しよう．これは，ΔG°の小さな変化がK_{eq}の大きな変化を生じることを意味している．表3・2は，この関係を数値で示している．この表は$5.7\,\text{kJ mol}^{-1}$の変化が平衡定数K_{eq}を1桁変えることを示す．この自由エネルギー変化は，平衡時の生成物と出発物の比に同じ効果をもつ．

表 3・2 25 °C (298 K) での標準自由エネルギー変化[†]，平衡定数，相対平衡濃度との関係

$\Delta G^\circ\,(\text{kJ mol}^{-1})$	K_{eq}	[生成物]：[出発物]	$\Delta G^\circ\,(\text{kJ mol}^{-1})$	K_{eq}	[生成物]：[出発物]
+34.2	0.000001	1：1000000	−5.71	10	10：1
+28.5	0.00001	1：100000	−11.4	100	100：1
+22.8	0.0001	1：10000	−17.1	1000	1000：1
+17.1	0.001	1：1000	−22.8	10000	10000：1
+11.4	0.01	1：100	−28.5	100000	100000：1
+5.71	0.1	1：10	−34.2	1000000	1000000：1
0	1	1：1			

[†] $\Delta G^\circ = -2.3RT\log K_{\text{eq}}$ すなわち，$K_{\text{eq}} = 10^{-\Delta G^\circ/2.3RT}$

平衡定数と標準自由エネルギーの間の変換を行うとき，$2.3\,RT$という数量が頻繁にでてくる．25 °C (298 K) では，$2.303\,RT$は$5.71\,\text{kJ mol}^{-1}$に等しい．これは覚えておくとよい．

ΔG°が負であると仮定する．これは，SがPより大きい標準自由エネルギーをもつこと，すなわち生成物Pが出発物Sよりもより安定であることを意味する．SとPが平衡になったとき，Pはより多い量で存在する．これは式(3・36b)から導かれる．ΔG°が負の場合，指数は正であり$K_{\text{eq}} > 1$である．また，反対にΔG°が正であると，SはPより小さい標準自由エネルギーをもち，つまり生成物Pは出発物Sよりも不安定である．SとPが平衡になったとき，Sはより多く存在する．これもまた式(3・36b)から導かれる．ΔG°が正の場合，指数は負であり$K_{\text{eq}} < 1$である．これは，前述したH−Fのイオン化のときの状態である．HFのイオン化生成物(H_3O^+とF^-)は，HFほど安定ではない．したがって，それらの生成の平衡定数K_{a}は非常に小さい($10^{-3.2}$)．

この節の重要なポイントをまとめる．

1. 化学平衡は標準自由エネルギーの低い化学種に偏る．
2. 二つの化合物の標準自由エネルギー差が大きくなるほど，平衡におけるそれらの濃度の差は大きい．ΔG°が$5.71\,\text{kJ mol}^{-1}$増加すると平衡濃度比は10倍になる．

る．周期表の同一周期内の酸性度の増加は，おもに酸性の水素が結合している元素の電子親和力によって支配されている．

元素効果について学んだことを要約すると，

1. Brønsted 酸 H–A の酸性度は，周期表の同族内の原子 A の原子番号の増加に伴って（上から下へ）増大する．この酸性度の増大のおもな原因は H–A 結合の強さが減少することである．
2. Brønsted 酸 H–A の酸性度は，周期表の同一周期内の原子 A の原子番号の増大とともに（左から右へ）増大する．この増大のおもな原因は，原子 A の電子求引性の増大である．

B. 電荷効果

酸性度へ影響するもう一つの重要な因子は，酸性水素が結合している原子の電荷の効果である．たとえば，H_3O^+ の pK_a は -1.7 で，H_2O の pK_a は 15.7 である．この違いに関与する主要な要因は，正に荷電した酸素は中性酸素よりもはるかに強く電子をひきつけることによる．いずれの場合でも酸性水素との結合は O–H 結合であるから，結合強度は重要な要因ではない．このような電荷効果はきわめて一般的である．

問 題

3・27 (a), (b) 中の二つの化合物のうち，どちらがより大きい Brønsted 酸性度（小さい pK_a）をもつか．
(a) :NH$_3$ と $^+$NH$_4$　　(b) CH$_3$S̈H と CH$_3$S̈H$_2^+$

3・28 (a) Brønsted 酸性度が増大する順に次の四つの酸を並べよ．

$$\underset{A}{CH_3\overset{+}{S}H_2} \quad \underset{B}{H_2\overset{+}{F}:} \quad \underset{C}{CH_3\overset{..}{O}H} \quad \underset{D}{CH_3\overset{+}{\overset{|}{O}}CH_3}$$
$$\qquad\qquad\qquad\qquad\qquad\qquad\qquad H$$

(b) 塩基性が増大する順に，次の化合物を並べよ（ヒント：共役酸の酸性度を考え，酸の酸性度とその共役塩基の塩基性度との関係について考えよ）．

$$\underset{A}{CH_3\overset{..}{\underset{..}{O}}{:}^-} \quad \underset{B}{CH_3\overset{..}{O}H} \quad \underset{C}{:\overset{..}{N}H_2{}^-}$$

C. 極性効果

前の二つの項では，酸性水素が直接結合している原子の変化の酸性度への影響について述べた．この項では，酸性分子中の離れた位置での置換から生じる酸性度への影響を考える．カルボン酸を具体例として考える．カルボン酸は弱い酸に分類されるが，ほとんどの他の種類の有機化合物よりは酸性が強い．典型的なカルボン酸は水溶液中である程度解離して，その共役塩基であるカルボン酸イオンを生成する．

$$R-\underset{\substack{\|\\:O:}}{C}-\overset{..}{\underset{..}{O}}H + H_2\overset{..}{\underset{..}{O}} \rightleftharpoons \left[R-\underset{\substack{\|\\:O:}}{C}-\overset{..}{\underset{..}{O}}{:}^- \longleftrightarrow R-\underset{\substack{\|\\:\overset{..}{\underset{..}{O}}{:}^-}}{C}=\overset{..}{\underset{..}{O}}{:} \right] + H_3\overset{+}{\underset{..}{O}}{:} \qquad (3\cdot39)$$

（カルボン酸の一般式）　　　　　　　（カルボン酸イオンの一般式）

式 (3・39) に示すように，カルボン酸イオンは共鳴安定化している．便宜上，カルボン酸イオンについて，破線と部分電荷で二重結合性と負電荷の非局在を示す次のような共鳴混成構造式を用いることが多い．

$$R-C\overset{O^{\delta-}}{\underset{O^{\delta-}}{\cdots}}$$ カルボン酸イオンの共鳴混成構造式

酢酸およびその置換誘導体のいくつかについて，以下のデータが示す酸性度の傾向を考えよう．

$$\underset{\substack{\text{酢 酸}\\ pK_a = 4.76}}{H_3C-\underset{\underset{O}{\|}}{C}-O-H} \quad \underset{\substack{\text{フルオロ酢酸}\\ pK_a = 2.66}}{FCH_2-\underset{\underset{O}{\|}}{C}-O-H} \quad \underset{\substack{\text{ジフルオロ酢酸}\\ pK_a = 1.24}}{F_2CH-\underset{\underset{O}{\|}}{C}-O-H} \quad \underset{\substack{\text{トリフルオロ酢酸}\\ pK_a = 0.23}}{F_3C-\underset{\underset{O}{\|}}{C}-O-H} \tag{3.40}$$

この一連の化合物の構造上の唯一の違いは，酸性水素から数原子(この場合三つ)離れた水素をフッ素で置換していることである．フッ素が多いほど，酸は強くなる．他の電気陰性な原子または原子団がカルボン酸分子に導入された場合，同様の結果が観察される．以下のデータは，同様の効果を示している．

$$\underset{\substack{\text{ブタン酸}\\ pK_a = 4.82}}{CH_3CH_2CH_2-\underset{\underset{O}{\|}}{C}-O-H} \quad \underset{\substack{\text{4-クロロブタン酸}\\ pK_a = 4.52}}{\overset{Cl}{\underset{|}{CH_2}}CH_2CH_2-\underset{\underset{O}{\|}}{C}-O-H}$$

$$\underset{\substack{\text{3-クロロブタン酸}\\ pK_a = 4.06}}{CH_3\overset{Cl}{\underset{|}{CH}}CH_2-\underset{\underset{O}{\|}}{C}-O-H} \quad \underset{\substack{\text{2-クロロブタン酸}\\ pK_a = 2.84}}{CH_3CH_2\overset{Cl}{\underset{|}{CH}}-\underset{\underset{O}{\|}}{C}-O-H} \tag{3.41}$$

これらのデータは，電気陰性置換基(この場合は塩素原子)が酸性水素に近い位置にあるほど，酸性度への影響が大きいことを示している．

これらの効果を理解するために，イオン化過程の標準自由エネルギーから始める．イオン化の標準自由エネルギー ΔG_a° は次の式によって酸の解離定数 K_a に関連していることを思い出そう(式3·34)．

$$\Delta G_a^\circ = 2.3RT(pK_a) \tag{3.42a}$$

この式を変形すると，

$$pK_a = \frac{\Delta G_a^\circ}{2.3RT} \tag{3.42b}$$

これらの式は，ΔG° と pK_a が正比例していることを示す．カルボン酸のイオン化の標準自由エネルギーがイオン化生成物(共役塩基および H_3O^+)の標準自由エネルギーとカルボン酸自体の標準自由エネ

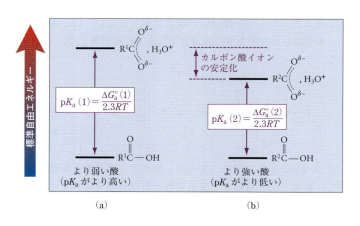

図 3·3 (a) 酸の pK_a は，酸とその共役塩基との間の標準自由エネルギーの差に比例する．(b) 共役塩基の標準自由エネルギーが低下すると酸の pK_a が減少し，その酸性度は増大する．共役塩基の相対的な自由エネルギーに注目するために，二つのイオン化していないカルボン酸を，同じ標準自由エネルギーに仮想的に配置している．

ルギーとの差に等しいことを覚えておこう．この考え方は図 3・3(a) に示されている．これを見て，その共役塩基の相対的安定性を増加させる（すなわち，相対的標準自由エネルギーを低下させる）と，カルボン酸の pK_a にどのような影響があるかを考えよう．それが図 3・3(b) に示されている．共役塩基の標準自由エネルギーを低下させることは $\Delta G°$ を減少させ，式(3・42b)によってさらに酸の pK_a を低下させる．つまり，共役塩基の標準自由エネルギーが低下すると共役酸は酸性になる．

　ハロゲンなど電気陰性置換基は，共役塩基であるカルボン酸イオンを安定化させることにより，カルボン酸の酸性度を高める．この安定化は，炭素‒ハロゲン結合の極性，すなわちその結合の双極子に由来する．この考えを可視化するために，フルオロ酢酸で，負に荷電したカルボン酸イオンの酸素とその近くの炭素‒ハロゲン結合の双極子との静電相互作用（電荷間の相互作用）を考えてみよう．

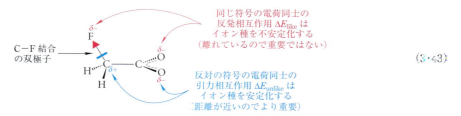
(3・43)

この相互作用は，次の式に従う．

$$\Delta E = k\frac{q_1 q_2}{\varepsilon r} \tag{3・44}$$

この式において，q_1 および q_2 は電荷，k と ε は定数であり，r は電荷間の距離である．ΔE は，これが電荷間の相互作用による分子の全エネルギーへのエネルギーの増分であることを表している．この式における q_1, q_2 の大きさには電荷の正負が含まれる．電荷が互いに反対の符号をもつ場合 $\Delta E < 0$ となる．すなわち電荷間の相互作用は，分子のエネルギーを低下させ，したがって分子を安定化させる．電荷が同符号をもつとき $\Delta E > 0$ となる．つまり，電荷間の相互作用は，分子のエネルギーを上昇させ，したがって，分子を不安定化させる．

　では，この共役塩基内の電荷間のさまざまな相互作用の構成を考えよう．C‒F 結合の部分的に正に荷電した炭素と負に荷電した酸素の相互作用は安定化に寄与する．この相互作用を ΔE_{unlike}（異符号の電荷間）とよぶこととする．しかし，部分的に負に荷電したフッ素と，酸素との相互作用は不安定化をもたらす．この不安定相互作用を ΔE_{like}（同符号の電荷間）とよぶ．しかし，これが重要なポイントなのだが，この酸素はフッ素よりも炭素に近い．したがって，式(3・44)で距離 r は，それが不安定化の場合より安定化の場合に小さくなる．r は式(3・44)の分母にあるので，次式が導かれる．

$$\Delta E_{unlike} + \Delta E_{like} < 0 \tag{3・45}$$

すなわち，相互作用の影響の合計では安定化することとなる．したがって，カルボン酸イオンの酸素と近くの C‒F 結合の双極子の相互作用の和は，引力的に作用し安定化に寄与する．図 3・3(b) ならわかるように，この安定化は酸の pK_a を低下させ，すなわち酸を強くする．カルボン酸自体には電荷がないため，フッ素置換基の影響はそれほど重要でなく無視することができる．

　電荷，双極子あるいは両方の間の相互作用によってひき起こされる化学的性質に対する効果は，**極性効果**(polar effect)あるいは**誘起効果**(inductive effect)とよばれる．この例に示したように，ハロゲン（または他の電気陰性置換基）は，カルボン酸の酸性度を高める極性効果をもっている．式(3・40)の一連の化合物が示すように，ハロゲンがより多く置換するほど，酸性度に対する影響はより大きくなる．実際，トリフルオロ酢酸は強酸である．

　ハロゲンおよび他の電気陰性基の極性効果を説明する別の方法は，結合している炭素から置換基の方に電子を引寄せており，つまり**電子求引性極性効果**(electron-withdrawing polar effect)を発揮すると考えることである．想像できるとおり，逆の極性効果を発揮する置換基（問題 3・51 参照）の場合は，**電子

供与性極性効果(electron-donating polar effect)とよばれ，そのような置換基は，近くのカルボン酸基のpK_aを上げ，すなわち酸性度を低下させる．

式(3·44)での相互作用エネルギーΔEと距離rとの間の反比例の関係は，電荷間の相互作用の大きさが相互作用基間の距離が増加するにつれ減少することを示している．したがって，極性効果は二つの相互作用基がより長い距離(より多くの結合)によって隔てられていると小さくなる．実際，式(3·41)の一連の化合物で，塩素がカルボン酸イオンの酸素から離れるに従ってpK_aへの塩素の効果が大幅に減少する．

この節では特に酸性度に対する極性効果を扱ったが，中心となる考えは共役酸または塩基の安定化がそのエネルギーを変えて，pK_aに影響を及ぼすということである．共役塩基の安定化は，上述の例で説明したようにそのエネルギーを下げ，結果として共役酸のpK_aを低下させる．しかし，共役酸が安定している状況を想定することも可能である．共役酸の安定化は，ΔG_a°を高め，酸性度を下げることになる(問題3·55はそのような例である)．このような考え方は極性効果に限らず，また酸-塩基平衡にも限定されない．出発物と生成物との間の自由エネルギー差を変化させるどんな構造変化も，反応の平衡定数に影響を与える．この考え方を繰返し使うことになるので，これらの手順に細心の注意を払うこと．

1. 平衡の構成成分のエネルギーに対する構造変化の影響を分析する．
2. 次に，図3·3のように，エネルギー変化を図示する．
3. 図から，平衡定数に対する影響は$\log K_{eq} = -\Delta G^\circ/2.3\,RT$に従う．

この節では，Brønsted 酸性度の化学的性質に焦点を当ててきた．構造が酸性度に与える影響で学んだことは，

1. 元素効果は，酸性水素が結合している原子の変化が酸性度に及ぼす効果である．元素効果は，酸性水素への結合エネルギー，および酸性水素が結合した元素の電子親和力にその起源をもっている．元素効果に基づいた酸性度の変化の傾向は，周期表中の元素の位置関係から予測することができる．
2. 電荷効果は，酸性水素に結合している原子上の正電荷を増加させることに起因する酸性度の増加である．元素効果と電荷効果は影響が大きい．
3. 極性効果は元素効果と電荷効果よりも一般的に小さいが，酸分子中の極性基が酸-塩基平衡における荷電種との相互作用によって酸性度へ影響を与える．

酸性度に著しく影響する他の二つの因子は，酸性プロトンをもつ原子の混成および共役酸か共役塩基のいずれかの共鳴安定化である．これらの影響を理解するにはさらにいくつかの知識が必要であり，14章と18章でこれらの効果にふれる．

例題 3·8

塩基性度が増加する順に次の化合物を並べよ．

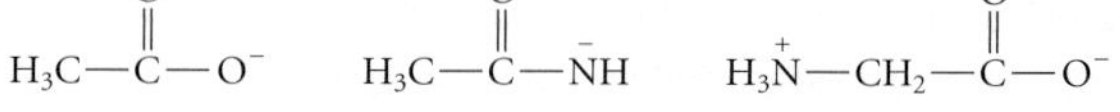

$$H_3C-\underset{\underset{A}{酢酸イオン}}{\overset{\overset{O}{\|}}{C}}-O^- \qquad H_3C-\underset{\underset{B}{アセトアミドアニオン}}{\overset{\overset{O}{\|}}{C}}-\overset{-}{N}H \qquad \overset{+}{H_3N}-CH_2-\underset{\underset{C}{グリシン(アミノ酸)}}{\overset{\overset{O}{\|}}{C}}-O^-$$

解 法 まず相対的な塩基性度のもつ問題点が相対的な酸性度のもつ問題点と等価であることを認識することである．共役酸の酸性度に順位をつけることができれば，問題を解決できる．対応する共役酸は，次の三つである．

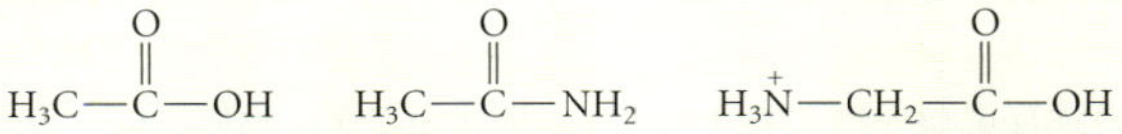

$$\underset{\underset{AH}{酢酸}}{H_3C-\overset{\overset{O}{\|}}{C}-OH} \qquad \underset{\underset{BH}{アセトアミド}}{H_3C-\overset{\overset{O}{\|}}{C}-NH_2} \qquad \underset{\underset{CH}{グリシンの共役酸}}{\overset{+}{H_3N}-CH_2-\overset{\overset{O}{\|}}{C}-OH}$$

AH と CH はいずれもカルボン酸であり，酸性水素は酸素と結合している．化合物 BH の酸性水素は窒素に結合している．BH と他の二つの化合物の酸性度の違いは，周期表の第二周期での元素効果であり，これが最も重要な効果である．この効果から，酸素が窒素より電子求引性であるので O−H 基が同等に置換された N−H 基より酸性であるはずだと予測される．したがって，AH と CH の酸性度はいずれも，BH の酸性度より大きい．AH と CH の酸性度の違いは，化合物 CH における $\overset{+}{H_3N}-$ の極性効果による．窒素上の完全な正電荷は負に荷電したカルボン酸イオンの酸素と引力的な相互作用をもつ．図 3・3 に示されるように，この相互作用は共役塩基を安定化し，CH の酸性度を強める．したがって，酸性度の最終的な順序は $CH > AH > BH$ となる．強い酸ほど弱い共役塩基をもつので，共役塩基の塩基性度の順序は $C < A < B$ となる．この予測は正しい．実際の pK_a は CH 2.17, AH 4.76, BH 約 16 である．

問題

3・29 次の (a)〜(c) の各組について pK_a が減少する順に化合物を並べ，その理由を説明せよ．

(a) $ClCH_2CH_2SH \qquad ClCH_2CH_2OH \qquad CH_3CH_2OH$

(b) $CH_3O-CH_2-\overset{\overset{O}{\|}}{C}-OH \qquad H_3C-\overset{\overset{O}{\|}}{C}-OH \qquad \underset{\underset{OCH_3\ OCH_3}{|\quad\ |}}{CH_2-CH}-\overset{\overset{O}{\|}}{C}-OH$

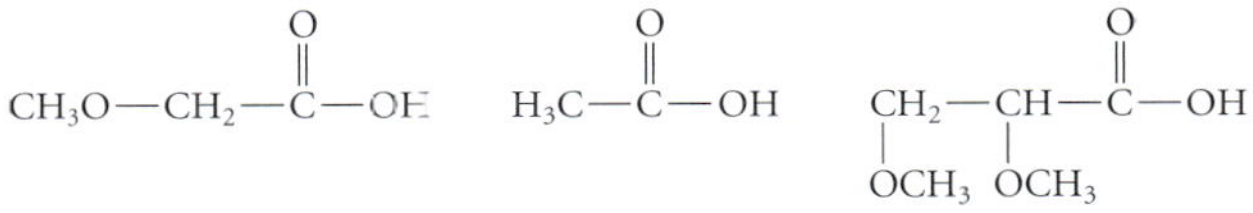

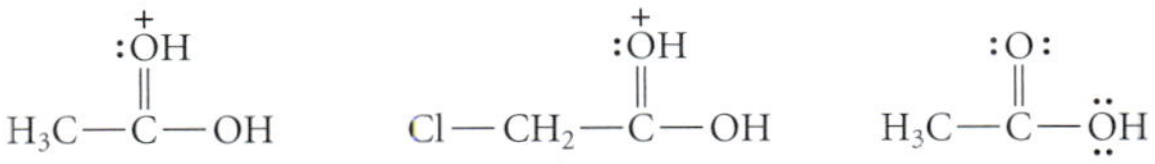

(c) $\underset{A}{H_3C-\overset{\overset{+\!\!:OH}{\|}}{C}-OH} \qquad \underset{B}{Cl-CH_2-\overset{\overset{+\!\!:OH}{\|}}{C}-OH} \qquad \underset{C}{H_3C-\overset{\overset{:O:}{\|}}{C}-\ddot{\underset{..}{O}}H}$

3・30 以下の化合物の標準解離自由エネルギーを計算せよ．
(a) フルオロ酢酸 (pK_a = 2.66)
(b) 酢酸 (pK_a = 4.76)

3・31 なぜフルオロ酢酸より酢酸をイオン化するためにより多くのエネルギーが必要とされるのか説明し，前の問題の解答を説明せよ (構造式は式 3・40 参照)．

3章のまとめ

- 電子対を含む反応は基本的に二つにわけられる．
  1. Lewis 酸–塩基会合反応：求核剤は電子不足の求電子剤に電子対を供与する．Lewis 酸–塩基会合反応の逆反応は Lewis 酸–塩基解離反応で，脱離基は電子対を伴って求電子剤から離れる．
  2. 電子対置換反応：求核剤は電子不足でない求電子剤に電子対を供与する．この場合，求電子中心と脱離基の間の結合は，脱離基の非共有電子対となり，求電子性原子は脱離基の原子から求核性の中心に移される．電子対置換反応の逆反応は，正反応における求核剤と脱離基の役割が逆になるもう一つの電子対置換反応である．

  すべての電子対反応は，これらの二つの反応形式の一つまたはそれらの組合わせとして分類することができる．

- 巻矢印表記法は，化学反応における電子対の流れを示すための重要な記述法である．この表記法では，曲がった

- 巻矢印の出発点は電子の源を示し，先端は電子の行く先を示している．
- Lewis 酸-塩基会合反応またはその逆反応は一つの巻矢印が必要であり，電子対置換反応には二つの巻矢印が必要である．
- 巻矢印表記法を用いて，一つまたはそれ以上の電子対の移動によって関連づけられる共鳴構造式を描きだすことができる．
- Brønsted 酸-塩基反応は，求電子中心がプロトンである電子対置換反応の特別な場合である．ちょうど一般的な電子対置換反応で求電子中心が移動するのと同様に，この反応ではプロトンが移動する．電子供与体は Brønsted 塩基とよばれ，求電子性プロトンを与える化学種は，Brønsted 酸とよばれる．
- Brønsted 酸がプロトンを失うとその共役塩基が生成し，Brønsted 塩基がプロトンを得ると，その共役酸が生成する．
- Brønsted 酸の強さは，その解離定数 K_a によって表される．種々の酸の解離定数は数桁も異なりうるので対数の pK_a 目盛が使われ，$pK_a = -\log K_a$ である．Brønsted 塩基の強度はその共役酸の K_a（または pK_a）から推測される．
- 反応の平衡定数 K_{eq} は，生成物と出発物との間の標準自由エネルギー差 $\Delta G°$ に関係し，$\Delta G° = -2.3\,RT \log K_{eq}$ である．$\Delta G°$ が正の反応では $K_{eq} < 1$ であり，平衡状態で出発物が優勢である．$\Delta G°$ が負の反応では $K_{eq} > 1$ で平衡状態で生成物側に偏る．
- 任意の Brønsted 酸-塩基反応の平衡定数の対数は，右辺の酸の pK_a から左辺の酸の pK_a を引くことにより算出できる．Brønsted 酸-塩基平衡は常に弱い酸，弱い塩基に偏る．
- 解離定数 K_a の酸の解離状態は $pH - pK_a$ によって決まる．$pH \ll pK_a$ のとき，酸は解離していない．$pH \gg pK_a$ のとき，酸は完全に解離し，$pH = pK_a$ のときは酸性分子の半分が解離しており，酸とその共役塩基の濃度は等しい．解離状態は解離した割合 f_A または解離していない割合 f_{AH} によって定量的に記述される（式 3・30c,d と式 3・31a,b）．
- 酸性度，塩基性度および他の化学的性質は構造に応じて変化する．Brønsted 酸性度に対する三つの構造的効果は，元素効果，電荷効果，そして極性効果である．
- 酸の pK_a は，イオン化の標準自由エネルギー $\Delta G_a°$ に比例している．酸性度への構造の効果を分析するには，平衡中の電荷をもった化学種のエネルギーに対する構造の影響を評価し，次に，そのエネルギー変化がどのように pK_a に影響するかを考えればよい．

追加問題

3・32 電子不足化合物は次のうちどれか．その理由を説明せよ．

(a) $(CH_3)_3C^+$

(b) $(CH_3)_3N:$

(c) $(CH_3)_4N^+$

(d) $(CH_3)_3B$

(e) $H_3C-\ddot{N}:$

3・33 以下のそれぞれの反応について，巻矢印表記法を用いて，生成物を予測せよ．いずれも電子不足の Lewis 酸と Lewis 塩基を含んでいる．

(a) $H_3C-\ddot{O}-CH_3 + BF_3 \longrightarrow$

(b) $(CH_3)_3C^+ + :\ddot{Cl}:^- \longrightarrow$

(c) $H\ddot{O}-CH_2-CH_2-CH_2-\overset{+}{C}H-CH_3 \longrightarrow$
（ヒント：この反応は環を生成する）

(d) $(CH_3)_3B + :C\equiv\overset{+}{O}: \longrightarrow$

(e) $:CH_2 + CH_3\ddot{N}H_2 \longrightarrow$

3・34 以下の Brønsted 酸-塩基反応について，共役酸-塩基の組を示せ．左から右への反応について巻矢印を描け．

(a) $H_3C-C(=O)-\ddot{O}-H + \,^-\!\ddot{O}H \longrightarrow H_3C-C(=O)-\ddot{O}:^- + H_2\ddot{O}$

(b) $H_3C-C(=O)-\ddot{O}-H + H_2\ddot{O} \longrightarrow H_3C-C(=O)-\ddot{O}:^- + H_3\ddot{O}^+$

(c) $(H_3C)_2C=CH_2 + H_3\ddot{O}^+ \longrightarrow (H_3C)_2\overset{+}{C}-CH_3 + H_2\ddot{O}:$

(d) 構造式 反応 (グルタル酸半エステルの分子内プロトン移動反応図)

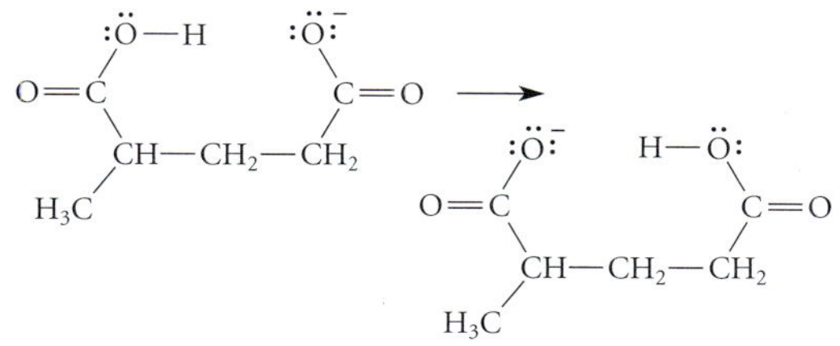

3·35 アルコールのアルケンへの変換は脱水とよばれ、以下のように三つの単純な酸-塩基反応が連続して起こる．

ステップ1

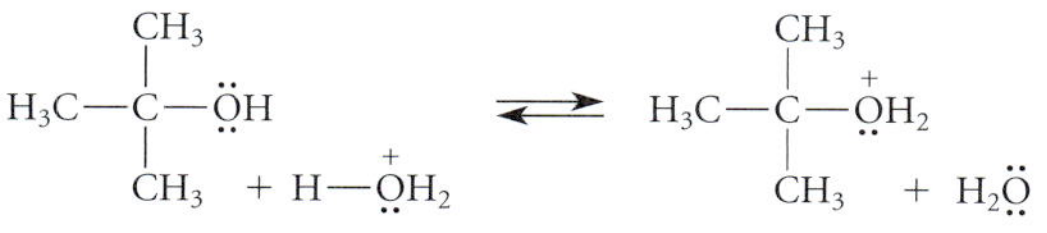

$$\text{H}_3\text{C}-\overset{\text{CH}_3}{\underset{\text{CH}_3}{\text{C}}}-\ddot{\text{O}}\text{H} + \text{H}-\overset{+}{\ddot{\text{O}}}\text{H}_2 \rightleftarrows \text{H}_3\text{C}-\overset{\text{CH}_3}{\underset{\text{CH}_3}{\text{C}}}-\overset{+}{\ddot{\text{O}}}\text{H}_2 + \text{H}_2\ddot{\text{O}}$$
A B C D

ステップ2

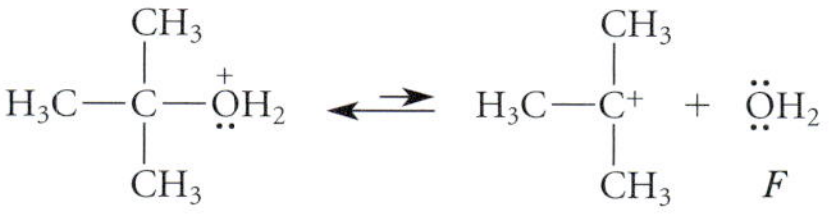

$$\text{H}_3\text{C}-\overset{\text{CH}_3}{\underset{\text{CH}_3}{\text{C}}}-\overset{+}{\ddot{\text{O}}}\text{H}_2 \rightleftarrows \text{H}_3\text{C}-\overset{\text{CH}_3}{\underset{\text{CH}_3}{\text{C}}}^+ + \ddot{\text{O}}\text{H}_2$$
C E F

ステップ3

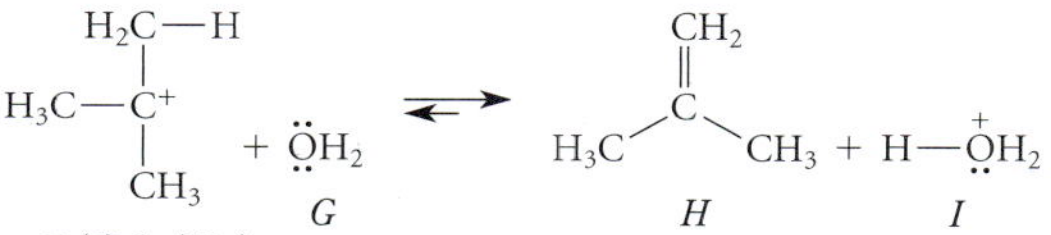

$$\text{H}_3\text{C}-\overset{\text{H}_2\text{C}-\text{H}}{\underset{\text{CH}_3}{\text{C}^+}} + \ddot{\text{O}}\text{H}_2 \rightleftarrows \text{H}_3\text{C}\overset{\text{CH}_2}{\underset{}{\text{C}}}\text{CH}_3 + \text{H}-\overset{+}{\ddot{\text{O}}}\text{H}_2$$
E(書き直し) G H I

(a) 次の用語の一つを使って正方向の各反応段階を分類せよ．
 (1) Lewis 酸-塩基会合反応
 (2) Lewis 酸-塩基解離反応
 (3) 電子対置換反応
 (4) Brønsted 酸-塩基反応

(b) Brønsted 酸-塩基反応である場合、共役酸-塩基対を指摘せよ．

(c) 次の用語の一つを使ってそれぞれの化学種(あるいは化学種のうちの原子)を分類せよ．求核剤、求核中心、求電子剤、求電子中心、脱離基、Brønsted 酸、Brønsted 塩基．

(d) 左から右への方向の各反応を巻矢印で示せ．

3·36 問題 3·35 の逆反応について同じ問(a)~(d)に答えよ．

3·37 (a) 通常は酢酸を酸とみなすが、実は両性であり弱塩基として作用する可能性がある．酢酸の共役酸を以下に示す．巻矢印を使ってこのイオン種の共鳴構造式を描け．その構造式では二つの OH 基が等しく、二つの C−O 結合が等しく、そして正電荷が二つの酸素によって等しく分けられている．破線と部分電荷を使って一つの共鳴混成構造式を描け．

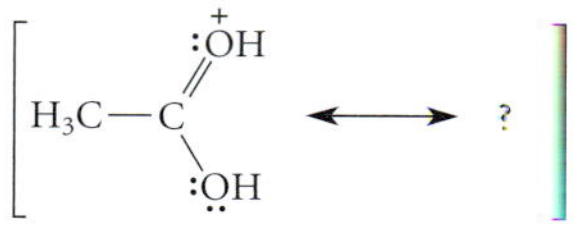

$$\left[\text{H}_3\text{C}-\overset{+\overset{\ddot{}}{\text{O}}\text{H}}{\underset{\ddot{\text{O}}\text{H}}{\text{C}}} \longleftrightarrow ? \right]$$
酢酸の共役酸

(b) 一酸化炭素の共鳴構造式は次のとおりである．巻矢印表記法を使用して、構造式が互いに変換できるか示せ．

$$[:\text{C}=\ddot{\text{O}}: \longleftrightarrow :\bar{\text{C}}\equiv\overset{+}{\text{O}}:]$$

3·38 米国カリフォルニアのある空軍研究所の科学者は、"非常にエネルギーを内在する材料(起爆性材料)"を研究してきた．2000 年に、彼と彼の冒険心にあふれた共同研究者達は N_5^+ カチオンの X 線結晶構造を決定した．このカチオンを含むほとんどの塩類はきわめて爆発性である．この化学種は、三つ以上の窒素が連なったものとして現代において単離された最初の例である．結晶構造からこのカチオンが下の図のような "V 形" をしていることが明らかになった．

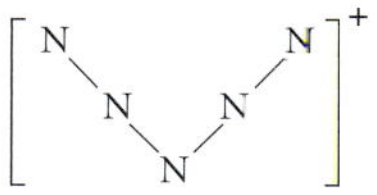

$$\left[\text{N}-\text{N}=\text{N}-\text{N}=\text{N} \right]^+$$

線が結合様式ではなく形だけを示していることに注意せよ．

(a) 分子の形および全体として正電荷をもつことを説明できる非共有電子対を含む Lewis 構造式を描き、分子が条件を満たしていることを説明せよ．構造式において 0 ではない形式電荷をもつすべての原子についてその形式電荷を示せ．

(b) 巻矢印を使って、上の条件を満たすさらに二つの共鳴構造式を導け．

3·39 以下の考えを表す共鳴構造式を巻矢印を使って導きだせ．それぞれの化学種で破線および部分電荷を使用して共鳴構造式と同じ意味をもつ単一の共鳴混成構造式を描け．

(a) オゾン $:\ddot{\text{O}}=\overset{+}{\text{O}}-\ddot{\text{O}}:^-$ の外側の酸素には、等しい量の負電荷がある．

(b) 炭酸イオンのすべての C−O 結合は同じ長さである．

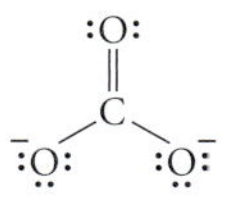

$$\overset{:\ddot{\text{O}}:}{\underset{:\ddot{\text{O}}:^- \quad :\ddot{\text{O}}:^-}{\text{C}}}$$
炭酸イオン

(c) ホルムアルデヒドの共役酸 $\text{H}_2\text{C}=\overset{+}{\text{C}}-\text{H}$ は、炭素上に大半の正電荷をもつ．

3·40 巻矢印表記法で示される以下の反応の生成物を示せ．

(a)

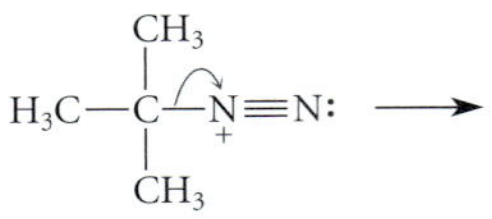

H₃C—C⁺(CH₃)(CH₃)—N≡N: ⟶

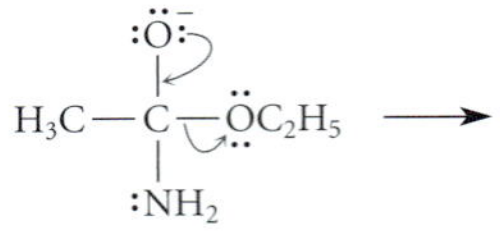

(b)

H₃C—C(:Ö:⁻)(ÖC₂H₅) :NH₂ ⟶

(c)

H₃C—C(:O:)(H)—CH₃ , MgBr ⟶

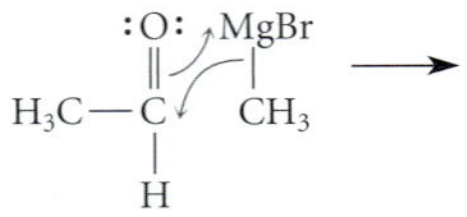

(d)

H₃C—CH=CH—Ö—Si(CH₃)₃ :F:⁻ ⟶

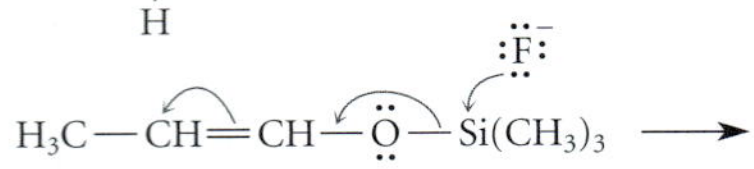

3・41 図 P3・41 にあるそれぞれの反応で，生成物に至る電子の流れを，巻矢印表記法を用いて示せ．

3・42 以下の反応の生成物を予測し，その理由を説明せよ．巻矢印表記法を用いて示せ．

(a) CH₃S̈H + ⁻ÖCH₃ ⟶

（ヒント：Brønsted 酸–塩基反応はほとんどの場合，求核反応よりもはるかに速く起こる）

(b) H₃C—C(:Ö:)—CH₃ + AlCl₃ ⟶

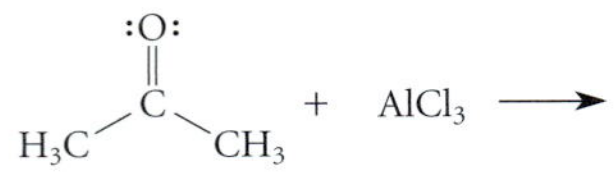

(c) ⟨:Ö:⟩(環) + BF₃ ⟶

(d) ⁻ÖH + H₃N⁺—CH₂CH₃ ⟶

3・43 以下の反応の生成物を描き，次の用語の一つ以上を使って青色矢印で示した原子を分類せよ．<u>Brønsted 塩基，Brønsted 酸，求核中心，求電子中心，脱離基</u>．分類が難しいところがあるかもしれない．その場合は何が難しいのかを述べよ．

(a)

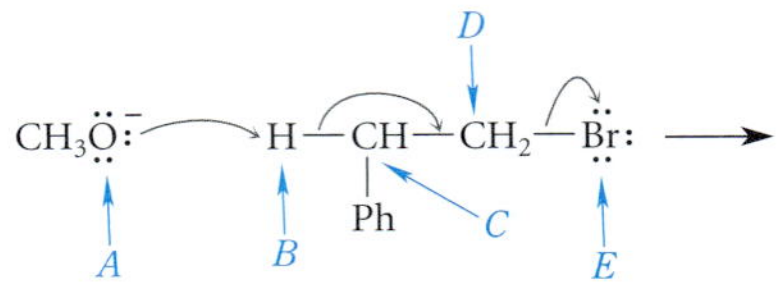

CH₃Ö⁻ — H — CH — CH₂ — Br: ⟶
　　　　　　　　|
　　　　　　　Ph
A　　　B　　　C　　　　E
　　　　　　　　　　D

(b)

CH₃S̈⁻ H₂C=CH—C(:Ö:)—CH₃ ⟶
　　　　　　　　　　E
A　　　B　　C　　D

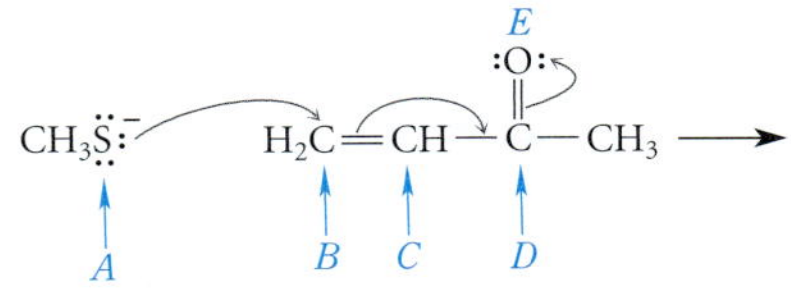

3・44 図 P3・44 の<u>間違った</u>巻矢印表記法の例は，有機化学が苦手な学生のノートで見つかった．おのおのの場合で何が間違っているかを説明せよ．

3・45 ナフタレンは，次の構造式に加えて，二つの共鳴構造式によって説明することができる．巻矢印表記法でこれらの構造式を導け．

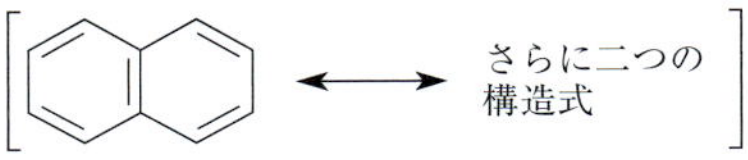

[ナフタレン構造 ⟷ さらに二つの構造式]

ナフタレン

3・46 (a) 2,2-ジメチルプロパンとペンタンの標準自由エネルギーの差は，6.86 kJ mol⁻¹ である．2,2-ジメチル

図 P3・41

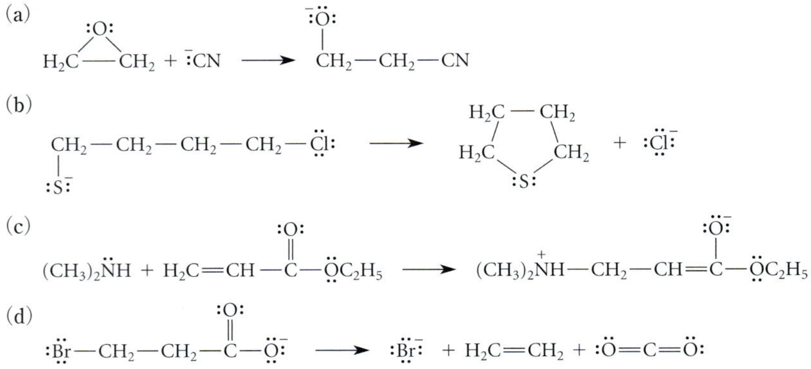

(a)

H₂C—CH₂ (エポキシド) + ⁻:CN ⟶ CH₂—CH₂—CN
　　　　　　　　　　　　　　　　　|
　　　　　　　　　　　　　　　　　:Ö:⁻

(b)

CH₂—CH₂—CH₂—CH₂—C̈l: ⟶ 環状(H₂C—CH₂—S—CH₂—CH₂) + :C̈l:⁻
|
:S:⁻

(c)

(CH₃)₂N̈H + H₂C=CH—C(:Ö:)—ÖC₂H₅ ⟶ (CH₃)₂N⁺H—CH₂—CH=C(:Ö:⁻)—ÖC₂H₅

(d)

:B̈r—CH₂—CH₂—C(=Ö:)—Ö:⁻ ⟶ :B̈r:⁻ + H₂C=CH₂ + :Ö=C=Ö:

図 P3・44

(a)

H₃C—C(:Ö:)—Ö—H :ÖH⁻ ⟶ H₃C—C(:Ö:)—Ö:⁻ + H—ÖH

(b)

H₃C—Ö:⁻ H₃C—B̈r: ⟶ H₃C—Ö—CH₃ + :B̈r:⁻

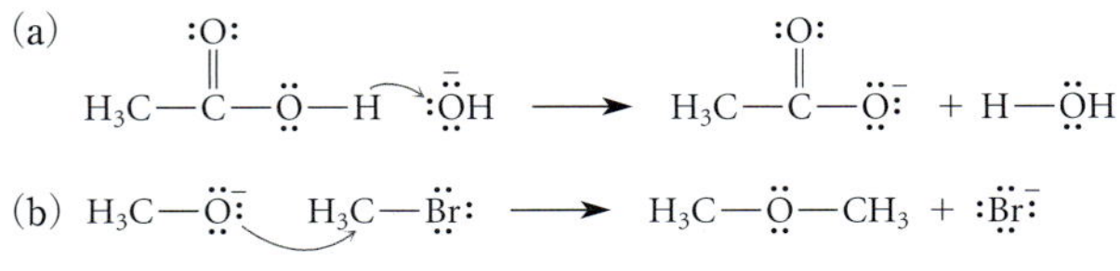

プロパンはより安定な化合物である．もし二つが平衡混合物として存在するならば，25 ℃のとき，混合物中の割合を求めよ．
(b) ブタンのアンチ配座とゴーシュ配座のエネルギー差は $2.8\ kJ\ mol^{-1}$ である（図2・5）．この違いを標準自由エネルギーとみなして，25 ℃での平衡状態におけるブタン1 mol 中のアンチ配座とゴーシュ配座の存在量を算出せよ．（二つのゴーシュ配座があることに注意）．

3・47 次の各組の化合物を，pK_a が減少する順に並べよ．
(a) CH_3CH_2OH　Cl_2CHCH_2OH　$ClCH_2CH_2OH$
(b) $ClCH_2CH_2SH$　CH_3CH_2OH　CH_3CH_2SH
(c) $H-\ddot{A}s(CH_3)_2$　$H-\overset{+}{\underset{H}{A}s}(CH_3)_2$　$H-\ddot{N}(CH_3)_2$　$H-\ddot{P}(CH_3)_2$
(d) $CH_3CH_2\ddot{O}H$　$(CH_3)_2\ddot{N}-CH_2CH_2\ddot{O}H$　$(CH_3)_3\overset{+}{N}-\ddot{O}H$

3・48 下記に示す pK_a と表3・1を用いて，25 ℃での以下の各反応の平衡定数を求めよ．

(a) $(CH_3)_3N + H-CN \rightleftarrows (CH_3)_3\overset{+}{N}H + {}^{-}CN$
　　　　　　　　　　　　$pK_a = 9.76$

(b) $CH_3CH_2S-H + {}^{-}OH \rightleftarrows CH_3CH_2S^{-} + H_2O$
　　$pK_a = 10.5$

3・49 (a) 問題3・48中の反応(a)の25 ℃での標準自由エネルギー変化を求めよ．
(b) 問題3・48中の反応(b)の25 ℃での標準自由エネルギー変化を求めよ．
(c) 問題3・48の反応(a)で，$(CH_3)_3N$ と HCN の初期濃度が両方とも0で，$(CH_3)_3NH^{+}$ および ^{-}CN の初期濃度が 0.1 M の場合，平衡状態でのそれぞれのモル濃度を求めよ．

3・50 フェニル酢酸は $pK_a = 4.31$，酢酸は $pK_a = 4.76$ である．

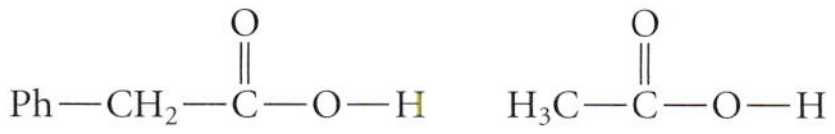

$Ph-CH_2-\overset{O}{\underset{\|}{C}}-O-H$　　$H_3C-\overset{O}{\underset{\|}{C}}-O-H$
　　フェニル酢酸　　　　　　酢酸

(a) どちらの酸がより有利な（小さい）標準解離自由エネルギーをもつか．
(b) 1 M のフェニル酢酸水溶液を完全に解離させ，その共役塩基 1 M と H_3O^{+} 1 M にするためにいくらの自由エネルギーが必要か．
(c) フェニル酢酸を水に溶かし NaOH で pH を 4.5 に調整した場合，イオン化しているフェニル酢酸の割合を求めよ．
(d) 同じ物質量のフェニル酢酸および酢酸を水に溶解し，NaOH で pH を 4.5 に調整した場合，どちらの酸がよ

り解離しているか．その理由を説明せよ．
(e) pK_a の値によると，フェニル基がもつのは電子求引性極性効果または電子供与性極性効果のどちらか．説明せよ．

3・51 マロン酸は二つのカルボキシ基をもち，その結果，2回のイオン化反応が起こる．マロン酸の最初のイオン化は $pK_a = 2.86$，第二のイオン化は $pK_a = 5.70$ である．酢酸の $pK_a = 4.76$ である．

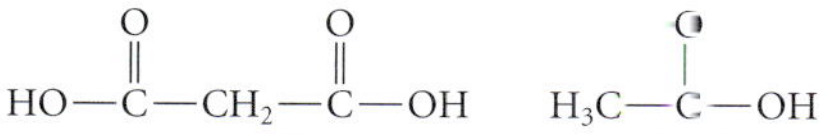

$HO-\overset{O}{\underset{\|}{C}}-CH_2-\overset{O}{\underset{\|}{C}}-OH$　　$H_3C-\overset{O}{\underset{\|}{C}}-OH$
　　　　マロン酸　　　　　　　　　　酢酸

(a) マロン酸の第一および第二イオン化の反応式を書け．
(b) 酸の溶液を NaOH で pH = 4.3 に調整した場合，マロン酸のイオン化状態を説明せよ．
(c) (b)の答えを使って 1 mol のマロン酸の溶液を pH = 4.3 に調節するのに必要な塩基の物質量を求めよ．
(d) マロン酸の第一イオン化の pK_a は，酢酸の pK_a よりもはるかに低いが，第二イオン化の pK_a は，酢酸の pK_a よりもはるかに高いのはなぜか．
(e) マロン酸は，二つのカルボキシ基をもつ．枝分かれのないジカルボン酸の同族体である．これらは，次の一般的な構造式で表される．

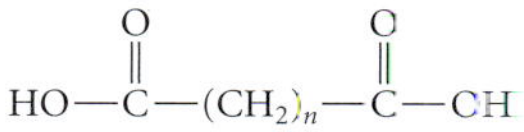

$HO-\overset{O}{\underset{\|}{C}}-(CH_2)_n-\overset{O}{\underset{\|}{C}}-OH$

第一および第二 pK_a の差は，図中の n が増加するにつれてどのように変化すると予測されるか．その理由を説明せよ（ヒント：式3・44の分母を参照）．

3・52 アスコルビン酸（ビタミンC）は，次の構造式をもつ．

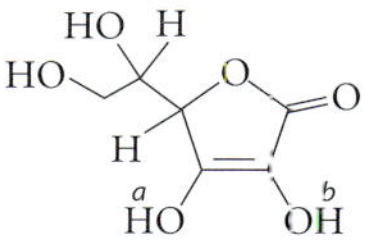

アスコルビン酸
$pK_a = 4.2,\ 11.6$

プロトン a および b は酸性であり，a がより酸性である．
(a) アスコルビン酸の生理的 pH（pH = 7.4）での構造式を描き，説明せよ．
(b) 巻矢印表記法を使用して，(a)で描いた構造式の共鳴構造式を導け．二つの共鳴構造式を合わせると負電荷が二つの酸素間で共有されることが明らかになる．

3・53 問題3・23でニコチンの塩基性を検討した．ニコチンにプロトンが二つ付加した形 BH_2 でより酸性のプロトンの pK_a を考える．これを3-メチルピリジン（$pK_a = 5.68$）の共役酸の pK_a と比較せよ．

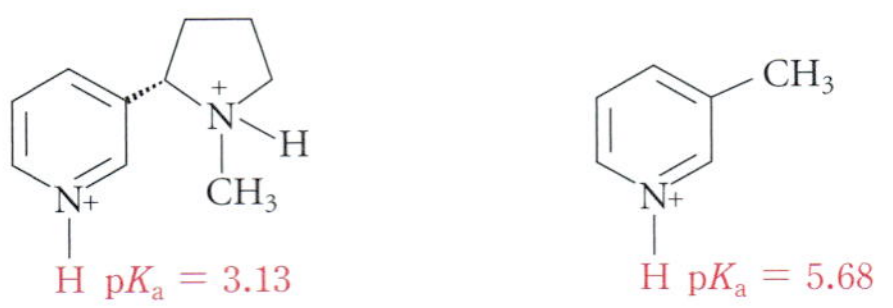

ニコチンの BH₂ 形におけるピリジン環窒素上の酸性プロトンの pK_a が 3-メチルピリジンの共役酸の pK_a より非常に低いのはなぜか,適切な自由エネルギー図を描いて答えよ.

3・54 以下の二つの反応のうち,右に有利な平衡定数をもっているのはどちらか,自由エネルギー図を使って説明せよ.

(1) (CH₃)₃C—OH + H₃O⁺ ⇌ (CH₃)₃C⁺ + 2H₂O

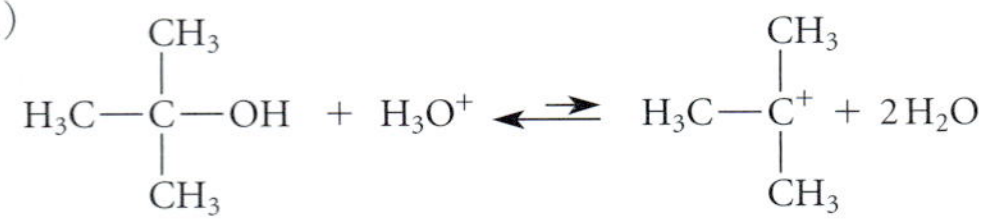

(2) (CF₃)(CH₃)₂C—OH + H₃O⁺ ⇌ (CF₃)(CH₃)₂C⁺ + 2H₂O

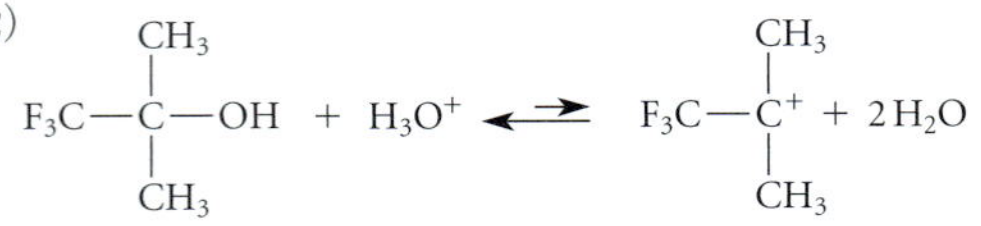

3・55 図 3・3 から,共役酸-塩基対の酸成分を<u>不安定化</u>する構造の効果は,どのようにその酸性度に影響を与えるか.その検討結果を用いて以下の二つの化合物のうちのどれがより塩基性であるかを予測せよ.

Cl—CH₂CH₂—N̈H₂   CH₃CH₂—N̈H₂
    A   B

3・56 式(3・26b)を導け.つまり酸と塩基の反応の平衡定数の計算に使用される手順を示せ(ヒント:まず $K_{eq} = K_{AH}/K_{BH}$ を示せ).

3・57 次の一般的な酸-塩基反応で,

$$AH + B^- \rightleftharpoons BH + A^-$$

反応の $\Delta G°$ と個々の酸 AH と BH の $\Delta G_a°$ との関係を導け.

3・58 (a) HI は HCl よりかなり強い酸である(表 3・1 参照).濃度 10^{-3} M の水溶液中で,どちらの酸も同じ pH = 3 となるのはなぜか.
(b) アミドイオン :N̈H₂⁻ は水酸化物イオンよりもはるかに強い塩基であり,その共役酸のアンモニアは pK_a = 35 である.しかし,どちらの塩基も 10^{-3} M 水溶液は pH = 11 である.より強い塩基の溶液が,より高い pH をもたない理由を説明せよ.

3・59 水素化ホウ素アニオンは,次のように水と反応する.

$$^-BH_4 + H_2Ö \longrightarrow HÖ—\bar{B}H_3 + H_2$$

水素化ホウ素アニオン

全体的な変化は,二つの反応で連続的に起こる.最初の反応では,⁻BH₄ の水素がその二つの結合電子で水に対して塩基として機能する.二つの反応段階を書き,巻矢印を用いて説明せよ.

3・60 アスタチン(At)は,周期表の 17 族の中のヨウ素の下に位置する放射性のハロゲンである.次の性質の大小を比較せよ.
(a) H—I と H—At の結合解離エネルギー
(b) I と At の電子親和力
(c) H—I と H—At の解離定数

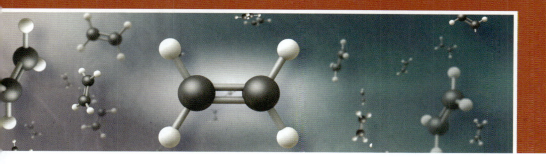

4

アルケン入門：構造と反応性

　アルケン(alkene)は一つ以上の炭素−炭素二重結合をもつ炭化水素である．アルケンは特に産業界ではオレフィン(olefin)ともよばれる．エチレンは最も簡単なアルケンである．

$$\begin{matrix} H \\ \end{matrix} C=C \begin{matrix} H \\ \end{matrix} \quad \text{あるいは} \quad H_2C=CH_2$$

エチレン
（置換名：エテン）

　二重結合や三重結合をもつ化合物は対応するアルカンに比べて水素の数が少ないので，**不飽和炭化水素**(unsaturated hydrocarbon)に分類される．これに対してアルカンは**飽和炭化水素**(saturated hydrocarbon)に分類される．

　本章ではアルケンの構造，結合，命名法，物理的性質について学ぶ．ついでいくつかのアルケンの反応を用いて，有機化合物一般の反応性を理解するために重要な物理的原理について考察する．

4・1　アルケンの構造と結合

　エチレンの二重結合の幾何構造は他のアルケンにも共通する典型的なものである．エチレンは分子の幾何構造を予測する規則(§1・3B)のとおりに，各炭素は平面三角形構造をしており，各炭素に結合するすべての原子は同一平面上にあり，その結合角はほぼ120°であると予測される．実験で求められたエチレンの構造はこれらの予測に一致しており，さらにエチレンが平面分子であることを明らかにしている．一般のアルケンでも，二重結合の炭素とこれらに直接結合している原子はすべて同一平面上に存在する．

　エチレンの分子模型を図4・1に示し，エチレンやプロペンの幾何構造をエタンやプロパンと比較したものを図4・2に示す．エチレンとプロペンの炭素−炭素二重結合(0.133 nm)はエタンとプロパンの炭素−炭素単結合(0.154 nm)より短い．これは結合距離と結合次数の関係(§1・3B)を例証している．同じ原子間では二重結合は単結合より短い．

(a)

(b)

図4・1　エチレンの分子模型．(a) 球棒模型．(b) 空間充塡模型．エチレンは平面分子である．

　アルケンの構造のもう一つの特徴が，図4・2のプロペンとプロパンの比較から明らかになる．プロペンの炭素−炭素単結合(0.150 nm)がプロパンの炭素−炭素単結合(0.154 nm)より短いことに注目しよ

う．同様に，エチレンやプロペンの二重結合炭素と水素との結合はプロパンの C–H 結合より短い．これらの結合が短くなっているのはアルケンとアルカンにおける炭素原子の混成の違いからきている．

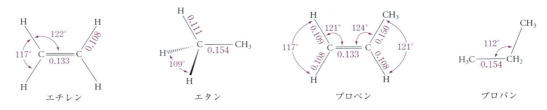

図 4・2 エチレン，エタン，プロペン，プロパンの構造．結合距離の単位は nm．エチレンの平面三角形構造(結合角はほぼ 120°)とエタンの四面体構造(結合角はほぼ 109.5°)とを比較せよ．炭素–炭素二重結合はすべて炭素–炭素単結合より短い．さらにプロペンの炭素–炭素単結合はプロパンの炭素–炭素結合よりやや短い．

A．アルケンにおける炭素の混成

アルケンの二重結合炭素はアルカンの炭素とは混成の仕方が違う．アルケンでは(図 4・3)，炭素 2s 軌道は三つの 2p 軌道のうちの二つとだけ混成する．図 4・3 では任意に $2p_x$ 軌道および $2p_y$ 軌道と混成するように描いてある．したがって $2p_z$ 軌道は混成には関わらない．三つの軌道が混ざるので，その結果三つの混成軌道ができ $2p_z$ 軌道が残る．各混成軌道は s 性 1/3 と p 性 2/3 をもつ．

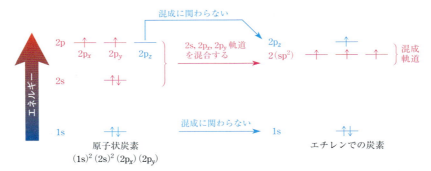

図 4・3 sp^2 混成炭素の軌道は一つの 2s 軌道と二つの 2p 軌道(ここでは赤色で示した $2p_x$ 軌道と $2p_y$ 軌道)を混合して得られると考えることができる．三つの sp^2 混成軌道(赤色)が生成し，$2p_z$ 軌道(青色)が混成しないまま残る．

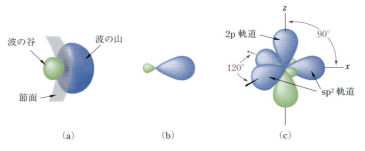

図 4・4 (a) sp^2 混成軌道の形は sp^3 混成軌道の形とよく似ており，電子密度の大きなローブと小さなローブが節面で隔てられている(図 1・16a と比べよ)．(b) sp^2 軌道のよく用いられる表現法．(c) sp^2 混成炭素における軌道の空間配置．三つの sp^2 軌道の軸は同一平面(この場合は xy 平面)上にあり，互いに 120° をなしている．$2p_z$ 軌道の軸はこの平面に直交している．

この混成軌道を sp² 混成軌道とよび，この炭素は sp² 混成をしているという．したがって sp² 軌道は 33%の s 性をもつことになる（これに対して sp³ 軌道は 25%の s 性をもつ）．sp² 軌道の透視図を図 4・4(a)に示し，よく使われる sp² 軌道の表現法を図 4・4(b)に示す．図 4・4(a)を図 1・16(a)と比べると，sp² 軌道の形は sp³ 軌道の形とよく似ていることがわかるだろう．これら二つの混成軌道の違いは，sp² 軌道では電子密度の高い部分がわずかながら原子核に近い領域にあるということである．この違いの理由は sp² 軌道の s 性がより大きいことである．炭素 2s 軌道の電子密度は炭素 2p 軌道の電子密度よりも少し原子核に近い領域に集中している．混成軌道の s 性が大きくなれば，その電子はより原子核に近い領域に分布することになる．

混成に $2p_x$ 軌道と $2p_y$ 軌道が使われており，2s 軌道は球形をしている（すなわち方向性がない）ので，三つの sp² 混成軌道の軸は xy 平面内にあり（図 4・4c 参照），互いに最も離れるように 120°をなしている．混成せずに残っている 2p 軌道は $2p_z$ 軌道なので，その軸は z 軸であり，sp² 混成軌道の軸のある平面とは直交している．

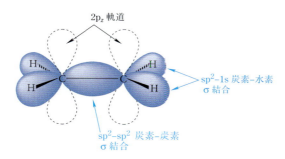

図 4・5 エチレンの σ 結合の混成軌道図．各炭素上の $2p_z$ 軌道（破線）は混成軌道で σ 結合ができた後でもそのまま残っている．

混成軌道モデルを用いると，エチレンは 2 個の sp² 混成炭素原子と 4 個の水素原子が結合して生成すると考えることができる（図 4・5）．一つの炭素上の電子 1 個をもつ sp² 混成軌道は，もう一つの炭素上の sp² 混成軌道と重なり合って，2 電子からなる sp²–sp² C–C σ 結合を形成する．残りの 2 個の sp² 混成軌道は，それぞれ電子 1 個ずつをもっており，やはり電子 1 個ずつをもつ水素原子と重なり合って，2 電子からなる sp²–1s C–H σ 結合を形成する．これらの軌道でエチレンの 4 本の炭素–水素結合および 2 本の炭素–炭素結合のうちの 1 本を説明することができ，これがエチレンの σ 結合骨格を形成する（まだ各炭素上の 2p 軌道の説明ができていない）．エチレンのそれぞれの炭素が平面三角形構造をしているのは sp² 軌道の三次元配列の直接の結果であることに注意しよう．ここでも混成と分子の幾何構造との関連(§1・9)が現れているのである．主要族原子が平面三角形構造をもつときは，その混成は常に sp² である．主要族原子が四面体構造をもつときは，その混成は常に sp³ である．

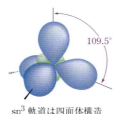 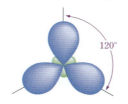

sp³ 軌道は四面体構造と関連している 　　sp² 軌道は平面三角形構造と関連している

B. π 結 合

σ 結合の形成に関わらなかった二つの $2p_z$ 軌道（図 4・5 で破線で示してある）は側面同士で重なり合って二重結合のもう一方の結合を形成する．それぞれの $2p_z$ 軌道が電子 1 個を提供して電子対結合を生成

する. p 軌道が側面同士で重なり合って生成する結合を**π結合**(pi bond)という. ギリシャ文字の π は p と等価であり, π 結合が p 軌道の重なりでできることから π が用いられる.

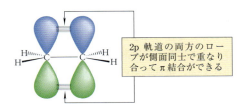

2p 軌道の両方のローブが側面同士で重なり合って π 結合ができる

　π 結合における電子分布を眼で見えるようにするために, 分子軌道(MO)法(§1・8)を使うことにしよう. MO 法は π 結合をより深く記述できるだけでなく, 紫外–可視分光法(分子の分析に重要な手段, §15・2 参照)やペリ環状反応とよばれる反応群(28 章)を理解するための基礎となる理論である. ここで σ 結合骨格を混成軌道理論で扱い, π 結合を MO 法で扱おうとしていることに注目しよう. π MO はアルケンの他の MO とは独立であると近似できるので問題ない. これは, Lewis 構造式で描き表すことができる特定の結合上に分子軌道が局在するもう一つのまれな例である(§1・8 の H_2 の場合を思い出そう).

　エチレンの二つの $2p_z$ 軌道が側面同士で重なり合うことによる相互作用を軌道相互作用図(図 4・6)で示す. 二つの原子軌道を使うので二つの分子軌道が生成する. これらは二つの $2p_z$ 軌道を足し算あるいは引き算によって組合わせることで生成する. 軌道を引き算するというのは一方の軌道の山と谷を逆

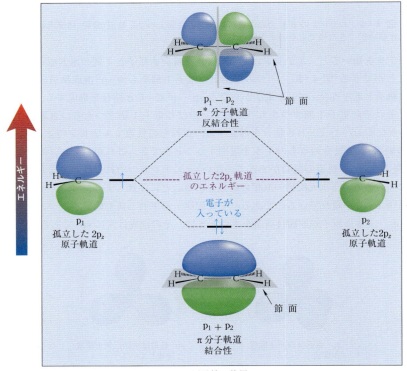

図 4・6　2p 軌道の重なりによってエチレンの結合性および反結合性 π 分子軌道が生成する様子を示す軌道相互作用図. π 結合は 2 個の電子が結合性 π 分子軌道を占有して生成する. 波の山と谷は色を変えて表示してある. 節面は紙面に垂直になっている.

にしてから足し合わせるのと同じであることを思い出そう.

二つの炭素 2p 軌道を足し算で重ね合わせて得られる結合性分子軌道を **π 分子軌道**(π molecular orbital)とよぶ. この分子軌道はもとの p 軌道と同様に節面を一つもつ(図 4・6 に示してある)が, その面はエチレンの分子平面と一致している. 二つの炭素 2p 軌道を引き算で重ね合わせて得られる反結合性分子軌道を **π*分子軌道**(π* molecular orbital)とよぶ. これは節面を二つもつ. 一つは分子平面であり, もう一つは二つの炭素の間にあり分子平面に垂直である. 結合性(π)分子軌道は孤立した 2p 軌道よりもエネルギーが低く, 反結合性(π*)分子軌道はエネルギーが高い. 構成原理に従って, 2 個の 2p 電子(各炭素から 1 個ずつ, スピンが逆)はより低エネルギーの分子軌道, すなわち π 分子軌道を占有する. 反結合性分子軌道は空のままである.

π 分子軌道が満たされることによって π 結合ができる. σ 結合(図 1・15)と違って π 結合は二つの原子核を結ぶ軸のまわりで円筒対称ではない. π 結合はエチレンの分子平面の上と下に電子密度をもつ. 波の山は分子の片側にあり, 谷はその反対側にあって, 節面は分子平面と一致する. この電子分布はエチレンの EPM からも明らかであり, 電子密度に付随する負電荷が分子の上側と下側にあることがわかる.

エチレンの EPM

2p 軌道が二つのローブをもつ一つの軌道であるのと同様に, π 結合は二つのローブをもつ一つの結合であることをしっかり理解してほしい. このような結合の考え方によれば, 2 種類の炭素–炭素結合が存在することになる. すなわち, 電子密度の大部分が二つの炭素の間の領域にほぼ集中している σ 結合と, 電子密度の大部分が分子平面の上側と下側に分布する π 結合である.

この結合の考え方からエチレンがなぜ平面であるのかが明らかになる. もし二つの CH$_2$ 基が平面からねじれていれば, 2p 軌道が重なり合って π 結合を形成することはできない. つまり, 2p 軌道が重なること, そしてその結果として π 結合が存在するためにはエチレン分子が平面であることが必要なのである.

π 電子に関して重要な点はその相対的なエネルギーである. 図 4・3 からわかるように, エチレンの π 電子となる 2p$_z$ 電子は混成軌道にある電子よりもエネルギーが高い. したがって, p 電子が s 電子より高いエネルギーをもつのと同様に, π 電子は通常 σ 電子より高いエネルギーをもつ. この高いエネルギーの結果として π 電子は σ 電子よりも取除かれやすい. 事実, 求電子剤は供与されやすいアルケンの π 電子と優先的に反応する. アルケンの重要な反応のほとんどは π 結合の電子を含んでおり, その多くは求電子剤と π 電子との反応である.

p 軌道の側面同士の重なりである π 型の重なりは軌道軸の重なりである σ 型の重なりより本質的に効率が悪いので, π 結合は通常の炭素–炭素 σ 結合よりも弱い. 炭素–炭素 π 結合を開裂するのに約 243 kJ mol^{-1} のエネルギーを要するのに対してエタンの炭素–炭素 σ 結合を開裂するにはそれよりずっと大きな約 377 kJ mol^{-1} のエネルギーを要する.

図 4・2 のプロペンの構造に戻って, C–CH$_3$ 結合がエタンやプロパンの炭素–炭素結合に比べて約 0.004 nm 短いことに注目しよう. この差は小さいけれども一般的に見られる. sp^2 混成炭素への単結合は sp^3 混成炭素への単結合に比べてやや短いのである. プロペンの C–CH$_3$ 結合は CH$_3$ 基の sp^3 混成軌道とアルケン炭素の sp^2 混成軌道の重なりでできている. プロパンの炭素–炭素結合は二つの炭素 sp^3 軌道の重なりでできている. sp^2 軌道の電子密度は sp^3 軌道の電子密度より少し原子核に近いので, プロペンにおける sp^2 軌道を含む結合はプロパンにおける sp^3 軌道だけからなる軌道より短い. いいかえ

れば，結合次数が同じ結合では，s性の高い軌道は短い．

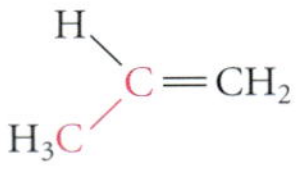

sp^3–sp^2単結合
（短い）

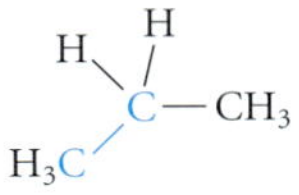

sp^3–sp^3単結合
（長い）

これとまったく同じ理由で，図4・2にあるようにsp^2–1s C—H結合はsp^3–1s C—H結合より少し短い．

問 題

4・1 次の分子で記号をつけた結合を短い方から順に並べよ．推論の根拠を述べよ．

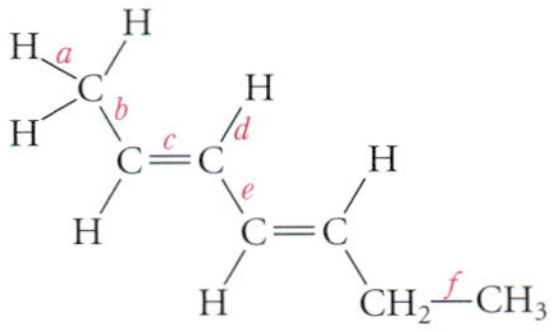

C. 二重結合立体異性体

アルケンの結合の仕方から別の興味ある結果が生まれる．それを4炭素のアルケンであるブテン類について見てみよう．ブテン類にはいくつかの異性体がある．枝分かれのない炭素鎖をもつブテン類では二重結合は鎖の末端かまたは中央に位置する．

$H_2C=CH-CH_2-CH_3$　　$H_3C-CH=CH-CH_3$
　　　1-ブテン　　　　　　　　2-ブテン

これらの異性体のように二重結合の位置が異なるアルケンの異性体は構造異性体(§2・4A)の例である．

2-ブテンの構造をよく見ると別の重要な種類の異性体が明らかになる．2-ブテンには分離可能な2種類の異性体があり，それぞれ異なる固有の性質をもっている．たとえば，その一つは沸点が3.7 ℃であるが，もう一方の沸点は0.88 ℃である．より高い沸点をもつ化合物は *cis*-2-ブテンあるいは(Z)-2-ブテンとよばれ，二つのメチル基は二重結合の同じ側にある．もう一つの2-ブテンは *trans*-2-ブテンあるいは(E)-2-ブテンとよばれ，二つのメチル基は二重結合の反対側にある．

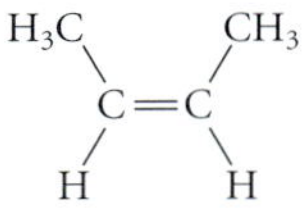

cis-2-ブテン
(Z)-2-ブテン

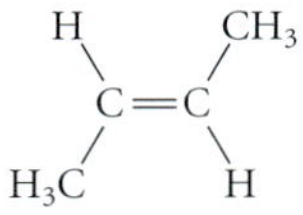

trans-2-ブテン
(E)-2-ブテン

これらの異性体は原子のつながり方は同じである(CH_3がCHに結合し，CHは二重結合でCHに結合し，CHはCH_3に結合している)．原子のつながり方は同じであるが，原子の三次元的な配列が二つの化合物で異なっている．原子のつながり方は同じであるが空間配列の違う化合物は**立体異性体**(stereoisomer)とよばれる．つまり *cis*- および *trans*-2-ブテンは立体異性体である．(E)および(Z)の表記はシスおよびトランス異性体を命名する一般的手段としてIUPACが採用した方法である．この表記については§4・2Bで述べる．

cis- および *trans*-2-ブテンの相互変換には二重結合の180°の内部回転，すなわち一方の炭素をそのままにして他方の炭素を回転することが必要である．

$$\text{cis-2-ブテン} \xrightarrow[\text{室温では相互変換は起こらない}]{180°\text{内部回転}} \text{trans-2-ブテン} \tag{4・1}$$

比較的高温でも cis- および trans-2-ブテンは相互変換しないので，この内部回転は非常に遅いといえる．そのような内部回転が起こるには，各炭素上の 2p 軌道が同一平面からずれなければならない．すなわち π 結合が開裂しなければならない（図 4・7）．結合生成はエネルギー的に有利な過程であるから，結合の開裂はエネルギー的な損失である．π 結合が開裂するには通常の状態で得られるよりも多くのエネルギーを必要とする．したがってアルケンの π 結合はそのままの形を保ち，二重結合の内部回転は起こらない．これに対して，エタンやブタンの炭素–炭素単結合の内部回転は速やかに起こる．それは回転によって結合が開裂することはないからである（§2・3）．

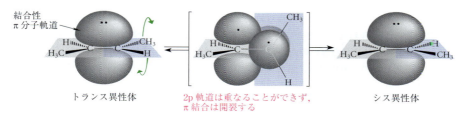

図 4・7 アルケンの炭素–炭素二重結合の内部回転には π 結合の開裂が必要である．それには非常に多くのエネルギーを要するので室温では起こらない．

cis- および trans-2-ブテンは**二重結合立体異性体**の例である．**二重結合立体異性体**(double-bond stereoisomer)は**シス–トランス異性体**(cis-trans isomer)ともよばれ，二重結合の 180°の内部回転によって関連づけられる化合物と定義される．同じことであるが，シス–トランス異性体とは二重結合の一方の炭素上の二つの基を入換えることによって関連づけられる化合物と定義することもできる．

$$\underset{\text{異なる化合物であり，シス-トランス異性体である}}{\text{(図)} \xrightarrow{\text{赤色の基を入換える}} \text{(図)}} \tag{4・2}$$

アルケンがシス–トランス異性体で存在する場合，二重結合の二つの炭素は**立体中心**である．ある原子に結合する二つの基を入換えたときに立体異性体ができるとき，その原子を**立体中心**(stereocenter)という．**ステレオジェン原子**(stereogenic atom)あるいは**ステレオジェン中心**(stereogenic center)ということもある．

二重結合の一方の炭素に結合する二つの基を入換えると立体異性体になるので，これらの炭素は立体中心である．

6章でシス–トランス異性体以外の立体異性体について学ぶ．どんな立体異性体の組にも，一つ以上の立体中心が存在する．

例題 4·1

次の化合物にシス–トランス異性体が存在するだろうか．存在するならばそれを描け．

$$\underset{A}{\underset{\displaystyle H\quad CH_3}{\overset{\displaystyle H_3C\quad CH_2CH_3}{C=C}}} \qquad \underset{B}{\underset{\displaystyle H_3C\quad H}{\overset{\displaystyle H_3C\quad CH_3}{C=C}}}$$

解 法 式(4·2)のシス–トランス異性体の定義を適用しよう．二重結合のどちらかの炭素にある二つの基の位置を入換える．この手順で得られる結果は，新たな化合物は，もとの化合物と同じもの，つまりもとの化合物と重ね合わせることができるか，あるいは違うかのいずれかである．もし違うのならば，原子のつながり方は変わらないのだから立体異性体以外にはありえない．

分子 *A* では二重結合の一方の炭素に結合する二つの基を入換えると異なる分子ができる．もとの分子では二つのメチル基はトランスであるが，入換えた後ではシスになる．したがって *A* はシス–トランス異性体をもつ．

$$\underset{\displaystyle H\quad CH_3}{\overset{\displaystyle H_3C\quad CH_2CH_3}{C=C}} \xrightarrow{\text{赤色の基を入換える}} \underset{\displaystyle H\quad CH_2CH_3}{\overset{\displaystyle H_3C\quad CH_3}{C=C}} \qquad (4·3)$$

異なる化合物であり，すなわちシス–トランス異性体である

二重結合のもう一方の炭素に結合する二つの基を入換えても，同じ結果になることを確かめよ．二重結合の二つの炭素はいずれも立体中心である．

B の場合は，二重結合のどちらの炭素に結合する二つの基を入換えても，もとの分子と同じものになる．

$$\underset{\displaystyle H_3C\quad H}{\overset{\displaystyle H_3C\quad CH_3}{C=C}} \xrightarrow{\text{赤色の基を入換える}} \underset{\displaystyle H_3C\quad CH_3}{\overset{\displaystyle H_3C\quad H}{C=C}} \xrightarrow{\substack{\text{分子を180°}\\\text{回転する}}} \underset{\displaystyle H_3C\quad H}{\overset{\displaystyle H_3C\quad CH_3}{C=C}} \qquad (4·4)$$

同じ分子

二つの基を入換えてできた構造式がその左にあるものと同じではないように見えるかもしれない．しかし構造式を式(4·4)に示したように水平軸(緑色の破線)のまわりで180°回転すれば，つまりひっくり返せば同じものであることがはっきりする．それでもわからなければ，二つの分子模型を組立てて，原子を一つずつ重ね合わせてみれば二つが同じものであることが納得できるはずである．有機化学で三次元的な見方が必要になった場合は，分子模型を組立てるのが最も優れた方法である．分子模型を使ってこのような問題を解く習慣をつければ，やがて模型がなくても三次元的な関係を把握できるようになるだろう．

式(4·4)の二つの基を入換えても立体異性体はできないので，このアルケンは立体中心をもたない．

> **問　題**
>
> **4・2** 次のアルケンでシス-トランス異性体が存在するのはどれか．それぞれの立体中心を指摘せよ．
>
> (a) $H_2C=CHCH_2CH_3$
>   1-ペンテン
>
> (b) $CH_3CH_2CH=CHCH_2CH_3$
>   3-ヘキセン
>
> (c) $H_2C=CH-CH=CH-CH_3$
>   1,3-ペンタジエン
>
> (d) $CH_3CH_2CH=CCH_3$
>   　　　　　　　$|$
>   　　　　　　CH_3
>   2-メチル-2-ペンテン
>
> (e) ☐
>   シクロブテン
>   〔(e)のヒント: 両方の立体異性体の分子模型を組立ててみよ．分子模型を壊さないように注意〕

4・2　アルケンの命名法

A. IUPAC 置換命名法

　アルケンの IUPAC 置換命名法はアルカンの命名法に準じて導かれる．直鎖のアルケンに対応するアルカン名の語尾 ane を ene にかえ，二重結合の位置番号を先頭に置くことによって命名する．日本語名はこれを字訳する．二重結合に最小の番号がつくように，炭素鎖の一方の端から順に炭素に番号をふる．二重結合の炭素には連続した番号をふり，そのうちの小さい番号を二重結合の位置番号とする．

$$\overset{1}{H_2C}=\overset{2}{CH}-\overset{3}{CH_2}\overset{4}{CH_2}\overset{5}{CH_2}\overset{6}{CH_3}$$

hexane + ene = hexene

1-ヘキセン
1-hexene
二重結合の位置

　最も簡単なアルケン $H_2C=CH_2$ の名称は，この規則によるエテン (ethene) ではなく慣用名であるエチレン (ethylene) を用いることを IUPAC も認めている．〔*Chemical Abstracts*（§2・4 コラム）は置換名であるエテンを用いている〕．炭素数が2および3個のアルケンには位置番号はつけない．

　枝分かれをしたアルケンの名称は，枝分かれアルカンの場合と同様に，主鎖に基づいて命名される．アルケンでは，最大数の二重結合をもつ炭素鎖を主鎖と定義し，それは最も長い炭素鎖とは限らない．二重結合の数が同じで主鎖となりうる候補が二つ以上ある場合，最も長い炭素鎖を主鎖とする．二重結合炭素の番号が最小になるように，主鎖に末端から番号をふる．

　アルケンがアルキル置換基をもつ場合，主鎖の番号づけは枝の位置ではなく二重結合の位置で決まる．これがアルカンとアルケンの命名法の大きな違いである．しかし名称中では二重結合の位置はアルキル基の名称の後に記載される．例題 4・2 でこれらの規則の適用例を見よう．

> **例題 4・2**
>
> IUPAC 置換命名法を用いて次の化合物を命名せよ．
>
> $$H_2C=C-CH_2CH_2CH_3$$
> $$　　　　　|$$
> $$　　CH_2CH_2CH_2CH_3$$
>
> **解　法**　主鎖は，下の構造式で赤色で示したように，二重結合の両方の炭素を含む最も長い炭素鎖である．この場合，主鎖は分子の最も長い炭素鎖ではないことに注意しよう．二重結合に最も小さい位置番号（この場合は1）がつくように主鎖の末端から順に番号をふる．置換基はプロピル (propyl) 基である．したがって，この化合物の名称は 2-プロピル-1-ヘプテン (2-propyl-1-heptene) となる．
>
> 　　　　　　　　　　置換基の位置　　二重結合の位置
> 　　　　　　　　　　　　↓　　　　　　↓
> 　$\overset{1}{H_2C}=\overset{2}{C}-CH_2CH_2CH_3$　　2-プロピル-1-ヘプテン
> 　　　　$|$　　　　　　　　　2-propyl-1-heptene
> 　　$\underset{3}{C}\underset{4}{H_2}\underset{5}{C}\underset{6}{H_2}\underset{7}{C}\underset{}{H_2}CH_3$　← 主鎖（二重結合を含む最も長い鎖，二重結合に最も小さい番号をふる）

化合物が複数の二重結合をもつ場合，対応するアルカンの名称の語尾 ane を adiene（二重結合が2個），atriene（二重結合が3個）などに変える．

$$H_2C=CHCH_2CH_2CH=CH_2 \quad \text{1,5-ヘキサジエン} \atop \text{1,5-hexadiene}$$

例題 4・3

次の骨格構造式を通常の構造式に描きかえて命名せよ．

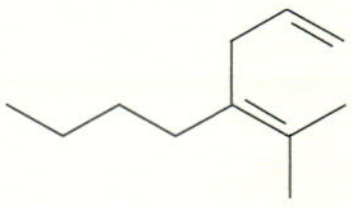

解 法 骨格構造式では折れ線の頂点だけでなく末端にも炭素があることを忘れてはならない．

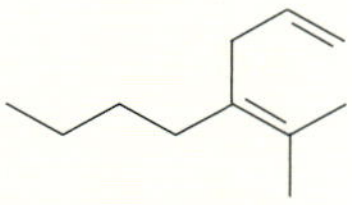

を書き直せば $CH_3CH_2CH_2CH_2-\underset{CH_3}{\underset{|}{C}}=\underset{}{C}-CH_3$ の上に $CH_2-CH=CH_2$ がつく　となる

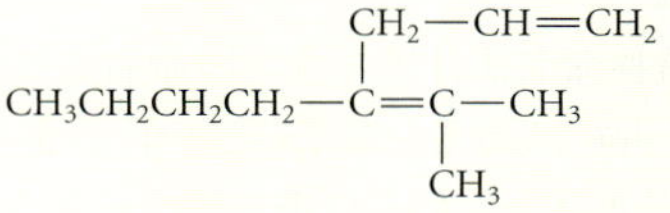

主鎖（次の構造式で赤色で示す）は最大数の二重結合をもつ炭素鎖である．赤色で示した番号づけでは二つの二重結合の最初の炭素はそれぞれ 1 と 4 であり，青色で示した番号づけでは二つの二重結合の最初の炭素はそれぞれ 2 と 5 である．位置番号の組合わせ(1,4)と(2,5)について数字を一対ずつ比較する．違いが現れる最初の点（1 と 2）でより小さい数字が正しい番号づけとなる．したがって主鎖は 1,4-ヘキサジエン（1,4-hexadiene）であり，炭素-4 にブチル（butyl）基，炭素-5 にメチル（methyl）基の枝がついている．

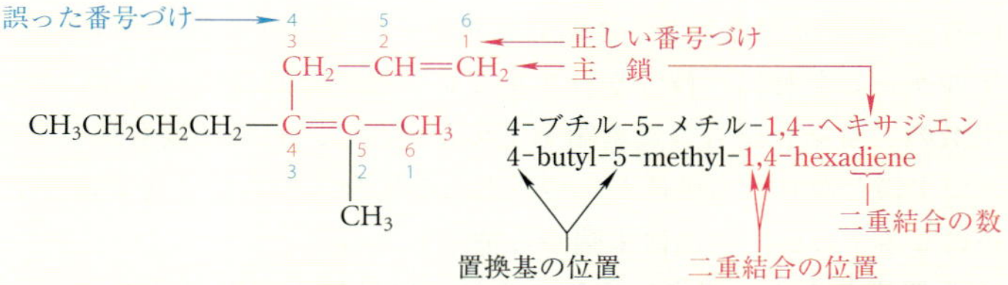

4-ブチル-5-メチル-1,4-ヘキサジエン
4-butyl-5-methyl-1,4-hexadiene

二重結合に正しい位置番号を決めた後でも名称に 2 通りの可能性がある場合は，違いが現れる最初の点で置換基に最小の番号がつくように主鎖を番号づけする．

例題 4・4

次の化合物を命名せよ．

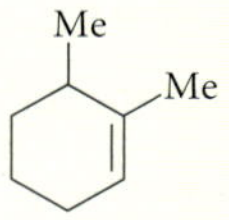

解 法 Me がメチル基であることを思い出そう．二重結合を番号 1,2 とする番号づけが 2 通りある．

考えられる名称：1,6-ジメチルシクロヘキセン　　2,3-ジメチルシクロヘキセン
1,6-dimethylcyclohexene　　2,3-dimethylcyclohexene
（正）　　　　　　　　　　　　（誤）

この場合は，違いが現れる最初の点でメチル基に最も小さい番号がつくような番号づけを選ぶ．置換基の番号づけには(1,6)と(2,3)の2通りの可能性があり，違いが現れる最初の点は最初の番号1と2である．1が2より小さいので(1,6)の組合わせが正しい．環では二重結合は必ず1から始まるので番号1を明示しないことに注意しよう．環の番号づけで二重結合が最優先になる場合，二重結合炭素に連続した番号1と2をつけなければならないので，次の番号づけは間違いである．二重結合の一方の炭素に番号1になっているが他方は6となっていて連続していない．

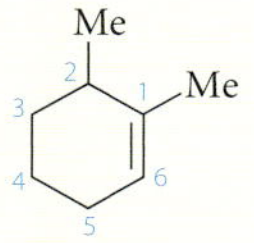

1,2-ジメチルシクロヘキセン
1,2-dimethylcyclohexene
（二重結合炭素の番号が
連続していないので誤り）

置換基が二重結合を含んでいることもある．よく見られるそのような基のいくつかは特別な名称（慣用名）をもっているので覚えなければならない．通常の構造式と骨格構造式の両方を示す．大括弧 } はその置換基が主鎖に結合する位置を表す．

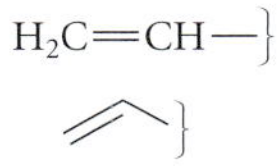

ビニル vinyl　　アリル allyl　　イソプロペニル isopropenyl

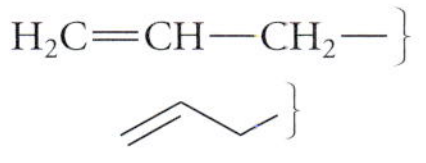

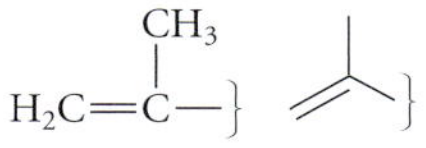

これらの置換基をもつ例を示す．いずれの場合も環の方が炭素数が多いので主鎖になっている．

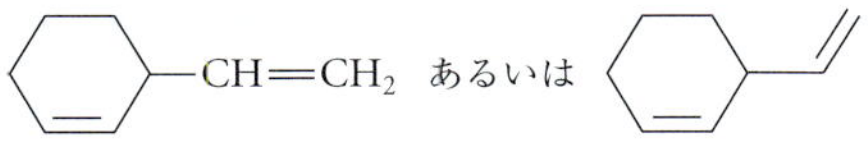

3-ビニルシクロヘキセン
3-vinylcyclohexene

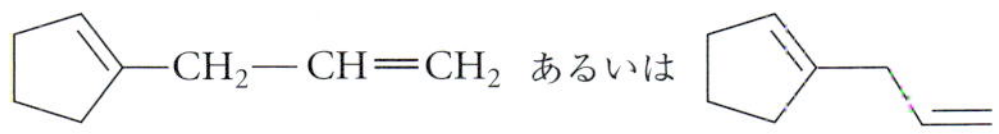

1-アリルシクロペンテン
1-allylcyclopentene

慣用名をもたない置換基では主鎖に結合する炭素から番号をふる．

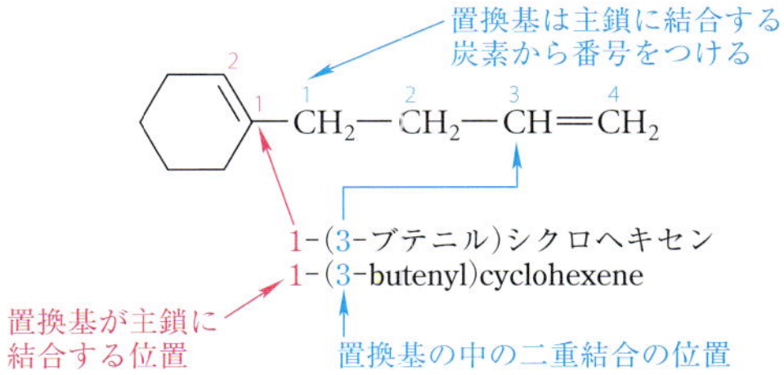

置換基は主鎖に結合する炭素から番号をつける

1-(3-ブテニル)シクロヘキセン
1-(3-butenyl)cyclohexene

置換基が主鎖に結合する位置　　置換基の中の二重結合の位置

IUPAC 命名法の 1993 年勧告

本書で用いる命名法は，広く用いられているIUPACの1979年規則に基づいている．1993年にIUPACは，二重結合の位置を示す番号を名称の接尾語eneの直前に置くという，命名法の変更を勧告した．したがって，このより新しい命名法によれば1-ヘキセン（1-hexene）は，ヘキサ-1-エン（hex-1-ene）となり，2,4-ヘキサジエン（2,4-hexadiene）はヘキサ-2,4-ジエン（hexa-2,4-diene）となる．

この新しい命名法を使う化学者もいれば使わない化学者もいる．この命名法は論理的であるが，一般的に採用するには化学索引の体系を古い名称と新しい名称の両方を認識して，それらの間で相互引用できるように変更しなければならない．Chemical Abstracts が公式には新しい命名法を採用していないので，本書もそれに従う．しかし古い名称と新しい名称の変換は単に数字の位置を移動させるだけである．

これらの基の名称は通常のアルキル基の名称と同じように，母体となる炭化水素の名称に由来する．すなわち対応するアルケンの名称の末尾の e を yl に置き換えてつくる．したがって最後の例での置換基は butene ＋ yl ＝ butenyl（ブテニル）である．置換基の名称は内部番号とともに括弧に入れることに注意しよう．

最後に，いくつかのアルケンには非体系的な慣用名が IUPAC で認められている．これらは出てくるたびに覚えなければならない．二つの例としてスチレン（styrene）とイソプレン（isoprene）をあげる．

Ph—CH＝CH₂ あるいは （構造式）　　　H₂C＝C—CH＝CH₂ あるいは （構造式）
　　　　　　　　　　　　　　　　　　　　　　　｜
　　　　　　　　　　　　　　　　　　　　　　　CH₃
　　　スチレン styrene　　　　　　　　　　　　　イソプレン isoprene

§2・8B で学んだように Ph－はベンゼンに由来する置換基であるフェニル基を表す．

問 題

4・3 次の名称に対応する構造式を描け．
(a) 2-メチルプロペン　　　　　　　(b) 4-メチル-1,3-ヘキサジエン
(c) 1-イソプロペニルシクロペンテン　(d) 5-(3-ペンテニル)-1,3,6,8-デカテトラエン

4・4 次の化合物を命名せよ．二重結合の立体化学は無視してよい．
(a) Me （シクロペンテン構造） Me　(b) CH₃CH₂CH＝CHCH₂CH₂CH₃　(c) （構造式）

B. シス-トランス異性体の命名法：*EZ* 表記法

二重結合に関する立体異性体をシスとトランスで表すのは，*cis*-2-ブテンや *trans*-2-ブテンのように二重結合の各炭素に水素が一つずつある場合は問題ない．しかし重要な場面でシスとトランスが曖昧になる場合がある．たとえば 3-メチル-2-ペンテンの一方の立体異性体である次の化合物はシス異性体だろうかトランス異性体だろうか？

$$\begin{array}{c} H_3C \quad\quad CH_2CH_3 \\ \diagdown\quad\diagup \\ C=C \\ \diagup\quad\diagdown \\ H \quad\quad CH_3 \end{array}$$

二つの同じ基が二重結合の反対側にあるからトランス体だという人もいるであろうし，より大きな基が二重結合の同じ側にあるからシス体だという人もいよう．この種の曖昧さと化学文献にどちらの使い方もでてくる不便さから，立体異性体を命名するための一義的な表記法が考えだされた．1951 年に発表されたこの規則は，その発明者である，最も権威ある英国の化学雑誌 *Journal of the Chemical Society* の当時の編集長であった R. S. Cahn（1899～1981），ロンドン大学ユニバーシティー・カレッジの教授で現代有機化学の発展に重要な役割を果たした Sir C. K. Ingold（1893～1970），およびスイス連邦工科大学の教授で 1975 年に有機立体化学における業績でノーベル化学賞を受賞した V. Prelog（1906～1998）にちなんで **Cahn-Ingold-Prelog 則**（Cahn-Ingold-Prelog system）とよばれる立体異性体命名法の一般的規則の一部である．この Cahn-Ingold-Prelog 則をアルケンの二重結合の立体化学に適用する場合，単に *EZ* 表記法（*E, Z* system）とよぶが，その理由はすぐに明らかになる．

EZ 表記法では，まず二重結合のそれぞれの炭素に結合する二つの基に，以下に述べる順位則に従って優先順位をつける．次に各炭素の二つの基の相対的位置を比較する．高順位の基が二重結合の同じ側にある場合は，その化合物は *Z* 配置をもつという（*Z* はドイツ語で "一緒" を意味する *zusammen* に由来

する).高順位の基が二重結合の反対側にある場合は,その化合物は E 配置をもつという(E はドイツ語で"向こう側"を意味する *entgegen* に由来する).

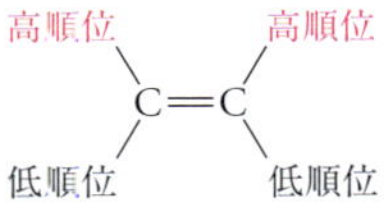

複数の二重結合をもつ化合物では,それぞれの二重結合の立体配置を別々に特定する.

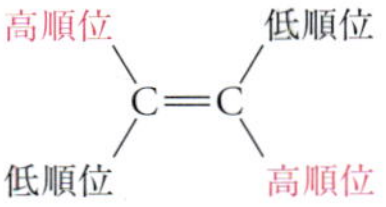

　優先順位を決めるために用いる**順位則**(sequence rule)は Cahn-Ingold-Prelog 則の中核をなすものである.この規則を適用するには,まずそれぞれの基にある原子をレベルごとに分類することから始める.レベル1は二重結合に直接結合している原子からなる.レベル2はレベル1の原子に結合している原子からなる.レベル3はレベル2に結合している原子からなる.以下同様である.

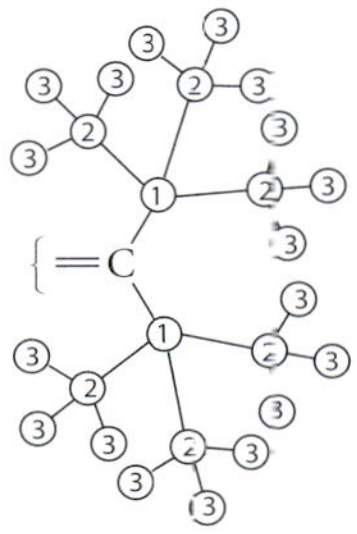

順位則はレベル1にある原子を比較することから始まる.ここで決まらなければレベル2の原子,レベル3の原子へと順次進む.この図が示すようにレベルが高くなるにつれて比較すべき可能性が増えていく.順位則は各レベルでどのように比較を行うか,および決まらなかった場合にどのように次のレベルに進むか,の両方について定めている.

　優先順位を決める際には,違いが見いだされるまで以下に述べる各ステップとそれに伴う規則をこの順に適用する.違いが見られた最初の点で順位が決まる.各ステップを例で示す.例題 4・5 から例題 4・7 で,これらのステップをどのように適用するかを三つの例で学ぶ.

ステップ1　二重結合の炭素に直接結合している二つの原子(レベル1の原子)を調べて,次の規則を適用する.
規則 1a　より大きな原子番号の原子をもつ基を高順位とする.
規則 1b　より大きな原子質量の同位体をもつ基を高順位とする.

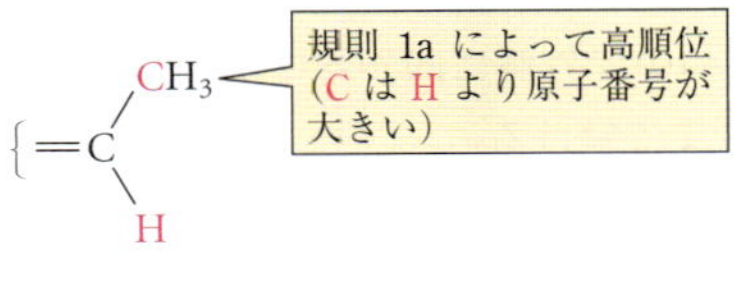

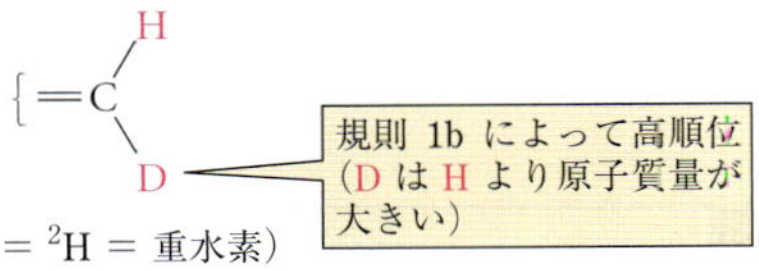

(D = ^{2}H = 重水素)

ステップ2　二重結合に直接結合しているレベル1の原子が同じである場合は,二重結合から外側に向かって作業を進める.つまり,それぞれの基の中でレベル1の原子に結合している原子の組すなわちレベル2の組を調べる.レベル2の組は二重結合に結合している基のそれぞれに1組ずつ計2組ある.レベル2の組のそれぞれに規則2を適用する.
規則2　各組の中の原子を優先順位が低下する順に並べて,二つの組の原子を1対ずつ比較する.違い

が現れる最初の点で原子番号(同位体の場合は原子質量)の大きな原子を高順位とする.

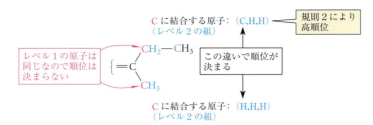

ステップ3 レベル2の組が二つの基で同じである場合は,各組の最高順位の原子を選んでその原子に結合するレベル3の組を見いだす.このように選んだレベル3の組を規則2を適用して二つの基で比較する.

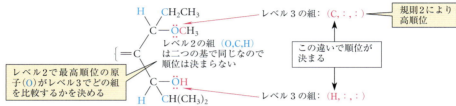

ステップ3a ステップ3で順位が決まらない場合は,レベル2の組の中で2番目に順位の高い原子を選んでステップ3の手順を繰返す.違いが現れるまでレベル2の組で次に順位の高い原子を選ぶ.

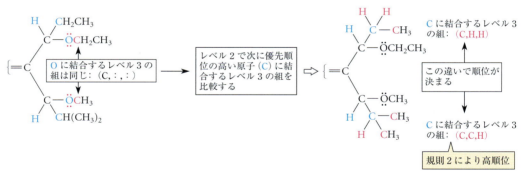

酸素に直接結合している原子(この場合はC)だけを考えることに注意しよう.その先にある原子を考える必要はない.

ステップ3b ある組の2個以上の原子が同じである場合,それぞれから外側に向かって調べてステップ3における優先順位を決め,高順位の経路を与える原子を高順位の原子として選ぶ(ステップ3bの例を例題4・7に示す).

ステップ3c ここまでで順位が決まらない場合は,各基の中で外側に向かって次のレベルの原子に進みステップ3を繰返す.これをレベルごとに違いが現れるまで続ける.

例題 4・5

次に示す3-メチル-2-ペンテンの立体異性体の立体配置は何か(数字は解法のための参照番号である).

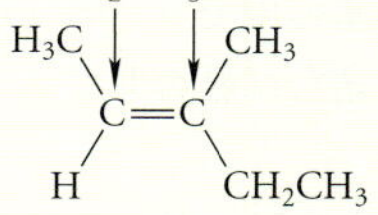

$$\underset{H}{\overset{H_3C}{\underset{}{\diagup}}}C=C\underset{CH_2CH_3}{\overset{CH_3}{\underset{}{\diagdown}}}$$

解　法　それぞれの炭素に結合する二つの基の優先順位を決める．炭素-2 に直接結合している原子は C と H である．C(6) の方が H(1) より原子番号が大きいので，ステップ 1 の例で示したように CH₃ 基が高順位となる．次に炭素-3 に結合している基に注目する．ステップ 2 と規則 2 の解説例からわかるようにエチル基がメチル基より高順位である．したがって順位は次のようになる．

$$
\begin{array}{c}
\text{炭素-2 での高順位の基} \longrightarrow \underset{H}{\overset{H_3C}{>}}C=C\underset{CH_2CH_3}{\overset{CH_3}{<}} \longleftarrow \text{炭素-3 での低順位の基} \\
\text{炭素-2 での低順位の基} \qquad\qquad\qquad\qquad \longleftarrow \text{炭素-3 での高順位の基}
\end{array}
$$

高順位の基が二重結合の反対側にあるので，このアルケンは E 異性体であり，完全な名称は (E)-3-メチル-2-ペンテンである．

例題 4・6

次のアルケンの立体配置は E か Z か(数字や文字は解法のための参照用の符号である)．

$$
\underset{H_3C}{\overset{H}{>}}\overset{2}{C}=\overset{3}{C}\underset{\underset{CH_3}{CH_2CHCH_3}}{\overset{\overset{a1\ a2}{CH_2CH_2CBr_2CH_3}}{<}}
$$

6,6-ジブロモ-3-イソブチル-2-ヘプテン

解　法　炭素-2 では規則 1a によってメチル基が高順位となる．炭素-3 ではレベル 1 の原子($a1$ および $b1$)はともに炭素であり同じなので規則 1a と 1b では決まらない．ステップ 2 に進んで，$a1$ 炭素および $b1$ 炭素のそれぞれに結合する原子の組(レベル 2 の組)はいずれも (C, H, H) なので，ここでも決まらない．ステップ 3 に従って，レベル 2 の組のそれぞれで最高順位の原子(炭素)について考えることになるが，それは $a2$ と $b2$ である．$a2$ に結合するレベル 3 の原子の組は (C, H, H) であり，$b2$ に結合するレベル 3 の原子の組は (C, C, H) である．前のステップで考慮した $a1$ および $b1$ 炭素はレベル 3 の組のメンバーとしては考慮しないことに注意しよう．なぜならステップ 2 で述べたように，作業は常に外側に向かって(つまり二重結合から遠ざかる向きに)進めるのだから．各組の 2 番目の原子で違いが現れる(C と H)ので，ここで順位が決まる．炭素 $b2$ のレベル 3 の原子の組が高順位なので，炭素 $b2$ を含む基(イソブチル基)が高順位となる．ここまでの手順をまとめると次のようになる．

$$
\underset{H_3C}{\overset{H}{>}}C=C\underset{\underset{H\ H}{\underset{|\ |}{C(b1)}}\xrightarrow{b1}\underset{\underset{CH_3}{\underset{|}{CH_3}}}{\underset{|}{C(b2)}}}{\overset{\underset{H\ H}{\underset{|\ |}{C(a1)}}\xrightarrow{a1}\underset{\underset{CBr_2CH_3}{|}}{\underset{a2}{C}}-H}{<}}
$$

- $C(a1)$ でのレベル 2 の組：〔$C(a2)$,H,H〕
- $C(a2)$ でのレベル 3 の組：(C,H,H)
- ここで順位が決まる
- $C(b1)$ でのレベル 2 の組：〔$C(b2)$,H,H〕
- $C(b2)$ でのレベル 3 の組：(C,C,H) ← 規則 2 によって高順位

Br は H より高順位であるが，Br はレベル 4 の組にあり，そこに達する前に順位が決まったので，Br と H の比較は無用であることに注意しよう．

高順位の基が二重結合の同じ側にあるので，このアルケンは Z 配置であり，その名称は (Z)-6,6-ジブロモ-3-イソブチル-2-ヘプテンである．

順位を決めるべき基が二重結合を含んでいる場合がある．その場合は特別の約束があり，二重結合の両端の原子のそれぞれから2本の単結合で他方の原子と結合しているように書換えて考える．すなわち，

$-CH=CH_2$ は $-CH-CH_2$（下にC，C）と同じと考え，$-CH=O$ は $-CH-O$（下にO，C）と同じと考える

ここで，書き加えた単結合の先の原子はその先に何も結合していないと考えることに注意しよう．三重結合は同様に3本の単結合で書換えることができる．すなわち，

$-C\equiv CH$ は $-C-CH$（Cに上下C，CHに上下C）と同じと考え，$-C\equiv N$ は $-C-N$（Cに上下N，Nに上下C）と同じと考える

この約束事の扱い方を例題4・7で示す．

例題 4・7

次の化合物について，二重結合の立体化学の EZ 表記を含めて IUPAC 名をつけよ．

(a) 構造式: $(CH_3)_2CH$ と CH_3 が付いた 1,3-ペンタジエン骨格（炭素 1,2,3,4 番号付き）

(b) 骨格構造式（イソプロピル基とエチル基を含むヘキサジエン）

解 法 (a) まず立体化学を考えずに命名する．§4・2Aの命名法の原則に従うと，名称は3-イソプロピル-1,3-ペンタジエンである．次に立体化学を決める．炭素-1, -2 は立体中心ではないが，炭素-3, -4 は立体中心である．炭素-4 ではメチル基が H より高順位である．炭素-3 にある基の順位の決定が課題となる．二つの基を次のように解析する．

イソプロピル基:
H_3C—CH(a)—$C(b)$
C(a)でのレベル2の組: (C,C,H)
H_3C—$C(b)$でのレベル3の組: (H,H,H)

ビニル基:
$H_2C=CH-$ $\Rightarrow$ H_2C-CH-
（b'—C，b—a の表示）
$C(b)$でのレベル3の組: (C,H,H)
$C(a)$でのレベル2の組: [$C(b),C(b')$,H]
$C(b')$でのレベル3の組: (0,0,0)（結合している原子はない）

（記号 $\Rightarrow$ は"書換え"を意味する）．二重結合の炭素は2個ずつになっていることに注意しよう．ビニル基の炭素 b' には結合している原子がないので炭素 b' のレベル3の組は (0,0,0) である．イソプロピル基の炭素 a とビニル基の炭素 a を比較すると，ともに C で同じであり，さらにそれに結合するレベル2の組も (C,C,H) で同じである．そこで次に各基のレベル2で最高順位の原子を選び，それに結合するレベル3の組を調べる．イソプロピル基では最高順位のレベル2原子はメチル炭素のいずれかである．ビニル基では炭素 b と炭素 b' のどちらかを選ぶことになる．どちらも炭素であり同じなのでステップ3bを使う．ステップ3bによれば炭素 b および b' の先に進む．つまり C^b のレベル3の組 (C,H,H) と $C^{b'}$ の (0,0,0) を比べる．C は 0 より高順位であるから，炭素 b がビニル基の中で優先経路となる．これでイソプロピル基とビニル基を比較する準備ができたことになる．イソプロピル基では炭素 b のレベル3の組は (H,H,H) であり，ビニル基では炭素 b のレベル3の組は (C,H,H) である．規則2によってビニル基が高順位となる．したがって，名称は (E)-3-イソプロピル-1,3-ペンタジエンとなる．

(b) も同じやり方で解答できるのでやってみよ．必要なら骨格構造式を通常の構造式に書き直すこと．名称は (2E,4Z)-3-イソプロピル-2,4-ヘキサジエンである（イソプロピル基の位置によって二重結合の番号づけが決まることに注意しよう）．また二つ以上の二重結合について立体配置の表示が必要な場合は E, Z の前に二重結合の位置番号をつけることに注意しよう．

問題

4・5 二重結合の立体化学の表示を含めて次の化合物を命名せよ．

(a) [構造式]　　(b) [構造式]

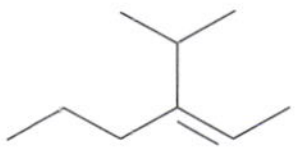

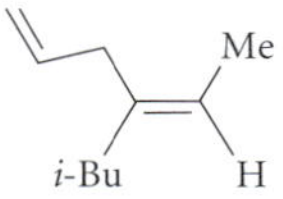

4・6 次の化合物の構造式を描け．
(a) (E)-4-アリル-1,5-オクタジエン　　(b) (2E,7Z)-5-[(E)-1-プロペニル]-2,7-ノナジエン

4・7 二重結合炭素に結合する二つの基のどちらが高順位か．

(a) [構造式]　(b) [構造式]　(c) [構造式]　(d) [構造式]

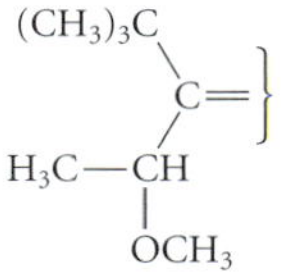

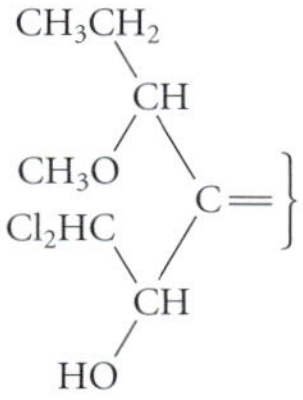

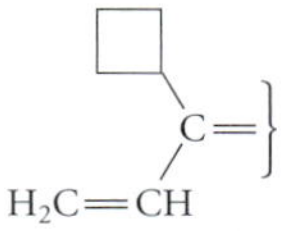

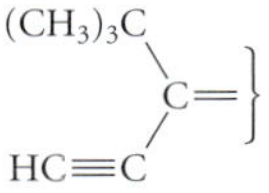

4・3　不飽和度

アルケンでは，それと同じ炭素骨格をもつアルカンよりも水素の数が2個少ない．同様に環を一つもつ化合物は対応する非環状化合物よりも水素の数が2個少ない(1-ヘキセンあるいはシクロヘキサン C_6H_{12} とヘキサン C_6H_{14} を比べてみよ)．

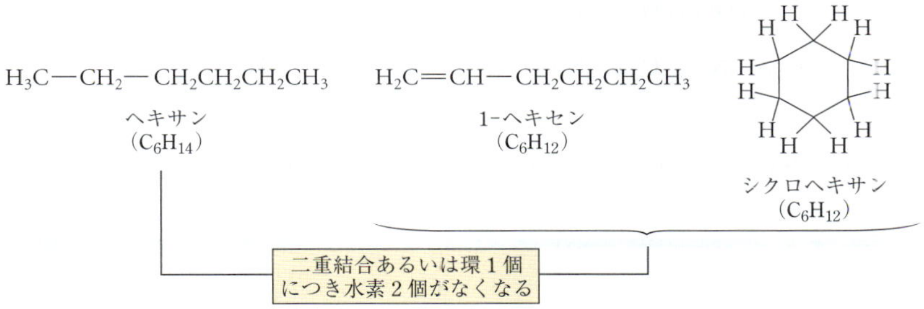

$$H_3C-CH_2-CH_2CH_2CH_2CH_3$$
ヘキサン (C_6H_{14})

$$H_2C=CH-CH_2CH_2CH_2CH_3$$
1-ヘキセン (C_6H_{12})

シクロヘキサン (C_6H_{12})

二重結合あるいは環1個につき水素2個がなくなる

どちらの例も，有機化合物の分子式が環や二重結合(あるいは三重結合)の数についての情報を内蔵していることを示している．

分子内に環や多重結合があることは**不飽和度**(degree of unsaturation, U, 不飽和数 unsaturation number ともいう)とよばれる量からわかる．ある分子の不飽和度はその分子がもつ環と二重結合の総数に等しい．炭化水素の不飽和度は分子式から次のようにして容易に計算できる．炭素数 C の炭化水素がもちうる水素の最大数は $2C+2$ である．環あるいは二重結合1個ごとにその最大数から2個ずつ減るのだから，不飽和度は水素の最大数と実際の水素の数 H の差の半分である．

$$U = \frac{2C+2-H}{2} = 環の数 + 二重結合の数 \tag{4・5}$$

たとえば，シクロヘキセン C_6H_{10} では $U=(2\times 6+2-10)/2=2$ となる．シクロヘキセンは環1個と二重結合1個をもち不飽和度は2である．三重結合は不飽和度2である．たとえば1-ヘキシン $HC\equiv C-CH_2CH_2CH_2CH_3$ はシクロヘキセンと同じ分子式 C_6H_{10} をもつ．

他の元素がある場合は不飽和度の計算にどのような影響があるだろうか．有機化合物中に酸素があっても式(4・5)が成り立つことは，簡単な例(たとえばエタノール C_2H_5OH)からすぐ納得できるであろう．

ハロゲンは1価であり，ハロゲン1個について水素の数が1減るので，水素と同じように数えることができる．したがってハロゲンの数を X とすると次式が成り立つ．

$$U = \frac{2C + 2 - (H + X)}{2} \tag{4・6}$$

もう一つのよく出てくる元素は窒素である．窒素が存在すると，飽和化合物における水素の数は窒素1個について1だけ増える．たとえば飽和化合物であるメチルアミン H_3C-NH_2 は $2C+3$ 個の水素をもつ．したがって，窒素の数を N とすると，不飽和度の式は次のようになる．

$$U = \frac{2C + 2 + N - (H + X)}{2} \tag{4・7}$$

不飽和度は未知化合物の構造に関する重要な情報源となることを覚えておこう．問題4・9と問題4・10にその例がでてくる．

問題

4・8 分子式(a)と(b)および化合物(c)と(d)について不飽和度を計算せよ〔(c)と(d)は化合物名から出発せよ〕．
(a) $C_3H_4Cl_4$　　(b) $C_5H_8N_2$　　(c) メチルシクロヘキサン　　(d) 2,4,6-オクタトリエン

4・9 分子式 $C_{20}H_{34}O_2$ をもつ化合物がある．この化合物は2個のメチル基をもつが炭素-炭素二重結合はもたないことがわかっている．これらの知見を満たし，すべての環が六員環である構造を一つ描け（多くの構造が可能である）．

4・10 (a) 次のうち，有機化合物の分子式として正しく<u>ない</u>のはどれか．その理由を説明せよ．

　　　$C_{10}H_{20}N_3$　　$C_{10}H_{20}N_2O_2$　　$C_{10}H_{27}N_3O_2$　　$C_{10}H_{20}N_3$
　　　　A　　　　　　　B　　　　　　　　C　　　　　　　D

(b) 分子式 C_4H_8O をもち，(1) アルコール官能基をもつ化合物，(2) ケトン官能基をもつ化合物の構造異性体を描け．

4・4　アルケンの物理的性質

融点と双極子モーメントを除けば，多くのアルケンの物理的性質は対応するアルカンの性質とあまり違わない．

	$H_2C=CH(CH_2)_3CH_3$	$CH_3(CH_2)_4CH_3$
	1-ヘキセン	ヘキサン
沸　点	63.4 ℃	68.7 ℃
融　点	−139.8 ℃	−95.3 ℃
密　度	0.673 g mL^{-1}	0.660 g mL^{-1}
水溶性	ほとんど溶けない	ほとんど溶けない
双極子モーメント	0.46 D	0.085 D

アルカンと同様にアルケンも可燃性で無極性の化合物であり，水より密度が小さく，水に不溶である．低分子量のアルケンは室温で気体である．

アルケンの双極子モーメントは小さいけれども対応するアルカンより大きい．

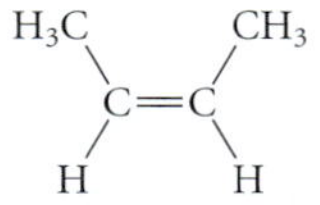

　　(cis-2-ブテン)　 $\mu = 0.25$ D 　　　$H_3C-CH_2-CH_2-CH_3$ 　 $\mu = 0$ D

アルケンの双極子モーメントをどのように説明すればよいだろうか. sp^2 混成炭素は sp^3 混成炭素より電気陰性度が若干大きいことがわかっている. その結果 sp^2-sp^3 炭素-炭素結合は小さな結合双極子をもち(§1・2D), sp^3 炭素が双極子の正極, sp^2 炭素が負極となる.

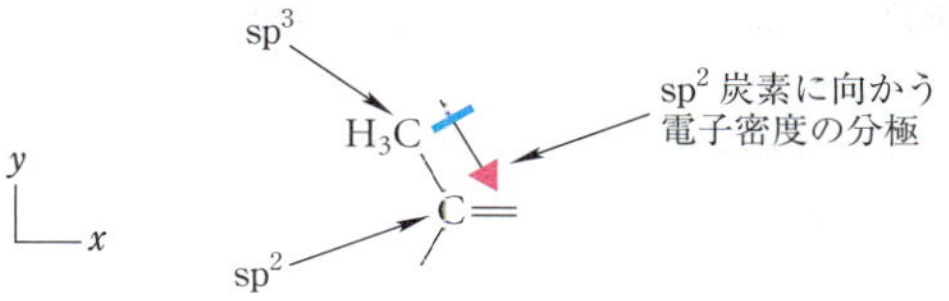

sp^2 混成炭素の電気陰性度が大きい理由は, 2p 軌道に電子が存在することにある. 2p 軌道では電子密度はあらゆる方向に均等に分布しているのではない. したがって 2p 軌道が z 軸方向を向いているとすると, 2p 電子は xy 平面(上図の紙面)内に存在する他の電子から原子核を遮蔽することができない. したがって sp^2 混成炭素の原子核の正電荷は相対的に遮蔽されておらず, sp^3-sp^2 炭素-炭素結合の電子を引寄せるので, メチル基上に小さな部分正電荷が生じ, 結合双極子ができる. 同様の効果は C—H 結合でも起こる(§4・1B のエチレンの EPM 参照, エチレン水素上の部分正電荷に注目せよ).

cis-2-ブテンの双極子モーメントはすべての H_3C—C 結合および C—H 結合の双極子のベクトル和である. すべての結合双極子はアルケン炭素を向いているが, H_3C—C 結合の結合双極子の方が大きいと考えてよい(問題 4・63). この結論は C—C 結合の方が長いことから予測されることである(一定の電荷分離に対する双極子モーメントは双極子の長さとともに増大することを思い出そう, 式 1・4). したがって cis-2-ブテンは正味の双極子モーメントをもつ.

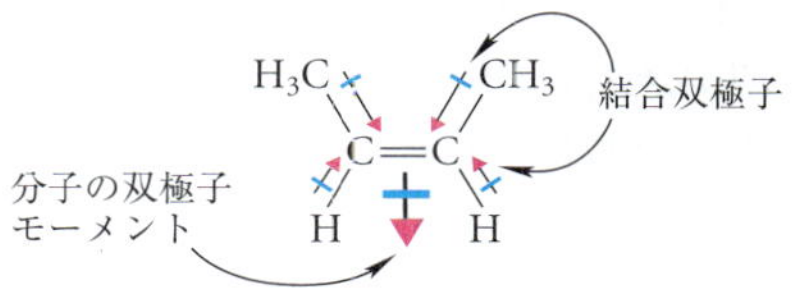

まとめると, アルキル基から sp^2 混成の平面炭素への結合は分極しており, 電子はアルキル基から sp^2 炭素へ引寄せられている. このことは, 炭素-炭素二重結合は置換基とみなすと電子求引性誘起効果(§3・6C)をもっていることになる. 二重結合の極性効果は塩素の 10〜15% 程度だが, 十分に測定できるほどの大きさである(問題 4・12 参照).

問 題

4・11 どちらの化合物がより大きな双極子モーメントをもつだろうか. その理由を説明せよ.
(a) cis-2-ブテンと trans-2-ブテン　　(b) プロペンと 2-メチルプロペン

4・12 次の二つのカルボン酸のどちらがより酸性が強いか. その理由を説明せよ.

$H_2C=CH—CH_2—\overset{O}{\underset{\|}{C}}—OH$　　　　$H_3C—CH_2—CH_2—\overset{O}{\underset{\|}{C}}—OH$

3-ブテン酸　　　　　　　　　　　　ブタン酸

4・5　アルケン異性体の相対的安定性

二つの化合物のうちどちらがより安定かということは, どちらがより低エネルギーかということである. しかしエネルギーはさまざまな形態をとることができ, 相対的安定性を測るために用いるエネルギーは考える目的に依存する. 反応の $\Delta G°$ は $\Delta G° = -2.3RT \log K_{eq}$ の式からわかるように, 平衡定数に関連するエネルギー量であることを学んだ(§3・5). 平衡定数を測定することは $\Delta G°$ を決めるため

のよい手段である．しかし反応の全エネルギー変化を知りたい場合は，その反応の**標準エンタルピー変化**(standard enthalpy change) $\Delta H°$ を用いる．反応の $\Delta H°$ は反応物と生成物の全エネルギー差を非常によく近似しており，反応物と生成物の結合配置の相対的安定性を反映している．反応の $\Delta G°$ と $\Delta H°$ は $\Delta G° = \Delta H° - T\Delta S°$ の式で関連づけられる．ここで $\Delta S°$ は反応のエントロピー変化であり，T はケルビン温度である．いいかえれば，反応の $\Delta G°$ は反応物と生成物の全エネルギー差とは $-T\Delta S°$ だけ違う．§4・5Aでエンタルピーのデータの表示法を学び，§4・5Bでエンタルピーのデータを用いてアルケンの相対的安定性を調べよう．

A. 生成熱

多くの有機化合物の相対的エンタルピーは生成熱の表から得られる．ある化合物の**標準生成熱**(standard heat of formation) $\Delta H_f°$ は，その化合物が 1 atm, 25 ℃ で自然状態にある元素から生成する際のエンタルピー変化である．したがって，trans-2-ブテンの生成熱は次の式の $\Delta H°$ である．

$$4H_2(気体) + 4C(固体) \longrightarrow trans\text{-}2\text{-}ブテン(液体, C_4H_8) \tag{4・8}$$

反応熱を扱うときの符号の約束は自由エネルギーの場合と同じである．反応熱は生成物のエンタルピーと反応物のエンタルピーの差である．

$$\Delta H°(反応) = H°(生成物) - H°(反応物) \tag{4・9}$$

熱が放出される反応は**発熱反応**(exothermic reaction)といい，熱が吸収される反応は**吸熱反応**(endothermic reaction)という．発熱反応の $\Delta H°$ は式(4・9)から負の符号をもち，吸熱反応の $\Delta H°$ は正の符号をもつ．trans-2-ブテンの生成熱(式4・8)は -11.6 kJ mol^{-1} であり，このことは trans-2-ブテンが炭素と水素から生成するときに熱が放出されること，つまりこのアルケンはもととなる 4 mol ずつの C と H_2 よりもエネルギーが低いことを意味する．

生成熱は分子の相対的エンタルピー，すなわち二つの化合物のどちらがよりエネルギーが低いかを決めるときに用いられる．その手順を例題 4・8 に示す．

例題 4・8

2-ブテンのシスおよびトランス異性体間の標準エンタルピー差を計算せよ．どちらの異性体がより安定かを明らかにせよ．シス異性体の生成熱は -7.40 kJ mol^{-1}，トランス異性体の生成熱は -11.6 kJ mol^{-1} である．

解　法　問題が求めているエンタルピー差は次の仮想的な反応の $\Delta H°$ に相当する．

$$\begin{array}{ccc} & cis\text{-}2\text{-}ブテン & \longrightarrow & trans\text{-}2\text{-}ブテン \\ \Delta H_f° \text{ (kJ mol}^{-1}) & -7.40 & & -11.6 \end{array} \tag{4・10}$$

式(4・9)の $H°$ 値の代わりに対応する生成熱を用いて標準エンタルピー差を求める．そこで出発物である cis-2-ブテンの $\Delta H_f°$ から生成物である trans-2-ブテンの $\Delta H_f°$ を引く．したがって，この反応の $\Delta H°$ は $-11.6 - (-7.40) = -4.2$ kJ mol^{-1} となる．つまり trans-2-ブテンは cis-2-ブテンよりも 4.2 kJ mol^{-1} だけ安定である．

例題 4・8 で用いた手順は，化学反応とそれに伴うエネルギーは代数的に加減できるという事実に基づいている．この原理は **Hess の法則**(Hess's law, 総熱量不変の法則 law of constant heat summation ともいう)として知られている．Hess の法則は熱力学第一法則の直接的な帰結であり，二つの化合物のエネルギー差は測定に用いた経路(あるいは反応)によらないというものである．したがって，例題 4・8 で行ったことは，二つの生成反応とそれに伴うエンタルピー変化を，一方は正方向，他方は逆方向に

して足し合わせたことにほかならない．

反応式		$\Delta H°$ (kJ mol^{-1})	
4C + 4H$_2$	⟶ *trans*-2-ブテン	-11.6	(4・11a)
cis-2-ブテン	⟶ 4C + 4H$_2$	$+7.4$	(4・11b)
和 *cis*-2-ブテン	⟶ *trans*-2-ブテン	-4.2	(4・11c)

cis- および *trans*-2-ブテンは異性体であるから，構成元素は同じであり，上の操作で相殺される．これを図 4・8 で図示する．異性体ではない化合物の間で比較しようとすると，二つの生成反応の式は異なる量の炭素と水素を含むことになるから，式の和を求めると余分の C と H$_2$ が残ってしまい，望みの比較はできない．

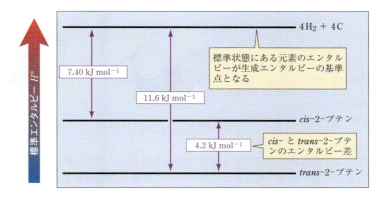

図 4・8　生成熱を使って二つの異性体の相対エンタルピーを求める方法．両化合物のエンタルピーを共通の参照物質，すなわちそれらの構成元素，に対する相対値として求める．生成熱の差は異性体間のエンタルピーの差に等しい．

生成反応は実際に観測できる反応ではないので，生成熱は直接測定することはできない．生成熱は，実際に観測できる反応，たとえば燃焼(§2・7)や触媒的水素化(§4・9A)のエンタルピー変化を Hess の法則を使って組合わせることによって求められる．生成熱はこれらのさまざまな起源のエンタルピーのデータをもとに計算される．

問題

4・13 (a) 1-ブテン → 2-メチルプロペンという仮想的な反応のエンタルピー変化を計算せよ．1-ブテンの生成熱は -0.30 kJ mol^{-1}，2-メチルプロペンの生成熱は -17.3 kJ mol^{-1} である．
(b) (a)のどちらの異性体がより安定か．

4・14 (a) 2-エチル-1-ブテン → 1-ヘキセンの反応の標準エンタルピー変化が $+15.3$ kJ mol^{-1} であり，1-ヘキセンの $\Delta H_f°$ が -40.5 kJ mol^{-1} であるとするならば，2-エチル-1-ブテンの $\Delta H_f°$ はいくらか．
(b) (a)のどちらの異性体がより安定か．

4・15 CO$_2$ の $\Delta H_f°$ は -393.51 kJ mol^{-1} であり，H$_2$O の $\Delta H_f°$ は -285.83 kJ mol^{-1} である．1-ヘプテンの燃焼熱 -4693.1 kJ mol^{-1} から 1-ヘプテンの $\Delta H_f°$ を計算せよ．

B. アルケン異性体の相対的安定性

アルケンの生成熱から，アルケンのさまざまな構造的特徴がその安定性に及ぼす影響を知ることができる．生成熱を用いて二つの疑問を解いてみよう．一つは，シス形アルケンとトランス形アルケンのど

ちらがより安定か，という疑問，もう一つは，二重結合に結合するアルキル置換基の数がアルケンの安定性にどのように影響しているか，という疑問である．

例題 4・8 から trans-2-ブテンの方が cis-2-ブテンよりも 4.2 kJ mol^{-1} だけ生成エンタルピーが小さいことがわかった（式 4・11c 参照）．事実，ほとんどすべてのトランス形アルケンはそのシス形異性体よりも安定である．その理由は，シス形アルケンでは大きな基が二重結合の同じ側の平面を占めていることにある．たとえば，cis-2-ブテンの空間充塡模型（図 4・9a）を見ると，メチル基の水素の一つが他方のメチル基の水素の van der Waals 半径以内に入り込んでいることがわかる．したがって，メチル基の間に gauche-ブタン（図 2・6）で見られたような van der Waals 反発が働いている．これに対してトランス形異性体ではメチル基が離れているのでそのような反発は起こらない．生成熱から，シス形アルケンで van der Waals 反発があることが示唆されるだけではなく，そのような反発の大きさについての定量的な情報も得られる．

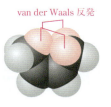

図 4・9 （a）cis-2-ブテンと（b）trans-2-ブテンの空間充塡模型．cis-2-ブテンでは二つのメチル基の水素（赤色）の間に van der Waals 反発が働いている．trans-2-ブテンではそのような van der Waals 反発は存在しない．

(a) cis-2-ブテン　　(b) trans-2-ブテン

アルケンの安定性に大きな影響を及ぼすアルケンの構造上のもう一つの特徴は，<u>二重結合炭素に直接結合しているアルキル基の数</u>である．たとえば，次の二つの異性体の生成熱を比べてみよう．上の化合物では二重結合に結合しているアルキル基は 1 個であるが，下の化合物では 2 個である．

$$\begin{array}{c} \text{H} \quad\quad \text{CH(CH}_3)_2 \\ \text{C}=\text{C} \\ \text{H} \quad\quad \text{H} \end{array} \quad \text{二重結合に結合するアルキル基は一つ}$$

$\Delta H_f^\circ = -27.4 \text{ kJ mol}^{-1}$ (4・12a)

$$\begin{array}{c} \text{H} \quad\quad \text{CH}_3 \\ \text{C}=\text{C} \\ \text{H} \quad\quad \text{CH}_2\text{CH}_3 \end{array} \quad \text{二重結合に結合するアルキル基は二つ}$$

$\Delta H_f^\circ = -35.1 \text{ kJ mol}^{-1}$ (4・12b)

二重結合炭素に 2 個のアルキル基が結合している異性体の方がより負で大きな生成熱をもち，したがってより安定である．表 4・1 にある他のアルケン異性体対のデータからも，二重結合に直接結合したアルキル基の数が増すに従って安定になる傾向が見られる．これらのデータは，<u>アルケンが二重結合に結合しているアルキル基によって安定化されること</u>を示している．アルケン異性体の安定性を比較すると，<u>二重結合に最大数のアルキル置換基をもつアルケンが一般に最も安定である</u>ことがわかる．

大雑把にいって，アルケンの安定性を支配するのは二重結合に結合している基の種類よりむしろその<u>数</u>である．いいかえれば，二重結合に大きな基を一つもつ分子よりも小さな基を二つもつ異性体の方が安定である．表 4・1 の最初の二つの化合物がそのことを示している．二重結合にメチル基とプロピル基が結合している (E)-2-ヘキセンの方が 1 個のブチル基が二重結合に結合している 1-ヘキセンよりも安定である．

二重結合にアルキル基が結合しているとなぜアルケンの安定性が増すのだろうか．アルキル基が二重結合に結合しているアルケンと二重結合以外の位置に結合しているアルケンを比較することは，実は sp^2-sp^3 炭素-炭素結合と sp^3-1s 炭素-水素結合の組合わせを sp^3-sp^3 炭素-炭素結合と sp^2-1s 炭素-水

4・5 アルケン異性体の相対的安定性

表 4・1 アルケンの安定性に対する枝分かれの効果

アルケンの構造*	二重結合に結合するアルキル基の数	ΔH_f°	エンタルピー差
$H_2C=CH-CH_2CH_2CH_3$	1	$-40.5\ kJ\ mol^{-1}$	$-10.6\ kJ\ mol^{-1}$
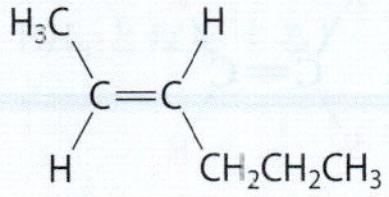 (H₃C)(H)C=C(H)(CH₂CH₂CH₃)	2	$-51.1\ kJ\ mol^{-1}$	
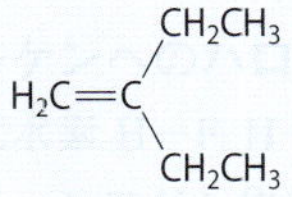 H₂C=C(CH₂CH₃)(CH₂CH₃)	2	$-55.8\ kJ\ mol^{-1}$	$-5.7\ kJ\ mol^{-1}$
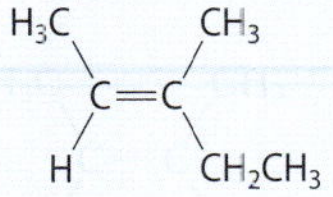 (H₃C)(H)C=C(CH₃)(CH₂CH₃)	3	$-61.5\ kJ\ mol^{-1}$	
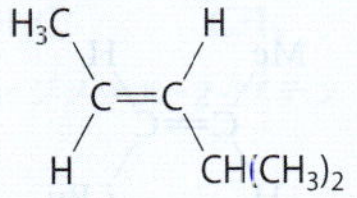 (H₃C)(H)C=C(H)(CH(CH₃)₂)	2	$-60.1\ kJ\ mol^{-1}$	$-2.6\ kJ\ mol^{-1}$
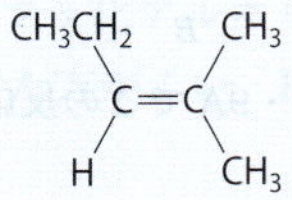 (CH₃CH₂)(H)C=C(CH₃)(CH₃)	3	$-62.7\ kJ\ mol^{-1}$	
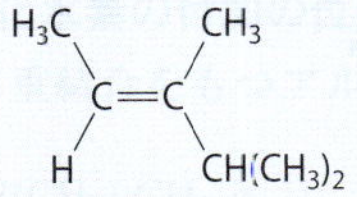 (H₃C)(H)C=C(CH₃)(CH(CH₃)₂)	3	$-88.4\ kJ\ mol^{-1}$	$-2.1\ kJ\ mol^{-1}$
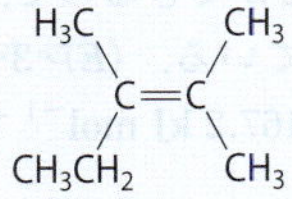 (CH₃CH₂)(H)C=C(CH₃)(CH₃)	4	$-90.5\ kJ\ mol^{-1}$	

* 各組の二つの化合物は枝分かれの数は同じだが,枝が二重結合についているかどうかが違う.

素結合の組合わせと比較することになる.

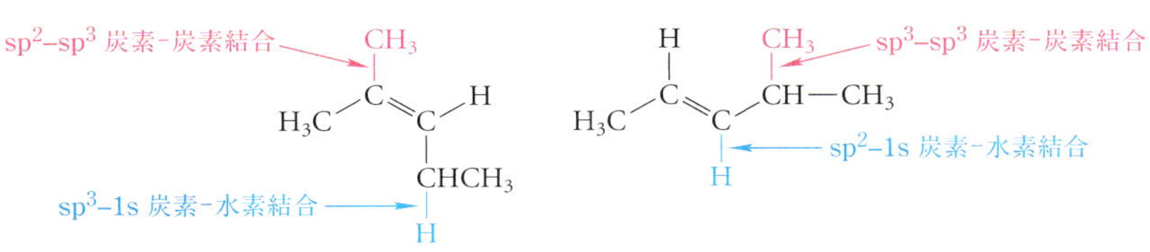

より安定なアルケン側: sp^2-sp^3 炭素–炭素結合 (CH₃ on C=C), sp^3-1s 炭素–水素結合 (H on CHCH₃)

他方: sp^3-sp^3 炭素–炭素結合 (CH₃ on CH–CH₃), sp^2-1s 炭素–水素結合 (H on C=C)

この比較でわかることは sp^2-sp^3 炭素–炭素結合が sp^3-sp^3 炭素–炭素結合より強いということである (水素への結合の効果はほぼ同じでしかも小さい).結合強度が増大すれば生成熱は低下する.

それではなぜ sp^2-sp^3 炭素–炭素結合は sp^3-sp^3 炭素–炭素結合より強いのだろうか.結合強度はその結合中の電子のエネルギーと直接関係している.結合電子のエネルギーが低いほど,結合は強くなる. s 電子は p 電子よりもエネルギーが低いから,s 性の大きな結合は s 性の小さな結合よりも低いエネルギーの電子をもつ.したがって sp^2-sp^3 炭素–炭素結合のような s 性の大きな結合は sp^3-sp^3 炭素–炭素結合のような s 性の小さな結合よりも強い.<u>結合を構成する混成軌道の s 性の割合が大きいほど結合強度は大きい.</u>

る．一般に，アルキル基を多くもつ二重結合炭素にハロゲンが結合し，アルキル基が少ない二重結合炭素に水素が結合した異性体が主生成物となる．

反応によって二つ以上の構造異性体が生成する可能性があり，その一つが他よりも多く生成する場合，その反応は**位置選択的**(regioselective)な反応であるという．1-アルケンへのハロゲン化水素の付加では可能な構造異性体生成物の一方だけが生成するので，非常に位置選択的である．

アルケンの二重結合炭素が同数のアルキル基をもつ場合は，アルキル基の大きさが違っていても位置選択性はほとんどあるいはまったく観測されない．

$$\text{HBr} + \text{CH}_3\text{CH}=\text{CHCH}_2\text{CH}_3 \longrightarrow \underset{\underset{\text{2-ブロモペンタン}}{}}{\text{CH}_3\text{CH}-\text{CHCH}_2\text{CH}_3} + \underset{\text{3-ブロモペンタン}}{\text{CH}_3\text{CH}-\text{CHCH}_2\text{CH}_3} \quad (4\cdot17)$$
（ほぼ同量）

2-ペンテン (EまたはZ)

> **問題**
> **4・19** ハロゲン化水素のアルケンへの付加の位置選択性の知識を用いて次の反応の生成物を予測せよ．
> (a) 2-メチルプロペンとH-Clの反応   (b) 1-メチルシクロヘキセンとH-Brの反応

B. ハロゲン化水素の付加におけるカルボカチオン中間体

長い間ハロゲン化水素の付加の位置選択性は実験事実に基づいているだけであった．この位置選択性の根底にある理由を探求するために，この反応だけではなく他の多くの反応をより広く理解する段階に進むことにしよう．

ハロゲン化水素の付加の位置選択性の現代的理解は，全体の反応が実際には連続する2段階の反応で起こることから出発する．それらを順に考えていこう．

最初の段階で，アルケンのπ結合にある電子対がハロゲン化水素のプロトンに供与される*．π電子の方がσ電子より高エネルギーなのでσ電子ではなくπ電子が反応に関わる(§4・1A)．その結果炭素-炭素二重結合は一つの炭素原子上でプロトン化される．他方の炭素は正電荷をもち電子が不足した状態になる．

---

* 訳注：日本語版では巻矢印表記法の一部に原著と異なる方法をとっている．たとえば式(4・18a)は原著では次のようになっているが，この表記法では水素が二重結合のどちらの炭素と結合するのかが巻矢印を見ただけでは曖昧である．日本語版のように新たに結合をつくる炭素上を巻矢印が通過するような描き方をすることにより結合する炭素を明示することができる．

原著巻矢印   RCH=CHR ⇌ RCH—CHR   :Br:⁻

正に荷電し電子不足の炭素をもつ化学種は**カルボカチオン**(carbocation)とよばれる〔古い文献では**カルボニウムイオン**(carbonium ion)という用語が用いられた〕．アルケンからのカルボカチオンの生成はBrønsted 酸-塩基反応であり(§3・4A)，π結合が Brønsted 塩基として Brønsted 酸である H−Br に対して働く．π結合は非常に弱い塩基であるにもかかわらず HBr のような強酸によってわずかながらプロトン化される．

生成するカルボカチオンは強力な Lewis 酸であり，したがって強い求電子剤である．ハロゲン化水素の付加の第二段階で，Lewis 塩基すなわち求核剤であるハロゲン化物イオンがカルボカチオンの電子不足の炭素原子と反応する．

$$\underset{\text{求電子剤}}{\overset{+}{R}CH-CH_2R} \xrightarrow{:\ddot{B}r:^- \text{ 求核剤}} \underset{}{RCH-CH_2R} \quad :\ddot{B}r: \tag{4・15b}$$

これは Lewis 酸-塩基会合反応である(§3・1B)．

アルケンへのハロゲン化水素の付加の過程で生成するカルボカチオンは，**反応性中間体**〔reactive intermediate，**不安定中間体**(unstable intermediate)ともよばれる〕の例であり，非常に速く反応するので非常に低い濃度でしか存在しえない．ほとんどのカルボカチオンは非常に反応性が高く，特殊な状況以外では単離できない．ハロゲン化水素とアルケンとの反応では，生成したカルボカチオンはハロゲン化物イオンと速やかに反応するので単離することはできない．

カルボカチオンのような反応性中間体も含めて反応の詳細な過程の記述を反応の**機構**(mechanism)という．アルケンへのハロゲン化水素の付加の機構における二つの段階を整理すると，

1. 二重結合の炭素がプロトン化される(Brønsted 酸-塩基反応)．
2. 生成するカルボカチオンにハロゲン化物イオンが反応する(Lewis 酸-塩基会合反応)．

アルケンへのハロゲン化水素の付加の機構が理解できたので，位置選択性の問題がこの機構でどのように説明されるのかを見よう．アルケンの二重結合が分子内で対称的に位置していない場合，二重結合のプロトン化は 2 通りの経路で起こり，2 種類の異なるカルボカチオンを生成する．たとえば，2-メチルプロペンにプロトン化が起こると，t-ブチルカチオン(式 4・19a)あるいはイソブチルカチオン(式 4・19b)のいずれかが生成しうる．

$$\underset{\text{2-メチルプロペン}}{\overset{CH_3}{\underset{CH_3}{>}}C=CH_2} \quad H-\ddot{B}r: \quad \rightleftarrows \quad \underset{t\text{-ブチルカチオン}}{\overset{CH_3}{\underset{CH_3}{>}}\overset{+}{C}-CH_2-H} \quad :\ddot{B}r:^- \tag{4・19a}$$

$$\underset{\text{2-メチルプロペン}}{\overset{CH_3}{\underset{CH_3}{>}}C=CH_2} \quad H-\ddot{B}r: \quad \overset{\times}{\rightleftarrows} \quad \underset{\substack{\text{イソブチルカチオン}\\(\text{生成しない})}}{H_3C-\overset{H}{\underset{CH_3}{C}}-\overset{+}{C}H_2} \quad :\ddot{B}r:^- \tag{4・19b}$$

この二つの反応は競争している．つまり二つの反応は同じ出発物から競い合って起こるので，一方が起これば他方は起こらない．上の反応では式(4・19a)の反応が式(4・19b)の反応よりはるかに速く起こるので，t-ブチルカチオンだけが排他的に生成する．t-ブチルカチオンが生成する唯一のカルボカチオンなので，これが臭化物イオンと反応することができる唯一のカルボカチオンである．したがって 2-メ

チルプロペンへの HBr の付加で生成する唯一の生成物は臭化 t-ブチルである．

$$\begin{array}{c}\text{H}_3\text{C}\\ \\ \text{H}_3\text{C}\end{array}\!\!\!\overset{:\ddot{\text{Br}}:^-}{\underset{}{\overset{+}{\text{C}}\!\!-\!\!\text{CH}_3}} \longrightarrow \text{H}_3\text{C}\!-\!\!\underset{\text{CH}_3}{\overset{:\ddot{\text{Br}}:}{\underset{|}{\overset{|}{\text{C}}}}}\!\!-\!\text{CH}_3 \qquad (4\cdot 20)$$

臭化 t-ブチル

2-メチルプロペンのアルキル基がより多い二重結合炭素に臭化物イオンが結合していることに注意しよう．いいかえれば，<u>ハロゲン化水素付加の位置選択性は二つの可能なカルボカチオンの一方だけが生成することの結果である</u>．

　HBr の付加でなぜ t-ブチルカチオンがイソブチルカチオンより速く生成するのかを理解するためには，反応速度に影響を及ぼす因子を理解する必要がある．カルボカチオンの相対的安定性が HBr 付加の速度を理解するための鍵である．したがって，カルボカチオンの安定性を議論することが，反応速度をより一般的に議論するために不可欠な出発点となる．

C. カルボカチオンの構造と安定性

カルボカチオンは電子不足炭素原子におけるアルキル置換の程度で分類される．

$$\underset{\text{第一級}\atop\text{カルボカチオン}}{\text{H}\!-\!\overset{+}{\underset{\text{H}}{\text{C}}}\!-\!\text{R}} \qquad \underset{\text{第二級}\atop\text{カルボカチオン}}{\text{R}\!-\!\overset{+}{\underset{\text{H}}{\text{C}}}\!-\!\text{R}} \qquad \underset{\text{第三級}\atop\text{カルボカチオン}}{\text{R}\!-\!\overset{+}{\underset{\text{R}}{\text{C}}}\!-\!\text{R}} \qquad (4\cdot 21)$$

すなわち，電子不足炭素にアルキル基を1個もつものを第一級カルボカチオン，2個もつものを第二級カルボカチオン，3個もつものを第三級カルボカチオンという．たとえば式(4・19b)のイソブチルカチオンは第一級カルボカチオンであり，式(4・19a)の t-ブチルカチオンは第三級カルボカチオンである．

表 4・2　ブチルカチオン異性体の生成熱(気相，25 ℃)

カチオンの構造	名　称	生成熱 ($kJ\ mol^{-1}$)	相対エネルギー* ($kJ\ mol^{-1}$)
$CH_3CH_2CH_2\overset{+}{C}H_2$	ブチルカチオン	845	155
$(CH_3)_2CH\overset{+}{C}H_2$	イソブチルカチオン	828	138
$CH_3\overset{+}{C}HCH_2CH_3$	s-ブチルカチオン	757	67
$(CH_3)_3\overset{+}{C}$	t-ブチルカチオン	690	(0)

＊　各カルボカチオンと最も安定な t-ブチルカチオンとのエネルギー差．

　ブチルカチオン異性体の気相での生成熱を表 4・2 に示す．この表のデータは<u>電子不足炭素に結合するアルキル基はカルボカチオンを強く安定化すること</u>を示している(表の上二つの例を比べると，それ以外の炭素に結合するアルキル基は安定性に対してずっと小さい効果しかもたないことがわかる)．したがって，カルボカチオン異性体の相対的安定性は次のようになる．

カルボカチオンの安定性：　　　第三級 ＞ 第二級 ＞ 第一級　　　　　　　(4・22)

"安定性が大きい"とは"エネルギーが低い"という意味であることを思い出そう．

　この安定性の順序の理由を理解するために，まず図 4・10 に示した t-ブチルカチオンを例にとって，カルボカチオンの幾何構造と電子構造を考えよう．カルボカチオンの電子不足炭素は<u>平面三角形構造</u>

(§1・3B)をもち，したがって二重結合炭素(§4・1A)と同じく sp² 混成である．しかしカルボカチオンでは電子不足炭素上の 2p 軌道は電子をもたない．

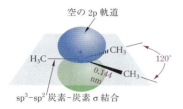

図 4・10 *t*-ブチルカチオンの混成と幾何構造．平面三角形構造と 4 個の炭素がなす平面に垂直な空の 2p 軌道に注意しよう．1995 年に X 線結晶解析で決定された C-C 結合距離は，本文で述べたように超共役のためにプロペンの sp²-sp³ C-C 結合距離(0.150 nm)より小さい．

アルキル基によるカルボカチオンの安定化に対する説明は，アルキル基によるアルケンの安定化に対する説明(§4・5B)と一部は同じである．すなわち，アルキル基が多いほど sp²-sp³ 炭素-炭素結合が多くなる．しかし，表 4・1 と表 4・2 のデータを比較するとわかるように，1 個のアルキル基はアルケンを約 7 kJ mol⁻¹ だけ安定化するのに対して，カルボカチオンをほぼ 70 kJ mol⁻¹ も安定化する．いいかえれば，アルキル基によるカルボカチオンの安定化はアルケンの安定化よりかなり大きい．

アルキル基によるカルボカチオンの安定化を説明するもう一つの因子に**超共役**(hyperconjugation)とよばれる現象がある．これはカルボカチオンの空の 2p 軌道が隣接する σ 結合の結合電子と重なりあうことで生じる．

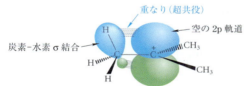

この図において結合電子を提供する σ 結合は隣接する C-H 結合である．超共役がエネルギー的に有利であるのは余分な結合が生じるためである．すなわち，C-H 結合の電子は C と H の結合だけではなく電子不足炭素との結合にも寄与する．この結合は安定化効果をもつ．この結合を共鳴構造式で次のように表すことができる．

$$\left[\begin{array}{c} \text{構造式 1} \end{array} \longleftrightarrow \begin{array}{c} \text{構造式 2} \end{array} \right] \quad (4 \cdot 23)$$

共有される電子を赤色で示す(共鳴の意味を思い出そう．実際のカルボカチオンはこの二つの共鳴構造式の特徴を兼ね備えた単一の化学種である．したがって右側の構造式のプロトンは動いておらず，この分子の一部である)．右の共鳴構造式で示唆される二重結合性は *t*-ブチルカチオンの炭素-炭素結合距離に反映されている．この結合(0.144 nm)はプロペンの炭素-炭素単結合(0.150 nm)よりかなり短い．

各メチル基の C-H 結合について同様の共鳴構造式を描くことができる．いいかえれば，それぞれのアルキル基が超共役に寄与してより大きな安定化をもたらす．したがって，電子不足炭素へのアルキル置換はカルボカチオンを安定化することになる．

カルボカチオンの安定性とアルケンへのハロゲン化水素の付加についてこれまで学んできたことをまとめよう．付加は 2 段階で起こる．最初の段階でアルケン二重結合のプロトン化がアルキル基のより少ない炭素で起こり，電子不足炭素により多くのアルキル基が結合しているより安定なカルボカチオンが生成する．次の段階でこのカルボカチオンの電子不足炭素にハロゲン化物イオンが付加して反応が完結する．

G. Olah，休日のパーティー，ノーベル賞

カルボカチオンは多くの場合不安定すぎて単離することのできない反応性中間体なので，その存在がはじめて仮説として提唱されて以来長い間仮想的なものであった．しかし反応性中間体として重要であるがゆえにそれらを合成しようとする試みが繰返し行われ失敗に終わってきた．1966～1967年に当時米国ケースウェスタンリザーブ大学にいた G. A. Olah（1927～2017）らは，多くの純粋なカルボカチオン塩の溶液の作成法を開発して，その性質を研究した．たとえば，$-80\,°C$ で 2-メチルプロペンをプロトン化することによって基本的に純粋な t-ブチルカチオンの溶液を作成した．彼らは酸として，HF と強力な Lewis 酸である SbF_5 から生成する強酸 $H^{+\ -}SbF_6$ を用いた．

フッ化物イオンは SbF_6^- 錯体イオンの中に強固に結合しているので t-ブチルカチオンに対して求核剤として働くことができない．

Olah らによるこの方法は，思わぬ発見によって得られた．1966 年に彼らがマジック酸（magic acid）とよんだ $HSbF_6$ を発見したばかりであった．休日のパーティーの後で，使ったろうそくの欠片をマジック酸に入れた．欠片がマジック酸に溶けるのを見て，その溶液を核磁気共鳴吸収（NMR）装置で調べてみた（諸君は NMR が構造決定の強力な手段であることを 13 章で学ぶ）．彼らはそこでカルボカチオンが生成している紛れもない証拠を見いだした．これが数多くのカルボカチオンを発生させその構造を調べるという実り多い研究の発端となった．その後 Olah は南カリフォルニア大学の教授となった．彼はカルボカチオンの化学における業績によって 1994 年のノーベル化学賞を受賞した．

$$(CH_3)_2C=CH_2 + H^{+\ -}SbF_6 \xrightarrow[ClSO_2F\ (溶媒)]{-80\,°C} (CH_3)_3C^{+\ -}SbF_6 \qquad (4\cdot24)$$

2-メチルプロペン　　　　　　　　　　　　　　　　　　t-ブチルカチオンの
　　　　　　　　　　　　　　　　　　　　　　　　　　ヘキサフルオロアンチモン酸塩

多くの有機化学反応は反応性中間体を調べることで理解することができる．カルボカチオンは重要な反応性中間体であり，ハロゲン化水素の付加の機構のみならず，他の多くの反応の機構にも出てくる．したがってカルボカチオンについての知識はこれからもしばしば使うことになる．

問題

4・20 次の各組のカルボカチオン異性体を第一級，第二級，第三級に分類せよ．各組で最も安定なカルボカチオンはどれか．その根拠を述べよ．

(a)　　　　　　　　　　　　　　　　　　　　　　　　　　　　　　　　(b)

$H_3C-\overset{CH_3}{\underset{CH_3}{\overset{|}{\underset{|}{C}}}}-\overset{+}{C}H_2$　　$H_3C-\overset{+}{\underset{CH_3}{\overset{|}{C}}}-CH_2CH_3$　　$H_3C-\overset{H}{\underset{CH_3}{\overset{|}{\underset{|}{C}}}}-\overset{+}{C}HCH_3$

　　A　　　　　　　　　　B　　　　　　　　　　C　　　　　　　　　A　　　　　B　　　　C

4・21 巻矢印を使った機構を書いて，HBr と 2-メチル-1-ペンテンの反応の生成物を予測せよ．

例題 4・9

HBr の付加によって 2-ブロモペンタンが主要な（あるいは唯一の）生成物となるアルケンの構造式を描け（数字は解法のための参照番号である）．

$$アルケン + HBr \longrightarrow \underset{2\text{-ブロモペンタン}}{CH_3CH_2CH_2\overset{\overset{3\ \ 2\ \ 1}{}}{\underset{Br}{C}H}CH_3}$$

4・7 アルケンへのハロゲン化水素の付加　139

解　法　生成物の臭素は H–Br に由来する．しかし生成物には水素がたくさんある！どの水素がはじめからあり，どの水素が H–Br からきたのだろうか．まず臭素が結合している炭素はもともと二重結合の炭素の一つだったことを認識しよう．すると二重結合のもう一方の炭素はそれに隣接しているはずである(なぜなら同じ二重結合に含まれる炭素は互いに隣接しているのだから)．この事実を使って出発物である可能性があるすべてのアルケンを組立ててみよう．"逆向きに考える"のである．すなわち臭素および隣接する炭素に結合する水素を順に取除いてみる．

炭素-2 の Br と炭素-3 の H を取除く　⇒　CH₃CH₂CH＝CHCH₃
　　　　　　　　　　　　　　　　　　　　2-ペンテン(シスあるいはトランス)

炭素-2 の Br と炭素-1 の H を取除く　⇒　CH₃CH₂CH₂CH＝CH₂
　　　　　　　　　　　　　　　　　　　　1-ペンテン

(記号 ⇒ は"出発物と考えられる"を意味する)．このどちらが正しいのだろうか．それともどちらも正しいのだろうか．頭の中でそれぞれの化合物に HBr を付加させてみればよい．すでに学んだ HBr の付加の位置選択性を当てはめると，望みのハロゲン化アルキルは 1-ペンテンから主生成物として得られるという結論に達する．2-ペンテンの二重結合炭素はいずれも同数のアルキル基をもっているから，式(4・17)によればこの出発物からは望みの生成物だけでなく別の生成物も得られる．

CH₃CH₂CH＝CHCH₃ ＋ HBr ⟶ CH₃CH₂CH₂CHCH₃ ＋ CH₃CH₂CHCH₂CH₃
　　2-ペンテン　　　　　　　　　　　　　｜　　　　　　　　｜
　　　　　　　　　　　　　　　　　　　　Br　　　　　　　　Br
　　　　　　　　　　　　　　　　　　2-ブロモペンタン　　3-ブロモペンタン

さらに，この二つの生成物はほぼ同量得られるはずである．つまり望みの化合物の収量は比較的低く，しかもその異性体とほぼ同じ沸点をもつので分離するのが難しい．したがって，1-ペンテンが望みのハロゲン化アルキルを主生成物として(つまりほぼこれだけを)与える唯一のアルケンである．

　このタイプの問題を解くには，出発物になりうるものを見つけだすだけでは不十分である．反応の特徴，この場合は位置選択性をふまえて，これらの出発物が本当に望みの生成物だけを与えるのかどうかを判断しなければならない．

問　題

4・22 H–Br の付加によって次の化合物をおもな(あるいは唯一の)生成物として与えるようなアルケンを二つずつあげよ．
(a) (構造式: Br をもつ分岐アルキル) (b) (構造式: シクロヘキサンに Me と Br が結合)

D. ハロゲン化水素の付加におけるカルボカチオン転位

　アルケンへのハロゲン化水素の付加で予想外の生成物を与える場合がある．たとえば次の例である．

$$\underset{\underset{CH_3}{|}}{\overset{\overset{CH_3}{|}}{H_3C-C-CH=CH_2}} + HCl \longrightarrow \underset{\underset{CH_3}{|}}{\overset{\overset{CH_3}{|}}{H_3C-C-CH-CH_3}} + \underset{\underset{CH_3}{|}}{\overset{\overset{CH_3}{|}}{H_3C-C-CH-CH_3}} \quad (4・25)$$

　　　　　　　　　　　　　　　　　　　　　　Cl　　　　　Cl
　　　　　　　　　　　　　　　　　　　(17%)　　　　　　(83%)

副生成物は二重結合への通常の位置選択的付加の結果である．しかし主生成物の起源は一見わかりにくい．主生成物の炭素骨格をよく見ると，転位が起こっていることがわかる．**転位**(rearrangement)と

は，出発物の一つの基が生成物で別の位置に移動することである．この場合では，アルケンの一つのメチル基(赤色)が生成物の別の位置に移動している．その結果，生成物のハロゲン化アルキルでの炭素のつながり方は出発物での炭素のつながり方とは異なっている．2番目の生成物を与えることになる転位は最初は不思議に思えるかもしれないが，この反応におけるカルボカチオン中間体の行く末を考えると容易に理解することができる．

この反応は通常の HCl の付加と同様に始まる．すなわち，電子不足炭素により多くのアルキル基をもつカルボカチオンが生成するように二重結合のプロトン化が起こる．

$$H_3C-\underset{CH_3}{\underset{|}{\overset{CH_3}{\overset{|}{C}}}}-CH=CH_2 + H-\ddot{\underset{\cdot\cdot}{Cl}}: \longrightarrow H_3C-\underset{CH_3}{\underset{|}{\overset{CH_3}{\overset{|}{C}}}}-\overset{+}{C}H-CH_3 + :\ddot{\underset{\cdot\cdot}{Cl}}:^- \tag{4·26}$$

第二級カルボカチオン

このカルボカチオンに Cl^- が反応すると，式(4·25)の副生成物を与えることになる．しかしこのカルボカチオンは別のタイプの反応を起こすことができる．すなわち転位である．

$$H_3C-\underset{CH_3}{\underset{|}{\overset{CH_3}{\overset{|}{C}}}}-\overset{+}{C}H-CH_3 \longrightarrow H_3C-\underset{CH_3}{\underset{|}{\overset{CH_3}{\overset{|}{\overset{+}{C}}}}}-CH-CH_3 \tag{4·27a}$$

第二級カルボカチオン　　　　第三級カルボカチオン

この反応で，メチル基は結合電子対とともに電子不足炭素の隣の炭素から電子不足炭素へと移動する．その結果，このメチル基が去った後の炭素は電子不足となり正電荷をもつ．つまり転位によってカルボカチオンが別のカルボカチオンになる．これはまさに Lewis 酸-塩基反応であって，電子不足炭素が Lewis 酸であり，結合電子対を伴って移動する基が Lewis 塩基である．この反応によって転位したカルボカチオンの電子不足炭素が新たな Lewis 酸となる．

式(4·25)の主生成物は新たなカルボカチオンと Cl^- との Lewis 酸-塩基反応によって生成する．

$$H_3C-\underset{+}{\overset{CH_3}{\overset{|}{C}}}-CH(CH_3)_2 + :\ddot{\underset{\cdot\cdot}{Cl}}:^- \longrightarrow H_3C-\underset{:\ddot{\underset{\cdot\cdot}{Cl}}:}{\underset{|}{\overset{CH_3}{\overset{|}{C}}}}-CH(CH_3)_2 \tag{4·27b}$$

カルボカチオンの転位はなぜ起こるのだろうか? 反応(4·27a)の場合，より不安定な第二級カルボカチオンからより安定な第三級カルボカチオンが生成する，つまり，転位したイオンの安定性が増すことによって転位が促進される．

カルボカチオン転位の最初の記述

転位反応においてカルボカチオンが関与することを初めて明確に述べたのは米国ペンシルベニア州立大学の F. C. Whitmore (1887〜1947) である(このような転位はかつて Whitmore 転位とよばれた)．Whitmore は "電子不足状態にある原子が，不足している電子対を分子内の隣接する原子から求める" ときにカルボカチオン転位が起こると述べた．Whitmore の記述はこの反応が Lewis 酸-塩基反応であることをはっきり述べている．

カルボカチオン転位は単に研究室での興味の的であるだけではない．生体内でも特にステロイドのような環状化合物を生成する生物学的経路でよく起こる(§17·6C)．

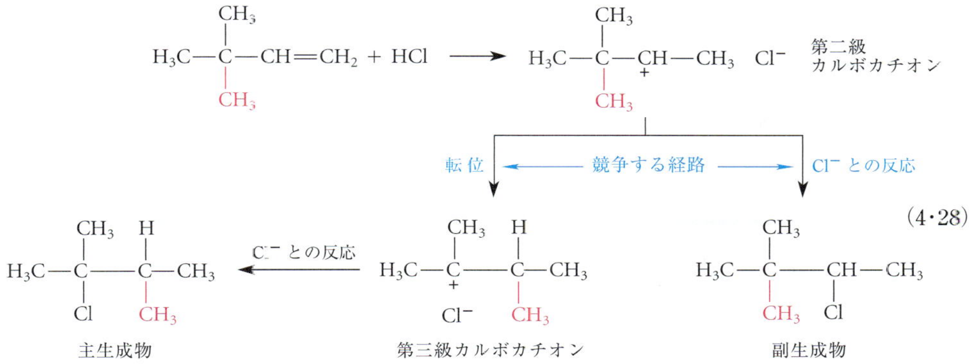

4・7 アルケンへのハロゲン化水素の付加

$$H_3C-\underset{\underset{CH_3}{|}}{\overset{\overset{CH_3}{|}}{C}}-CH=CH_2 + HCl \longrightarrow H_3C-\underset{\underset{CH_3}{|}}{\overset{\overset{CH_3}{|}}{C}}-\overset{+}{C}H-CH_3 \quad Cl^- \quad 第二級カルボカチオン$$

競争する経路：転位 ← → Cl⁻との反応

(4・28)

主生成物 ← Cl⁻との反応 ─ 第三級カルボカチオン ─ 副生成物

カルボカチオンが二つの経路で反応することを学んだ．それは，(1) 求核剤との反応と，(2) より安定なカルボカチオンへの転位，である．式(4・25)の結果はこれら二つの経路が競争していることを示している．どんな場合でも，それぞれの生成物がどれだけ生成するのかを正確に予測することはできない．にもかかわらず，カルボカチオン中間体の反応はいずれの生成物の生成も合理的であることを示している．

カルボカチオンの転位はアルキル基の移動に限られるわけではない．次の反応では，主生成物はカルボカチオン中間体の転位で生じている．この転位は**ヒドリド移動**(hydride shift)，すなわち結合電子対を伴った水素の移動によって起こる．

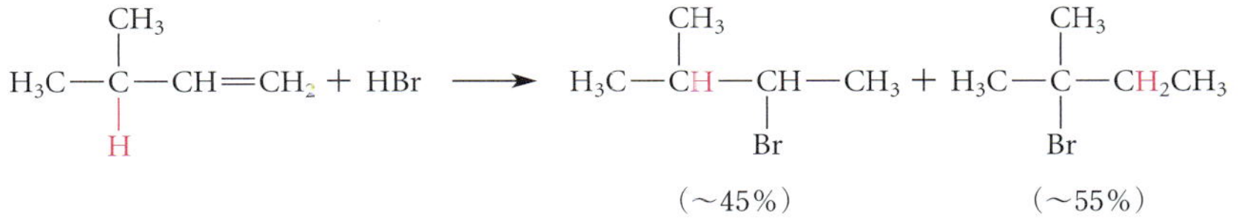

$$H_3C-\underset{\underset{H}{|}}{\overset{\overset{CH_3}{|}}{C}}-CH=CH_2 + HBr \longrightarrow H_3C-\underset{\underset{Br}{|}}{\overset{\overset{CH_3}{|}}{C}}H-CH-CH_3 + H_3C-\underset{\underset{Br}{|}}{\overset{\overset{CH_3}{|}}{C}}-CH_2CH_3 \quad (4・29)$$

(〜45%)　　　　　　(〜55%)

アルキル基ではなくヒドリドが移動するのは，生成するカルボカチオンが第三級であり，もとのカルボカチオンより安定だからである．アルキル基が移動しても別の第二級カルボカチオンを生成するだけである．

カルボカチオン中間体の転位について次の点に留意しよう．いずれも本節で例を示してある．

1. より安定なカルボカチオンが生成しうるときは常に転位が起こる．
2. より不安定なカルボカチオンを生じるような転位は普通は起こらない．
3. カルボカチオン転位で移動する基は，カルボカチオンの電子不足で正電荷をもつ炭素に直接結合している炭素から移動する．
4. 転位で移動する基はアルキル基，アリール基，あるいは水素である．
5. ある炭素からアルキル基(あるいはアリール基)と水素が移動する可能性がある場合は，一般に水素が移動する．より安定なカルボカチオンが生成するからである．

問題

4・23 次のカルボカチオンのどれが転位を起こすだろうか．転位が起こる場合は，転位したカルボカチオンの構造式を描け．

(a) 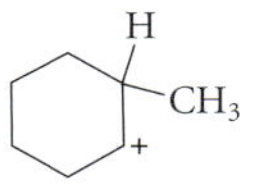 シクロヘキシル環に H と CH₃ が結合したカルボカチオン
(b) 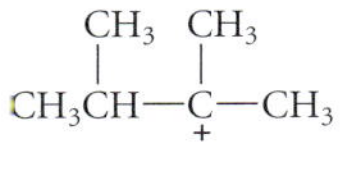 $CH_3CH-\overset{\overset{CH_3}{|}}{\underset{\underset{CH_3}{|}}{C}}-CH_3$
(c) $(CH_3CH_2)_2\overset{+}{C}-CH_2CH_3$ の類似構造

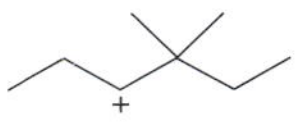

4・24 式(4・29)の反応で両方の生成物ができることを説明する機構を巻矢印を使って描け．

4・25 次の三つのハロゲン化アルキルのうちの一つだけがアルケンへの HBr 付加の主生成物として合成できる．そのようにして合成できるのはどの化合物か．他の二つがこの方法では合成できない理由を述べよ．

$$\underset{A}{CH_3CH_2CH_2CH_2CH_2Br} \quad \underset{B}{CH_3\overset{Br}{\underset{|}{C}}HCH_2CH_2CH_3} \quad \underset{C}{H_3C-CH-\overset{CH_3}{\underset{CH_3}{\underset{|}{C}}}-C_2H_5}$$
$$\overset{Br}{|}$$

4・8 反応速度

ある反応で二つ以上の生成物が可能である場合，二つ以上の反応が競争的に起こっている(アルケンへのハロゲン化水素の付加は競争反応の例である)．一つの反応が別の競争している反応より速く起こると，その反応が優勢となる．なぜある反応が他の反応より優勢になるのかを理解するためには，化学反応の速度について理解しなければならない．反応速度を議論するための理論的骨格が本節の主題である．アルケンへのハロゲン化水素の付加を例にとって説明するが，その一般的概念は本書を通じて用いられる．

A. 遷移状態

化学反応の速度(rate)は，一定時間内に生成物に変換される反応物分子の数と定義することができる．多くの有機化学者が用いる反応速度の理論では，反応物が生成物に変換される際に，分子は**遷移状態**(transition state)とよばれる自由エネルギーが極大となる不安定な状態を経由すると仮定する．遷移状態は反応物と生成物のいずれよりもエネルギーが高く，したがって，その相互変換の**エネルギー障壁** (energy barrier)に相当する．エネルギー障壁をグラフで示したのが**反応自由エネルギー図** (reaction free-energy diagram)である(図 4・11)．これは反応経路に沿って古い結合が開裂し，新しい結合が生成するときの反応系の標準自由エネルギーの変化を示した図である．この図では，反応物から生成物への進行は**反応座標**(reaction coordinate)で表されている．すなわち反応物は反応座標の一方の端，生成物はもう一方の端であり，遷移状態は両端の間にあるエネルギー極大点である．エネルギー障壁 $\Delta G^{\circ\ddagger}$ は**標準活性化自由エネルギー** (standard free-energy of activation)とよばれ，反応物と遷移状態の標準自由エネルギーの差に等しい(ダブルダガー ‡ は遷移状態を表す記号である)．エネルギー障壁 $\Delta G^{\circ\ddagger}$ の大きさが反応の速度を決め，障壁が高ければ高いほど，反応速度は小さくなる．したがって，図 4・11(a) の反応は図 4・11(b) の反応より大きなエネルギー障壁をもつのでより遅い．反応物と生成物の相対的

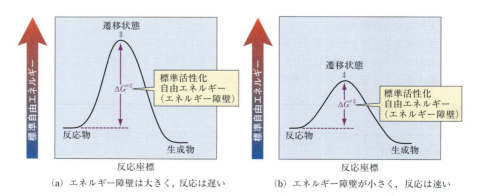

(a) エネルギー障壁は大きく，反応は遅い   (b) エネルギー障壁が小さく，反応は速い

図 4・11 二つの仮想的な反応の反応自由エネルギー図．標準活性化自由エネルギー $\Delta G^{\circ\ddagger}$ (正反応について示してある)は反応が起こるために越えなければならないエネルギー障壁である．(a)の反応は(b)の反応より $\Delta G^{\circ\ddagger}$ が大きく本質的に遅い．

な自由エネルギーが平衡定数を決めるのと同様の意味合いで，反応物と遷移状態の相対的な自由エネルギーが反応速度を決める．

図4・11からわかるように，ある反応とその逆反応は同一の遷移状態をもつことに注意しよう．これはちょうど，ある町から別の町に行く最短距離の山道がその別の町からもとの町に帰る最短距離の山道でもあるのと同じことである．

遷移状態が反応速度を決める最も重要な要因であるならば，そのエネルギーを推測する方法を知りたくなる．遷移状態はエネルギー極大にあるので，それを単離することはできない．しかし，遷移状態のエネルギーは通常の分子のエネルギーと同様にその構造に依存する．それでは，遷移状態はどのような構造をしているのだろうか．遷移状態理論の強みは遷移状態を目に見える構造として表すことができることである．その例として，次のようなBrønsted酸-塩基反応を考えてみよう．

$$(CH_3)_2C{=}CH_2 + H{-}\ddot{B}r{:} \rightleftharpoons (CH_3)_2\overset{+}{C}{-}CH_2{-}H \quad :\ddot{\ddot{B}}r:^- \tag{4・30}$$

これがアルケンへのHBr付加の最初の段階であることを思い出そう(式4・18a)．この反応の遷移状態において，H−Br結合と炭素−炭素π結合は部分的に開裂し，新しいC−H結合が部分的に生成しており，電荷は部分的にできかかっている．このような状況を部分的な結合を破線で，部分電荷を $\delta+$ と $\delta-$ で表すと次のようになる．

$$\left[\begin{array}{c} (CH_3)_2\overset{\delta+}{C}\text{-----}CH_2 \\ \vdots \\ H \\ \vdots \\ \overset{\delta-}{:\ddot{B}r:} \end{array} \right]^{\ddagger} \tag{4・31}$$

この図は結合の開裂や生成を示している．時間が止まっているとしてこの図を見ると，それはまさに遷移状態の構造を見ていることになる．

問題

4・26 次の二つの反応について巻矢印による機構および遷移状態の構造式を描け．いずれの反応も1段階で起こる．
(a) $CH_3CH_2{-}\ddot{B}r: + {}^-\!\ddot{O}CH_3 \longrightarrow CH_3CH_2{-}\ddot{O}CH_3 + :\ddot{\ddot{B}}r:^-$
(b) $(CH_3)_3C{-}\ddot{B}r: \longrightarrow (CH_3)_3\overset{+}{C} + :\ddot{\ddot{B}}r:^-$

4・27 (a) 式(4・30)の逆反応の遷移状態を描け．それを式(4・31)の遷移状態と比較せよ．
(b) ある反応とその逆反応の遷移状態の構造について一般論としていえることは何か．

B. エネルギー障壁

反応物の標準自由エネルギーと遷移状態の標準自由エネルギーの差が反応の標準活性化自由エネルギー $\Delta G^{\circ \ddagger}$ であることを学んだ．標準活性化自由エネルギーの大きさと反応速度との関係をさらに学ぶことにしよう．反応速度と標準活性化自由エネルギーは対数関係にある．

$$\text{反応速度} \propto e^{-\Delta G^{\circ \ddagger}/RT} = 10^{-\Delta G^{\circ \ddagger}/2.3RT} \tag{4・32}$$

ここで，R は気体定数($8.31 \times 10^{-3}\,\mathrm{kJ\,K^{-1}\,mol^{-1}}$)であり，$T$ はケルビン温度(K，絶対温度ともいう)である(記号 $\propto$ は"比例する"を意味する)．対数部分に負号があるのは $\Delta G^{\circ \ddagger}$ が大きくなれば，すなわちエネルギー障壁が大きくなれば反応速度は小さくなることを示しており，これは図4・11で見たとおり

遷移状態のたとえ

プールで高飛込みの飛び板から宙返りしながら飛びだす場面を考えてみよう．ちょうど真横から高速シャッターで写真を撮ったとしよう．その写真が飛込みの"遷移状態"と考えることができる．それは飛び板上の出発点から水中に入るまでの間で位置エネルギーが最高の状態に相当する．その遷移状態にはほんの一瞬しかいないが，その一瞬にどのような格好をしているかは問題なく描くことができる．飛込みを Avogadro 数に相当する回数だけ繰返して（絶対に疲れないのだ），そのたびに最高地点で写真を撮り，すべての写真を平均したとしよう．一回ごとに少しずつ違うから，平均した遷移状態の写真は少しぼけている．1 mol の分子の遷移状態について語るときに扱うものはこの写真によく似ている．最初に撮影した一枚が平均とそれほど違わないこともある．つまり，遷移状態を一つの構造で記述するのは，多数回の飛込みを一枚の写真で表すのと同じようなものなのである．

である．したがって，二つの反応 A および B の標準活性化自由エネルギーをそれぞれ $\Delta G_A^{\circ\ddagger}$ および $\Delta G_B^{\circ\ddagger}$ とすると，標準状態（すべての反応物の濃度が 1 M）で二つの反応の相対速度は次のようになる．

$$\frac{反応速度_A}{反応速度_B} = \frac{10^{-\Delta G_A^{\circ\ddagger}/2.3RT}}{10^{-\Delta G_B^{\circ\ddagger}/2.3RT}} = 10^{(\Delta G_B^{\circ\ddagger} - \Delta G_A^{\circ\ddagger})/2.3RT} \quad (4\cdot33\text{a})$$

すなわち

$$\log\left(\frac{反応速度_A}{反応速度_B}\right) = \frac{\Delta G_B^{\circ\ddagger} - \Delta G_A^{\circ\ddagger}}{2.3RT} \quad (4\cdot33\text{b})$$

これらの式は，標準活性化自由エネルギーが $2.3RT$（298 K で 5.7 kJ mol^{-1}）増大するごとに反応速度は 10 倍になる（対数で 1 増える）ことを示している．速度が 10 倍ということは，1 時間かかる反応と 10 時間かかる反応の速度の違いということである．これは反応速度が標準活性化自由エネルギーに非常に敏感であることを意味する．

　一般化学で反応速度について学んだときに，エネルギー障壁について学んだはずだが，そのときエネルギー障壁のことを活性化エネルギーとよび E_a とか E_{act} という記号を使ったと思う．この活性化エネルギーは反応物と遷移状態との標準自由エネルギー差よりはむしろ反応の標準エンタルピー差 $\Delta H^{\circ\ddagger}$ に非常に近い．遷移状態理論と活性化エネルギー理論とは数学的に関連づけることができるが，当面これら二つの理論の違いを気にしなくてよい．

　分子はエネルギー障壁を越えるのに必要なエネルギーをどこで得るのだろうか？　一般には分子はこのエネルギーを熱運動から得ている．分子集合体のエネルギーは **Maxwell-Boltzmann 分布**（Maxwell-Boltzmann distribution）とよばれる分布で特徴づけられる（図 4・12）．反応の速度はエネルギー障壁を越えるのに十分なエネルギーをもつ分子の割合に直接関連づけられる．図 4・12 ではこの部分を線を引いて示した．エネルギー障壁が低いほど線を引いた部分は大きくなり，反応速度も大きくなる．
　ある一定の条件下で反応のエネルギー障壁はその反応に固有のものであり，人為的に制御することはできない．ある反応は本質的に遅く，ある反応は本質的に速い．しかし障壁を越えるのに十分なエネルギーをもつ分子の割合を制御することはできる．温度を上げることによってこの割合を増大させることができる．図 4・12 に示すように，高温になると Maxwell-Boltzmann 分布は高エネルギー側にシフトし，その結果より多くの分子が障壁を越えるのに十分なエネルギーをもつようになる．いいかえれば，反応は高温になるほど速くなる．温度に対する応答は反応によって異なるが，大雑把にいって温度が

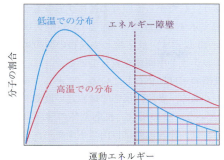

図 4・12 二つの異なる温度における運動エネルギーの Maxwell-Boltzmann 分布（分布の右端は無限遠方まで伸びているのだが図ではカットされている）．この図は分子数を運動エネルギーの関数としてプロットしている．紫色の破線がエネルギー障壁である．障壁を越えるのに十分なエネルギーをもつ分子の割合を線を引いた領域で表してある．高温になると Maxwell-Boltzmann 分布はより高いエネルギーにずれていき，障壁を越えるのに十分なエネルギーをもつ分子の割合が大きくなる（赤色の線で示した部分）．

10 °C（すなわち 10 K）上がると反応速度は倍になる．

これまでのことをまとめよう．反応に固有の速度を支配する二つの因子は，

1. エネルギー障壁すなわち標準活性化自由エネルギー $\Delta G^{\circ\ddagger}$ の大きさ：$\Delta G^{\circ\ddagger}$ が小さいほど反応は速い（図 4・11）．
2. 温度：温度が高いほど反応は速い．

反応の平衡定数からは反応速度についてまったく何の情報も得られないことをはっきり理解することが重要である．平衡定数が非常に大きい反応が遅いこともある．たとえば，アルカンの燃焼の平衡定数は非常に大きいが，ガソリン（アルカン）が入った容器を空気中で扱えるのは，熱がなければガソリンと酸素の反応がきわめて遅いからである．一方，不利な反応が一瞬に起こって平衡に達する場合もある．たとえば，アンモニアと水との反応は非常に平衡定数の小さな反応であるが，そのわずかな反応も非常に速やかに起こる．

問題

4・28 (a) ある反応 A の標準活性化自由エネルギーが 90 kJ mol^{-1} であり，別の反応 B の標準活性化自由エネルギーが 75 kJ mol^{-1} であるとしよう．どちらの反応が何倍速いか．温度は 298 K と仮定せよ．
(b) 遅い方の反応の温度をどのくらい上げれば，速い方の反応と同じ速度になるか推測せよ．

4・29 ある反応 A の標準活性化自由エネルギーは 298 K で 90 kJ mol^{-1} であり，反応 B の速度は同じ温度で A より 1,000,000 倍速い．どちらの反応でも，生成物は反応物より 10 kJ mol^{-1} だけ安定である．
(a) 反応 B の標準活性化自由エネルギーはいくらか．
(b) この二つの反応の反応自由エネルギー図を描き，二つの $\Delta G^{\circ\ddagger}$ を書込め．
(c) それぞれの反応で逆反応の標準活性化自由エネルギーはいくらか．

C．多段階反応と律速段階

反応性中間体の生成を伴う化学反応が多数存在する．そのような反応を**多段階反応**(multistep reaction)とよぶ．化学反応に中間体が存在する場合，普通一つの反応と考えられても，実は二つ以上の反応が連続して起こっている．たとえば，すでに学んだアルケンへのハロゲン化水素の付加はカルボカチオン中間体を含んでいる．たとえば，次式の 2-メチルプロペンへの HBr の付加

$$(CH_3)_2C{=}CH_2 + HBr \longrightarrow (CH_3)_3C{-}Br \tag{4・34}$$

は次の二つの反応を含む多段階反応である．

$$(CH_3)_2C{=}CH_2 + HBr \rightleftarrows (CH_3)_3C^+ + Br^- \tag{4・35a}$$

$$(CH_3)_3C^+ + Br^- \longrightarrow (CH_3)_3C{-}Br \tag{4・35b}$$

多段階反応の各段階はそれに固有の反応速度をもっており，したがって固有の遷移状態をもつ．そのような反応におけるエネルギー変化も反応エネルギー図で示すことができる．2-メチルプロペンへのHBrの付加についてのそのようなエネルギー図を図4・13に示す．反応物と生成物の間のエネルギー極大は遷移状態を表しており，エネルギー極小はカルボカチオン中間体を表している．

　一般に多段階反応の速度は詳しくみるといろいろな段階の速度に依存している．しかし，多段階反応の一つの段階が他のどの段階よりもかなり遅いことがよくある．多段階反応で最も遅い段階を，その反応の**律速段階**(rate-limiting step, rate-determining step)という．その場合，反応全体の速度は律速段階の速度に等しい．図4・13の反応自由エネルギー図でいえば，律速段階は自由エネルギーが最も高い遷移状態をもつ段階である．この図から，2-メチルプロペンへのHBrの付加において律速段階は最初の段階すなわちアルケンがプロトン化してカルボカチオンを与える段階であることがわかる．2-メチル

エネルギー障壁のたとえ

エネルギー障壁の概念を左の図に示したようにたとえることができる．コップの中の水はコップの壁を乗り越えるだけのエネルギーが得られれば下の受け皿に流れることができる．コップの壁は水の流下に対する位置エネルギーの障壁となる．同様に，分子も安定な化学結合を切って反応を起こすためには，高エネルギーの過渡的な状態すなわち遷移状態に達しなければならない．コップを揺すったときに起こる現象が熱運動にたとえられる．コップが浅い(エネルギー障壁が低い)場合には，コップを揺すると水は飛び跳ねてコップの縁を越えて受け皿に落ちる．落ちる速さは毎秒何ミリリットルというように測ることができる．コップが非常に深い(エネルギー障壁が高い)場合には，水はこぼれ落ちにくくなる．したがって水が受け皿にたまる速さはずっと遅い．コップの揺すり方を激しくすることは温度を高くすることにたとえられる．水の飛び跳ね方が激しくなって，水の運動エネルギーは大きくなり，受け皿に水がたまるのも速くなる．同様に，温度が高くなると反応する分子のエネルギーが増大して化学反応の速度が増加する．

律速段階のたとえ

律速段階をラッシュアワー時の高速道路の料金所にたとえることができる．料金所を通過する自動車の流れを次のような多段階の過程とみることができる．(1) 料金徴収区域に入る，(2) 料金を支払う，(3) 料金徴収区域を離れる．一般に料金の支払いが料金所通過の律速段階である．いいかえれば，料金所を通過する速さは料金を支払う速さである．自動車はいろいろな頻度で料金所に入ってくるが，自動車が列をつくっている限り，料金所を通過する速さは同じである．料金の自動徴収機を設置すると，自動車が料金所を通過する速度は大きくなる．これは律速段階の速度が増大するからである．一方，料金所に近づいてくる自動車の制限速度を上げても，料金所を通過する速度を増大することにはならない．なぜなら制限速度を変えても律速段階には何の影響も及ぼさないからである．

　ETCを設置すれば料金徴収速度はさらに増大する．事実ETCが導入されれば料金の支払いが律速段階ではなくなることもありうる．その場合，料金所通過の速度は最初の段階すなわち自動車が料金所に入ってくる速さで決まる．そのような状況では，料金所に進入する際の制限速度を上げれば，通過速度が上がるが，ETCの読取り速度を上げても効果はない．

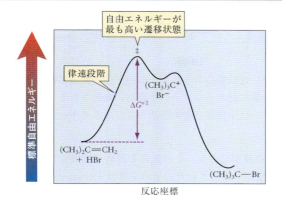

図 4・13 多段階反応の反応自由エネルギー図．多段階反応の律速段階は標準自由エネルギーが最も高い遷移状態をもつ段階である．2-メチルプロペンへの HBr の付加では，律速段階に二重結合がプロトン化してカルボカチオン中間体を与える段階である．

プロペンへの HBr の付加反応全体の速度はこの最初の段階の速度に等しい．

反応の律速段階は特別な重要性をもつ．この段階の速度を増大させる因子は全体の反応速度を増大させる．逆に，反応全体の速度に影響を及ぼす反応条件の変化（たとえば，温度の変化）は，律速段階に影響を与えている．反応の律速段階は特別な重要性をもっているので，反応の機構を理解しようとするとき，どこが律速段階であるかを見極めることが特に重要である．

> **問 題**
>
> 4・30 次の条件を満たす反応 $A \rightleftarrows B \rightleftarrows C$ の反応自由エネルギー図を描け．標準自由エネルギーは $C < A < B$ の順であり，反応の律速段階は $B \rightleftarrows C$ である．
>
> 4・31 次の条件を満たす反応 $A \rightleftarrows B \rightleftarrows C$ の反応自由エネルギー図を描け．標準自由エネルギーは $A < C < B$ の順であり，反応の律速段階は $A \rightleftarrows B$ である．

D．Hammond の仮説

遷移状態を構造として視覚化できることはすでに学んだ．式(4・31)でアルケンへの HBr の付加の第一段階の遷移状態を，出発物であるアルケンおよび HBr から生成物であるカルボカチオンおよび臭化物イオンに至る反応経路の中間のどこかに相当する構造として描くことができる．

$$(CH_3)_2C=CH_2 + H-\ddot{B}\ddot{r}: \rightleftarrows \left[\begin{array}{c} (CH_3)_2\overset{\delta+}{C}\cdots CH_2 \\ | \\ H \\ | \\ :\ddot{B}\ddot{r}:^{\delta-} \end{array} \right]^{\ddagger} \longrightarrow (CH_3)_2\overset{+}{C}-CH_2 \quad :\ddot{B}\ddot{r}:^{-} \qquad (4\cdot 36)$$
$$\text{遷移状態} \qquad \qquad \qquad \qquad \qquad | \\ H$$

何が遷移状態を不安定にしているのだろうか？　まず，遷移状態の結合は完全に開裂してもいないし完全にできあがってもいない．この不安定な結合状態が遷移状態をエネルギー極大にしている理由である．これに加えて，カルボカチオンを高エネルギーにしている因子が，遷移状態を高エネルギーにすることにも働いているからである．その一つは，カルボカチオンが HBr およびアルケンよりも結合が一つ少ないことである．結合生成によってエネルギーが放出されるから，このことはカルボカチオンが出発物（あるいは生成物）よりかなり高エネルギーであることを意味する．もう一つの因子は正電荷と負電荷の分離である．静電理論（式 3・44）によれば電荷の分離はエネルギーを要する．

つまり，遷移状態のエネルギーとカルボカチオン中間体のエネルギーはよく似ており，カルボカチオンを高エネルギーにする構造因子は遷移状態を高エネルギーにする構造因子としても働くと考えてよ

い．このような類似性から，次のような近似が成り立つ．式(4·36)の遷移状態の構造とエネルギーはカルボカチオン中間体の構造とエネルギーで近似することができる．この近似はHammondの仮説とよばれる仮説で一般化することができる．

> **Hammondの仮説**(Hammond's postulate)：比較的高エネルギーの中間体が非常に低エネルギーの反応物から生成するかあるいは非常に低エネルギーの生成物に変換される反応においては，遷移状態の構造およびエネルギーは中間体自身の構造およびエネルギーで近似することができる．

この仮説は，1955年に当時アイオワ州立大学の教授であり，この仮説を初めて提唱して有機化学反応に適用したG. S. Hammond(1921～2005)にちなんで命名された．上の文章はHammond自身の文章そのままではないが，われわれにとって最も使いやすい表現である．

反応速度を議論する際のHammondの仮説の有用性は，2-メチルプロペンへのHBrの付加の位置選択性を予測するのにカルボカチオンの安定性についての知識を使ったことからも明らかになる．この反応の律速段階は第一段階すなわちアルケンがHBrによってプロトン化されてカルボカチオンを生成する段階であることを思い出そう(§4·8C)．式(4·19a)および式(4·19b)からわかるように，プロトン化は二つの競い合う異なる経路で起こる．二重結合の一方の炭素のプロトン化ではt-ブチルカチオンが不安定中間体として生成し，他方の炭素のプロトン化ではイソブチルカチオンが生成する．ここでHammondの仮説を適用して遷移状態の構造およびエネルギーを不安定中間体すなわちカルボカチオンの構造およびエネルギーで近似する．

 (4·37)

第三級カルボカチオンの方がより安定であるから，第三級カルボカチオンに至る遷移状態の方がより低エネルギーになるはずである．その結果，第三級カルボカチオンを生成する2-メチルプロペンのプロトン化はより低エネルギーの遷移状態をもち，より速く起こる(図4·14)．アルケンへのHBrの付加が位置選択的になるのは，第三級カルボカチオンを与えるプロトン化の遷移状態が第一級カルボカチオ

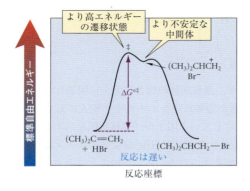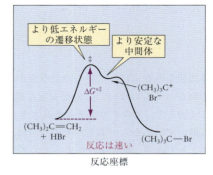

図4·14　2-メチルプロペンへのHBr付加の2通りの可能な経路の反応自由エネルギー図．Hammondの仮説によれば，遷移状態のエネルギーは対応するカルボカチオンのエネルギーに似ている．臭化t-ブチルの生成(右図)は，カルボカチオンがより安定であり，したがって遷移状態がより低エネルギーなので臭化イソブチルの生成(左図)よりも速い．

ンを与えるプロトン化の遷移状態より低エネルギーだからである．カルボカチオン自身の相対的安定性がどちらの反応がより速く起こるかを決めるのではなく，カルボカチオン生成の遷移状態の相対的自由エネルギーが二つの反応の相対速度を決めるのである．カルボカチオンのエネルギーと遷移状態のエネルギーを結びつけることができるのは Hammond の仮説の妥当性のおかげである．

Hammond の仮説が必要なのは，遷移状態の構造は不確かであるが反応物，生成物，反応性中間体の構造は正確にわかるからである．したがって，遷移状態がある特定の化学種（たとえばカルボカチオン）と似ていることがわかれば，遷移状態の構造をかなり正しく推測することができる．本書では，カルボカチオンのような反応性中間体の構造と安定性を考察することによって反応の速さを解析したり予測したりすることがしばしばある．その場合，遷移状態が対応する反応性中間体とよく似た構造およびエネルギーをもつことを仮定している．つまり Hammond の仮説を想定しているのである．

問 題

4・32 Hammond の仮説を適用して，2-メチルプロペンへの HBr の付加と *trans*-2-ブテンへの HBr の付加のどちらがより速く起こるかを予測せよ．出発アルケンのエネルギー差は無視できると仮定せよ．この仮定が必要な理由は何か．

4・9 触 媒 反 応

それ自身は反応の前後で変化しない物質が存在することでずっと速く起こる反応がある．消費されることなく反応速度を増大させる物質を**触媒**（catalyst）という．触媒の実用例では自動車の触媒コンバーターがある．コンバーター中の触媒は，燃え残った炭化水素の速やかな酸化（燃焼），窒素酸化物の窒素と酸素への変換，一酸化炭素の二酸化炭素への変換などをひき起こす．これらの反応は触媒なしではほとんど起こらず，触媒はこれらの反応を大きく加速する．触媒は反応には関与するが，変化せずに残る．

触媒についての大事なポイントを以下にあげる．

1. 触媒は反応速度を増大させる．これは触媒が反応の標準活性化自由エネルギーを低下させることを意味する（図 4・15）．
2. 触媒は消費されない．触媒反応の一つの段階で触媒が消費されることもあるが，その場合もひき続く段階で再生される．

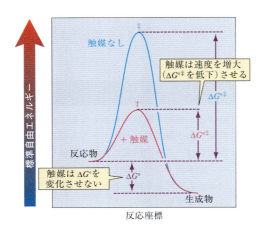

図 4・15　触媒を用いた場合（赤色）と用いない場合（青色）の仮想的な反応自由エネルギー図．この図では両反応とも単純な 1 段階反応として示してあるが，一般に触媒反応とそうではない反応とは異なる機構で起こり，反応の段階数も異なることがある．

この二つのポイントからいえることは，触媒は非常に少量で反応を大きく加速するということである．この理由で非常に高価な触媒が実用化されている．

3. 触媒は反応物や生成物のエネルギーには影響を与えない．いいかえれば，触媒は反応の $\Delta G°$ には影響を与えず，したがって平衡定数にも影響しない（図 4・15）．
4. 触媒は正反応と逆反応を同じ割合で加速する．

最後のポイントは，平衡状態では正反応と逆反応の速さは等しいという事実からきている．もし触媒が平衡定数には影響を与えず（ポイント 3）に正反応の反応速度を増大させるならば，逆反応の速度も同じ割合だけ増大しなければならない．

触媒と反応物とが異なる相に存在する場合，その触媒を**不均一系触媒**（heterogeneous catalyst）という．自動車の触媒コンバーター中の触媒は固体であり，反応物は気体なので不均一系触媒である．溶液中の反応がその溶液に溶ける触媒によって触媒される場合がある．反応溶液に可溶な触媒を**均一系触媒**（homogeneous catalyst）という．

多数の有機化学反応が触媒される．本節では触媒によるアルケンの反応の 3 種類の例を考察しながら触媒作用の考え方を紹介する．最初の例である触媒的水素化は不均一系触媒反応の非常に重要な例である．2 番目の例は水和で均一触媒反応の例である．最後の例は酵素による生物学的反応である．

A. アルケンの触媒的水素化

アルケンの溶液を水素雰囲気下に撹拌しても何も起こらない．しかし金属触媒が存在すると水素は速やかに溶液に吸収される．水素はアルケンの二重結合に付加することによって消費される．

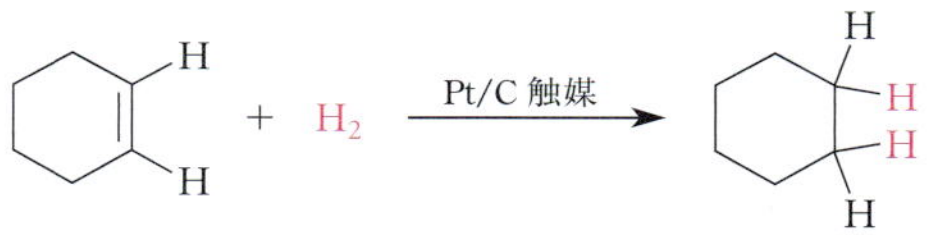

$$\text{シクロヘキセン} + H_2 \xrightarrow{\text{Pt/C 触媒}} \text{シクロヘキサン} \tag{4・38}$$

$$CH_3(CH_2)_5CH=CH_2 + H_2 \xrightarrow{\text{Pt/C 触媒}} CH_3(CH_2)_5CH_2-CH_3 \tag{4・39}$$
$$\text{1-オクテン} \qquad\qquad\qquad \text{オクタン}$$

これらの反応は**触媒的水素化**（catalytic hydrogenation）の例であり，触媒の存在下でアルケンに水素が付加している．触媒的水素化はアルケンをアルカンに変換する最もよい方法の一つであり，工業的にも実験室的にも重要な反応である．この反応の有用性は，可燃性ガス（水素）を扱うための特別な装置を必要とする不便さを上回っている．

上述の反応式では矢印の上に触媒が書かれている．Pt/C は "炭素に担持された白金" という意味であり，金属白金の微粉末を活性炭に吸着させたものである．白金，パラジウム，ニッケルなど，多くの貴

触媒毒，触媒コンバーター，加鉛ガソリン

触媒は理論上は無限に働くはずであるが，実際には多くの触媒，特に不均一系触媒は徐々に劣化していく．その理由の一つは触媒がその周囲から徐々に触媒毒とよばれる触媒の機能を妨げる不純物を吸収するからである．そのような現象の例が触媒コンバーターでも起こる．鉛は触媒コンバーターの触媒に毒として働く．加鉛ガソリンが米国で使われなくなった大きな理由は，鉛による大気汚染を減らそうという要求と並んでこのような事情にある．

金属が水素化触媒として用いられる．これらの金属はアルミナ Al_2O_3, 硫酸バリウム $BaSO_4$, あるいは上述の活性炭のような固体の担持物質とともに用いられることが多い．水素化は常温常圧で行われることもあれば，反応が困難な場合には，高圧に耐えられるように設計された密閉容器中で高温高圧で行われることもある．

水素化触媒は反応溶液に不溶であり，<u>不均一系触媒</u>の例である（可溶性の水素化触媒も知られており，重要なものであるが，広範に使われてはいない，§18・6D）．比較的高価な貴金属を用いるが，それらは再使用できるので，不均一系水素化触媒は非常に実用性が高い．しかも非常に効率がよいのでほんの少量を用いればよい．たとえば，典型的な触媒的水素化反応は反応物と触媒のモル比が100以上の条件で行うことができる．

水素化触媒はどのように働くのだろうか? 研究によれば，反応が起こるためには水素とアルケンの両方が触媒の表面に吸着されなければならない．反応性の高い金属–炭素結合と金属–水素結合が生成し，最終的にそれらが開裂して生成物を与え，同時に触媒部位が再生されると考えられている．触媒的水素化の化学的詳細についてはこれ以上のことは完全には解明されていない．単純な巻矢印表記による機構が書けるような反応ではないのである．

ベンゼン環は通常の二重結合が容易に反応する条件下では反応が起こらない．

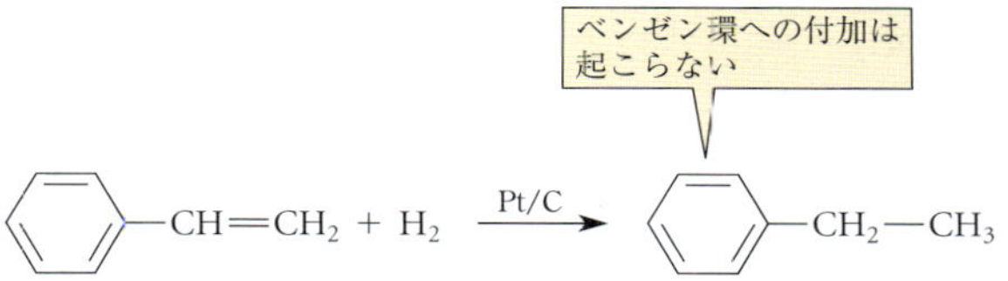

$$\text{C}_6\text{H}_5\text{-CH=CH}_2 + \text{H}_2 \xrightarrow{\text{Pt/C}} \text{C}_6\text{H}_5\text{-CH}_2\text{-CH}_3 \tag{4・40}$$

スチレン　　　　　　　　　　　　エチルベンゼン

（ベンゼン環への付加は起こらない）

（ベンゼン環も高温高圧の条件下で適当な触媒を用いれば水素化することができる）．アルケンで起こる他の多くの反応がベンゼン環の"二重結合"では起こらないことをいずれ学ぶことになろう．アルケンの反応が起こる条件でベンゼン環が不活性であることは有機化学の大きな謎の一つであったが，芳香族性の理論で最終的に説明された．これについては15章で学ぶ．

問 題

4・33 次のアルケンを Pd/C の存在下に大過剰の水素と反応させたときの生成物を示せ．
(a) 1-ペンテン　　(b) (*E*)-1,3-ヘキサジエン

4・34 (a) 分子式 C_6H_{12} をもち，触媒的水素化によってヘキサンを生成する5種類のアルケンの構造式を描け．
(b) 二重結合を一つもち，Pt/C 触媒下に水素と反応してメチルシクロペンタンを与えるアルケンはいくつあるか，それらの構造式を描け（ヒント: 例題4・9参照）．

B. アルケンの水和

アルケンの二重結合は適度な濃度の H_2SO_4, $HClO_4$, HNO_3 などの強酸の存在下に水を可逆的に付加する．

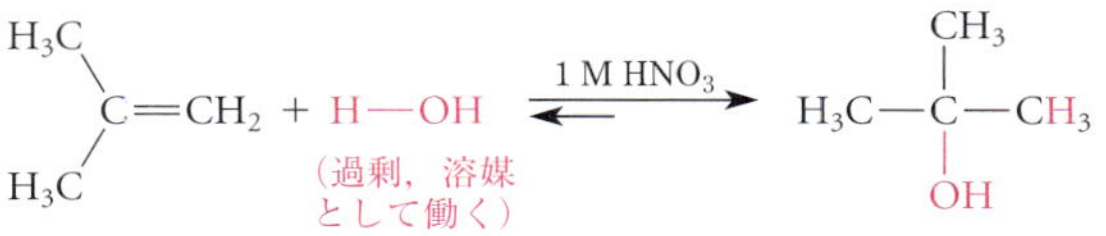

$$(\text{CH}_3)_2\text{C=CH}_2 + \text{H-OH} \underset{}{\overset{1\,\text{M HNO}_3}{\rightleftarrows}} (\text{CH}_3)_3\text{C-OH} \tag{4・41}$$

2-メチルプロペン　（過剰，溶媒として働く）　　2-メチル-2-プロパノール（*t*-ブチルアルコール）

水の付加は一般に**水和**(hydration)とよばれる．したがってアルケンの二重結合への水の付加は**アルケンの水和**(alkene hydration)とよばれる．

水和は酸が存在しなければほとんど進行しない．また酸は反応によって消費されない．したがって，アルケンの水和は酸触媒反応である．触媒となる酸は反応溶液に溶けているので均一系触媒である．

この反応が HBr の付加と同じように位置選択的であることに注目しよう．HBr の付加の場合と同様に，水素は二重結合のアルキル置換基がより少ない炭素に付加する．H–OH 結合のより電気陰性度の大きな側である OH 基は HBr 付加における Br と同じように二重結合のアルキル置換基がより多い炭素に付加する．

この反応で，触媒がどのように働くのかを理解するには，反応の機構を考える必要があるが，それは HBr の付加の機構と非常によく似ている．律速段階である反応の最初の段階で二重結合がプロトン化されて，より安定なカルボカチオンを生成する．水が存在するので実際に酸として働くのは水和されたプロトン H_3O^+ である．

$$\text{Brønsted 塩基} \quad \begin{array}{c} H_3C \\ \diagdown \\ C=CH_2 \\ \diagup \\ H_3C \end{array} \quad H-\ddot{O}H_2 \quad \text{Brønsted 酸} \rightleftarrows \begin{array}{c} H_3C \\ \diagdown \\ \overset{+}{C}-CH_3 \\ \diagup \\ H_3C \end{array} + H_2\ddot{\ddot{O}} \qquad (4\cdot 42a)$$

これは Brønsted 酸–塩基反応である．ここが律速段階なので，この段階の速度が増大すれば水和反応の速度も増大する．弱い塩基であるアルケンをプロトン化するには強酸である H_3O^+ はこれよりかなり酸性が弱い H_2O よりも効果的である．強酸が存在しなければ，水だけではアルケンをプロトン化するには弱すぎるので反応は起こらない．

水和反応の次の段階で，求核剤である水が Lewis 酸–塩基会合反応を起こしてカルボカチオンと結合する．

$$\text{求電子剤} \quad (CH_3)_3 C^+ \quad :\ddot{O}H_2 \quad \text{求核剤} \rightleftarrows (CH_3)_3 C-\overset{+}{\ddot{O}}H_2 \qquad (4\cdot 42b)$$

最後に，もう一度 Brønsted 酸–塩基反応が起こってプロトンが溶媒分子によって引抜かれ，アルコールが生成するとともに触媒の酸 H_3O^+ が再生される．

$$(CH_3)_3C-\overset{+}{\ddot{O}}H \quad \text{Brønsted 酸} \rightleftarrows (CH_3)_3C-\ddot{O}H + H_3\ddot{O}^+ \qquad (4\cdot 42c)$$
$$H_2\ddot{O}: \quad pK_a \approx -2 \quad \text{Brønsted 塩基} \qquad pK_a = -1.7$$

この機構について次の 3 点に注意しよう．

1. この機構は Lewis 酸–塩基会合反応と Brønsted 酸–塩基反応だけで成り立っている．
2. 式(4·42a)で消費されるプロトンは式(4·42c)で生成するプロトンと同じものではないが，プロトンは正味で消費されていない．
3. 式(4·42b)の求核剤と式(4·42c)の Brønsted 塩基は水である．このような場合に，より強い塩基

である水酸化物イオンを使いたくなる学生がいる．しかし硝酸や硫酸の 1 M 溶液には水酸化物イオンは存在しない．しかも水酸化物イオンは必要ない．式(4・42b)のカルボカチオンは非常に反応性が高く水と速やかに反応する．式(4・42c)に示した pK_a からわかるように左辺の酸は弱い塩基である水にプロトンを供与するのに十分なほど強い．この結果を次のように一般化することができる．

<u>H_3O^+ が酸として働くときはいつでも H_2O は塩基として働く</u>（よくわからなければ§3・4Bの両性化合物について復習せよ）．さらに一般的にいえば，<u>酸とその共役塩基は酸-塩基触媒反応において連動して働く</u>．もし H_2O が酸であれば塩基は ^-OH である．

水和反応はカルボカチオン中間体を含むので，転位した水和生成物を与えるアルケンもある．

$$H_3C-\underset{\underset{CH_3}{|}}{\overset{\overset{H}{|}}{C}}-CH=CH_2 + H_2O \xrightarrow{H_3O^+} H_3C-\underset{\underset{CH_3}{|}}{\overset{\overset{OH}{|}}{C}}-CH_2-CH_3 \qquad (4\cdot43)$$

問 題

4・35 式(4・43)の反応の機構を記せ．巻矢印表記を用いて各段階を別々に示せ．転位が起こる理由を説明せよ．

4・36 3,3-ジメチル-1-ブテンの酸触媒水和は転位を伴う．水和と転位の機構を用いてこのアルケンの水和生成物の構造を予測せよ．

4・37 (a) 式(4・41)のアルコール生成物と異なり，式(4・43)の生成物は出発アルケンと平衡になることはない．しかし別の 2 種類のアルケンと平衡になる．それらの構造は何か．
(b) 式(4・43)の出発アルケンはなぜこの平衡混合物に含まれないのか．

多くのアルケンの水和の平衡定数は 1 に近いので逆反応も起こりうる．アルケンの水和の逆反応を<u>アルコールの脱水</u>という．反応が進む方向は **Le Châtelier の原理**(Le Châtelier's principle)で予測することができる．この原理によれば，平衡が乱されると，それを打消す方向に反応が起こる．たとえば，式(4・41)のようにアルケンが気体であれば，反応容器にアルケンを加圧して入れることができる．平衡は過剰のアルケンを消費してより多くのアルコールが生成する方向に反応を進める．酸触媒を中和すると反応が停止し，生成物を単離することができる．この戦略はとくに工業的応用で使われる．アルケンの水和の工業的応用の一つにエチレンからのエチルアルコール(エタノール)の製造がある．

$$H_2C=CH_2 + H_2O \xrightarrow[300\,°C]{\substack{H_3PO_4 \\ (支持固体に吸着 \\ されている)}} H_3C-CH_2-OH \qquad (4\cdot44)$$
$$\text{エチレン} \hspace{5em} \text{エタノール}$$

エチレンの水和は常温では非常に遅いので高温で行う必要がある(問題 4・38 参照)．温度を上げると反応が促進されることを思い出そう(§4・8B)．一時はこの反応が工業用エタノールの主要源であった．この反応は現在でも使われているが，バイオマス(たとえばとうもろこし)から得られる糖の発酵による方法(§10・13)が普及してきたので，その重要性は低下している．

水和反応を逆方向に進める(つまり脱水)には，生成するアルケンを蒸留などで除去する(§8・5Cでさらに述べるが，アルケンはアルコールよりずっと低い沸点をもつ)．平衡によってアルケンがさらに生成する方向に反応が進む．研究室ではアルコールの脱水の方がアルケンの水和より広く使われる．この反応については§10・2で述べる．

アルケンの水和とアルコールの脱水から二つの重要なポイントが明らかになる．第一は触媒反応の要点の一つであるが，触媒は正反応と逆反応を同じ割合で促進する．たとえば，アルケンの水和は酸触媒を受けるので，アルコールの脱水も同じように酸触媒を受ける．第二のポイントは，アルケンの水和とアルコールの脱水は同じ機構で起こり，その向きが逆であるにすぎない，ということである．一般的にいえば，反応がある機構で起こる場合，同じ条件下ではその逆反応はその機構を正確に逆にたどって起こる．このことを微視的可逆性の原理 (principle of microscopic reversibility) とよぶ．たとえば，アルケンの水和の機構が明らかになれば，微視的可逆性の原理からアルコールの脱水の機構も同時に明らかになる．正反応の律速段階と逆反応の律速段階は同じであることも微視的可逆性から明白である．たとえば，アルケンの水和の律速段階が二重結合がプロトン化してカルボカチオン中間体が生成する段階である（式 4・42a）ならば，アルコールの脱水の律速段階はその逆，すなわちカルボカチオンが脱プロトンしてアルケンを与える段階である．

問 題

4・38 エチレンの水和（式 4・44）が非常に遅い反応である理由を説明せよ（ヒント：反応性中間体の構造を考えて Hammond 仮説を適用せよ）．

4・39 イソプロピルアルコールは工業的にプロペンの水和で製造される．この反応の各段階の機構を示せ．イソプロピルアルコールの構造がわからなければ，プロペンの構造とアルケンの水和の機構から推定せよ．

C. 酵素による触媒反応

触媒反応は研究室や化学工業に限られているわけではない．自然界での生物学的過程でも数千もの化学反応が起こり，それらの多くはその反応に特有の自然界由来の触媒をもっている．このような生物学的触媒を**酵素** (enzyme) とよぶ（酵素の構造については §27・10 で述べる）．生理学的条件下では，ほとんどの重要な生化学反応は酵素触媒なしでは遅すぎて使い物にならない．酵素触媒は自然界で重要であるだけではなく，産業界でも研究室でも用いられる．

構造がよくわかっている酵素の多くは水溶性であり，したがって均一系触媒である．しかし膜のような生物学的構造体の中に固定されているものも多く，それらは不均一系触媒とみなすことができる．

酵素触媒によるアルケンへの付加の重要な一例としてフマル酸イオンのリンゴ酸イオンへの水和がある．

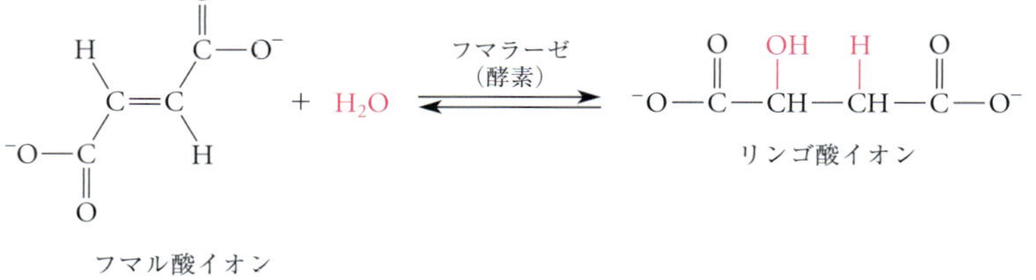

$$\text{フマル酸イオン} + H_2O \underset{}{\overset{\text{フマラーゼ(酵素)}}{\rightleftharpoons}} \text{リンゴ酸イオン} \tag{4・45}$$

この反応はフマラーゼという酵素によって触媒される．これは Krebs 回路あるいはクエン酸回路とよばれる生体系におけるエネルギー発生の中心的役割を果たす一連の反応の一つである．フマラーゼはこの反応だけを触媒する．フマラーゼによる触媒反応の効率は次の比較からわかる．生理学的 pH と温度（pH ＝ 7, 37 ℃）で酵素によって触媒される反応は酵素がない場合より 10^9 倍（10 億倍）速く起こる．フマラーゼの触媒効率をさらに広くみると，酵素に触媒される反応は 1 秒の数分の 1 で起こるが，酵素がないと数十万年を要する．いいかえればそのような反応は起こらない！

4章のまとめ

- アルケンは炭素–炭素二重結合をもつ化合物である．アルケン炭素は他の平面三角形炭素と同様に sp^2 混成をしている．
- 炭素–炭素二重結合は σ 結合一つと π 結合一つからなる．π 電子は σ 電子より反応性が高く Brønsted 酸や Lewis 酸に供与されうる．
- アルケンの IUPAC 置換命名法では，主鎖すなわち最大数の二重結合をもつ炭素鎖は二重結合が最も小さい位置番号をもつように番号づけされる．
- アルケン二重結合の回転は通常の条件では起こらないので，二重結合に関する立体異性体が生じる場合がある．これらは EZ 表記法を用いて命名される．
- 化合物のもつ環と二重結合の総数である不飽和度は式 (4・7) を用いて分子式から計算することができる．
- 生成熱(生成エンタルピー) ΔH_f° はさまざまな結合様式の相対的安定性を決めるのに用いられる．二重結合により多くの置換基が結合しているアルケンは置換基が少ないアルケンより安定であること，また多くの場合トランス形アルケンはシス形アルケンより安定であることが生成熱からわかる．
- 反応物は遷移状態とよばれる不安定な化学種を経由して生成物に変換される．一つの反応段階での遷移状態は反応物と生成物の中間の構造をもっており，その構造は破線と部分電荷を用いて描くことができる．
- 反応速度は，反応物と遷移状態の標準自由エネルギーの差である標準活性化自由エネルギー $\Delta G^{\circ \ddagger}$ で決まる．$\Delta G^{\circ \ddagger}$ が小さいほど反応は速く進む．
- 反応速度は温度が高いほど大きくなる．
- 多段階反応の速度は律速段階とよばれる最も遅い段階の速度で決まる．律速段階は標準自由エネルギーが最も高い遷移状態をもつ．
- H–Br や H–OH のような極性分子はアルケンに位置選択的に付加し，水素は二重結合の水素の多い炭素に，電気陰性基はアルキル基の多い炭素に結合する．水は π 結合をプロトン化するには酸として弱すぎるので，水の付加は酸触媒を必要とする．
- Hammond の仮説によれば，カルボカチオンのような中間体を含む反応の遷移状態の構造とエネルギーは，その中間体自身の構造とエネルギーに似ている．
- ハロゲン化水素や水のアルケンへの付加の立体選択性は次の二つの事実の結果である．(1) 競争する二つの反応の律速遷移状態は対応するカルボカチオンに似ている，(2) カルボカチオンの相対的安定性は，第三級 > 第二級 > 第一級の順である．Hammond の仮説を当てはめると，より安定なカルボカチオンを含む反応がより速く進む．
- ハロゲン化水素の付加や水和のようなカルボカチオン中間体を含む反応では転位が起こることがある．不安定なカルボカチオンは，アルキル基，アリール基，あるいは水素が隣接炭素から電子不足炭素へ移動することによってより安定なカルボカチオンに転位する．移動する基はその結合電子対を伴って移動し，それに伴って隣接炭素は電子不足となる．
- 触媒はそれ自身は反応で消費されることなく反応速度を増大させる．触媒は化学平衡の平衡定数には影響を与えない．触媒は平衡にある正反応と逆反応を同じように加速する．
- 触媒には均一系触媒と不均一系触媒の2種類がある．アルケンの触媒的水素化は不均一系触媒反応の典型例であり，アルケンの酸触媒水和は均一系触媒反応である．
- 酵素は生体内反応をきわめて大きく加速する生物学的触媒である．

追加問題

4・40 分子式 C_6H_{12} をもち主鎖が 5 炭素からなるアルケン異性体の構造式と IUPAC 置換名を示せ．

4・41 分子式 C_6H_{12} をもち主鎖が 4 炭素からなるアルケン異性体の構造式と IUPAC 置換名を示せ．

4・42 問題 4・41 のアルケンで HBr との反応で構造異性体を一つだけ与えるのはどれか．異性体混合物を与えるのはどれか．その理由を述べよ．

4・43 問題 4・40 のアルケンを生成熱が増大する順に並べよ(どれかは"ほぼ同じ"となるかもしれない)．

4・44 次の化合物の構造式を描け．
(a) シクロブテン　　(b) 3-メチル-1-オクテン
(c) 5,5-ジメチル-1,3-シクロヘプタジエン
(d) 1-ビニルシクロヘキセン

4・45 次の化合物の IUPAC 置換名を書け．必要ならば EZ 表記を含めよ．

(a) シクロペンタン環に CH_2CH_3 置換基
(b) $H_2C=CH(CH_2)_3CH(CH_3)_2$ （CH_3 二つをもつ分岐）

(c), (d) CH₃CH₂CH₂CH=CH₂ 等の構造式

(e), (f) 構造式

えば，エタンの炭素-炭素結合は sp³-sp³ σ 結合である）．

H−C(a)H₂−CH(b)=CH(c)−CH(d)=CH(e)H ... (構造式)

4・51 (a) 次の化合物は二つのアルケンのそれぞれに HBr を付加させることによって得られる．それらのアルケンの構造を示せ．

(Br, CH₃ 付きシクロペンタン)

(b) その二つのアルケンに DBr を付加させた場合，生成物は違うものだろうか．説明せよ（問題 4・47 の重水素についての注意を参照）．

4・46 次の名称は構造を特定してはいるが，正しくない名称もある．誤った名称を正せ．
(a) 3-ブテン　　　　(b) *trans*-1-*t*-ブチルプロペン
(c) (*Z*)-2-ヘキセン　(d) 6-メチルシクロヘプテン

4・47 次のアルケンの立体配置（*E* か *Z* か）を特定せよ．D は重水素すなわち質量数 2 の水素の同位体 ²H のことである．

(a), (b), (c), (d) 構造式

4・52 二重結合を一つもち，触媒的水素化によってプロピルシクロヘキサンを与えるすべてのアルケンの構造式を描け．

4・53 分子式 C_7H_{12} をもつアルケン X に HBr を付加させると分子式 $C_7H_{13}Br$ をもつただ一つのハロゲン化アルキル Y が生成し，X に触媒的水素化を行うと 1,1-ジメチルシクロペンタンが得られる．X と Y の構造式を描け．

4・54 分子式 C_6H_{12} をもつアルケンの二つの立体異性体があり，いずれも HI との反応で同じ生成物を与え，触媒的水素化によりヘキサンを与える．これらの異性体の構造式を示せ．

4・48 下の各対の化合物は次のどれに分類されるか．同一分子，構造異性体，立体異性体，上のいずれでもない．
(a) シクロヘキサンと 1-ヘキセン
(b) シクロペンタンとシクロペンテン
(c) 構造式 と 構造式
(d) $H_2C=CHCH_2CH_3$ と 構造式
(e) 構造式 と 構造式

4・55 3-メチル-1-ブタノール $(CH_3)_2CHCH_2CH_2OH$ は 3-メチル-1-ブテンの水和で合成できるだろうか．説明せよ．

4・56 化合物 A は中間体を含まない反応で化合物 B に変換される．この反応は $K_{eq} = [B]/[A] = 150$ の平衡定数をもち，A の標準自由エネルギーを基準とすると標準活性化自由エネルギーは 96 kJ mol⁻¹ である．
(a) この反応の反応自由エネルギー図を描き，A, B および反応の遷移状態の相対的自由エネルギーを示せ．
(b) 逆反応 $B \rightarrow A$ の標準活性化自由エネルギーはいくらか．それはどのようにして求められるか．

4・49 §1・3B の原理を用いて BF_3 の構造を予測せよ．この幾何構造からホウ素の混成はどのようなものだと示唆されるか．図 4・3 のエチレン炭素の軌道図にならって混成したホウ素の軌道図を描いて，BF_3 における結合を混成軌道で説明せよ．

4・50 下の構造式の符号をつけた結合について，結合のタイプ（σ か π か）と結合を構成している軌道を記せ（た

4・57 反応 $A \rightleftarrows B \rightleftarrows C \rightleftarrows D$ は次の図に示す反応自由エネルギー図をもつ．

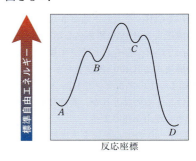

反応座標

(a) この反応が平衡に達したとき最も多く存在するのはどの化合物か. 最も少ないのはどれか.
(b) 反応の律速段階はどれか.
(c) 反応全体 $A \rightarrow D$ の標準活性化自由エネルギーを縦の矢印で示せ.
(d) 化合物 C の反応は $C \rightarrow B$ と $C \rightarrow D$ のどちらが速いか, それはどのようにしてわかるか.

4・58 Hammond の仮説を用いて, 1-メチルシクロヘキセンの水和の律速段階の遷移状態に最もよく似た反応中間体の構造式を描け.

4・59 (a) メチレンシクロブタンの酸触媒水和で予測される生成物 X を記せ.

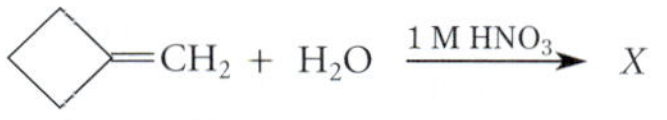

$$\text{メチレンシクロブタン} =CH_2 + H_2O \xrightarrow{\text{1 M HNO}_3} X$$

(b) 律速段階は二重結合のプロトン化である. 酸触媒として H_3O^+ を用いて, 律速段階で生成する反応中間体の構造式を描け.
(c) 律速段階の遷移状態の構造を描け.
(d) X の脱水 (上記の反応の逆反応) の遷移状態は何か.

4・60 (E)-1,3-ペンタジエンの生成熱は 75.8 kJ mol^{-1} であり, 1,4-ペンタジエンの生成熱は 106.3 kJ mol^{-1} である.
(a) より安定な結合配置をもつのはどちらのアルケンか.
(b) 1 mol の 1,3-ペンタジエンが燃焼したときのエンタルピー変化を計算せよ. 炭素の燃焼熱は -393.5 kJ mol^{-1} であり, 水素の燃焼熱は -285.8 kJ mol^{-1} である.

4・61 水素化の $\Delta H°$ は化合物が触媒的水素化を起こすときのエンタルピー変化である. 次の3種類のアルケンの水素化は次に示す $\Delta H°$ をもつ. 3-メチル-1-ブテン -126.8 kJ mol^{-1}, 2-メチル-1-ブテン -119.2 kJ mol^{-1}, 2-メチル-2-ブテン -112.6 kJ mol^{-1}.
(a) これらのアルケンを同じスケールで 2-メチルブタンとともに置いたエネルギー図を描け.
(b) このデータを用いて三つのアルケンを最も安定なものから順に並べよ. この結論に達した理由を述べよ.
(c) これら3種類のアルケンの生成熱はどのくらい違うか.
(d) この安定性の順序を説明せよ.

4・62 二重結合がトランス(すなわち E)配置をもつシクロヘプテンの分子模型を組立てよ. 次に cis-シクロヘプテンの分子模型をつくれ. これらの分子模型のうちどちらの化合物がより大きな生成熱をもつかを推定せよ.

4・63 次の化合物の双極子モーメントを考えよう.

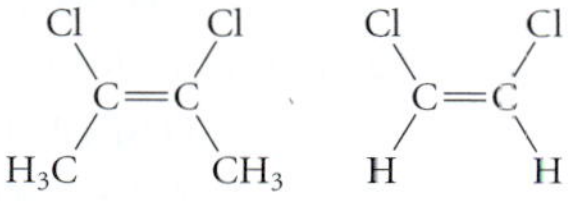

$$\begin{array}{cc} \underset{H_3C}{Cl}\!\!>\!\!C=C\!\!<\!\!\underset{CH_3}{Cl} & \underset{H}{Cl}\!\!>\!\!C=C\!\!<\!\!\underset{H}{Cl} \\ \mu = 2.4 \text{ D} & \mu = 1.9 \text{ D} \end{array}$$

C—Cl 結合双極子はどちらの化合物でも次のような向きをもっていると仮定する.

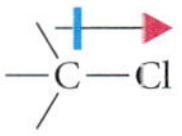

(a) 上記の双極子モーメントによれば, メチル基と水素のどちらが二重結合に対して電子供与性が大きいと考えられるか. その理由を説明せよ.
(b) 次の化合物のどちらがより大きな双極子モーメントをもつと考えられるか. その理由を説明せよ.

$$\underset{H}{Cl}\!\!>\!\!C=C\!\!<\!\!\underset{CH_3}{H} \qquad \underset{H}{Cl}\!\!>\!\!C=C\!\!<\!\!\underset{H}{CH_3}$$

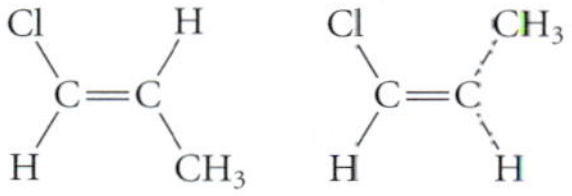

4・64 図 P4・64 に示した酸触媒異性化の機構を巻矢印表記で示せ.

4・65 巻矢印表記法を使うと, 一見新しい反応がすでに知っている反応を単に拡張したものだとわかることがある. この問題は巻矢印を使って新しい反応を予測する能力を高めるための第一歩である. 次の反応の機構を巻矢印表記を使って推定せよ.

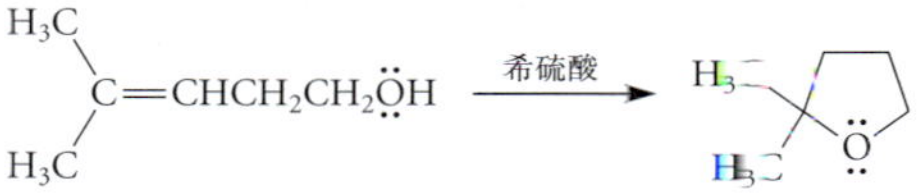

$$\underset{H_3C}{\overset{H_3C}{>}}\!C=CHCH_2CH_2\overset{..}{O}H \xrightarrow{\text{希硫酸}} \text{(環状エーテル生成物)}$$

次の各段階の指示に従って考えよ.
1. 出発物と生成物を調べて対応する原子に印をつけよ. 確信がなければ推測でもよい.
2. 出発物にある官能基に何が起こっているのか述べよ. この場合は二重結合に注目せよ. この変換はす

図 P4・64

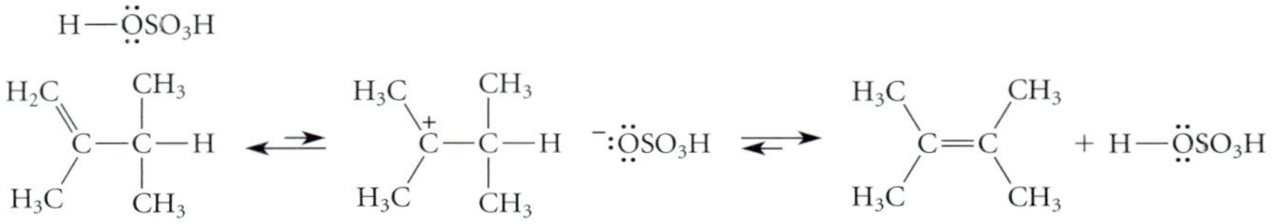

$$H_2C\!\!=\!\!\underset{CH_3}{\overset{CH_3}{C}}\!\!-\!\!\underset{CH_3}{\overset{H}{C}}\!\!-\!\!H \; \overset{H-\overset{..}{O}SO_3H}{\rightleftharpoons} \; H_3C\!\!-\!\!\underset{CH_3}{\overset{CH_3}{\overset{+}{C}}}\!\!-\!\!\underset{CH_3}{\overset{H}{C}}\!\!-\!\!H \;\; {^-\!\!:\!\!\overset{..}{O}SO_3H} \; \rightleftharpoons \; \underset{H_3C}{\overset{H_3C}{>}}\!\!C\!\!=\!\!C\!\!<\!\!\underset{CH_3}{\overset{CH_3}{}} + H\!\!-\!\!\overset{..}{O}SO_3H$$

でに学んでいる反応に似ていないか？
3. 1で考えた対応を巻矢印で関連づけよ．そのときすでに学んだ反応の中の似たような段階を用いよ．各段階で構造式を描き直せ．つまり複数の段階の巻矢印を一つの構造式に書込んではならない．
4. 各段階で Lewis 酸-塩基会合，Lewis 酸-塩基解離，あるいは Brønsted 酸-塩基反応を用いよ．

4・66 t-ブチルメチルエーテル(MTBE)の工業的合成法では，下の反応式に示すように 2-メチルプロペンとメタノール CH_3OH を酸触媒下に反応させる．

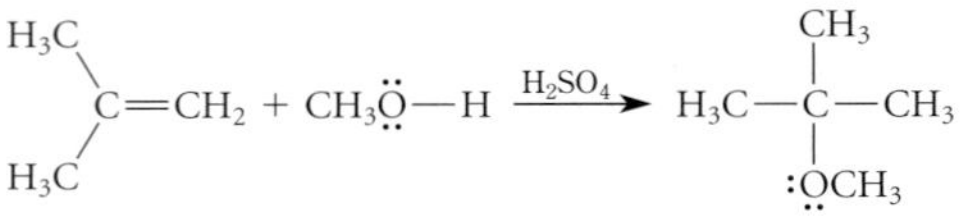

このエーテルはガソリンのアンチノック剤として市販されている．巻矢印表記法を使ってこの反応の機構を示せ．

4・67 巻矢印表記法を用いて次図に示した反応の機構を示せ〔ヒント：(1) 問題 4・65 にある問題の解き方の指示に従え．(2) Hammond の仮説を用いてどの二重結合が最初にプロトン化するかを決めよ〕．

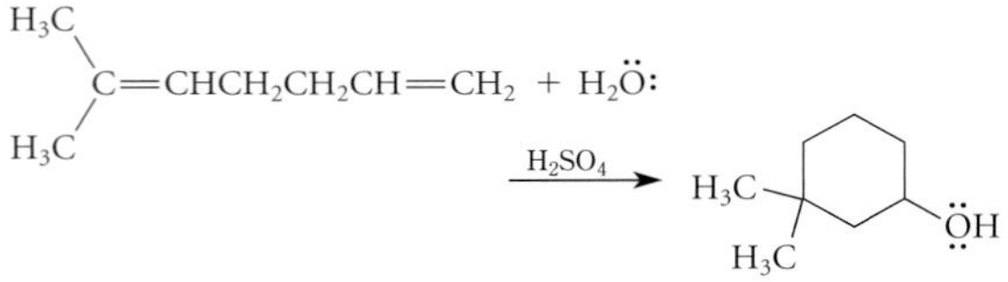

4・68 標準生成自由エネルギー ΔG_f° は 25 °C, 1 atm にある物質がその条件で自然状態にある元素から生成するときの自由エネルギー変化である．
(a) 次のアルケンの相互変換の平衡定数を計算せよ．それぞれの標準生成自由エネルギーはその下に示してある．どちらの化合物が平衡で優位か．

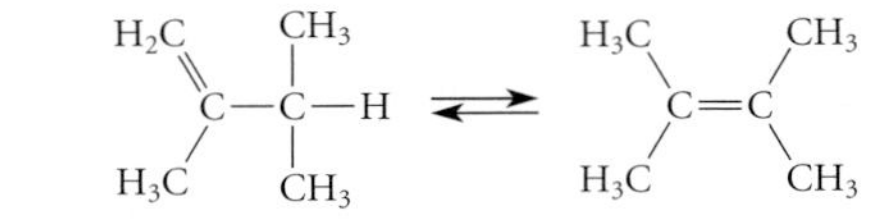

ΔG_f°　79.0 kJ mol^{-1}　　75.9 kJ mol^{-1}

(b) 平衡定数からこの相互変換の速さについて何がわかるか．

4・69 1-ブテンと 2-メチルプロペンの標準生成自由エネルギーの差は 13.4 kJ mol^{-1} である(ΔG_f° の定義については前問を参照)．
(a) どちらの化合物がより安定か．その理由を説明せよ．
(b) 2-メチルプロペンの水和の標準活性化自由エネルギーは 1-ブテンの水和の標準活性化自由エネルギーより 22.8 kJ mol^{-1} だけ小さい．どちらの水和がより速く起こるか．
(c) これら二つのアルケンの水和について同じスケールで反応自由エネルギー図を描き，出発物と律速遷移状態の相対的自由エネルギーを示せ．
(d) 二つの水和反応の遷移状態の標準自由エネルギーの差はいくらか．どちらの遷移状態のエネルギーがより低いか．その遷移状態がより安定である理由を反応機構を用いて示せ．

4・70 2-メチルプロペンの 2-メチル-2-プロパノールへの水和(式 4・41)の標準活性化自由エネルギー $\Delta G^{\circ\ddagger}$ は 91.3 kJ mol^{-1} である．2-メチルプロペンの水和の標準自由エネルギー変化 ΔG° は -5.56 kJ mol^{-1} である．メチレンシクロブタンの水和(生成物は問題 4・59 の化合物 X)の速度は 2-メチルプロペンの水和の 0.6 倍である．メチレンシクロブタンの水和の平衡定数は 2-メチルプロペンの水和の平衡定数の 250 倍(生成物に有利)である．水和は X と 2-メチル-2-プロパノールのどちらがどのくらい速いか．その理由を説明せよ．

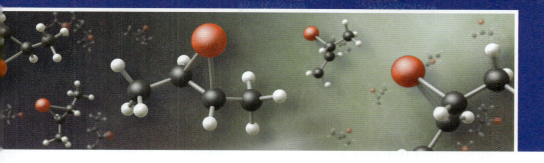

アルケンへの付加反応

アルケンの最も一般的な反応は付加反応である．4章でハロゲン化水素の付加，触媒的水素化，および水和を検討して，巻矢印表記や反応中間体の性質を用いてこれらの付加反応の位置選択性を理解する方法を学んだ．本章では同様の手法を用いてアルケンのさらに別の付加反応を概観する．また新しいタイプの反応中間体であるラジカルについて学び，ラジカルを含む反応で用いる別の巻矢印表記を学ぶ．

5・1 求電子付加反応概説

以下の数節で，さらに4種類のアルケンへの付加反応を詳しく学ぶことにする．しかしまず，これらの反応を概観して，すでに学んだ HBr の付加（§4・7）および H_2O の付加（§4・9B）との類似点を見てみよう．その点がわかると，これらの反応をより容易に理解できるはずである．

代表的なアルケンである 2-メチルプロペンを例にとって4種類の反応を示す．まず，それぞれの反応が付加反応であることを確認しよう．次に何が二重結合に付加したのかを考えよう．生成物のそれぞれの基がどこからきているかに注目しよう．

臭素の付加:

$$\underset{\substack{H_3C \\ H_3C}}{>}C=CH_2 + Br-Br \xrightarrow{CH_2Cl_2 \text{（溶 媒）}} H_3C-\underset{\substack{CH_3 \\ | \\ Br}}{\overset{|}{C}}-\underset{Br}{CH_2} \quad (5\cdot 1)$$

2-メチルプロペン　　　　　　　　　　　1,2-ジブロモ-2-
（イソブチレン）　　　　　　　　　　　メチルプロパン

オキシ水銀化:

$$\underset{\substack{H_3C \\ H_3C}}{>}C=CH_2 + AcO-Hg-OAc + H-OH \longrightarrow H_3C-\underset{\substack{CH_3 \\ | \\ HO}}{\overset{|}{C}}-\underset{Hg-OAc}{CH_2} + H-OAc \quad (5\cdot 2)$$

酢酸水銀(II)　（溶媒，大過剰）　　　　　　　　　　　　　　　　酢 酸

この反応式で -OAc や AcO- はアセトキシ基を表している．

$$\text{アセトキシ基} = AcO- = -OAc = -O-\underset{\substack{\| \\ O}}{C}-CH_3$$

ヒドロホウ素化:

$$\underset{\substack{H_3C \\ H_3C}}{>}C=CH_2 + H-BH_2 \xrightarrow{\text{エーテル系溶媒}} H_3C-\underset{\substack{CH_3 \\ | \\ H}}{\overset{|}{C}}-\underset{BH_2}{CH_2} \quad (5\cdot 3)$$

ボラン　　　　　　　　　　　　イソブチルボラン

オゾン分解:

$$\underset{\substack{H_3C \\ H_3C}}{>}C=CH_2 + :\overset{+}{\underset{..}{O}}=\overset{..}{\underset{..}{O}}-\overset{..}{\underset{..}{O}}:^{-} \longrightarrow H_3C-\underset{\substack{CH_3 \\ | \\ :O}}{\overset{|}{C}}-\underset{\substack{| \\ :O:}}{\overset{CH_2}{\underset{O:}{|}}} \quad (5\cdot 4)$$

オゾン

オゾン分解は環を形成する付加反応である**付加環化**(cycloaddition)の一つの例である．

二重結合に付加する二つの基が異なる反応について考えるとき，二つの基の電気陰性度の違いに注目すると，反応の結果は HBr の付加や水和の結果とよく似ている．HBr や H_2O の付加では H−Br あるいは H−OH において電気陰性度のより小さな水素が二重結合の CH_2 炭素に付加し，電気陰性度のより大きな基(−Br あるいは −OH)がメチル基の結合している炭素に付加する．

$$\begin{array}{c}H_3C\\ \diagdown\\ C=CH_2\\ \diagup\\ H_3C\end{array} + \underset{X = Br\ あるいは\ OH}{H-X} \longrightarrow H_3C-\underset{\underset{X}{|}}{\overset{\overset{CH_3}{|}}{C}}-\underset{\underset{H}{|}}{CH_2} \qquad (5\cdot 5)$$

オキシ水銀化(式 5·2)では，Hg は金属元素であり OH 基の酸素より電気陰性度がずっと小さい．この反応でも，電気陰性度のより小さな基は CH_2 炭素に付加し，電気陰性度のより大きな基はメチル基の結合している炭素に付加する．ヒドロホウ素化(式 5·3)でも同じパターンになる．表 1·1 からわかるように，電気陰性度は水素の方がホウ素より大きい．電気陰性度のより小さなホウ素が CH_2 炭素に付加し，電気陰性度のより大きな水素がメチル基の結合している炭素に付加する．

これらの事実を一般化すると，付加する二つの基が異なる付加反応において，アルキル置換基が少ない二重結合炭素に電気陰性度のより小さな基が付加し，アルキル基が多い二重結合炭素に電気陰性度のより大きな基が付加する．これを "修正 Markovnikov 則" と考えることができる(§4·7A)．

以下の節で学ぶように，これらの反応は異なる反応機構で起こる．しかしすべての機構を通して共通の傾向がある．いずれの反応でも，第一段階で求核剤として働くアルケンのπ結合の電子対が求電子中心に供与される．求電子中心の原子はアルキル基の少ないアルケン炭素と結合をつくる．もともと出発物の一部であった求核性原子あるいは溶媒分子中の求核性原子がアルキル基の多いアルケン炭素に電子を供与して付加反応が完了する．求電子剤あるいは求電子中心を E(青色)で表し，求核剤あるいは求核中心を X(赤色)で表すと，式(5·6)で示すようにまとめることができる(破線の巻矢印は電子の起源を示しているだけで，実際の反応機構を示しているのではない)．

$$(CH_3)_2C=CH_2 + E-X \xrightarrow{機構は\ さまざま} (CH_3)_2C-CH_2 \quad \left\{ \begin{array}{ll} H-Br & HBr\ の付加 \\ H-\overset{+}{O}H_2 & 水\quad 和 \\ Br-Br & Br_2\ の付加 \\ Hg(OAc)_2, H_2O & オキシ水銀化 \\ H_2B-H & ヒドロホウ素化 \\ O\overset{\overset{+}{O}}{=}O^- & オゾン分解 \end{array} \right. \qquad (5\cdot 6)$$

（すべての反応はπ結合から求電子剤への電子の供与から始まる）
（すべての反応で求核剤はアルキル基を多くもつアルケン炭素に電子を供与する）

HBr の付加(§4·7B)と水和(§4·9B)の機構を復習して，それらの反応がこのパターンに合っていることを確認しよう．

二重結合に付加する二つの原子のうち電気陰性度のより小さな原子が求電子中心になっていることがわかったと思う．電気陰性度のより大きな原子の方が電子をより "ほしがって" いるのだから，よりよい求電子剤になると思われるかもしれないが，そうではない．では，アルケンのπ電子はなぜ電気陰性度がより小さい原子に供与されるのだろうか．HBr 付加の機構の第一段階を考えればその理由がわかる．水素は求電子性の原子であり，Br は脱離基として働く．

$$(CH_3)_2C=CH_2 + H-Br: \longrightarrow (CH_3)_2\overset{+}{C}-CH_2 \quad :\overset{..}{\underset{..}{Br}}:^- \tag{5・7}$$

電子対置換反応では，求電子性原子は電子を受取るとともに放出もする

脱離基　　求電子性原子　　求核的な電子対

これは電子対置換反応である．この例が示すように，このタイプの反応では，求電子性原子は電子を受取ると同時に放出するが，脱離基は電子を受取るだけである．したがって，電気陰性度は脱離基にとってより重要である．反応機構は反応によって多少異なるが，同様の問題が存在している．

式(5・6)の付加反応はよく似ており，ひとくくりにして**求電子付加**(electrophilic addition)とよばれる．求電子付加はπ結合から求電子性原子に電子対が供与されることによって始まる付加反応である．

問 題

5・1 (a) アジ化ヨウ素 I-N₃ は次のようにイソブチレンに付加する．

$$(CH_3)_2C=CH_2 + :\overset{..}{\underset{..}{I}}-\overset{..}{N}=\overset{+}{N}=\overset{..}{\underset{..}{N}}:^- \longrightarrow (CH_3)_2C-CH_2$$
アジ化ヨウ素

π結合が電子を供与する求電子性基はどれか．そのように判断する理由は何か．この結果は求電子付加における電気陰性度のパターンと一致するか．説明せよ．

(b) 次の求電子付加反応の生成物を予測し，推論の根拠を説明せよ．

$$(CH_3)_2C=CH_2 + :\overset{..}{\underset{..}{I}}-\overset{..}{\underset{..}{Br}}: \longrightarrow$$
臭化ヨウ素

5・2 アルケンとハロゲンとの反応

A. 塩素と臭素の付加

ハロゲンはアルケンに付加する．

$$CH_3CH=CHCH_3 + Br_2 \xrightarrow[\text{(溶媒)}]{CH_2Cl_2} CH_3CH-CHCH_3 \tag{5・8}$$
cis- あるいは trans-2-ブテン　　　　　　　　　$|\ \ \ \ |$
　　　　　　　　　　　　　　　　　　　　　　Br　Br
　　　　　　　　　　　　　　　2,3-ジブロモブタン

シクロヘキセン + Cl₂ →(CCl₄ 溶媒)→ 1,2-ジクロロシクロヘキサン (収率70%) (5・9)

これらの反応の生成物は**ビシナルニハロゲン化物**(vicinal dihalide)である．ビシナル(ラテン語で"近所"を意味する *vicinus* に由来する)は"隣接する位置にある"を意味する．つまりビシナルニハロゲン化物は隣接する炭素に二つのハロゲンが結合している化合物である．

臭素と塩素はハロゲンの付加で最もよく用いられるハロゲンである．フッ素は非常に反応性が高く，二重結合に付加するだけではなく，あらゆる水素を速やかに，ときには激しくフッ素と交換してしまう．ヨウ素は低温で二重結合に付加するが，室温では不安定でもとのアルケンと I₂ に分解する．臭素

は液体であり，気体の塩素よりも取扱いやすいので，多くのハロゲン付加は臭素を用いて行われる．塩化メチレン CH_2Cl_2 や四塩化炭素 CCl_4 のような不活性溶媒がハロゲンとアルケンをともに溶解するのでよく用いられる．ほとんどのアルケンへの臭素の付加は速やかに起こるので，アルケンの溶液に臭素を滴下すると臭素の赤い色がほとんど瞬時に消失する．事実，この退色はアルケンの定性反応としてよく用いられる．

臭素の付加は，溶媒やアルケンの種類および反応条件によってさまざまな機構で起こる．最も一般的な機構の一つはブロモニウムイオンという反応中間体を含んでいる．

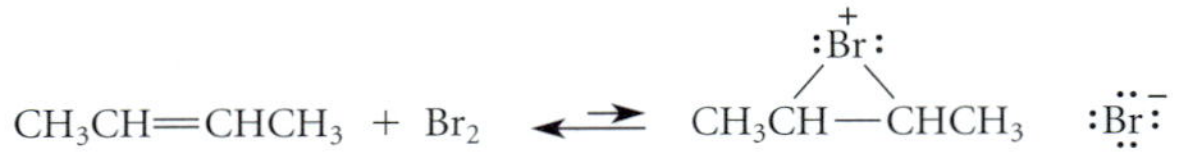

$$CH_3CH=CHCH_3 + Br_2 \rightleftarrows CH_3CH-CHCH_3 \quad :\overset{..}{Br}:^- \tag{5・10}$$
ブロモニウムイオン

ブロモニウムイオン(bromonium ion)は1個の臭素原子が二つの炭素原子に結合している化学種であり，臭素は8個の価電子と正電荷をもつ．ブロモニウムイオンの生成は1段階で起こり，3本の巻矢印で表される．次式の巻矢印を番号順に追ってみよ．

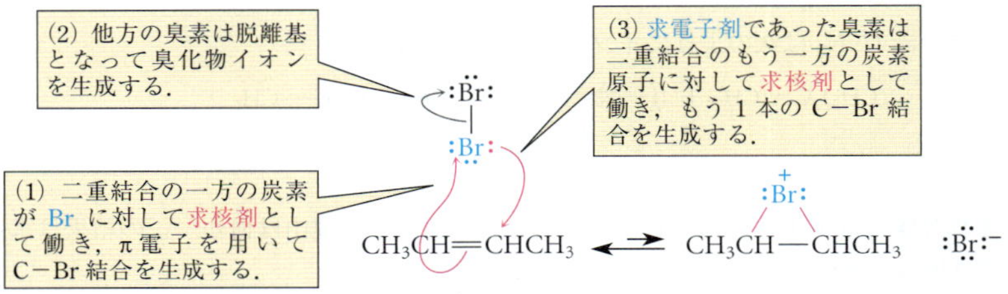

(1) 二重結合の一方の炭素が Br に対して求核剤として働き，π電子を用いて C−Br 結合を生成する．

(2) 他方の臭素は脱離基となって臭化物イオンを生成する．

(3) 求電子剤であった臭素は二重結合のもう一方の炭素原子に対して求核剤として働き，もう1本の C−Br 結合を生成する．

$$CH_3CH=CHCH_3 \rightleftarrows CH_3CH-CHCH_3 \quad :\overset{..}{Br}:^- \tag{5・11}$$

塩素やヨウ素の付加でも類似の環状イオンが生成する．

臭素の付加は，臭化物イオンがブロモニウムイオンのどちらかの環炭素に電子対を供与することで完了する．

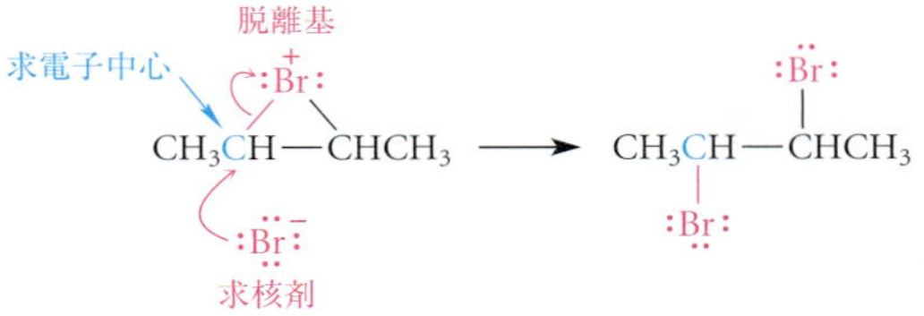

$$CH_3CH-CHCH_3 \longrightarrow CH_3CH-CHCH_3 \tag{5・12}$$

これは電子対置換反応(§3・2)のもう一つの例であり，求核剤は臭化物イオン，求電子中心は求核剤から電子対を受取る炭素原子，脱離基はブロモニウムイオンの臭素である（この脱離基は別の結合でこの分子と結合しているので実際に分子から脱離するわけではない）．この反応が起こるのは，正電荷をもつ臭素の電気陰性度が非常に大きく，容易に電子対を受入れるからである．また7章で学ぶように，分子模型を作ろうとすればすぐわかるのだが，三員環がひずみをもっていることもこの反応が起こりやすい理由の一つである．三員環が開環するとかなりのエネルギーが放出される．

HBr の付加の場合と同様に，Br_2 の付加でもカルボカチオン中間体を含む機構を書くことができると考えるのは当然であろう．

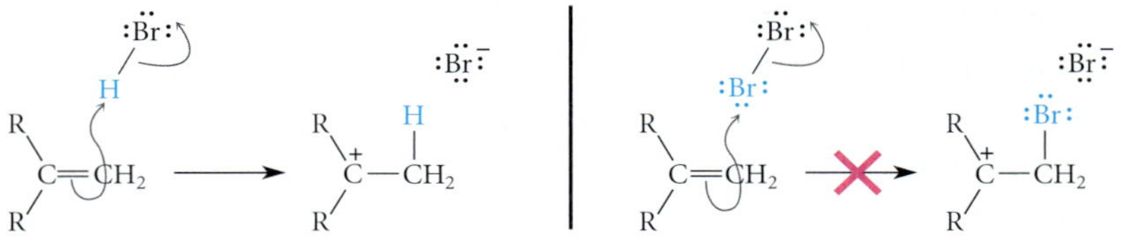

H−Br の付加 | Br−Br の付加 (5・13)

臭素の付加ではカルボカチオンではなくブロモニウムイオンが反応中間体となることが，どのようにわかるのだろうか．まず第一に，臭素付加では転位が普通観測されない．HBr の付加では転位が観測されることはすでに学んだ(§4・7D)．第二に，ブロモニウムイオンはカルボカチオンと同様に通常の反応条件では単離できるほど安定ではないが，特殊な状況下では単離されている．最後に，ブロモニウムイオンを支持する立体化学的な証拠があるのだが，これについては立体化学をもう少し学んだ後，§7・8C で述べることにしよう．

なぜカルボカチオンではなくブロモニウムイオンが生成するのかが次の問題である．いいかえれば，なぜブロモニウムイオンは対応するカルボカチオンより安定なのか，ということである．そのおもな理由は，ブロモニウムイオンがカルボカチオンより共有結合の数が多く，またすべての原子がオクテットを満たしていることにある．

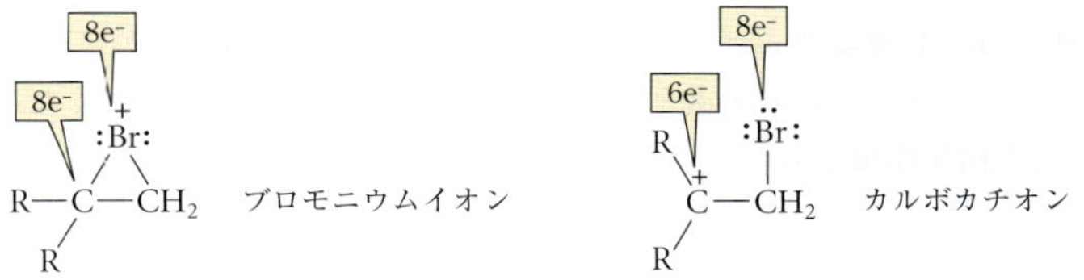

B. ハロヒドリン

臭素の付加において，ブロモニウムイオンと反応することができる求核剤は臭化物イオンだけである(式 5·12)．他の求核剤が存在していれば，それらもブロモニウムイオンと反応して二臭化物以外の生成物ができるはずである．この種の状況が起こるのは溶媒自身が求核剤として働きうる場合である．たとえばアルケンを大過剰の水を含む溶媒中で臭素と反応させると，臭化物イオンではなく水分子がブロモニウムイオンと反応する．これは水が臭化物イオンよりはるかに高濃度で存在するからである．

(5·14a)

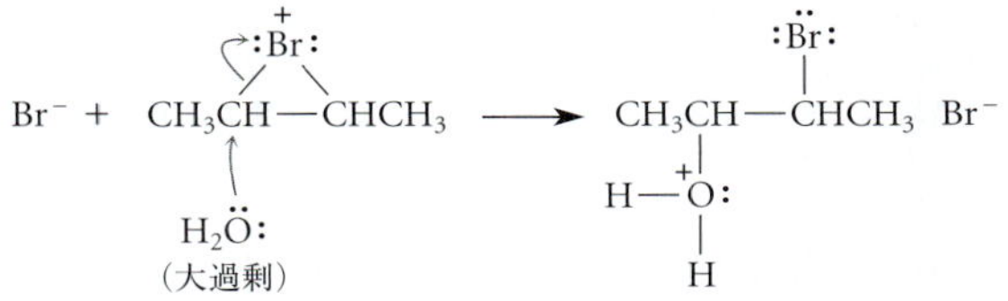

生成するアルコールの共役酸は非常に酸性で，その酸性度は H_3O^+ の酸性度に匹敵する．したがって，溶媒の H_2O は酸性のプロトンを引抜いて最終生成物を与える．

(5·14b)

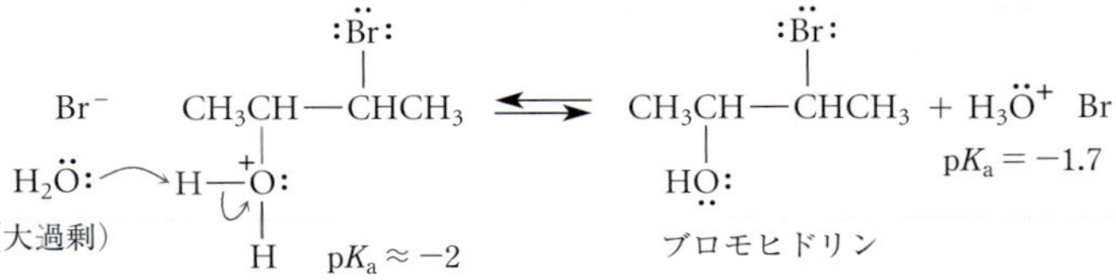

生成物は OH 基と Br 基の両方をもつ化合物である**ブロモヒドリン**(bromohydrin)の一例である．ブロモヒドリンはハロゲンと OH 基の両方をもつ化合物である**ハロヒドリン**(halohydrin)とよばれる化合物群の一員である．最もよく見られるタイプのハロヒドリンでは，これら二つの基が隣接する位置すなわちビシナル位を占める．

ビシナルハロヒドリンの一般式
(R = アルキル，アリール，H)

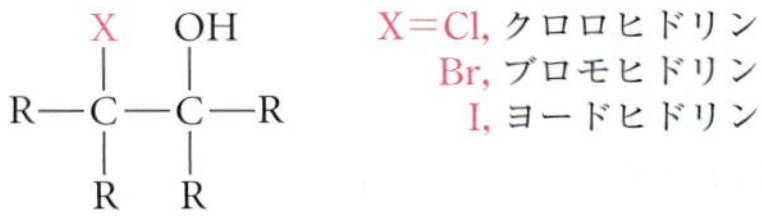

ビシナルハロヒドリンは，次亜臭素酸 HO−Br や次亜塩素酸 HO−Cl のような次亜ハロゲン酸が二つにわかれて二重結合に付加した形をしている．I_2 付加の生成物は不安定であるが(§5・2A 参照)，ヨードヒドリンを得ることができる．

アルケンの二重結合が非対称な場合，ブロモニウムイオンが水と反応すると，開裂する C−Br 結合によって2種類の生成物が可能である．しかしアルケンの一方の炭素が<u>二つの</u>アルキル基をもつ場合，この反応は非常に位置選択的となる．

$$\underset{H_3C}{\overset{H_3C}{>}}C=CH_2 + Br_2 + H_2O \xrightarrow{\text{(溶媒)}} H_3C-\underset{\underset{OH}{|}}{\overset{\overset{CH_3}{|}}{C}}-\underset{\underset{Br}{|}}{CH_2} + H_3O^+ \ Br^- \quad (5\cdot15)$$

1-ブロモ-2-メチル-2-プロパノール
(収率77%)

この位置選択性の理由はブロモニウムイオンの構造から理解できる(図5・1)．この構造では，正電荷のほぼ90%は第三級炭素にあり，この炭素と臭素との結合は非常に長くかつ弱くなっているので，この化学種は弱い炭素−臭素相互作用をもつカルボカチオンと考えることができる．

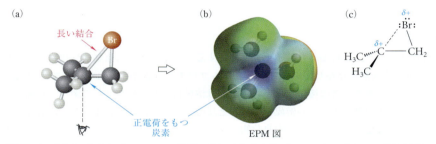

図 5・1 (a) 2-メチルプロペンへの臭素の付加で生成するブロモニウムイオンの球棒模型．臭素と第三級炭素間の非常に長い結合に注目せよ．(b) (a)の眼の方向から見たブロモニウムイオンの EPM 図．第三級炭素上の青く示した正電荷の集中に注目せよ．正電荷のほぼ90%がこの炭素上にある．(c) ブロモニウムイオンの立体構造式．

水はこのブロモニウムイオンと第三級炭素上で反応し，より弱い C−Br 結合が開裂して，観測された位置選択性を与える．

$$\underset{H_3C}{\overset{H_3C}{>}}\overset{+\ddot{Br}:}{\underset{\underset{:\ddot{O}H_2}{\curvearrowleft}}{C}}-CH_2 \longrightarrow H_3C-\underset{\underset{\underset{H}{|}}{\overset{+}{O}:}}{\overset{\overset{H_3C}{|}}{C}}\overset{:\ddot{B}r:}{-}CH_2 \overset{:\ddot{O}H_2}{\underset{\rightleftarrows}{\curvearrowleft}} H_3C-\underset{\underset{:\ddot{O}H}{|}}{\overset{\overset{H_3C}{|}}{C}}\overset{:\ddot{B}r:}{-}CH_2 + H_3\overset{+}{\ddot{O}}^+ \quad (5\cdot16)$$

例題 5・1

水中でアルケンに Cl_2 を反応させて生成するクロロヒドリンは次のどちらか．理由を説明せよ．

$$\underset{\underset{CH_3}{|}}{H_3C-\overset{\overset{Cl}{|}}{C}}-\overset{\overset{OH}{|}}{CH}-CH_3 \qquad \underset{B}{\text{(シクロヘキサン環に } CH_2Cl \text{ と } OH)} $$
A　　　　　　　　　B

解 法　上述の機構によれば，求核剤(水)はアルキル基をより多くもつ二重結合炭素と反応する．化合物 A では，OH 基が結合した炭素は −Cl が結合した炭素よりもアルキル基が<u>少ない</u>．したがってこの化合物はアルケンと Cl_2/H_2O との反応では生成しない．しかし化合物 B では OH 基がより置換基の多い炭素に結合しており，B はこの反応で生成しうる．

> **問 題**
>
> 5・2 2-メチル-1-ヘキセンを次の反応剤と反応させたときの生成物とその生成機構を述べよ.
> (a) Br_2　　(b) H_2O 中で Br_2　　(c) アジ化ヨウ素 I–N_3（ヒント：問題 5・1a 参照）
>
> 5・3 例題 5・1 のクロロヒドリン B の出発物となるアルケンの構造式を描け.

5・3　有機化学反応式の書き方

　有機化学反応の学習を続けるにあたって，反応式を書くときに広く使われている約束事がいくつかある．混乱を避けるために，これらの約束事をしっかり理解しておくことが重要である．

　反応式を書く最も完璧な方法は，完全に釣合いのとれた化学反応式を用いることである．式(5・8)と式(5・9)は釣合いのとれた反応式の例である．反応条件などの情報を反応式に入れる場合もある．たとえば，式(5・8)では反応物ではない溶媒が矢印の下側に記されている．一般には溶媒は明記する必要はない．また触媒は矢印の上側に書かれる．たとえば，次の式では，H_3O^+ が矢印の上側に書かれており，酸触媒が必要であることを示している(§4・9B)．

$$(CH_3)_2C=CH_2 + H_2O \xrightarrow{H_3O^+} H_3C-\underset{OH}{\underset{|}{\overset{CH_3}{\overset{|}{C}}}}-CH_3 \qquad (5\cdot 17)$$

（触媒は矢印の上側に書く）

触媒は反応で消費されないから，反応物と触媒は区別して書かれる．

　式(5・9)では**パーセント収率**(percentage yield, 通常は単に"収率"という)が書かれている．これは実験室で化学者が実際に反応混合物から単離した生成物の量の，理論量に対する割合である．同じ反応でも別の化学者は少し違う収率を得るかもしれないが，収率は反応でどのくらいの副生成物ができるのか，そして生成物をどのくらい容易に反応混合物から単離できるのかの大雑把な目安となる．たとえば，$2A + B \rightarrow 3C + D$ という反応では B 1 mol と A 2 mol から 3 mol の C が得られるはずである（反応物のいずれかが過剰に存在していなければ）．C の収率が 90% ということは，この反応条件下で B 1 mol 当たり 2.7 mol の C が実際に単離されたことを示している．10% の減少は分離の困難さ，少量の副生成物，あるいはその他の理由に帰せられる．本書で述べられている反応例の多くは実際に実験室で行われたものであり，収率は反応がどのくらいうまくいくかを示しているにすぎず，それらの値を覚える必要はない．

　反応式の書き方の約束で特に理解しておかねばならないことがある．多くの場合，反応式を省略して有機出発物とおもな有機生成物だけを書く．その他の反応物や反応条件は矢印の上に書く．したがって式(5・15)は次のように書くことができる．

$$(CH_3)_2C=CH_2 \xrightarrow{Br_2/H_2O(溶媒)} H_3C-\underset{OH\;\;Br}{\underset{|\;\;\;\;|}{\overset{CH_3}{\overset{|}{C}}}}-CH_2 \qquad (5\cdot 18)$$

1-ブロモ-2-メチル-2-プロパノール
(収率 77%)

　この簡略した書き方はスペースと時間の節約になるのでよく使われる．反応式をこのように書く場合，副生成物は省略される．また反応式は釣合いをとっていない．この簡略法は初心者にとって曖昧さが残りがちである（経験を積んだ化学者でもそのような場合がある）．矢印の上に書かれているのは反応物だろうか，触媒だろうか，溶媒だろうか，それとももっと別のものであろうか．式(5・13)では Br_2 は反応で消費されるので，反応物であることがわかる．溶媒の H_2O も反応物である（生成物が OH 基を

もっているから). 副生成物の H_3O^+ や Br^- は書かれていない.

このような曖昧さを避けるために, 本書ではほとんどの場合最初に釣合いのとれた反応式を示す(釣合いのとれた形がわかる場合は). また触媒や溶媒については, 初出でそれらが触媒や溶媒であることを明記する. これによって, 同じ反応の簡略形がその後に出てきたときに, 反応に関与するさまざまな物質の役割をはっきりさせることができる.

5・4 アルケンのアルコールへの変換

アルケンの水和(§4・9B)は特殊なアルコールの製造に工業的に使われることはあるが, 実験室でのアルコールの合成にはめったに使われない. この節ではアルケンをアルコールに変換するために実験室でよく使われる二つの方法を紹介する. オキシ水銀化-還元およびヒドロホウ素化-酸化とよばれるこれら二つの方法はいずれも結果的に二重結合に H と OH を付加する. しかしこの二つの反応は逆の位置選択性で起こるので相補的である(生成物の -OH の位置に注目せよ).

$$
\begin{array}{c}
R \\
R
\end{array} \!\!\!\!
\diagup\!\!\!\!\diagdown
\mathrm{C}\!=\!\mathrm{CH}_2
\quad
\begin{array}{l}
\longrightarrow \text{R-C(OH)(R)-CH}_2\text{H} \quad \text{オキシ水銀化-還元} \\
\longrightarrow \text{R-C(H)(R)-CH}_2\text{OH} \quad \text{ヒドロホウ素化-酸化}
\end{array}
\tag{5・19}
$$

それぞれの反応はいずれも別々の 2 段階の実験操作からなっている. これらの反応を順に見ていこう.

A. アルケンのオキシ水銀化-還元

アルケンのオキシ水銀化　オキシ水銀化 (oxymercuration) では, アルケンが水溶液中で酢酸水銀(II) $Hg(OAc)_2$ と反応して, $-HgOAc$ (アセトキシ水銀基)と水に由来する $-OH$ (ヒドロキシ基)が二重結合に付加した生成物を与える.

$$
\mathrm{CH_3CH_2CH_2CH_2-CH=CH_2} + \mathrm{AcO-Hg-OAc} + \mathrm{H-OH} \xrightarrow[\text{(溶媒)}]{\text{THF-}H_2O}
$$

1-ヘキセン　　　　　酢酸水銀(II)

$$
\mathrm{CH_3CH_2CH_2CH_2-CH(OH)-CH_2(HgOAc)} + \mathrm{HOAc} \tag{5・20}
$$

(収率 95%)　　　　　　　　　酢酸

HgOAc 基がアルキル基の少ない二重結合炭素に結合し, OH 基がアルキル基の多い炭素に結合することに注意しよう.

溶媒(式 5・20 の矢印の下に書かれている)はよく使われるエーテルである THF (テトラヒドロフラン tetrahydrofuran)と水の混合物である.

テトラヒドロフラン
(THF)

THF は水を溶かすと同時に水に不溶の多くの有機化合物を溶解させるので, 溶媒として重要である. オキシ水銀化ではアルケンと酢酸水銀(II)水溶液の両方を溶解する役割を担っている(アルケンは水には不溶であることを思い出そう, §4・4). 水は式(5・20)からわかるように反応物であり, 同時に酢酸水銀(II)の溶媒となっている.

5・4 アルケンのアルコールへの変換　167

　オキシ水銀化の反応は前節で述べたハロヒドリン生成反応とよく似ている．反応機構の第一段階でメルクリニウムイオンとよばれる環状イオンが生成する．

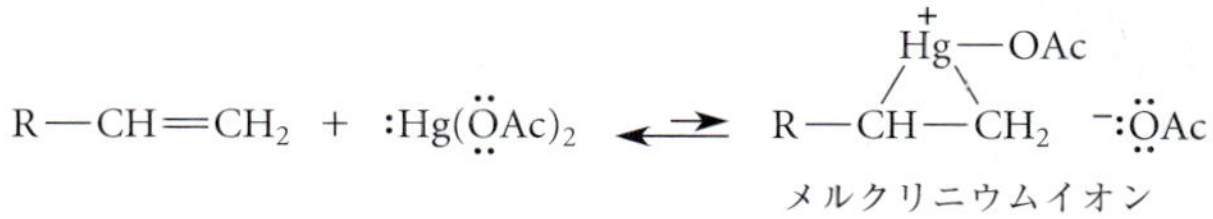

$$R-CH=CH_2 + :Hg(\ddot{O}Ac)_2 \rightleftarrows \underset{\text{メルクリニウムイオン}}{R-\overset{+}{\underset{|}{CH}}-CH_2 \ \ ^-:\ddot{O}Ac} \overset{Hg-OAc}{} \quad (5 \cdot 21a)$$

　オキシ水銀化ではカルボカチオン転位が観測されず，臭素の付加と同様にカルボカチオンを含まない．7章で述べる立体化学的な証拠もカルボカチオン中間体が存在しないことを支持する．したがって，その機構は1段階過程とみることができる．

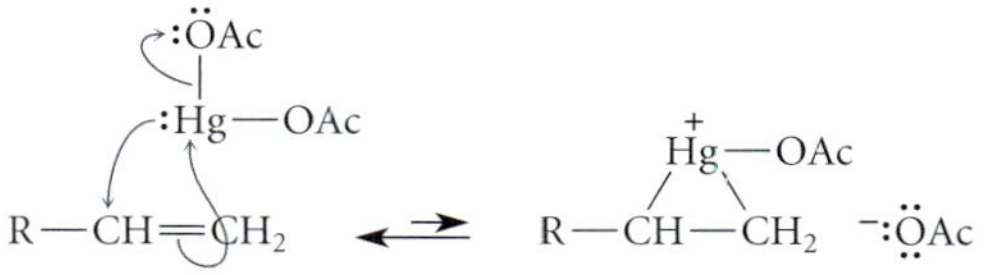

$$R-CH=CH_2 \rightleftarrows R-\overset{+}{CH}-CH_2 \ ^-:\ddot{O}Ac \quad (5 \cdot 21b)$$

この反応式は式(5・11)のブロモニウムイオンの生成に類似している．

　式(5・14a)でブロモニウムイオンが大過剰に存在する溶媒の水と反応するのと同様に，メルクリニウムイオンも溶媒の水と反応する．

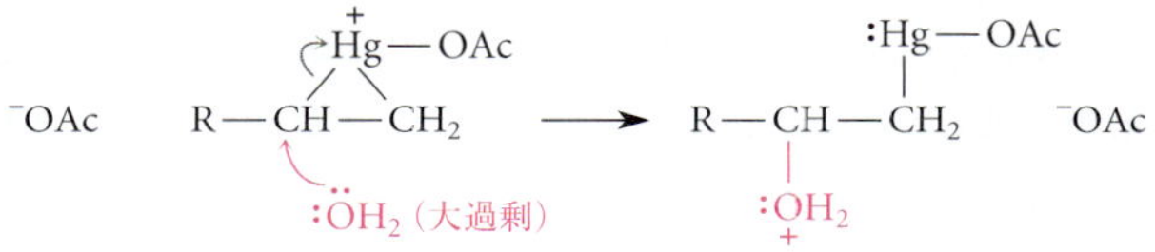

$$^-OAc \ \ R-\overset{+}{CH}-CH_2 \longrightarrow R-CH-CH_2 \ ^-OAc \quad (5 \cdot 21c)$$
:ÖH₂(大過剰)　　　　　:ÖH₂

　水の反応は，ブロモニウムイオンの場合(式5・16)と同様に，環の二つの炭素のうちアルキル基をより多くもつ炭素上で起こる．しかしオキシ水銀化とハロヒドリン生成の違いは位置選択性の程度である．オキシ水銀化では水との反応は置換基がより多い炭素上だけで，たとえその炭素が式(5・21c)のように置換基を1個だけしかもたない場合でも，起こる．ハロヒドリン生成の場合は，一方の炭素が2個のアルキル基をもつ場合にだけ高い位置選択性を示す．

　付加は式(5・21c)で生成する酢酸イオンにプロトンが移動して完了する．

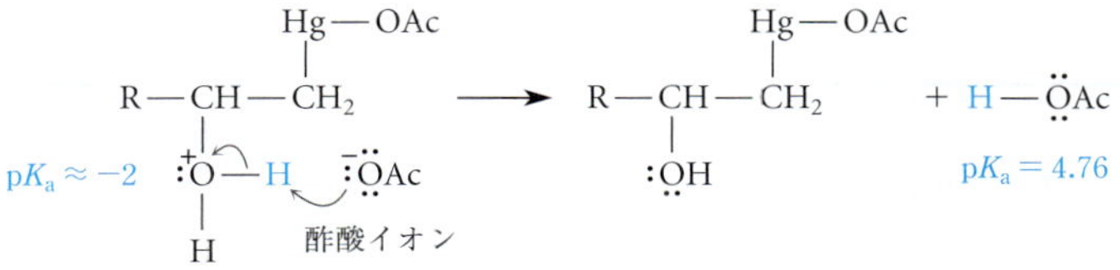

$$R-CH-CH_2 \longrightarrow R-CH-CH_2 + H-\ddot{O}Ac \quad (5 \cdot 21c)$$
$pK_a \approx -2$ 　　　酢酸イオン　　　　$pK_a = 4.76$

pK_a からわかるように，この Brønsted 酸-塩基反応の平衡は強く右に偏っている．

オキシ水銀化による付加体のアルコールへの変換　オキシ水銀化が有用であるのは，その生成物を NaOH 水溶液中で還元剤の水素化ホウ素ナトリウム $NaBH_4$ で処理することによって容易にアルコールに変換できるからである．

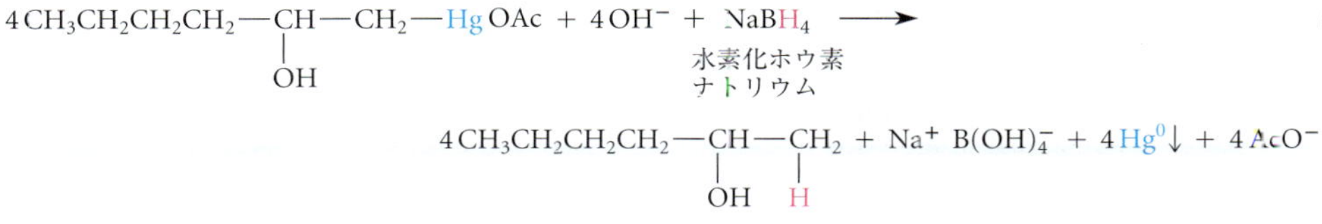

$$4CH_3CH_2CH_2CH_2-\underset{OH}{CH}-CH_2-HgOAc + 4OH^- + NaBH_4 \longrightarrow \quad (5 \cdot 22)$$
水素化ホウ素ナトリウム

$$4CH_3CH_2CH_2CH_2-\underset{OH}{CH}-CH_2\text{-H} + Na^+ B(OH)_4^- + 4Hg^0\downarrow + 4AcO^-$$

　この反応の機構にはふみ込まない．注目すべきことはこの反応の結果である．炭素-水銀結合が炭素-水素結合に置き換わる(式5・22の色つきの原子)．オキシ水銀化付加体は通常単離することなく，同じ反応容器中で直接 $NaBH_4$ の塩基性水溶液で処理される．

オキシ水銀化と NaBH₄ 還元をひき続いて行う場合，まとめてアルケンの**オキシ水銀化−還元**（oxymercuration-reduction）とよぶ（酸化・還元などの反応の一般的な分類については §10・6 で述べる）．オキシ水銀化−還元の全体の結果は，アルケンの二重結合への水の成分（H と OH）のきわめて位置選択的な付加であり，OH 基はアルキル基の多い二重結合炭素に付加する．1-ヘキセンに対するこの反応を簡略化して書くと次のようになる．矢印の上の数字は，二つの段階をこの順に行うことを意味している．つまりまずアルケンに Hg(OAc)₂ と H₂O を反応させ，次にこれとは別の段階で NaBH₄ と NaOH を加える．

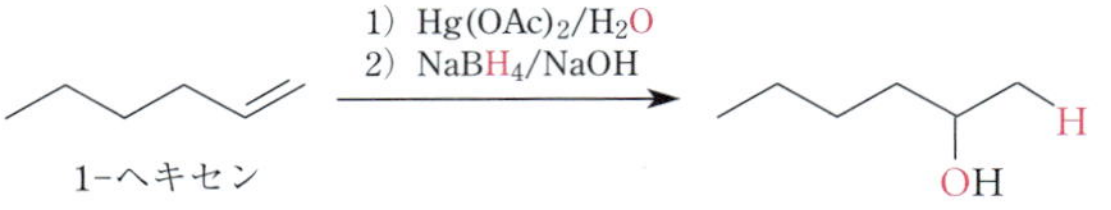

$$\text{1-ヘキセン} \xrightarrow[\text{2) NaBH}_4/\text{NaOH}]{\text{1) Hg(OAc)}_2/\text{H}_2\text{O}} \text{2-ヘキサノール（収率 96％）} \tag{5・23}$$

連続する反応をこのように書くことによって時間と空間の節約になる．しかしこのような簡略化した書き方をする場合には，必ず反応に番号をつけなければならない．番号を省くと，すべての反応剤を同時に加えることになる．各段階の反応剤を同時に加えてしまったら望みの生成物は得られない！

オキシ水銀化−還元は全体として水和反応（§4・9B）と同じ変換を行ったことになる．しかしオキシ水銀化−還元の方がアルケンの水和より実験室規模で行うにはずっと便利である．しかもオキシ水銀化ではカルボカチオン中間体が含まれないので，水和でよく起こる転位や他の副反応が起こらない．たとえば，次の式のアルケンは水和ではカルボカチオン転位に由来する生成物を与える（問題 4・36）．しかしオキシ水銀化−還元では転位は観測されない．

$$(\text{CH}_3)_3\text{C}-\text{CH}=\text{CH}_2 \xrightarrow[\text{2) NaBH}_4/\text{NaOH}]{\text{1) Hg(OAc)}_2/\text{H}_2\text{O}} (\text{CH}_3)_3\text{C}-\underset{\underset{\text{OH}}{|}}{\text{CH}}-\text{CH}_3 \tag{5・24}$$

3,3-ジメチル-1-ブテン　　　　3,3-ジメチル-2-ブタノール
（収率 94％，転位が起こらないことに注意）

転位が起こらないことは，オキシ水銀化の中間体がカルボカチオンではなくメルクリニウムイオンであるとする理由の一つである．

問題

5・4 次のアルケンにオキシ水銀化−還元を行ったときに予測される生成物は何か．
(a) シクロヘキセン　　　　(b) 2-メチル-2-ペンテン
(c) *trans*-4-メチル-2-ペンテン　　(d) *cis*-3-ヘキセン

5・5 3-メチル-1-ブテンに，(a) 酸触媒水和と (b) オキシ水銀化−還元を行ったときに得られる生成物を比較せよ．違いがあればその理由を説明せよ．

5・6 オキシ水銀化−還元を行ったときに次のアルコールがおもな（あるいは唯一の）生成物となるアルケンは何か．

(a)  （2種類の異なるアルケン）　　(b) 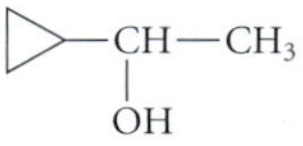 （1種類のアルケン）

B. アルケンのヒドロホウ素化−酸化

前節で，オキシ水銀化−還元によって二重結合のアルキル基の多い炭素に −OH が結合する形で二重結合に H と OH が付加することを学んだ．しかしアルキル基が少ない炭素に OH 基が結合するように

水銀や他の有毒な反応剤の実験室での使用

水銀は非常に毒性の強い元素であり，環境中でメチル水銀 CH_3Hg となって魚などの動物の脂肪組織に蓄積する可能性がある．メチル水銀を摂取すると神経毒性作用をひき起こす．オキシ水銀化-還元は化学者が多くの有毒な反応剤を用いていることの例示となる．毒性化学薬品を扱う場合に三つの課題がある．その第一は，それらが毒性であるという知識をもつことである．化学者は購入した反応剤の既知の毒性を記載した"化学物質安全性データシート（MSDS）"を入手することができる．ほとんどの MSDS はインターネットで容易に得られる．第二は，有毒あるいは危険な反応剤を実験室で安全に取扱う方法である．科学者が研究を始める前に行う訓練の中に，実験室でよく見かける危険物を熟知し，それをいかに避けるかあるいは安全に取扱うかを学ぶことが含まれる．たとえば，諸君が実験科目を履修する場合，当然安全眼鏡を着用することを求められる．第三の問題は環境保全である．環境保全は大きく前進しており，グリーンケミストリーすなわち環境に優しい反応を開発することが強調されている．このことは，化学者は危険なあるいは環境に不都合な反応剤を使うべきではないということを意味するのだろうか．必ずしもそうではない．問題は，危険物を安全に取扱い適切な方法で処分することである．オキシ水銀化-還元を例にとれば，水銀を含む最終的な生成物は金属水銀である（式 5・22）．金属水銀は集めてリサイクルすることができる．多くの化学者は，たとえば実験室の水銀温度計を水銀を使わない温度計に変えたりして，できるだけ水銀の使用を避けようとしているが，簡単に代替品が見つからない場合もある．オキシ水銀化-還元は非常に効率のよい反応なので，うまく水銀をリサイクルするのが面倒であっても魅力的な反応なのである．

二重結合に H と OH を付加させたいという場合もあろう．これから学ぶ<u>ヒドロホウ素化-酸化</u>という反応はまさにこの変換を可能にする方法である．オキシ水銀化-還元と同様に，ヒドロホウ素化-酸化も二つの別々の実験段階を経るので，それらを順に学んでいこう．

アルケンの有機ボランへの変換　ボラン BH_3 はアルケンに位置選択的に付加するが，その際ホウ素はアルキル基が<u>少ない</u>アルケン炭素に結合し，水素はアルキル基の<u>多い</u>炭素に結合する．

$$(CH_3)_2C=CH_2 + H-BH_2 \longrightarrow (CH_3)_2C-CH_2 \atop \ \ H \ \ \ BH_2 \tag{5・25a}$$

2-メチルプロペン（イソブチレン），ボラン，イソブチルボラン

ボランは 3 本の B−H 結合をもつので，ボラン 1 分子にアルケン 3 分子が付加することができる．2-メチルプロペンへの最初の付加を式(5・25a)に示す．2 番目，3 番目の付加は次のようになる．

2 番目の付加:

$$(CH_3)_2C=CH_2 + \text{(イソブチルボラン)} \longrightarrow \text{ジイソブチルボラン} \tag{5・25b}$$

3 番目の付加:

$$(CH_3)_2C=CH_2 + \text{(ジイソブチルボラン)} \longrightarrow \text{トリイソブチルボラン（トリアルキルボラン）} \quad \text{すなわち} \ ((CH_3)_2C-CH_2)_3B \atop \qquad\qquad H \tag{5・25c}$$

ボランとジボラン

ボランは実際にはジボランとよばれる分子式 B_2H_6 の有毒な無色の気体として存在する．ボランは電子不足の Lewis 酸なので，そのホウ素原子は電子対をさらに取込もうとする強い傾向をもつ．この傾向はジボランを形成することによって満たされる．その際，二つの水素原子は普通は見られない"半結合"で二つのホウ素原子に共有される．この結合を共鳴構造式で示すと次のようになる．

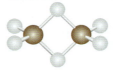 (5・26)

エーテル系の溶媒に溶かすと，ジボランは解離してボラン-エーテル錯体を形成する．エーテルは Lewis 塩基なのでホウ素上の電子不足を満たすことができる．

$$B_2H_6 + 2R-\ddot{O}-R \rightleftharpoons 2H_3\bar{B}-\overset{+}{O}{:}\underset{R}{\overset{R}{|}} \quad (5\cdot27)$$

エーテル　　　　　ボラン-エーテル錯体

ヒドロホウ素化反応の溶媒として次のようなエーテルがよく用いられる．

CH$_3$CH$_2$-Ö-CH$_2$CH$_3$　　　　（THF）　　　　CH$_3$Ö-CH$_2$CH$_2$-Ö-CH$_2$CH$_2$-ÖCH$_3$

ジエチルエーテル　　　テトラヒドロフラン　　　ジエチレングリコールジメチルエーテル
　　　　　　　　　　　（THF）　　　　　　　　　　　（ジグリム）

ボラン-エーテル錯体がヒドロホウ素化反応の実際の反応剤として働く．話を簡単にするために BH_3 という単純な化学式でボランを表すことが多い．

BH_3 の付加を**ヒドロホウ素化**(hydroboration)とよぶ．アルケンのヒドロホウ素化の生成物は<u>トリアルキルボラン</u>であり，式(5・25c)に示したトリイソブチルボランはその例である．

ヒドロホウ素化は，カルボカチオン転位が見られないことや 7 章で述べる立体化学による証拠から，1 段階の機構で起こると考えられている．

$$\underset{Me_2C=CH_2}{\overset{H\frown BH_2}{}} \longrightarrow Me_2C\!-\!\!-\!CH_2 \atop \overset{|}{H} \quad \overset{|}{BH_2} \qquad (5\cdot28)$$

この反応のように中間体を経ずに 1 段階で起こる反応は，すべてのことが"協奏して"すなわち同時に起こるので，**協奏機構**(concerted mechanism)で起こるという．カルボカチオン中間体が存在しないという証拠はあるが，協奏機構は，反応の遷移状態で第三級炭素上に部分的な電子不足が生じるときにのみ見られる位置選択性に一致している．

$$\left[\begin{array}{c}\overset{\delta-}{H}\cdots BH_2\\ \vdots\\ \underset{\delta+}{Me_2C}\!=\!=\!CH_2\end{array}\right]^{\ddagger}$$

この炭素は部分的に電子不足である
ヒドロホウ素化の遷移状態

電子不足の炭素に結合するアルキル基がカルボカチオンを安定化するのと同様に，<u>部分的に電子不足の炭素に結合するアルキル基は遷移状態を安定化する</u>．したがって，ヒドロホウ素化はアルキル基の多い炭素に部分正電荷が生じるような位置選択性で起こる．

有機ボランのアルコールへの変換　ヒドロホウ素化の有用性は有機ボラン自身がさらに多くの反応を起こすことにある．有機ボランの最も重要な反応の一つは，NaOH 水溶液中での過酸化水素 H_2O_2 との反応によるアルコールへの変換である．

$$((CH_3)_2CH-CH_2)_3B + 3H_2O_2 + {}^-OH \longrightarrow 3(CH_3)_2CH-CH_2-OH + {}^-B(OH)_4 \quad (5\cdot 29)$$

トリイソブチルボラン　　過酸化水素　　　　　　　2-メチル-1-プロパノール
　　　　　　　　　　　　　　　　　　　　　　　　　　（イソブチルアルコール）
　　　　　　　　　　　　　　　　　　　　　　　　　　　（収率 95%）

この変換で注目すべき重要な点は，<u>それぞれのアルキル基でホウ素が $-OH$ と置換すること</u>である．OH 基の酸素は H_2O_2 からきている．

普通ヒドロホウ素化の生成物である有機ボランは，単離されることなくアルカリ性過酸化水素と反応してアルコールを生成する．ボランの付加とそれにひき続く H_2O_2 との反応をあわせて**ヒドロホウ素化-酸化**(hydroboration-oxidation)とよぶ．

ヒドロホウ素化-酸化の反応全体でアルケンの行く末を追跡すると，水の成分 (H, OH) が位置選択的に二重結合に付加し，$-OH$ が二重結合のアルキル基が少ない炭素に結合するという結果になることがわかる（式 5·30 の赤矢印）．ここでは 3-メチル-1-ペンテンのヒドロホウ素化-酸化が簡略表示で書かれている．数字で示した反応順序に注意しよう．第一段階はアルケンとボランの反応である．この段階が完結してから第二段階で H_2O_2 の NaOH 水溶液を加える．

$$\text{(3-メチル-1-ペンテン)} \xrightarrow[\text{2) } H_2O_2,\ {}^-OH]{\text{1) } BH_3/\text{THF}} \text{(3-メチル-1-ペンタノール)} \quad (5\cdot 30)$$
（収率 90〜95%）

ヒドロホウ素化-酸化は，アルケンからアルコールを合成する効果的な方法の一つである．式(5·29)や式(5·30)のように R_2CH-CH_2-OH あるいは $R-CH_2-CH_2-OH$ の一般式をもつアルコールの合成には特に有用である．ヒドロホウ素化にも酸化にもカルボカチオン中間体は含まれないので，生成物のアルコールには転位に基づく構造異性体の混入は起こらない．

次の例はベンゼン環が見かけ上，二重結合をもっているにもかかわらず BH_3 と反応しないことを示している．

$$\text{Ph-C(CH}_3\text{)=CH}_2 \xrightarrow{BH_3/\text{THF}} (\text{Ph-CH(CH}_3\text{)-CH}_2)_3B \xrightarrow{H_2O_2,\ {}^-OH} \text{Ph-CH(CH}_3\text{)-CH}_2-OH \quad (5\cdot 31)$$

2-フェニル-1-プロパノール
（収率 95%）

これまでにも，ベンゼン環が触媒的水素化(§4·9A)のような付加反応を起こしにくいことを見てきた．ベンゼン環が付加反応を起こしにくい理由については 15 章で学ぶ．

問　題

5·7　次のアルケンのヒドロホウ素化-酸化で得られる生成物は何か．
(a) シクロヘキセン　　　　　　(b) 2-メチル-2-ペンテン
(c) *trans*-4-メチル-2-ペンテン　(d) *cis*-3-ヘキセン

5·8　問題 5·7 の答を問題 5·4 の対応する箇所の答と比較せよ．同じアルコールを与えるのはどのアルケンか．異なるアルコールを与えるのはどのアルケンか．ある場合は同じアルコールを与え，別の場

合には異なるアルコールを与える理由は何か.

5・9 ヒドロホウ素化-酸化で次のアルコールをおもな(あるいは唯一の)生成物として与えるアルケンの構造式を描け.

(a) シクロヘキシル-CH₂OH (b) (CH₃)₂CHCH(OH)CH₃ 型構造

C. アルケンからのアルコールの合成法の比較

ここでアルケンからアルコールを合成するいくつかの方法を比較してみよう.アルケンの水和は,いくつかのアルコールの工業的合成法として有用であるが,実験室で行う方法としては適当ではない (§4・9B).実際多くの有機化合物の工業的合成法は一般性がない.つまり,工業的合成法はそれが目指す特定の場合にだけうまくいくが,他の似た場合に適用できるとは限らない.その理由は,化学業界が容易に入手可能で安価な反応剤を使って商業価値のある特定の化合物(たとえばいくつかの簡単なアルコール)の合成に特化した条件を探し出すのに努力してきたからである.このようなプロセスは多くの場合普通の実験室の装置では再現できないような高温や高圧,精巧な反応容器や反応条件などを必要とする.さらにこれらのプロセスは実験室で再現する必要がない.なぜなら大きな工業規模で合成されるこれら比較的少数の化合物は安価であり容易に入手可能だからである.実験室では新化合物ごとに特別の反応操作を考えだすのは実用的ではない.したがって,広範な化合物に使える一般的な方法を開発することが重要である.実験室での合成は一般に比較的小さなスケールで行うので,反応剤の価格はあまり問題にならない.

ヒドロホウ素化-酸化とオキシ水銀化-還元はいずれもアルケンからアルコールを合成する実験室向きの方法である.つまり,広範なアルケンに適用することができる.あるアルコールについてこの二つのどちらを選ぶかは,位置選択性の違いにかかっている.次の式に示すように,ヒドロホウ素化-酸化はアルキル基が少ない二重結合炭素に OH 基が結合したアルコールを与える.オキシ水銀化-還元はアルキル基の多い二重結合炭素に OH 基が結合したアルコールを与える.

$$R-CH=CH_2 \xrightarrow{H と OH の付加} \begin{cases} R-CH-CH_2 \quad \text{オキシ水銀化-還元} \\ \underset{OH}{|}\underset{H}{|} \\ R-CH-CH_2 \quad \text{ヒドロホウ素化-酸化} \\ \underset{H}{|}\underset{OH}{|} \end{cases} \quad (5・32)$$

二重結合が対称的に位置しているアルケンのようにどちらの方法でも同じアルコールを与えるアルケンの場合は,どちらの方法を選ぶかは原理的に任意である.

H. C. Brown とヒドロホウ素化

ヒドロホウ素化は,1955 年に米国パデュー大学の H. C. Brown(ブラウン)(1912〜2004)とその共同研究者によって偶然見いだされた.Brown は直ちにその重要性に気づき,有機合成における中間体としての有機ボランの有用性を実証するための研究をその後の数年にわたって行った.Brown は有機ボランの化学を"巨大な未開の大陸"とよんだ.1979 年に Brown はこの研究業績によって G. Wittig(ウィッティッヒ)(§19・13)とともにノーベル化学賞を受賞した.

例題 5・2

$A \sim D$ のアルコールを構造異性体を含まないように合成する方法は次のどれか．(a) オキシ水銀化-還元，(b) ヒドロホウ素化-酸化，(c) どちらの方法でもよい，(d) どちらの方法でもできない．答の理由を説明し，満足のいく合成ができる場合は出発物となるアルケンの構造式を描け．

$$\underset{A}{\text{HO}-\text{CH}_2\text{CH}_2\text{CH}_2\text{CH}_3} \quad \underset{B}{\text{CH}_3\overset{\overset{\text{OH}}{|}}{\text{CH}}\text{CH}_2\text{CH}_2\text{CH}_3} \quad \underset{C}{\text{CH}_3\text{CH}_2\overset{\overset{\text{OH}}{|}}{\text{CH}}\text{CH}_2\text{CH}_3} \quad \underset{D}{\text{CH}_3\text{CH}_2\text{CH}_2\overset{\overset{\text{OH}}{|}}{\text{CH}}\text{CH}_3}$$

解 法 この問題を解くには次の段階をふむ．(1) 考えられる出発アルケンの構造式を描く．最初は二重結合炭素の一つが生成物でヒドロキシ基と結合することになるすべてのアルケンを考慮しなければならない．(2) その出発アルケンから望みのアルコールだけを生成する反応を決定する．

A を合成するための出発アルケンとなりうるのは 1-ペンテンだけである．

$$\underset{\text{1-ペンテン}}{\text{H}_2\text{C}=\text{CHCH}_2\text{CH}_2\text{CH}_3} \xrightarrow{?} \underset{A}{\text{HO}-\text{CH}_2\text{CH}_2\text{CH}_2\text{CH}_2\text{CH}_3}$$

ヒドロホウ素化-酸化はこの変換を起こす位置選択性をもっているがオキシ水銀化-還元はそうではない．

B を合成するための出発アルケンとなりうるのは 1-ペンテンと cis- または $trans$-2-ペンテンである．

$$\underset{\text{1-ペンテン}}{\text{H}_2\text{C}=\text{CHCH}_2\text{CH}_2\text{CH}_3} \text{ または } \underset{\text{2-ペンテン}}{\text{CH}_3\text{CH}=\text{CHCH}_2\text{CH}_3} \xrightarrow{?} \underset{B}{\text{CH}_3\overset{\overset{\text{OH}}{|}}{\text{CH}}\text{CH}_2\text{CH}_2\text{CH}_3}$$

オキシ水銀化-還元は 1-ペンテンを B に変換するのに必要な位置選択性をもっている．しかし 2-ペンテンはどちらの方法でも B と C の混合物を生成するので満足できる出発物とはいえない．問題は 2-ペンテンが反応するかどうかではなく，望みの構造異性体が得られるのかそれとも構造異性体の混合物になってしまうのかという点である．また位置選択性を決めるのは各アルケン炭素上のアルキル基の数であって，その大きさではないことにも注意しよう．

cis- および $trans$-2-ペンテンは C の唯一の可能な出発物である．

$$\underset{C}{\text{CH}_3\text{CH}_2\overset{\overset{\text{OH}}{|}}{\text{CH}}\text{CH}_2\text{CH}_3} \Rightarrow \underset{\text{同じ生成物: 2-ペンテン}}{\text{CH}_3\text{CH}=\text{CHCH}_2\text{CH}_3 \text{ または } \text{CH}_3\text{CH}_2\text{CH}=\text{CHCH}_3}$$

すぐ上で述べたように 2-ペンテンを出発物にすると，どちらの方法でも単一生成物にはならない．つまりどちらの方法でも C を純粋な化合物として合成することはできない（このアルコールを合成する方法は別にある）．

最後に，アルコール D の出発物となりうるアルケンは cis- あるいは $trans$-2-ヘキセンおよび cis- あるいは $trans$-3-ヘキセンである．

$$\underset{\text{2-ヘキセン}}{\text{CH}_3\text{CH}_2\text{CH}_2\text{CH}=\text{CHCH}_3} \text{ または } \underset{\text{3-ヘキセン}}{\text{CH}_3\text{CH}_2\text{CH}=\text{CHCH}_2\text{CH}_3} \xrightarrow{?} \underset{D}{\text{CH}_3\text{CH}_2\text{CH}_2\overset{\overset{\text{OH}}{|}}{\text{CH}}\text{CH}_2\text{CH}_3}$$

3-ヘキセンの二重結合は対称的に位置しているので，どちらの方法も原理的にはアルコール D を唯一の生成物として与える．したがって 3-ヘキセンのどちらの立体異性体も満足すべき出発物となりうる．しかし 2-ヘキセンは 2-ペンテンの場合と同じくどちらの方法でも構造異性体の混合物を与える．

すでに多くの新しい反応を学んだので，ここで "反応を勉強し学習するための最良のテクニックは何だろうか" ということを考えてみよう．教科書のページを眺めて反応式に蛍光ペンで線を引くのは決し

ていい方法ではない．最善の方法は積極的に行動することである．つまり反応について自分で考え，頭の中で反応を行ってみたり，紙の上に反応を書いたりすることである．これによって，与えられた出発物から反応を完成させる能力だけでなく，例題 5・2 のように，与えられた生成物を合成するための出発物や反応条件を考える能力を養うことができる．また反応機構に注意を払い，それを使って関連する反応の類似点や相違点を理解できるようにならなければならない（反応機構は丸暗記して覚えるものではない）．次に，できるだけ多くの練習問題を解こう．この方法を使って学習を進めて，学ばなければならない反応が蓄積しないようにすれば，試験の直前になって"詰め込み"をすることなく大量の事柄をマスターすることができるだろう．

問 題

5・10 次のアルコールをその構造異性体を含まないようにして得るには，どんなアルケンからどの方法で合成すればよいか．

(a) シクロペンタノール (b) 分枝アルコール (c) Et_3C-OH
(ヒント: 構造式を描け！)

5・11 オキシ水銀化-還元とヒドロホウ素化-酸化で同じアルコールを与えるのは次のアルケンのどちらか．異なるアルコールを与えるのはどちらか．その根拠を説明せよ．
　(a) *cis*-2-ブテン　　(b) 1-メチルシクロヘキセン

5・5　アルケンのオゾン分解

オゾン O_3 とアルケンの反応はヒドロホウ素化-酸化やオキシ水銀化-還元と同様に，化学的にも実験的にも異なる二つの段階を含む．最初の段階でアルケンがオゾンと反応して**オゾニド**とよばれる付加生成物を与える．2番目の段階でオゾニドを酸化剤あるいは還元剤で処理してさまざまな生成物が得られる．これらの段階を順に見ていこう．

オゾニドの生成　アルケンへのオゾンの付加は低温で起こり，炭素-炭素 π 結合を開裂して不安定な付加生成物を与える．この付加生成物は自発的に炭素-炭素 σ 結合を開裂して**オゾニド**（ozonide）に変わる．

$$H_3C-CH=CH-CH_3 + \overset{..}{\underset{..}{O}}=\overset{+}{O}-\overset{..}{\underset{..}{O}}:^- \xrightarrow[-78\,°C]{CH_2Cl_2}$$

2-ブテン　　　　　　　　　オゾン
（シスまたはトランス）

$$H_3C-HC\underset{\underset{\displaystyle O}{\diagdown\;\diagup}}{\overset{\overset{\displaystyle :\ddot{O}:}{\diagup\;\diagdown}}{}}CH-CH_3 \longrightarrow H_3C-HC\underset{\underset{\displaystyle \ddot{O}}{\diagdown\;\diagup}}{\overset{\overset{\displaystyle :\ddot{O}-\ddot{O}:}{\diagup\;\diagdown}}{}}CH-CH_3 \qquad (5\cdot33)$$

付加環化の初期生成物　　　　　　　　　　二重結合が開裂する
　　　　　　　　　　　　　　　　　　　オゾニド

アルケンとオゾンが反応して二重結合が開裂した生成物を与えるこの反応を**オゾン分解**（ozonolysis）とよぶ．接尾語の -lysis は結合開裂過程を表すのに使われる．たとえば，加水分解（hydrolysis，水による結合開裂），熱分解（thermolysis，熱による結合開裂），オゾン分解（ozonolysis，オゾンによる結合開裂）などである．

オゾン分解の最初の段階はアルケンの π 結合へのオゾンの付加である．オゾンの中央の酸素は正電荷を帯びており電子求引性なので，強く電子を引きつける．巻矢印表記法によれば，この酸素が電子対を受入れると同時に $O=O$ 結合の他方の酸素がアルケンから π 電子を受取る．

$$H_3C-HC\overset{\overset{\ddot{O}\overset{+}{\underset{\ddot{O}:^-}{-\ddot{O}:}}}{\frown}}{=}CH-CH_3 \longrightarrow H_3C-HC\underset{付加環化の初期生成物}{\overset{\overset{\ddot{O}}{\overset{|}{\underset{|}{\ddot{O}\underset{}{-}\ddot{O}}}}}{-}}CH-CH_3 \quad (5\cdot34)$$

この反応ではオゾン分子の3個の酸素が結合したままで環を形成する．付加によって環が生成する反応を**付加環化**(cycloaddition)とよぶ．さらに，オゾンの付加環化は1段階で起こる．したがってこの反応はヒドロホウ素化と同じく協奏機構の例である．

付加環化の初期生成物は不安定で自発的にオゾニドに変化する．この反応でアルケンの残っている炭素–炭素結合が開裂する．

$$\underset{付加環化の初期生成物}{H_3C-HC-CH-CH_3} \longrightarrow \underset{オゾニド}{H_3C-HC\underset{O-O}{\overset{O}{\diagup\diagdown}}CH-CH_3} \quad (5\cdot35)$$

この過程ではまず電子が環状に移動してアルデヒドとアルデヒドオキシドを生成する．この過程で(非常に弱い)O–O結合が開裂する．

$$\underset{付加環化の初期生成物}{\underset{H_3C\ \ CH_3}{\underset{CH-CH}{\overset{\ddot{O}\ \ \ddot{O}}{\overset{:\ddot{O}:}{\diagup\diagdown}}}}} \longrightarrow \underset{アルデヒド}{\underset{H_3C}{\overset{:\ddot{O}:}{\overset{\|}{CH}}}} + \underset{\underset{CH_3}{アルデヒド\\オキシド}}{\overset{:\ddot{O}:^-}{\overset{\overset{+}{\ddot{O}}:}{\overset{\|}{CH}}}} \quad (5\cdot36a)$$

アルデヒドがひっくり返って再度付加環化が起こる．オゾン分解自身に似ているが，この場合はC＝O結合に付加してオゾニドの生成が完結する．

$$\underset{\underset{式(5\cdot36a)の生成物}{アルデヒド\ \ アルデヒド\\オキシド}}{\underset{H_3C\ \ CH_3}{\underset{CH\ \ CH}{\overset{:\ddot{O}:\ \ :\overset{+}{\ddot{O}}:}{\|\ \ \ \|}}}} \xrightarrow{アルデヒドが\\回転する} H_3C-CH\underset{\ddot{O}:}{\overset{:\ddot{O}:^-\ \ \overset{+}{\ddot{O}}}{\diagup\diagdown}}CH-CH_3 \longrightarrow \underset{オゾニド}{H_3C-CH\underset{\ddot{O}-\ddot{O}}{\overset{\ddot{O}}{\diagup\diagdown}}CH-CH_3} \quad (5\cdot36b)$$

オゾニドの反応 きわめて爆発性の高いオゾニドを単離して研究した化学者はほとんどいない．多くの場合オゾニドを単離することなくさらに処理して別の化合物に変える．オゾニドは出発アルケンの構造や反応条件に応じてアルデヒド，ケトン，カルボン酸などに変換される．オゾニドをジメチルスルフィド$(CH_3)_2S$で処理すると次のように開裂する．

$$H_3C-HC\underset{O-O}{\overset{O}{\diagup\diagdown}}CH-CH_3 + \underset{ジメチルスルフィド}{H_3C-\ddot{S}-CH_3} \longrightarrow 2\underset{アセトアルデヒド}{H_3C-CH=O} + \underset{CH_3}{\overset{CH_3}{:\overset{+}{S}-\ddot{O}:^-}} \quad (5\cdot37)$$

アルケンをオゾン分解したのちジメチルスルフィドで処理すると，全体として $\diagdown_{C=C}\diagup$ 基を二つの $\diagdown_{C=O}$ 基で置き換えたことになる．

オゾンとその生成

オゾンは無色の気体であり，成層圏(地表から 10～50 km 上空の大気圏)で酸素と短波長の紫外線との反応で生成する．オゾンはより長波長のUV-B 紫外線を吸収して地球をこれから遮蔽するのに重要な役割を果たしている．成層圏のオゾンの減少は深刻な環境問題であるが，地表近くのオゾンの増加もまた環境問題である．後者は窒素酸化物と不完全燃焼した炭化水素から複雑な反応経路で生成し，スモッグの重要な原因物質となっている．たとえば，タイヤのゴム(§15・5)中の二重結合とオゾンとの反応は，オゾンによる汚染が著しい都会でタイヤの寿命が短くなる理由である．

オゾンは酸素への放電によっても生成する．大気中では雷雨の中での稲妻(写真)によるオゾンの発生がその例である．実験室でも同様の反応でオゾンを発生させる．

$$3O_2 \xrightarrow{\text{放電}} 2O_3$$

実験室では市販のオゾン発生器に酸素を通しながら放電させてオゾンを発生させる．オゾンは不安定なので，ガスボンベに貯蔵することはできず，必要なときに発生させるしかない．

$$\text{H}_3\text{C}-\text{CH}=\text{CH}-\text{CH}_3 \xrightarrow[\text{2) (CH}_3\text{)}_2\text{S}]{\text{1) O}_3} \text{H}_3\text{C}-\text{CH}=\text{O} + \text{O}=\text{CH}-\text{CH}_3 \tag{5・38}$$

（二重結合は完全に開裂する．ここに =O がつく，ここに O= がつく）

式(5・38)のように二重結合の両端が同じであれば，2 分子の同じ生成物が得られる．両端が異なれば 2 種類の異なる生成物の混合物が得られる．

$$\text{CH}_3(\text{CH}_2)_5\text{CH}=\text{CH}_2 \xrightarrow[\text{CH}_2\text{Cl}_2]{\text{O}_3} \xrightarrow{(\text{CH}_3)_2\text{S}} \underset{\substack{\text{ヘプタナール}\\(\text{収率 75\%})}}{\text{CH}_3(\text{CH}_2)_5\text{CH}=\text{O}} + \underset{\text{ホルムアルデヒド}}{\text{O}=\text{CH}_2} \tag{5・39}$$

出発アルケンの二重結合炭素が水素をもっていれば，式(5・38)や式(5・39)のようにアルデヒドが生成するが，二重結合に水素がなければ，ケトンが生成する．

$$\underset{\text{H}_3\text{C}}{\overset{\text{H}_3\text{C}}{>}}\!\!\text{C}=\text{C}\!\!\underset{\text{CH}_3}{\overset{\text{H}}{<}} \xrightarrow[\text{2) (CH}_3\text{)}_2\text{S}]{\text{1) O}_3} \underset{\text{ケトン}}{\overset{\text{H}_3\text{C}}{\underset{\text{H}_3\text{C}}{>}}\!\!\text{C}=\text{O}} + \underset{\text{アルデヒド}}{\text{O}=\text{C}\!\!\underset{\text{CH}_3}{\overset{\text{H}}{<}}} \tag{5・40}$$

オゾニドを水だけで処理すると，副生成物として過酸化水素 H_2O_2 が生成する．このような条件では(あるいは過酸化水素をわざと加えると)，アルデヒドはカルボン酸に変わるが，ケトンは変化しない．つまり，式(5・40)のアルケンは次のように反応する．

$$\underset{\text{H}_3\text{C}}{\overset{\text{H}_3\text{C}}{>}}\!\!\text{C}=\text{C}\!\!\underset{\text{CH}_3}{\overset{\text{H}}{<}} \xrightarrow[\text{2) H}_2\text{O} (+\text{H}_2\text{O}_2)]{\text{1) O}_3} \underset{\text{ケトン}}{\overset{\text{H}_3\text{C}}{\underset{\text{H}_3\text{C}}{>}}\!\!\text{C}=\text{O}} + \underset{\text{カルボン酸}}{\text{O}=\text{C}\!\!\underset{\text{CH}_3}{\overset{\text{OH}}{<}}} \tag{5・41}$$

（ここに H があると…　…ここが OH になる）

オゾン分解の種々の結果を表5・1にまとめておく．

表 5・1　異なる反応条件下でのオゾン分解の結果のまとめ

アルケン炭素	オゾン分解の条件	
	O_3, ついで$(CH_3)_2S$	O_3, ついでH_2O_2/H_2O
R₂C= (R,R)	R₂C=O ケトン	R₂C=O ケトン
RHC=	RHC=O アルデヒド	RC(=O)OH カルボン酸
H₂C=	H₂C=O ホルムアルデヒド	HC(=O)OH ギ酸

オゾン分解生成物の構造がわかれば未知のアルケンの構造を知ることができる．その例を例題5・3に示す．

例題 5・3

構造が未知のアルケン X をオゾンと反応させ，ついで H_2O_2 水溶液で処理したところ，次の化合物が得られた．

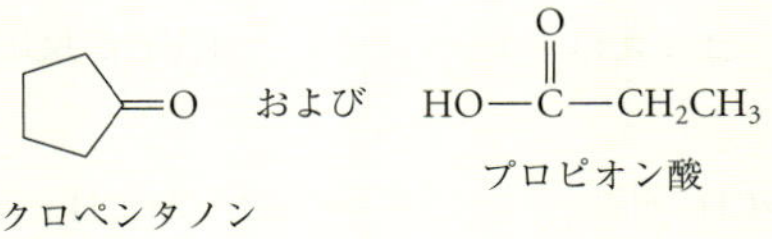

シクロペンタノン　および　$HO-C(=O)-CH_2CH_3$　プロピオン酸

X の構造は何か．

解　法　オゾン分解を頭の中で逆向きに考えると，アルケンの構造が推測できる．そのためには，まず C=O の酸素を消す．

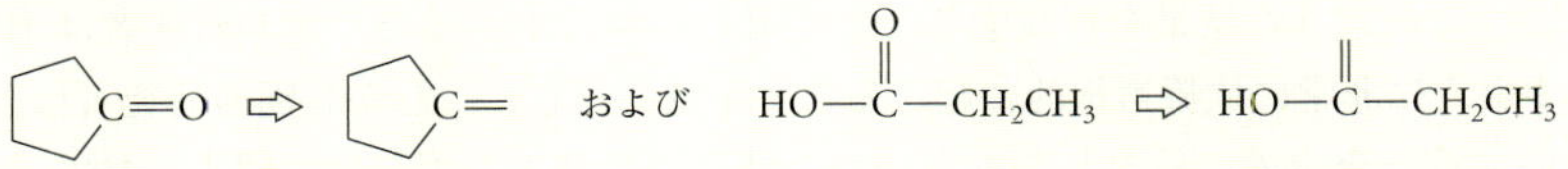

シクロペンチル-C=O ⇒ シクロペンチル-C= および $HO-C(=O)-CH_2CH_3$ ⇒ $HO-C(=)-CH_2CH_3$

次にカルボン酸部分の HO− を H− に置き換える．これは二重結合炭素に水素が結合しているときにだけカルボン酸が生成するからである（表5・1参照）．

$HO-C(=O)-CH_2CH_3$ ⇒ $H-C(=)-CH_2CH_3$

最後に二つの部分構造の二重結合の末端同士をつなげるとアルケンの構造式が得られる．

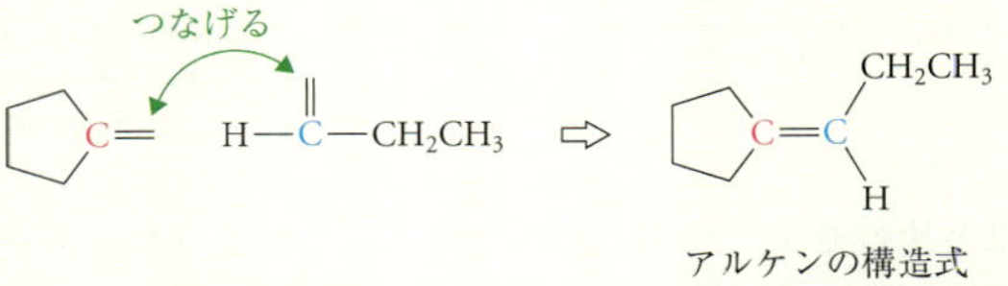

（つなげる）

シクロペンチル-C= + H-C(=)-CH_2CH_3 ⇒ シクロペンチル-C=C(H)(CH_2CH_3)

アルケンの構造式

問題

5・12 次の化合物をオゾンついでジメチルスルフィドで処理して得られる生成物は(もしあれば)何か.
(a) 3-メチル-2-ペンテン　　(b) シクロヘキシリデンメチレン (=CH₂ 付)　　(c) シクロオクテン　　(d) 2-メチルペンタン

5・13 問題5・12の化合物をオゾンついで過酸化水素水溶液で処理して得られる生成物は(もしあれば)何か.

5・14 オゾンついでジメチルスルフィドで処理して次の化合物を与える炭素8個のアルケンは何か.
(a) $CH_3CH_2CH_2CH=O$　　(b) $H-CO-(CH_2)_n-CO-CH_3$ のようなジアルデヒド・ケトン　　(c) シクロヘプタンジオン

5・15 オゾン分解によって決めることができないのはアルケンの構造のどのような点か.

5・16 2-ペンテンのオゾン分解で次の3種類のオゾニドの混合物が生成する. 式(5・36a)および式(5・36b)の機構を用いて, これら3種類のオゾニドはどのようにして生成するか説明せよ.

$$H_3C-HC\underset{O-O}{\overset{O}{\diagup\diagdown}}CH-CH_3 \quad H_3C-HC\underset{O-O}{\overset{O}{\diagup\diagdown}}CH-CH_2CH_3 \quad CH_3CH_2-HC\underset{O-O}{\overset{O}{\diagup\diagdown}}CH-CH_2CH_3$$

　　　　A　　　　　　　　　　B　　　　　　　　　　C

5・6　アルケンへの臭化水素のラジカル付加

A. 過酸化物効果

アルケンへのHBrの付加は位置選択的な反応であり, 臭素はアルキル基の多い二重結合炭素に結合することを思い出そう(§4・7A). たとえば, 1-ペンテンとHBrが反応すると, ほぼ完全に2-ブロモペンタンだけを生成する.

$$CH_3CH_2CH_2CH=CH_2 + H-Br \longrightarrow CH_3CH_2CH_2\underset{Br\ H}{CHCH_2} \quad (5\cdot42)$$
　　　　1-ペンテン　　　　　　　　　　　　　　　2-ブロモペンタン
　　　　　　　　　　　　　　　　　　　　　　　　　(収率79%)

長年にわたって, このような結果を再現することが難しい場合があった. ある研究者はHBrの付加が式(5・42)に示すように非常に位置選択的に起こることを見いだした. しかし別の研究者は, 臭素がアルキル基の少ない二重結合炭素に結合したもう一つの構造異性体との混合物を得た. 1920年代後半に米国シカゴ大学のM. Kharasch(1895～1957)がこの謎を解くための研究を始めた. 彼は反応混合物中に痕跡量の<u>過酸化物</u>($R-O-O-R$の一般式をもつ化合物)が存在すると, <u>HBr付加の位置選択性が逆転する</u>ことを見いだした. いいかえれば, 過酸化物が存在すると臭素がアルキル基の<u>少ない炭素</u>に結合することがわかった.

$$CH_3CH_2CH_2CH=CH_2 + H-Br \xrightarrow[\text{(過酸化ベンゾイル, 少量)}]{Ph-CO-O-O-CO-Ph} CH_3CH_2CH_2\underset{1\text{-ブロモペンタン}}{\overset{H}{CHCH_2}}-Br \quad (5\cdot43)$$
　　　　1-ペンテン　　　　　　　　　　　　　　　　　　　　　　1-ブロモペンタン
　　　　　　　　　　　　　　　　　　　　　　　　　　　　　　　　(収率96%)

(この結果を式5・42の結果と比較せよ). HBr付加におけるこのような位置選択性の逆転は**過酸化物効果**(peroxide effect)とよばれる.

5・6 アルケンへの臭化水素のラジカル付加

通常の HBr 付加の位置選択性は Markovnikov 則（§4・7 コラム）で記述されるので，過酸化物で促進される付加は非 Markovnikov 型あるいは反 Markovnikov 型位置選択性を示すということができる．これは単に臭素がアルキル基の少ない二重結合炭素に結合することを意味しているだけである．

過酸化物効果が光によってさらに促進されることがわかった．Kharasch らは，過酸化物と光を厳密に遮断したところ，HBr 付加は式(5・42)のような"正常な"位置選択性を示すことを見いだした．

過酸化物効果は二つのアルケン炭素でアルキル基の数が異なるときに見られる．いいかえれば，過酸化物存在下でのアルケンへの HBr 付加では，アルキル基の多い二重結合炭素に水素が結合する．さらに過酸化物で促進される HBr 付加は過酸化物がない場合より速く起こる．このような効果をひき起こすには非常に少量の過酸化物で十分である．

$$
\begin{array}{c}
H_3C \\
C=CH_2 \\
H_3C
\end{array}
\quad
\begin{array}{l}
\xrightarrow{\text{HBr 過酸化物あり 速い}} H_3C-CH-CH_2-Br \\[4pt]
\xrightarrow{\text{HBr 過酸化物なし 遅い}} H_3C-\underset{\underset{Br}{|}}{\overset{\overset{CH_3}{|}}{C}}-\underset{\underset{H}{|}}{CH_2}
\end{array}
\tag{5・44}
$$

HI や HCl のアルケンへの付加の位置選択性は過酸化物の有無に影響されない．これらのハロゲン化水素については，過酸化物の有無にかかわらず正常な位置選択性で付加が起こる（この違いの理由は§5・6E で述べる）．

過酸化物存在下でのアルケンへの HBr の付加は，通常の付加とはまったく異なる機構で起こる．その機構はラジカルとよばれる中間体を含む．過酸化物効果の理由を理解するために，本筋から離れて，ラジカルについての基礎知識を学ぶことにしよう．

B. ラジカルと片羽矢印表記

これまで学んできたすべての反応で，電子対の移動を表す巻矢印表記を使った．たとえば HBr の解離は次のように表された．

$$
\text{H}\overset{\frown}{-}\ddot{\text{B}}\text{r}: \longrightarrow \text{H}^+ + :\!\ddot{\text{B}}\text{r}:^- \qquad \text{不均一（2 電子）開裂} \tag{5・45}
$$

この反応で臭素は H−Br 共有結合の電子を 2 個とも取って臭化物イオンとなり，水素は電子不足の化学種であるプロトンになる．このタイプの結合開裂は**不均一開裂**(heterolysis, heterolytic cleavage)の例である．不均一開裂過程では電子は対になって移動する．

結合したラジカルと自由なラジカル

R 表記（§2・8B）で用いた "R" はラジカル radical に由来している．1900 年代中頃に R 基はラジカルとよばれるようになった．たとえば CH₃CH₂OH の CH₃ 基は "メチルラジカル" とよばれた．そのような R 基が何かに結合していないときには，それは "フリーラジカル" とよばれた．したがって ·CH₃ は "メチルフリーラジカル" とよばれた．

現在では化合物中の原子団を指すときは基 (group) という用語を用い（たとえばメチル基），不対電子をもつ化学種を指すときにラジカル (radical) という用語を用いる．

しかし結合の開裂は別の方法でも起こる．電子対結合は結合の両端の原子が１電子ずつもつように開裂することもできる．

$$\text{H—Br:} \longrightarrow \text{H·} + \text{·Br:} \quad \text{均一（１電子）開裂} \tag{5·46}$$

この過程では水素原子と臭素原子が生成する．すぐわかるようにこれらの原子は電荷をもたない．このタイプの結合開裂は**均一開裂**(homolysis, homolytic cleavage)の例である．均一開裂過程では電子は対をつくらず別々に移動する．

このような電子の動きを表すには釣針形をした片羽矢印を用いる．一つの矢印は１個の電子の動きに対応している．この表記法を**片羽矢印表記法**(fishhook notation，釣針表記法ともいう)とよぶ．

均一開裂は片羽矢印表記を用いる

$$\text{H·Br:} \text{ または } \text{H—Br:} \longrightarrow \text{H·} + \text{·Br:} \tag{5·47}$$

均一開裂は二原子分子に限られるわけではない．たとえば過酸化物は O—O 結合が非常に弱いので容易に均一開裂を起こす．

$$(CH_3)_3C—\ddot{O}—\ddot{O}—C(CH_3)_3 \longrightarrow 2(CH_3)_3C—\ddot{O}· \tag{5·48}$$

過酸化ジ t-ブチル　　　　　　　　　　t-ブトキシルラジカル

この式の右辺の化学種は不対電子をもっている．少なくとも一つの不対電子をもつ化学種を**フリーラジカル**(free radical，遊離基ともいう．通常単に**ラジカル**ということが多い)とよぶ．式(5·47)の右辺の水素原子や臭素原子，式(5·48)の右辺の t-ブトキシルラジカルはいずれもラジカルの例である．

問　題

5・17 片羽矢印表記法で示された次の変換の生成物を描け．

(a) $(CH_3)_3C—C(CH_3)_3 \longrightarrow$

(b) $(CH_3)_2C=CH_2 \quad \cdot\ddot{Br}: \longrightarrow$

(c) $\left[H_2C=CH—CH=CH—CH_2· \longleftrightarrow \right.$]

(d) $R—CH_2—CH_2· \longrightarrow$

5・18 次の反応は均一開裂か不均一開裂かを示し，その理由を述べよ．それぞれにふさわしい巻矢印表記あるいは片羽矢印表記を書け．

(a) $:N≡\bar{C}: + CH_2CH_3 \longrightarrow :N≡C—CH_2CH_3 + :\ddot{Br}:$
　　　　　　　$\quad :\ddot{Br}:$

(b) $CH_3CH_2OH + CH_3\ddot{O}· \longrightarrow CH_3\dot{C}HOH + CH_3\ddot{O}H$

C. ラジカル連鎖反応

安定なラジカルもいくつか知られているが，ほとんどのラジカルは反応性が非常に高い．化学反応でラジカルが生成すると，それらは反応性中間体として挙動する，つまり量が蓄積する前に反応してしまう．この節では，過酸化物によって促進される HBr のアルケンへの付加においてラジカルがどのように反応性中間体として働くかを述べる．ここでの議論はラジカル反応の一般的理解の基礎となるだけでなく，次節で述べる HBr 付加における過酸化物効果の理解の基礎ともなるものである．

ほとんどのラジカル反応はラジカル連鎖反応に分類される．**ラジカル連鎖反応**(free-radical chain

reaction)はラジカル中間体を含んでおり，次に示す3段階の基本的反応段階からなっている．

1. 開始段階
2. 成長段階
3. 停止段階

典型的なラジカル連鎖反応として，過酸化物によって促進されるHBrのアルケンへの付加を例にとってこれらの各段階を調べていこう（"連鎖反応"という用語の理由はこれから明らかになる）．

連鎖開始　連鎖の**開始段階**(initiation step)では，以後の反応段階で働くラジカルがラジカル開始剤(free-radical initiator)から発生する．ラジカル開始剤は特に容易に均一開裂を起こす分子であり，ラジカルの発生源となる．過酸化ジ-t-ブチルのような過酸化物がラジカル開始剤としてよく用いられる．アルケンへのHBrのラジカル付加の最初の開始段階は過酸化物の均一開裂である．

$$(CH_3)_3C-\overset{..}{\underset{..}{O}}-\overset{..}{\underset{..}{O}}-C(CH_3)_3 \longrightarrow 2(CH_3)_3C-\overset{..}{\underset{..}{O}}\cdot \qquad (5\cdot49)$$

過酸化ジ-t-ブチル　　　　　t-ブトキシルラジカル

ほとんどの過酸化物がラジカル開始剤として働くが，重要な例外は過酸化水素 H_2O_2 であり，普通はラジカル開始剤としては使われない．その理由は過酸化水素のO-O結合は他の多くの過酸化物のO-O結合に比べてかなり強く，したがって均一開裂を起こしにくいからである．有機ボランの過酸化水素による開裂（ヒドロホウ素化-酸化の酸化段階，式5・29）はラジカル反応ではない．

ラジカル開始剤となるのは過酸化物だけではない．別のよく使われる開始剤にアゾビスイソブチロニトリル(AIBN)がある．この化合物は均一開裂によって非常に安定な窒素分子 N_2 を遊離するので，容易にラジカルを発生する．

$$NC-\underset{\underset{CH_3}{|}}{\overset{\overset{CH_3}{|}}{C}}-\overset{..}{\underset{..}{N}}=\overset{..}{\underset{..}{N}}-\underset{\underset{CH_3}{|}}{\overset{\overset{CH_3}{|}}{C}}-CN \longrightarrow 2\ NC-\underset{\underset{CH_3}{|}}{\overset{\overset{CH_3}{|}}{C}}\cdot\ +\ :N\equiv N: \qquad (5\cdot50)$$

アゾビスイソブチロニトリル　　　　　　　　　　　窒素分子
(AIBN)　　　　　　　　　　　　　　　　　　（二窒素）

ラジカル反応は熱や光によって開始することがある．熱や光のエネルギーによってラジカル開始剤あるいは反応物そのものの均一開裂がひき起こされてラジカルが生成する．

開始剤の効果の有無が，反応がラジカル機構で起こることを示す鍵となる．ある反応がラジカル開始剤の存在下では起こるがそれがなければ起こらないならば，その反応がラジカル中間体を経由することがかなり確実といえる．§5・6AでM. KharaschがHBr付加の位置選択性の変化には過酸化物を必要とすると明らかにしたことを思い出そう．これはラジカル機構を強く示唆する証拠である．

連鎖開始段階の次の段階はアルケンへのHBrのラジカル付加である．開始段階の最初の段階（式5・49）で発生したt-ブトキシルラジカルによってHBrから水素が引抜かれる．

$$(CH_3)_3C-\overset{..}{\underset{..}{O}}\cdot\ \ H-\overset{..}{\underset{..}{Br}}: \longrightarrow (CH_3)_3C-\overset{..}{\underset{..}{O}}-H\ +\ \cdot\overset{..}{\underset{..}{Br}}: \qquad (5\cdot51)$$

t-ブトキシルラジカル
（式5・49から）

これは原子引抜きとよばれるよく見られるタイプのラジカル過程の例である．原子引抜き反応ではラジカルが別の分子から原子を引抜いて，新しいラジカルが生成する（式5・51のBr・）．この臭素原子が

反応の次の段階すなわち連鎖成長段階に関わっていく．

連鎖成長　ラジカル連鎖反応の**成長段階**(propagation step, 伝搬段階ともいう)では，ラジカルはラジカルではない出発物と反応して別のラジカルを生成する．出発物は消費されて，生成物ができる．成長段階は繰返し起こる．複数の成長段階をまとめて考えると，関与しているラジカルはいずれも正味で増えたり減ったりしない．このことは，ラジカルが発生すると，それは続く成長段階で消費されるのだが，その代わりに別のラジカルが生成するということを意味する．

アルケンへの HBr のラジカル付加の成長段階の最初の段階は，式(5·51)で生成した臭素原子の π 結合との反応である．

$$\text{R—CH}=\text{CH—R} \longrightarrow \text{R—CH—CH—R} \quad (5·52\text{a})$$
$$\quad\quad\quad\quad\quad\quad\quad\quad\quad\quad\quad\quad\quad\quad\quad\quad\quad\quad\quad\quad\text{:Br:}$$

ラジカルと炭素-炭素 π 結合との反応は，ラジカル反応でよく見られるもう一つの過程である．炭素-炭素 π 結合は炭素-炭素 σ 結合より弱いので，σ 結合ではなく π 結合が反応を起こす．

連鎖成長の第二段階で別の原子引抜き反応が起こる．式(5·52a)で生成したラジカルによって HBr から水素が引抜かれて，付加生成物と新たな臭素原子ができる．

$$\text{R—CH—CH—R} \longrightarrow \text{R—CH—CH—R} + \text{:Br·} \quad (5·52\text{b})$$
$$\quad\quad\quad\quad\text{Br}\quad\quad\quad\quad\quad\quad\quad\quad\text{H}\quad\text{Br}$$
$$\text{:Br—H}$$

この臭素原子が次に別のアルケン分子と反応し(式 5·52a)，さらにもう 1 分子の生成物ともう 1 原子の臭素原子を生成する(式 5·52b)．これが連鎖反応とよばれる理由である．これら二つの成長段階が，反応物がなくなるまで鎖のように繰返される．つまり，成長段階の一つで生成物となるラジカルは別の成長段階で出発物となる，この二つの成長段階が 1 回起こるごとに，生成物 1 分子が生成し，出発アルケンが 1 分子消費される．成長段階でラジカルが 1 個消費されると，1 個生成する．正味でラジカルはなくならないので，開始剤から発生するラジカルの初期濃度，したがって開始剤自身の濃度も低くてよい．一般的に開始剤の濃度はアルケンの濃度の 1〜2% である．

連鎖反応の成長段階に含まれるラジカルを連鎖成長ラジカルという．式(5·52a)，式(5·52b)のラジカルは過酸化物によって促進される HBr のラジカル付加における連鎖成長ラジカルである．

　　式(5·51)で臭素原子が発生するから，これも成長段階の一部であると思う学生がいるかも
　　しれない．しかし，これは開始段階の一部である．なぜなら t-ブトキシルラジカルは反
　　応のその後の段階に再登場することはないからである．それに続く成長段階が繰返し起こ
　　るためには式(5·51)は一度起こればよい．

連鎖停止　ラジカル連鎖反応において連鎖の**停止段階**(termination step)で，二つのラジカルが反応してラジカルではない生成物を与える．一般には停止段階は二つのラジカルが共有結合をつくって一つになるラジカル再結合反応である．つまり，ラジカル再結合は均一開裂の逆反応である．

次に示す二つの反応はアルケンへの HBr のラジカル付加において起こりうる停止反応の例である．これらの反応で式(5·52a)および式(5·52b)の連鎖成長ラジカルが互いに結合して副生成物を与える．これらの副生成物はほんのわずかしか存在しない．なぜなら副生成物はラジカルだけから生成し，そのラジカルはごく少量しか存在しないからである．

$$\text{Br·}\quad\text{·Br} \longrightarrow \text{Br}_2 \quad (5·53)$$

$$\begin{array}{c}\text{R–CH–CH–R}\\ \text{Br}\\ \cdot\\ \cdot\\ \text{R–CH–CH–R}\\ \text{Br}\end{array} \longrightarrow \begin{array}{c}\text{Br}\\ \text{R–CH–CH–R}\\ \text{R–CH–CH–R}\\ \text{Br}\end{array} \qquad (5\cdot54)$$

どちらの再結合反応も二つのラジカルを消滅させるので，ラジカル連鎖を絶って成長段階の二つの反応を停止させる．

　ラジカルの再結合反応は一般に非常に発熱的である．したがって非常に好ましい，すなわち負の $\Delta H°$ 値をもつ．普通 2 個のラジカルが遭遇すれば必ず再結合反応が起こる．つまりラジカル再結合の $\Delta G°^{\ddagger}$ は 0 である．これらの事実を考えると，なぜラジカルは連鎖が成長する前に再結合してしまわないのかという疑問が起こるかもしれない．その答は簡単であり，反応に関与するさまざまな化学種の相対的な濃度の問題なのである．ラジカル中間体は非常に低い濃度でしか存在しないが，他の反応物はずっと高い濃度で存在する．したがって，臭素原子はアルケン分子と衝突して式(5・52a)の成長反応を起こす方が別の臭素原子と衝突して停止反応を起こすよりずっと確率が高いのである．

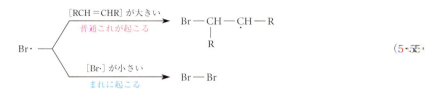

$$(5\cdot55)$$

　典型的なラジカル連鎖反応では，成長反応が 10000 回起こるごとに 1 回の停止反応が起こる．しかし反応物が減ってくると，ラジカルが他のラジカルと遭遇して再結合を起こすのに十分なほど寿命が長くなる確率が高くなる．一般にラジカル連鎖反応では，停止反応で生成する少量の副生成物が観測される．

　多くの場合，発熱的な，すなわち負の $\Delta H°$ 値をもつ連鎖成長段階だけがラジカル反応を停止させる再結合反応と競争できるほどに速く起こる．アルケンへの HBr のラジカル付加では，二つの成長反応がいずれも発熱的で速やかに起こる．しかし HI のラジカル付加の最初の成長段階と HCl のラジカル付加の 2 番目の成長段階は非常に吸熱的である(この点は §5・6E でさらに述べる)．このような理由で，これらの過程はわずかしか起こらず，連鎖反応を停止させる再結合反応に太刀打ちできない．したがって HCl や HI のアルケンへのラジカル付加は観測されない．

　まとめると，多くのラジカル反応が次の 3 段階で起こることを学んだ．

1. 開始段階で，ラジカルが非ラジカル化合物から発生する．
2. 成長段階で，ラジカルは非ラジカル反応物と反応して別のラジカルと非ラジカル生成物を生成する．成長段階は繰返し起こる．
3. 停止段階で，ラジカル同士が反応して少量の非ラジカル副生成物を生成する．

多くのラジカル反応では，成長段階が停止段階よりずっと高頻度で起こるので生成物が蓄積していく．

　この節ではアルケンへの HBr のラジカル付加を例にとってラジカル連鎖反応の特徴を学んだ．実験室の反応でもラジカル連鎖機構で起こる反応が多くある．多くの非常に重要な工業的プロセスがラジカル連鎖反応で起こる(§5・7)．エアコンや冷蔵庫で冷却剤として最近までもっぱら使われていたクロロフルオロカーボン(フレオン)は大気圏上層でオゾンを破壊するが，これは環境的に深刻なラジカル連鎖反応である(これらの反応については §9・10C で述べる)．生体系でも多くのラジカル反応が知られている．

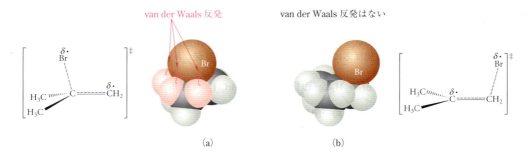

図 5・2 2-メチルプロペンへの臭素原子の付加の遷移状態の空間充填模型. (a)では臭素は二つのメチル基をもつ二重結合炭素に付加しようとしている. この遷移状態では 6 個のメチル水素のうちのピンク色で示した 4 個の水素(3 個は見えているが 1 個は隠れている)と臭素との間で van der Waals 反発がある. (b)では臭素は CH_2 炭素に付加しようとしているが, (a)のような van der Waals 反発は存在しない. (b)の遷移状態の方がエネルギーが低く, したがって観測された生成物を与える.

り速く起こるから, 臭素原子が<u>アルキル基の少ないアルケン炭素で反応してアルキル基の多いラジカルを生成する反応</u>の方がより速く起こる. このラジカルが HBr と反応して観測された生成物を与える. まとめると次のようになる.

$$\begin{array}{c} H_3C \\ \diagup \\ C=CH_2 + Br \cdot \\ \diagdown \\ H_3C \end{array} \xrightarrow{\text{遅い反応}} \begin{array}{c} Br \\ | \\ H_3C-C-\overset{\cdot}{C}H_2 \\ | \\ CH_3 \end{array} \quad \text{(ほとんど生成しない)}$$

$$\xrightarrow{\text{速い反応}} \begin{array}{c} H_3C \\ \diagup \\ \overset{\cdot}{C}-CH_2 \\ \diagdown \\ H_3C \end{array} \begin{array}{c} Br \\ | \\ \end{array} \xrightarrow{HBr} \begin{array}{c} H \\ | \\ H_3C-C-CH_2Br + Br \cdot \\ | \\ CH_3 \end{array} \quad \text{(観測される生成物)} \tag{5・61}$$

化学現象(たとえば反応)が van der Waals 反発の影響を受けるとき, **立体効果**(steric effect, "硬い"を意味するギリシャ語の *stereos* に由来する)を受けているという. つまり, アルケンへの HBr のラジカル付加の位置選択性は一部は立体効果による. これまでに学んだ立体効果の例としては, ブタンでゴーシュ配座よりアンチ配座が有利であること(§2・3B)や *cis*-2-ブテンより *trans*-2-ブテンの方が安定であること(§4・5B)があげられる.

表 5・2　いくつかのラジカルの生成熱 (25 °C)

ラジカル	構　造	ΔH_f° (kJ mol^{-1})
メチル	$\cdot CH_3$	146.6
エチル	$\cdot CH_2CH_3$	121.3
プロピル	$\cdot CH_2CH_2CH_3$	100.4
イソプロピル	$CH_3\dot{C}HCH_3$	90.0
ブチル	$\cdot CH_2CH_2CH_2CH_3$	79.7
イソブチル	$\cdot CH_2CH(CH_3)_2$	70
s-ブチル	$CH_3\dot{C}HCH_2CH_3$	67.4
t-ブチル	$\cdot C(CH_3)_3$	51.5

式(5・61)で第三級ラジカルが生成した2番目の理由は，その相対的安定性と関連する．いくつかのラジカルの生成熱を表5・2に示す．プロピルラジカルとイソプロピルラジカルの生成熱，あるいはブチルラジカルと s-ブチルラジカルの生成熱を比較すると，第二級ラジカルが第一級ラジカルよりほぼ 12 kJ mol^{-1} 安定である．同様に，t-ブチルラジカルは s-ブチルラジカルよりほぼ 16 kJ mol^{-1} 安定である．つまりラジカルの安定性は次の順になる．

$$\text{第三級} > \text{第二級} > \text{第一級} \tag{5・62}$$

ラジカルの安定性の序列がカルボカチオンのそれと同じであることに注意しよう．しかし，ラジカルの異性体間のエネルギー差は，対応するカルボカチオンの異性体間のエネルギー差の約 1/5 にすぎない（表5・2を表4・2と比較せよ）．

このラジカルの安定性の序列は，典型的な炭素ラジカルの構造と混成から理解できる．メチルラジカル・CH$_3$ は平面三角形構造(図5・3)であるが，他の炭素ラジカルは少し三角錐化している．しかしそれらはほぼ平面に近く，sp^2 混成であり不対電子は 2p 軌道にあると考えてよい．したがって，式(5・62)の安定性の序列は，ラジカルが sp^2 混成炭素に結合しているアルキル置換基によって安定化されるということを示している．アルキル基によるラジカルの安定化の大きさは，アルケンの sp^2 混成炭素におけるアルキル基について観測されるものとよく似ている（§4・5B）．

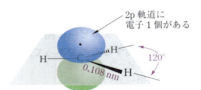

図 5・3 メチルラジカルの構造．炭素は sp^2 混成で平面三角形構造をしており，不対電子は 2p 軌道を占めている．他の炭素ラジカルは少し三角錐化している．

Hammond の仮説(§4・8D)によれば，より安定なラジカルはより不安定なラジカルよりも速く生成する．したがって，臭素原子がアルケンの π 結合と反応するとき，臭素はアルキル基の少ないアルケン炭素に付加する．なぜならそのように付加すると，アルキル基の多い炭素上に不対電子ができるからである．つまりより安定なラジカルが生成するのである．このラジカルが次に HBr と反応して HBr 付加の生成物ができる(式 5・52b)．遷移状態の立体効果を考えてもラジカルの相対的安定性を考えても，HBr のラジカル付加について同じ結果が予測されるということに注意しよう．

アルケンへの HBr のラジカル付加の位置選択性を理解すると，過酸化物効果，すなわちなぜ HBr 付加の位置選択性が過酸化物の有無によって異なるのかを理解することができる．どちらの場合でも，反応はアルキル基の少ない二重結合炭素に原子が付加することで始まる．過酸化物がないときは，まずプロトンが付加してアルキル基の多い炭素にカルボカチオンができる．このカルボカチオンに臭化物イオンが求核的に反応して付加が完了する．過酸化物が存在するときは，ラジカル機構で反応が起こり，まず臭素イオンが付加してアルキル基の多い炭素に不対電子が生じる．ついでこの炭素に水素が付加する．

$$\begin{array}{c}\text{求電子付加:} \\ \text{最初にプロトンが付加して} \\ \text{より安定なカルボカチオン} \\ \text{を生成する}\end{array} \qquad \begin{array}{c}\text{ラジカル付加:} \\ \text{最初に臭素原子が付加して} \\ \text{より安定な炭素ラジカルを} \\ \text{生成する}\end{array} \tag{5・63}$$

過酸化物の役割はラジカル反応を開始することである．良好なラジカル開始剤であればどのようなものでも同じ効果をもたらす．

例題 5・4 参照).

$$\text{（シクロヘキセン-CH}_3\text{）} + \text{C}_2\text{H}_5\text{SH} \xrightarrow{\text{過酸化物}}$$

(g) この反応は O–Cl 結合の均一開裂で開始されるラジカル連鎖反応である．

$$\text{（1-クロロ-1-シクロヘキシルメチル構造）} \xrightarrow[\substack{80\ ^\circ\text{C}}]{\substack{\text{CCl}_4 \\ (\text{不活性溶媒})}} \text{Cl–CH}_2\text{CH}_2\text{CH}_2\text{CH}_2\text{–C(=O)–CH}_3$$

5・50 メチルラジカル $\cdot\text{CH}_3$ とアルケンの π 結合の反応を考える．

$$\underset{R}{\overset{R}{\text{C}}}{=}\underset{R}{\overset{R}{\text{C}}} + \cdot\text{CH}_3 \longrightarrow \cdot\underset{R}{\overset{R}{\text{C}}}{-}\underset{R}{\overset{R}{\text{C}}}{-}\text{CH}_3$$

アルケン	$\text{H}_2\text{C}=\text{CH}_2$	$(\text{CH}_3)_2\text{C}=\text{CH}_2$	$(\text{CH}_3)_2\text{C}=\text{CHCH}_3$
相対速度	1.0	1.4	0.077

この反応の相対速度がいくつかのアルケンについて上図のように求められている．
(a) 各化合物についてラジカル反応生成物を描け．
(b) 相対速度の序列を説明せよ．

5・51 式 (5・25a)～式 (5・25c) はアルケンと BH_3 からのトリアルキルボランの生成を示している．2,3-ジメチル-2-ブテンと BH_3 の反応では，アルケンが大過剰に存在しても 2 当量のアルケンだけが反応してジシアミルボランとよばれるジアルキルボランが生成する．

$$2(\text{CH}_3)_2\text{C}=\text{CHCH}_3 + \text{BH}_3 \longrightarrow \text{"ジシアミルボラン"}$$
3-メチル-2-ブテン （ジアルキルボラン）

ジシアミルボランの構造式を描き，2 当量のアルケンしか反応しない理由を説明せよ．

5・52 *trans*-2-ヘキセンを同位体 ^{18}O をもつ過剰量のアセトアルデヒドの存在下にオゾン分解をすると，酸素の一つに同位体を含むオゾニドが単離される．オゾン分解の機構を参考にしてオゾニドの構造を描き，同位体の位置を示せ（次式参照）．

$$\text{（trans-2-ヘキセン）} + \text{O}_3 + \text{H}_3\text{C–CH}=\text{O}^* \longrightarrow \text{オゾニド}$$
trans-2-ヘキセン　　　　アセトアルデヒド-^{18}O
$(\text{*O} = {}^{18}\text{O})$

5・53 イソブチレン（2-メチルプロペン）を液体 HF で処理すると次式のように重合する．反応で少量のフッ化 *t*-ブチルが生成する．カチオン重合の一例であるこの反応の機構を巻矢印表記で示せ（ヒント: カルボカチオンはアルケンの二重結合と反応する求電子剤である）．

$$\text{H}_3\text{C–C(CH}_3)=\text{CH}_2 \xrightarrow{\text{HF}} {-}{\left[\text{C(CH}_3)_2\text{–CH}_2\right]}_n{-} + \text{H}_3\text{C–C(CH}_3)_2\text{–F}$$

2-メチルプロペン　　　　　　　　　　フッ化 *t*-ブチル
　　　　　　　　　　　　　　　　　（少量生成）

5・54 次に示す一連の反応式で，2 番目の反応はすぐには理解できないかもしれない．次の情報から化合物 A と B の構造を明らかにせよ．

化合物 B の分子式は C_6H_{12} である．化合物 B は CCl_4 中の Br_2 を脱色し，Pt/C 触媒上で 1 当量の H_2 を吸収する．B の構造がわかったならば，A から 1 段階で生成する機構を巻矢印表記で示せ．

$$(\text{CH}_3)_3\text{C–CH}=\text{CH}_2 + \text{HBr} \longrightarrow A + \text{副生成物}$$
　　　　　　　　　　　　　　　　　　主生成物

$$A + \text{H}_3\text{C–}\ddot{\text{O}}{:}^- \text{Na}^+ \longrightarrow \text{H}_3\text{C–}\ddot{\text{O}}\text{H} + \text{Na}^+ \text{Br}^- + B$$
　　　（強塩基）

$$B + \text{O}_3 \longrightarrow \xrightarrow{(\text{CH}_3)_2\text{S}} (\text{CH}_3)_2\text{C}=\text{O}$$
　　　　　　　　　　　　　　　　アセトン
　　　　　　　　　　　　　　（唯一の生成物）

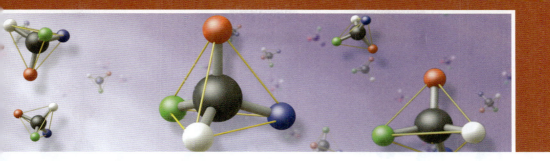

立体化学

本章と次章では立体異性体とその性質について学ぶ．**立体異性体**(stereoisomer)とは，原子のつながり方は同じであるがそれらの三次元的な配列が異なる化合物のことである．アルケンの E および Z 異性体(§4・1C)が立体異性体であることを思い出そう．本章ではさらに別のタイプの立体異性体について学ぶ．

立体異性体や立体異性が化学に与える効果を研究する分野を**立体化学**(stereochemistry)という．立体化学の考え方についてはすでに §4・1C で少し学んだ．本章では基本的な定義や原則に注目しながら立体化学をより広く考えていく．4 価の炭素の幾何構造を決めるのに立体化学がいかにして重要な役割を果たしたかを見ていこう．7 章では，環状化合物の立体化学や化学反応への立体化学的原理の応用を通してさらに立体化学を考えることにする．

この章を学ぶにあたっては分子模型の使用が不可欠である．分子模型は三次元構造をしっかりと把握する能力を養うのに役立ち，二次元に書かれた図が生き生きと見えるようになるだろう．ここで分子模型に慣れておけば，しだいに分子模型に頼らなくてもよいようになる．

本章ではまた，分子構造を透視図のように描くこと，特に線-くさび構造式で描くことが多い．このようなタイプの構造式を描いたり解釈したりすることはすでに §2・3C で学んだ．本章に入る前にその部分を復習しておくとよい．

6・1 鏡像異性体，キラリティー，対称性

A. 鏡像異性体とキラリティー

どんな分子にも，実はどんな物体にも，その鏡像がある．分子の中にはその鏡像と**重ね合わせることができる**(congruent)ものもある．つまりそのような分子では，分子内のすべての原子と結合がその鏡像の対応する原子や結合と完全に重なり合う．エタノールすなわちエチルアルコール CH_3-CH_2-OH はそのような分子である(図 6・1)．エタノールの分子模型をつくり，さらにその鏡像の模型をつくってみよう．次の操作を行って，この二つの模型が完全に重ね合わせることができることを確かめよう．話を簡単にするために，メチル基を青色の球で，ヒドロキシ基 −OH を赤色の球で表す．中央の炭素原子を隣合わせに並べ，メチル基とヒドロキシ基を図 6・1 に示すように置くと，水素も同じように並ぶ．エタノール分子とその鏡像は完全に重ね合わせることができ，これらが同じものであることがわかる．

2-ブタノールのような分子は，その鏡像と重ね合わせることができない(図 6・2)．

$$H_3C-\underset{*}{CH}-C_2H_5 \qquad 2-ブタノール$$
$$\qquad |$$
$$\qquad OH$$

2-ブタノールとその鏡像の分子模型を組立ててみよ．星印をつけた炭素とそれに結合する二つの基を隣合うように置くと，残りの二つの基は一致しない．つまり，2-ブタノールとその鏡像は重ね合わせることができず，したがって異なる分子である．これら二つの分子は原子のつながり方が同じなの

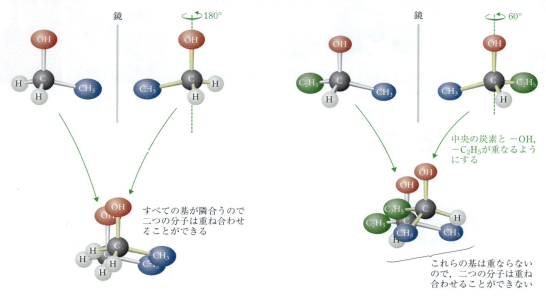

図 6・1 エタノールの鏡像分子同士が重ね合わせられることを確かめるための試験. 鏡像同士を区別するために, 一方の鏡像の結合を黄色にしてある. 中心の炭素と CH_3 基, OH 基を隣合うように置くと, 水素も同じように並ぶ. このように並べるには一方の分子全体を回転しなければならないことに注意しよう.

図 6・2 2-ブタノールの鏡像同士が重なり合うかどうかを確かめるための試験. 図 6・1 と同様に一方の鏡像の結合は黄色にしてある. 中央の炭素とそれに結合する二つの基(図では OH と C_2H_5)を重ねると, 残りの二つの基は重ならない.

で, 定義に従って, これらは立体異性体である. 重ね合わせることができない鏡像同士の関係にある二つの分子を**鏡像異性体**(enantiomer, エナンチオマー)という. つまり 2-ブタノールの二つの立体異性体は鏡像異性体である.

鏡像異性体は単に鏡像同士であるというだけではなく, 互いに重ね合わせることができない. したがって, エタノール(図 6・1)はその鏡像と重ね合わせることができるので鏡像異性体をもたない.

鏡像異性体対として存在しうる分子(あるいは他の物体)は**キラル**(chiral, ギリシャ語の"手")であるという. いいかえれば, **キラリティー**(chirality)すなわち掌性(handedness)という性質をもっている. 鏡像異性体同士である分子は右手と左手の関係すなわち物体とその重ね合わせることができない鏡の関係にある. したがって 2-ブタノールはキラルな分子である. キラルではない分子(あるいは他の物体)は**アキラル**(achiral)であるという. エタノールはアキラルな分子である. キラルな物体もアキラルな物体も日常生活でよく見かける. 足や手はキラルである. ねじ釘はそのらせん状のねじ山のためにキラルになっている. ボールやストローはアキラルである.

B. 不斉炭素と立体中心

多くのキラル分子は 1 個以上の不斉炭素原子をもっている. **不斉炭素原子**(asymmetric carbon atom)とは四つの異なる基が結合している炭素原子のことである. たとえば, 2-ブタノール(図 6・2 参照)はキラルな分子であり, 不斉炭素原子を 1 個もつ. その炭素には 4 個の異なる基 $-CH_3$, $-C_2H_5$, $-H$, $-OH$ が結合している. これに対して, アキラルなエタノールの炭素はいずれも不斉炭素ではない. 不斉炭素原子を 1 個だけもつ分子は常にキラルである. しかし不斉炭素原子を 2 個以上もつ分子についてはこのような一般化はできない. 2 個以上の不斉炭素をもつ分子の多くは実際キラルであるが, 常にそうとは限らない(§6・7). さらに, 不斉炭素原子(あるいは他の不斉原子)の存在はキラリティーの必要

条件ではない. 不斉炭素原子をもたないのにキラルである分子が存在する (§6・9A). このような条件がつくが, 非常に多くのキラルな有機化合物が不斉炭素原子をもっているので, 不斉炭素原子をしっかり理解することは大切である. キラル炭素やキラル中心という用語と出会うことがあると思うが これらは不斉炭素と同じことを意味している.

例題 6・1

4-メチルオクタン中の不斉炭素はどれか.

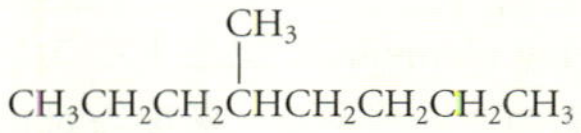

$$\text{CH}_3\text{CH}_2\text{CH}_2\overset{\overset{\displaystyle \text{CH}_3}{|}}{\text{CH}}\text{CH}_2\text{CH}_2\text{CH}_3 \quad \text{4-メチルオクタン}$$

解 法 不斉炭素を星印で示す.

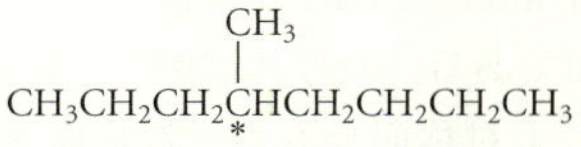

$$\text{CH}_3\text{CH}_2\text{CH}_2\overset{\overset{\displaystyle \text{CH}_3}{|}}{\underset{*}{\text{CH}}}\text{CH}_2\text{CH}_2\text{CH}_3$$

この炭素は H, CH_3, $CH_3CH_2CH_2$, $CH_2CH_2CH_3$ の 4 個の異なる基と結合しているので不斉炭素である. プロピル基とブチル基は, 中心炭素に結合する炭素はともに CH_2 であり違いがなく, さらにもう一つ離れた炭素でも違いがない. 違いは基の末端になって現れる. 違いが中心炭素から離れていてもこの二つの基は異なる基であるということが重要なポイントである.

有機分子の中で最も一般的な不斉原子は炭素であるが, 他の原子も不斉原子になりうる. たとえば次のキラルな化合物は不斉なリン原子をもつ.

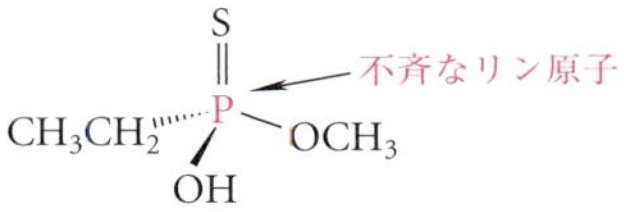

$$\text{CH}_3\text{CH}_2\cdots\overset{\overset{\displaystyle \text{S}}{\|}}{\underset{\underset{\displaystyle \text{OH}}{|}}{\text{P}}}\text{OCH}_3 \quad \leftarrow \text{不斉なリン原子}$$

不斉原子は一般的に**不斉中心** (asymmetric center) ともよばれる.

不斉炭素 (あるいは他の不斉原子) は立体中心あるいはステレオジェン原子の一つのタイプである. **立体中心** (stereocenter) はそれに結合する二つの基を入換えると立体異性体になる原子であることを思い出そう (§4・1C). たとえば図 6・2 で, 2-ブタノールの一方の鏡像異性体のメチル基とエチル基を入換えるともう一方の鏡像異性体になる. もし図 6・2 を見てそれがはっきりわからないのであれば, 二つの分子模型を組立てて納得するまで検討する必要がある. まず一方の鏡像異性体の模型を組立て, 次にその鏡像の模型をつくろう. 模型の一つで 2 個の基を入換えるともう一方の模型と同じものになるこ

 キラリティーの重要性

キラルな分子は自然界に広く存在する. たとえば, 重要な糖質でありエネルギー源であるグルコースはキラルである. 天然に存在するグルコースの鏡像異性体は食料源として役に立たない. あらゆる糖質, タンパク質, 核酸はキラルであり, 天然には一方の鏡像異性体だけが存在する. キラリティーは医学においても重要である. 医薬品として用いられる有機化合物の半数以上はキラルであり, 多くの場合生理活性を示すのは一方の鏡像異性体だけである. 不活性な鏡像異性体が毒性を示すことがまれにある (§6・4B のサリドマイドという医薬品のコラムを参照). 合成されたキラルな医薬品分子の安全性と実効性は数十年にわたって製薬会社と米国食品医薬品局 (FDA) の重大関心事になっている.

とを確認しよう．

すべての立体中心炭素が不斉炭素であるとは限らない．E 異性体と Z 異性体の二重結合炭素も立体中心であることを思い出そう（§4・1C）．これらの炭素は 4 個の異なる基と結合してはいないので不斉炭素ではない．いいかえれば，立体中心という用語はキラルな分子でだけ使われるのではない．不斉原子はすべて立体中心であるが，すべての立体中心が不斉原子であるとは限らない．

C. キラリティーと対称性

何がキラリティーの原因になるのだろうか？キラルな分子はある種の対称性を欠いている．どんな物体（分子を含めて）の対称性も対称要素（symmetry element）で記述することができる．対称要素とは物体の等価な部分を関連づける線，点あるいは面のことである．重要な対称要素として対称面（plane of symmetry）がある．対称面は内部鏡面（internal mirror plane）ともよばれる．対称面は物体を互いに鏡像となる二つの部分に正確に分割する面である．たとえば図 6・3(a) のマグカップは対称面をもつ．同様に図 6・3(b) に示したエタノール分子も対称面をもつ．対称面をもつ分子や他の物体はアキラルである．したがって，図 6・3 のエタノール分子やマグカップはアキラルである．キラルな分子やその他のキラルな物体は対称面をもたない．キラルな分子である 2-ブタノールは図 6・2 で見たように対称面をもたない．ヒトの手もキラルな物体であり，対称面をもたない．

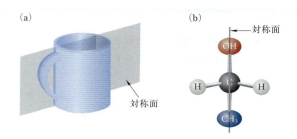

図 6・3　対称面をもつ物体の例．(a) マグカップ．(b) エタノール分子．ここに示したエタノール分子では，対称面が H–C–H 角を二等分し，中心の炭素，OH 基，およびメチル基を通っている．

もう一つの重要な対称要素に対称心（center of symmetry）がある．これは対称点ともよばれる．分子の鏡像をつくり，それを鏡に垂直な軸のまわりに 180°回転させるともとの分子になるなら，その分子は対称心をもつ（図 6・4a）．より描写的にいえば，対称心とは，その点を通るどんな線もその点から等距離にある物体の等価な部分を結ぶような点のことである（図 6・4b）．箱のような物体は対称心と対称面の両方をもつ場合がある．

対称面と対称心はアキラルな分子（あるいは他のアキラルな物体）がもつ最も一般的な対称要素であ

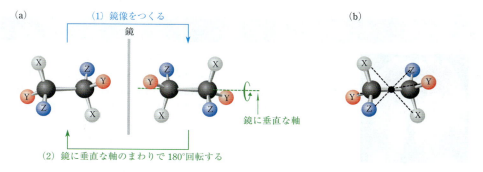

図 6・4　対称心．(a) もし分子が対称心をもつと，その鏡像をつくり〔(1) 上側の矢印〕，次に鏡に垂直な軸のまわりに分子全体を 180°回転させる〔(2) 下側の矢印〕と，もとの分子になる．(b) 対称心（黒点）を通るどんな線も，分子上で対称心から等距離にある等価な点を結ぶ．

る．しかしもっと別のややまれな対称要素をもつアキラルな分子もある．それでは，どのようにすればある分子がキラルかどうかを知ることができるのだろうか？分子が不斉中心を一つだけもてば，それはキラルである．分子が対称面か対称心あるいはその両方をもてば，それはアキラルである．ある分子がキラルかどうか不確かな場合，最も一般的なやり方は，その分子とその鏡像の二つの分子模型をつくるか，二つの透視図を描いて，それらが重ね合わせることができるかどうかを調べることである．もしその二つの鏡像同士を重ね合わせることができれば，その分子はアキラルであり，できなければキラルである．

問題

6・1 次の分子はキラルかアキラルか．

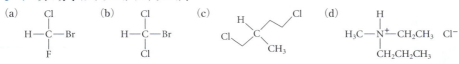

6・2 特別な印などは無視して，次の物体はキラルかアキラルか．何か仮定をした場合はそれを述べよ．
(a) 靴(片方)　(b) 本　(c) 男あるいは女　(d) 靴一足(一足で一つの物体と考えよ)　(e) はさみ

6・3 次のアキラルな物体に対称面あるいは対称心があればそれを示せ．
(a) メタン分子　(b) 円錐　(c) エチレン分子　(d) $trans$-2-ブテン分子
(e) cis-2-ブテン分子　(f) ブタンのアンチ配座

6・4 次の分子に不斉炭素があればそれを指摘せよ．
(a) CH$_3$CHCHCH$_3$ (with Cl, Cl)　(b)　(c)

6・2　鏡像異性体の命名法：RS表示法

鏡像異性体の存在は命名法に特別な問題を提起する．たとえば 2-ブタノールのどちらの鏡像異性体であるかを名称にどのように表示すればよいだろうか．アルケンの立体異性体に Cahn-Ingold-Prelog 則を用いて E と Z 配置を帰属した(§4・2B)のと同じ方法を鏡像異性体に適用することができる．実は Cahn-Ingold-Prelog 則は不斉炭素に対して最初に開発され，それが後に二重結合の立体異性体に適用

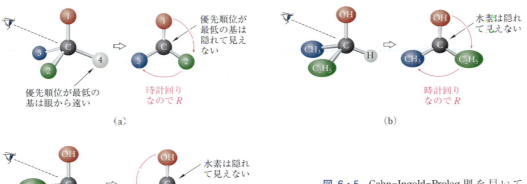

図 6・5 Cahn-Ingold-Prelog 則を用いて (a) 一般的な不斉炭素，(b) (R)-2-ブタノール，(c) (S)-2-ブタノールの立体化学を決める方法．見る方向を視線で示し，それがどのように見えるかをその右側に示す．1 が最高順位で 4 が最低順位である．

されたのである．分子の不斉炭素における原子の配列すなわち立体配置(stereochemical configuration)は次の手順で帰属することができる．その例を図 6・5 に示す．

1. 不斉炭素とそれに結合する四つの異なる基を同定する．
2. §4・2B で述べた規則に従ってその四つの基の優先順位を決める．本書では順位が最も高い基を 1 とし，最も低い基を 4 とする．
3. 不斉炭素から最低順位の基に向かう結合に沿って，不斉炭素が手前に，最低順位の基が後方になるように分子を見る．これはまさにこの結合についての Newman 投影図である．
4. 残りの基の優先順位が時計回りか反時計回りかを考える．もしこれらの基の優先順位が時計回りに低下するなら，不斉炭素は R 配置をもつとする〔R はラテン語の rectus(正しい)に由来する〕．もしこれらの基の優先順位が反時計回りに低下するなら，不斉炭素は S 配置をもつとする〔S はラテン語の sinister(左)に由来する〕．

例題 6・2

3-クロロ-1-ペンテンの次に示す鏡像異性体の立体配置を決めよ．

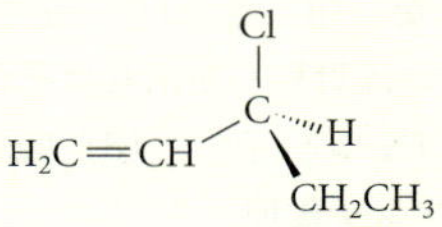

解法 まず，不斉炭素に結合する四つの基の優先順位を決める．(1)−Cl, (2)$H_2C=CH-$, (3)−CH_2CH_3, (4)−H となる．次に，もし必要なら分子模型を使うとよいが，不斉炭素から最低順位の基(この場合は H)に向かう結合に沿って分子を見る．これはまさに C−H 結合方向の Newman 投影図である．

残りの 3 個の基の優先順位は反時計回りに低下するから，これは 3-クロロ-1-ペンテンの S 鏡像異性体ということになる．

立体異性体は，次の例に示すように，その化合物の体系名の前に各不斉炭素の立体配置を括弧に入れて表示することで命名する．

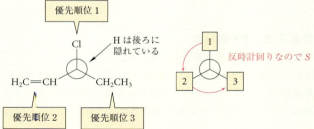

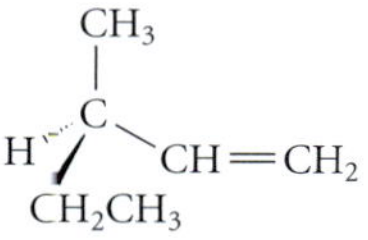

(R)-3-メチル-1-ペンテン　　($3S,4S$)-3,4-ジメチルヘキサン

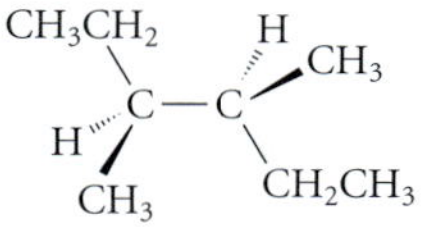

(本章で出てくる R,S の帰属は自分で確認すること)．2 番目の例のように，2 個以上の不斉炭素がある場合は各炭素の位置番号を R,S の記号の前につける．

RS 表示法は立体配置を表示する唯一の方法ではない．RS 表示法よりも以前から使われていた DL 表示法はアミノ酸や炭水化物の分野で現在も使われている (24 章と 27 章)．これを除くと RS 表示法はほぼ完全に受入れられている．

問 題

6・5 次のキラルな分子の線-くさび構造式を描け．必要なら分子模型を使え (D は水素の同位体である重水素 ^{2}H のことである)．いずれも複数の正しい構造式が描けることに注意せよ．

(a) H₃C—CH—OH (b) (2Z,4R)-4-メチル-2-ヘキセン (c) 構造式 (3S, 2R)
     S D

6・6 次の化合物の不斉原子の立体配置は R か S か．

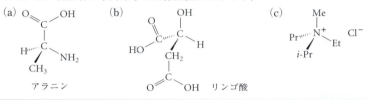

(a) アラニン (b) リンゴ酸 (c) (アンモニウム塩)

6・3 鏡像異性体の物理的性質: 光学活性

有機化合物がその物理的性質で特徴づけられることを §2・6 で学んだ．この目的でよく使われる物理的性質は融点と沸点である．**1 対の鏡像異性体で融点と沸点は同じである．**たとえば，(R)-2-ブタノールと (S)-2-ブタノールの沸点はともに 99.5 ℃ である．同様に (R)-乳酸と (S)-乳酸の融点はいずれも 53 ℃ である．

(R)-2-ブタノール (S)-2-ブタノール
沸点はともに 99.5 ℃

(R)-乳酸 (S)-乳酸
融点はともに 53 ℃

R は "右" か，それとも "正しい" か？

R という文字の選択は RS 表示法を発明した科学者 Cahn, Ingold, Prelog を悩ませた．S は "left (左)" を表すラテン語の *sinister* の頭文字である．しかし "right (右)" を表すラテン語は *dexter* だが，その頭文字 D は立体配置を表す別の表示法 (DL 表示法) ですでに使われていた．新しい表示法が必要となったのは DL 表示法に難点があったからである．しかしここにきてこの二つを混乱させる事態になってしまった．幸いにもラテン語には right に相当する別の語がある．それが *rectus* である．しかし *rectus* は "右" ではなく "正しい" あるいは "妥当な" という意味である (英語の rectify という語は同じ語源に由来する)．ラテン語はまったく "正しくない" のだが，この問題を解決することになった．

ちなみに，R と S は RS 表示法 (§6・2B) の発明者の一人 R. S. Cahn の頭文字ではないかと思われるかもしれない．これは偶然だろうか？おそらくそうだろう．

鏡像異性体対はまた密度，屈折率，生成熱，標準自由エネルギー，そしてその他の多くの性質も同じである．

鏡像異性体でこれほど多くの性質が同じならば，どのようにして鏡像異性体の一方を他方と区別できるのだろうか．ある化合物とその鏡像異性体では偏光に対する効果が異なる．この現象を理解するには偏光の性質について簡単に学んでおく必要がある．

A. 偏　光

光は振動する電場と磁場からなる波動である．普通の光の電場はあらゆる面内で振動しているが，あるひとつの面内だけで振動する光を取出すことができる．このような光を**平面偏光**(plane-polarized light)あるいは単に**偏光**(polarized light)という(図 6・6)．

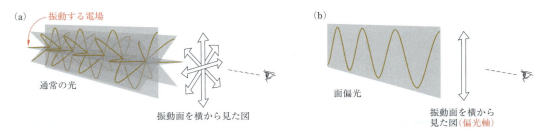

図 6・6　(a) 通常の光は可能なあらゆる面内で振動している電場をもつ．ここでは四つの面だけを図示してある．(b) 平面偏光では振動電場はある一つの面に限定されており，それによって偏光軸が決まる．

偏光は，通常の光を Nicol プリズム(方解石の結晶を特殊な方法でカットし貼り合わせてつくったプリズム)のような偏光子を通過させることによって得られる．偏光子の偏光軸の方向で偏光面が決まる．偏光であることは，その偏光を偏光軸が最初の偏光子と直交している第二の偏光子に当てると光が通過しないことから判断される(図 6・7a)．同じことを二つの偏光サングラスを用いて実験することができる(図 6・7b)．サングラスのレンズを偏光軸が同じ向きになるようにすると光が通過する．レンズを 90° 回すと偏光軸が交差して光が通過せず，視野が暗くなる．

偏光画像をつくるタブレット型コンピューターを用いても同じ効果を観測することができる．偏光サングラスを通してタブレットを見たとき画面が見えなければ，タブレットを 90° 回してみよ！

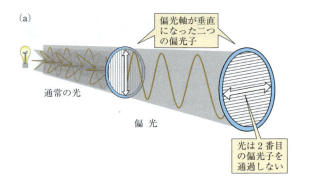
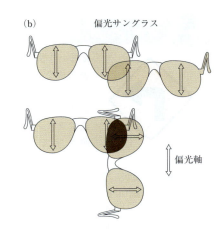

図 6・7　(a) 二つの偏光子の偏光軸が直交していると，光は 2 番目の偏光子を通過できない．(b) この現象は偏光サングラスを使って観察することができる．

B. 光学活性

キラルな物質の一方の鏡像異性体(純粋な化合物でもその溶液でもよい)に平面偏光を当てると，通過した光の偏光面が回転する．偏光面を回転させる物質は**光学活性である**(optically active)という．キラルな物質の鏡像異性体のそれぞれは光学活性である．

光学活性は原理的に図 6・7 に示した 2 枚の偏光子からなる**旋光計**(polarimeter)とよばれる装置で測定される(図 6・8)．測定する試料を 2 枚の偏光子の間の光路に置く．光学活性は光の波長(色)によって変化するので，光学活性を測定するには単色光を用いる．この種の実験ではナトリウムのアーク放電により発生する黄色の光(波長 589.3 nm のナトリウム D 線)がよく用いられる．光学不活性な試料(空気や溶媒)を光路に置く．最初の偏光子で偏光された光を試料に通し，視野が暗くなるように第二の偏光子(検光子)を回転させる．このように検光子をセットして旋光度のゼロ点を決める．次に，光学活性を測りたい試料を光路に置く．視野が暗くなるために必要な検光子の回転角 α がその試料の**旋光度**(optical rotation)である．試料が偏光面を時計回りに回転させるとき，旋光度は正符号とする．そのような試料は**右旋性**(dextrorotatory，ラテン語で"右"を意味する *dexter* に由来する)であるという．試料が偏光面を反時計回りに回転させるとき，旋光度は負符号とする．そのような試料は**左旋性**(levorotatory，ラテン語で"左"を意味する *laevus* に由来する)であるという．

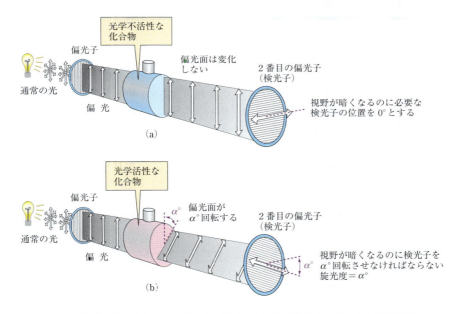

図 6・8 簡単な旋光計を用いた旋光度の測定．(a) まず旋光度のゼロ点を視野が暗くなることで確定する．(b) 次に，旋光度 α(単位は°)の光学活性試料に偏光を通す．視野が暗くなるまで検光子を回転させる．旋光度 α を検光子から読取る．

試料の旋光度は光学活性の定量的な尺度である．旋光度の実測値 α(単位は°)は光路にある光学活性分子の数に比例する．したがって，α は試料中の光学活性化合物の濃度 c および試料容器の長さ(すなわち光路長)l の両方に比例する．

$$\alpha = [\alpha]cl \tag{6・1}$$

比例定数 $[\alpha]$ を**比旋光度**(specific rotation)という．慣例により試料の濃度は $g\,mL^{-1}$ で表し，光路長は dm で表す(純液体については c は密度とする)．したがって比旋光度は濃度 $1\,g\,mL^{-1}$，光路長 1 dm で測定した旋光度に等しい．比旋光度は旋光度の実測値 α を濃度 c に対してプロットした直線の勾配から求めるのが一般的である(問題 6・7 参照)．比旋光度 $[\alpha]$ は c や l に依存しないので，光学活性の標準尺

度として用いられる．実測される旋光度の次元は°であるから，$[\alpha]$ の次元は°mL g^{-1} dm^{-1} である（このことを理解したうえで比旋光度を°単位で表すこともある）．どんな化合物の比旋光度も波長，溶媒，温度によって変化するから，$[\alpha]$ に波長を下付きで，温度を上付きで加えて書くのが慣例である．したがってナトリウム D 線を用いて 20 ℃ で測定した比旋光度は $[\alpha]_D^{20}$ と表す．

> 1 dm = 10 cm である．長さの単位として dm を用いるのは，旋光計でよく用いられる試料容器の長さが 1 dm だからである．

例題 6・3

(S)-2-ブタノールの試料の実測旋光度は 20 ℃ で +2.18°であった．測定は (S)-2-ブタノールの 2.0 M メタノール溶液を長さ 10 cm の試料容器に入れて行った．この溶媒中での (S)-2-ブタノールの比旋光度 $[\alpha]_D^{20}$ はいくらか．

解法 比旋光度を計算するには，g mL^{-1} 単位の試料濃度を決めなければならない．2-ブタノールの分子量は 74.12 であるから，その 2.0 M 溶液は 148.1 g L^{-1} すなわち 0.148 g mL^{-1} の 2-ブタノールを含んでいる．これが式(6・1)の c の値になる．l の値は 1 dm である．式(6・1)に代入すると，$[\alpha]_D^{20} = (+2.18°)/\{(0.148 \text{ g mL}^{-1})(1 \text{ dm})\} = +14.7°$ mL g^{-1} dm^{-1} となる．

C．鏡像異性体の光学活性

鏡像異性体は偏光面を同じ大きさで反対方向に回転させるので，その旋光度で鏡像異性体を区別することができる．(S)-2-ブタノールの比旋光度 $[\alpha]_D^{20}$ が +14.7° mL g^{-1} dm^{-1}（例題 6・3）であるとすると，(R)-2-ブタノールの比旋光度は $-14.7°$ mL g^{-1} dm^{-1} である．同様にもし (S)-2-ブタノールの溶液が +3.5°の旋光度を示したのなら，同じ条件での (R)-2-ブタノールの旋光度は $-3.5°$ になるはずである．ある化合物の光学活性を表す別の手段として，dextrorotatory と levorotatory の頭文字をとって小文字の d と l を接頭語として用いる方法がある．これらは正符号(+)や負符号(−)の代わりに使われる．つまり，(+)-2-ブタノールを d-2-ブタノールとしたり，(−)-2-ブタノールを l-2-ブタノールとしたりする．しかし本書ではなるべく使わないようにする．なぜなら，絶対立体配置を表すために古くから使われていて現在でもアミノ酸や糖質の分野で使われている接頭語 D や L と混同されがちだからである（この規則については 24 章と 27 章で学ぶ）．

ここで光学活性について重要な注意点がある．旋光度の符号と立体配置を表す R, S とは一般に対応していないということである．つまり，S 配置をもつ化合物の旋光度は正の場合も負の場合もある．たとえば，(S)-2-ブタノールは右旋性であるが，(S)-1,2-ブタンジオールは左旋性である．

(S)-(+)-2-ブタノール
d-2-ブタノール
$[\alpha]_D^{20} = -14.7°$ mL g^{-1} dm^{-1}

(S)-(−)-1,2-ブタンジオール
l-1,2-ブタンジオール
$[\alpha]_D^{20} = -15.4°$ mL g^{-1} dm^{-1}

旋光度を決める唯一の方法は，それを実験で測定することである．したがって (S)-(+)-2-ブタノールという名称は，誰かが S 鏡像異性体の旋光度を測定し報告したということを示している．すると，その R 鏡像異性体は (R)-(−)-2-ブタノールであると結論することができる．なぜなら鏡像異性体は大きさが同じで符号が逆の旋光度をもつのだから．

逆に，立体配置がわからないキラルな物質の旋光度を測定する場合もある．天然物からある化合物，

仮に"ニューノール"とよぶことにしよう，を単離し，それが正の旋光度をもつことがわかったとしよう．その化合物は(+)-ニューノールあるいは d-ニューノールとよぶことができる．しかし旋光度の符号からはその立体配置を推測することはできない．絶対立体配置の決定法については §6·5 で述べる．

構造から旋光度の符号や大きさがわかれば確かに便利であろう．そのような方法はあるが，複雑な量子化学的計算を必要とする．

> **問題**
>
> **6·7** ある光学活性物質の試料が +10° の旋光度を示した．旋光計の目盛りは円になっているので +10° の目盛は −350° や +370° と同じである．観測された旋光度が +10° なのかあるいは他の値なのかをどのようにして決めることができるだろうか．
>
> **6·8** (a) スクロース(砂糖)の水中での比旋光度は $+66.1°$ mL g^{-1} dm^{-1} である．5 g のスクロースを水に溶かして 100 mL の溶液とした試料を 1 dm の光路長で測定すると，旋光度はいくらか．
> (b) ある人がスクロースの鏡像異性体の比旋光度を測定したいのでこれを合成したいと言った．それを聞いた別の人がその必要はないと言ったのだが，その理由は何だろうか．

6·4 鏡像異性体の混合物

A. 鏡像異性体過剰率

キラルな化合物の一方の鏡像異性体が他方の鏡像異性体をまったく含まないとき，それを**鏡像異性体的に純粋**(enantiomerically pure)である，あるいは**エナンチオピュア**(enantiopure)であるという．しかし鏡像異性体の混合物になっている場合もしばしばある．鏡像異性体混合物における鏡像異性体の組成は**鏡像異性体過剰率**(enantiomeric excess, ee)で表される．ee は次式のように混合物中の鏡像異性体のパーセントの差で定義される．

$$\text{ee} = 多量鏡像異性体の\% - 少量鏡像異性体の\% \tag{6·2}$$

たとえば，(+)-鏡像異性体 80% と (−)-鏡像異性体 20% からなる混合物の ee は 80% − 20% = 60% である．鏡像異性体の混合物と他の混合物とは扱い方が違うことに注意しよう．たとえば 80% の化合物 A と 20% の化合物 B からなる混合物がある場合，"化合物 A は 80% 純粋である"という言い方をよくする．鏡像異性体過剰率の使い方は，混合物の光学活性に対する混在鏡像異性体の影響からきている．たとえば，(+)-鏡像異性体 80% と (−)-鏡像異性体 20% からなる混合物の場合，混合物の旋光度は純粋な (+)-鏡像異性体の 60% になる．なぜなら 20% の (−)-鏡像異性体が 20% の (+)-鏡像異性体の旋光度を相殺して，正味 60% の旋光度が残るからである〔(+)-鏡像異性体と (−)-鏡像異性体は符号が逆であるが同じ大きさの旋光度をもつことを思い出そう〕．

正味の旋光度 = (+)-鏡像異性体の旋光度の 60%　　(6·3)

10 個の分子があり，20% は (−)-鏡像異性体で 80% が (+)-鏡像異性体

この例から，純粋な (+)-鏡像異性体の旋光度に対する混合物の旋光度の割合(パーセント)が ee に

等しいことがわかる．純粋な多量鏡像異性体の旋光度がわかっていて，試料中の光学活性物質はこの鏡像異性体対だけであるとすると，その試料の鏡像異性体過剰率は混合物の比旋光度から次式で求めることができる．

$$\text{ee} = 100\% \times \frac{[\alpha]_{\text{混合物}}}{[\alpha]_{\text{純粋}}} \tag{6・4}$$

ここで $[\alpha]_{\text{混合物}}$ と $[\alpha]_{\text{純粋}}$ は同じ条件で測定された混合物と純粋な多量鏡像異性体の比旋光度である．逆に，混合物の旋光度と ee がわかれば，純粋な多量鏡像異性体の旋光度を計算することができる．式(6・4)に従って ee を計算した場合，これを**光学純度**(optical purity)とよぶことがある．

最後に，鏡像異性体過剰率から各鏡像異性体の実際の存在率を計算することができる．二つの鏡像異性体の存在率の和は 100% であるから，

$$\text{少量鏡像異性体の\%} = 100\% - \text{多量鏡像異性体の\%}$$

これを式(6・2)に代入すると，

$$\begin{aligned}\text{ee} &= \text{多量鏡像異性体の\%} - (100\% - \text{多量鏡像異性体の\%}) \\ &= 2 \times \text{多量鏡像異性体の\%} - 100\%\end{aligned} \tag{6・5a}$$

これを多量鏡像異性体の%について解くと，

$$\text{多量鏡像異性体の\%} = (\text{ee} + 100\%)/2 \tag{6・5b}$$

最初の例では ee = 60% であったから，多量鏡像異性体の% = (60% + 100%)/2 = 80% となり，残りの 20% は少量鏡像異性体である．

例題 6・4

ある(+)-2-ブタノールの試料は比旋光度が +13.8° mL g^{-1} dm^{-1} であり，ee = 94% の鏡像異性体混合物であることがわかっている．この混合物にはそれぞれの鏡像異性体がどれだけ含まれるか．純粋な(+)-2-ブタノールの比旋光度はいくらか．

解法 (+)-2-ブタノールの多量鏡像異性体の%は式(6・5b)から次のように計算される．

$$(+)\text{-鏡像異性体の\%} = (94\% + 100\%)/2 = 97\%$$

したがって，(100 − 97)% = 3% の(−)-2-ブタノールが混在している．検算すると，ee は 97% − 3% = 94% となり，間違っていない．

式(6・4)を書換えると，純粋な(+)-2-ブタノールの比旋光度は次のように求められる．

$$[\alpha]_{\text{純粋}} = \frac{100\% \times [\alpha]_{\text{混合物}}}{\text{ee}} = \frac{100\% \times (+13.8°\,\text{mL}\,\text{g}^{-1}\,\text{dm}^{-1})}{94\%} = +14.2°\,\text{mL}\,\text{g}^{-1}\,\text{dm}^{-1}$$

B. ラセミ体

二つの鏡像異性体の等量混合物はよく見られるので，これには特別に**ラセミ体**(racemate)という名前がつけられている．2-ブタノールのラセミ体は (±)-2-ブタノールと表示される．

ラセミ体は一般に純粋な鏡像異性体とは異なる物理的性質をもつ．たとえば，乳酸(207 ページ)のそれぞれの鏡像異性体の融点は 53 °C であるが，ラセミ体の融点は 18 °C である．融点が異なるのは結晶

構造が違うからである．§2・6Bで学んだように，融点は結晶中での分子間の相互作用を反映している．鏡像異性体とラセミ体の旋光度も物理的性質の違いの別の例になる．ラセミ体は旋光度の大きさが同じで符号が逆の二つの鏡像異性体を等量ずつ含んでいるので，どんなラセミ体でも旋光度は 0 である．ラセミ体では ee も 0 である．

純粋な鏡像異性体からラセミ体が生成する過程を **ラセミ化**(racemization)という．ラセミ化の最も簡単な方法は等量の鏡像異性体を混合することである．あとで学ぶが，ラセミ化は化学反応の結果としても起こる．

製薬業界におけるラセミ体

市販されている医薬品の半数以上はキラルな化合物である．天然物に由来する医薬品(あるいは天然物から得られた物質からつくられる医薬品)は常に純粋な鏡像異性体として製造されてきた．なぜなら天然に由来するキラルな化合物は多くの場合鏡像異性体の一方だけからなっているからである(この点については§7・8Aでさらに検討する)．しかし比較的最近までは，アキラルな出発物から合成されるほとんどの医薬品はラセミ体として合成され販売されていた．その理由は，ラセミ体を光学的に純粋な鏡像異性体に分離するには特別な操作が必要であり，最終的な生成物の価格が上昇してしまうからである(§6・8参照)．医薬品をラセミ体のまま販売することは，価格を低くできることおよび不要な他方の鏡像異性体が生理的に不活性であるかあるいは副作用があったとしてもほとんど問題にならないことが証明されていることで正当化される．しかし常にそうとは限らない．

ラセミ体の医薬品を販売する際にありうる不測の事態を劇的に証明した大事件に関わったのはサリドマイドである．サリドマイドは最初 1958 年にヨーロッパで鎮静剤として販売された．

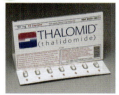

サリドマイド

サリドマイドの (*R*)-(+)-鏡像異性体 は (*S*)-(-)-鏡像異性体に比べて高い鎮静作用が認めら

れたが，当時の一般的なやり方として，経済的な理由のためにラセミ体のまま販売された．この薬はつわりの症状を和らげるために多くの妊婦に服用された．悲劇的なことに，妊娠初期の女性が服用すると催奇性を示す，すなわち胎児の奇形をひき起こすことがわかった．おもにヨーロッパや南米で 12000 人以上の子供がサリドマイドに基づく異常をもって生まれた．サリドマイドは米国ではいくらかが医師に提供されて"研究用"として用いられたが認可はされなかった．

(*S*)-(-)-鏡像異性体だけが催奇性をもつとされているが，いずれの鏡像異性体も血流中でラセミ化することが示された．したがって，光学的に純粋な *R* 異性体を投与した場合でも催奇性が見られたかもしれない．そうではあるが，鏡像異性体が大きく異なる生理活性を示す場合があることをサリドマイドは実証している．

このサリドマイドの物語には注目すべきかつ喜ばしい後日談がある．サリドマイドが催奇性をもつ理由の一つは，細胞分裂に不可欠な血管形成能を阻害することである．この性質は胎児の成長には危険であるが，がん患者には都合がいいかもしれない．なぜなら血管形成能の抑制はある種のがんの治療に効果があることが初期段階の試験で見いだされているからである．サリドマイドは多発性骨髄腫の治療用に承認されており，またある種のハンセン病の治療にも使われようとしている．このような恩恵の可能性はあるが，妊娠中あるいは妊娠予定の女性は服用してはならない．

製薬業界は米国食品医薬品局(FDA)による指導もあって，キラルな合成医薬品は，ラセミ体ではなく単一の鏡像異性体の形で開発するようになり，消費者が治療に不要な立体異性体の予期しない副作用とたたかわなくてもすむようになった．

沸点，融点，溶解度は物質を分離する際にまず検討される性質であるが，鏡像異性体対ではこれらはまったく同じなので，鏡像異性体の分離は特別な手法を必要とする．この手法は**鏡像異性体分割**（enantiomeric resolution）あるいは単に**分割**〔resolution，以前は光学分割（optical resolution）という用語が用いられたが，現在は使われない〕とよばれ，§6・8で詳しく述べる．

問題

6・9 (a) サリドマイドの不斉炭素を指摘せよ．
(b) 実線，くさび，くさび形破線を使って不斉炭素の立体化学を示して，催奇性をもつサリドマイドの S 異性体の構造式を描け．

6・10 エナンチオピュアな化合物 D の 0.1 M 溶液は 1 dm の試料容器を用いて +0.20° の旋光度を示した．この化合物の分子量は 150 である．
(a) D の比旋光度はいくらか．
(b) この溶液を同体積の D の鏡像異性体である L の 0.1 M 溶液と混合した場合旋光度はどうなるか．
(c) D の溶液を同体積の溶媒で希釈すると旋光度はどうなるか．
(d) (c)で述べたように希釈した後 D の比旋光度はどうなるか．
(e) D の鏡像異性体である L を(c)で述べたように希釈した後 L の比旋光度はどうなるか．
(f) 0.01 mol の D と 0.005 mol の L を含む溶液 100 mL の旋光度はいくらか（光路長を 1 dm とせよ）．
(g) (f)で述べた溶液における D の ee はいくらか．

6・11 イブプロフェンの新しい合成法を開発し，(S)-$(+)$-鏡像異性体を 90% ee で得た．比旋光度の測定値は +51.7° mL g^{-1} dm^{-1} であった．

イブプロフェン

(a) (S)-$(+)$-イブプロフェンの線-くさび構造式を描け．
(b) 純粋な (S)-$(+)$-イブプロフェンの比旋光度はいくらか．純粋な (R)-$(-)$-イブプロフェンの比旋光度はいくらか．
(c) この試料には各鏡像異性体はいくらずつ存在しているか．

6・12 (R)-2-ブタノールの 1.5 M 溶液をそれと同体積のラセミ体の 2-ブタノールの 0.75 M 溶液と混ぜて光路長 1 dm の試料容器に入れて測定すると旋光度はいくらになるか．(R)-2-ブタノールの比旋光度は −14.7° mL g^{-1} dm^{-1} である．

6・5 立体化学相関

不斉炭素をもつ化合物に R あるいは S を帰属する方法（§6・2）はわかったとしても，この規則を実際の分子に適用するには，その分子における原子の三次元的な配列，すなわち**絶対立体配置**（absolute configuration）がわからなければならない．キラルな化合物の一方の鏡像異性体をはじめて合成した場合，その絶対立体配置をどのように決めればよいだろうか（旋光度の符号は立体配置が R か S かを決めるためには使えないことを思い出そう，§6・3C）．一つの方法は異常分散とよばれる X 線結晶解析の手法を使うことである．X 線結晶解析は以前よりは広く使われるようになったが，高価な装置を必要とする．ほとんどの有機化合物の絶対立体配置は，絶対立体配置がわかっている化合物と化学反応を用いて関連づけることによって決定される．この手法を**立体化学相関**（stereochemical correlation）とよぶ．

立体化学相関の例として，次のアルケンの光学活性な試料があるとしよう．

$$\text{Ph}-\underset{\underset{\text{CH}_3}{|}}{\text{CH}}-\text{CH}=\text{CH}_2 \qquad [\alpha]_D^{25} = -6.7° \text{ mL g}^{-1}\text{ dm}^{-1}$$
立体配置が R か S かはわからない

旋光度を測定して左旋性であるとわかったとしよう．つまりこの試料は$(-)$-鏡像異性体ということになる．しかしその絶対立体配置，すなわちそれが R か S かはわからない．旋光度からは決められないことに注意しよう．化学文献を調べてこのアルケンの$(-)$-異性体も$(+)$-異性体もその絶対立体配置はまだ決められていないことがわかったとしよう．このアルケンの絶対立体配置をどのように決めればよいだろうか．この化合物は液体であり，結晶化させてX線結晶解析をするというのは現実的ではない．

すでに学んだように，このアルケンをオゾン分解でカルボン酸に変換することができる(§5・5)．この反応によって二重結合は開裂するが不斉炭素への結合はどれも開裂しない．このアルケンにオゾン分解を行えばヒドロアトロパ酸という慣用名をもつカルボン酸が得られる．このヒドロアトロパ酸の試料を測定すると，それが光学活性であり，右旋性であることがわかる．

$$\text{Ph}-\underset{\underset{\text{CH}_3}{|}}{\text{CH}}-\text{CH}=\text{CH}_2 \xrightarrow[\text{2) H}_2\text{O}_2/\text{H}_2\text{O}]{\text{1) O}_3} \text{Ph}-\underset{\underset{\text{CH}_3}{|}}{\text{CH}}-\overset{\overset{\text{O}}{\|}}{\text{C}}-\text{OH} \qquad (6\cdot6)$$

旋光度は$(-)$　　　　　　　　　　　　ヒドロアトロパ酸
　　　　　　　　　　　　　　　　　　　旋光度は$(+)$

ここまでをまとめると次のようになる．$(-)$-アルケンをオゾン分解すると$(+)$-ヒドロアトロパ酸になることがわかった．化学文献を調べると，おそらくX線結晶解析の結果であろうが，$(+)$-ヒドロアトロパ酸の絶対立体配置は決定されていた(この検索はコンピューターを使えばすぐにできる)．ヒドロアトロパ酸の$(+)$-鏡像異性体は S 配置であることがわかっていた．したがって，立体配置が未知の$(-)$-アルケンをこれまでの研究で S 配置であることがわかっている$(+)$-ヒドロアトロパ酸に変換したことになる．

$$\text{Ph}-\underset{\underset{\text{CH}_3}{|}}{\text{CH}}-\text{CH}=\text{CH}_2 \xrightarrow[\text{2) H}_2\text{O}_2/\text{H}_2\text{O}]{\text{1) O}_3} \underset{\text{H}_3\text{C}}{\overset{\text{Ph}}{\underset{\text{H}^{\text{\tiny{...}}}}{\text{C}}}}\overset{\overset{\text{O}}{\|}}{\text{C}}-\text{OH} \qquad (6\cdot7)$$

旋光度は$(-)$　　　　　　　　　　　　(S)-$(+)$-ヒドロアトロパ酸
立体配置は　　　　　　　　　　　　　　S 鏡像異性体の旋光度は$(+)$で
わかっていない　　　　　　　　　　　　あることがすでにわかっている

これら二つの化合物で対応する基は同じ相対的な位置にあるので，アルケンの絶対立体配置を必然的に決定することができる．不斉炭素への結合はいずれも切断されていないことを思い出そう．

この結合はオゾン分解で開裂しない

$$\underset{\text{H}_3\text{C}}{\overset{\text{Ph}}{\underset{\text{H}^{\text{\tiny{...}}}}{\text{C}}}}-\text{CH}=\text{CH}_2 \xrightarrow[\text{2) H}_2\text{O}_2/\text{H}_2\text{O}]{\text{1) O}_3} \underset{\text{H}_3\text{C}}{\overset{\text{Ph}}{\underset{\text{H}^{\text{\tiny{...}}}}{\text{C}}}}\overset{\overset{\text{O}}{\|}}{\text{C}}-\text{OH} \qquad (6\cdot8)$$

この二つの炭素の相対的な位置は同じでなければならない

これでアルケンの絶対立体配置がわかった．すなわち，このアルケンの三次元構造を式(6・8)のように描くことができる．すでに学んだ規則(§6・2)から，このアルケンが R 配置をもつことがわかる．これでこのアルケンの旋光度と立体配置を結びつけることができたことになる．

$$
\underset{\substack{(R)\text{-}(-)\text{-アルケン}\\(\text{この相関で立体}\\\text{配置が決まる})}}{\overset{\text{Ph}}{\underset{\text{H}_3\text{C}}{\text{H}\cdots\text{C}-\text{CH}=\text{CH}_2}}} \xrightarrow[\text{2) H}_2\text{O}_2/\text{H}_2\text{O}]{\text{1) O}_3} \underset{\substack{(S)\text{-}(+)\text{-ヒドロアトロパ酸}\\(\text{立体配置はすでに}\\\text{わかっていた})}}{\overset{\text{Ph}}{\underset{\text{H}_3\text{C}}{\text{H}\cdots\text{C}-\overset{\text{O}}{\underset{\|}{\text{C}}}-\text{OH}}}} \tag{6・9}
$$

いったんこの結果が化学論文で公表されると，この帰属を使ってさらに別の関連づけをすることができる（問題6・13）．さらにこのアルケンの鏡像異性体である右旋性のアルケンはS配置をもつことも同時に決まる．つまり一方の鏡像異性体の関連づけができれば両方の鏡像異性体の立体配置が決まることになる．

　この例では出発物および生成物の立体配置表示はRおよびSとなり異なっているが，常にそうなるわけではない．出発物と生成物で同じ立体配置表示となる場合もある．これは不斉炭素原子に結合する基の優先順位と三次元的配列による．この例のように反応によって基の相対的順位が変化する場合は，関連づけられた構造の間で立体配置表示が違ってくる．基の相対的順位が変化しない場合は，関連づけられた構造の立体配置表示は同じになる．

　関連づけられた二つの化合物の旋光度は，この例のように符号が異なる場合もあるし，同じ場合もある．旋光度の符号は実験で決めなければならない．

　まとめると，ある化合物の絶対立体配置は，その化合物を絶対立体配置が既知の別の化合物に変換することによって決定することができる．逆に，立体配置が既知の出発物から生成物の立体配置を決めることもできる．出発物と生成物の関連づけは不斉炭素への結合が反応によって影響されなければ自明となる（そのような結合が開裂する反応でも，反応の立体化学的な結果がすでに確実にわかっていれば使うことができる）．

　立体化学相関は有機化学の歴史を通して立体化学を確立するのに使われてきた．その最も輝かしい例の一つはグルコースを含む糖類の立体化学の決定であり，それについては§24・10で学ぶ．

> **問題**
>
> **6・13** 既知の立体化学をもつ出発アルケン（本節で述べた）を用いて，実験から左旋性であることがわかっている生成物の立体配置を帰属せよ．
>
> $$(R)\text{-}(-)\text{-Ph}-\underset{\text{CH}_3}{\text{CH}}-\text{CH}=\text{CH}_2 \xrightarrow[\text{2) H}_2\text{O}_2/\text{OH}^-]{\text{1) BH}_3} (-)\text{-Ph}-\underset{\text{CH}_3}{\text{CH}}-\text{CH}_2\text{CH}_2-\text{OH}$$
>
> 立体配置はわかっていないが旋光度は実測されてわかっている．
>
> **6・14** 問題6・13のアルケンを出発物として次の炭化水素の右旋性鏡像異性体の絶対立体配置をどのように決められるか説明せよ．
>
> $$\text{Ph}-\underset{\text{CH}_3}{\text{CH}}-\text{CH}_2-\text{CH}_3$$
>
> どんな反応を使うかを述べよ．実験の可能な結果を図示し，それをどう解釈するかを示せ．

6・6　ジアステレオマー

　これまでは，不斉炭素を1個だけもつ化合物に焦点を当ててきた．分子が2個以上の不斉炭素をもつ場合はどうなるだろうか．この状況を，炭素-2と炭素-3が不斉炭素である2,3-ペンタンジオールにつ

いて考えよう.

$$H_3C-\underset{1}{CH}-\underset{2}{\underset{|}{CH}}-\underset{3}{\underset{|}{CH}}-\underset{4}{CH_2}\underset{5}{CH_3}$$
$$\text{OH} \quad \text{OH}$$

2,3-ペンタンジオール

それぞれの不斉炭素が R か S の立体配置をもつ. 各炭素について2通りの可能性があるので, 次の4種類の立体異性体が可能となる.

$$(2S,3S) \quad (2R,3R)$$
$$(2S,3R) \quad (2R,3S)$$

これらの可能性を図6・9の球棒模型で示す. これらの立体異性体の間にどのような関係があるだろうか.

　$2S,3S$ 異性体と $2R,3R$ 異性体は重ね合わせられない鏡像の関係にあり, 鏡像異性体対である. $2S,3R$ 異性体と $2R,3S$ 異性体もまた鏡像異性体対である(分子模型で確認せよ). これを次のように一般化することができる. すなわち, <u>2個以上の不斉炭素をもつ二つのキラルな分子が鏡像異性体であるためには, それぞれの不斉炭素は逆の立体配置をもたなければならない.</u>

　$2S,3S$ 異性体と $2S,3R$ 異性体とは鏡像異性体ではなく, また $2R,3R$ 異性体と $2R,3S$ 異性体も鏡像異性体ではない. したがって別の立体化学的な関係にある. 鏡像異性体ではない立体異性体を**ジアステレオ異性体**(diastereoisomer)あるいは単に**ジアステレオマー**(diastereomer)とよぶ. ジアステレオマーは鏡像同士ではない. 2,3-ペンタンジオールのすべての立体異性体間の関係を図6・10に示す.

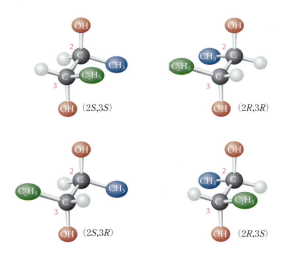

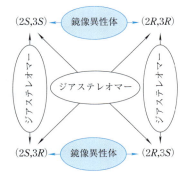

図6・9　2,3-ペンタンジオールの立体異性体. 各模型で小さな無印の原子は水素である. これらは各立体異性体のある一つの立体配座を示しているが, 本文で述べている議論はどんな立体配座にも当てはまる(試してみよ).

図6・10　2,3-ペンタンジオールの立体異性体間の関係. 矢印の両端にある立体異性体の対はその中央に示した関係にある. 鏡像異性体は両方の不斉炭素が逆の立体配置をもつことに注意しよう.

　ジアステレオマーはあらゆる物理的な性質が異なる. つまり, ジアステレオマーは異なる融点, 沸点, 生成熱, 標準自由エネルギーをもつ. ジアステレオマーはあらゆる物理的な性質が異なるので, 原理的には分別蒸留や再結晶などの通常の分離手段でそれらを分離することができる. ジアステレオマーがキラルであれば光学活性になると予測されるが, その比旋光度は互いに関連がない. これらの点を表6・1に例示する. この表は4種類の立体異性体とそのラセミ体の物理的性質を示している.

　これまでによく見られる異性の例をすべて見てきた. まとめると次のようになる.

表 6・1 4種類のキラルな立体異性体の性質

立体配置	比旋光度 $[\alpha]_D^{25}$ (エタノール) (°mL g^{-1} dm^{-1})	融点(℃)	関 係	
(2S,3S)	+15	150〜151	鏡像異性体	ジアステレオマー
(2R,3R)	−15	150〜151		
(2S,3R)	+21.5	155〜156	鏡像異性体	
(2R,3S)	−21.5	155〜156		
(2S,3S)と(2R,3R)のラセミ体	0	117〜123		
(2S,3R)と(2R,3S)のラセミ体	0	165〜166		

1. 異性体は同じ分子式をもつ．
2. 構造異性体は原子のつながり方が異なる．
3. 立体異性体は原子のつながり方が同じである．立体異性体には2種類しかない．
   a. 鏡像異性体は重ね合わせられない鏡像の関係にある．
   b. ジアステレオマーは鏡像異性体ではない立体異性体である．

1対の分子の間の構造の関係は，その二つを同時に検討して解析しなければならない．図6・11に，二つの異なる分子の間の異性関係を決める体系的な方法をフローチャートで示す．例題6・5で図6・11の使い方を例示する．

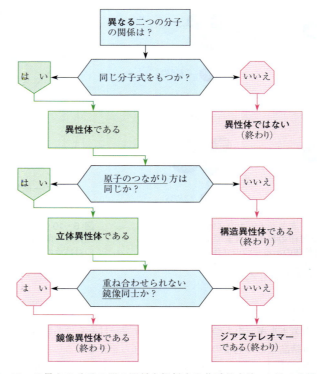

図 6・11 二つの異なる分子の間の関係を解析する体系的方法．1対の分子に対してチャートの上から下へ順に解析する．問への答に応じて選んだ枝に進む．"終わり"という赤い囲みに到達すれば解析は終了し，異性関係が決まる．

例題 6・5

次の二つの分子の異性関係を決めよ.

$$\underset{H}{\overset{CH_3CH_2}{\diagup}}C=C\underset{H}{\overset{CH_2CH_3}{\diagdown}} \qquad \underset{CH_3CH_2}{\overset{H}{\diagup}}C=C\underset{H}{\overset{CH_2CH_3}{\diagdown}}$$

解 法 図 6・11 のチャートの上から順に問に答えていく．これら二つの分子は同じ分子式をもち，したがって異性体である．原子のつながり方は同じなので，立体異性体である（事実これらは 3-ヘキセンの E および Z 異性体である）．鏡像同士ではないのでジアステレオマーである．したがって(E)- および (Z)-3-ヘキセンはジアステレオマーである．

例題 6・5 からわかるように二重結合異性体はジアステレオマーの関係にある．(E)- および (Z)-3-ヘキセンはいずれもキラルではなく，キラルではないジアステレオマーがあることを示している．一方，2,3-ペンタンジオールのジアステレオマー（図 6・9）のようにキラルなジアステレオマーも存在する．

6・7 メソ化合物

これまでの例では，一つ以上の不斉炭素をもつ分子はいずれもキラルであった．しかし二つ以上の不斉炭素をもつ化合物のいくつかはアキラルになる．2,3-ブタンジオールがその例である．

$$\underset{1}{H_3C}-\underset{2}{\overset{OH}{\underset{|}{CH}}}-\underset{3}{\overset{OH}{\underset{|}{CH}}}-\underset{4}{CH_3} \qquad \text{2,3-ブタンジオール}$$

§6・6 の 2,3-ペンタンジオールの場合と同様に，次の 4 種類の立体異性体があるように見える．

$$(2S,3S) \qquad (2R,3R)$$
$$(2S,3R) \qquad (2R,3S)$$

これらの分子の球棒模型を図 6・12 に示す．これらの構造の間の関係を調べよう．$2S,3S$ と $2R,3R$ の構造は重ね合わせられない鏡像同士であり，したがって鏡像異性体である．しかし $2S,3R$ と $2R,3S$ の構

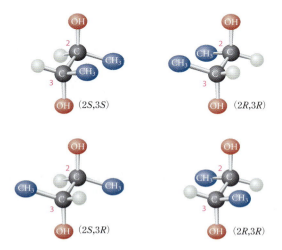

図 6・12 2,3-ブタンジオールの立体異性体の可能性．図 6・9 と同様に，各立体異性体のある一つの立体配座を表示しており，各模型の小さな無印の原子は水素である．

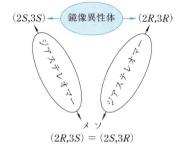

図 6・13 2,3-ブタンジオールの立体異性体間の関係．矢印の両端の化合物対はその間に示した関係にある．メソ形立体異性体はアキラルであり，したがって鏡像異性体は存在しない．

造は鏡像同士に描かれるが，いずれも対称心をもっており，したがってアキラルである．実はこれら二つの構造は同じものである．次式の左端の 2R,3S の構造を C2–C3 結合に垂直な軸のまわりに 180°回転すると右端の構造と同じものであることがはっきりする．

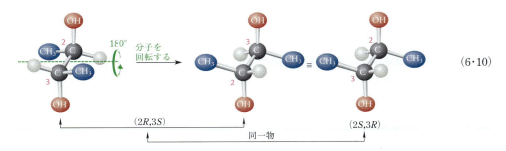

(6・10)

したがって最初に考えた4種類の構造のうち二つは同じものなので，2,3-ブタンジオールには3種類の立体異性体しか存在しない．2,3-ブタンジオールの 2R,3S 立体異性体はその鏡像と同じであり，アキラルである．アキラルであるから光学不活性である．したがってこの立体異性体はキラルな (2R,3R)- および (2S,3S)-2,3-ブタンジオールのアキラルなジアステレオマーということになる．

2,3-ブタンジオールのアキラルな立体異性体はメソ化合物の例であり，*meso*-2,3-ブタンジオールと表記される．**メソ化合物**(meso compound, **メソ体** meso form ともいう)はキラルなジアステレオマーをもつアキラルな(したがって光学不活性な)化合物である．ほぼすべての場合に，メソ化合物は少なくとも二つの不斉中心をもつアキラルな化合物である．わずかな例外はあるが，メソ化合物の定義としてこの表現を用いることができる．たとえば，*cis*- および *trans*-2-ブテンは立体異性体であり，アキラルであるが，不斉炭素をもたないのでメソ化合物ではない．

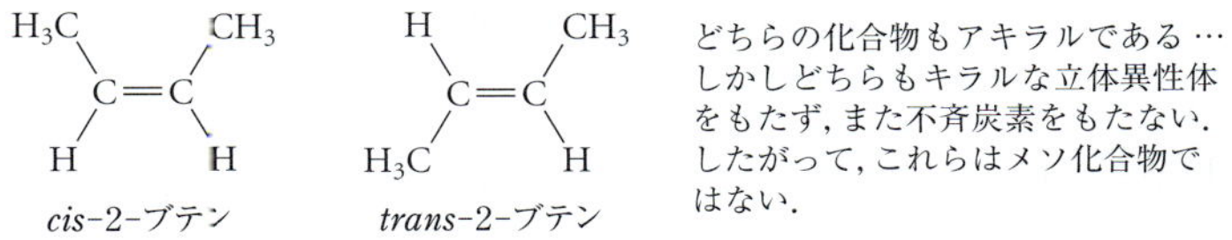

どちらの化合物もアキラルである…しかしどちらもキラルな立体異性体をもたず，また不斉炭素をもたない．したがって，これらはメソ化合物ではない．

2,3-ブタンジオールの立体異性体間の関係を前ページ図 6・13 にまとめた．

メソ化合物とラセミ体の違いを十分注意しよう．いずれも光学不活性であるが，メソ化合物は単一のアキラルな化合物である．一方ラセミ体はキラルな化合物の混合物であり，さらに詳しくいえば鏡像異性体の等量混合物である．

メソ化合物の存在はアキラルな化合物でも不斉炭素をもつ場合があることを示している．つまり，分子内に不斉炭素があることは，不斉炭素が1個だけの場合を除いて，キラルであることの十分条件ではない．分子が n 個の不斉炭素をもつとき，メソ化合物が存在しなければ立体異性体の数は 2^n となる．メソ化合物が存在する場合は立体異性体の数は 2^n より少ない．

ここで，二つ以上の不斉炭素をもつ構造を考えてみよう．その構造がメソ化合物として存在しうるかどうかをどのようにして判断できるだろうか．二つ以上の不斉原子をもつ分子が原子のつながり方が同じである二つの部分に分割できるときにメソ化合物が可能となる(メソ meso とは"真ん中に"を意味する)．

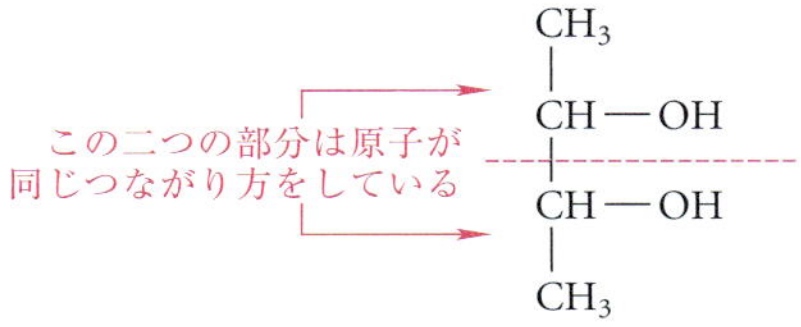

この二つの部分は原子が同じつながり方をしている

CH₃
|
CH—OH
- - - - - - - -
CH—OH
|
CH₃

メソ化合物の可能性があるとすると，どの立体異性体がメソでどの立体異性体がキラルであるかどうすればわかるだろうか．まず，メソ化合物では分子の各半分にある対応する不斉炭素が逆の立体配置をもたなければならない．

$$\begin{array}{c} CH_3 \\ | \\ CH-OH \\ ----- \\ CH-OH \\ | \\ CH_3 \end{array}$$

メソ化合物は立体配置が逆

したがって，2,3-ブタンジオール(図 6・12 参照)の不斉炭素の一方が R なら他方は S である．両手にたとえると，手のひら同士を合わせると左右の同じ指が触れ合う．両手を一つの物体と考えると，これはメソ形物体ということになる．半分ずつ(片手)は互いに鏡像の関係にある．

メソ化合物を見分けるもう一つの方法は，次のような近道をする．複数の不斉炭素をもつ分子の一つの立体配座(重なり形配座でも構わない)が，アキラルであれば，その化合物はメソ化合物である．重なり形配座なら対称面があれば簡単に見つかるはずで，対称面のある分子はアキラルである(§6・1C)．したがって，対称面をもつ重なり形配座が見つかれば，たとえその化合物が重なり形配座で存在していなくてもメソ化合物である(なぜそうなるのかは §6・9 で検討する)．たとえば，図 6・14 に meso-2,3-ブタンジオールの重なり形配座を示してあるが，これには対称面がある．

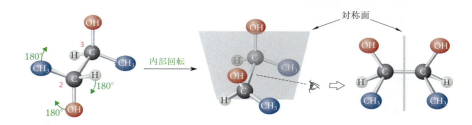

図 6・14 meso-2,3-ブタンジオールの重なり形配座は対称面をもち，したがってアキラルである(左端のねじれ形配座は対称心をもち，これもアキラルである)．複数の不斉炭素をもつ分子がアキラルな配座をもっていることがわかれば，それでその化合物がメソ化合物であることを示すのに十分である．

問 題

6・15 次の分子にメソ化合物が存在するかどうかを判断せよ．
(a) Cl Cl 構造 (b) Cl | CH₃CHCH₂CH₂CH₂Cl (c) trans-2-ヘキセン

6・16 次の化合物に2種類のメソ化合物がある理由を説明せよ．

H₃C—CH—CH—CH—CH₃
    | | |
    OH OH OH

(ヒント: 分子を構造的に同一の二つの部分に分ける面は1個あるいは複数の原子に重なる場合もある)

6・8 鏡像異性体の分割

§6・4 で述べたように，二つの鏡像異性体の分離(**分割**)には特別な問題がある．鏡像異性体対は融点，沸点，溶解度などが同じなので，他の化合物とは違ってこのような性質を使って分離をすることはできない．それではどうすればよいだろうか？

分割は，鏡像異性体とは違ってジアステレオマーは異なる物理的性質をもつことを利用する．その戦略は，まず鏡像異性体の混合物を**分割剤**(resolving agent)とよばれるエナンチオピュアなキラル化合物と結びつけることによって一時的にジアステレオマーの混合物に変換する．そのジアステレオマー混合物を分離し，分割剤を取除くと純粋な鏡像異性体が得られる．

　鏡像異性体を分離するために使った原理を改めて述べると次のようになる．
　鏡像異性体区別の原理：鏡像異性体の分離あるいは区別はエナンチオピュアなキラルな反応剤との相互作用を必要とする．

これはこれから頻繁に使うことになる非常に重要な原理である．手と手袋のたとえでいえば，"キラルな反応剤"は手であり，これが2種類の手袋と"相互作用をする(つまりはめてみる)"．"キラルな反応剤"が化合物であれば，相互作用の結果ジアステレオマー対ができる．この二つは異なる性質をもっているので鏡像異性体を分離したり区別したりするのに用いることができる．

　さまざまな分割の手法が開発されてきた．この節では3種類の例を述べる．すなわち，キラルクロマトグラフィー，ジアステレオマー塩の生成，および選択的結晶化である．それぞれで鏡像異性体区別の原理がどのように適用されているかに注目しよう．

A. キラルクロマトグラフィー

　クロマトグラフィー（chromatography）は混合物の各成分を分離するための非常に重要な手段である．なかでも広く用いられているのは図6・15(a)に示した**カラムクロマトグラフィー**（column

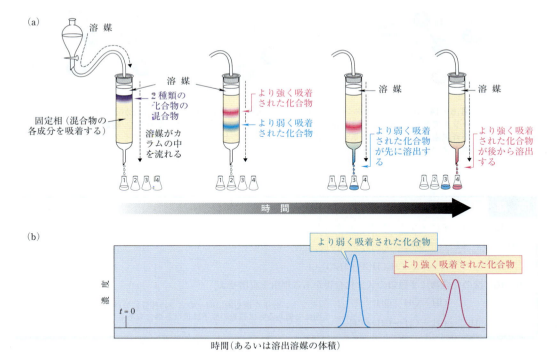

図 6・15　(a) カラムクロマトグラフィーでは，2種類の化合物の混合物を微粉末固体(固定相)に可逆的に吸着させる．溶媒がカラムの中を通過するに従って，混合物のうちより弱く吸着された成分がより速くカラムの中を移動する．より強く吸着された成分はより長くカラム内に留まり，ゆっくり溶出する．(b) 混合物の各成分の濃度を溶出時間あるいは溶出溶媒の体積に対してプロットした図．これを**クロマトグラム**とよぶ．各ピークの面積は各成分の量に比例する．

分割剤のたとえ

諸君が目隠しをされて100枚の手袋を右手用と左手用に分けることになったとしよう（なぜそんなことをする羽目になったのかは考えなくてよい）．手袋は同じもので，そのうち50枚は右手用，50枚は左手用である．つまり手袋の山は"ラセミ体"である．どのように分けたらいいだろうか？ 重さや匂いやその他の簡単な性質で分けることはできない．なぜなら右手用も左手用もそれらは同じだから．正しいやり方は，手袋を右手（あるいは左手でもよい）にはめてみることである．諸君の手はいわばエナンチオピュアな分割剤の働きをする．右手に右手用の手袋をはめるとしっくりするが，左手用の手袋をはめてもしっくりしない．右手袋をはめた右手と左手袋をはめた右手とはジアステレオマーの関係にあるといえる．この二つの状況での感覚の違いはジアステレオマーの物理的性質の違いにたとえられる．手にはめて右手用か左手用かがわかったら，手袋を脱いでそれぞれの置き場に置けばよい．これはジアステレオマー（手と手袋）を純粋な鏡像異性体（手袋）とキラルな分割剤（手）に変換したことに相当する．

---

chromatography）で，**固定相**（stationary phase）とよばれる細粉化した固体を詰めた円筒状のカラムに混合物を通すものである．混合物の各成分は固定相に可逆的に吸着（結合）する．この吸着は固定相の分子と分離すべき溶液中の分子との非共有結合性引力の結果である（非共有結合性相互作用については§8・4～§8・6で述べる）．次にこのカラムに溶媒を連続的に流す．混合物の各成分は固定相にかなり異なる親和力で吸着されるので，固定相への親和力が最も小さい成分がまずカラムから溶出し，親和力が大きくなるに従ってゆっくり溶出する．時間（あるいは溶媒の体積）に対して混合物の各成分の濃度をプロットしたグラフを**クロマトグラム**（chromatogram）という（図6・15b）．

鏡像異性体をクロマトグラフィーで分離する方法を**キラルクロマトグラフィー**（chiral chromatography）という．広く用いられているタイプのキラルクロマトグラフィーでは，固定相は分割剤として働くエナンチオピュアなキラル化合物を共有結合で結合させた微細なガラスビーズでできている．ガラスビーズとこれに結合した分割剤をあわせて一般に**キラル固定相**（chiral stationary phase, CSP）とよぶ．市販されている多くのCSPの一つを式(6・11)に示す（この詳細な構造を気にする必要はまったくない．結合している分割剤がキラルな化合物であり，しかもエナンチオピュアであることに注意すればよい．たとえていえば，"左手"がガラスビーズに結合していると考えればよい）．

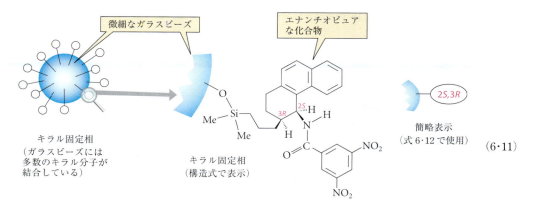

(6・11)

式(6・11)に示すように，CSPの各ビーズには多数の分割剤分子が結合している．鏡像異性体混合物がCSPカラムを通過すると，鏡像異性体のそれぞれが固定された分割剤と非共有結合性の錯体を形成する．

(6・12)

キラル固定相　分離しようとする　　　ジアステレオマーの関係にある錯体は
　　　　　　　鏡像異性体混合物　　　異なる標準自由エネルギーをもつの
　　　　　　　　　　　　　　　　　　で、生成量が異なる

　（式 6・11 で用いた CSP の略号はこの特殊な例だけのものである．錯体形成の詳細について気にする必要はない）．分割剤はエナンチオピュアであるから，2 種類の錯体は一つの不斉炭素原子の立体配置だけが異なる．いいかえれば，これら二つの錯体はジアステレオマーである．一般にジアステレオマーは異なる自由エネルギーをもち，異なる安定性をもつ．したがって，それらの生成の平衡定数は異なる．つまり，鏡像異性体の一方は他方より強く分割剤と結合し，その結果 2 種類の錯体の濃度は異なる．溶媒がカラムを流れるとき，より強く吸着された鏡像異性体はより長くカラムに留まる．したがって，より弱く吸着された鏡像異性体の溶液がまず溶出し，より強く吸着された鏡像異性体の溶液が次に溶出する．次ページ図 6・16 に合成医薬品であるニルバノールを式(6・11)の CSP で分割する際のクロマトグラムを示す．

　ある特定の分割にどの CSP を選べばよいだろうか？　その答は，（この場合のように）誰かが以前にやっていない限りわからない，ということである．ある特定の分割に用いる CSP や条件の選択は試行錯誤を要する問題である．しかし経験を積めば分割剤を合理的に選ぶためのいくつかの原則がわかってくる．重要な注意点は，鏡像異性体が CSP と相互作用して一時的なジアステレオマーを形成することによって分割されるということである．前ページのコラムで述べたたとえを使えば，2 種類の鏡像異性体は手袋であり，分割剤は手である．

　キラル固定相は比較的高価なので，一般にキラルクロマトグラフィーは比較的小さなスケールで行われる．鏡像異性体混合物の分析には優れた方法であり，鏡像異性体過剰率(ee, §6・4A)を決定するためによく用いられる．

> 実用的なキラルクロマトグラフィーは 1970 年代中頃に当時イリノイ大学化学科の教授であった W. H. Pirkle によって開発され，彼が開発した CSP は Pirkle カラムとよばれるようになった．式(6・11)に示した CSP は Pirkle カラムの一つである．非常に多種類の CSP (Pirkle カラムを含めて)が現在市販されている．

問題

6・17　図 6・16 の分割は式(6・16)のキラル固定相(CSP)を用いている．次のような場合図 6・16 の分割はどのように変わるだろうか.
(a) 式(6・11)の CSP の鏡像異性体を用いた場合　　(b) 式(6・11)の CSP のラセミ体を用いた場合

B. ジアステレオマー塩の生成

　ジアステレオマー塩の生成は酸性あるいは塩基性化合物の分割に用いられる方法である．大きなスケールでの分割に特に適しており，α-フェネチルアミンのラセミ体の分割を例にとって説明する．

$$\text{Ph—CH(NH}_2\text{)—CH}_3 \quad \alpha\text{-フェネチルアミン}$$

　アミン(amine)はアンモニアの水素 1 個あるいは 2 個，3 個を有機基で置換した化合物である．アミンを含むジアステレオマー塩の生成は，アミンがアンモニアと同様に塩基であることを利用している．塩基であるのでアミンはカルボン酸と定量的に反応して塩を生成する．

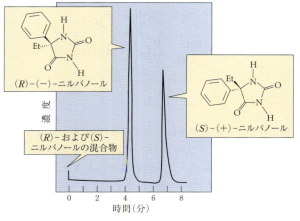

図 6・16 式(6・11)に示したキラル固定相を用いた抗痙攣(けいれん)薬ニルバノールの分割を示すクロマトグラム〔溶出溶媒はヘキサン-イソプロピルアルコール(80:20)混合物〕. どちらの鏡像異性体がキラル固定相により強い親和性をもっているだろうか?

$$\text{R}-\overset{..}{\text{N}}\text{H}_2 \quad \text{H}-\overset{..}{\underset{..}{\text{O}}}-\overset{:\text{O}:}{\underset{}{\text{C}}}-\text{R} \rightleftarrows \text{R}-\overset{+}{\text{N}}\text{H}_3 \quad :\overset{..}{\underset{..}{\text{O}}}{}^{-}-\overset{:\text{O}:}{\underset{}{\text{C}}}-\text{R} \qquad (6\cdot13)$$

アミン (Brønsted 塩基)　カルボン酸 (Brønsted 酸) $pK_a \approx 4 \sim 5$　　$pK_a \approx 9 \sim 10$　　塩

分割剤は<u>エナンチオピュアなカルボン酸</u>である. この目的で使われるエナンチオピュアなカルボン酸は多くの場合天然物から得られる. (2R,3R)-(+)-酒石酸がその例である.

$$\underset{\text{H}}{\overset{\text{CO}_2\text{H}}{\text{C}}}-\underset{\text{CO}_2\text{H}}{\overset{\text{H}}{\text{C}}}\text{OH} \qquad (2R,3R)-(+)-\text{酒石酸}$$

(+)-酒石酸はラセミ体のアミンと式(6・13)に示すように反応して, 2 種類の<u>ジアステレオマー塩</u>の混合物を与える.

 嗅覚受容体によるキラル認識

多くの場合, 鏡像異性体は異なる匂いをもつ. カルボンの鏡像異性体はよく知られた例である.

(R)-(−)-カルボン (スペアミント)　(S)-(+)-カルボン (キャラウェー)

(R)-(−)-カルボンはスペアミントでおなじみの匂いをもつ〔天然から得られる(R)-(−)-カルボンは自然香味料として使われており, スペアミント油の生産は米国では 1 億ドル産業である〕. その鏡像異性体である(S)-(+)-カルボンはキャラウェーシード(実際はキャラウェーの実)に存在し, ライ麦パンの特徴的な匂いのもととなる.

鏡像異性体が異なる匂いをもつことは, 鏡像異性体区別の原理が生体で働いている現象の一つである. 嗅覚受容体はタンパク質であり, エナンチオピュアなキラル化合物である(ヒトは 347 種類の嗅覚受容体タンパク質をもっている). したがって, 嗅覚受容体はそれぞれ"キラル反応剤"として働く. カルボンの分子が相互作用する嗅覚受容体が一つであるか複数であるか(こちらが本当らしい)によらず, カルボンの二つの鏡像異性体とひとつの嗅覚受容体との相互作用はジアステレオマー的である. これらのジアステレオマー的相互作用が異なる神経信号を生じ, 脳は異なる匂いとして認識する.

226　6. 立 体 化 学

$$\underbrace{\begin{array}{c}\text{Ph}\\\text{H}^{\cdots}\text{C}^{\cdots}\text{CH}_3\\{}^+\text{NH}_3\\(R)\end{array}\quad\begin{array}{cc}\text{CO}_2^-\quad\text{H}\\\text{H}^{\cdots}\text{C}-\text{C}^{\cdots}\text{OH}\\\text{OH}\quad\text{CO}_2\text{H}\\(R)\quad(R)\end{array}}_{\text{ジアステレオマー塩}}\quad\underbrace{\begin{array}{c}\text{Ph}\\\text{H}^{\cdots}\text{C}^{\cdots}\text{NH}_3^+\\\text{CH}_3\\(S)\end{array}\quad\begin{array}{cc}\text{CO}_2^-\quad\text{H}\\\text{H}^{\cdots}\text{C}-\text{C}^{\cdots}\text{OH}\\\text{OH}\quad\text{CO}_2\text{H}\\(R)\quad(R)\end{array}}$$

塩に含まれる 3 個の不斉炭素原子のうちの <u>1 個だけが立体配置が逆になっている</u>（鏡像異性体ならばすべての不斉炭素の立体配置が逆になるはず）．これらの塩はジアステレオマーなので異なる物理的性質をもつ．この場合，よく使われるアルコール溶媒であるメタノールへの溶解度に大きな違いがある（種々の溶媒を試してメタノールが選ばれた）．(S,R,R)-ジアステレオマーがたまたまより溶けにくいので，メタノールから選択的に結晶化し，(R,R,R)-ジアステレオマーは溶液中に残るので溶液から回収することができる．純粋なジアステレオマー塩がそれぞれ単離されれば，それらの塩を塩基で分解すると水に溶けない光学活性なアミンが得られ，酒石酸はその共役塩基の形で溶液中に残る．

$$2\,\text{NaOH} + \underbrace{\begin{array}{c}\text{Ph}\\\text{H}^{\cdots}\text{C}^{\cdots}\text{NH}_3^+\\\text{CH}_3\\{}_{\text{p}K_\text{a}=9.5}\end{array}\quad\begin{array}{cc}\text{CO}_2^-\quad\text{H}\\\text{H}^{\cdots}\text{C}-\text{C}^{\cdots}\text{OH}\\\text{OH}\quad\text{CO}_2\text{H}\end{array}}_{\text{塩}} \longrightarrow \begin{array}{c}\text{Ph}\\\text{H}^{\cdots}\text{C}^{\cdots}\ddot{\text{N}}\text{H}_2\\\text{CH}_3\\\text{(水に不溶)}\end{array}\quad\begin{array}{cc}\text{CO}_2^-\text{Na}^+\quad\text{H}\\\text{H}^{\cdots}\text{C}-\text{C}^{\cdots}\text{OH}\\\text{OH}\quad\text{CO}_2\text{Na}^+\\\text{(水に可溶)}\end{array} + 2\,\text{H—OH} \quad (6\cdot 14)$$

$\text{p}K_\text{a} = 15.7$

塩の生成はこの例に示すように簡単で便利なので，アミンやカルボン酸の分割によく用いられる．

問 題

6・18 次のアミンのうち，原理的にラセミ体カルボン酸の分割に使うことができるのはどれか．

$$\begin{array}{ccc}(-)\text{-Ph—CH—}\ddot{\text{N}}\text{H}_2 & (\pm)\text{-Ph—CH—}\ddot{\text{N}}\text{H}_2 & \text{H}_3\text{C—}\ddot{\text{N}}\text{H}_2\\\quad\quad\;|\quad\quad & \quad\quad\;|\quad\quad & \\\quad\quad\text{CH}_3 & \quad\quad\text{CH}_3 & C\\A & B & \end{array}$$

C. 選 択 的 結 晶 化

　分割のもう一つの方法で，特に製薬産業で結晶性の固体を生じるキラルな化合物の大量分割に用いられるのは，**選択的結晶化**である．有機化学実験で学んだと思うが，結晶化はしばしば進行が遅く，結晶化したい化合物の種結晶を添加することで促進される場合がある．**選択的結晶化**(selective crystallization)では，鏡像異性体混合物を過飽和の状態まで冷却して，欲しい鏡像異性体の種結晶を加える．この場合，種結晶は分割剤の役割を果たして，望みの鏡像異性体の結晶化を促進する．

　選択的結晶化では鏡像異性体区別の原理がどのように働くのだろうか．種結晶は純粋な鏡像異性体分子だけを含んでいる．種結晶の成長の仕方に 2 通りが考えられる．同じ鏡像異性体分子を取込むか，逆の鏡像異性体分子を取込むかである．この二つの可能性によって 2 種類のジアステレオマー結晶が生成する．これらはジアステレオマーなので，異なる物理的性質，特に異なる溶解度をもつ．"純粋な"結晶つまり一方の鏡像異性体だけからなる結晶はより高い融点をもち，したがって溶解度がより低い．（密接に関連している 2 種類の化合物の場合，より融点の高い化合物がより不溶性となる傾向がある）．したがって，純粋な鏡像異性体が選択的に結晶化する．

　選択的結晶化は出発物となる望みの鏡像異性体の純粋な試料を必要とするが，これはたとえばキラル

クロマトグラフィーで得ることができる．選択的結晶化によって分割を大きなスケールに"増幅"することができる．

キラルクロマトグラフィー，ジアステレオマー塩生成，および選択的結晶化は，数多くの分割方法のほんの3例にすぎない．しかし，どんな方法でも鏡像異性体区別の原理が働いていなければならない．すなわち，純粋な分割剤が2種類の鏡像異性体と相互作用して一時的にジアステレオマーの混合物を生成する．分割で最終的に働くのはジアステレオマーの性質の違いである．

6・9 速やかに相互変換する立体異性体

A. 内部回転によって相互変換する立体異性体

ブタン $CH_3CH_2CH_2CH_3$ は立体中心をもたないので，互いに立体異性体となる複数の形で存在することはないと考えるかもしれない．しかしブタンの立体配座(§2・3B)を検討すると別の結論になる．図6・17に示すように，ブタンの二つのゴーシュ配座は重ね合わせることのできない鏡像同士であり，すなわち鏡像異性体である．つまり，*gauche*-ブタンはキラルなのである．*gauche*-ブタンのキラリティーは，不斉中心をもたなくてもキラルになる分子があるということを示している．この例は，不斉中心の存在がキラリティーの必要条件ではないことを示している．

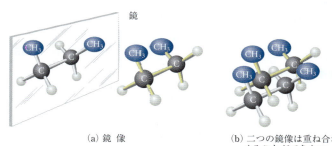

(a) 鏡像　　(b) 二つの鏡像は重ね合わせることができない

図6・17 (a) ブタンの二つのゴーシュ配座は鏡像同士である．鏡像は結合を違う色で示してある．(b) これらの鏡像は重ね合わせることができないので鏡像異性体である．

ブタンの二つのゴーシュ配座は**配座鏡像異性体** (conformational enantiomer)，すなわち配座変換によって相互変換する鏡像異性体である．この場合の配座変換は内部回転である．これに対して，ブタンのアンチ配座はアキラルであり(自分で確認せよ)，ゴーシュ配座のどちらともジアステレオマーの関係にある．したがって，*anti*-ブタンと*gauche*-ブタンとは**配座ジアステレオマー** (conformational diastereoisomer)，すなわち配座変換によって相互変換するジアステレオマーである．

ブタンのゴーシュ配座がキラルであるにもかかわらず，2種類のゴーシュ配座が等量ずつ存在するのでブタンという化合物は光学不活性である．一方のゴーシュ配座の光学活性が他方のゴーシュ配座の光学活性を相殺してしまうのである(アンチ配座はアキラルであり，もともと光学活性ではない)．しかし，ブタンのゴーシュ配座とアンチ配座の相互変換が遅くなるような低温で，二つのゴーシュ配座を分離するという面白い実験を考えてみよう(そんな方法はまだ見つかっていないが)．*gauche*-ブタン異性体のそれぞれは，他のキラルな分子と同じように光学活性になるはずである．この2種類のゴーシュ異性体は符号が逆で同じ大きさの旋光度をもっているが他の性質は同じであろう．*anti*-ブタンはアキラルなので旋光度は0であり，すべての性質が*gauche*-ブタンジアステレオマーとは違うであろう．それぞれの立体配座を単離することは室温では不可能である．なぜならこれらの異性体は中央の炭素-炭素単結合の回転によって 10^{-9} s 以内に平衡に達してしまうからである．これはラセミ化のもう一つの例である(§6・4B)．

このブタンの配座の議論は，ある分子がキラルかアキラルかという場合，これが何を意味しているのかをもっとしっかり考えなければならないことを示している．厳密にいえば，キラルとかアキラルとい

う用語は動かない物体だけに適用できる．したがって，ブタンのゴーシュ配座はそれぞれキラルであり，アンチ配座はアキラルなのだが，ブタンは配座異性体の混合物であり，つまり"物体"の混合物である．化学者は，キラルとかアキラルの用語の定義に時間の次元を導入することによって，多数の配座からなる分子に適用できるように拡張してきた．つまり，<u>ある分子が通常の時間尺度では分離できない速い平衡にある配座鏡像異性体からなるとき，その分子はアキラルであるという</u>．ブタンでは，速い平衡にある鏡像異性体とはゴーシュ配座のことである．その平衡が非常に速いので通常の時間尺度では配座異性体のそれぞれを単離することはできない．ブタンをこのように考えると，<u>時間平均された配座がアキラルであるような一つの物体</u>と考えていることになる．

　ある化合物がアキラルかどうかを判断するのに，その分子のあらゆる配座を検討する必要はない．配座平衡が速いことがわかっていれば(ほとんどの簡単な分子はそうであるが)，<u>一つでもアキラルな配座(重なり形配座のような不安定な配座でもよい)が見つかれば，その化合物はアキラルである</u>．これが成り立つのは，アキラルな配座をとりうる(通過しうる)ならば，配座鏡像異性体のどちらも同じように速やかに生成するからである．

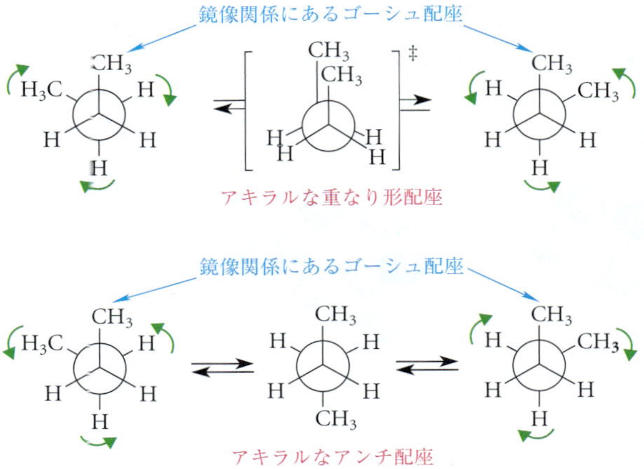

(6・15)

式(6・15)においてアンチ配座も重なり形配座もアキラルであることが理解できれば，ブタンのどのキラルな配座もその鏡像異性体と速い平衡にあり，結果としてブタンはアキラルであると結論することができる．メソ化合物(図6・14)でもこれと同じ考え方をした．メソ化合物もブタンと同じように，少なくとも1個のアキラルな配座と速やかに相互変換する配座鏡像異性体からなっている(問題6・20)．違うのは不斉炭素をもっているということである．ある分子がキラルになるのは，アキラルな配座をまったくもたないときだけ，あるいは同じことだが，すべての配座(不安定な重なり形配座を含めて)がキラルであるときだけである．

問題

6・19 ブタンのアンチ配座を単離できるとして，それが立体中心をもつかどうか判断せよ．もしあるならば指摘せよ．

6・20 (a) *meso*-2,3-ブタンジオール(§6・7で取上げた化合物)の3種類の配座の間の関係は何か．
(b) *meso*-2,3-ブタンジオールのいくつかの配座はキラルであるのに，化合物自体はアキラルであるのはなぜか．

6・21 次の化合物のうち原理的に極低温で鏡像異性体に分割できるのはどれか．その理由を述べよ．
(a) プロパン　　(b) 2,3-ジメチルブタン
(c) 2,2,3,3-テトラメチルブタン

B. 不斉窒素: アミンの反転

いくつかのアミンたとえばエチルメチルアミンでは立体異性体の速やかな相互変換が起こる.

$$H_3C-\underset{C_2H_5}{\overset{H}{N:}}\qquad エチルメチルアミン$$

エチルメチルアミンは窒素の周りに4個の基，すなわち水素，エチル基，メチル基，非共有電子対をもつ．この分子の幾何構造は正四面体であるので，二つの鏡像異性体で存在しており，キラルな分子であるように思われる．不斉原子は窒素である．

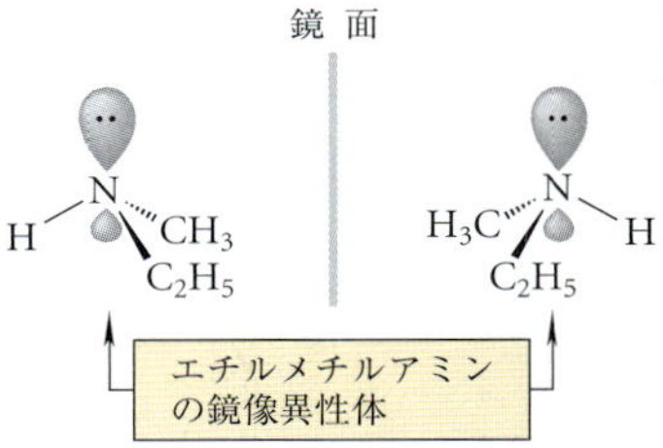

鏡 面

エチルメチルアミン
の鏡像異性体

実際にはエチルメチルアミンのようなアミンの二つの鏡像異性体は，図6・18に示した**アミンの反転**（amine inversion）とよばれる過程で速やかに相互変換するので，単離することはできない．この過程で非共有電子対の大きい方のローブが原子核を通過して反対側に移動するように見える（膨らませた風船を小さな孔から押出すことを思い浮かべてみよ）．分子は単にひっくり返るのではなく，それ自身が逆さになるのである．ちょうど傘が風で逆さになるのとよく似ている．この過程はアミン窒素がsp^2混成になった遷移状態を経由する．図6・18(b)でアミンの反転によって鏡像同士が相互変換することがわかる．この過程は室温では非常に速いので，鏡像異性体を分離することは不可能である．つまり，エチルメチルアミンは速やかに相互変換する鏡像異性体混合物である．アミンの反転はラセミ化のさらに別の例である（§6・4B）．

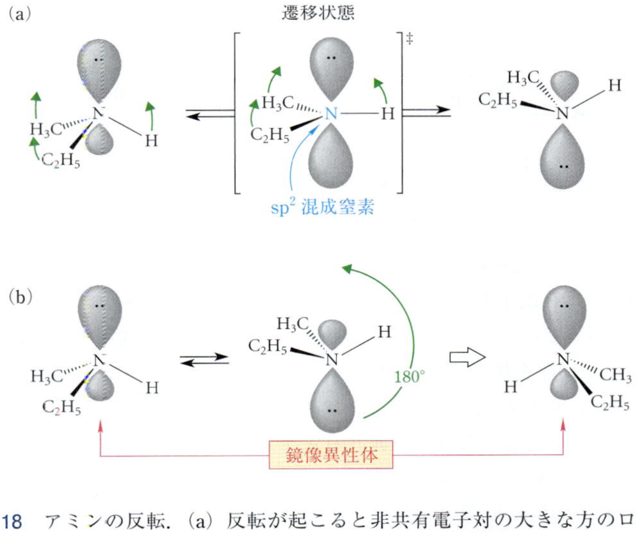

図6・18 アミンの反転．(a) 反転が起こると非共有電子対の大きな方のローブが窒素を通って反対側に移る．これにつれて，3個の基はまず窒素を含む平面内に位置し，さらに反対側に移る（緑色の矢印）．(b) 反転したアミン同士は，分子を紙面内で180°回転させれば，鏡像の関係にあることがわかる．これら二つの鏡像は重ね合わせることができないので鏡像異性体である．

問 題

6・22 次の化合物は不斉炭素が S 配置をもつとしよう．

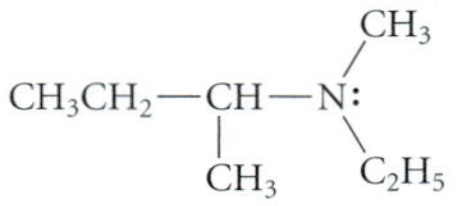

$$CH_3CH_2-CH(CH_3)-N(CH_3)(C_2H_5)$$

(a) アミンの反転によって相互変換する二つの形はどのような異性関係にあるか．
(b) この化合物は鏡像異性体に分割することができるか．

他の原子の反転　反転過程は他の原子でも起こる．中心原子が周期表の第二周期元素である場合は，反転はアミンと同様に非常に速い．

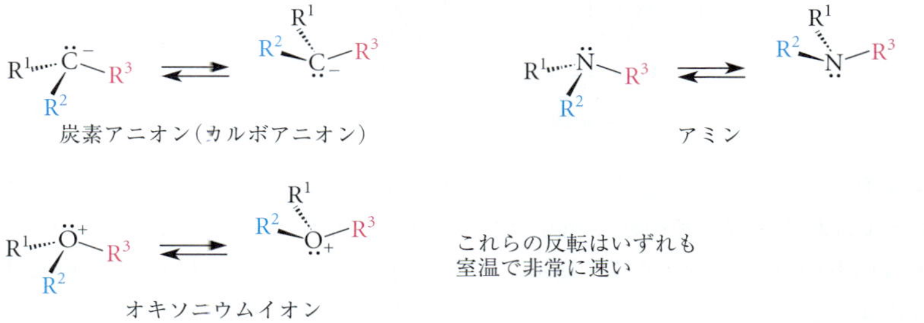

炭素アニオン（カルボアニオン）　　　アミン

オキソニウムイオン　　　これらの反転はいずれも室温で非常に速い

(6・16)

したがって，これらの原子が化合物の唯一の不斉中心になっている場合，そのような化合物は鏡像異性体に分割することはできず，光学活性を示さない．

しかし中心原子が周期表の第三周期以降の元素である場合は，反転は遅く，室温では実質的に起こらない（高温では反転は速くなり，観測することができる）．したがって，ホスフィンのリン原子やトリアルキルスルホニウムイオンの硫黄原子が不斉中心である場合は，そのような化合物は鏡像異性体に分割することができる．

ホスフィン　　　スルホニウムイオン

これらの反転は室温で起こらない
（この種の化合物は鏡像異性体に分割することができる）

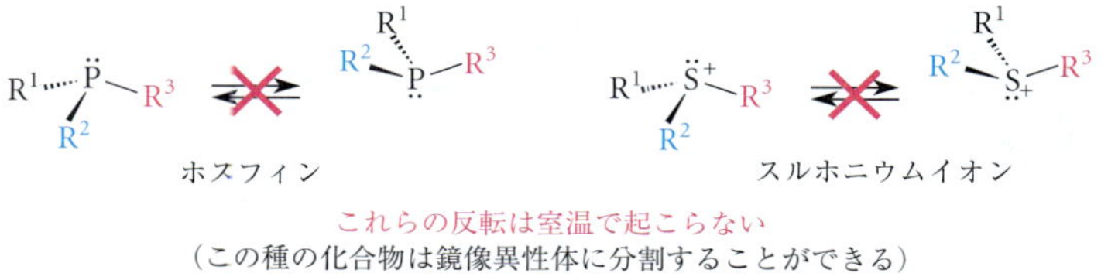

(6・17)

この違いの理由は中心原子の混成にある．すでに学んだように（§1・3B および §1・9），アンモニアやアミンの窒素上の非共有電子対はほぼ sp^3 混成の軌道を占めている．つまり p 性は 75% である．反転の遷移状態（図 6・18a）では，中心原子は sp^2 混成であり，非共有電子対は 2p 軌道を占める．非共有電子対にさらに 25% の p 性を加えるのには比較的小さなエネルギーですむ．したがって，反転のエネルギー障壁は小さく，反転は速い．

中心原子が第三周期以降の元素であると，非共有電子対は s 性の高い軌道を占める．s 性の高い軌道にある非共有電子対を 3p 軌道にある非共有電子対に変換するにはかなりのエネルギーを必要とする．したがって，これらの原子の反転障壁は大きく，反転は遅い．

なぜ第三周期（あるいはそれより高周期）の原子の非共有電子対は第二周期の原子に比べてより s 性が高いのだろうか．第三周期原子の非共有電子対は第二周期原子のそれよりも束縛が弱く，より大きな空間を占めている．VSEPR 理論によれば，このような非共有電子対と隣接する結合の電子との反発に

6・10　正四面体炭素の仮定　231

よって，隣接結合は第二周期原子の場合よりも強く押しつけられる．事実，アミンの R−N−R 結合角が約 110° であるのに対して，スルホニウムイオンの R−S−R 結合角やホスフィンの R−P−R 結合角は約 100° である．結合角と混成は密接に関連していることを思い出そう．p 軌道は互いに 90° に配向しているので，90° により近い結合角をもつ結合はより多くの p 性を必要とする．硫黄やリンへの結合はより p 性が高いので，硫黄やリン上の非共有電子対は p 性が低く s 性が高くなるのである．

問　題

6・23　ヒ素(As)は周期表の 15 族で窒素やリンの下にある．アルシン R_3As: では R−As−R 結合角は約 92° である．アルシンの反転速度はアミンやホスフィンに比べてどうなると思うか．その理由を説明せよ．

6・10　正四面体炭素の仮定

　化学者は 4 配位炭素が正四面体配置をもつことを，物理的な方法でその直接的証拠が得られる半世紀以上も前から認識していた．本節では，有機化学の歴史の中で最も重要なできごとの一つであるこのような認識の確立に光学活性やキラリティーの現象が果たした重要な役割について述べる．

　光学活性が観測された最初の化学物質は石英である．石英の結晶(水晶)をある方法でカットし，ある一つの軸に沿って偏光を当てると，光の偏光面が回転することが見いだされた．1815 年にフランスの化学者 J. B. Biot (1774～1862) は水晶には右旋性の結晶と左旋性の結晶があることを示した．フランスの結晶学者 A. R. J. Haüy (1743～1822) はそれ以前に，水晶には互いに重ね合わせることのできない鏡像に相当する形状をもつ 2 種類の結晶があることを見いだしていた．英国の天文学者 Sir J. F. W. Hershel (1792～1871) はこれらの結晶の形状と光学活性との相関，つまり一方の形の結晶は右旋性であり他方は左旋性であることを見いだした．これらは物質のキラリティーと光学活性の現象を関連づける重要な発見であった．

　1815 年から 1838 年の間に Biot はいくつかの有機物質についてその純状態と溶液の両方で光学活性を調べた．それらのいくつか(たとえばテレビン油)は光学活性を示したが，他のものは示さなかった．彼は，光学活性が化合物の溶液でも認められたので光学活性は分子自身がもつ性質であると結論した(式 6・1 の旋光度の濃度依存性は Biot の法則ともよばれる)．Biot が発見できなかったことは，いくつかの有機化合物には右旋性と左旋性の両方があるということであった．Biot がこれを発見できなかったのは，多くの光学活性な化合物が天然からは一方の鏡像異性体でしか得られないためであることは疑いもない．

　同じ化合物で両方の鏡像異性体が最初に見いだされたのは酒石酸である．

$$\underset{\text{酒石酸}}{\text{HO}-\overset{\overset{\displaystyle O}{\|}}{\text{C}}-\overset{\overset{\displaystyle OH}{|}}{\text{CH}}-\overset{\overset{\displaystyle OH}{|}}{\text{CH}}-\overset{\overset{\displaystyle O}{\|}}{\text{C}}-\text{OH}}$$

この物質は，そのモノカリウム塩がブドウ果汁を発酵させる際に沈殿する酒石 (tartar) として古代ローマ時代から知られていた．酒石から得られた酒石酸も Biot が光学活性を調べた化合物の一つであった．彼はこれが正の旋光度をもつことを見いだした．不純な酒石からは酒石酸の異性体と考えられる化合物が見いだされ，これはブドウ酸 (racemic acid, "ブドウの房"を意味するラテン語の *racemus* に由来する) とよばれるが，Biot はこれを調べて光学不活性であることを見いだした．(＋)-酒石酸とブドウ酸の構造上の関係は不明のままであった．

　フランスの化学者であり生物学者であった L. Pasteur (1822～1895) はこれらすべての情報を得ていた．

1848 年のある日，Pasteur 青年は(＋)-酒石酸とブドウ酸それぞれのアンモニウムナトリウム複塩の結晶を顕微鏡で調べていた．彼は，(＋)-酒石酸の塩の結晶はキラルな形状をもつ結晶であるのに対して，ブドウ酸塩は単一結晶ではなくキラルな形状をもつ結晶の混合物であることに気づいた．つまり，ブドウ酸塩の結晶のいくつかは(＋)-酒石酸塩の結晶と同様に"右手"形であったが，いくつかは"左手"形であった(図 6・19a)．Pasteur はこれら 2 種類の結晶をピンセットを使って注意深く分けて，"右手"形の結晶が(＋)-酒石酸塩とあらゆる点で同じであることを見いだした．これら 2 種類の結晶の同じ濃度の溶液をつくって旋光度を測定したところ，大きさは同じだが符号が逆であった．Pasteur は人間の手で初めて分割を行ったのであった．したがって，ブドウ酸は二つの鏡像異性体，つまり実像とそれに重ね合わせることができない鏡像が存在することが示された最初の有機化合物となった．これら二つの鏡像分子の一つは(＋)-酒石酸と同一物であったが，もう一方はそれまで知られていなかった．その時の状況を Pasteur 自身の言葉で紹介しよう．

> これらの事実を公表すると，その正確さに疑問をもった Biot が当然連絡をとってきた．学士院からこれについての論評を求められた Biot は，私に彼のもとに来て彼の眼前で確定的な実験を繰返すように求めた．彼はすでに特別に注意して調べ，偏光に完全に不活性であることを確認してあったブドウ酸の試料を私に手渡した．私は彼の面前で，やはり彼が準備した炭酸ナトリウムとアンモニアを使って複塩を合成した．その溶液を彼の部屋の一つに放置してゆっくり蒸発させた．30～40 g の結晶が生成したところで，彼は私に面前でそれらの結晶を回収してその結晶の形状から右手結晶と左手結晶を単離するように求め，さらに私が彼の右側に置いた結晶が実際に(偏光面を)右に回転させ，他方の結晶は左に回転させることを確認したかどうかをもう一度はっきり述べるように求めた．それが済むと，彼は残りは自分でやるといった．彼は量を慎重に測って溶液を調製し，偏光測定装置にかける準備ができたとき，私を再度彼の部屋へ招き入れた．彼はまずより興味のある(これまで知られていなかった)左へ回転させるはずの溶液を装置にセットした．測定が終わるのを待つまでもなく，彼は … 偏光が強く左へ回転するのを見た．そしてこの高名な老人は非常に感動した表情を浮かべて私の手をとり，次のように言った．「親愛なる若者よ，私は生涯をかけて科学を愛してきたので，この事実は私の心臓をドキドキさせるよ！」

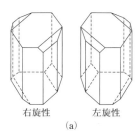 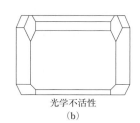

右旋性　左旋性　　　　光学不活性
(a)　　　　　　　　(b)

図 6・19　立体化学の歴史の中で特に有名な酒石酸異性体の結晶図．(a) Pasteur が分離した酒石酸アンモニウムナトリウムのキラルな結晶．(b) さらに高温で結晶化するブドウ酸アンモニウムナトリウムのアキラルな結晶．

Pasteur がブドウ酸の 2 種類の結晶を発見したのはまったくの偶然であった．現在ではブドウ酸のアンモニウムナトリウム塩は 26 ℃ 以下でだけ別々の右手結晶と左手結晶を生成することがわかっている．Pasteur の実験室がもっと暖かかったならば，彼はこの発見をすることができなかったであろう．26 ℃ 以上ではこの塩は 1 種類の結晶しか生成しない．それはブドウ酸塩のアキラルな形状をもつ結晶である(図 6・19b)．彼の発見と，光学活性は分子のもつ性質であるということを明らかにした Biot の研究から，Pasteur はある種の分子が水晶と同様に鏡像異性体の関係をもちうることを認識したが，この関係の構造的な基礎について結論に達することはできなかった．

> **問 題**
>
> **6・24** 上述のように，Pasteur は酒石酸の 2 種類の立体異性体を発見した．それらの構造式を描け〔どちらが(＋)で，どちらが(−)かはわからない〕．まだ発見されていない立体異性体があるのだが，それはどのような立体異性体であろうか(それが発見されたのは 20 世紀に入ってからであった)．その光学活性について何がいえるだろうか．
>
> **6・25** §6・8 で述べた"分割剤"という考え方を使って Pasteur のやった酒石酸の分割を考えてみよう．Pasteur の分割は分割剤を用いただろうか．もしそうなら，それは何か．

1874 年にオランダのユトレヒト獣医科大学の教授だった J. H. van't Hoff(1852～1911)とフランスの化学者 A. Le Bel(1847～1930)は独立に，もし分子が四つの異なる基が結合した炭素をもつならば，これらの基には異なる配列の仕方があり鏡像異性体を与える，という考えに至った．van't Hoff は中心炭素のまわりに正四面体形に基が配列することを示唆したが，Le Bel はそれほど明確には言及していない．*La chemie dans l'espace* と題した 11 ページからなる論文に発表された van't Hoff の結論は当初受入れられなかった．著名なドイツの化学者 H. Kolbe から次のような辛辣なコメントがきた．

> ユトレヒト獣医科大学の van't Hoff 博士は厳密な化学研究のセンスをまったくもっていないように思われる．そのかわり，ペガサスに乗って(明らかに大学の厩舎から借りて)化学のパルナッソス山(ギリシャ中部の山で詩歌，文芸の象徴)へと飛んでいき，そこで宇宙空間の中で原子が置かれている様子を *La chemie dans l'espace* のなかで明らかにする方が簡単だと思っている．この論文は想像力に富んだナンセンスだ．無名の化学者が注目を集めようとしたことが何度あっただろうか．

Kolbe のコメントにもかかわらず，van't Hoff の考えは広まって有機化学の基礎となった．

鏡像異性体の存在がなぜ炭素の正四面体説を推論するのに用いることができるのだろうか．炭素の他の幾何構造を調べて van't Hoff と Le Bel が用いた推論の根拠を見てみよう．炭素と四つの基が同一平面内にある分子を考えてみる．

 すべての原子が同一平面内にある

そのような平面分子はその鏡像と重ね合わせることができるので，鏡像異性体は不可能である．鏡像異性体の存在はこのような平面構造を排除する．

しかし，鏡像異性体として存在しうる他の非平面で正四面体形ではない構造を考えることができる．その一つは次のような四角錐構造である．

(このような構造が鏡像異性体をもちうることを自分で確認せよ)．しかしこの構造は他の事実を説明することができない．たとえば，ジクロロメタン CH_2Cl_2 を考えてみよう．四角錐構造であれば 2 種類のジアステレオマーがあるはずである．二つの塩素が四角錐の向かい側の隅にあるものと隣接しているものである．なぜこれらがジアステレオマーなのだろうか？

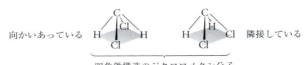

四角錐構造のジクロロメタン分子

ジアステレオマーは異なる性質をもつので，これらの分子は分離できるはずである．しかし化学の長い歴史のなかで，CH_2Cl_2，CH_2Br_2 あるいはこれらに類似の分子では1種類の異性体しか見いだされていない．しかし，これはネガティブな証拠である．この証拠を決定的なものと考えるのは，1902年にWright(ライト)兄弟がいわれた"誰も飛行機が飛ぶのを見たことがない．したがって飛行機は飛ぶはずがない"という言い草と同じである．しかしこの証拠は確かに示唆に富んでおり，正四面体炭素でのみ解釈できる別の実験（問題6・53および問題6・54）も後に行われている．事実，現代の構造決定手段はvan't Hoffの最初の提案である正四面体構造が正しいことを繰返し示してきた．

6章のまとめ

- 立体異性体は原子のつながり方は同じであるが原子の三次元配列が異なる分子である．
- 立体異性体には次の2種類がある．
  1. 鏡像異性体：実像とそれと重ね合わせることができない鏡像の関係にある分子
  2. ジアステレオマー：鏡像異性体ではない立体異性体
- 鏡像異性体をもつ分子はキラルであるという．キラルな分子は対称面や対称心をもたない．
- 化合物の絶対立体配置は，すでに絶対立体配置がわかっている他のキラルな化合物と化学的に関連づけることによって実験的に決定することができる．
- 絶対立体配置を表示するためには *RS* 表示法が用いられる．不斉原子から優先順位が最も低い基への結合に沿って分子を見たときに，他の基の優先順位が時計回りになるか反時計回りになるかによって *R* か *S* かを決める．基の優先順位は *EZ* 表示法（§4・2B）の場合と同様に帰属される．
- 二つの鏡像異性体は光学活性以外の物理的性質が同じである．二つの鏡像異性体は同じ大きさだが符号が逆の旋光度をもつ．
- 鏡像異性体混合物は二つの鏡像異性体の存在率の差である鏡像異性体過剰率（ee）で特徴づけられる．
- 鏡像異性体の等量混合物はラセミ体とよばれる．
- ジアステレオマーは一般にその物理的性質が異なる．
- 鏡像異性体はエナンチオピュアなキラルな反応剤と相互作用させることによってのみ分離や区別ができる（鏡像異性体区別の原理）．
- 鏡像異性体の分離を分割とよぶ．分割はすべて一時的なジアステレオマー（異なる性質をもつ）の生成によって行われる．分割方法にはキラルクロマトグラフィー，ジアステレオマー塩の生成，選択的結晶化の3種類がある．
- 不斉炭素は四つの異なる基が結合している炭素である．すべての不斉炭素は立体中心であるが，すべての立体中心が不斉炭素であるとは限らない．
- メソ化合物はキラルな立体異性体をもつアキラルな化合物である．多くの場合メソ化合物は2個以上の不斉原子をもつアキラルな化合物である．
- 不斉原子をもたないキラルな分子が存在する．
- アキラルな分子でも速く相互変換する配座鏡像異性体をもつ場合がある．
- 中心原子が三つの異なる基と非共有電子対をもつキラルな化合物（たとえばアミン）は反転により鏡像異性体が相互変換する．中心原子が第二周期元素の場合，相互変換は非常に速く鏡像異性体を単離することはできない．中心原子が第三周期以降の元素の場合，立体反転は遅く室温では起こらない．そのような化合物（たとえばスルホニウムイオンやホスフィン）の鏡像異性体は単離することができる．
- 光学活性とキラリティーは4配位炭素が正四面体配置をとるという仮説の実験的基礎になっている．

追加問題

6・26 次の化合物の立体中心と不斉炭素（もしあれば）を指摘せよ．
(a) 4-メチル-1-ペンテン
(b) (*E*)-4-メチル-2-ヘキセン
(c) 3-メチルシクロヘキセン
(d) 2,4-ジメチル-2-ペンテン

6・27 3,4-ジメチル-2-ヘキセンにはいくつの立体異性体が存在するか．

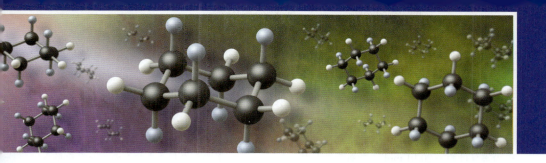

環状化合物：反応の立体化学

　環状構造をもつ化合物は，立体化学と立体配座に関して特有の性質を示す．本章では，環状化合物およびその誘導体の立体化学と立体配座に関する問題について述べた後，立体化学が化学反応にどのように関わってくるかについて説明する．これまでに，位置選択的な反応，すなわち HBr のアルケンへの付加のように，構造異性体の一方が他方より優先的に生成する反応について学んだ．同様に，ある立体異性体が他の異性体に優先して生成する反応も多くある．そのような反応の例を調べ，立体異性体の生成を支配する原理について考える．反応の立体化学が，反応機構の理解にどのように用いられるかについても学ぶ．

7・1　単環アルカンの相対的安定性

　1 個の環を含む化合物を，**単環化合物**(monocyclic compound)とよぶ．シクロヘキサンやシクロペンタン，メチルシクロヘキサンは，いずれも単環アルカンの例である．

　単環アルカンの相対的安定性は，それらの立体配座を理解するうえで重要な手掛かりとなる．各化合物の相対的安定性は，生成熱に基づいて決定できる．表 7・1 と表中のグラフに，いくつかの単環アルカンの CH_2 基当たりの生成熱を示した．単環アルカンは互いに異性体の関係にはないが，いずれも同じ**実験式**(empirical formula) CH_2 をもつ．実験式とは，化合物を構成する原子数の比が最も簡単な整数比になる化学式である．同じ実験式をもつ化合物の場合，生成熱を炭素の数で割ることにより 1 炭素ユニット当たりの生成熱が求められ，これを比較することで各化合物の相対的安定性を評価できる．表 7・1 のデータから，炭素数 14 以下のシクロアルカンのうち，CH_2 基当たりの生成熱が最も低い（最も負で大きい）のはシクロヘキサンであることがわかる．すなわち，これらのシクロアルカンの中で，シ

表 7・1　シクロアルカンの CH_2 基当たりの生成熱（n は炭素数）

n	化合物	$\Delta H_f^\circ/n\,(\mathrm{kJ\,mol^{-1}})$
3	シクロプロパン	+17.8
4	シクロブタン	+7.1
5	シクロペンタン	−15.4
6	シクロヘキサン	−20.7
7	シクロヘプタン	−16.9
8	シクロオクタン	−15.55
9	シクロノナン	−14.8
10	シクロデカン	−15.4
11	シクロウンデカン	−16.3
12	シクロドデカン	−19.2
13	シクロトリデカン	−18.95
14	シクロテトラデカン	−17.1

クロヘキサンが最も安定である．

シクロヘキサンの安定性についてさらに考察するために，典型的な非環状アルカンの安定性と比較してみよう．ペンタン，ヘキサン，ヘプタンの生成熱は，それぞれ $-146.5, -167.1, -187.5$ kJ mol^{-1} である．これらのデータから，同族体においては，生成熱は他の物理的性質と同様に規則的に変化し，CH_2 基一つの寄与は約 -20 kJ mol^{-1} であることがわかる．表 7・1 のシクロヘキサンのデータを見ると，シクロヘキサンの CH_2 基当たりの生成熱は，この値とほぼ同じ（約 -20 kJ mol^{-1}）である．これは，シクロヘキサンが典型的な直鎖アルカンと同じ安定性をもっていることを意味している．

シクロヘキサンは，天然物に含まれる環構造の中で最も広く見られるものである．これがシクロヘキサンの安定性に由来することは間違いないが，このように幅広い化合物に含まれることから，シクロヘキサンはシクロアルカンの中で最も重要な化合物となっている．表 7・1 のデータについて考察するうえで，次の二つの疑問が浮かんでくる．(1) シクロヘキサンは，なぜこのように安定なのだろうか．(2) 小さな環になるほど非常に不安定になるのはなぜだろうか．一つ目の疑問については §7・2 で，二つ目の疑問については §7・5 で説明する．

7・2 シクロヘキサンの立体配座

A．いす形配座

なぜシクロヘキサンにこのように安定なのだろうか？ 表 7・1 の安定性に関するデータから，シクロヘキサンにおける結合角は，アルカンにおける結合角とほとんど同一の角度，すなわち，理想的な正四面体角である 109.5° に非常に近い角度であるはずだと考えられる．もしシクロヘキサンの結合角が正四面体角から著しくひずんでいる場合，生成熱はもっと大きな値になると予想されるからである．すなわち，シクロヘキサンの炭素は sp^3 混成である．さらに，シクロヘキサンは，それぞれの炭素–炭素結合についてねじれ形配座をとっているはずである．もしそうではないのなら，ねじれひずみ（§2・3A 参照）のために，やはり生成熱が増大すると予想されるからである．これら二つの構造的な条件を満たすためには，シクロヘキサンの炭素骨格は，非平面の"折れ曲がった"立体配座をとる必要がある．その配座を図 7・1 に示すが，ローンチェアの形に似ていることから，**いす形配座**（chair conformation）とよばれている．手もとに分子模型があれば，いす形のシクロヘキサンの模型を組んで，読み進めるとよい．まずは炭素骨格のみについて考えていこう．水素原子の位置については後で議論する．

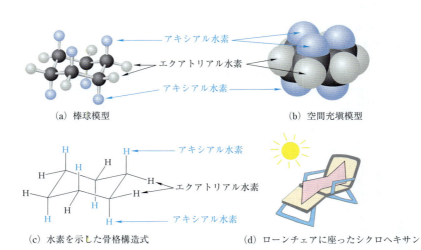

(a) 棒球模型 (b) 空間充填模型

(c) 水素を示した骨格構造式 (d) ローンチェアに座ったシクロヘキサン

図 7・1　シクロヘキサンのいす形配座．(a) 球棒模型．(b) 空間充填模型．(c) 骨格構造式．(d) "いす形"の名前の由来．水素原子は種類により色分けしてある．(a)〜(c)で，アキシアル水素は青色で示してある．エクアトリアル水素は (a), (b) では灰色で，(c) では黒字で示してある．

シクロヘキサン分子とその描き方については，次の4点に注意しよう．

1. シクロヘキサン環を描くには，線-くさび構造式(式2·1)の場合と同様に，"傾けて回す"方法を用いるとよい．

(7·1a)

まず，分子模型を側面から見る(式7·1aの図A)．この図では，5,6位の炭素が2,3位の炭素に隠れて見えない．そこで，模型を水平軸のまわりに傾けると，図Bになる．最後に，垂直軸のまわりに模型を少し回すと図Cとなる．この図から骨格構造を式(7·1b)に示すように描くことができる．

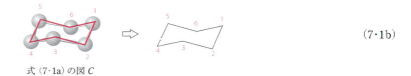
(7·1b)

1,4位の炭素が紙面上にあるとすると，2,3位の炭素は紙面の手前に，5,6位の炭素は紙面の奥に位置することになる．

(7·1c)

環の下側が紙面の手前にあると覚えておけば，錯覚を防ぐことができる．

2. 環の反対側にある結合は，互いに平行である．

3. シクロヘキサン環には，二つの角度から見た透視図が一般に用いられる．左端の炭素が右端の炭素よりも下にある図と，左端の炭素が右端の炭素よりも上にある図である．

これら二つの透視図は鏡像関係にある．式(7·1a)~式(7·1c)に示したように，左側の透視図は分子模型を左上方から見たものである．一方，右側の透視図は模型を右上方から見たものである．この図を"傾けて回す"方法で描く場合には，垂直軸のまわりに逆方向に回転させればよい．

(7·2)

4. いずれかの透視図を，60°の奇数倍の角度(すなわち 60°，180°など)回転させ，見る方向を少しずらすと，もう一方の透視図になる．分子模型で確認しよう．

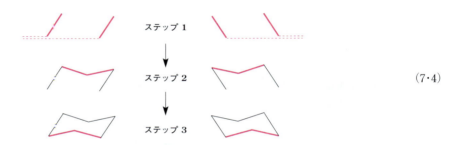
(7·3)

シクロヘキサンのいす形立体配座をきちんと描けるようになることは重要である．上の4点を確認したら，シクロヘキサン環の二つの透視図を描く練習をしてみよう．次の3段階で描くとよい．

ステップ1 まず2本の平行な結合を描く．一方の透視図を描くときには左に傾けて，もう一方の透視図を描くときには右に傾けて描く．いずれの場合も，一方の斜線が他方より若干下の位置にくるように注意する．

ステップ2 斜めの結合の上部を，2本の結合でV字型に結ぶ．

ステップ3 斜めの結合の下部を，残りの2本の結合で逆V字型に結ぶ．

まとめると，次のようになる．

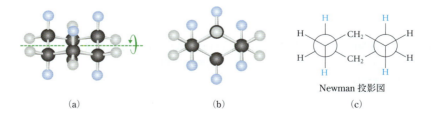
(7·4)

次に，シクロヘキサンの水素について考えよう．シクロヘキサンには2種類の水素がある．シクロヘキサンの分子模型を机の上に置くと，6本のC-H結合が机の面に垂直になっていることがわかるだろう．このとき，分子模型は3個の水素によって支えられているはずである．図7·1(a), (b)で青色で示したこれらの水素を**アキシアル**(axial)水素とよぶ．残りのC-H結合は，環の周縁に沿って外側に向かって伸びている．図7·1(a), (b)で灰色で，図7·1(c)で黒字で示したこれらの水素を**エクアトリアル**(equatorial)水素とよぶ．水素の代わりに他の置換基が結合している場合もやはり，アキシアル位あるいはエクアトリアル位のいずれかに位置することになる．

いす形配座では，すべての結合がねじれ形配座をとる．図7·2に示すように，分子模型をC-C結

(a)　　　　　　(b)　　　　　　(c) Newman 投影図

図7·2 いす形シクロヘキサンでは結合がねじれ形になる．いす形シクロヘキサンの模型を(a)に示す方向から眺める．次に，図中の水平軸まわりに模型を少し回転させ，(b)に示すように，環の反対側にある炭素-炭素結合軸に沿って模型を眺める．これらの結合が Newman 投影図(c)における投影軸の結合となる．アキシアル水素は青色で示してあり，エクアトリアル水素は(a), (b)では灰色で，(c)では黒字で示してある．

合軸に沿って眺めてみると，このことがよくわかるだろう．エタンおよびブタンの立体配座の項(§2・3)で学んだように，ねじれ形配座は重なり形配座よりエネルギー的に安定である．このように，炭素の正四面体形構造をくずすことなく，すべての結合についてねじれ形配座をとりうることが，シクロヘキサンの安定性(§7・1)の理由となっている．

シクロヘキサン環の描き方を習得したら，次に環にC–H結合をつける方法を学ぼう．アキシアル結合は，垂直に描く．

(7・5a)

エクアトリアル結合を描くには少しコツがいる．エクアトリアル結合の対が，隣接しないC–C結合(赤色)の対と平行になることに注意しよう．図7・1のすべてのエクアトリアル結合に，これが当てはまることを確認しよう．

(7・5b)

シクロヘキサン環とその結合について，他にもいくつか気づくことがある．まず，水素のついていないシクロヘキサンの炭素骨格の模型を机の上に置くと，炭素が一つおきに机の面に接することがわかる．これらの炭素を<u>下向き炭素</u>とよぶ．これらの炭素はすべて，二つの炭素–炭素結合が形成するV字の頂点に位置することに注意しよう．他の三つの炭素は机の面の上方に位置している．これらの炭素を<u>上向き炭素</u>とよぶ．これらの炭素はすべて，逆V字の頂点に位置する．

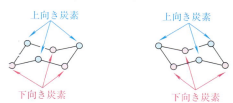

次に，炭素骨格の模型に水素をつけると，上向き炭素に結合した三つのアキシアル水素は上方を向き，下向き炭素に結合した三つのアキシアル水素は下方を向いていることがわかる．対照的に，上向き

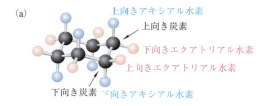

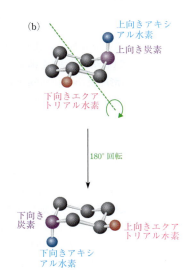

図7・3 (a) 上向きおよび下向きのエクアトリアル水素およびアキシアル水素．上向きのアキシアル水素は上向き炭素に結合し，下向きのアキシアル水素は下向き炭素に結合している．エクアトリアル水素については，逆の関係になる．(b) 上向きと下向きのアキシアル水素は等価であり，上向きと下向きのエクアトリアル水素は等価である．これらがそれぞれ等価であることは，環を180°回転させると(緑色の矢印)わかる．この操作を行うと，上向き炭素が下向き炭素と入替わり，上向きのアキシアル水素が下向きのアキシアル水素と，上向きのエクアトリアル水素が下向きのエクアトリアル水素と入替わる．これらは，図中の青色と赤色の水素の位置の動き，および紫色の炭素の位置の動きからはっきりとわかる．

炭素に結合した三つのエクアトリアル水素は下方を向き，下向き炭素に結合した三つのエクアトリアル水素は上方を向いている（図7・3a）．アキシアルおよびエクアトリアルいずれについても，上向きの水素と下向きの水素は完全に等価である．すなわち，上向きのアキシアル水素と下向きのアキシアル水素は等価であり，エクアトリアル水素についても上向きのものと下向きのものは等価である．図7・3(b)に示すように，環を180°回転させると，これらが等価であることがわかる．この操作を行うと，上向き炭素が下向き炭素と入替わり，上向きのアキシアル水素が下向きのアキシアル水素と，上向きのエクアトリアル水素が下向きのエクアトリアル水素と入替わる．回転させる前後で，分子の構造はまったく変化しない．分子模型で確認しよう．

もう一点気づくことは，ある炭素上のアキシアル水素が上向きであれば，隣接する二つのアキシアル水素は下向きになり，逆もまた同様であるということである．エクアトリアル水素についても，まったく同じことが当てはまる．

B. いす形配座の相互変換

シクロアルカンは，非環状アルカンと同様に内部回転を起こす（§2・3）．しかし，炭素原子が環構造の中に組込まれているため，いくつかの内部回転が同時に起こる必要がある．シクロヘキサン分子が内部回転を起こすとき，環の立体配座に変化が起こる．この変化において，あるいす形配座が，もう一つのまったく等価ないす形配座に変換される．

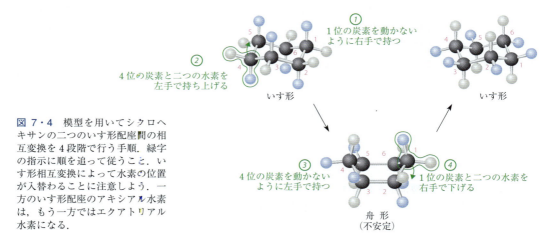

図7・4 模型を用いてシクロヘキサンの二つのいす形配座間の相互変換を4段階で行う手順．緑字の指示に順を追って従うこと．いす形相互変換によって水素の位置が入替わることに注意しよう．一方のいす形配座のアキシアル水素は，もう一方ではエクアトリアル水素になる．

図7・4に，この立体配座の相互変換と，分子模型でこの変換を行うための4段階の手順を示した．まず，1位の炭素（右端の炭素）を動かないように右手で持ち，4位の炭素を止まるところまで持ち上げる．そうすると，舟形配座（boat conformation）とよばれる別の立体配座になる．§7・2Cで学ぶように，舟形配座は相互変換における真の中間体ではない．しかし，模型を使った検討では，便宜的に中間体の段階として考えるとわかりやすい．舟形配座が生成する際には，1位の炭素への結合を除くすべての炭素-炭素結合が同時に内部回転を起こす．次に，舟形配座の4位の炭素（左端の炭素）を動かないように持ち，1位の炭素を止まるところまで下げる．そうすると，模型はいす形配座に戻る．この場合，4位の炭素への結合を除くすべての炭素-炭素結合が同時に内部回転を起こす．このように，左端の炭素を上向きに動かし，右端の炭素を下向きに動かすことにより，あるいす形配座をもう一つのまったく等価ないす形配座に変換できる．しかし，この際，水素がどのように変化するかについては注意が必要である．一連の過程で，エクアトリアル水素はアキシアル水素に，アキシアル水素はエクアトリアル水素になる．さらに，上向き炭素は下向きに，下向き炭素は上向きになる．分子模型のアキシアル水素とエクアトリアル水素を別の色で区別して，これを確認してみよう．

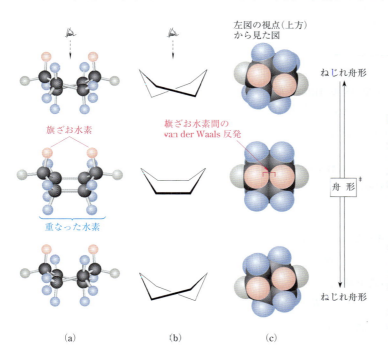

$$(7 \cdot 6)$$

シクロヘキサンの二つのいす形立体配座の相互変換は，**いす形相互変換**(chair interconversion)とよばれる．ときどきいす形反転(フリップ)とよばれることもあるが，この用語は誤解を招きやすい．フリップとは単純に裏返すことを意味するからである．式(7·6)で水素を色分けして示しているように，この相互変換は，複数の内部回転の組合わせにより起こるものであり，単に分子全体を裏表に回転させるものではない．いす形相互変換のエネルギー障壁は約 45 kJ mol^{-1} である．この障壁の低さのため，いす形相互変換は非常に速く，室温で毎秒約 10^5 回起こっている．

まとめると，あるいす形配座におけるアキシアル水素とエクアトリアル水素は立体化学的に区別されるが，いす形相互変換によってこれらの水素はすばやく入替わる．そのため，時間平均をとると，シクロヘキサンのアキシアル水素とエクアトリアル水素は等価となり，区別できない．

C. 舟形およびねじれ舟形配座

図 7·4 にシクロヘキサンの舟形配座を示した．この立体配座について詳しく調べよう．舟形配座は，シクロヘキサンの安定配座ではない．この立体配座が不安定になる理由として，図 7·5 に示した二つがあげられる．一つは，青色の水素どうしが重なることである．もう一つは，舟の"船首"と"船尾"にある水素(旗ざお水素とよばれる)の間に van der Waals 反発が生じることである(図 7·5 では旗ざお水素をピンク色で示した)．これらの理由で，舟形配座は少しだけ内部回転を起こし，水素の重なりによるひずみと，旗ざお水素間の van der Waals 反発の両方を軽減しようとする．その結果，**ねじれ舟形配**

図 7·5 舟形シクロヘキサン(中央)と関連する二つのねじれ舟形配座(上および下)．旗ざお水素をピンク色で，舟形配座で重なる水素を青色で示す．(a) 球棒模型．舟形配座では青色の水素が重なり形の関係にあることに注意しよう．この水素間の重なりは，ねじれ舟形配座では緩和される．(b) 骨格構造式．(c) 空間充填模型を旗ざお水素の上方から(b に示した視点から)見た図．舟形配座では，旗ざお水素間に van der Waals 反発が生じることに注意しよう．このエネルギー的に不利な相互作用は，ねじれ舟形配座では旗ざお水素(ピンク色)が離れるために軽減される．

座(twist-boat conformation)とよばれる，シクロヘキサンのもう一つの安定配座が生じる．舟形配座からねじれ舟形配座への変換を起こすには，図7・5(b)に示すように，舟形配座の模型を旗ざお水素の上方から眺め，2個の旗ざお水素をつかんで，一方を上側に，もう一方を下側に押してみよう．そうすると，ねじれ舟形になる．図7・5に示すように，旗ざお水素のどちらを上側に，あるいは下側に押しても，同じ動きになる．すなわち，一つの舟形配座から二つのねじれ舟形配座が生じる．

シクロヘキサンの立体配座の相対的なエンタルピーを，図7・6に示した．この図から，ねじれ舟形配座はいす形相互変換の中間体であることがわかる．ねじれ舟形配座はエネルギーが極小値をとる位置にあるが，いす形配座より標準エンタルピーの値で約 23 kJ mol^{-1} 不安定である．標準自由エネルギーの差(15.9 kJ mol^{-1})もかなり大きな値である．例題7・1で算出するが，シクロヘキサンが平衡状態においてねじれ舟形配座として存在する割合は非常に小さい．舟形配座そのものは，二つのねじれ舟形配座の相互変換における遷移状態である．

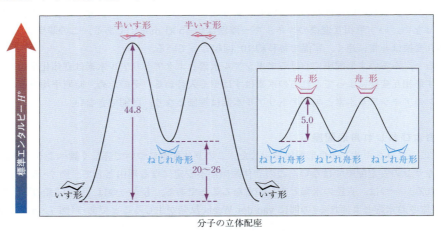

図 7・6 シクロヘキサンの立体配座の相対エンタルピー(単位 kJ mol^{-1})．差込み図はねじれ舟形と舟形配座の相互変換を示す．両者の相互変換は，ねじれ舟形配座からいずれかのいす形配座への相互変換よりもずっと速い．

例題 7・1

シクロヘキサンのねじれ舟形配座の標準自由エネルギーがいす形配座より 15.9 kJ mol^{-1} 高いとき，シクロヘキサンの試料中に存在するそれぞれの配座の割合は何%か計算せよ．

解 法　問題としているのはシクロヘキサンの二つの配座の平衡比，すなわち次の平衡の平衡定数である．

$$\text{いす形(C)} \rightleftarrows \text{ねじれ舟形(T)}$$

この平衡定数は，次式で表される．

$$K_{\text{eq}} = \frac{[\text{T}]}{[\text{C}]}$$

平衡定数は，標準自由エネルギーと次式で関連づけられる(式3・35)．

$$\Delta G° = -2.3RT \log K_{\text{eq}}$$

これを変形すると次式になる(式3・36b)．

$$K_{\text{eq}} = 10^{-\Delta G°/2.3RT}$$

この式にエネルギーの値と $R = 8.31 \times 10^{-3}$ kJ mol^{-1} K^{-1} および $T = 298$ K を代入すると，

$$K_{eq} = \frac{[\text{T}]}{[\text{C}]} = 10^{-\Delta G°/2.3RT} = 10^{-15.9/5.71} = 10^{-2.79} = 1.62 \times 10^{-3}$$

よって，$[\text{T}] = (1.62 \times 10^{-3})[\text{C}]$ となる．1 mol のシクロヘキサンにおいては，

$$1 = [\text{C}] + [\text{T}] = [\text{C}] + (1.62 \times 10^{-3})[\text{C}] = 1.00162[\text{C}]$$

[C]について解くと，

$$[\text{C}] = 0.998$$

となり，差をとると，$\quad [\text{T}] = 1.00 - [\text{C}] = 0.002$

したがって，シクロヘキサンは 25 ℃ において，99.8%のいす形と 0.2%のねじれ舟形を含む．

問題

7・1 図 7・4 の一番左の模型に相当するいす形シクロヘキサンの模型を組み，2～5 位の炭素が同一平面上に並ぶように 4 位の炭素を持ち上げよ．これがシクロヘキサンの半いす形配座であり，いす形配座とねじれ舟形配座の相互変換の遷移状態である（図 7・6 のエネルギー図におけるこの配座の位置に注意せよ）．半いす形配座がいす形あるいはねじれ舟形配座より不安定である理由を二つあげよ．

7・3　一置換シクロヘキサン：配座解析

メチルシクロヘキサンのメチル基のように，置換シクロヘキサンの置換基はエクアトリアル位とアキシアル位のどちらかを占める．

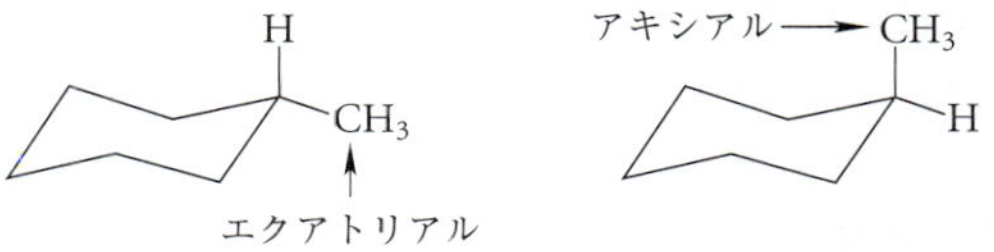

これらの二つの化合物は同一物ではないが，結合の順序は同じであるため，立体異性体である．互いに鏡像異性体の関係にはないので，ジアステレオマーということになる．シクロヘキサンそのもののように，メチルシクロヘキサンなどの置換シクロヘキサンも，いす形相互変換を起こす．図 7・7 に示すように，メチルシクロヘキサンのアキシアル配座とエクアトリアル配座は，この過程により相互に変換する．この相互変換において，エクアトリアル位とアキシアル位の変化はあるが，下向きのメチル基は下向きのまま，上向きのメチル基は上向きのままであることに注意しよう（分子模型を使って確かめてみよう）．この相互変換過程は室温で速いので，メチルシクロヘキサンはジアステレオマーの関係にある立体配座（配座ジアステレオマー，§6・9 参照）の混合物として存在する．ジアステレオマーのエネルギーは異なるので，一方が他方より安定である．

メチル基がエクアトリアル位にあるメチルシクロヘキサンはアキシアル位にある場合より安定であ

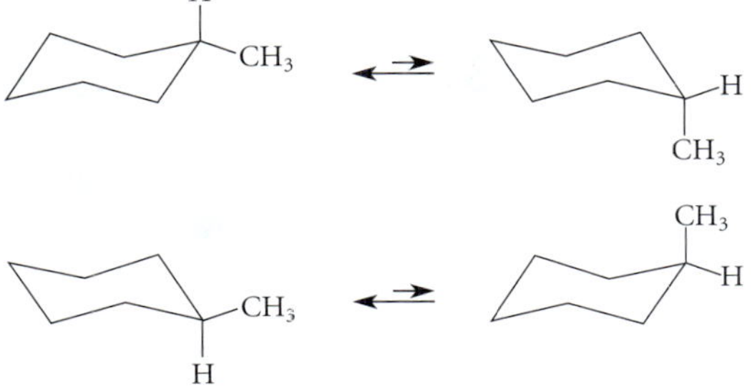

図 7・7　いす形相互変換により，メチルシクロヘキサンのエクアトリアル配座（左）とアキシアル配座（右）の平衡が生じる．変換直後のシクロヘキサン環は，異なる角度から見た透視図で表されている．この相互変換において，下向きのメチル基は下向きのまま，上向きのメチル基は上向きのままであることに注意しよう．

る．実際，ほとんどの場合，置換シクロヘキサンのエクアトリアル配座はアキシアル配座より安定である．なぜそうなるのだろうか．

アキシアル配座のメチルシクロヘキサンの空間充填模型（図7・8）を調べてみると，メチル基の水素の一つと，環の同じ側の面にある二つのアキシアル水素との間に van der Waals 反発が生じることがわかる．このようなアキシアル置換基どうしの立体ひずみを，**1,3-ジアキシアル相互作用**（1,3-diaxial interaction）とよぶ．これらの van der Waals 反発のために，アキシアル配座はエクアトリアル配座より不安定になる．エクアトリアル配座では，このような van der Waals 反発が存在しないからである．

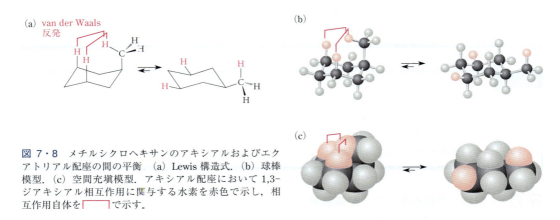

図7・8 メチルシクロヘキサンのアキシアルおよびエクアトリアル配座の間の平衡．(a) Lewis 構造式．(b) 球棒模型．(c) 空間充填模型．アキシアル配座において 1,3-ジアキシアル相互作用に関与する水素を赤色で示し，相互作用自体を □ で示す．

図7・9に示すように，メチルシクロヘキサンのアキシアル配座とエクアトリアル配座とのエネルギー（エンタルピー）差は，7.4 kJ mol^{-1}である．メチルシクロヘキサンでは 1,3-ジアキシアル相互作用が二つ存在するため，相互作用一つ当たりの値は，エンタルピー差の 1/2 の 3.7 kJ mol^{-1} と見積もられる．この値を使って，他のメチル置換シクロヘキサンの相対的なエネルギーを予測することができる．すなわち，シクロヘキサン誘導体において，メチル-水素間の 1,3-ジアキシアル相互作用が存在すると，相互作用一つ当たり 3.7 kJ mol^{-1} だけエネルギーの不安定化が起こる．

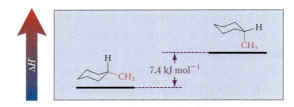

図7・9 アキシアルおよびエクアトリアルメチルシクロヘキサンの相対エンタルピー

図7・10 に示すように，メチルシクロヘキサンのアキシアルにおけるメチル基と水素の 1,3-ジアキシアル相互作用は，*gauche*-ブタンにおけるメチル水素の間の van der Waals 相互作用と類似している．

図7・10 メチルシクロヘキサンのアキシアル配座と *gauche*-ブタンとの関係．メチルシクロヘキサンにおいて *gauche*-ブタンに相当する部分を強調表示し，対応する van der Waals 反発を □ で示す．メチルシクロヘキサンにおけるもう一つの *gauche*-ブタン相互作用を □ で示す．

メチルシクロヘキサン（アキシアル配座）　　*gauche*-ブタン

gauche-ブタンでは，この相互作用のために 3.7 kJ mol^{-1} だけエネルギーが不安定化している（図 2・5）．メチルシクロヘキサンのアキシアル配座では，対応する 1,3-ジアキシアル相互作用が二つ存在するため，gauche-ブタンとの類似性からエネルギーの不安定化を予測すると，$2 \times 3.7 = 7.4$ kJ mol^{-1} という値になる．実際の値は 7.4 kJ mol^{-1} であり，この予測と非常によく合致している．そのため，シクロヘキサン誘導体におけるメチル基と水素の 1,3-ジアキシアル相互作用は，**gauche-ブタン相互作用**（gauche-butane interaction）とよばれることがある．

シクロヘキサン環のアキシアル位をメチル基で置換することによるエネルギーの不安定化は，平衡状態におけるアキシアル配座およびエクアトリアル配座のメチルシクロヘキサンの存在比にも反映されている．問題 7・2 で算出するが，メチルシクロヘキサンが平衡状態においてアキシアル配座として存在する割合は非常に小さい．

分子のさまざまな立体配座とそれらの相対的なエネルギーを調べることを，**配座解析**（conformational analysis）とよぶ．ここでは，メチルシクロヘキサンの配座解析を行った．これまでに，多くのさまざまな置換シクロヘキサンの配座解析が行われてきた．予想されるように，大きな置換基による 1,3-ジアキシアル相互作用は，メチル基によるものより大きい．たとえば，t-ブチルシクロヘキサンのエクアトリアル配座は，アキシアル配座より約 20 kJ mol^{-1} 安定である．

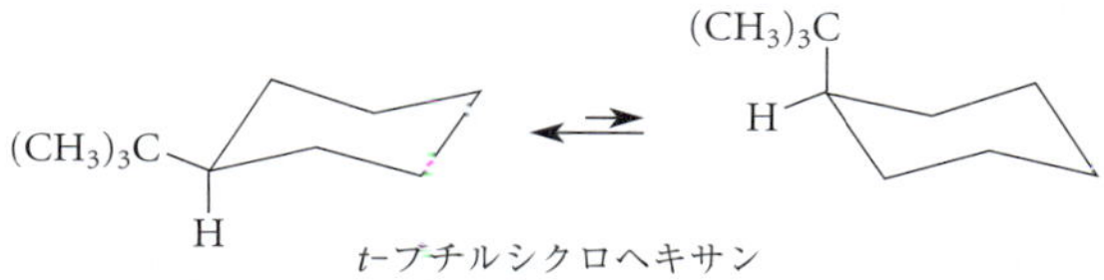

$$\Delta G° = 20 \text{ kJ mol}^{-1} \tag{7.7}$$

t-ブチルシクロヘキサン

このことから，t-ブチルシクロヘキサンが平衡状態においてアキシアル配座として存在する割合は，きわめて小さいことがわかる．

問 題

7・2 メチルシクロヘキサンのアキシアル配座とエクアトリアル配座の自由エネルギー差 $\Delta G°$ の差（7.4 kJ mol^{-1}，図 7・9 参照）はエンタルピー差 $\Delta H°$ の差とほぼ等しい．25 °C におけるメチルシクロヘキサンのアキシアル配座とエクアトリアル配座の割合はそれぞれ何 % か計算せよ（ヒント：例題 7・1 参照）．

7・3 上記の問題および式（7・7）の情報を用いて，メチルシクロヘキサンおよび t-ブチルシクロヘキサンの試料におけるアキシアル配座の相対的存在量を比較せよ．

7・4 （a）フルオロシクロヘキサンのアキシアル配座はエクアトリアル配座より 1.0 kJ mol^{-1} 不安定である．水素とフッ素との間の 1,3-ジアキシアル相互作用によるエネルギーの不安定化はいくらになるか．

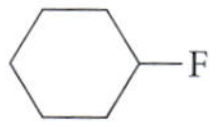

フルオロシクロヘキサン

（b）1-フルオロプロパンのゴーシュ配座とアンチ配座のエネルギー差を求めよ．

$H_3C-CH_2-CH_2-F$
1-フルオロプロパン

7・4 二置換シクロヘキサン

A. 二置換シクロヘキサンのシス-トランス異性

二置換シクロヘキサンの立体化学および立体配座に関する性質を調べるために，ここでは 1-クロロ-2-メチルシクロヘキサンを取上げる．はじめは，シクロヘキサン環を平面六角形として表記した構造

いす形配座の分離

一置換シクロヘキサンの二つのいす形配座は，ジアステレオマーの関係にある．これらの立体配座を分離することができれば，互いに異なった物理的性質を示すはずである．1960年代の後半に，当時米国カリフォルニア大学バークレー校のF. Jensen（ジェンセン）の研究室で大学院生だったC. H. Bushweller（ブッシュウェラー）は，不活性な溶媒に溶かしたクロロシクロヘキサンの溶液を−150℃に冷却した．すると突然，溶液中に結晶が生成した．その結晶を低温で沪別し，調べたところ，クロロシクロヘキサンのエクアトリアル配座が選択的に結晶化していたことがわかった．

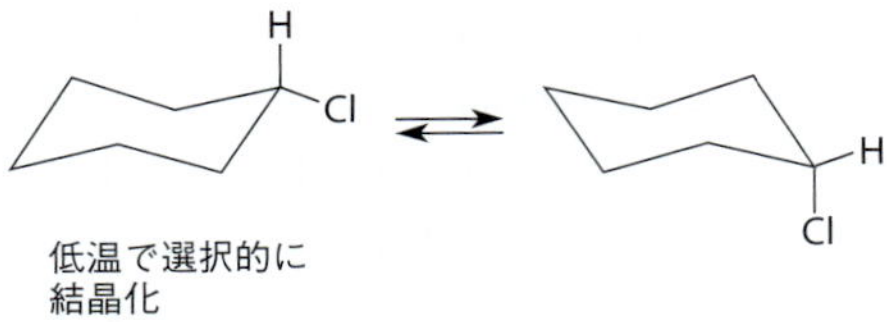

エクアトリアル配座を−120℃に"加熱"したところ，いす形相互変換の速度が増大し，再び両方の立体配座の混合物となった．同様の実験が他の一置換シクロヘキサンについても行われている．

式を用いる．今後この形式の構造式を，**平面環構造式**(planar-ring structure)とよぶ．

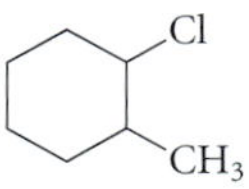

1-クロロ-2-メチルシクロヘキサン

すでに学んだように，シクロヘキサン環は平面ではない．したがって，平面環構造式は，環の紙面への投影図である．実際には，二つのいす形配座を平均化したものとなる．立体化学を表すために，実線のくさびは"上向き"の結合（紙面の手前側にある置換基との結合）を，破線のくさびは"下向き"の結合（紙面の奥側にある置換基との結合）を示すものとする．この化合物には二つの不斉炭素原子があり，そのため四つの立体異性体が存在する．すなわち，2組の鏡像異性体の対が存在し，それぞれ他の組の異性体とはジアステレオマーの関係にある．一方の組の鏡像異性体においては，二つの置換基は両方とも上向きであるか，両方とも下向きである．

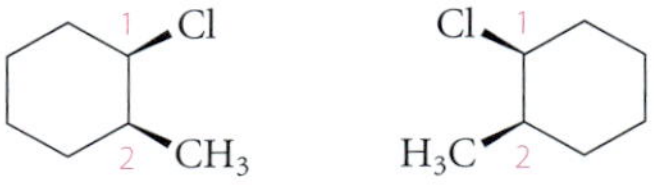

(1R,2S)　　(1S,2R) (7・8)

cis-1-クロロ-2-メチルシクロヘキサン

ここでは，両方の置換基を上向きに描いた構造を示しているが，両方の置換基を下向きに描いた構造を用いてもまったく同じである．一方の構造式を，下図に示した軸のまわりに180°回転させるともう一方の構造式になる．

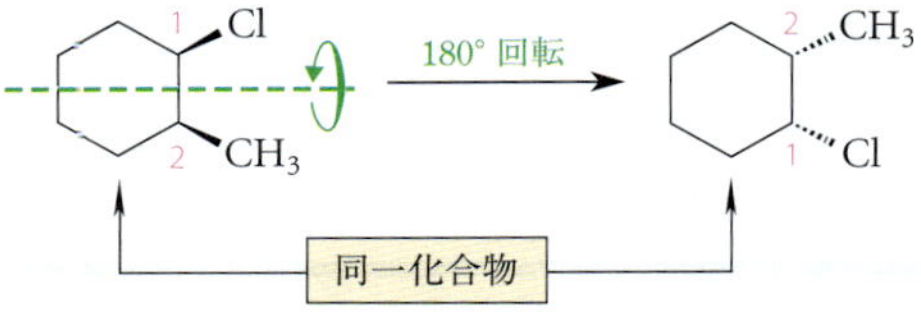

180°回転　　　　同一化合物　(7・9)

両方の置換基が相対的に同じ方向を向いているとき（どちらも上向きか，どちらも下向き），このような置換様式を**シス**(cis)とよぶ．式(7・8)に示した二つの化合物は，cis-1-クロロ-2-メチルシクロヘキサンの鏡像異性体対である．

1-クロロ-2-メチルシクロヘキサンの残りの二つの立体異性体においては，一方の置換基は上向きで，もう一方の置換基は下向きである．両方の置換基が相対的に反対の方向を向いているとき（一方が

上向き，もう一方が下向き），このような置換様式を**トランス**(trans)とよぶ．

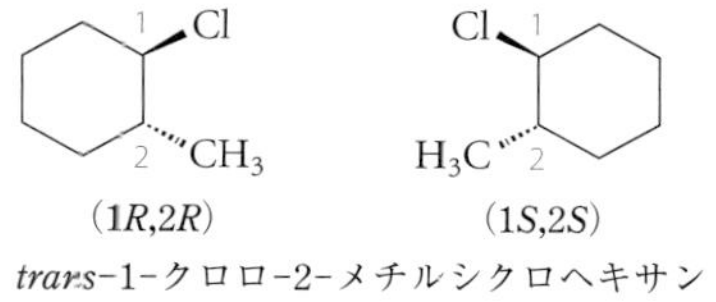

$$(1R,2R) \quad (1S,2S) \tag{7.10}$$

trans-1-クロロ-2-メチルシクロヘキサン

シスおよびトランスという用語を環状構造に対して用いる場合，置換基の相対的な方向（上向きか下向きか）を表すのであって，絶対立体配置（RかSか）を表すのではないことに注意しよう．

平面環構造式といす形配座との関係を示すために，($1S,2S$)-1-クロロ-2-メチルシクロヘキサンの平面構造式をもとにいす形配座を描いてみる．まず無置換シクロヘキサンの二つのいす形配座を書き，平面環構造式で置換基が結合している炭素を，それぞれいす形配座のどの炭素に対応させるか決める．このときいす形配座のどの炭素を選ぶかは完全に任意であるが，平面構造式といす形配座を見る方向は同じにしておく．平面構造式はいす形配座を投影（一般には上方から）したものであることを思い出そう．多くの場合，置換基が結合した炭素のうちの一つを，最も右側あるいは最も左側の炭素に対応させると作業を行いやすいが，他の炭素を選んでもかまわない．

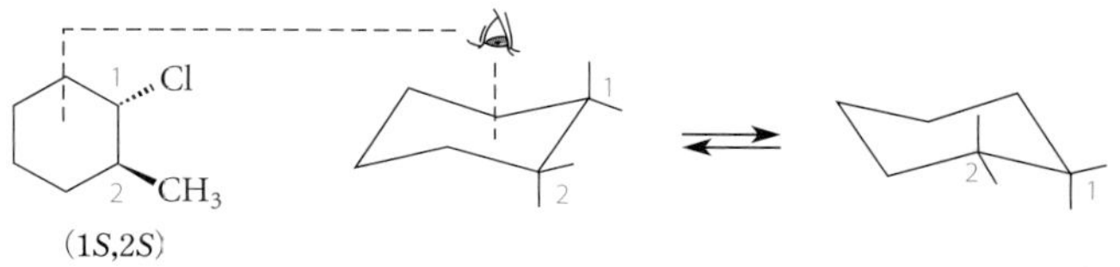

$$(1S,2S) \tag{7.11}$$

塩素は下向きの置換基なので，二つのいす形配座それぞれの1位の炭素に下向きに結合させる．いす形配座の一方では下向きの位置はエクアトリアルになり，もう一方ではアキシアルになる．次に，メチル基を二つのいす形配座それぞれに上向きに結合させる．

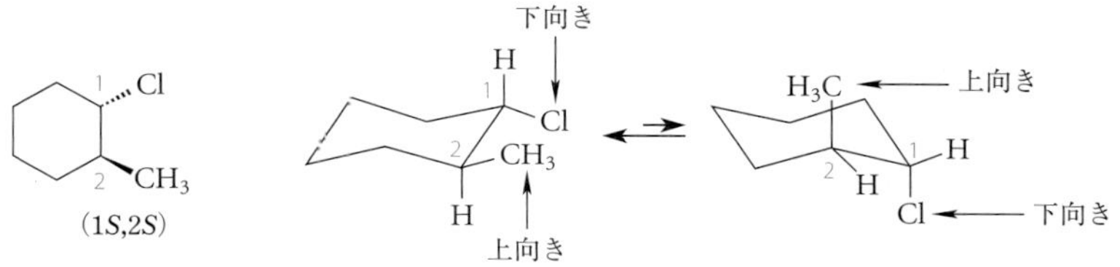

$$(1S,2S) \tag{7.12}$$

二つ目のいす形配座では，1, 2位の炭素が左に移動したように見えるかもしれない．これは，二つのいす形配座で透視図の視点が異なるためである．先に述べたように，置換基が結合した炭素の一つを最も右側あるいは最も左側に置いておくと，このように透視図の視点が移動しても作業を行いやすい．たとえば，1位の炭素は，どちらの透視図においても最も右側の炭素になっている．

次の二つの点に注意しよう．(1) 平面環構造式には，立体配置に関する情報（R, S, *cis*, *trans*）は含まれているが，立体配座に関する情報は含まれていない．一つの平面環構造式から，二つのいす形配座が描ける．したがって，平面環構造式をもとに，キラリティーに関する問題には答えられるが，立体配座に関する問題（たとえば，置換基がアキシアル，エクアトリアルのいずれに位置するか）には答えられない．(2) 平面環構造式における置換基の向き（上向きか下向きか）に関する情報は，いす形配座に引継がれる．上向き／下向きについては，いす形相互変換の影響を受けないからである．すなわち，式(7.12)に示すように，いす形相互変換によって，上向きエクアトリアルは上向きアキシアルに，下向きエクアトリアルは下向きアキシアルに変換される．

この場合，二つのいす形配座はジアステレオマーの関係にある配座異性体である．両者のエネルギーは異なり，式(7.12)で非等価な平衡の矢印で示されているように，平衡状態ではジエクアトリアル形が有利となる（なぜだろうか？）．*cis*-1-クロロ-2-メチルシクロヘキサンも，同様にジアステレオマーの

関係にある配座異性体(配座ジアステレオマー)の混合物であることを確認しておこう．

例題 7・2

(a) *trans*-1,3-ジメチルシクロヘキサンがキラルであることを示せ．(b) 1*R*,3*R* 立体異性体の二つのいす形配座を描け．(c) この化合物の二つのいす形配座はどのような関係にあるか，次の中から選べ．同一物，配座鏡像異性体，配座ジアステレオマー

解 法 (a) キラリティーに関する問題は，平面環構造式を用いると答えやすい．一方の立体異性体を描き，次にその鏡像を描き，それらが一致するかどうか調べる．トランスとは，置換基が上向き–下向きの関係にあることを，すなわち，一方の置換基が実線のくさびで示される結合上にあり，もう一方が破線のくさびで示される結合上にあることを示すことを思い出そう．

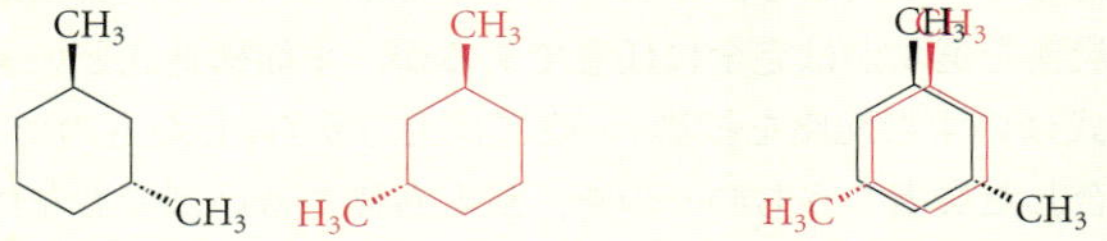

trans-1,3-ジメチルシクロヘキサン
（鏡像）

鏡像が一致しない
そのため，これらの分子はキラルであり，互いに鏡像異性体である

鏡像がもとの像と重ね合わせることができないので，*trans*-1,3-ジメチルシクロヘキサンはキラルである．

(b) 本文に示した，二つのいす形配座を描くための手順に従おう(参考のために炭素に番号をつけてある)．見やすいように，置換基が結合した炭素の一つを最も右側の炭素としていることに注意しよう．

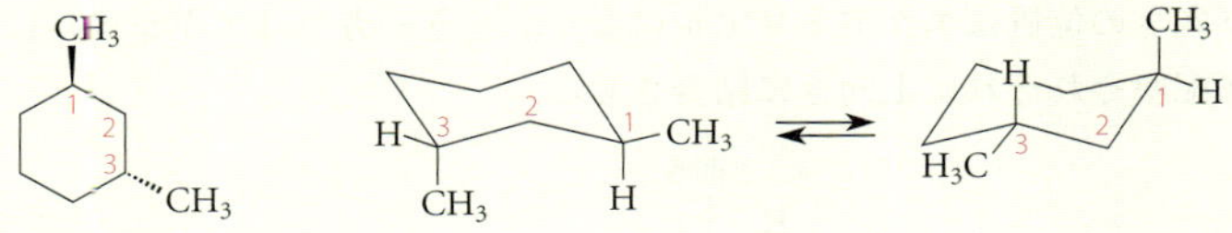

(1*R*,3*R*)-1,3-ジメチルシクロヘキサン

(c) 二つのいす形配座に，同一である．一見これらは同一に見えないかもしれないので，次の手順で検証してみよう．模型を使って確かめるとよい．一方のいす形をさまざまな方法で回転させ(配座は変化させないこと！)，メチル基が置換した炭素の一つを，もう一方のいす形のメチル基が置換した炭素に正確に重ね合わせる．そうすれば，これら二つの構造の関係がわかりやすくなる．まず，2 番目のいす形構造を下図の軸のまわりに 180° 回転させ，ついで，得られた構造を下図の環を貫通する軸のまわりに 120° 回転させる．

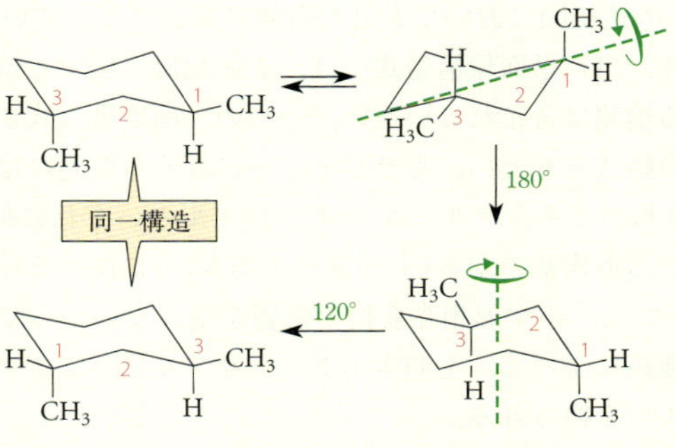

同一構造

180°

120°

確かに二つのいす形配座は同一である．一方のいす形の 1 位の炭素は他方の 3 位の炭素と等価であり，逆もまた同様である．

環が三つ以上の置換基をもつとき，シス-トランスで命名しようとすると煩雑になる場合が多い．そのような場合のために，相対立体配置を指定する別の方法が開発されている．

> **問 題**
>
> **7・5** 次の化合物のそれぞれについて，平衡状態にある二つのいす形配座を描け．
> (a) *cis*-1,3-ジメチルシクロヘキサン　(b) *trans*-1-エチル-4-イソプロピルシクロヘキサン
> **7・6** 問題 7・5 のそれぞれの化合物について，舟形配座を描け．
> **7・7** 次の環状化合物について，平面環構造式を描け．
> (a) *cis*-1-ブロモ-3-メチルシクロヘキサン（両方の鏡像異性体）
> (b) (1*R*,2*S*,3*R*)-2-クロロ-1-エチル-3-メチルシクロヘキサン
> **7・8** 問題 7・7 のそれぞれの化合物について二つのいす形配座を描け．
> **7・9** 次の構造式に対し，下のそれぞれの回転操作を行って得られる平面環構造式を描け．
>
>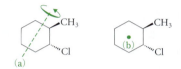
>
> (a) 軸(a)のまわりに 180°
> (b) 環の中心を貫通し，紙面に直交する軸(b)のまわりに反時計回りに 120°
>
> **7・10** 次のいす形配座を，指示された軸のまわりに 180°回転させて生成する構造を図示せよ．必要ならば模型を用いよ．
>
>

B. 環状メソ化合物

cis-1,2-ジメチルシクロヘキサンと *cis*-1,3-ジメチルシクロヘキサンの平面環構造式は，いずれも対称面(下図の灰色線)をもつ．

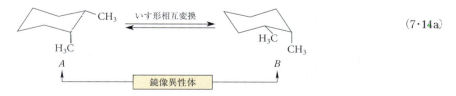

(7・13)

cis-1,2-ジメチルシクロヘキサン　　*cis*-1,3-ジメチルシクロヘキサン

分子内に対称面が存在することから，これらの化合物はアキラルである．さらに，これらの化合物には不斉炭素原子が含まれ，キラルな立体異性体(トランス異性体)が存在することから，これらはメソ化合物の例である．

しかし，これらの化合物のいす形配座を調べると，*cis*-1,2-ジメチルシクロヘキサンの場合，二つのいす形配座はいずれも<u>キラル</u>であり，<u>一方が他方の鏡像異性体になっている</u>ことがわかる．

前ページの図の表記では，A と B が鏡像異性体に見えにくいかもしれない．しかし，下図の垂直軸のまわりに B を 120° 回転させ，A と比較してみると，両者の関係が確かめられる．両者は重なり合わない鏡像関係にあり，鏡像異性体である．

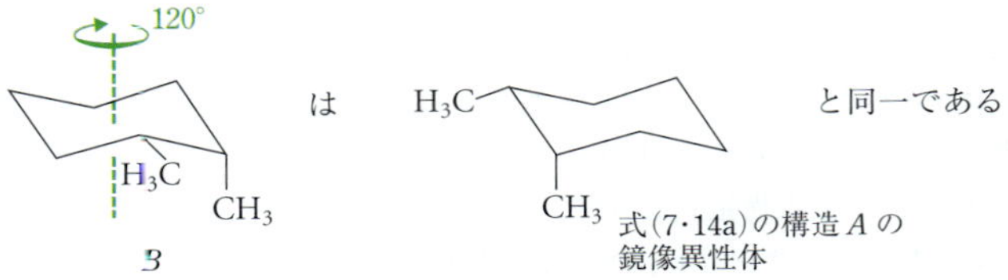

$$\text{は} \quad \text{と同一である} \tag{7·14b}$$

式(7·14a)の構造 A の鏡像異性体

いいかえると，cis-1,2-ジメチルシクロヘキサンは，配座鏡像異性体(§6·9A)の混合物である．もしおのおのの配座異性体を単離できるのであれば(極低温では可能かもしれない)，それらはキラルであり光学活性を示すはずである．しかし，これらの配座異性体は常温では非常に速く相互変換を起こすため，cis-1,2-ジメチルシクロヘキサンを光学活性な形で単離することはできない．現実的な時間の尺度では，この化合物は，時間平均化の結果，平面環構造をもつものと考えることができ，その構造はメソ形である．二つの同一の置換基をもつ cis-1,2-二置換シクロヘキサンについては，どのような化合物に対しても同じ議論が成り立つ．§6·9A で，ある化合物が，鏡像異性体の関係にある立体配座の速い平衡状態にあるとき，その化合物はアキラルと考えられるという議論を行ったが，それと同じ状況である．

cis-1,3-ジメチルシクロヘキサンの場合，1,2-ジメチル異性体とは異なり，二つのいす形配座が，いずれも分子内に対称面をもつメソ化合物になる．

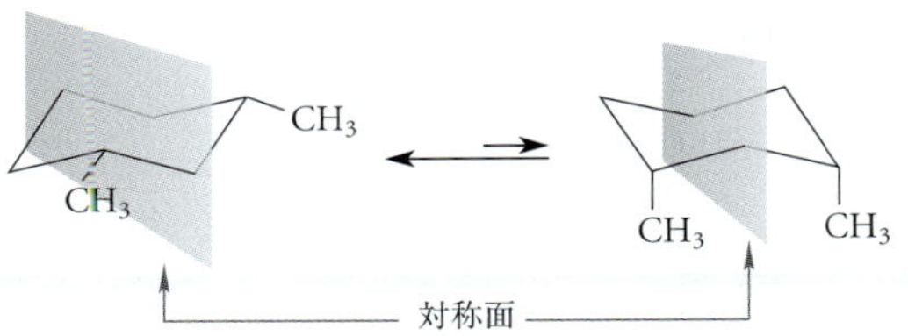

$$\tag{7·15a}$$

対称面

これら二つの立体配座は，配座ジアステレオマーである．

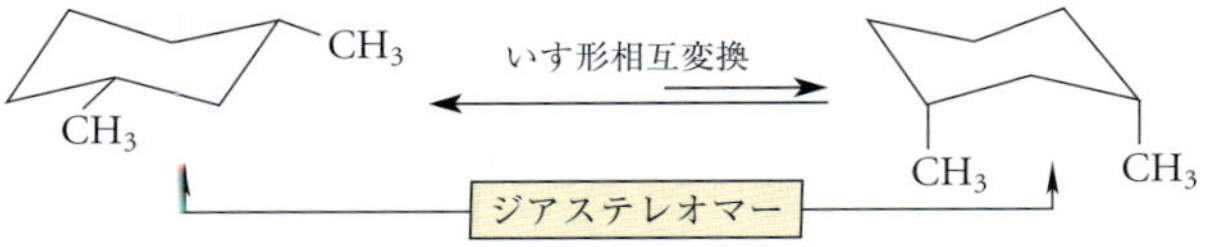

$$\tag{7·15b}$$

いす形相互変換

ジアステレオマー

この化合物は，極低温においても光学活性体として単離することはできない．いずれの立体配座もアキラルだからである．

問題

7·11 平面環構造式を用いて，次の化合物のうちどれがキラルであるか決定せよ．アキラルであるものについては，それらのそれぞれのいす形配座がキラルかどうか示せ．また，どのように判断したか述べよ．アキラルである化合物については，それらの二つのいす形配座がどのような関係にあるか，次の中から選べ．同一物，配座鏡像異性体，配座ジアステレオマー．

A, B, C

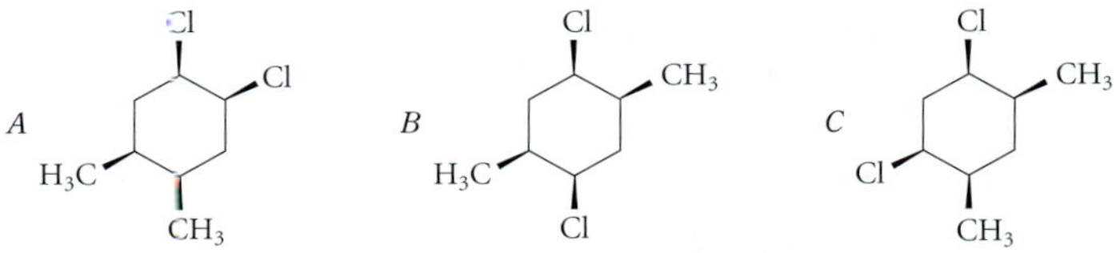

7・12 次のそれぞれの化合物が，光学活性な形で単離できるかどうか示せ．また，どのように判断したか述べよ．
(a) *trans*-1,2-ジメチルシクロヘキサン　　(b) 1,1-ジメチルシクロヘキサン
(c) *cis*-1-エチル-4-メチルシクロヘキサン　(d) *cis*-1-エチル-3-メチルシクロヘキサン

7・13 (a) *trans*-1,4-ジメチルシクロヘキサンには不斉炭素原子があるか．あるとすれば，それらを特定せよ．
(b) *trans*-1,4-ジメチルシクロヘキサンには立体中心があるか．あるとすれば，それらを特定せよ．
(c) *trans*-1,4-ジメチルシクロヘキサンはキラルか．
(d) *trans*-1,4-ジメチルシクロヘキサンの二つのいす形配座はどのような関係にあるか．

C. 配座解析

一置換シクロヘキサンと同様に，二置換シクロヘキサンについても配座解析を行うことができる．二つのいす形配座の相対的な安定性は，それぞれの立体配座における1,3-ジアキシアル相互作用（あるいは *gauche*-ブタン相互作用）を比較することで決定できる．例題7・3で，このような解析について説明する．

例題 7・3

trans-1,2-ジメチルシクロヘキサンの二つのいす形配座の相対的エネルギーを求めよ．どちらの配座がより安定か．

解法　この問題を解く際の最初の段階は，関与する化学種の構造式を描くことである．*trans*-1,2-ジメチルシクロヘキサンの二つのいす形配座は次のとおりである．

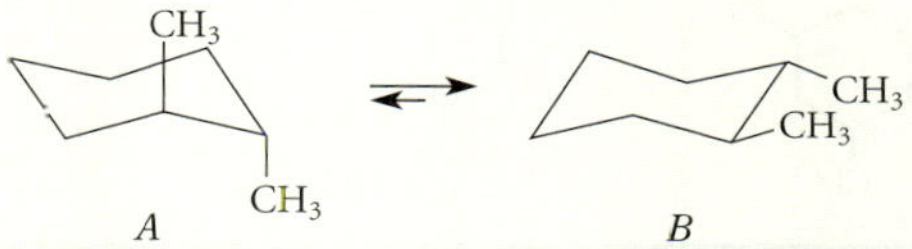

配座 A の方がアキシアル置換基の数が多く，そのためより不安定なはずであるが，差はどのくらいだろうか．配座 A にはメチル-水素間の1,3-ジアキシアル相互作用が四つあり（これらの相互作用を示せ），$4 \times 3.7 = 14.8 \text{ kJ mol}^{-1}$ だけエネルギーを不安定化している．B についてはどうだろうか．B にはアキシアル置換基がないので，不安定化する相互作用はないと考えてしまうかもしれないが，実際には *gauche*-ブタン相互作用が一つある．すなわち，*gauche*-ブタンのように 60° の二面角をもつ二つのメチル基間の相互作用である．この相互作用は，メチル基をもつ炭素間の結合についての Newman 投影図に見てとれる．

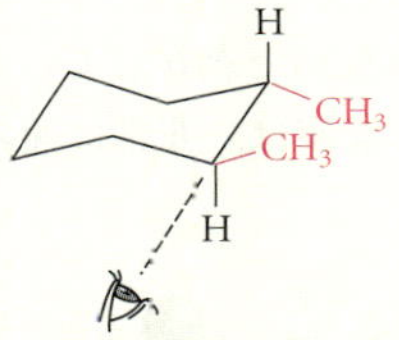

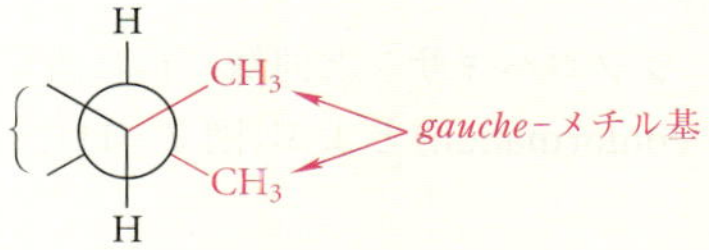

Newman 投影図

gauche-ブタン相互作用は，配座 B のエネルギーを 3.7 kJ mol^{-1} だけ不安定化する（図2・5参照）．二つの配座の相対的エネルギーは，それらのメチル-水素相互作用の間の差であり，$14.8 - 3.7 = 11.1 \text{ kJ mol}^{-1}$ になる．このエネルギーだけ，ジアキシアル配座 A が不安定になる．

置換シクロヘキサンにおいて二つの置換基がエクアトリアル位を競って占めようとするとき，優勢となる立体配座は，二つの置換基が立体配座に及ぼす相対的な効果を考えることで予測できる．たとえば，cis-1-t-ブチル-4-メチルシクロヘキサンのいす形相互変換について考えよう．

(7・16a)

t-ブチル基は非常に大きいので，van der Waals 反発により立体配座間の平衡が制御される（式 7・7 参照）．そのため，t-ブチル基がエクアトリアル位を占めるいす形配座が圧倒的に有利である．結果として，メチル基はアキシアル位にこざるをえない．

> t-ブチル基がアキシアル位を占める立体配座の割合がきわめて小さいために，立体配座間の平衡が"凍結"されると記述される場合がある．しかし，これは誤解を招きやすい表現である．この記述は，二つの立体配座が平衡状態にないことを意味するからである．実際には，平衡は速く起こっている．t-ブチル基がアキシアル位を占める立体配座の平衡濃度が非常に小さいだけである．

問 題

7・14 （a）trans-1,4-ジメチルシクロヘキサンの二つのいす形配座のエネルギー差を計算せよ．
（b）cis-1,4-ジメチルシクロヘキサンと，trans-1,4-ジメチルシクロヘキサンのより安定な立体配座とのエネルギー差を計算せよ．

7・15 次のそれぞれの化合物について，より安定ないす形配座を描け．
 (a)　 (b)　 (c)

7・5 シクロペンタン，シクロブタン，シクロプロパン

§7・1 で述べたように，シクロペンタン，シクロブタンおよびシクロプロパンはすべてシクロヘキサンより不安定である．本節では，これらのより小さなシクロアルカンの構造と，それらがエネルギー的に不安定である理由について考える．

A. シクロペンタン

シクロペンタンは，シクロヘキサンと同様に折れ曲がった立体配座で存在している．この立体配座を**封筒形配座**（envelope conformation）とよぶ（図 7・11）．この立体配座は，非常に速い配座変換を起こし

図 7・11　シクロペンタンの封筒形配座の球棒模型．青色で示した水素が，隣接する炭素上の青色で示した水素と重なっているか，ほぼ重なっている．

ており，この変換により封筒の"先端部"に位置する炭素が交替する．

表7・1に示した生成熱の値から，シクロペンタンはシクロヘキサンよりいくらかエネルギーが高いことがわかる．このおもな理由は，図7・11に示すように，シクロペンタンでは水素原子の重なりが大きいことにある．

置換シクロペンタンも封筒形配座として存在するが，その際，置換基は，隣接する基との van der Waals 反発が最小になるような位置を占める．たとえば，メチルシクロペンタンでは，メチル基は封筒の先端部にあたる炭素のエクアトリアル位を占める．

(7・16b)

シクロペンタン環に二つ以上の置換基が結合する場合，シクロヘキサンの場合と同様に，置換基はシスあるいはトランスの関係になる．

cis-1,2-ジメチルシクロペンタン

trans-1-エチル-3-イソプロピルシクロペンタン

B. シクロブタンとシクロプロパン

表7・1のデータから，シクロブタンとシクロプロパンは，単環シクロアルカンの中で最も不安定であることがわかる．それぞれの化合物において，炭素-炭素結合間の角度は，環サイズによる制約のために，正四面体の理想的な角度である 109.5° よりずっと小さくなる．分子中の結合角が理想的な値から大きくずれると，その分子のエネルギーは増大する．このエネルギーの増加分は，生成熱の増大にもつながっており，**結合角ひずみ**(angle strain)とよばれている．シクロブタンとシクロプロパンのいずれにおいても，この結合角ひずみが高いエネルギーの大きな要因となっている．

シクロブタンの環を折り曲げると，水素原子の完全な重なりを避けることができる．シクロブタンは二つの折れ曲がった立体配座からなり，それらは速い平衡にある(図7・12)．

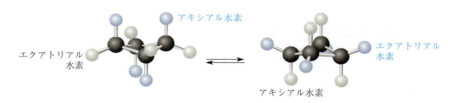

図7・12 シクロブタンは二つの等価な折れ曲がった立体配座からなり，それらは速い平衡にある．シクロヘキサンの場合と同様に，平衡によってアキシアル水素(左図の青色)はエクアトリアル水素(右図の青色)になり，エクアトリアル水素はアキシアル水素になる．

三つの炭素で平面が決まるので，シクロプロパンの炭素骨格は平面である．そのため，折れ曲がりによって，結合角ひずみや水素原子間の重なりを緩和することができない．表7・1のデータが示すように，シクロプロパンは，環状アルカンの中で最も不安定である．シクロプロパンの炭素-炭素結合は，環の外側に"バナナ"形に曲がっている．このように"曲がった結合"を形成することで，炭素の原子軌道のなす角は 105° 程度となり，正四面体の理想的な値である 109.5° に近づく(図7・13)．曲がった結

合は結合角ひずみを軽減するが，一方で炭素の原子軌道の重なりは不十分になってしまう．

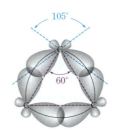

図 7・13 シクロプロパンの C-C 結合を形成する原子軌道の重なり．軌道は炭素原子を結ぶ直線に沿っていない．このような炭素-炭素結合は，"曲がった結合"あるいは"バナナ結合"とよばれることがある．C-C-C 結合角は 60°だが（紫色の破線），炭素原子の軌道間の角度は 105°に近い（青色の破線）．

問題

7・16 (a) *trans*-1,3-ジブロモシクロブタンの双極子モーメントは 1.1 D である．双極子モーメントが 0 でないことから，この化合物は平面構造ではなく折れ曲がった構造をもつことが支持されるが，その理由を述べよ．
(b) *trans*-1,2-ジメチルシクロブタンについて，より安定な立体配座を描け．
7・17 次のそれぞれの化合物がキラルかどうか述べよ．
(a) *cis*-1,2-ジメチルシクロプロパン　　(b) *trans*-1,2-ジメチルシクロプロパン

7・6　二環化合物と多環化合物

A. 分類と命名法

環状化合物の中には，二つ以上の環を含むものがある．二つの環が 2 個以上の原子を共有する場合，その化合物は**二環化合物**（bicyclic compound）とよばれる．二つの環が 1 個の原子を共有する場合，その化合物は**スピロ環状化合物**（spirocyclic compound）とよばれる．

ビシクロ[4.3.0]ノナン
bicyclo[4.3.0]nonane
（二環化合物）

ビシクロ[2.2.1]ヘプタン
bicyclo[2.2.1]heptane

スピロ[4.4]ノナン
spiro[4.4]nonane
（スピロ環状化合物）

二環化合物において，二つの環が連結する位置にある炭素原子を**橋頭位炭素**（bridge-head carbon）とよぶ．二環化合物は，橋頭位炭素の位置関係によってさらに分類される．二つの橋頭位炭素が隣接する場合，その化合物は**縮合二環化合物**（fused bicyclic compound）に分類される．

縮合二環化合物　　橋頭位炭素*が隣接位にある

橋頭位炭素が隣接しない場合，その化合物は**架橋二環化合物**（bridged bicyclic compound）に分類される．

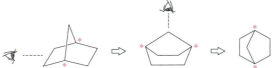

架橋二環化合物を 3 方向から見た図

これらの見慣れない構造にとまどうかもしれないが，実際に模型を組んで紙上の構造式と対応させてみるとよい．

二環炭化水素の命名法を説明するのに格好の例をあげる．

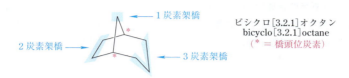

この化合物は，全部で8個の炭素原子を含む二環化合物なので，ビシクロオクタンと命名される．[ ]の中の数字は，それぞれの架橋の炭素数を降順に並べたものである．

例題 7・4

次の化合物の IUPAC 名を示せ(慣用名はデカリンである)．

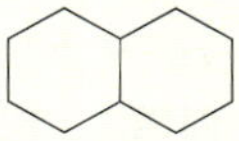

解法 この化合物は，全部で10個の炭素を含む，縮合した二つの環をもつため，ビシクロデカンと名づけられる．三つの架橋が橋頭位炭素を連結しており，そのうち二つは4個の炭素を含み，一つは0個の炭素を含む．縮合環系において橋頭位炭素をつなぐ結合は，0個の炭素を含む架橋とみなされる．

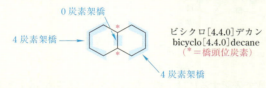

この化合物は，ビシクロ[4.4.0]デカンと命名される．

問題

7・18 次の化合物を命名し，それぞれが架橋二環化合物か縮合二環化合物か述べよ．
(a)   (b)

7・19 次の化合物は縮合二環化合物，架橋二環化合物のどちらか構造式を描かずに述べよ．また，どのように判断したか述べよ．

ビシクロ[2.1.1]ヘキサン (A)   ビシクロ[3.1.0]ヘキサン (B)

有機化合物の中には，多数の環が原子を共有して連結しているものがある．これらの化合物を，**多環化合物** (polycyclic compound) とよぶ．なかでも正多面体構造をもつ化合物は興味深い．顕著な例として，クバン，ドデカヘドラン，およびテトラヘドランの三つを示す．

クバン

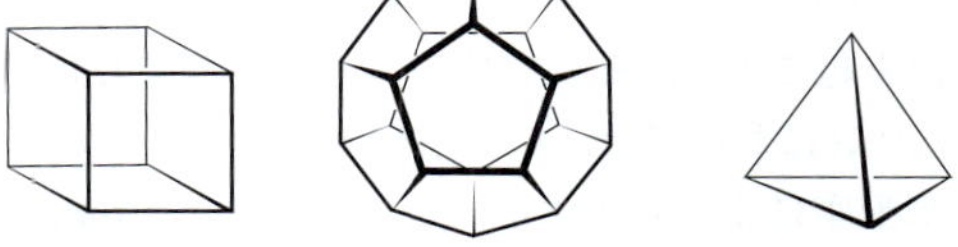

ドデカヘドラン

テトラヘドラン

クバンは，立方体の頂点に 8 個の CH 基をもつ化合物であり，1964 年に米国シカゴ大学の P. Eaton と，T. W. Cole によって初めて合成された．ドデカヘドランは，正十二面体の頂点に 20 個の CH 基をもつ化合物であり，1982 年に米国オハイオ州立大学の L. Paquette が率いるチームにより合成された．テトラヘドランそのものは，いまだに合成例がないが，t-ブチル基や Me_3Si 基で置換された誘導体は 1978 年，2002 年，2011 年に合成されている．化学者がこれらの奇特な分子の合成に取組んでいるのは，それらが化学結合に関する興味深い問題を提示しているためでもあるが，純粋な挑戦心から努力している面も大きい．

B. 環のシスおよびトランス縮合

縮合二環化合物で二つの環が連結する様式は複数ある．例として，ビシクロ[4.4.0]デカン (慣用名はデカリン) について考えよう．

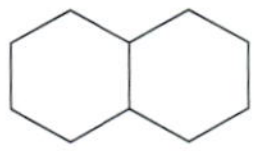

デカリン
(ビシクロ[4.4.0]デカン)

デカリンには，二つの立体異性体が存在する．cis-デカリンでは，環 B の 2 個の CH_2 基 (丸印) は，環 A の置換基となっており，シスの関係にある．同様に，環 A の 2 個の CH_2 基 (四角印) は，環 B の置換基となっており，シスの関係にある．

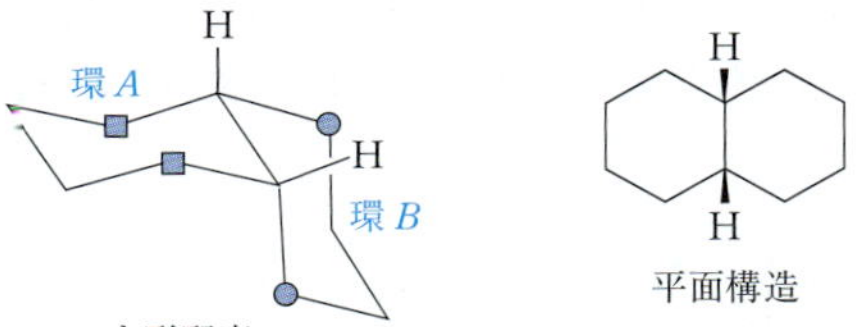

いす形配座　　　　　平面構造
cis-デカリン

(7・17a)

環のシス縮合を平面環構造式で表記するには，橋頭位水素をシス配置で示すとよい．

$trans$-デカリンでは，環縮合部に隣接する CH_2 基が，$trans$-ジエクアトリアル配置をとっている．橋頭位水素は，$trans$-ジアキシアル配置である．

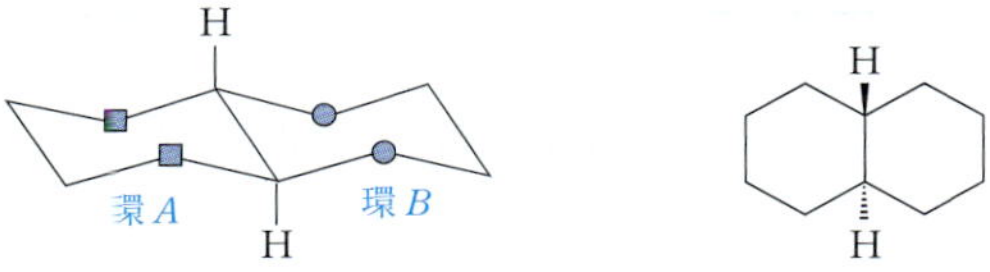

いす形配座　　　　　平面構造
$trans$-デカリン

(7・17b)

cis-デカリンおよび $trans$-デカリンのいずれも，等価な二つの平面環構造式が描ける．

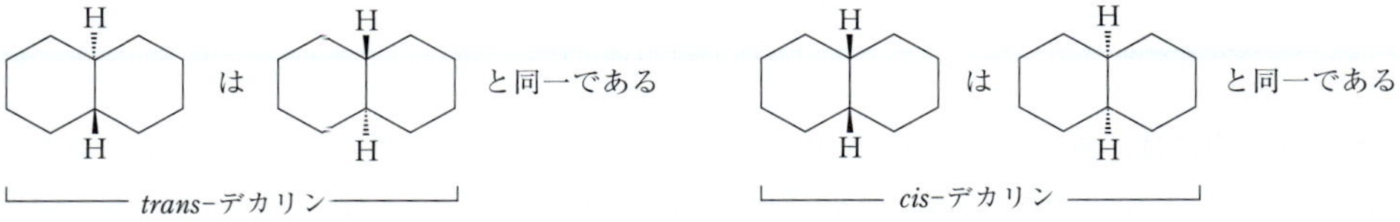

　　　　　　は　　　　　　と同一である　　　　　　　　　　　は　　　　　　と同一である
　　　━━ $trans$-デカリン ━━　　　　　　　　　　　　　　　━━ cis-デカリン ━━

cis-デカリンにおいては，どちらのシクロヘキサン環もいす形相互変換を起こすことができる．模型を使って，一方の環が配座変換を起こすと，それに伴いもう一方の環も必ず配座変換を起こすことを確かめよう．しかし，$trans$-デカリンにおいては，いす形配座の六員環はねじれ舟形配座に変化することはできるが，もう一方のいす形配座にまで変化することはできない．$trans$-デカリンの模型でいす形相互変換を起こそうと試みてみれば，このことが確かめられるだろう．式(7・17b)に示す $trans$-デカリン

の環 B に注目して考えてみよう．丸印をつけた 2 個の炭素は，環 A のエクアトリアル置換基となっている．環 A がもう一方のいす形配座に変換された場合，環 B の二つの炭素がアキシアル位を占めることになる．いす形相互変換が起こると，エクアトリアル置換基がアキシアル置換基になるからである．これら二つの炭素がアキシアル位に位置した場合，両者がエクアトリアル位にあるときより原子間の距離がずっと大きくなってしまい，環 B の残りの 2 個の炭素でつなぐことが難しくなる．

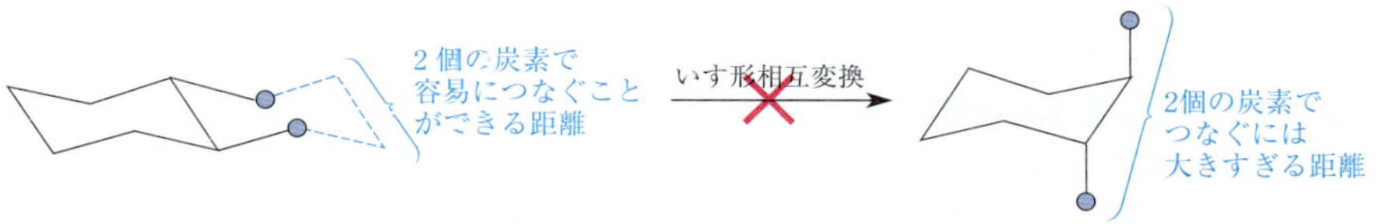

$$(7\cdot18)$$

その結果，環 A のいす形相互変換が起こると，環 B に非常に大きな環ひずみが生じるために，相互変換が起こりえなくなるのである．環 B がいす形相互変換を起こすときには，環 A にまったく同じ問題が生じる．

問題

7・20 cis-デカリンでは 1,3-ジアキシアル相互作用がいくつ生じているか．$trans$-デカリンではどうか．どちらの化合物がより低いエネルギーをもつか．また両者のエネルギー差はいくらか（ヒント：模型を用いて考えよ．同じ 1,3-ジアキシアル相互作用を 2 回数えないこと）．

$trans$-デカリンは，cis-デカリンより安定である．前者は後者より 1,3-ジアキシアル相互作用の数が少ないからである（問題 7・20）．しかし，すべての縮合二環化合物において，トランス縮合したものがより安定になるわけではない．実際，両方の環が小さい場合，トランス縮合は事実上不可能である．たとえば，次に示す二つの化合物の場合，シス異性体のみが知られている．

ビシクロ[1.1.0]ブタン 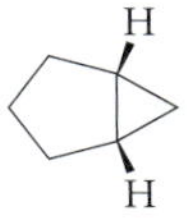　　　ビシクロ[3.1.0]ヘキサン

二つの小さな環をトランス縮合で結合しようとすると，非常に大きな環ひずみが生じる．これは模型を使うとよくわかる．次の問題がその助けになるだろう．

問題

7・21 (a) ビシクロ[3.1.0]ヘキサンのシスおよびトランス異性体の模型を組むとき，どちらの方が組みやすいか．それはなぜか（模型を壊さないように！）．
(b) $trans$-ビシクロ[3.1.0]ヘキサンと $trans$-ビシクロ[5.3.0]デカンの模型を組むとき，どちらの方が組みやすいか．それはなぜか．

まとめると，

1. 二つの環は，原理的にはシスあるいはトランス配置で縮合させることができる．
2. 環が小さい場合，トランス縮合すると環ひずみが非常に大きくなるため，シス縮合のみが見られる．
3. 大きな環の場合，シス縮合およびトランス縮合の両方の異性体がよく知られている．しかし，デカリンの例のように，トランス縮合体の方が 1,3-ジアキシアル相互作用の数が少ないため，より安定である．

ヒドリンダン（ビシクロ[4.3.0]ノナン）においては，2.の効果と3.の効果が同程度に作用している．燃焼熱の値から，トランス異性体はシス異性体より安定であるが，その差は 4.46 kJ mol^{-1} にすぎないことがわかっている．

ヒドリンダン
（ビシクロ[4.3.0]ノナン）

C. トランス形シクロアルケンと Bredt 則

シクロヘキセンや他の環サイズの小さなシクロアルケンは，二重結合についてシス（あるいは Z）の立体化学をもつ．*trans*-シクロヘキセンは存在するのだろうか．この問に対しては，炭素数が 6 個以下のトランス形シクロアルケンは観測されたことがない，というのが答である．*trans*-シクロヘキセンの模型を組もうとしてみれば，その理由がはっきりわかるだろう．この分子では，二重結合に結合する二つの炭素原子が遠く離れすぎ，残りの 2 個の炭素原子だけではそれらをつなぐことができない．無理につなごうとした場合，きわめて大きなひずみが生じるか，二重結合まわりに分子がねじれる必要がある．後者の場合，π 結合を形成する 2p 軌道の重なりが小さくなってしまう．通常の条件下で単離できる最もサイズの小さいトランス形シクロアルケンは，*trans*-シクロオクテンである．しかし，トランス体は，シス異性体より 47.7 kJ mol^{-1} 不安定である．

トランス形シクロアルケンの不安定性と密接に関連しているのが，小さなサイズの架橋二環化合物で，橋頭位原子が二重結合を形成している化合物の不安定性である．たとえば，次の化合物は非常に不安定で，単離されていない．

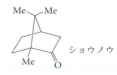

ビシクロ[2.2.1]ヘプタ-1(2)-エン
（未知化合物）

橋頭位

橋頭位二重結合をもつ化合物の不安定性は，**Bredt 則**（Bredt's rule）として一般化されている．すなわち，二環化合物では，小さな環のみに含まれる橋頭位原子は二重結合を形成できないという一般則である．Bredt 則で述べられている "小さな環" とは，7 個以下の原子で構成される環である．

J. Bredt（1855〜1937）はドイツの化学者であり，その経歴の最後の 25 年間はドイツのアーヘン工科大学において有機化学研究室の教授および室長を務めていた．1893 年，彼はショウノウの構造として，正しい（しかし当時としては非常に異例の）架橋二環構造を提案した．ショウノウについては，それ以前に 30 種以上の誤った構造が提案されていた．彼は架橋二環化合物の研究を続け，1924 年に自身の名前を冠する規則を定式化した．

Bredt 則は，小さな環に含まれる橋頭位炭素が二重結合を形成するとねじれが生じることに基づいている．すなわち，このような二重結合に直接結合した原子は，同一平面上に存在できない．先に示した二環化合物，ビシクロ[2.2.1]ヘプタ-1(2)-エンの模型を組もうとしてみれば，このことがわかるであろう．二重結合をねじらなければ，二環骨格を組上げられないはずである．二重結合をねじると，π 結合の形成に必要な 2p 軌道間の重なりが妨げられてしまう．ちょうど，*trans*-シクロヘキセンで生じる二重結合のねじれと同様である．二環化合物で，橋頭位二重結合が小さな環のみに含まれるものは，対応するトランス形シクロアルケンと同様に，非常に不安定で単離することができない．二環化合物で

も，橋頭位二重結合が大きな環に含まれる場合，安定性が高くなり単離可能になる．

ビシクロ[2.2.1]ヘプタ-1(2)-エン
トランス二重結合が六員環に組込まれている
この化合物は非常に不安定で単離できない

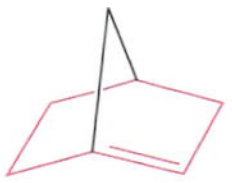

ビシクロ[4.4.1]ウンデカ-1(2)-エン
トランス二重結合が十員環に組込まれている
この化合物は単離可能な安定性をもつ

問 題

7・22 必要ならば模型を用いて，次の各組でどちらの化合物がより大きな生成熱をもつか決定せよ．また，理由を説明せよ．

(a)
    A 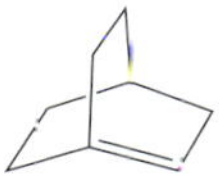   *B*

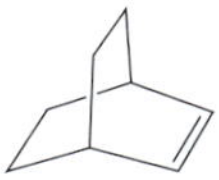

(b)
    A 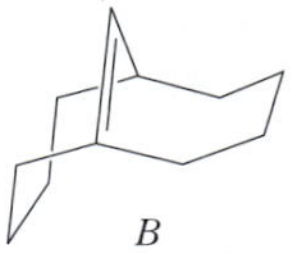   *B*

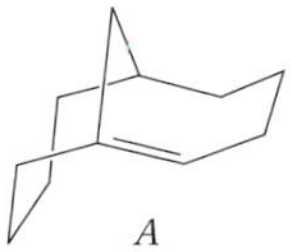

D. ステロイド

縮合環をもつ多くの天然物の中でも，**ステロイド**はとりわけ重要である．**ステロイド**(steroid)は，次に示す四環系から誘導される構造をもつ化合物である．

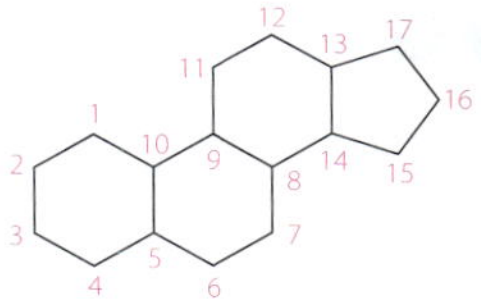

ステロイドの位置番号は，上図に示すような特別な規則に従ってつけられる．さまざまなステロイドが存在するが，それらはこの炭素骨格上の置換基が異なっている．

ステロイドの源

1940年代以前は，ステロイドはブタの卵巣や妊馬の尿などの限られた供給源からしか得られず，供給量が少なく高価であった．しかし，1940年代に，米国ペンシルベニア州立大学の化学者だったR. E. Marker(1902〜1995)が，ジオスゲニンとよばれる天然物をプロゲステロンに変換できる方法を開発した．

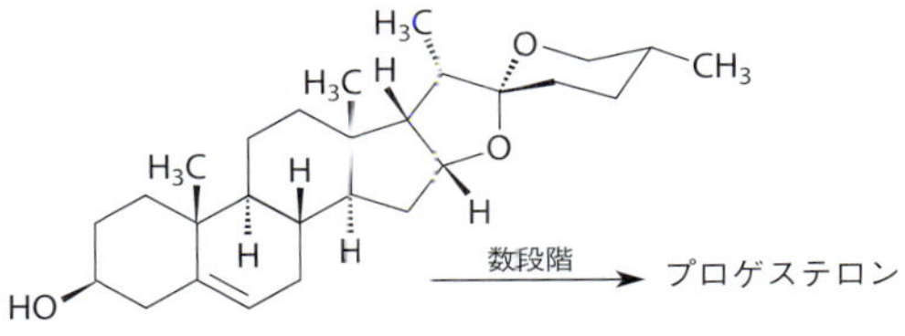

Marker 分解とよばれるこの変換にはさまざまな様式があり，現在でも用いられている．ジオスゲニンの天然の供給源は，メキシコ特有のヤマイモ *cabeza de negro* の根である(写真)．

今日，化学合成により生産されるステロイドの約2/3が，さまざまな種類のヤマイモを原料としており，このヤマイモは今ではメキシコだけでなく，中米，インド，中国で栽培されている．最近では，他の原料から得られるステロイド誘導体から出発する実用的な工業的製法も開発されている．たとえば，米国では，大豆油生産の副生物からステロイド誘導体を回収する方法が開発され，これらの誘導体は，合成グルココルチコイドや他のステロイドホルモンの生産に利用されているエストロゲンや強心ステロイドの中には今でも天然資源から直接単離されているものもある．

ジオスゲニン →数段階→ プロゲステロン

次にあげる二つの構造的特徴は，天然に存在するステロイド(図7・14)に特に共通している．第一に，多くの場合，すべての環縮合がトランスになっている．トランス縮合したシクロヘキサン環はいす形相互変換を起こせないため(式7・18と関連する説明を参照)，すべてトランス縮合した結果，ステロイドの立体配座は剛直になり，平面的な構造になっている．図7・14(c),(d)に示す模型から，このことが見てとれる．第二に　多くのステロイドが，10位および13位の炭素にメチル基をもっている．これらのメチル基は核間メチル基(angular methyl group)とよばれる．図7・14(c),(d)では，これらのメチル基の水素を青色で示した．

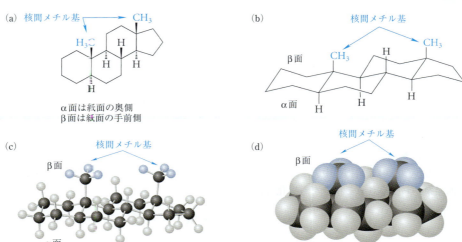

図 7・14　ステロイド環系の4種類の表示法．(a) 平面構造式．(b) 透視図．(c) 球棒模型．(d) 空間充填模型．環がすべてトランス縮合していること，また，広がった平面的な構造になっていることに注意しよう．(c),(d)で，核間メチル基の水素は青色で示してある．

ステロイドは，多くの重要なホルモンや他の天然物に見られる．コレステロールは広く分布している化合物であり，最初に発見されたステロイドである(1775年)．コルチコイド(コルチコステロイドともいう)と性ホルモンは，ステロイドホルモンの中でも生物学的に重要なものの例である．

コレステロール
(生体膜の重要な成分．
胆石の主成分．動脈硬
化性プラークのおもな
構成成分)

コルチゾン
(抗炎症ホルモン)

プロゲステロン　　17β-エストラジオール　　テストステロン
　　　ヒト女性ホルモン　　　　　　　　　　　　ヒト男性ホルモン

受胎調節薬として用いられる化合物は，すべてプロゲステロンおよびエストラジオールのステロイド類縁体であり，これら天然のステロイド系女性ホルモンを経口投与に適した形に化学修飾したものである．

7・7 立体異性体を含む反応

本章の残りの部分では，有機反応における立体化学の重要性に焦点を合わせる．まず，本節では立体異性体を含む反応に適用されるいくつかの一般的原理について学ぶ．

A. 鏡像異性体を含む反応

本節では二つの重要なケースについて考える．

1. キラルな化合物を出発物として含む反応
2. アキラルな出発物から，生成物として鏡像異性体を与える反応

ある生物学的に重要な反応を例にとり，両方のケースについて説明する．Krebs（クレブス）回路に含まれる，リンゴ酸とフマル酸との間の平衡反応である．

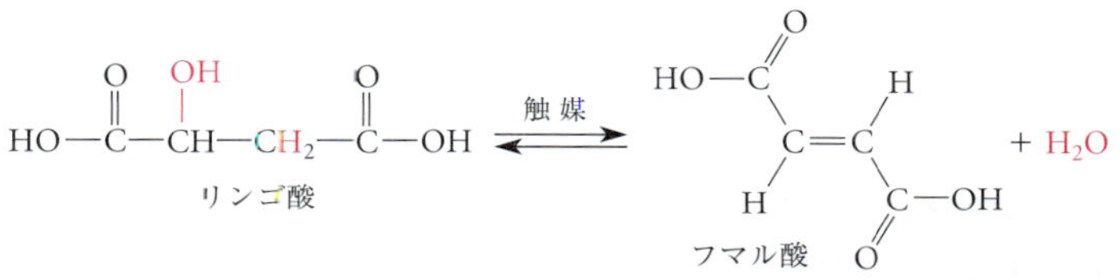

$$
\text{HO-C-CH-CH}_2\text{-C-OH} \underset{}{\overset{\text{触媒}}{\rightleftarrows}} \text{HO-C-C=C-C-OH} + \text{H}_2\text{O} \tag{7.19}
$$

この反応は，アルコールの脱水（正反応）およびアルケンの水和（逆反応）の例である．この形式の反応については，§4・9B および §4・9C で考察した．反応の平衡定数はほぼ 1 であるため，フマル酸とリンゴ酸のどちらから出発しても，二つの化合物が平衡に達する過程を調べることができる．正反応では，キラルな化合物（リンゴ酸）が反応し，アキラルな化合物を与える．逆反応では，アキラルな化合物が反応し，キラルな化合物を与える．この反応には，H_2SO_4 のような酸触媒とかなり高い温度が必要である．一方，フマラーゼという酵素により触媒される場合には，生理学的な pH(7.4) と温度(37 ℃)で反応が進行する．

鏡像異性体は同じ速度で反応するだろうか，それとも異なる速度で反応するだろうか．いいかえれば，式(7・19)の反応を，まず(R)-リンゴ酸を用いて，次に(S)-リンゴ酸を用いて行った場合，二つの化合物は同じ反応性を示すだろうか，それとも異なる反応性を示すだろうか．このような状況には，次の一般的原理が当てはまる．**鏡像異性体は，アキラルな反応剤とは同じ速度で反応する**．したがって，式(7・19)においてリンゴ酸の両鏡像異性体は，水および H_2SO_4 のような酸触媒（いずれもアキラルな反応剤である）とまったく同じ速度で反応し，まったく同じ収率でおのおのの生成物を与える．

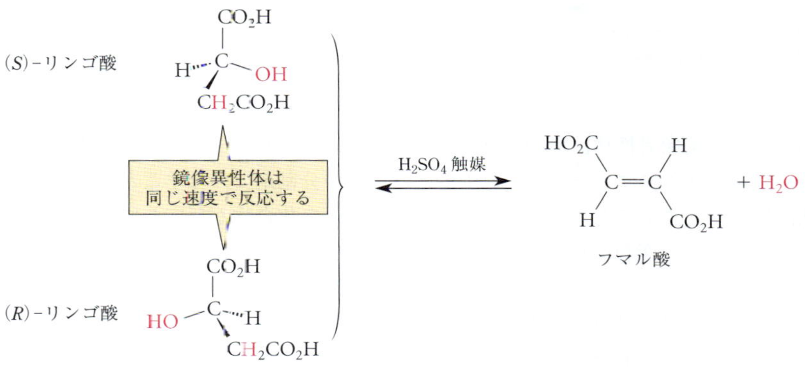

$$(S)\text{-リンゴ酸} \quad (R)\text{-リンゴ酸} \xrightarrow[\text{鏡像異性体は同じ速度で反応する}]{H_2SO_4 \text{ 触媒}} \text{フマル酸} + H_2O \tag{7.20}$$

鏡像異性体区別の原理(§6・8A)によると、鏡像異性体はキラルな反応剤の存在下でのみ異なった挙動を示す。水も硫酸もキラルではないので、リンゴ酸の二つの鏡像異性体はまったく同じ挙動を示す。エネルギーの観点からは、鏡像異性体は同一の自由エネルギーをもつ。すなわち、自由エネルギーは、沸点や融点と同様、鏡像異性体間で異ならない性質の一つである(§6・3)。式(7・20)では、出発物も各々の反応の遷移状態も、いずれも鏡像異性体の関係にある。鏡像異性体の関係にある遷移状態は、鏡像異性体の関係にある出発物と同様に、同一の自由エネルギーをもつ。相対的な反応性は、遷移状態と出発物との自由エネルギー差で決まり、このエネルギー差は両鏡像異性体で同一であるため、鏡像異性体は同じ速度で反応する。

対照的に、この反応が酵素であるフマラーゼで触媒される場合、二つの鏡像異性体はまったく異なる挙動を示す。実際、(S)-リンゴ酸はすばやく反応する(酵素による反応の加速効果は10^9倍に及ぶ)。しかし、酵素は(R)-リンゴ酸の反応は触媒しない。

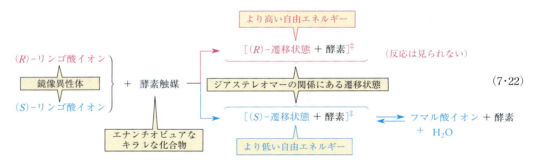

なお、酸はイオン化したリンゴ酸イオンおよびフマル酸イオンの形で示してある。典型的なカルボン酸と同様、これらの酸は pH 7.4 でイオン化しているからである。なぜ酵素は一方の鏡像異性体の反応を触媒し、もう一方の反応は触媒しないのだろうか。フマラーゼも他のすべての酵素も、エナンチオピュアなキラルな分子である。そのため、鏡像異性体区別の原理によって、リンゴ酸の二つの鏡像異性体は、酵素に対し異なった反応性を示す。自由エネルギーの観点から見ると、水とリンゴ酸イオンとの反応の遷移状態はキラルな酵素を含むので、R 体の反応の遷移状態と S 体の反応の遷移状態は、(もし酵素が存在しなければ鏡像異性体の関係になるのだが)酵素の存在下ではジアステレオマーの関係になり、それらの自由エネルギーは異なる。より速い反応〔(S)-リンゴ酸イオンの反応〕の遷移状態は、より低い自由エネルギーをもつ。

この酵素反応においては、鏡像異性体区別の原理が、鏡像異性体分割(§6・8)の場合とまったく同様に働いている。実際、酵素であるフマラーゼは、原理的にはキラル分割剤とみなすことができる。

次に、第二の状況について考えてみよう。すなわち、アキラルな化合物が反応して、生成物として鏡像異性体を与える場合である。微視的可逆性の原理(§4・9B)から、正反応と逆反応は同一の遷移状態をもつ必要がある。そのため、リンゴ酸の二つの鏡像異性体が同じ速度で脱水を起こすのであれば、逆反応、すなわちフマル酸の水和において、リンゴ酸の二つの鏡像異性体が生成する速度も同じでなければならない。一般に、アキラルな出発物からキラルな生成物が生じるときは常に、対をなす両方の鏡像

異性体が同じ速度で生成する．すなわち，生成物は常にラセミ体となる．これが，化学においてラセミ体が広範囲に見られる理由である．同じ原理を別の言葉で表現すると，アキラルな化合物の反応では光学活性が自発的に発生することはない，ということになる．

酵素触媒存在下では，以前に述べたように，(S)-リンゴ酸イオンのみが反応してフマル酸イオンを生成する．そのため，逆反応において，酵素存在下ではフマル酸イオンは(S)-リンゴ酸イオンのみを与える．この選択性は，式(7·22)に示すように，ジアステレオマーの関係にある遷移状態の自由エネルギーに基づいている．一般に，キラルな触媒存在下では，アキラルな出発物から両鏡像異性体が生成する速度は異なる．

なお，ここでは，フマラーゼの選択性の原因となる分子の相互作用の詳細については議論していないし，どちらの鏡像異性体がより速く反応するか，あるいは選択的に生成するかについては，一般にさらなる情報がなければ予測することはできない．ここでの議論は，このような事例において必ず働いている一般原則を示すことに焦点をしぼっている．

まとめると次のようになる．

1. 鏡像異性体は，アキラルな反応剤や触媒とは同じ速度で反応し，キラルな反応剤や触媒とは異なった速度で反応する．どの程度異なるかについては個々の場合により，一般にさらなる情報がなければ予測することにできない．酵素が触媒する反応では，鏡像異性体の反応速度の違いはたいていの場合非常に大きく，一方の鏡像異性体のみが反応する．
2. アキラルな出発物から鏡像異性体が生成する場合，キラルな触媒存在下のようにキラルな環境下で反応を行わない限り，生成物はラセミ体になる．キラルな環境下では，一方の鏡像異性体が優先して生成しうる．どちらの鏡像異性体が優先するか，また，どの程度優先するかについては，一般にさらなる情報がなければ予測することはできない．しかし，酵素が触媒する反応では，鏡像異性体の生成比はたいていの場合非常に大きく，一方の鏡像異性体のみが生成する．

問題

7·23 本節で解説した原理を応用して，次の問に答えよ．
(a) 両手の強さが等しいとして，あなたの右手と左手が釘を打込む能力に違いはあるか．ドライバーでネジを締める能力はどうか．
(b) Dさんという人のもとに，宇宙のどこからかLさんという人が訪れたと想像してみよう．DさんとLさんは，あらゆる面で類似している．互いに重なり合わない鏡像であることを除いては！ あなたは国際記者会見で彼ら二人を紹介しなければならないが，どちらも名乗ることは拒んでいる．あなたはどのように彼らを区別するだろうか（いくつかの方法があるだろう）．

7·24 アルケン A の二つの鏡像異性体が，次のそれぞれの反応剤と反応する速度は同じか，それとも異なるか述べ，そう考えた理由を説明せよ．それぞれについて，反応の生成物を示せ．

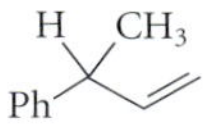

(a) HBr，過酸化物　　(b) (2R,5R)-2,5-ジメチルボラン（キラルなボラン）

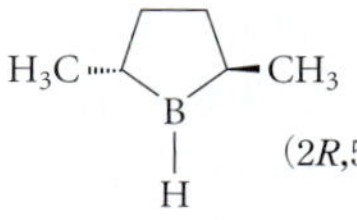

B. ジアステレオマーを含む反応

本節では，二つの互いに関連するケースについて考える．

1. 化学反応におけるジアステレオマーの関係にある出発物の相対的な反応性
2. 生成物としてジアステレオマーを与える反応

一般に，ジアステレオマーの関係にある化合物は，反応剤がキラルでもアキラルでも，**どのような反応剤に対しても**異なる反応性を示す．それらの反応では，出発物だけでなく遷移状態もジアステレオマーの関係になるが，それらのジアステレオマーは異なる自由エネルギーをもつからである．したがって，両者の反応の標準活性化自由エネルギーは原理的に異なるはずであり，その結果，反応速度が異なる．たとえば，ジアステレオマーの関係にある二つのアルケン，*cis*- および *trans*-2-ブテンは，**どのような反応剤に対しても**異なった速度で反応する．どちらのアルケンがより反応性が高いか，また，どの程度の差があるかについては，さらなる情報がなければ予測することはできない．ある反応剤に対してはシス異性体の方が反応性が高いが，別の反応剤に対してはトランス異性体の方が反応しやすいかもしれない．しかし，これら二つのアルケンの反応性が同じではないことは確かである．

$$\text{H}_3\text{C}\overset{\text{CH}_3}{\underset{\text{H}}{\text{C}=\text{C}}}\text{H} \quad \text{と} \quad \text{H}_3\text{C}\overset{\text{H}}{\underset{\text{H}}{\text{C}=\text{C}}}\text{CH}_3 \quad \text{はどのような反応剤に対しても異なる反応性を示す} \tag{7.23}$$

ジアステレオマー

生成物としてジアステレオマーを与える反応では，それらの生成物は異なった反応速度で生成し，そのため生成量も異なる．たとえば，1-メチルシクロヘキセンに過酸化物存在下で HBr を付加させる反応(ラジカル付加)では，ジアステレオマーの関係にある 1-ブロモ-2-メチルシクロヘキサンのシスおよびトランス異性体が生成するが，それらの生成量は異なる．

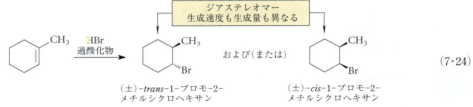

(7.24)

どちらの生成物もラセミ体である

この反応についてより詳細な知識がなければ，どちらのジアステレオマーがどの程度優先して生成するかについて予測することはできない．しかし，一方が他方より多く生成するだろうということは，確実に予測できる．この場合，シスジアステレオマーが主生成物となる(問題 7・69 参照)．

ジアステレオマーの生成量が異なるのは，それらがジアステレオマーの関係にある遷移状態を経て生成するからである．一般に，ジアステレオマーの関係にある遷移状態の標準自由エネルギーを比べると，どちらかがもう一方より低い．そのため，ジアステレオマーを生成する反応過程は，標準活性化自由エネルギーが異なり，その結果，反応速度が異なる．そして，それぞれの生成物は異なる量生成する．

§7・7A で学んだように，出発物がアキラルな場合，生成物の各ジアステレオマーは，それぞれ鏡像異性体の対として(ラセミ体として)生成する．たとえば，式(7・24)の反応もその例である．ここで，反応式の描き方として，知っておくべき慣習がある．すなわち，式(7・24)のように，便宜上，それぞれの生成物の一方の鏡像異性体のみを描く場合がある．しかし，このような場合でも，ジアステレオマーのそれぞれは必ずラセミ体であることを理解しておこう．

例題 7・5

臭素のシクロヘキセンへの付加では，生成物としてどのような立体異性体が生成しうるだろうか．それらのうち，同じ量生成するはずのものはどれだろうか．また，異なった量生成するはずのものはどれだろうか．

解 法 どのような反応でも立体化学に関する問題に取組む前には常に，まず反応そのものについて理解しておく必要がある．シクロヘキセンへの臭素付加では，1,2-ジブロモシクロヘキサンが生成する．

$$\text{シクロヘキセン} + Br_2 \longrightarrow \text{1,2-ジブロモシクロヘキサン}$$

次に，生成物の立体異性体で，生成する可能性のあるものを数え上げる．生成物である 1,2-ジブロモシクロヘキサンは，1対のジアステレオマーとして存在しうる．

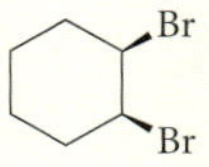

cis-1,2-ジブロモシクロヘキサン 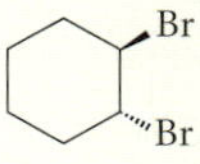   trans-1,2-ジブロモシクロヘキサン

トランスジアステレオマーに，1組の鏡像異性体として存在しうる．シスジアステレオマーはメソ体（§7・4B）である．したがって，原理的に分離可能な三つの立体異性体が生成しうる．すなわち，シス異性体と，トランス異性体の二つの鏡像異性体である．シス異性体とトランス異性体はジアステレオマーなので，それらは異なった量生成する．この時点では，どちらが優先して生成するかは予測できないが，この問題については §7・8C で説明する．トランスジアステレオマーの二つの鏡像異性体は，同じ量だけ生成するはずである．そのため，反応でトランス異性体がどれだけの量得られるかにかかわらず，トランス異性体はラセミ体，すなわち二つの鏡像異性体の 50：50 の混合物として得られる．

問 題

7・25 cis-2-ブテンに臭素付加を行うと，生成物としてどのような立体異性体が生成しうるか．それらのうち，異なった量生成するものはどれか．また，同じ量生成するものはどれか．

7・26 trans-2-ブテンにヒドロホウ素化-酸化を行うと，生成物としてどのような立体異性体が生成しうるか．それらのうち，異なった量生成するものはどれか．また，同じ量生成するものはどれか．

7・27 ラセミ体の 3-メチルシクロヘキセンが Br_2 と反応するとき，生成する可能性のある化合物をすべて書け．各生成物はどのような関係にあるか．どの化合物が原理的に同じ量生成するはずであるか，またどの化合物が異なった量生成するはずであるか．説明せよ．

7・8 化学反応の立体化学

立体化学を学ぶと，有機化学の学習に新たな次元が加わることがわかっただろう．立体化学についての詳細な情報がなければ，化学構造を完成することはできないし，化学反応を計画するときには，生じうる立体化学に関する問題を考える必要がある．本節では，2種の一般的な反応，すなわち付加反応と置換反応の立体化学について学ぶ．その後，5章で述べた付加反応のいくつかについて，立体化学に特に注意しながら改めて議論する．

A. 付加反応の立体化学

付加反応は，一般式 X—Y で表される化学種が，ある結合の両端に付加する反応であることを思い出そう．これまでに学んだ例としては，二重結合への付加がある．

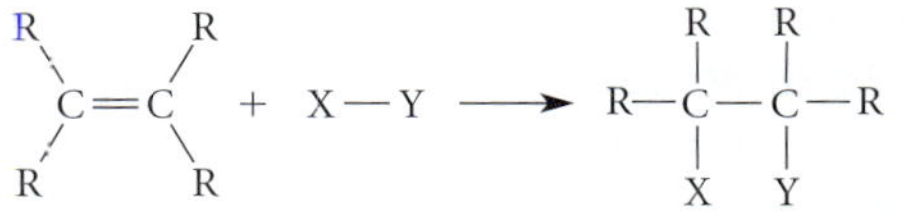

$$\underset{R}{\overset{R}{C}}=\underset{R}{\overset{R}{C}} + X-Y \longrightarrow R-\underset{X}{\overset{R}{C}}-\underset{Y}{\overset{R}{C}}-R \tag{7・25}$$

付加反応は，シン付加およびアンチ付加とよばれる，二つの立体化学的に異なる形式で起こりうる．これらについて，シクロヘキセンと一般式 X–Y で表される反応剤との反応を例に説明しよう．

二重結合への付加の立体化学は，二重結合とそれに結合した四つの原子を含む平面を基準にして議論される．この平面の両側を面(face)とよぶ．一般に，平面の観測者に近い側を上面とよび，反対側を底面とよぶ．

(7·26)

自然界における鏡像異性体の分割

自然界に存在するキラルな化合物の場合，天然由来の試料には，通常二つの鏡像異性体のうち一方のみが見いだされる．すなわち，自然は光学活性化合物の供給源になっている．たとえば，糖類の一種であるスクロースは，サトウキビやテンサイによってつくりだされるが，右旋性の鏡像異性体としてのみ存在する．また，天然に存在するアミノ酸であるロイシンは，左旋性の鏡像異性体である．

(+)-スクロース　　(−)-ロイシン

多くの科学者が，大昔に最初のキラルな化合物が単純なアキラルな化合物，たとえばメタン，水，および HCN などから生成したという仮説を立てている．この仮説には問題がある．§7·7A で述べたように，アキラルな出発物からキラルな生成物を与える反応は必ずラセミ体を与え，アキラルな分子の反応では，正味の光学活性は生じえないのである．生物界の出発物がすべてアキラルなのであれば，なぜ世界は光学活性化合物であふれているのだろうか．そうではなく，ラセミ体であふれているはずではないか．このジレンマから抜出するためには，地質年代のどこかの時点で最低でも1回の分割が起こったはずだと考えるしかない．では，その分割はどのように起こりえたのだろうか．

この問は，多くの憶測をよんだ．しかし，多くの科学者は，最初の分割はまったく偶然に起こったと信じている．自発的な分割は決して起こらないと先に述べたが，そのような事象はほとんど起こりそうにない，という表現の方がより正確である．たとえば，§6·8C で学んだように，ラセミ体の過飽和な溶液に一方の鏡像異性体を結晶の種として加えると，その鏡像異性体の自発的な結晶化が起こりうる．ひょっとしたら，前生物的地球において，ちょうどいい形の小さなちりが種となって，純粋な鏡像異性体の自発的な結晶化が起こったのかもしれない．この問は好奇心をかき立てるものであるが，本当の答は誰にもわからない．

自然の長い歴史のどこかの時点で，少なくとも1回の分割が偶然起こったと考えれば，自然がどのようにしてエナンチオピュアな化合物をつくり続けてきたかを理解するのは難しくない．本節で学んだように，酵素はアキラルな出発物から光学活性な化合物を生成する反応を触媒する．また，酵素が触媒する反応の出発物がキラルである場合，酵素は一方の鏡像異性体の反応のみを触媒する．このように，立体異性体の区別が触媒的に起これば，自然に存在する化合物の鏡像異性体純度は必然的に高くなる．

シン付加(syn-addition)では，二つの基が二重結合に同じ面から付加する．

$$\text{シン付加：} \quad \bigcirc\!\!| \quad + \quad X\!-\!Y \quad \longrightarrow \quad \begin{array}{c}\text{（XとYは上面}\\\text{から付加）}\end{array} \quad + \quad \begin{array}{c}\text{（XとYは底面}\\\text{から付加）}\end{array} \qquad (7\cdot 27\text{a})$$

（鏡像異性体）

シン付加の際に反応剤が近づく方向は二つあるが，両者は鏡像の関係にあることに注意しよう．すなわち，XとYが異なるとき，上面からの付加による生成物は，底面からの付加による生成物の鏡像異性体である．

アンチ付加(anti-addition)では，二つの基が二重結合の反対の面から付加する．

$$\text{アンチ付加：} \quad \bigcirc\!\!| \quad + \quad X\!-\!Y \quad \longrightarrow \quad \begin{array}{c}\text{（Xは上面から，}\\\text{Yは底面から付加）}\end{array} \quad + \quad \begin{array}{c}\text{（Xは底面から，}\\\text{Yは上面から付加）}\end{array} \qquad (7\cdot 27\text{b})$$

（鏡像異性体）

アンチ付加の二つの方向は，やはり鏡像の関係にある．

付加反応は，シン付加とアンチ付加が混ざった形で進行する可能性も考えられる．このような反応では，生成物は式(7・27a)，式(7・27b)のすべての生成物の混合物になると予想される．シン付加とアンチ付加，またそれらが混合した付加反応の例については本節で後述する．

式(7・27a)，式(7・27b)から示唆されるように，付加がシンとアンチのどちらの形式で起きているかは，生成物の立体化学を解析することで判別できる．たとえば，式(7・27a)では，生成物でXとYがシスの関係にあることから，シン付加が起こったことがわかる．付加反応の立体化学を決定できるのは，付加が異なる形式で起こったとき，異なる立体化学の生成物が生成する場合に限られる．一方，エチレン $H_2C=CH_2$ にXとYが付加する場合，シン付加でもアンチ付加でも同じ生成物 $X-CH_2-CH_2-Y$ が得られる．この生成物には立体異性体が存在しないため，付加がシンあるいはアンチのどちらの形式で起きたかは判別できない．より一般化していうと，シン付加とアンチ付加が異なる生成物を与えるのは，二重結合の両方の炭素が生成物において立体中心になる場合に限られる．じっくり考えてみれば，このことが理解できるだろう．シン付加とアンチ付加の問題は，両方の炭素の相対立体化学の問題であり，相対立体化学は両方の炭素が立体中心でなければ意味がないからである．

B. 置換反応の立体化学

置換反応(substitution reaction)では，一つの基が別の基に置き換えられる．たとえば，次の置換反応では，BrがOHによって置換される．

$$H_3C-\ddot{\underset{..}{B}}r: \; + \; {}^-\!:\!\ddot{\underset{..}{O}}H \quad \longrightarrow \quad H_3C-\ddot{\underset{..}{O}}H \; + \; :\!\ddot{\underset{..}{B}}r\!:^- \qquad (7\cdot 28)$$

ヒドロホウ素化–酸化における酸化の段階も置換反応である．この場合，ホウ素がOH基に置き換えられる．

$${}^-\!OH \; + \; 3\,HO\!-\!OH \; + \; (CH_3CH_2)_3B \quad \longrightarrow \quad 3\,CH_3CH_2\!-\!OH \; + \; {}^-\!B(OH)_4 \qquad (7\cdot 29)$$

置換反応の立体化学には，二つの異なる形式があり，それぞれ**立体配置の保持**，および**立体配置の反転**とよばれる．YがXを**立体配置の保持**(retention of configuration)で置換する場合，立体化学的にX

とYの相対的な位置は同じである．

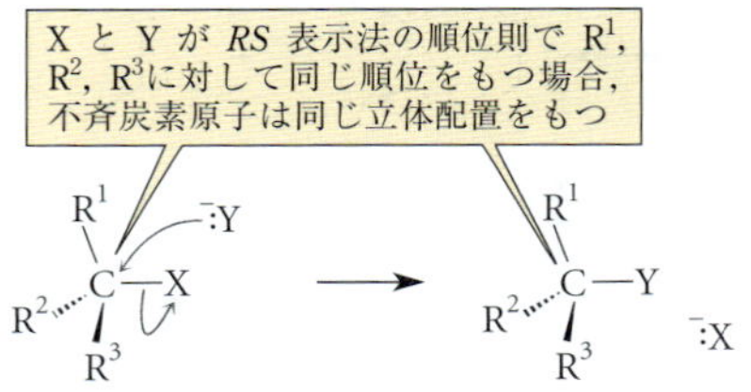

$$\text{(7·30a)}$$

XとYが RS 表示法の順位則で R^1, R^2, R^3 に対して同じ順位をもつ場合，不斉炭素原子は同じ立体配置をもつ

置換反応が立体保持で起こるとき，XとYが RS 表示法の順位則で R^1, R^2, R^3 に対して同じ順位をもつ場合には，置換が起こる炭素の立体配置は，出発物と生成物で同じになる．出発物でのその炭素の立体配置が S 配置であれば，生成物での立体配置も S 配置になる．

置換反応が**立体配置の反転**(inversion of configuration)を伴って起こるとき，立体化学的にXとYの相対的な位置は異なる．具体的には，攻撃してくる Y:⁻ は脱離していく X:⁻ の反対側から不斉炭素原子との結合を形成する必要がある．Yのための空間をあけるとともに，炭素の正四面体構造を維持するために，三つのR基は緑色の矢印で示すように動く必要がある．

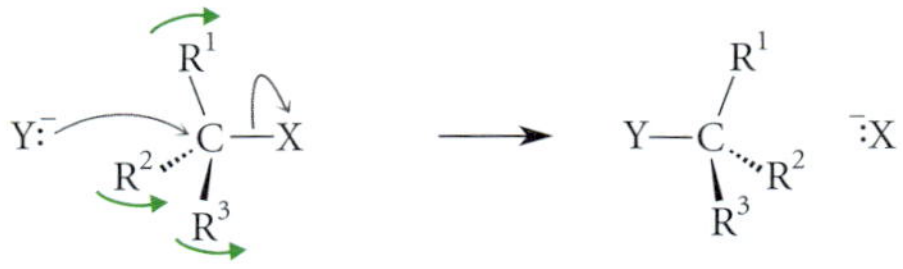

$$\text{(7·30b)}$$

この動きは，アミンの反転(図 6·18)の場合と非常に類似している．

置換反応が立体反転を伴って起こるとき，XとYが RS 表示法の順位則で R^1, R^2, R^3 に対して同じ順位をもつ場合には，置換が起こる炭素の立体配置は，出発物と生成物で逆になる．出発物でのその炭素の立体配置が R 配置であれば，生成物での立体配置は逆の S 配置になる．

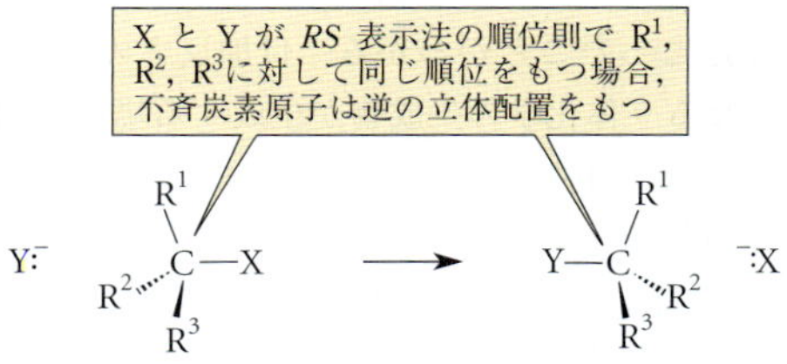

$$\text{(7·30c)}$$

XとYが RS 表示法の順位則で R^1, R^2, R^3 に対して同じ順位をもつ場合，不斉炭素原子は逆の立体配置をもつ

付加反応の場合と同様に，置換反応においても立体保持と立体反転の反応が同等の速度で起こる場合がありうる．このような場合，両方の経路に対応する立体異性体が生成物として得られると予想される．立体反転の反応例や立体保持の反応例，両者が混合する反応例のいずれもよく知られている．

式(7·30a)，式(7·30b)から示唆されるように，置換反応の立体化学を解析するためには，置換が起こる炭素が，出発物と生成物の両方において立体中心である必要がある．たとえば，次のような状況では，置換反応の立体化学を決定することはできない．

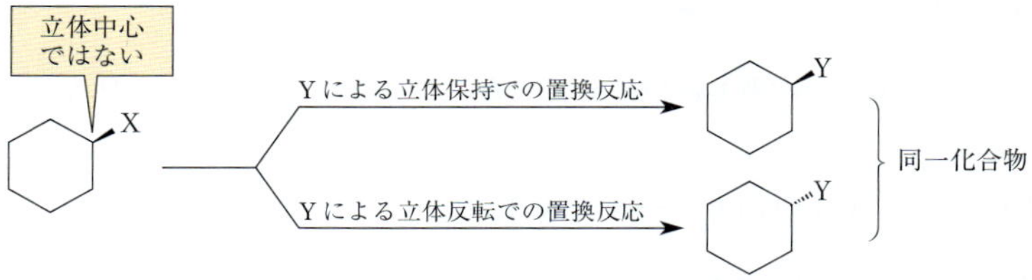

$$\text{(7·31)}$$

置換が起こる炭素が立体中心ではないために，置換反応が立体保持で起こっても立体反転で起こっても

同じ生成物が得られる．

ある反応で，生成物の特定の立体異性体が他の立体異性体より著しく優先して生成する場合，その反応を**立体選択的反応**(stereoselective reaction)という．式(7・27b)に示すような，アンチの立体化学でのみ起こる付加反応は，立体選択的反応である．一方のジアステレオマーのみが生成し，他方は生成しないからである．式(7・30b)に示すような，立体反転のみを起こす置換反応も，立体選択的な反応である．一方の鏡像異性体のみが生成して，他方は生成しないからである．

本節では，2種の一般的な反応，すなわち付加反応と置換反応において，どのような立体化学が考えられるかについて確認した．残りの節では，これらの概念を応用して，以前に5章で述べたいくつかの反応の立体化学的側面について説明する．

C. 臭素付加の立体化学

臭素のアルケンへの付加(§5・2A参照)は多くの場合，立体選択性の高い反応である．本節では，Br_2 の cis- および trans-2-ブテンへの付加について詳細に学んでいくが，次の2点を目的とする．

1. §7・8Aの概念がどのように非環状化合物に適用されるかを学ぶ．
2. 反応機構を理解するために，立体化学がどのように活用できるかを学ぶ．

cis-2-ブテンが臭素と反応すると，生成物は2,3-ジブロモブタンである．

$$\underset{cis\text{-}2\text{-ブテン}}{\begin{array}{c}H_3C\\ \diagdown\\ H\end{array}C=C\begin{array}{c}CH_3\\ \diagup\\ H\end{array}} + Br_2 \longrightarrow \underset{2,3\text{-ジブロモブタン}}{H_3C-\overset{Br}{\underset{|}{C}H}-\overset{Br}{\underset{|}{C}H}-CH_3} \tag{7・32}$$

この生成物に三つの立体異性体が存在することは覚えているだろう．すなわち，一対の鏡像異性体とメソ化合物である(問題7・25)．メソ化合物と鏡像異性体対はジアステレオマーの関係にあるので，それらの生成量は異なるはずである(§7・7B)．鏡像異性体が生成する場合，出発物がアキラルなので，ラセミ体として生成するはずである(§7・7A)．

実験室で臭素の cis-2-ブテンへの付加を行うと，生成物はラセミ体のみである．対照的に，trans-2-ブテンへの臭素付加は，メソ化合物のみを与える．これらの結果をまとめると次のようになる．

$$\text{実験結果:} \quad H_3C-CH=CH-CH_3 \xrightarrow[CH_2Cl_2]{Br_2} H_3C-\overset{Br}{\underset{|}{C}H}-\overset{Br}{\underset{|}{C}H}-CH_3 \tag{7・33}$$

シス ⟶ ラセミ体
トランス ⟶ メソ化合物

この情報は，臭素の cis-2-ブテンおよび trans-2-ブテンへの付加は，いずれも立体選択性が高い反応であることを示している．これらの付加はシン付加だろうか，アンチ付加だろうか．アルケンが環状ではないので(式7・27では環状である)，答はすぐにはわからない．例題7・6で，この答を得るために，実験結果を系統的に解析する方法について説明する．

例題 7・6

式(7・33)の実験結果によると，cis-2-ブテンへの臭素付加はシン付加か，あるいはアンチ付加か．

解法 この問に答えるためには，cis-2-ブテンへのシン付加とアンチ付加の両方について，それぞれが起こった場合にどのような結果が得られるか考える必要がある．これらの結果を実験事実と比べることで，どちらの選択肢が正しいかがわかる．

臭素がシン付加した場合，Br_2 は二重結合のどちらかの面に付加する．次の構造では，式(7·26)と同様にアルケンを真横から見ている．

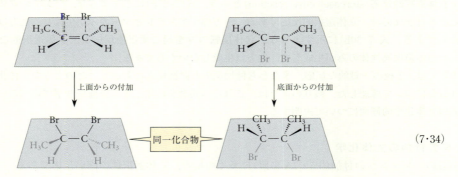

(7·34)

meso-2,3-ジブロモブタン

この解析から，どちらの方向からシン付加しても，メソ体のジアステレオマーが生成することがわかる．実験事実(式7·33)では *cis*-2-ブテンからメソ体は生成しないので，二つの臭素原子が分子の同じ面から付加することに起こりえない．したがって，シン付加は起こらない．

臭素付加がシン付加ではないということは，アンチ付加であろうということになる．これを検証してみよう．二つの臭素原子の *cis*-2-ブテンへのアンチ付加を考えよう．この付加も，二つの同確率の反応経路で起こりうる．

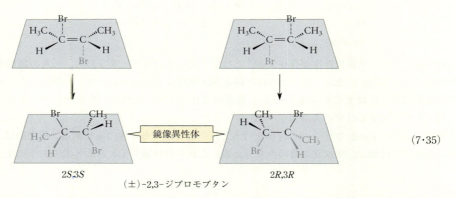

(±)-2,3-ジブロモブタン

(7·35)

この解析から，一方の経路での付加生成物は，他方の経路の生成物の鏡像異性体になることがわかる．すなわち，アンチ付加の二つの経路が同じ確率で起こり，ラセミ体が生成するはずである．実際，式(7·33)の実験事実では，*cis*-2-ブテンへの臭素付加はラセミ体を与えているので，この反応はアンチ付加である．

trans-2-ブテンへの臭素付加を同様に解析すると，この反応もアンチ付加であることがわかる．自分自身で解析してみよう．

例題 7·6 の最後で述べたように，臭素の *trans*-2-ブテンへの付加も立体選択的アンチ付加であることを，自分で確認しよう．実際，ほとんどの単純アルケンへの臭素付加は，アンチの立体化学でのみ起こる．つまり，臭素付加は立体選択的アンチ付加反応である．

2-ブテンへの臭素付加の立体化学に関する研究から，論理を展開するうえで重要な問題が提起される．2-ブテンへの臭素付加がアンチ付加であると主張するためには，2-ブテンのシスおよびトランス両方の立体異性体の反応を調べる必要がある．実験結果から離れて考えれば，2-ブテンの一方の立体異性体ではアンチ付加が，もう一方の立体異性体ではシン付加が観測される可能性も考えられる．仮に

それが実験結果であった場合でも，臭素の付加が立体選択性の高い反応であることには変わりがない．しかし，2-ブテンへの臭素付加がアンチ付加であるという，より一般的な主張をすることはできなかったであろう．

臭素付加のように，出発物の各立体異性体が生成物においてそれぞれ異なる立体異性体を与える反応は，**立体特異的反応**(stereospecific reaction)とよばれる．前段落の議論が示すように，すべての立体特異的反応は，立体選択的であるが，すべての立体選択的反応が，立体特異的であるわけではない．いいかえると，すべての立体特異的反応は，すべての立体選択的反応の部分集合である．

なぜ臭素付加は，立体特異的アンチ付加なのだろうか．臭素付加の立体特異性は，ブロモニウムイオンを経由する反応機構(式 5・11，式 5・12)が提唱されたおもな理由の一つである．この反応機構によって，実験結果をどのように説明できるのか，見ていこう．まず，ブロモニウムイオンはアルケンのどちらの面においても生成しうる．次式には一方の面での反応を示している．他方の面での反応を自分で描き，以下の議論に用いること．

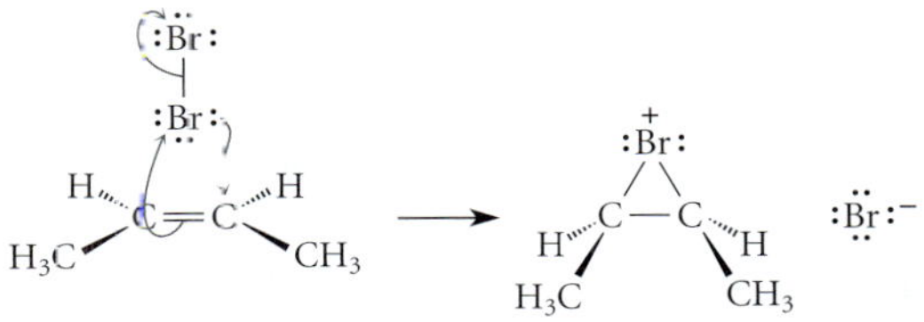

$$\text{(7・36)}$$

ここに示したブロモニウムイオンの生成は，両方の C−Br 結合がアルケンの同じ面で生成しているので，シン付加である．

ブロモニウムイオンの生成がシン付加なのであれば，臭素との反応全体でアンチ付加となる理由は，ブロモニウムイオンと臭化物イオンとの反応の立体化学にあるはずである．ブロモニウムイオンが臭化物イオンと，**反対側での置換反応**(opposite-side substitution)を起こすと考えてみよう．その場合，求核剤として働く臭化物イオンが，開裂する結合(ここでは炭素–臭素結合)の反対側の面で，炭素に対して電子対を与えることになる．反対側での置換反応は，必ず立体配置の反転を伴って起こる(§7・8B)．置換反応が進むにつれて，メチル基と水素は炭素の正四面体構造を維持するために上方へ動く(緑色の矢印)必要があるからである(式 7・30b と比較せよ)．臭化物イオンと一方の炭素との反応は一方の鏡像異性体を与え，もう一方の炭素との反応はもう一方の鏡像異性体を与える．

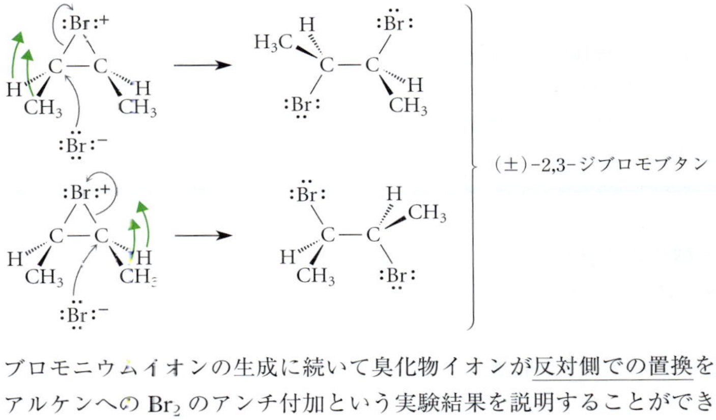

$$\text{(±)-2,3-ジブロモブタン} \quad (7・37)$$

このように，ブロモニウムイオンの生成に続いて臭化物イオンが反対側での置換を起こすという反応機構によって，アルケンへの Br_2 のアンチ付加という実験結果を説明することができる．一般に，どのような置換反応においても，求核剤が飽和炭素原子と反応する際には，反対側での置換が観測される(反対側での置換については，9 章でさらに学ぶ)．

臭素付加のアンチ立体化学とつじつまの合う反応機構は他に考えられるだろうか．カルボカチオンを経由する反応機構で考えた場合，反応の立体化学はどのようになると予想されるか調べてみよう．

臭素の cis-2-ブテンへの付加が，カルボカチオン中間体を与えると仮定しよう．（下図では，アルケンの上の面での臭素付加のみを示してある．下の面でも同じように付加が起こり，鏡像異性体のカルボカチオンが生成する）．カルボカチオンの寿命が長く，1回でも内部回転を起こすことができると，その後にブロモニウムイオンが再生したとしても，ジブロモ体の両方のジアステレオマーが生成物として得られると予想される．

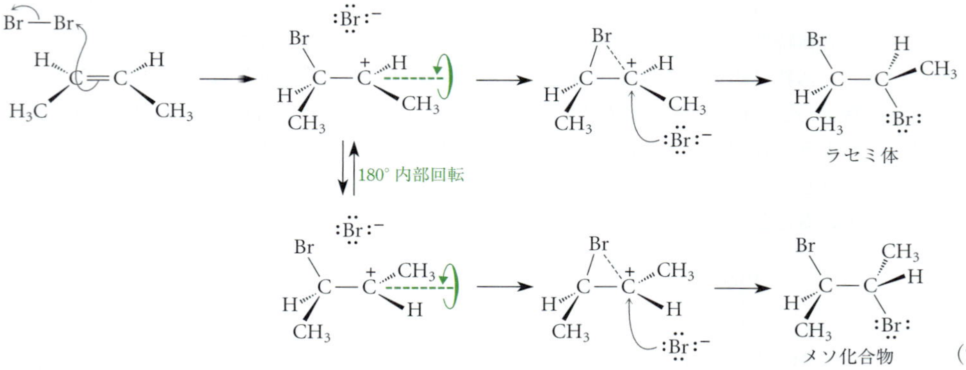

$$(7・38)$$

そのため，反応は立体選択的ではなくなってしまう．実際にはこのような結果は観測されていないため（式 7・33），カルボカチオンを含む反応機構は実験データと合致しない．この反応機構は，臭素付加において転位が見られないこととも合致しない．しかし，ブロモニウムイオンを含む反応機構では，実験結果を直接的かつ単純に説明することができる．この反応機構の信頼性は，特殊な条件下でブロモニウムイオンが直接観測されたことによってさらに高まった．1985年に，ブロモニウムイオンの構造が X 線結晶構造解析によって決定された．

アンチ立体化学が観測されることから，ブロモニウムイオンを含む反応機構が証明されたといえるだろうか？ 答は否である．いかなる反応機構も証明することはできない．化学者は，立体化学や転位の有無など，反応についてできるだけ多くの情報を集めることによって反応機構を推定し，実験事実に合致しないすべての機構を排除する．誰かが実験事実を説明できる別の機構を考えた場合，誰かが新しい実験を行って従来の機構とその機構のどちらがより妥当か決めるまでは，両者の妥当性に優劣はない．

問題

7・28 ブロモニウムイオン機構で進行すると仮定し，シクロヘキセンへの臭素付加で生成すると期待される生成物（すべての立体異性体を含む）の構造式を描け（例題 7・5 参照）．

7・29 臭素付加がブロモニウムイオン機構で進行すると考えると，問題 7・27 で解答した生成物のどれが主生成物になる可能性が高いだろうか．

D. ヒドロホウ素化–酸化の立体化学

ヒドロホウ素化–酸化は，二つの別個の反応を含むので，その立体化学は両方の反応の立体化学に基づくものとなる．

ヒドロホウ素化は，立体特異的シン付加である．

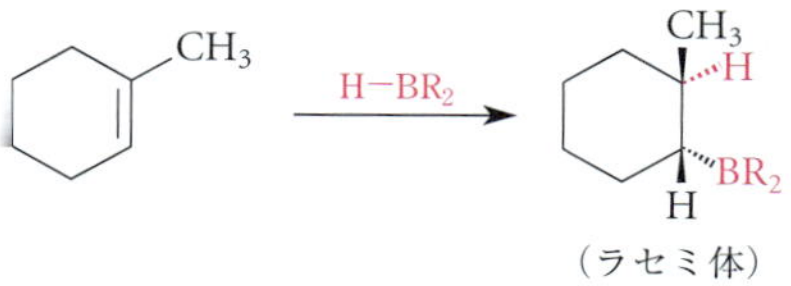

$$(7・39)$$

構造式を描くうえでの慣習についてもう一度確認しておこう．反応式に生成物の一方の鏡像異性体のみが示されている場合でも，出発物がアキラルなので，生成物はラセミ体である（§7・7A）．

ボランがシン付加することは，反応中に転位が起こらないこととあわせて，この反応が協奏的機構で進行することを示すおもな証拠となっている．

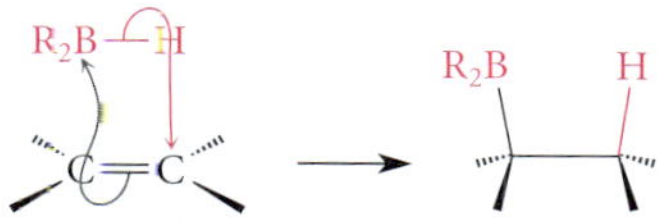

$$\text{協奏的シン付加} \tag{7・40a}$$

同じ協奏的機構でのアンチ付加は，事実上不可能である．アルケンの π 結合の反対側の面にまたがるほどの異常に長い B−H 結合が必要になるからである．

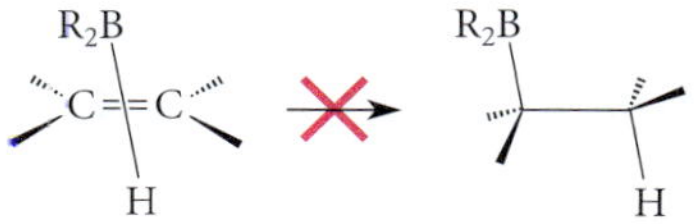

$$\text{協奏的アンチ付加が起こるためには，非現実的な B−H 結合距離が必要になる} \tag{7・40b}$$

アルキルボランの酸化は，立体配置の保持で進行する立体特異的な置換反応である．

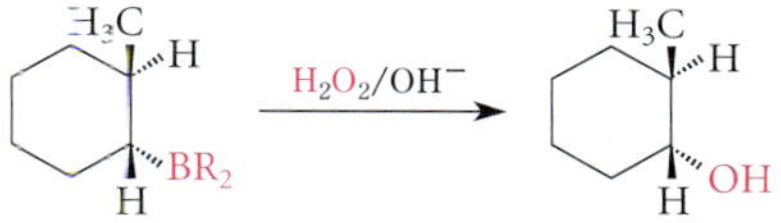

$$\tag{7・41}$$

trans-2-メチルシクロヘキサノール

この置換反応の詳細な機構についてはここでは述べないが，反対側での求核置換反応を含まないことは確かである（なぜだろうか？）．

式(7・39)および式(7・41)の結果をあわせると，アルケンのヒドロホウ素化-酸化は，最終的には二重結合への H−OH のシン付加になっていることがわかる．

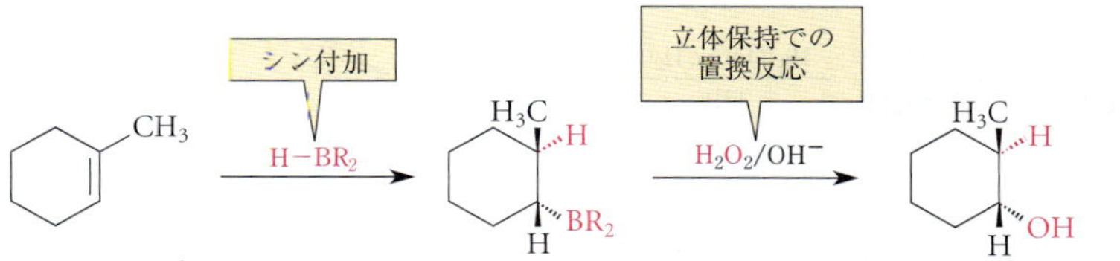

$$\tag{7・42}$$

1-メチルシクロヘキセン （±）-*trans*-2-メチルシクロヘキサノール

知られている限り，すべてのヒドロホウ素化-酸化は立体特異的シン付加である．

　　−H と −OH がシン付加していることを，よく確認しておこう．式(7・42)の生成物の名前にトランスと記述されているのは，付加した二つの基とは関係がない．出発物のアルケンに含まれていたメチル基と，OH 基との関係を示している．構造式を描くうえでの慣習について改めて確認しておこう．それぞれのキラルな分子について，一方の鏡像異性体のみが示されているが，実際にはそれぞれラセミ体が生成していることを意味している．

問題

7・30 次のそれぞれのアルケンにヒドロホウ素化-酸化を行ったとき，どのような生成物が得られるか，立体化学を含めて答えよ（D = 重水素 = ^{2}H）．

(a)
$$\begin{array}{c} H_3C \quad CH_3 \\ C=C \\ D \quad D \end{array}$$

(b)
$$\begin{array}{c} H_3C \quad D \\ C=C \\ D \quad CH_3 \end{array}$$

7・31 (Z)-3-メチル-2-ペンテンにTHF中でBH$_3$によるヒドロホウ素化を行い，ついでH$_2$O$_2$/NaOHで酸化したときに生成する生成物の構造式を，立体化学を含めて示せ．立体異性体が生成する場合，同じ量生成するか，異なった量生成するか述べよ．

E. 他の付加反応の立体化学

触媒的水素化 ほとんどのアルケンの触媒的水素化（§4・9A）は，立体特異的シン付加である．典型的な例を次に示す．なお，立体化学がわかりやすいように，生成物は重なり形配座で示してある．

$$\underset{E\text{ 立体異性体}}{\begin{array}{c} Ph \quad CH_3 \\ C=C \\ H_3C \quad Ph \end{array}} + H_2 \xrightarrow[\text{酢 酸}]{Pd/C} \underset{\text{ラセミ体}}{\begin{array}{c} H \quad H \\ Ph-C-C-CH_3 \\ H_3C \quad Ph \end{array}} \quad (7\cdot43\text{a})$$

$$\underset{Z\text{ 立体異性体}}{\begin{array}{c} Ph \quad Ph \\ C=C \\ H_3C \quad CH_3 \end{array}} + H_2 \xrightarrow[\text{酢 酸}]{Pd/C} \underset{\text{メソ立体異性体}}{\begin{array}{c} H \quad H \\ H_3C-C-C-CH_3 \\ Ph \quad Ph \end{array}} \quad (7\cdot43\text{b})$$

これらの結果から，二つの水素原子が触媒から二重結合の同じ面に受渡されていることがわかる．触媒的水素化が立体特異的であることは，この反応が有機化学において非常に重要である一つの理由になっている．

オキシ水銀化-還元 アルケンのオキシ水銀化（§5・4A）は，通常は立体特異的アンチ付加である．

$$\begin{array}{c} H \quad H \\ C=C \\ H_3C \quad CH_3 \end{array} \xrightarrow[\text{THF}]{Hg(OAc)_2, H_2O} \underset{\text{（ラセミ体）}}{\begin{array}{c} HO \quad H \\ H-C-C-CH_3 \\ H_3C \quad HgOAc \end{array}} \quad (7\cdot44)$$

〔trans-2-ブテンで同じ反応を行うとどのような結果になるだろうか（問題7・32参照）〕．この反応は臭素付加と同様に環状イオン機構（式5・21b）で進行するため，反応の立体化学も臭素付加と同じになることは不思議ではない．しかし，水銀を含む生成物とNaBH$_4$との反応では，場合によって立体化学が変化する．この例では，NaBH$_4$の重水素類縁体であるNaBD$_4$を用いて反応機構が調べられ，水銀が水素に置換される際に立体配置に関する情報が失われていることがわかっている．

$$\begin{array}{c} HO \quad H \\ H-C-C-CH_3 \\ H_3C \quad HgOAc \end{array} \xrightarrow{NaBD_4, ^-OH} \begin{array}{c} HO \quad H \\ H-C-C-CH_3 \\ H_3C \quad D \end{array} + \begin{array}{c} HO \quad D \\ H-C-C-H \\ H_3C \quad CH_3 \end{array} \quad (7\cdot45)$$

（等量ずつ生成）

そのため，オキシ水銀化-還元は，一般には立体選択的反応ではない．この反応は立体選択的ではないものの，位置選択性が高いため，立体化学が問題にならない場合には非常に有用である．

> **問題**
>
> **7・32** (a) *trans*-2-ブテンと Hg(OAc)$_2$ および H$_2$O との反応の生成物とそれらの立体化学を示せ．
> (b) (a)の生成物に NaOH 水溶液中で NaBD$_4$ を作用させたときに得られる生成物は何か．これらの生成物(立体化学を含めて)を式(7・45)の生成物と比較せよ．
> **7・33** 次のアルケンのうち，オキシ水銀化-還元を行ったときに，(a) 単一の化合物，(b) 二つのジアステレオマー，(c) 複数の構造異性体のそれぞれを与えるのはどれか，説明せよ．
>
> $\quad\quad A \quad\quad\quad B \quad\quad\quad C \quad\quad\quad D$

7章のまとめ

- シクロプロパンを除いて，シクロアルカンは折れ曲がった炭素骨格をもつ．
- 比較的小さな環を含むシクロアルカンの中では，シクロヘキサンが最も安定である．これは，シクロヘキサンには結合角ひずみがなく，また，すべての結合がねじれ形になる配座をとることができるからである．
- シクロヘキサンの最安定配座は，いす形配座である．この配座では，水素や置換基はアキシアル位かエクアトリアル位を占める．シクロヘキサンおよび置換シクロヘキサンは，すばやいいす形相互変換を起こす．その際，エクアトリアル位にある基はアキシアル位になり，アキシアル位にある基はエクアトリアル位になる．ねじれ舟形配座は，シクロヘキサン誘導体のより不安定な配座である．ねじれ舟形配座は，舟形の遷移状態を経て相互変換する．
- アキシアル位に置換基があるシクロヘキサンの配座は，同じ置換基がエクアトリアル位にある配座より通常不安定である．これは，アキシアル置換基と環の同じ面にある二つのアキシアル水素との間の van der Waals 相互作用(1,3-ジアキシアル相互作用)により不安定化されるためである．アキシアル位のメチル基とアキシアル位にある環水素との間の1,3-ジアキシアル相互作用は，*gauche*-ブタンにおける二つのメチル基の相互作用によく似ている．
- シクロペンタンは，封筒形配座として存在している．シクロペンタンの CH$_2$ 当たりの生成熱は，シクロヘキサンより大きい．これは，水素原子間の重なりのためである．
- シクロブタンとシクロプロパンは，理想的な正四面体角から大きくずれた結合角をとらざるをえないため，結合角ひずみが非常に大きい．シクロプロパンは，曲がった炭素-炭素結合をもつ．シクロブタンとシクロプロパンは，最も不安定なシクロアルカンである．
- シクロアルカンは平面の多角形として表記されることがあるが，その際，置換基の立体化学は破線と実線のくさびで示される．平面の線-くさび構造式では，炭素立体中心の立体配置は示されるが，立体配座に関する情報は含まれない．
- 二環化合物は，二つの環が，共有する2個の炭素原子の位置で連結された構造をもつ．この炭素原子を橋頭位炭素とよぶ．橋頭位炭素が隣接するものを縮合二環化合物とよぶ，隣接しないものを架橋二環化合物とよぶ．シスあるいはトランス縮合が可能である．大きな環を連結する場合，1,3-ジアキシアル相互作用を避けることができるため，トランス縮合が最も安定である．一方，小さな環を連結する場合，結合角ひずみを小さくできるため，シス縮合が最も安定である．多環化合物には，多くの縮合環や架橋環(あるいは両方)が含まれる．
- 八員環より小さな環の中にトランス二重結合を含むシクロアルケンは，非常に不安定であり通常の条件下では存在できない．
- 橋頭位二重結合を含む小さな環からなる二環化合物も，大きくねじれた二重結合が含まれるため，不安定である(Bredt 則)．

- 立体異性体が関与する反応では，次の基本原則が反応を支配する．
  1. 1組の鏡像異性体は，アキラルな反応剤に対して同じ反応性を示す．〔ただし，反応条件下でジアステレオマーの関係が生じる場合（たとえばキラルな触媒や，キラルな溶媒が用いられている場合など）を除く〕．
  2. 出発物と反応剤がいずれもアキラルな化学反応では，キラルな生成物は常にラセミ体として生成する．〔ただし，反応条件下でジアステレオマーの関係が生じる場合（たとえばキラルな触媒や，キラルな溶媒が用いられている場合など）を除く〕．
  3. ジアステレオマーは，一般に異なった反応性を示す．
  4. 化学反応でジアステレオマーが生成する場合，異なった反応速度で異なった量生成する．
- 付加反応は，シンの立体化学で進行する場合と，アンチの立体化学で進行する場合がある．置換反応では，立体配置が保持される場合と反転する場合がある．反応の立体化学は，出発物と生成物の立体化学の比較によって決定される．反応の立体化学を決定できるのは，反応により変化が起こる炭素のそれぞれが，生成物において立体中心になる場合である．
- 立体選択的反応では，生成物の立体異性体のひとつが他の異性体より大過剰に生成する．立体選択的反応の中で，出発物の異なった立体異性体が生成物の異なった立体異性体を与えるものを，立体特異的反応とよぶ．立体特異的反応はすべて立体選択的反応であるが，すべての立体選択的反応が立体特異的であるわけではない．
- 単純なアルケンへの臭素付加は，立体特異的アンチ付加である．この反応では，一つの臭素原子の付加によりブロモニウムイオンが生成し，続いてブロモニウムイオンの炭素に臭化物イオンが立体配置の反転を伴う求核攻撃を起こす．
- アルケンのヒドロホウ素化は，立体特異的シン付加であり，それに続くアルキルボランの酸化は，立体配置の保持で進む立体特異的な置換反応である．したがって，ヒドロホウ素化–酸化は，全体としてはアルケンへの H–OH の立体特異的シン付加になる．
- 触媒的水素化は，立体特異的シン付加である．オキシ水銀化–還元は，必ずしも立体選択的ではない（それゆえに立体特異的でもない）．これは，水銀が水素で置換される際に，立体異性体の混合物が生成するためである．

追加問題

7・34 次の化合物の構造式を描け．
(a) 6個の炭素原子をもつ二環アルカン
(b) (S)-4-シクロブチルシクロヘキセン
(a)で構造式を描いた化合物を命名せよ．

7・35 次のうち，メチルシクロヘキサンと(E)-4-メチル-2-ヘキセンを（原理的に）区別しうるものはどれか．また，そう考えた理由を説明せよ．
(a) 分子量の決定　(b) 触媒存在下での水素の取込み
(c) 臭素との反応　(d) 分子式の決定
(e) 生成熱の決定　(f) 鏡像異性体の分割

7・36 2-ペンタノールの二つの鏡像異性体について，次のそれぞれの性質が同じか異なるかを述べ，その理由を説明せよ．

2-ペンタノール

(a) 沸点　(b) 旋光度　(c) ヘキサンへの溶解度
(d) 密度　(e) (S)-3-メチルヘキサンへの溶解度
(f) 双極子モーメント
(g) 味（ヒント：味蕾はキラルである）

7・37 次のそれぞれの分子がいす形相互変換を起こした後の構造式を描け．
(a), (b), (c)
（ヒント：一方の環のいす形相互変換が起こると，もう一方の環も同時にいす形相互変換を起こす）

7・38 次のそれぞれの化合物について，より安定ないす形配座の構造式を描け．そのように考えた理由を説明せよ．
(a), (b)

7・39 (a) クロロシクロヘキサンのエクアトリアル形の割合は，25 ℃の平衡状態において，アキシアル形より2.07倍多い．両者の標準自由エネルギー差はいくらか．また，どちらがより安定か．

(b) イソプロピルシクロヘキサンの二つのいす形配座の標準自由エネルギー差は, 9.2 kJ mol^{-1} である. 25 ℃ において二つの配座は, どのような割合で存在するか.

7・40 エチルシクロヘキサンの二つのいす形配座のエネルギー差は, エチル基がメチル基より大きいにもかかわらず, メチルシクロヘキサンの場合とほぼ同じである. この理由を説明せよ.

7・41 次のアルコールを, (a) ヒドロホウ素化-酸化あるいは, (b) オキシ水銀化-還元で合成する際, 構造異性体やジアステレオマーが生成しにくいのはどちらか. 説明せよ.

A B C D

7・42 (1)〜(6)の反応について, 次の情報を示せ.
(a) すべての生成物(立体異性体を含む)の構造式を描け.
(b) 複数の生成物が生成する場合, 生成物の各組について立体化学的な関係(もしあれば)を示せ.
(c) 複数の生成物が生成する場合, どの生成物が同じ量生成し, どれが異なる量生成するか答えよ.
(d) 複数の生成物が生成する場合, どの生成物が異なる物理的性質(融点や沸点)をもつと考えられるか答えよ.

(1) (R)-CH$_3$CH$_2$CH—C=CH$_2$ $\xrightarrow{BH_3}$ $\xrightarrow{H_2O_2}$ (CH$_3$ CH$_3$ 側鎖) THF NaOH

(2) CH$_3$CH$_2$CH$_2$C=CH$_2$ + HBr ⟶ (CH$_2$CH$_3$)

(3) CH$_3$CH$_2$CH=CH$_2$ + Br$_2$ $\xrightarrow{CF_2Cl_2}$

(4) (±)-CH$_3$CHCH=CH$_2$ + Br$_2$ $\xrightarrow{CH_2Cl_2}$ (Ph)

(5) [ジヒドロナフタレン] + H$_2$ $\xrightarrow{Pd/C}$

(6) [二環化合物] + D$_2$ $\xrightarrow{Pd/C}$

7・43 次の化合物の構造式を描け(正解が複数存在するものもある).
(a) アキラルなテトラメチルシクロヘキサンで, いす形相互変換によって同じ分子になるもの
(b) アキラルなトリメチルシクロヘキサンで, 二つのいす形配座がジアステレオマーの関係にあるもの
(c) キラルなトリメチルシクロヘキサンで, 二つのいす形配座がジアステレオマーの関係にあるもの
(d) テトラメチルシクロヘキサンで, 二つのいす形配座が鏡像異性体の関係にあるもの

7・44 次のステロイドを, 立体配座がわかるように描け. ステロイドの α および β 面を示し, 核間メチル基に印をつけよ.

7・45 グルコースの一つの形である α-(+)-グルコピラノースの二つのいす形配座を描け. これら二つの配座のうち, 平衡においてより多く存在するのはどちらか. 説明せよ.

α-(+)-グルコピラノース

7・46 アルケンへの臭素付加の機構に基づき, 次のそれぞれの反応で予想される生成物の構造式と立体化学を示せ.
(a) Br$_2$ の $(3R,5R)$-3,5-ジメチルシクロペンテンへの付加
(b) H$_2$O 存在下でのシクロペンテンの Br$_2$ との反応(§5・2B 参照)

7・47 次の二環アルケンに臭素をアンチ付加させると, 二つの分離可能な二臭化物が生成する. それぞれの構造式を示せ(trans-デカリンはいす形相互変換を起こさないことを思い出そう).

7・48 1,4-シクロヘキサジエンが 2 当量の臭素と反応すると, 融点の異なる二つの分離可能な化合物が生成する. この実験結果を説明せよ.

7・49 C$_8$H$_{14}$ の分子式をもつ光学活性な化合物 X の触媒的水素化を行うと, 光学不活性な生成物が得られる. 次の構造のうち, X としてすべてのデータと合致するものを答えよ.

A B C D E

7・50 (S)-3-メチルピペリジンのいす形配座の構造式を、窒素の非共有電子対が収容されている sp³ 軌道を明示して描け。この化合物のいす形配座のうち、すばやい平衡状態にあるものはいくつか、答えよ（ヒント：§6・9B参照）。

(S)-3-メチルピペリジン

7・51 次の化合物のうち、室温で鏡像異性体に分割できるものはどれか。説明せよ。

(a)　(b)　(c)　(d)

7・52 1-メチルアジリジンのアミン反転が、1-メチルピロリジンよりもずっと遅い理由を説明せよ（ヒント：反転の遷移状態において、窒素の混成状態と結合角はどのようになるだろうか）。

1-メチルアジリジン　　　1-メチルピロリジン

7・53 アルカリ性過マンガン酸カリウムは、アルケンの二重結合に二つの OH 基を付加させるのに用いることができる。この反応は、立体特異的シン付加であることが、いろいろな場合に示されている。次の反応で、生成物がメソ体である場合、アルケン A のどのような立体異性体が出発物として用いられただろうか。説明せよ。

$$CH_3(CH_2)_7CH=CH(CH_2)_7CH_3 \xrightarrow{KMnO_4/OH^-}$$
$$CH_3(CH_2)_7CH(OH)-CH(OH)(CH_2)_7CH_3$$
メソ立体異性体

7・54 (a) 酵素フマラーゼの存在下でフマル酸イオンと D_2O が反応すると、次式に示すように、重水素化された

$$D_2O + {}^-O_2C-CH=CH-CO_2^- \xrightleftharpoons[37℃]{フマラーゼ}$$
$$^-O_2C-CH(OD)-CHD-CO_2^-$$
$(2S,3R)$-リンゴ酸イオン-3-d

リンゴ酸イオンの単一の立体異性体のみが生成する。この反応は、シン付加、アンチ付加のどちらだろうか。説明せよ。

(b) この付加の立体化学を決定するためには、H_2O ではなく D_2O を用いる必要がある。その理由を説明せよ。

7・55 次のそれぞれの反応で生成するすべての生成物の構造式と立体化学を示せ。生成物の立体異性体が、同じ量生成するか、異なる量生成するか、述べよ。

(a) *trans*-2-ペンテン + Br_2 ⟶

(b) *trans*-3-ヘキセン + Br_2 + H_2O ⟶
　　　　　　　　　　　　　　　　　過剰量（溶媒）

(c) *cis*-3-ヘキセン + D_2 $\xrightarrow{Pt/C}$

(d) *cis*-3-ヘキセン + BD_3 $\xrightarrow{THF(溶媒)}$ $\xrightarrow{H_2O_2/^-OH}$

7・56 次の問に答えることで、次に示す各組の二つの構造式の関係を示せ。これらは同じ分子の二つのいす形配座か。そうであれば、それらの配座はジアステレオマーの関係にあるか、鏡像異性体の関係にあるか、あるいは同一物か。同じ分子の立体配座でない場合、どのような立体化学的関係にあるか（ヒント：平面構造式を用いて考えるとよい）。

(a)　　　　　と

(b)　　　　　と

(c)　　　　　と

7・57 D_2O 中で 1-メチルシクロヘキセンの水和を行うと、生成物はジアステレオマーの混合物になる。すなわち、水和は立体選択的反応ではない（次式参照）。

+ D_2O $\xrightarrow{D_3O^+}$ +
いずれの化合物もラセミ体

(a) この反応について一般に認められている機構で、これらの実験結果が説明できることを示せ。

(b) この付加反応の立体化学を調べるためには、H_2O ではなく D_2O を用いる必要がある。その理由を説明せよ。

(c) H_2O を用いてこの付加反応の立体化学を調べるためには，出発物の 1-メチルシクロヘキセンをどのように同位体標識すればよいか．

7・58 次の化合物について考えよう．

1,2,3,4,5,6-ヘキサクロロシクロヘキサン

(a) この化合物の 9 個の立体異性体のうち，二つだけが通常の条件下で光学活性体として単離できる．これらの鏡像異性体の構造式を描け．
(b) いす形相互変換により同一分子になる二つの立体異性体の構造式を描け．

7・59 1,2,3-トリメチルシクロヘキサンのすべての立体異性体の構造式を示せ．鏡像異性体の組に印をつけ，アキラルな立体異性体についてはそれぞれ対称面を示せ．

7・60 *cis*- および *trans*-デカリンに関する次の記述のうち，正しいものはどれか．そのように考えた理由を説明せよ．
(a) 両者は同じ分子の異なる立体配座である．
(b) 両者は構造異性体である．
(c) 両者はジアステレオマーである．
(d) 一方を他方に変換するためには，少なくとも 1 本の化学結合を切断しなければならない．
(e) 両者は鏡像異性体である．
(f) 両者はすばやく相互変換を起こす．

7・61 次の化合物は，雌のメバエの性誘引物質である（これは，フェロモンの例である．§14・9 参照）．雌は，交配の準備が整うと，雄を誘引するためにこの化合物を分泌する．

オレアン

この化合物に関する次の記述のうち，正しいものはどれか．判断の根拠を説明せよ．
(a) この化合物はアキラルであり，立体中心を含む．
(b) この化合物はアキラルであり，立体中心を含まない．
(c) この化合物はキラルであり，不斉原子を含む．
(d) この化合物はキラルであり，立体中心を含む．
(e) この化合物はキラルであり，立体中心を含まない．

7・62 次の化合物について，問題 7・61 の (a)～(e) の記述のうち正しいものはどれか．判断の根拠を説明せよ．

7・63 次の各構造式中の立体中心を（もしあれば）示し，それぞれの構造式がキラルかどうか述べよ．

7・64 次に示す立体異性体のうちの一つは，一方のシクロヘキサン環がねじれ舟形配座をとった状態で存在する．それはどれか．説明せよ．

7・65 *cis*- および *trans*-1,3-ジ-*t*-ブチルシクロヘキサンの間のエネルギー差は，シクロヘキサンのいす形とねじれ舟形の間のエネルギー差にほぼ等しいと主張されてきた．模型を補助に用い，この考えが合理的である理由を説明せよ．

7・66 次に示す化合物を，生成熱が小さいものから順に並べ，それらの $\Delta H°$ の差を見積もれ．

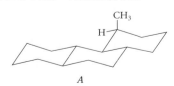

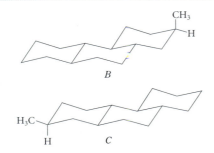

7・67 次に示す各組の化合物を，生成熱が小さいものから順に並べ，その理由を説明せよ．

(a) [構造式 A, B, C]

(b)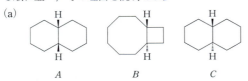

7・68 (a) cis-2-ブテンのヒドロホウ素化にボランを用いた場合，生成物としてどのような立体異性体が生成しうるだろうか．

[ボランの構造式] ボラン

(b) (a)で解答した生成物は，同じ量生成するか，あるいは異なった量生成するか．そのように考えた理由を説明せよ．

(c) cis-2-ブテンのヒドロホウ素化にエナンチオピュアな (2R,5R)-2,5-ジメチルボランを用いた場合，生成物としてどのような立体異性体が生成しうるだろうか．

[(2R,5R)-2,5-ジメチルボランの構造式]
(2R,5R)-2,5-ジメチルボラン

(d) (c)で解答した生成物は，異なった量生成する．なぜか．

(e) 実際には，(c)においては事実上1種類の生成物しか生成しない．どれだろうか．[ヒント：ボランとアルケンの模型を組立てよ．ボランの模型をアルケンのπ結合の一方の面から近づけ，ついでもう一方の面から近づけてみよ．それぞれの場合の遷移状態におけるvan der Waals 反発の大きさを評価し，どちらの反応

が有利か判断せよ]．

(f) (e)で生成物としたボランをアルカリ性 H_2O_2 で処理すると，得られるアルコールはほぼ単一の鏡像異性体である．このアルコールの絶対立体配置は R か S か．

7・69 過酸化物によって開始される HBr の 1-メチルシクロヘキセンへの付加では，式(7・24)に示したように，ジアステレオマーの関係にある二つの生成物が生成しうる．この反応の立体化学についての研究結果は，この反応がアンチ付加であることを示している．

(a) 生成しうる二つのジアステレオマーのうち，どちらが主生成物か．

(b) この反応はラジカル連鎖反応であり，イオン反応ではないことを思い出そう．ラジカル連鎖反応の機構を考慮したうえで，この反応がアンチ立体化学で進行する理由を考えよ．

7・70 (a) 次のアルケンのヒドロホウ素化-酸化において生成しうる，二つのジアステレオマーの関係にある生成物は何か．

[アルケン構造式]

(b) ボラン-THF 反応剤が二重結合に近づく際のメチル基の効果を考慮すると，(a)で解答した二つの生成物のうちどちらが主生成物になると考えられるか．

7・71 次の反応の生成物 X の構造式を提案し，その生成機構を示せ．各段階の立体化学に特に注意せよ（ヒント：出発物の立体配座を描いてみよう）．

[反応式: 出発物 ($C_{12}H_{20}O$) + Br_2 →(CH_2Cl_2 (溶媒)) 生成物 X ($C_{12}H_{19}OBr$)]

7・72 (a) 次に示す A と B との平衡の $\Delta G°$ は，8.4 kJ mol^{-1} である（配座 A の方がエネルギーが低い）．

[構造式 A ⇌ B]

この情報を用いて，二つのメチル基の間の 1,3-ジアキシアル相互作用の大きさを見積もれ．

メチル-メチル
1,3-ジアキシアル相互作用

(b) (a)の結果を用いて，次に示す C と D の平衡の $\Delta G°$

を見積もれ.

$$C \rightleftharpoons D$$

7・73 次の平衡の $\Delta G°$ は, 4.73 kJ mol^{-1} である(この平衡では配座 A が有利である).

$$A \rightleftharpoons B$$

(a) メチル基とフェニル基(Ph)では, どちらがより大きい基であるかのようにふるまっているか. これが妥当であるのはなぜか.
(b) 上に示した $\Delta G°$ の値と, 他の適当なデータを用いて, 次の二つの平衡の $\Delta G°$ を見積もれ.
(1)
(2)

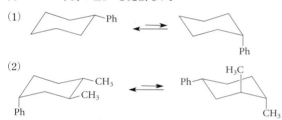

7・74 (a) 次の二つの三環化合物は, プロペラ形をした分子であるプロペランの例である. これら二つの分子の関係は, 同一物, 鏡像異性体, ジアステレオマーのどれか. そのように考えた理由を説明せよ.

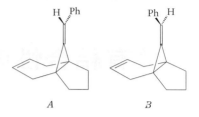

(b) これらの化合物を合成した化学者は, 両者に E,Z 異性体であると記している. これに賛成するか, 反対するか. その理由を説明せよ.
7・75 (a) 架橋二環化合物において二つの環が結合する方式について, 立体化学的に異なる方式はいくつあるか.
(b) 次の架橋二環化合物の一方においては, (a)で解答したすべての立体異性体が, 単離可能な程度に安定であると考えられる. それはどちらか, 理由とともに答えよ.
(1) ビシクロ[2.2.2]オクタン
(2) ビシクロ[25.25.25]ヘプタヘプタコンタン
　　(ヘプタヘプタコンタンは 77 個の炭素をもつ)

8

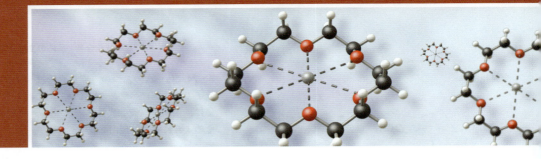

非共有結合性の分子間相互作用

　本章では異なる二つのトピックスを扱う．その一つは有機化合物の命名法である．命名法の基本的な仕組みについては，すでに§2・4と§4・2で説明した．本章では，これ以降の章でも適用できる一般的な命名法の規則を学ぶことにしよう．また，アルコール，チオール，ハロゲン化アルキル，エーテル，スルフィドといったいくつかの異なる種類の有機化合物を導入する．ここでこれらの化合物を一緒に扱うのは，9～11章で述べるように，その化学反応性が互いに関連しているからであり，またこれらの化合物の多くを本章の後半で例として用いるためである．

　本章の主要な部分となる第二のトピックスは，非共有結合性の分子間相互作用，すなわち分子が化学結合を形成することなく，互いに影響を及ぼしあう現象である．このような相互作用は，多くの化学反応や生物学的現象を理解するための基礎となっている．

8・1　ハロゲン化アルキル，アルコール，チオール，エーテル，スルフィドの定義と分類

　ハロゲン化アルキル(alkyl halide)はハロゲン(−F，−Br，−Cl，−I)がアルキル基の炭素に結合している化合物である．

$$\underbrace{\underset{\text{臭化アルキル}}{CH_3CH_2-Br} \quad \underset{\text{フッ化アルキル}}{\overset{F}{|}} \quad \underset{\text{塩化アルキル}}{\overset{Cl}{\bigcirc}}}_{\text{ハロゲン化アルキル}}$$

　アルコール(alcohol)はヒドロキシ基(hydroxy group，−OH)がアルキル基の炭素に結合している化合物であり，チオール(thiol)はメルカプト基〔mercapto group，スルフヒドリル基(sulfhydryl group)ともいう，−SH〕がアルキル基の炭素に結合している化合物である．チオールはメルカプタン(mercaptan)とよばれることもある．

$$\underbrace{CH_3CH_2-OH \quad \bigcirc-OH}_{\text{アルコール}} \quad \underbrace{\overset{SH}{|} \quad (CH_3)_3C-SH}_{\substack{\text{チオール}\\(\text{メルカプタンとよばれることもある})}}$$

　一般に，チオ thio ということばは，"酸素を硫黄に置き換えたもの"の意味で用いられる．たとえば，チオール thiol はアルコールの酸素を硫黄で置き換えた化合物である．チオは硫黄を意味するギリシャ語の *theio* に起源をもち，多くの硫黄を含む揮発性有機化合物が，しばしば焦げたゴムのような不快な臭いをもつことに由来することばである(怒ったスカンクが発する悪臭の原因となっている化合物はチオールである)．また，メルカプタンは"水銀を捕獲するもの"の意味であり，その名称は，チオールが水銀や他の重金属と非常に安定な誘導体を形成する事実に由来している．

　アルコールをフェノールやエノールと混同してはならない．フェノール(phenol)では，OH 基はアリール基(§2・8B)の炭素に結合している．

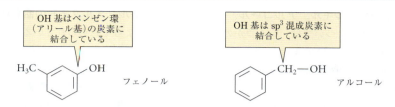

エノール(enol)では，OH基は二重結合の一部となっている炭素に結合している．アルコールでは，OH基はsp^3混成炭素に結合している．

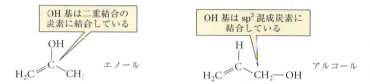

フェノール，エノール，アルコールは互いにきわめて異なった性質をもっている．フェノールとエノールについては後の章で学ぶ．

エーテル(ether)は，酸素原子が2個の炭素置換基に結合している化合物である．炭素置換基はアルキル基でもアリール基でもよい．**スルフィド**(sulfide)は**チオエーテル**(thioether)ともよばれ，エーテルの硫黄類縁体である．

$$CH_3CH_2-O-CH(CH_3)_2 \qquad \text{Ph}-O-CH_3 \qquad H_3C-S-CH_2CH_3$$
　　　　　　エーテル　　　　　　　　　　　　　　　　　スルフィド
　　　　　　　　　　　　　　　　　　　　　　　　　　　（チオエーテル）

ハロゲン化アルキルにおいてハロゲンに結合した炭素，あるいはアルコールやエーテルにおいて酸素に結合した炭素を**アルファ炭素**(alpha-carbon)といい，ふつうギリシャ文字を用いて**α炭素**(α-carbon)と表記する．

$$H_3C-\underset{CH_3}{\overset{CH_3}{C}}-Br \qquad H_3C-\underset{H}{\overset{OH}{C}}-CH_2CH_3$$
　　　　α炭素　　　　　　　　　　　　　α炭素

ハロゲン化アルキルおよびアルコールは，α炭素に結合したアルキル基の数によって分類される．ハロゲン化メチル，あるいはメタノールはα炭素にアルキル基をもたない化合物である．α炭素に1個のアルキル基が結合したものを，**第一級**(primary)ハロゲン化アルキル，第一級アルコールという．α炭素に2個のアルキル基が結合したものを，**第二級**(secondary)ハロゲン化アルキル，第二級アルコールという．α炭素に3個のアルキル基が結合したものは，**第三級**(tertiary)ハロゲン化アルキル，第三級アルコールとよばれる．次に示した例では，アルキル基は青色で，またα炭素は赤色で示してある．

$$H_3C-Br \qquad H_3C-OH \qquad H_3C-CH_2I \qquad H_3C-CH_2OH$$
臭化メチル　　　メチルアルコール　　第一級ヨウ化アルキル　　第一級アルコール

$$H_3C-\underset{CH_2CH_3}{\overset{Cl}{CH}} \qquad H_3C-\underset{CH_2CH_3}{\overset{OH}{CH}} \qquad H_3C-\underset{CH(CH_3)_2}{\overset{CH_2CH_3}{C}}-Br \qquad H_3C-\underset{CH(CH_3)_2}{\overset{CH_2CH_3}{C}}-OH$$
第二級塩化アルキル　第二級アルコール　第三級臭化アルキル　第三級アルコール

8・2 ハロゲン化アルキル，アルコール，チオール，エーテル，スルフィドの命名法

有機化合物の命名法については，いくつかの体系が IUPAC によって認められている．最も広く用いられている体系は，すでにアルカン (§2・4C) とアルケン (§4・2A) の命名法で述べた**置換命名法** (substitutive nomenclature) であり，これは本章で扱う化合物についても同様に適用することができる．本章で導入するもう一つの広く用いられている体系は，IUPAC では**基官能命名法** (radicofunctional nomenclature) とよばれる命名法であり，簡単のために，本書では**慣用命名法** (common nomenclature) とよぶ．この命名法はふつう，簡単な，また一般的な化合物に対してのみ適用される．一つの命名法だけを採用すればよいと思うかもしれないが，古くから用いられていることや他の要因のために，置換命名法による名称 (IUPAC 名) と慣用名の両方を用いることが必要となっている．

A. ハロゲン化アルキルの命名法

慣用命名法　ハロゲン化アルキルの慣用名は，アルキル基の名称 (表 2・2 参照) に続けてハロゲンを表す語 -ide を別の語としてつけることによってつくられる．日本語では，ハロゲンを表す"—化"の後にアルキル基の名称をつける．

$CH_3CH_2—Cl$ 塩化エチル ethyl chloride
CH_2Cl_2 塩化メチレン methylene chloride (CH_2 基 = メチレン基)
$CH_3CH_2CH_2CH_2—Br$ 臭化ブチル butyl bromide
$(CH_3)_2CH—I$ ヨウ化イソプロピル isopropyl iodide

次の化合物の慣用名はそのまま覚えなければならない．

$H_2C=CH—CH_2—Cl$ 塩化アリル allyl chloride
$Ph—CH_2—Br$ 臭化ベンジル benzyl bromide
$H_2C=CH—Cl$ 塩化ビニル vinyl chloride
CCl_4 四塩化炭素 carbon tetrachloride

(塩化ビニルのようにアルケン炭素に結合したハロゲンをもつ化合物はハロゲン化アルキルではないが，ついでにここでその命名法を述べる)．

塩化アリルの構造式に示されるように，置換基 $H_2C=CH—CH_2—$ を**アリル** (allyl) 基という．これと**ビニル** (vinyl) 基 $H_2C=CH—$ を混同してはならない．ビニル基には $—CH_2—$ が存在しない．同様に，**ベンジル** (benzyl) 基 $Ph—CH_2—$ と**フェニル** (phenyl) 基を混同してはならない．

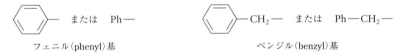

フェニル (phenyl) 基　　　　　ベンジル (benzyl) 基

三ハロゲン化メチルを一般に，**ハロホルム** (haloform) という．クロロホルムは有機溶媒としてよく用いられる．

$HCCl_3$ クロロホルム chloroform　　$HCBr_3$ ブロモホルム bromoform　　HCI_3 ヨードホルム iodoform

置換命名法　ハロゲン化アルキルの IUPAC 名は，アルカンとアルケンに対する命名法 (§2・4C と §4・2A) の規則を適用することによってつくられる．ハロゲンは常に，置換基として扱われる．ハロゲン置換基の名称は，fluoro (フルオロ)，chloro (クロロ)，bromo (ブロモ)，iodo (ヨード) である．炭素骨格に二重結合があるときには，アルケンの場合と同様，二重結合に小さい番号をつける．

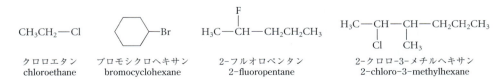

クロロエタン chloroethane　　ブロモシクロヘキサン bromocyclohexane　　2-フルオロペンタン 2-fluoropentane　　2-クロロ-3-メチルヘキサン 2-chloro-3-methylhexane

8・2 ハロゲン化アルキル，アルコール，チオール，エーテル，スルフィドの命名法　289

(E)-5-クロロ-2-ペンテン
(E)-5-chloro-2-pentene

3-エチル-4-ヨードヘキサン
3-ethyl-4-iodohexane

問題

8・1 次の(a)～(d)に示す化合物について，それぞれの慣用名を記せ．またそれぞれが第一級，第二級，第三級ハロゲン化アルキルのどれであるかを述べよ．
(a) $(CH_3)_2CHCH_2-F$　(b) $CH_3CH_2CH_2CH_2CH_2CH_2-I$　(c) シクロペンチル-Br　(d) $H_3C-C(CH_3)_2-CH_2Cl$

8・2 次の(a)～(d)に示す化合物について，それぞれの構造式を描け．
(a) 2,2-ジクロロ-5-メチルヘキサン　　(b) クロロシクロプロパン
(c) 6-ブロモ-1-クロロ-3-メチルシクロヘキセン　(d) ヨウ化メチレン

8・3 次の(a)～(g)に示す化合物について，それぞれのIUPAC名を記せ．
(a) シクロプロペン(CH₃, Cl, Br置換)　(b) H_3C, Cl, H, CH_2CH_3 で置換されたC=C　(c) $H_3C-CH(Br)-CH(F)-CCl_3$　(d) クロロホルム
(e) 臭化ネオペンチル(表2・2参照)　(f) trans-1,3-ジブロモシクロブタン　(g) Cl, CH₃, CH(CH₃)₂ 置換シクロヘキサン

B. アルコールとチオールの命名法：主基

慣用命名法　アルコールの慣用名は，OH基が結合しているアルキル基の名称に続けてalcoholを別の語として(日本語ではアルコールを)つけることによってつくられる．

H_3C-OH　メチルアルコール　methyl alcohol

$(CH_3)_2CH-OH$　イソプロピルアルコール　isopropyl alcohol

シクロヘキシル-OH　シクロヘキシルアルコール　cyclohexyl alcohol

$CH_3CH_2CH_2-OH$　プロピルアルコール　propyl alcohol

$H_2C=CH-CH_2-OH$　アリルアルコール　allyl alcohol

$Ph-CH_2-OH$　ベンジルアルコール　benzyl alcohol

異なる炭素に2個のヒドロキシ基をもつ化合物を**グリコール**(glycol)という．最も簡単なグリコールはエチレングリコールであり，自動車の不凍液の主成分として利用されている．いくつかの他のグリコールやその類縁体も，広く用いられる慣用名をもっている．

$HO-CH_2CH_2-OH$　エチレングリコール　ethylene glycol

$CH_2(OH)-CH(OH)-CH_3$　プロピレングリコール　propylene glycol

$CH_2(OH)-CH(OH)-CH_2(OH)$　グリセリン　glycerol　(グリセロール)

チオールは慣用命名法では，メルカプタンとして命名される．

$$CH_3CH_2-SH$$

エチルメルカプタン
ethyl mercaptan

置換命名法　置換命名法によるアルコールとチオールの名称には，主基という概念が用いられる．これは命名法における非常に重要な概念であり，これからも繰返し用いることになる．**主基**(principal group)とはその化合物の名称の基礎となる置換基をいい，常に名称の接尾語として表記される．たとえば，簡単なアルコールでは OH 基が主基であり，その接尾語は ol〔(オ)ール〕である．アルコールの名称は，母体となるアルカンの名称の語尾にある e をとり，接尾語 ol をつけることによってつくられる．

$$CH_3CH_2-OH$$

ethane + ol = ethanol
エタン + オール = エタノール

一般に，接尾語が母音で始まるときには，アルカンの名称の語尾の e をとる．そうでない場合には，e はそのまま残される．日本語名はこれを字訳する．

　簡単なチオールでは SH 基が主基であり，その接尾語は thiol(チオール)である．チオールの名称は，母体となるアルカンの名称に thiol をつけることによってつくられる．この接尾語は子音から始まるので，アルカンの語尾の e は残されることに注意しよう．

$$CH_3CH_2-SH$$

ethane + thiol = ethanethiol
エタン + チオール = エタンチオール

　主基となるのは，ある決まった置換基だけである．これまでにでてきた化合物で主基となる置換基はOH 基と SH 基だけであるが，後続の章では他の置換基も扱う．化合物が主基を含まない場合には，§8・2A のハロゲン化アルキルについて述べた方法によって，置換された炭化水素として命名される．

　主基と主鎖は，有機化合物の置換命名法の一般則に従って定義され，IUPAC 名をつける際に用いられる基本概念である．その規則を以下に示す．これらの規則を学ぶための最も簡単な方法は，規則をざっと通読し，それに続く例題と練習問題を集中して解くことである．それらは，個々の場合に規則を適用する際の指針となるであろう．

1. 主基を決める．

　化合物が主基となる複数の候補をもつときには，IUPAC によって最も高い優先順位を与えられた置換基を選択する．IUPAC では，OH 基は SH 基よりも高い優先順位をもつことが明記されている．

$$\text{主基としての優先順位：}\quad -OH > -SH \tag{8·1}$$

　主基とその相対的な優先順位の完全な一覧表が，付録 I にまとめられている(主基が存在しない場合には，下記の規則 1b に従う)．

2. 主鎖(主炭素鎖)を決める．

　主鎖(principal chain)はその化合物の名称の基礎となる炭素鎖である(§2・4C)．主鎖は，次の基準を決定がなされるまで順番に適用することによって決められる．

　a. 最大数の主基をもつ炭素鎖
　b. 最大数の二重結合，あるいは三重結合をもつ炭素鎖
　c. 最長の炭素鎖
　d. 最大数の他の置換基をもつ炭素鎖

これらの基準によって，ほとんどの場合を扱うことができる．

3. 主鎖の一つの端から順番に炭素に番号をつける.
   主鎖の炭素に番号をつける際には，次の基準を曖昧さがなくなるまで順番に適用する.
   a. 主基が最小の番号をもつ
   b. 多重結合が最小の番号をもつ．曖昧さがある場合には，三重結合よりも二重結合が優先する
   c. 他の置換基が最小の番号をもつ
   d. 名称の最初にでてくる置換基が最小の番号をもつ

4. 主鎖に対応する炭化水素の名称から出発し，以下の構成に従って化合物を命名する.
   a. 主基をそれに対応する接尾語と，それが結合している炭素の番号によって表す．その番号は，名称の最後に置かれる番号となる(例題8・1の例参照).
   b. 主基がない場合には，その化合物は置換された炭化水素として命名する(§2・4Cと§4・2A参照).
   c. 他の置換基の名称とそれが結合している炭素の番号を，アルファベット順に名称の最初につける.

例題 8・1

次の(a), (b)の化合物について，それぞれの IUPAC 名を記せ.

(a) CH$_3$CH$_2$CHCH$_3$
              |
              OH

(b) CH$_3$CHCH=CHCHCH$_3$
         | |
         OH   CH$_2$CH$_2$SH

解 法 (a) 規則1から，主基はOH基となる．主鎖の可能性は一つしかないので，規則2は関係がない．規則3aを適用することによって，主基は炭素-2の位置と決まる．規則4aから，この化合物は4個の炭素からなる炭化水素，ブタンに基づいて命名される．ブタンの語尾のeをとり，接尾語olをつけることによって，この化合物の名称，2-ブタノールが得られる．

$$\overset{4}{C}H_3\overset{3}{C}H_2\overset{2}{C}H\overset{1}{C}H_3 \quad \text{2-ブタノール}$$
$$\qquad\quad |\qquad\qquad \text{2-butanol}$$
$$\qquad\quad OH$$

(b) 規則1から，OH基はSE基よりも優先順位が高いので，主基はふたたびOH基となる．規則2a〜2cから，主鎖はOH基と二重結合の両方を含む最長の炭素鎖となり，したがって7個の炭素をもつ．規則3aに従って主鎖に番号をつけると，OH基に最小の番号である2が与えられ，二重結合には3が与えられる．

$$\overset{1}{C}H_3\overset{2}{C}HCH=\overset{4}{C}H\overset{5}{C}HCH_3$$
$$\qquad |\qquad\qquad\quad |$$
主基 ⟶ OH $\qquad$ CH$_2$CH$_2$SH ⟵ 主鎖の番号
$$\qquad\qquad\qquad\qquad\overset{6}{\,}\overset{7}{\,}$$

規則4aを適用することによって，母体となる炭化水素は3-ヘプテンと決定される．その語尾のeをとり，接尾語olをつけることによって，名称の最後の部分となる3-ヘプテン-2-オールを得る(二重結合の位置を特定しなければならないため，主基OH基の番号は，接尾語olの直前に置かれることに注意)．規則4cによって，炭素-5のメチル基と炭素-7のSH基はふつうの置換基として，名称の最初につけられる(SH基の置換基名はメルカプト基である)．これにより，化合物の名称は次のようになる．

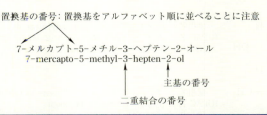

置換基の番号：置換基をアルファベット順に並べることに注意

7-メルカプト-5-メチル-3-ヘプテン-2-オール
7-mercapto-5-methyl-3-hepten-2-ol

複数の OH 基をもつアルコールを命名する際には，適切なアルカンの名称に，その語尾の e をとらずに diol（ジオール），triol（トリオール）などの接尾語をつける．

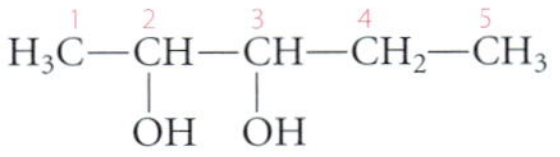

$$\underset{OH\ \ \ OH}{H_3C-\overset{1}{C}H-\overset{2}{C}H-\overset{3}{C}H-\overset{4}{C}H_2-\overset{5}{C}H_3}$$
2,3-ペンタンジオール
2,3-pentanediol

例題 8・2

次の化合物を命名せよ．

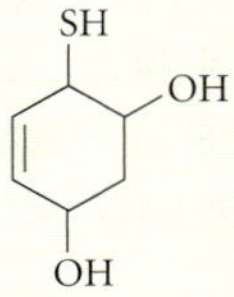

解　法　規則 1 から，主基は OH 基となる．規則 3a によって，これらの置換基には優先的に番号がつけられるため，これらには番号 1 と番号 3 がつけられる．二つの OH 基に番号 1 と 3 をつける方法には二つのやり方があるが，規則 3b によって二重結合に小さい番号がつく方法を選択する．規則 4a から，母体となる炭化水素はシクロヘキセンとなる．接尾語は diol であるから語尾の e は残されるので，名称の最後の部分として 4-シクロヘキセン-1,3-ジオール（4-cyclohexene-1,3-diol）を得る．最後に，SH 基は主基として考慮されていないので，規則 4c によってふつうの置換基として扱われる．これにより，化合物の完成された名称は，次のようになる．

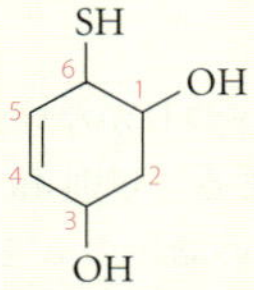

6-メルカプト-4-シクロヘキセン-1,3-ジオール
6-mercapto-4-cyclohexene-1,3-diol

§4・2 のコラムでは補足事項として，1993 年の IUPAC 命名法の勧告について述べた．そこで述べた理由により，本書では継続して 1979 年の勧告を用いる．しかし，ほとんどの名称を 1993 年の勧告に従った名称へと変換することは難しくはない．1993 年の勧告によって導入されたおもな変化は，二重結合と三重結合，および主基の取扱いである．1993 年の勧告では，二重結合，三重結合，主基の位置番号は，その置換基の名称のすぐ前に置く．たとえば，1993 年の勧告に従うと，例題 8・1(a) の化合物の名称は，2-ブタノールではなく，ブタン-2-オール（butan-2-ol）となる．また，例題 8・1(b) の化合物の名称は，7-メルカプト-5-メチルヘプタ-3-エン-2-オール（7-mercapto-5-methylhept-3-en-2-ol）となる．2,3-ブタンジオールはブタン-2,3-ジオール（butane-2,3-diol）に，例題 8・2 の化合物は 6-メルカプトシクロヘキサ-4-エン-1,3-ジオール（6-mercaptocyclohex-4-ene-1,3-diol）となる．1979 年の命名法と同様に，接尾語が母音で始まる場合には，炭化水素の名称の語尾 e は省略される．

慣用命名法と置換命名法を混用してはならない．次の化合物の誤った名称は，このルールを無視したことによるものである．

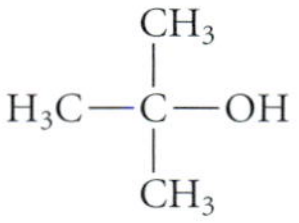

慣用名：t-ブチルアルコール（t-butyl alcohol）
IUPAC 名：2-メチル-2-プロパノール（2-methyl-2-propanol）
誤　り：t-ブタノール（t-butanol）

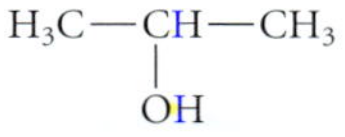

慣用名：イソプロピルアルコール（isopropyl alcohol）
IUPAC 名：2-プロパノール（2-propanol）
誤　り：イソプロパノール（isopropanol）

問題

8・4 次の(a)～(e)に示す化合物について，それぞれの構造式を描け．
(a) s-ブチルアルコール　　(b) 3-エチルシクロペンタンチオール
(c) 3-メチル-2-ペンタノール　(d) (E)-6-クロロ-4-ヘプテン-2-オール
(e) 2-シクロヘキセノール

8・5 次の(a)～(h)に示す化合物について，それぞれの IUPAC 名を記せ．

(a) $CH_3CH_2CH_2CH_2OH$　　(b) $CH_3CHCH_2CH_2OH$
　　　　　　　　　　　　　　　　　　　 $|$
　　　　　　　　　　　　　　　　　　　 Br

(c) 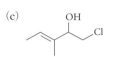　(d) 　(e)

(f) 　(g) $CH_3CH_2CH_2CHCH_2SH$　(h)
　　　　　　　　　　　　　 $|$
　　　　　　　　　　　　　 OH

C. エーテルとスルフィドの命名法

慣用命名法　エーテルの慣用名は，エーテル酸素に結合した二つの置換基をアルファベット順に並べ，それに ether(エーテル)をつけ加えることによってつくられる．日本語名はこれを字訳する．

$$CH_3CH_2-O-CH_2CH_3 \qquad H_3C-O-C_2H_5$$

ジエチルエーテル　　　　　　エチルメチルエーテル
diethyl ether　　　　　　　　ethyl methyl ether
(エチルエーテルあるいは
単にエーテルともよばれる)

スルフィドも，sulfide(スルフィド)を用いて同様の方法で命名される(古い文献では，thioether(チオエーテル)も用いられた)．

$$CH_3CH_2-S-CH_3 \qquad (CH_3)_2CH-S-CH(CH_3)_2$$

エチルメチルスルフィド　　　ジイソプロピルスルフィド
ethyl methyl sulfide　　　　diisopropyl sulfide
(またはエチルメチルチオエーテル)

置換命名法　置換命名法では，エーテルとスルフィドは決して主基になることはない．アルコキシ基 RO-，およびアルキルチオ基 RS- は，いつも置換基として表記される．

```
エトキシ置換基 ──→ CH₃CH₂O      CH₃
                      |          |
主　鎖 ─────→ CH₃CHCH₂CH₂CHCH₃
              2-エトキシ-5-メチルヘキサン
              2-ethoxy-5-methylhexane
```

この例では，主鎖は 6 個の炭素からなる炭素鎖である．したがって，この化合物はヘキサンとして命名され，C_2H_5O 基とメチル基は置換基として扱われる．C_2H_5O 基は，アルキル基の名称から語尾 yl をとり，接尾語 oxy をつけることによって命名される．日本語名はこれを字訳する．こうして，C_2H_5O 基は(ethyl + oxy)＝エトキシ基となる．主鎖の番号は，§8・2B の命名法の規則 3d に従ってつける．

スルフィドの命名法も同様である．RS 基は置換基 R の名称に接尾語 thio をつけることによって命名

される．語尾の yl は省略しない．

$$\text{メチルチオ置換基} \longrightarrow \underset{\underset{\text{2-methylthiohexane}}{\text{2-メチルチオヘキサン}}}{CH_3\underset{1}{C}H\underset{2}{C}H_2\underset{3}{C}H_2\underset{4}{C}H_2\underset{5}{C}H_3}$$
主鎖

例題 8・3

次の化合物を命名せよ．

$$CH_3CH_2CH_2CH_2-O-CH_2CH_2CH_2-OH$$

解　法　OH 基が主基となり，この置換基を含む炭素鎖が主鎖となる．したがって，置換基 $CH_3CH_2CH_2CH_2O-$ は，主鎖の炭素-3 に結合したブトキシ基(butyl + oxy)として命名される．

$$CH_3CH_2CH_2CH_2-O-\underset{\underset{\text{主鎖 (主基 -OH を含む)}}{}}{\underset{3}{C}H_2\underset{2}{C}H_2\underset{1}{C}H_2}-OH$$

3-ブトキシ-1-プロパノール
3-butoxy-1-propanol

複素環の命名法　環内に酸素原子，あるいは硫黄原子を含む多くの重要なエーテルやスルフィドが存在する．少なくとも 1 個の炭素原子以外の原子を含む環をもつ環状化合物を，**複素環化合物**(heterocyclic compound)という．いくつかの一般的な複素環エーテルやスルフィドの名称は覚えなければならない．

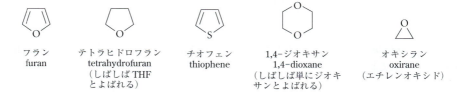

フラン	テトラヒドロフラン	チオフェン	1,4-ジオキサン	オキシラン
furan	tetrahydrofuran	thiophene	1,4-dioxane	oxirane
	(しばしば THF とよばれる)		(しばしば単にジオキサンとよばれる)	(エチレンオキシド)

テトラヒドロフランの IUPAC 名はオキソランであるが，この名称はふつう用いられない．

オキシランは，酸素原子を含む三員環である**エポキシド**(epoxide)とよばれる複素環エーテルの母体化合物である．いくつかのエポキシドは慣用的に，対応するアルケンのオキシドとして命名される．

$$\underset{\underset{\text{ethylene oxide}}{\text{エチレンオキシド}}}{\overset{O}{\underset{H_2C-CH_2}{\triangle}}} \quad \underset{\underset{\text{ethylene}}{\text{エチレン}}}{H_2C=CH_2} \quad \underset{\underset{\text{styrene oxide}}{\text{スチレンオキシド}}}{\overset{O}{\underset{Ph-CH-CH_2}{\triangle}}} \quad \underset{\underset{\text{styrene}}{\text{スチレン}}}{Ph-CH=CH_2}$$

この命名法が用いられる理由は，エポキシドはふつうアルケンから合成されるためである(§11・3A)．しかし，ほとんどのエポキシドは置換命名法により，オキシランの誘導体として命名される．エポキシド環の原子は，<u>置換基の存在にかかわらず</u>，酸素原子を番号 1 として順番に番号をつける．

$$\underset{H_2C-C}{\overset{\overset{1}{O}}{\underset{3\quad 2}{\triangle}}}\overset{CH_3}{\underset{CH_3}{<}} \quad \begin{array}{l}\text{2,2-ジメチルオキシラン}\\ \text{2,2-dimethyloxirane}\end{array}$$

問 題

8・6 次の(a)〜(g)の化合物について，それぞれの構造式を描け．
(a) エチルプロピルエーテル
(b) ジシクロヘキシルエーテル
(c) t-ブチルイソプロピルスルフィド
(d) アリルベンジルエーテル
(e) フェニルビニルエーテル
(f) $(2R,3R)$-2,3-ジメチルオキシラン
(g) 5-エチルチオ-2-メチルヘプタン

8・7 次の(a)〜(d)の化合物について，それぞれの IUPAC 名を記せ．
(a) $(CH_3)_3C$—O—CH_3
(b) CH_3CH_2—O—CH_2CH_2—OH
(c)

(d)
$$\underset{H}{\overset{CH_3OCH_2}{C}}=\underset{CH_2CH_2—OH}{\overset{H}{C}}$$

8・8 (a) ある化学者が論文で 3-ブチル-1,4-ジオキサンという名称を用いた．この名称が示す構造は明確であるが，正しい名称はどうあるべきか．理由も説明せよ．
(b) 2-ブトキシエタノールの構造式を描け．これはホワイトボード用クリーナーや台所用洗浄スプレーの成分となる化合物である．

8・3 ハロゲン化アルキル，アルコール，チオール，エーテル，スルフィドの構造

本章で扱うすべての化合物では，炭素の結合角はほとんど正四面体角 109.5°であり，α 炭素は sp³ 混成である．たとえば，簡単なメチル誘導体(ハロゲン化メチル，メタノール，メタンチオール，ジメチルエーテル，ジメチルスルフィド)では，メチル基の H—C—H 結合角は，109.5°からほぼ 1°以上ずれることはない．さらに，アルコール，チオール，エーテル，スルフィドでは，酸素あるいは硫黄の結合角によって分子の形状が決まる．§1・3B ではこのような分子の形状は，非共有電子対を末端に原子をもたない結合とみなすことによって，VSEPR 理論を用いて予測できることを学んだ．これは，酸素あるいは硫黄は，4 個の"置換基"，すなわち二つの電子対と二つのアルキル基または水素原子をもつことを意味している．したがって，図 8・1 の構造式からわかるように，これらの分子は酸素あるいは硫黄において屈曲構造をもつ．硫黄の結合角は一般に，酸素の結合角よりも 90°に近いことが知られてい

$$\underset{H_3C}{\overset{0.1426}{\diagdown}}\overset{\ddot{O}}{\underset{109°}{\diagup}}\overset{0.096}{H} \quad \underset{F_3C}{\overset{0.1413}{\diagdown}}\overset{\ddot{O}}{\underset{111.4°}{\diagup}}CH_3 \quad \underset{H_3C}{\overset{0.182}{\diagdown}}\overset{\ddot{S}}{\underset{96°}{\diagup}}\overset{0.1335}{H} \quad \underset{H_3C}{\overset{}{\diagdown}}\overset{\ddot{S}}{\underset{99°}{\diagup}}\overset{0.1803}{CH_3}$$

図 8・1 簡単なアルコール，エーテル，チオール，スルフィドにおける結合距離(単位は nm)と結合角．硫黄における結合角は酸素における結合角よりも小さく，硫黄との結合は対応する酸素との結合よりも長い．

表 8・1 いくつかのメチル誘導体の結合距離(単位は nm)

電気陰性度が増大 →			
H_3C—CH_3 0.1536	H_3C—NH_2 0.1474	H_3C—OH 0.1426	H_3C—F 0.1391
		H_3C—SH 0.182	H_3C—Cl 0.1781
			H_3C—Br 0.1939
			H_3C—I 0.2129

原子半径が増大 ↓

る．この傾向に対する理由の一つは，硫黄の非共有電子対は主量子数3をもつ軌道を占めており，主量子数が2である酸素の非共有電子対よりも大きい空間を占有することである．これらの非共有電子対と結合を形成する電子対との反発が大きいために，酸素の場合に比べて，結合がより接近するのである．

炭素と他の原子の間の結合距離は，§1・3Bで述べた傾向に従っている．周期表の同一の族では，原子番号の大きな原子との結合ほどその距離は長い．たとえば，メタンチオールのC–S結合は，メタノールのC–O結合よりも長い(図8・1と表8・1参照)．また，同一の周期では，原子番号が大きいほど(すなわち，周期表を右へ移動するほど)結合距離は小さくなる．たとえば，メタノールのC–O結合は，フッ化メチルのC–F結合よりも長い(表8・1参照)．同様に，メタンチオールのC–S結合は塩化メチルのC–Cl結合よりも長い．

> **問 題**
>
> 8・9 表8・1のデータを用いて，$H_3C–Se–CH_3$における炭素–セレン結合距離を推定せよ．
>
> 8・10 図8・1のデータから，C–O結合とC–S結合のうち，どちらの結合がより大きなp性(§1・9B，§6・9B)をもつかを述べよ．その理由も説明せよ．

8・4 非共有結合性の分子間相互作用：はじめに

分子が相互作用する場合について考えてみると，まず思い浮かぶことは化学反応であろう．この過程では共有結合の開裂と形成が起こる．しかし，分子が相互作用する他の場合には，共有結合が関与しないこともある．すなわち，分子は非共有結合性の相互作用をするのである．私たちはすでに，たとえばアルケンに対するHBrのラジカル付加反応(図5・2)のような化学反応にみられる立体効果において，非共有結合性相互作用の例を学んでいる．二重結合のアルキル側鎖と臭素原子との相互作用は，エネルギー的に不利な非共有結合性相互作用，すなわち分子間斥力(intermolecular repulsion)である．分子間斥力は，相互作用する化学種のエネルギーを増大させる．また諸君はおそらく，エネルギー的に有利な非共有結合性相互作用，すなわち分子間引力(intermolecular attraction)の例にもなじみがあるだろう．一つの例は，塩の結晶構造においてイオン間に働く引力であり，これはしばしばイオン結合とよばれる．分子間引力は，相互作用する化学種のエネルギーを低下させる．非共有結合性の引力にはいくつかの他のタイプがあり，これらについては次の数節で述べる．

本章でわかるように，多くの生物学的な構造はまさに，その存在を非共有結合性の引力に負っている．それらの中には，タンパク質やDNAなどの生体分子や，膜のような生物学的な構造が含まれる．薬剤のような小さい分子とタンパク質受容体との相互作用も非共有結合性である．酵素がその基質の反応を触媒するためには，酵素はまず基質と非共有結合性相互作用によって会合しなければならない．これらの生物学的な現象を理解するためには，非共有結合性相互作用を理解する必要がある．まず，同一の小さい分子間に働く相互作用から，"小さく始める"ことにしよう．次に，溶液について考えよう．溶液には異なる種類の分子間に働く相互作用が含まれる．最後に，化学と生物学の両方から，非共有結合性相互作用が重要な役割を果たしているいくつかの例を検討することにしよう．

8・5 均一系の非共有結合性分子間引力：沸点と融点

物質のあらゆる凝縮状態(固体あるいは液体)は，その存在を非共有結合性の分子間引力に負っている．もし固体あるいは液体の分子間に引力がなければ，その物質は気体になるであろう(理想気体では分子間相互作用は起こらない．ここでは気体の記述に理想気体モデルを用いることにしよう)．液体を気体へ，あるいは固体を液体へ変換するときには化学結合の開裂は起こらないので，固体あるいは液体において分子間に働く引力は非共有結合性である．共有結合は開裂しないので，これらの非共有結合性の引力は，共有結合において原子を結びつけている引力に比べて著しく弱い(この点については§8・8

でまた述べる）．

　非共有結合性の分子間引力が存在する液体から，それがほとんど消失する気体への変換を調べることによって，非共有結合性引力について多くを学ぶことができる．特に，沸点は非共有結合性引力の大まかな指標として有用である．**沸点**(boiling point)は，液体の蒸気圧を大気圧(海面において 760 mm Hg)まで上昇させるために必要な温度である．沸点を非共有結合性引力の指標として用いることを，熱力学的に正しいと理由づけることは可能であるが，ここでは直観的にその正当性を理解することにしよう．沸点は，液体を構成するすべての分子を離散させて気体状態とするために必要なエネルギーの尺度である．沸点が上昇するとともに，液体状態における分子間引力を断ち切るためにより多くのエネルギーが必要となる．理解すべき重要なことは，分子間には共有結合が存在しないこと，さらに分子間引力は，分子自身における共有結合の強さ，すなわち分子自身の安定性とは何の関わりもないことである．

A．誘起双極子間の引力: van der Waals 引力(分散力)

　有機化合物の沸点について観測される最も重要なことの一つは，一連の同族体において，沸点が分子の大きさとともに規則的に上昇することである．たとえば，図 2・7 に示すように，直鎖アルカンの沸点は炭素原子の数とともにかなり規則的に上昇する．図 8・2(a)はこの規則的な沸点の上昇がアルカンだけではなく，多くの他の種類の化合物についても起こることを示しているが，これらは多くの例のいくつかを示しているにすぎない．ある化合物種の線がより高温側へ，あるいは低温側へと移動している理由や，アルコール(および示されていない他のいくつかの化合物種)の線がやや異なったふるまいを示す理由については，後に考察する．いずれにせよ，同じ化合物種において化合物の沸点は，一般に炭素原子 1 個当たり 20～30 ℃ 上昇する．

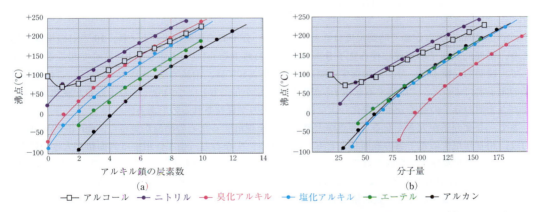

図 8・2　枝分かれのない炭素鎖をもついくつかの化合物種における炭素数(a)および分子量(b)に対する沸点のプロット．(a)における"炭素数＝0"は，炭素をもたない母体化合物を示す．たとえば，ハロゲン化アルキル R–X では母体化合物は H–X，アルコール R–OH では母体化合物は水 H–OH，などである．ニトリルでは，C≡N 基の炭素は官能基の一部であるから，炭素数には含まれていない．

　同じデータを分子量に対してプロットした図を図 8・2(b)に示す．この図から，ある与えられた分子量において，いくつかの異なる化合物種が同じ沸点をもっていることがわかる．
　なぜ，沸点は分子の大きさの増大に伴って上昇するのだろうか．1 章では，化学結合を形成している電子は，原子核間に閉じ込められているのではなく，原子核をとりまく結合性分子軌道に存在していることを学んだ．分子全体の電子分布は，"電子雲"とみることができる．ある分子(たとえば，アルカン)の電子雲はどちらかといえば"ぐにゃぐにゃした"ものであり，容易に変形することができる．このような変形は速やかに，また無秩序に起こり，それによって局所的に正電荷と負電荷をもった領域が一時的に形成される．すなわち，この電子雲の変形によって，分子内に瞬間的な双極子モーメントが生じ

るのである(図 8・3).第二の分子が近くに存在すると,その分子の電子雲は,相補的な双極子を形成するように変形する.このようにして生じた双極子を**誘起双極子**(induced dipole)という.一つの分子の正電荷と,もう一つの分子の負電荷との間に引力が働く.このような瞬間的双極子の間に働く引力を **van der Waals 引力**(van der Waals attraction),あるいは**分散力**(dispersion interaction)といい,液体が気化するために打勝たなければならない凝集力となる.アルカンは大きな永久双極子モーメントをもたない.ここで述べた双極子は瞬間的なものであり,一つの分子の瞬間的双極子が他の分子の瞬間的双極子を誘起する.これらの相互作用は時間とともに移り変わっていく.しかし,長い時間でみると,"近くにいると分子はより緻密になる"といった効果をもたらす.

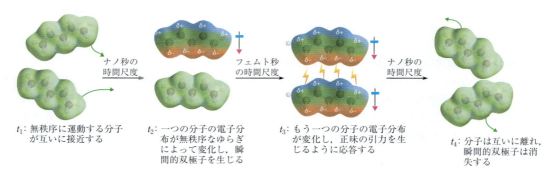

t_1: 無秩序に運動する分子が互いに接近する
t_2: 一つの分子の電子分布が無秩序なゆらぎによって変化し,瞬間的双極子を生じる
t_3: もう一つの分子の電子分布が変化し,正味の引力を生じるように応答する
t_4: 分子は互いに離れ,瞬間的双極子は消失する

図 8・3 2個のペンタン分子における van der Waals 引力の起源を示す模式図.t_1, t_2, t_3, t_4 の図は,時間による連続した点を示している.色は静電ポテンシャル図(EPM)を表す.緑色は大きな永久双極子がないことを示している.t_3 における引力は一時的であるけれども,頻繁に繰返し生じる.この引力が時間にわたって平均化され,van der Waals 引力の起源となる.

van der Waals 引力が働く時間尺度はきわめて短い.分子間の衝突は ns(ナノ秒,10^{-9} s)の単位で起こり,瞬間的双極子の形成に伴う電子分布の変化はおおよそ fs(フェムト秒,10^{-15} s)で起こる.こうして,瞬間的双極子は,分子が衝突する間に何度も生成しては,消滅する.いいかえれば,これらの分子の電子雲によって,"点滅する双極子"が生じる.しかし,もし一つの分子の電子分布が変化すれば,すぐさま他の分子の電子分布も変化し,全体として引力が保持されるのである.

さて,なぜ分子が大きくなると沸点が上昇するかを理解するための準備が整った.van der Waals 引力は,<u>相互作用する電子雲の表面積</u>とともに増大する.すなわち,相互作用する表面積が大きいほど,より大きな誘起双極子が形成される.大きな分子は電子雲の表面積も大きいので,他の分子との間に働く van der Waals 引力も大きくなる.このため,大きな分子は高い沸点をもつのである.

沸点を支配するのが分子の<u>表面積</u>であり<u>体積</u>ではないことを理解するために,分子の<u>形状</u>が沸点にどのような影響を与えるかを調べてみよう.たとえば,枝分かれの多いアルカンであるネオペンタンの沸点(9.4 ℃)と,その異性体であるが枝分かれのないペンタンの沸点(36.1 ℃)を比較すると,驚くべき差があることがわかる.ネオペンタンは中心炭素原子のまわりに正四面体形に配列した4個のメチル基をもつ.以下の空間充填模型が示すように,ネオペンタン分子は密に詰まったボールによく似ており,ほとんど球形である.一方,ペンタン分子はどちらかといえば伸びた構造をもち,形状は楕円形であって,ネオペンタンと同じ球形の領域にはおさまらない.

ネオペンタン
密に詰まっている,ほとんど球形
沸点 9.4 ℃

ペンタン
伸びている,楕円形
沸点 36.1 ℃

一般に,枝分かれの多い構造をもつ化合物は,枝分かれのない異性体に比べて沸点が低下する.

球は三次元的な物体のうちで最小の表面積-体積比をもつので，分子の形状がより球形に近づくほど，他の分子と接する表面積も小さくなる．ネオペンタンでは他のネオペンタン分子との van der Waals 引力をひき起こす分子表面が小さいため，ペンタンよりも van der Waals 引力が弱くなり，その結果，沸点が低くなるのである．

要約すると，アルカンの沸点を解析することによって，構造による沸点の変化にみられる一般的な二つの傾向を理解することができ，さらに分子間に非共有結合性相互作用が生じる機構を学ぶことができた．すなわち，

1. 一連の同族体においては，沸点は分子量の増大とともに上昇する．その大きさは一般に，炭素原子 1 個当たり 20〜30 ℃ である．この上昇は，大きな分子の間には，より強い van der Waals 引力が働くことによるものである．
2. 枝分かれが多い分子は，低い沸点をもつ傾向がある．これは分子に枝分かれが多くなると，van der Waals 引力をひき起こす分子表面が小さくなるためである．

分極率　前項で，電子雲の変形，すなわち"ぐにゃぐにゃになること"によって，van der Waals 引力が生じることを学んだ．原子や分子の**分極率**(polarizability)は，外部の電荷(あるいは双極子)によって，原子や分子の電子分布がどの程度，エネルギー的に容易に変化するかの直接的な尺度となる物理量である．いいかえれば，分極率の大きい分子は，より"ぐにゃぐにゃになりやすい"電子雲をもっている．分極率を理解するには，マシュマロや風船と，ゴルフボールやハンドボールを比較してみるとよい．これらの物体が電子雲に対応すると想像してみよう．マシュマロや風船を変形させるには，ほとんどエネルギーを必要とせず，私たちの手で簡単に行うことができる．同様に，容易に変形できる電子雲をもつ分子や置換基は分極しやすく，近くに電荷や他の双極子が存在すると容易に瞬間的双極子が生じる．一方，ゴルフボールやハンドボールは硬く，これらを変形させるには，大きなエネルギーが必要であり，私たちの手ではできない．このたとえからわかるように，容易に変形しない電子雲をもつ分子や置換基は分極しにくく，近くに電荷や他の双極子が存在しても瞬間的双極子は生じない．

分極率は測定することができ，また計算によって求めることもできるが，本書では定性的な説明にとどめることにしよう．一般に，非常に電気陰性な原子を含む分子(あるいは分子内の置換基)の分極率はあまり大きくない．なぜなら，それらの電子は原子核に強く束縛されており，原子核の近くに引きつけられているからである．一方，電気陰性度の小さい原子を含む分子や置換基は一般に，大きな分極率を

　天井でのダンス：ヤモリと van der Waals 引力

ヤモリは世界中に何百種もおり，気候の温暖な地域に住む人々にはなじみ深い生物だろう．ヤモリは，壁や天井さえも歩くことができるという驚くべき能力をもっている．この能力はヤモリの足裏にある剛毛，すなわち直径約 5 μm ($5 × 10^{-6}$ m) の小さい毛髪状の構造体の存在によるものである．それぞれの剛毛の末端には，直径約 0.2 μm のへら状の構造体が 100 個から 1000 個ついており，それがヤモリが移動する表面と接触している．2002 年，米国カリフォルニア大学バークレー校とスタンフォード大学の研究者らによって，へら状構造体に含まれるタンパク質は，van der Waals 引力によって表面に付着することが明らかにされた．ヤモリがもつすべてのへら状構造体は，30 kg あるいはそれ以上の重量を支えることができるものと推定されている．ロボット(あるいは人間)が壁や天井を歩くために用いられる人工のへら状構造体の開発に興味がもたれている．

ヤモリは弱い van der Waals 引力しか与えない表面上を上手に歩くことはできない．たとえば，ヤモリを垂直なテフロンの表面に置くと，すぐに滑り落ちてしまう．

もつ．たとえば，ヨウ素原子の分極率はフッ素原子の約10倍である．フッ素はきわめて電気陰性な元素なので，フッ素原子の電子を原子核から引離すことは非常に難しい．しかし，ヨウ素の価電子は主量子数5の軌道にあり，原子核による束縛が緩いため，外部の電荷によって容易に変形する．

これまでに学んだことから考えると，分子の分極率と沸点との間には関係があるはずである．すなわち，決まった形状と分子量をもつ分子では，より分極しやすい分子からなる液体の方が，分子間に働くvan der Waals引力が強いために，分極しにくい分子からなる液体よりも高い沸点をもつはずである．このような比較は，アルカンとペルフルオロアルカン（すべての水素原子をフッ素原子に置換したアルカン）の沸点を比較することによって行うことができる．フッ素の電気陰性度は大きいため，ペルフルオロアルカンの分極率は，同じ分子量をもつアルカンよりもかなり小さい．たとえば，ヘキサフルオロエタンの沸点を，炭化水素である2,2,3,3-テトラメチルブタンの沸点と比較してみよう．

ペルフルオロエタン
分子量 138.0
沸点 −78 ℃

2,2,3,3-テトラメチルブタン
分子量 114.2
沸点 +107 ℃

フッ素化された炭化水素（フルオロカーボン）は，ほぼ同じ分子量をもつ炭化水素と比べると，その沸点は185 ℃も低い．この差は，フルオロカーボンの分極率が炭化水素の約20%と著しく小さいことを反映している．いいかえれば，液体のフルオロカーボンにおけるvan der Waals引力は，液体の炭化水素におけるvan der Waals引力よりもきわめて弱い．このため，液体のフルオロカーボンでは分子間に働く引力がより低い温度で開裂し，気体への変換が起こるのである．ペルフルオロヘキサンは，その分子量とサイズはかなり大きいにもかかわらず，分極率がきわめて小さいため，実際に，同じ炭素数の炭化水素であるヘキサンよりも沸点が12 ℃も低い．

$CF_3CF_2CF_2CF_2CF_2CF_3$
ペルフルオロヘキサン
分子量 338.1
沸点 57 ℃

$CH_3CH_2CH_2CH_2CH_2CH_3$
ヘキサン
分子量 86.2
沸点 69 ℃

ポリマーのテフロン®（ポリテトラフルオロエチレン，テフロンは登録商標．表5・4，§5・7コラム参照）はおそらく，"究極のフルオロカーボン"であろう．これはまさに，ほぼすべてのものに対して非共有結合性の相互作用が弱いために，価値のある物質となっている．

$-[CF_2CF_2]_x-$ ポリテトラフルオロエチレン（テフロン®）

非共有結合性の相互作用が弱いために，他の分子に付着しにくくなるので，テフロンの表面はつるつるした感じを与える．この性質に基づいて，テフロンはこげつきにくい調理器具として利用されている．

液体にならないほど小さい分極率をもつ物質を探索すると，周期表の2番元素であるヘリウムにたどりつく．ヘリウムは2個の陽子をもち，1s軌道に2個の電子をしっかりと保持している．ヘリウムの分極率はすべての元素のうちで最も小さい．実際，ヘリウムは4.2 K（−269 ℃），すなわち絶対零度の約4 ℃上まで気体である．液体状態のヘリウム原子間に働くvan der Waals引力はきわめて弱いので，4.2 Kまで"加熱"するだけでこの引力に打勝つことができ，ヘリウムは気体に変換されるのである．

B. 永久双極子間に働く引力

基本的に，van der Waals引力は変動する双極子間に働く引力によるものである．したがって，永久双極子をもつ分子の間には，さらに大きな相互作用が働くことは驚くにあたらない．永久双極子をもつ分子は，同じ大きさと形状をもつアルカンよりも高い沸点をもつことが多い．たとえば，ほぼ同じ形状

8・5 均一系の非共有結合性分子間引力：沸点と融点

と分子量をもつ次のエーテルとアルカンの沸点を比較してみよう．

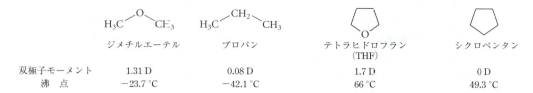

	ジメチルエーテル	プロパン	テトラヒドロフラン (THF)	シクロペンタン
双極子モーメント	1.31 D	0.08 D	1.7 D	0 D
沸 点	−23.7 ℃	−42.1 ℃	66 ℃	49.3 ℃

ジメチルエーテルの静電ポテンシャル図(electrostatic potential map, EPM)をプロパンの EPM と比較すると，明らかに永久双極子モーメントを生じさせる電荷分布の偏りが示されている．電気陰性な酸素は部分的な負電荷(赤色)をもち，メチル基の水素は部分的な正電荷(青色)をもっている．

ジメチルエーテルの EPM ($\mu = 1.31$ D)　　プロパンの EPM ($\mu \approx 0.1$ D)

エーテルがより高い沸点をもつのは，液体状態において分子間により大きな引力が働くためである．永久双極子をもつ分子は，ある時間は一つの双極子の負の末端がもう一つの双極子の正の末端と引き合うように配列するので，その間に引力が働く．たとえば，二つのジメチルエーテル分子は次のような様式で配列するだろう．

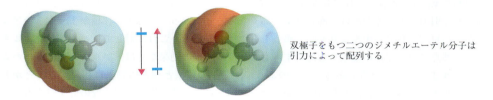

双極子をもつ二つのジメチルエーテル分子は引力によって配列する

図には2個の分子だけが示されているが，このような引力は同時に多くの分子の間に起こる．液体状態の分子は絶えず運動しており，そのため分子の相対的な位置は常に変化している．しかし，平均してみるとこのような引力が存在し，極性分子の沸点を上昇させる．エーテルでは，酸素の大きな電気陰性度によって分極率は減少する．しかし，永久双極子の間の引力は，この分極率の減少を相殺して余りあるのである．

図 8・2(b)をよくみると，エーテル(緑線)とアルカン(黒線)の沸点が，分子量が非常に小さい部分を除いて，あまり差がないことがわかる．これは，アルキル基の間に働く van der Waals 引力と，それによって生じる誘起双極子が，中程度の大きさをもつ分子においてさえも分子間相互作用のおもな起源となるためである．しかし，きわめて極性の高い分子は，大きな分子量の分子でさえもアルカンより著しく高い沸点を示す．たとえば，図 8・2(b)はニトリル(紫線)が特に高い沸点をもつことを示している．それらはまた，異常に大きな双極子モーメント(一般に 3.7〜3.8 D)をもっている．これは三重結合炭素への二つの結合の結合双極子が，同じ向きに配列しているからである(三重結合炭素は二重結合炭素と同様に比較的電気陰性であり，その程度はさらに大きい．§4・4 参照).

ブタンニトリル
$\mu = 3.7$ D
分子量 = 69.1
沸点 = 118 ℃

結合双極子

結果として生じる双極子モーメント

ペンタン
$\mu = 0$ D
分子量 = 72.1
沸点 = 36 ℃

ハロゲン化アルキルの沸点では，明らかに分子の大きさの効果と極性の効果の兼ね合いが観測される．塩化アルキルは同程度の分子量のアルカンとほぼ同じ沸点をもつが，臭化アルキルおよびヨウ化アルキルでは，分子量が同程度のアルカンよりも沸点が低い(塩化アルキル，臭化アルキル，アルカンの沸点は図 8・2 に示されている)．すべてのハロゲン化アルキルは大きな双極子モーメントをもっていることに注意してほしい．臭素やヨウ素は塩素ほど電気陰性ではないけれども，炭素-ハロゲン結合の距離が長いために，部分電荷の大きさと結合距離の積で表される双極子モーメント(式 1・4)は増大する．

	$CH_3CH_2CH_2CH_2Cl$	CH_3CH_2Br	CH_3I
分子量	92.6	109	142
双極子モーメント	2.0 D	2.0 D	1.7 D
沸点	78.4 °C	38.4 °C	42.5 °C
密度	0.886 g mL^{-1}	1.46 g mL^{-1}	2.28 g mL^{-1}

	$CH_3CH_2CH_2CH_2CH_3$	$CH_3CH_2CH_2CH_2CH_2CH_3$	$CH_3CH_2CH_2CH_2CH_2CH_2CH_2CH_3$
分子量	86.3	100.2	142
双極子モーメント	0 D	0 D	0 D
沸点	68.7 °C	98.4 °C	174 °C
密度	0.660 g mL^{-1}	0.684 g mL^{-1}	0.73 g mL^{-1}

これらの傾向を理解するための要点は，それぞれの列で比較している分子はほぼ同じ分子量をもっているが，分子の大きさと形状が非常に異なっていることである．ハロゲン化アルキルの密度が比較的大きいことは，それらが比較的小さい体積の中に大きな質量をもつことを示している．すなわち，ある決まった分子量では，ハロゲン化アルキルはアルカンよりも分子の占める体積が小さい．分子間に働く引力，すなわち van der Waals 引力，あるいは分散力は，分子が大きいほど大きくなることを思い出そう．分子間に働く引力が大きくなれば，沸点はより高くなる．したがって，分子の体積がより大きいアルカンの方が，ハロゲン化アルキルよりも高い沸点をもつはずである．これに対して，ハロゲン化アルキルの極性は，沸点に対して逆の効果をもたらす．もし極性が唯一の効果ならば，アルカンの沸点はハロゲン化アルキルよりも低くなるであろう．このように，分子の体積と極性の効果は相反することがわかる．塩化アルキルの場合には，それらの効果がほぼ打消しあい，その沸点は同程度の分子量をもつアルカンの沸点とほぼ同じになる．しかし，臭化アルキルおよびヨウ化アルキルでは，それらと同程度の分子量をもつアルカン分子のサイズがきわめて大きいので，サイズ(表面積)の効果が優勢となり，アルカンの方が高い沸点をもつのである．

問題

8・11 1,2-ジクロロエチレンの立体異性体の沸点は 47.4 °C と 60.3 °C である．それぞれの沸点は，どちらの立体異性体のものであるか．その理由も説明せよ(ヒント: それらの相対的な双極子モーメントを考慮せよ)．

8・12 オクタンと 2,2,3,3-テトラメチルブタンの沸点の差は約 20 °C である(106 °C と 126 °C)．より高い沸点をもつものはどちらか．その理由も説明せよ．

8・13 (a) アセトアルデヒドの双極子モーメントは 2.7 D であり，プロペンの双極子モーメントは 0.5 D である．それらはほぼ同じ分子量をもつにもかかわらず，沸点は約 68 °C も異なっている(−47 °C と +21 °C)．より高い沸点をもつものはどちらか．その理由も説明せよ．

$$H_3C-\overset{\overset{O}{\|}}{C}-H \quad \text{アセトアルデヒド} \qquad H_3C-\overset{\overset{CH_2}{\|}}{C}-H \quad \text{プロペン}$$

(b) 同じ枝分かれ様式と炭素数をもつアルケンとアルカンはほぼ同じ沸点をもつとすると，図 8・2(b) において，アルデヒドの沸点に対する曲線はどの位置にくると予想されるか．その理由も説明せよ．

C. 水素結合

アルコール，特に比較的分子量の小さいアルコールの沸点は，他の有機化合物の沸点に比べて，異常に高い．たとえば，エタノールはほぼ同じ形状と分子量をもつ他の有機化合物よりも，非常に高い沸点をもっている．

	CH_3CH_2-OH	$CH_3CH_2CH_3$	$H_3C-O-CH_3$	CH_3CH_2-F
	エタノール	プロパン	ジメチルエーテル	フッ化エチル
沸 点	78 °C	−42 °C	−24 °C	−38 °C
双極子モーメント	1.7 D	0 D	1.3 D	1.8 D

エタノールと最後の二つの化合物との対比は，特に驚くべきものである．いずれも類似した双極子モーメントをもつにもかかわらず，エタノールの沸点がきわめて高くなっている．また，アルコールの沸点が異常であるという事実は，エタノール，メタノール，および最も単純な"アルコール"である水の沸点の比較からも明らかである．

	CH_3CH_2-OH	H_3C-OH	$H-OH$
	エタノール	メタノール	水
沸 点	78 °C	65 °C	100 °C

図 8・2 に示したように，一連の同族体系列では，CH_2 基がつけ加わるごとに沸点が 20〜30 °C 上昇することを思い出してほしい．しかし，メタノールとエタノールの沸点の差はわずかに 13 °C である．また，水は最も分子量の小さい"アルコール"であるが，三つの化合物のうちで最も高い沸点をもっている．これらの事実は，図 8・2 に示したアルコールの曲線が，分子量の小さい領域において異常な形状を示していることに反映されている．これらの異常な現象は，水素結合というきわめて重要な分子間相互作用によるものである．

水素結合(hydrogen bonding)はある原子上の水素と，他の原子上の非共有電子対との会合による分子間相互作用である．水素結合は同一の分子内でも，また分子間でも形成される．たとえば，簡単なアルコールの場合には，水素結合は一つの分子の O−H プロトンと他の分子の酸素との弱い会合である．

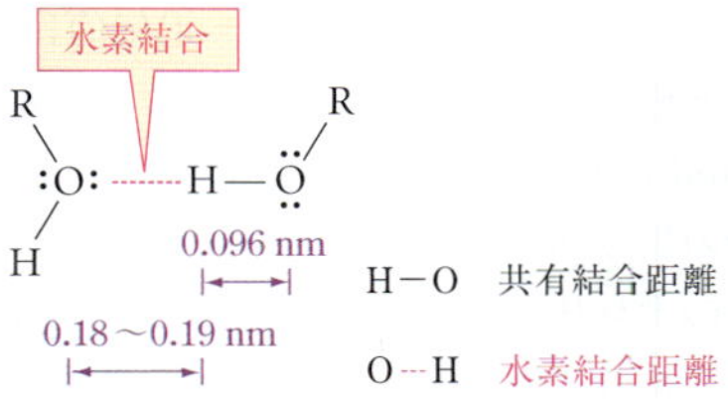

水素結合を形成するためには，水素結合供与体と水素結合受容体という二つのパートナーが必要である．水素結合供与体(hydrogen-bond donor)は，水素と完全な結合を形成している原子である．一方，水素結合受容体(hydrogen-bond acceptor)は，水素と部分的な結合を形成する非共有電子対をもった原子である．次のメタノールの場合には，酸素原子が両方の役割を果たしている．

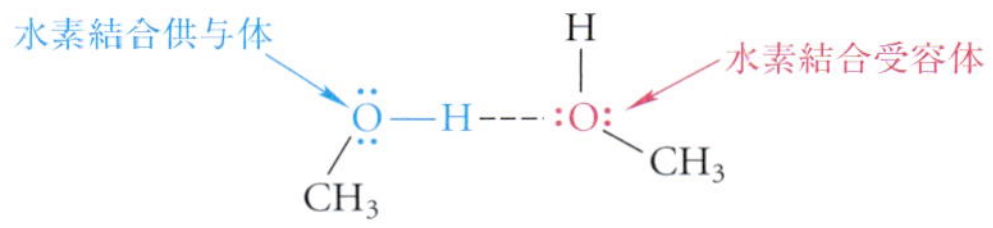

Lewis による古典的な考え方では，水素原子は 2 個の電子しか共有できない．したがって，水素結合は通常の Lewis 構造式によって表記することは難しい．このため，水素結合は破線によって描かれること

が多い．水素結合の形成は，次の二つの要因の組合わせによるものとされている．第一に，供与体原子上の水素と受容体原子の非共有電子対の間の弱い共有結合性の相互作用である．そして第二に，二つの双極子の反対の電荷をもつ末端の間に働く静電的引力である．これら二つの要因の相対的な重要性については，意見が分かれている．

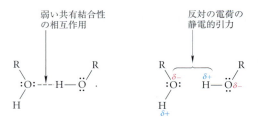

水素結合によって会合した二つの分子は，Brønsted 酸-塩基反応を起こすことによって平衡にある同一の二つの分子と類似している．

$$(8\cdot2)$$

水素結合供与体は式(8-2)における Brønsted 酸に相当し，水素結合受容体は Brønsted 塩基に相当している．酸-塩基反応では，プロトンは酸から塩基へと完全に移動する．水素結合では，プロトンは供与体に共有結合したままであるが，受容体と弱く相互作用している．

電気的に中性の分子において最もよい水素結合供与体となる原子は，酸素，窒素，およびハロゲンである．さらに，水素結合と Brønsted 酸-塩基反応との類似性から推測されるように，すべての強い Brønsted 酸はまた，良好な水素結合供与体となる．一方，電気的に中性の分子における最もよい水素結合受容体は，電気陰性な第二周期原子である酸素と窒素である．非共有電子対をもつほとんどのアニオン，およびすべての強い Brønsted 塩基はまた，良好な水素結合受容体となる．

しばしば，ある原子が水素結合の供与体と受容体の両方としてふるまうことがある．たとえば，水やアルコールの酸素原子は水素結合の供与体としても，受容体としてもふるまうことができるので，液体の水やアルコール中の分子は，水素結合によるネットワークを形成している．これらのネットワークにおける水素結合は静的なものではなく，むしろ速やかに切れたり，生成したりしている．

対照的に，エーテルの酸素原子は水素結合受容体にはなるが，供与できる水素をもたないので，供与体にはならない．最後に，水素結合供与体にはなるが，受容体にはならない原子もいくつか存在する．たとえば，アンモニウムイオン $^+NH_4$ は良好な水素結合供与体であるが，この窒素には非共有電子対がないので，水素結合受容体にはならない．

水素結合によってアルコールの異常に高い沸点が説明される．液体状態において水素結合は，分子を

互いに結びつける引力として働く．気体状態では（液体や固体中に比べて，分子が非常に離れているため）水素結合は重要ではなくなり，低圧においては，ほとんどの化合物に水素結合は存在しない．水素結合を形成している液体を蒸発させるためには，分子間の水素結合を開裂させる必要があり，水素結合を開裂させるにはエネルギーが必要となる．このエネルギーは，アルコールのような水素結合を形成する化合物の異常に高い沸点としてはっきりと現れる．

水素結合の重要性を示す現象はほかにもある．§8・6Cでは，水素結合が有機化合物の水に対する溶解性にどのような影響を与えるかを学ぶ．また，水素結合は生物学においてきわめて重要な現象である．たとえば水素結合は，タンパク質や核酸の構造を維持するために本質的な役割を担っている（これについては§27・9と§26・5Bで述べる）．水素結合がなければ，私たちが知っているような生命は存在しないであろう．

要約すると，分子が液体中で非共有結合性の相互作用によって会合すると，その液体の沸点は上昇する．これらの分子間相互作用に含まれる最も重要な力は次の三つである．

1. <u>水素結合</u>：水素結合を形成する分子は，水素結合を形成しない類似の極性をもつ分子よりも沸点が高い．
2. <u>永久双極子間に働く引力</u>：永久双極子モーメントをもつ分子は，双極子モーメントをもたない，あるいは双極子モーメントが小さい類似の大きさと形状をもつ分子よりも沸点が高い．
3. <u>van der Waals 引力</u>：これは，以下の要因に影響を受ける．
   a. 分子の表面積：大きな表面積をもつ分子はより沸点が高い．
   b. 分子の形状：広がった，球形ではない（枝分かれの少ない）分子はより沸点が高い．
   c. 分極率：分極しやすい分子の間には，分極しにくい分子の間よりも強い分子間力が働く．

これらの効果の相対的な重要性はどうなのだろうか．上記の順番はおおよそ，重要性が高い順序になっている．たとえば，小さい分子ではふつう，水素結合の効果は分子の極性の効果に勝る．図8・2(b)において，アルコール（図では水素結合を形成する唯一の化合物種）に対する曲線は，一つを除いてすべて他の曲線の上方に位置している．たとえば，アセトンは2-プロパノール（イソプロピルアルコール）よりも大きな双極子モーメントをもつが，沸点は2-プロパノールの方が高い．

	アセトン	2-プロパノール
沸点	56.5 ℃	82.3 ℃
双極子モーメント	2.7 D	1.7 D

2-プロパノールは水素結合を供与することも，受容することもできるが，アセトンは水素結合供与体をもたない（同一分子の間で水素結合を形成するには，その分子には水素結合供与体と受容体の両方がなければならない）．このような比較をする際には，分子の大きさと形状はほぼ一定とし，極性，および水素結合を形成できるかどうかだけを比較していることに注意してほしい．

しかし，これらの効果の相対的な重要性について，すべての場合にあてはまる一般的な記述をすることはできない．たとえば，ニトリルは水素結合供与体をもたないが，例外的に極性の大きな化合物種であり，その双極子モーメントは3.7～3.8 D程度である．図8・2(b)からわかるように，ニトリルはアルコールよりも高い沸点をもっている．これは極端な例ではあるが，極性が水素結合の効果に勝る唯一の例というわけではない．また，すでに前節において，ハロゲン化アルキルとアルカンの沸点の比較について述べた．ハロゲン化アルキルでは密度が大きいため，分子の極性よりも表面積が重要になる．

ここでの目的は，沸点に影響を与える要因とそれらが沸点に及ぼす傾向を理解することであり，"細かい区別をする"ことではない．次の例題8・4には，用いるべき考え方の例が示されている．

例題 8・4

次の化合物を，沸点が低いものから上昇する順序に並べよ．

　　　　1-ヘキサノール，1-ブタノール，t-ブチルアルコール，ペンタン

解　法　まず，それぞれの構造を描いてみよう．

$CH_3CH_2CH_2CH_2CH_2CH_2$—OH　　　$CH_3CH_2CH_2CH_2$—OH

　　1-ヘキサノール　　　　　　　　　　　1-ブタノール

$$\begin{array}{c} CH_3 \\ | \\ H_3C-C-OH \\ | \\ CH_3 \end{array}$$

　　　　　　　　　　　　　　　　　　t-ブチルアルコール

$CH_3CH_2CH_2CH_2CH_3$　　　ペンタン

1-ブタノールとペンタンはほとんど同じ分子量をもち，大きさと形状も類似している．しかし，1-ブタノールは極性分子であり，水素結合を供与することも受容することもできるので，ペンタンよりも著しく高い沸点をもつ．1-ヘキサノールもまた第一級アルコールであり，しかも 1-ブタノールよりも分子が大きいので，その沸点は三つの化合物のうちで最も高い．これまでの結果，沸点が上昇する順序は，ペンタン < 1-ブタノール < 1-ヘキサノールとなる．t-ブチルアルコールはペンタンとほぼ同じ分子量をもつが，アルコールはその極性と水素結合のため，炭化水素よりも沸点が高い．しかし，t-ブチルアルコール分子とその異性体である 1-ブタノール分子を比較すると，t-ブチルアルコールの方が枝分かれが多く，より球状に近い．このため，t-ブチルアルコールの沸点は 1-ブタノールの沸点よりも低いはずである．したがって，沸点の正しい順序は，ペンタン < t-ブチルアルコール < 1-ブタノール < 1-ヘキサノールとなる（それぞれの沸点は，36 ℃，82 ℃，118 ℃，157 ℃ である）．

問　題

8・14　次の(a),(b)それぞれの組において，化合物を沸点が低いものから上昇する順序に並べよ．
(a) 4-エチルヘプタン，2-ブロモプロパン，4-エチルオクタン
(b) 1-ブタノール，1-ペンテン，クロロメタン

8・15　次の(a)〜(f)の分子は，水素結合受容体か，水素結合供与体か，あるいはその両方か．水素結合に供与される水素，あるいは水素結合受容体として働く原子を示せ．

(a) H—$\ddot{\text{B}}\text{r}$:　　(b) $\equiv$—$\ddot{\text{F}}$:　　(c) $H_3C-\overset{:\ddot{O}:}{\underset{}{C}}-CH_3$　　(d) $H_3C-\overset{:\ddot{O}:}{\underset{}{C}}-\ddot{N}H-CH_3$

(e) 〔フェニル〕—$\ddot{\text{O}}$H　　(f) $H_3C-CH_2-\overset{+}{N}H_3$

D．融　点

融点についてはすでに §2・6B で述べた．**融点** (melting point) は，固体が自発的に液体に変化する最低温度であることを思い出そう．融点では固体とその液体が平衡にある．沸点と同様に，融点もまた，分子間に働く非共有結合性の相互作用，すなわち van der Waals 力，双極子−双極子相互作用，および水素結合の強さを反映する．しかし，(有用な近似として)気相では分子間相互作用は働かないので，沸点は単一の状態，すなわち液体についての情報だけを与える．これに対して融点には，<u>液体と結晶性固体の両方の状態における非共有結合性相互作用の効果が反映される</u>．この理由により，融点は，物質の単一の状態における分子間相互作用だけで説明することはできない．

それでも融点には，知っておく価値のある二つの観測事実があり，それらは共通の起源をもっている．すでに §2・6B において，これらの両方について触れた．その一つは，同族体の系列において炭素数に対して融点をプロットすると，しばしば"のこぎり歯"のような形状になることである(図 2・8)．

第二のもっと有用な観測事実は，対称性のよい化合物は対称性の低い異性体よりも，かなり高い融点をもつ傾向があることである．この事実は1880年代から知られており，いくつかの例では，かなり劇的であることもある．たとえば，次の二つの構造異性体の融点は，30 ℃以上も異なっている．

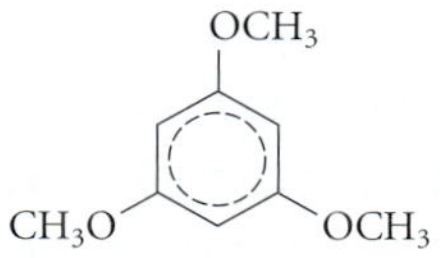

1,3,5-トリメトキシベンゼン 融点 51〜53 ℃

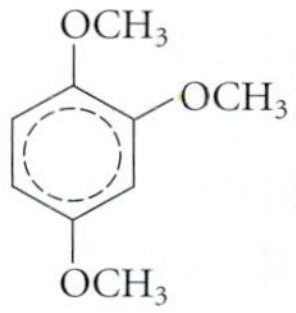

1,2,4-トリメトキシベンゼン 融点 19〜20 ℃

（ここでは対称性を強調するために，非局在化した共鳴混成体として二重結合を描いている．また，ベンゼン環は平面であることに注意しよう）．化合物の対称性がよいとは，その構造とまったく同一の配向になるように，構造を回転，あるいは鏡映させるいくつかの方法があることを意味している．すなわち，諸君が後ろを向いている間にだれかがその構造を回転，あるいは鏡映させたとしても，諸君が振返ってその構造を見たとき，何がなされたかがわからない，ということである．たとえば，1,3,5-トリメトキシベンゼンの構造を，紙面に対して垂直な軸（緑の点）のまわりに120°の任意の倍数だけ回転させると，もとの構造と区別できない配向を再現することができる．

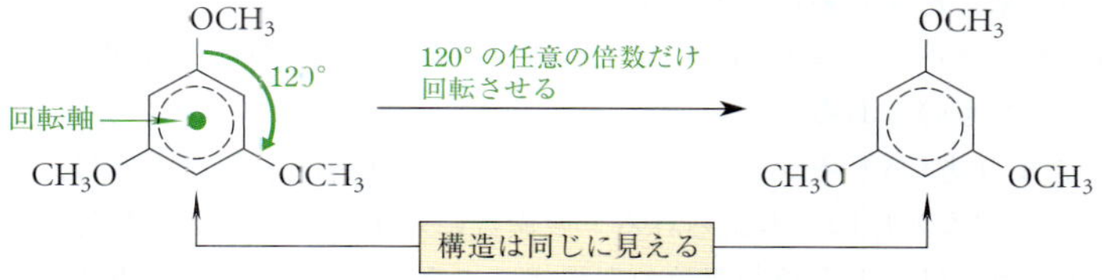

(8・3a)

これに対して，1,2,4-トリメトキシベンゼンを同様に回転させると，もとの構造と区別できる配向となる．すなわち，その構造は回転したことがわかる．

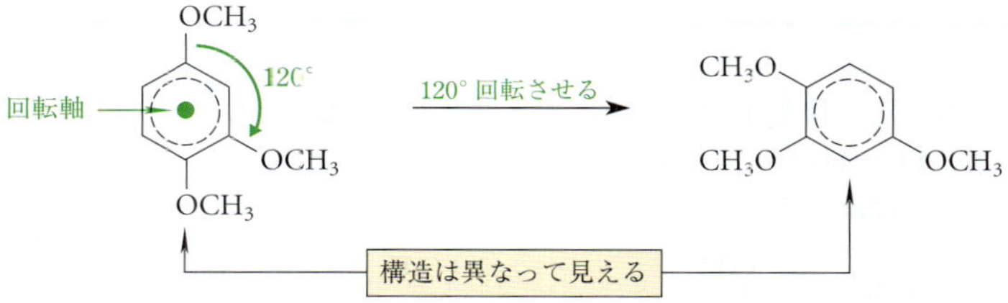

(8・3b)

このように，1,3,5-トリメトキシベンゼンは3回回転対称性をもっているが，その異性体はそうではない．また，1,3,5-トリメトキシベンゼンの構造を，紙面に対して垂直な三つの異なる平面に対して鏡映させても，同一の構造を再現することができる（これらの平面を見つけてみよう）．しかし，1,2,4-トリメトキシベンゼンに対しては，それをすることができない．したがって，1,3,5-トリメトキシベンゼンは鏡面対称性ももっているが，1,2,4-トリメトキシベンゼンはもっていない．二つの構造が共通してもつ唯一の対称性は，紙面に対する鏡面対称性だけである．すなわち，どちらの構造も紙面に対して鏡映させると，同一の構造を与える．こうして，1,3,5-トリメトキシベンゼンは1,2,4-トリメトキシベンゼンよりも対称性が高く，そのため高い融点をもつと結論することができる．

二つの化合物の沸点はほとんど同じであるから（255 ℃），融点に対する構造の対称性の効果は，結晶状態に関わる効果である（沸点が同じであることは，二つの化合物の液体状態における分子間相互作用の大きさが，ほとんど同じであることを示している）．構造の対称性が融点に影響を及ぼすのは，対称性が高いと結晶を形成する確率が増大するためである．結晶では，分子は秩序正しい，繰返しの配列をもっている．対称性の高い分子では，結晶においてそれぞれの分子を回転あるいは鏡映させても，まっ

たく同一の分子配列となる多くの区別できない方法がある。たとえとして、立方体の箱の中に立方体のブロックを積み重ねることを考えてみよう。それぞれのブロックを回転あるいは鏡映させることによって、多くの異なった方法で、箱内にまったく同じ様式でブロックを積み重ねることができる。このように、対称性の高い化合物の結晶化においては、本来、統計的な優位性、すなわちより大きな確率がある。確率の熱力学的な尺度はエントロピー $\Delta S°$ である（エントロピーと確率の関係については、§8・6Aでより詳しく議論する）。いいかえれば、対称性が高い分子では、結晶の $\Delta S°$ が増大するのである。

さらに、対称性の高い分子は対称性の低い分子に比べて、結晶中により密に詰まることができる。先に述べたたとえに戻ると、立方体の箱に立方体のブロックを積み重ね、そしてさらに同じ箱に（それぞれが立方体のブロックと同じ体積をもつ）不規則な形をした木のかたまりを積み重ねると、立方体のブロックの方がより密に詰まることがわかる。分子がより密に詰まると、それらの間に働く非共有結合性相互作用もより強くなる。すなわち、非共有結合性相互作用のエネルギーは減少する（エネルギーが減少するほど、安定性は増大する）。これらの相互作用は、結晶におけるエンタルピー $\Delta H°$ の減少に現れる。したがって、対称性が高い分子では、結晶の $\Delta H°$ が減少するのである。

$\Delta G° = \Delta H° - T\Delta S°$ であることを思い出そう。対称性が高い分子では $\Delta S°$ が増大し、$\Delta H°$ は減少するから、結晶の $\Delta G°$ は減少することになる。いいかえれば、対称性が高い分子では、結晶状態が安定化される。結晶状態が安定化すれば、結晶を液体に変換するために、より多くのエネルギーが消費されなければならない。この結果、結晶の融点は上昇することになる。

ペンタン（−129.8 °C）とネオペンタン（−16.8 °C，構造は298ページ参照）の融点の著しい違いは、まったく同じ現象を反映したものである。

結晶における分子の詰まり方（パッキング）の効果はまた、図2・8に示したように、融点の変化が"のこぎり歯"のような形状になる原因と考えられる。炭素数に対する融点の変化を表す曲線において、炭素数が奇数の直鎖状アルカンは、炭素数が偶数の直鎖状アルカンよりも下側に位置している。いいかえれば、"偶数炭素"のアルカンの結晶では、分子のパッキングがより効果的になるため、固体状態における van der Waals 引力がいくらか大きくなり、融点が高くなるのである。

> **問題**
>
> **8・16** 次のそれぞれの融点と、構造 A～D を対応させよ。その理由も説明せよ。
> 168～172 °C, −74.5 °C, 143～147 °C, −157 °C
> （ヒント：アルケンは室温では液体であり、カルボン酸は固体である）
>
> A, B, C, D の構造式
>
> **8・17** 炭素数に対する融点の変化が"のこぎり歯"のような形状を示すことが、結晶における分子のパッキングによって説明されるならば、直鎖状アルカンの結晶の密度を炭素数に対してプロットすると、どのようになると予想されるか。

8・6 不均一な分子間相互作用：溶液と溶解性

本節では、異なる化合物間に働く非共有結合性の相互作用を検討する。まず、2種類の液体の溶液が形成される過程を調べることにしよう。溶液では、2種類以上の化合物が同じ液相に共存している。§8・6Aにおいて、"溶液"が意味することを正しく説明し、いくつかの用語を提示し、さらにエネルギーの観点から溶解の過程がどのように考えられるかを示す。§8・6Bでは、一般的な溶媒とそれらの

分類の方法を学ぶ. §8・6Cでは，共有結合化合物の溶解性に関するいくつかの実際的な特徴と，それを支配するおおざっぱな規則を学ぶ. 二つの物質が溶液を形成するのか2相に分かれたままでいるのか，という溶解性について直観的な判断ができるようにしよう. §8・6Dでは，特に炭化水素が水に溶けない理由を考察する. そこで学ぶ原理は，多くの重要な生物学的現象の基礎になっている. これらの節はすべて，液体中に他の液体が溶解する現象を含んでいる. §8・6Eでは，固体が液体に溶解する現象を考える際に，これまでの考えをどのように修正しなければならないかについて簡単に考察しよう. 最後に§8・6Fでは，イオン化合物の溶解性について考え，§8・7では，本節で学ぶ原理に基づいた化学や生物学における多くの応用について検討しよう.

A. 溶液：定義とエネルギー論

本節では，溶液という用語が意味することを定義し，溶液が形成される過程のエネルギー論を調べよう. 扱いを簡単にするため，いずれも液体である2種類の化合物を用いることにする. 少量の液体Aが多量の液体Sに加えられたとしよう. 少量の液体Aを溶質(solute)，多量の液体Sを溶媒(solvent)という. これらの化合物は，互いに反応しないものとする. 2種類の化合物が接触したときに，それぞれが別々の相にとどまるのならば，AはSに不溶(insoluble)であるという. しかし，AとSが単一の，透明な液相を形成するならば，AはS中で溶液(solution)を形成したといい，AはSに可溶(soluble)であるという. AはS中に溶解したのである. 溶液の形成過程を分子レベルで見た模式図を図8・4に示す.

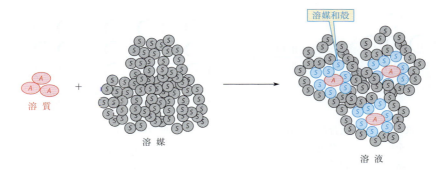

図8・4 分子レベルで見た溶液形成の模式図. 純粋な溶質の分子Aは他の溶質分子と相互作用し，純粋な溶媒の分子Sは他の溶媒分子と相互作用している. 二つが混合すると，溶質は溶媒の中へ分散する. 希薄な溶液中では，それぞれの溶質分子は溶媒分子だけによって取囲まれる. 溶質分子と直接相互作用している溶媒分子(青色で示されている)は，溶媒和殻を形成する. 溶媒の構造はきわめて動的である. すなわち，溶媒の分子と溶媒和殻を形成する分子は，速やかに位置を交換している.

図8・4は，溶液の形成過程には，非共有結合性の分子間相互作用が関わっていることを示している. 左辺に示した純粋な化合物では，分子Aは互いに相互作用しており，分子Sもまた互いに相互作用している. 右辺に示した溶液が形成されたとき，分子S同士の相互作用のいくらかと，分子A同士の相互作用のすべては，AとSの間の相互作用によって置き換えられている. 溶質分子Aと直接接触している溶媒分子S(図8・4では青色で示されている)を，ひとくくりにして溶媒和殻(solvation shell)あるいは溶媒かご(solvent cage)という. 簡単のため，溶媒和殻は溶媒分子の単一の層として示してあるが，溶質と溶媒との相互作用は，溶媒分子の単一の層を超えて広がっている場合もある. 図8・4の模式図は静的に描かれているが，実際の溶媒の構造はきわめて動的である. すなわち，溶媒中の分子と溶媒和殻中の分子は速やかに動き回り，互いにその位置を交換している.

溶解過程のエネルギー論を考察する際には，化学反応を考えるときと同じように溶解過程を考えればよい. 溶解過程の自由エネルギー変化は，"生成物"(溶液)の自由エネルギーと"反応物"(純粋な液体)

の自由エネルギーの差に等しい．溶質 A を 1 L の溶媒 S に溶かしたときの自由エネルギー変化 ΔG_s を，**溶解自由エネルギー**(free energy of solution) という．

$$\Delta G_\text{s} = G(\text{溶液}) - [G(\text{純粋な溶質}) + G(\text{純粋な溶媒})] \tag{8・4}$$

$\Delta G_\text{s} < 0$ のとき，溶解過程は有利となる．一方，$\Delta G_\text{s} > 0$ のとき，溶解過程は不利となる．ΔG_s の大きさはその過程がどの程度，有利であるか，あるいは不利であるかを示す．

溶液が生成する過程の第一の特徴は，溶解過程にどのような分子間相互作用が含まれるかにかかわらず，溶液の生成に対する統計的な駆動力が存在することである．この駆動力を混合エントロピー ΔS_mix という．**混合エントロピー**(entropy of mixing) は溶液が形成される確率の定量的な表現であり，その過程に関わるいかなる分子間相互作用ともまったく無関係なものである．

混合エントロピーを理解するためには，エントロピーについていくつかの直観的な知識が必要となる．**エントロピー**(entropy) は確率の尺度である．ある系が確率の低い状態から確率の高い状態へ変化するとき，その系のエントロピーは増大する．この考え方のいくつかの例を考察してみよう．

いま，すべて表になった 4 枚のコインがあるとしよう．それぞれのコインを一度ずつ，投げ上げる過程を考える．それによって，2 枚が表 (H)，2 枚が裏 (T) となったとしよう．4 枚のコインがすべて表となる組合わせはただ一つしかないが，4 枚のコインのうち表が 2 枚，裏が 2 枚となる組合わせは 6 通りある．

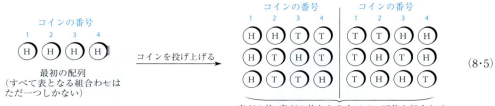

(8・5)

このため表 2 枚-裏 2 枚の組合わせとなる確率は，すべて表の場合の 6 倍となる．コインを投げ上げる過程は，コインを確率の低い状態から確率の高い状態へと変化させるから，4 枚のコインからなる系のエントロピーを増大させる過程である．もし 6 枚のコインで同じ実験をするならば，表 3 枚-裏 3 枚の組合わせの相対的な確率は 20 となる(これが正しいことを確かめよ)．もし，投げ上げたコインのうち半分が表，半分が裏となると限定せずに，すべての可能な組合わせを考慮すると，とりうる組合わせの数はずっと大きくなる．4 枚のコインではとりうる組合わせの数は 16 となり，6 枚のコインではその数は 64 となる．すべてが表，あるいはすべてが裏であるアボガドロ数枚のコイン(すなわち，"1 mol のコイン")を投げ上げることを想像してみよう．とりうる組合わせの数は巨大なものとなる．

さて，10 個の青い球が入った箱と，1000 個の赤い球が入った別の箱があるとしよう．青い球を赤い球の入った箱の中に入れ，ふたをして振ったとする．どうなるだろうか．青い球はすべて，一箇所にかたまっているだろうか．そんなことは決してない．青い球は赤い球の間に分散し，おそらく青い球はそれぞれ，すべて赤い球によって囲まれているだろう．このような結果を与えることができる球の配列の数はきわめて大きいが，青い球が偶然，一箇所にかたまっていることのできる球の配列はただ一つしかない(あるいは，青い球の一群を動かしても，わずか少しの配列しかない)．青い球が赤い球の中に分散するのは，分散した状態に球を配列するやり方の数がきわめて多いためである．すなわち，分散した状態はきわめて確率が大きいのである．この増大した確率は，エントロピー変化によって表現される．

前述のたとえは，溶液の形成に直接関係している．水に可溶な青インクをビーカーにはいった水の中に落とすと，インクが自発的に水の中に分散するのが見られる．これは，インク分子が一箇所にかたまっている状態よりも，分散した状態の方が，水分子に対してインク分子を配置するやり方の数がきわめて多いためである．これがエントロピーによる結果である．分散した状態は，単純に確率が大きい状

態である．水溶性の青インクの溶液から出発して，逆の過程を思い描いてみよう．すべてのインクがビーカーの一隅に自発的に集まるのを見たとしたら，びっくりするのではないだろうか．そのようなことは決して起こらない．なぜなら，これはより確率が大きい(よりエントロピーが大きい)方向へ変化する自然の傾向に反するからである．

　任意の物質量の溶質と，任意の物質量の溶媒を混合することに対して，混合エントロピー ΔS_{mix} を計算することができる．この式はこれまでに議論してきたものと同様の，確率の考察から直接誘導されたものである．

$$\Delta S_{mix} = -2.3R(n_1 \log x_1 + n_2 \log x_2) \tag{8・6}$$

この式において，n_1 と n_2 は溶液を形成させるために用いた2種類の溶液成分(溶媒と溶質)の物質量，x_1 と x_2 は溶液に含まれる2種類の成分のモル分率，R は気体定数($8.31\,\mathrm{J\,K^{-1}\,mol^{-1}}$)である．たとえば，任意の溶質 1 mol を 1 L の水(55.6 mol)に混合すると，溶質のモル分率は $1/(1+55.6) = 0.0177$ であり，水のモル分率は $55.6/(1+55.6) = 0.982$ である．式(8・6)から，$\Delta S_{mix} = +41.9\,\mathrm{J\,K^{-1}}$ となる．ΔS_{mix} を混合自由エネルギー ΔG_{mix} に変換するために，$\Delta H_{mix} = 0$ であるとする．なぜなら，ここでは確率だけを考慮し，分子間相互作用に関わるエネルギー変化を考慮していないからである．したがって，

$$\Delta G_{mix} = -T\Delta S_{mix} \tag{8・7}$$

ここで T は，K 単位の温度である．室温(25 ℃ すなわち 298 K)では，$\Delta G_{mix} = (-298)(41.9) = -12{,}500$ J $= -12.5$ kJ となる．ΔG_{mix} は負であるから，この溶液の生成には本質的な起こりやすさがあり，ΔG_{mix} の大きさは，その起こりやすさが自由エネルギーとしていくつであるかを正確に示している．

　もし，混合自由エネルギー ΔG_{mix} が，溶液の形成に含まれる唯一の自由エネルギー変化であれば，あらゆる液体は他のあらゆる液体に溶解するであろう．私たちは経験から，これが真実でないことを知っている．その理由は，非共有結合性の相互作用もまた，溶解過程の自由エネルギー変化に寄与するためである．図 8・4 は，溶液の形成には，いくつかの S–S 相互作用とすべての A–A 相互作用を，S–A 相互作用によって置き換えることが含まれることを示している．これらの分子間相互作用の変化による自由エネルギー変化を ΔG_{inter} としよう．全体の溶解自由エネルギー ΔG_s は，ΔG_{inter} と，溶液の形成に常に有利となる混合自由エネルギー ΔG_{mix} との釣合いの結果となる．すなわち，

$$\Delta G_s = \Delta G_{inter} + \Delta G_{mix} \tag{8・8}$$

この式を式(8・7)と組合わせると，次式が得られる．

$$\Delta G_s = \Delta G_{inter} - T\Delta S_{mix} \tag{8・9}$$

この式は，混合の寄与が，厳密にエントロピーに由来することをはっきりと示している．

　前述の青い球と赤い球のたとえを用いて，この釣合いを説明することにしよう．10 個の青い球には棒磁石が埋込まれており，これによってそれらはくっつき合うものとする．その青い球を 1000 個の赤い球と混合して振ったとすると，もし磁石が十分に強ければ，青い球は赤い球の中に分散しないであろう．この場合は，青い球の間に働く引力が，自発的な混合しやすさを上回っている．すなわち，青い球を分離させるためには，エネルギーを必要とするのである．同様に，もし溶質分子，あるいは溶媒分子が，互いの間に大きな分子間相互作用をもち，溶液中でその代わりとなる S–A 相互作用によって置き換えることができなければ，$\Delta G_{inter} > 0$ となる．もし ΔG_{inter} が十分に大きければ，混合エントロピーの項を上回り，$\Delta G_s > 0$ となる．ΔG_s が増大する(より正となる)ほど，S 中に溶解する A の量は減少する．

　溶質と溶媒が類似しており，溶液中で溶質と溶媒の間に働く相互作用が，純粋な溶質における溶質分子間の相互作用，および純粋な溶媒における溶媒分子間の相互作用と正確に同じ場合を考えよう．たとえば，炭素 1 個を ^{13}C で標識したヘキサン(この物質をヘキサン* とする)の 1 mol をふつうのヘキサン 1 L に溶かしたとしよう．この場合，すべてのヘキサン*–ヘキサン* 相互作用といくつかのヘキサン–

ヘキサン相互作用が，ヘキサン*–ヘキサン相互作用によって置き換えられる．ヘキサン分子における1個の ^{13}C の存在は，ヘキサン分子間に働く van der Waals 引力に対して無視できるほどの寄与しか与えない．したがって，この場合には $\Delta G_{inter} = 0$ であり，全体の ΔG_s は，式(8·8)から計算されるように ΔG_{mix} に等しくなる．直観的にわかるように，同位体で標識されたヘキサンの試料はふつうのヘキサン溶媒に完全に溶解する．しかし，まったく異なる2種類の物質を混合した場合には，$\Delta G_s < 0$ であるかどうか，すなわち溶液が形成されるかどうかは，ΔG_{inter} と ΔG_{mix} の兼ね合いによって決まる．ΔG_{inter} が不利である（正である）ときでさえも，それがあまり大きな値でなければ，2種類の物質が溶液を形成することもある．

問 題

8·18 次の(a)〜(c)のそれぞれにおいて，エントロピーが大きいのはどちらの場合か．判断した理由も説明せよ．
(a) 2枚が表で2枚が裏の4枚のコインと，1枚が表で3枚が裏の4枚のコイン
(b) 2枚が表で4枚が裏の6枚のコインと，2枚が裏で4枚が表の6枚のコイン
(c) 水1L中の溶質1molと，水1L中の同じ溶質5mol．ただし，$\Delta G_{inter} = 0$ とする．

8·19 式(8·6)を用いて，同位体標識されたヘキサン 1 mol をふつうのヘキサン 1 L 中に溶かしたときの混合自由エネルギー ΔG_{mix} を求めよ．なお，ヘキサンの分子量は114，ヘキサンの密度は0.660 g mL^{-1}である．

B. 溶媒の分類

本節の目的は，相互作用する分子の構造に基づいて，非共有結合性の分子間相互作用を理解することである．この目的のために，よく用いられる溶媒を三つの観点から分類することは有用であろう．一つの溶媒はそれぞれの観点でいずれかに分類される．

1. プロトン性であるか，非プロトン性であるか．
2. 極性であるか，無極性であるか．
3. ドナー性であるか，非ドナー性であるか．

プロトン性溶媒(protic solvent)は，水素結合供与体としてふるまうことができる分子から構成される．水，アルコール，カルボン酸はプロトン性溶媒である．水素結合供与体とならない溶媒を**非プロトン性溶媒**(aprotic solvent)という．エーテル，ジクロロメタン，ヘキサンは非プロトン性溶媒である．

残念なことに，溶媒の性質を表現する際に，有機化学において"極性"ということばは二つの意味に用いられている．その一つとして，溶媒が"極性である"とは，溶媒の個々の分子が大きな双極子モーメント(§1·2D 参照)をもつことを意味する．有機分子の双極子の間に働く引力は，その沸点に著しく影響することを思い出そう(§8·5B 参照)．後述するように，溶媒分子と溶質分子のそれぞれの双極子の間に働く引力は，溶解性にも大きな効果をもつのである．大きな双極子モーメント($\mu > 1$ D)をもつ分子からなる溶媒を**双極性溶媒**(dipolar solvent)という．

"極性"ということばのもう一つの意味は，誘電率(記号 ε で表す)に関わることである．この意味では，**極性溶媒**(polar solvent)とは誘電率の大きな溶媒($\varepsilon \geq 15$)をいい，誘電率の小さい溶媒は**無極性溶媒**(apolar solvent)とよばれる．**誘電率**(dielectric constant)は静電気学の法則によって定義される物理量である．それぞれの電荷が q_1, q_2 である2個のイオンの間に働く相互作用のエネルギー E は，イオン間の距離を r とすると次式で表される．

$$E = k\frac{q_1 q_2}{\varepsilon r} \tag{8·10}$$

ここで k は比例定数，ε は2個のイオンが存在している溶媒の誘電率である．この式から，溶媒の誘電

率 ε が大きくなると，イオン間に働く相互作用のエネルギー E は小さくなることがわかる．またこの式は，反対の電荷をもつイオン間に働く引力も，同じ電荷をもつイオン間に働く斥力も，いずれも極性溶媒中で弱くなることを意味している．すなわち，極性溶媒はイオンを効果的に互いに引離す，すなわち遮蔽するのである．したがって，極性溶媒中では，反対の電荷をもつイオンが会合しようとする傾向は，無極性溶媒中よりも小さくなる．水（$\varepsilon = 78$），メタノール（$\varepsilon = 33$），ギ酸（$\varepsilon = 59$）は極性溶媒である．一方，ヘキサン（$\varepsilon = 2$），エーテル（$\varepsilon = 4$），酢酸（$\varepsilon = 6$）は無極性溶媒である．§8・6F で述べるように，誘電率は，溶媒がイオン化合物を溶解させる能力に大きな寄与をする．

　誘電率は共同してふるまう多数の溶媒分子の性質であり，双極子モーメントは個々の溶媒分子の性質である．幸いなことに，すべての極性溶媒は双極子モーメントの大きな分子からなるので，"極性溶媒"というときには，その溶媒の分子が大きな双極子モーメントをもっていると考えてよい．しかし，その逆は正しくはない．多くの無極性溶媒（誘電率の小さい溶媒）もまた，双極子モーメントの大きな分子からなっている．特に注目すべき例は，酢酸とギ酸の対比である．

$$\text{H}_3\text{C}-\overset{\overset{\text{O}}{\|}}{\text{C}}-\text{OH} \quad \begin{array}{l}\text{酢　酸}\\ \mu = 1.5 \sim 1.7 \text{ D}\\ \varepsilon = 6.1\end{array} \qquad \text{H}-\overset{\overset{\text{O}}{\|}}{\text{C}}-\text{OH} \quad \begin{array}{l}\text{ギ　酸}\\ \mu = 1.6 \sim 1.8 \text{ D}\\ \varepsilon = 59\end{array}$$

これら2種類の化合物は同じ官能基をもち，非常に類似した構造と双極子モーメントをもっている．どちらも極性分子であり，溶媒として双極性溶媒ということができる．しかし，これらは誘電率，および溶媒としての性質が著しく異なっている．ギ酸は極性溶媒であり，無極性溶媒である酢酸に比べて，きわめて効果的にイオン化合物を溶かすことができる．

　ドナー性溶媒（donor solvent，供与体溶媒ともいう）は，非共有電子対を供与できる酸素や窒素を含む分子，すなわち Lewis 塩基としてふるまうことができる分子からなる溶媒である．エーテル，THF，メタノールはドナー性溶媒である．**非ドナー性溶媒**（nondonor solvent，非供与体溶媒）は Lewis 塩基としてふるまうことができない．ペンタンやベンゼンは非ドナー性溶媒である．ジクロロメタンやクロロホルムのようなハロゲン化溶媒中の塩素も非共有電子対をもっているが，これらの溶媒の Lewis 塩基性はきわめて低いので，非ドナー性溶媒とみなされる．

　次ページの表8・2には，有機化学において用いられるいくつかの一般的な溶媒を，それらの略号，物理的性質，分類とともに示した．この表は，本節の最初で述べたように，溶媒がいくつかの性質を組合わせてもつことを示している．たとえば，極性溶媒には，水やメタノールのようなプロトン性溶媒もあるが，アセトンのような非プロトン性溶媒もある．

問　題

8・20　次の(a)～(c)に示したそれぞれの物質を，それらの構造と誘電率を用いて，表8・2に示すように溶媒の性質に従って分類せよ．
(a) 2-メトキシエタノール　　(b) 2,2,4-トリメチルペンタン　　(c)
　　($\varepsilon = 17$)　　　　　　　　　　　　($\varepsilon = 2$)　　　　　　　　　　$\text{H}_3\text{C}-\overset{\overset{\text{O}}{\|}}{\text{C}}-\text{CH}_2\text{CH}_3$　（$\varepsilon = 19$）

C．共有結合化合物の溶解性

　本節では，§8・6A と §8・6B で学んだ原理を応用することにより，物質の溶解性に関する実質的な特徴を直観的に理解することに専念しよう．まず液体の溶解性について考察し，さらにそれを固体の溶解性へと拡張する．

　液体の共有結合化合物に対する溶媒を決める際に，おおざっぱであるが有用な指針は，"**似たもの同士は溶けあう**（like dissolves like）"ということである．すなわち，良好な溶媒はいつも，溶質となる化合物分子の特徴のいくつかをもっている．たとえば，無極性の非プロトン性溶媒は，別の無極性の非プ

表 8・2　いくつかの一般的な有機溶媒の性質
(誘電率が増大する順序に掲載されている)

溶　媒	構造式	一般的な略語	沸点(℃)	誘電率 ε^*	双極子モーメント	極　性	プロトン性	ドナー性
ヘキサン	$CH_3(CH_2)_4CH_3$	—	68.7	1.9	0.08			
1,4-ジオキサン†		—	101.3	2.2	0.4			×
ベンゼン†		—	80.1	2.3	0.1			
ジエチルエーテル	$(C_2H_5)_2O$	Et$_2$O	34.6	4.3	1.2			×
クロロホルム	$CHCl_3$	—	61.2	4.8	1.2			
酢酸エチル	$CH_3COC_2H_5$	EtOAc	77.1	6.0	1.6			×
酢　酸	CH_3COH	HOAc	117.9	6.1	1.6		×	
テトラヒドロフラン		THF	66	7.6	1.7			×
ジクロロメタン	CH_2Cl_2	DCM	39.8	8.9	1.1			
アセトン	CH_3CCH_3	Me$_2$CO	56.3	21	2.7	×		×
エタノール	C_2H_5OH	EtOH	78.3	25	1.7	×	×	
N-メチルピロリドン		NMP	202	32	4.0	×		×
メタノール	CH_3OH	MeOH	64.7	33	2.9	×	×	
ニトロメタン	CH_3NO_2	MeNO$_2$	101.2	36	3.4	×		
N,N-ジメチルホルムアミド	$HCN(CH_3)_2$	DMF	153.0	37	3.9	×		×
アセトニトリル	$CH_3C\equiv N$	MeCN	81.6	38	3.4	×		
スルホラン		—	287 (分解)	43	4.7			
ジメチルスルホキシド	CH_3SCH_3	DMSO	189	47	4.0	×		×
ギ　酸	$HCOH$	—	100.6	59	1.7	×	×	
水	H_2O	—	100.0	78	1.9	×	×	×
ホルムアミド	$HCNH_2$	—	211 (分解)	111	3.9	×	×	×

* ほとんどの値は 25 ℃,あるいはその付近のものである.
† 発がん性が認められている.

ロトン性液体に対する良好な溶媒となる場合が多い．また，分子間で強い水素結合を形成するプロトン性溶媒は，やはり分子間で水素結合を形成する別の液体をよく溶かすことが多い．

"似たもの同士は溶けあう"規則の理由を考えてみよう．例として，ヘキサン中にペンタンを溶かすことを考える．§8・6Aで述べたエネルギー論の観点からみると，純粋な液体におけるペンタン-ペンタン間の引力と，いくつかのヘキサン-ヘキサン間の引力は，溶液におけるヘキサン-ペンタン間の引力によって置き換えられる．両方の純粋な液体中において働くおもな分子間相互作用は，§8・5Aで述べた van der Waals 引力である．したがって，溶液中においてそれらの間に働く引力も，おもに van der Waals 引力のはずである．すなわち，ΔG_inter はほとんど 0 であると推定される（そして実際にそのとおりである）．式(8・8)から，ΔG_s は混合自由エネルギー ΔG_mix によって決まることになり，それは常に溶液の形成に有利である（負である）．実際に，ペンタンとヘキサンはどのような比率で混合しても溶液を形成する．このような場合，これらの液体は**混和性**(miscible)であるという．

ここに，"似たもの同士は溶けあう"規則の物理的な理由がある．純粋な液体中で分子間に働く引力が，溶液中の溶媒と溶質の間に働く引力と類似しているときには，ΔG_inter は小さくなり ΔG_s は ΔG_mix が支配的となる．したがって，この場合には，溶液が形成されると確信をもって予測することができる．

"似たもの同士は溶けあう"ことの例をもう少し検討してみよう．比較的小さいアルコール（メタノール，エタノール，1-プロパノール）はすべて，水に対して混和性である．沸点のところで学んだように，これらの純粋な物質における非共有結合性の分子間相互作用はおもに水素結合である．たとえば，水とメタノールが混合したとき，水分子とメタノール分子もまた，水素結合を形成することができる．

溶質と溶媒との間に働く相互作用が，純粋な液体の分子間に働く相互作用と類似しているので，一方が他方の中に溶解する際に必要な自由エネルギーはそれほど大きくないものと予想される．結果として，正の混合エントロピー（そして，それによる負の混合自由エネルギー）によって溶液の形成が確実に起こるのである．

ペンタンのような炭化水素と，ジクロロメタン CH_2Cl_2 のような塩素化溶媒は，混和性である．純粋なペンタン中では，分子間に働く引力のおもな起源は van der Waals 引力である．一方，ジクロロメタン中では，分子間に働く引力のおもな起源は，双極子-双極子引力と van der Waals 引力である．しかし，これら二つの溶媒を混合したとき，ジクロロメタンの双極子によって近接するペンタン分子に瞬間的双極子が誘起され，この相互作用によって同じように引力が生じる〔このような相互作用を**双極子-誘起双極子引力**(dipole-induced dipole attraction)ということがある〕．

ペンタンは永久双極子をもたない

CH_2Cl_2 は永久双極子をもつ

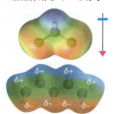
CH_2Cl_2 の永久双極子によってペンタンに瞬間的双極子モーメントが誘起される

このような相互作用は §8・5A で述べた van der Waals 引力の単なる変形であり，相互作用する分子の一つが永久双極子をもっている場合に相当する．いいかえれば，溶液における溶質分子と溶媒分子間に働く相互作用は，純粋な液体における相互作用と基本的に同じものである．

　実用的な観点から考慮すべき最も重要なことの一つは，水に対する溶解性である．化学物質の地下水への溶解などの環境問題への対応，医薬品開発における水溶性を高めるための分子設計，あるいは環境に優しい溶媒中での反応といった実験室における"グリーン"な化学において，物質の水に対する溶解性は重要である．そこで，水に対する溶解性についていくつかの傾向を調べてみることにしよう．例として，類似の大きさと分子量をもつ次の化合物の水に対する溶解性を考える．

水に対する溶解性：　　CH₃CH₂CH₂CH₃　　CH₃CH₂Cl　　CH₃CH₂—O—CH₃　　CH₃CH₂CH₂—OH
　　　　　　　　　　　　　　ほとんど不溶　　　　　　　　　　可溶　　　　　　　　混和性

これらの化合物のうち，アルコールである 1-プロパノールは最も溶解性が高い．実際，1-プロパノールは水と混和性をもつ．示された化合物のうち，アルコールはプロトン性であるから，最も水と類似している．水に対して水素結合を供与し，水から水素結合を受容する能力は，いずれも水に対する溶解性において重要な要因となる．

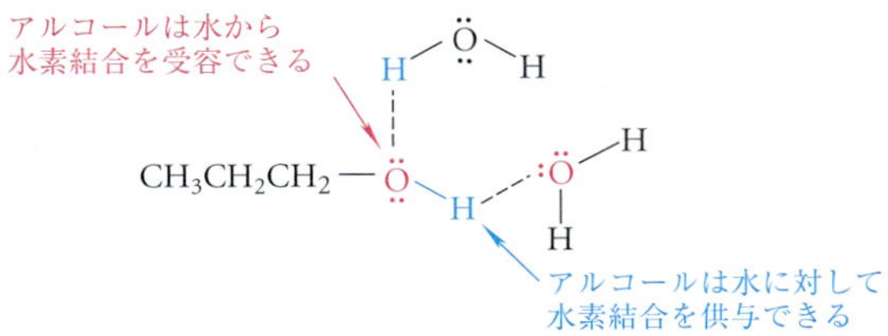

エーテルは水に対して水素結合を供与できないけれども，水から水素結合を受容できる原子（酸素）をもっている．すなわち，エーテルはいくらか水に類似した性質をもっているが，アルコールほど水に類似してはいない．

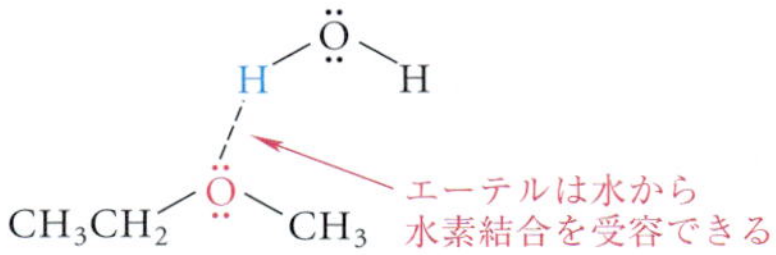

エーテルが水素結合を受容できる能力はエーテルの水に対する溶解性に関わりがあるが，それらの沸点には関係がないことに注意しよう．沸点はエーテル分子同士に働く相互作用の大きさによって決まる．エーテル分子は水素結合を供与できる置換基をもたないから，互いの間で水素結合を形成することができない．

　最後に，アルカン（ブタン）とハロゲン化アルキル（塩化エチル）は，水素結合を供与することも受容することもできないので，最も水と似ていない．それらは示された化合物のうちで，最も水に対する溶解性が小さい化合物である．炭化水素の水に対する不溶性は，生物学における多くの現象にとって重要な意味をもっている．次節でこのトピックに戻ることにしよう．

　"水に類似した"性質と"炭化水素に類似した"性質の兼ね合いは，次の系列にはっきりと表れている．

　　　　　　　　　　　CH₃OH　　CH₃CH₂OH　　CH₃CH₂CH₂OH　　CH₃CH₂CH₂CH₂OH
水に対する溶解度：　　　　　　　　　混和性　　　　　　　　　　　　　0.96 mol L⁻¹

　　　　　　　　　　　CH₃CH₂CH₂CH₂CH₂OH　　　　　　CH₃CH₂CH₂CH₂CH₂CH₂OH
水に対する溶解度：　　　　0.23 mol L⁻¹　　　　　　　　　　　0.0032 mol L⁻¹

長い炭化水素鎖，すなわち大きなアルキル基をもつアルコールは，小さいアルキル基をもつアルコール

に比べて，よりアルカンに類似している．アルカンは水素結合を形成できないため，水に不溶であるが，他のアルカンのような無極性の非プロトン性溶媒には可溶である．こうして，長い炭化水素鎖をもつアルコール（他のあらゆる有機化合物も同様に）は，小さいアルキル鎖をもつアルコールに比べて，比較的水に不溶であり，無極性の非プロトン性溶媒に溶解性を示す．

　水に対する溶解性について一般化する際に最も重要なことの一つは，<u>水素結合の重要性</u>である．一般に，水素結合の供与体と受容体の両方となる化合物は，単に受容体である化合物よりも水に対して良好な溶解性を示す．しかし，水素結合の受容体となる化合物は，供与体にも受容体にもならない化合物よりも，水に対する溶解性は高い．炭化水素基は水への溶解性を低下させる．おおざっぱであるが有用な規則として，5個の炭素に対して1個のOH基をもつ化合物は，一般に，水に対して大きな溶解性をもつ．

　溶解性に対する定性的な考察では，あまり細かな区別をすることは期待できない．たとえば，いずれも反応溶媒として広く用いられているジエチルエーテルとテトラヒドロフラン（THF）は炭素数が同一であり，ともに一つの酸素をもっている．

テトラヒドロフラン（THF）
水と混ざり合う

$CH_3CH_2—O—CH_2CH_3$
ジエチルエーテル
水に対する溶解性 = 6 質量%（≈ 0.8 mol L^{-1}）
（水と分離した相を形成する）

しかし，それらの水に対する溶解性は著しく異なっている．THFを水に注げば，溶液が得られる．一方，ジエチルエーテルを水に注げば，2層に分離する．確かに，水層はかなりの量の溶解したジエチルエーテルを含み，ジエチルエーテル層には溶解した水が含まれているが，定性的にいえば，ジエチルエーテルは水に不溶である．両方のエーテルはどちらも無極性の非プロトン性物質であり，いずれも広い範囲の他の化合物を溶かす．しかし，THFは水に可溶であるために，水の存在が必要とされる反応にしばしば用いられる．例として，アルケンのオキシ水銀化（§5・4A参照）がある．この反応では，THFは水とアルケンの両方を溶かす溶媒となる．

　本節の議論から理解すべきことは，さまざまな化合物の溶解特性について推測される<u>傾向</u>である．溶解度の絶対的な数値を記憶する必要はないが，与えられた化合物のさまざまな溶媒に対する相対的な溶解性や，与えられた溶媒に対する一連の化合物の相対的な溶解性について，合理的な推測をすることができなければならない．たとえば，このような能力は，次の問題を解くために必要となる．

例題 8・5

次の溶媒のうち，1-オクテンが最も低い溶解性を示すものはどれか．理由も説明せよ．
　　　ジエチルエーテル，ジクロロメタン，メタノール，1-オクタノール

解　法　1-オクテンはアルケンである．1-オクテンとオクタンはいずれも炭化水素であるから，両者における分子間相互作用はきわめて類似しており，その機構は van der Waals 引力と考えられる．実際，同じ炭素数をもつ1-アルケンとアルカンの沸点は，ほとんど同じである．本節で，双極子モーメントをもつ化合物は，双極子-誘起双極子機構によって炭化水素と引力的な相互作用をもつことを学んだ．したがって，1-オクテンは，混和性でないとしても，ジエチルエーテルやジクロロメタンに対して大きな溶解性をもつはずである．しかし，オクタンがメタノール中に溶けるためには，メタノール分子間に形成されている水素結合が開裂しなければならないが，オクタンはこの相互作用に置き換わることができる置換基をもっていない．同じことが1-オクタノールにもいえるが，1-オクタノールではその長いアルキル鎖によってアルケンとの間に van der Waals 引力が生じ，それが溶解性に有利に働く．以上のことから，1-オクテンは，メタノールに対して最も低い溶解性を示すはずである．

溶解性は，生体異物の代謝機構にきわめて重要な役割を果たしている．**生体異物**〔xenobiotic，"異質な物(alien)"を意味するギリシャ語 *xenos* に由来する〕とは，生体の通常の構成成分ではないあらゆる物質をいう．最も重要な生体異物には，環境汚染物質や薬剤がある．人体のような生体が生体異物と出会うと，一般に生体は，その物質を排除できる経路に誘導する．水に対する溶解性がきわめて低い生体異物の場合に，生体が最もよく用いる方法の一つは，生体異物に水に対する溶解性を増大させる他の置換基をカップリングさせる（すなわち，化学的に結合させる）ことである．水に可溶なカップリング生成物は（たとえば）腎臓へと導かれ，そこで水溶液として尿中に排泄される．このような経路を第Ⅱ相代謝という．

この目的のために自然界で用いられている最も一般的なカップリング反応の一つは，グルクロン酸抱合反応である．たとえば，適用範囲が広い抗生物質であるクロラムフェニコールは，水に対する溶解性が比較的低い．多くの場合，それはグルクロニド誘導体として排泄される（グルクロニドは，糖の一種であるグルコースの誘導体のグルクロン酸から誘導される）．

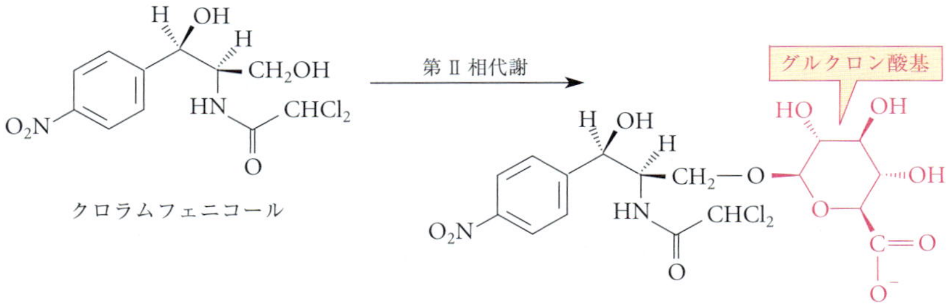

クロラムフェニコール　→（第Ⅱ相代謝）→　クロラムフェニコールのグルクロニド誘導体（尿に排泄される）　　(8・11)

グルクロニド誘導体は多くのヒドロキシ基をもつため，水と水素結合を形成することができ，カップリングしていない薬剤よりも水に対する溶解性が大きい．さらに，§8・6Eで学ぶように，イオン化したカルボキシ基は水によって強く溶媒和され，水に対する溶解性をいっそう増大させる．

グルクロニド誘導体は第Ⅱ相代謝で用いられる唯一の誘導体ではないが，最もふつうに見られるものの一つである．この例は，"似たもの同士は溶けあう"原理が，実験室において有用であると同様に，自然界でも用いられていることを示している．

問　題

8・21　分液ろうとの中に，ジクロロメタン（密度 = 1.33 g mL^{-1}）200 mL と水 55 mL を注ぐと，この混合物は2層を形成した．これに1-オクタノール 1 mL を加え，混合物を振混ぜた．しばらくすると，ふたたび2層が生じた．1-オクタノールはどちらに存在するか．上層か，それとも下層か．

8・22　水からアセトアニリドを再結晶する実験は，学部学生の実験として広く行われている．アセトアニリド（以下の構造式を参照）は熱水に中程度の溶解性を示すが，冷水にはほとんど溶解しない．アセトアニリド分子について，その水に対する溶解性の増大に寄与すると考えられる構造的特徴と，水に対する溶解性の減少に寄与すると考えられる構造的特徴を述べよ．

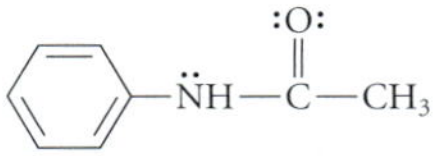

アセトアニリド

D．水に対する炭化水素の溶解度：疎水結合

私たちのほとんどは経験から，"油と水は混合しない"ことを知っている．すなわち，任意の炭化水素を水に注ぐと，分離した層が形成される．これは大規模の油の流出が環境における大惨事となる理由

の一つである．水は油を溶かすことができず，洗い流すこともできない．一つの見方では，炭化水素の水に対する不溶性は，単に"似たもの同士は溶けあう"規則が逆に現れた現象ということができるかもしれない．すなわち，炭化水素(無極性，非プロトン性，非ドナー性)は水(極性，プロトン性，ドナー性)とまったく類似性がないので，炭化水素は水に溶解しないのである．しかし，水に対する炭化水素の不溶性についてより深く調べると，多くの生物学的現象を理解するために役立ついくつかの知識を得ることができる．それらの現象のいくつかについては，次節で詳しく述べる．

炭化水素が水に溶けないというのは，少々正確さを欠いている．実際には，炭化水素は水に対して，きわめて少ないが測定できるほどの溶解性をもつ．たとえば，水1Lに少量のペンタンを注いで撹拌し，その系を平衡に到達させたとしよう．

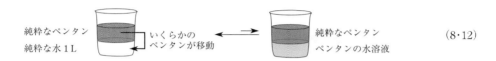 (8・12)

水層におけるペンタンの濃度は小さいが，決して0ではない．ペンタンの濃度は約 5×10^{-4} M である．水に対するペンタンの溶解自由エネルギー ΔG_s° は，$+29.1 \, \text{kJ mol}^{-1}$ (298 K において) である．これは標準溶解自由エネルギーであることに注意しよう．すなわち，水1Lにペンタン1molが溶解した標準溶液を生成するために，消費されるべき自由エネルギーである．この大きな正の ΔG_s° は，このような溶液を生成することがエネルギー的にきわめて不利であることを示している．標準溶解エンタルピー ΔH_s° は $-2.2 \, \text{kJ mol}^{-1}$ である．定義によって $\Delta H_{\text{mix}}^\circ = 0$ であるから，$\Delta H_s^\circ = \Delta H_{\text{inter}}^\circ$ となる．一方，全体の標準溶解エントロピー ΔS_s° は $-105 \, \text{J mol}^{-1} \text{K}^{-1}$ である．また，式(8・9)から，次式が成り立つ．

$$\Delta G_s^\circ = \Delta G_{\text{inter}}^\circ - T\Delta S_{\text{mix}}^\circ$$

式(8・7)の説明において，$T\Delta S_{\text{mix}}^\circ$ を $12.5 \, \text{kJ mol}^{-1}$ と求めた．したがって，分子間相互作用だけによる自由エネルギー変化 $\Delta G_{\text{inter}}^\circ$ は，$29.1 + 12.5 = +42.6 \, \text{kJ mol}^{-1}$ となる．分子間相互作用によるエンタルピー変化 $\Delta H_{\text{inter}}^\circ$ は，この全量に対してわずか $-2.2 \, \text{kJ mol}^{-1}$ だけ寄与しているにすぎない．したがって，水にペンタンを溶解させることに対する不利な(大きな正の)標準溶解自由エネルギー ΔG_s° は，分子間相互作用に関連した大きな負のエントロピー変化によるものであることがわかる．

水中にペンタンを移動させることがエンタルピーの減少をひき起こすとは，驚くべきことに思われるかもしれない．ペンタンは水に対して水素結合を形成することはできないが，双極子-誘起双極子引力(van der Waals 引力)によって相互作用することはできる．これはペンタンに限ったことではない．すなわち，水に対して他の炭化水素が小さい溶解性しか示さないことも，不利な溶解エントロピーによってほとんど決定されているのである．

水中にペンタンを溶解させることに対するエントロピーの効果を理解するために，ペンタン分子が水溶液中に入ったとき，溶媒の水がどのように変化するかを考えてみよう(図 8・5)．炭化水素分子が溶解するときには，溶解した分子の周囲に溶媒和殻(図 8・5 の赤色の酸素)が溶媒の水(図 8・5 の青色の酸素)から形成されなければならない．ペンタン分子を取巻く溶媒和殻にある水分子は，ふつうの水中の水分子とは異なっていることがわかる．特に，水-ペンタンの境界にある水分子は，溶媒の水と比較して，運動の自由度が制限されている．科学者たちはかつて，このような水を氷に類似していると表現したが，最近の研究では，もっと複雑な様相をもつことが示されている．この"境界の水"を単純な静止した図で表すことは，不可能かもしれない．しかし，おそらく次のたとえによって，その状況を思い描くことができるだろう．運動場で何百人という子供たちが無秩序に走り回っている．一人の先生が，何人かの子供たちの近くにやってきて，"私のまわりに円をつくりなさい"といったとしよう．子供たちは先生のために"空洞"(円)をつくるが，その結果として，空洞に接している子供たちは動き回る自

由度が減少する．たとえば，その子供たちは空洞の中には入れない．このたとえからわかるように，ペンタン分子を取囲む水，すなわち溶媒和殻を形成する水は，運動の自由度が減少する．運動の自由度の減少はエントロピーを減少させる．したがって，炭化水素の溶媒和殻にある水は，ふつうの水よりも小さいエントロピーをもつ．水分子は小さいので，溶解した炭化水素分子のそれぞれに対して，多くの水分子が空洞形成（溶媒和）に関わることになる．こうして，溶媒のエントロピーの減少は，ペンタンと水との混合によるエントロピーの増大よりもかなり大きくなるのである．

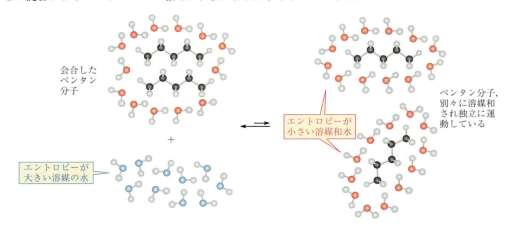

図 8・5　水への炭化水素の溶解における溶媒和の役割．炭化水素が水に溶解するとき，溶媒の水のいくつかは，溶媒和殻を形成する水（溶媒和水）へと変換されなければならない．溶媒和水（赤い酸素）は溶媒の水（青い酸素）よりもエントロピーが小さいので，溶解の過程はエントロピーの減少を伴う．逆の過程は疎水結合形成の模型となる．すなわち逆の過程では，炭化水素分子が会合すると溶媒和水は溶媒へと解放され，それによってエントロピーが増大する．この図は必然的に二次元で描かれている．実際の溶媒和殻は三次元的に分子を取囲んでいるので，溶媒和殻にはここに示されているよりも多くの水分子が含まれている．

さて，反対に炭化水素の溶解性について考えてみよう．炭化水素分子が水溶液中に分散している状況を想像しよう（図 8・5 の逆反応）．本節で学んだように，炭化水素分子は水分子と会合するよりも，むしろ互い同士で会合しようとする．水溶液中で炭化水素基が会合することを，**疎水結合**(hydrophobic bonding)という．この用語は生物学で広く用いられているが，いくぶん不適切な名称である．この"疎水的(hydrophobic，水を恐れる)"という語は，"炭化水素は水と有利な相互作用はしない"ということを意味している．しかし，すでに述べたように，水に対する炭化水素の溶解エンタルピー（エネルギー）ΔH_s は，溶解過程が比較的有利であることを示している．すなわち，炭化水素はエネルギーの観点からは，まったく"疎水的"ではないのである．炭化水素が疎水的にふるまうおもな理由は，溶媒の水のエントロピー変化である．炭化水素分子が互いに会合すると，溶媒和殻を形成していたエントロピーの小さい水分子が解放され，エントロピーの大きいふつうの水分子になる．先のたとえでは，多くの先生が運動場で手をつなぐと，それぞれの先生のまわりに個々の空洞をつくっていた"動けない"子供たちの多くが運動場に開放され，ふつうに動けるようになる．結果として $\Delta S°$ は大きな正の値となり，これが炭化水素の会合の $\Delta G°$ が負となる理由となる．

疎水結合のより詳細なモデルでは，エントロピー項が有利であることに加えて，水と非常に大きな"疎水的"表面との間の相互作用が，エンタルピー的に有利に寄与することが示されている．これは大きな"疎水的"集合体を形成するための，さらなる熱力学的な駆動力として働く．

生物学的な過程には，完全に，あるいは部分的に疎水結合，すなわち炭化水素基の会合によって駆動

されるものが多い．このような過程の中には，膜の形成（§8・7A），タンパク質の決まった立体配座への"折りたたみ"（§27・9），あるいは多くの酵素と基質との結合（§27・10）などがある．

> **問題**
>
> **8・23** 一連の第一級アルコール（たとえば，メタノールから1-オクタノールまで）において，鎖長の増大に伴って標準溶解エントロピー ΔS_s° はどのように変化すると考えられるか．理由とともに述べよ．

E. 固体の共有結合化合物の溶解性

固体を液体の溶媒に溶解させる場合，その過程は液体を溶解させるときほど単純ではない．固体を溶解させるときの標準自由エネルギー変化を考えてみよう．自由エネルギー変化の計算では，出発点と到達点が同じである限り，どのような経路を選択してもよいことを思い出してほしい．そこで，固体を溶解する過程を，二つの仮想的な段階に分割しよう．概念的な観点からすると，固体の溶解には次の二つのことが起こる必要がある．まず，固体が液体にならなければならない．ついで，生成した液体が，溶媒に溶解しなければならない（ここで温度は25℃，すなわち298 Kであるとする）．

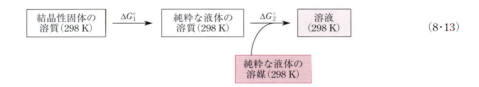

(8・13)

固体に対する標準溶解自由エネルギー ΔG_s°（固体）は，それぞれの段階の標準自由エネルギー変化の和 $\Delta G_1^\circ + \Delta G_2^\circ$ となる．

段階1に対する自由エネルギー変化 ΔG_1° は，298 Kにおけるその固体の融解自由エネルギー $\Delta G_{\mathrm{fus},298}^\circ$ である．これは298 Kにおいてその化合物1 molを融解するために必要な自由エネルギーである．溶液を生成させるのは融点以下の温度であるから（そうでなければ，化合物は固体ではない），この過程は熱力学的に不利な過程である．つまり，$\Delta G_{\mathrm{fus},298}^\circ > 0$ である．すなわち，固体は"過冷却された"液体へと変換されるのである．溶液の温度と固体の融点の差が大きいほど，$\Delta G_{\mathrm{fus},298}^\circ$ は大きくなる．ひとたび固体がその液体状態へ変換されると，液体に関する溶解性の原理を適用することができる．したがって，$\Delta G_2^\circ = \Delta G_s^\circ$（液体）となる．これより，式(8・13)で表される全体の過程に対して，次式が成り立つ．

$$\Delta G_s^\circ(\text{固体}) = \Delta G_{\mathrm{fus},298}^\circ + \Delta G_s^\circ(\text{液体}) \tag{8・14}$$

この式の要点は，固体の融解はその溶解過程の一部であり，融解に必要なエネルギーが，固体の溶解過程における自由エネルギーの増分としてつけ加わるということである．固体の溶解について考えるときには，液体の溶解の際に考慮した"似たもの同士は溶けあう"規則だけではなく，固体の融解の起こりやすさも考慮しなければならない．この議論から，次のような結論が得られる．すなわち，そのほかの条件が同じであれば，融点が高い固体はより大きな $\Delta G_{\mathrm{fus},298}^\circ$ をもつはずであり，したがって類似の構造をもつ融点が低い異性体に比べて，与えられた溶媒に対する溶解性は低くなるはずである．

固体の溶解性に関する最初の例として，§8・5Dで述べたように，対称性の高い化合物は一般に，対称性の低い異性体よりも融点が高いことを思い出そう．したがって，対称性の高い化合物はどんな溶媒に対しても，対称性の低い異性体よりも溶解性が小さいはずである．たとえば，2-メチル安息香酸は，その対称性の高い異性体である4-メチル安息香酸に比べて，水に対して約3倍大きな溶解性を示

す．これらの異性体の融点の違いに注意してほしい．

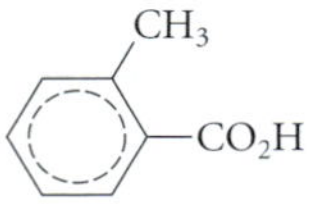

2-メチル安息香酸
融点 105 °C
水への溶解性が大きい

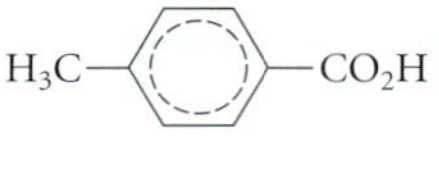

4-メチル安息香酸
融点 182 °C
水への溶解性が小さい

もう一つの例として，薬剤のニフェジピン（狭心症や高血圧の抑制に用いられる）と炭化水素の 9,10-ジヒドロアントラセンの溶解性を比較してみよう．

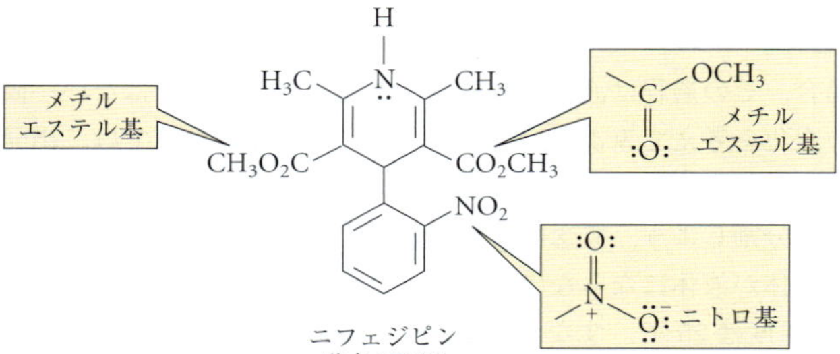

ニフェジピン
融点 173 °C
水に対する溶解度 1.3×10^{-5} M

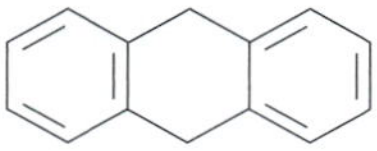

メチルエステル基
メチルエステル基
ニトロ基

9,10-ジヒドロアントラセン
融点 109 °C
水に対する溶解度 1.4×10^{-5} M

ニフェジピンは，N-H の水素結合供与体部位とともに，多くの水素結合受容体部位をもっていることに注意しよう．炭化水素はこのような部位をまったくもっていない．"似たもの同士は溶けあう"規則に基づくと，ニフェジピンは水に対してかなり溶解性が大きいと予測できるだろう．この予測どおり，液体のニフェジピンは液体の 9,10-ジヒドロアントラセンに比べて，約 30 倍も溶解性が大きい．しかし，2 種類の化合物の固体の水に対する溶解性はほとんど同じである．この固体ニフェジピンの予想外に小さい溶解性は，その高い融点によるものである．

溶解性の"裏返し"は，結晶化のしやすさである．有機化学者は，融点の低い固体を結晶化させることは，しばしば困難な課題となることを知っている．高い融点をもつ固体を結晶化させる方が，一般に容易である．

おそらく諸君は個人的な経験から，薬剤には，たとえばカプセルや錠剤のように固体状態で投与されるものが多いことを知っているだろう．このような薬剤がその機能を発揮するためには，薬剤は溶液にならなければならない．この理由により，薬剤の設計においてその溶解性はきわめて重要であり，新しい薬剤となる可能性をもつ物質の溶解特性を明らかにすることは，薬剤開発の主要な目標となっている．薬剤の候補となる物質の溶解性を考えるとき，その融点は特に重要である．薬剤は結晶となるためにはなるべく高い融点をもたねばならないが，溶解性をもつために融点はなるべく低くなければならない．その兼ね合いは薬剤分子に依存しており，有用な薬剤としての可能性をもつにもかかわらず，高い融点に由来する溶解性の低さのためにはねられた物質も多い．同じ薬剤でも，結晶形が異なっただけで融点が異なり，それによって溶解性が異なることもある．同じ分子であるにもかかわらず，一方の結晶形が生理活性をもち，他方は溶解性が低いために生理的に不活性であるという場合がいくつか知られている．ある薬剤の特定の結晶形が特許の対象となり，商業的に重要な薬剤の結晶形について特許訴訟が起こったこともある．

F. イオン化合物の溶解性

イオン性の反応物や反応中間体は有機化学においていずれも重要であるから，イオン化合物の溶解性は特に注目に値する．溶液中において，イオン化合物はいくつかの形態で存在することができる．そのうちの二つであるイオン対と解離イオンを図 8・6 に示した．**イオン対**(ion pair)では，それぞれのイオンは反対の電荷をもつイオンと緊密に会合している．対照的に**解離イオン**(dissociated ion)は，溶液中

で多かれ少なかれ独立して運動しており，いくかの溶媒分子に取囲まれている．これらの溶媒分子は，非イオン化合物に対する類似の用語と同様に（図8・4参照），まとめてイオンの**溶媒和殻**(solvation shell)，あるいは**溶媒かご**(solvent cage)とよばれる．**溶媒和**(solvation)とは，溶解した化学種と溶媒との間に働く溶解過程に有利な相互作用である．また，溶媒分子がイオンと有利な相互作用をするとき，"溶媒分子がイオンを**溶媒和する**(solvate)"と表現する．

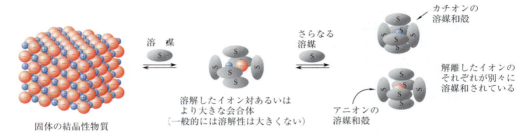

図8・6 溶液中のイオンはイオン対，および解離したイオンとして存在することができる．青い球はカチオンを示し，赤い球はアニオンを示す．イオン化合物の溶解性は，イオン間に働く静電的な相互作用を開裂させ，さらに解離したイオンのまわりに別々に溶媒和殻を形成する溶媒の能力に依存している．溶媒分子は灰色の楕円で示されている．溶媒和にきわめて動的な現象である．すなわち，溶媒和殻を形成する溶媒分子は固定されているわけではなく，溶媒中の分子と速やかに交換している．

ほとんどのイオン性無機化合物は固体である．私たちになじみ深いものは高い融点をもっている．たとえば，固体の塩化ナトリウム（Na^+Cl^-）の融点は 801 ℃ である．この高い融点は，van der Waals 引力や水素結合とは異なり，塩化ナトリウムの結晶においてイオン間に働く力がきわめて強いことを示している．イオン間に働く引力を一般に，**静電引力**(electrostatic attraction)という．これらの引力によるエネルギーは，基本的に静電気学の法則（式 8・10）に支配される．結晶に含まれるイオン全体からなる系に対して，この式を適用する手法の詳細は複雑であるが，そのような計算が実際に行われている．その結果，塩化ナトリウムの結晶においてイオン間に働く静電引力は，平均するとイオン対当たり約 $-770\ kJ\ mol^{-1}$ とされている（負の符号は引力を示す）．これはきわめて大きなエネルギーであり，共有結合のエネルギーの約2倍の値である．このため，溶媒がイオン化合物を溶解させるためには，溶媒は，結晶においてイオン間に働く大きな引力に置き換わるだけの，著しくエネルギー的に有利な溶媒和を供給しなければならない．塩化ナトリウムのようなイオン性の固体が溶解するという事実は，イオンの溶媒和に関わる非共有結合性相互作用がかなり大きいことを示している．イオンの溶解に含まれる要因を検討してみよう．

溶液中でイオンが安定化する機構は，イオンの解離とイオンの溶媒和である．図 8・6 に示したイオンの解離過程をふつうの化学平衡として考えるならば，この平衡反応の右辺を有利にするものはすべて，イオンを溶解させる傾向をもつと考えられる．イオンの解離と溶媒和は，イオンが会合して集合体を形成し，最終的には溶液から固体として沈殿する傾向を減少させる．すなわち，イオン化合物は，イオンを十分に解離させ，十分に溶媒和させることができる溶媒に，比較的溶解性が高いことになる．溶媒のどのような性質が，イオンの解離と溶媒和に寄与するのだろうか．

溶媒がイオンを解離させる能力は，式(8・10)における誘電率 ε によって見積もることができる．もう一度，注意してこの式を見てみよう．反対の電荷をもつ二つのイオン間に働く引力的なエネルギーは，誘電率の大きな溶媒中では減少する．すなわち，誘電率の大きな溶媒中では，反対の電荷をもつイオンが会合する傾向は減少し，それによってイオンは大きな溶解性をもつことになる．

また，溶媒分子はさまざまな方法でイオンを溶媒和する．溶媒の水と溶解した塩化ナトリウムの間の相互作用について，それらを図 8・7 に示した．ドナー性溶媒は Lewis 塩基として働き，Lewis 酸となるカチオンに対して非共有電子対を供与する．この共有結合性の相互作用を**ドナー相互作用**(donor interaction)という．さらに溶媒分子の双極子モーメントが，イオンの電荷と静電的に相互作用する．これは，水分子がその双極子モーメントベクトルの負の末端をカチオンの方へ向け，式(8・10)によって有利な静電的相互作用をひき起こすことを意味している．これを**電荷-双極子相互作用**(charge-dipole interaction)，あるいはイオン-双極子相互作用という．ドナー相互作用と電荷-双極子相互作用における水分子の配向はほとんど同じなので，二つの相互作用はしばしば，同じ相互作用を異なった視点から見たものと解釈される．アニオンの溶媒和に対しては，水分子の双極子モーメントベクトルの正の末端をアニオンの方へ向けるように水分子が反転して，有利な電荷-双極子相互作用が起こる．最後に，溶媒がプロトン性であり，アニオンが水素結合を受容することができる場合には，溶媒は**水素結合相互作用**(hydrogen-bonding interaction)によってアニオンを溶媒和することができる．

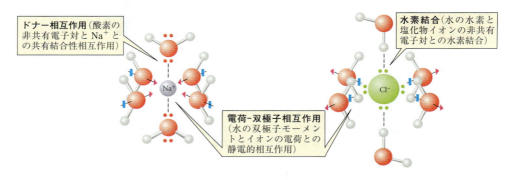

図 8・7　溶解したナトリウムイオンと塩化物イオンの溶媒和殻における，イオンと溶媒の水分子との相互作用を示す"スナップショット"．カチオンに対して二つのドナー相互作用が，またアニオンに対して二つの水素結合相互作用が示されているが，もっと多くのこのような相互作用が起こりうる．また溶媒和殻は，6個以上の水分子を含むこともある．溶媒和は動的な過程であり，そこでは溶媒の水分子は溶媒和殻を形成する水分子と速やかに交換している．

　溶媒和は動的な過程である．すなわち，図8・6と図8・7には溶媒和殻は静止した構造として描かれているが，これは速やかに変化している状態の"スナップショット"を示したものである．水分子は，大部分を占める溶媒の水分子と絶えずその位置を交換しており，溶媒和殻における溶媒和の機構もまた，速やかに変化している．

　要約すると，極性溶媒の大きな誘電率によって，反対の電荷をもつイオン間に働く引力が減少する．その結果，これらのイオンは解離して，溶液中に移動しやすくなる．さらに溶解したイオンは，次の3種類の一般的な相互作用によって安定化する(すなわち，溶液中に保たれる)．

1. 電荷-双極子相互作用．これによって，極性溶媒における分子の双極子モーメントベクトルが配向し，イオンの電荷と引力的な(安定化を与える)相互作用をひき起こす．
2. 水素結合相互作用．これによって，溶解したアニオンが，溶媒分子との水素結合によって安定化を受ける．
3. ドナー相互作用．これによって，非共有電子対をもつ溶媒分子が，溶解したカチオンに対してLewis塩基として働く．

　おそらく諸君は経験から，水がイオン化合物に対する理想的な溶媒であることを知っているだろう．上記の点はその理由を示している．まず，水は極性であるから非常に大きな誘電率をもち，反対の電荷をもつイオンを効果的に解離させる．第二に，水はプロトン性，すなわち良好な水素結合供与体なので，容易にアニオンを溶媒和する．第三に，水はLewis塩基，すなわち電子対供与体として働くので，ドナー相互作用によってカチオンを溶媒和することができる．最後に，水はその大きな双極子モーメントによって，カチオンとアニオンの両方を安定化する電荷-双極子相互作用を与えることができる．対

照的に，ヘキサンのような炭化水素がふつうのイオン化合物を溶解しないのは，これらの溶媒が無極性，非プロトン性，かつ非ドナー性のためである．しかし，いくつかのイオン化合物は，アセトンやDMSO（表 8・2 参照）のような極性の非プロトン性溶媒にかなりの溶解性を示す．これらの溶媒はアニオンを溶媒和するプロトン性をもっていないが，供与体としてカチオンを溶媒和する能力をもち，かなり大きな双極子モーメントによって有利な電荷-双極子相互作用を与えることができ，さらにそれらの大きな誘電率は反対の電荷をもつイオンを効果的に解離させる．しかし，極性の非プロトン性溶媒はアニオンを安定化するプロトン性を欠いているので，ほとんどの塩はこれらの溶媒に対して水中よりも溶解性が小さく，極性の非プロトン性溶媒に溶解した塩は，ほとんどがイオン対として存在することは驚くにあたらない（図 8・6 参照）．

> **問題**
>
> **8・24** ジメチルスルホキシド（DMSO，表 8・2）は非常に大きな双極子モーメント（4.0 D）をもつ．構造式を用いて，溶媒である DMSO 分子と，(a) 溶解したナトリウムイオン，(b) 溶解した水，(c) 溶解した塩化物イオンとの間に予想される安定化の相互作用を示せ．

水によるイオンの効果的な溶媒和は，酸-塩基反応の結果として大きな溶解性の変化をひき起こすことがある．たとえば，安息香酸は冷水には，ほんの少しの溶解性しかもたない．しかし，水に懸濁させた安息香酸に撹拌しながら，水酸化ナトリウムのような，カルボン酸をイオンに解離させるのに十分に強い塩基を加えると，安息香酸は溶解したように見える．起こったことは，塩基によってカルボン酸が，イオン化合物であるナトリウム塩に変換されたのである．

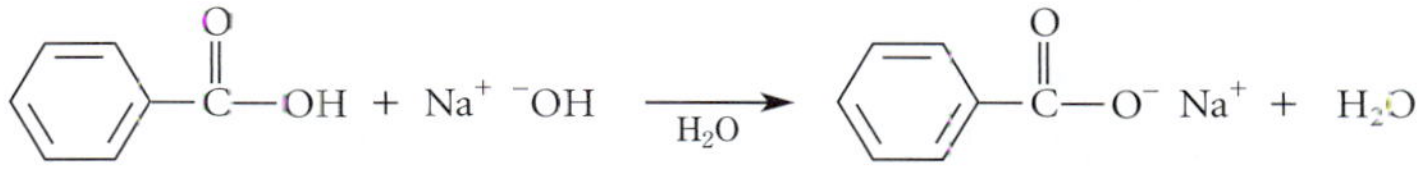

$$\text{C}_6\text{H}_5\text{-C(=O)-OH} + \text{Na}^+ \ ^-\text{OH} \xrightarrow{\text{H}_2\text{O}} \text{C}_6\text{H}_5\text{-C(=O)-O}^- \text{Na}^+ + \text{H}_2\text{O}$$

安息香酸
冷水にわずかに溶ける

安息香酸ナトリウム
冷水に非常によく溶ける

塩のイオンは水溶液中で強く溶媒和されるため，塩はイオン化していないカルボン酸に比べて，水に対する溶解性がきわめて大きい．酸が塩に変換されるに従って，塩が溶解したのである．逆に，塩の水溶液があり，それに濃厚な HCl を加えると，安息香酸アニオンはプロトン化され，直ちに安息香酸の沈殿が生じる．

グルクロン酸のイオン性置換基（式 8・11，318 ページ）は，イオン性置換基が水に対する溶解性に寄与する生物学的な例である．

> **問題**
>
> **8・25** (a) トリエチルアミン Et_3N: は液体であり，水に不溶である．しかし，撹拌したトリエチルアミンと水の混合物に HCl を加えると，溶液が形成される．この理由を説明せよ．
> (b) (a)で生成した溶液に何を加えれば，溶液からトリエチルアミンを回収することができるだろうか．

8・7 溶解性と溶媒和の原理の応用

A. 細胞膜と薬剤の溶解性

§8・6E では，溶解性は薬剤の挙動においてきわめて重要な問題であることを学んだ．薬剤が水溶液で投与されるならば，それは水に対する適度な溶解性をもっていなければならない．しかし，水溶性が

すべてというわけではない．薬剤が活性を示すためには，薬剤はそれが作用する部位へ到達しなければならない．多くの薬剤にとって，これは，薬剤が細胞へ入らなければならないことを意味する．薬剤が細胞に入る唯一の方法は，それらが細胞膜，すなわち細胞を取囲んでいる"外皮"を通過することである．薬剤や他の物質は，さまざまな機構によって細胞膜を通過する．ある場合には，膜を通過するために膜内に存在する運搬分子を必要とする．また，膜の通過に際して，代謝エネルギーの消費を必要とする場合もある．しかし多くの場合，薬剤は何の補助もなく，単に細胞膜を通過する．分子が細胞膜を通抜ける能力は，まさに溶解性に関する問題であることは明らかである．この問題を理解するために，まず細胞膜の構造を見てみよう．

細胞膜は基本的には，<u>リン脂質</u>とよばれる分子からなる．リン脂質が何であるかを理解するためには，まず脂質とは何かを理解しなければならない．<u>脂質</u>(lipid)は無極性の溶媒に大きな溶解性を示す化合物である．脂質は正確な構造よりも，むしろ挙動によって定義されるので，多くの異なる生体分子種が脂質に含まれる．たとえば，ステロイド(§7・6D 参照)も脂質に分類される．脂質が極性の官能基をもっていることもあるが，脂質の溶解性は，その大きな炭化水素基の性質に支配される．

<u>リン脂質</u>(phospholipid)はリン酸基をもつ脂質である．しかし，<u>細胞膜リン脂質</u>は特有の構造をもっている．これらの構造を理解するために，細胞膜リン脂質であるホスファチジルエタノールアミンをその構成部分から組立ててみよう．まず初めに，すべての細胞膜リン脂質はグリセリンの"足場"の上に組立てられる．

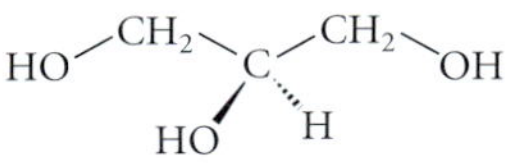

$$\text{HO-CH}_2\text{-CH(OH)-CH}_2\text{-OH} \qquad \text{グリセリン（1,2,3-プロパントリオール）} \tag{8・15}$$

グリセリンのヒドロキシ基のうちの二つは，<u>脂肪酸</u>とエステル結合を形成している．<u>脂肪酸は長く枝分かれのない炭化水素鎖をもつカルボン酸</u>であり，それ自身が脂質である．脂肪酸の炭素鎖は15〜17個の炭素原子を含み，1個あるいは複数のシス形の二重結合をもつこともある．この例として，17個の炭素原子からなる炭素鎖を用いることにしよう．ここで $-C_{17}H_{35}$ は $-CH_2(CH_2)_{15}CH_3$ である．

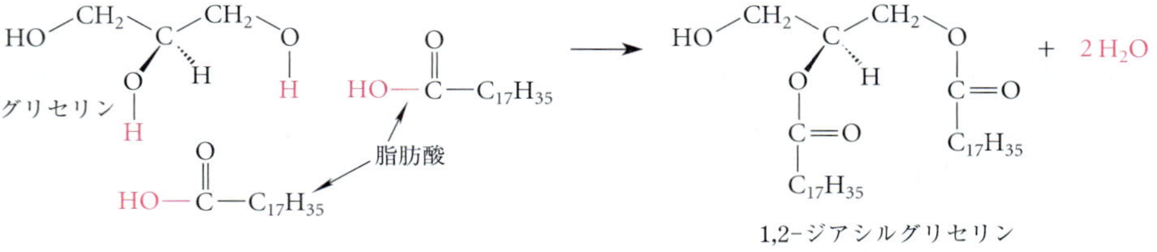

$$\text{グリセリン} + \text{脂肪酸} \longrightarrow \text{1,2-ジアシルグリセリン} + 2\,H_2O \tag{8・16}$$

出発物がキラルでなくても，ジアシルグリセリンはキラルであることに注意しよう．上式に示した合成過程がキラルな酵素によって触媒されることにより，確実に単一の立体異性体が生成する(§7・7A 参照)．グリセリン骨格の残ったヒドロキシ基は，リン酸分子と結合してリン酸エステルとなる．

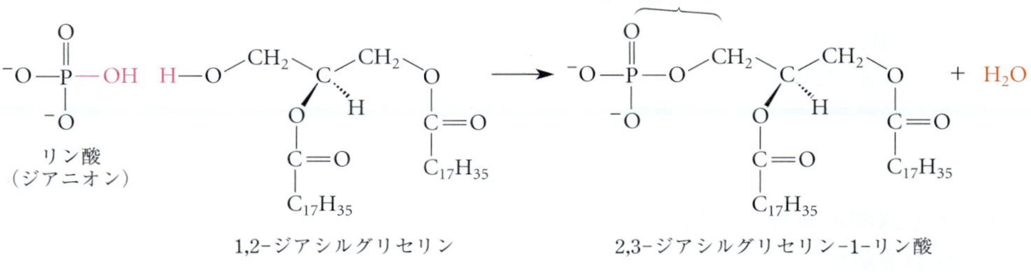

$$\text{リン酸（ジアニオン）} + \text{1,2-ジアシルグリセリン} \longrightarrow \text{2,3-ジアシルグリセリン-1-リン酸} + H_2O \tag{8・17}$$

最後に，リン酸基は，もう一つのリン酸エステル結合によって，プロトン化されたエタノールアミン分子と結合する．

8・7 溶解性と溶媒和の原理の応用

[化学反応式: エタノールアミン(中性pHで存在するカチオン形) + 2,3-ジアシルグリセリン-1-リン酸 → ホスファチジルエタノールアミン(細胞膜リン脂質) + ⁻OH] (8・18)

この最終段階ではエタノールアミンのほかに多くの異なる化合物が用いられ,ふつうに見られる多くの細胞膜リン脂質が合成される.コリンとセリンが最も一般的な細胞膜リン脂質の生成に用いられるアミノアルコールである.

[構造式: コリン $(CH_3)_3\overset{+}{N}CH_2CH_2OH$, セリン]

ホスファチジルエタノールアミンはセファリン,またホスファチジルコリンはレシチンとよばれる.

問題

8・26 (a) ホスファチジルセリン,(b) レシチンの構造式を描け.

細胞膜リン脂質には二つの構造的特徴がある.それらは,細胞膜リン脂質の性質を理解する際に特に重要である.一つは**極性頭部**(polar head group)であり,それはエタノールアミン,コリン,あるいはセリンおよびエステル化されたリン酸基からなる.もう一つは,**無極性尾部**(nonpolar tail)であり,長く枝分かれのない炭化水素部位である.ホスファチジルエタノールアミンの化学構造式と空間充填模型を,図8・8(a),(b)に比較して示した.極性頭部はイオン性であり,水と対イオンによって十分に溶媒和される.極性頭部のように,水と安定化相互作用をする置換基は,しばしば**親水性基**(hydrophilic

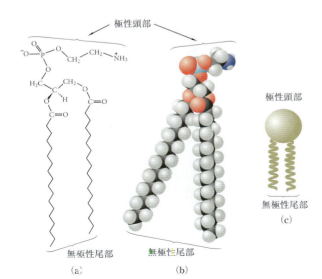

図8・8 (a) 細胞膜リン脂質であるホスファチジルエタノールアミンのLewis構造式.(b) ホスファチジルエタノールアミンの空間充填模型.(c) 細胞膜リン脂質の模式図.極性頭部は球として,無極性尾部は"波状形"によって示される.この表記はしばしば図8・10のような図に用いられる.

group)とよばれる．一方，無極性尾部は**疎水性基**(hydrophobic group，親油性基ともいう)の例である(疎水性基の水による溶媒和については，§8・6Dで述べた)．このように，細胞膜リン脂質は，親水性部位と疎水性部位をもっている．リン脂質のように，離れた親水性領域と疎水性領域をもつ分子を，**両親媒性**(amphipathic)の分子という．この両親媒性の特性を反映させて，細胞膜リン脂質はしばしば，図8・8(c)に示すように，2本の"波状の尾部"をもつ球(極性頭部を表す)として図示される．

　細胞膜リン脂質を水に投入すると，きわめて驚くべきことが起こる．すなわち，自己集合化とよばれる過程が進行し，それらは自発的にリン脂質二分子膜(phospholipid bilayer)を形成するのである．リン脂質二分子膜は二重の層になった多数の分子からなり，そこでは無極性の尾部は層の内部で互いに相互作用し，極性の頭部は層の外側で水と相互作用している(図8・9)．このようなきわめて秩序的な構造が自発的に形成することは，一見すると，エントロピーを増大させる自然の傾向に反していると思われるかもしれない．リン脂質の無秩序な分布が，一見するとありそうもない秩序的な二分子膜構造となるのだから．もしリン脂質分子にだけ注目するならば，それらが自己集合化して二分子膜を形成する過程は，きわめて大きな負のエントロピー変化になるだろう．しかしこの集合化の過程には，目に見えるよりももっと多くのことがある．これは疎水結合の例である．溶液中のそれぞれのリン脂質分子がもつ無極性尾部は，溶媒和している多くの水分子によって取囲まれている．炭化水素の溶媒和殻にある水分子は，特に小さいエントロピーをもっていることを思い出してほしい(§8・6D，図8・5)．二つ以上の炭化水素尾部が集まって二分子膜を形成すると，尾部の間の溶媒和に関与していた水分子はすべて，溶媒へと解放される．これは，きわめて大きな正のエントロピー変化となり，自己集合化の過程に対して支配的な寄与をする．この過程は概念的には，ペンタン分子が水中で集合化して分離した液相を形成することときわめてよく似ている．いいかえれば，リン脂質の自己集合化による二分子膜の形成は，水の解放によるエントロピー駆動の現象なのである．

　リン脂質二分子膜においては，分子の両方の部分の溶解特性が満足されている．すなわち，炭化水素基は炭化水素基に隣接しており，また極性頭部は水と接している．さらに多くのリン脂質分子が添加されると，この二分子膜は成長を続け，リン脂質ベシクルが形成される．ベシクルは閉じた，ほぼ球状の

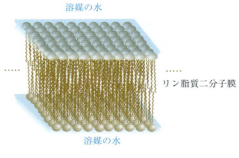

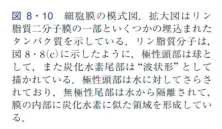

図8・9　リン脂質二分子膜の一部．極性頭部は溶媒の水と相互作用し，無極性尾部は他の無極性尾部と相互作用していることに注意せよ．

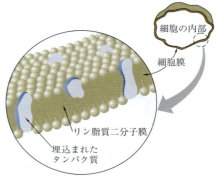

図8・10　細胞膜の模式図．拡大図はリン脂質二分子膜の一部といくつかの埋込まれたタンパク質を示している．リン脂質分子は，図8・8(c)に示したように，極性頭部は球として，また炭化水素尾部は"波状"として描かれている．極性頭部は水に対してさらされており，無極性尾部は水から隔離されて，膜の内部に炭化水素に似た領域を形成している．

構造体であり，リン脂質二分子膜が内部の水相を取囲んだ構造をもっている(図8・10)．極性頭部の置換基は，ベシクルの内側と外側の両方で水と相互作用している．生体細胞は，単純化すると，細胞膜がリン脂質二分子膜である大きなリン脂質ベシクルとみなすことができる．実際の細胞はもっと複雑である．すなわち，細胞は，核や他の構造体(多くはそれ自身が膜構造をもつ)，酵素，多くの異なる生体分子などを含んでいる．また細胞膜には，リン脂質に加えて，コレステロールや膜に埋込まれたタンパク質などの分子が存在している．それでも，細胞膜がもつ特有の性質は，第一にはリン脂質二分子膜が担っているのである．

一般に，イオンはリン脂質二分子膜を透過することができない．イオンがガソリンに溶解できないのと同様に，電荷をもった分子や無機イオンは，炭化水素に似た性質をもつリン脂質二分子膜の内部を貫通することはできないのである．炭化水素，特にリン脂質二分子膜中にイオン化合物が溶解しないことは，細胞がイオン濃度の釣合いを適切に維持するために決定的に重要である．細胞膜を透過するイオンの輸送には，膜内に埋込まれたタンパク質からなる特殊な運搬体か，あるいは細孔を必要とする．これらのイオン輸送系の動作は，細胞の生化学によって精密に制御されている(次項参照)．

イオンとは異なり，電荷をもたない多くの分子は，容易に細胞膜を通して拡散する．この種の分子のうちで最も簡単なものの一つが，酸素分子 O_2 である．多くの薬剤分子もこの分類に含まれる．実際に，薬剤が細胞膜を通過する能力は，以下に述べるように，その薬剤の炭化水素に対する溶解性と相関がある．炭化水素にまったく溶解しない薬剤は，細胞膜を通過することができない．一方で，炭化水素にきわめて溶解性が高い薬剤もまた，細胞膜を透過することができない．なぜなら，これらはリン脂質二分子膜内へ移動し，そこにとどまってしまうからである．膜を通過できる薬剤は，一般に，炭化水素に対して中程度の溶解性をもつものである．それらは膜内部に対して十分な溶解性をもつため細胞膜に侵入することができるが，水に対しても十分な溶解性をもつので，ふたたび膜を離れることができる．

実際，簡単な溶解性の測定が，薬剤候補となる物質の有効性を予測する際に役立っている．多くの薬

ニコチン，ニコチンパッチ，ニコチン中毒

ニコチンパッチ(皮膚に貼る禁煙治療薬)は細胞膜を横断する薬剤輸送の重要性を示す実際の例である．ニコチンはたばこに含まれる中毒性物質である．ニコチンは塩基であり，電荷をもたない遊離の塩基および正電荷をもつ共役酸の両方の形態で存在できる．中性形は塩の形態に比べて，炭化水素に対して大きい溶解性を示す．一方，塩の形態はイオン性であり，中性形よりも水に対する溶解性が大きい．

ニコチンパッチは，喫煙することなく継続的に少量の中毒物質を供給することによって，喫煙者をたばこから徐々に引離すために用いられる．パッチに含まれるニコチンは共役塩基(中性)形であり，脳に至るまでの障壁となる皮膚やさまざまな膜を容易に通過し，脳で神経性の効果を発揮する．ニコチンの共役酸はイオンであるため，皮膚の膜を通過できないと考えられるので，パッチでは効果的ではないと思われる．

たばこ製造業者は昔から，喫煙の際の高温でアンモニアを放出する化合物がたばこに含まれており，それがたばこの中毒性を増大させることを知っていた．アンモニアは塩基であり，それによってニコチンは遊離の塩基形に保たれるため，鼻，口，および肺の膜を通して容易に吸収される．

$$\underset{\substack{\text{ニコチン}\\\text{共役塩基(中性)}}}{\text{[構造式]}} + H_3O^+ \rightleftharpoons \underset{\substack{\text{ニコチン}\\\text{共役酸(カチオン性)}}}{\text{[構造式]}} + H_2O \qquad (8\cdot19)$$

剤の有効性は，それらの 1-オクタノール $CH_3(CH_2)_6CH_2OH$ と水に対する相対的な溶解性とある程度の相関がある．この相対的な溶解性は，薬剤候補となる物質を 1-オクタノールと pH = 7.4（生理的な pH）の緩衝水溶液との混合物とともに振混ぜ，それぞれの相における物質の濃度を測定することによって求められる．もしその物質がカルボキシ基のような解離できる置換基か，アミノ基のようなプロトン化できる置換基をもつ場合には，電気的に中性な薬剤分子の濃度はその pK_a から求めることができる．1-オクタノール相と水相における中性分子の濃度比を，**オクタノール-水分配係数**（octanol-water partition coefficient）という．疎水性分子は親水性分子に比べて分配係数が大きく，ある特定の薬剤の種類に対して，分配係数の最適値が存在する．おそらく 1-オクタノール相は，薬剤がその生理的効果を発揮するために相互作用しなければならない疎水的な環境を模倣しているのであろう．標的となる細胞の細胞膜のリン脂質二分子膜や腸管上皮のリン脂質二分子膜（経口投与される薬剤が吸収されるために透過しなければならない細胞の層），さらに薬剤がその効果を発揮するために最終的に結合する標的タンパク質の活性部位は，このような環境にあると思われる（たとえば，問題 8・54 参照）．1-オクタノール-水分配係数と薬剤活性との相関に関する研究は，米国カリフォルニア州ポモナ大学の C. Hansch（ハンシュ）（1918〜2011）によって発展した．

B. カチオン結合分子

　もし私たちがイオンの溶媒和の機構を真に理解したのなら，イオンの溶媒和殻を模倣した人工的な分子を創造できるはずである．このような分子は，イオンと強い錯体を形成する分子，すなわち**イオノホア**（ionophore，"イオンを支えるもの"の意）でなければならない．この目標はクラウンエーテルとクリプタンドの設計によっておおむね実現されている．本節ではこれらについて検討することにしよう．また，イオノホア抗生物質やイオンチャネルのような天然にみられるイオン運搬体の構造をみると，そこでもイオンの溶媒和とまったく同様の機構が重要な役割を果たしていることがわかるだろう．

　クラウンエーテルとクリプタンド　いくつかの金属カチオンは，クラウンエーテルとして知られる一種の人工的なイオノホアと安定な錯体を形成する．**クラウンエーテル**（crown ether）は規則的に配置された多数の酸素原子を含む複素環エーテルであり，1967 年に最初に合成された．クラウンエーテルのいくつかの例を以下に示す．

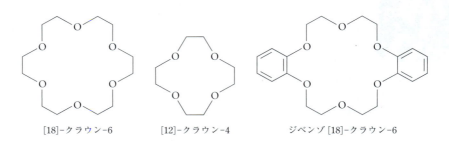

[18]-クラウン-6　　　[12]-クラウン-4　　　ジベンゾ[18]-クラウン-6

括弧内の数字は環を構成する原子の総数を示し，ハイフンに続く数字は酸素の数を示す．"クラウン（王冠）"という名称は，図 8・11 に示したカリウムイオン K^+ と [18]-クラウン-6 との錯体の構造からわかるように，これらの分子の三次元的な形状から提案されたものである．"ホスト"となるクラウンエーテルの酸素原子は，"ゲスト"となる金属カチオンの周囲を取囲んでいる．酸素原子はエーテルの空孔内の金属イオンと，前節で述べたドナー相互作用，および電荷-双極子相互作用によって錯体を形成している．実際に，クラウンエーテル分子をカチオンに対する"人工的な溶媒和殻"とみることができる．金属イオンは空孔に適合しなければならないので，クラウンエーテルは空孔の大きさに従って，金属イオンに対する選択性を示す．たとえば，[18]-クラウン-6 はカリウムイオンと最も強い錯体を形

成し、ナトリウム、セシウム、ルビジウムイオンとはいくらか弱い錯体を形成する。リチウムイオンとは錯体を形成しない。一方、より小さい空孔をもつ[12]-クラウン-4は、特異的にリチウムイオンと錯体を形成する。

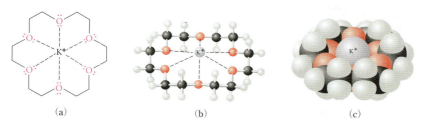

図8・11 [18]-クラウン-6とカリウムイオンとの錯体の構造。(a) Lewis構造式、(b) 球棒模型、(c) 空間充填模型。酸素原子は赤い球で示されている。錯体の外側は本質的に炭化水素であるため、クラウンエーテルとその錯体は炭化水素溶媒に可溶である。図の破線は、イオンと酸素原子の間に働くドナー相互作用および電荷-双極子相互作用を示している。

クラウンエーテルと密接に関係した分子にクリプタンドがある。**クリプタンド**(cryptand)は窒素を含むクラウンエーテルの類縁体である。窒素原子の存在により二環構造が可能となり、これによって金属イオンと結合する酸素原子がさらに供給される。典型的なクリプタンドと、そのカリウムイオンとの錯体の構造を図8・12に示す。金属イオンとクリプタンドの錯体をクリプタートという。

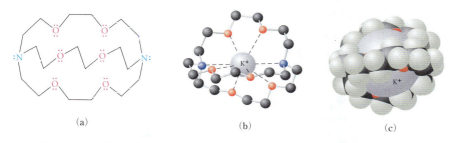

図8・12 (a) [2.2.2]クリプタンドの骨格構造式。数字は三つの鎖のそれぞれにある酸素原子数を示す。(b) クリプタート(結合したカリウムイオンを含む[2.2.2]クリプタンド)の球棒模型。水素原子は示されていない。(c) 水素原子を表示した図(b)のクリプタートの空間充填模型。図の破線は酸素原子(赤)あるいは窒素原子(青)とイオンの間に働くドナー相互作用および電荷-双極子相互作用を示している。

クラウンエーテルやクリプタンドの構造には炭化水素基が含まれるので、それらはヘキサンやベンゼンのような炭化水素溶媒に対して大きな溶解性をもつ。クラウンエーテルやクリプタンドにおいて注目すべきことは、それらによって、ふつう無機イオンの塩がほとんど、あるいはまったく溶解性をもたない溶媒中に無機イオンを溶かすことができることである。たとえば、過マンガン酸カリウムKMnO₄をそれだけで炭化水素溶媒のベンゼンへ加えても、KMnO₄はまったく溶けない。カリウムイオンと錯体を形成するジベンゾ[18]-クラウン-6を少量添加すると、ベンゼンはKMnO₄溶液の紫色を示し("パープルベンゼン"とよばれる)、KMnO₄に特徴的な酸化力を獲得する。クラウンエーテルがカリウムイオンと錯体を形成して、それがベンゼンに溶解し、電気的な中性を保つために、錯体を形成したカリウムイオンに伴って、過マンガン酸イオンが溶液内に入る。過マンガン酸イオンが実質的に溶媒和されていない、すなわち"裸である"ことは、カリウムイオンがクラウンエーテルによって安定化を受けることで埋合わされている。他のカリウム塩も、同じように炭化水素溶媒に溶解させることができる。たとえば、KClやKBrもクラウンエーテルの存在下で炭化水素に溶解することができ、それぞれ"裸の塩化物

イオン"と"裸の臭化物イオン"の溶液を与える．

イオノホア抗生物質　イオノホア抗生物質は，イオノホアの生物学的に重要な例である．<u>抗生物質は微生物の成長，生存を妨げる化合物である</u>．イオノホア抗生物質は，クラウンエーテルやクリプタンドとまったく同じ様式で金属イオンと強い錯体を形成する．このような化合物の例としてノナクチンがある．ノナクチンは微生物 *Streptomyces griseus* によって生産される一群の抗生物質の一つである．

ノナクチン

ノナクチンはカリウムイオンに対して強い親和性をもつ．図 8・13 に示すように，分子は空孔をもち，そこで 8 個の酸素原子(上記の構造式に赤字で示す)がイオンと錯体を形成する．対照的に，ノナクチン分子の外側にある原子は，ほとんどの部分が炭化水素基である．前項で学んだように，生体膜の内部はリン脂質から構成されており，この炭化水素の性質をもつ領域はイオンの透過に対する自然の障壁をとなっていることを思い出そう．しかし，ノナクチン分子の表面は炭化水素に似た性質をもつため，容易に膜の中に侵入し，それを通過することができる．このようにノナクチンはイオンと結合して，それを輸送するので，細胞が正常に機能するために決定的に重要なイオン濃度の釣合いが狂わされ，細胞は死滅するのである．

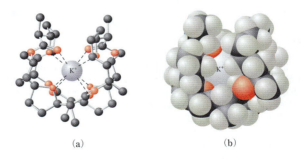

図 8・13　抗生物質ノナクチンとカリウムイオンとの錯体の分子模型．(a) 水素原子を表示していない球棒模型．図の破線は酸素原子(赤)とカリウムイオンの間に働く相互作用を示している．(b) 水素原子を表示した空間充填模型．ノナクチン分子が，ちょうどボールをつかむ手のようにカリウムイオンを包み込んでいる．錯体の外側は本質的には炭化水素の性質をもつため，錯体は，クラウンエーテル-金属イオン錯体(図 8・11)のように，無極性の非プロトン性溶媒に可溶となる．

イオンチャネル　イオンチャネル，すなわち"イオンの出入り口"は細胞内，および細胞外へのイオンの通路を与える．イオンは細胞膜リン脂質に溶解しないことを思い出そう．イオンの流れは，神経刺激の伝達や他の生物学的過程に対してきわめて重要である．典型的なイオンチャネルは，細胞膜に埋込まれた大きなタンパク質分子である．さまざまな機構によって，イオンチャネルは開いたり閉じたりして，細胞内部におけるイオン濃度を制御する．イオンは開いたチャネルを通して受動的に拡散するわ

けではない．むしろ開いたチャネルは，特定のイオンを結合する領域をもっている．このようなイオンが膜の一方の側にあるチャネル内に特異的に結合し，別の側のチャネルから排出されるのである．

注目すべきことは，これらのチャネルのイオン結合領域の構造は，ノナクチンのようなイオノホアの構造と多くの共通点をもつことである．カリウムイオンチャネルの最初のX線結晶構造は，1998年に米国ロックフェラー大学のR. MacKinnon（マキノン）(1956〜) らによって決定された．MacKinnonはこの業績によって，2003年のノーベル化学賞を共同受賞している．図8・14(a)に，このタンパク質の模式的な図と，それが膜の中でどのように位置しているかを示した．チャネルの外側は細胞膜を構成するリン脂質

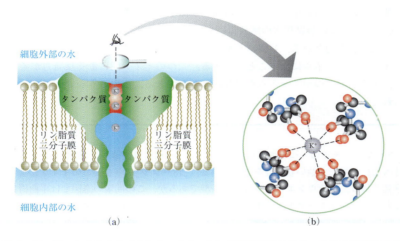

図 8・14　開いたカリウムイオンチャネル．(a) 細胞膜におけるチャネルの位置を示す模式的な断面図．タンパク質は緑色で識別されている．タンパク質は細胞膜に広がって存在し，タンパク質の外側の多くの部分は脂質二分子膜と接している．赤色で示した領域は選択識別部位（選択性フィルター）であり，カリウムイオンと選択的に結合するタンパク質の領域である．(b) 1個のカリウムイオンを含む選択性フィルターを上方（視線の方向）から見た原子レベルの図．酸素原子(赤)はタンパク質の C=O 結合（二重結合は示されていない）に由来している．タンパク質の炭素(黒)と窒素(青)も示されているが，それらに結合した水素は省略されている．図の破線は酸素原子とイオンの間に働く電荷–双極子相互作用およびドナー相互作用を示している．

ホスト–ゲストの化学

§8・7Bで述べたように，クラウンエーテルやクリプタンドはイオンの大きさによって，さまざまなカチオンを区別することができる．その結果，クラウンエーテルやクリプタンドがイオンと結合する際には，ある程度の選択性が現れる．近年，化学者たちは正確な分子設計にもとづいて，より複雑な化合物を"認識して"，結合することができる他の種類の分子を合成している．この種の研究は，少なくとも部分的には，酵素や受容体のような生体分子の特徴であるきわめて特異的な結合形成を理解し，人工的に模倣しようとする欲求によって推進されている．

この研究領域はホスト–ゲスト化学，あるいは分子認識化学とよばれ，1987年のノーベル化学賞が3人の先駆者に授与されたことによって一般に認識された．

ノーベル化学賞を授与されたのは，クラウンエーテルを発見したデュポン社のC. J. Pedersen（ペダーセン）(1904〜1989)，クリプタンドを合成したフランスルイパスツール大学のJ.-M. Lehn（レーン）(1939〜)，および米国カリフォルニア大学ロサンゼルス校のD. J. Cram（クラム）(1919〜2001)である．

二分子膜の炭化水素部分と相互作用している．非共有結合性相互作用の議論から予想できるように，チャネルのこの部分の置換基は，主として炭化水素の性質をもっている．すなわち，チャネルは疎水結合と van der Waals 引力によって膜内にしっかりと固定されているのである．細胞の外側にあるチャネルへの入り口は，2個のカリウムイオンに対する結合部位をもっている．これらの部位は酸素原子に富み，ノナクチンの内部によく似ている．酸素原子はタンパク質の構造内の C=O 基に由来している．酸素原子はちょうどカリウムイオンを収容できるように配置されており，ナトリウムイオンと効果的に相互作用するにはあまりに離れすぎている．チャネルのこのような部位は"選択性フィルター"とよばれている．選択性フィルターを上方から見た原子レベルの拡大図を，図 8・14(b) に示す．選択性フィルターにおける酸素原子は，溶液中でイオンを溶媒和する水分子に置き換わって，カリウムイオンに対する"溶媒和"を与える．この溶媒和水の解放は疑いもなく，カリウムイオンのチャネルへの結合に対するエントロピー的な駆動力となる．1個のイオンが選択性フィルターを下方へと移動するにつれて，第二のカリウムイオンがチャネルに入ることができる．二つのイオン間に働く反発力がイオンを結合させる力と釣合い，イオンの一つがチャネルを離れることができる．このような機構によってイオンが移動すると考えられている．

問題

8・27 クラウンエーテルの一つである [18]-クラウン-6（構造は図 8・11 参照）はメチルアンモニウムイオン $CH_3N^+H_3$ に対して強い親和性をもっている．[18]-クラウン-6 とこのイオンによって形成される錯体の構造を描け．クラウンエーテルはボウル型であるが，この問題の意図では平面構造として描いてよい．また，クラウンエーテルとイオンの間に働く主要な相互作用を示せ．

8・8 非共有結合性分子間相互作用の強さ

本章では一連の非共有結合性相互作用と，それらの化学と生物学の両方における結果のいくつかを述べた．イオン間に働く引力は非常に強いけれども，本章で述べた他の引力，すなわち van der Waals 引力，双極子-双極子相互作用，水素結合はいずれも比較的弱い．ここで再び，これらの非共有結合性相互作用は，その相互作用に関わる分子の安定性には何の関係もないことを述べるのは有益であろう．個々の分子の安定性は（生成熱によって評価されるように），その分子の共有結合の安定性に由来している．融解や沸騰などの非共有結合性の分子間相互作用を開裂させる過程は，共有結合の開裂や形成を含まないので，非共有結合性相互作用は共有結合よりもずっと弱いはずである．たとえば，典型的なアルカンの炭素-炭素結合を開裂させるには，約 380 kJ mol^{-1} を必要とする．一方，ヘキサンを液体から気体へ変換するには約 29 kJ mol^{-1}，すなわち炭素1個当たり約 5 kJ mol^{-1} が必要であり，この値はアルカンのサイズとともに炭素1個当たりわずか約 3 kJ mol^{-1} 増大するだけである．いいかえれば，液体において炭化水素基の間に働く van der Waals 引力は，炭素1個当たりにすると，炭素-炭素結合エネルギーの 1% 以下にすぎない．双極子-双極子相互作用や水素結合はそれよりもいくらか強いけれども，それらもまた共有結合に比べればずっと弱い．たとえば，水素結合の強さは，一般に共有結合の強さの 3〜10% である．

このように非共有結合性相互作用は"弱い"力であるにもかかわらず，それらは化学的に重要な結果を与える．これは多くの場合において，その結果が多数の分子が共同してふるまうことに由来するためである．すでに述べた細胞膜の構造や，後に学ぶタンパク質や DNA の構造は，共同して働く多数の弱い非共有結合性相互作用の結果である．それらは，すべての構成員が同じ目的に向かって共同して働いている組織に似ていなくもない．個人一人の努力はそれほど重要でないように見えるかもしれないが，すべての個人が共同して働くことにより，強力な結果をもたらすことができるのである．

8章のまとめ

- アルコール, エーテル, ハロゲン化アルキル, チオール, スルフィドは, α炭素の置換基の数に従ってメチル, 第一級, 第二級, 第三級に分類される.

- 有機化合物は慣用命名法および置換命名法によって命名される. 置換命名法では, 主基と主鎖に基づいて名称がつけられる. 主基は優先順位によって特定され, 名称の接尾語として表記される. 他の官能基は置換基として記される. ヒドロキシ基 −OH, およびメルカプト基 −SH は主基として, それぞれ接尾語 ol, thiol によって表記される. ヒドロキシ基はメルカプト基よりも, 主基としての優先順位が高い. ハロゲン, アルコキシ基 −OR, アルキルチオ基 −SR は, 常に置換基として記される.

- 沸点は分子間に働く非共有結合性相互作用の大きさに依存する. 沸点に影響を与える非共有結合性相互作用には, (1) 誘起双極子−誘起双極子相互作用(分散力)と双極子−誘起双極子相互作用を含む van der Waals 引力, (2) 双極子−双極子相互作用, (3) 水素結合がある. これらの非共有結合性相互作用はすべて, 共有結合よりもきわめて弱い.

- 多くの同族体系列にみられる沸点の一般的な上昇は(炭素原子 1 個当たりおおよそ 20〜30 ℃), 分子が van der Waals 引力によって相互作用する分子表面の面積が増大することによるものである.

- 相互作用する分子が分極しやすいとき, すなわち, 分子の電子雲が外部の電荷との相互作用によって容易に変形するとき, van der Waals 引力は最も強くなる. ペルフルオロアルカンのような分極しにくい分子は, 類似の分子量と形状をもつ炭化水素のような分極しやすい分子よりも, 沸点が低い.

- 炭化水素基の枝分かれが多くなると, 同一の分子量をもつ枝分かれのない炭化水素基と比較して, その表面積が減少する. このため, 枝分かれの多い分子からなる化合物の沸点は, 同じ官能基をもつ枝分かれのない異性体の沸点よりも低くなる傾向がある.

- 溶解性は, 純粋な溶質分子および純粋な溶媒分子の間に働く非共有結合性相互作用に対する, 異なる分子(溶質と溶媒)間に働く非共有結合性相互作用の結果である. ある溶媒に対するある溶質の溶解性は, 溶解自由エネルギー ΔG_s に支配される. ΔG_s は溶液自身の自由エネルギーと, 純粋な溶媒および純粋な溶質の自由エネルギーとの差である.

- 溶解自由エネルギー ΔG_s は二つの部分から構成される. すなわち, 分子間相互作用に関する自由エネルギー変化 ΔG_{inter} と混合自由エネルギー ΔG_{mix} である(式 8·8). 混合自由エネルギーは式 $\Delta G_{mix} = -T\Delta S_{mix}$ によって表され, 混合エントロピー ΔS_{mix} だけに由来する. ちょうど一つの箱に入った青い球と赤い球の混合が有利に進行するように, ΔG_{mix} はいつも有利に働く. すなわち, 混合は自発的に進行する.

- 溶媒は水素結合を供与できるかどうかによって, プロトン性あるいは非プロトン性に分類される. また, 誘電率の大きさによって, 極性あるいは無極性に分類される. さらに, Lewis 塩基として働くかどうかによって, ドナー性あるいは非ドナー性に分類される. 一つの溶媒はこれらに重複して分類される.

- 純粋な物質中で分子間に働く相互作用が, 溶液中の溶媒と溶質の間に働く相互作用と類似しているとき, 溶解自由エネルギー ΔG_s は混合エントロピー ΔS_{mix} に支配され, 溶液が形成される. この状況はしばしば, 溶質と溶媒が同じ分類に属するときに観測される(たとえば, ともにプロトン性の場合, あるいはともに無極性で非プロトン性の場合). これは "似たもの同士は溶けあう" 規則の基礎になっている.

- 水溶液中で炭化水素基が集合する傾向を疎水結合という. 疎水結合は, 炭化水素鎖を溶媒和する水分子(よりエントロピーが小さい水)が解放されて溶媒の水(よりエントロピーが大きい水)となる際の, 水のエントロピーの増大によって駆動される. リン脂質分子の会合による脂質二分子膜や細胞膜の形成は, 疎水結合の例である.

- 多くの同族体系列において, アルキル鎖の炭素数に対する融点のグラフを描くと, "のこぎり歯" のような形状を示す. また一般に, 対称性の高い化合物は, 対称性の低い類縁体よりもかなり高い融点をもつ. これらの効果はいずれも, 高い融点をもつ化合物の結晶における, (a) 対称性の高い分子からなる結晶における大きなエントロピーおよび, (b) 結晶中の分子の詰まり方(パッキング)が効率的であることによる大きな van der Waals 引力, によってひき起こされる.

- 固体の溶解性はその融点の影響を受ける. 融点の高い固体は一般に, 同じ官能基をもつ融点の低い異性体よりも溶解性が低い. 分子構造の対称性が高いと融点が上昇するため, 溶解性は減少する傾向がある.

- 極性溶媒の高い誘電率は, 静電気学の法則(式 8·10)で示されるように, 反対の電荷をもつイオン間に働く引力を減少させることによって, イオン化合物の溶解性に寄与する. またイオンの溶解性は, 溶媒和殻においてイオンと溶媒分子との間に働くドナー相互作用, 電荷−双極子相互作用および水素結合によって増大する.

- 水中ではイオンが効果的に溶媒和されるために，水に対して限られた溶解性しかもたない分子もイオン化すると一般に溶解性が増大する．
- クラウンエーテル，クリプタンドおよび他のイオノホアは，カチオンに対する人工的な溶媒和殻をつくることによって，カチオンと錯体を形成する．そこではイオンは，電荷-双極子相互作用およびドナー相互作用によって安定化されている．生体にみられるイオノホア抗生物質やイオンチャネルも，同じ原理によってカチオンと結合する．

追加問題

8・28 (a) 分子式 $C_5H_{12}O$ をもつすべてのアルコールの構造式を描け．
(b) (a)で描いた化合物のうち，キラルなものはどれか．
(c) IUPAC 置換命名法を用いて，それぞれの化合物を命名せよ．
(d) それぞれの化合物を第一級，第二級，第三級アルコールに分類せよ．
(e) それぞれの構造式について α 炭素を示せ．

8・29 (a) 分子式 $C_5H_{12}O$ をもつすべてのエーテルの構造式を描け．
(b) 前問(a)で描いた化合物のうち，キラルなものはどれか．
(c) IUPAC 置換命名法を用いて，それぞれの化合物を命名せよ．
(d) それぞれの構造式について2個の α 炭素を示せ．

8・30 次の化合物のそれぞれに対する構造式を描け（複数の解答が可能な場合もある）．
(a) 二重結合をもたないキラルなエーテル $C_5H_{10}O$
(b) キラルなアルコール C_4H_6O
(c) 室温で光学活性にはなりえないビシナルグリコール $C_6H_{10}O_2$
(d) 立体異性体が3種類しか存在しないジオール $C_4H_{10}O_2$
(e) 立体異性体が2種類しか存在しないジオール $C_4H_{10}O_2$
(f) 分子式 C_4H_8O をもつ 6 種類のエポキシド（立体異性体を含む）

8・31 次式の化合物はいずれも，一般的な麻酔剤として用いられている化合物である．それぞれについて置換命名法による名称（IUPAC 名）を記せ．
(a) H–C(Br)(CF_3)(Cl) ハロタン
(b) $Cl_2CH-CF_2-OCH_3$ メトキシフルラン

8・32 分子量の小さいチオールは，強烈な悪臭をもつことが知られている．実際，次の2種類のチオールはスカンクが放つにおいの活性物質である．これらの化合物について置換命名法による名称（IUPAC 名）を記せ．

(a) $CH_3CH=CHCH_2SH$ (b) $(CH_3)_2CHCH_2CH_2SH$

8・33 次の化合物のそれぞれについて，IUPAC 名を記せ．(a)では立体化学は無視してよい．
(a)　　　　　　　　　(b)

8・34 表を参照することなく，次のそれぞれの組に示した化合物を，沸点が増大する順に並べよ．判断した理由も述べよ．
(a) 1-ヘキサノール，2-ペンタノール，t-ブチルアルコール
(b) 1-ヘキサノール，1-ヘキセン，1-クロロペンタン
(c) ジエチルエーテル，プロパン，1,2-プロパンジオール
(d) シクロオクタン，クロロシクロブタン，シクロブタン

8・35 次のそれぞれの組において，最初に示した化合物は2番目の化合物よりも，分子量が小さいにもかかわらず高い沸点をもっている．その理由を説明せよ．
(a) $H_3C-C(=O)-OH$ （沸点 118 °C）　　$H_3C-C(=O)-OCH_2CH_3$ （沸点 77 °C）
(b) $H_3C-C(=O)-NH_2$ （沸点 221 °C）　　$H_3C-C(=O)-N(CH_3)_2$ （沸点 166 °C）

8・36 ニトロメタンと2-プロパノールは，ほぼ同じ分子の形状と分子量をもっている．

	2-プロパノール（イソプロピルアルコール）	ニトロメタン
分子量	60.1	61.0
沸点	82.4 °C	101.2 °C

液体において，2-プロパノールは水素結合を形成できる

が，ニトロメタンは形成できない．しかし，沸点はニトロメタンの方が高い．ニトロメタンがこのように高い沸点をもつのはなぜか．その理由を説明するためには，この二つの分子についてどのような物理的性質を調べたらよいか．

8・37 次の問題(a)および(b)に解答せよ．その理由も説明せよ．なお，構造式と双極子モーメントは表8・2を参照せよ．
 (a) 次の溶媒のうちの一つは，DMSOと混和性ではない．それはどの溶媒か．
  水，アセトン，ヘキサン，アセトニトリル
 (b) 次の溶媒のうちの一つは，ヘキサンと混和性ではない．それはどの溶媒か．
  メタノール，1-プロパノール，ジエチルエーテル，アセトン

8・38 (a) 次に示した化合物のうちの一つは，炭化水素溶媒に溶解する塩の特異な例である．どちらの化合物か．判断した理由も説明せよ．

$$CH_3(CH_2)_{15}-\overset{\overset{\displaystyle CH_2CH_2CH_2CH_3}{|}}{\underset{\underset{\displaystyle CH_2CH_2CH_2CH_3}{|}}{N^+}}-CH_2CH_2CH_2CH_3 \quad Br^- \qquad \overset{+}{NH_4}\ Cl^-$$
$$A \hspace{5cm} B$$

 (b) (a)で解答した化合物のヘキサン溶液において，多量に存在する化学種は次のうちどちらか．判断した理由も述べよ．
  分離して溶媒和されたイオン，イオン対とさらに大きな集合体

8・39 水のpK_aは15.7である．Cu^{2+}イオンを含む水溶液を滴定すると，$pK_a = 8.3$をもつBrønsted酸としてふるまうある化学種の存在が示唆される．この化学種の構造式を描け（ヒント：Cu^{2+}はLewis酸である）．

8・40 一般に，ジブチルエーテルは水に対するよりも，ベンゼンに対してきわめて大きな溶解性をもつ．しかし，もし水相がかなり濃厚な硝酸を含む場合には，このエーテルはベンゼン相から水相へと抽出される．その理由を説明せよ（ヒント：エーテルの酸素は弱い塩基となる）．

8・41 次に示したそれぞれの溶液において，予想される溶媒和の相互作用の種類を述べよ．カチオンとアニオンのそれぞれの溶媒和を考慮すること．
 (a) エタノール中の塩化アンモニウムの溶液
 (b) N-メチルピロリドン中の塩化ナトリウムの溶液

8・42 クラウンエーテルと金属イオンM^+から形成される錯体の解離定数K_dは次式によって与えられる．

$$K_d = \frac{[クラウンエーテル][M^+]}{[クラウンエーテル\text{-}M^+錯体]}$$

クラウンエーテルの一種である[18]-クラウン-6とカリウムイオンとの錯体が，エーテル中よりも水中で非常に大きな解離定数をもつ理由を説明せよ．

8・43 ノナクチン（構造式は332ページを参照）はアンモニウムイオン$^+NH_4$と強い錯体を形成する．ノナクチン分子と結合したイオンとの間には，どのような相互作用が働くことが予想されるか．ノナクチンと結合したカリウムイオンとの間に働く相互作用（図8・13）と比較せよ．

8・44 以下に示す化合物よりも，水に対して大きな溶解性をもつと考えられる構造異性体の構造式を書け（いくつかの正解が可能である）．その理由も説明せよ．なお，エノール（§8・1）は安定ではないので除外する．

$$CH_3CH_2CH_2-\overset{\overset{\displaystyle O}{\|}}{C}-\underset{\underset{\displaystyle CH_3}{|}}{N}-OCH_3$$

8・45 鎮痛薬としてのバルビツラートの有効性は，それが脂質二分子膜に対して溶解性をもち，それによって膜を透過できることと直接関係があることが知られている．次の2種類のバルビツラート誘導体のうち，鎮痛薬となる可能性が高いと考えられるものはどちらか．その理由も説明せよ．

バルビタール　　　ヘキセタール

8・46 サラダ油（典型的な構造式を次に示す）を水と混合して振ると，速やかに2層に分離し，油が上層を，水が下層を形成する．これに卵黄（リン脂質であるレシチンを含む）を加え，混合物を振ると懸濁液となる．これはレシチンが存在すると，油が微小な粒子となって水中に分散し（溶解したのではない），分離した層が形成されないことを示している．レシチンのふるまいを説明せよ．

油あるいは脂肪の典型的な構造式
R = 15～17個の炭素をもつ枝分かれのない鎖

油：Rは一つあるいは複数のシス形二重結合を含む
脂肪：Rは飽和している（二重結合をもたない）

8・47 プロポフォールは手術の初期段階における一般的な麻酔剤として利用されている．
　プロポフォールは水に不溶であるが，静脈注射によって投与されなければならない．そのため，プロポフォールは

大豆油やレシチンとの混合物として処方される．これらの添加物を加える目的は何か（油の構造は問題 8・46 に示されている）．

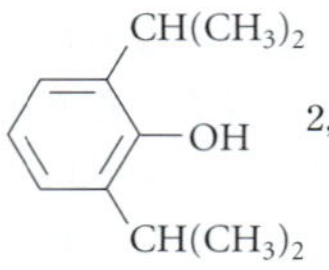

2,6-ジイソプロピルフェノール（プロポフォール）

8・48 ビタミンは"脂溶性"あるいは"水溶性"に分類される．脂溶性ビタミンは脂肪質の組織に貯蔵され，一方，水溶性ビタミンは尿中に排泄される．
(a) いくつかのビタミンの構造式が図 P8・48 に示されている．それらの構造式を指針に用いて，それぞれのビタミンを脂溶性，あるいは水溶性に分類せよ．その理由も説明せよ（脂肪の構造は油の構造に類似している．問題 8・46 を参照）．
(b) 過剰投与が危険と考えられるのは，どちらの種類のビタミンか．その理由も説明せよ．

8・49 CCl_4 溶液中においてエチルアルコールは，水素結合によって錯体を形成している．その平衡定数は $K_{eq} = 11$ である．

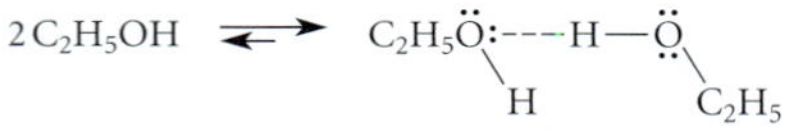

$$2C_2H_5OH \rightleftharpoons C_2H_5\ddot{O}\text{----}H\text{---}\ddot{O}\text{---}C_2H_5$$
$$\qquad\qquad\qquad\quad H$$

(a) エタノールの濃度を増加させると，錯体の濃度はどうなるか．その理由も説明せよ．
(b) 25 ℃ におけるこの反応の標準自由エネルギー変化を求めよ．
(c) エタノール 1 mol が 1 L の CCl_4 に溶解しているとき，遊離のエタノールと錯体のそれぞれの濃度を求めよ．
(d) エタンチオールの類似の反応に対する平衡定数は 0.004 である．チオールとアルコールのうち，強い水素結合を形成するのはどちらか．
(e) $CH_3OCH_2CH_2SH$ とその異性体 $CH_3SCH_2CH_2OH$ のうち，水に対して溶解性が大きいものはどちらか．その理由も説明せよ．

8・50 次のそれぞれの組において，一方の化合物は他方よりも非常に高い融点をもつが，二つの化合物の沸点はかなり似かよっている．融点が高い化合物はどちらか．その理由も説明せよ．
(a) 融点の文献値は 62～65 ℃ と 17 ℃

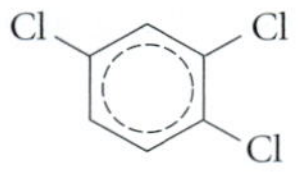

A 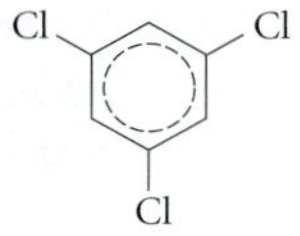   B

(b) 融点の文献値は 61～62 ℃ と 21 ℃

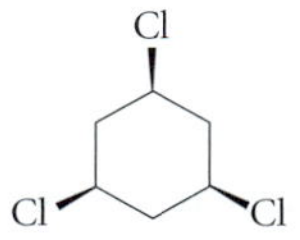

A 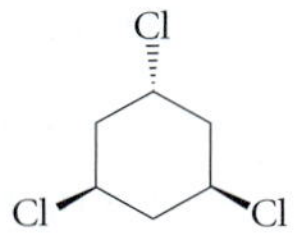   B

8・51 t-ブチルアルコール（2-メチル-2-プロパノール）と 1-ブタノールの沸点の差は，36 ℃ である（82 ℃ と 118 ℃）．先に進む前に，それらの構造式を描いてみよう．
(a) 高い沸点をもつものはどちらか．この差が生じる理由を説明せよ．
(b) これらの構造の違いは，水に対する溶解性における溶解エントロピー ΔS_s の寄与にどのように影響すると考えられるか（ヒント: 二つのアルキル基の表面積について考え，水溶液中における溶媒和の際に，エントロピーの小さい水分子を多く必要とするのはどちらの化合物であるかを判定せよ）．

図 P8・48

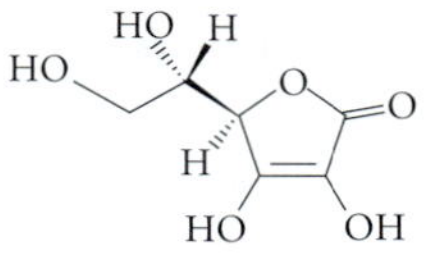

ビタミン C（アスコルビン酸）

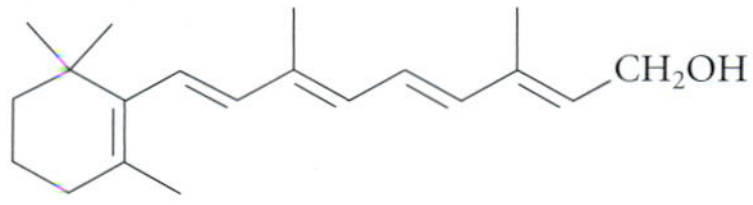

ビタミン A

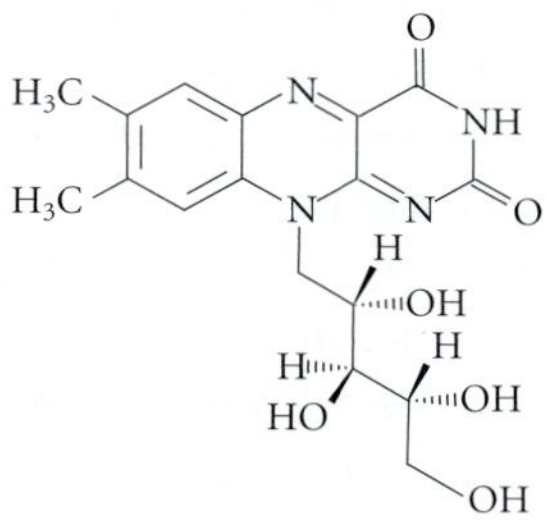

ビタミン B_2（リボフラビン）

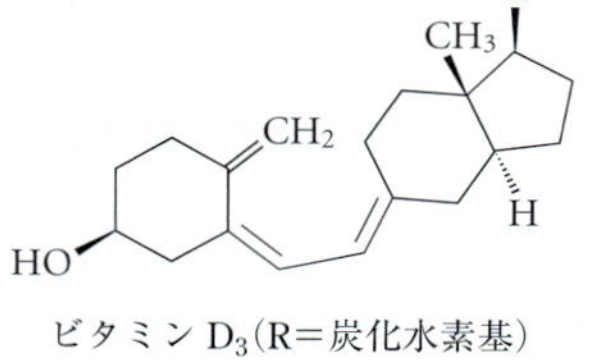

ビタミン D_3（R＝炭化水素基）

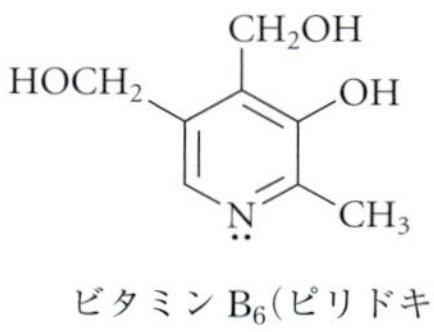

ビタミン B_6（ピリドキシン）

(c) 一方の化合物は水と混和性であるのに対して，もう一方は 8 質量%の限られた溶解性をもつ．混和性であるのはどちらの化合物か．その理由も説明せよ（ヒント：沸点から，純粋な液体における分子間相互作用について何がわかるか）．

8・52 次のそれぞれの現象について説明せよ．
(a) エタノールと 1-プロパノールは細胞膜の脂質二分子膜を破壊する．
(b) グルコースのような糖は，細胞膜を通って自由に拡散することができない．

α-D-グルコピラノース
（グルコースの一形態）

糖が細胞内に入るためには，特定のタンパク質による運搬体を必要とする．
(c) 塩 $Bu_4N^+Cl^-$ が水から DMSO へ移動する際の $\Delta S°$ は，大きな正の値である（+130 J K^{-1} mol^{-1}，ヒント：カチオンの溶媒和を考えよ）．
(d) ジエチルエーテル Et—O—Et は，ほぼ同じ分子量と形状をもつ第一級アルコール 1-ペンタノール $CH_3CH_2CH_2CH_2CH_2$—OH よりも，水に対してかなり溶解性が高い（約 3.4 倍，ヒント：相対的な沸点を考慮し，問題 8・51c のヒントを用いよ）．

8・53 疎水結合が大きな正の $\Delta S°$ によって駆動されるならば，疎水結合によって駆動される会合反応に対する平衡定数は，温度の上昇に伴ってどのように変化すると予想されるか．すなわち，平衡定数は大きくなるか，小さくなるか，それとも同じままか．その理由も説明せよ．

8・54 次に示す(S)-プロプラノロールと(S)-アテノロールは，交感神経 β 受容体遮断薬（β 遮断薬）として利用されているよく知られた薬剤である．これらは"闘争か逃走か"反応を抑制し，しばしば試験や演技のような状況におけるパニックを処置するために用いられる．このような薬剤はしばしば，オクタノール-水分配係数 P_{ow}（§8・7）

(S)-プロプラノロール

(S)-アテノロール

によって特徴づけられる．少量の薬剤を体積のわかった 1-オクタノールに溶かし，体積のわかった量の水とともに振る．二つの層を分離し，それぞれの層の薬剤濃度を決定する．オクタノール-水分配係数は，それぞれの層における平衡濃度から求められる．

$$P_{ow} = \frac{1\text{-オクタノール層の薬剤濃度}}{\text{水層の薬剤濃度}}$$

(a) これら 2 種類の薬剤の分配係数は，アミノ基のプロトン化を抑制するために，塩基性にした水を用いて決定された．一方の薬剤の分配係数は，他方の薬剤の分配係数よりも 2000 倍以上（3.3 対数単位）も大きかった．分配係数が大きかった薬剤はどちらか．その理由も説明せよ．
(b) アテノロールの分配係数は，対数単位で表記すると $\log P_{ow} = 0.22$ となる．アテノロール 1.0 g を等しい体積の二つの層に分配したとき，それぞれの層におけるアテノロールの質量を求めよ．
(c) (a)に対する解答から，アテノロールとプロプラノロールのそれぞれの結晶の水に対する相対的な溶解性について何がわかるか．なお，それぞれの薬剤の融点は 152〜153 ℃（アテノロール），72 ℃（プロプラノロール）と報告されている（ヒント：式 8・14 参照）．
(d) 両方の薬剤におけるアミノ基の窒素は塩基性である．それぞれの共役酸の構造式を示せ．
(e) 両方の化合物の共役酸の pK_a はほぼ同じ値（9.5）である．それぞれの化合物の分配係数を，pH 7.4 の緩衝液を含む水層を用いて再測定した．この条件下において，これらの薬剤の分配係数は（もしするならば）どのように変化するだろうか．それはかなり増大するか，減少するか，それともほぼ同じままか．その理由も説明せよ．
(f) これらの薬剤は，塩酸塩（塩化物イオンを対イオンとする共役酸）として市販されている．薬剤は固体状態で，カプセルとして経口的に投与される．薬剤が塩基性の形態ではなく，このような形態で処方される理由は何か．

8・55 次のそれぞれの観測結果について説明を与えよ．
(a) 化合物 A はほとんどエクアトリアル OH 基をもついす形配座で存在するが，化合物 B はアキシアル OH 基をもついす形配座が有利となる．

A B

(b) 2,2,5,5-テトラメチル-3,4-ヘキサンジオールのラセ

ミ体は，強い分子内水素結合をした構造で存在するが，メソ異性体は分子内水素結合をもたない．

8・56 (a) 1,4-ジオキサン(§8・2C)の双極子モーメントは，もし分子がいす形配座のみで存在するならば，0となるはずであることを示せ．

(b) 1,4-ジオキサンの双極子モーメントは，小さいけれども，決して 0 ではない(その値は 0.38 D である)．この事実を説明せよ．

8・57 (a) C-C 結合と C-O 結合の相対的な結合距離を用いて，以下に示す二つの平衡のうち，どちらがより右方向に偏っているかを予想せよ．

(1) [構造式: 環状化合物の平衡]

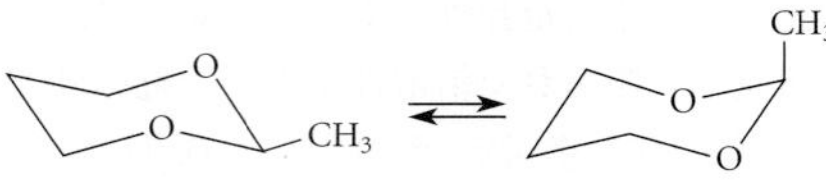

(2) [構造式: 環状化合物の平衡]

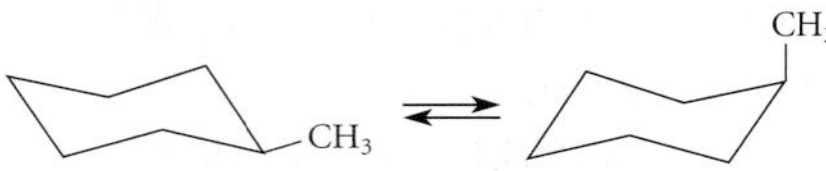

(b) 以下に示す二つの化合物のうち，どちらが指示された結合のまわりの内部回転について，より多くのゴーシュ形配座を含むか．その理由も説明せよ．

A CH_3CH_2—OCH_3 B CH_3CH_2—CH_2CH_3

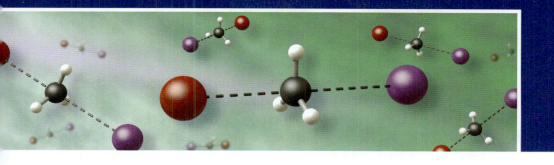

9

ハロゲン化アルキルの化学

　この章の大部分は，ハロゲン化アルキルの2種類の非常に重要な反応すなわち求核置換反応とβ脱離反応を扱う．これらは，有機化学において最も一般的で重要な反応であり，二つの反応は頻繁に競争反応として生じるため，一緒に扱う．次に炭素－金属結合を含む化合物である有機金属化合物を紹介する．ハロゲン化アルキルは多くの場合，これらの有機金属化合物の合成の出発物として使われる．また，この章では別の種類の反応中間体としてのカルベンと，それがどのようにシクロプロパンを生成するのに使われるかを紹介する．終わりに，塩化アルキルおよび臭化アルキルがどのようにアルカンのラジカルハロゲン化反応により生成されるかを考え，ハロゲンを含む有機化合物の工業的および環境的側面のいくつかについても述べる．

　有機化合物の総数と比較して，ハロゲンを含む化合物は自然界にはあまり存在せず約5000程度である．諸君が生命科学または医学進学課程の学生であるならば，生物学で出くわしそうもない化合物の化学的性質についてなぜわざわざ学ばなければならないのか不思議に思うかもしれない．その理由は，反応性の定量的なデータや現在の知見はハロゲン化アルキルの研究から得られているためである．さらにハロゲン化アルキルの化学的性質は，わかりやすい方法で反応性の種類と機構を実証することができるので，より複雑な分子や生物学的システムの中の反応の理解に役立つだろう．いいかえれば，ハロゲン化アルキルは他の化合物群の化学を理解するための簡単なモデルを提供してくれる．これらの考えは化学専攻の学生にとっても有効である．さらにハロゲン化アルキルは実験室での反応で広く使用される重要な出発物である．

9・1　求核置換反応および β 脱離反応の概要

A. 求核置換反応

　ハロゲン化メチルまたは第一級ハロゲン化アルキルが求核剤（たとえばナトリウムエトキシド）と反応するときには，塩基の求核原子（この場合は酸素）が，ハロゲンと置換してこれをハロゲン化物イオンとして追い出す．

$$\text{Na}^+ \text{CH}_3\text{CH}_2\ddot{\text{O}}\text{:}^- + \text{:}\ddot{\text{Br}}\text{—CH}_2\text{CH}_3 \longrightarrow \text{CH}_3\text{CH}_2\ddot{\text{O}}\text{—CH}_2\text{CH}_3 + \text{Na}^+ \text{:}\ddot{\text{Br}}\text{:}^- \qquad (9\cdot1)$$
　　　ナトリウムエトキシド　　臭化エチル　　　　　　ジエチルエーテル　　　　臭化ナトリウム

これは**求核置換反応**(nucleophilic substitution reaction または nucleophilic displacement reaction)とよばれる，非常に一般的な反応の一例である．求核置換反応の最も単純な形では，求核剤が求電子剤に電子対を供与して，脱離基と置換する（必要に応じて §3・2B でこれらの用語を復習せよ）．

$$\text{Na}^+ \text{CH}_3\text{CH}_2\ddot{\text{O}}\text{:}^- \underset{\text{求核剤}}{\curvearrowright} \underset{\text{求電子剤}}{\overset{\overset{\displaystyle :\ddot{\text{Br}}\text{:} \leftarrow \text{脱離基}}{|}}{\text{CH}_2\text{CH}_3}} \longrightarrow \text{CH}_3\text{CH}_2\ddot{\text{O}}\text{—CH}_2\text{CH}_3 + \text{Na}^+ \text{:}\ddot{\text{Br}}\text{:}^- \qquad (9\cdot2)$$

この章では，一般に求電子中心は炭素原子であり，脱離基は一般にハロゲン化物イオンである．しかし，すでに述べたように他の求電子剤と脱離基を含む多くの求核置換反応の例がある．

式(9・1)と式(9・2)で使われる塩基は，エトキシド($CH_3CH_2O^-$，しばしばEtO^-と略記)，つまりエタノールCH_3CH_2OHの共役塩基である．エタノールは弱酸であり($pK_a = 15.9$)，水とほぼ同じ酸性度をもっている．したがって，エトキシドは強塩基であり水酸化物イオンと同じくらいの強さをもつ．アルコールの共役塩基を一般に**アルコキシド**(alkoxide)とよび，この章でアルコキシド塩基が使われる多くの反応を学ぶ(アルコール類の酸性度とアルコキシドの調製法は§10・1で扱う)．

式(9・1)と式(9・2)においてナトリウムイオンは**傍観イオン**(spectator ion)とよばれ，つまり全体の反応において明白な役割がないイオンである．化学反応式を数式とみなすならば，傍観イオンは結合形成や結合切断に関わることなく反応式の両辺から"引くこと"ができる．わかりやすくするために，反応するイオン成分のみを示し，傍観イオンを省略した**正味のイオン反応式**(net ionic equation)として求核置換反応(および§9・1Bで学ぶ脱離反応)を書くことがある．たとえば，式(9・1)に対応する正味のイオン反応式は次のようになる．

$$CH_3CH_2\ddot{O}:^- \;+\; :\ddot{Br}-CH_2CH_3 \longrightarrow CH_3CH_2\ddot{O}-CH_2CH_3 \;+\; :\ddot{Br}:^- \qquad (9\cdot3)$$

エトキシドイオン　　臭化エチル　　　　　ジエチルエーテル　　　臭化物イオン

正味のイオン反応式では，常に傍観イオン(多くの場合Na^+またはK^+)が存在すると考えてよい．

多くの求核剤はアニオンであるが，電荷をもたない場合もある．次の式は，電荷をもたない求核剤の例である．さらに，この反応は**分子内置換反応**，すなわち求核中心，求電子中心，脱離基が同じ分子の中にある反応である．この場合，求核置換反応は環を形成することになる．

$$(9\cdot4)$$

求核中心　　求電子中心　　　　　　新しい結合

求核置換反応を起こす求核剤はさまざまであり，その一部を表9・1に示す．この表から，求核置換

表9・1　いくつかの求核置換反応(Xはハロゲンまたは他の脱離基，R, R'はアルキル基)

$R-\ddot{X}: +$ 求核剤	$\longrightarrow$	$:\ddot{X}:^- +$ 生成物
$R-\ddot{X}: + :\ddot{Y}:^-$ (他のハロゲン化物イオン)	$\longrightarrow$	$:\ddot{X}:^- + R-\ddot{Y}:$ (他のハロゲン化アルキル)
$+ \;^-:C\equiv N:$ (シアン化物イオン)	$\longrightarrow$	$+ R-C\equiv N:$ (ニトリル)
$+ \;^-:\ddot{O}H$ (水酸化物イオン)	$\longrightarrow$	$+ R-\ddot{O}H$ (アルコール)
$+ \;^-:\ddot{O}R'$ (アルコキシド)	$\longrightarrow$	$+ R-\ddot{O}-R'$ (エーテル)
$+ \;^-N_3$ (アジドイオン，$:\ddot{N}=\ddot{N}=\ddot{N}:$)	$\longrightarrow$	$+ R-N_3$ (アルキルアジド)
$+ \;^-:\ddot{S}R'$ (アルカンチオラート)	$\longrightarrow$	$+ R-\ddot{S}-R'$ (チオエーテルまたはスルフィド)
$+ :NR'_3$ (アミン)	$\longrightarrow$	$R-\overset{+}{N}R'_3 \;:\ddot{X}:^-$ (アルキルアンモニウム塩)
$+ :\ddot{O}H_2$ (水)	$\longrightarrow$	$R-\overset{+}{\underset{H}{\ddot{O}}}-H\;:\ddot{X}:^- \rightleftharpoons R-\ddot{O}-H + H\ddot{X}:$ (アルコール)
$+ :\underset{H}{\ddot{O}}-R'$ (アルコール)	$\longrightarrow$	$R-\overset{+}{\underset{H}{\ddot{O}}}-R'\;:\ddot{X}:^- \rightleftharpoons R-\ddot{O}-R' + H\ddot{X}:$ (エーテル)

9・1 求核置換反応および β 脱離反応の概要

反応によってハロゲン化アルキルを多種多様な他の官能基に変えることができることに注目しよう．§9・4 と §9・6 でさらに詳細に求核置換反応を説明する．

問 題

9・1 予想される求核置換生成物は何か．
 (a) ヨウ化メチルと Na^+ $^-CH_3CH_2CH_2CH_2S^-$ との反応　　(b) ヨウ化エチルとアンモニアとの反応
9・2 問題 9・1(a) の反応の正味のイオン反応式を書け．

B. β 脱離反応

第三級ハロゲン化アルキルがナトリウムエトキシドなどの Brønsted 塩基と反応するとき，まったく異なる反応様式が観察される．

$$Na^+\ CH_3CH_2O^- + H-CH_2-\underset{CH_3}{\underset{|}{\overset{Br}{\overset{|}{C}}}}-CH_3 \longrightarrow CH_3CH_2O-H + H_2C=\underset{CH_3}{\underset{|}{C}}{-CH_3} + Na^+\ Br^- \quad (9\cdot5)$$

ナトリウムエトキシド　　臭化 t-ブチル　　　　　エタノール　　2-メチルプロペン　　臭化ナトリウム
　　　　　　　　　　　　　　　　　　　　　　　　　　　　　　（イソブチレン）

これは**脱離反応**(elimination reaction)の例であり，二つ以上の基(この場合は H と Br)が同じ分子から失われる．§9・5A でこの反応の機構を考察する．

ハロゲン化アルキルにおいて，ハロゲンをもつ炭素は，**α 炭素**(α-carbon，§8・1)とよばれ，隣接する炭素は **β 炭素**(β-carbon)とよばれる．式(9・5)で α 炭素からハロゲン化物イオンが，β 炭素から水素が失われることに着目せよ．

臭化物イオンと β 水素が失われる → $\underset{Br}{\underset{|}{\overset{H}{\overset{|}{\underset{\beta}{CH_2}}}}}-\underset{CH_3}{\underset{|}{\overset{CH_3}{\overset{|}{\underset{\alpha}{C}}}}}-CH_3$

隣接した炭素原子から二つの原子または原子団が脱離して二重結合をつくる反応は，**β 脱離**(β-elimination)とよばれる．有機化学における脱離反応の最も一般的な様式である．β 脱離反応はアルケンに対する付加反応の逆反応である．

強塩基はハロゲン化アルキルの β 脱離反応を促進する．最もよく使われる塩基は §9・1A で紹介したアルコキシドである．この章において最もよく使われる二つの塩基は，ナトリウムエトキシド $Na^+CH_3CH_2O^-$ (略して $Na^+\ ^-OEt$ または単に NaOEt) の形で使われるエトキシドと，カリウム t-ブトキシド $K^+(CH_3)_3C-O^-$ (略して $K^+\ ^-OtBu$ または単に KOtBu) の形で使われる t-ブトキシドである．^-OH がその共役酸である水を溶媒とするように，ナトリウムエトキシドにはエタノールが，カリウム t-ブトキシドでは t-ブチルアルコールが溶媒として使われる(これらの塩基の調製法は §10・1B で述べる)．

反応に関与するハロゲン化アルキルが 2 種類以上の β 水素原子をもっていれば，2 種類以上の β 脱離反応が起こりうる．これらの異なる反応が同程度の割合で起こる場合，次の例で示すように複数のアルケンが生成する．

$$\underset{(a)}{\underset{\nearrow}{}}\ \underset{CH_3}{\underset{|}{\overset{(b)\ CH_2-CH_3}{\overset{|}{H_3C-C-Br}}}}\ +\ EtO^- \xrightarrow{EtOH}\ H_2C=\underset{CH_3}{\underset{|}{\overset{CH_2CH_3}{\overset{|}{C}}}}\ +\ \underset{H_3C}{\overset{HC}{\overset{\diagdown}{}}}\underset{CH_3}{\overset{CH_3}{\overset{\diagup}{=}}}C\ +\ Br^-\ +\ EtOH \quad (9\cdot6)$$

　　　　　　　　　　　　　　　　　　　　　　　　水素 (a) を失う　　　水素 (b) を失う

この例では，正味のイオン反応式を用いていることに注意せよ．

> **問題**
>
> 9・3 次の化合物のエトキシドによる β 脱離反応における生成物を予測せよ．
> (a) 2-ブロモ-2,3-ジメチルブタン　　(b) 1-クロロ-1-メチルシクロヘキサン

C．求核置換反応と β 脱離反応との競争

エトキシドのような強い塩基の存在下，第一級ハロゲン化アルキルでは求核置換反応がおもな反応であり，第三級ハロゲン化アルキルでは β 脱離反応だけが起こる．同じ条件下で典型的な第二級ハロゲン化アルキルは両方の反応を起こす．

$$\underset{\text{臭化イソプロピル}}{\text{H}_3\text{C}-\underset{\underset{\text{Br}}{|}}{\text{CH}}-\text{CH}_3} + \underset{\text{エトキシド}}{\text{EtO}^-} \xrightarrow{\text{EtOH}} \underset{\substack{\text{エチルイソプロピル}\\\text{エーテル}\\\text{(置換生成物，約50％)}}}{\text{H}_3\text{C}-\underset{\underset{\text{OEt}}{|}}{\text{CH}}-\text{CH}_3} + \underset{\substack{\text{プロペン}\\\text{(脱離生成物，約50％)}}}{\text{H}_2\text{C}=\text{CH}-\text{CH}_3} \tag{9・7}$$

置換および脱離の両方の反応が観察されるので，この二つの反応は同程度の速度で起こり，すなわち両者は競争関係にある．求核置換反応と塩基による β 脱離反応は，実際に，第一級および第三級ハロゲン化物を含むすべての β 水素をもつハロゲン化アルキルにおいて競争反応である．強い Brønsted 塩基の存在下で，多くの第一級ハロゲン化アルキルでは求核置換反応がより速く起こり（つまり"競争に勝ち"），第三級ハロゲン化物ではほとんどの場合 β 脱離がより速い反応である．それが，第一級の場合に置換反応が，第三級では脱離反応が優位を占める理由となる．しかし，反応条件によって競争の結果が変わる可能性がある．たとえば，いくつかの第一級ハロゲン化アルキルで脱離生成物を主生成物として与える条件がある．

次の節では最初に求核置換反応，その後で β 脱離反応に焦点を当てる．これらの反応の種類ごとにハロゲン化アルキルの反応性を支配する要因を説明する．二つの反応を個別に考慮するが，置換反応と脱離反応が常に競争していることを覚えておいてほしい．

> **問題**
>
> 9・4 以下のハロゲン化アルキルがメタノール中でナトリウムメトキシドと反応すると，どのような置換または脱離生成物（もしあれば）が得られるか．
> (a) *trans*-1-ブロモ-3-メチルシクロヘキサン　　(b) ヨウ化メチル
> (c) (ブロモメチル)シクロペンタン

9・2 求核置換反応における平衡

表 9・1 は，多くの可能な求核置換反応のうちのいくつかを示している．与えられた置換反応の平衡がどちらに有利であるかをどのようにして知ることができるだろうか．次に示すのは，生成物のアセトニトリルに 10 の何乗倍も有利な平衡定数をもつヨウ化メチルとシアン化物イオンとの反応である．

$$^-\!:\!\text{C}\!\equiv\!\text{N}\!: + \text{H}_3\text{C}-\ddot{\underset{..}{\text{I}}}\!: \longrightarrow \underset{\text{アセトニトリル}}{\text{H}_3\text{C}-\text{C}\!\equiv\!\text{N}\!:} + :\!\ddot{\underset{..}{\text{I}}}\!:^- \tag{9・8}$$

次の置換反応は可逆または不利な反応である.

$$:\!\ddot{\underset{..}{I}}:^- + H_3C-\ddot{\underset{..}{Br}}: \quad \rightleftarrows \quad H_3C-\ddot{\underset{..}{I}}: + :\ddot{\underset{..}{Br}}:^- \qquad (9\cdot 9a)$$

$$:\!\ddot{\underset{..}{I}}:^- + H_3C-\ddot{\underset{..}{O}}H \quad \longleftarrow \quad H_3C-\ddot{\underset{..}{I}}: + {}^-:\!\ddot{\underset{..}{O}}H \quad (右へは進まない) \qquad (9\cdot 9b)$$

　これらの結果は，各求核置換反応が Brønsted 酸-塩基反応と概念的に似ていると考えることによって予測できる．つまり，ハロゲン化アルキルのアルキル基を水素に置き換えれば，置換反応は酸-塩基反応になる.

$$^-OH + H_3C-I \longrightarrow H_3C-OH + I^- \quad (置換反応) \qquad (9\cdot 10a)$$

$$^-OH + H-I \longrightarrow H-OH + I^- \quad (酸-塩基反応) \qquad (9\cdot 10b)$$

求核置換反応において，求核剤の働きをする ^-OH は炭素求電子剤から I^- 脱離基を脱離させ置換する．Brønsted 酸-塩基反応では，Brønsted 塩基として機能する ^-OH は，I^- 脱離基を求電子剤である水素から置換する（この同じ分析は §3・2B で紹介されている）．この比較が役に立つのは，それを求核置換の平衡が有利かどうか予測するのに使うことができるからである．そのためには，§3・4E で述べた方法を使って Brønsted 酸-塩基反応の平衡が有利かどうかを決定する．つまり Brønsted 酸-塩基反応

$$H-X + Y:^- \quad \rightleftarrows \quad Y-H + X:^- \qquad (9\cdot 11a)$$

が強く式の右辺に偏れば，類似の求核置換反応

$$R-X + Y:^- \quad \rightleftarrows \quad Y-R + X:^- \qquad (9\cdot 11b)$$

は同様に式の右辺に有利に働く．これは任意の求核置換反応における平衡は，酸-塩基反応のように，より弱い塩基の放出に有利に働くことを意味する．この原理は，たとえば式(9・10a)の逆反応で I^- が CH_3OH の OH を置換しない理由を明らかにしている．つまり I^- は，^-OH よりもはるかに弱い塩基だからである（表3・1）．実際，正反応が起こり ^-OH は容易に CH_3I の I^- を置換する．この例は，3 章で述べた酸-塩基の原理が求核置換反応を理解するのに非常に有用であることを証明している.

　　　求核置換反応の平衡定数と Brønsted 酸-塩基反応の平衡定数との対応は，
　　　求電子中心が同じではないため（炭素と水素），定量的には正確ではない．さ
　　　らに求核置換反応ではしばしば水以外の溶媒が使われるのに対し，酸-塩基
　　　反応の平衡定数を予測するために使われる pK_a は，水中で測定される．それ
　　　にもかかわらず，求核剤と脱離基の間の塩基性度の差が大きいとき（ほとん
　　　どのハロゲン化アルキルの反応ではそうである），求核置換反応における平
　　　衡についての予測は定性的に正しい.

　平衡がそれほど不利ではないいくつかの反応は，Le Châtelier の原理(§4・9B)を適用することによって完結させることができる．たとえば，ヨウ化物イオンが塩化物イオンよりも弱い塩基であるため，塩化アルキルは通常，ヨウ化物イオンとは完全には反応しない．平衡はより弱い塩基であるヨウ化物イオンの生成に有利に働く．しかし，アセトン溶媒においてはヨウ化カリウムが比較的可溶性であり，塩化カリウムが比較的不溶性なので，塩化アルキルをアセトン中で KI と反応させると，生成する KCl は沈殿し，平衡は，消失する KCl を補うように偏り，より多くのヨウ化アルキルを生成させる.

$$R-Cl + KI \xrightarrow{\text{アセトン}} R-I + KCl \atop (沈殿) \qquad (9\cdot 12)$$

> **問 題**
>
> **9・5** 次の各反応の平衡は反応物と生成物のどちらに偏るだろうか．すべての反応物と生成物が可溶性であると仮定せよ．
> (a) $CH_3Cl + F^- \longrightarrow CH_3F + Cl^-$
> (b) $CH_3Cl + N_3^- \longrightarrow CH_3N_3 + Cl^-$ （ヒント：HN_3 の pK_a は 4.72 である）
> (c) $CH_3Cl + {}^-OCH_3 \longrightarrow CH_3OCH_3 + Cl^-$

9・3 反応速度

前節では，求核置換反応の平衡が有利であるかどうかを判断する方法を示した．反応の平衡定数には，反応が起こる速度に関する情報は含まれない．有利な平衡によるいくつかの置換反応は急速に進むが，ゆっくりと進むものも多い．たとえば，シアン化物イオンとヨウ化メチルの反応は比較的速いが，ヨウ化ネオペンチルとの反応は実質的に役に立たないほど遅い．

$$^-{:}C{\equiv}N{:} + H_3C{-}\ddot{\underline{I}}{:} \xrightarrow{\text{速やかに反応}} H_3C{-}C{\equiv}N{:} + {:}\ddot{\underline{I}}{:}^- \quad (9\cdot13\text{a})$$
ヨウ化メチル

$$^-{:}C{\equiv}N{:} + H_3C{-}\underset{CH_3}{\overset{CH_3}{\underset{|}{\overset{|}{C}}}}{-}CH_2{-}\ddot{\underline{I}}{:} \xrightarrow{\text{非常に遅い}} H_3C{-}\underset{CH_3}{\overset{CH_3}{\underset{|}{\overset{|}{C}}}}{-}CH_2{-}C{\equiv}N{:} + {:}\ddot{\underline{I}}{:}^- \quad (9\cdot13\text{b})$$
ヨウ化ネオペンチル

なぜ概念的に非常に類似した反応なのに，反応速度が大きく異なるのだろうか．別のいい方をすると，求核置換反応でハロゲン化アルキルの反応性を決定するのは何だろうか．この問は反応速度および遷移状態の概念を扱うので，§4・8 の反応速度と遷移状態理論の序論を復習しておこう．

A. 反応速度の定義

反応速度という用語は何かが時間とともに変化していることを意味する．たとえば，車の移動速度において，車の位置は変化している"何か"である．

$$\text{速度} = v = \frac{\text{位置の変化量}}{\text{時間の変化量}} \quad (9\cdot14)$$

化学反応で時間とともに変化する量は，反応物と生成物の濃度である．

$$\text{反応速度} = v = \frac{\text{生成物の濃度の変化量}}{\text{時間の変化量}} \quad (9\cdot15\text{a})$$

$$= -\frac{\text{反応物の濃度の変化量}}{\text{時間の変化量}} \quad (9\cdot15\text{b})$$

生成物の濃度は時間とともに増加し，反応物の濃度は減少するので，式(9・15a)と式(9・15b)の符号は異なる．

物理学では，速度は $m\,s^{-1}$ などの単位時間当たりの長さの次元をもつ．同様に反応速度は単位時間当たりの濃度の次元をもつ．濃度の単位がリットル当たりの物質量すなわち M で，時間が秒で測定されるなら反応速度の単位は次のようになる．

$$\frac{\text{濃度}}{\text{時間}} = \frac{\text{mol}\,L^{-1}}{s} = M\,s^{-1} \quad (9\cdot16)$$

B. 速度則

分子が互いに反応するためには，それらは衝突しなければならない．低濃度分子よりも高濃度分子の方がより衝突する可能性が高いため，反応の速度は反応物の濃度の関数となる．反応速度がどのように濃度に依存するかという数学的表現法を**速度則**(rate law)とよぶ．速度則は，各反応物(触媒があればそれも含む)の濃度を独立に変化させ，速度に及ぼす効果を測ることで実験的に決定される．反応にはそれぞれ固有の速度則がある．たとえば，反応 $A + B \rightarrow C$ に関して，もし $[A]$ か $[B]$ どちらかが2倍になると反応速度は2倍に，$[A]$ と $[B]$ 両方が2倍になれば速度は4倍に増加するとしよう．この場合，反応の速度則は次式で表される．

$$\text{速度} = k[A][B] \tag{9·17}$$

別の反応 $D + E \rightarrow F$ で，D の濃度が2倍になったときに速度は倍になり，E の濃度変化は速度に対して効果がない場合，速度則は次のようになる．

$$\text{速度} = k[D] \tag{9·18}$$

速度則での濃度は反応中の任意の時点での反応物の濃度であり，速度はその時点での反応の速さである．比例定数 k は**速度定数**(rate constant)とよばれる．一般に速度定数は反応ごとに異なり，温度，圧力，溶媒など特定の条件に依存している．式(9·17)と式(9·18)で示したように，速度定数はすべての反応物が 1 M の濃度で存在するときの反応速度に等しい．二つの反応の速度を比べるには，その速度定数を比べればよい．

反応の重要な側面はその反応次数である．反応の**全体的な反応次数**(overall kinetic order)は，速度則におけるすべての濃度のべき数の和である．式(9·17)の速度則で記述されている反応の全体的な反応次数は2である．この速度則によって記述された反応を **2 次反応**(second-order reaction)とよぶ．式(9·18)の速度則をもつ反応の反応次数は1である．このような反応は **1 次反応**(first-order reaction)となる．**各反応物の反応次数**(kinetic order in each reactant)は速度則におけるその反応物の濃度のべき数である．したがって，式(9·17)の速度則によって記述される反応は，各反応物について1次であり，式(9·18)の速度則の反応は，D について1次，E について0次である．

速度定数の単位は，反応の反応次数により決まる．濃度の単位が M，時間の単位が s であれば，どのような反応の速度も M s^{-1} の単位をもつ(式 9·16 参照)．したがって2次反応では，次元の整合性から速度定数は $\text{M}^{-1}\text{s}^{-1}$ の単位をもつことになる．

$$\begin{array}{c} \text{速度} = k[A][B] \\ \text{M s}^{-1} = \text{M}^{-1}\text{s}^{-1} \ \text{M} \ \text{M} \end{array} \tag{9·19}$$

同様に，1次反応の速度定数は，s^{-1} の単位をもつ．

C. 標準活性化自由エネルギーと速度定数の関係

§4·8で説明した遷移状態理論によれば，標準活性化自由エネルギーすなわちエネルギー障壁は，標準状態での反応速度を決定する．

§9·3B で，速度定数は，標準状態つまりすべての反応物の濃度が 1 M であるときの反応速度と同じ数値である，と述べた．つまり，速度定数は標準活性化自由エネルギー $\Delta G^{\circ\ddagger}$ と関連づけられるということになる．反応の $\Delta G^{\circ\ddagger}$ が大きい場合，反応は比較的遅く速度定数は小さい．$\Delta G^{\circ\ddagger}$ が小さい場合，反応は比較的速く速度定数は大きい．この関係を図9·1に示す．

表9·2は，速度定数と標準活性化自由エネルギーとの定量的関係を示している．また，表9·2には各速度定数を反応の完結に必要な時間という実際的な数値に変換して示してある．この時間は約7倍で

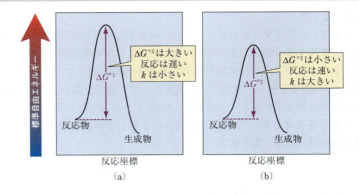

図 9・1 標準活性化自由エネルギー $\Delta G^{\circ\ddagger}$, 反応速度, および速度定数 k の関係. (a) 大きな $\Delta G^{\circ\ddagger}$ の反応は, 小さな速度と小さな速度定数をもつ. (b) 小さな $\Delta G^{\circ\ddagger}$ との反応は, 大きな速度と大きな速度定数をもつ.

表 9・2 1次反応の速度定数, 標準活性化自由エネルギー, 反応時間の関係

速度定数(s^{-1}) ($T=298$ K)	反応完結までの時間*	$\Delta G^{\circ\ddagger}$(kJ mol^{-1})
10^{-8}	22 年	119
10^{-6}	83 日	107
10^{-4}	20 時間	96.0
10^{-2}	12 分	84.6
1	7 秒	73.2
10^{2}	70 ミリ秒	61.7
10^{4}	700 マイクロ秒	50.4
10^{6}	7 マイクロ秒	38.9
6.2×10^{12}	0.01 ナノ秒	0

* 反応が99%完結するまでの時間 $\approx 7/k$.

ある.

　二つの反応の相対速度が問題になる場合がある. つまりある反応と標準となる反応との速度を比較することになる. **相対速度**(relative rate)は, 二つの速度の比として定義される. 式(4・33a)で示した標準活性化自由エネルギーをもつ二つの反応 A と B の標準状態(つまり, すべての反応物が 1 M)における相対速度は, 式(9・20a)で表される.

$$\text{相対速度} = \frac{\text{反応速度}_A}{\text{反応速度}_B} = 10^{(\Delta G_B^{\circ\ddagger} - \Delta G_A^{\circ\ddagger})/2.3RT} \tag{9・20a}$$

速度定数は標準状態での速度と計算上同じであるため, 相対速度は速度定数の比である.

$$\begin{aligned}\text{相対速度} &= \frac{k_A}{k_B} \\ &= 10^{(\Delta G_B^{\circ\ddagger} - \Delta G_A^{\circ\ddagger})/2.3RT}\end{aligned} \tag{9・20b}$$

$$\begin{aligned}\log(\text{相対速度}) &= \log\left(\frac{k_A}{k_B}\right) \\ &= \frac{\Delta G_B^{\circ\ddagger} - \Delta G_A^{\circ\ddagger}}{2.3RT}\end{aligned} \tag{9・20c}$$

この式から, $\Delta G^{\circ\ddagger}$ の中の $2.3RT$ (298 K で 5.7 kJ mol^{-1})の増分が相対的な速度定数の 1 log 単位の増加(つまり 10 倍)に相当することがわかる.

> **問 題**
>
> **9・6** 以下の反応について，反応の全体的な反応次数，各反応物の次数，そして速度定数の次元は何か．
> (a) 次の速度則をもつアルケンへの臭素の付加反応
>
> $$速度 = k[アルケン][Br_2]^2$$
>
> (b) 次の速度則をもつハロゲン化アルキルの置換反応
>
> $$速度 = k[ハロゲン化アルキル]$$
>
> **9・7** (a) 25°C での反応 A の標準活性化自由エネルギーが B のそれよりも 14 kJ mol^{-1} 小さい場合，二つの反応 A と B の速度定数の比 k_A/k_B はいくらか．
> (b) 反応 B が反応 A より 450 倍速い場合，二つの反応 A と B の 25°C における標準活性化自由エネルギーの差を求めよ．どちらの反応がより大きい $\Delta G^{\circ \ddagger}$ をもっているか．
>
> **9・8** 式(9・18)の速度則に従う反応で反応物 D と E が時間とともに F になるとき，反応速度はどう変化すると予測されるか．速度は増加するか減少するか，それとも変わらないか，説明せよ．その答えをもとに反応物および生成物の濃度の時間に対するプロットを描け．

9・4 S$_N$2 反応

A. S$_N$2 反応の速度則と反応機構

まず，エタノール中 25°C でのエトキシドイオンとヨウ化メチルとの求核置換反応を考えてみよう．

$$CH_3CH_2O^- + H_3C-I \xrightarrow{CH_3CH_2OH} CH_3CH_2O-CH_3 + I^- \tag{9・21}$$

エトキシドイオン　　　　　　　　　　エチルメチルエーテル
　　　　　　　　　　　　　　　　　　（メトキシエタン）

この反応の速度則は実験によって次のように決まった．

$$速度 = k[CH_3I][C_2H_5O^-] \tag{9・22}$$

ここで $k = 6.0 \times 10^{-4}$ M^{-1} s^{-1} であった．つまり，これは 2 次反応であり各反応物について 1 次である．

　反応の速度則は反応機構に関する基礎的な情報を提供してくれるので重要である．特に，速度則の濃度の項は，どんな化学種が律速遷移状態で存在するのかを示している．したがって，式(9・21)の律速遷移状態は，一つのヨウ化メチル分子と一つのエトキシドイオンからなる．速度則からいくつかの反応機構を考察から除外できる．たとえば律速段階が 2 分子のエトキシドを含むような機構は，速度則がエトキシドについて 2 次でなければならないので，除外できる．

　速度則と一致する最も簡単な機構は，エトキシドイオンがメチル炭素からヨウ化物イオンを直接置換する機構である．

$$CH_3CH_2\ddot{O}{:}^- \quad H_3C{-}\ddot{I}{:} \longrightarrow \left[CH_3CH_2\ddot{O}{:}{\overset{\delta^-}{\cdots}}\overset{\overset{H}{|}}{\underset{\underset{H}{|}}{C}}{\overset{\delta^-}{\cdots}}\ddot{I}{:} \right]^{\ddagger} \longrightarrow CH_3CH_2\ddot{O}{-}CH_3 + {:}\ddot{I}{:}^- \tag{9・23}$$

遷移状態

　このような機構で多くの求核置換反応を説明できる．原子（通常は炭素）への求核剤による電子対の供与によって脱離基がその原子から追い出される機構は協奏的に進行し（つまり，1 段階であり反応中間体は存在しない），**S$_N$2 機構**（S$_N$2 mechanism）とよばれる．S$_N$2 機構で起こる反応を **S$_N$2 反応**（S$_N$2 reaction)とよぶ．S_N2 の意味は次のとおりである．

$$
\text{Substitution} \underset{\substack{| \\ \text{Nucleophilic} \\ (求核的)}}{\overset{S_N2}{\diagup \diagdown}} \text{bimolecular} \\
(置換) \quad\quad\quad\quad\quad\quad (二分子的)
$$

<u>二分子的</u>という言葉の意味は，反応の律速段階が二つの化学種，この場合ヨウ化メチル一つとエトキシドイオン一つを含むことを意味する．

　速度則は反応機構の詳細のすべてを明らかにするわけではない．<u>速度則はどんな原子が律速段階に存在しているかを示すが，それらがどのように並んでいるかの情報は得られない</u>．したがって，エトキシドイオンとヨウ化メチルの S_N2 反応について次の二つの機構が，速度則に合致する．

$$
\begin{array}{cc}
\text{CH}_3\text{CH}_2\ddot{\text{O}}{:}^- & \\
\quad \searrow \text{C} \cdots \text{H} & \text{CH}_3\text{CH}_2\ddot{\text{O}}{:}^- \rightarrow \text{H} \cdots \text{C} \cdots \text{I} \\
\text{脱離基と同じ側での置換} & \text{脱離基の反対側からの置換}
\end{array}
\tag{9・24}
$$

速度則に関する限り，どちらの機構も許容される．これらの二つの可能性のどちらであるかを決定するためには，別の種類の実験が必要となる（§9・4C）．

　速度則と反応機構との関係をまとめてみよう．

1. 速度則の濃度項はどんな化学種が律速段階に関与しているかを示す．
2. 速度則と矛盾する反応機構は除外される．
3. 速度則と一致する化学的に合理的な機構の中で，最も単純なものがまず採用される．
4. 反応機構は，もしその後の実験によって修正が必要とされれば，修正される．

　4. は反応機構が後で変更されうることを意味するので，混乱を招くかもしれない．"絶対的真"の反応機構がすべての反応に存在すべきであると思うかもしれないが，反応機構は決して証明することができず，それを反証することのみができる．反応機構の価値は，その絶対的真実にあるのではなく，むしろ概念上の枠組または理論にあり，多くの実験の結果を一般化して他の結果を予測することにある．反応機構は反応を分類し，化学的観測に概念的な秩序を与える．したがって誰かが反応機構による予測と異なる実験結果を観測したとき，その機構は以前から知られている事実と新たな事実の両方を説明できるように変更する必要がある．反応機構の進化は科学の進化と少しも違わない．知識は動的なものである．理論（反応機構）によって実験の結果を予測することができ，これらの理論の検証によってさらに新しい理論が導きだされるのである．

問　題

9・9　アンモニアと酢酸の反応は非常に速く，以下の式に示す単純な速度則に従う．この速度則と一致する反応機構を述べよ．

$$
\text{H}_3\text{C}-\underset{\substack{\|\\ \text{O}}}{\text{C}}-\ddot{\text{O}}-\text{H} + {:}\text{NH}_3 \rightleftarrows \text{H}_3\text{C}-\underset{\substack{\|\\ \text{O}}}{\text{C}}-\ddot{\text{O}}{:}^- + \overset{+}{\text{NH}}_4
$$

酢酸

$$
速度 = k\left[\text{H}_3\text{C}-\underset{\substack{\|\\ \text{O}}}{\text{C}}-\text{OH}\right][\text{NH}_3]
$$

9・10　臭化エチルとシアン化物イオン $^-{:}\text{CN}$ が S_N2 機構で反応する際の速度則を予測せよ．

B. S_N2 反応および Brønsted 酸–塩基反応の相対速度

§3・2B と §9・2 で，求核置換反応と酸–塩基反応との間の密接な類似性について学んだ．求核置換反応の平衡定数と，それに対応する酸–塩基反応の平衡定数は非常に類似しており，S_N2 反応と対応する酸–塩基反応の巻矢印の表記は同一である．しかし，それらの速度が非常に異なっていることを理解することが重要である．ほとんどの通常の酸–塩基反応は瞬間的に起こり反応対の拡散速度と同程度の速さである．このような反応の速度定数は，一般的に $10^8 \sim 10^{10}\ \mathrm{M^{-1}s^{-1}}$ の範囲である．多くの求核置換反応は観測できる程度の速度で起こるが，それらは類似の酸–塩基反応よりもはるかに遅い．たとえば，式(9・25a)の反応は 1 時間あまりで完了するが，式(9・25b)の対応する酸–塩基反応はおよそ 10 億分の 1 秒以内に起こる．

求核置換反応

$$\mathrm{CH_3CH_2\ddot{O}{:}^- + H_3C{-}\ddot{\underset{..}{I}}{:}} \xrightarrow{\mathrm{CH_3CH_2OH}} \mathrm{CH_3CH_2\ddot{O}{-}CH_3} + {:}\ddot{\underset{..}{I}}{:}^- \qquad (9\cdot25\mathrm{a})$$
(約 1 時間で完結)

Brønsted 酸–塩基反応

$$\mathrm{CH_3CH_2\ddot{O}{:}^- + H{-}\ddot{\underset{..}{I}}{:}} \xrightarrow{\mathrm{CH_3CH_2OH}} \mathrm{CH_3CH_2\ddot{O}{-}H} + {:}\ddot{\underset{..}{I}}{:}^- \qquad (9\cdot25\mathrm{b})$$
(10^{-9} 秒で完結)

これは，ハロゲン化アルキルと Brønsted 酸が Brønsted 塩基に対して競争する場合，Brønsted 酸がはるかに速く反応することを意味する．すなわち Brønsted 酸は常に競争に勝つ．

> **問 題**
>
> 9・11 ヨウ化メチル(0.1 M)およびヨウ化水素酸(HI, 0.1 M)をナトリウムエトキシドの 0.1 M エタノール溶液中で反応させると，どのような生成物が観測されるだろうか．
>
> 9・12 臭化エチル(0.1 M)と HBr(0.1 M)をシアン化ナトリウム $\mathrm{Na^+\ ^-CN}$ の 1 M THF 水溶液中で反応させると，どのような生成物が観測されるだろうか．ほかより速く生成する生成物があるだろうか．説明せよ．

C. S_N2 反応の立体化学

S_N2 反応の機構は，その立体化学を考慮することによってさらに詳しく述べることができる．置換反応の立体化学は，置換が起こる炭素が反応物と生成物のいずれにおいても立体中心である場合にのみ述べることができる(§7・8B)．立体中心で起こる置換反応には立体化学的に異なる三つの様式がある．

1. 立体中心の立体配置が保持される．
2. 立体中心の立体配置が反転する．
3. 立体中心の立体配置の保持と反転が混ざっている．

求核剤 $\mathrm{Nuc}{:}^-$ が不斉炭素へ接近したとき脱離基 $\mathrm{X}{:}^-$ の脱離が同じ側で起こる場合(同じ側の置換)，置換反応は不斉炭素における立体配置を保持した生成物を与える．

$$\underset{R^3}{\overset{R^1}{\underset{|}{R^2{\cdots}C{-}X}}} \ {:}\mathrm{Nuc}^- \longrightarrow \left[\underset{R^3}{\overset{R^1}{\underset{|}{R^2{\cdots}\overset{\delta-}{C}\cdots{:}\mathrm{Nuc}}}} \right]^{\ddagger} \longrightarrow \underset{R^3}{\overset{R^1}{\underset{|}{R^2{\cdots}C{-}\mathrm{Nuc}}}} + {}^-{:}\mathrm{X} \qquad (9\cdot26\mathrm{a})$$
遷移状態

対照的に，不斉炭素への求核剤の接近と脱離基の脱離が反対側で起こるなら(反対側での置換)，四面体

角を維持するために炭素上の他の三つの置換基は反転すなわち"裏返しに"ならなければならない．この機構は不斉炭素の立体配置が反転した生成物につながる．

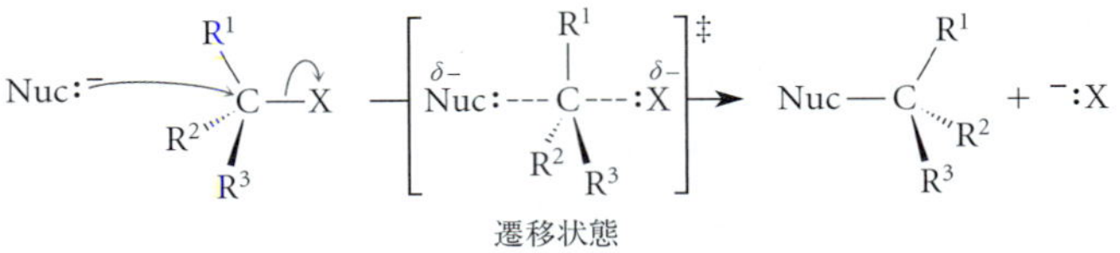

$$\text{Nuc:}^- \ + \ \underset{R^3}{\overset{R^1}{\underset{|}{\overset{|}{C}}}}\!\!-\!\!X \ \longrightarrow \ \left[\text{Nuc}^{\delta-}\!\cdots\!\underset{R^2\ R^3}{\overset{R^1}{\underset{|}{\overset{|}{C}}}}\!\cdots\!X^{\delta-}\right]^{\ddagger} \ \longrightarrow \ \text{Nuc}\!-\!\underset{R^3}{\overset{R^1}{\underset{|}{\overset{|}{C}}}}\!\!\cdot\!R^2 \ + \ {}^-\!:\!X \quad (9\cdot 26\text{b})$$
遷移状態

R^1, R^2, R^3 が異なる場合，これらの二つの結果を区別することができ，式(9·26a)，式(9·26b)の生成物は互いに鏡像異性体となる．したがって，この2種類の置換は，キラルなハロゲン化アルキルの一方の鏡像異性体で S_N2 反応を行い，生成物の鏡像異性体を決定することによって区別することができる．両方の経路が等しい速度で起こる場合，ラセミ体が生成する．

　実験結果はどうか？ 水酸化物イオンと2-ブロモオクタン(キラルなハロゲン化アルキル)から2-オクタノールができる反応は，典型的な S_N2 反応である．この反応は，ハロゲン化アルキルと $^-$OH のそれぞれについて1次であり2次反応の速度則に従う．(R)-2-ブロモオクタンを用いると，生成物は(S)-2-オクタノールである．

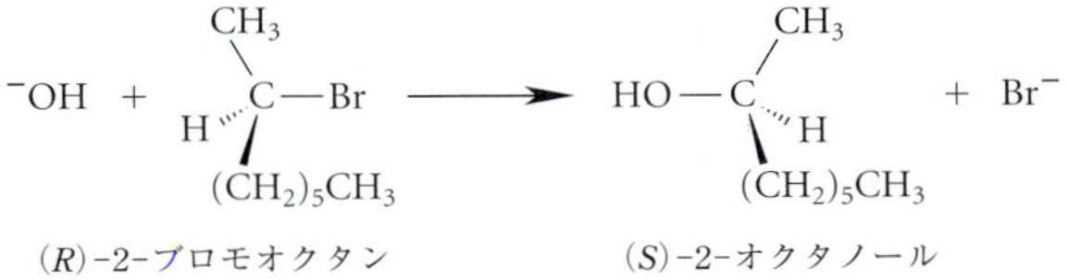

$$^-\text{OH} \ + \ \underset{(CH_2)_5CH_3}{\overset{CH_3}{\underset{|}{\overset{|}{C}}}}\!\!-\!\!Br \ \longrightarrow \ \text{HO}\!-\!\underset{(CH_2)_5CH_3}{\overset{CH_3}{\underset{|}{\overset{|}{C}}}}\!\!\cdot\!H \ + \ Br^- \quad (9\cdot 27)$$
(R)-2-ブロモオクタン　　　　　(S)-2-オクタノール

　この S_N2 反応の立体化学は，それが立体配置の反転を伴って進行することを示している．したがって，ハロゲン化アルキルのハロゲンの反対側で水酸化物イオンの置換が起こる．

　反対側での置換は，臭素のアルケンへの付加反応において中間体ブロモニウムイオンと臭化物イオンとの反応でも観察されることを思い出そう(§7·8C)．この反応もまた S_N2 反応である．実際，立体配置の反転は一般に炭素の立体中心におけるすべての S_N2 反応で観察される．

　S_N2 反応の立体化学は，アミンの反転を思い起こさせる(図6·18)．混成軌道による説明ではどちらの過程でも中心原子は"あべこべ"になり，遷移状態でほぼ sp^2 混成になる．アミン反転の遷移状態で，窒素上の 2p 軌道には非共有電子対が入っている．S_N2 反応の遷移状態においては，求核剤と脱離基は，炭素 2p 軌道の反対側のローブに部分的に結合している(図9·2)．

　なぜ S_N2 反応において反対側での置換が有利なのだろうか．図9·2に示した反応の混成軌道による記述ではこの問に関する情報は得られないが，分子軌道の解析からその答が得られ，図9·3に求核剤

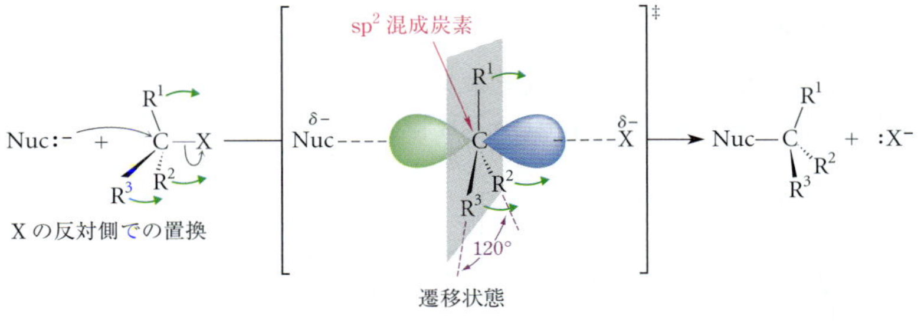

図 9·2　S_N2 反応の立体化学(Nuc:$^-$ = 一般的な求核剤)．緑の矢印は，反応の間に置換基の位置が変化する様子を示す．不斉炭素の立体配置は反対側での置換反応によって反転することに注意せよ．

Nuc:⁻ と塩化メチル CH_3Cl との反応について示す．求核剤がハロゲン化アルキルに電子を供与する場合，供与される電子対を含む軌道は，最初にハロゲン化アルキルの空の分子軌道と相互作用しなければならない．供与される電子対を含む求核剤の MO は，ハロゲン化アルキルの最低エネルギーの空の MO，すなわち **LUMO**(lowest unoccupied molecular orbital)と相互作用する．そして，ハロゲン化アルキルの結合性 MO はすべて占有されているので，ハロゲン化アルキルの LUMO は図 9・3 に示される反結合性 MO である．反対側から置換が起こると(図 9・3a)，求核剤の軌道とハロゲン化アルキルの LUMO との結合性の重なりが起こる．つまり，軌道の山同士が重なる．しかし同じ側の置換(図 9・3b)では，求核剤の軌道は LUMO と結合性と反結合性の両方の重なりを起こす．反結合性軌道との重なり(山と谷の重なり)は結合性の重なりを打消し，正味の結合生成は起こらない．反対側からの置換のみが結合の重なりをもたらすので，これが常に見られる置換様式となる．

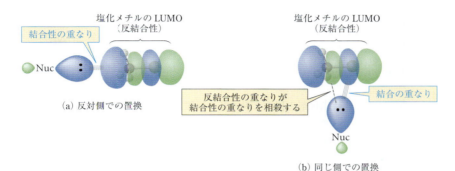

図 9・3 S_N2 反応において，求核剤の電子対を含む軌道は，ハロゲン化アルキルの最低空軌道(LUMO)と相互作用する．(a) 反対側での置換は結合性の重なりをもたらす．(b) 同じ側での置換は結合性の重なりと反結合性の重なりの両方を起こす．したがって反対側からの置換が常に起こる．

問　題

9・13 次の化合物とヨウ化カリウムのアセトン溶媒中での S_N2 反応で，予想される置換生成物(立体配置を含む)は何か($D = {}^2H = $ 重水素，水素の同位体)．

$$(R)\text{-}CH_3CH_2CH_2CH\!-\!Cl$$
$$|$$
$$D$$

D. S_N2 反応におけるハロゲン化アルキルの構造の効果

S_N2 反応の最も重要な観点の一つは，ハロゲン化アルキルの構造が反応速度にどのように影響するかである(式 9・13a と式 9・13b を思い出そう)．ハロゲン化アルキルの反応性が高ければ，その S_N2 反応は穏やかな条件で速やかに進行する．ハロゲン化アルキルが比較的不活性であれば，反応を適度な速度で進行させるために反応条件を厳しく(たとえば温度を高く)しなければならない．しかし，過酷な条件は競争する副反応が起こる可能性も高める．したがって，ハロゲン化アルキルの反応性が十分に高くないと，その反応には実用的価値がない．

S_N2 反応の速度は，ハロゲン化アルキルによって桁違いに異なる場合もある．典型的な反応性のデータを表 9・3 に示す．これらのデータを見ると，ヨウ化メチルの反応が約 1 分かかるとき，同じ条件でヨウ化ネオペンチルの反応は約 23 年かかることになる．

表 9・3 のデータは，まず，β 炭素上のアルキル置換基の数が増すと S_N2 反応は遅くなることを示す．図 9・4 に示すように，これらのデータは脱離基の反対側から置換する反応機構と一致している．ヨウ

表 9・3 典型的な S_N2 反応におけるヨウ化アルキルの反応速度に対するアルキル基の効果

$$\text{Nuc:}^- + \text{R-I} \xrightarrow[25\,°C]{\text{アセトン}} \text{Nuc-R} + \text{I}^-$$

R—	R	相対速度*
CH₃—	メチル	145
β 炭素上でのアルキル置換基の増加		
CH₃CH₂CH₂—	プロピル	0.82
(CH₃)₂CHCH₂—	イソブチル	0.036
(CH₃)₃CCH₂—	ネオペンチル	0.000012
α 炭素上でのアルキル置換基の増加		
CH₃CH₂—	エチル	1.0
(CH₃)₂CH—	イソプロピル	0.0078
(CH₃)₃C—	t-ブチル	～0.0005†

* すべての速度はヨウ化エチルに対する相対値.
† 類似反応からの推定値.

化メチルが置換を受けるときは求核剤の接近と脱離基の脱離に障害はない．しかし，ヨウ化ネオペンチルが求核剤と反応するとき，メチル置換基の水素と求核剤および脱離基の間で大きな van der Waals 反発を生じる．これらの van der Waals 反発は遷移状態のエネルギーを高め，したがって反応速度を低下させる．これは<u>立体効果</u>の別の例である．§5・6D（図 5・2）で学んだように，**立体効果**（steric effect）が化学現象（たとえば反応）に対する van der Waals 反発に起因する効果であることを思い出そう．したがって，枝分かれしたハロゲン化アルキルの S_N2 反応は，立体効果によって遅くなる．事実，ヨウ化ネオペンチルの S_N2 反応は実用にならないほど遅い．

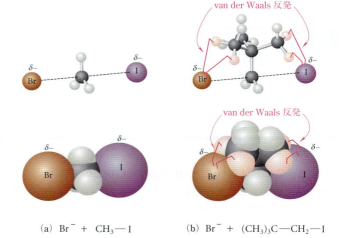

図 9・4 S_N2 反応の遷移状態．上側の図は，球棒模型で遷移状態を示し，下側の図は，空間充塡模型でそれらを示す．(a) 臭化物イオンとヨウ化メチルの反応．(b) 臭化物イオンとヨウ化ネオペンチルの反応．ヨウ化ネオペンチルの S_N2 反応は，メチル基のピンク色の水素と求核剤および脱離基との van der Waals 反発のため，非常に遅くなる．これらの反応に，模型内の赤線 □ で示されている．

表 9・3 のデータは，第二級および第三級ハロゲン化アルキル（§9・1C）において S_N2 反応と脱離反応がなぜ競争するかを説明するのに役立つ．これらのハロゲン化物では S_N2 反応がゆっくりと進行するので，脱離反応が競争する．第三級ハロゲン化アルキルの S_N2 反応は非常に遅く，脱離反応のみが観察される．β 脱離と S_N2 反応との競争は，§9・5G でさらに詳しく考察する．

E. S_N2 反応における求核性

表 9・1 で示すように，S_N2 反応はいろいろな求核剤を使用できるため，非常に有用である．しかし，

求核剤によってその反応性は大きく異なる．求核剤の相対的な反応性（ある一定の条件の下でどのような速さで反応するか）は**求核性**（nucleophilicity）とよばれる．S_N2 反応ではどのような因子が求核性を支配しているのだろうか．

求核性は，次の三つの因子によって決まる．

1. 求核剤の Brønsted 塩基性
2. 反応に用いる溶媒
3. 求核剤の分極のしやすさ

求核性に対する塩基性と溶媒の効果　求核性に対する塩基性および溶媒の効果は相互依存しているので，二つの効果を一緒に考えよう．塩基の Brønsted 塩基性は，その共役酸の pK_a によって測られることを思い出そう．共役酸の pK_a が高いほど，求核剤の塩基性は大きい．いずれも Lewis 塩基性の一つの側面であるため，求核性と求核剤の Brønsted 塩基性との間には何らかの相関があると予測される．つまり，どちらの役割においても Lewis 塩基は電子対を供与する（§3・1B でこれらの用語の定義を復習せよ）．まずは，この予想が実際にあっているかを見るために，ヨウ化メチルに対する S_N2 反応における異なる塩基性をもつアニオン性求核剤のデータを調べよう．メタノール溶媒中の種々の求核剤とヨウ化メチルとの反応のデータを表 9・4 に示し，図 9・5 に図示する．表 9・4 で求核原子がいずれも周期表の第二周期元素であることに着目しよう．図 9・5 は，より塩基性の強い求核剤がより速く反応するというごく大雑把な傾向を表している．

表 9・4　メタノール中の求核剤の塩基性の S_N2 反応速度への効果

$$\text{Nuc:}^- + \text{H}_3\text{C-I} \xrightarrow[25\,°C]{\text{CH}_3\text{OH}} \text{Nuc-CH}_3 + \text{I}^-$$

求核剤	共役酸の pK_a*	2次速度定数 $k\,(\text{M}^{-1}\,\text{s}^{-1})$	$\log k$
CH_3O^-（メトキシドイオン）	15.1	2.5×10^{-4}	-3.6
PhO^-（フェノキシドイオン）	9.95	7.9×10^{-5}	-4.1
^-CN（シアン化物イオン）	9.4	6.3×10^{-4}	-3.2
AcO^-（酢酸イオン）	4.76	2.7×10^{-6}	-5.6
N_3^-（アジドイオン）	4.72	7.8×10^{-5}	-4.1
F^-（フッ化物イオン）	3.2	5.0×10^{-8}	-7.3
SO_4^{2-}（硫酸イオン）	2.0	4.0×10^{-7}	-6.4
NO_3^-（硝酸イオン）	-1.2	5.0×10^{-9}	-8.3

*　水中での pK_a．

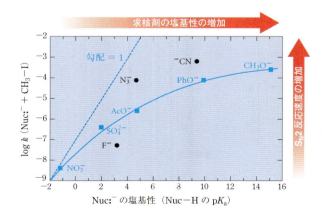

図 9・5　メタノール中の一連の求核剤の塩基性と S_N2 反応性の相関．反応性はヨウ化メチルと求核剤との反応の $\log k$ によって測られる．塩基性は求核剤の共役酸の pK_a によって測られる．勾配＝1 の青の破線は，塩基性の 1 対数単位の変化が求核性に 1 対数単位の変化をもたらすとした場合に予想される傾向を示す．青の実線は，反応原子が $-O^-$ である一連の求核剤（青四角）に対する実際の傾向を示す．黒丸は酸素と同じ第二周期の反応原子をもつ他の求核性アニオンの反応性を示す．

次に，同じ反応で周期表の異なる周期からのアニオン性求核剤との反応のデータについて考えてみよう．これらのデータを表 9・5 に示す．求核反応性と塩基性の間に類似した相関関係を期待しているならば，驚くことになる．硫黄求核剤は，酸素求核剤より塩基性が 3 桁以上低いにもかかわらず，反応性が 4 桁以上高いことに注目しよう．同様に，ハロゲン化物求核剤では，最も塩基性の低いハロゲン化物イオン（ヨウ化物イオン）が最も優れた求核剤である．

表 9・5 異なる周期の原子をもつ求核剤の塩基性がメタノール中の S_N2 反応速度に及ぼす効果

$$\text{Nuc:}^- + H_3C-I \xrightarrow[25\,°C]{CH_3OH} \text{Nuc}-CH_3 + I^-$$

求核剤	共役酸の pK_a*	2 次速度定数 $k\,(M^{-1}\,s^{-1})$	$\log k$
16 族求核剤			
PhS^-	6.52	1.1	+0.03
PhO^-	9.95	7.9×10^{-5}	−4.1
17 族求核剤			
I^-	−10	3.4×10^{-3}	−2.5
Br^-	−8	8.0×10^{-5}	−4.1
Cl^-	−6	3.0×10^{-6}	−5.5
F^-	3.2	5.0×10^{-8}	−7.3

* 水中での pK_a．

ここまでに学んだことを一般化しよう．極性プロトン性溶媒（たとえば水やアルコール類）中でのアニオン性求核剤について次のことがいえる．

1. 求核原子が周期表の同じ周期にある求核剤では，塩基性と求核性はほぼ相関している．
2. 求核原子が周期表の同族であるが異なる周期にある求核剤では，塩基性が低い方が求核性が高い．

溶媒と求核剤との相互作用は，これらの一般化にとって最も重要な要因である．2 番目の一般化，すなわち周期表の同族内の塩基性と求核性の逆の関係から始めよう．表 9・4，表 9・5，図 9・5 に示したすべての例で，溶媒はプロトン性溶媒のメタノールである．プロトン性溶媒中で，水素結合はプロトン性溶媒分子（水素結合供与体として）とアニオン性求核剤（水素結合受容体として）との間で生じる．最強の Brønsted 塩基は最高の水素結合受容体である．たとえば，フッ化物イオンはヨウ化物イオンよりも非常に強い水素結合をつくる．求核剤の電子対が水素結合に関与すると，その電子対は S_N2 反応での

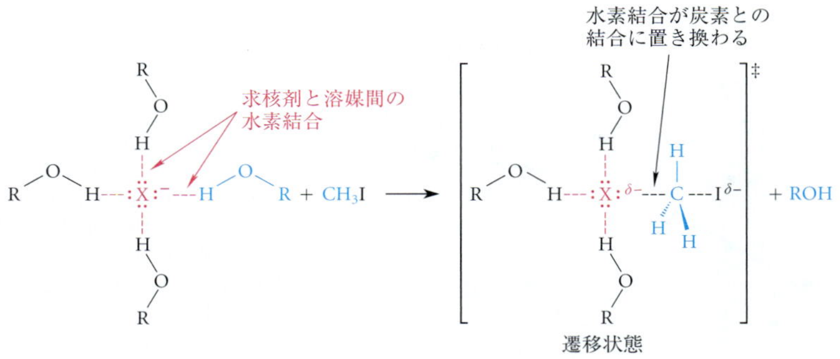

図 9・6 プロトン性溶媒中での求核剤 X^- とヨウ化メチルの S_N2 反応では，溶媒と求核剤の間の水素結合を切断する必要がある．水素結合の切断に必要なエネルギーは，置換反応の標準活性化自由エネルギーの一部となるので反応が遅くなる．

炭素への供与には利用できない．S_N2 反応が起こるためには，溶媒と求核剤との間の水素結合が切断されなければならない(図9・6)．ヨウ化物イオンの比較的弱い水素結合よりも，フッ化物イオンのより強い水素結合を切断するためには，より多くのエネルギーが必要である．この余分なエネルギーにより大きな活性化自由エネルギー(エネルギー障壁)に反映され，結果としてフッ化物イオンの反応は遅くなる．

図9・5のデータと1番目の一般化は同様の解釈によって理解できる．求核性と塩基性が正確に相関していれば，グラフは勾配＝1の青い破線をたどることになる．反応原子として $-O^-$ をもっている求核剤(青色の四角)の傾向を示している青色の曲線に注目しよう．下向きの湾曲は，より強い塩基性の求核剤がそれらの塩基性から予測されるほど速くはハロゲン化アルキルと反応しないことを示しており，最も強い塩基性をもつ求核剤の場合に勾配＝1の青い破線からのずれが最大になる．最も強い塩基がプロトン性溶媒であるメタノールと最も強い水素結合を形成し，これらの水素結合のうちの一つは，求核反応が起こるために切断されなければならない．溶媒との水素結合の強度が増加するほど求核性の速度減少効果も大きくなる．

図9・5の黒丸で示した求核剤のデータは，周期表の同一周期内の異なる族に由来する求核原子に対する水素結合の影響を反映している．たとえば，フッ化物イオンは酸素求核剤の傾向の線よりも下に位置する．つまりフッ化物イオンは同じ塩基性の酸素アニオンよりも求核剤として劣っている．プロトン性溶媒とフッ化物イオンの水素結合は非常に強いので，その求核性は低減される．逆に，プロトン性溶媒とアジ化物イオンやシアン化物イオンの炭素との水素結合は酸素アニオンのものよりも弱く，その求核性はやや大きい．

表 9・6　S_N2 反応における求核性の溶媒依存性

$$\text{Nuc:}^- + H_3C-I \xrightarrow[25\,°C]{\text{CH}_3\text{OH または DMF}} \text{Nuc}-CH_3 + I^-$$

求核剤	pK_a^*	メタノール中		DMF 中‡	
		$k(M^{-1}s^{-1})$	反応時間†	$k(M^{-1}s^{-1})$	反応時間†
I^-	-10	3.4×10^{-3}	17 分	4.0×10^{-1}	8.7 秒
Br^-	-8	8.0×10^{-5}	12 時間	1.3	2.7 秒
Cl^-	-6	3.0×10^{-6}	13 日	2.5	1.4 秒
F^-	3.2	5.0×10^{-8}	2.2 年	>3	<1.2 秒
^-CN	9.4	6.3×10^{-4}	1.5 時間	3.2×10^2	0.011 秒

* 水中での共役酸の pK_a．
† 97%の反応が進行するのに必要な時間．
‡ DMF ＝ N,N-ジメチルホルムアミド．

溶媒による水素結合が非常に塩基性の強い求核剤の反応性を低下させる傾向がある場合，そのような水素結合が不可能な溶媒中で行えば S_N2 反応が著しく促進されることになる．表9・6に示すいくつかのデータを用いてこの説を検討しよう．二つの溶媒，メタノール($\varepsilon = 33$)と N,N-ジメチルホルムアミド(DMF, $\varepsilon = 37$)を選んだのは，それらの誘電率がほぼ同じであり，それらの極性がよく似ているからである．

$H_3C-\ddot{O}-H$　　　　　　$H-\overset{\overset{\displaystyle :\ddot{O}:}{\|}}{C}-\ddot{N}(CH_3)_2$

メタノール　　　　　　　　N,N-ジメチルホルムアミド(DMF)
極性プロトン性溶媒　　　　　　極性非プロトン性溶媒
$\varepsilon = 33$　　　　　　　　　　$\varepsilon = 37$

この表のデータからわかるように，プロトン性溶媒から極性非プロトン性溶媒に変わると，すべての求

核剤の反応が加速されるが，フッ化物イオンの反応速度の増加は 10^8 倍であり特に注目に値する．実際，フッ化物イオンを求核剤とする S_N2 反応は，プロトン性溶媒中では数年もかかる役に立たない反応であるが，極性非プロトン性溶媒中では非常に速い反応となる．他の極性非プロトン性溶媒でも，同様に他のハロゲン化アルキルの S_N2 反応を加速する．速度への影響は，主として溶媒のプロトン性に起因している．フッ化物イオンは，表 9・5 で最も強く水素結合するハロゲン化物アニオンである．その結果，溶媒を変えることが S_N2 反応速度に最も大きな影響をもつ．データが示すとおり，<u>求核剤への水素結合の可能性を取除くことによりそれらの S_N2 反応は強く促進される</u>．

今まで学んだことは，求核性アニオンとハロゲン化アルキルとの S_N2 反応が極性非プロトン性溶媒中で，プロトン性溶媒中よりもはるかに速いということである．そうであるなら，すべての S_N2 反応で極性非プロトン性溶媒を使ったらどうだろうか．ここで，実用性に関心をもたなければならない．溶液中で S_N2 反応を行うためには，目的のアニオン性求核剤を含んでいる塩を溶解できる溶媒を見つける必要がある．また，反応が終わったら生成物から溶媒を除去しなければならない．プロトン性溶媒はまさにプロトン性であるので，相当な量の塩類を溶かす．最も一般的に使用されるプロトン性溶媒であるメタノールおよびエタノールは，安価であり，比較的低い沸点をもつので容易に除去することができ，比較的安全に使える．S_N2 反応が十分速い場合，または副反応を起こすことなくより高い温度を使える場合，プロトン性溶媒はしばしば S_N2 反応にとって最も実用的な溶媒である．アセトンおよびアセトニトリル（比較的少量の塩を溶解する）を除いて，一般に使用される多くの極性非プロトン性溶媒は非常に高い沸点をもち，反応生成物から除去するのが困難である．さらに，アニオンを溶媒和するプロトン性を欠いているため，極性非プロトン性溶媒への塩の溶解度ははるかに低い．しかし，反応性の低いハロゲン化アルキル，またはフッ化物イオンの S_N2 反応では，極性非プロトン性溶媒が場合によっては唯一の実用的な溶媒である．

 がん診断における S_N2 の溶媒効果

陽電子放射断層撮影法（positron emission tomography, PET）はがんの検出のため広く使用されている手法である．PET では，陽電子を発する同位体を含むグルコース誘導体を患者に注射する．グルコース誘導体が使われるのは，急速に増殖する腫瘍はグルコースを必要とし，正常細胞組織よりも多くのグルコースを取込み代謝するためである．陽電子（β^+ 粒子）の放出は，近くの電子（β 粒子）との衝突により検出される．この反物質－物質反応はこれら二つの粒子を対消滅させ，衝突部位から二つの光子（γ 線）を放出し，これが最終的に光として検出され，グルコースの取込み部位，すなわち腫瘍が特定される．

PET で使われるグルコース誘導体は 2-(^{18}F)フルオロ-2-デオキシ-D-グルコピラノース（FDG）で，それは陽電子放出同位体 ^{18}F を含む．FDG の構造はグルコースの構造とよく似ているのでがん細胞によって容易に取込まれる．

2-(^{18}F)フルオロ-2-デオキシ-D-グルコピラノース
（FDG）

D-グルコピラノース
（グルコース）

^{18}F の半減期は，わずかおよそ 110 分である．これは 110 分後には半分にまで分解し，220 分後には 75% が分解することを意味する．放射性同位体が長く体内に留まらないので，この短い半減期は患者のためにはよい．しかし，FDG を調製するための合成法が制約される．つまり，^{18}F は，

（次ページにつづく）

(コラムつづき)

PET施設または施設の近くで加速器により$H_2^{18}O$から$K^{+18}F^-$の水溶液としてつくられ，PET施設でFDGを迅速に合成するために使われる．求核剤として$^{18}F^-$を用いるS_N2反応によってFDG誘導体が合成される．他のS_N2反応のように，この反応は立体反転で起こる．

脱離基はトリフラートイオンで，§10・4Aで説明する．プロトン性溶媒中ではフッ化物イオンが求核剤として実質的に反応しないので，この合成は水を溶媒として行うことができない．この問題を解決するために，水をフッ化水素水溶液から完全に除去し，極性非プロトン性溶媒であるアセトニトリル(表8・2)で置換する．無水アセトニトリルの中のフッ化物イオンは強力な求核剤で，さらに求核性を強めるために，クリプタンド(図8・12)を添加してカリウム対イオンを隔離する．これによって，カリウムイオンがフッ化物イオンとイオン対を形成するのを防ぐ．式(9・28)に示すように，"裸の"求核性の高いフッ化物イオンはマンノーストリフラートテトラアセタートとすばやく反応してFDGテトラアセタートを生成する．

アセトキシ基(—OAc)を使うのにはいくつかの理由がある．一つの理由は，マンノース誘導体をOH基が存在する場合よりもアセトニトリルに溶けやすくするためである．しかし最も重要な理由は，OH基が存在すると，それら自身が$^{18}F^-$と水素結合を形成し，その求核性を低下させ，求核反応が起こらないためである．アセトキシ基は，その後のエステル加水分解反応(§21・7A)で速やかに除去されFDGそのものが得られる(式9・29)．

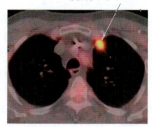

図9・7 悪性肺腫瘍のPET画像．陽電子を放出する^{18}Fは，グルコース誘導体であるFDGの構造に組込まれている．FDGは，グルコース誘導体と同様に悪性腫瘍によってより多く取込まれる．なぜなら，腫瘍細胞は急速に増殖するので正常な細胞組織より多くのグルコースを必要とするからである．

図9・7は悪性肺腫瘍のPET画像である．PETは感度が高いため，これまでよりも早期の低侵襲性の段階でのがんの発見につながる．今まで見てきたように，PETはFDGの迅速な合成が必要であり，そのために極性非プロトン性溶媒とイオン錯体形成剤を巧みに使ってフッ化物イオンの求核性を高めている．

求核性への分極率の効果　DMF 中のハロゲン化物イオンの相対的な求核性を調べよう(表 9・6)．極性非プロトン性溶媒中では最も塩基性の高いアニオンは最も求核性が高いと予想されるが，定量的に塩基性と求核性を比較すると，塩基性の変化による求核性の変化がそれほど大きくないことがわかる．塩化物イオンはヨウ化物イオンの約 10,000 倍の塩基性であるが，求核性はわずか 6 倍である．シアン化物イオンは，臭化物イオンの約 10^{14} 倍(すなわち，14 pK 単位)塩基性であるが，求核性はほんの 300 倍である．いいかえれば，ヨウ化物イオンおよび臭化物イオンはそれらの塩基性が示唆するよりはるかに求核性なのである．なぜ，そのような弱塩基は優れた求核剤なのだろうか．

その理由は，周期表のより高周期(周期表の下方)の求核原子が非常に分極しやすいためである．分極率は，電子雲が外部の電荷によってどれほど容易にゆがめられるか，あるいはもっと直観的にいえば，電子雲がどれほど"柔らかい"かの目安であることを思い出そう(§8・5A)．周期表のより高周期元素から誘導される求核剤では，電子雲は分極しやすい．なぜなら，それらの価電子は内殻の電子により遮蔽されていて，核から容易に引離されるからである．たとえば，ヨウ化物イオンは塩化物イオンより 3.1 倍分極しやすくフッ化物イオンより 6.9 倍分極しやすい．硫黄は酸素の 3.6 倍分極しやすく，リンは窒素の 3.3 倍分極しやすい．求核剤の電子雲のゆがみは，遷移状態で求電子剤への部分結合を形成するために重要である．求核剤が分極しやすければ，より遠距離で結合ができやすく，これはより低いエネルギーの遷移状態をもたらす．

要約すれば，求核原子が高度に分極しやすければ，弱塩基でも良好な求核剤となりうる．たとえば，以下の式において，ヨウ化物イオンは極性非プロトン性溶媒であるアセトン中で臭化物イオンと速やかに置換する．なぜなら，その非常に低い塩基性にもかかわらず，非常に分極しやすいアニオンであるヨウ化物イオンは優れた求核剤だからである．

$$(CH_3)_2CH-CH_2-Br + K^+ I^- \xrightleftharpoons[]{\text{アセトン}} (CH_3)_2CH-CH_2-I + K^+ Br^- \downarrow \quad (9 \cdot 30)$$

反応の平衡定数は不利であるが，臭化カリウムがアセトンに不溶性であるために右側に進む．

以上のように，求核剤と塩基は，ともに反応において電子を供与する．しかし，求核性と塩基性には重要な違いがある．まとめると，

1. 塩基性が水素との結合生成に関係するのに対して求核性は水素以外の原子との結合生成に関係する．
2. 求核性は相対速度で測られるが，塩基性は平衡定数すなわち pK_a で測られる．分極率は，塩基性よりも求核性に大きな影響を及ぼす．

問　題

9・14　臭化メチルをエタノールに溶かすと，25 ℃ で反応が起こらないが，過剰のナトリウムエトキシドを添加すると，エチルメチルエーテルが良好な収率で得られることを説明せよ．

9・15　(a) ヨウ化エチルと酢酸カリウムとの S_N2 反応の生成物の構造式を描け．

$$H_3C-C(=\ddot{O})(\ddot{O}:^-) \quad K^+ \quad \text{酢酸カリウム}$$

(b) 反応はアセトンとエタノールのどちらの溶媒中でより速いか．その理由を説明せよ．

9・16　:N(C$_2$H$_5$)$_3$ と :P(C$_2$H$_5$)$_3$ のどちらの求核剤がエタノール溶媒中のヨウ化メチルとより速く反応するか．その理由を説明し，それぞれの生成物の構造式を描け．

F. S_N2 反応における脱離基の効果

ハロゲン化アルキルを S_N2 反応の出発物として使うとき，多くの場合，脱離基の選択が可能である．つまり，ハロゲン化アルキルは塩化アルキル，臭化アルキルまたはヨウ化アルキルとして容易に入手可能である．このような場合には，最も速く反応するハロゲン化物が通常好まれる．ハロゲン化アルキルの反応性は，S_N2 反応と Brønsted 酸-塩基反応の間の密接な類似性から予測することができる．一連のハロゲン化水素における H–X 結合の解離の容易さは，主として H–X 結合解離エネルギーに依存し（§3・6A），そのため H–I がハロゲン化水素の中で最も強い酸であることを思い出そう．同様に，S_N2 反応におもに炭素-ハロゲン結合のエネルギーに依存し，これも同じ傾向に従い，ヨウ化アルキルが最も反応性が高く，フッ化物は最も反応性が低い．S_N2 反応の相対反応性は次のようになる．

$$\text{R–I} > \text{R–Br} > \text{R–Cl} \gg \text{R–F} \tag{9・31}$$

いいかえると，S_N2 反応における最も優れた脱離基は生成物として最も弱い塩基を与える．フッ化物イオンはハロゲン化物イオンの中で最も強い塩基である．したがってフッ化アルキルは，S_N2 反応におけるハロゲン化アルキルの中で最も反応性が低い．実際，フッ化物イオンは多くの S_N2 反応の脱離基として役に立たないほどゆっくり反応する．対照的に，塩化物，臭化物，ヨウ化物イオンは，フッ化物イオンほど塩基性が高くない．塩化アルキル，臭化アルキル，ヨウ化アルキルはいずれも，典型的な S_N2 反応において適度な反応性をもち，ヨウ化アルキルがこれらの中で最も反応性が高い．実験室規模では，通常，コストと反応性との兼合いを考えて，ほとんどの場合ヨウ化アルキルよりも安価な臭化アルキルが用いられる．大規模に行われる反応では，塩化アルキルのコストがさらに低いことが，反応性が低いという欠点を相殺する．

ハロゲン化物イオンは，S_N2 反応において脱離基として用いられる唯一の基ではない．§10・4で，S_N2 反応の出発物としてもよく使われるさまざまなアルコール誘導体を紹介する．

G. S_N2 反応のまとめ

ほとんどの第一級ハロゲン化アルキルおよびいくつかの第二級ハロゲン化アルキルは S_N2 機構によって求核置換を受ける．この反応機構の特徴を五つに要約しよう．

1. 反応速度は全体として 2 次であり，求核剤について 1 次，ハロゲン化アルキルについて 1 次である．
2. 反応機構は，求核剤が脱離基の反対側から接近する"反対側での置換"および立体配置の反転を含む．
3. 反応速度は，α 炭素原子および β 炭素原子のどちらにアルキル基が置換しても減少する．三つの分枝をもつハロゲン化アルキルは反応しない．
4. 求核性は求核剤の塩基性と分極率および溶媒に依存する．
   a. S_N2 反応は，求核剤が反応系中で実用的に十分に可溶性であれば，プロトン性溶媒よりも極性非プロトン性溶媒中ではるかに速い．プロトン性溶媒は，反応が十分速ければ有用である．
   b. 求核中心が周期表の第三周期以降の元素である求核剤は，分極率が高いため求核性が向上する．
   c. 極性非プロトン性溶媒中では，求核性は求核剤の塩基性とともに増加する．
   d. プロトン性溶媒において，求核原子が同じならば求核性は求核剤の塩基性とともに増大する．
   e. プロトン性溶媒において，求核原子が優れた水素結合受容体であるとき，求核性は著しく低下する．このため，第二周期の求核原子をもつ求核剤は同族の高周期原子をもつ求核剤よりもプロトン性溶媒中では反応性が低い．
5. 最も速い S_N2 反応は，生成物として最も弱い塩基を与える脱離基を含む．

9・5 E2 反 応

この節では，ハロゲン化アルキルのもう一つの重要な反応である，塩基によって促進される β 脱離について述べる．そのような反応の一例は，臭化 t-ブチルからの HBr の脱離である．

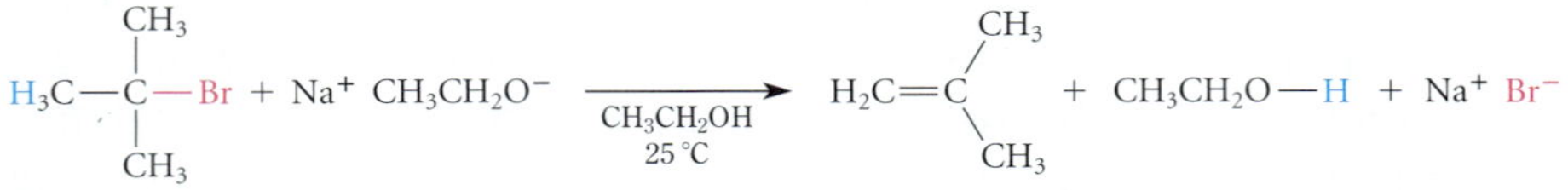

$$(CH_3)_3C-Br + Na^+ CH_3CH_2O^- \xrightarrow[25\,°C]{CH_3CH_2OH} H_2C=C(CH_3)_2 + CH_3CH_2O-H + Na^+ Br^- \quad (9\cdot32)$$

§9・1B で述べたように，このタイプの脱離は，第三級ハロゲン化アルキルでは強塩基の存在下で優先的に起こる反応であり，第二級および第一級ハロゲン化アルキルの場合には S_N2 反応と競合することを思い出そう．

A. E2 反応の反応機構と速度則

塩基によって促進される β 脱離反応は，一般に全体で 2 次であり，各反応物について 1 次の速度則に従う．

$$速さ = k[(CH_3)_3C-Br][CH_3CH_2O^-] \quad (9\cdot33)$$

この速度則と一致する機構は次のようになる．

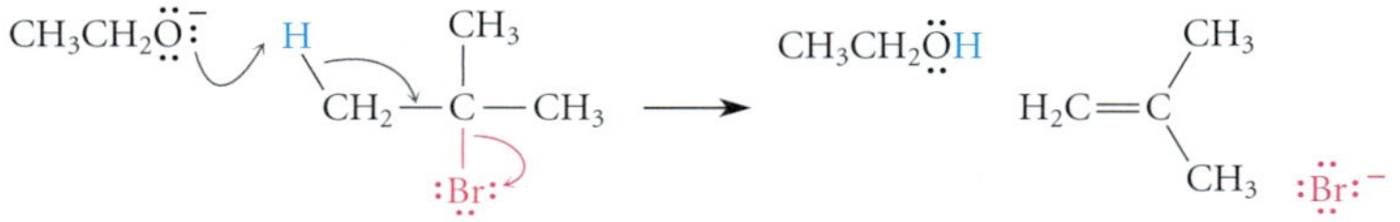

$$CH_3CH_2\ddot{O}:^- \; H\text{—}CH_2\text{—}C(CH_3)_2\text{—}\ddot{Br}: \longrightarrow CH_3CH_2\ddot{O}H + H_2C=C(CH_3)_2 + :\ddot{Br}:^- \quad (9\cdot34)$$

塩基による β 水素の引抜きとハロゲン化物イオンの協奏的な脱離を含むこのような機構を，**E2 機構**(E2 mechanism)とよぶ．E2 機構で起こる反応を **E2 反応**(E2 reaction)とよぶ．E2 の意味は以下のとおりである．

$$脱離 \xleftarrow{\quad E2 \quad} 二分子的$$

<u>二分子的</u>とは二つの分子が反応の律速段階に関わっていることを意味する．この場合，二つの分子とは塩基およびハロゲン化アルキルである．

B. なぜ E2 反応は協奏的か？

式(9・34)に示した E2 機構の巻矢印表記に注目しよう．今まで出会った最も単純な電子対置換反応は，Brønsted 塩基である求核剤から求電子剤への電子対の供与および脱離基の脱離を含み，反応機構は二つの巻矢印で完全に説明される．しかし，E2 反応には三つの巻矢印が含まれる．E2 反応では，塩基が β 水素を除去する Brønsted 塩基として働き，ハロゲン化物イオンが脱離基として働く．どのように真ん中の巻矢印を分析すればよいだろうか．この矢印は β 炭素が脱離基として働くと同時に α 炭素で反応する求核剤として働くことを示している．すなわち，β 水素から離れる電子対は α 炭素に供与されて臭化物イオンを追い出す．

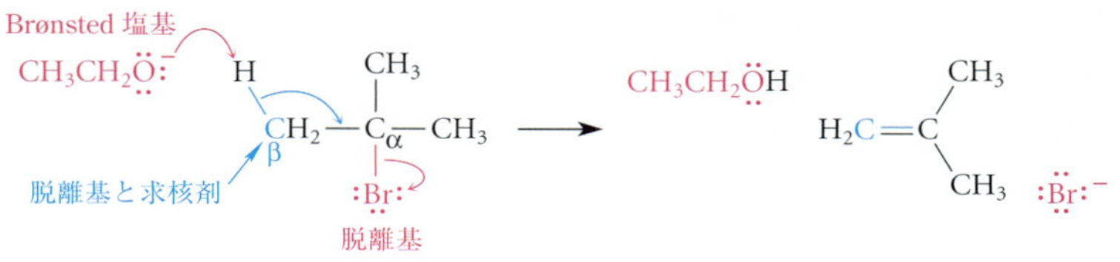

$$\underset{\text{Brønsted 塩基}}{CH_3CH_2\ddot{O}:^-} \; H\text{—}\underset{\beta}{CH_2}\text{—}\underset{\alpha}{C}(CH_3)_2\text{—}\underset{\text{脱離基}}{\underset{\text{脱離基と求核剤}}{:\ddot{Br}:}} \longrightarrow CH_3CH_2\ddot{O}H + H_2C=C(CH_3)_2 + :\ddot{Br}:^- \quad (9\cdot35)$$

この協奏的反応機構を架空であるが簡単な二つの巻矢印を含む二つの段階に分けてみよう．こうすることでなぜ反応が協奏的であるかを理解できる．脱離の最初の段階で，塩基がプロトンを引抜き，生成物としてカルボアニオンを与えると考える．この段階では，β炭素が脱離基として作用する．

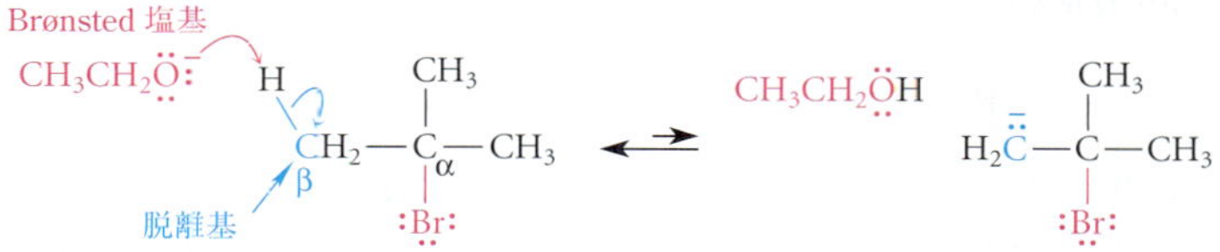

$$(9 \cdot 36a)$$

次に2番目の段階で，カルボアニオンの電子対は，求核剤としてα炭素に作用することによって，臭化物イオンと置換する．

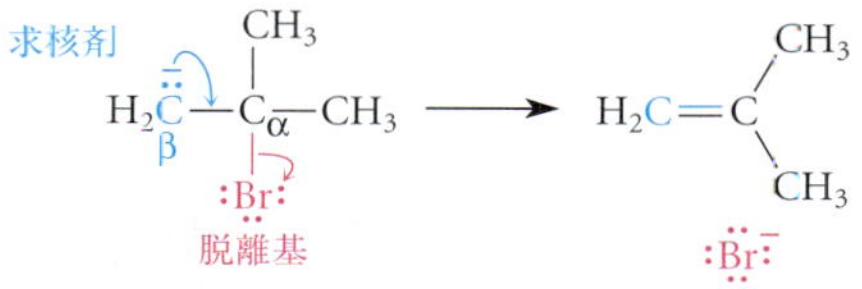

$$(9 \cdot 36b)$$

では，§3・4Eの方法を用いて，第一段階(式9・36a)のおおよその平衡定数を計算してみよう．β水素のpK_aはアルカンのpK_aより少し小さいはずでおそらく約50である．エタノールのpK_aは15.9である．したがって第一段階の平衡定数は$10^{(15.9-50)}$すなわち約10^{-34}となる．対応する標準自由エネルギー変化は約194 kJ mol^{-1}である．これが中間のカルボアニオンを生成するのに必要なエネルギー量であり反応が段階的機構で起こるとすれば，第一段階の標準活性化自由エネルギーは少なくとも194 kJ mol^{-1}でなければならないことを意味する．そのような反応の速度は想像を絶するほど小さく反応は室温で約10^{15}年はかかる．つまり，引抜きは起こらない．実際には，典型的なE2反応は数分から数時間で完了し，一般的に85～95 kJ mol^{-1}の標準活性化自由エネルギーをもっている．

協奏機構は，非常に不安定な強塩基，カルボアニオン中間体の生成を回避する．協奏機構では全体として，エトキシドイオンの酸素から臭素原子へ電子が移動してはるかに弱い塩基である臭化物イオンが生成する．そしてそれが中心の巻矢印が電子対をα炭素上で止めないで脱離基の臭素へ送込む理由である．

本書の後の章では，カルボアニオン中間体を含むβ脱離について学ぶ．予想どおり，これらの反応はカルボアニオンが何らかの形で安定化している場合にのみ起こりうる．カルボアニオンがより安定しているということは，β水素がより酸性であるということである．したがって，段階的なβ脱離機構はβ水素が著しく酸性である化合物で見られる．

問題

9・17 次の水酸化物イオンに触媒されるβ脱離は，カルボアニオンの段階的機構によって起こる．中間のカルボアニオンを示して，その安定性を説明せよ．極性効果(§3・6C)の観点から考えよ．共鳴が安定性を高める(§1・4)ことを思い出して，このアニオンの共鳴構造式を描け．

$$HO-CH_2-CH_2-\overset{O}{\overset{\|}{C}}-CH_3 \xrightleftharpoons{HO^-} H_2C=CH-\overset{O}{\overset{\|}{C}}-CH_3 + H_2O$$

9・18 Lewis酸-塩基解離とそれに続くLewis酸-塩基会合によるS_N2反応の段階的機構を想像することができる(Nuc:$^-$＝求核剤)．

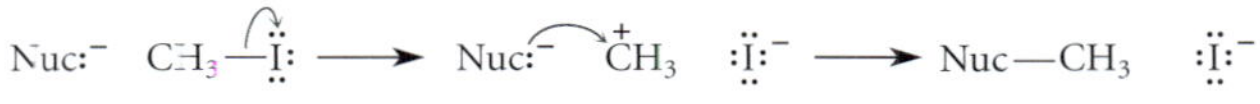

$$Nuc:^- \quad CH_3-\overset{+}{I} \longrightarrow Nuc:^- \quad {}^+CH_3 \quad :I:^- \longrightarrow Nuc-CH_3 \quad :I:^-$$

(a) なぜ，段階的機構は協奏機構より遅くなければならないのか説明せよ．
(b) どのような種類のハロゲン化アルキルにおいて，段階的反応が観察される可能性があるか．

C. E2反応における脱離基の効果

E2反応の機構で脱離するハロゲン化物イオンの役割は，S_N2反応でのそれとほとんど同じである．炭素との結合が切断され電子対を受取ってハロゲン化物イオンになる．したがって，ハロゲン脱離基の違いによってS_N2および E2反応の速度は類似の影響を受ける．

E2反応の相対速度：　　　　　　　　　R–I ＞ R–Br ＞ R–Cl　　　　　　　　　　　　　(9・37)

S_N2反応の場合と同様に，臭化アルキルとヨウ化アルキルとの間の反応性の差はあまり大きくない．E2反応でもまた臭化アルキルは，実験室で通常使用され，塩化アルキルが大規模反応に使用される．

D. E2反応における速度論的重水素同位体効果

式(9・34)の機構は，E2反応の遷移状態で水素が引抜かれることを示している．この反応機構は興味深い実験法で検証することができる．水素が反応の律速段階で引抜かれるならば，その水素が同位体の重水素で置き換えられた化合物はより遅く反応すると考えられる．このように同位体との結合の律速段階における切断が反応速度に及ぼす効果を**速度論的 1 次同位体効果**(kinetic primary isotope effect)とよぶ．たとえば，次に示す 1-ブロモ-2-フェニルエタンの E2反応の速度定数を k_H とし，その β 重水素置換体の速度定数を k_D としよう．

$$\text{Ph}-\text{CH}_2-\text{CH}_2-\text{Br} + \text{EtO}^- \xrightarrow[\text{EtOH}]{\text{速度定数 } k_H} \text{Ph}-\text{CH}=\text{CH}_2 + \text{Br}^- + \text{EtOH} \qquad (9 \cdot 38\text{a})$$

$$\text{Ph}-\text{CD}_2-\text{CH}_2-\text{Br} + \text{EtO}^- \xrightarrow[\text{EtOH}]{\text{速度定数 } k_D} \text{Ph}-\text{CD}=\text{CH}_2 + \text{Br}^- + \text{EtOD} \qquad (9 \cdot 38\text{b})$$

重水素による速度論的 1 次同位体効果は，二つの反応の速度定数の比，すなわち k_H/k_D で表される．一般的には，そのような同位体効果は 2.5〜8 の範囲にあり，式(9・38)の反応の k_H/k_D は 7.1 である．この大きさの速度論的同位体効果が観察されるということは，この反応の律速段階において β 水素の結合が切断されることを示している．

速度論的 1 次同位体効果の理論的根拠は，C–H および C–D 結合の相対強度にある．出発物では，重い同位体 D の結合は軽い同位体 H の結合よりもわずかに強い．したがって，切断するためにより多くのエネルギーを必要とする(§5・6E)．しかし，両方の反応の遷移状態では，H または D と炭素との

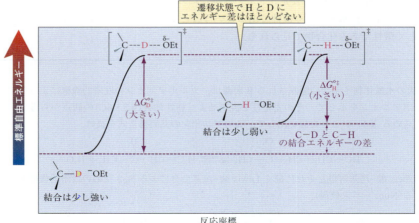

図 9・8　重水素による速度論的 1 次同位体効果の源は，より強い炭素–重水素結合である．C–H および C–D 結合の結合エネルギーの違いは，説明のために大きく誇張されている．

結合が部分的に切断され，塩基との結合が部分的に形成される．大雑把にたとえると移動している同位体はどちらにも結合しておらず，いわば"飛行中"である．結合がないので遷移状態の二つの同位体の間に結合エネルギーの差はない．したがって，C-D 結合をもつ化合物は C-H 結合をもつ化合物よりも低いエネルギーで反応が始まり，遷移状態に至るためにより多くのエネルギーを必要とする（図 9・8）．いいかえれば，C-D 結合をもつ化合物のエネルギー障壁（すなわち活性化自由エネルギー）より大きく，結果としてその反応速度はより小さくなる．

重水素による速度論的 1 次同位体効果は，律速段階で移動する水素が重水素で置換されている場合にのみ観察される．他の水素の重水素による置換は通常反応速度にほとんどまたはまったく影響を及ぼさない．

問題

9・19 以下の各組において，$Na^+ EtO^-$ による E2 反応における反応性が増加する順に化合物を並べよ．

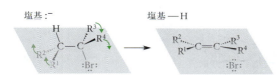

9・20 (a) スチレン $Ph-CH=CH_2$ の水和における律速段階は，H_3O^+ からアルケンへのプロトンの移動である（§4・9B）．反応が H_2O/H_3O^+ の代わりに D_2O/D_3O^+ の中で行われた場合，反応の速度がどのように変化するか，また生成物は同じか．

(b) H_2O/H_3O^+ におけるスチレンの水和速度は，同位体置換スチレン $Ph-CH=CD_2$ のそれとどのように違うか．その理由を説明せよ．

E. E2 反応の立体化学

E2 反応が起こるとき，β 水素が引抜かれてハロゲン化物イオンが脱離すると，四面体形であった α および β 炭素は平面になる．これらの二つの炭素上の R 基は，アルケン炭素も含む同一平面内に移動する．この動きを図 9・9 に示す．

図 9・9 E2 脱離の過程で起こる立体化学変化．α および β 炭素は sp^3 から sp^2 に混成が変化し，これらの炭素に結合した R 基は同一平面内に移動する．この図では，この平面は紙面に垂直でわずかに下に傾いている．

E2 反応の立体化学はこの平面を基準面として用いる．E2 反応は 2 通りの立体化学的に異なる機構で進行する可能性があり，一般的なハロゲン化アルキルからの H-X 分子の脱離を例に以下に示す．

シン脱離: 塩基:⁻ $R^2\!\!\diagdown\!\!C\!\!-\!\!C\!\!\diagup\!\!R^4$ → $R^2\!\!\diagdown\!\!C\!=\!C\!\!\diagup\!\!R^4$ + 塩基—H + :X:⁻   (9・39a)

アンチ脱離: 塩基:⁻ $R^2\!\!\diagdown\!\!C\!\!-\!\!C\!\!\diagup\!\!R^4$ → $R^2\!\!\diagdown\!\!C\!=\!C\!\!\diagup\!\!R^4$ + 塩基—H + :X:⁻   (9・39b)

シン脱離(syn-elimination)では，C-H と C-X の間の二面角は 0° であり，H および X 基は基準面の同

じ側から離れる．**アンチ脱離**(anti-elimination)においては，C−H 結合と C−X 結合との間の二面角は 180° であり，H および X 基は基準面の反対側から離れる．図 9・9 に示されているのはアンチ脱離である．脱離の遷移状態の Newman 投影図と，木挽き台投影図は，引抜かれるプロトンと脱離基とがアンチの関係にあることを示す別の方法である．

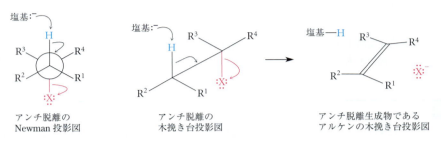

シンとアンチの幾何構造だけがアルケンの平面構造をもたらし，π 軌道が重なることができるので，シン脱離とアンチ脱離だけが可能である．§7・8A で二重結合に対する付加反応の立体化学を議論するときにもシンとアンチの用語が使われたことを思い出そう．シン脱離は概念的にシン付加の逆であり，アンチ脱離は概念的にアンチ付加の逆である．

脱離反応の立体化学の研究には，出発物のハロゲン化アルキルおよび生成物のアルケンの両方において α 炭素および β 炭素が立体中心であることが必要である．そのような場合，以下の例のように大部分の E2 反応は立体選択的なアンチ脱離で進行することが実験的にわかっている．

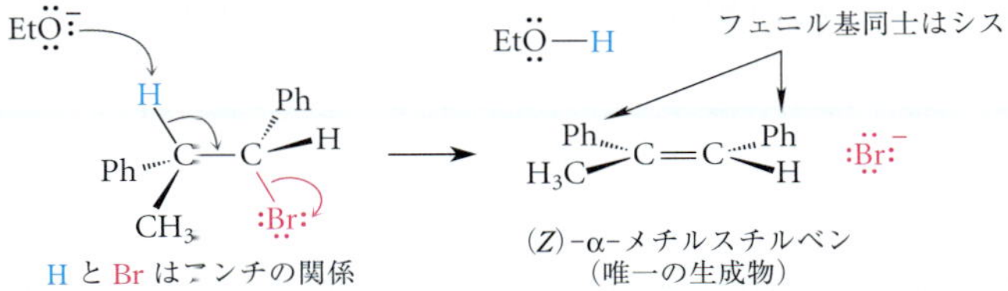

(9・40a)

水素およびハロゲンがアンチの立体配座から脱離するとき，二つのフェニル基(Ph)は分子の同じ側にあり，したがって生成物のアルケンにおいてシスの関係になる．シン脱離が起こるとすればアルケンの別の立体異性体が生成するはずである．

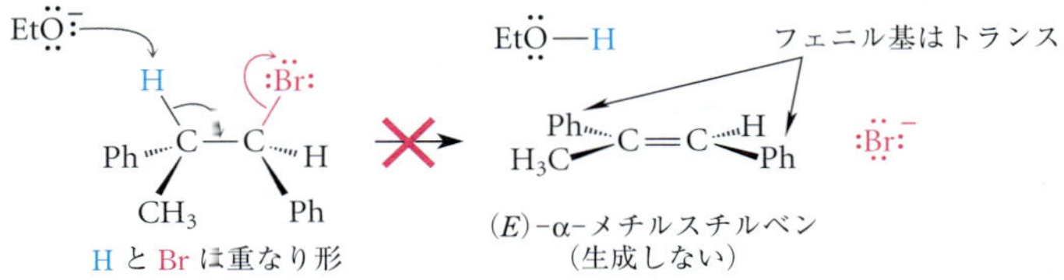

(9・40b)

次の三つの理由でアンチ脱離は優先して起こる．第一に，シン脱離は重なり形配座の遷移状態をもつが，アンチ脱離は置換基がねじれ形配座の遷移状態を生じる．

シン脱離
分子は重なり形配座

アンチ脱離
分子はねじれ形配座

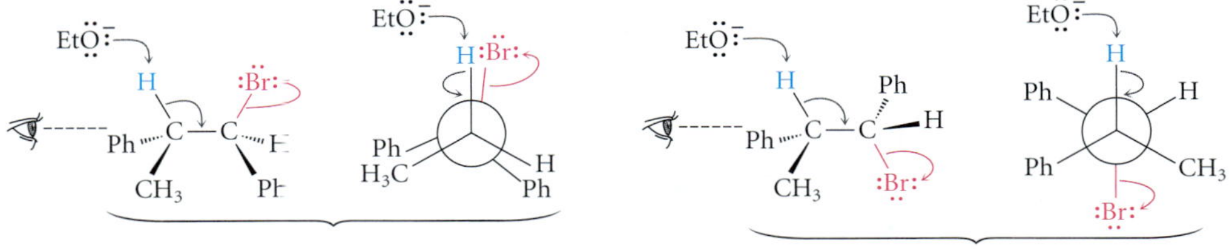

重なり形配座は立体反発のため不安定であり，シン脱離の遷移状態はアンチ脱離の遷移状態よりも不安定になる．結果として，アンチ脱離はより速く起こる．アンチ脱離が有利である第二の理由は，塩基および脱離基が分子の反対側にあり，互いに離れていることである．シン脱離ではそれらは分子の同じ側にあり，互いに立体的に干渉することがある．最後に，分子軌道法を使った遷移状態エネルギーの計算はアンチ脱離がより有利であることを示しており，その根拠はS_N2反応と同様に，アンチ脱離において電子対の置換が反対側から起きることに関係している．

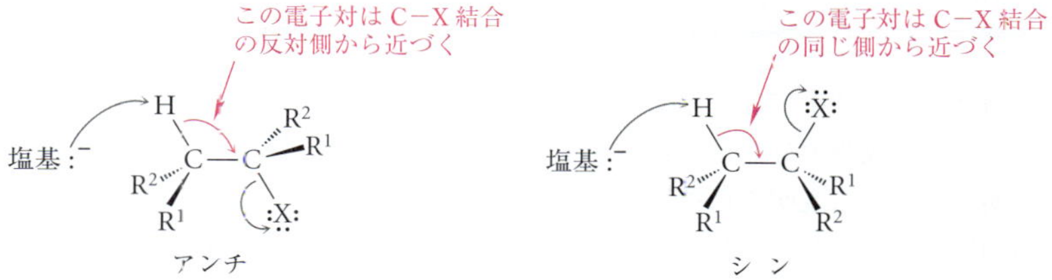

問題

9・21 エタノール中でナトリウムエトキシドを用いた二臭化スチルベンの以下のジアステレオマーのE2反応の生成物およびその立体化学を予測せよ．それぞれ1当量のHBrが脱離すると仮定せよ．

(a) (±)-Ph—CH—CH—Ph　　(b) *meso*-Ph—CH—CH—Ph
　　　　　　|　　|　　　　　　　　　　　　　　|　　|
　　　　　　Br　Br　　　　　　　　　　　　　　Br　Br

9・22 式(9・40a)のE2反応においてアルケン生成物のE異性体を与える出発物の構造式を描け．

F. E2反応の位置選択性

ハロゲン化アルキルが二つ以上の種類の異なるβ水素をもつ場合，二つ以上のアルケン生成物を生成する可能性がある(§9・1B)．

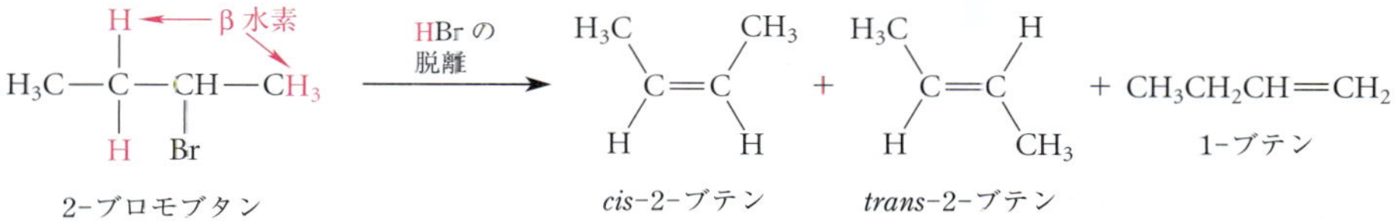

$$H_3C-\underset{\underset{Br}{|}}{\overset{\overset{H \leftarrow β水素}{|}}{C}}-CH-CH_3 \xrightarrow{\text{HBrの脱離}} \underset{cis\text{-}2\text{-}ブテン}{\overset{H_3CCH_3}{\underset{HH}{C=C}}} + \underset{trans\text{-}2\text{-}ブテン}{\overset{H_3CH}{\underset{HCH_3}{C=C}}} + \underset{1\text{-}ブテン}{CH_3CH_2CH=CH_2} \quad (9 \cdot 41)$$

2-ブロモブタン

この節では，可能な生成物のうちどれが優先して生成するのか，それはなぜかに焦点を当てる．

メトキシドやエトキシドのような単純なアルコキシド塩基を用いる場合，E2反応の主生成物は通常最も安定なアルケン異性体である．最も安定なアルケン異性体は一般に，二重結合の炭素が最も多くのアルキル置換基をもつものであることを思い出そう(§4・5B)．

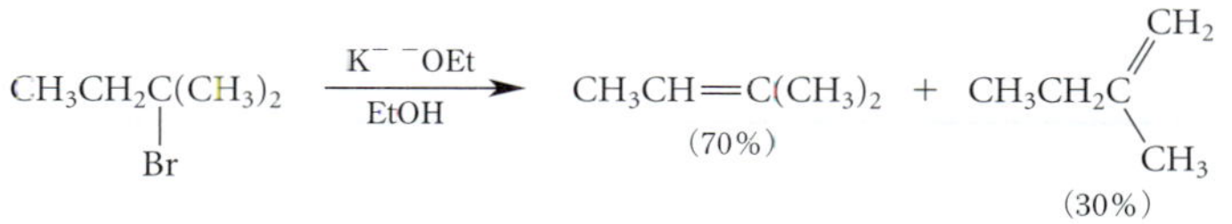

$$CH_3CH_2C(CH_3)_2 \xrightarrow[\text{EtOH}]{K^{-}^{-}OEt} \underset{(70\%)}{CH_3CH=C(CH_3)_2} + \underset{(30\%)}{CH_3CH_2\overset{CH_2}{\underset{CH_3}{C}}} \quad (9 \cdot 42)$$
|
Br

この反応では，生成量の少ない1-アルケン異性体が統計的には多く生成してもよいはずである．すなわちこのアルケンを与えるためには，構造的に等価な6個の水素のうちの1個がハロゲン化アルキルから引抜かれるが，多く得られたアルケン異性体を与えるには，構造的に等価なCH_2の2個の水素のうちの1個が引抜かれる．生成物分布に構造上の効果がなければ，1-アルケンが3倍生成するはずである．2-アルケンが主生成物であるという事実は，何か別の因子が働いていることを示している．

Zaitsevの法則

おもに最も安定なアルケン異性体を生成する脱離反応は，1875年にこの現象を観察したロシアの化学者である A. M. Zaitsev（1841〜1910）にちなんで，Zaitsev脱離とよばれることがある．Markovnikov則がアルケンへのハロゲン化水素付加の位置選択性を記述しているように，Zaitsev則は脱離反応の位置選択性を記述している．また，Markovnikov則と同様に，Zaitsev則は純粋に現象の説明であって観察事実の背後にある理由を説明してはいない．

アルケン生成物は反応条件下で安定であるので，より安定なアルケン異性体が多いのはアルケンの異性化のためではない．生成物の分布はそれらが生成する相対速度を反映していなければならない．したがって，遷移状態理論による説明を探そう．

E2 反応の遷移状態は，ハロゲン化アルキルとアルケンの中間の構造と考えることができる．遷移状態がアルケン生成物に似ている限り，それはアルケンを安定化するのと同じ因子によって安定化され，そのような因子の一つが二重結合におけるアルキル置換である．二つのアルケン生成物を与えることができる反応は，実際にはそれぞれの遷移状態をもつ二つの競争反応である．より低いエネルギーの遷移状態つまり生成しつつある二重結合がより多くのアルキル基で置換された遷移状態をもつ反応がより速い反応である．したがって，この遷移状態を通ってより多くの生成物が生成する（図 9・10）．

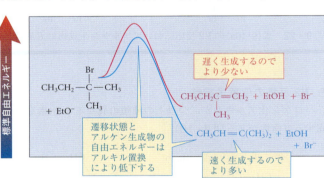

図 9・10 アルケン生成物と同様に遷移状態の自由エネルギーもアルキル置換によって低下するので，二重結合により多くのアルキル置換基をもつアルケンは，より少ない置換基をもつアルケンよりも速く，したがってより多く生成する．

ハロゲン化アルキルが 2 種類以上の β 水素をもつ場合，式(9・41)に示したように，E2 反応では一般にアルケンの混合物が生成する．混合物の生成は，望むアルケン異性体の収率が低下することを意味する．さらに，このような混合物中のアルケンは異性体であるので，それらは一般に似た沸点をもっており，分離するのが難しい．したがって，アルケンを合成するための E2 脱離は，ハロゲン化アルキルが 1 種類の β 水素のみをもち，一つのアルケン生成物だけが可能である場合によく使われる．

以下の例題で，脱離の立体化学と位置選択性の原則を，7 章でシクロヘキサンの立体配座について学んだこととあわせて考える．

例題 9・1

以下のジアステレオマーのそれぞれを DMSO 中でカリウム t-ブトキシドと反応させる場合，E2 反応の主生成物を書き，その理由を説明せよ．

解 法 この問題を解くには，二つの原則が重要である．第一は E2 反応の立体化学がアンチであるということ．シクロヘキサン誘導体において，引抜かれるプロトンが脱離基とアンチになるのは，H と Cl がトランスであり，かつともにアキシアル位にある場合だけである．化合物 A には，Cl とトランスである水素が二つ，すなわち H^x および H^y が存在し，下記の右側の立体配座でともにアキシアル位を占める．したがって，どちらかのプロトンが引抜かれて生成物 X および Y ができる．

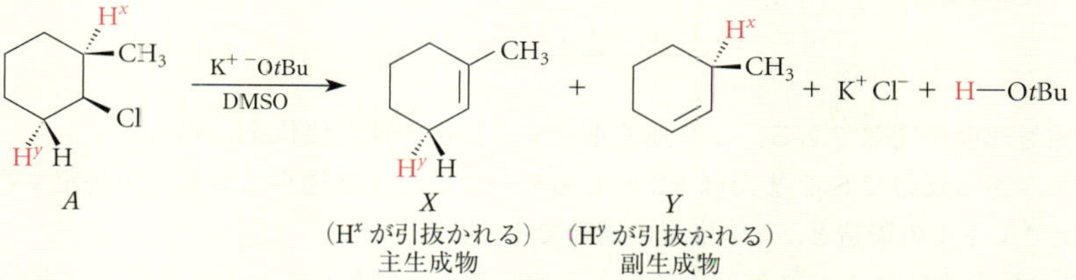

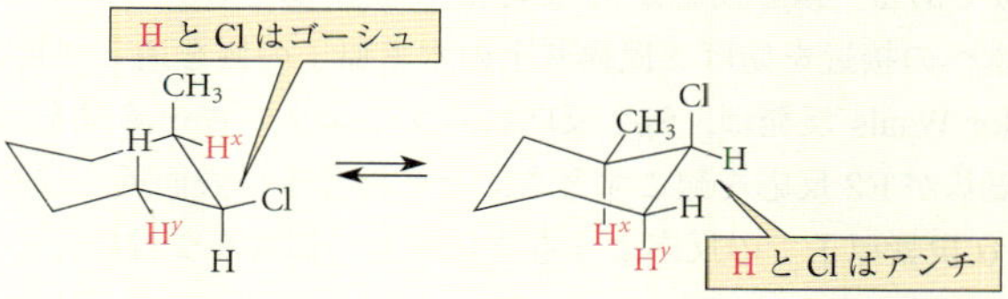

第二の原則は，二重結合により多くのアルキル置換基をもつ化合物が主生成物となることである．したがって，式に示すように X が主生成物となる．

化合物 B においては，水素 H^p だけが脱離基のトランスに位置しており H^p と Cl がアンチ(すなわちともにアキシアル)になる配座をとりうる．水素 H^q は脱離基に対してシスであり，したがって，アンチになりえない．その結果，化合物 Y だけが生成する．異性体 X はより安定であるが，これが生成する立体化学的に許容される経路は存在しない．

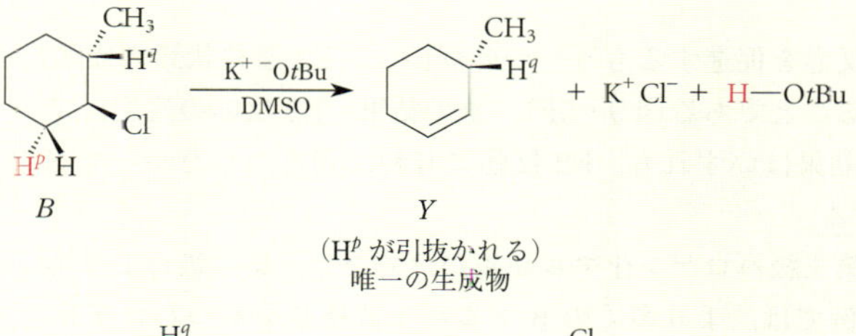

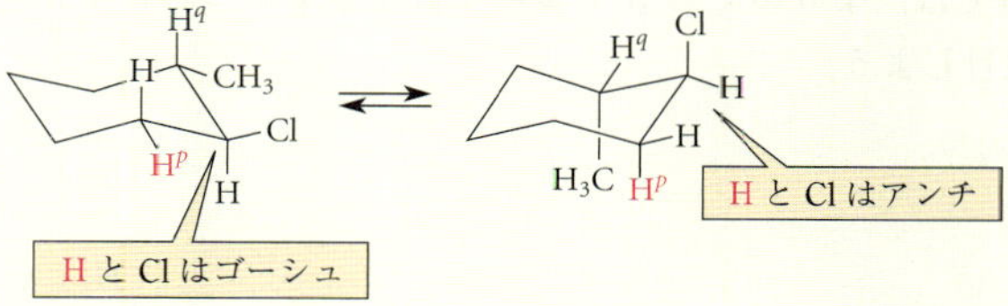

Cl と H がアンチの配座は反応の進行とともに減少するが，Le Châtelier の原理に従って配座平衡によって即座に供給される．章末の問題 9・77，問題 9・78，問題 9・80 は，この種の問題を解くための練習問題になっている．

G. E2 反応と S_N2 反応の競争の詳細

求核置換反応および塩基による脱離反応は，競争する過程である(§9・1C)．いいかえれば，S_N2 反応が起こるときはいつでも(ハロゲン化アルキルが β 水素をもつ場合)，E2 反応が起こる可能性があり，

逆もまた同様である．

(9·43)

この競争は，相対速度の問題である．より速く進行する反応経路が優位を占める．

二つの因子が，ある反応で S_N2 または E2 のどちらが主要な反応過程であるかを決定する．すなわち (1) ハロゲン化アルキルの構造と，(2) 塩基の構造である．

置換 対 脱離の量を決定するハロゲン化アルキルの構造上の特徴は，α 炭素および β 炭素の両方におけるアルキル置換基の数である．S_N2 反応が α または β 置換基をもつハロゲン化アルキルで起こるためには，求核剤は α 炭素への接近を妨げる置換基上の水素原子の側を通って接近しなければならない．結果として生じる van der Waals 反発は，S_N2 反応に対するエネルギー障壁を高め，その速度を低下させる．一方，Brønsted 塩基が E2 反応を起こすとき，それは分子の表面近くに存在する β 水素と反応する．β 水素での反応は，α 炭素原子での反応よりも立体反発の影響を受けにくい．

(9·44)

α 炭素が混みあっていないとき，
置換反応が起こる

α 炭素が混みあっているとき，
β 水素を引抜いて
脱離反応が起こる

アルキル置換が E2 反応を促進するもう一つの理由は，E2 遷移状態の標準自由エネルギーがアルキル置換によって低下することである（§9·5F）．その結果，E2 反応の速度はアルキル置換によって増大する．アルキル置換の効果はいずれも，E2 反応に有利に働き，したがって S_N2 反応の速度が低下し，E2 反応の速度が増加する．

このような効果は，第三級ハロゲン化アルキルだけでなく，第二級および第一級ハロゲン化アルキルでも見られる．以下の例では，より多くの β アルキル置換基をもつハロゲン化アルキルで，脱離の割合が大きくなることに注目しよう．

第二級ハロゲン化アルキル

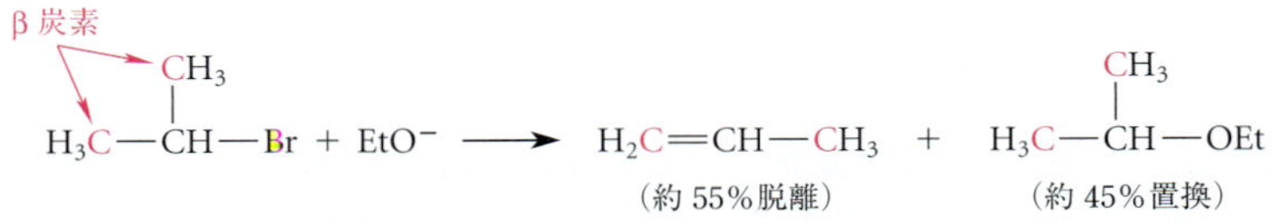

$$H_3C-CH(CH_3)-Br + EtO^- \longrightarrow H_2C=CH-CH_3 + H_3C-CH(CH_3)-OEt$$
(約 55% 脱離)　　　(約 45% 置換)
(9·45a)

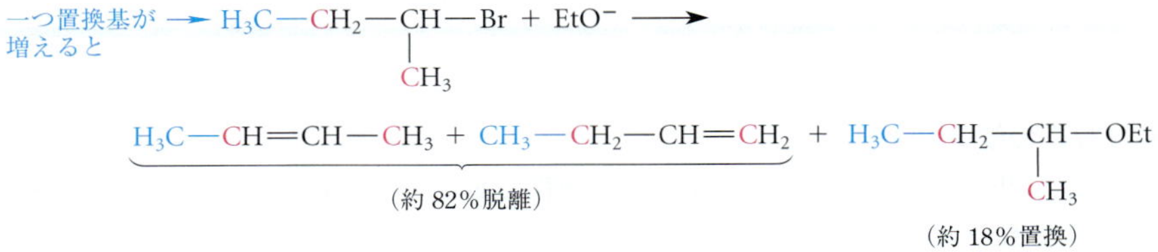

一つ置換基が増えると → $H_3C-CH_2-CH(CH_3)-Br + EtO^- \longrightarrow$

$$H_3C-CH=CH-CH_3 + H_3C-CH_2-CH=CH_2 + H_3C-CH_2-CH(CH_3)-OEt$$
(約 82% 脱離)　　　(約 18% 置換)
(9·45b)

第一級ハロゲン化アルキル

$$H_3C-CH_2-Br + EtO^- \longrightarrow H_2C=CH_2 + H_3C-CH_2-OEt \qquad (9\cdot16a)$$
（約1%脱離）　　（約99%置換）

一つ置換基が増えると

$$H_3C-CH_2-CH_2-Br + EtO^- \longrightarrow \qquad (9\cdot16b)$$

$$H_3C-CH=CH_2 + H_3C-CH_2-CH_2-OEt$$
（約10%脱離）　　（約90%置換）

二つ置換基が増えると

$$(H_3C)_2CH-CH_2-Br + EtO^- \longrightarrow (H_3C)_2C=CH_2 + (H_3C)_2CH-CH_2-OEt \qquad (9\cdot16c)$$
（約62%脱離）　　（約38%置換）

塩基の構造は，E2 と S_N2 反応のどちらが与えられた条件下で速いかを決定する第二の因子である．まず最初に，t-ブトキシドのような枝分かれの多い塩基は置換に比べて脱離の割合を増加させる．

$$(CH_3)_2CHCH_2-Br + {}^-OCH_2CH_3 \xrightarrow{CH_3CH_2OH} (CH_3)_2C=CH_2 + (CH_3)_2CHCH_2-OCH_2CH_3 \qquad (9\cdot17a)$$
エトキシド（第一級の枝分かれのないアルコキシド）　　（約62%脱離）　　（約38%置換）

$$(CH_3)_2CHCH_2-Br + {}^-OC(CH_3)_3 \xrightarrow{(CH_3)_3COH} (CH_3)_2C=CH_2 + (CH_3)_2CHCH_2-OC(CH_3)_3 \qquad (9\cdot17b)$$
t-ブトキシド（第三級の枝分かれしたアルコキシド）　　（約92%脱離）　　（約8%置換）

高度に枝分かれした塩基が α 炭素で反応して置換生成物を与えるとき，塩基のアルキル分枝は近くにあるハロゲン化アルキル分子の水素と van der Waals 反発を起こす．これらの反発は，置換の遷移状態のエネルギーを上昇させる．このような塩基が β 水素と反応して脱離生成物を与えるとき，ハロゲン化アルキル中の邪魔な水素から塩基が離れているため，van der Waals 反発は式(9·44)に示すように大きくない．その結果，塩基が枝分かれして嵩高くなることにより E2 反応は S_N2 反応よりも速くなり，脱離が支配的な反応となる．要するに，高度に枝分かれした塩基では立体効果が S_N2 反応を選択的に遅くする．

塩基の構造が E2-S_N2 競争に及ぼすさらなる影響は，その Brønsted 塩基性-求核性と関連している．求核性は S_N2 反応の速度に影響するが，Brønsted 塩基性は E2 反応の速度に影響する（塩基はプロトンと反応するため）．ヨウ化物イオンのような高周期の求核性原子をもつ求核剤は，それらが比較的弱い Brønsted 塩基であるにもかかわらず優れた求核剤であることも思い出そう．S_N2 反応の多くはこのような求核剤との反応において観察される．たとえば，ヨウ化物イオンは優れた求核剤であるが弱い Brønsted 塩基でもあるので，アセトン中でのヨウ化カリウムと臭化イソブチルとの反応はほとんど置換生成物を与え，脱離反応はわずかしか起こらない．

$$(H_3C)_2CH-CH_2-Br + K^+ I^- \underset{\text{アセトン}}{\rightleftarrows} (H_3C)_2CH-CH_2-I + K^+ Br^- \downarrow \qquad (9\cdot18)$$

この反応をナトリウムエトキシドが同じハロゲン化アルキルと反応する式(9・46c)の反応と比べてみよう．強い Brønsted 塩基であるエトキシドは，かなりの割合のアルケンを与え，置換生成物は少ない．S_N2 反応と E2 反応の間の競争を支配する効果を要約しよう．

1. ハロゲン化アルキルの構造：
    a. α 炭素により多くのアルキル置換基をもつハロゲン化アルキルは，より多くの脱離生成物を与える．その結果，第三級ハロゲン化アルキルでは脱離反応が多く起こり，第二級，第一級ハロゲン化アルキルの順に脱離反応の割合は減少する．
    b. β 炭素にアルキル置換基が多いほど脱離反応が増す．
    c. β 水素をもたないハロゲン化アルキルは，β 脱離を起こさない．
2. 塩基の構造：
    a. 同様の強度をもつアルコキシド塩基を比較すると，t-ブトキシドなどの第三級アルコキシド塩基は，第一級アルコキシド塩基よりも脱離反応の割合が増す．
    b. 優れた求核剤である弱い塩基では，置換反応の割合が増す．

例題 9・2 ではこれらの考えを応用する．

例題 9・2

次のアルケンを E2 脱離によって良好な収率で合成するためには，どのハロゲン化アルキルをどのような条件で使えばよいか．

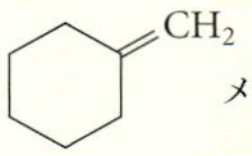

メチレンシクロヘキサン

解　法　このアルケンをハロゲン化アルキルの E2 反応で合成する場合，ハロゲンは最終的に二重結合炭素となる二つの炭素のうちの一つになければならない．これは，出発ハロゲン化アルキルに次の二つの可能性があることを意味する．

A　　　B

ハロゲン化アルキル A の利点は，それが第三級であるため，S_N2 反応との競争をひき起こさない点であり，欠点は，2 種類以上の β 水素をもち，その結果 2 種類以上のアルケン生成物が生成する可能性があることである．

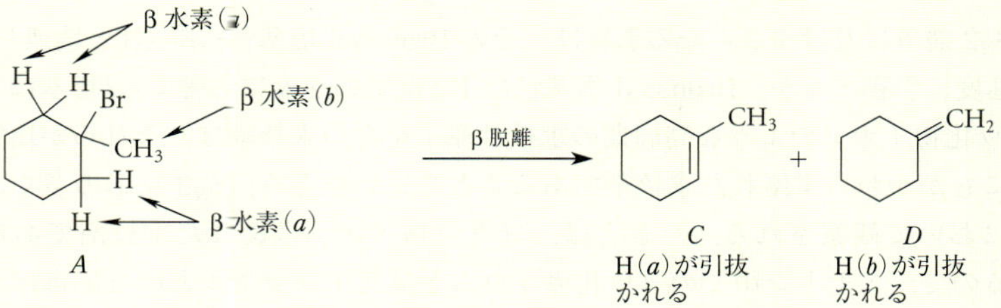

$$\text{A} \xrightarrow{\beta \text{ 脱離}} \text{C} + \text{D} \qquad (9 \cdot 49)$$

C：H(a)が引抜かれる
D：H(b)が引抜かれる

生成物 C は，その二重結合に三つのアルキル置換基があるので，より安定なアルケンである．したがって出発物として A を用いると，この望ましくないアルケンが多く生成するであろう．ハロゲン化アルキル B が出発物である場合，望む生成物 D が β 脱離の唯一の可能な生成物である．しかし，このハロゲン化アルキルは第一級なので，S_N2 反応に由来する副生成物が生成する可能性がある．S_N2 反応を最小

限にする方法は，t-ブトキシドのような第三級アルコキシド塩基を使うことである．したがって，目的のアルケンの合理的な合成法は次のようになる．

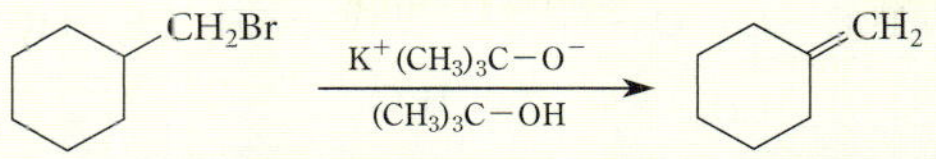

$$\text{C}_6\text{H}_{11}\text{CH}_2\text{Br} \xrightarrow[\text{(CH}_3)_3\text{C}-\text{OH}]{\text{K}^+ (\text{CH}_3)_3\text{C}-\text{O}^-} \text{C}_6\text{H}_{10}=\text{CH}_2 \tag{9·50}$$

問題

9·23 臭化イソブチルを以下の各化合物に変換するには，どの求核剤または塩基を使い，どのような種類の溶媒を使えばよいか．
(a) $(CH_3)_2CHCH_2\overset{+}{S}(CH_3)_2 \; Br^-$ (b) $(CH_3)_2CHCH_2SCH_2CH_3$ (c) $(CH_3)_2C=CH_2$

9·24 エチルアルコール中ナトリウムエトキシドとの反応で予想される E2 と S_N2 の生成物比が減少する順に次の四つのハロゲン化アルキルを並べ，その理由を説明せよ．

$$\underset{A}{CH_3I} \quad \underset{B}{(CH_3)_2CHCH_2-Br} \quad \underset{C}{(CH_3)_3CCH_2CH_2CH_2-Br} \quad \underset{D}{(CH_3)_2CH\underset{|}{\overset{|}{C}H-Br}}$$
(D: CH$_3$ 置換)

9·25 臭化イソブチルとの反応で予想される E2 と S_N2 の生成物比が減少する順に，次の四つの塩基を並べ，その理由を説明せよ．

$$\underset{A}{(CH_3)_2CH-O^-} \quad \underset{B}{CH_3O^-} \quad \underset{C}{(C_2H_5)_3C-O^-} \quad \underset{D}{Cl^-}$$

H．E2 反応のまとめ

E2 反応は，強塩基によって促進されるハロゲン化アルキルの β 脱離反応である．この反応に関する要点を以下にまとめる．

1. E2 反応の速度は全体で 2 次反応であり，塩基とハロゲン化アルキルのそれぞれについて 1 次である．
2. E2 反応は，通常アンチの立体化学で起こる．
3. E2 反応はより優れた脱離基，すなわち生成物として最も弱い塩基を与える脱離基により速くなる．
4. E2 反応の速度は，β 水素原子において重水素による 1 次同位体効果を示す．
5. ハロゲン化アルキルが 2 種類以上の β 水素をもつ場合，2 種類以上のアルケン生成物が生成する．最も安定なアルケン（二重結合に最大数のアルキル置換基をもつアルケン）が主生成物となる．
6. E2 反応は S_N2 反応と競争する．ハロゲン化アルキル中の α または β 炭素原子におけるアルキル置換基，塩基の α 炭素におけるアルキル置換基，および高度に枝分かれした塩基によって脱離が有利となる．

9·6　S_N1 反応および E1 反応

今までは，強塩基あるいは優れた求核剤のいずれかである化学種とハロゲン化アルキルとの反応に重点をあててきた．塩基のない状態で，第一級ハロゲン化アルキルをエタノールのようなプロトン性溶媒に溶かすと，中性のイオン化していないアルコールは弱塩基であり，弱い求核剤なので，S_N2 反応が起こるには（温度とハロゲン化アルキルによるが）2 週間以上かかる．しかし，臭化 t-ブチルなどの第三級

ハロゲン化アルキルを同じ条件下におくと，置換反応と脱離反応の両方が容易に起こる．

$$H_3C-\underset{\underset{CH_3}{|}}{\overset{\overset{CH_3}{|}}{C}}-Br + HO-Et \xrightarrow{55℃} H_3C-\underset{\underset{CH_3}{|}}{\overset{\overset{CH_3}{|}}{C}}-O-Et + \underset{H_3C}{\overset{H_3C}{\diagup}}C=CH_2 + EtOH_2^+\ Br^- \quad (9\cdot51)$$

臭化 t-ブチル　　エタノール　　　　　t-ブチルエチルエーテル　2-メチルプロペン　（エタノール中の
　　　　　　　　　（溶媒）　　　　　　　　（72％）　　　　　　（28％）　　　　イオン化したHBr）

塩基や求核剤が添加されていない溶媒とハロゲン化アルキルとの反応は，**加溶媒分解**（solvolysis）とよばれる．臭化 t-ブチルの加溶媒分解において起こる置換は，α 炭素における炭素鎖の枝分かれが S_N2 反応を遅くするので，S_N2 機構ではない．すなわち，S_N2 機構による第一級ハロゲン化アルキルの加溶媒分解が非常に遅い場合，同じ機構による第三級ハロゲン化アルキルの加溶媒分解はさらに遅くなければならない．この加溶媒分解で起こる脱離は，強塩基が存在しないため，E2 機構によっては起こりえない．置換反応および脱離反応の両方が容易に起こるので，それらは S_N2 や E2 機構とは異なる機構でなければならない．これらの新しい機構がこの節の主題である．

A. S_N1 と E1 反応の速度則と反応機構

臭化 t-ブチルの加溶媒分解は，1 次速度則に従う．

$$速度 = k[(CH_3)_3CBr] \quad (9\cdot52)$$

溶媒の反応への関与は溶媒の濃度を変えることができないため，速度則では検出できない．しかし，この反応において溶媒の性質は重要な役割を果たす．第三級ハロゲン化アルキルの加溶媒分解反応は，極性プロトン性でドナー性の溶媒，たとえばアルコール，ギ酸，およびハロゲン化アルキルが可溶である水を含む溶媒（たとえば，アセトン水溶液）で最も速い．これらの溶媒はイオンを溶媒和するのに最適な溶媒であることに注意しよう（§8・6F）．

置換および脱離生成物の両方が生成することは，二つの競争する反応が関与することを示す．両方の反応における第一段階は，ハロゲン化アルキルのカルボカチオンとハロゲン化物イオンへのイオン化である．

$$(CH_3)_3C-\ddot{B}r: \rightleftarrows (CH_3)_3C^+ \quad :\ddot{B}r:^- \quad （律速段階） \quad (9\cdot53a)$$
　　　　　　　　　　　　　　カルボカチオン
　　　　　　　　　　　　　　　中間体

Lewis 酸-塩基解離（§3・1B）であるこの過程は，置換反応および脱離反応の両方の律速段階である．第三級ハロゲン化アルキルをエタノールのような極性のプロトン性溶媒に溶解すると，それはゆっくりと解離してカルボカチオンおよびハロゲン化物イオンを生成する．カルボカチオンは速やかに反応して置換および脱離生成物の両方を与える．このように，置換および脱離生成物はカルボカチオンの競争反応から生じる．

まず最初に置換生成物の生成を検討しよう．この生成物は，溶媒分子とカルボカチオンとの Lewis 酸-塩基会合によって生成する．溶媒は弱い求核剤であるが，非常に高濃度で存在しており，またカルボカチオンが非常に強力な Lewis 酸であるため，反応は速やかに起こる．

$$(CH_3)_3C^+\ \ H\ddot{O}Et \rightleftarrows (CH_3)_3C-\underset{\underset{H}{|}}{\overset{+}{O}Et} \quad :\ddot{B}r:^- \quad (9\cdot53b)$$
　　　　　$:\ddot{B}r:^-$

カルボカチオンと反応する求核剤はエトキシドイオンではなくエタノールである．エトキシドイオンのような強塩基は加溶媒分解反応に存在しない．さらに，もしそのような塩基がかなりの量加えられれ

ば，E2 機構による脱離がもっぱら観察されるであろう．式(9・53b)の生成物にエーテルの共役酸であり，これは強酸である．

置換反応の最終段階は，Brønsted 酸-塩基反応であり，プロトン化したエーテル(Brønsted 酸)がプロトンを溶媒(Brønsted 塩基)に奪われてエーテルおよび溶媒の共役酸を生じる．

$$(CH_3)_3C\text{–}\overset{+}{\underset{H}{O}}Et \quad Br^- \rightleftarrows (CH_3)_3C\text{–}\ddot{O}Et + H\overset{+}{O}Et \quad Br^- \tag{9・53c}$$

（エタノール中の
イオン化した HBr）

この反応に関与する Brønsted 塩基はエタノールであり，エトキシドイオンではない．上述のように，プロトン化したエーテルは強酸であるので，エトキシドイオンは存在しないし必要でもない．$H_3O^+Br^-$ が水中の HBr のイオン化した形であるのと同様に，プロトン化した溶媒と臭化物イオン(すなわち $EtOH_2^+Br^-$)がエタノール溶媒中の HBr のイオン化した形であることに注意しよう．

カルボカチオン中間体を含む置換機構を **S_N1 機構**(S_N1 mechanism)とよぶ．S_N1 機構によって起こる置換反応を **S_N1 反応**(S_N1 reaction)とよぶ．S_N1 の意味は次のようになる．

$$\underset{\text{求核的}}{置\ 換} \overset{S_N1}{\diagup\ \diagdown} 一分子的$$

<u>一分子的</u>という語は，単一分子(ハロゲン化アルキル)が律速段階に関与していることを意味する．

次に式(9・51)の脱離生成物の生成について考えよう．カルボカチオンのβ水素(電子不足炭素に隣接する炭素に結合している水素)が引抜かれてアルケンを生じる．

$$H\text{–}CH_2\underset{\underset{CH_3}{CH_3}}{\overset{\alpha}{\text{–}}}C^+ \ :\!\ddot{Br}\!:^- \longrightarrow H_2C=\underset{CH_3}{\overset{CH_3}{C}} + H\text{–}\overset{H}{\underset{}{O}}\text{–}Et \ :\!\ddot{Br}\!:^- \tag{9・54}$$

$$H\text{–}\ddot{O}\text{–}Et$$

（エタノール中の
イオン化した HBr）

カルボカチオンから β 水素を引抜く塩基は，一般には溶媒分子である．エタノールは非常に弱い塩基であるが，溶媒として非常に高濃度に存在し，カルボカチオンは非常に強い Brønsted 酸である(その pK_a は約 −8 であると推定されている)ので，反応は容易に起こる．<u>塩基はエトキシドイオンでない</u>．エトキシドイオンは存在していない．この反応でもイオン化した HBr が生じることに注意しよう．

カルボカチオン中間体を含む β 脱離機構を **E1 機構**(E1 mechanism)とよび，E1 機構によって起こる反応を **E1 反応**(E1 reaction)とよぶ．E1 の意味は次のとおりである．

$$脱\ 離 \overset{E1}{\diagup\ \diagdown} 一分子的$$

B．律速段階と生成物決定段階

S_N1 および E1 反応は<u>共通の律速段階</u>をもつ．つまり，両方の競争反応によってハロゲン化アルキルが消失する速度は，その<u>イオン化速度</u>，つまりカルボカチオンを生成する速度によって決まる．置換生成物と脱離生成物の相対量は，律速段階に<u>続く段階</u>の相対速度によって決まる．それはカルボカチオンと求核剤としての溶媒との反応によって置換生成物ができる段階，およびカルボカチオンの β 水素が溶媒によって引抜かれて脱離生成物を与える段階の二つである．たとえば，式(9・51)では脱離生成物よりも多くの置換生成物が生じている．これは，カルボカチオンからの置換生成物の生成速度が脱離生成物の生成速度よりも大きいことを意味する．これらの過程の相対的な速度が生成物の比を決定するの

で，それらは**生成物決定段階**(product-determining step)といわれる．生成物決定段階の相対速度は，ハロゲン化アルキルがイオンに解離する速度とは無関係であることに注意しよう．

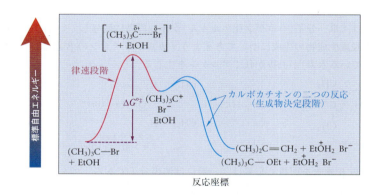

(9・55)

図 9・11 の反応自由エネルギー図はこれらの考えをまとめたものである．第一段階のハロゲン化アルキルのカルボカチオンへのイオン化が律速段階であり，したがって自由エネルギーが最も高い遷移状態をもつ．この段階の速度はハロゲン化アルキルが反応する速度である．生成物決定段階の相対的自由エネルギー障壁が生成物の相対量を決定する．

図 9・11 $(CH_3)_3CBr$ とエタノールとの S_N1-E1 加溶媒分解反応の反応自由エネルギー図．律速段階であるハロゲン化アルキルのイオン化(赤色曲線)は，最も高い標準自由エネルギーの遷移状態をもつ．生成物決定段階(青色の曲線)の相対速度は，置換生成物および脱離生成物の相対量を決定する．この例では置換反応のエネルギー障壁がより低い．したがって，置換反応は脱離反応よりも速く，脱離生成物より多くの置換生成物が見られる．置換生成物を生成するのに必要な最後のプロトン移動段階は明示されていない．

S_N1 反応と E1 反応との競争は，S_N2 反応と E2 反応との競争とは異なる．後者の二つの反応は出発物以外共通するものは何もない．それらは，共通の中間体を通ることはなく，完全に別々の反応経路をたどる．

(9・56)

対照的に，ハロゲン化アルキルの S_N1 および E1 反応は出発物だけでなく律速段階も共通であり，した

がって共通の中間体，カルボカチオンをもつ．

$$\text{ハロゲン化アルキル} \xrightarrow{\text{律速段階}} \boxed{\text{カルボカチオン}} \begin{array}{c} \xrightarrow{S_N1} \text{置換生成物} \\ \text{生成物決定段階} \\ \xrightarrow{E1} \text{脱離生成物} \\ \text{(アルケン)} \end{array} \quad (9\text{-}57)$$

E1 反応では，E2 反応と違ってプロトンはハロゲン化アルキルから引抜かれるのではなく，カルボカチオンから引抜かれる．カルボカチオンは強酸であるため，E1 反応では E2 反応で必要とされる強塩基は必要ではない．

C. S_N1-E1 反応における反応性と生成物分布

S_N1-E1 反応は，第三級ハロゲン化アルキルで最も速やかに起こり，第二級ハロゲン化アルキルでよゆっくりと起こるが，第一級ハロゲン化アルキルでは決して観察されない．
S_N1 または E1 反応におけるハロゲン化アルキルの反応性：

$$\text{第三級} \gg \text{第二級} \gg \text{第一級} \quad (9\text{-}58)$$

正確な相対的反応性は反応条件，特に溶媒によって変化する．たとえば，臭化 t-ブチルは，エタノール中で臭化イソプロピルよりも 1150 倍反応性が高く，水中で約 10^5 倍反応性が高い．S_N1 または E1 反応における第一級ハロゲン化アルキルの相対的反応性は，この反応機構ではまったく反応しないため，確実にはわかっていない．

この反応性の順序は，対応するカルボカチオン中間体の相対的な安定性から予想されることに注意しよう．Hammond の仮説(§4・8D)は，S_N1 反応または E1 反応の律速遷移状態がカルボカチオンによく似ていることを示唆している．

S_N1-E1 反応におけるハロゲン化アルキルの反応性の順序は，ヨウ化物 $\gg$ 臭化物 $>$ 塩化物 $\gg$ フッ化物である．これは S_N2 および E2 反応で観察されたのと同じ反応性の順序である．この相対的反応性は，S_N1-E1 反応における脱離基が，E2 および S_N2 反応の場合とほぼ同じ役割を果たすためである．すなわち，ハロゲン化物への結合は律速段階で切断され，ハロゲン化物イオンは負電荷と余分の非共有電子対をもつことになる．

S_N1-E1 反応は，極性プロトン性ドナー性溶媒において最も速い．これは律速段階で中性分子が正負の電荷をもつイオン種へ解離する反応において予想される結果である．イオンへの解離は，イオンを分離する溶媒(すなわち，高誘電率をもつ極性溶媒)，およびイオンを溶媒和する溶媒(すなわち，プロトン性ドナー性溶媒)によって促進される．S_N1-E1 反応の律速段階は，概念的にはイオン化合物の溶解とあまり変わらない(§8・6F)．いずれの過程も溶媒によるイオン種の安定化に左右される．溶媒の重要な役割は，S_N1 と E1 反応が実際にはその名称が示すような一分子過程ではないことを示す．これらの反応の遷移状態において，溶媒分子はイオン種を溶媒和するのに積極的に関与している．

ハロゲン化アルキルが 2 種類以上の β 水素を含む場合，2 種類以上の脱離生成物を生成する可能性がある．E2 反応の場合のように，二重結合でのアルキル置換基の数が最も多いアルケンが，通常主生成物として得られる．アルケン(E1)と置換生成物(S_N1)の比は，生成するアルケンが二重結合に二つ以上のアルキル置換基を含む場合に大きくなる．次の例はこれらの点を示している．

$$\underset{\underset{CH_3}{|}}{\overset{\overset{CH_3}{|}}{H_3C-C-Br}} \xrightarrow[25\,°C]{EtOH} \underset{H_3C}{\overset{H_3C}{>}}C=CH_2 + \underset{\underset{CH_3}{|}}{\overset{\overset{CH_3}{|}}{H_3C-C-OEt}} + EtOH_2^+ \; Br^- \quad (9\text{-}59a)$$

二重結合に二つのアルキル基

(19% 脱離生成物)　　(81% 置換生成物)

$$\text{H}_3\text{C}-\text{CH}-\overset{\overset{\text{CH}_3}{|}}{\underset{\underset{\text{CH}_3}{|}}{\text{C}}}-\text{Br} \xrightarrow{\text{H}_2\text{O-EtOH}} \text{H}_3\text{C}-\text{CH}-\overset{\overset{\text{CH}_3}{|}}{\text{C}}=\text{CH}_2 + \underset{\underset{\text{H}_3\text{C}}{}}{\overset{\overset{\text{H}_3\text{C}}{}}{\text{C}}}=\underset{\underset{\text{CH}_3}{}}{\overset{\overset{\text{CH}_3}{}}{\text{C}}} + $$

二重結合に四つの
アルキル基をもつ
ものが主生成物

(62% 脱離生成物)

$$\text{H}_3\text{C}-\text{CH}-\overset{\overset{\text{CH}_3}{|}}{\underset{\underset{\text{CH}_3}{|}}{\text{C}}}-\text{OH} + \text{H}_3\text{C}-\text{CH}-\overset{\overset{\text{CH}_3}{|}}{\underset{\underset{\text{CH}_3}{|}}{\text{C}}}-\text{OEt} + \text{EtOH}_2^+ \ \text{Br}^- + \text{H}_3\text{O}^+ \ \text{Br}^- \qquad (9\cdot 59\text{b})$$

(38% 置換生成物)

式(9·59a)では，アルケンの生成は比較的少ない．式(9·59b)ではアルケンが多く生成している．さらに式(9·59b)では，2種類のアルケンがハロゲン化アルキル出発物中の二つの異なる β 水素の引抜きに対応して生成しており，二重結合上のアルキル置換基の数が最も多いアルケンが主生成物である．

最後に，転位反応も加溶媒分解反応において観察される．

$$\text{H}_3\text{C}-\underset{\underset{\text{CH}_3}{|}}{\overset{\overset{\text{CH}_3}{|}}{\text{C}}}-\text{CH}-\text{Cl} \xrightarrow[80\,^\circ\text{C}]{\text{EtOH}} \text{H}_3\text{C}-\underset{\underset{\text{OEt}}{|}}{\overset{\overset{\text{CH}_3}{|}}{\text{C}}}-\text{CH}-\text{CH}_3 + \text{EtOH}_2^+ \ \text{Cl}^- + \text{他の生成物} \qquad (9\cdot 60)$$

転位反応はカルボカチオン中間体の兆候であることを思い出そう(§4·7D)．たとえば，式(9·60)で最初に生成する第二級カルボカチオン中間体はより安定な第三級カルボカチオンに転位し，このカルボカチオンへの溶媒の求核反応が示された生成物を与える(問題9·27)．

S_N1-E1 反応で生成する複数の生成物は，今学んだカルボカチオン中間体の三つの反応を反映している．

1. 求核剤との反応
2. β 水素の引抜き
3. 新しいカルボカチオンへの転位

ハロゲン化アルキルや関連する化合物の加溶媒分解反応は徹底的な研究がなされて，カルボカチオン化学の発展に重要な役割を果たしたが，ハロゲン化アルキルの S_N1-E1 反応は，ハロゲン化アルキルが β 水素をもたない場合を除いて生成物が常に混合物となるため，合成目的にはあまり有用ではない．しかし，これらの反応機構は非常に有用なアルコール，エーテルおよびアミンの多くの反応で起こるので，S_N1 と E1 の機構の理解は重要である．

問 題

9·26 3-クロロ-2,2-ジメチルブタン(式9·60 中のハロゲン化アルキル)をエタノール水溶液中で加溶媒分解するときに生成する可能性のあるすべての生成物を描け．アルケン生成物のうち，どれが主生成物か．

9·27 式(9·60)に示される転位生成物の生成の機構を巻矢印表記法を用いて書け．

D. S_N1 反応の立体化学

反応機構を用いて，キラルなハロゲン化アルキルの S_N1 反応の立体化学を予測してみよう．カルボカチオンは平面三角形の幾何配置をもつので，それらはアキラルである(分子中の他の位置に不斉炭素

がないと仮定する)．したがって，求核剤とカルボカチオンとの反応から生じる生成物はラセミ体でなければならない(§7・7A)．ラセミ体が生成する機構を図9・12に示す．

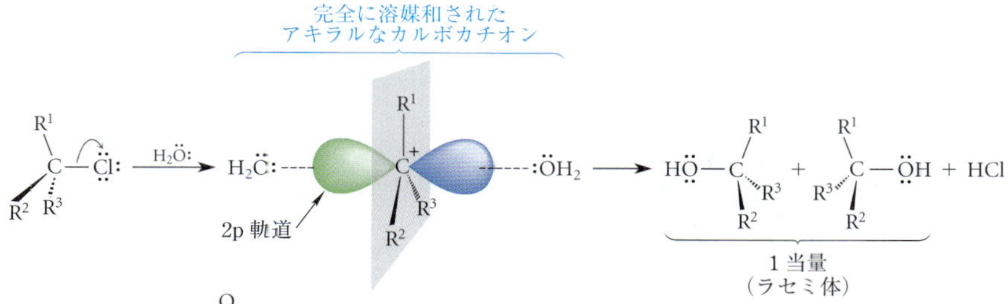

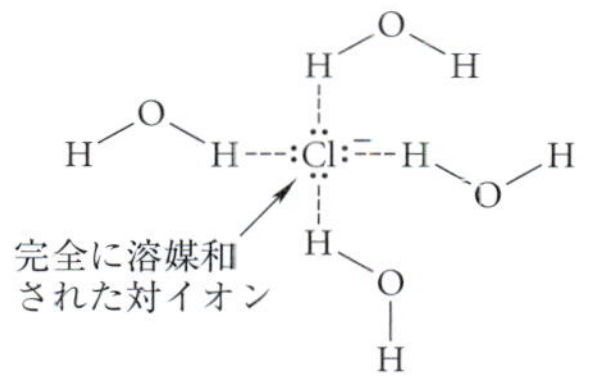

図9・12　キラルな塩化アルキルの S_N1 反応の立体化学的考察．反応が遊離のカルボカチオンを通って進行するならば，カルボカチオンはアキラルなので，生成物はラセミ体でなければならない(三つの置換基 R^1, R^2, R^3 のいずれも不斉炭素を含まないとする)．カルボカチオンの2p軌道の二つのローブのそれぞれで求核剤(ここでは水)との反応が等しい確率で起こるので，生成物はラセミ体となる．

実験結果がこの予測と一致するかどうかを見てみよう．キラルな第三級ハロゲン化アルキルである (R)-6-クロロ-2,6-ジメチルオクタンをアセトン水溶液中で加溶媒分解すると，置換生成物は部分的にラセミ化し，全体として立体配置の反転が観察される．

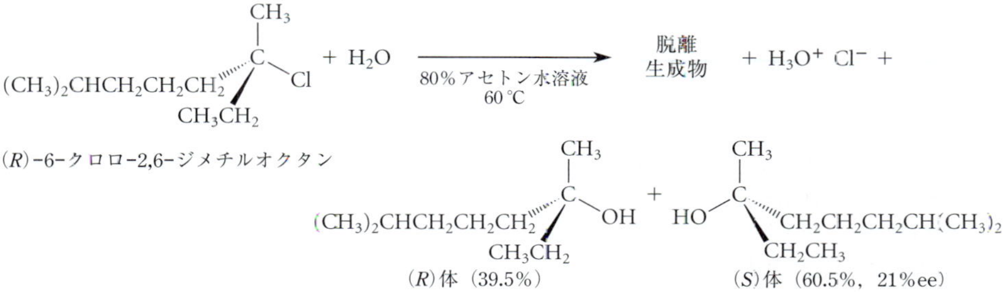

$$(R)\text{体 }(39.5\%) \quad\quad (S)\text{体 }(60.5\%,\ 21\%ee) \tag{9・61}$$

式(9・61)に示すように，反転生成物 (S) 体は21%鏡像異性体過剰率(ee, §6・4A)で生成する．遊離カルボカチオンが中間体であるとすると，どのように反転生成物の生成が説明できるだろうか．

まず，式(9・61)の反応は，同じ溶媒中の第一級ハロゲン化アルキルの S_N2 反応より数千倍速く起こり，また α分枝は S_N2 反応を遅くするのだから S_N1 反応とともに S_N2 反応が起こったために反転生成物が生じたのではない．

この結果は，溶媒の役割とカルボカチオンの寿命の両方について重要なことを示している(図9・13)．この結果を説明する機構は，S_N1 反応において初めに生成する中間体はイオン対(§8・6F)であると考える．つまり，カルボカチオンはその対イオン(この場合は塩化物イオン)と緊密に会合している．このイオン対は依然としてキラルであることに注意しよう．塩化物イオンは，カルボカチオンの前側(図中右側)への溶媒の接近を阻止する．このイオン対におけるカルボカチオンの溶媒和は反対側からのみ起こる．この溶媒和に関わっている溶媒分子による反対側からの置換は反転を生じる．しかし，塩化物イオンがカルボカチオンから周囲の溶媒中に移動すると，両側から溶媒和されたカルボカチオンが生じる．この対称的に溶媒和されたカルボカチオンはアキラルであり，等しい確率でいずれかの面で溶媒と反応してラセミ生成物を与える．式(9・61)ではラセミ化と反転の両方が起こっていることになり，二つのタイプ，つまりイオン対型および遊離イオン型のカルボカチオンが S_N1 反応の生成物を決定するうえで重要であることを示している．この機構によれば，生成物の21%はイオン対から生じ，

りの79%（RとSが半分ずつ）は対称的に溶媒和されたイオンに由来する．それぞれの正確な割合は，反応ごとに異なる．

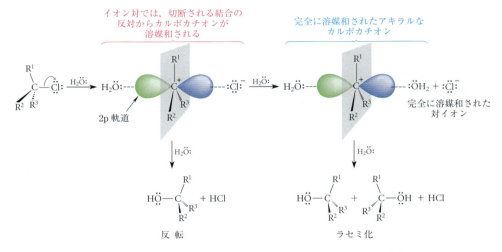

図 9・13　S_N1 反応におけるカルボカチオン生成のイオン対機構．イオン対において溶媒和に関わっている溶媒分子とカルボカチオンとの反応は，離れていく塩化物イオンの反対側から起こり，反転生成物を生じる．イオン対がキラルであることに注目しよう．完全に溶媒和されたイオンは，塩化物イオンが拡散しそれ自体が完全に溶媒和したときに生成する．その溶媒殻は明示していない．完全に溶媒和されたカルボカチオンはアキラルであり，ラセミ体の生成物を与える．

問　題

9・28　式(9・61)の光学活性なハロゲン化アルキルは，60 °C の無水メタノール溶媒中で反応してメチルエーテル A とアルケンを与える．置換反応は，66%のラセミ化および34%の反転で起こると報告されている．エーテル A の構造式を描き，A の各鏡像異性体がどれだけ生成しているかを述べよ．

9・29　イオン対仮説に基づくと，式(9・61)の反応におけるカルボカチオン中間体より安定なカルボカチオン(a)，不安定なカルボカチオン(b)，を生じるハロゲン化アルキルの S_N1 反応の立体化学的結果（ラセミ化と反転の割合）はどう変化すると予測されるか．

E. S_N1 反応および E1 反応のまとめ

S_N1 反応と E1 反応の重要な特徴を要約しよう．

1. 第三級および第二級ハロゲン化アルキルは，S_N1 および E1 機構による加溶媒分解反応を受ける．第三級ハロゲン化アルキルははるかに反応性が高い．
2. ハロゲン化アルキルが β 水素をもつ場合，E1 反応によって生成する脱離生成物と S_N1 機構によって生成する置換生成物の両方が得られる．
3. S_N1 反応および E1 反応は，同じ律速段階をもち，そこでハロゲン化アルキルのイオン化によりカルボカチオンが生成する．
4. S_N1 および E1 反応はハロゲン化アルキルについて1次の反応である．
5. S_N1 および E1 反応は，生成物決定段階が異なる．S_N1 反応における生成物決定段階は，求核剤とカルボカチオン中間体との反応であり，E1 反応では，カルボカチオン中間体から β 水素が引抜かれる段階である．
6. カルボカチオンの転位は，最初に形成されたカルボカチオン中間体がより安定なカルボカチオン

に転位できるときに起こる.
7. 最も優れた脱離基は，生成物として最も弱い塩基を与える脱離基である.
8. 反応は，極性，プロトン性，ドナー性溶媒によって促進される.
9. キラルなハロゲン化アルキルの S_N1 反応は大部分ラセミ化生成物を与えるが，立体配置の反転もある程度観察される.

9・7 ハロゲン化アルキルの置換反応と脱離反応のまとめ

この章ではハロゲン化アルキルの置換および脱離反応がさまざまな機構によって起こることを示した．各反応をそれぞれ考察してきたが，実際の問題は，与えられたハロゲン化アルキルが特定の条件下でどのような反応を起こすかである.

特定のハロゲン化アルキルがどのように反応するかを予測するには，まず次の三つの主要な因子を考える必要がある.

1. ハロゲン化アルキルは第一級，第二級，第三級のどれか？ 第一級または第二級の場合，β炭素にアルキル置換が多いか？
2. Lewis 塩基は存在しているのか？ もしあるならそれは優れた求核剤か，強力な Brønsted 塩基かまたはその両方か？ エトキシドのような最も強い Brønsted 塩基は良好な求核剤であるが，ヨウ化物イオンなどのいくつかの優れた求核剤は比較的弱い Brønsted 塩基である.
3. 溶媒は何か？ 実際の選択は，大部分が極性プロトン性溶媒，極性非プロトン性溶媒，または両方の混合物かに限定される.

表 9・7 ハロゲン化アルキルの置換反応および脱離反応の予測

項目番号	アルキル基の構造	すぐれた求核剤か	強い Brønsted 塩基か	溶媒のタイプ*	起こるおもな反応
1	メチル	はい	はい または いいえ	PP または PA	S_N2
2	枝分かれのない第一級	はい	いいえ	PP または PA	S_N2
3		はい	はい（枝分かれのないもの）	PP または PA	S_N2
4	β置換基をもつ第一級	はい	はい（枝分かれのないもの）	PP または PA	$E2 + S_N2$
5	すべての第一級	はい	はい（枝分かれのあるもの）	PP または PA	$E2 + S_N2$
6		いいえ	いいえ	PP または PA	反応しない
7	第二級	はい	はい	PP または PA	E2，ハロゲン化イソプロピルでは S_N2 も起こる，枝分かれした塩基では E2 のみ
8		はい	いいえ	PA	S_N2
9		いいえ	いいえ	PP	S_N1-E1（加溶媒分解）
10		いいえ	いいえ	PA	反応しない
11	第三級	はい	はい	PP または PA	E2
12		はい	いいえ	PP	S_N1-E1（加溶媒分解）
13		はい	いいえ	PA	反応しないか非常に遅い S_N2
14		いいえ	いいえ	PP	S_N1-E1
15		いいえ	いいえ	PA	反応しない

* 溶媒タイプは PP = 極性プロトン性，PA = 極性非プロトン性．S_N2，E2，S_N1，および E1 反応は，最も反応性の高いハロゲン化アルキルを除いて，無極性の非プロトン性溶媒中で行うことはめったにない．そのような場合，期待される結果は，極性非プロトン性(PA)溶媒を用いた場合と同様である.

これらの問に答えれば，ほとんどの場合に納得のいく予測が本章の要約である表9・7から得られる．この表を使用する前にそれぞれの反応を検討し，なぜ結論が合理的であるかを考えて必要に応じてこの章の内容を見直すこと．例題9・3で，表の実際の応用例を示す．

例題 9・3

以下の反応について，主生成物とそれを与える反応機構を示せ．
(a) エタノール中のヨウ化メチルとシアン化ナトリウム NaCN
(b) 高温エタノール中の 2-ブロモ-3-メチルブタン
(c) 室温での無水アセトン中の 2-ブロモ-3-メチルブタン
(d) 過剰のナトリウムエトキシドを含むエタノール中の 2-ブロモ-3-メチルブタン
(e) 過剰のヨウ化ナトリウムを含むエタノール中の 2-ブロモ-2-メチルブタン
(f) 過剰のナトリウムエトキシドを含むエタノール中の臭化ネオペンチル

解 法　(a) エタノール中のヨウ化メチルとシアン化ナトリウム NaCN．この反応は表9・7の項目1に該当する．ハロゲン化メチルは β 水素をもたないので，β 脱離反応を起こすことはできない．したがって唯一可能な反応は S_N2 反応である．優れた求核剤(シアン化物イオン)が存在するので(表9・4，図9・5参照)，生成物は S_N2 機構によって生成するアセトニトリル CH_3CN である．プロトン性溶媒は，S_N2 反応に対して極性非プロトン性溶媒ほど有効ではないが，ヨウ化メチルなどの反応性の高いハロゲン化アルキルには有用である．しかし，極性非プロトン性溶媒(表9・6)中で行えば，反応はより速くなるであろう．

(b) 高温エタノール中の 2-ブロモ-3-メチルブタン．これは第二級ハロゲン化アルキルである．この反応は極性でプロトン性である溶媒以外の求核剤または塩基を含まない．この状況は，表9・7の項目9に相当する．溶媒のエタノールは弱い求核剤であり弱塩基なので，S_N2 および E2 反応は起こりえない．極性プロトン性溶媒は S_N1 および E1 反応を促進するので，これらの反応だけが観測される．

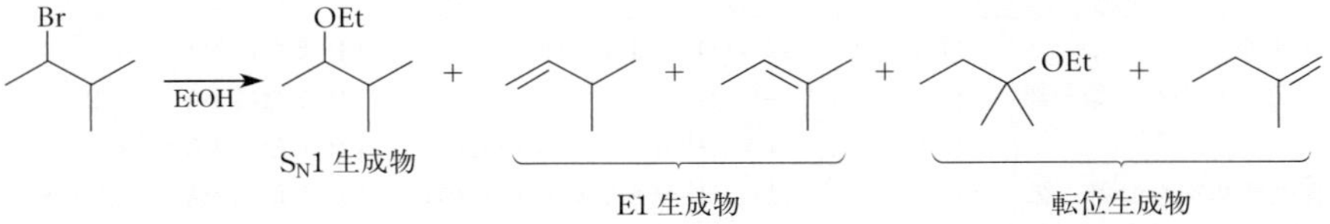

転位生成物に注目しよう(最初に生成したカルボカチオン中間体からこれらがどのように生じるか考えよう)．第二級カルボカチオンの場合には，転位の可能性を考慮するべきである．ハロゲン化アルキルが第二級であり，第三級ハロゲン化アルキルよりも S_N1-E1 反応において反応性が低いので，"熱い"エタノールが必要である．

(c) 無水アセトン中の 2-ブロモ-3-メチルブタン．(b)と同じハロゲン化アルキルであるが，優れた求核剤が存在せず(S_N2 は不可能)，強塩基は添加されておらず(E2 は不可能)，極性非プロトン性溶媒が用いられる条件である．このタイプの溶媒では，穏やかな条件下ではカルボカチオンは生成せず，したがって，S_N1 および E1 反応は起こりえない．表9・7の項目10から反応が起こらないと予測される．

(d) 過剰量のナトリウムエトキシドを含むエタノール中の 2-ブロモ-3-メチルブタン．(b)や(c)と同じハロゲン化アルキルがプロトン性溶媒中の強塩基にさらされる．この状況は，表9・7の項目7に相当する．S_N2 反応は，α および β アルキル置換の両方によって遅くなるが，E2 反応は起こりうる．S_N1-E1 反応はプロトン性溶媒によって促進されるが，高い塩基濃度のために E2 反応の速度はより大きい．E2 反応の速度は塩基について1次であり(式9・33)，S_N1 および E1 反応の速度は塩基濃度の影響を受けない(式9・52)．生成物は以下の2種のアルケンである．

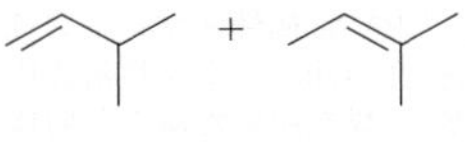

これらのうちの右側のものが二重結合におけるアルキル置換基の数が多いために主生成物となる．

(e) 過剰のヨウ化ナトリウムを含むエタノール中の 2-ブロモ-2-メチルブタン．これは，優れた求核剤であるが弱塩基であるヨウ化物イオンを含む極性プロトン性溶媒中の第三級ハロゲン化アルキルである．表 9・7 の項目 12 でこの状況を取上げている．極性プロトン性溶媒はカルボカチオン生成を促進し，したがって S_N1 および E1 反応が観察される．S_N1 生成物は次のとおりである．

$$\underset{\text{(Na}^+\text{は傍観イオン)}}{\diagup\!\diagdown\!\text{Br}} + \text{Na}^+\text{I}^- \xrightarrow{\text{EtOH}} \underset{A}{\diagup\!\diagdown\!\text{I}} + \underset{B}{\diagup\!\diagdown\!\text{OEt}} + \underset{\substack{\text{(エタノール中で} \\ \text{イオン化した HBr)}}}{\text{EtOH}_2^+\,\text{Br}^-} + \underset{\text{(傍観イオン)}}{\text{Na}^+}$$

生成物 A は，求核剤 I^- とカルボカチオン中間体との Lewis 酸-塩基会合反応から生じ，生成物 B は，同じカルボカチオンと溶媒との反応から生じる加溶媒分解生成物である．イオン化した HBr が副生成物として生成する．どちらの生成物 (A または B) がより多く生成するかは，ヨウ化物イオンがどれだけ存在するかによる．ヨウ化物イオンが多くなるほど，カルボカチオンに対する溶媒エタノールとの競争で，より有利になる．そのうえ，ヨウ化物イオンも優れた脱離基であるので，化合物 A はさらに反応して S_N1 反応によって化合物 B を与える．A の収率を最大にしたい場合は，反応を慎重に監視する必要がある．β 水素をもつハロゲン化アルキルでは E1 反応が，S_N1 反応とともに起こるため，アルケンも生成する．それらの構造式を描いてみよ．カルボカチオン中間体が第三級であるため，転位生成物は予測されない．

(f) 過剰のナトリウムエトキシドを含むエタノール中の臭化ネオペンチル．これは，三つの β アルキル基をもつ第一級ハロゲン化アルキル $(CH_3)_3C-CH_2-Br$ である．このハロゲン化アルキルの構造について深く考えないと表 9・7 の項目 4 がこの場合に当てはまると考えるかもしれない．しかし β 水素は存在しないので脱離反応は不可能である．ハロゲン化ネオペンチルは，S_N2 反応 (表 9・3) では本質的に非反応性であり，第一級ハロゲン化アルキルはカルボカチオンを生成しないので，E1 反応も S_N1 反応も不可能である．したがって，このハロゲン化アルキルは本質的に不活性である．反応混合物を強く加熱すると数日後に反応が起こる可能性があるが，正しい予測は "反応しない" である．

問 題

9・30 以下の各状況での生成物を予測し，巻矢印を使って反応機構を示せ．
(a) 大過剰のナトリウムメトキシドを含むメタノール中の 1-ブロモブタン
(b) 大過剰のカリウム t-ブトキシドを含む t-ブチルアルコール中の 2-ブロモブタン
(c) エタノール中の 2-ブロモ-1,1-ジメチルシクロペンタン
(d) 熱メタノール中のブロモシクロヘキサン

9・8 有機金属化合物：Grignard 試薬および有機リチウム反応剤

炭素-金属結合を含む化合物は，**有機金属化合物** (organometallic compound) とよばれる．すでにこのような化合物の二つの例を見てきた．すなわち，酢酸水銀(II) 水溶液がアルケンと反応するときに生じるオキシ水銀化付加体 (§5・4A) およびアルケンに BH_3 が付加して生成する有機ボラン (§5・4B) である．この節では，有機金属化合物の中でも最も役立つ，Grignard 試薬および有機リチウム反応剤の二つを学ぶ．それらがハロゲン化アルキルおよびハロゲン化アリールから調製されることが最も多いので，ここで取上げる．有機金属化合物の調製法およびそれらを使ったアルカンおよび同位体置換化合物の合成について議論しよう．しかし，それらの最も重要な用途はエポキシド (§11・5C) や，特にカルボニル化合物 (§19・9，§21・10，§22・11) との反応であり，それらについては後に述べる．

A. Grignard 試薬と有機リチウム反応剤

Grignard 試薬(Grignard reagent)は，R—Mg—X(X = Br, Cl, I)で表される化合物である．

Grignard 試薬の例：

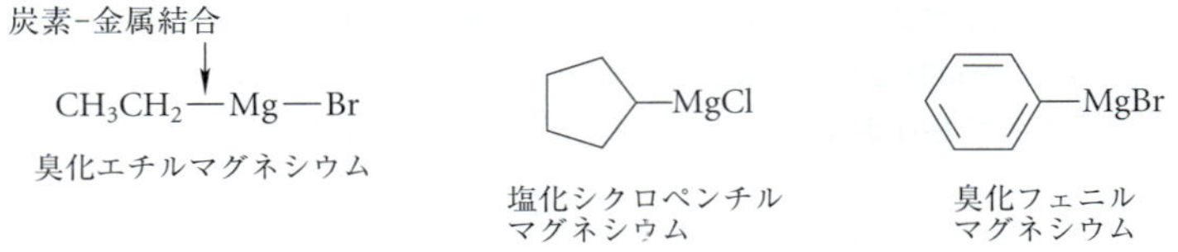

CH₃CH₂—Mg—Br （炭素-金属結合）
臭化エチルマグネシウム

シクロペンチル—MgCl
塩化シクロペンチルマグネシウム

C₆H₅—MgBr
臭化フェニルマグネシウム

有機リチウム反応剤(organolithium reagent)は，R—Li で表される化合物である．

有機リチウム反応剤の例：

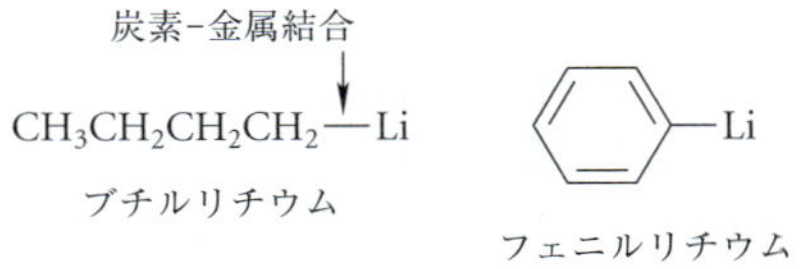

CH₃CH₂CH₂CH₂—Li （炭素-金属結合）
ブチルリチウム

C₆H₅—Li
フェニルリチウム

有機リチウム反応剤は便宜上 R—Li と表されるが，溶液中ではいくつかの分子の凝集体，つまり $(RLi)_n$ であること，凝集状態は溶媒に依存することが多くの研究によって示されている．

B. Grignard 試薬と有機リチウム反応剤の調製

Grignard 試薬および有機リチウム反応剤はいずれも，攪拌した金属懸濁液にハロゲン化アルキルまたはハロゲン化アリールを滴下することによって調製される．Grignard 試薬の調製には，無水エーテル溶媒を使用しなければならない．

$$CH_3CH_2—Br + Mg \xrightarrow{Et_2O} CH_3CH_2—Mg—Br \quad (9 \cdot 62)$$
ブロモエタン　　　　　　　　　臭化エチルマグネシウム

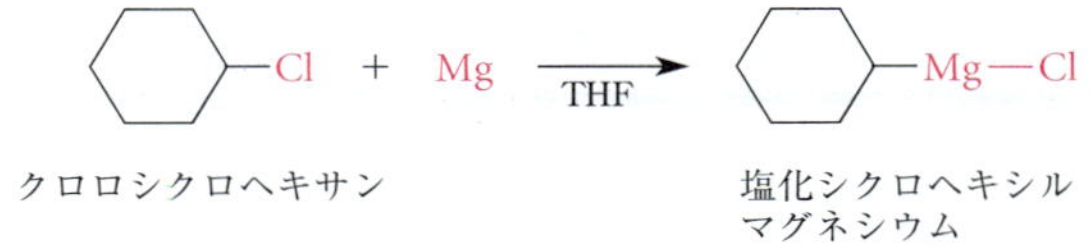

$$C_6H_{11}—Cl + Mg \xrightarrow{THF} C_6H_{11}—Mg—Cl \quad (9 \cdot 63)$$
クロロシクロヘキサン　　　　　塩化シクロヘキシルマグネシウム

Grignard 試薬のエーテル溶媒への溶解性は，反応剤の生成に重要な役割を果たす．Grignard 試薬はマグネシウム金属の表面で生成する．生成した Grignard 試薬は，金属表面からエーテル溶媒中に溶けだす．その結果，新しい金属面がたえずハロゲン化アルキルにさらされる．エーテル分子が <u>Lewis 酸-塩基相互作用</u> によってマグネシウム原子を溶媒和するため，Grignard 試薬はエーテルに可溶となる．

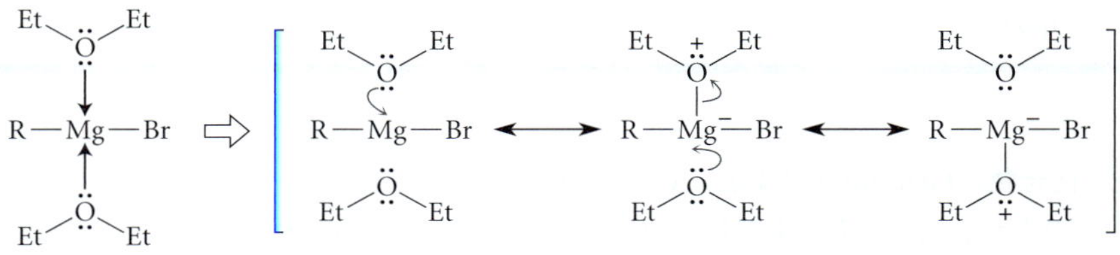

$$(9 \cdot 64)$$

Grignard 試薬のマグネシウムは電子対 2 個分がオクテットから不足しているので，2 個のエーテル分子の酸素が電子対を金属に供与する．この相互作用は溶液中のカチオンを安定化させるドナー相互作用に非常に似ている(§8・6F)．

有機リチウム反応剤は，一般的にはヘキサンのような炭化水素溶媒中で調製される．

$$CH_3CH_2CH_2CH_2—Cl + 2Li \xrightarrow{ヘキサン} CH_3CH_2CH_2CH_2—Li + LiCl \quad (9 \cdot 65)$$
1-クロロブタン　　　　　　　　　　　　　ブチルリチウム

Grignard 試薬の開発

Grignard 試薬は，有機化学において最も用途が広く重要な反応剤の一つである．Grignard 試薬の有用性は，フランスのリヨン大学の F. P. A. Barbier (バルビエ) (1848〜1922) によって最初に研究された．しかし，20 世紀初期のハロゲン化有機マグネシウムの多くの用途を開発したのは，リヨン大学の Barbier の後任者となった V. Grignard (グリニャール) (1871〜1935) であった．この研究で Grignard は 1912 年にノーベル化学賞を受賞した．

有機リチウム反応剤は炭化水素に可溶であるため，その調製にエーテル溶媒を必要としない．

Grignard 試薬と有機リチウム反応剤は酸素と激しく反応し，また次の節で述べるように水とも激しく反応する．このため，これらの反応剤は厳密に無酸素および無水条件下で調製しなければならない．Grignard 試薬の場合，通常使用されるエーテル溶媒が低沸点であるために無酸素条件は容易に達成できる．Grignard 試薬が生成し始めると熱が放出され，エーテルが沸騰する．反応フラスコはエーテル蒸気で充満するので，酸素は排除される．

問題

9・31 次の有機金属化合物を調製するための反応式を書け．
(a) $(CH_3)_2CH-MgBr$ (b) $Ph-Li$ (c) $[(CH_3)_2CH-CH_2]_3B$

9・32 次のそれぞれの反応式を完成せよ．

(a) 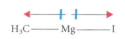   (b) $(CH_3)_3C-Cl + Li \xrightarrow{\text{ヘキサン}}$

C. Grignard 試薬および有機リチウム反応剤の加プロトン分解

Grignard 試薬および有機リチウム反応剤のすべての反応は，炭素-金属結合の極性を用いて理解することができる．炭素はマグネシウムやリチウムよりも電気陰性度が大きいので，炭素-金属結合の負の末端は炭素原子である．これを Grignard 試薬の一つであるヨウ化メチルマグネシウムの EPM によって図示すると次のようになり，炭素およびハロゲン上に高い電子密度を示す．

ヨウ化メチルマグネシウムの 　　　　ヨウ化メチルマグネシウムの EPM
Lewis 構造式と結合双極子

Grignard 試薬または有機リチウム反応剤の炭素-金属結合を切断して，金属が正に荷電して電子不足になり，結合の電子対が炭素上にいくような極限状態を想像してみよう．三つの結合，非共有電子対，および負の形式電荷をもつそのような炭素は，炭素アニオンすなわち**カルボアニオン** (carbanion) である．Grignard 試薬および有機リチウム反応剤は，それらがカルボアニオンであるかのように反応する．

$$R-\underset{R}{\underset{|}{C}}-MgX \quad \text{は} \quad R-\underset{R}{\underset{|}{C}}:^- \ ^+MgX \quad \text{であるかのように反応する} \tag{9・66}$$

カルボアニオン

Grignard 試薬と有機リチウム反応剤は共有結合の炭素–金属結合をもっているので真のカルボアニオン種ではない．しかし，それらを概念的にカルボアニオンとして扱うことによって，その反応性を予測することができる．

たとえば，Grignard 試薬および有機リチウム反応剤をカルボアニオン種として見ると，単純な Brønsted 酸–塩基反応を当てはめることができる．カルボアニオンは強力な Brønsted 塩基なので，その共役酸である対応するアルカンはきわめて弱い酸であり，pK_a は 55～60 の範囲にあると推定される．つまり，その論理は次のようになる．

1. R–H は非常に弱い酸である（$pK_a = 55$～60）．よって，
2. R:⁻ は非常に強い塩基である．よって，
3. R–MgX と R–Li もまた強塩基である．

Grignard 試薬およびリチウム反応剤は，水やアルコールのような弱い酸とでも瞬時に反応するような強塩基である．このような反応の生成物は，有機金属 "カルボアニオン" の共役酸である炭化水素およびプロトン源の共役塩基，すなわち水酸化物イオン（酸が水である場合）またはアルコキシドイオン（酸がアルコールである場合）である．

$$CH_3CH_2\text{—}MgBr + H\text{—}OH \longrightarrow CH_3CH_2\text{—}H + HO^- \ ^+MgBr \quad (9\cdot67)$$

$$(CH_3)_3C\text{—}Li + H_2O \longrightarrow (CH_3)_3C\text{—}H + Li^+ \ ^-OH \quad (9\cdot68)$$

$$CH_3CH_2CH_2\text{—}MgBr + CH_3OH \longrightarrow CH_3CH_2CH_2\text{—}H + CH_3O^- \ ^+MgBr \quad (9\cdot69)$$

メタノール（アルコール）　　ブロモマグネシウムメトキシド（アルコキシド，メタノールの共役塩基）

これらの反応は，カルボアニオン塩基と水またはアルコールの水素との反応として巻矢印で表すことができる．

$$CH_3\overset{-}{C}H_2 \ ^+MgX \ H\text{—}\ddot{O}R \longrightarrow CH_3CH_2\text{—}H + R\ddot{O}:^- \ ^+MgX \quad (9\cdot70)$$

$CH_3CH_2:^-$ の共役酸　　$RO\text{—}H$ の共役塩基

式(9·67)～式(9·70)は加プロトン分解の例である．**加プロトン分解**（protonolysis）とは，酸のプロトンが化学結合を切断する反応である．たとえば，Grignard 試薬の加プロトン分解では Grignard 試薬の炭素–金属結合が切断される．Grignard 試薬や有機リチウム反応剤は水のない状態で調製されなければならないので，加プロトン分解反応は厄介なものとなる．しかし，ハロゲン化アルキルから炭化水素を合成する方法を提供するので，加プロトン分解反応は有用でもある．たとえば，式(9·70)において，エタン（炭化水素）は臭化エチルマグネシウムから合成され，臭化エチルマグネシウムは臭化エチル（ハロゲン化アルキル）から調製されることに注目しよう．通常は普通の炭化水素をこのような反応ではつくらないが，加プロトン分解反応の特に有用な応用は，水素同位体の重水素（D または ^{2}H）あるいはトリチウム（T または ^{3}H）で標識された炭化水素の合成であり，Grignard 試薬を同位体標識された水と反応させればよい．

$$(CH_3)_3CCH_2\text{—}Br \xrightarrow[\text{エーテル}]{Mg} (CH_3)_3CCH_2\text{—}MgBr \xrightarrow{D_2O} (CH_3)_3CCH_2\text{—}D \quad (9\cdot71)$$

問題

9·33 以下の反応の生成物を書け．反応を巻矢印表記で示せ．
(a) $H_3C\text{—}Li + CH_3OH \longrightarrow$　(b) $(CH_3)_2CHCH_2\text{—}MgCl + H_2O \longrightarrow$

9·34 (a) 水と反応してプロパンを与える臭化アルキルマグネシウムの二つの異性体の構造式を描け．
(b) (a)の反応剤と D_2O との反応でどのような化合物が得られるか．

9・9 カルベンおよびカルベノイド

A. α脱離反応

β水素を含むハロゲン化アルキルを塩基で処理したときに起こる反応の一つに，β脱離があることをすでに学んだ．ハロゲン化アルキルがβ水素をもたないがα水素をもつ場合，塩基により促進される異なる種類の脱離反応が起こることがある．クロロホルム H−CCl$_3$ はこのような反応を受けるハロゲン化アルキルである．

クロロホルムは弱酸($pK_a \approx 25$)であるが，三つの塩素の極性効果のためアルカンよりもはるかに強い酸である(§3・6C)．その酸性度は，強塩基と酸として反応することができるほど高い．したがってクロロホルムをカリウム t-ブトキシドのようなアルコキシド塩基で処理すると少量の共役塩基アニオンが生成する．

$$(CH_3)_3C-\ddot{O}:^- \quad H-CCl_3 \rightleftarrows (CH_3)_3C-OH + {}^-:CCl_3 \qquad (9・72a)$$

t-ブトキシドアニオン　クロロホルム　　　　　　t-ブチルアルコール　　トリクロロメチル
　　　　　　　　　　　($pK_a \approx 25$)　　　　　　　　($pK_a \approx 19$)　　　　　アニオン

このアニオンは，塩化物イオンを放出してジクロロメチレンとよばれる中性化学種を与える．

$$\begin{array}{c} :Cl: \\ {}^-:C-Cl \\ Cl \end{array} \rightleftarrows :C\begin{array}{c}Cl\\ Cl\end{array} + :\ddot{Cl}:^- \qquad (9・72b)$$

トリクロロメチル　　　　　　　ジクロロメチレン
アニオン

ジクロロメチレンは，2価の炭素原子をもつ化学種である**カルベン**(carbene)の例である．ジクロロメチレンは，炭素上に六つの価電子をもつ．いいかえるならその炭素はオクテットより2電子足りない状態である．カルベンは不安定で非常に反応性の高い化学種である．

式(9・72a)，式(9・72b)に示されるジクロロメチレンの生成では，同じ炭素原子から HCl が脱離している．同じ原子からの二つの基の脱離は，**α脱離**(α-elimination)とよばれる．

$$\begin{array}{c}R^1\\ R^2\end{array}C\begin{array}{c}H\\ \ddot{X}:\end{array} \longrightarrow \begin{array}{c}R^1\\ R^2\end{array}C: + H-\ddot{X}: \quad (\alpha\text{脱離}) \qquad (9・73)$$

クロロホルムはβ水素をもたないのでβ脱離を起こすことができない．ハロゲン化アルキルがβ水素をもつ場合，β脱離生成物であるアルケンはα脱離生成物であるカルベンよりもずっと安定であるため，α脱離に優先してβ脱離が起こる．たとえば，CH$_3$CHCl$_2$ は塩基と反応してカルベン H$_3$C−$\ddot{C}$−Cl よりむしろアルケン H$_2$C=CHCl を生成する．

ジクロロメチレンの反応性はその電子構造に由来する．ジクロロメチレンの炭素原子は三つの基(二つの塩素と非共有電子対)をもち，したがって，ほぼ平面三角形の構造をしている．平面三角形の炭素原子は sp^2 混成であるため，Cl−C−Cl 結合は直線形ではなく曲がっており，非共有電子対は sp^2 軌道を占め，2p軌道は空である．

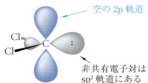

空の 2p 軌道

非共有電子対は
sp^2 軌道にある

ジクロロメチレンはオクテットを満たしていないので，電子不足化合物であり，電子対を受入れることができる．いいかえれば，ジクロロメチレンは強力な求電子剤なのである．一方，非共有電子対をも

つ原子は，求核剤として反応することができる．ジクロロメチレンも非共有電子対をもつのでこのカテゴリーに入る．実際，カルベンの2価の炭素は同時に求核剤としても求電子剤としても働くことができる．

この解釈に適合するカルベンの重要な反応は，シクロプロパンの生成である．アルケンの存在下でジクロロメチレンを発生させると，シクロプロパンが生成する．

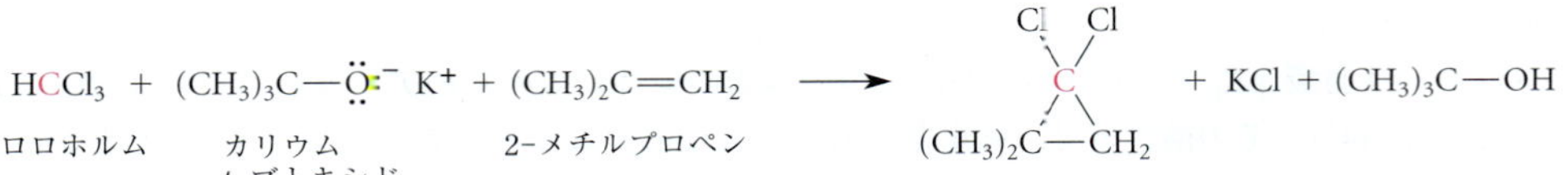

$$HCCl_3 + (CH_3)_3C\text{—}\ddot{\underset{..}{O}}\!:^- K^+ + (CH_3)_2C\!=\!CH_2 \longrightarrow \underset{\substack{1,1\text{-ジクロロ-2,2-}\\\text{ジメチルシクロプロパン}}}{\underset{(CH_3)_2C\text{—}CH_2}{\overset{\overset{Cl\;\;Cl}{\diagdown\!/}}{C}}} + KCl + (CH_3)_3C\text{—}OH \tag{9·74}$$

（クロロホルム）（カリウム t-ブトキシド）（2-メチルプロペン）

一般的に，アルケンの存在下でハロホルムを塩基と反応させると，1,1-ジハロシクロプロパンが得られる．

反応機構的には，協奏的なシン付加反応である．電子の流れを赤色で表示し，原子の動きを緑色で表示している．

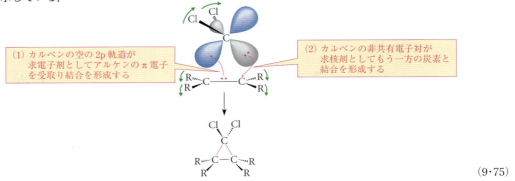

(1) カルベンの空の2p軌道が求電子剤としてアルケンのπ電子を受取り結合を形成する
(2) カルベンの非共有電子対が求核剤としてもう一方の炭素と結合を形成する

(9·75)

カルベンの空の2p軌道は電子不足であり，したがって求電子剤として作用する．アルケンのπ電子はこの軌道に供与され，カルベンとアルケンの一方の炭素との間に結合ができる．このアルケン炭素の求核反応は，他方のアルケン炭素に電子の欠乏を生じる．この電子不足は，カルベンの非共有電子対が求核剤として作用し，アルケンへのもう一つの結合を形成することによって解消される．

この反応は立体特異的である．

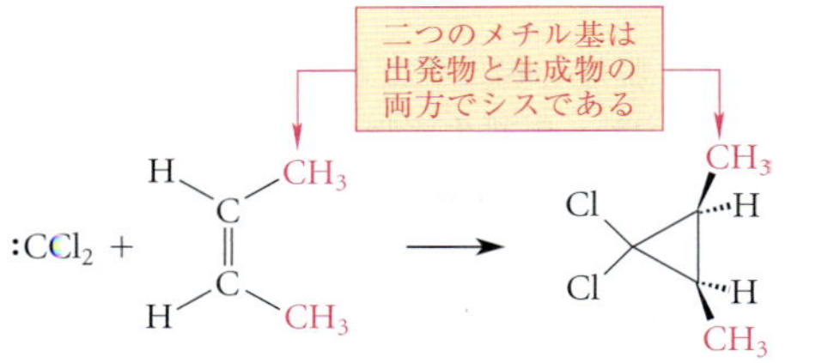

:CCl₂ + cis-2-ブテン → meso-1,1-ジクロロ-2,3-ジメチルシクロプロパン (9·76a)

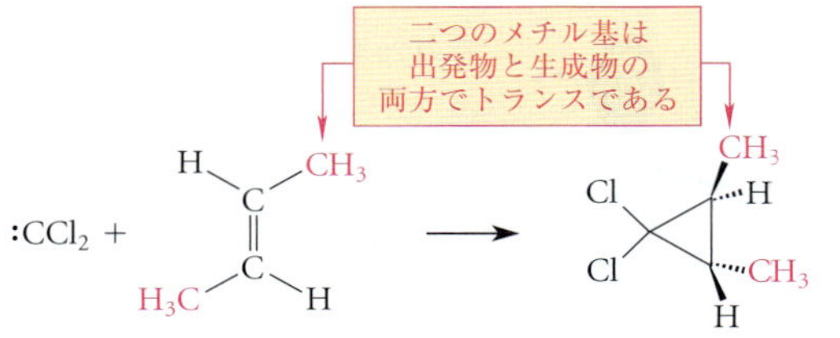

二つのメチル基は出発物と生成物の両方でシスである

:CCl₂ + trans-2-ブテン → (±)-1,1-ジクロロ-2,3-ジメチルシクロプロパン (9·76b)

二つのメチル基は出発物と生成物の両方でトランスである

この反応の完璧なシン付加の立体化学は，合成的に有用であるばかりでなく，反応が協奏機構であるという最たる証拠を提供する（立体化学と反応機構の関係は§7・8C 参照）．協奏的なアンチ付加は，カルベン炭素がアルケンの二つの面に同時に付加しなければならず，起こりえない．

問題

9・35 どのようなハロゲン化アルキルおよびアルケンを用いれば強塩基の存在下で次のシクロプロパン誘導体を生じるか．
 (a) 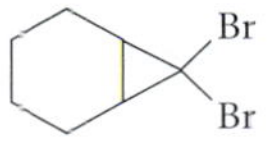 シクロヘキサン縮合 gem-ジブロモシクロプロパン (b) 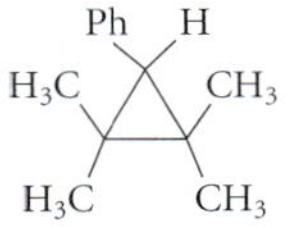 1,1-ジメチル-2,2-ジメチル-3-フェニル-3-メチルシクロプロパン

〔(b)のヒント：ベンゼン環つまり Ph 基に隣接する炭素上の水素は特に酸性である〕

9・36 次のアルケンをクロロホルムおよびカリウム t-ブトキシドと反応させるときに生じる生成物を予測せよ．生成物のすべての立体異性体の構造式を描き，複数の立体異性体が生成する場合，それらがどのような割合で生成するかを示せ．
 (a) シクロペンテン   (b) (R)-3-メチルシクロヘキセン

B. Simmons–Smith 反応

ハロゲン原子を含まないシクロプロパンは，銅–亜鉛合金の存在下でアルケンをジヨードメタン CH_2I_2 と反応させることによって合成することができる．

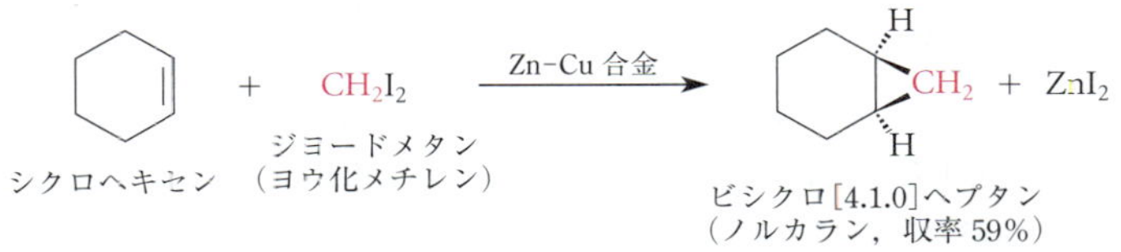

$$\text{シクロヘキセン} + CH_2I_2 \xrightarrow{\text{Zn-Cu 合金}} \text{ビシクロ[4.1.0]ヘプタン（ノルカラン，収率 59\%）} + ZnI_2 \tag{9・77}$$

ジヨードメタン（ヨウ化メチレン）

この反応は，Dupont 社の2人の化学者 H. E. Simmons と R. D. Smith によって 1959 年に開発された **Simmons–Smith 反応**（Simmons–Smith reaction）とよばれる．

銅の役割は解明されていないが，Simmons–Smith 反応における活性反応剤は α-ハロ有機金属化合物，すなわちハロゲンと金属が同じ炭素上にある化合物であると考えられている．この化学種は Grignard 試薬と同様の反応によって生成する（§9・8B）．

$$CH_2I_2 + Zn \longrightarrow I-CH_2-ZnI \tag{9・78}$$

Simmons–Smith 試薬

前項のカルベンとアルケンとの反応性についての考察から，Simmons–Smith 反応のシクロプロパン生成物は母体カルベンである**メチレン**（methylene）: CH_2 が反応中間体である場合に予想されるものである．他の方法で発生させた遊離のメチレンがシクロプロパンだけでなく他の生成物ももたらすので，遊離のメチレンは，反応に関与していない．しかし，Simmons–Smith 試薬は，Zn 原子に配位結合（ゆるく結合）するメチレンととらえることができる．この考え方が合理的である理由として第一に，炭素–亜鉛結合の極性が Grignard 試薬の炭素–マグネシウム結合の極性と同じであることがあげられる（§9・3C）．

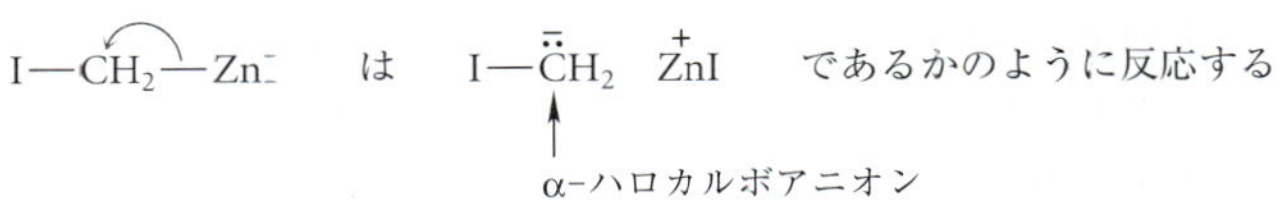

$$I-CH_2-ZnI \quad \text{は} \quad I-\overset{-}{C}H_2 \overset{+}{Z}nI \quad \text{であるかのように反応する} \tag{9・79}$$

α-ハロカルボアニオン

第二に，α-ハロカルボアニオンはハロゲン化物イオンを失ってカルベンを生じるからである（式 9·72b 参照）．

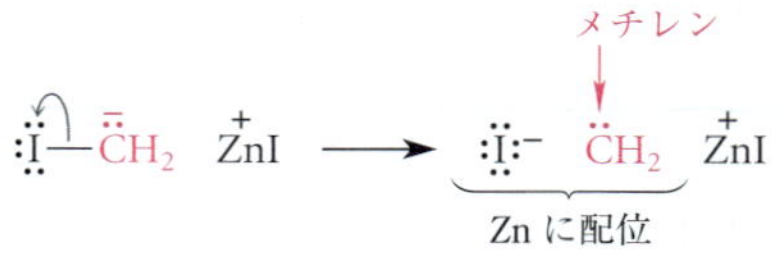

$$:\!\ddot{\underset{\frown}{I}}\!-\!\bar{\ddot{C}H_2} \quad \overset{+}{Z}nI \longrightarrow \underbrace{:\!\ddot{I}\!:^- \quad \overset{\downarrow \text{メチレン}}{\ddot{C}H_2}}_{Zn \text{ に配位}} \overset{+}{Z}nI \tag{9·80}$$

この"配位したメチレン"とアルケン二重結合との反応により，シクロプロパンが得られる．α-ハロ有機金属化合物はカルベン様の反応性を示すので，カルベノイドとよばれる．**カルベノイド**（carbenoid）は遊離のカルベンではないが，カルベンと同様の反応性をもつ反応剤である．

Simmons-Smith 試薬からのメチレンのアルケンへの付加反応は，ジクロロメチレンの反応と同様に，立体特異的なシン付加である．

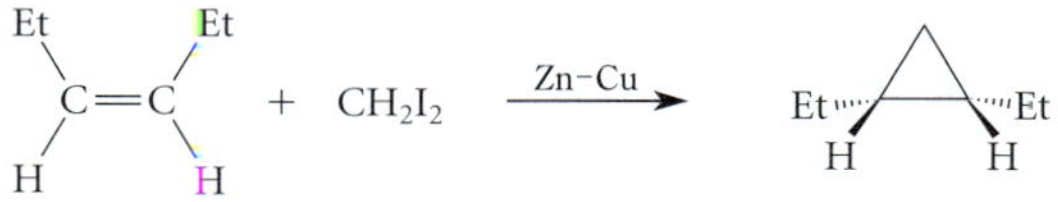

$$\underset{cis\text{-3-ヘキセン}}{\underset{H}{\overset{Et}{C}}\!=\!\underset{H}{\overset{Et}{C}}} + \underset{\text{ジヨードメタン}}{CH_2I_2} \xrightarrow{Zn\text{-}Cu} \underset{cis\text{-1,2-ジエチルシクロプロパン}}{\overset{Et\;\;\;\;\;\;Et}{\underset{H\;\;\;\;\;\;H}{\triangle}}} \tag{9·81a}$$

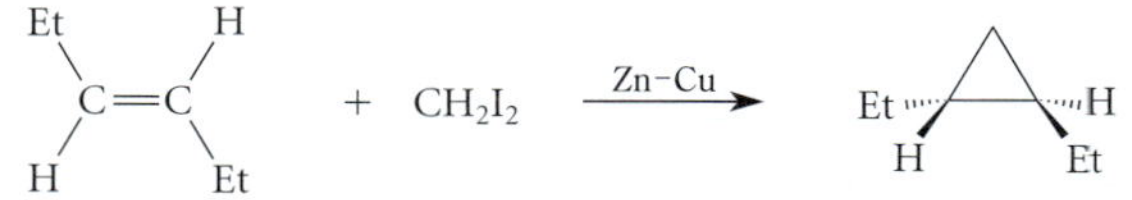

$$\underset{trans\text{-3-ヘキセン}}{\underset{H}{\overset{Et}{C}}\!=\!\underset{Et}{\overset{H}{C}}} + \underset{\text{ジヨードメタン}}{CH_2I_2} \xrightarrow{Zn\text{-}Cu} \underset{trans\text{-1,2-ジエチルシクロプロパン}}{\overset{Et\;\;\;\;\;\;H}{\underset{H\;\;\;\;\;\;Et}{\triangle}}} \tag{9·81b}$$

シクロプロパンを生じるアルケンへのカルベンまたはカルベノイドの付加は，炭素-炭素結合生成反応である．炭素-炭素結合を生成する反応は，より小さなものからより大きな炭素骨格を構築するために使用できるので，有機化学において特に重要である．

問題

9·37 CH_2I_2 を Zn-Cu 合金の存在下で以下のアルケンと反応させるとき，予想される有機生成物の構造式を描け．
(a) (Z)-3-メチル-2-ペンテン　(b) 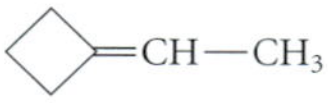 ◇=CH—CH₃

9·38 Simmons-Smith 反応を使って，以下のシクロプロパン誘導体を合成するために必要なアルケンを書け．
(a) 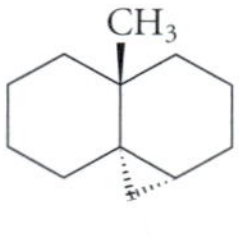　(b)

9·10　ハロゲン化アルキルの工業的な合成および用途

A. アルカンのラジカルハロゲン化

工業的に，場合によっては実験室で，単純なハロゲン化アルキルを合成する方法の中に，アルカンの直接ハロゲン化がある．メタンのようなアルカンを熱または光の存在下に Cl_2 で処理すると，連続的な塩素化反応が起こって塩化アルキルの混合物が生成する．

9・10 ハロゲン化アルキルの工業的な合成および用途

$$CH_4 + Cl_2 \xrightarrow{熱または光} CH_3Cl + HCl \qquad (9\cdot 82a)$$

$$CH_3Cl + Cl_2 \xrightarrow{熱または光} CH_2Cl_2 + HCl \qquad (9\cdot 82b)$$

$$CH_2Cl_2 + Cl_2 \xrightarrow{熱または光} CHCl_3 + HCl \qquad (9\cdot 82c)$$

$$CHCl_3 + Cl_2 \xrightarrow{熱または光} CCl_4 + HCl \qquad (9\cdot 82d)$$

種々の生成物の相対量は，反応条件を変えることによって制御することができるが，常に混合物が生成し，各化合物は分別蒸留によって単離しなければならない(図2・11, 図2・12).

式(9・82a)～式(9・82d)の生成物は一連の置換反応で生成する．たとえば，CH_3Cl はメタン中の水素原子を塩素原子で置換することによって生成する．

$$H-\underset{\underset{H}{|}}{\overset{\overset{H}{|}}{C}}-H + Cl_2 \xrightarrow{熱または光} H-\underset{\underset{H}{|}}{\overset{\overset{H}{|}}{C}}-Cl + HCl \qquad (9\cdot 83)$$

熱または光によって開始されるという反応条件は，ラジカル中間体の関与を示唆している(§5・6C).実際，この反応の機構は他のラジカル連鎖反応の典型的なパターンと同じであり，開始，成長，停止の段階がある．少数のハロゲン分子が熱または光からエネルギーを吸収し，均一開裂が起きて二つのハロゲン原子(ラジカル)に解離すると反応が始まる．

$$:\ddot{C}l-\ddot{C}l: \xrightleftharpoons{光} :\ddot{C}l\cdot + \cdot\ddot{C}l: \qquad (9\cdot 84)$$

ひき続いて起こる連鎖反応には，以下の成長段階がある．

$$:\ddot{C}l\cdot \; H-CH_3 \longrightarrow :\ddot{C}l-H + \cdot CH_3 \qquad (9\cdot 85a)$$
メチルラジカル

$$:\ddot{C}l-\ddot{C}l: \; CH_3 \longrightarrow :\ddot{C}l\cdot + :\ddot{C}l-CH_3 \qquad (9\cdot 85b)$$

式(9・85b)で生成した塩素ラジカルは，式(9・85a)に示すように別の CH_4 と反応し，連鎖反応が継続する．メタンおよび Cl_2 濃度が減少した後に，ラジカル種の再結合(問題9・40)によって停止段階が起こる．

ラジカル機構によるアルカンのハロゲン化は，ラジカル連鎖機構によって起こる置換反応である**ラジカル置換反応**(free-radical substitution)の一例である．§5・6C の過酸化物に媒介されるアルケンへのラジカル付加機構と対照せよ．

塩素と臭素によるラジカルハロゲン化は円滑に進行するが，フッ素によるハロゲン化は激しく起こり，ヨウ素によるハロゲン化は起こらない．これらの事実は，各ハロゲンによるメタンのハロゲン化の $\Delta H°$ 値と相関している(問題5・43 参照).フッ素によるハロゲン化は，反応を制御することが難しいほど激しい発熱反応である($\Delta H° = -424$ kJ mol^{-1}).すなわち，反応混合物の温度は熱を放散するよりも速く上昇する．ヨウ素化は吸熱的であり($\Delta H° = +54$ kJ mol^{-1})，エネルギー的に不利なので実用的な速さでは進行しない．塩素化($\Delta H° = -106$ kJ mol^{-1})および臭素化($\Delta H° = -30$ kJ mol^{-1})は穏やかな発熱反応であり，激しくなることなく完結する．

問 題

9・39 光の存在下でエタンと臭素分子から臭化エチルを生成する反応のラジカル連鎖機構を書け．

9・40 エタンのラジカル臭素化においてブタンが副生成物として生成する理由を説明せよ．

ラジカルハロゲン化の位置選択性　ラジカルハロゲン化が2種類以上の水素をもつ炭化水素で起こると，複数の生成物ができる．たとえば，イソブタンの臭素化は，第三級および第一級の臭化アルキルを与える．

$$\underset{\substack{\text{イソブタン}\\(\text{大過剰})}}{(CH_3)_3CH} + Br_2 \xrightarrow[20\,°C]{\text{光}} \underset{\substack{\text{臭化 }t\text{-ブチル}\\(\text{生成物の 99.5\%})}}{(CH_3)_3C-Br} + \underset{\substack{\text{臭化イソブチル}\\(\text{生成物の 0.5\%})}}{(CH_3)_2CH-CH_2Br} + H-Br \qquad (9\cdot86)$$

過剰の臭素化を避けるために大量の炭化水素が使用される．この式が示すように，反応の生成物はほぼ完全に第三級臭化アルキルである．イソブタンには9個の第一級水素があり第三級水素は1個しか存在しないことに注目しよう．統計的には，第一級生成物と第三級生成物の比が9：1になると期待される．実際には第一級生成物の約200倍の量の第三級生成物が生成している．したがって，水素1個当たりイソブタン中の第三級水素は第一級水素の約 $(200 \div 1/9) = 1800$ 倍反応性が高いことになる．

この反応性の差は，可能性のある二つのラジカル中間体の相対的な安定性の結果である．臭素化反応の律速段階は，式(9・85a)と同様に炭素ラジカルを生成する成長段階の最初の段階である．

$$(CH_3)_3C-H \cdot Br \longrightarrow \underset{\substack{t\text{-ブチルラジカル}\\\Delta H_f^° = 51.5 \text{ kJ mol}^{-1}}}{(CH_3)_3C\cdot} + H-Br \qquad (9\cdot87a)$$

$$Br\cdot H-CH_2-CH(CH_3)_2 \longrightarrow \underset{\substack{\text{イソブチルラジカル}\\\Delta H_f^° = 70 \text{ kJ mol}^{-1}}}{\cdot CH_2-CH(CH_3)_2} + H-Br \qquad (9\cdot87b)$$

この二つの反応の唯一の違いはラジカル中間体である．t-ブチルラジカルはイソブチルラジカルよりもはるかに安定であり，その差は 18.5 kJ mol^{-1}（表5・2）である．Hammondの仮説(§4・8D)を思い出すと，二つの反応の遷移状態は，中間体であるラジカルに似ている．第三級ラジカルは第一級ラジカルよりも安定であるので，第三級ラジカルに至る遷移状態はより低いエネルギーをもつ．したがって，第三級ラジカルがより速やかに生成する．

塩素化は，臭素化よりもはるかに選択性が低い．実際にイソブタンの光塩素化では，第一級塩化アルキルの量が増加する．

$$\underset{\substack{\text{イソブタン}\\(\text{大過剰})}}{(CH_3)_3CH} + Cl_2 \xrightarrow[20\,°C]{\text{光}} \underset{\substack{\text{塩化 }t\text{-ブチル}\\(\text{生成物の 36\%})}}{(CH_3)_3C-Cl} + \underset{\substack{\text{塩化イソブチル}\\(\text{生成物の 64\%})}}{(CH_3)_2CH-CH_2Cl} + H-Cl \qquad (9\cdot88)$$

第三級水素と第一級水素の相対数を考慮すると，第三級水素の引抜きが依然として優先しているが，たった5.1倍であることがわかる（問題9・41）．臭素化はその選択性がより大きいため，しばしば実験室におけるハロゲン化に用いられる．別の選択的ラジカル臭素化法については，§17・2で述べる．

なぜ臭素化は塩素化よりも選択性が高いのか？ この問に答えるにはHammondの仮説を図にして考

えればよい．図 9・14 に示すように，水素引抜き段階は塩素化については発熱的であるが，臭素化については吸熱的である．この二つのハロゲンの違いは，H-Br 結合よりはるかに大きな H-Cl 結合の解離エネルギーの直接的な結果である．成長段階の第二段階，したがって全体的な反応が非常に発熱的であるために，臭素化は完結する．このような密接に関連した二つの反応において，生成物の相対エネルギーが反応速度を制御するエネルギー障壁に何らかの効果をもつと仮定することは妥当であり，これは実験的に観察される．発熱反応（塩素化）は，吸熱反応（臭素化）よりもはるかに速い〔反応 (9・88) は反応 (9・86) よりはるかに速い〕．いいかえれば，塩素原子は臭素原子よりもはるかに炭化水素との反応性が高い．臭素化の選択性を説明するために用いた Hammond の仮説を思い出すと，遷移状態が反応座標に沿った炭素ラジカルのエネルギーに非常に近いため（赤の曲線，図 9・14），その構造も炭素ラジカルに似ている．しかし，塩素化ではイソブタンと Cl· は炭素ラジカルと HCl よりもはるかに高いエネルギーをもつため，反応座標に沿った遷移状態の位置はイソブタンに近くなる（青の曲線，図 9・14）．事実，イソブタンおよび Cl· は塩素化における "不安定な中間体" である．したがって，Hammond の仮説によれば，遷移状態は炭素ラジカルよりむしろこの対に似ていることになる．遷移状態が炭素ラジカルの性質をわずかしかもたないので，炭素ラジカルの安定性は，反応の位置を決定するうえであまり重要ではない．

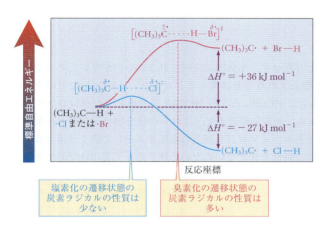

図 9・14 ラジカルハロゲン化の成長段階の最初の段階に対する自由エネルギー対反応座標図．生成物の相対エネルギー（紫）は，よく知られているのでエンタルピーとして示されるが，相対標準自由エネルギーもほぼ同じである．ハロゲン化の成長段階の最初の段階の遷移状態は，反応座標に沿ったより安定性の低い化学種と似ている．つまり，臭素化の遷移状態は炭素ラジカルと HBr に似ているので，炭素ラジカルの安定性は臭素化の位置選択性を決定するうえで重要である．塩素化の遷移状態はイソブタンと Cl· に似ているため，炭素ラジカルの性質はほとんどなく，炭素ラジカルの安定性は位置選択性を決定するうえで重要性が低い．

　この例では，より反応性の高い化学種（塩素原子）は選択性が低く，反応性の低い化学種（臭素原子）は選択性が高いことがわかる．反応性と選択性とのこの "逆の" 関係は，**反応性-選択性の原理** (reactivity-selectivity principle) とよばれることがある．多くの他の反応においても同様の関係が認められ，二つ以上の構造異性体が可能な場合にはより反応性の高い反応剤は，選択性が低い．

問　題

9・41 式 (9・88) の生成物分布を仮定して，塩素原子による第三級および第一級水素の相対的な引抜き速度（水素 1 個当たり）を計算せよ．

9・42 ペンタンを臭素と光で処理すると，ほぼ同量の 2 種類の一臭素化物が得られる．それらは何か．その根拠を説明せよ．

9・43 (a) メチルシクロヘキサンを臭素と光で処理した場合に得られる主要な一臭素化物は何か．その根拠を説明せよ．

(b) トリプタン (2,2,3-トリメチルブタン) の -15 ℃ での光塩素化における水素 1 個当たりの第一級に対する第三級の反応性の相対比は 4.5 である．可能な三つの一塩素化生成物の相対量はどのくらいか．

B. ハロゲンを含む化合物の用途

ハロゲン化アルキルおよび他のハロゲンを含む有機化合物は，多くの実用的用途をもつ．ジクロロメタンおよびクロロホルムは，エーテルよりはるかに不燃性の重要な溶媒である(表8・2参照，四塩化炭素も毒性が認められるまでは重要であった)．テトラクロロエチレン，トリクロロフルオロエタン，およびトリクロロエチレンは，ドライクリーニング溶媒として工業的に使用されている．多くのハロゲンを含むアルケンが，PVC，テフロン®，Kel-F(表5・4参照)などの有用なポリマーの合成のためのモノマーとして役立つ．多くの他の臭素化有機化合物が市販の難燃剤として使用されている．2,4-ジクロロフェノキシ酢酸(2,4-D)は植物成長ホルモンを模倣した除草剤で，広葉雑草が成長しすぎて最終的に枯れる原因となる．これが市販の芝生用肥料に含まれるタンポポ除草剤である．

$$\text{Cl-C}_6\text{H}_3(\text{Cl})\text{-O-CH}_2\text{-C(=O)-OH} \quad \text{2,4-ジクロロフェノキシ酢酸(2,4-D)}$$

いくつかのハロゲン化アルキルは医学的用途をもつ．デスフルラン $CF_3-CHF-O-CHF_2$ とセボフルラン $(CF_3)_2CH-O-CH_2F$ は，かつて広く使用されていた可燃性の高いエーテルやシクロプロパンに代わる安全で不活性な全身麻酔薬である．フルオロカーボンにはかなりの量の酸素を溶解するものがあり，そのいくつかは，外科的処置における人工血液としての研究が進行中である．

C. 環境問題

ハロゲン化アルキルは自然界にはほとんど存在せず，生体内で分解されないものが多いため，環境中に放出されるハロゲン化アルキルの問題が懸念されることは驚くことではない．F_2CCl_2 などのクロロフルオロカーボン(CFC またはフレオン)および $HCClF_2$ および $HCCl_2F$ などのヒドロクロロフルオロカーボン(HCFC)は，最も注目すべき例である．比較的最近まで，これらの化合物は，市販の冷蔵庫において冷媒として使用された唯一の化合物であり，エアゾル製品の高圧ガスとして広く使用されていた．無毒で不燃性であり，その用途に理想的な特性を備えているため，理想的な工業用化学品であるように思われていた．1970年代に，成層圏オゾンの破壊に関係する多くの研究が行われた(オゾン層は，太陽光に含まれる有害な紫外線を遮蔽する)．1978年10月，米国政府は，医学的に不可欠なものを除き，事実上すべてのエアゾル製品での使用を禁止した．1987年，米国を含む多くの国々が，「オゾン層を破壊する物質に関するモントリオール議定書」を締結し，産業界は2010年までにCFC，四塩化炭素，その他の物質の生産を段階的に廃止することに合意した．直接的な結果として，1996年までにCFCの生産量は協約前の約16%に低下した．既存の冷凍システムのフレオンはリサイクルされている．HCFCは米国では2015年までに段階的に廃止された．

CFCの問題は，その塩素含有に起因している．大気圏上層部での光解離反応(光によって開始される結合解離反応)によって，これらの化合物から塩素原子が遊離する．

$$\underset{\text{フレオン}}{F_2C(Cl)Cl} \xrightarrow{\text{光}} F_2C\overset{|}{Cl} + \underset{\text{塩素原子}}{\cdot Cl} \qquad (9\cdot 89\text{a})$$

塩素原子はオゾンと反応してClO・と O_2 を生じる．

$$\cdot Cl + O_3 \longrightarrow ClO\cdot + O_2 \qquad (9\cdot 89\text{b})$$

式(9・89b)で生成する ClO・ は，大気圏上層部で O_2 の通常の光解離によって生成する酸素原子(O)と反応する．

$$\cdot ClO + \underset{\substack{(O_2 \text{ の光解離} \\ \text{による})}}{O} \longrightarrow Cl\cdot + O_2 \qquad (9\cdot 89\text{c})$$

この過程で塩素原子が再生され連鎖を繰返す．反応式(9・89b)と(9・89c)を合わせると次式のようになる．

$$O + O_3 \longrightarrow 2O_2 \tag{9・89d}$$

実際に，塩素原子はオゾンの分解に触媒作用を及ぼす．1個の塩素原子が 10^5 個のオゾン分子の破壊を促進できると推定されている．

> 1995年のノーベル化学賞は，成層圏オゾンの破壊につながる化学反応の研究に対して授与された．受賞者は，米国マサチューセッツ工科大学の化学者 M. Molina(1943～)，カリフォルニア州立大学アーバイン校の化学者 F. S. Rowland(1927～2012)，ドイツのMax-Planck研究所の気象学者・化学者である P. Crutzen(1933～)であった．

この問題に対する解決法の一つは，塩素を含まない関連化合物でCFCを代替することである．実際，CFCの最も一般的な代替物の一つは 1,1,1,2,2-ペンタフルオロエタン CF_3CHF_2 のようなヒドロフルオロカーボン(HFC)である．HFCはオゾン層にあまり有害ではないが，温室効果ガスとして悪影響を及ぼし，最終的に地球温暖化を促進する．

いくつかの強力で効果的な殺虫剤は，有機ハロゲン化合物である．

DDT
クロルデン
（異性体の混合物）

DDTは1873年に初めて合成されたが，1939年にスイスの化学者 P. Müller(1899～1965)が農薬として発表した．この殺虫剤は非常に効果的だったのでほぼ25年にわたって人類の救世主と考えられていた（たとえば，米国南部を含む世界の多くの地域で，マラリアが事実上撲滅された）．Müllerは1948年にノーベル生理学・医学賞を受賞した．残念なことに，DDT，クロルデンおよび他の多くの塩素系の広域殺虫剤が鳥類および魚類の脂肪組織に蓄積し，食物連鎖で有害な生理作用をもたらすことがわかったため，それらの使用は禁止，または大幅に制限されている．DDTの使用の減少により，白頭ワシなどの多くのDDTに影響を受ける絶滅危惧種の数が回復した．しかしマラリアは世界の一部地域ではいまだに大きな問題であり，環境への影響を最小限に抑えるように設計されたWHOが推奨する噴霧作業でDDTはまだ使われている．

ハロゲン化アルキルの反応により中止された19世紀の舞踏会

おそらく，最初に記録されたハロゲン化アルキルに起因する環境への悪影響の例は，フランスの Charles 10世のときに起こった．フランスの化学者 J. B. A. Dumas(1800～1884)はテュイルリー宮殿で行われた舞踏会の最中に発生した異変を調査するように依頼された．舞踏会で使われたろうそくがパチパチ音を立て，有害な煙を放ち，客を舞踏室から追い出したのである．Dumasは，ろうそくをつくるのに使われた蜜蝋が塩素ガスで漂白されていることを発見した（蜜蝋には二重結合が多数含まれている．塩素とどのように反応するだろうか？）．ろうそくの炎による熱が塩素化された蜜蝋を分解させ，HClが有害な煙霧となって発生したのだった．

人類の生活環境を改善する化学物質の使用と環境への化学物質の放出による新たな問題の発生との間の矛盾は，多くの有機ハロゲン化合物の使用をめぐる論争の対象となっている．第二次世界大戦後に化学が与えた大きな期待と世間の楽観的な考えは，合成化学物質に関連する問題が増えてきていることから，懐疑的，あるいは少なくとも人々の反省と討論の時代を迎えた．商業的な有機化学は最終的には問題のパンドラの箱にすぎないのだろうか．おそらくより現実的な見方は，新しい技術の開拓がリスクを伴わない場合はほとんどなく，化学も例外ではないということである．医薬品，冷媒，殺虫剤など，新しい世代の有益な有機化学物質は，そのメリットとともにいくつかの新しい問題をもたらす可能性がある．これらの問題は，未来の化学者にとって，利点をさらに向上させ，問題を軽減または排除するために知識を使い課題に取組む大きな研究の機会となるだろう．

9 章のまとめ

- ハロゲン化アルキルの反応の最も重要な 2 種類の形式は，求核置換反応および β 脱離反応である．
- 求核置換反応は，二つの機構によって起こる．
  1. S_N2 反応は，立体配置の反転を伴う 1 段階反応であり，2 次速度則に従う．これは，ハロゲン化アルキルが優れた求核剤と反応するときに起こる．極性非プロトン性溶媒中で特に速い．ハロゲン化アルキルの α または β 炭素におけるアルキル置換は S_N2 反応を遅くし，強い Brønsted 塩基が存在する場合には，E2 機構による脱離の競合をひき起こす．S_N2 反応は，メチル，第一級，第二級ハロゲン化アルキルで最もよく見られる．
  2. S_N1 反応はハロゲン化アルキルの濃度のみに依存する 1 次速度則によって進行する．反応はおもに極性プロトン性溶媒中で起こる．この反応の一般的な例は，溶媒が求核剤となる加溶媒分解である．この反応はカルボカチオン中間体を経由するので，α 炭素でのアルキル置換によって促進される．したがって，S_N1 反応は第三級，第二級のハロゲン化アルキルでよく起こる．ハロゲン化アルキルがキラルであるとき，S_N1 反応の生成物はほとんどがラセミ体であるが，多くの場合，立体反転した生成物も生成する．
- β 脱離反応も二つの機構によって起こる．
  1. E2 機構は S_N2 機構と競争し，2 次速度則(塩基について 1 次)をもち，アンチの立体化学で起こる．強い Brønsted 塩基の使用，また，ハロゲン化アルキルと塩基の α および β アルキル置換によって促進される．強い Brønsted 塩基の存在下での第三級および第二級ハロゲン化アルキルのおもな反応である．ハロゲン化アルキルが 2 種類以上の β 水素をもつ場合，一般に 2 種類以上のアルケン生成物が得られる．一般に二重結合に最も多くのアルキル置換基をもつアルケンが主生成物となる．
  2. E1 機構は S_N1 機構のもう一つの生成物決定段階であり，カルボカチオン中間体が β 水素を失ってアルケンを形成する．生成物は二重結合上のアルキル置換基の数が最も多いアルケンが主となる．
- S_N2 反応における求核性は，次の因子の影響を受ける．
  1. 塩基の強さ：水素結合の効果がない場合，強い塩基ほど，優れた求核剤である．塩基性との相関は，一般的に，同じ求核原子をもつ求核剤を比較する場合に最も明白である．
  2. 溶媒：水素結合供与体となる溶媒は求核性を低下させる．全体的な求核性は塩基性と水素結合との兼ね合いとなる．
  3. 分極率：求核性は求核原子の分極率とともに増加する．分極率の大きい求核剤(スルフィド，ヨウ化物イオンなど)は，一般的に高周期元素の求核原子を含む．いくつかの弱塩基は分極可能であるため良好な求核剤であり，これは E2-S_N2 競争において E2 反応の割合が低いことにつながる．
- 速度則は，反応の律速遷移状態に関与する化学種(溶媒を除く)を示しているが，それらがどのように配置されているかは明らかにしない．
- 反応速度に対する重水素 1 次同位体効果は，反応の律速段階においてプロトンの移動が起こることを示す．
- ハロゲン化アルキルはエーテル溶媒中で金属マグネシウムと反応すると Grignard 試薬となり，ヘキサン中でリチウムと反応して有機リチウム反応剤を生成する．どちらの反応剤も強い Brønsted 塩基として水やアルコールなどの酸と反応してアルカンを生成する．この反応は同位体標識された水または他の酸から水素同位体を導入す

- るために使われる.
- カルベンは2価の炭素をもつ不安定な化学種である。カルベンは同時に求電子剤（空の原子価軌道をもつため）および求核剤（非共有電子対をもつため）として作用することができる．ハロホルムは塩基と反応してα脱離でジハロメチレンを与え，これがアルケンにシン付加をしてジハロシクロプロパンを生じる．
- ジヨードメタンは、亜鉛-銅合金と反応してカルベノイド（カルベン類似の）有機金属反応剤（Simmons-Smith試薬）を生成する．この反応剤は、シクロプロパンを得るためのアルケンとのシン付加反応に用いられる．
- アルカンは、熱または光存在下で臭素および塩素と反応しラジカル置換反応により、ハロゲン化アルキルを生成する．臭素化はより選択性の高い反応である．その選択性は炭素ラジカル中間体の相対的な安定性に支配される．

追加問題

9・44 $C_6H_{13}Br$ 異性体(1)～(5)から下記の基準(a)～(h)を満たすハロゲン化アルキルを選べ．
(1) 1-ブロモヘキサン
(2) 3-ブロモ-3-メチルペンタン
(3) 1-ブロモ-2,2-ジメチルブタン
(4) 3-ブロモ-2-メチルペンタン
(5) 2-ブロモ-3-メチルペンタン
(a) 鏡像異性体として存在することができる化合物
(b) ジアステレオマーの混合物として存在することができる化合物
(c) ナトリウムメトキシドで最も速い S_N2 反応を起こす化合物
(d) メタノール中ナトリウムメトキシドに対して最も反応性が低い化合物
(e) $K^+\text{-}OtBu$ との E2 反応で1種類のアルケンを与える化合物
(f) メタノール中ナトリウムメトキシドとの反応で E2 生成物を与え S_N2 生成物を与えない化合物
(g) S_N1 反応を起こして転位生成物を与える化合物
(h) S_N1 反応が最も速く進行する化合物

9・45 臭化イソペンチル(1-ブロモ-3-メチルブタン)または記載されている他の化合物と以下の反応剤との反応で予想される生成物を書け．
(a) アセトン水溶液中で KI
(b) エタノール水溶液中で KOH
(c) $(CH_3)_3C\text{-}OH$ 中 $K^+(CH_3)_3C\text{-}O^-$
(d) (c)の生成物と HBr
(e) N,N-ジメチルホルムアミド(極性非プロトン性溶媒)中で CsF
(f) (c)の生成物+クロロホルム+カリウム t-ブトキシド
(g) (c)の生成物+ Zn-Cu 合金の存在下での CH_2I_2
(h) ヘキサン中で Li、ついでエタノール
(i) メタノール中でナトリウムメトキシド
(j) Mg および無水エーテル、ついで D_2O

9・46 2-ブロモ-2-メチルヘキサンまたは他の化合物と以下の反応剤との反応で予想される生成物を書け．
(a) 加熱したエタノール-水 (1:1)
(b) エタノール中でナトリウムエトキシド
(c) アセトン水溶液中で KI
(d) 過酸化物の存在下での(b)の生成物 + HBr
(e) THF-水中で(b)の生成物 + $Hg(OAc)_2$ つづいて $NaBH_4$
(f) THF 中で(b)の生成物+ BH_3、つづいてアルカリ性 H_2O_2

9・47 以下の各反応で発生する気体を書け．
(a) $CH_3CH_2MgBr + H_2O \longrightarrow$
(b)
$$H_3C\underset{|}{\overset{MgBr}{-}}CH-CH_3 + H_3C\underset{|}{\overset{OH}{-}}CH-CH_3 \longrightarrow$$

9・48 示された基準を満たす化合物の構造式を書け．
(a) 一塩素化された生成物を二つだけ(そのうちの一つにキラルである)与える化合物 C_6H_{14}
(b) いずれも光学活性で、二重結合を含まず、EtMgBr で処理した場合に気体を発生する四つの立体異性体 C_4H_8O

9・49 アセトン中で KI との S_N2 反応の速度が増加する順に、以下の化合物を並べよ．

$(CH_3)_3CCl$ $(CH_3)_2CHCl$ $(CH_3)_2CHCH_2Cl$
A   B   C

$CH_3CH_2CH_2CH_2Br$ $CH_3CH_2CH_2F$
D   E

9・50 次に示す各組の原子、化合物、イオンを、分極率が高い順に並べ、その理由を説明せよ．
(a) Se, O, S
(b) クロロホルム、フルオロホルム、ヨードホルム
(c) I^-, Br^-, Cl^-, F^-

9・51 アセトン中 KI との S_N2 反応の速度が増加する順に、以下の化合物を並べよ．

臭化メチル(A)   臭化 s-ブチル(B)

3-ブロモメチル-3-メチルペンタン(C)
1-ブロモペンタン(D)　　1-ブロモ-2-メチルブタン(E)

9・52 S_N2 反応においてヨードエタンを以下の化合物に変換するのに用いる求核剤の構造式を描け.
(a) 1-エトキシプロパン　　(b) CH_3CH_2CN
(c) エーテル構造　　(d) CH_3CH_2S-シクロペンチル(CH_3)
(e) $(CH_3)_3\overset{+}{N}CH_2CH_3$　I^-

9・53 次の化合物をエタノール中でナトリウムエトキシドと反応させる場合,予想されるすべての生成物を立体化学を含めて書け(D は重水素,水素の同位体 ^2H).
(a) (R)-2-ブロモペンタン　(b) $CH_2CH_2CH_3$ に H, D, Br がついた構造

9・54 次のハロゲン化アルキルのうち,E2 反応において,1種類のアルケンのみを与えるのはどれか. アルケンの混合物を与えるのはどれか.
(a) $CH_3CH_2CBr(CH_3)_2$　(b) シクロヘキシル-Br
(c) シクロヘキシル-$CH_2CBr(CH_3)_2$　(d) $CH_3CH_2CHCH_2Br$ に CH_3

9・55 Williamson エーテル合成は,アルコキシドとハロゲン化アルキルを反応させてエーテルを生成する反応である.

$$R-\ddot{O}:^- + R'-\ddot{X}: \longrightarrow R-\ddot{O}-R' + :\ddot{X}:^-$$

t-ブチルメチルエーテル $(CH_3)_3C-O-CH_3$ を合成するのに $(CH_3)_3C-O^-K^+$ と H_3C-I を反応させると,高収率で目的のエーテルが得られる. しかし,$CH_3O^-Na^+$ と $(CH_3)_3C-Br$ を反応させると,ハロゲン化アルキルは反応から回収できず,目的のエーテルも得られない. その理由を説明せよ.

9・56 臭化アルキルおよび任意の他の反応剤からのエチルネオペンチルエーテル $C_2H_5OCH_2C(CH_3)_3$ の合成法を示せ.

9・57 分子式 $C_7H_{15}Br$ をもつ三つのハロゲン化アルキルは,異なる沸点をもつ. 化合物の一つは光学活性である. エーテル中で Mg と反応させた後,水で処理するといずれの化合物も 2,4-ジメチルペンタンを生成する. D_2O で処理すると,各化合物から異なる生成物が得られる. 三つのハロゲン化アルキルの構造式を示せ.

9・58 2,3-ジメチルブタンを光の存在下で Br_2 で処理すると,最も多く得られる臭化物は化合物 $A(C_6H_{13}Br)$ および化合物 $B(C_6H_{12}Br_2)$ である. これらの化合物の構造式を推測し,理由を説明せよ.

9・59 禁止されている殺虫剤クロルデンは,アルカリ性条件にさらされると一部の塩素を失い,他の化合物に変わると報告されている. これを説明せよ.

クロルデンの主成分

9・60 $(2S,3R)$-2-ブロモ-3-メチルペンタンを次の条件で反応させると,どのような生成物(立体化学を含む)が予想されるか.
(a) 過剰のナトリウムメトキシドを含むメタノール
(b) ナトリウムメトキシドを含まない熱メタノール

9・61 (a) 次に示す反応で,2-ブテンの立体異性体の混合物が生成し,Z 異性体のみが重水素を含む理由を説明せよ.

反応式: H_3C-C(H,Br)-C(D,H)-CH_3 + $CH_3CH_2\ddot{O}:^-$ → CH_3CH_2OH 条件下で (Z) と (E) 生成物

(b) 次に示す反応で 2-ブテンの立体異性体の混合物が生成し,E 異性体のみが重水素を含む理由を説明せよ.

反応式: H_3C-C(H,Br)-C(H,D)-CH_3 + $CH_3CH_2\ddot{O}:^-$ → CH_3CH_2OH 条件下で (Z) と (E) 生成物

(ヒント: 示された立体配座を,脱離が可能な適切な立体配座に変換せよ).

9・62 次の第二級ハロゲン化アルキルのうち,S_N2 反応で ^-CN より速く反応するのはどれか(ヒント: S_N2 遷移状態での混成と立体化学を考慮せよ).

シクロプロピル-I (A)　　$(CH_3)_2CH-I$ (B)

9・63 1-クロロビシクロ[2.2.1]ヘプタンが,第三級ハロゲン化アルキルであっても,S_N1 反応において実質的に反応しない(塩化 t-ブチルと比較して 10^{-13} 倍反応が遅い)理由を説明せよ(ヒント: 中間体の立体構造を考えよ).

1-クロロビシクロ[2.2.1]ヘプタン

9・64 次の現象を説明せよ．
(a) 臭化ベンジル Ph−CH$_2$−Br をフッ化カリウムのベンゼン懸濁液に添加しても反応は起こらない．しかし，触媒量の[18]-クラウン-6(§8・7B)をこの溶液に添加するとフッ化ベンジルを高収率で単離することができる．
(b) フッ化カリウムの代わりにフッ化リチウムを用いると，クラウンエーテルの存在下でも反応は起こらない．

9・65 塩化 t-ブチルは，酢酸とギ酸のいずれでも加溶媒分解を受ける．

$$H_3C-\underset{\underset{酢\ 酸}{\varepsilon=6}}{\overset{\overset{O}{\|}}{C}}-OH \qquad H-\underset{\underset{ギ\ 酸}{\varepsilon=59}}{\overset{\overset{O}{\|}}{C}}-OH$$

両方の溶媒はプロトン性でドナー性の溶媒であるが，それらの誘電率はかなり異なる．
(a) 各溶媒中の S_N1 加溶媒分解による生成物は何か．
(b) 一方の溶媒では，S_N1 反応は他の溶媒よりも 5000 倍速い．どちらの溶媒で反応がより速いか，そしてそれはなぜか答えよ．

9・66 過剰量の Na$^+$CH$_3$CH$_2$O$^-$ と K$^+$CH$_3$CH$_2$S$^-$ を等量ずつ含むエタノール溶液中に CH$_3$I を加えたとしよう．
(a) 反応で得られるおもな生成物は何か．その理由を説明せよ．
(b) 実験を極性非プロトン性溶媒である無水 DMSO 中で行った場合，どのように変化すると考えられるか．

9・67 (a) チオ硫酸ナトリウムをメタノール溶液中で 1 当量のヨウ化メチルと反応させると，S_N2 反応によって 2 種類の異性体が生成する．その二つの生成物の構造式を示せ(チオ硫酸塩はアンビデントな求核剤の一例であり，酸素・硫黄の 2 種類の反応点をもつ)．
(b) 実際には二つの可能な生成物のうちの一方のみが生成する．どちらが生成し，それはなぜか答えよ．

Na$^+$ $^-$:Ö:−S^{+2}−Ö:$^-$ Na$^+$ $\qquad$ チオ硫酸ナトリウム

9・68 次の平衡を考えてみよう．

(CH$_3$)$_2$S̈: + H$_3$C−B̈r: $\rightleftharpoons$ (CH$_3$)$_2$S̈$^+$−CH$_3$ + :B̈r:$^-$

(a)と(b)で，どちらの溶媒中で平衡が右に偏るか．その理由を説明せよ．生成物はすべての溶媒に可溶であると仮定する．
(a) エタノールまたはジエチルエーテル
(b) N,N-ジメチルアセトアミド(極性非プロトン性溶媒 $\varepsilon=38$)，または同じ誘電率を有する水とメタノールの混合物

9・69 Grignard 試薬は，通常炭化水素溶媒に不溶であるが，第三級アミン(一般式 R$_3$N: をもつ化合物)を添加すれば，そのような溶媒に溶解することができる．その理由を説明せよ．

9・70 エタノール溶液中 0.1 M のヨウ化メチルを 0.1 M のナトリウムエトキシドと反応させると，生成物エチルメチルエーテルが良好な収率で得られる．過剰のナトリウムエトキシド(0.5 M)で反応を行うと，反応がより速く終了し，ほぼ同じ収率のエーテルが得られる理由を説明せよ．

9・71 臭化メチルをメタノールに溶解し，1 当量のヨウ化ナトリウムを添加するとヨウ化物イオンの濃度が急激に低下しゆっくりともとの値に戻る．この理由を説明せよ．

9・72 非常に反応性の高い第三級ハロゲン化アルキルである塩化トリチル Ph$_3$C−Cl を用いた以下の実験を考えてみよう．
(1) アセトン水溶液中，塩化トリチルの反応は ハロゲン化アルキルに対し 1 次の速度則に従い，生成物はトリチルアルコール Ph$_3$C−OH である．
(2) 別の反応では，実験(1)と同じ溶液に 1 当量のナトリウムアジド(Na$^+$N$_3^-$，表 9・1 参照)を加えたとき，反応速度は(1)と同じであるが，良好な収率で単離される生成物はトリチルアジド Ph$_3$C−N$_3$ である．
(3) ナトリウムアジドと水酸化ナトリウムの両方が等しい濃度で存在する反応混合物では，トリチルアルコールとトリチルアジドの両方が生成するが，反応速度は再び変わらない．

なぜこれらの三つの実験で反応速度が同じで生成物が異なるのかを説明せよ．

9・73 S_N2 反応の立体化学の最初の実証は，1935 年にロンドン大学の E. D. Hughes(ヒューズ) らによって行われた．彼らは，(R)-2-ヨードオクタンを放射性ヨウ化物イオン *I$^-$ と反応させた．

CH$_3$CH(CH$_2$)$_5$CH$_3$ + *I$^-$ $\rightleftharpoons$ CH$_3$CH(CH$_2$)$_5$CH$_3$ + I$^-$
|$$|
I$$*I
2-ヨードオクタン$\qquad\qquad$2-ヨードオクタン
(放射性)

置換速度(速度定数 k_S)は，放射能のハロゲン化アルキルへの取込み速度を測定することによって決められた．同じ条件下で，ハロゲン化アルキルからの光学活性の減少速度(速度定数 k^0)も測定した．
(a) 以下の立体化学的条件のそれぞれについて，どのような比 k^0/k_S が予測されるか説明せよ．(1) 保持，(2) 反転，(3) 保持と反転の両方が等しい量のとき
(b) 反応速度定数は，次のように見いだされた．

$k_S = (13.6 \pm 1.1) \times 10^{-4} \text{ M}^{-1}\text{s}^{-1}$
$k° = (26.2 \pm 1.1) \times 10^{-4} \text{ M}^{-1}\text{s}^{-1}$

(a)のどの予測がこのデータと一致しているか.

9・74 ハロゲン化アルキル $C_5H_{11}Br$ の異性体 A と B がある.各化合物とエーテル中で Mg,つづいて水との反応により,同じ炭化水素が得られる.化合物 A は,加熱したエタノールに溶解すると反応して,エチルエーテル C および酸性溶液を数分間で生成する.化合物 B はよりゆっくりと反応するが,最終的に同じ条件で同じエーテル C および酸性溶液を生成する.両方の酸性溶液を $AgNO_3$ 溶液で試験すると,AgBr の淡黄色の沈殿物が得られる.化合物 B とエタノール中ナトリウムエトキシドとの反応により,二つのアルケンが得られ,そのうちの一つは O_3,ついで H_2O_2 水溶液で処理するとアセトン $(CH_3)_2C=O$ を生成する.化合物 A, B, C の構造式を描き,理由を説明せよ.

9・75 分子式 $C_8H_{13}Br$ をもつ光学活性な化合物 A がある.化合物 A は,CH_2Cl_2 中で Br_2 と反応しないが,$K^+(CH_3)_3C-O^-$ と反応して良好な収率で単一の新規化合物 B を与える.化合物 B は CH_2Cl_2 中の Br_2 を脱色し,触媒上で水素と反応する.化合物 B を O_3 ついで H_2O_2 水溶液で処理すると,ジカルボン酸 C がよい収率で単離される.シスの立体化学に注意せよ.

C の構造: HO-C(=O)-[シクロヘキサン環]-C(=O)-OH

化合物 A および B を特定し,すべての実験を説明せよ.

9・76 分子式 $C_{10}H_{17}Br$ の化合物 A を加熱したエタノール中で KOH で処理すると,分子式 $C_{10}H_{16}$ をもつ二つの化合物 B, C が得られる.化合物 A はエタノール水溶液中で速やかに反応して酸性溶液を生じ,$AgNO_3$ 溶液で試験すると AgBr の沈殿を与える.A をオゾン分解し続いて $(CH_3)_2S$ で処理すると,生成物の一つとして $(CH_3)_2C=O$(アセトン)と未確認のハロゲン化物が得られる.B と C は触媒的水素化によりいずれも,trans-,cis-1-イソプロピル-4-メチルシクロヘキサンの混合物を生じる.化合物 A は 1 当量の Br_2 と反応して,いずれもアキラルな化合物 D と E の混合物を与える.化合物 B をオゾン分解し,ついで H_2O_2 水溶液で処理すると,アセトンおよびジケトン F が得られる.

F: O=[シクロヘキサン環]=O

これらのデータに最も適合する化合物 A〜E の構造式を示せ.

9・77 次の立体異性体のうちエタノール中でナトリウムエトキシドと反応してより速く β 脱離するのはどちらか.その根拠を説明せよ.

[シクロヘキサン構造 A と B: CH₃ 置換基と Br をもつ]

9・78 塩化メンチル(次式参照)をエタノール中でナトリウムエトキシドで処理すると,2-メンテンが唯一のアルケンとして生成する.塩化ネオメンチルを同じ条件下に置くと,アルケン生成物の大部分は 3-メンテン(78%)であり,少量の 2-メンテン(22%)が生成する.なぜアルケン生成物が異なり,2 番目の反応の主生成物が 3-メンテンであるのかを説明せよ(ヒント:出発物のいす形配座を描いて E2 反応の立体化学を思い出そう.シクロヘキサンのいす形相互変換を忘れてはいけない).

[塩化メンチル → 2-メンテン (100%)]
[塩化ネオメンチル → 2-メンテン (22%) + 3-メンテン (78%)]

9・79 (a) 次に示すそれぞれの脱離はシンおよびアンチのどちらか.

(1) [構造式] + I^- → 1-プロパノール → [アルケン] + $I-Br$ + Br^-

(2) [構造式 Ph, CH₃, OAc] → 熱 → [アルケン] + $H-OAc$

$[-OAc = -\ddot{O}-C(=O)-CH_3]$

(b) 反応(2)は 1 次速度則に従う.その反応次数および立体化学に一致する機構を巻矢印表記で描け(ヒント:アセトキシ基の構造式を必ず描くこと).

9・80 次に示したハロゲン化アルキルの立体異性体が,E2 反応において異なるアルケンを与える理由を説明せよ.

おそらく分子模型をつくったり，二つの出発物の立体配座を描くと役立つだろう．

[反応式：シス体の α-ブロモラクトン + CH₃O⁻ → メチレンラクトン + CH₃OH + Br⁻]

[反応式：トランス体の α-ブロモラクトン + CH₃O⁻ → メチル不飽和ラクトン + CH₃OH + Br⁻]

9・81 1950年代初頭の米国パデュー大学の化学者であるH. C. Brown（ブラウン）とG. A. Russell（ラッセル）は，カルボカチオンが転位することを知っていたので，ラジカル反応でも転位が起こるかどうかを調べた．

[転位反応式：ネオペンチルラジカル → t-ブチルラジカル]

彼らは，イソブタンの第三級水素を重水素(^{2}H = D)に置き換えた，イソブタン-2-d の光ラジカル塩素化を行った（次式参照）．反応で生成したDCl対HClの比が，A対Bの比と正確に同じであることが判明した（同位体置換されたAが存在する場合，Aと区別されない）．

[反応式：イソブタン-2-d + Cl₂ → A + B + H—Cl + D—Cl]

(a) この結果は，ラジカルが転位しないことの証拠とされた．この結論の論理を説明せよ（ヒント：この結果と転位した場合に生じる結果を比較せよ）．
(b) 同じ反応条件を仮定すると，AとBの相対比は，式(9・88)の塩化 t-ブチルと塩化イソブチルの比と比べどのように変化するか（多いまたは少ない）説明せよ（ヒント：§9・5D 参照）．
(c) 同位体標識された出発物であるイソブタン-2-d の調製方法を示せ（ヒント：§9・8C を参照）．

9・82 (a) 水素化トリブチルスズ Bu₃Sn—H は，1-ブロモ-1-メチルシクロヘキサンをメチルシクロヘキサンに変換する．この反応は，AIBN（§5・6C）の存在下で特に速い．この反応の機構を示せ（ヒント：Sn—H 結合は比較的弱い）．

(b) 他の反応剤を使用して同じ変換をもたらす二つの他の反応を示せ．

9・83 次に示すように，4-クロロシクロヘキサノールのシスおよびトランス異性体は，OH⁻ と反応すると異なる生成物を生じる．

[反応式：trans-4-クロロシクロヘキサノール + ⁻OH → A + B（右は別の角度から見た図）]

[反応式：cis-4-クロロシクロヘキサノール + ⁻OH → A + HO—シクロヘキセン + HO—シクロヘキサノール(C)]

(a) 各生成物を与える反応機構を巻矢印を用いて示せ．
(b) トランス異性体の反応において二環化合物 B が得られるがシス異性体では得られない理由を説明せよ．

9・84 60%エタノール水溶液中でブチルアミン CH₃(CH₂)₃NH₂ と 1-ブロモブタンとの反応は，次の速度則に従う．

$$速度 = k[ブチルアミン][1-ブロモブタン]$$

この反応の生成物は，$(CH_3CH_2CH_2CH_2)_2\overset{+}{N}H_2Br^-$ である．しかし，非常によく似た次の反応は1次速度則に従う．

[反応式：シクロヘキシル環にNH₂とBrがついたもの → アジリジニウム塩 Br⁻] 速度 = $k[A]$

その速度則および求核置換反応に関する他の事実と一致する各反応の機構を巻矢印を使って示せ．

9・85 次に示した反応が1975年に報告された．—OBs（ブロシラート）は概念的にハロゲン化物イオンと同様の脱離基である（—Br と同じように考えてよい）．この反応条件は S_N2 反応に有利であることに注意せよ．

[反応式：cis-S (21 mmol) + Na⁺I⁻ (75 mmol) → アセトン，5日 → cis-P（生成物の75%）+ trans-P（生成物の25%）+ Na⁺ ⁻OBs]

(a) この結果は，S_N2 反応の基本原理に疑問を抱かせるように思われたので，化学者の間でかなりの混乱を招いた．その理由を説明せよ．

(b) この結果は非常に重大である可能性があったため，研究が公表された直後に再調査された．この再調査によって，反応時間約 10 時間で，生成物がほぼ完全に *trans-P* からなることが判明した．反応条件下でさらに長い時間放置した場合にのみ，*cis-P* の増加と *trans-P* の消失が観測され，図に示す混合物を与えた．さらに，S のトランス異性体を同じ条件に置くと，10 時間後にほとんど *cis-P* が生成したが，5 日後には，図のように 75：25 のシス-トランス混合物を与えた．純粋な *cis-P* または純粋な *trans-P* をこの反応条件に置くと，5 日後に同じ 75：25 の混合物が得られた．これらの結果を説明せよ．

(c) なぜ *cis-P* が多く生成するのか．

9・86 図 P9・86 に示す反応式を考える（Bu＝ブチル基＝$CH_3CH_2CH_2CH_2-$）．

(a) 臭素付加の立体化学を用いて化合物 B の立体化学を説明せよ．

(b) $B \to C$ の反応は，シン脱離かアンチ脱離か．その理由を述べよ．

(c) 同じ反応で化合物 A の E 体を用いると，どのように立体化学が変化するか．説明せよ．

9・87 図 P9・87 に示した反応の結果について，反応機構とともに説明せよ．反応(a)では，NaOH が存在しない条件では進行しないことに留意せよ．反応(b)では，有機リチウム反応剤は強塩基であり，ベンゼン環に隣接する炭素上の水素は比較的酸性であることに留意せよ．

図 P9・86

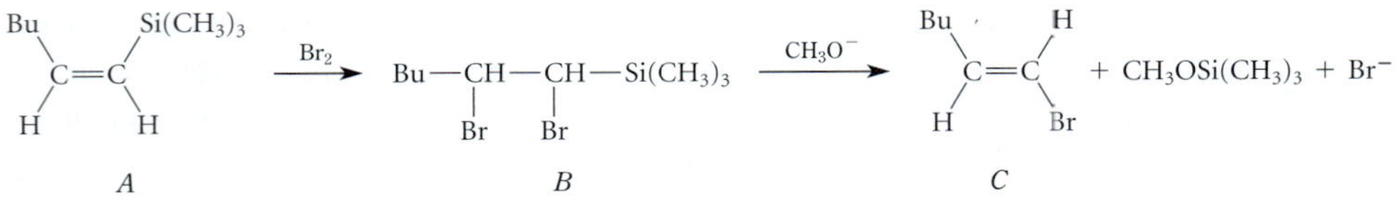

$$\underset{A}{\underset{H}{\overset{Bu}{C}}=\underset{H}{\overset{Si(CH_3)_3}{C}}} \xrightarrow{Br_2} \underset{B}{Bu-\underset{Br}{\overset{}{C}H}-\underset{Br}{\overset{}{C}H}-Si(CH_3)_3} \xrightarrow{CH_3O^-} \underset{C}{\underset{H}{\overset{Bu}{C}}=\underset{Br}{\overset{H}{C}}} + CH_3OSi(CH_3)_3 + Br^-$$

図 P9・87

(a) $HCCl_3 + Na^+\ I^- \xrightarrow[35\ ℃]{NaOH/H_2O} HCCl_2I + Na^+\ Cl^-$

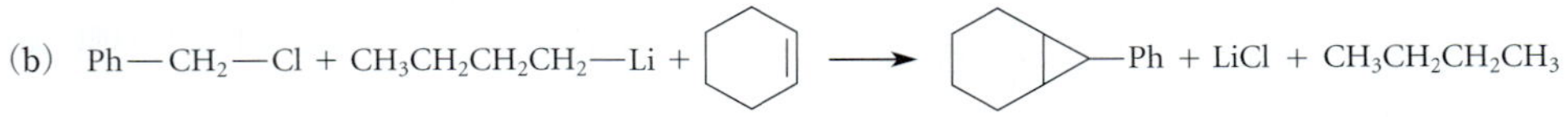

(b) $Ph-CH_2-Cl + CH_3CH_2CH_2CH_2-Li\ +\ \text{(cyclohexene)} \longrightarrow \text{(norcarane-Ph)} + LiCl + CH_3CH_2CH_2CH_3$

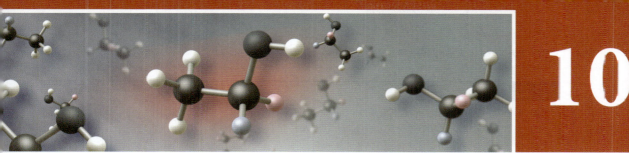

10

アルコールとチオールの化学

　この章ではアルコールとチオールの反応を述べる．アルコールおよびチオールの命名法および分類については，§8・1および§8・2Bで説明した．この章では，まずアルコールとチオールの簡単だが重要な反応，すなわちこれらの Brønsted 酸-塩基反応をいくつか紹介する．次に，ハロゲン化アルキルと共通する反応としてアルコールおよびチオールの置換反応や脱離反応について述べる．そして，ハロゲン化アルキルにはない反応として，アルコールの酸化反応について学ぶ．酸化と還元をどのように認識するか，アルコールとチオールの酸化が実験室でどのように行われるかを学ぶ．自然界におけるアルコールの酸化反応を考察して，分子内の複数の基の立体化学的な関係の議論につなげる．最後に，有機化合物の合成を計画する際に用いる戦略を紹介する．

10・1　Brønsted 酸と塩基としてのアルコールとチオール

A．アルコールとチオールの酸性度

　アルコールおよびチオールは弱酸である．水とアルコールの構造の類似性を考えれば，それらの酸性度がほぼ同じであることは驚くことではない．

$$\text{CH}_3\text{CH}_2\text{—O—H} \qquad \text{H—O—H}$$

pK_a　　　　15.9　　　　　　　　15.7

　たとえば，アルコキシド塩基は S_N2 反応では求核剤として，また E2 反応では塩基として働くことをすでに学んでいる（§9・1Aと§9・1B）．
　アルコキシドの慣用的な名称は，アルキル基の名称から語尾の yl を除き，oxide を加えることによって命名される．置換命名法では，接尾語 ate をアルコールの名称に単に加える．日本語では英語名をそのまま字訳する．

$$\text{CH}_3\text{CH}_2\ddot{\text{O}}{:}^- \text{ Na}^+ \qquad$$ 慣用名：ナトリウムエトキシド　sodium ethoxide
置換名：ナトリウムエタノラート　sodium ethanolate

　チオールは，弱酸ではあるが，アルコールよりもはるかに強い酸である．

$$\text{CH}_3\text{CH}_2\text{—S—H} \qquad \text{CH}_3\text{CH}_2\text{—O—H}$$

pK_a　　　　10.5　　　　　　　　15.9

　アルコールとチオールの相対的な酸の強さは，元素効果を反映している（§3・6A）．
　チオールの共役塩基は，慣用的な命名法ではメルカプチドとよばれ，置換命名法ではチオラートとよばれる．

$$\text{CH}_3\ddot{\text{S}}{:}^- \text{ Na}^+ \qquad$$ 慣用名：ナトリウムメチルメルカプチド　sodium methyl mercaptide
置換名：ナトリウムメタンチオラート　sodium methanethiolate

問題

10・1 以下の各化合物の構造式を描け．
(a) ナトリウムイソプロポキシド　　(b) カリウム t-ブトキシド
(c) マグネシウム 2,2-ジメチル-1-ブタノラート

10・2 以下の化合物に名前をつけよ．
(a) $Ca(OCH_3)_2$　　(b) $CuSCH_2CH_3$

B. アルコキシドおよびチオラートの生成

典型的なアルコールの pK_a は水の pK_a とほぼ同じなので，アルコールを NaOH 水溶液中でアルコキシド共役塩基に完全に変換することはできない．

$$CH_3CH_2\ddot{\text{O}}-H + {}^-\!:\!\ddot{\text{O}}H \rightleftarrows CH_3CH_2\ddot{\text{O}}:^- + H_2\ddot{\text{O}}: \tag{10・1}$$

$pK_a = 15.9$ 　　　　　　　　　　　　　$pK_a = 15.7$

アルコキシドは，強塩基とアルコールから不可逆的に発生させることができる．この目的に適した塩基の一つは，水素化ナトリウム NaH で，非常に強い塩基であるヒドリド $H:^-$ の供給源である．その共役酸である H_2 の pK_a は約 37 である．したがって，アルコールとの反応は完全に進行する．さらに，NaH がアルコールと反応すると，副生成物である水素が溶液から気体として系外に放出され，反応が不可逆になる．

$$Na^+ \, H:^- + H-\underset{\underset{CH_3}{|}}{\ddot{\text{O}}}-CHCH_2CH_3 \longrightarrow Na^+ \, {}^-\!:\!\underset{\underset{CH_3}{|}}{\ddot{\text{O}}}-CHCH_2CH_3 + H_2\uparrow \tag{10・2}$$

定量的に生成

水素化カリウムおよび水素化ナトリウムは，湿気との反応から守るために鉱物油に分散させた状態で供給される．これらの化合物を用いてアルコールをアルコキシドに変換する場合，鉱物油をペンタンで洗い流し，エーテルまたは THF などの溶媒を加え，撹拌しながらアルコールを慎重に加える．水素が激しく発生し，純粋なカリウムまたはナトリウムアルコキシドの溶液または懸濁液が生成する．

共役酸アルコール中のアルコキシドの溶液は，有機化学において広く使われる．これらの溶液を調製するために用いる反応は，諸君が知っているであろう水との反応に似ている．ナトリウムは水と反応して水酸化ナトリウム水溶液を与える．

$$2H-\ddot{\text{O}}H + 2Na \longrightarrow 2Na^+ \, {}^-\!:\!\ddot{\text{O}}H + H_2\uparrow \tag{10・3a}$$

多くのアルコールで類似の反応が起こる．つまり，金属ナトリウムはアルコールと反応し，対応するナトリウムアルコキシドの溶液を与える．

$$2H-\ddot{\text{O}}R + 2Na \longrightarrow 2Na^+ \, {}^-\!:\!\ddot{\text{O}}R + H_2\uparrow \tag{10・3b}$$

ナトリウムアルコキシド

この反応の速度はアルコールに強く依存する．ナトリウムと無水エタノールおよびメタノールとの反応は活発だが，激しくはない．しかし，t-ブチルアルコールなどのアルコールとナトリウムとの反応はかなり遅い．このようなアルコールは，反応性の高いカリウムと反応させることで速やかにアルコキシド

チオラートで病気を治す

比較的まれな銅代謝の遺伝病であるWilson病（ウィルソン）は、チオールが銅イオンと錯体を形成する傾向を利用して治療することができる。脳や肝臓中の銅の蓄積が有毒レベルに達すると、この病気をひき起こす。それは、目の虹彩のまわりの茶色の輪によって診断することができる（写真）。ペニシラミンが、Cu^{2+}イオンとの錯体形成のため投与される。

ペニシラミン-銅錯体は、通常の銅チオラートとは異なり、イオン化したカルボキシ基（§8・6F）のために水に比較的可溶であるため、腎臓から体外に排出される。

ペニシラミン

Cu^{2+}とペニシラミン2分子との錯体

が生成する。

チオールに、水やアルコールよりも酸性度が高いため、アルコールとは異なり、1当量の水酸化物イオンまたはアルコキシドとの反応によって、それらの共役塩基であるチオラートイオンに完全に変換することができる。実際、アルカリ金属チオラートの一般的な調製方法は、1当量のナトリウムエトキシドを含むエタノールにチオールを溶解させることである。

$$CH_3CH_2\ddot{S}H + CH_3CH_2\ddot{O}:^- \rightleftharpoons CH_3CH_2\ddot{S}:^- + CH_3CH_2\ddot{O}H \qquad (10\cdot 4)$$

エタンチオール　　エトキシドイオン　　　　エタンチオラートイオン　　エタノール
$pK_a = 10.5$　　　　　　　　　　　　　　　　　　　　　　　　$pK_a = 15.9$

この反応の平衡定数は10^5以上（§3・4E）であるため、反応は完全に進行する。

アルカリ金属チオラートは水およびアルコールに可溶性であるが、チオールはHg^{2+}, Cu^{2+}, Pb^{2+}などの多くの重金属イオンと不溶性のチオラートを形成する。

$$2\,CH_3(CH_2)_9S\!-\!H + PbCl_2 \xrightarrow{EtOH} [CH_3(CH_2)_9S]_2Pb + 2\,HCl \qquad (10\cdot 5)$$

デカンチオール　　　　　　　　　　　　　鉛(II)デカンチオラート
　　　　　　　　　　　　　　　　　　　　　（収率87%）

$$2\,PhS\!-\!H + HgCl_2 \longrightarrow (PhS)_2Hg + 2\,HCl \qquad (10\cdot 6)$$

　　　　　　　　　　　　　（収率98%）

重金属チオラートの不溶性は、最も不溶性の無機化合物として知られている重金属硫化物〔たとえば、硫化鉛(II)、PbS〕の不溶性と類似している。鉛塩の毒性の理由の一つは、鉛が重要な生体分子のSH基と非常に強固な（安定な）チオラート複合体（錯体）を形成することである（上記コラム参照）。

C. アルコールの酸性度への極性効果

置換アルコールおよびチオールは酸性度に対して置換カルボン酸と類似した極性効果を示す（§3・6C）。たとえば、電気陰性度の大きな基をもつアルコールの酸性度は増加する。したがって、エタノー

ルよりも 2,2,2-トリフルオロエタノールの方が pK_a 単位で 3 以上強い酸である．

相対的酸性度：

$$H_3C-CH_2-OH < F_3C-CH_2-OH \tag{10・7}$$
$$pK_a \qquad\qquad 15.9 \qquad\qquad\quad 12.4$$

電気陰性基の置換している位置が OH 基に近くなるにつれて，極性効果は強くなる．

相対的酸性度：

$$F_3C-CH_2-CH_2-CH_2-OH < F_3C-CH_2-CH_2-OH < F_3C-CH_2-OH \tag{10・8}$$
$$pK_a \qquad\qquad 15.4 \qquad\qquad\qquad\qquad 14.6 \qquad\qquad\qquad 12.4$$

フッ素が OH 基から炭素原子四つ以上離れると，酸性度にごくわずかな影響しか及ぼさないことに注意しよう．

問 題

10・3 次の各組の化合物を酸性度が増加する（pK_a が減少する）順に並べ，その理由を説明せよ．
(a) ClCH$_2$CH$_2$OH, Cl$_2$CHCH$_2$OH, Cl(CH$_2$)$_3$OH
(b) ClCH$_2$CH$_2$SH, ClCH$_2$CH$_2$OH, CH$_3$CH$_2$OH
(c) CH$_3$CH$_2$CH$_2$CH$_2$OH, CH$_3$OCH$_2$CH$_2$OH

D. アルコールの酸性度への溶媒効果

第一級，第二級および第三級のアルコールではそれぞれ酸性度が大きく異なる．関連化合物の pK_a を表 10・1 に示す．この表のデータは，アルコールの酸性度がメチル > 第一級 > 第二級 > 第三級であ

表 10・1 水溶液中のアルコールの酸性度

アルコール	pK_a	アルコール	pK_a
CH$_3$OH	15.1	(CH$_3$)$_2$CHOH	17.1
CH$_3$CH$_2$OH	15.9	(CH$_3$)$_3$COH	19.2

ることを示している．この順序は，アルコールの酸素原子まわりのアルキル基の極性効果（§3・6C）に起因すると長年にわたり考えられてきた．しかし，気相（無溶媒下）ではアルコールの酸性度の順序が逆転していることがわかった．

気相中の相対酸性度：

$$(CH_3)_3COH > (CH_3)_2CHOH > CH_3CH_2OH > CH_3OH \tag{10・9}$$

アルコールの酸性度の相対的順序は，溶液中と気相では逆転する．しかし，アルコールが溶液中よりも気相中で，より酸性になっているわけではない．むしろ，気相中よりも溶液中ではるかに酸性度が高い．

気相では枝分かれしたアルコールは，していないものよりも酸性度が高い．これは，α-アルキル置換基の方が水素よりもアルコキシドイオンをより効果的に安定化するからである．共役塩基アニオンの安定化が酸性度を高めることを思い出そう（図 3・3 参照）．この安定化は分極機構によって起こる．すなわち，分極しやすいアルキル基の電子雲は，電子密度がアルコキシド酸素上の負電荷から遠ざかるようにひずみ，中央の炭素に正電荷を部分的に残す．アニオンはこの正電荷との静電相互作用によって安

定化する．

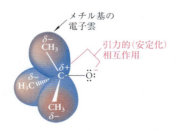

　第三級アルコールは第一級アルコールよりも多くの α-アルキル置換基をもつので，この分極効果により第三級アルコキシドは第一級アルコキシドよりもさらに安定化される．その結果，第三級アルコールは気相においてより酸性度が高い．

　同じ分極効果が溶液中でも存在するが，酸性度の順序が気相とは異なるので，別のもっと重要な効果が働いていると考えられる．溶液中での酸性度の順序は，アルコール分子のその共役塩基への溶媒和のしやすさに起因する．§8・6F で，溶液中でアニオンは溶媒との水素結合によって溶媒和されることで安定化することを学んだ．このような水素結合は気相では存在しない．第三級アルコキシドのアルキル基は，詳細は不明であるが，何らかの形でアルコキシド酸素の溶媒和に悪影響を与えていると考えられる（これは単純な立体効果ではないことがわかっている）．第三級アルコキシドの溶媒和が低下すると安定化を受けることができず，そのエネルギーが増加することで塩基性が増加する．それほど多くのアルキル鎖をもたない第一級アルコキシドは，効果的に溶媒和される．その結果，それらの溶液の塩基性は低い．要約すると，第三級アルコキシドは第一級アルコキシドよりも溶液中において塩基性度が高い．いいかえると，溶液中では第一級アルコールが第三級アルコールよりも酸性であるということである．

　この議論で重要な点は，溶媒が酸-塩基反応において無関係ではないということである．むしろ，関与する分子，特にイオン種を安定化させるうえで積極的な役割を果たしている．

E. アルコールおよびチオールの塩基性

　水がプロトンと結合してオキソニウムイオンを形成するように，アルコールおよびチオールもプロトン化されて正に荷電した共役酸を形成する．アルコールは塩基性の点では，水とあまり変わらない．しかし，チオールの塩基性度ははるかに低い．

	オキソニウムイオン	エタノールの共役酸	エタンチオールの共役酸
pK_a	−1.74	−2〜−3	−5〜−7

負の pK_a は電荷効果（§3・6B）を反映しており，これはプロトン化された分子は非常に強酸であり，それらの中性の共役塩基が弱いことを意味する．にもかかわらず，アルコールおよびチオールのプロトン受容能は，特に酸性溶液中で起こる多くの反応において非常に重要な役割を果たす．

　上記の pK_a は，いずれの場合も中性塩基の共役酸の値であることに注意が必要である．アルコールやチオールは水のように両性物質である．すなわち，プロトンを得ることも失うこともできる．したがって，アルコールは 2 種類の酸-塩基平衡に関与する．

プロトンの供与：

$$\text{EtO}-\text{H} + {}^-\!:\!\ddot{\text{O}}\text{H} \rightleftharpoons \text{EtO}\!:\!^- + \text{H}-\ddot{\text{O}}\text{H} \tag{10・10a}$$

$pK_a = 15.9 \qquad\qquad pK_a = 15.7$

プロトンの受容:

$$\text{EtÖ—H} + \text{H}_3\text{O}^+ \rightleftharpoons \text{EtÖ}^+\text{—H} + \text{H}_2\ddot{\text{O}}: \tag{10・10b}$$
$$\text{p}K_\text{a} = -1.74 \quad\quad \text{p}K_\text{a} = -2\sim-3$$
$$\quad\quad\quad\quad\quad\quad\quad\quad\quad\quad\quad\quad\quad\quad\quad\;\; |\text{H}$$

アルコールの酸性(プロトンの供与)を示す例が式(10・10a)である．アルコールは弱酸であるため，通常この反応は強塩基存在下でのみ起こる．アルコールの塩基性(プロトンの受容)を示す例が，式(10・10b)である．アルコールは弱塩基であるため，通常この反応は強酸存在下でのみ起こる．

　チオールも両性であるため，酸および塩基の両方として作用する．チオールは元素効果のためアルコールよりもはるかに酸性である(§10・1A)．同様の理由から，チオールの共役酸もアルコールの共役酸より酸性である．いいかえると，<u>チオールはアルコールよりも塩基性が低い</u>．

プロトンの供与:

$$\text{EtS̈—H} + {}^-\ddot{\text{O}}\text{H} \rightleftharpoons \text{EtS̈}:^- + \text{H—ÖH} \tag{10・11a}$$
$$\text{p}K_\text{a} = 10.5 \quad\quad\quad\quad\quad \text{p}K_\text{a} = 15.7$$

プロトンの受容:

$$\text{EtS̈—H} + \text{H}_3\text{O}^+ \rightleftharpoons \text{EtS̈}^+\text{—H} + \text{H}_2\ddot{\text{O}}: \tag{10・11b}$$
$$\text{p}K_\text{a} = -1.74 \quad\quad \text{p}K_\text{a} \approx -6$$

10・2　アルコールの脱水

　H_2SO_4 や H_3PO_4 のような強酸は，第二級または第三級アルコールから水を取除き，対応するアルケンを与える β 脱離反応を触媒する．シクロヘキサノールのシクロヘキセンへの変換が典型例である．

$$\underset{\text{シクロヘキサノール}}{\text{シクロヘキサノール(OH, H)}} \xrightarrow{\text{H}_3\text{PO}_4} \underset{\substack{\text{シクロヘキセン}\\(\text{収率 79〜84\%})}}{\text{シクロヘキセン}} + \text{H}_2\text{O} \tag{10・12}$$

このような，出発物から水に相当する分子が失われる反応は，**脱水**(dehydration)とよばれる．

　アルコールの酸触媒脱水反応のほとんどは可逆反応である．しかしながら，これらの反応は，Le Châtelier の原理(§4・9E)を適用することによって，アルケン生成物に容易に偏らせることができる．たとえば式(10・12)において，副生成物として生成した水は H_3PO_4 と強力な水素結合により錯体を形成する．また，生成物であるシクロヘキセンを反応混合物から留去することで，平衡はアルケン生成物側に偏る．アルケンは，同じ炭素骨格のアルコールよりもかなり低い沸点をもつため，蒸留により容易に除去することができる(§8・5C)．アルコールのアルケンへの脱水は実験室で容易に行うことができ，重要なアルケンの合成手法である．

　脱水における酸触媒の役割は，弱い脱離能の OH 基を，優れた脱離能をもつ $\overset{+}{\text{O}}\text{H}_2$ 基(H_2O は弱塩基なので)に変えることである．<u>脱離基としての OH 基を活性化するための Brønsted 酸または Lewis 酸の添加は，アルコールの反応における重要なポイントである</u>．

　アルコールの脱水は，酸-塩基反応だけからなっており，カルボカチオン中間体を含む 3 段階の機構によって起こる．反応機構の 1 段階目において，OH 基は Brønsted 塩基(§10・1E)として，触媒として働く酸からプロトンを受取り，脱離基として活性化される．

$$\underset{\text{リン酸(触媒)}}{\text{Cy–ÖH} \cdots \text{H—ÖPO}_3\text{H}_2} \xrightleftharpoons[\text{Brønsted 酸–塩基反応}]{} \underset{\substack{\text{リン酸二水素イオン}\\(\text{触媒の共役塩基})}}{\text{Cy–}\overset{+}{\text{O}}\text{H}_2 \;\; :\ddot{\text{O}}\text{PO}_3\text{H}_2} \tag{10・13a}$$

10・2 アルコールの脱水

このように，アルコールの塩基性は脱水反応にとって重要である．次の段階で，アルコールの炭素-酸素結合がLewis酸-塩基解離反応によって切断され，カルボカチオンと水を生じる．

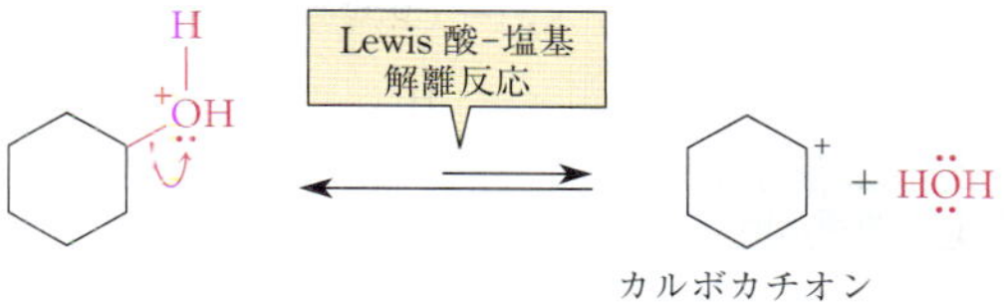

$$\text{(Lewis 酸-塩基解離反応)} \quad \rightleftharpoons \quad \text{カルボカチオン} + \text{HOH} \tag{10・13b}$$

最後に，触媒として働く酸の共役塩基である $^-OPO_3H_2$ が，もう一つのBrønsted酸-塩基反応を起こして，カルボカチオンから β 水素を引抜く．

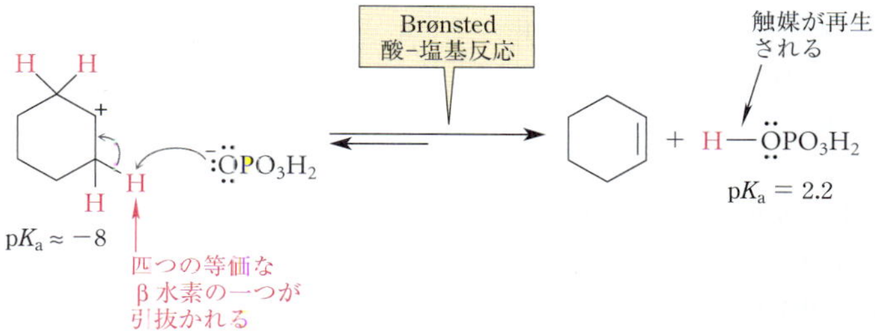

$$\text{pK}_a \approx -8 \quad (\text{四つの等価な β 水素の一つが引抜かれる}) \quad \overset{\text{Brønsted 酸-塩基反応}}{\rightleftharpoons} \quad + \quad H-OPO_3H_2 \quad (\text{触媒が再生される}) \tag{10・13c}$$

$$pK_a = 2.2$$

この段階で，アルケンが生成し，触媒の H_3PO_4 を再生する．あるいは，式(10・13b)で生成した H_2O がカルボカチオンから β 水素を引抜く塩基として作用し，この反応で発生した H_3O^+ が脱水反応の酸触媒として働く．

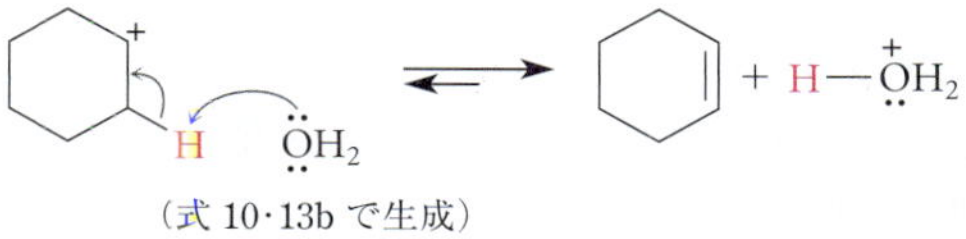

$$\text{(式 10・13b で生成)} \quad \rightleftharpoons \quad + \quad H-\overset{+}{O}H_2 \tag{10・13d}$$

最後の段階(式 10・13c あるいは式 10・13d)の酸-塩基反応を考えるときに犯しがちな誤りは，最初の H_2O の解離によって生じる水酸化物イオン ^-OH を塩基として用いることである．結局のところ，水酸化物イオンは反応混合物中に存在する弱塩基であるリン酸二水素イオンや水よりも強い塩基である．しかし反応は強酸性条件で行われるので，水酸化物イオンは直ちにプロトン化して水を生成するため存在できない．また，カルボカチオンの β 水素の pK_a は，$-8 \sim -10$ と酸性度が高いため，この引抜きには強塩基を必要としない．これら酸性水素を引抜くための塩基としては，共役酸が $pK_a = 2.2$ であるリン酸二水素イオンが最も適している(§3・4E参照)．式(10・13d)に示すように，副生成物の水(共役酸の $pK_a = -1.74$)でも β 水素引抜きに十分な塩基性をもつことがわかる．

この反応機構は，酸-塩基触媒反応の重要な原理を示している．この反応機構において，酸およびその共役塩基は連係して作用する．H_3O^+ が触媒である場合，その共役塩基 H_2O は塩基として作用する．^-OH を触媒とする塩基触媒反応では，有意な濃度では存在していない H_3O^+ ではなく，^-OH の共役酸である H_2O が塩基性溶液中で酸として作用する(必要であれば，§3・4Bの両性化合物の説明を見直すこと)．

では，式(10・13a)～式(10・13c)に示す脱水の反応機構に戻ろう．このような機構がこれまでに2回出てきた．§9・6では，アルコールの脱水はE1反応であることを学んだ．いったんアルコールのOH基がプロトン化されると非常に優れた脱離基(水)になる．E1反応における脱離基のハロゲン化物イオンと同様に，プロトン化されたOHが水として脱離することでカルボカチオンを生じ，ついで β 水素を失うことでアルケンが生成する．

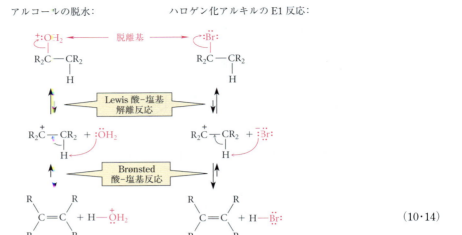

§4・9 では，アルコールの脱水はアルケンの水和の逆反応であることを学んだ．アルケンの水和およびアルコールの脱水は，同じ反応の正方向および逆方向の反応である．

微視的可逆性の原理(§4・9B)から，同じ反応の正方向および逆方向では，同じ中間体および同じ律速遷移状態を経由しなければならない．したがって，アルケンのプロトン化は，アルケンの水和における律速段階であるので，カルボカチオン中間体(式 10・13c または式 10・13d)からのプロトン引抜きはアルコール脱水における律速段階となる．この原理はまた，触媒が一方向の反応を加速する場合，逆方向の反応も加速することを意味している．したがって，アルケンのアルコールへの水和およびアルコールのアルケンへの脱水の両方が酸によって触媒される．

カルボカチオン中間体の関与は，アルコールの脱水に関するいくつかの実験事実を説明することができる．第一に，アルコールの脱水の相対速度は第三級＞第二級≫第一級である．Hammond の仮説(§4・8D)によると，脱水反応の律速遷移状態は，対応するカルボカチオン中間体に非常に類似しているはずである．第三級カルボカチオンは最も安定なカルボカチオンであるから，第三級カルボカチオンを含む脱水反応は，第二級または第一級のカルボカチオンを含む脱水反応よりも速いはずである．事実，第一級アルコールの脱水は遅く，一般的にアルケン生成のための有用な合成手法ではない．第一級アルコールは別の様式で H_2SO_4 と反応する(問題 10・66 参照)．

第二に，アルコールが 2 種類以上の β 水素をもつ場合，生成するアルケンは混合物となる．ハロゲン化アルキルの E1 反応の場合と同様に，最も安定な，すなわち二重結合に置換基を最も多くもつアルケンが最も多く生成する．

最後に，反応により転位しやすいカルボカチオン中間体を与えるアルコールは，転位したアルケンを生成する．

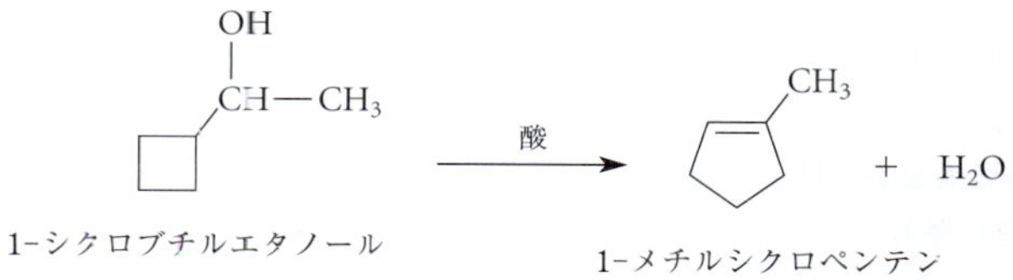

1-シクロブチルエタノール　　　　　　1-メチルシクロペンテン　　　　　　　　　　　　(10·17)

式(10·17)の転位の反応機構は例題10·1で取組む.

例題 10·1

式(10-17)に示した転位反応の機構を巻矢印表記法で示し，その反応が起こる理由を述べよ．触媒作用をもつ酸の一般的な略号としてH–Aを使用せよ．

解 注　転位は，カルボカチオン中間体の関与を示唆している．したがって，反応機構の最初の段階はカルボカチオンの生成である．この反応は式(10·13a)に示した反応と同様である．得られるカルボカチオンは第二級である．

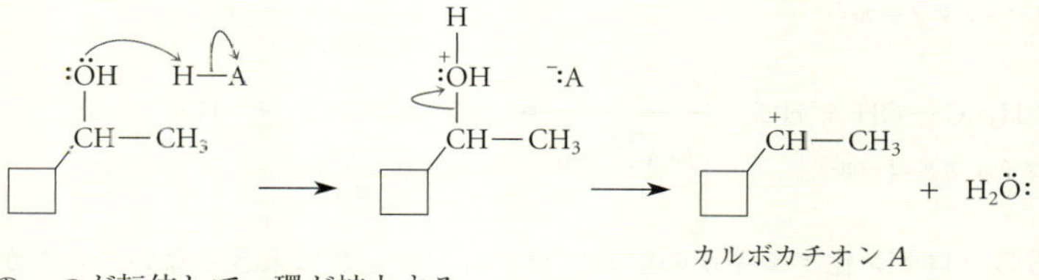

カルボカチオン A

四員環の炭素の一つが転位して，環が拡大する．

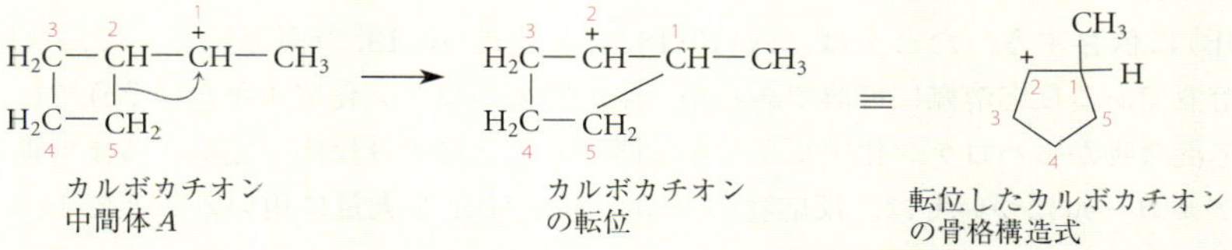

カルボカチオン　　　　カルボカチオン　　　　転位したカルボカチオン
中間体 A　　　　　　　の転位　　　　　　　の骨格構造式

なぜ第二級カルボカチオンが別の第二級カルボカチオンに転位するのだろうか．その答は，四員環のひずみが大きく(§7·5B)，五員環になることでひずみの一部が緩和されるからである．最後に，転位したカルボカチオンからβ水素が引抜かれることでアルケンが生成し，触媒の酸を再生する．

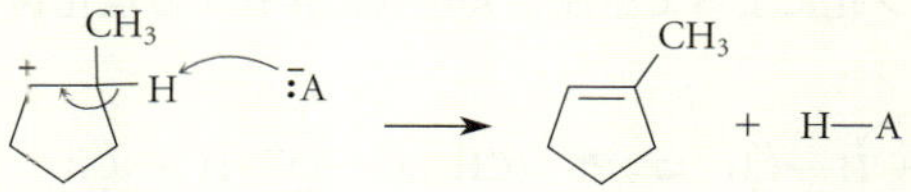

他のβ水素が代わりに引抜かれないのはなぜだろう．

問題

10·4　以下のアルコールの酸触媒脱水反応においてどのようなアルケンが生成するか．
(a) 3-メチル-3-ヘプタノール　　(b) PhCHCH$_2$Ph のうちOHが中央のCに付く構造 (PhCH(OH)CH$_2$Ph)

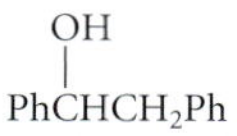

10·5　問題10·4(a)の反応の機構を巻矢印表記を用いて書け．触媒として働く酸をH–Aと略記せよ．各段階において，Brønsted酸と塩基，求電子剤と求核剤，脱離基をすべて明らかにすること．

10·6　3-エチル-3-ペンタノールの酸触媒脱水反応に関与するカルボカチオン中間体の構造式を描け．

10·7　問題10·4(a)の主生成物であるアルケンを示せ．

10·8　次のそれぞれのアルケンを主生成物として与える二つのアルコール(第二級および第三級)の構

造式を描け．また，より速やかに脱水するアルコールはどちらか．
(a) 1-メチルシクロヘキセン　　(b) 3-メチル-2-ペンテン

10・9 式(10・16)の反応の機構を巻矢印表記を用いて書け．

10・10 メタノール中 H_2SO_4 触媒下で反応を行った．
(a) 溶液中で最も高い濃度で存在する Brønsted 酸は何か（ヒント：H_2SO_4 は水中と同様にメタノール中で完全に解離する）．
(b) 塩基が反応機構に関与する場合，その塩基は何か．

10・3　アルコールとハロゲン化水素との反応

アルコールはハロゲン化水素と反応してハロゲン化アルキルを与える．

$$\text{3-メチル-1-ブタノール} + HBr \xrightarrow[\text{熱, 5〜6 時間}]{H_2SO_4} \text{1-ブロモ-3-メチルブタン (収率 93\%)} + H_2O \quad (10\cdot18)$$

$$(CH_3)_3C\text{—}OH + HCl \xrightarrow{H_2O,\ 25\,^\circ C,\ 20\,\text{分}} (CH_3)_3C\text{—}Cl + H_2O \quad (10\cdot19)$$
t-ブチルアルコール　　　　　　　　　　　　塩化 t-ブチル（ほぼ定量的）

アルコールからのハロゲン化アルキルの生成に対する平衡定数は大きくない．したがって，アルコールからのハロゲン化アルキルの合成は，アルコールの脱水によるアルケンの生成と同様に Le Châtelier の原理（§4・9B）に依存する．たとえば，式(10・18)および式(10・19)の両方において，反応物のアルコールは酸水溶液である反応溶媒に可溶であるが，生成物のハロゲン化アルキルはそうではない．水に不溶なので反応混合物からハロゲン化アルキルが分離することにより反応が完結するまで進行する．水溶性ではないアルコールについては，反応物の一つである HBr を大量に用いることで Le Châtelier の原理により反応を完結させることができる．

ハロゲン化アルキルの生成機構は，出発物として使用されるアルコールの種類に依存する．第三級アルコールの反応では，アルコール酸素のプロトン化に続いてカルボカチオンが生成する．カルボカチオンは，強酸である HCl のイオン化によって生成し大過剰に存在する塩化物イオンと反応する．

$$(CH_3)_3C\text{—}\ddot{O}H + H\text{—}\ddot{C}l\text{:} \rightleftarrows (CH_3)_3C\text{—}\overset{+}{\underset{H}{O}}\text{—}H + \text{:}\ddot{C}l\text{:}^- \quad (10\cdot20a)$$
（過剰）

$$(CH_3)_3C\text{—}\overset{+}{\underset{H}{O}}\text{—}H \rightleftarrows (CH_3)_3C^+ + H_2\ddot{O}\text{:} \quad (10\cdot20b)$$

$$(CH_3)_3C^+ \quad \text{:}\ddot{C}l\text{:}^- \rightleftarrows (CH_3)_3C\text{—}\ddot{C}l\text{:} \quad (10\cdot20c)$$

$\Big\}$ S_N1 反応

いったんアルコールがプロトン化されると，H_2O を脱離基とする S_N1 反応となる．

第一級アルコールが出発物である場合，ハロゲン化物イオンによるプロトン化アルコールからの水の協奏的置換が起こる．いいかえれば，反応は水を脱離基とする S_N2 反応である．

$$\text{} \ddot{O}H + H\text{—}\ddot{B}r\text{:} \rightleftarrows \text{} \overset{+}{\ddot{O}}H_2 + \text{:}\ddot{B}r\text{:}^- \quad (10\cdot21a)$$
（過剰）

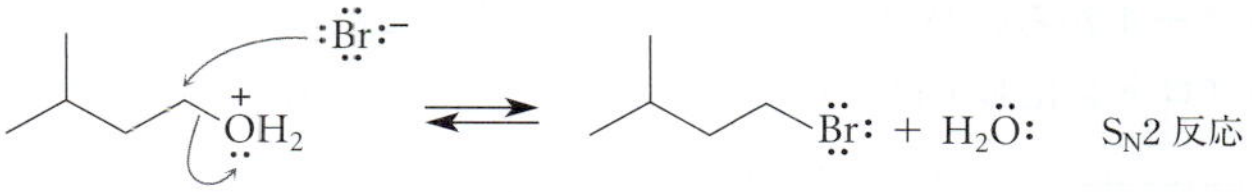

$$\text{(CH}_3\text{)}_2\text{CHCH}_2\text{CH}_2\text{-OH}_2^+ + :\!\ddot{\text{Br}}\!:^- \rightleftarrows (\text{CH}_3)_2\text{CHCH}_2\text{CH}_2\!-\!\ddot{\text{Br}}\!: + \text{H}_2\ddot{\text{O}}: \quad \text{S}_\text{N}2\,\text{反応} \qquad (10\cdot21\text{b})$$

これらの $\text{S}_\text{N}1$ および $\text{S}_\text{N}2$ 機構のいずれにおいても最初の段階は OH 基のプロトン化である．

式(10·18)および式(10·19)の反応条件が示唆するように，第三級アルコールとハロゲン化水素との反応は，第一級アルコールの反応よりもはるかに速い．一般的に，第三級アルコールは室温で容易にハロゲン化水素と反応するが，第一級アルコールの反応は数時間の加熱を必要とする．第一級アルコールは HBr および HI とは反応するものの，HCl との反応は非常に遅い．特定の触媒を用いてアルコールと HCl との反応を促進することができるが，第一級塩化アルキルを合成するためには別の方法(以下の節で説明する)が使われる．

第二級アルコールとハロゲン化水素との反応は，$\text{S}_\text{N}1$ 機構によって起こることが多い．これは，カルボカチオンが中間体として関与していることを意味する．その結果，多くの場合，転位反応が起こる．

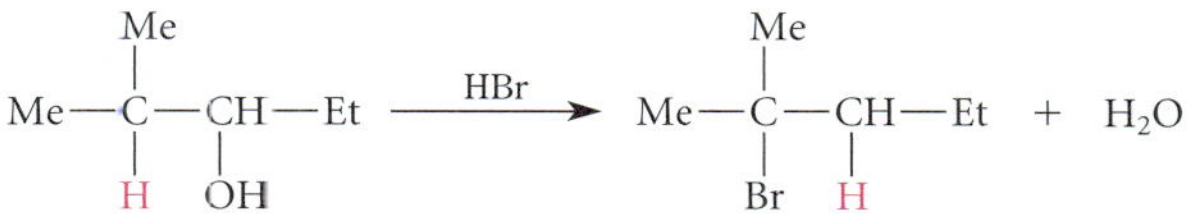

$$\underset{\text{2-メチル-3-ペンタノール}}{\text{Me}-\underset{\underset{\text{H}}{|}}{\overset{\overset{\text{Me}}{|}}{\text{C}}}-\underset{\underset{\text{OH}}{|}}{\text{CH}}-\text{Et}} \xrightarrow{\text{HBr}} \underset{\text{2-ブロモ-2-メチルペンタン}}{\text{Me}-\underset{\underset{\text{Br}}{|}}{\overset{\overset{\text{Me}}{|}}{\text{C}}}-\underset{\underset{\text{H}}{|}}{\text{CH}}-\text{Et}} + \text{H}_2\text{O} \qquad (10\cdot22)$$

問 題

10·11 以下のハロゲン化アルキルを合成するための出発物となるアルコールおよび反応条件を示せ．
(a) 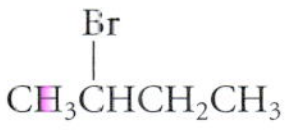 $\text{CH}_3\text{CHBrCH}_2\text{CH}_3$ (b) 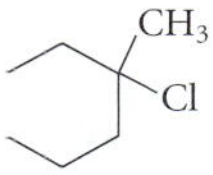 1-クロロ-1-メチルシクロペンタン (c) $\text{I}-\text{CH}_2\text{CH}_2\text{CH}_2\text{CH}_2\text{CH}_2-\text{I}$

10·12 式(10·22)に示す転位反応の機構を巻矢印表記を用いて書け．

10·13 以下の各反応において，生成が予想されるハロゲン化アルキル(もしあれば)の構造式を描け．
(a) 1-プロパノール ＋ H_2SO_4 触媒存在下で HBr (b) $\text{HOCH}_2\text{CH}_2\text{CH}_2\text{OH}$ ＋ 過剰の HI $\xrightarrow{\text{熱}}$
(c) 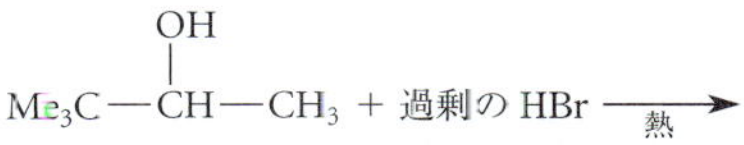 $\text{Me}_3\text{C}-\overset{\overset{\text{OH}}{|}}{\text{CH}}-\text{CH}_3$ ＋ 過剰の HBr $\xrightarrow{\text{熱}}$ (d) $(\text{CH}_3)_3\text{CCH}_2\text{OH}$ ＋ HCl $\xrightarrow{25\,°\text{C}}$ (ヒント: 図 9·4 参照)

アルコールのアルケンへの脱水およびハロゲン化水素との反応は，どちらも強酸性の溶液で起こり，酸が OH 基を優れた脱離基に変換する．この点については §10·2 ですでに説明した．置換反応では，酸が存在しないならばハロゲン化アルキルを生成するためにはハロゲン化物イオンは ^-OH と置換しなければならない．しかし，^-OH がどのハロゲン化物イオン(表 3·1)よりもはるかに強い塩基であり，強塩基は脱離能が低い(§9·4F)ため，反応は起こらない．

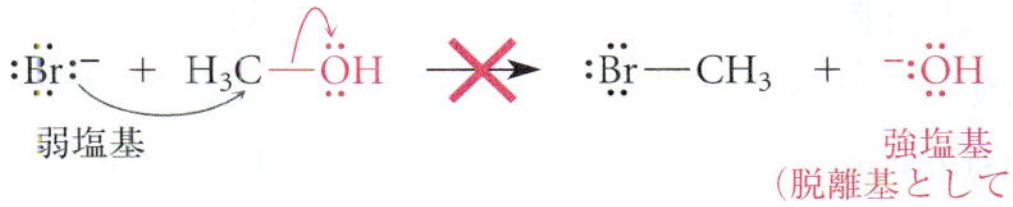

$$\underset{\text{弱塩基}}{:\!\ddot{\text{Br}}\!:^-} + \text{H}_3\text{C}-\ddot{\text{O}}\text{H} \quad\text{✗}\quad :\!\ddot{\text{Br}}\!-\text{CH}_3 + \underset{\substack{\text{強塩基}\\(\text{脱離基として劣る})}}{^-\!:\!\ddot{\text{O}}\text{H}} \qquad (10\cdot23\text{a})$$

$$\underset{\text{弱塩基}}{:\!\ddot{\text{Br}}\!:^-} + \text{H}_3\text{C}-\overset{\overset{\text{H}}{|}}{\underset{+}{\ddot{\text{O}}}}\!-\text{H} \rightleftarrows :\!\ddot{\text{Br}}\!-\text{CH}_3 + \underset{\substack{\text{弱塩基}\\(\text{優れた脱離基})}}{\text{H}_2\ddot{\text{O}}:} \qquad (10\cdot23\text{b})$$

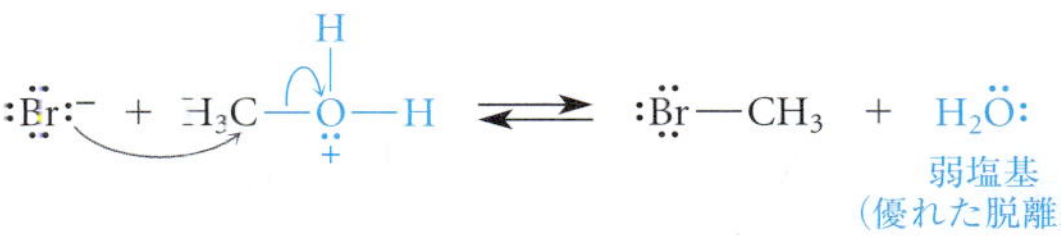

アルコールの置換および脱離反応では，OH 基をより優れた脱離基に変換する必要があることを覚えておこう．

第二級および第三級アルコールからのハロゲン化アルキルの生成と脱水の最初の段階は同じである．すなわちアルコール酸素のプロトン化およびカルボカチオンの生成である．

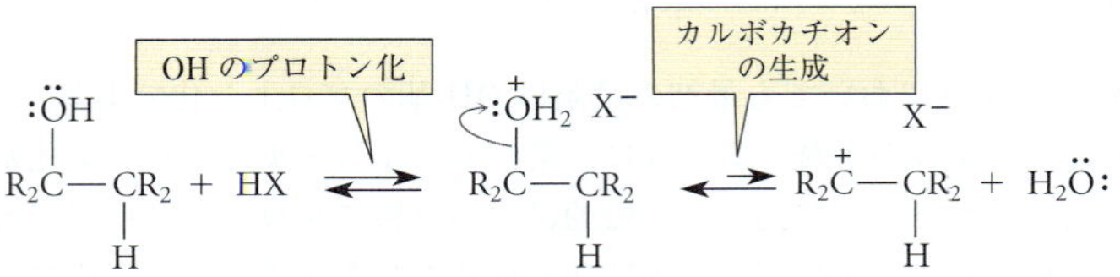

$$\underset{H}{\underset{|}{R_2C-CR_2}} + HX \;\rightleftharpoons\; \underset{H}{\underset{|}{R_2C-CR_2}}\;\overset{+}{O}H_2\;\;X^- \;\rightleftharpoons\; \underset{H}{\underset{|}{R_2\overset{+}{C}-CR_2}}\;\;X^- + H_2\ddot{O}\text{:} \tag{10・24a}$$

（OH のプロトン化／カルボカチオンの生成）

二つの反応の違いはこのカルボカチオンが次にどのような反応をするかであり，それは反応の条件による．ハロゲン化水素存在下では，過剰に存在するハロゲン化物イオンがカルボカチオンと反応する．ハロゲン化物イオンが存在しない脱水条件では，カルボカチオンからの β 水素の引抜きによってアルケンが生成すると，生成物であるアルケンおよび水が反応混合物から分離する．つまり，ハロゲン化アルキルの生成とアルケンへの脱水は共通の機構の別の分枝ということになる．

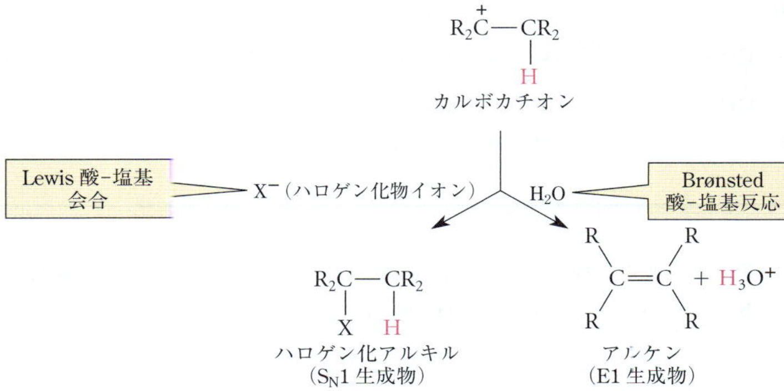

$$\underset{\text{カルボカチオン}}{\underset{H}{\underset{|}{R_2\overset{+}{C}-CR_2}}}$$

Lewis 酸-塩基会合 ← X^-（ハロゲン化物イオン） ／ H_2O → Brønsted 酸-塩基反応

$$\underset{\substack{\text{ハロゲン化アルキル}\\(S_N1\text{ 生成物})}}{\underset{X\;H}{\underset{|\;\;|}{R_2C-CR_2}}} \qquad \underset{\substack{\text{アルケン}\\(E1\text{ 生成物})}}{\underset{R\quad R}{\overset{R\quad R}{C=C}}} + H_3O^+ \tag{10・24b}$$

ハロゲン化アルキルの置換と脱離について 9 章で学んだ原則は，他の官能基，この場合はアルコールにも有効である．

10・4　アルコール由来の脱離基

ハロゲン化アルキルをアルコールおよびハロゲン化水素から合成する場合，プロトン化により OH 基を優れた脱離基に変換する．しかし，アルコール分子が強酸性条件に弱い置換基を含む場合，または他の理由により，より穏やかな条件または非酸性条件を使用しなければならない場合，OH 基を優れた脱離基に変換するさまざまな方法が必要である．この目的を達成するため方法がこの節の主題である．さらに，生物学的に重要な反応に見られる脱離基のいくつかについて学ぶ．

A．アルコールのスルホン酸エステル誘導体

スルホン酸エステルの構造　　求核置換反応および β 脱離反応に対し，アルコールを活性化する有効な方法は，それらをスルホン酸エステルに変換することである．スルホン酸エステルは，R−SO₃H をもつ化合物である**スルホン酸**（sulfonic acid）の誘導体である．典型的なスルホン酸には以下のものがある．

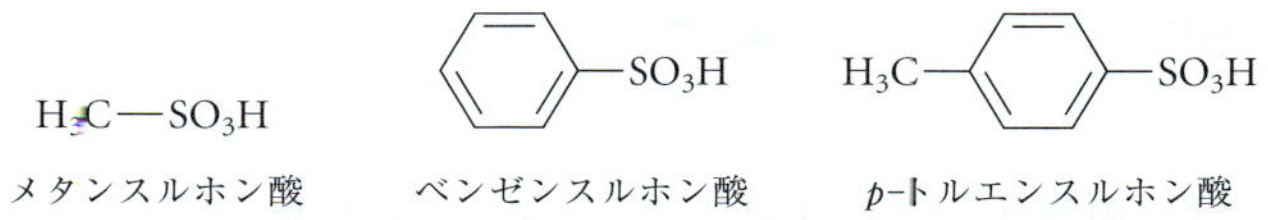

H_3C-SO_3H　　　　　$C_6H_5-SO_3H$　　　　　$H_3C-C_6H_4-SO_3H$
メタンスルホン酸　　　　ベンゼンスルホン酸　　　　 *p*-トルエンスルホン酸

最後の化合物名の *p* はパラ位を表し，これはベンゼン環上の二つの基の相対位置(1,4)を示す（この種の

用語は §16・1 で述べる)．**スルホン酸エステル**(sulfonate ester)は，スルホン酸の酸性水素をアルキル基またはアリール基で置き換えた化合物である．ベンゼンスルホン酸エチルでは，ベンゼンスルホン酸の酸性水素がエチル基で置き換えられている．

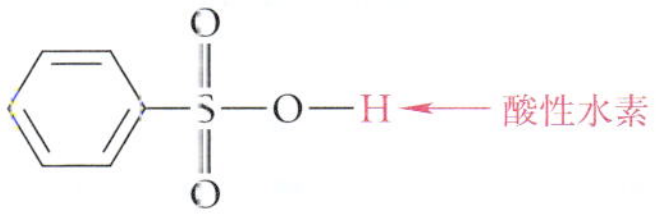

ベンゼンスルホン酸 ← 酸性水素 　　　ベンゼンスルホン酸エチル（スルホン酸エステル）

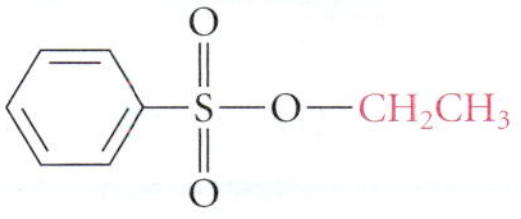

硫黄は，これらの Lewis 構造式においてオクテット以上の電子をもっている．このような"オクテット拡張"は，周期表の第三周期以降の原子ではよく見られる．スルホン酸とその誘導体における結合については §10・10A でさらに説明する．

有機化学では，よく特定のスルホン酸エステルの簡略化した構造式と略称が使われる．メタンスルホン酸のエステルは**メシラート**(mesylate，R—OMs と略記)とよばれ，p-トルエンスルホン酸のエステルは**トシラート**(tosylate，R—OTs と略記)とよばれる．

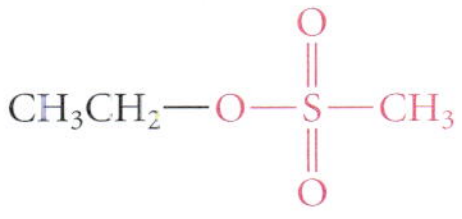

CH₃CH₂—O—S(=O)(=O)—CH₃ は CH₃CH₂—OMs ともいう
メタンスルホン酸エチル　　　　エチルメシラート

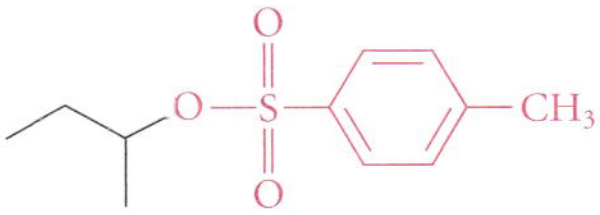

p-トルエンスルホン酸 s-ブチル は s-ブチルトシラート ともいう

問題

10・14 次の化合物について完全な構造式と簡略化した構造式の両方を描き，それぞれにもう一つの名前をつけよ．
(a) メタンスルホン酸イソプロピル　(b) p-トルエンスルホン酸メチル
(c) フェニルトシラート　　　　　　(d) シクロヘキシルメシラート

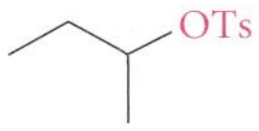

スルホン酸エステルの合成　スルホン酸エステルは，塩化スルホニルとよばれるスルホン酸誘導体とアルコールから合成される．たとえば，**塩化トシル** TsCl と略記される塩化 p-トルエンスルホニルは，トシラートを合成するために使用される塩化スルホニルである．

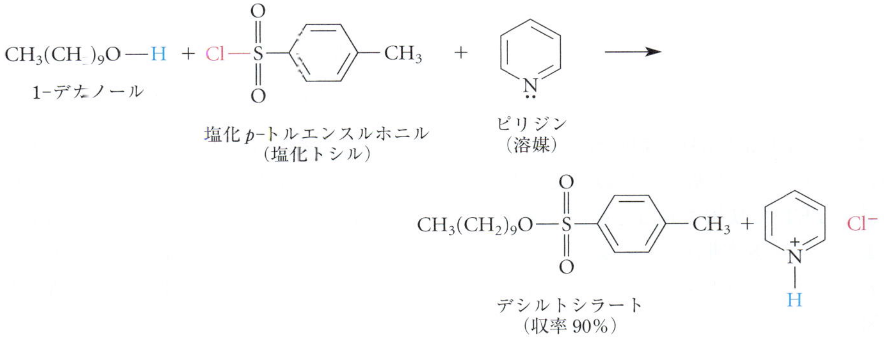

CH₃(CH₂)₉O—H ＋ Cl—S(=O)(=O)—C₆H₄—CH₃ ＋ ピリジン（溶媒） ⟶
1-デカノール　　　　塩化 p-トルエンスルホニル
　　　　　　　　　　　　（塩化トシル）

CH₃(CH₂)₉O—S(=O)(=O)—C₆H₄—CH₃ ＋ [ピリジニウム]⁺ Cl⁻ 　　(10・25)
デシルトシラート
（収率 90%）

これはアルコールの酸素が塩化トシルの塩化物イオンと置換する求核置換反応である．溶媒として使われるピリジンは塩基である．反応を触媒することに加えて，反応中に生成するHClを中和する．

> **問 題**
>
> **10・15** 適切なアルコールからシクロヘキシルメシラートを合成する方法を示せ．

スルホン酸エステルの反応性 トシラートやメシラートのようなスルホン酸エステルは，置換および脱離反応において対応する臭化アルキルとほぼ同じ反応性をもつので有用である．この類似性の理由は，臭化物イオンのようにスルホン酸アニオンが優れた脱離基であることによる．ハロゲン化物イオンの中で最も弱い塩基である臭化物イオンおよびヨウ化物イオンが最も優れた脱離基であることはすでに説明した（§9・4F）．一般に優れた脱離基は弱塩基である．強酸であるスルホン酸の共役塩基であるスルホン酸アニオンは弱塩基である．

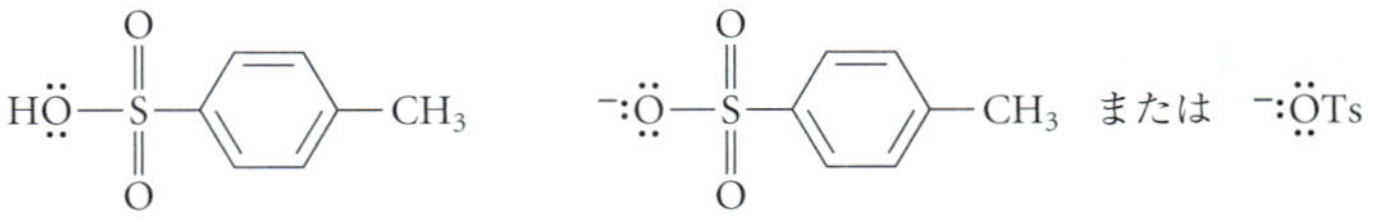

p-トルエンスルホン酸
強 酸
($pK_a \approx -3$)

p-トルエンスルホン酸アニオン
（トシラートアニオン）
弱塩基

このように，第一級および第二級アルコールから合成されたスルホン酸エステルでは，スルホン酸イオンが脱離基として作用し，第一級および第二級ハロゲン化アルキルと同様にS_N2反応を受ける．

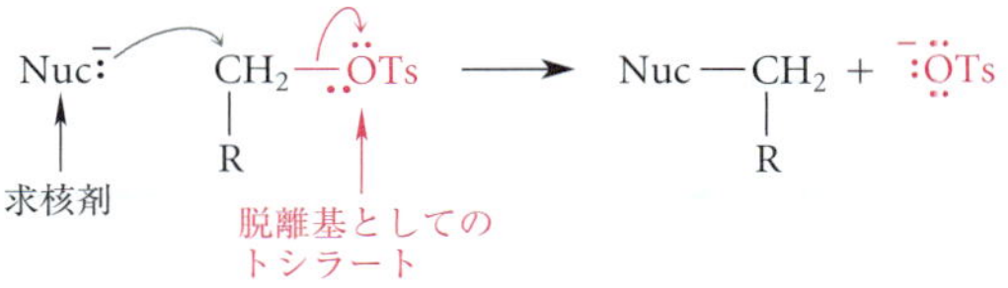

$$\text{Nuc}^- \quad \text{CH}_2\text{—OTs} \longrightarrow \text{Nuc—CH}_2 + {}^-\text{OTs} \qquad (10\cdot26)$$
$$\phantom{\text{Nuc}^- \quad}|\phantom{\text{CH}_2\text{—OTs} \longrightarrow \text{Nuc—CH}}|$$
$$\phantom{\text{Nuc}^- \quad}R\phantom{\text{CH}_2\text{—OTs} \longrightarrow \text{Nuc—CH}}R$$

求核剤　　脱離基としてのトシラート

同様に，第二級および第三級スルホン酸エステルも，対応するハロゲン化アルキルと同様に強塩基との反応ではE2反応を起こし，極性プロトン性溶媒中ではS_N1-E1加溶媒分解反応を受ける．

時折，トシラートまたはメシラートよりもはるかに反応性の高いスルホン酸エステルが必要になることがある．そのような場合，トリフルオロメタンスルホン酸エステルが使用される．トリフルオロメタンスルホン酸基はトリフラート（triflate）基とよばれ，$-\text{OTf}$と略記される．

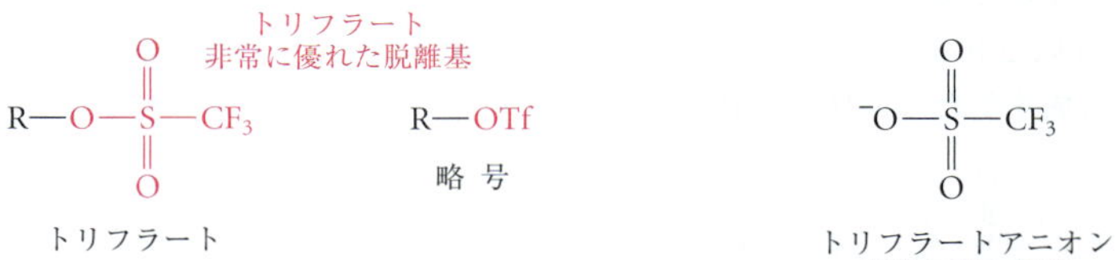

トリフラート
非常に優れた脱離基

R—OTf
略 号

トリフラート

トリフラートアニオン
非常に弱い塩基
（共役酸の $pK_a \approx -13$）

トリフラートアニオンは非常に弱い塩基である．その共役酸のpK_aは約-13である（問題10・51参照）．したがって，トリフラート基はきわめて良好な脱離基であり，高い反応性をもつ．たとえば，陽電子放射断層撮影法（PET）で使用される造影剤であるFDGを調製するために使用されるS_N2反応をもう一度考えてみよう（式9・28参照）．この反応は，トシラート脱離基ではあまりにも遅すぎて有用ではない．しかし，トリフラート脱離基はかなり大きな反応性をもっており，この反応に理想的な脱離基となり，反応は迅速に進行する．

10・4 アルコール由来の脱離基

トリフラートはトシラート(式 10・25)と同じ方法で合成されるが，塩化トシルの代わりにトリフルオロメタンスルホン酸無水物が用いられる．

$$CH_3(CH_2)_4OH + F_3C-SO_2-O-SO_2-CF_3 + \text{ピリジン} \xrightarrow{CH_2Cl_2} CH_3(CH_2)_4O-SO_2-CF_3 + \text{ピリジニウム} \ ^-O-SO_2-CF_3 \quad (10\cdot27)$$

1-ペンタノール ／ トリフルオロメタンスルホン酸無水物 ／ ピリジン ／ 略称 $CH_3(CH_2)_4OTf$ 1-ペンチルトリフラート (収率 90%)

S_N2 反応におけるスルホン酸エステルの使い方を，例題 10・2 に示す．

例題 10・2

3-ペンタノールから 3-ブロモペンタンを合成する一連の反応を示せ．

解 法　何よりもまず，問題を構造式で描き表す．

$$CH_3CH_2\underset{OH}{C}HCH_2CH_3 \xrightarrow{?} CH_3CH_2\underset{Br}{C}HCH_2CH_3$$

アルコールは，HBr と加熱することで臭化アルキルに変換することができる(§10・3)．しかし，第二級アルコールはカルボカチオン転位を起こしやすいので，この HBr との反応は副生成物を与える可能性が高い．しかし，反応が S_N2 機構で起こるように条件を選択することができれば，カルボカチオン転位は問題にならない．この目的を達成するために，最初にアルコールをトシラートまたはメシラートに変換する．

$$CH_3CH_2\underset{OH}{C}HCH_2CH_3 \xrightarrow[\text{ピリジン}]{TsCl} CH_3CH_2\underset{OTs}{C}HCH_2CH_3 \quad (10\cdot28a)$$

次に，DMSO などの極性非プロトン性溶媒(表 8・2)中でトシラート基を臭化物イオンで置換する．

$$CH_3CH_2\underset{OTs}{C}HCH_2CH_3 + Na^+\ Br^- \xrightarrow{DMSO} CH_3CH_2\underset{Br}{C}HCH_2CH_3 + Na^+\ ^-OTs \quad (10\cdot28b)$$

第二級アルキルトシラートは，第二級ハロゲン化アルキルと同様に S_N2 反応の反応性が低いので，極性非プロトン性溶媒の使用は反応速度向上には合理的である(§9・4E)．このタイプの溶媒を用いることで，プロトン性溶媒中で起こりやすいカルボカチオンの生成を抑制することができる．式(10・28b)の反応は 85% の収率で進行する．

ハロゲン化アルキルの E2 反応と同様に，スルホン酸エステルの E2 反応を用いてアルケンを合成することができる．

$$\underset{H}{\overset{OTs}{\bigcirc}} + K^+\ ^-OtBu \xrightarrow[\text{DMSO(溶媒)}]{20\sim25\ ^\circ C,\ 30\ \text{分}} \bigcirc + K^+\ ^-OTs + tBuOH \quad (10\cdot29)$$

(収率 83%)

この反応は，アルコール脱水反応の酸性条件が転位や他の副反応をもたらす場合や，脱水が起こりにくい第一級アルコールの場合に特に有用である．

まとめると，アルコールをスルホン酸エステルのような優れた脱離基をもつ化合物に変換することにより，対応するハロゲン化アルキルで一般的に見られる置換反応や脱離反応を起こすことができる．

問題

10・16 スルホン酸エステル法を用いて，アルコールから次の各化合物を合成する方法を示せ．

(a) 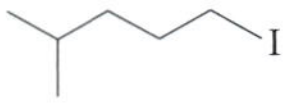 (CH₃)₂CHCH₂CH₂CH₂—I のような構造（2-メチルペンチルヨウ化物）

(b) 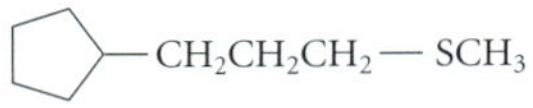 シクロペンチル—CH₂CH₂CH₂—SCH₃

10・17 以下の一連の反応の生成物を示せ．

(a) 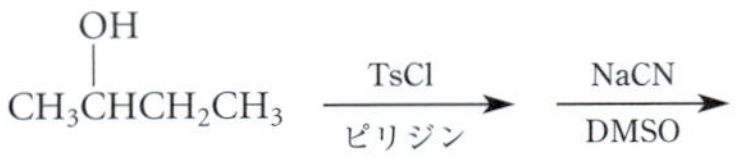 CH₃CH(OH)CH₂CH₃ → (TsCl, ピリジン) → (NaCN, DMSO) →

(b) 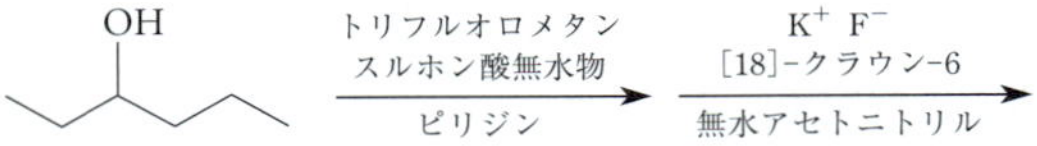 3-ペンタノール → (トリフルオロメタンスルホン酸無水物, ピリジン) → (K⁺ F⁻, [18]-クラウン-6, 無水アセトニトリル) →

B. アルキル化剤

これまで学んできたように，ハロゲン化アルキルやアルキルトシラートなどのスルホン酸エステルは，求核置換反応において高い反応性を示す．求核置換反応では，アルキル基は脱離基から求核剤へ移動する．

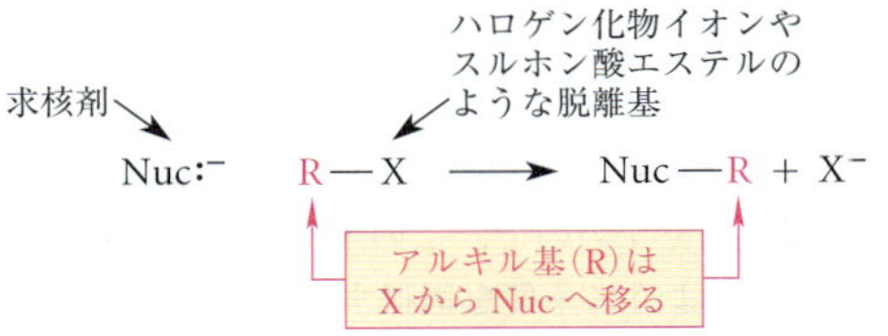

$$\text{Nuc}^- + \text{R}-\text{X} \longrightarrow \text{Nuc}-\text{R} + \text{X}^- \tag{10・30}$$

（求核剤／ハロゲン化物イオンやスルホン酸エステルのような脱離基／アルキル基(R)はXからNucへ移る）

このとき求核剤は，Brønsted 塩基が強酸によってプロトン化されるというのと同じ意味合いで，ハロゲン化アルキルまたはスルホン酸エステルによってアルキル化されるという．この理由から，ハロゲン化アルキル，スルホン酸エステル，および優れた脱離基を含む関連化合物は，アルキル化剤とよばれることがある．化合物が優れた**アルキル化剤**（alkylating agent）であるとは，S_N2 または S_N1 反応によって求核剤に容易にアルキル基を導入できることを意味する．

C. 無機強酸のエステル誘導体

別のタイプのアルキル化剤として無機強酸のエステルがある．トシラートおよびメシラートのように，強酸（この場合は無機酸）の酸性水素をアルキル基で置き換えることで誘導できる．たとえば，硫酸ジメチルは硫酸の酸性水素をメチル基で置き換えたエステルである．

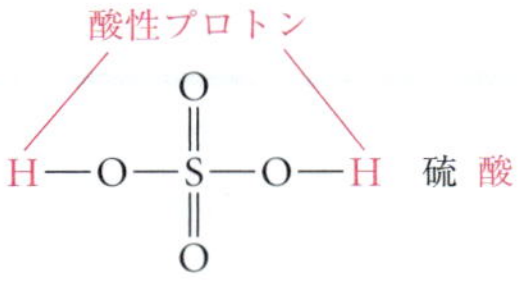

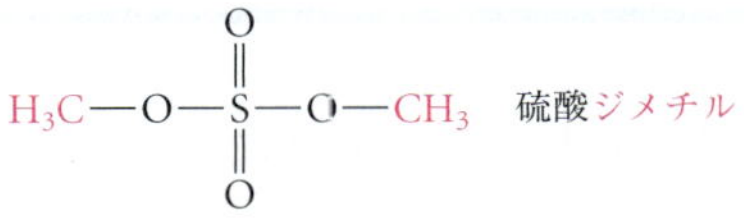

H—O—S(=O)(=O)—O—H 硫酸 （酸性プロトン）

H₃C—O—S(=O)(=O)—O—CH₃ 硫酸ジメチル

無機強酸のアルキルエステルは，非常に弱い塩基である脱離基を含むので，一般的に非常に強力なアルキル化剤である．たとえば，硫酸ジメチルは以下の反応例に示すように，非常に効果的なメチル化剤である．

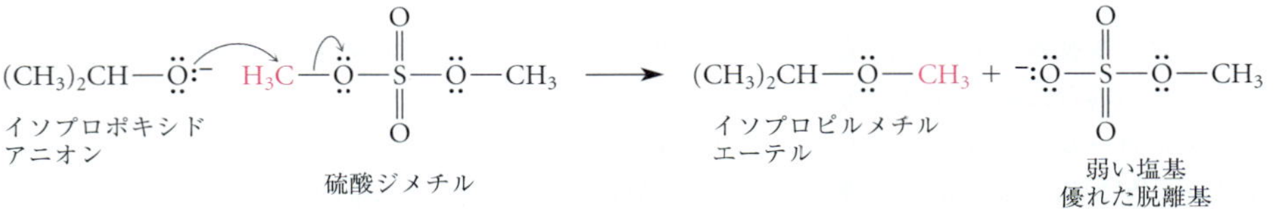

$$(CH_3)_2CH-\ddot{O}:^- + H_3C-\ddot{O}-S(=O)(=O)-\ddot{O}-CH_3 \longrightarrow (CH_3)_2CH-\ddot{O}-CH_3 + {}^-:\ddot{O}-S(=O)(=O)-\ddot{O}-CH_3 \tag{10・31}$$

（イソプロポキシドアニオン／硫酸ジメチル／イソプロピルメチルエーテル／弱い塩基 優れた脱離基）

硫酸ジメチルおよび硫酸ジエチルは市販されている．これらの反応剤は，他のアルキル化剤と同様に，タンパク質や核酸の求核性官能基と反応するため毒性がある(§26・5C)．

> **問題**
>
> **10・18** リン酸 H_3PO_4 は次の構造式をもつ．
>
> $$HO-\underset{\underset{OH}{|}}{\overset{\overset{O}{\|}}{P}}-OH$$
>
> (a) リン酸トリメチルの構造式を描け．
> (b) リン酸のモノエチルエステルの構造式を描け．
>
> **10・19** 硫酸ジメチルと次の求核剤との反応の生成物を予測せよ．
> (a) $CH_3\ddot{N}H_2$ (メチルアミン)　(b) 水　(c) ナトリウムエトキシド
> (d) ナトリウム 1-プロパンチオラート

D. 塩化チオニルとトリフェニルホスフィンジブロミドのアルコールとの反応

ほとんどの場合，HCl によるアルコールからの第一級塩化アルキルの合成は，HBr を用いた類似の臭化アルキルの合成(§10・3)ほど満足できるものではない．第一級塩化アルキルのより良い合成法は，アルコールと塩化チオニルの反応である．

$$CH_3(CH_2)_6CH_2OH + SOCl_2 \xrightarrow{\text{ピリジン}} CH_3(CH_2)_6CH_2Cl + SO_2\uparrow + HCl \quad (10\cdot32)$$

1-オクタノール　塩化チオニル　　　1-クロロオクタン　　　　（ピリジンと
　　　　　　　　　　　　　　　　　　（収率80%）　　　　　　　反応する）

塩化チオニルは密度の高い発煙性の液体である(沸点 75～76 ℃)．塩化アルキルの合成に塩化チオニルを使用することの一つの利点は，反応の副生成物がピリジンと反応する HCl および気体の二酸化硫黄 SO_2 であることである．その結果，多くの場合，塩化アルキルの合成において分離の問題は生じない．

スルホン酸エステルを用いる場合と同じように，塩化チオニルによるアルコールからの塩化アルキルの合成は，アルコールの OH 基の優れた脱離基への変換を含んでいる．アルコールが塩化チオニルと反応すると，クロロスルフィン酸エステル中間体が生成する(この反応は，式10・25に似ている)．

$$RCH_2OH + Cl-\underset{}{\overset{\overset{O}{\|}}{S}}-Cl \xrightarrow{\text{ピリジン(溶媒)}} RCH_2OSCl + \text{Py-H}^+ \quad Cl^- \quad (10\cdot33)$$

クロロスルフィン酸エステルは求核剤と容易に反応するが，その理由は，クロロスルフィニル基，$-O-SO-Cl$ が非常に弱い塩基であり，非常に優れた脱離基だからである．クロロスルフィン酸エステルに通常単離されないが，式(10・33)で生成した塩化物イオンと反応して塩化アルキルができる．脱離した $^-O-SO-Cl$ イオンは不安定であり，SO_2 と Cl^- に分解する．

$$R-CH_2-\ddot{\ddot{O}}-\overset{\overset{\ddot{O}:}{\|}}{S}-Cl \longrightarrow R-CH_2^+ + {}^:\ddot{\ddot{O}}-\overset{\overset{\ddot{O}:}{\|}}{S}-\ddot{\ddot{C}}l: \longrightarrow \ddot{\ddot{O}}=\overset{\ddot{O}:}{S}: + :\ddot{\ddot{C}}l:^- \quad (10\cdot34)$$

第一級アルコールには塩化チオニルによるハロゲン化が最も有用である．第二級アルコールにも使用できるが，転位反応が起こる．S_N2 条件を用いることによる第二級ハロゲン化アルキル合成法を用いることで回避でき，それは極性非プロトン性溶媒中のハロゲン化物イオンとスルホン酸エステルとの反応（例題 10・2）である．

アルコールを臭化アルキルに変換するための方法は Ph_3PBr_2（トリフェニルホスフィンジブロミド，ジブロモトリフェニルホスホランともよばれる）を使用する．

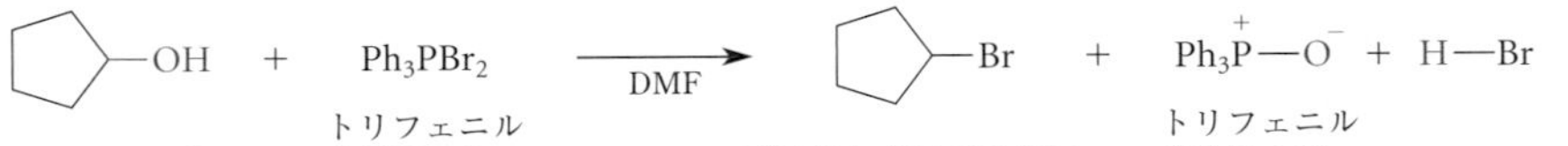

$$\text{シクロペンタノール} + Ph_3PBr_2 \xrightarrow{DMF} \text{ブロモシクロペンタン (収率 83\%)} + Ph_3\overset{+}{P}-O^- + H-Br \quad (10\cdot35)$$

式(10・36a)に示すように，トリフェニルホスフィンジブロミドは実際にはイオン性化合物である．反応機構の最初の段階は，アルコールの酸素が求核中心として働き，リンが求電子中心として働く Lewis 酸-塩基会合反応である（§10・10 で学ぶように，リンはオクテット則に反しており，五つの共有結合を生成する）．反応剤の臭化物イオンは，HBr の β 脱離をもたらし，共鳴安定化した中間体を生成するための塩基として作用する．

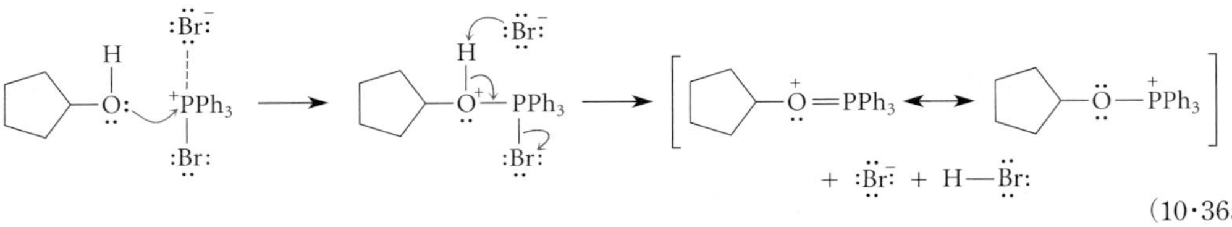

$$(10\cdot36a)$$

脱離した臭化物イオンは次に α 炭素で求核剤として作用して，トリフェニルホスフィンオキシド $^-O-\overset{+}{P}Ph_3$ を脱離基として追い出す．

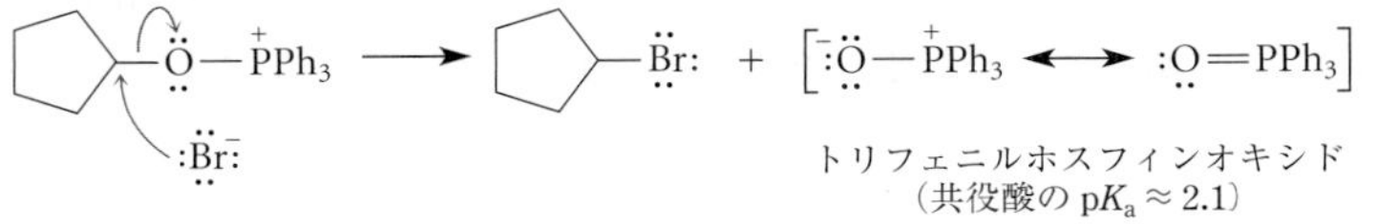

$$(10\cdot36b)$$

トリフェニルホスフィンオキシド（共役酸の $pK_a \approx 2.1$）

この反応は三つの理由で非常に容易に起こる．

1. トリフェニルホスフィンオキシドは非常に弱い塩基であり，したがって優れた脱離基である．
2. 反応は一般的にアセトニトリルまたは DMF のような S_N2 反応を促進する極性非プロトン性溶媒中で行われる（§9・4E）．
3. 臭化物イオンの求核剤としての反応は本質的に分子内反応である．すなわち，式(10・36a)で脱離する臭化物イオンは，拡散する前に式(10・36b)の求核剤として反応する．

アルコールとトリフェニルホスフィンジブロミドとの反応は非常に速く，ネオペンチルアルコールでもうまくいく．ネオペンチル誘導体は S_N2 反応では非常に反応性が低いことを思い出そう（表 9・3，図 9・4）．

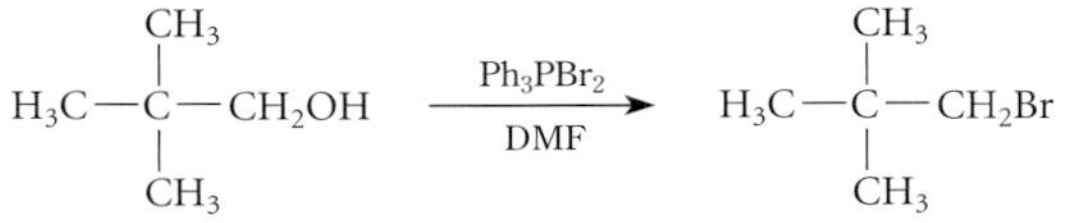

$$\underset{\substack{\text{2,2-ジメチル-1-プロパノール}\\(\text{ネオペンチルアルコール})}}{H_3C-\underset{\underset{CH_3}{|}}{\overset{\overset{CH_3}{|}}{C}}-CH_2OH} \xrightarrow[DMF]{Ph_3PBr_2} \underset{\substack{\text{1-ブロモ-2,2-ジメチルプロパン}\\(\text{臭化ネオペンチル，収率 91\%})}}{H_3C-\underset{\underset{CH_3}{|}}{\overset{\overset{CH_3}{|}}{C}}-CH_2Br} \quad (10\cdot37)$$

トリフェニルホスフィンジブロミドの反応は，式(10·35)に示すように，第二級臭化アルキルの合成に特に有用である．S_N2 機構で予想されるように，この反応は転位せずに起こる(問題 10·25 参照)．類似の反応剤であるトリフェニルホスフィンジクロリド Ph_3PCl_2 も塩化アルキルの合成に使うことができる．

> **問題**
>
> **10·20** 1-ブタノールから 1-ブロモブタンを生成する三つの反応を書け．
>
> **10·21** (a) 式(10·34)に示される反応機構によれば，塩化チオニルと (S)-$CH_3CH_2CH_2CHD$-OH との反応で得られる塩化アルキルの絶対立体配置は何か．
> (b) 式(10·36a)および式(10·36b)に示された機構によれば，Ph_3PBr_2 と 2-ペンタノールの R 体との反応で得られる 2-ブロモペンタンの絶対立体配置は何か．

E. 生物学的脱離基: リン酸イオンおよび二リン酸イオン

有機化学における求核置換反応についての知見の大部分は，ハロゲン化アルキル，スルホン酸エステルおよび関連化合物の置換反応から得られた．ハロゲンを含む化合物は自然界では比較的まれであり，ハロゲン化アルキルは特にまれである．スルホン酸エステルはまったく天然にはない．しかし，スルホン酸エステルが使われる根底にある重要な概念，すなわちアルコールの OH の優れた脱離基への変換は，生物学的置換反応において見いだされる最も重要な脱離基のうちの二つ，リン酸イオンおよび二リン酸イオン(生理学的 pH で生じるイオン化状態で表示してある)においても見られる．

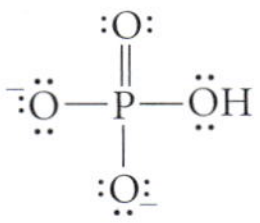

リン酸イオン
(共役酸の pK_a = 7.21)

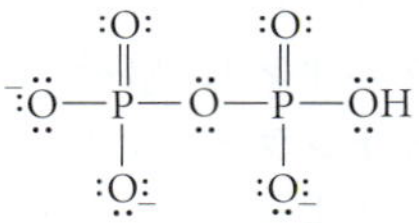

二リン酸イオン
(共役酸の pK_a = 6.6)

スルホン酸エステル(§10·4A)がスルホン酸イオンの脱離によりアルキル化剤として働くように，二リン酸エステル〔diphosphate (pyrophosphate) ester〕は二リン酸イオンの脱離によってアルキル化剤として働く．

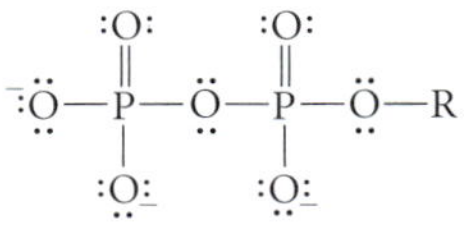

二リン酸アルキル
(二リン酸エステルの一例)

リン酸エステルは，他の求核置換反応においても重要である．25 章でリン酸エステルについてさらに考察する．

ファルネシル化は，二リン酸脱離基を含む生物学的アルキル化反応の一例である．この反応において，炭素 15 個の二リン酸アルキルである二リン酸ファルネシルが S_N2 反応で Ras とよばれるタンパク質のチオラートイオンと反応する．Ras は，細胞増殖を調節するタンパク質であり，Ras の変異は，膵臓がんおよび他のがんに関与している．この反応は，ファルネシル化酵素，すなわち Ras 自体とは異なるタンパク質によって触媒される．求核剤であるチオラートイオンは，Ras のアミノ酸の一つであるシステインの側鎖に由来する(表 27·1 参照)．チオラートイオンはファルネシル化酵素上の Zn^{2+} へ弱く配位しており，イオン化した状態が保持される．

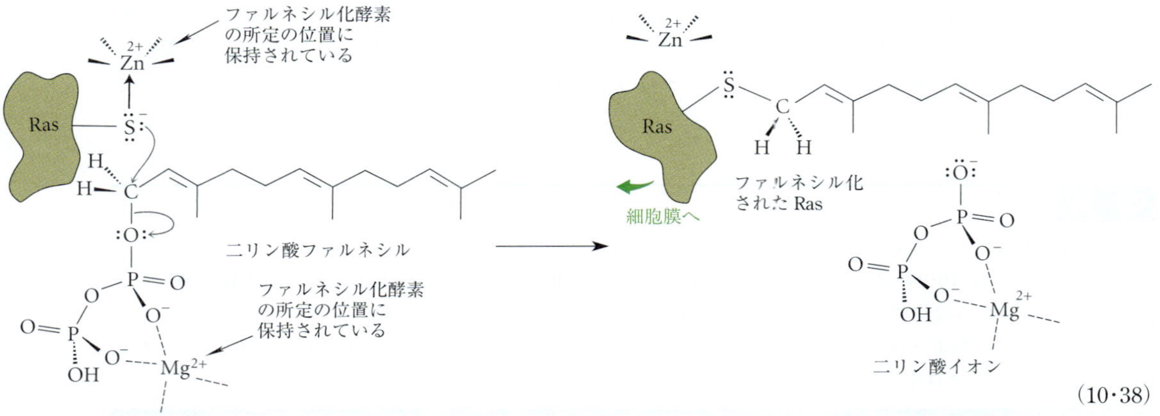

(式中ラベル)
ファルネシル化酵素の所定の位置に保持されている
ファルネシル化されたRas
細胞膜へ
二リン酸ファルネシル
ファルネシル化酵素の所定の位置に保持されている
二リン酸イオン

(10・38)

α水素の一つを重水素置換することにより，キラルな二リン酸ファルネシルが合成された．不斉なα炭素を含むこのキラルな誘導体では，S_N2 反応において予想されるように，立体反転を伴って置換反応が起こることが示された．大きな炭化水素基であるファルネシル基は細胞膜に移動し，脂質二重層に固定され，こうしてRasも膜に係留される．この現象によってRasが活性化される．この過程を妨害することが抗がん剤発見の興味深い目標となっている．

S_N2 反応を学んだときに，脱離基の有効性は塩基性と逆相関することを述べた(§9・4F)．つまり，最も弱い塩基が最も優れた脱離基である．H–Br および H–I が強酸であるのと同じ理由で，臭化物イオン Br^- およびヨウ化物イオン I^- は優れた脱離基である．H–Br および H–I 結合の結合エネルギーは比較的低く，C–Br および C–I 結合のエネルギーも同様である．では二リン酸イオンはどのくらい塩基性なのか．二リン酸ジアニオン $H_2P_2O_7^{2-}$ の pK_a が 6.6 であるというのがその答である．このイオンは，ハロゲン化物イオンやトシラートイオンよりもはるかに塩基性である．したがって，二リン酸イオンの脱離能は低い．ではどのようにして生物系の脱離基として働くことができるのだろうか．

その答は，二リン酸イオン自体が脱離基ではないということである．むしろ，2価金属イオン，多くの場合 Mg^{2+} に結合するか，または酵素のアミノ酸側鎖上の酸性基と水素結合することによって酵素の活性部位で活性化される(式 10・38参照)．

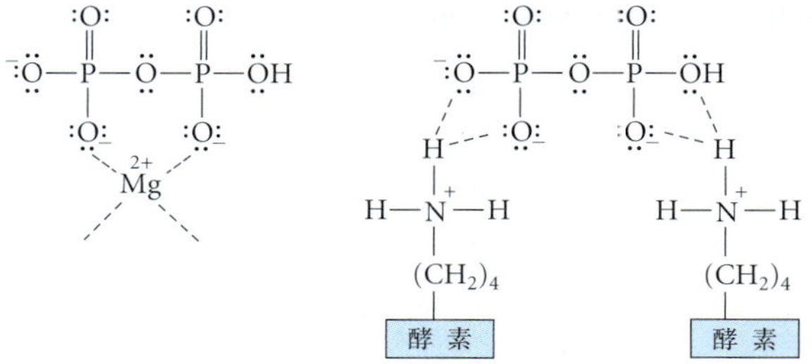

これらの相互作用は，溶媒中ではなく酵素内で相互作用が起こることを除いて，イオン性溶媒和の例として考えることができる(§8・6F)．

二リン酸イオンが触媒酵素の活性部位に結合しているときにだけ，活性部位の金属イオンあるいはプロトン源が，二リン酸イオン上の負電荷の二つを中和する．これが起こると，二リン酸イオンは二リン酸に近くなる($H_3P_2O_7^-$ の pK_{a2} は 2.0)．また，二リン酸イオンの酵素への非共有結合性の会合が，C–O 結合を引伸ばすために使われている可能性がある．脱離基への結合が弱くなるにつれて，優れた脱離基となる．酵素触媒における速度増大の他の理由については，§11・8D で述べる．

酵素による脱離基の反応性の向上がまさに生物学的脱離基で必要とされているものである．リン酸アルキルおよび二リン酸アルキルは細胞周囲にあるだけではなかなか反応しない．非常に反応性の高い脱

離基をもつ化合物は，多くの異なる求核剤と無差別に反応する可能性があるため，細胞内であちこち自由に動くことは望ましくない．事実，強力なアルキル化剤が生体内に導入されると，それらは大混乱をひき起こす．たとえば，いくつかの強力なアルキル化剤は DNA 中の核酸をアルキル化する発がん物質として知られている（§26・5C）．最適な状況は，脱離基が必要なときにだけ有効になることであり，それは特定の反応を触媒する酵素に結合するときである．リン酸イオンおよび二リン酸イオンは，調節可能な反応性のこの基準を理想的に満たしている．

問題

10・22 21 章で学ぶ重要な置換反応は，求核アシル置換とよばれる．この置換反応は，カルボニル基 C=O の炭素で起こる．実験室での重要な例は求核剤（下記の例ではアンモニア）と塩化アシル（酸塩化物ともよばれる）との反応である．

$$\underset{\text{塩化アシル}}{R-\overset{\overset{\displaystyle O}{\|}}{C}-Cl} + \ddot{N}H_3 \longrightarrow R-\overset{\overset{\displaystyle O}{\|}}{C}-NH_2 + H-Cl$$

生体内で見いだされる対応する誘導体は，リン酸アシルである．リン酸アシルの一般的な構造式を描け．生理学的 pH でそのイオン化状態を示すこと．どのように酵素活性部位の Mg^{2+} イオンまたは水素結合供与基がリン酸アシルの反応性を高めるかを示せ．

10・5 アルコールのハロゲン化アルキルへの変換：まとめ

これまでアルコールをハロゲン化アルキルに変換するために使える反応を学んできた．それは，以下の三つである．

1. ハロゲン化水素との反応（§10・3）
2. スルホン酸エステルの生成，つづくハロゲン化物イオンとの S_N2 反応（§10・4A，例題 10・2）
3. 塩化チオニル $SOCl_2$ またはトリフェニルホスフィンジブロミド Ph_3PBr_2 との反応（§10・4D）

これらの方法を個別に学んだので，次は特定の状況でどの方法を使うべきかを全体的に見てみよう．選択すべき方法は，アルコールの構造および合成すべきハロゲン化アルキル（塩化物，臭化物，ヨウ化物）の種類に依存する．

第一級アルコール：第一級アルコールからの臭化アルキルの合成は，そのアルコールと濃 HBr または Ph_3PBr_2 との反応が用いられる．反応剤が比較的安価であるために HBr がしばしば選択される．Ph_3PBr_2 との反応は非常に一般的であるが，アルコールが HBr 反応の強酸性条件によって悪影響を受ける別の官能基を含む場合に特に有用である．そのような官能基については，後の章で学習する．第一級ヨウ化アルキルは，通常，KI のようなヨウ化物塩をリン酸のような強酸と混合することによって調製される HI で合成することができる．第一級アルコールは HCl との反応が遅いため，第一級塩化アルキルを合成するためには塩化チオニルが選択される．スルホン酸エステル法は，第一級アルコールの場合うまくいくが，2 回の反応（スルホン酸エステルの生成，ついでそのエステルとハロゲン化物イオンとの反応）を必要とする．これらの方法はすべて S_N2 機構を基礎としているので，ネオペンチルアルコールなど β-アルキル基をもついくつかのアルコールは通常の条件下では反応しない．

第三級アルコール：第三級アルコールは，穏和な条件下で HCl または HBr と速やかに反応して対応するハロゲン化アルキルを与える．第三級ハロゲン化アルキルと同様に第三級スルホン酸エステルは S_N2 反応を起こさないので，スルホン酸エステル法は，第三級アルコールには使用されない．

第二級アルコール：第二級アルコールに β-アルキル基がない場合，塩化チオニル法を用いて塩化アルキルを合成することができる．転位を完全に避けるために，アルコールをスルホン酸エステルに変換し，極性非プロトン性溶媒中で適切なハロゲン化物イオン（Cl⁻，Br⁻，I⁻）で処理することもできる．この種の溶媒は，ハロゲン化物イオンの求核性を上げ，第二級スルホン酸エステルの比較的低い S_N2 反応速度を向上させるのに必要である（§9・4E）．より反応性の低い第二級アルコールは，極性非プロトン性溶媒中のハロゲン化物イオンやトシラート，メシラートよりはるかに反応性の高いトリフラートに変換する必要がある．HBr 法は転位反応を起こすことが予想されるので（転位生成物が欲しいのでなければ）満足できるものではない．Ph_3PBr_2 法を用いると，β-アルキル基の多い第一級および第二級アルコールから転位することなく臭化アルキルを生成することができる．

アルコールの置換反応や脱離反応の機構について学んだことを思い出そう．OH 基自体はあまりにも塩基性であるため，脱離基として機能しない．炭素‒酸素結合を切断するために，OH 基を最初に優れた脱離基に変換しなければならない．この目的のためには次の二つの一般的な戦略を使うことができる．

1. プロトン化：プロトン化したアルコールは，アルケンへの脱水およびハロゲン化アルキルを与えるハロゲン化水素との反応の両方で中間体である．
2. スルホン酸エステル，無機酸エステルなどの脱離基への変換：スルホン酸エステルは，ハロゲン化アルキルによく似た反応性をもつ．つまり，9 章で学んだハロゲン化アルキルの反応性は，スルホン酸エステルにも同様に適用できる．塩化チオニルおよびトリフェニルホスフィンジブロミドはいずれも，アルコール OH 基を優れた脱離基に変換するだけでなく，置換する求核剤ともなる例である．

問題

10・23 以下の各反応で可能な限り異性体を含まない生成物を得るための反応条件は何か．

(a) 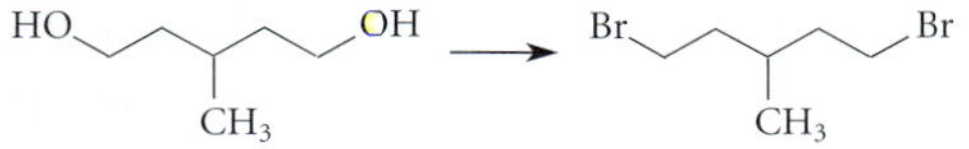 HO–CH₂CH₂CH(CH₃)CH₂CH₂–OH ⟶ Br–CH₂CH₂CH(CH₃)CH₂CH₂–Br

(b) $(CH_3)_2CH(CH_2)_4OH$ ⟶ $(CH_3)_2CH(CH_2)_4Cl$

(c) 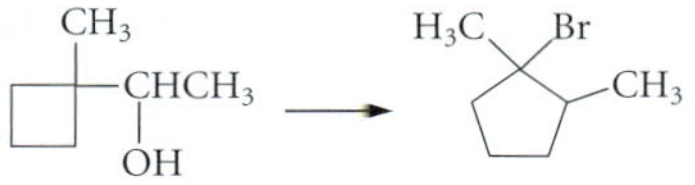 シクロブチル-CH(OH)CH₃ ⟶ 1,1-ジメチル-2-ブロモシクロペンタン

(d)  CH₃CH₂CH₂CH(OH)CH₂CH₂CH₂CH₃ ⟶ CH₃CH₂CH₂CH(Br)CH₂CH₂CH₂CH₃ 付近

10・24 HBr/H_2SO_4 によって転位することなく対応する臭化アルキルに変換することができる二つの第二級アルコールの構造式を描け．

10・25 2-メチル-3-ペンタノールを，(a) HBr/H_2SO_4 または，(b) Ph_3PBr_2 で処理した場合に予想される生成物を比較し，説明せよ．

10・6 有機化学における酸化および還元

前節では，アルコールおよびその誘導体の置換および脱離反応について説明した．これらの反応は，ハロゲン化アルキルの類似の反応と非常によく似ている．今度は異なる種類の反応，すなわち酸化反応に目を向けよう．酸化反応は，ハロゲン化アルキルには類似反応がないアルコール特有の反応である．

A. 半反応および酸化数

酸化(oxidation)は電子を失う反応であり，**還元**(reduction)は電子を得る反応である．酸化は常に還元を伴い，逆もまた同様である．電子の増加または減少は，**半反応**(half-reaction)を用いて説明することができ，これは酸化または還元のいずれかを示すが両方を示すものではない．有機化学におけるそのような半反応の一例は，エタノールから酢酸への酸化である．

$$H_3C-CH_2-OH \longrightarrow H_3C-\overset{\overset{O}{\|}}{C}-OH \qquad (10\cdot 39)$$

エタノール　　　　　酢酸

これはこの酸化をもたらす（およびそれ自体が還元される）反応剤が含まれないため，半反応である．これが酸化であることは，プロトンと自由電子を使って半反応の釣合いをとることで実証できる．これは諸君が一般化学で学んだはずのやり方である．この過程には三つのステップがある．

ステップ1 H_2O を使って不足している酸素の釣合いをとる．
ステップ2 プロトン H^+ を使って不足している水素の釣合いをとる．
ステップ3 電子を使って電荷の釣合いをとる．

この過程を例題 10・3 で解説する．

例題 10・3

式(10・39)の変換を両辺で釣合いのとれた半反応として書け．

解法　ステップ1　右辺の酸素の数と釣合いがとれるように左辺に H_2O を加える．

$$CH_3CH_2OH + H_2O \longrightarrow H_3C-\overset{\overset{O}{\|}}{C}-OH \qquad 酸素原子の数が両辺で合う \qquad (10\cdot 40a)$$

ステップ2　左辺の余分な水素を右辺の四つのプロトンで釣合いをとる．

$$CH_3CH_2OH + H_2O \longrightarrow H_3C-\overset{\overset{O}{\|}}{C}-OH + 4H^+ \qquad 水素原子と酸素原子の数が両辺で合う \qquad (10\cdot 40b)$$

ステップ3　右辺の余分な正電荷を電子で釣合いをとって，両辺の電荷が等しくなるようにする．

$$CH_3CH_2OH + H_2O \longrightarrow H_3C-\overset{\overset{O}{\|}}{C}-OH + 4H^+ + 4e^- \qquad すべてのバランスがとれている \qquad (10\cdot 40c)$$

このようにして釣合いのとれた半反応ができあがる．

この半反応によれば，酢酸が生成するとエタノール分子から四つの電子が失われる．電子の損失は，この半反応が電解セルのアノード（陽極）で実施できることを意味する．しかし，ほとんどの場合アノードではなく酸化剤とよばれる電子を受入れる反応剤を用いて酸化を行う．これについては§10・6Bで説明する．したがって，この半反応に基づくと，エタノールから酢酸への酸化は4電子酸化であるといえる．生化学を勉強すれば，このような用語が頻繁に使われる．

反応が酸化または還元であるかどうか，何個の電子が関与するかを判定するために，反応物および生成物の酸化数を求める．これは反応に関わる個々の炭素原子についての"電子のやり取りの記録"を3段階で計算するものである．これらのステップをさっと読んでから例題 10・4 を注意深く読もう．

ステップ 1 以下の方法で，反応物と生成物の間で変化する各炭素に酸化レベルを割当てる．

    a. その炭素と炭素より電気陰性度の低い元素(水素を含む)との結合のそれぞれについて，および炭素上の負電荷それぞれについて，−1 を割当てる．

    b. その炭素と別の炭素との結合のそれぞれについて，および炭素上の不対電子のそれぞれについて，0 を割当てる．

    c. その炭素と炭素より電気陰性度の高い元素との結合のそれぞれについて，および炭素上の正電荷のそれぞれについて，+1 を割当てる．

    d. (a), (b), (c) で割当てられた数を足し合わせると考慮中の炭素の酸化レベルが得られる．

ステップ 2 ステップ 1 で計算したすべての炭素の酸化レベルを足し合わせて，反応物と生成物の両方の酸化数 N_{ox} を決定する．反応で変化を起こす炭素だけを考えることに注意しよう．

ステップ 3 N_{ox}(生成物) − N_{ox}(反応物) を計算して，反応が酸化，還元，あるいはそのどちらでもないのいずれかを決定する．

    a. 差が正であれば，酸化である．

    b. 差が負であれば，還元である．

    c. 差が 0 であれば，酸化でも還元でもない．

例題 10・4

式 (10・39) の反応が酸化であることを酸化数により確かめよ．

$$\mathrm{H_3C-CH_2-OH} \longrightarrow \mathrm{H_3C-\overset{\overset{\displaystyle O}{\|}}{C}-OH} \qquad (10\cdot 39)$$

    エタノール   酢酸

解　法

ステップ 1 反応物および生成物の両方について，変化を受ける各炭素の酸化レベルを計算する．メチル基は変化しないので，その炭素に酸化レベルを割当てる必要はない．一つの炭素だけが変化する．この炭素については，水素との結合のそれぞれに対して −1 が割当てられ，炭素との結合に 0 が割当てられ，酸素との結合に +1 が割当てられる．生成物の炭素−酸素二重結合は<u>二つの結合</u>として処理され，+2 の寄与をする．

反応物: $\mathrm{H_3C}\underset{0}{-}\mathrm{C}\overset{\overset{+1}{|}\mathrm{OH}}{\underset{\underset{-1}{|}\mathrm{H}}{}}^{-1}\mathrm{H}$ 生成物: $\mathrm{H_3C}\underset{0}{-}\mathrm{C}\overset{\overset{+2}{\|}\mathrm{O}}{\underset{+1}{}}\mathrm{OH}$

ステップ 2 変化する各炭素の酸化レベルを加え合わせて酸化数を決定する．一つの炭素だけが変化するので，ステップ 1 で計算されたこの炭素の酸化レベルが，化合物の酸化数となる．したがって，反応物であるエタノールの酸化数 N_{ox}(反応物) は −1 であり，生成物である酢酸の酸化数 N_{ox}(生成物) は +3 である．

    反応物での合計: 生成物での合計:

    (+1) + 0 + (−1) + (−1) = −1   0 + (+1) + (+2) = +3

ステップ 3 N_{ox}(生成物) − N_{ox}(反応物) を計算する．これは +3 − (−1) = +4 である．この差は正なので，エタノールから酢酸への反応は酸化である．

例題 10・4 のステップ 3 で決定された酸化数の変化 +4 は，例題 10・3 で釣合いのとれた半反応から決定された失われた電子の数と同じである．<u>この一致は一般的であり，酸化数の変化は常に半反応で失</u>

われた(または得られた)電子の数に等しい. 数値が正の場合, この例のように反応は酸化であり, 負の場合, 反応は還元である.

酸化でも還元でもない反応では, 分子中の一つの炭素の酸化レベルが増加し, 別の炭素の酸化レベルが同じ量だけ減少することがある. 正味の酸化または還元が起こったかどうかを決定するのは炭素の酸化レベルの変化の合計である. 例題10・5で確認してみよう.

例題 10・5

2-メチルプロペンの酸触媒による水和が酸化でも還元でもないことを示せ.

解　法　まず, 反応に関係する構造式を描く.

$$H_3C\underset{H_3C}{\overset{}{\diagdown}}C=CH_2 \xrightarrow{H_2O,\,酸} H_3C-\underset{OH}{\overset{CH_3}{\underset{|}{C}}}-CH_3$$

2-メチルプロペン　　　　　　　　t-ブチルアルコール

反応物である2-メチルプロペンの酸化数は -2 である.

$$\underset{H_3C}{\overset{H_3C}{\diagdown}}\overset{0}{C}=\overset{-2}{CH_2} \qquad N_{ox}=0+(-2)=-2$$

生成物である t-ブチルアルコールの酸化数もまた -2 である.

$$H_3C-\overset{+1}{\underset{OH}{\underset{|}{C}}}-\overset{-3}{CH_3} \qquad N_{ox}=+1+(-3)=-2$$

反応で生成した一つのメチル基についてのみ酸化レベルを計算することに注意しよう. 反応物と生成物の酸化数が等しいので, 水和反応は酸化でも還元でもない. 同様の結論は, 逆反応であるアルコールのアルケンへの脱水反応にも当てはまる.

今述べた方法で, アルケンへの Br_2 の付加が酸化であることがわかる(酸化数の変化は $+2$ である).

$$R-CH=CH-R + Br_2 \longrightarrow R-\underset{}{\overset{Br}{\underset{|}{CH}}}-\underset{}{\overset{Br}{\underset{|}{CH}}}-R \tag{10・41}$$

$N_{ox}=-2$　　　　　　　　$N_{ox}=0$

したがって, 反応が酸化であるか還元であるかは, 必ずしも酸素の導入または喪失に依存しない. しかし, 有機化合物の大部分の酸化において, C–H結合中の水素またはC–C結合中の炭素のいずれかが, 酸素やハロゲンのようなより電気陰性な原子で置き換えられる.

問 題

10・26 有機化合物に注目して, 次の反応を, 酸化, 還元, またはどちらでもない, のいずれかに分類せよ. 酸化または還元の場合, 何個の電子が得られ, あるいは失われたか.

(a) $CH_4 \xrightarrow{Br_2,\,光} CH_3Br$

(b) $Ph-CH_3 \xrightarrow[H_2O]{Cr^{6+}} Ph-\overset{O}{\underset{}{\overset{\|}{C}}}-OH$

(c) $CH_3CH_2CH_2I \xrightarrow{LiAlH_4} CH_3CH_2CH_3 + I^-$

(d)
$$H_3C\text{-}CH=CH\text{-}Ph \xrightarrow{KMnO_4} H_3C\text{-}CH(OH)\text{-}CH(OH)\text{-}Ph$$

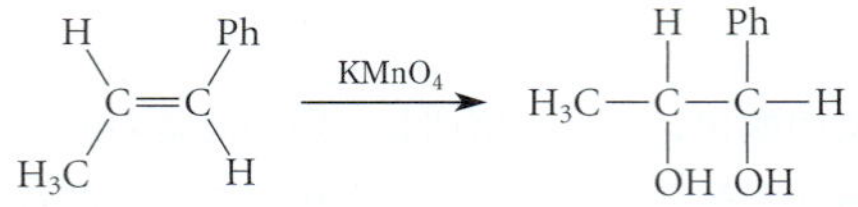

(e)
$$H_3C\text{-}CH=C(CH_3)_2 \xrightarrow{O_3} \xrightarrow{H_2O_2} CH_3C(=O)\text{-}OH + O=C(CH_3)_2$$

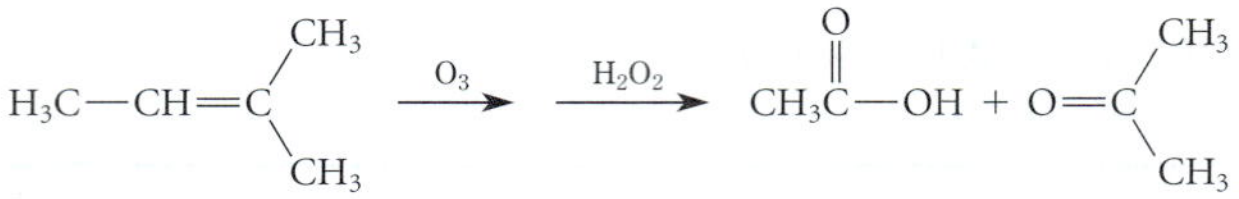

(f) シクロヘキセン $\xrightarrow{HBr}$ ブロモシクロヘキサン

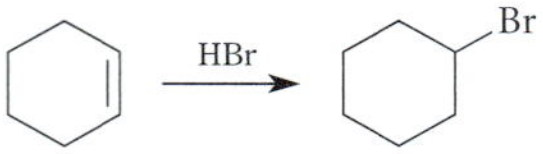

(g) ベンゼン $\xrightarrow[NH_3]{Na}$ 1,4-シクロヘキサジエン

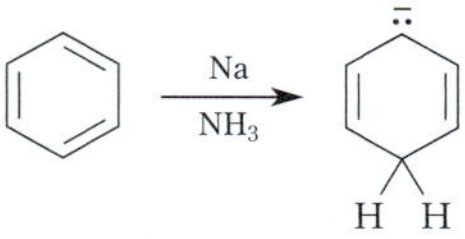

10・27 問題10・26(b)の反応を釣合いのとれた半反応として書け．この反応は酸化か還元か，いくつの電子が関わったか．

B. 酸化剤および還元剤

酸化と還元は常に対になって起こる．したがって，<u>何かが酸化されると何か他のものが還元される</u>．有機化合物が酸化されるとき，その反応剤は**酸化剤**(oxidizing agent)とよばれる．有機化合物が還元されるとき，その反応剤は**還元剤**(reducing agent)とよばれる．

たとえば，クロム酸イオン CrO_4^{2-} を用いて，式(10・39)のエタノールの酢酸への酸化を行うことができる．この反応において，クロム酸イオンは Cr^{3+} に還元される．この反応におけるクロムの酸化状態の変化を，反応物および生成物中のCrの酸化数を計算し，ついでその差をとることによって計算する．Crの酸化数を決定するためには，炭素の酸化数を決定するために使用したものと同じやり方を適用すればよい．クロム酸イオンのCrの酸化数から始めよう．

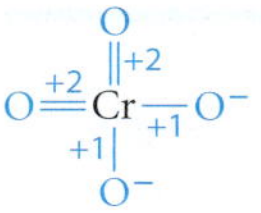

$$O=\overset{+2}{Cr}\overset{+2}{=}O, \;\; +1\,O^-, \;\; +1\,O^- \quad \text{クロム酸イオン}$$

合計 ＝ クロムの酸化数 ＝ $+6$

酸素に対する各単結合は $+1$ の寄与をし，酸素に対する各二重結合は $+2$ の寄与をする（負電荷は，クロムではなく酸素上にあるため，計算に入らない）．したがってCrの酸化数は $+6$ である．これをCrが $+6$ の酸化状態にあるといい，この酸化状態をCr(VI)と略す．

CrO_4^{2-} を用いてエタノールを酸化すると，Cr^{3+} が生成する．Cr^{3+} の酸化数を計算するために，正電荷ごとに $+1$ を数える．したがって Cr^{3+} は $+3$ の酸化数をもつ．つまりクロムはCr(VI)からCr(III)へと酸化状態を変化させ，結果としてクロム酸イオンは<u>3電子還元</u>される．対応する半反応の釣合いをとることでこれを検証できる．

$$8H^+ + 3e^- + CrO_4^{2-} \longrightarrow Cr^{3+} + 4H_2O \tag{10・42}$$

式(10・40c)および式(10・42)によって与えられる半反応において，電子の数を両辺で調整することによって，クロム酸イオンによるエタノールの酢酸への酸化について釣合いのとれた反応が得られる．つまり，1 mol のCr(VI)(3e^-を得る)はエタノール 3/4 mol を酸化することができる($0.75 \times 4e^-$ を失う)．全体の反応については例題10・6で説明する．

例題 10・6

クロム酸イオンによるエタノールの酢酸への酸化の完全に釣合いのとれた反応式を書け．

解法 二つの半反応は，

$$CH_3CH_2OH + H_2O \longrightarrow CH_3CO_2H + 4H^+ + 4e^- \tag{10·43a}$$

$$8H^+ + 3e^- + CrO_4^{2-} \longrightarrow Cr^{3+} + 4H_2O \tag{10·43b}$$

両方の半反応で同じ数の"自由"電子を与えるように各式に係数をかける．つまり式(10·43a)に3をかけ，式(10·43b)に4をかけると，どちらの反応でも電子が12個になる．

$$3CH_3CH_2OH + 3H_2O \longrightarrow 3CH_3CO_2H + 12H^+ + 12e^- \tag{10·44a}$$

$$32H^+ + 12e^- + 4CrO_4^{2-} \longrightarrow 4Cr^{3+} + 16H_2O \tag{10·44b}$$

それぞれの式の和をとり両辺から共通のものを消去する．そうすることで，すべての電子は両辺からなくなる．左辺の三つの水分子は右辺の三つの水分子と相殺し，右辺に13分子が残る．右辺の12個のプロトンは左辺の12個と相殺し，左辺に20個のプロトンが残る．したがって，完全に釣合いのとれた反応式は，

$$20H^+ + 4CrO_4^{2-} + 3CH_3CH_2OH \longrightarrow 4Cr^{3+} + 3CH_3CO_2H + 13H_2O \tag{10·45}$$

この式は，四つのクロム酸イオンが還元されるごとに三つのエタノール分子が酸化されること，すなわち前述のようにクロム酸イオン1mol当たりエタノール3/4molが酸化されることを示している．

反応の酸化数の変化を考慮することにより，反応を起こすために酸化剤または還元剤が必要かどうかを知ることができる．たとえば，次のようななじみのない変換反応は全体として酸化でも還元でもない(このことを確かめよ)．

$$\begin{array}{c}CH_3\ \ CH_3\\|\ \ \ \ |\\H_3C-C-C-CH_3\\|\ \ \ \ |\\OH\ \ OH\end{array} \longrightarrow \begin{array}{c}CH_3\ \ \ O\\|\ \ \ \ \|\\H_3C-C-C-CH_3\\|\\CH_3\end{array} \tag{10·46}$$

一つの炭素は酸化されるが，もう一つは還元される．この反応についてほかに何も知らなくても，酸化剤や還元剤だけではこの反応は起こらないことがわかる．実際，この反応は強酸によってもたらされる．

酸化数の概念を用いて，表10・2に示すように，有機化合物を同じ酸化数をもつ官能基ごとに分類することができる．同じ枠の中の化合物は，一般的に酸化剤でも還元剤でもない反応剤によって相互変換される．たとえば，アルコールは酸化剤でも還元剤でもないHBrでハロゲン化アルキルに変換することができる．一方，アルコールのカルボン酸への変換は，酸化数の増加を伴い，実際にこの変換には酸化剤が必要である．また，表10・2でより多くの水素をもつ炭素が，より多くの酸化状態をとりうることにも注目しよう．たとえば，第三級アルコールはα炭素が水素をもたないため，炭素-炭素結合を切断することなく，α炭素を酸化することができない．一方，メタンはCO_2へ酸化することができる．炭素-炭素結合が切れるとどんな炭化水素もCO_2へ酸化することができる(§2・7)．

問題

10・28 以下の両辺で釣合いのとれた酸化還元反応のそれぞれについて，どの化合物が酸化されてどの化合物が還元されるかを示せ(ヒント: 各反応における有機化合物の変化を最初に考えよ)．

(a) $H_2C=CH_2 + H_2 \xrightarrow{Pd/C} H_3C-CH_3$

(b) $CH_3CH_2Br + Li^+\ ^-AlH_4 \longrightarrow CH_3CH_3 + Li^+\ Br^- + AlH_3$

(c) $H_3C-CH=CH_2 + Br_2 \longrightarrow H_3C-\underset{Br}{CH}-\underset{Br}{CH_2}$

(d) $Ph-\underset{CH_3}{\overset{CH_3}{|}}CH-CH_3 + O_2 \longrightarrow Ph-\underset{O-O-H}{\overset{CH_3}{\underset{|}{C}}}-CH_3$

10・29 1 mol のトルエンを安息香酸に酸化するためには,過マンガン酸イオンは何 mol 必要か.H_2O とプロトンを使って反応式の両辺の釣合いをとれ.

$$Ph-CH_3 + MnO_4^- \longrightarrow Ph-CO_2H + MnO_2$$
トルエン　　過マンガン　　　　　安息香酸　　酸化マン
　　　　　　酸イオン　　　　　　　　　　　　ガン(IV)

表 10・2 種々の官能基の酸化状態の比較[†]

酸化数の増加 →

メタン	CH_4	H_3C-OH H_3C-X	$H_2C=O$ H_2CX_2	$H-\overset{O}{\underset{\|}{C}}-OH$ $H-CX_3$	$O=C=O$ CX_4
第一級炭素	$R-CH_3$	$R-\underset{OH}{\overset{\|}{CH_2}}$ $R-\underset{X}{\overset{\|}{CH_2}}$	$R-CH=O$ $R-CHX_2$	$R-\overset{O}{\underset{\|}{C}}-OH$ $R-CX_3$	
第二級炭素	$R-\underset{R}{\overset{\|}{CH_2}}$	$R-\underset{R}{\overset{\|}{CH}}-OH$ $R-\underset{R}{\overset{\|}{CH}}-X$	$R-\underset{R}{\overset{\|}{C}}=O$ $R-\underset{R}{\overset{\|}{CX_2}}$		
第三級炭素	$R-\underset{R}{\overset{\|}{CH}}-R$	$R-\underset{R}{\overset{R}{\underset{\|}{C}}}-OH$ $R-\underset{R}{\overset{R}{\underset{\|}{C}}}-X$			

[†] 同じ枠にある分子は同じ酸化数をもつ.X はハロゲンのような電気陰性な置換基.

10・7 アルコールの酸化

A. アルデヒドおよびケトンへの酸化

第一級および第二級アルコールは,Cr(VI)(すなわち,酸化状態 +6 のクロム)を含む反応剤によって酸化されて<u>カルボニル化合物</u>(カルボニル基 C=O を含む化合物)を生成する.たとえば,第二級アルコールは酸化されてケトンになる.

$$\underset{\text{2-オクタノール}}{\text{CH}_3\text{CH(OH)C}_6\text{H}_{13}} \xrightarrow[\text{H}_2\text{SO}_4/\text{H}_2\text{O}]{\text{Na}_2\text{Cr}_2\text{O}_7} \underset{\substack{\text{2-オクタノン}\\(\text{収率 94\%})}}{\text{CH}_3\text{COC}_6\text{H}_{13}} \qquad (10\cdot47)$$

$$\underset{\text{}}{\text{[シクロヘキセン縮合環アルコール]}} \xrightarrow[\text{ピリジン}]{\text{CrO}_3} \underset{\text{(収率 89%)}}{\text{[シクロヘキセン縮合環ケトン]}} \tag{10·48}$$

第二級アルコールをケトンに変換するために，いくつかの形態の Cr(Ⅵ) を使用することができる．たとえば，クロム酸イオン CrO_4^{4-}，二クロム酸イオン $Cr_2O_7^{2-}$，およびクロム酸無水物すなわち三酸化クロム CrO_3 である．最初の二つの反応剤は，一般的に強酸性条件下で使われ，三つ目はピリジン中でよく使われる．すべての場合において，クロムは Cr^{3+} のような Cr(Ⅲ) の形に還元される．

第一級アルコールは Cr(Ⅵ) 反応剤と反応してアルデヒドへ変化する．しかし，水が存在すると，アルデヒドがさらにカルボン酸に酸化されるので，反応はアルデヒドの段階で停止することができない．

$$\underset{\substack{\text{2-メチル-1-ブタノール}}}{CH_3CH_2\underset{\underset{CH_3}{|}}{C}HCH_2OH} \xrightarrow[H_2SO_4/H_2O]{K_2Cr_2O_7} \underset{\substack{\text{2-メチルブタナール}}}{CH_3CH_2\underset{\underset{CH_3}{|}}{C}H\overset{O}{\overset{\|}{C}}H} \xrightarrow[H_2SO_4/H_2O]{K_2Cr_2O_7} \underset{\substack{\text{2-メチルブタン酸}}}{CH_3CH_2\underset{\underset{CH_3}{|}}{C}H\overset{O}{\overset{\|}{C}}-OH} \tag{10·49}$$

この理由から，第一級アルコールからアルデヒドを実験室で合成するために，無水の Cr(Ⅵ) 反応剤が一般に使用される．このタイプの一般的に使用される反応剤の一つは，クロロクロム酸ピリジニウム（略号 PCC）とよばれるピリジン，HCl，および三酸化クロムの錯体である．この反応剤は，塩化メチレン溶媒中で使用されることが多い．

$$\underset{\substack{\text{1-デカノール}}}{CH_3(CH_2)_8CH_2OH} \xrightarrow[CH_2Cl_2\text{(溶媒)}]{CrO_3\cdot\text{ピリジン}\cdot HCl\ (PCC)} \underset{\substack{\text{デカナール}\\\text{(収率 92%)}}}{CH_3(CH_2)_8\overset{O}{\overset{\|}{C}}H} \tag{10·50}$$

水中でアルデヒドは C=O 二重結合へ水が付加した水和物と平衡にあるため，水はアルデヒドのカルボン酸への変換を促進する（水和については §19·7 で説明する）．

$$\underset{\text{アルデヒド}}{R-\overset{O}{\overset{\|}{C}}H + H_2O} \rightleftharpoons \underset{\text{アルデヒド水和物}}{R-\underset{\underset{OH}{|}}{\overset{\overset{OH}{|}}{C}}H-OH} \xrightarrow{Cr(\text{Ⅵ})} \underset{\text{カルボン酸}}{R-\overset{O}{\overset{\|}{C}}-OH} \tag{10·51}$$

アルデヒド水和物は実質的にアルコールであり，したがって第二級アルコールと同様に酸化される．PCC のような水を含まない反応剤では水和物は生成せず，反応はアルデヒドで停止する．

第三級アルコールは，通常の条件下では酸化されない．アルコールの酸化が起こるためには，α 炭素に一つ以上の水素がなくてはならない．

Cr(Ⅵ) によるアルコール酸化の機構には，他の反応と類似したいくつかの段階が含まれる．たとえば，クロム酸 H_2CrO_4 によるイソプロピルアルコールのアセトンへの酸化を考えてみよう．反応の第一段階では，酸触媒下にクロム酸からアルコールによって水が置換されてクロム酸エステルを生成する．このエステルは，他の強酸のエステル誘導体に類似している（§10·4C）．

$$\underset{\text{イソプロピルアルコール}}{\underset{H_3C}{\overset{H_3C}{>}}CH-OH} + \underset{\text{クロム酸}}{\underset{HO}{\overset{O}{\overset{\|}{Cr}}}\underset{OH}{\overset{O}{\|}}} \xrightarrow[\text{(数段階)}]{H_3O^+} \underset{\text{クロム酸エステル}}{\underset{H_3C}{\overset{H_3C}{>}}CH-O-\underset{OH}{\overset{O}{\overset{\|}{Cr}}}=O} + H_2O \tag{10·52a}$$

(b)

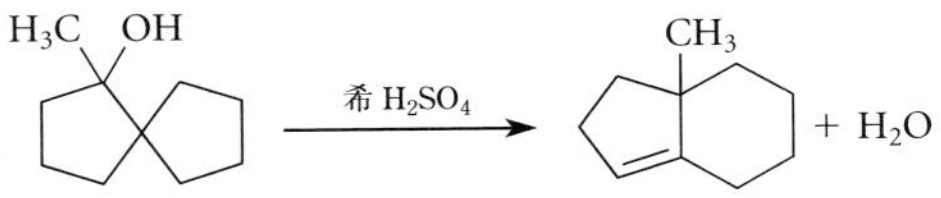

H₃C OH (スピロ[4.4]構造) → 希 H₂SO₄ → CH₃ 置換ビシクロアルケン + H₂O

(いくつかのアルケン生成物のひとつ)

(c) $(CH_3)_2C=CH_2$ + $(CH_3)_3C-H$ →[HF(触媒)] $(CH_3)_2CHCH_2C(CH_3)_3$

2-メチルプロペン　イソブタン

2,2,4-トリメチルペンタン

(d) $CH_3CH=CH_2$ + HO−S(=O)₂−CF₃ → $(CH_3)_2CH-O-S(=O)_2-CF_3$

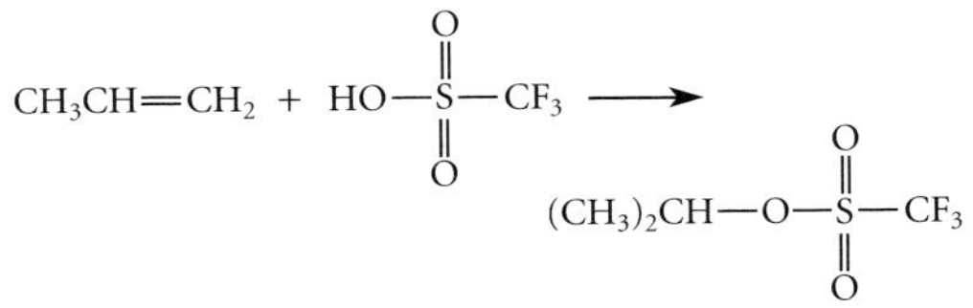

10・69 (a) $Ph_3P=CH_2$ の二重結合の π 結合を説明せよ．つまりどの軌道が炭素とリンに関与しているか．
(b) (a)の化合物について炭素とリンの両方のオクテット則を維持する共鳴構造式を描け．
(c) この化合物は，水と迅速に反応する強塩基である．説明せよ．

10・70 クロロホルム $CHCl_3$ の共役塩基アニオンであるトリクロロメチルアニオン $^-:CCl_3$ は，塩素の極性効果だけでなく，共鳴によっても安定化される．

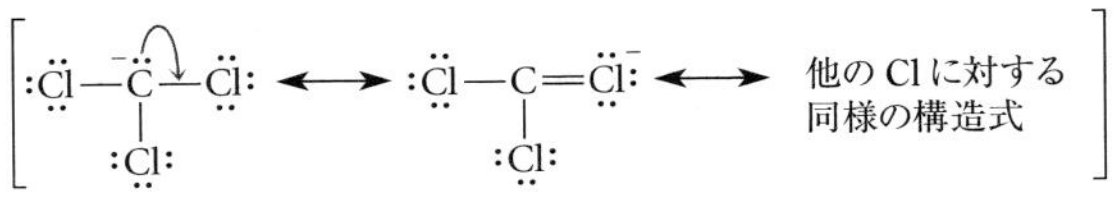

$$\left[:\ddot{C}l-\overset{..}{C}^--\ddot{C}l: \longleftrightarrow :\ddot{C}l-C=\ddot{C}l:^- \right]$$ 他の Cl に対する同様の構造式

共鳴構造式によって示唆される炭素と塩素の軌道の重なりを示せ(ヒント: 塩素は空軌道を提供する)．

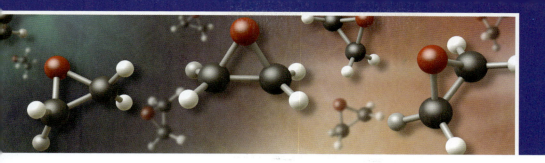

11

エーテル，エポキシド，グリコール，スルフィドの化学

　本章で述べる化合物群は §8・1 で紹介した．エーテルの化学はハロゲン化アルキル，アルコール，アルケンの化学と密接に絡み合っている．しかしエーテルはこれらの化合物に比べてかなり反応性が低い．本章ではエーテルの合成法を述べ，さらになぜエーテル官能基が比較的反応性に乏しいのかを考える．

　エポキシドはエーテル結合が三員環の一部をなしている複素環化合物である．通常のエーテルとは違ってエポキシドは非常に反応性が高い．本章ではエポキシドの合成と反応についても述べる．

　グリコールはジオールなのでアルコールと一緒に述べるのが適当かもしれない．グリコールはアルコールと同様の反応もするが，エポキシドに似たユニークな反応性も示す．たとえば，エポキシドが容易にグリコールに変換されることや，グリコールもエポキシドもアルケンから容易に合成できることを学ぶ．

　エーテルの硫黄類縁体であるスルフィド（チオエーテル）についても本章で簡単に触れる．スルフィドはエーテルと類似点が多いが，酸化反応ではチオールとアルコールが異なる反応性をもつのと同様にエーテルとは違う反応性を示す．

　本章では，同じ分子にある基同士の反応，すなわち分子内反応を支配する原理についても学ぶ．それらの原理は酵素による触媒反応を理解するうえで重要である．

　最後に，有機合成の戦略に立ち戻って，反応を合成における使い方によって分類し，多段階合成の計画法についてさらに考察する．

11・1　エーテルとスルフィドの塩基性

　エーテルはほとんど酸性を示さない．それどころか，エーテルは弱い塩基性を示し，プロトンを受入れて共役酸であるカチオンを生成する．エーテルはアルコールと同程度に塩基性であり，共役酸の pK_a は $-2 \sim -3$ 程度である．

H–O(H)–H⁺	Et–O(H)–H⁺	Et–O(H)–Et⁺
オキソニウムイオン	エタノールの共役酸	ジエチルエーテルの共役酸
pK_a　-1.74	$-2 \sim -3$	

エーテルは弱塩基であるが，その塩基性は酸性溶液中で起こるエーテルの反応において重要である．

　スルフィドはチオールと同様にかなり塩基性は弱く，共役酸の pK_a は $-6 \sim -7$ 程度である．塩基性の低下は元素効果によるものであり，S–H 結合が O–H 結合より弱いことに基づく．

$$\text{Et}-\overset{\overset{H}{|}}{\underset{+}{S}}-H \qquad \text{Et}-\overset{\overset{H}{|}}{\underset{+}{S}}-\text{Et}$$

エタンチオール　　ジエチルスルフィド
の共役酸　　　　　の共役酸

$pK_a \approx -6 \sim -7$

エーテルは Lewis 塩基としても重要である．たとえば，三フッ化ホウ素とジエチルエーテルの Lewis 酸-Lewis 塩基錯体は安定であり，蒸留することができる (bp 126 ℃)．この錯体は BF_3 を取扱うのに都合がよい．

$$\text{Et}-\overset{..}{\underset{..}{O}}-\text{Et} \quad BF_3 \longrightarrow \overset{\text{Et}}{\underset{\text{Et}}{\overset{|}{:O^+}-\bar{B}F_3}} \tag{11·1}$$

三フッ化ホウ素エーテラート

エーテル系溶媒による Grignard 試薬の溶媒和 (式 9·64) はエーテルの塩基性の別の例である．

水とアルコールもまた優れた Lewis 塩基であるが，それらの Lewis 酸との錯体は一般に不安定である．その理由は水やアルコールのプロトンがさらに反応して，その結果錯体が分解するからである．

$$\text{Et}-\overset{..}{\underset{..}{O}}-H + BF_3 \longrightarrow \text{Et}-\overset{+}{\underset{H}{\overset{..}{O}}}-\bar{B}F_3 \longrightarrow \text{Et}-\overset{..}{\underset{..}{O}}-BF_2 + H-F \tag{11·2}$$

（さらに EtOH と反応する）

問 題

11·1 次のイオンを酸性が増大する順に並べ，その理由を説明せよ．

　　　A　　　　　B　　　　　C　　　　　D

11·2　エーテルとスルフィドの合成

A. Williamson エーテル合成

いくつかのエーテルはアルコールとハロゲン化アルキルから合成することができる．まず，アルコールをアルコキシド (§ 10·1B) に変換する．

$$\text{Ph}-\overset{\overset{\overset{..}{O}-H}{|}}{CH}-CH_3 + Na-H \xrightarrow{\text{THF}} \text{Ph}-\overset{\overset{\overset{..}{O}^- Na^+}{|}}{CH}-CH_3 + H-H \tag{11·3a}$$

アルコキシド　　　　　水素分子
（アルコールの
共役塩基）

次に，アルコキシドを求核剤としてハロゲン化メチル，第一級ハロゲン化アルキル，あるいは対応するスルホン酸エステルと反応させるとエーテルが生成する．

$$\text{Ph}-\overset{\overset{\overset{..}{O}^- Na^+}{|}}{CH}-CH_3 + \overset{..}{\underset{..}{I}}-CH_3 \longrightarrow \text{Ph}-\overset{\overset{\overset{..}{O}-CH_3}{|}}{CH}-CH_3 + Na^+ \overset{..}{\underset{..}{I}}^- \tag{11·3b}$$

アルコキシド　　　　　　　　　エーテル
（収率 90%）

いくつかのスルフィドは同様にしてチオールの共役塩基であるチオラートから合成される．次の式ではトシラート(p-トルエンスルホン酸エステル，§10・4A)がアルキル化剤として使われている．

$$CH_3(CH_2)_3-\ddot{S}H \xrightarrow[CH_3OH]{^-OH} CH_3(CH_2)_3-\ddot{S}:^- \xrightarrow{CH_3CH_2-\ddot{O}Ts \ (エチルトシラート)} CH_3(CH_2)_3-\ddot{S}-CH_2CH_3 + {}^-\!:\!\ddot{O}Ts \quad (11 \cdot 4)$$

ブチルエチルスルフィド
(1-エチルチオブタン，収率 78%)

これら二つの反応はアルコキシドのアルキル化によるエーテルの合成法（およびその拡張であるチオラートのアルキル化によるスルフィドの合成法）である **Williamson エーテル合成** (Williamson ether synthesis) の例である．この合成法は英国のロンドン大学化学科の教授であった A. W. Williamson (1824～1904) にちなんで命名されている．

Williamson エーテル合成は S_N2 反応（表 9・1）の重要な実用例である．この反応ではアルコールあるいはチオールの共役塩基がハロゲン化アルキルの α 炭素への求核剤として働き，ハロゲン化物イオン（あるいは他の脱離基）と置換してエーテルあるいはスルフィドを生成している．

$$R-\ddot{\underset{..}{O}}:^- + H_3C-\ddot{\underset{..}{I}}: \longrightarrow R-\ddot{\underset{..}{O}}-CH_3 + :\ddot{\underset{..}{I}}:^- \quad (11 \cdot 5)$$

第三級や多くの第二級ハロゲン化アルキルはこの反応で使うことはできない（なぜだろう？）．

二つのアルキル基が異なるエーテルでは，原理的には 2 通りの Williamson 合成が可能である．

$$\left. \begin{array}{l} R^1-\ddot{\underset{..}{O}}:^- + R^2-X \\ \qquad あるいは \\ R^2-\ddot{\underset{..}{O}}:^- + R^1-X \end{array} \right\} \longrightarrow R^1-\ddot{\underset{..}{O}}-R^2 + X^- \quad (11 \cdot 6)$$

一般により大きな S_N2 反応性をもつハロゲン化アルキルを用いる方が有利である．この点を例題 11・1 で検討する．

例題 11・1

Williamson エーテル合成による t-ブチルメチルエーテルの合成法を考えよ．

$$H_3C-\underset{\underset{CH_3}{|}}{\overset{\overset{CH_3}{|}}{C}}-O-CH_3$$

t-ブチルメチルエーテル

解法　式 (11・6) から，この化合物の合成法には，臭化メチルとカリウム t-ブトキシドとの反応，および臭化 t-ブチルとナトリウムメトキシドとの反応の 2 通りの方法が考えられる．前者の組合わせだけがうまくいく．

$$(CH_3)_3C-O^- K^+ + H_3C-Br \qquad \qquad CH_3O^- Na^+ + (CH_3)_3C-Br \quad (11 \cdot 7)$$

$\quad\quad\quad\quad$ ↓ 起こる $\quad\quad\quad\quad\quad\quad\quad\quad\quad\quad$ ✗ 起こらない（なぜだろう？）

$\quad\quad\quad\quad (CH_3)_3C-O-CH_3$

ナトリウムメトキシドと臭化 t-ブチルとの反応がうまくいかない理由がわかるだろうか（§9・5G 参照）．

問題

11・2 次の反応式を完成させよ．反応が起こらないならば，その理由を説明せよ．

(a) $(CH_3)_2CH-OH + Na \xrightarrow{CH_3I}$

(b) $CH_3SH + NaOH \xrightarrow{}$ (1当量) /=\-Cl

(c) $CH_3O^- Na^+ + (CH_3)_3C-Br \xrightarrow{CH_3OH}$

(d) $EtO^- K^+ + (CH_3)_3CCH_2-OTs \xrightarrow[EtOH]{25℃}$

11・3 次の化合物を Williamson エーテル合成で合成することが可能ならばその反応式を書け．合成することが不可能ならばその理由を説明せよ．

(a) C₆H₁₁–CH₂CH₂—O—CH₂CH₃

(b) $(CH_3)_2CH-S-CH_3$

(c) $(CH_3)_3C-O-C(CH_3)_3$

B. アルケンのアルコキシ水銀化-還元

アルケンからアルコールを合成するのに用いたオキシ水銀化-還元(§5・4A)の変形を用いてエーテルを合成することができる．オキシ水銀化の段階で溶媒として水を用いたが，その代わりにアルコールを用いれば，還元段階でアルコールの代わりにエーテルが生成する．この反応を**アルコキシ水銀化-還元**(alkoxymercuration-reduction)とよぶ．

$$\text{1-ヘキセン} + Hg(OAc)_2 + (CH_3)_2CHOH \text{(溶媒)} \longrightarrow \underset{\text{1-アセトキシメルクリ-2-イソプロポキシヘキサン}}{AcOHg-CH_2-CH(OCH(CH_3)_2)-C_4H_9} + H-OAc \quad (11\cdot8a)$$

$$AcOHg\text{-}CH_2\text{-}CH(OCH(CH_3)_2)\text{-}C_4H_9 + NaBH_4 \longrightarrow \underset{\substack{\text{2-イソプロポキシヘキサン}\\(収率91\%)}}{H\text{-}CH_2\text{-}CH(OCH(CH_3)_2)\text{-}C_4H_9} + Hg + \text{ホウ酸エステル} \quad (11\cdot8b)$$

比較せよ：

$$H_2C=CHR' \begin{cases} + H-OH \xrightarrow[THF-H_2O]{Hg(OAc)_2} \xrightarrow{NaBH_4} \underset{\text{アルコール}}{H_3C-CHR'(OH)} & \text{(オキシ水銀化-還元)} \\ + H-OR \xrightarrow[HOR]{Hg(OAc)_2} \xrightarrow{NaBH_4} \underset{\text{エーテル}}{H_3C-CHR'(OR)} & \text{(アルコキシ水銀化-還元)} \end{cases} \quad (11\cdot9)$$

式(5・21a)～式(5・21d)にあるオキシ水銀化の機構を復習しておけば，式(11・8a)の反応機構を書くことができるだろう．メルクリニウムイオン中間体と反応する求核剤が水の代わりにアルコールである点を除けば，二つの反応の機構は基本的に同じである．

問題

11・4 (a) 式(11・8a)の反応機構を書き，反応の位置選択性を説明せよ．
(b) 式(11・8b)の生成物のエーテルを Williamson エーテル合成で合成しようとすると何が起こるだろうか．

11・5 次の反応式を完成させよ．

$$(CH_3)_2CH-CH=CH_2 + CH_3CH_2OH + Hg(OAc)_2 \xrightarrow{} \xrightarrow{NaBH_4}$$

11・6 次の反応で2種類のエーテル異性体の混合物が生成する理由を説明せよ．

$$CH_3CH_2CH=CHCH_3 + MeOH + Hg(OAc)_2 \xrightarrow{} \xrightarrow{NaBH_4}$$

11・7 アルコキシ水銀化-還元を用いて次のエーテルを合成する方法を述べよ．
 (a) ジシクロヘキシルエーテル　　(b) t-ブチルイソブチルエーテル

C. アルコールの脱水およびアルケンへの付加によるエーテルの合成

2分子の第一級アルコールが1分子の水を失ってエーテルを生成することがある．この脱水反応は強酸と熱という比較的過酷な条件を必要とする．

$$2\,CH_3CH_2-OH \xrightarrow[140\,^\circ C]{H_2SO_4} CH_3CH_2-O-CH_2CH_3 + H_2O \qquad (11\cdot10)$$

　　　　エタノール　　　　　　　　　　　ジエチルエーテル

この方法はジエチルエーテルの工業的生産に使われており，実験室でも用いることができる．しかしこの方法は第一級アルコールからの対称エーテルの合成に限定されている（対称エーテルとは二つのアルキル基が同じエーテルのことである）．第二級および第三級アルコールはアルケンへの脱水を起こすので使うことはできない（§10・2）．

第一級アルコールからのエーテルの生成は S_N2 反応であり，一つのアルコール分子がもう一つのプロトン化したアルコール分子の水と置換する（問題10・66参照）．

$$CH_3CH_2-\ddot{O}H \quad H\overset{+}{\underset{H}{\ddot{O}}}-CH_2CH_3 \longrightarrow$$

$$CH_3CH_2-\overset{+}{\underset{H}{O}}-CH_2CH_3 + H_2\ddot{O} \xrightleftharpoons[]{H\ddot{O}CH_2CH_3 \atop (溶媒)} CH_3CH_2-\ddot{O}-CH_2CH_3 + H_2\overset{+}{\ddot{O}}CH_2CH_3 \qquad (11\cdot11)$$

　　　（プロトン化した溶媒分子）

アルコールは S_N2 反応において比較的弱い求核剤なので高温を必要とする．

第三級アルコールはアルコール溶媒中で少量の強酸と処理することによって非対称エーテルに変換することができる．この反応は第一級アルコールからのエーテル生成に必要な条件よりずっと穏やかな条件で起こる．たとえば，t-ブチルエチルエーテルは酸触媒存在下に t-ブチルアルコールをエタノール（溶媒として用いる）と反応させることで合成できる．

$$\underset{t\text{-ブチルアルコール}}{H_3C-\underset{CH_3}{\overset{CH_3}{\underset{|}{\overset{|}{C}}}}-OH} + \underset{\substack{\text{エタノール}\\(\text{過剰,\,溶媒})}}{EtOH} \xrightarrow{H_2SO_4} \underset{\substack{t\text{-ブチルエチルエーテル}\\(\text{収率95\%})}}{H_3C-\underset{CH_3}{\overset{CH_3}{\underset{|}{\overset{|}{C}}}}-OEt} + H_2O \qquad (11\cdot12)$$

この反応がうまくいくための要点は，出発アルコールの一方（この場合は t-ブチルアルコール）がプロトン化されると容易に水を失って比較的安定なカルボカチオンを生成することにある．過剰に用いるアルコール（この場合はエタノール）は，水を失ってカルボカチオンを生成することができないか，あるいはカルボカチオンの生成が困難なアルコールでなければならない．

$$(CH_3)_3C-\ddot{O}H \xrightleftharpoons{H_2SO_4} (CH_3)_3C-\overset{+}{\underset{H}{\ddot{O}H}} \xrightleftharpoons{} H_2\ddot{O} + (CH_3)_3C^+ \quad | \quad Et-\ddot{O}H \xrightleftharpoons{H_2SO_4} Et-\overset{+}{\underset{H}{\ddot{O}H}} \xrightarrow{\times} \overset{+}{CH_3CH_2} + H_2\ddot{O} \qquad (11\cdot13)$$

第三級カルボカチオン　　　　　　　　　　　　　　　　　　　　　第一級カルボカチオン（生成しない）

第三級アルコールに由来するカルボカチオンが生成すると，それは溶媒として大過剰に存在するエタノールと速やかに反応する．

$$(CH_3)_3C^+ \quad H\ddot{O}-Et \longrightarrow (CH_3)_3C-\overset{+}{\underset{H}{\ddot{O}}}-Et \qquad (11\cdot14)$$

（溶媒にプロトンを渡して生成物を与える）

この反応とアルコールの脱水によるアルケンの生成とは密接に関連している．アルコール，特に第三級アルコールは強酸の存在下で脱水してアルケンを生成する（§10・2）．第三級アルコールからのエーテル生成と第三級アルコールの脱水は共通の機構で起こる．エーテルの生成もアルケンの生成もカルボカチオン中間体を経由しており，反応条件でどちらの生成物が得られるかが決まる．アルコールのアルケンへの脱水は比較的高温で起こり，生成するアルケンと水は反応混合物から（蒸発により）除かれていく．第三級アルコールからのエーテル生成は，アルケンが反応混合物から除かれないようなより穏やかな条件で起こる．さらに，大過剰の他のアルコール（式 11・12 ではエタノール）が溶媒として用いられるので，カルボカチオン中間体はおもにこのアルコールと反応する．アルケンが生成してもそれは反応混合物から除かれることなく再プロトン化してカルボカチオンに戻り，最終的に溶媒のアルコールと反応する．

$$\underset{H_3C}{\overset{H_3C}{>}}C=CH_2 \xrightleftharpoons[HSO_4^-]{H_2SO_4} \underset{CH_3}{\overset{H_3C}{>}}\overset{+}{C}-CH_3 \xrightarrow{EtOH (溶媒)} H_3C-\underset{CH_3}{\overset{CH_3}{\underset{|}{\overset{|}{C}}}}-O-Et \qquad (11\cdot15)$$

$(CH_3)_3C-OH \downarrow H_2SO_4, -H_2O$　　カルボカチオン中間体

このように考えてくると，アルケンを酸触媒存在下に大過剰のアルコールと処理すると，比較的安定なカルボカチオンが生成する限り，エーテルが生成するはずである．実際その通りであり，たとえば2-メチルプロペンへのメタノールあるいはエタノールの酸触媒付加によってそれぞれ t-ブチルメチルエーテルおよび t-ブチルエチルエーテルが生成し，これらの反応はガソリン添加剤であるこれらの化合物の工業的合成法である（式 10・77）．

$$\underset{H_3C}{\overset{H_3C}{>}}C=CH_2 + CH_3OH \xrightarrow{H_2SO_4} H_3C-\underset{CH_3}{\overset{CH_2-H}{\underset{|}{\overset{|}{C}}}}-OCH_3 \qquad (11\cdot16)$$

2-メチルプロペン　　メタノール　　　　　　　　　　　t-ブチルメチルエーテル（MTBE）

式(11・12)，式(11・15)，式(11・16)からわかるように，第三級エーテルの合成には，第三級基が由来する出発物はアルケンでも第三級アルコールでも原理的に違いはない．

問題

11・8 第一級アルコールの脱水は対称エーテルの合成にしか用いることができない理由を説明せよ．2種類の異なる第一級アルコールの混合物をこの反応の出発物に用いると何が起こるだろうか．

11・9 次の反応で主要な生成物は何か．

$$\text{シクロヘキシル(OH)(CH}_3\text{)} + \text{EtOH} \xrightarrow[\text{(溶媒)}]{\text{H}_2\text{SO}_4}$$

11・10 H_2SO_4 とエタノールで処理すると問題 11・9 の反応と同じエーテル生成物を与える 2 種類のアルケンの構造式を描け．

11・11 次のエーテルをアルコールの脱水あるいはアルケンへの付加で合成する方法を述べよ．
(a) $ClCH_2CH_2OCH_2CH_2Cl$ 　　(b) 2-メトキシ-2-メチルブタン
(c) t-ブチルイソプロピルエーテル 　　(d) ジブチルエーテル

11・3 エポキシドの合成

A. アルケンのペルオキシカルボン酸による酸化

エポキシドの最良の実験室的合成法は，アルケンのペルオキシカルボン酸による直接酸化である．

$$CH_3(CH_2)_5CH=CH_2 + \underset{\substack{m\text{-クロロペルオキシ}\\\text{安息香酸(mCPBA)}\\\text{ペルオキシカルボン酸}}}{\text{3-Cl-C}_6\text{H}_4\text{-C(O)-O-O-H}} \xrightarrow[\text{ベンゼン}]{25\,°C} \underset{\substack{\text{2-ヘキシルオキシラン}\\(\text{収率 }81\%)}}{CH_3(CH_2)_5\text{CH-CH}_2\text{(O)}} + \underset{m\text{-クロロ安息香酸}}{\text{3-Cl-C}_6\text{H}_4\text{-CO}_2\text{H}} \quad (11\cdot17)$$

エポキシド合成の出発物としてアルケンが用いられるため，いくつかのエポキシドは対応するアルケンの酸化生成物として命名される（§8・2C を参照）．

式 (11・17) の酸化剤である m-クロロペルオキシ安息香酸（mCPBA と略記される）は，カルボン酸の OH（ヒドロキシ）基を O-O-H（ヒドロペルオキシ）基に変えた**ペルオキシカルボン酸**（peroxycarboxylic acid）の一例である．

$$\underset{\text{カルボン酸}}{R-C(=O)-OH \text{ または } RCO_2H} \qquad \underset{\text{ペルオキシカルボン酸}}{R-C(=O)-\underset{\text{ヒドロペルオキシ基}}{O-OH} \text{ または } RCO_3H}$$

ペルオキシカルボン酸の代わりに**ペルオキシ酸**（peroxyacid）あるいは**過酸**（peracid）という用語が使われることがある．実際はこれらの用語はペルオキシカルボン酸に限らず OH 基が OOH 基に変わったあらゆる酸を指すより一般的な用語である．多くのペルオキシカルボン酸は不安定であり，使用直前にカルボン酸と過酸化水素を混合して調製する．原理的には数種類のペルオキシカルボン酸のどれでもアルケンの酸化に使うことができる．式 (11・17) で用いたペルオキシ酸である mCPBA は市販され実験室で保存することができる結晶性の固体なのでよく使われてきた．しかし mCPBA は他の多くの過酸化物と同様に，注意深く取扱わないと爆発する．これと同程度の反応性をもちながらより危険性の少ないペルオキシカルボン酸として，モノペルオキシフタル酸のマグネシウム塩（MMPP と略記される）がある．

Mg2+
モノペルオキシフタル酸
マグネシウム(MMPP)

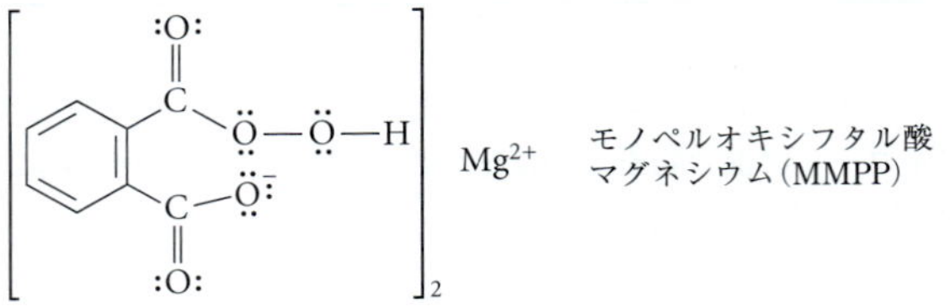

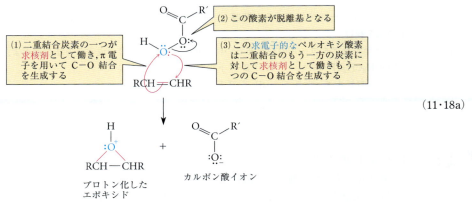

エポキシ化は協奏的な求電子付加反応である．その反応機構は求電子付加反応におけるブロモニウムイオンの生成機構(式 5·11)とよく似ている．

(2) この酸素が脱離基となる
(1) 二重結合炭素の一つが求核剤として働き，π電子を用いて C−O 結合を生成する
(3) この求電子的なペルオキシ酸素は二重結合のもう一方の炭素に対して求核剤として働きもう一つの C−O 結合を生成する
RCH═CHR
プロトン化したエポキシド
カルボン酸イオン

(11·18a)

この付加で生成するプロトン化したエポキシドは他のエーテル(§ 11・1)と同様に負の pK_a をもつ．このきわめて酸性の強いプロトンはカルボン酸イオンによる Brønsted 酸–塩基反応で引抜かれてエポキシドとカルボン酸を生成する．§3・4E で述べた方法を使って諸君自身でこの最後の段階が非常に起こりやすいことを確認してほしい．

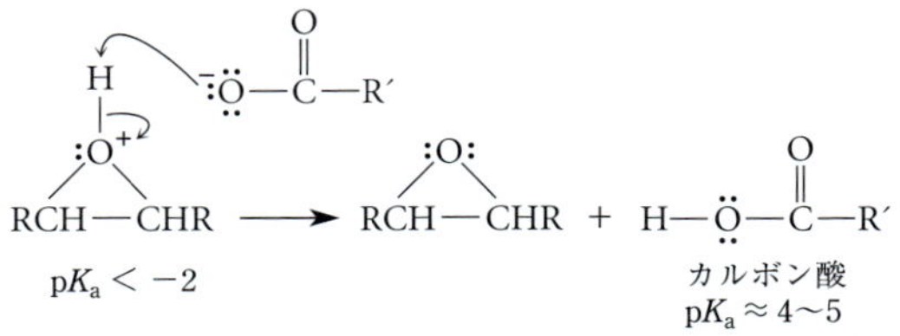

RCH—CHR
pK_a < −2
RCH—CHR
H—O—C—R′
カルボン酸
pK_a ≈ 4〜5

(11·18b)

この反応が協奏反応であることは，(1) カルボカチオン転位が起こらないこと，(2) 反応が立体特異的なシン付加であること，からわかる．すなわち，アルケンの立体化学は完全に保持される．式(7·38)で述べたように多段階反応は立体特異的ではないことを思い出そう．これはシスアルケンはシス置換エポキシドを生成し，トランスアルケンはトランス置換エポキシドを生成することを意味する．

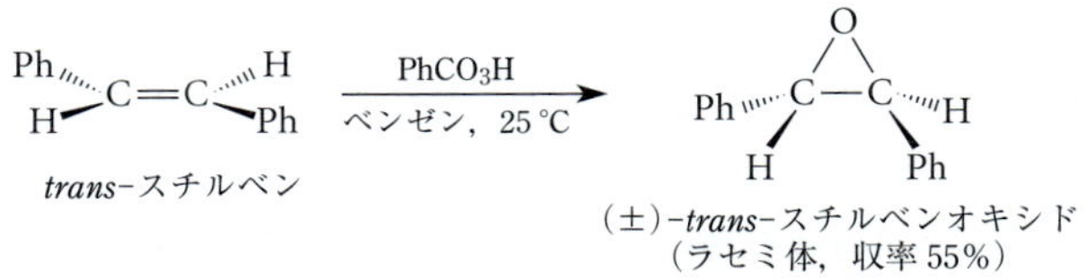

PhCO3H
ベンゼン，25 °C
trans-スチルベン
(±)-*trans*-スチルベンオキシド
(ラセミ体，収率 55%)

(11·19a)

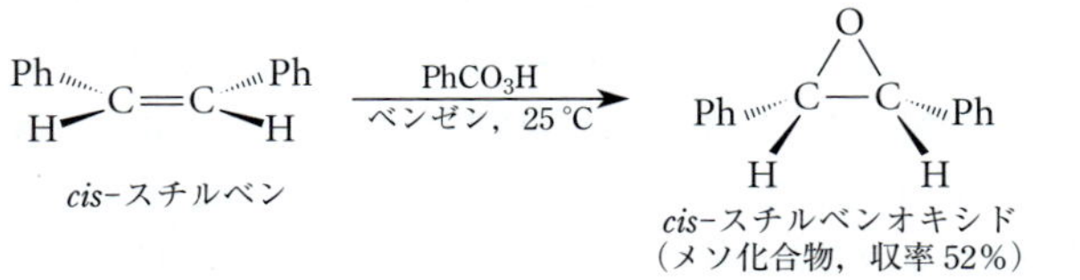

PhCO3H
ベンゼン，25 °C
cis-スチルベン
cis-スチルベンオキシド
(メソ化合物，収率 52%)

(11·19b)

この反応はシン付加であり，もしアンチ付加ならば二つのアルケン炭素に逆の面から同時に付加しなければならない．そのようなことが起こるには，アンチ付加の遷移状態で二重結合はかなりねじれなけれ

ばならず，遷移状態は大きくひずまなければならない．後に述べるように，この反応の立体特異性はエポキシド生成が非常に有用な合成反応である一つの理由である．

エポキシドは三員環からなるので，シクロプロパン(§7・5B)と同様にかなりの結合角ひずみをもっている．§11・5で述べるように，このひずみによってエポキシドは大きな反応性をもつ．ペルオキシカルボン酸のO-O結合が非常に弱いために，このようなひずんだ化合物の合成が可能になる．いいかえれば，ペルオキシカルボン酸の高いエネルギーがエポキシド生成を可能にしている．

> **問　題**
>
> **11・12**　mCPBA と反応して次のエポキシドを生成するアルケンの構造式を描け． 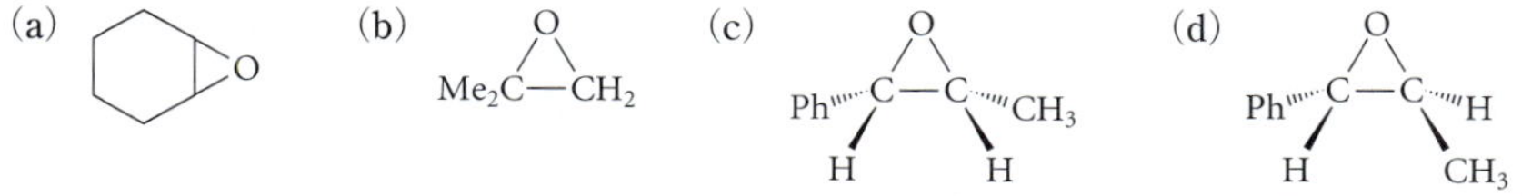
> (a) シクロヘキセンオキシド　(b) Me₂C—CH₂ のエポキシド　(c) Ph(H)C—C(H)CH₃ のエポキシド　(d) Ph(H)C—C(CH₃)H のエポキシド
>
> **11・13**　次のアルケンを MMPP で処理して得られる生成物は何か．
> (a) *trans*-3-ヘキセン　　(b) シクロプロピル=CH₂

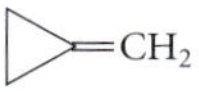

B. ハロヒドリンの環化

エポキシドはハロヒドリン(§5・2B)を塩基で処理することによっても合成することができる．

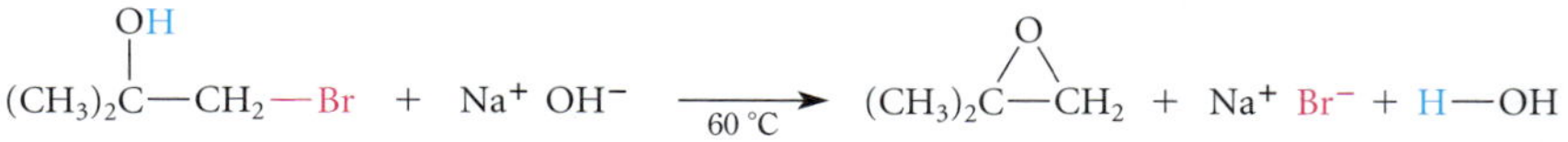

$$(CH_3)_2\underset{OH}{C}-CH_2-Br + Na^+OH^- \xrightarrow{60℃} (CH_3)_2\underset{O}{C}-CH_2 + Na^+Br^- + H-OH \quad (11·20)$$

1-ブロモ-2-メチル-2-プロパノール　　　　　　　　　　　　2,2-ジメチルオキシラン
（ハロヒドリン）　　　　　　　　　　　　　　　　　　　　（収率81%）

この反応はWilliamson エーテル合成(§11・2A)の分子内版であり，アルコールとハロゲン化アルキルが同じ分子の中にある．アルコールとNaOHの反応で可逆的に生成したアルコキシドアニオンが隣接炭素上のハロゲン化物イオンと置換する．

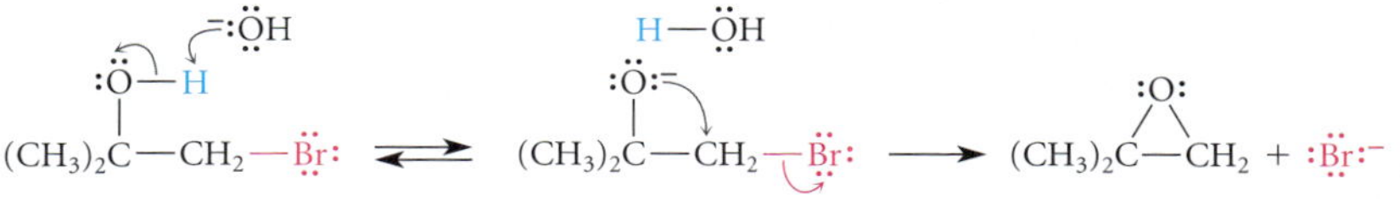

$$(CH_3)_2\underset{:\ddot{O}-H}{C}-CH_2-\ddot{B}r: \;\rightleftharpoons\; (CH_3)_2\underset{:\ddot{O}:^-}{C}-CH_2-\ddot{B}r: \;\longrightarrow\; (CH_3)_2\underset{:O:}{C}-CH_2 + :\ddot{B}r:^- \quad (11·21)$$

分子間の S_N2 反応と同様に，求核剤(この場合は酸素アニオン)はハロゲンが結合している炭素に反対側から置換する(§9・4C)．そのような反対側からの置換は，求核剤となる酸素と脱離するハロゲンが遷移状態でアンチの関係になることを必要とする．ほとんどの鎖状ハロヒドリンでは単純な内部回転でこの関係が達成される．

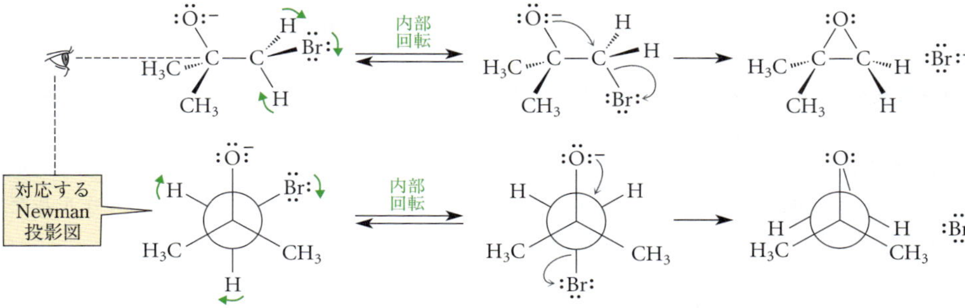

(11·22a)
(11·22b)

対応する Newman 投影図

C-O 結合と C-Br 結合はゴーシュ
反対側からの置換は不可能

C-O 結合と C-Br 結合はアンチ
反対側からの置換が可能

環状化合物に由来するハロヒドリンでは，エポキシド生成が起こるためには配座変換によって必要なアンチの関係をとることが必要である．たとえば，次のシクロヘキサン誘導体では，エポキシド生成が起こる前にいす形の反転が必要である．

$$\underset{\text{ジエクアトリアル配座}}{} \rightleftarrows \underset{\text{ジアキシアル配座}}{} \longrightarrow + :\!\ddot{\text{B}}\text{r}:^- \qquad (11\cdot 23)$$

ジアキシアル配座はジエクアトリアル配座より不安定であるが，二つの配座は速い平衡にある．ジアキシアル配座からエポキシドが生成すると，この配座は速やかな配座平衡によって直ちに補充される．

問 題

11・14 反応の遷移状態の構造から考えて，3-ブロモ-2-ブタノールの2種類のジアステレオマーを塩基で処理したとき，どちらがより速くエポキシドを生成するかを予測し，その根拠を説明せよ（ヒント：反応に必要な配座を描き，それらの相対的エネルギーを考えよ）．

$$\underset{\text{3-ブロモ-2-ブタノール}}{\text{H}_3\text{C}-\overset{\overset{\text{OH}}{|}}{\underset{2}{\text{CH}}}-\overset{\overset{\text{Br}}{|}}{\underset{3}{\text{CH}}}-\text{CH}_3} \qquad \begin{array}{l}\text{立体異性体}\,A:2R,3S\\ \text{立体異性体}\,B:2R,3R\end{array}$$

11・15 *trans*-2-クロロシクロヘキサノールは塩基中で速やかに反応してエポキシドを生成する．しかしシス立体異性体は比較的反応性が低く，エポキシドを生成しない．この二つの立体異性体の挙動の違いを説明せよ．

11・4 エーテルの開裂

エーテル結合は広範な条件下で比較的反応性が低い．これがエーテルが溶媒として広く使われる理由の一つであり，非常に多くの反応をエーテル系溶媒中でエーテル結合を開裂させることなく行うことができる．

アルコールが求核剤と反応しないのと同じ理由で，エーテルは求核剤と反応しない．もし S_N2 反応が起これば，非常に塩基性の強い脱離基であるアルコキシドイオンや水酸化物イオンが生成することになる．

$$\underset{\text{求核剤}}{\text{Nuc}:^-} \underset{\underset{\text{CH}_3}{|}}{\text{CH}_2}-\ddot{\text{O}}\text{R} \quad \overset{\times}{\longrightarrow} \quad \underset{\underset{\text{CH}_3}{|}}{\text{Nuc}-\text{CH}_2} + \underset{\substack{\text{アルコキシドイオン}\\ \text{（強い塩基であり貧弱な}\\ \text{脱離基である）}}}{:\!\ddot{\text{O}}\text{R}} \qquad (11\cdot 24)$$

塩基性の強い脱離基をもつ化合物の S_N2 反応は非常に遅いことを思い出そう．つまりこの反応が非常に遅いので，エーテルは一般に塩基に対して安定である．たとえばエーテルは NaOH と反応しない．

エーテルは HI や HBr と反応してアルコールとハロゲン化アルキルを生成する．この反応は<u>エーテル開裂</u>とよばれる．エーテル開裂に必要な条件はエーテルのタイプによって異なる．第一級アルキル基だけをもつエーテルは濃 HBr あるいは濃 HI および熱といった比較的激しい条件を必要とする．

$$\underset{\text{ジエチルエーテル}}{\text{CH}_3\text{CH}_2-\text{O}-\text{CH}_2\text{CH}_3} + \text{H}-\text{I} \xrightarrow{\text{熱}} \underset{\text{エタノール}}{\text{CH}_3\text{CH}_2-\text{OH}} + \underset{\text{ヨウ化エチル}}{\text{I}-\text{CH}_2\text{CH}_3} \qquad (11\cdot 25)$$

エーテルの開裂で生成するアルコール（式 11・25 のエタノール）はさらに HI と反応してもう 1 分子のヨウ化アルキルを生成する（§ 10・3）．

エーテル開裂の機構は，まずエーテル酸素のプロトン化で始まる．

$$CH_3CH_2-\ddot{O}-CH_2CH_3 + H-\ddot{I}: \rightleftarrows CH_3CH_2-\overset{+}{\underset{H}{O}}-CH_2CH_3 \quad :\ddot{I}:^- \quad (11 \cdot 26a)$$

次に，優れた求核剤であるヨウ化物イオン（§ 9・4E）がプロトン化したエーテルと S_N2 型に反応して，アルコールが脱離基として離れてハロゲン化アルキルが生成する．

$$CH_3CH_2-\overset{+}{\underset{H}{O}}-CH_2CH_3 + :\ddot{I}:^- \rightarrow CH_3CH_2-\ddot{O}H + \ddot{I}-CH_2CH_3 \quad (11 \cdot 26b)$$

エーテルが第三級の場合，開裂はより穏やかな条件（より低温，より希薄な酸）で起こる．機構の第一段階は同じでエーテル酸素のプロトン化である．

$$H_3C-\underset{\underset{CH_3}{|}}{\overset{\overset{CH_3}{|}}{C}}-\ddot{O}-Et + H-\ddot{I}: \rightleftarrows H_3C-\underset{\underset{CH_3}{|}}{\overset{\overset{CH_3}{|}}{C}}-\overset{+}{\underset{H}{O}}-Et \quad :\ddot{I}:^- \quad (11 \cdot 27a)$$

この場合は，S_N1 機構でヨウ化アルキルが生成する．第一級アルコールが脱離して第三級カルボカチオンが生成し，これがヨウ化物イオンと反応する．

$$H_3C-\underset{\underset{CH_3}{|}}{\overset{\overset{CH_3}{|}}{C}}-\overset{+}{\underset{H}{O}}-Et \rightleftarrows H_3C-\underset{\underset{CH_3}{|}}{\overset{\overset{CH_3}{|}}{C^+}} + H\ddot{O}-Et \rightarrow H_3C-\underset{\underset{CH_3}{|}}{\overset{\overset{CH_3}{|}}{C}}-\ddot{I}: \quad (11 \cdot 27b)$$

第三級カルボカチオン

第三級ハロゲン化アルキルと第一級アルコールが生成することに注意しよう．S_N1 反応はこれと競争する S_N2 反応より速いので，第一級ヨウ化アルキルは生成しない．

ハロゲン化水素に対するエーテルとアルコールの反応は非常に似ていることに注意しよう（§ 10・3）．いずれの場合も，プロトン化によって貧弱な脱離基（−OH あるいは −OR）が優れた脱離基に変換される．アルコールの反応では水が脱離基であり，エーテルの反応ではアルコールが脱離基となる．それ以外は反応はまったく同じである．

メチルあるいは
第一級アルコール

$$RCH_2-\ddot{O}H \underset{プロトン化}{\overset{HI}{\rightleftarrows}} RCH_2-\overset{+}{\ddot{O}}H_2 \quad I^- \overset{S_N2}{\underset{求核置換}{\rightarrow}} RCH_2-I + \ddot{O}H_2 \quad (11 \cdot 28)$$

メチルあるいは
第一級エーテル

$$RCH_2-\ddot{O}-CH_2R \overset{HI}{\rightleftarrows} RCH_2-\underset{H}{\overset{+}{\ddot{O}}}-CH_2R \quad I^- \overset{S_N2}{\rightarrow} RCH_2-I + H\ddot{O}-CH_2R$$

第三級アルコール

$$R_3C-\ddot{O}H \underset{プロトン化}{\overset{HBr}{\rightleftarrows}} R_3C-\overset{+}{\ddot{O}}H_2 \quad Br^- \underset{Lewis 酸-塩基解離}{\rightleftarrows} R_3C^+ + \ddot{O}H_2 \quad Br^- \underset{Lewis 酸-塩基会合}{\overset{S_N1}{\rightarrow}} R_3C-Br \quad (11 \cdot 29)$$

第三級エーテル

$$R_3C-\ddot{O}-R \overset{HBr}{\rightleftarrows} R_3C-\underset{H}{\overset{+}{\ddot{O}}}-R \quad Br^- \rightleftarrows R_3C^+ + H\ddot{O}-R \quad Br^- \overset{S_N1}{\rightarrow} R_3C-Br$$

アルキルエーテルの開裂によってハロゲン化アルキルとアルコールが生成するが，これらの化合物の合成法としてはこの反応は滅多に使われない．なぜなら§11・2で述べたように，ほとんどの場合エーテル自身がハロゲン化アルキルやアルコールから合成されるからである．しかし，これらの反応はエーテルが酸性条件で不安定であることを説明しているので，これを理解することは重要である．

> **問 題**
>
> **11・16** 次の事実を反応機構を使って説明せよ．
> (a) ブチルメチルエーテル（1-メトキシブタン）をHIと熱で処理すると，初期生成物は主としてヨウ化メチルと1-ブタノールであり，メタノールと1-ヨードブタンはほとんど生成しない．
> (b) (a)の反応混合物をさらに長時間加熱すると，1-ヨードブタンも生成する．
> (c) t-ブチルメチルエーテルをHIで処理すると，生成物はヨウ化t-ブチルとメタノールである．
> (d) HBr中でt-ブチルメチルエーテルはその硫黄類縁体であるt-ブチルメチルスルフィドよりずっと速く開裂する（ヒント：§11・1参照）．
> (e) エナンチオピュアな(S)-2-メトキシブタンをHBrで処理すると，生成物はエナンチオピュアな(S)-2-ブタノールと臭化メチルである．
>
> **11・17** 次のエーテルを濃HI水溶液と反応させると何が生成するか．
> (a) ジイソプロピルエーテル　　(b) 2-エトキシ-2,3-ジメチルブタン

11・5　エポキシドの求核置換反応

A. 塩基性条件での開環反応

エポキシド環は求核剤によって容易に開環する．

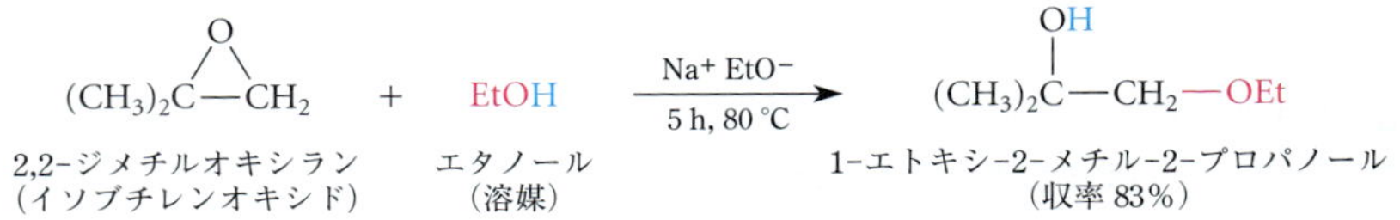

$$(CH_3)_2C\overset{O}{-}CH_2 + EtOH \xrightarrow[5\,h,\,80\,°C]{Na^+\,EtO^-} (CH_3)_2C(OH)-CH_2-OEt \quad (11\cdot30)$$

2,2-ジメチルオキシラン　　　　エタノール　　　　　　　　　1-エトキシ-2-メチル-2-プロパノール
（イソブチレンオキシド）　　　（溶媒）　　　　　　　　　　　　（収率83%）

このタイプの反応は，<u>エポキシド酸素が脱離基となるS$_N$2反応</u>である．しかしこの反応では，脱離基は別の原子団として離れてしまうのではなく同じ生成物分子に留まっている．

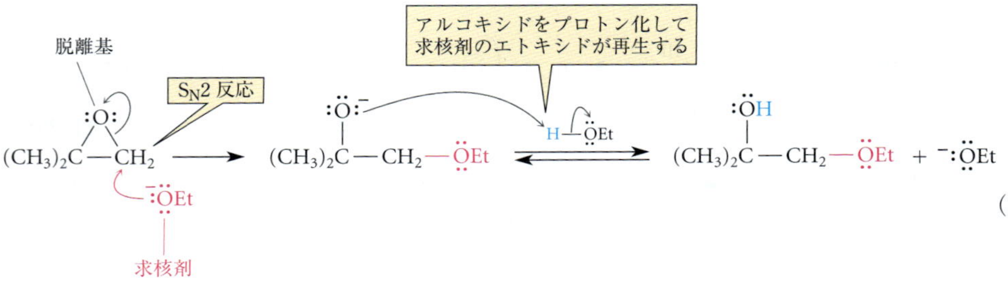

（11・31）

塩基であるエトキシドが求核剤であることに注意しよう．開環したアルコキシドのプロトン化でエトキシドが再生するので，これは触媒であり溶媒であるエタノール中に少量存在すればよい．

エポキシドはエーテルの一種なので，エポキシドの開環はエーテル開裂反応である．通常のエーテルは塩基中では<u>開裂しない</u>ことを思い出そう（式11・24）．しかしエポキシドは塩基性反応剤で容易に開環する．エポキシドはその炭素類縁体であるシクロプロパンと同様にかなりの<u>結合角ひずみ</u>（§7・5B）を

もつので反応性が高い．このひずみのためにエポキシドの結合は通常のエーテルの結合より弱く，容易に切断される．エポキシドが開環することによって三員環のひずみは解消される．

非対称なエポキシドでは，求核剤がエポキシド環のどちらの炭素と反応するかで2種類の開環生成物が可能である．式(11・31)に示すように，求核剤は一般にアルキル置換基が少ないエポキシド炭素上で反応する．この位置選択性は S_N2 反応の速度に対するアルキル基の効果(§9・4D)から予想されるものである．アルキル置換基は S_N2 反応を遅くするので，置換基のない炭素での反応がより速く起こり，観測される生成物を与える．

他の S_N2 反応と同様に，塩基によるエポキシドの開環でも求核剤が反対側から置換する．この炭素が立体中心の場合は例題 11・2 で示すように立体配置の反転が起こる．

例題 11・2

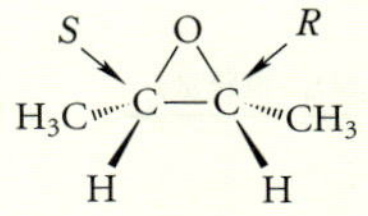

meso-2,3-ジメチルオキシランを水酸化ナトリウム水溶液と反応させたときに生成する 2,3-ブタンジオールの立体配置は何か．

解法　まずこのエポキシドの構造式を描こう．2,3-ジメチルオキシランのメソ異性体は対称面をもち，二つの不斉炭素は逆の立体配置をもつ．

この二つの環炭素はエナンチオトピック(§10・9A)なので，水酸化物イオンはどちらの炭素にも同じ速さで反応する．それぞれの炭素で反対側からの置換によって立体配置の反転が起こる．

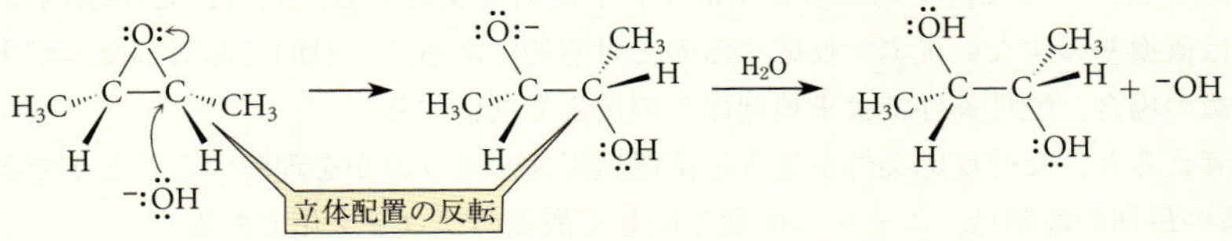

図示した生成物は $2S,3S$ 立体異性体である．もう一方の炭素での反応では $2R,3R$ 立体異性体が生成する(自分で確かめよ！)．出発物はアキラルであるから，生成物の二つの鏡像異性体は同量ずつ生成する(§7・7A)．したがって，生成物は 2,3-ブタンジオールのラセミ体である(予想どおりの結果が実際の実験で得られる)．

本節での例では水酸化物イオンやアルコキシドイオンを求核剤として用いたが，反応のパターンはどのような求核剤でも同じである．すなわち，求核剤はアルキル置換基をもたない炭素上で反応して環開裂を起こしてアルコキシドを生成する．アルコキシドはプロトン源との Lewis 酸-塩基反応によってアルコールを与える．求核剤を一般的に Nuc:⁻ と表すと，式(11・32)のようにまとめることができる．

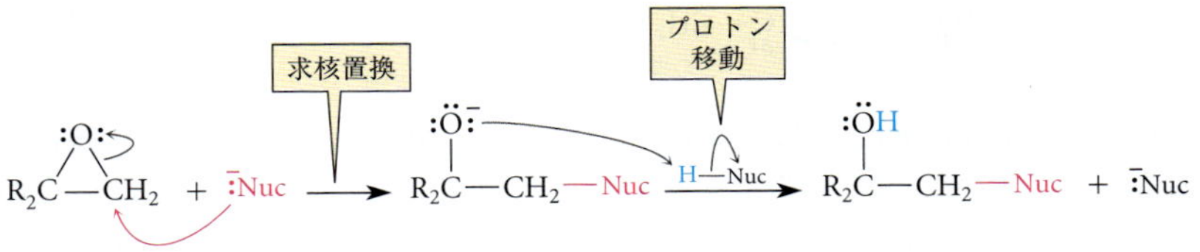

(11・32)

問題

11・18 巻矢印表記法を用いて次の反応の生成物を予測せよ．

(a)
$$\text{H}_3\text{C}\cdots\overset{O}{\underset{(CH_3)_2CH}{C}}-\text{CH}_2 + \text{NH}_3 \text{ (過剰)} \xrightarrow{\text{EtOH}}$$

(b)
$$\text{H}_3\text{C}\cdots\overset{O}{\underset{CH_3CH_2}{C}}-\text{CH}_2 + \text{Na}^+ \text{N}_3^- \text{ (ナトリウムアジド)} \xrightarrow{\text{EtOH-H}_2\text{O}}$$

11・19 次の化合物を合成するにはどのようなエポキシドと求核剤が必要か．いずれもラセミ体であるとせよ．

(a) シクロペンチル(OH, SCH₃)

(b) $\text{CH}_3(\text{CH}_2)_4\overset{\text{OH}}{\text{C}}\text{HCH}_2\text{CN}$

B. 酸性条件での開環反応

エポキシドの開環反応は通常のエーテルの開裂と同様に酸触媒を受ける．しかし，エポキシドは結合角ひずみのため非常に反応性が高い．したがってエポキシドの開環は通常のエーテルの開裂よりずっと穏やかな条件で起こすことができる．たとえば，エポキシドの開環反応では酸触媒は非常に低濃度でよい．

$$(\text{CH}_3)_2\text{C}-\text{CH}_2 + \text{CH}_3\text{OH} \xrightarrow{\text{H}_2\text{SO}_4 \text{ (痕跡量)}} (\text{CH}_3)_2\text{C}-\text{CH}_2-\text{OH} \quad (11\cdot33)$$
$$\underset{\text{OCH}_3}{|}$$

2,2-ジメチルオキシラン (イソブチレンオキシド)　メタノール (溶媒)　　2-メトキシ-2-メチル-1-プロパノール (収率76%)

開環反応の位置選択性は酸性条件と塩基性条件で異なる．式(11・33)の生成物の構造式からわかるように，求核剤のメタノールは置換基の多いエポキシド炭素で反応する．式(11・32)に示すように塩基性条件で求核剤は置換基の少ない炭素で反応するのと対照的である．一般的に非対称なエポキシドで一方の炭素が第三級の場合，酸性条件では求核剤はこの炭素で反応する．

反応機構を考えると，なぜ反応条件が違うと位置選択性が違うのかを理解することができる．式(11・33)の反応機構の最初の段階は，エーテル開裂と同じく酸素のプロトン化である．

[プロトンはプロトン化した溶媒分子に由来する]

$$(\text{CH}_3)_2\text{C}-\text{CH}_2 + \text{H}-\overset{+}{\text{O}}\text{CH}_3 \rightleftharpoons (\text{CH}_3)_2\text{C}-\text{CH}_2 \text{ (プロトン化したエポキシド)} + \text{HOCH}_3 \quad (11\cdot34\text{a})$$

プロトン化したエポキシドの構造的特徴から，これが第三級カルボカチオンと同じようにふるまうと予測される．

[長く弱い結合] [平面三角形に近い幾何構造]
$$\underset{H_3C}{\overset{H_3C}{>}}\overset{\delta+}{\text{C}}\cdots\text{CH}_2 \text{ :ÖH} \quad [\delta+ \text{多量の正電荷}] \quad (11\cdot34\text{b})$$

まず，計算によれば第三級炭素は正電荷のほぼ70%を担っている．第二に，第三級炭素の幾何構造はほぼ平面三角形である．したがって，第三級炭素とそれに結合する基はほぼ同一平面にあり，この炭素への求核剤の接近を妨げるような立体障害はほとんどないということである．最後に，第三級炭素と

OH 基との結合は非常に長く弱い．つまり，この結合はもう一方の C−O 結合よりも容易に切断される．事実，このカチオンは脱離基によって溶媒和されたカルボカチオンとみなすことができる(図 9・13 参照)．脱離する OH 基はカルボカチオンの前面をふさいでおり，求核的な反応は反対側から立体配置の反転を伴って起こらなければならない．いいかえれば，この反応は立体配置の反転を伴う S_N1 反応とみることができる．

したがって，溶媒分子はプロトン化したエポキシドと第三級炭素で反応し，プロトンを溶媒に渡して生成物を与える．

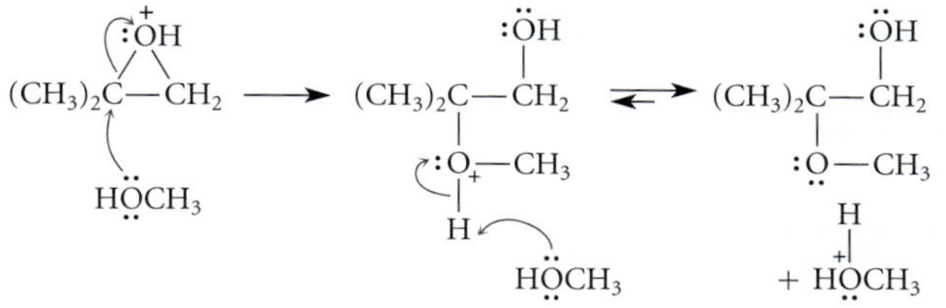
(11・34c)

プロトン化したエポキシドと反応するのは溶媒分子であり，溶媒の共役塩基であるアルコキシドではない．アルコキシドは酸性溶液中では存在しないし，存在する必要もない．なぜならプロトン化したエポキシドは非常に反応性に富んでおり，求核剤は溶媒なので大過剰に存在するからである．

非対称エポキシドの炭素が第二級あるいは第一級の場合は，プロトン化したエポキシドのどちらの炭素もカルボカチオン性が低く，酸触媒開環の生成物は混合物になる傾向があり，混合物の組成は場合によって変化する．

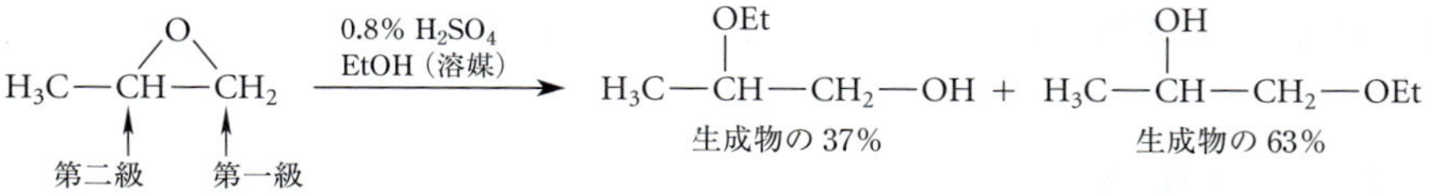

(11・35)

混合物の組成は，多置換炭素に有利な結合の弱さと少置換炭素に有利な求核剤との van der Waals 反発との兼ね合いに依存する．

エポキシドの酸触媒開環の位置選択性とブロモニウムイオンと溶媒との反応の位置選択性(式 5・15 参照)とはよく似ている．どちらの反応も正電荷をもつ電気陰性な脱離基を含む歪んだ環の開裂であるから，驚くにはあたらない．

エポキシドの酸触媒開環反応は，塩基触媒開環反応と同じく立体配置の反転を伴って起こる．

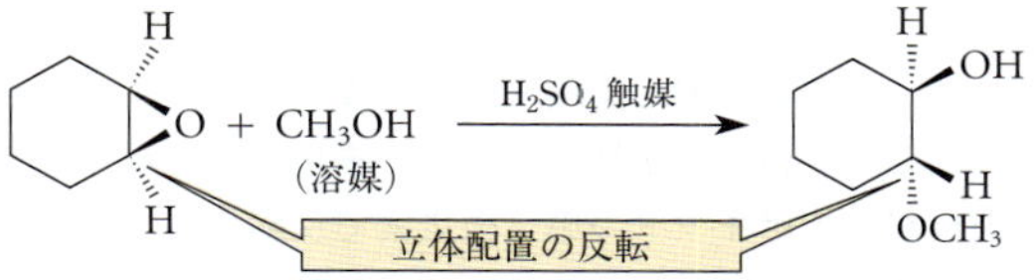

(11・36)

シクロヘキセンオキシド　(±)-*trans*-2-メトキシシクロヘキサノール（収率 82%）

エポキシドの酸触媒開環反応で水を求核剤に用いた場合，生成物は 1,2-ジオールすなわちグリコールである．酸触媒によるエポキシドの加水分解は一般にグリコールを合成する有用な方法である．

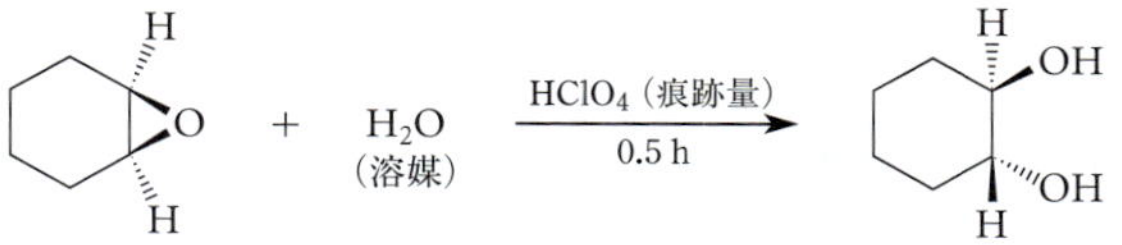

(11・37)

シクロヘキセンオキシド　(±)-*trans*-1,2-シクロヘキサンジオール（グリコール，収率 80%）

水がプロトン化したエポキシドと反応するときに立体配置の反転が起こるため，生成物で二つのヒドロキシ基がトランスの関係になることに注意しよう．したがって cis-1,2-シクロヘキサンジオールはエポキシドの開環では合成することができない．しかし §11・6A で述べるように，シス立体異性体は別の方法で合成することができる．

エポキシドの塩基触媒加水分解でもグリコールが得られるが(例題 11・2 参照)，塩基性条件では副反応として重合が起こることがある(追加問題 11・69 参照)．したがってグリコールの合成には酸触媒によるエポキシドの開環が一般的に有利である．

問題

11・20 次の変換における主生成物を予測せよ．

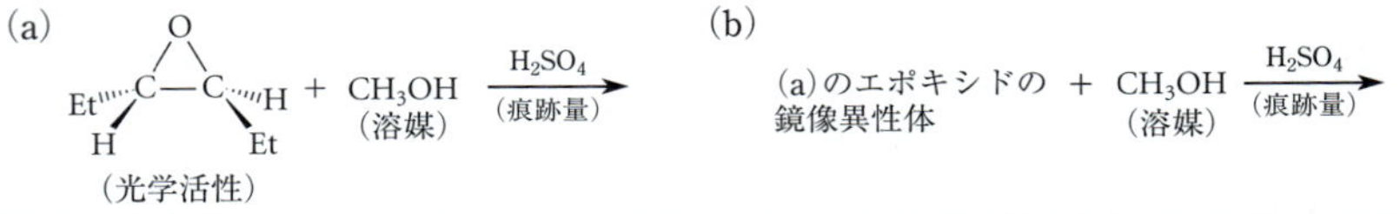

(a) Et〝〝C—C〟〟H （エポキシド，光学活性，Hと Et が両炭素についている） + CH$_3$OH (溶媒) $\xrightarrow{H_2SO_4 \text{ (痕跡量)}}$

(b) (a)のエポキシドの鏡像異性体 + CH$_3$OH (溶媒) $\xrightarrow{H_2SO_4 \text{ (痕跡量)}}$

エポキシドの開環反応における位置選択性と立体選択性をまとめておこう．

1. 塩基性条件では求核剤は非対称エポキシドの置換基の少ない炭素で反応し，立体中心で起こる場合は立体配置の反転が起こる．
2. 酸性条件では求核剤は非対称エポキシドの第三級炭素で反応する．どちらの炭素も第三級ではないときは生成物は多くの場合混合物となる．反応が立体中心で起こるときは立体配置の反転を伴う．

これらの事実をふまえて例題 11・3 を解こう．

例題 11・3

次のエポキシドを水と(a) 塩基性条件，(b) 酸性条件で反応させたときの主生成物を予測せよ．解法における参照のためにエポキシド炭素に番号をつけてある．

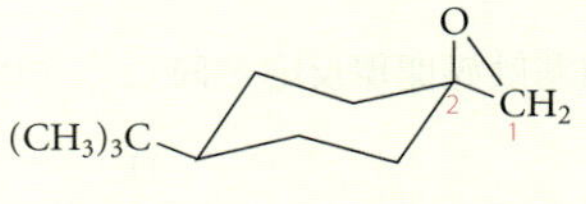

(CH$_3$)$_3$C—シクロヘキサン環—エポキシド(炭素 2—CH$_2$炭素 1)

解 法 上述のまとめからわかるように，エポキシドの開環反応の生成物を予測するためにはまず反応条件が塩基性か酸性かを判断しなければならない．塩基性であれば，求核剤はエポキシドの<u>置換基の少ない炭素</u>で反応する．酸性であれば求核剤はエポキシドの<u>第三級炭素</u>で反応する．次に反応が起こる炭素が立体中心かどうかを判断する．もし立体中心であれば立体反転で生成する生成物を予測しなければならない．

(a) 塩基性条件では，水酸化物イオンが求核剤となり，これがエポキシドの置換基の少ない炭素(炭素-1)で反応する．この炭素は立体中心ではないので，置換の立体化学は問題にならない．したがって反応は次のようになる．

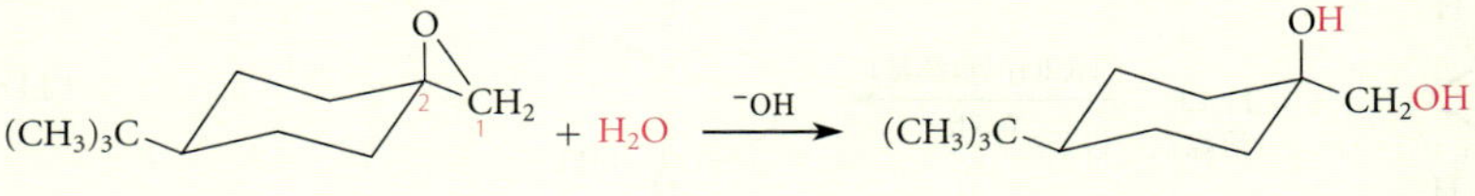

(CH$_3$)$_3$C—エポキシド(炭素 2, CH$_2$炭素 1) + H$_2$O $\xrightarrow{\text{-OH}}$ (CH$_3$)$_3$C—シクロヘキサン(OH, CH$_2$OH) (11・38)

(b) 酸性条件では水が求核剤になり，これがプロトン化したエポキシドの置換基の多い炭素(炭素-2)で

で反応する．炭素-2は(不斉炭素ではないが)立体中心であることに注意すると，炭素-2での求核剤の反応は立体反転を伴う．したがって，この酸性条件での反応の生成物は，塩基性条件での生成物のジアステレオマーとなる．

$$(CH_3)_3C-\text{cyclohexane-epoxide} + H_2O \xrightarrow[\text{(触媒)}]{H_2SO_4} (CH_3)_3C-\text{cyclohexane}(CH_2OH)(OH) \quad (11\cdot39)$$

問題

11・21 (a) 2,2-ジメチルオキシランを酸素の同位体 ^{18}O で標識した水と反応させることを考えてみよう．酸性条件と塩基性条件で生成物はどのように違うだろうか．
(b) 次に示すエナンチオピュアなエポキシドを酸性条件および塩基性条件で水と反応させると，生成物の立体化学は(違うとすれば)どのように違うだろうか．

$$H_3C\cdots\overset{O}{C}-C\cdots H$$
$$\quad D_3C \quad D$$

C. エポキシドと有機金属反応剤との反応

Grignard 試薬(§9・8)はエチレンオキシドと反応してプロトン化段階を経て第一級アルコールを与える．

$$CH_3(CH_2)_4CH_2MgBr + H_2C\overset{O}{-}CH_2 \xrightarrow[\text{2) }H_3O^+]{\text{1) エーテル, 熱}} CH_3(CH_2)_4CH_2CH_2CH_2OH \quad (11\cdot40)$$

臭化ヘキシルマグネシウム　　エチレンオキシド　　　　　　　　　1-オクタノール
(Grignard 試薬)　　　　　　　　　　　　　　　　　　　　　　　(収率 71%)

　この反応はエポキシドの開環反応の別の例である．この反応を理解するには，Grignard 試薬の C−Mg 結合の炭素がカルボアニオンの性質をもち，したがって非常に塩基性の強い炭素であることを思い出そう(§9・8C)．この炭素がエポキシドと反応する求核剤となる．同時に Grignard 試薬のマグネシウムは Lewis 酸であり，エポキシド酸素に配位する．Grignard 試薬がエーテル酸素と強く会合することを思い出そう(式 9・64 参照)．酸素のプロトン化によって優れた脱離基になるのと同じように，酸素のLewis 酸への配位もそれを優れた脱離基に変える．したがって，この配位は Brønsted 酸が開環を触媒するのと同じやり方でエポキシドの開環を促進する(§11・5B)．

$$\text{Br}-\text{Mg}-\text{R}$$
$$H_2C-CH_2 \longrightarrow R-CH_2-CH_2-\ddot{O}\cdots Mg-R \rightleftharpoons R-CH_2-CH_2-\ddot{O}^{-}\cdots^{+}MgBr + RMgBr$$
$$\overset{\curvearrowleft}{R}-MgBr \qquad\qquad\qquad\quad ^+MgBr \qquad\qquad\qquad\qquad\text{ブロモマグネシウムアルコキシド} \quad (11\cdot41a)$$

　式(11・41a)に示すように，この反応でアルコールの共役塩基であるアルコキシドが生成する(§10・1A)．Grignard 試薬と反応させた後，反応混合物に水あるいは希酸を加えることによってアルコキシドはアルコール生成物に変換される(有機合成でのこの反応の使い方は式 11・79 参照)．

$$R-CH_2CH_2-\ddot{O}^{:-}MgBr \quad H-\overset{+}{O}H_2 \longrightarrow R-CH_2CH_2-\ddot{O}H + H_2\ddot{O} + Mg^{2+} + Br^- \quad (11\cdot41b)$$

　Grignard 試薬や有機リチウム反応剤がエチレンオキシド以外のエポキシドとも反応すると考えるの

は合理的であり，まさにその通りである．しかし，Grignard 試薬やリチウム反応剤のエポキシドとの反応の多くは，予期する開環反応だけではなく転位や他の副反応を伴うので，うまくいかない（Grignard 試薬や有機リチウム反応剤は Lewis 酸性をもつのでそのような副反応が起こる）．しかし，別の有機金属反応剤であるリチウム有機クプラートによるエポキシドの開環反応は有用である．

有機化学では 2 種類の有機クプラートがよく使われる．一つはエーテル溶媒中でハロゲン化銅(I)と 2 当量のアルキルリチウムとの反応で調製される．最初の 1 当量との反応でアルキル銅化合物とハロゲン化リチウムが生成する．この反応の駆動力はより電気陽性なリチウムがイオンになろうとする傾向である．

$$CH_3CH_2-Li \quad Cu-Cl \longrightarrow CH_3CH_2-Cu + Li^+Cl^- \tag{11·42}$$

銅は Lewis 酸なのでこのアルキル銅化合物はもう 1 当量のアルキルリチウムと反応して**リチウムジアルキルクプラート**（lithium dialkylcuprate）を生成する．

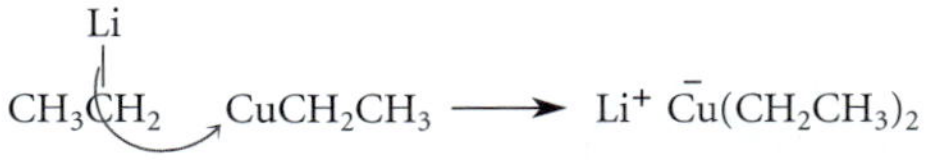

$$CH_3CH_2-Li \quad CuCH_2CH_3 \longrightarrow Li^+ \, \bar{C}u(CH_2CH_3)_2 \tag{11·43}$$
リチウムジエチルクプラート
（リチウムジアルキルクプラートの一種）

フェニルリチウム PhLi のようなアリールリチウム反応剤を使うとリチウムジアリールクプラートが得られる．リチウムジアルキルクプラートやリチウムジアリールクプラートは 1952 年にこれらの反応剤を発見した米国アイオワ州立大学の H. Gilman（1893～1986）にちなんで Gilman 試薬ともよばれる．

ハロゲン化銅(I)の代わりにシアン化銅(I) CuCN を用いると，ハロゲン化物イオンより塩基性の強いシアン化物イオンが銅に結合したまま残り，さらに複雑な反応剤が生成する．

$$2\,CH_3CH_2Li + CuCN \longrightarrow (CH_3CH_2)_2Cu(CN)Li_2 \tag{11·44}$$
高次有機クプラート

式(11·44)はこの反応剤の組成を示すだけで，実際はさらに高次の会合状態で存在する．このような反応剤を**高次有機クプラート**（higher-order organocuprate）とよぶ．

どちらのタイプの有機クプラートも有機化学では有用であり，いずれもエポキシドと反応する．しかし，高次有機クプラートの方が広範囲のエポキシドと反応し副生成物も少ないので，エポキシドとの反応にはこちらの方がよく用いられる．リチウムジアルキルクプラートの重要な応用例については後の章で述べる．

有機クプラートはエポキシドのアルキル置換基の少ない炭素で反応して開環生成物を与える．酸処理によってアルコールが生成する．

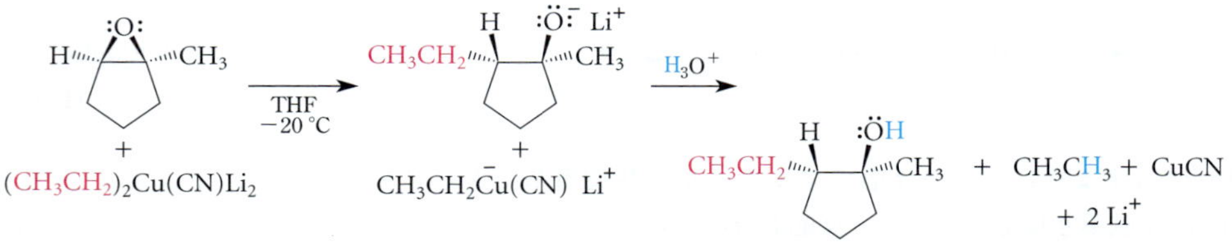

$$\tag{11·45}$$

(1S,2S)-2-エチル-1-メチルシクロペンタノール（収率 96%）

反応剤のアルキル基がエポキシド炭素と立体配置の反転を伴って反応することに注意しよう．

この反応は，"カルボアニオン"求核剤が銅からエポキシド炭素へ立体配置の反転を伴って引渡され

る S_N2 反応とみることができる．エポキシドの開環は"内蔵された"Lewis 酸であるリチウムイオンによって促進される．

$$\text{H}\cdots\underset{R}{\overset{:\ddot{O}: \text{ Li}^+}{\underset{|}{C}}}-\underset{R}{\overset{|}{C}}\cdots\text{H} \longrightarrow R\cdots\underset{CH_3CH_2}{\overset{H}{\underset{|}{C}}}-\underset{R}{\overset{:\ddot{O}:^- \text{ Li}^+}{\underset{|}{C}}}\cdots\text{H} + CH_3CH_2\overset{-}{Cu}(CN)\,\text{Li}^+ \qquad (11\cdot46)$$

$CH_3CH_2Cu(CN)Li$

この機構は反応剤の会合構造を明示していないが，反応の結果と立体化学は正しく予測している．

　有機金属反応剤とエポキシドとの反応を学んだことで，§10・11 のリストにアルコールの別の合成法をつけ加えたことになる．それぞれの方法で合成できるアルコールのタイプにどのような制限があるのか答えられるようにしておこう．

　これらの反応はまた炭素–炭素結合生成の方法を提供している．炭素–炭素結合を生成する反応は炭素鎖をのばす方法となるので有機化学では特に重要である．この点は §11・10 でさらに述べる．

問　題

11・22　(a) どのような Grignard 試薬とエチレンオキシドとの反応で酸処理の後 3-メチル-1-ペンタノールを合成することができるか．
(b) どのようなエポキシドとどのような高次有機クプラートから 3-エチル-3-ヘプタノールを合成することができるか．

11・23　アルコール生成物の構造式を描いて次の反応式を完成させよ．(b) では生成物の立体化学を示せ．

(a) ブロモシクロペンタン $\xrightarrow[\text{エーテル}]{\text{Mg}}$ △O $\xrightarrow{H_3O^+}$

(b) $2\,\text{Ph-Li} + \text{CuCN} \xrightarrow{\text{エーテル}}$ H⋯C–C⋯H (H₃C, CH₃) $\xrightarrow{H_3O^+}$

11・6　グリコールの合成と酸化的開裂

　グリコール (glycol) は二つの異なる炭素上にヒドロキシ基をもつ化合物である．実質的には（そして本書では），グリコールという用語はビシナルジオールすなわち隣接する炭素に二つのヒドロキシ基をもつジオールに限定される．ビシナル vicinal は"近所"を意味するラテン語の *vicinus* に由来する．

$$R-\underset{R}{\overset{OH}{\underset{|}{C}}}-\underset{R}{\overset{OH}{\underset{|}{C}}}-R \qquad\qquad 例：H_3C-\underset{|}{\overset{OH}{\underset{|}{CH}}}-CH_2OH$$

ビシナルグリコールの一般式　　　　1,2-プロパンジオール
（R＝アルキル，アリールあるいは H）　　（プロピレングリコール）

グリコールはアルコールであるが，グリコールのいくつかの化学はアルコールの化学とまったく異なる．この独特の化学が本節の課題である．

A. グリコールの合成

　いくつかのグリコールがエポキシドと水の酸触媒反応で合成されることをすでに学んだ（式 11・37）．

これは二つの重要なグリコール合成法のうちの一つである．

もう一つの重要なグリコールの合成法は，四酸化オスミウム OsO_4 によるアルケンの酸化である．

$$\text{Ph(CH}_3\text{)C=CH}_2 + OsO_4 \xrightarrow{} \text{オスミウム酸エステル} \xrightarrow[\text{(または他の還元剤)}]{H_2O, NaHSO_3} \text{Ph(CH}_3\text{)C(OH)-CH}_2\text{OH} + \text{Os の還元形} \quad (11\cdot47)$$

四酸化オスミウム(VIII)／オスミウム酸エステル(普通は単離しない)／2-フェニル-1,2-プロパンジオール(グリコール，収率 90〜95%)

OsO_4 のオスミウムは +8 の酸化状態にある．高い酸化状態にある金属〔すでに学んだ $Mn(\text{VII})$ や $Cr(\text{VI})$ もそうである〕は電子をひきつけるので酸化剤である．$Os(\text{VIII})$ の電子求引能のために OsO_4 とアルケンとの協奏的な(つまり 1 段階の)付加環化反応が起こり，中間体のオスミウム酸エステルが生成する．

$$Os(\text{VIII}) \longrightarrow [\text{Os は電子を受入れる}] \longrightarrow Os(\text{VI}) \quad \text{オスミウム酸エステル} \quad (11\cdot48a)$$

このオスミウム酸エステルは無機酸の有機エステルの例である(§10・4C)．巻矢印表記からわかるように，この反応でオスミウムは電子対を受取っている．その結果，その酸化状態は +6 に減少している．

環状オスミウム酸エステルを水で処理するとグリコールが生成する．2 分子の水が求核剤として働いてグリコールの酸素をオスミウムから切り離している．オスミウムを含む副生成物を濾過によって容易に取除くことができるオスミウムの還元形に変換するために，亜硫酸水素ナトリウム $NaHSO_3$ のような穏やかな還元剤を加えることがある．$NaHSO_3$ は硫酸ナトリウム $NaSO_4$ に変わる．

$$\text{環状エステル} + 2H_2O \xrightarrow{\text{H}_2\text{O による Os での求核置換}} \text{R}_2\text{C(OH)-C(OH)R}_2 + Os(OH)_2O_2 \xrightarrow{NaHSO_3} \text{オスミウムの還元形} \quad (11\cdot48b)$$

OsO_4 酸化には，オスミウムとその化合物が非常に毒性が強いことと非常に高価であるという二つの実用面での弱点がある．しかしアルケンと OsO_4 との反応は非常に有用なので少量の OsO_4 を用いる方法が開発されている．それは生成した $Os(\text{VI})$ を OsO_4 に戻して再利用できるように反応混合物に酸化剤を加える方法である．この目的でよく使われる酸化剤は $R_3N^+-O^-$ の構造をもつアミンオキシドである．次の 2 種類のアミンオキシドがよく使われる．

$Me_3N^+-O^{:-}$
トリメチルアミン N-オキシド
(TMAO)

N-メチルモルホリン N-オキシド
(NMMO)

つまり，少量の OsO_4 が消費されると，生成した $Os(\text{VI})$ 化合物は反応混合物中でアミンオキシドによって酸化されて OsO_4 を再生する．したがって OsO_4 は少量でよく，アミンオキシドが最終的な酸化剤として働く．

11・6 グリコールの合成と酸化的開裂

$$H_2O + \underset{\substack{2,3\text{-ジメチル-2-ブテン} \\ (0.025\ mol)}}{(CH_3)_2C=C(CH_3)_2} + \underset{\substack{TMAO \\ (0.034\ mol)}}{Me_3N^+-O^-} \xrightarrow[\text{水-}t\text{-ブチルアルコール ピリジン}]{OsO_4\ (10^{-4}\ mol)} \underset{\substack{2,3\text{-ジメチル-2,3-ブタンジオール} \\ (収率85\%)}}{H_3C-\underset{\underset{CH_3}{|}}{\overset{\overset{OH}{|}}{C}}-\underset{\underset{CH_3}{|}}{\overset{\overset{OH}{|}}{C}}-CH_3} + Me_3N \quad (11\cdot49)$$

OsO_4 酸化が有用である理由の一つにその立体化学がある．アルケンからのグリコールの生成は立体特異的なシン付加で起こる．

$$H_2O + \underset{\text{シクロヘキセン}}{\bigcirc} + \underset{\text{NMMO}}{\overset{\substack{O \\ \|}}{\underset{Me}{O}}N^+-\overset{\cdot\cdot}{O}:^-} \xrightarrow[\text{アセトン-水}]{OsO_4\ (0.3\ mol\%)} \underset{\substack{cis\text{-1,2-シクロヘキサンジオール} \\ (収率89\%)}}{\overset{OH}{\underset{OH}{\bigcirc}}} + \underset{O}{\bigcirc}N-Me \quad (11\cdot50)$$

この反応の機構からシンの立体化学を簡単に説明することができる．OsO_4 の二つの酸素が二重結合の同じ面に協奏的に付加して，五員環のオスミウム酸エステルが生成する．この反応はオゾン分解の協奏的付加環化機構とよく似ている(式 5・34 参照)．オスミウム酸エステルを加水分解してグリコールが得られる．

$$\underset{}{\overset{\substack{O \\ \|}}{\underset{\substack{\| \\ O}}{Os}}\overset{O}{\underset{O}{\diagdown}}}\underset{\substack{R \\ R'}}{\overset{R'}{C}}=\underset{\substack{R \\ R}}{\overset{R'}{C}} \xrightarrow{\text{シン付加}} \underset{\text{オスミウム酸エステル}}{\overset{\substack{O \\ \|}}{\underset{\substack{\| \\ O}}{Os}}\overset{O\diagdown}{\underset{O\diagup}{}}\underset{\substack{R \\ R}}{\overset{R'}{C}}-\underset{\substack{R \\ R}}{\overset{R'}{C}}} \xrightarrow{H_2O} \underset{\text{1,2-グリコール}}{\underset{\substack{R \\ R}}{\overset{OH\ \ \ OH}{\underset{R'}{C}-\underset{R}{\overset{R'}{C}}}}} \quad (11\cdot51)$$

一方，協奏機構によるアンチ付加は不可能ではないとしても非常に難しい．なぜなら OsO_4 の二つの酸素が π 結合の反対側に同時に結合することはできないからである．

エポキシドの加水分解とアルケンの OsO_4 酸化は異なる立体配置をもつグリコールを生成するので，相補的な反応ということになる．例題 11・4 でこの点を確認する．

例題 11・4

シクロヘキセンから cis-1,2-シクロヘキサンジオールおよび($\pm$)-$trans$-1,2-シクロヘキサンジオールを合成する方法を述べよ．

解 法 式(11・50)が示すように，OsO_4 によるシクロヘキセンの直接酸化はシン付加によって cis-1,2-シクロヘキサンジオールを与える．これに対して，シクロヘキセンをペルオキシカルボン酸でエポキシドに変換し(問題 11・12a 参照)，これを酸触媒で加水分解すればトランス形のジオールが得られる(式 11・37)．エポキシドの加水分解では<u>立体配置の反転</u>が起こるのでトランス体が生成するのである．

$$\underset{\text{シクロヘキセン}}{\bigcirc} \xrightarrow[\text{(たとえば mCPBA)}]{RCO_3H} \underset{\substack{\text{シクロヘキセン} \\ \text{オキシド}}}{\bigcirc\hspace{-0.5em}\triangleleft O} \xrightarrow{H_3O^+,\ H_2O} \underset{\substack{(\pm)\text{-}trans\text{-1,2-シクロ} \\ \text{ヘキサンジオール}}}{\overset{OH}{\underset{\overline{\underline{OH}}}{\bigcirc}}} \quad (11\cdot52)$$

<u>立体配置の反転</u>

次の約束事を思い出そう．簡単に表すために生成物の鏡像異性体の一方だけを描くが，実際はラセミ体を意味している(§7・7A)．

アルケンからのグリコールの生成は過マンガン酸カリウム $KMnO_4$ をアルカリ水溶液中で用いても行うことができる．この反応も立体特異的なシン付加であり，その機構は OsO_4 付加の機構に似ていると

考えられる．

$$\text{シクロペンテン} + \text{KMnO}_4 \xrightarrow[\text{アセトン}]{\text{H}_2\text{O, }^-\text{OH}} \text{cis-1,2-シクロペンタンジオール} + \text{MnO}_2 \quad (11\cdot 53)$$

過マンガン酸カリウム（紫色溶液）　　　（収率 45%）　　二酸化マンガン(Ⅳ)（褐色沈殿）

KMnO$_4$ を使うことによって OsO$_4$ の使用を避けることができるが，生成したグリコールがさらに酸化されて収率が低下することが多い．このような副反応を避けるためには個々のケースで条件を慎重に選ばなければならない．

MnO$_4^-$ のマンガンは +7 の酸化状態にある．反応の結果，これが Mn(Ⅳ) に変わる．見た目では，反応が起こると過マンガン酸イオンの鮮やかな紫色が二酸化マンガン MnO$_2$ の泥状の褐色沈殿に変化する．この色の変化を KMnO$_4$ で酸化される官能基の検出に使うことができる．

問　題

11・24 次のアルケンを水と触媒量の OsO$_4$ の存在下に NMMO と処理するとどんな生成物（立体化学を含めて）が生成するか．
(a) 1-メチルシクロペンテン　　(b) trans-2-ブテン

11・25 どのようなアルケンから OsO$_4$ あるいは KMnO$_4$ によって次のグリコールが生成するか．
(a) CH$_3$CH$_2$OCH$_2$CH$_2$CH(OH)CH$_2$OH
(b) （シクロブタンに OH と CH$_2$OH）
(c) meso-4,5-オクタンジオール　　(d) (±)-4,5-オクタンジオール

11・26 アルケンと KMnO$_4$ の反応の第一段階の機構を巻矢印表記法で書き，生成する環状中間体の構造式を描け．過マンガン酸イオンの Lewis 構造式は次の通りである．

過マンガン酸イオン

B. グリコールの酸化的開裂

グリコールの OH 基の間の炭素–炭素結合は過ヨウ素酸によって開裂して 2 分子のカルボニル化合物を与える．

$$\text{H}_5\text{IO}_6 + \text{Ph-CH(OH)-C(OH)(CH}_3\text{)-CH}_3 \xrightarrow{\text{希 HOAc}} \text{Ph-CHO} + \text{H}_3\text{C-CO-CH}_3 + 2\text{H}_2\text{O} + \text{HIO}_3\cdot\text{H}_2\text{O}$$

過ヨウ素酸　　　　グリコール　　　　　アルデヒド（収率 77〜83%）　ケトン

(11・54)

過ヨウ素酸は過塩素酸のヨウ素類縁体である．

HClO$_4$　　　HIO$_4$
過塩素酸　　過ヨウ素酸

過ヨウ素酸は二水和物 HIO$_4\cdot$2H$_2$O として市販されている．これは式(11・54)のように H$_5$IO$_6$ と書かれることもあり，これは<u>パラ過ヨウ素酸</u>ともよばれる．そのナトリウム塩 NaIO$_4$（メタ過ヨウ素酸ナトリウム）もよく使われる．過ヨウ素酸はかなり強い酸である（pK_a = −1.6）．過ヨウ素酸による開裂反応は合成ばかりでなくグリコールの検出反応としても用いられる．HIO$_4$ と H$_5$IO$_6$ のどちらも過ヨウ素酸の分子式として使われる．

過ヨウ素酸によるグリコールの開裂は，H_5IO_6 の二つの OH 基がグリコールと置換して生成する環状過ヨウ素酸エステルを中間体として起こる．

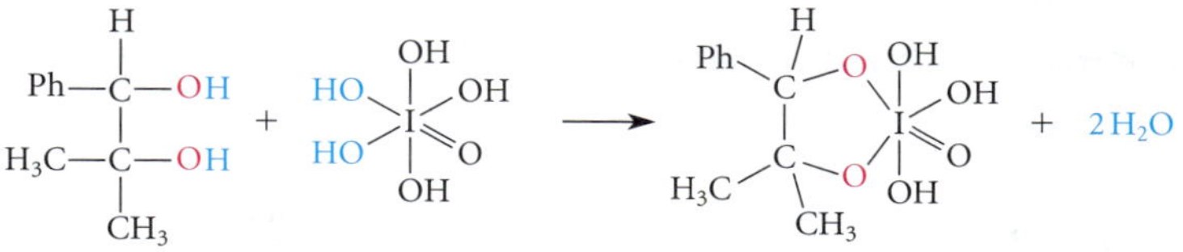

$$\text{グリコール} + H_5IO_6 \text{（ヨウ素(VII)）} \longrightarrow \text{環状過ヨウ素酸エステル ヨウ素(VII)} + 2H_2O \quad (11\cdot55a)$$

環状エステルはヨウ素が電子対を受取るような電子の流れによって自発的に開裂する．ここでは電子が時計回りに動くように書いてあるが逆でもよい．

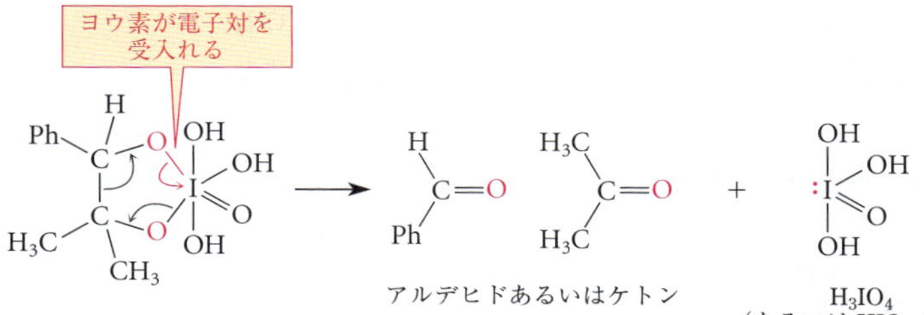

$$\longrightarrow \text{アルデヒドあるいはケトン} + H_3IO_4 \text{（あるいは} HIO_3\cdot H_2O\text{）ヨウ素(V)} \quad (11\cdot55b)$$

（ヨウ素が電子対を受入れる）

環状エステル中間体を生成することができないグリコールは過ヨウ素酸によって開裂しない．たとえば，次の化合物では二つの酸素が同じ環状過ヨウ素酸エステルの一部となることは不可能なので開裂が起こらない（なぜだかわからなければ，分子模型をつくって二つの酸素が同じ原子に結合できるか試してみよ）．

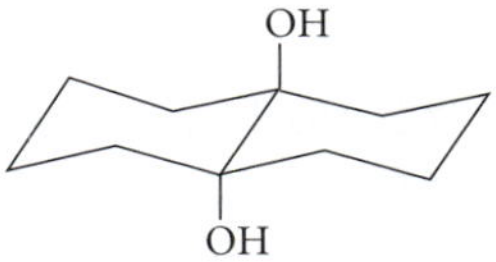

四酸化オスミウムによる酸化，過マンガン酸酸化，過ヨウ素酸酸化はいずれも環状エステル中間体を経由するが，混同しないように注意しよう．過ヨウ素酸は<u>グリコール</u>を酸化するが，他の二つは<u>アルケン</u>を酸化してグリコールとする．これらすべての反応で，大きな正の酸化状態にある原子が電子対を受入れるために酸化が起こる．過ヨウ素酸酸化では環状エステルが<u>開裂</u>する際にヨウ素の還元が起こる．過マンガン酸酸化と四酸化オスミウム酸化では環状エステルが<u>生成</u>する際に金属の還元が起こる．

問題

11・27 次の化合物を過ヨウ素酸で処理して得られる生成物を書け．

(a) OH OH を持つシクロブタン–CH₃
(b) $PhCH_2CHCH_2OH$ (OH)
(c) シクロヘキサン(OH, OH)

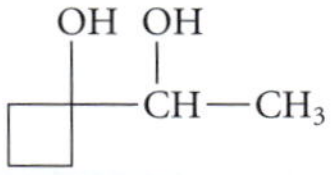

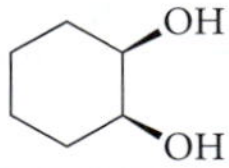

11・28 酸化されて次の生成物を与えるグリコールは何か．

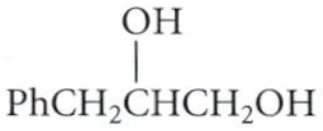

(a) $H_3C\text{–}C(=O)\text{–}CH_3$ + シクロペンタノン
(b) デカリン骨格のジケトン

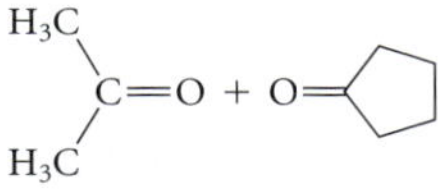

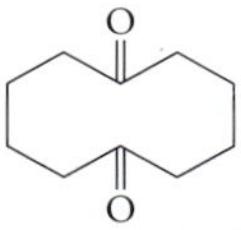

11・7 オキソニウム塩とスルホニウム塩

A. オキソニウム塩とスルホニウム塩の反応

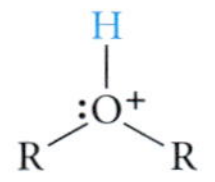

プロトン化したエーテルの酸性水素をアルキル基に置き換えたカチオンを含む塩を**オキソニウム塩**（oxonium salt）という．オキソニウム塩の硫黄類縁体が**スルホニウム塩**（sulfonium salt）である．

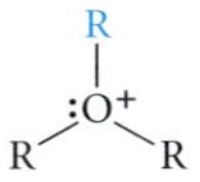

プロトン化した   トリアルキル   テトラフルオロホウ酸
エーテル   オキソニウム   トリメチルオキソニウム
                  イオン   （オキソニウム塩）

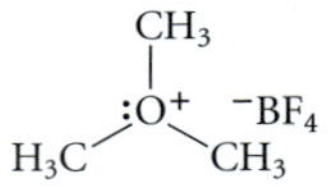

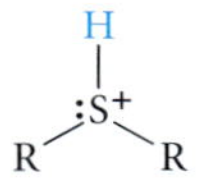

プロトン化した   トリアルキル   硝酸トリメチル
スルフィド   スルホニウム   スルホニウム
                  イオン   （スルホニウム塩）

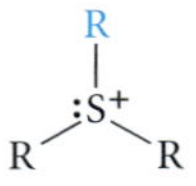

オキソニウム塩とスルホニウム塩は求核剤と反応してS_N2反応を起こす．

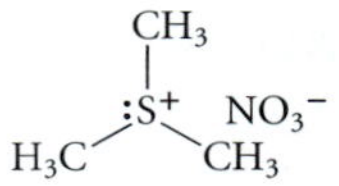

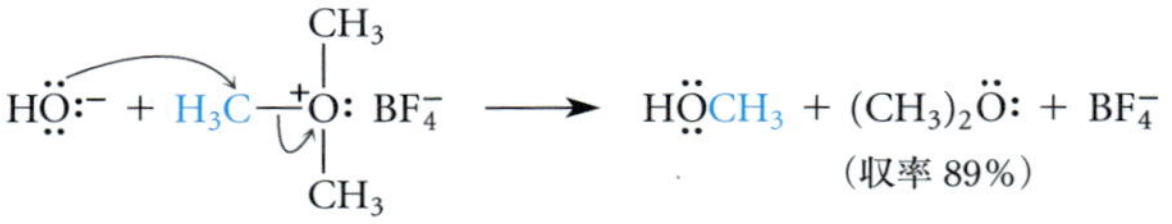

$$HO^- + H_3C-O^+(CH_3)_2 \; BF_4^- \longrightarrow HOCH_3 + (CH_3)_2O: + BF_4^- \quad (11\cdot56)$$
（収率89%）

$$(CH_3)_3N: + H_3C-S^+(CH_3)_2 \; NO_3^- \longrightarrow (CH_3)_3N^+CH_3 \; NO_3^- + (CH_3)_2S: \quad (11\cdot57)$$

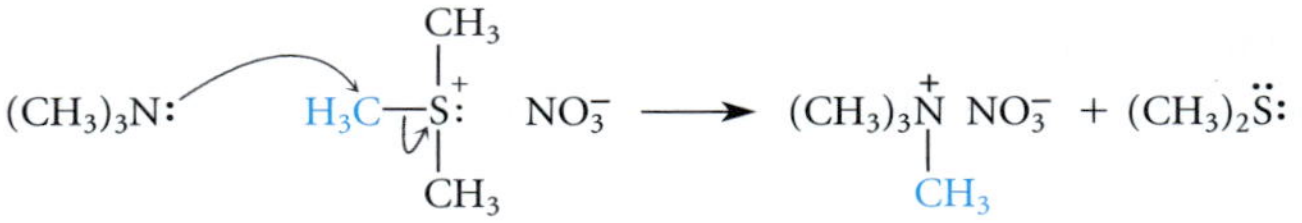

オキソニウム塩はこれまでに知られた最も反応性の高いアルキル化剤であり，ほとんどの求核剤と非常に速やかに反応する．その反応性のためにオキソニウム塩は湿気を断って保存しなければならない．同じ理由でテトラフルオロホウ酸イオン $^-BF_4$ のような求核性のない対イオンの場合にだけオキソニウム塩は安定に存在する．テトラフルオロホウ酸イオンが求核性をもたないのは，ホウ素は負電荷をもつが非共有電子対をもたないからである．スルホニウム塩はかなり反応性が低く，ずっと容易に取扱うことができる．スルホニウム塩は対応する塩化アルキルよりS_N2反応性が若干低い．

問題

11・29 ヨウ化トリメチルオキソニウムを単離しようとしても成功せず，その代わりにヨウ化メチルとジメチルエーテルが得られるのはなぜか．

11・30 次の反応式を完成させよ．

(a) 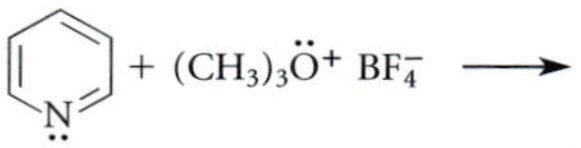 ピリジン $+ (CH_3)_3O^+ \; BF_4^- \longrightarrow$

(b) $(CH_3)_2S + (CH_3)_3O^+ \; BF_4^- \longrightarrow$

B. S-アデノシルメチオニン：自然界におけるメチル化剤

S-アデノシルメチオニン（SAM）はスルホニウム塩であり，生体内で求核剤に対するメチル化剤として重要である．SAMの構造式を図11・1に示す．SAMはキラルな硫黄をもつ化合物の興味ある例であ

る．スルホニウム塩はアミンと違って反転が遅いので，個々の立体異性体を単離できることを思い出そう（§6・9B）．SAM で硫黄は S 配置である（RS 表記法で非共有電子対は優先順位が最も低い）．

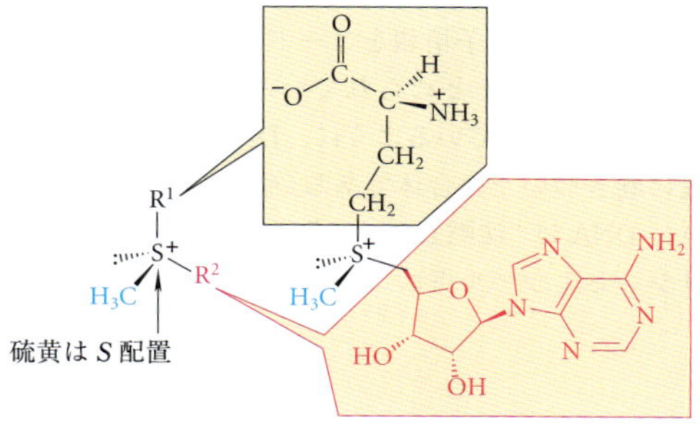

図 11・1　S-アデノシルメチオニン（SAM）の構造式．本文では枠で囲んだ部分を R^1, R^2 と略してある．SAM の硫黄が不斉中心であることに注意しよう．実線および破線のくさびはメチル基および非共有電子対を含む軌道の向きを示している．

SAM の構造は複雑に見えるが，SAM の反応性はスルホニウムイオン官能基だけに由来している．R^1 基と R^2 基の複雑な構造は，SAM とその反応を触媒する酵素の活性部位との結合を強める非共有結合性相互作用を生み出すのに役立っている．式（11・57）のスルホニウム塩と同様に，SAM はメチル炭素で求核剤と反応し，スルフィドを脱離基として放出する．

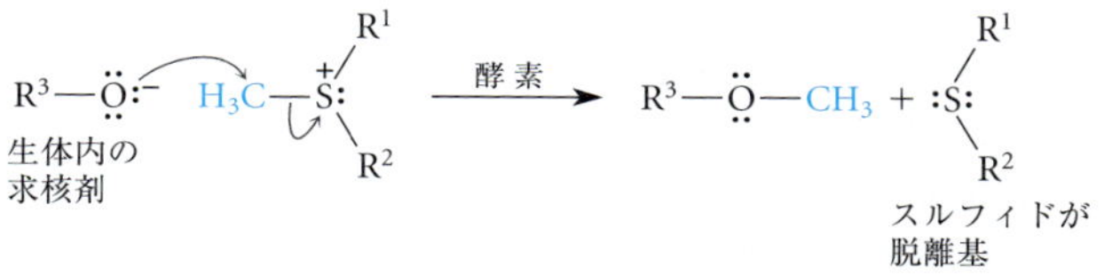

$$\text{(11・58)}$$

SAM は水溶液中でも存在できる程度に安定であるが，酵素が触媒する S_N2 反応を起こせるだけの反応性をもつ．SAM の起こすメチル化が S_N2 機構であることを支持する証拠がみごとな実験で得られた．水素の二つの同位体である重水素（D あるいは ^{2}H）および三重水素（T あるいは ^{3}H）を用いると SAM のメチル炭素はキラルになる．このメチル基での置換が S_N2 機構で予想されるとおりに立体配置の反転を伴って起こることが見いだされたのである．

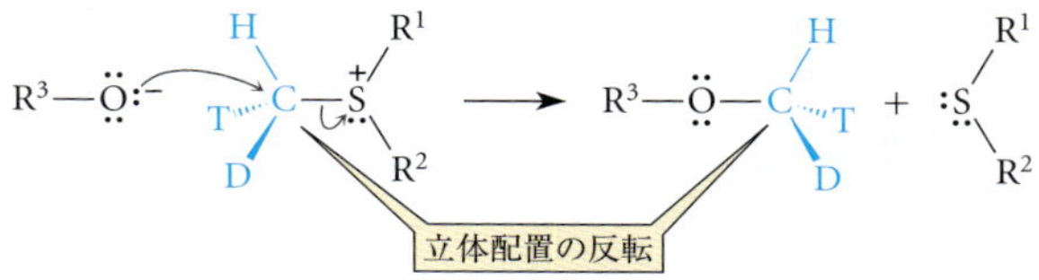

$$\text{(11・59)}$$

S-アデノシルメチオニンという化合物は NAD$^+$（§10・8）と同じように，有機化学でよく見られる類似の反応で容易に理解できるような変換を起こす複雑な生体分子の例である．

問題

11・31　次ページコラムの式（11・60a）の N,N-ジメチルリシンの生成機構を巻矢印表記法で示せ．リシンと SAM は略号を使って表し，必要に応じて酸 $^+$BH および塩基 :B を使用できると仮定せよ（ヒント: メチル化の前に Brønsted 酸-塩基反応が起こる必要がある．なぜか？）．

11・8　分子内反応と近接効果

本節では**分子内反応**（intramolecular reaction）すなわち同一分子内の基同士で起こる反応について考

遺伝子発現の制御における SAM の役割

SAM が遺伝子発現の制御において重要な役割を果たしていることが明らかになってきた．細胞核の中で遺伝子情報をコード化する DNA は<u>ヌクレオソーム</u>のかたちでしっかりとまとめられている．ヌクレオソームは，ちょうど糸が糸巻きに巻きついているように，DNA が<u>ヒストン</u>とよばれるタンパク質の殻に巻きついた複合体である(写真参照)．このようにしっかりと巻きついた DNA は"沈黙している"，つまり遺伝子を発現しない．ヒストンはリシンおよびアルギニンというタンパク質を多量に含んでいる．

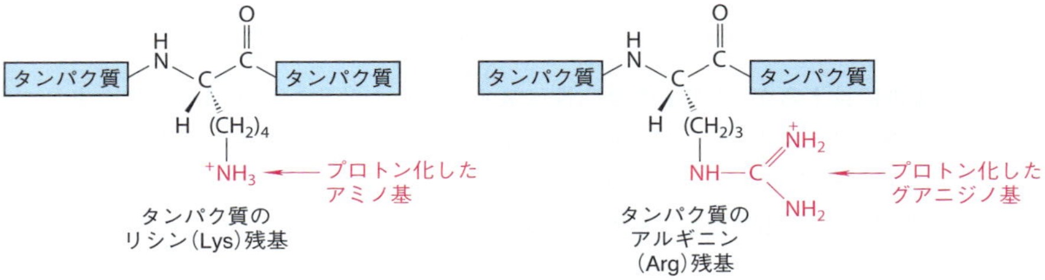

ヒストン中のいくつかのリシンとアルギニンが SAM によってメチル化されることによって，遺伝子が細胞中で発現するか"沈黙"したままでいるかが制御されることがわかった．おそらくメチル化がヒストンと DNA 間の非共有結合性相互作用に影響を与えて，細胞の DNA を翻訳する部分が DNA と接触できるようになると考えられる．この制御機構の詳細はまだわかっていない．ヒストン中のリシン残基は 1 回だけでなく 2 回，3 回とメチル化されることができ，アルギニン残基は 1 回あるいは 2 回メチル化されうる．

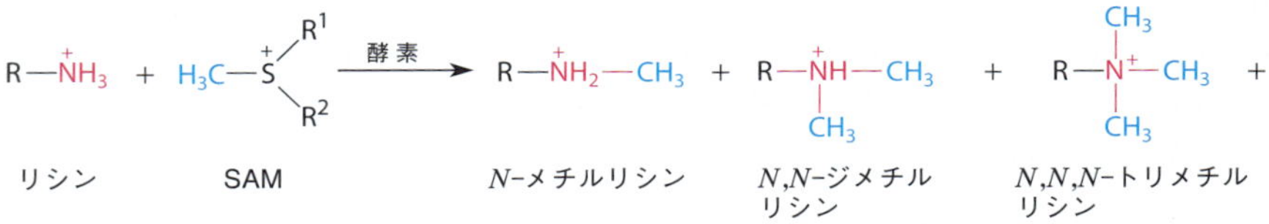

(11・60a)

(11・60b)

メチル化の程度は触媒する酵素によって制御される．がんは遺伝子発現の異常で特徴づけられる病気であるから，これらのメチル化はがんの治療においても興味深い．

えていく．異なる分子にある基の間の反応は**分子間反応**(intermolecular reaction)とよばれる．これまでの数節で分子内反応の例をいくつか見てきたが，分子内反応と分子間反応がどのように違うのかを改めて考えたことはなかった．反応が分子内であれ分子間であれ(たとえば)求核剤と求電子剤との反応は同じであるように思われる．確かに反応の<u>結果</u>は同じかもしれない．しかし違うのは，多くの分子内反応は対応する分子間反応より<u>速く</u>起こり，ある場合には<u>数千倍</u>も速いということである．そのような反応の例をいくつか検討して，なぜそれほど速くなるのかを考えたい．そのような現象を理解しようとする理由は，酵素の触媒としての働きつまり生体内触媒作用が，分子内反応の考え方でほぼ説明できるからである．

A. 分子内反応の速度論的利点

次の二つの表面的にはよく似た置換反応における速度の顕著な違いを考えてみよう．

$$\text{CH}_3\text{CH}_2\text{CH}_2\text{CH}_2\text{CH}_2\text{CH}_2\text{—Cl} + \text{H}_2\text{O} \xrightarrow[100\,°\text{C}]{20\,\text{M 水}/\text{ジオキサン}} \text{CH}_3\text{CH}_2\text{CH}_2\text{CH}_2\text{CH}_2\text{CH}_2\text{—OH} + \text{HCl} \qquad \text{相対速度} \quad 1 \qquad (11\cdot61\text{a})$$

塩化ヘキシル
(1-クロロヘキサン)　　　　　　　　　　　　　　　　1-ヘキサノール

$$\text{EtSCH}_2\text{CH}_2\text{—Cl} + \text{H}_2\text{O} \xrightarrow[100\,°\text{C}]{20\,\text{M 水}/\text{ジオキサン}} \text{EtSCH}_2\text{CH}_2\text{—OH} + \text{HCl} \qquad 3200 \qquad (11\cdot61\text{b})$$

β-クロロエチル
エチルスルフィド　　　　　　　　　　　　2-(エチルチオ)エタノール

一見すると，両反応とも塩化物イオンが脱離基となって水と置換する単純な S_N2 反応のように見える．実際に，塩化ヘキシルの反応は単純な S_N2 反応である．

$$\text{CH}_3\text{CH}_2\text{CH}_2\text{CH}_2\text{CH}_2\text{—Cl} \xrightarrow[100\,°\text{C}]{20\,\text{M 水}/\text{ジオキサン}} \text{CH}_3\text{CH}_2\text{CH}_2\text{CH}_2\text{CH}_2\text{—}\overset{+}{\text{O}}\text{H}_2 + :\ddot{\text{Cl}}:^- \longrightarrow \text{CH}_3\text{CH}_2\text{CH}_2\text{CH}_2\text{CH}_2\text{—}\ddot{\text{O}}\text{H} + \text{H}_3\text{O}^+ \qquad (11\cdot62)$$

この反応は，水が S_N2 反応の求核剤としては非常に貧弱で低温ではほとんど進行しないので高温が必要となる．ハロゲン化アルキル分子中に硫黄が存在しても，S_N2 反応の機構は置換基の電気陰性度に鋭敏ではないので，S_N2 反応の速度はほとんど影響されないはずである(実際には電気陰性な置換基は S_N2 反応をわずかに減速することが知られている)．しかし，式(11・61b)の反応は式(11・61a)の反応より数千倍も速い．式(11・61a)の反応がほぼ 2 ヵ月かかるのに対して式(11・61b)の反応は約 30 分で終わる．分子内に硫黄があるだけでこの大きな差が生じる．

式(11・61b)の反応は，塩化ヘキシルにはない特別な機構が反応を促進するために異常に速くなっている．反応機構の第一段階が律速段階であり，近くにある硫黄が同一分子内の塩化物イオンと置き換わる．

$$\text{Et—}\ddot{\text{S}}\text{—CH}_2\text{CH}_2\text{—Cl} \xrightarrow{\text{分子内反応}} \underset{\text{エピスルホニウム塩}}{\text{H}_2\text{C—CH}_2}\overset{\overset{\text{Et}}{|}}{\underset{}{\overset{+}{\text{S}}:}} \quad \text{Cl}^- \qquad (11\cdot63\text{a})$$

この分子内求核置換反応で生成するエピスルホニウムイオンは，プロトン化したエポキシド(§11・5B)やブロモニウムイオン(§5・2A，§7・8C)と構造が似ている．歪んだ三員環と優れた脱離基をもつので非常に反応性が高い．この中間体はプロトン化したエポキシドやブロモニウムイオンと同様に水と速やかに反応して，観測された置換生成物を与える．

$$\underset{:\ddot{\text{O}}\text{H}_2}{\overset{\overset{\text{Et}}{|}}{\underset{}{\overset{+}{\text{S}}:}}}\text{H}_2\text{C—CH}_2 \longrightarrow \text{Et—}\ddot{\text{S}}\text{—CH}_2\text{CH}_2\text{—}\overset{+}{\text{O}}\text{H}_2 \xrightarrow{\text{H}_2\text{O}} \text{Et—}\ddot{\text{S}}\text{—CH}_2\text{CH}_2\text{—}\ddot{\text{O}}\text{H} + \text{H}_3\text{O}^+ \qquad (11\cdot63\text{b})$$

この生成物が，硫黄が関与しない通常の S_N2 反応で予測される生成物と同じであることに注意しよう．つまりこの場合，生成物を見ただけでは硫黄の役割は明らかにならない．反応速度だけがこの機構での硫黄の特別な役割を示唆するのである．

化学反応における隣接基すなわち同一分子内の基の共有結合性の関与を**隣接基関与**(neighboring-group participation)あるいは**隣接基加速**(anchimeric assistance, anchimeric は"近くの"を意味するギリシャ語の *anchi* に由来する)とよぶ．式(11・63a)の隣接基機構は，水がハロゲン化アルキルと直接反応する通常のS_N2機構(式 11・62)と競争している．競争する二つの反応のうち速い方が観測されるのだから，隣接基関与を含む反応が観測されるためには，他の競争する機構で起こる全体として同じ反応より速くなくてはならない．式(11・61a)の反応の速度は比較の基準になる．つまり隣接基関与がなく水の直接置換で起こる反応がこの場合どのくらいの速さで起こるかの目安となる．式(11・61b)に見られるような速度の大きな増加は，化学反応における隣接基の関与を判断する実験的証拠の典型例である．米国カリフォルニア大学ロサンゼルス校の S. Winstein(1912〜1969)は隣接基関与の例を多数発見し，それらのすべてが大きな速度の増大を伴うことを示した．隣接基関与の他の証拠については§11・8Cで述べる．

本章で前に似たような分子内置換反応すなわちハロヒドリンの環化を学んだ(§11・3B)．ブロモヒドリンのアルコキシドは二つの競争する反応を起こす可能性がある．一つは，エポキシドを生成する<u>分子内反応</u>である．

$$\text{(構造式)} \quad (11 \cdot 64\text{a})$$

エポキシド

これが実際に観測される反応である．しかしもう一つの可能性として，アルコキシドが求核剤として<u>別のブロモヒドリン分子と分子間で反応</u>することが考えられる．

$$\text{(構造式)} \quad (11 \cdot 64\text{b})$$

実際には<u>分子内反応</u>の生成物であるエポキシドが観測されるので，分子内反応がずっと速く起こっていることになる．

なぜ分子内反応は分子間反応より速いのだろうか．その答は反応が起こる<u>確率</u>と関係がある．§8・6A で反応の確率の熱力学的表現が<u>エントロピー変化</u> $\Delta S°$ であることを学んだ．今は相対速度の問題を扱っているのだから，答は反応速度を決定する反応のエネルギー障壁である標準活性化自由エネルギー $\Delta G°^{\ddagger}$ のエントロピー成分にある (§4・8B)．

$$\Delta G°^{\ddagger} = H^{\ddagger} - T\Delta S°^{\ddagger} \qquad (11 \cdot 65)$$

この式で $\Delta H°^{\ddagger}$ は**標準活性化エンタルピー**(standard enthalpy of activation)，$\Delta S°^{\ddagger}$ は**標準活性化エントロピー**(standard entropy of activation)であり，T はケルビン温度である．<u>活性化エンタルピー</u>は開裂あるいは生成する結合の強さ，van der Waals 反発，およびそれ以外の原子間あるいは分子間の相互作用のエネルギーによって決まる．<u>標準活性化エントロピーは反応の遷移状態が生成する固有の確率を反映する</u>．正の $\Delta S°^{\ddagger}$ は<u>反応の確率が高い</u>ことに対応しており，$-T\Delta S°^{\ddagger}$ は負となるので $\Delta G°^{\ddagger}$ を<u>低下</u>させ，反応の速度を増大させる．負の $\Delta S°^{\ddagger}$ は<u>反応の確率が低い</u>ことに対応しており，$-T\Delta S°^{\ddagger}$ は正となるので $\Delta G°^{\ddagger}$ を大きくし，反応の速度を減少させる．

分子間反応と分子内反応を比較する際に重要となるエントロピーの要因を解析しよう．まず第一に<u>並進運動のエントロピー</u>変化である．二つの分子が反応して一つの分子になる分子間反応では，反応分子

のそれぞれは三つの並進運動の自由度をもっている(つまり，各分子は3個の空間座標 x, y, z の中で自由に運動できる)．したがって2個の反応分子は6個の並進運動の自由度をもつ．それらが接近して生成物あるいはそれに至る遷移状態を形成すると，二つの分子は協調して運動しなければならない．したがって3個の並進運動の自由度が失われる．2個の分子を一つにしてそのままの状態に保つ確率は非常に低い．この確率の低さが分子間反応の高いエントロピーに反映される．

第二のエントロピーの要因は回転のエントロピーである．それぞれの分子がランダムに動いているとき，分子全体として"並進"していないまでも三次元空間軸のまわりで回転することができる．2個の分子が一つの分子種をつくるとき，3個の回転の自由度が失われる．回転は大きな空間を要しないので，回転のエントロピーの喪失は並進のエントロピーの喪失ほど大きくないが，それでも重要である．

3番目のエントロピーの要因は内部回転のエントロピーである．分子内反応はこの種のエントロピーで不利になる．分子内反応はその定義通り環を形成する．環ができると内部回転は起こらなくなる．環が大きいほどより多くの内部回転が失われる．たとえば，求核反応で五員環ができるとき，4個の内部回転が失われる．

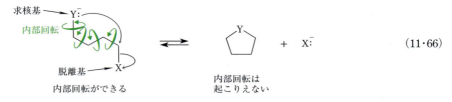

分子間反応では環の形成が起こらないので内部回転は失われない．内部回転の喪失は，分子の自由度を束縛するので，反応のエントロピーを低下させる．

環が四員環以上であれば，その環は配座変化(たとえばいす形の反転)を起こすことができる．配座変化は連動した部分的内部回転である．配座変化のエントロピーは内部回転のエントロピーの喪失を部分的に相殺するが完全に相殺することはできない．

分子内反応における $\Delta S^{\circ\ddagger}$ の利得は並進および回転のエントロピーの利得から内部回転による喪失を差し引いたものに相当する．並進および回転のエントロピーの利得はほぼ 150 J K^{-1} である．この数値は反応のタイプによって異なるが，ここでは基準値として用いる．$\Delta G^{\circ\ddagger}$ に対する効果は $-T\Delta S^{\circ\ddagger} = -298 \times 150 \times 10^{-3}$ kJ mol^{-1} = -45 kJ mol^{-1} となる．ここで，全エントロピー利得が標準活性化自由エネルギーすなわち反応のエネルギー障壁に反映されるとすると，速度への効果は式(9・20b)の速度定数の比として次式のように計算することができる．ここで k_1 = 分子内反応の速度定数，k_2 = 分子間反応の速度定数である．

$$\frac{k_1}{k_2} = 10^{(\Delta G_2^{\circ\ddagger} - \Delta G_1^{\circ\ddagger})/2.3RT} = 10^{45/5.71} \approx 10^8 \qquad (11\cdot67)$$

つまり，分子内反応は対応する分子間反応に比べて 10^8 倍も加速される．この利得はすでに見たように，分子内反応では反応物がすでに"しっかり結びついて"おり，ランダムな拡散や回転によって互いを探す必要がないことからきている．

上で述べたように，分子内反応は内部回転がなくなることによるエントロピー的な不利がある．分子内反応が起こるときに失われる内部回転一つごとに分子内反応の速度はほぼ5分の1に減少する．たとえば，分子内反応で五員環ができるとき四つの内部回転が失われる(式 11・66)ので，分子内による利得はほぼ $1/5^4 = 1/3125$ に減少する．したがって正味の分子内反応速度の利得は $10^8/3125$ = 約 32,000 となり，ずっと小さくなるがそれでもかなり大きな利得がある．しかし環が大きくなると分子内の利得が減少することに注意しよう．実際，七員環より大きな環を生成するような分子内反応はあまり起こらない．

式(11・65)からわかるように，反応の確率あるいは $\Delta S^{\circ\ddagger}$ は反応の $\Delta H^{\circ\ddagger}$ と相殺する．たとえば，式

(11·63a)のエピスルホニウムイオンのような環状化学種が分子内反応で生成するとき，結合角ひずみは反応の $\Delta H^{\circ\ddagger}$ を増大させ，これは反応のエントロピー的な有利さを相殺してしまう．これが式(11·61b)の速度の増大が理論的に予測される最大値より小さくなる理由である．それでも，分子内反応のエントロピー的な利得は非常に大きいので，生成する三員環が大きなひずみをもつにもかかわらずこの反応は起こるのである．事実，式(11·63a)のエピスルホニウムイオンはそのひずみのために，水と速やかに反応する(式 11·63b)．もし隣接硫黄がハロゲン化アルキルの α 炭素から 4 炭素離れている場合（追加問題 11·75），より大きな環をつくることで多くの内部回転が失われるので $\Delta S^{\circ\ddagger}$ は小さく（正で小さく，あるいは負で大きく）なるが，$\Delta H^{\circ\ddagger}$ がひずみによって増大するということはない．

問 題

11·32 4-ブロモ-1-ブタノールを 1 当量の NaOH で処理して得られると考えられる分子内置換生成物と分子間置換生成物の構造式を描け．どちらが主生成物となるか．その理由を説明せよ．

11·33 二つの反応 A と B は同じ $\Delta H^{\circ\ddagger}$ をもつが，反応 A の $\Delta S^{\circ\ddagger}$ は $-30\,\mathrm{J\,K^{-1}\,mol^{-1}}$ であり，反応 B の $\Delta S^{\circ\ddagger}$ は $-180\,\mathrm{J\,K^{-1}\,mol^{-1}}$ である．25 °C (298 K)でどちらの反応が何倍速いか(ヒント：式 9·20b を使え)．

11·34 次のそれぞれ二つの反応のどちらがより大きな（負で小さい，あるいは正で大きい）標準活性化エントロピーをもっているか．その根拠を説明せよ．
(a) 生成物 A の生成と生成物 B の生成(ヒント：内部回転の喪失は運動の自由度を減少させ，したがってエントロピーを低下させることを思い出そう)．

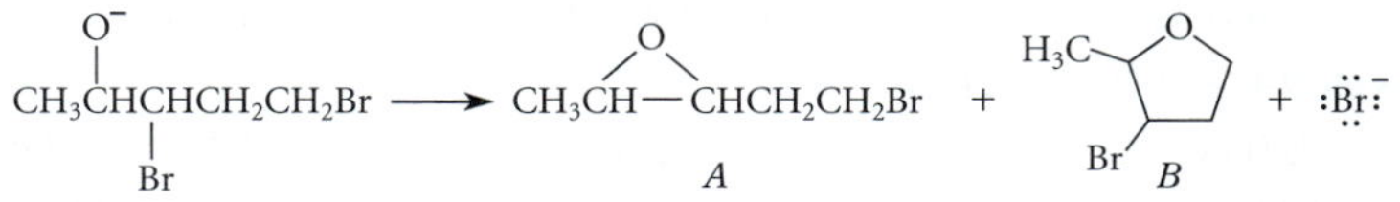

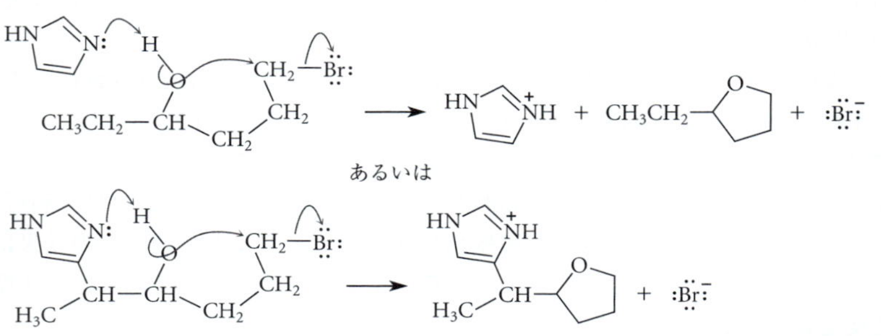

B. 近接効果と実効モル濃度

式(11·67)で計算された 10^8 という分子内-分子間速度比は分子内反応の速度論的有利さの理論的な最大値である．実際の比は反応によって異なる．分子内反応が対応する分子間反応に比べて実際どのくらい加速されるのかを示すのが**近接効果**(proximity effect)である．近接効果は分子内反応の速度定数(k_1)と対応する分子間反応の速度定数(k_2)の比で定量的に表される．

$$\text{近接効果} = \frac{k_1}{k_2} \tag{11·68}$$

分子内反応は一般に 1 分子的であり，1 次反応速度則に従う．分子間反応は一般に 2 分子的であり，2 次反応速度則に従う．1 次反応速度定数 k_1 は $\mathrm{s^{-1}}$ の単位をもち，2 次反応速度定数 k_2 は $\mathrm{M^{-1}\,s^{-1}}$ の単位をもつ(§9·3B)．したがって近接効果 k_1/k_2 は濃度の単位(すなわち M)をもつ．このため近接効果は**実効モル濃度**(effective molarity)ともよばれる．実効モル濃度を理解すれば，分子内反応の有利さに

バーリ港の爆撃,分子内反応,がんの化学療法

第二次世界大戦の終盤,イタリア南東部のバーリ港が連合国軍のイタリア侵攻における物資輸送の拠点として使われた.英国軍の指揮官 A. Coningham 卿(カニンガム)は 1943 年 12 月 2 日の記者会見で,ドイツ空軍は撃退され連合国軍の作戦への脅威はなくなったと宣言した.まさにその夜,ドイツ軍は明かりの灯った港を空襲し 30 隻の船を沈め,さらに数隻の船に損害を与えた(港は数ヵ月間使用不能となり,この攻撃は"リトルパールハーバー"とよばれるようになった).空襲で燃料のパイプラインも爆発し,港は燃える燃料で赤々となった.さらに沈没していく船から漏れ出した油が水面を覆った.沈んだ一艘の船 John Harvey は,もしドイツ軍が化学兵器を使用した場合に報復のため使用する目的で密かにマスタードガス $Cl-CH_2CH_2-S-CH_2CH_2-Cl$ を積んでいた.マスタードガスは港中に広がり水面を覆っていた油に溶込んだ.このガスの雲は人口 25 万の市街に流込んだ.マスタードガスは激しい火傷をひき起こし,数百人の兵士と市民,特にマスタードガスの溶け込んだ油をかぶった兵士はマスタードガスの急性中毒にかかった.最終的に 1000 人以上がマスタードガスが原因で死亡した.

マスタードガスに曝されて生き延びた何人かには白血球数の大きな減少と骨髄細胞の傷害が見られた.ちょうどそのころ,米国陸軍はマスタードガスや類似の化合物の実験動物への効果を研究していたエール大学の二人の薬理学者 L. Goodman(グッドマン)および A. Gilman(ギルマン)と研究契約を結んでいた.彼らはマスタードガスを注入された動物が火傷の症状をまったく示さなかったが,血液や骨髄中の白血球がほぼなくなっていることを見いだし,マスタードガスの少量の投与が,異常な白血球が急速に増殖するがんの一種であるリンパ腫を寛解するのではないかと考えた.一人のリンパ腫患者に投与したところ寛解が見られた.マスタードガスの窒素類縁体(メクロレタミン)が開発された.現在ではリンパ腫やその他のがんの治療には,より新しくより毒性の低い改良窒素マスタードが他の薬剤とともに使われている.クロラムブシルやシクロホスファミドがその例である.これらの薬剤のすべてに共通して"窒素マスタード"官能基が存在することに注目しよう.

メクロレタミン(ムスチン)

クロラムブシル

シクロホスファミド

その後,これらのマスタード剤は DNA の塩基と反応して細胞を破壊することがわかった.マスタード剤は疎水性の強い分子なので,容易に細胞や細胞核の膜を通過し,いったん核に入ると DNA のグアニン(G)塩基の窒素(N7)と反応する.

グアニン(DNA 塩基の一つ)

N7,これがマスタード剤と反応する求核剤である

マスタードガス分子がなぜ反応性が高いのかはすでに学んだ.つまり容易に三員環のスルホニウムイオンを生成し,これは速やかに求核剤と反応して開環する(式 11·69).

これだけでも DNA にとっては困ったことだが,実際のダメージはまだ起きていない.マスタード剤分子は活性なハロゲン化アルキル部分を二つもっていることに注意しよう.二重らせんのもう一方の DNA 鎖上の別のグアニンが近くにあると,これが N7 上のマスタード剤の第二の基と反応する.第二のグアニンは反応する部位に位置していて,この反応はまさに分子内反応であるから,非常に速い.結果として,DNA 鎖は一つにつながった状態,つまり架橋した状態になる(式 11·70).

(次ページにつづく)

――(コラムつづき)――

細胞分裂の際，DNA 二重らせんの二つの鎖は分離しなければならない．架橋はこの鎖の分離を完全に阻害し，DNA の増殖そして白血球の増殖を阻止する．さらに損傷した DNA をもつ細胞は，生物学的機構によって破壊される．これはがん治療において望ましい結果である．

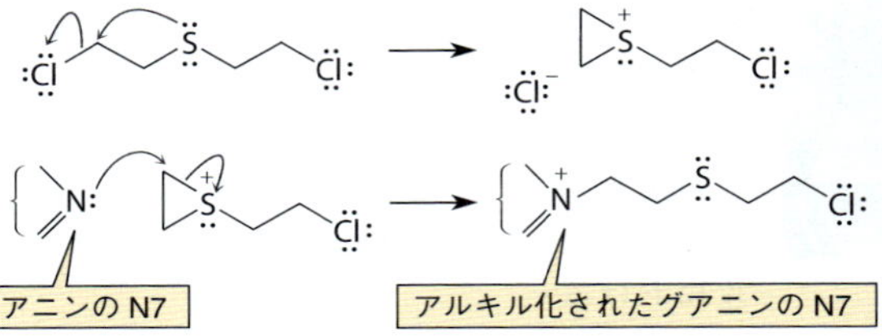

(11・69)

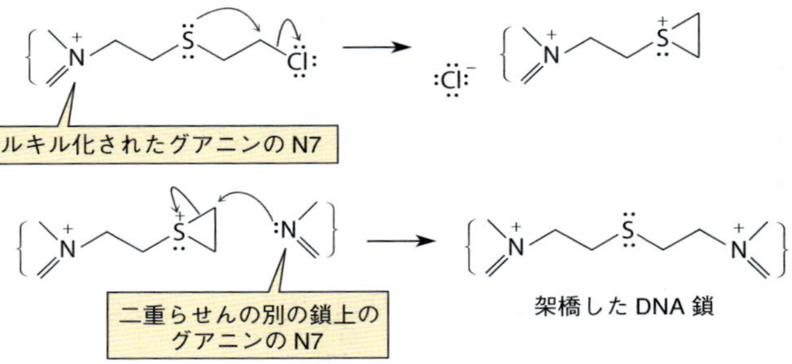

グアニンの N7 / アルキル化されたグアニンの N7

(11・70)

アルキル化されたグアニンの N7

二重らせんの別の鎖上のグアニンの N7 / 架橋した DNA 鎖

ついての洞察がさらに深まる．近接効果の計算と実効モル濃度の重要性について例題 11・5 でさらに調べよう．

例題 11・5

式(11・61b)の分子内反応の速度が対応する分子間反応の速度より 3200 倍大きいとして，この反応の近接効果を計算せよ．

解法 分子内反応(式 11・61b)が分子間反応(式 11・61a)より 3200 倍速い．スルフィドの分子間加溶媒分解速度を塩化ヘキシルの加溶媒分解速度で近似していることに注意せよ．スルフィドでは分子内反応が非常に速く，分子間反応が起こらないのでこのような近似が必要になる．3200 というのは速度の比である．水の濃度は 20 M でありハロゲン化アルキルの濃度は同じであるとして，この二つの反応の速度の比をとると次式のようになる．

$$\frac{\text{式(11・60b)の反応速度}}{\text{式(11・60a)の反応速度}} = 3200 = \frac{k_1[\text{ハロゲン化アルキル}]}{k_2[\text{ハロゲン化アルキル}][\text{H}_2\text{O}]} = \frac{k_1}{k_2(20\,\text{M})} \quad (11\cdot71\text{a})$$

これから近接効果が次のように計算される．

$$\text{近接効果} = \frac{k_1}{k_2} = 3200 \times 20\,\text{M} = 64{,}000\,\text{M} \quad (11\cdot71\text{b})$$

したがって実効モル濃度は 64,000 M となる．実効モル濃度とは，分子間反応の速度が分子内反応の速度と等しくなるために必要な求核剤(この場合は水)の濃度である．純水中の水の濃度は 55.6 M であるから，64,000 M というのは実際にはありえない大きな濃度である．つまり，この大きな実効モル濃度が意味するのは，水の濃度を分子間反応が起こるように大きくすることは不可能であるということであり，求核剤の濃度によらず分子内反応は分子間反応より数桁も速く起こるということである．分子間反応は対応する分子内反応と競争できる見込みはまったくないのである．

これまで見てきたように，分子内反応の速度の増大は近接効果で表すことができる．式(11·67)で計算した 10^8 M という値は近接効果の最大値である．しかし，例題 11·5 で見たように実際の近接効果はいぜん大きいとはいえかなり小さくなる．

近接効果についてまとめておこう．

1. 分子内求核置換反応は三員環から六員環の生成を含む場合に特によく見られる．七員環以上の環ができるような分子内求核置換反応は少ない．
2. 分子内求核置換反応が対応する分子間反応より有利になるおもな理由は，分子内反応の $\Delta S^{\circ\ddagger}$ (つまり反応の確率)が有利(負で小さいか正で大きい)だからである．
3. 分子内反応がこれと競争する分子間反応に比べてどのくらい加速されるかは，二つの反応の速度定数の比で表される．この比が近接効果あるいは実効モル濃度である．
4. 近接効果の大きさは反応ごとに異なるが，$\Delta S^{\circ\ddagger}$ の寄与は理論的には最大 10^8 M である．

問 題

11·35 2-ブロモプロパン酸ナトリウムの水あるいは $^-$OH による求核置換反応は S_N2(分子間)機構および隣接基関与を含む機構の両方で起こる可能性がある．

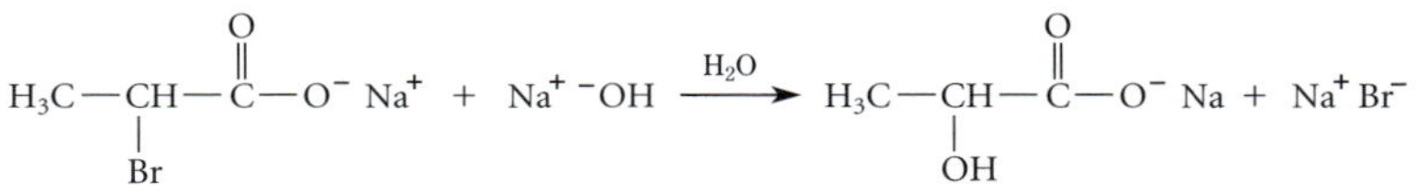

$$H_3C-CH(Br)-C(=O)-O^-Na^+ + Na^+{}^-OH \xrightarrow{H_2O} H_3C-CH(OH)-C(=O)-O^-Na + Na^+Br^-$$

2-ブロモプロパン酸ナトリウム　　　　乳酸ナトリウム

(a) $^-$OH を求核剤とする S_N2 機構を巻矢印表記法で書け．
(b) 分子内機構を巻矢印表記法で書け．この機構ではまず不安定な中間体が生成し，それが $^-$OH と反応して生成物を与える．
(c) 分子内反応の 1 次速度定数 k_1 は 1.2×10^{-4} s^{-1} である．S_N2 反応の 2 次速度定数は 6.4×10^{-4} M^{-1}s^{-1} である．この分子内反応の近接効果を計算せよ．
(d) 二つの機構が同じ速度で進行するときの NaOH の濃度はいくらか．
(e) 1 M NaOH 中で優先する機構は何か．
(f) (b)で書いた中間体の構造を考えよう．近接効果が小さい理由はこの中間体が非常に不安定だからである．この中間体が通常のエポキシドよりも不安定である理由を説明せよ(ヒント: 結合角を考えよ)．

C. 隣接基関与の立体化学的結果

隣接基関与が起こったかどうかを立体化学的結果から判断できる場合がある．式(11·63a)と式(11·63b)の隣接基を含む反応の機構は二つの置換反応からなっている．第一の反応では，隣接する硫黄求核剤による分子内置換によってエピスルホニウムイオン中間体が生成する．第二の反応はエピスルホニウムイオンと水との反応による開環である．反応分子が適当な位置に立体中心をもてば，立体化学から二重置換機構が明らかになる．この点を例題 11·6 で例証する．

例題 11·6

隣接基関与が (a) 起こらない場合と，(b) 起こる場合で，次の置換反応の立体化学的結果がどうなるかを示せ．

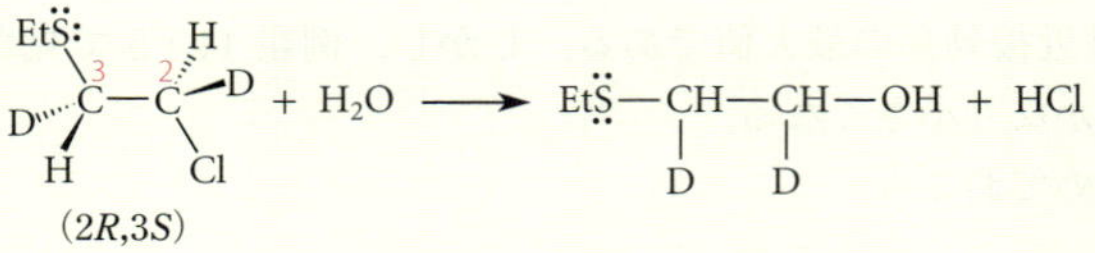

$$\underset{(2R,3S)}{\overset{EtS}{\underset{H}{\overset{|}{C}}}\overset{H}{\underset{Cl}{\overset{|}{C}}}-\overset{H}{\underset{Cl}{\overset{|}{C}}}-D} + H_2O \longrightarrow EtS-\underset{D}{\overset{|}{CH}}-\underset{D}{\overset{|}{CH}}-OH + HCl$$

解法 (a) もし反応が単純な S_N2 反応であれば，求核剤は立体配置の反転を伴って脱離基の塩化物イオンと置き換わるはずである(§9・4C)．したがって出発物が $2R,3S$ 立体異性体であれば，生成物は $2S,3S$ 立体異性体になるはずである．

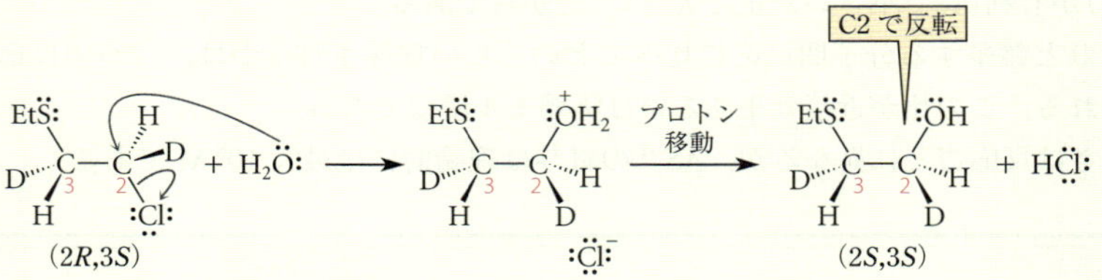

$$\underset{(2R,3S)}{\text{C}-\text{C}} + H_2O: \longrightarrow \text{C}-\text{C} \xrightarrow{\text{プロトン移動}} \text{C}-\text{C} + HCl \tag{11·72}$$

(b) 反応が隣接基関与を含むならば，分子内置換は立体配置の反転を伴って起こる．したがって，この場合生成するエピスルホニウムイオンは $2S,3S$ 配置をもつ．

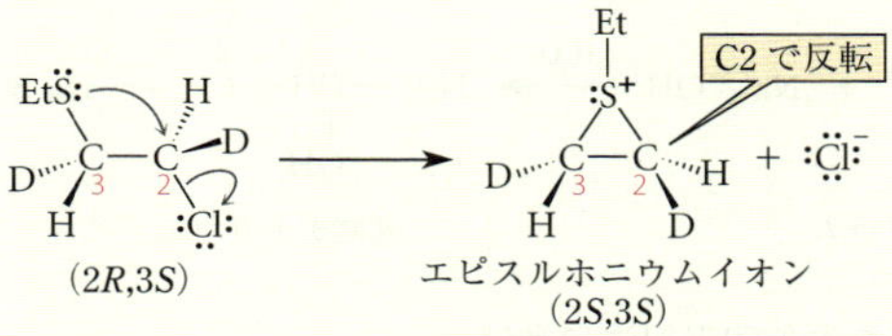

$$\underset{(2R,3S)}{\text{C}-\text{C}} \longrightarrow \underset{\text{エピスルホニウムイオン}(2S,3S)}{\text{C}-\text{C}} + :Cl:^- \tag{11·73a}$$

エピスルホニウムイオンの二つの炭素はホモトピックである．求核剤の水がどちらの炭素と反応しても<u>同じ生成物</u>を与える．

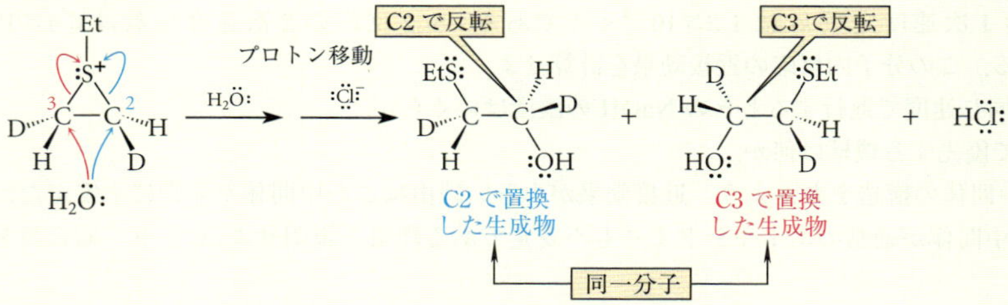

$$\xrightarrow{H_2O:} \underset{\text{C2 で置換した生成物}}{\text{C}-\text{C}} + \underset{\text{C3 で置換した生成物}}{\text{C}-\text{C}} + HCl: \tag{11·73b}$$

同一分子

生成物の立体化学を出発物の立体化学と比べると，隣接基関与機構では正味の<u>立体化学は保持</u>される．

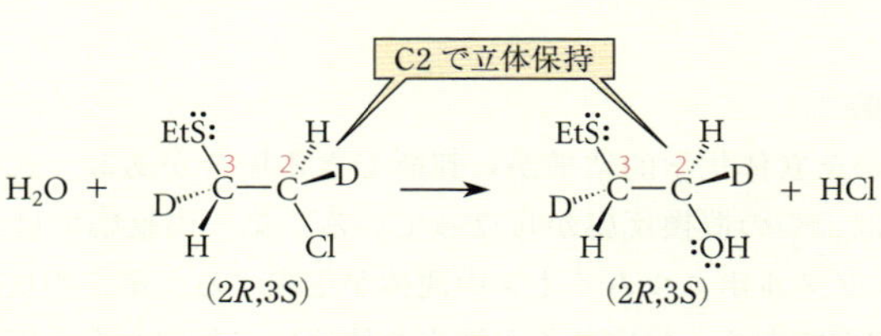

$$H_2O + \underset{(2R,3S)}{\text{C}-\text{C}} \longrightarrow \underset{(2R,3S)}{\text{C}-\text{C}} + HCl \tag{11·73c}$$

隣接基機構が正しいことがわかっているから，予想どおりの結果になっている．

求電子中心の立体化学が全体として保持されている場合，置換が 2 回起きたと考えるべきである．なぜならこれまで知られたすべての協奏的な(1 段階の) S_N2 反応は反転を伴って起きているからである．求核剤となりうる基が出発物に存在していて小員環を生成できるときは，環状中間体を考えるのがよい．

問題

11・36 例題 11・6 で出発物が 2R,3R 立体異性体の場合，反応の立体化学的結果を予測せよ．

11・37 問題 11・35 の 2-ブロモプロパン酸ナトリウムの求核置換反応は，NaOH が非常に低濃度の場合立体配置の保持を伴って起こるが，1 M NaOH では反転で起こる．この知見を問題 11・35 の答と関連させよ．

11・38 次の放射性同位体で標識した化合物の水による求核置換反応では，隣接基関与が (a) ない場合と，(b) ある場合で，生成物における同位体分布はどうなるか．

$$\text{Et}\ddot{\text{S}}—\text{CH}_2\overset{*}{\text{CH}}_2—\text{Cl} \qquad \overset{*}{\text{C}} = {}^{14}\text{C}$$

11・39 次の 2 種類のアルコールを HCl と反応させると同じ塩化アルキルが生成するのはなぜか．

$$\text{Et}\ddot{\text{S}}—\text{CH}—\text{CH}_2—\text{OH} \quad \xrightarrow{\text{HCl (収率81\%)}}$$
$$\qquad |$$
$$\qquad \text{CH}_3$$

$$\text{Et}\ddot{\text{S}}—\text{CH}_2—\text{CH}—\text{OH} \quad \xrightarrow{\text{HCl (収率72\%)}} \text{Et}\ddot{\text{S}}—\text{CH}_2—\overset{\text{Cl}}{\underset{|}{\text{CH}}}—\text{CH}_3 + \text{H}_2\text{O}$$
$$\qquad\qquad\quad |$$
$$\qquad\qquad\quad \text{CH}_3$$

D. 分子内反応と酵素触媒反応

自然界における触媒である酵素は，触媒する反応の速度を数桁も増大させる．酵素は巨大なタンパク質分子で，最も小さな酵素でも 10,000 を超える分子量をもち，ほとんどの酵素はこれよりかなり大きい．酵素が作用する対象分子を**基質**(substrate)とよぶ．酵素が基質に作用するとき，最初の段階で活性部位とよばれる酵素の特定の場所に基質がしっかりと非共有結合で固定される．酵素に基質が固定されたものを**酵素−基質複合体**(enzyme-substrate complex)という．この複合体形成はあらゆる酵素の触媒作用において不可欠である．酵素を E，基質を S，反応生成物を P で表すと，次のような式が書ける．

$$\text{E} + \text{S} \underset{k_2}{\overset{k_1}{\rightleftarrows}} \text{E·S} \xrightarrow{k_3} \text{E·P} \rightleftarrows \text{E} + \text{P} \tag{11・74}$$

（複合体形成段階 / 触媒反応段階 / 酵素−基質複合体 / K_s = E·S 複合体の解離定数 = k_2/k_1）

この反応を図示したものを図 11・2 に示す．複合体形成は触媒作用の重要な部分である．なぜなら複合体形成によって酵素上で実際の反応を起こす作用基に対して最良の位置に基質を置くことができるからである．酵素はその部分構造に酸触媒，塩基触媒，および求核剤となる基をもっている．酵素上の基に配位してしかるべき位置に固定された金属イオンも Lewis 酸触媒として働く．重要なポイントは，いったん複合体ができれば，次に起こる触媒反応(式 11・74 の k_3)は E·S 複合体内の分子内反応である，ということである．分子内反応の速度論的な有利さについては学んだばかりである．酵素が触媒として効率的に働くのは，反応が分子内で起こることが主要因である．さらに，酵素の活性部位で起こる機構は非酵素反応では観測されない．なぜなら非酵素反応では反応物といくつかの触媒分子が反応できる位置に自発的に並ぶということはありえないからである(もし起こるとすれば非常に大きな負の $\Delta S^{\circ \ddagger}$ となる)，これに対して酵素反応では反応物とすべての触媒部位が複合体形成によって"あらかじめ並んだ状態"になっているので，"多重触媒"機構が大きく加速される．

基質(ある場合には複数の基質)を酵素の活性部位にもってくるという過程は，二つの化学種(E と S)を一つの化学種(E·S)に変えることに伴う非常に不利な並進および回転のエントロピーに打勝たねばならないことがわかると思う．どのようにしてこれが成し遂げられるのだろうか．酵素は，8 章で学んだ

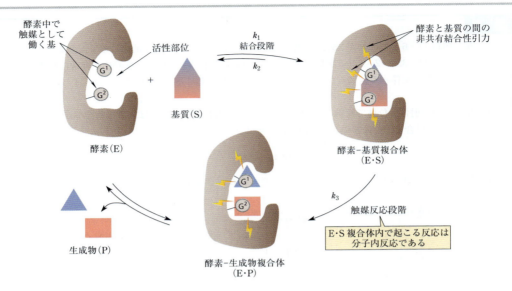

図 11・2 式(11・74)に基づく酵素の触媒反応の概念図. 基質 S は非共有結合性の引力によって酵素 E と結合して酵素-基質複合体 E・S を生成する. 結合した基質の生成物への変換(E・S → E・P)は分子内反応である. 酵素-生成物複合体からの生成物(P)の放出によって酵素は再生し次の触媒反応を行う.

非共有結合性相互作用すなわち水素結合, 疎水結合, およびある場合には静電的引力やイオン-双極子引力を用いて, 複合体形成におけるエントロピー的な不利を埋合わせる. 静電引力つまり酵素や基質にある反対の電荷をもつイオン性基の間の引力があれば, これが特に強く働く. 酵素-基質複合体における非共有結合性の引力はエントロピーの不利を補ってもなおかなり大きいので, E と S の結合はかなり強い. 酵素-基質間の結合の強さは E・S 複合体の解離定数 K_s で表される(式 11・74). 結合が強いほど K_s は小さくなる. 典型的な E・S 複合体の K_s は 10^{-3} M から 10^{-7} M の範囲にある. この結合は非共有結合性であるから, 化学結合が開裂したり生成したりすることはない. したがって酵素と基質は非常に速やかに E・S 複合体を形成する. 式(11・74)の k_1 は多くの場合拡散速度と同程度である($10^9 \sim 10^{10}$ M^{-1} s^{-1}).

図 11・2 は酵素の触媒作用を理解するための概念図である. 下巻, 特に §27・10 で, 酵素の結合や触媒作用の実際の例を分子レベルで検討する.

まとめると, 酵素は非共有結合性の力を使って基質との結合のエントロピー的なコストを克服する. それぞれの酵素の構造は, 基質の近くに 1 個ないし数個の触媒となる基が組込まれている. この理由で, 酵素は"エントロピーのわな"とよばれてきた. いったん基質が結合すると, 触媒反応の速度はそれが分子内反応であるがゆえに大きく増大する.

複合体形成は酵素の"急所"である. もし酵素の活性部位に強く結合するけれどもその後の触媒反応を起こさないような小さな分子を発見したり設計することができれば, そのような分子は基質分子と競争して, その結合力が十分強ければ触媒活性を停止させることができる. このような分子を**拮抗阻害剤**(competitive inhibitor)という. もし酵素活性が有害なものであれば, 拮抗阻害剤を医薬品として使うことができる. 拮抗阻害剤の設計は現代医薬品開発の重要な一部分となっている.

11・9 エーテルとスルフィドの酸化

A. エーテルの酸化と安全性の問題

エーテルは, 反応条件が極端に激しくない限り, 有機化学で使われる一般的な酸化剤の多くに対して不活性である. たとえば, ジエチルエーテルは Cr(VI)を用いる酸化の溶媒として使われる. しかし,

エーテルは空気中に放置すると，酸素によって自発的にゆっくりと酸化され，いわゆる**自動酸化**(autoxidation)を起こす．自動酸化によってエーテル試料に爆発性の過酸化物やヒドロペルオキシドが危険量蓄積することがある．この反応は実験室でよく見られる二つのエーテル，すなわちテトラヒドロフラン(THF)およびジエチルエーテルでも起こることが知られている．

$$CH_3CH_2-O-CH_2CH_3 + O_2 \longrightarrow CH_3CH_2O-\underset{\underset{H}{|}}{\underset{O-O}{|}}{CH}-CH_3 \longrightarrow \text{他の過酸化物 重合体} \quad (11\cdot75)$$

ジエチルエーテル　　　　　　　　　　　　　ヒドロペルオキシド

$$\downarrow$$

$$CH_3CH_2-O-O-CH_2CH_3$$

過酸化ジエチル

無水のジエチルエーテル，THF，あるいは他のエーテル試料で，これらの過酸化物はラジカル反応によって2週間以内に生成する．このために，いくつかのエーテルは少量のラジカル阻害剤を加えて販売されており，これらの阻害剤は蒸留で取除くことができる．過酸化物は加熱すると特に爆発しやすいので，エーテルは乾固するまで蒸留してはならない．エーテル中の過酸化物は，そのエーテルの一部を10%ヨウ化カリウム水溶液と振ることによって検出することができる．過酸化物が存在すればヨウ化物をヨウ素に酸化するので，溶液は黄色を帯びる．過酸化物が少量であれば，エーテルを水素化アルミニウムリチウム $LiAlH_4$ から蒸留することで除くことができる．$LiAlH_4$ は過酸化物を還元するだけでなく，不純物として存在する水やアルコールを除くことができる．

　もう一つの酸化反応である燃焼は，ジエチルエーテルのもつ特に大きな危険要素である．その可燃性は $-45\,°C$ というきわめて低い引火点でもわかる．**引火点**(flash point)とは，ある標準条件でその物質が小さな炎によって発火する最低温度のことである．これに対してTHFの引火点は $-14\,°C$ である．ジエチルエーテルの可燃性のもつ危険をさらに悪化させるのは，その蒸気が空気より2.6倍も高密度であることである．つまり口の開いた容器から出たジエチルエーテルの蒸気は実験室の床や実験台の空気より重い層に蓄積する．そのために炎があると，遠くから広がってきたジエチルエーテルの蒸気に引火する可能性がある．ジエチルエーテルをよく使う実験室の中ではどこでも炎や火花を使わないという習慣をつけることが大切である．電気器具(たとえばホットプレート)のスイッチの火花でジエチルエーテルの蒸気が引火することもありうる．したがって，ジエチルエーテルを加熱するときは蒸気浴を使うのが最も安全である．

　過酸化物の硫黄類縁体は<u>ジスルフィド</u>(R-S-S-R)であり，これはチオール(§10・10B)の酸化生成物である．ジスルフィドは爆発性ではなく，自然界でタンパク質の構造中に広く見られる(§27・8A)．

B. スルフィドの酸化

　スルフィドは通常の酸化剤と反応すると，チオールと同じように炭素ではなく硫黄で酸化が起こる．スルフィドを酸化すると**スルホキシド**(sulfoxide)および**スルホン**(sulfone)が生成する．

$$R-\underset{..}{\overset{..}{S}}-R \xrightarrow{\text{酸化}} \left[R-\underset{\|}{\overset{:\overset{..}{O}:}{S}}-R \longleftrightarrow R-\underset{+}{\overset{:\overset{..}{O}:^-}{\underset{|}{S}}}-R \right] \xrightarrow{\text{酸化}} \left[R-\underset{\underset{:O:}{\|}}{\overset{:\overset{..}{O}:}{S}}-R \longleftrightarrow R-\underset{\underset{:\overset{..}{O}:^-}{|}}{\overset{:\overset{..}{O}:^-}{S^{2+}}}-R \right] \quad (11\cdot76)$$

　　　　　　　　　　　　　スルホキシド　　　　　　　　　　　　　　　　スルホン

スルホキシドおよびスルホンのよく知られた例として，それぞれジメチルスルホキシド(DMSO)およびスルホランがある．いずれも優れた双極性非プロトン性溶媒である(表8・2参照)．

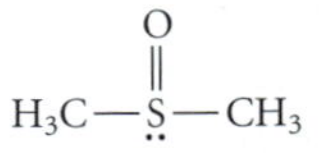

$$\underset{\substack{\text{ジメチルスルホキシド}\\(\text{DMSO})}}{H_3C-\overset{\overset{O}{\|}}{\underset{}{S}}-CH_3} \qquad \underset{\substack{\text{テトラメチレンスルホン}\\(\text{スルホラン})}}{\underset{O\diagdown S\diagup O}{\bigcirc}}$$

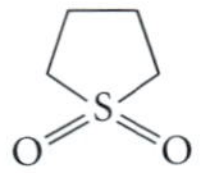

スルホキシドやスルホンの非イオン性 Lewis 構造式では，硫黄上にオクテット以上の電子があることに注目しよう．このような状況での硫黄の結合については §10・10A で述べた．

スルホキシドおよびスルホンは，スルフィドをそれぞれ 1 当量および 2 当量の過酸化水素 H_2O_2 による直接酸化で合成される．

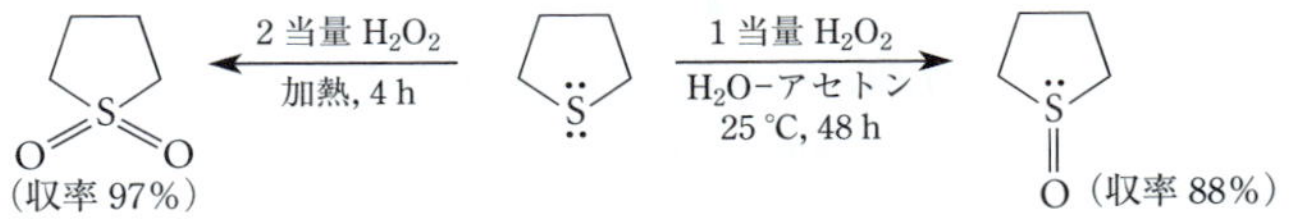

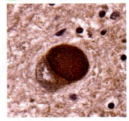

(11・77)

他の一般的酸化剤，たとえば $KMnO_4$, HNO_3, ペルオキシ酸(§11・3A)もまたスルフィドを容易に酸化する．

スルフィドの酸化とタンパク質凝集による疾患

アルツハイマー病(AD)やパーキンソン病(PD)は高齢者によく見られる病気である．AD は認知症の進行，PD は震えや身体運動の不調で特徴づけられる．いずれも加齢により進行する．寿命が延びるに従って，これらの疾患も増えている．いずれの疾患もタンパク質が凝集して繊維塊や小繊維を形成し，これらが神経機能に影響することが特徴である．たとえば PD では，よく見られるタンパク質である α-シヌクレインの凝集体が脳の神経細胞に蓄積する．

このようにして蓄積した小繊維は，染色して顕微鏡で見ると "レビー小体" として観測される(写真)．ドーパミンを産出する細胞が α-シヌクレイン小繊維を蓄積し始めると，その細胞は死に至る．α-シヌクレイン小繊維が原因であるかどうかは完全に確立されてはいないが，小繊維ができる過程が有害であるらしい．何がこれらの小繊維の生成の原因になっているのか集中的な研究が進行中である．

ある種のタンパク質中の α-アミノ酸メチオニンのスルフィド基の酸化が小繊維の生成の最初の段階に関わっている証拠がある(タンパク質は，下に示すように一般式 $H_3N^+-CHR-CO_2^-$ の α-アミノ酸がアミド結合で鎖状につながったものである．α-アミノ酸の種類によって R 基の構造が異なる)．メチオニンは酸化されてスルホキシドになる．

この仮説から，抗酸化剤に富んだ食事で AD や PD を防ぐことができるかもしれないという考え方が出てくる．しかしこの考え方を支持する確固とした証拠はまだない．

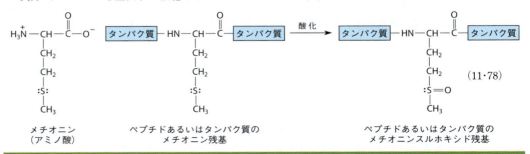

(11・78)

11・10 有機合成の三つの基本的な操作

§10・12 で有機合成について述べたときに，合成問題を解く体系的な方法について紹介した．本節ではこの方法を踏襲して一般的な合成に含まれる操作を分類して示す．有機合成で使われる反応のほとんどは次の<u>三つの基本的な操作</u>の一つ以上を含んでいる．

1. 官能基変換
2. 立体化学の制御
3. 炭素–炭素結合の生成

<u>官能基変換</u>は一つの官能基を別の官能基に変換することであり，最も一般的な合成操作である．これまで学んできた反応のほとんどは官能基変換を含んでいる．たとえば，エポキシドの加水分解はエポキシドをグリコールに変換する．ヒドロホウ素化-酸化はアルケンをアルコールに変換する．

<u>立体化学の制御</u>は立体選択的反応を用いて行われる．いくつかの立体異性体が可能な化合物を合成する場合，立体選択的な反応を考えなければならない．立体選択的反応には，シン付加を伴うヒドロホウ素化-酸化や立体配置の反転を伴う S_N2 反応などがある．

<u>炭素–炭素結合の生成</u>をもたらす反応は，これらの反応が炭素原子を追加して，炭素鎖の短い化合物から長い化合物を合成するのに使われるので，特に重要である．このタイプの反応はまだ次の二つしか学んでいない．

1. カルベンあるいはカルベノイドとアルケンからのシクロプロパンの生成（§9・9）
2. Grignard 試薬あるいは有機クプラートとエポキシドの反応（§11・5C）

ほとんどの反応はこの三つの基本操作の少なくとも二つが組合わさっている．たとえばヒドロホウ素化-酸化は官能基変換（アルケン → アルコール）であり，同時に立体化学の制御を含んでいる．エポキシドと Grignard 試薬や有機クプラートとの反応は炭素–炭素結合生成と官能基変換（エポキシド → アルコール）の両方を含んでいる．

例題 11・7 と例題 11・8 で，有機合成を計画する際にこれらの基本的な操作をどのように使うかを示す．

例題 11・7

1-ブタノールと他の反応剤を使って 1-ヘキサノールを合成する方法を示せ．

解法 いつものように，問題を構造式を使って書き表す．

$$CH_3CH_2CH_2CH_2-OH \xrightarrow{?} CH_3CH_2CH_2CH_2CH_2CH_2-OH$$

次に，必要な操作の種類を解析する．炭素 2 個をつけ加えなければならないが，立体化学の問題は発生しない．出発物も最終生成物もアルコールだから官能基変換は必要ないと考えてはならない．次の反応式に示すように，OH 基は合成の途中で別の基に変換される．

生成物から逆向きに考えていこう．エチレンオキシドに Grignard 試薬を反応させて酸処理をすると，必要な炭素 2 個が追加された目的のアルコールが生成する．

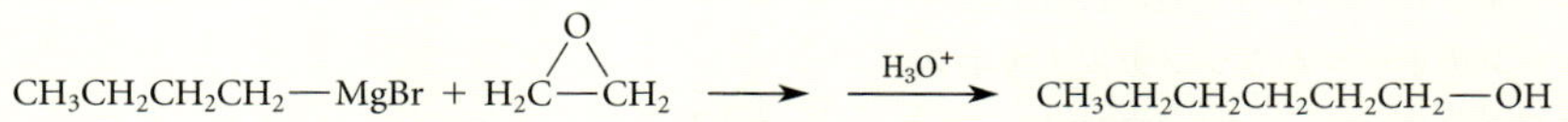

$$CH_3CH_2CH_2CH_2-MgBr + H_2C\overset{O}{-}CH_2 \xrightarrow{H_3O^+} CH_3CH_2CH_2CH_2CH_2CH_2-OH$$

次に，Grignard 試薬の調製法を考える．次の方法しか学んでいない．

$$CH_3CH_2CH_2CH_2-Br + Mg \xrightarrow{\text{エーテル}} CH_3CH_2CH_2CH_2-MgBr$$

この段階に必要なハロゲン化アルキルは出発のアルコールと同数の炭素をもつので，官能基変換を 1 回

行えば合成が完成する．第一級アルコールは濃HBrとの反応で必要な第一級ハロゲン化アルキルに変換することができる．完全な合成経路をまとめると次のようになる．

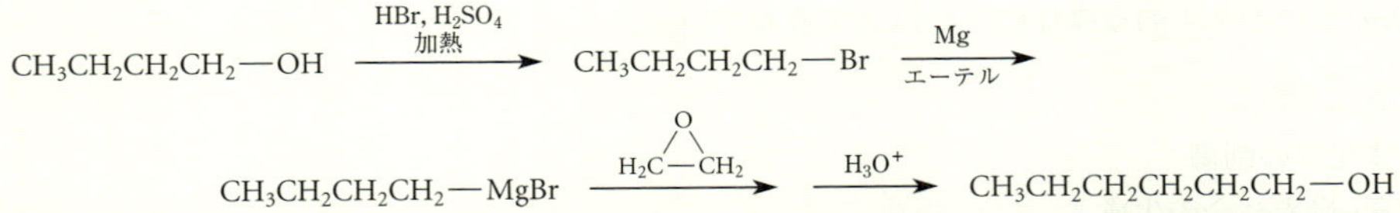

$$CH_3CH_2CH_2CH_2-OH \xrightarrow[\text{加熱}]{HBr, H_2SO_4} CH_3CH_2CH_2CH_2-Br \xrightarrow[\text{エーテル}]{Mg}$$

$$CH_3CH_2CH_2CH_2-MgBr \xrightarrow{H_2C-CH_2 (O)} \xrightarrow{H_3O^+} CH_3CH_2CH_2CH_2CH_2CH_2-OH$$

例題11・7で用いた一連の反応は，第一級アルコールの炭素鎖を2炭素伸長するための一般的な方法である．

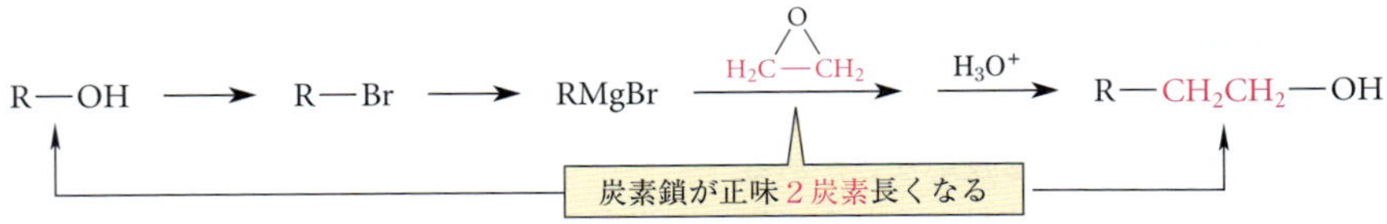

$$R-OH \longrightarrow R-Br \longrightarrow RMgBr \xrightarrow{H_2C-CH_2 (O)} \xrightarrow{H_3O^+} R-CH_2CH_2-OH \quad (11・79)$$

炭素鎖が正味2炭素長くなる

例題 11・8

シクロヘキセンから(±)-*trans*-2-メトキシシクロヘキサノールを合成する方法を示せ．

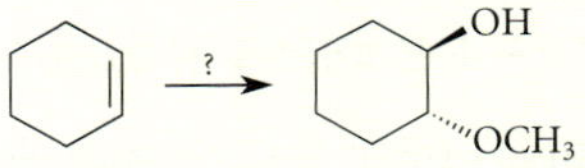

解法　シクロヘキサン環に新たな炭素–炭素結合がつけ加わるのではないことに注意しよう．したがって炭素–炭素結合生成反応は必要ないであろう．しかし立体化学の問題がある．すなわち二つの酸素をトランス配置に導入しなければならない．最後に，炭素–炭素二重結合にCH_3O-と$HO-$を付加させる必要があることに注意しよう．そのような付加は1段階では達成できない．しかしエポキシドの開環ではエポキシド酸素がOH基になり，開裂する結合のところで立体配置の反転が起こるので，生成物はトランス配置になる．エポキシドをCH_3OH中CH_3O^-で，あるいはCH_3OHと酸触媒を用いて開環すれば，うまく合成が完成する

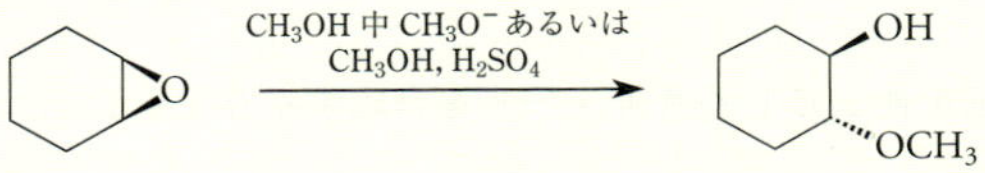

合成を完了させるためには，シクロヘキセンからエポキシドを合成しなければならない．どのようにすればよいだろうか(問題11・12a参照)．

問題

11・40 次の化合物を指示した出発物から合成する方法を示せ．他のどんな反応剤を使ってもよい．
(a) 2-メチルプロペン$(CH_3)_2C=CH_2$から$(CH_3)_2CHCH_2CH_2CO_2H$
(b) 2-メチルプロペンから$(CH_3)_2CHCO_2H$
(c) 1-ブタンチオールからジブチルスルホン
(d) シクロペンテンから(±)-*trans*-1-エトキシ-2-メチルシクロペンタン

11・11　エナンチオピュアな化合物の合成：不斉エポキシ化

§11・10で述べたように，立体化学の制御は有機合成の重要な要素の一つである．従来，立体化学

11・11 エナンチオピュアな化合物の合成：不斉エポキシ化

の制御は個々のジアステレオマーの合成に限られていた．多くの合成がそうであるが，アキラルな出発物から合成を行う場合，キラルな生成物はラセミ体として得られる（§7・7）．そのような場合，純粋な鏡像異性体を得る唯一の方法は，合成のどこかの段階で分割を行うことである．そのような分割が必要な場合，物質の半分すなわち不必要な鏡像異性体は無駄になる．キラルな出発物が単一の鏡像異性体で得られれば分割は不必要になる．自然界に存在するエナンチオピュアな化合物をそのような出発物の生成源として用いることができる．また，酵素がアキラルな出発物からのエナンチオピュアな化合物の生成を触媒することが時折ある．しかしそのような純粋な鏡像異性体の生成源は比較的限られている．しかし，キラルな医薬品はラセミ体ではなく純粋な鏡像異性体として製造しなければならないという法律ができたので，分割によらない純粋な鏡像異性体の合成は特に重要になってきた．

最近，アキラルな出発物からエナンチオピュアなキラルな化合物の生成を実現する"特注設計"されたキラルな触媒が現れるようになった．本節では，最も有用な触媒の一つである，アリル型アルコールをエポキシ化してエナンチオピュアなエポキシドとする触媒について述べる．

アリル型アルコールは二重結合に<u>隣接した</u>炭素上に OH 基をもつ．このタイプの最も簡単な化合物である 2-プロペン-1-オールは<u>アリルアルコール</u>という慣用名をもつ．

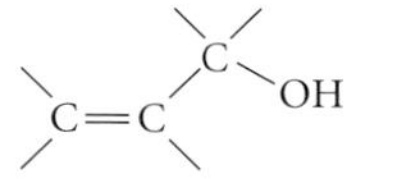

アリル型アルコールをチタン(Ⅳ)イソプロポキシド $Ti(OiPr)_4$ を触媒として t-ブチルヒドロペルオキシドと反応させると，アリル型アルコール官能基の二重結合がエポキシ化される．NaOH 水溶液を加えて触媒を分解し副生成物を除くと，エポキシドが CH_2Cl_2 溶液から単離される．反応は立体特異的なシン付加であるが，生成物のエポキシドはラセミ体である．

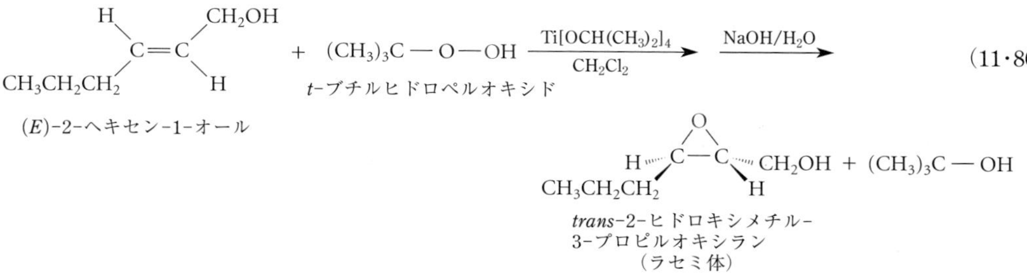

$$(11\cdot80)$$

しかし反応混合物に $(2R,3R)$-$(+)$-酒石酸ジエチルを加えておくと，$2S,3S$ 鏡像異性体が鏡像異性体過剰率 97% で得られ，$(+)$-酒石酸ジエチルは変化することなく回収される．

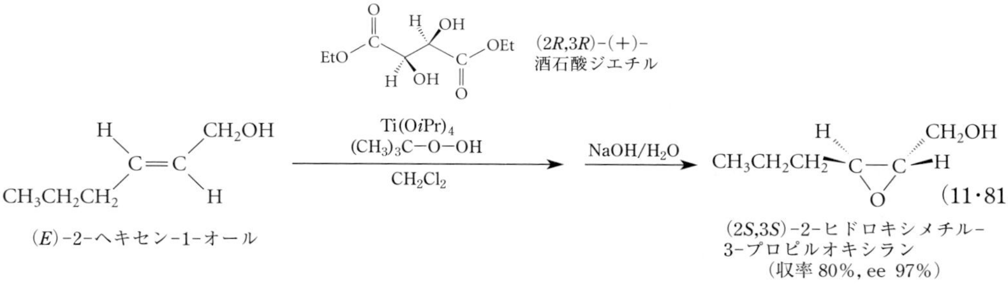

$$(11\cdot81a)$$

$(2S,3S)$-$(+)$-酒石酸ジエチルを代わりに用いると，もう一方の鏡像異性体である $2R,3R$ 鏡像異性体が

得られる．

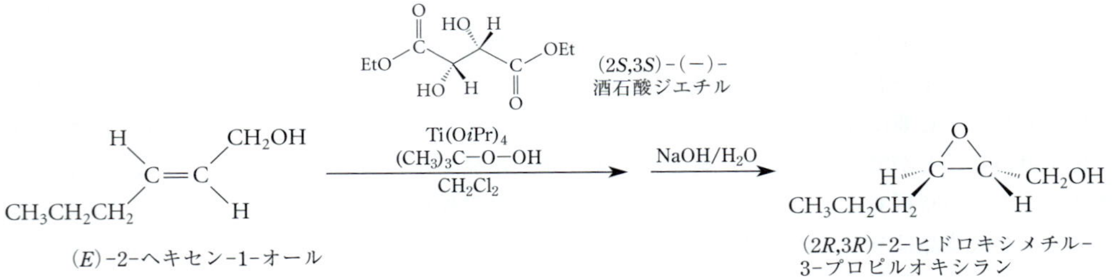

$$(E)\text{-2-ヘキセン-1-オール} \xrightarrow[\substack{\text{Ti}(OiPr)_4 \\ (CH_3)_3C-O-OH \\ CH_2Cl_2}]{(2S,3S)-(-)-\text{酒石酸ジエチル}} \xrightarrow{NaOH/H_2O} (2R,3R)\text{-2-ヒドロキシメチル-3-プロピルオキシラン} \quad (11\cdot81\text{b})$$

酒石酸エステルの二つの鏡像異性体は，安価で容易に入手できる天然物である酒石酸の鏡像異性体から容易に合成することができ，これらも市販されている．酒石酸は L. Pasteur による最初の分割で使われた化合物であることを思い出そう（§6·10），これらの酒石酸エステルは(＋)-DET および(−)-DET と略記される．

このような結果は多数のアリル型アルコールで一般的に見られる．CH_2OH 基を二重結合の右上に書くことにすると，結果を次のように一般化することができる．

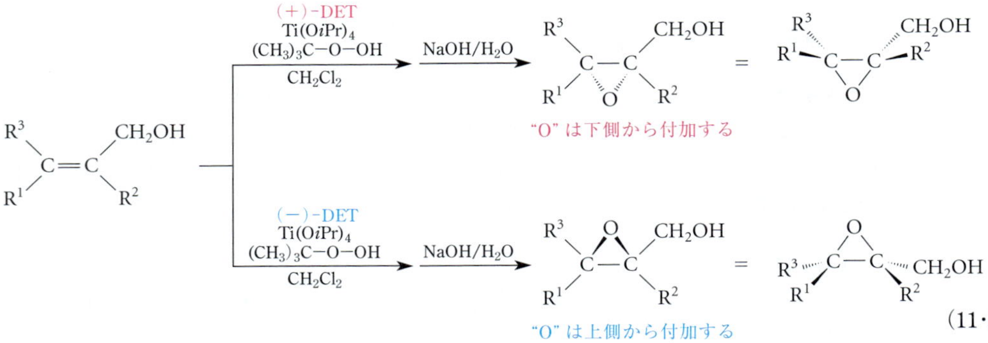

$$(11\cdot82)$$

"O" は下側から付加する

"O" は上側から付加する

アリル型の OH 基をもつ二重結合だけがエポキシ化され，他の二重結合はふつう反応しない．

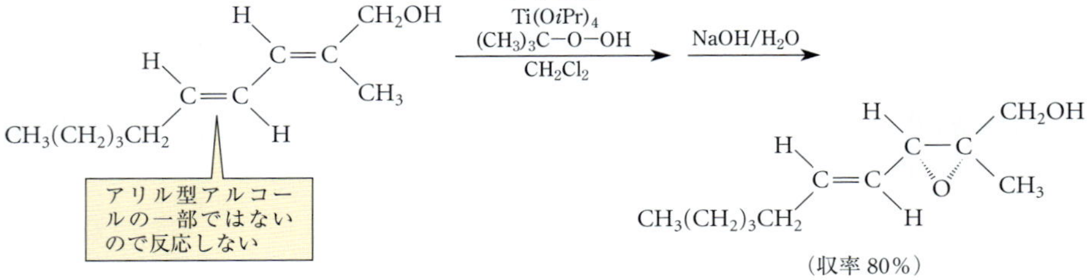

$$\xrightarrow[\substack{\text{Ti}(OiPr)_4 \\ (CH_3)_3C-O-OH \\ CH_2Cl_2}]{(+)-DET} \xrightarrow{NaOH/H_2O} \quad (11\cdot83)$$

アリル型アルコールの一部ではないので反応しない

（収率 80％）

不斉エポキシ化(asymmetric epoxidation, **Sharpless エポキシ化**ともいう)とよばれているこの反応は 1980 年に米国マサチューセッツ工科大学の K. B. Sharpless(1941〜)と研究員の香月 勗(1946〜2014)によって見いだされた．現在はスクリプス研究所にいる Sharpless は，この発見により 2001 年のノーベル化学賞を共同受賞している．その重要性はエポキシドが起こす多くの立体特異的な開環反応からきており，その一例を例題 11·8 に示す．不斉エポキシ化にひき続くエポキシドの立体特異的な開環反応によって，広範なエナンチオピュアな有機化合物に導くことができる．その導入以来，不斉エポキシ化は多くの有用なエナンチオピュアな化合物の重要な合成段階の一つになっている．

例題 11・9

次の化合物を単一の鏡像異性体として合成する方法を述べよ．

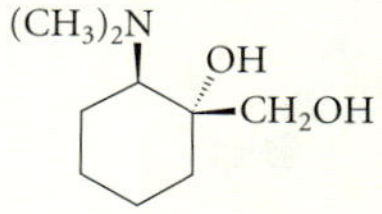

解　法　OH 基と他の官能基，この場合は $(CH_3)_2N$（ジメチルアミノ）基，が隣接する炭素上にトランス配置で存在するのを見たら，この二つの基を導入する一つの方法として例題 11・8 で行ったようにエポキシドの開環を考えるべきである．次の反応が考えられる．

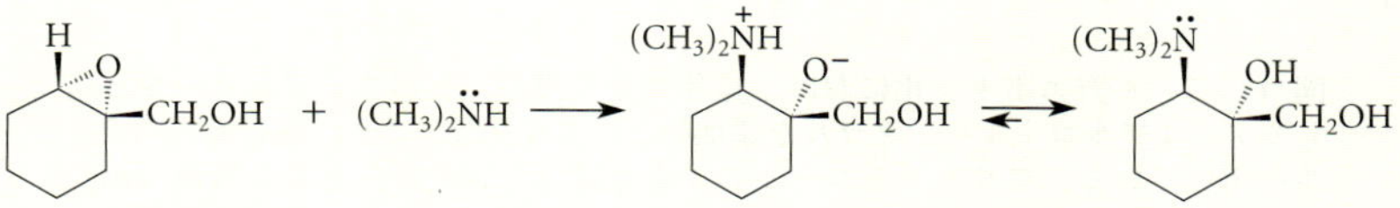

このエポキシドはアリル型のエポキシ化で合成することができる．式 (11・82) からわかるように，(+)-DET をキラルな添加物として使えばよい．

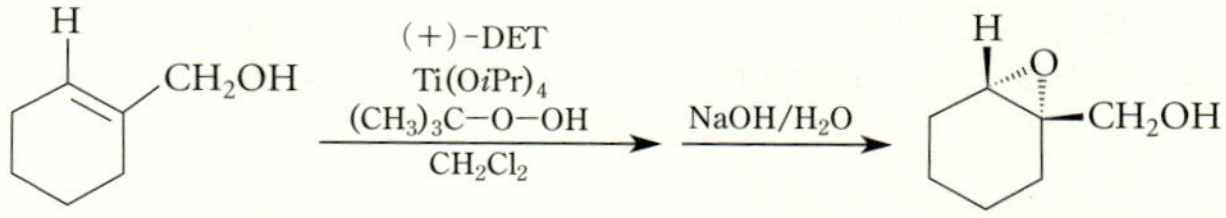

興味ある問題は，酒石酸ジエチルの鏡像異性体のキラリティーがどのようにして反応の立体化学的な結果を決めるのかということである．まず第一に，チタン(IV)アルコキシドはそのアルコキシド基のいくつかあるいはすべてを他のアルコールと容易に置き換えることができる．

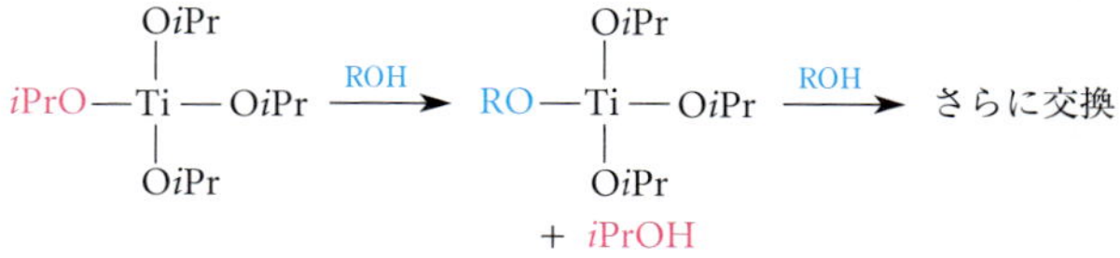

$$iPrO-Ti(OiPr)_3 \xrightarrow{ROH} RO-Ti(OiPr)_3 + iPrOH \xrightarrow{ROH} さらに交換 \quad (11\cdot84)$$

DET，t-ブチルヒドロペルオキシド，アリル型アルコールのヒドロキシ基はいずれもイソプロピルオキシ基と置き換わってそのチタンと結合することができる．DET のヒドロキシ基の一つがこのようにして反応すると，二つ目のヒドロキシ基とチタンとの反応は分子内反応となり（§11・8），非常に速く起こる．DET はキラルであるから，DET が付加すればキラルなチタンアルコキシド錯体が生成する．構造解析から錯体は実際に図 11・3(a)〔(+)-DET を添加した場合〕に示したような 2 個のチタンと 2 個の DET 分子からなる構造であることがわかった．この錯体で t-ブチルヒドロペルオキシドの酸素（黄色で示してある）は図 11・3(c) に示すように，π 電子の求核的な供与を受けるのに最も適した二重結合の下側に位置している．図 11・3(b) は，二重結合の逆側から酸素が反応するようにアルケンが配向している，つまり実際には反応が起こらない形の錯体を示している．この配置ではアリル型アルコールの CH_2 基が触媒のより混み合った部位に押込まれており，酒石酸エステルの一つと不利な立体的相互作用（van der Waals 反発）をしている．この立体効果が酒石酸エステルのキラリティーが反応の立体化学を決める機構になっている．

この構造から触媒の特異性が説明される．つまり，触媒がアリル型アルコールに対して特異性を示すのは，アリル位の −OH，二重結合，および過酸化物の酸素の位置的関係のためである．他の不飽和アルコールも当然チタンと結合をつくるのだが，その二重結合は過酸化物酸素と反応するのに適切な位置

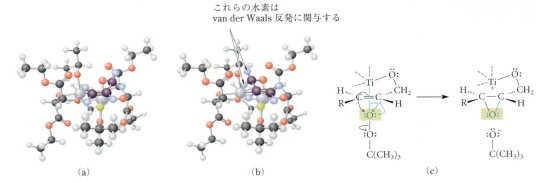

図 11・3 不斉エポキシ化における錯体の分子模型．反応するアルコールとしてアリルアルコールを，キラルな添加物として(2R,3R)-(+)-酒石酸ジエチルを用いている．アリルアルコールの炭素と結合を紫色で，水素を青色で示してある．アルケンに結合するはずの t-ブチルヒドロペルオキシドの酸素は黄色で示してある．この酸素がπ結合の電子を受入れる絶好の位置にあることに注意しよう．(a) 観測されるキラリティーをもつエポキシドに至る錯体．(b) 観測されないキラリティーをもつエポキシドに至る錯体．この錯体はアリル位の CH₂ 水素と酒石酸エステル基の一つとの間の van der Waals 反発のために不安定である．(c) (a)の立体化学による機構の巻矢印表記．

関係になっていない．またこの反応が<u>第三級</u>アリル型アルコールでは起こらないのは，アルキル側鎖と触媒に結合している他の基との van der Waals 反発のために適切な錯体形成ができないからである．

問 題

11・41 次のアルコールを t-ブチルヒドロペルオキシド，Ti(OiPr)₄，および酒石酸ジエチル(DET)の指示した立体異性体を用いて不斉エポキシ化したときに得られる生成物とその立体化学を示せ．

(a) Ph～～OH, (−)-DET (b) (H)(H₃C)C=C(CH₂OH)(CH₃), (+)-DET

(c) ～～～OH, (−)-DET

11・42 次の化合物をエナンチオピュアな形で合成する方法を述べよ．不斉エポキシ化を用いよ．

(a) シクロペンタン-エポキシド-CH₂OH (b) CH₃CH₂-C(OH)(CH₃)-C(CH₂OH)(CH₃)... CH₃CH₂CH₂S

11・43 (a) 図 11・3(a)の触媒錯体の図を使って，ほとんどの場合 E 形のアリル型アルコールが Z 異性体よりずっと速く不斉エポキシ化を起こす理由を説明せよ．

E 形のアリル型アルコール   Z 形のアリル型アルコール

(b) 図 11・3 の DET の鏡像異性体である(−)-DET を用いても同様の現象が見られるだろうか．その理由を説明せよ．

11章のまとめ

- エーテルはその共役酸の pK_a が -2 から -3 の弱い塩基である．スルフィドはその共役酸の pK_a が -6 から -7 のさらに弱い塩基である．エーテルは Lewis 塩基であり，BF_3 や Grignard 試薬のような Lewis 酸に電子対を供与する．

- エーテルは，Williamson エーテル合成（S_N2 反応），アルコキシ水銀化–還元，アルコールの脱水，あるいはアルケンへの酸触媒によるアルコールの付加によって合成される．

- エポキシドは，ペルオキシカルボン酸によるアルケンの酸化あるいはハロヒドリンの環化によって合成される．アリル型アルコールのエポキシドはチタン(Ⅳ)イソプロポキシド，t-ブチルヒドロペルオキシド，および(+)- あるいは(−)-酒石酸ジエチルを用いる不斉エポキシ化により高い鏡像異性体過剰率で合成することができる．

- 通常のエーテルは比較的反応性の低い化合物である．エーテルのおもな反応は C—O 結合の開裂であり，これは強酸性条件で起こるが一般的な塩基性条件では起こらない．第三級エーテルの酸触媒開裂は第三級カルボカチオンを生成するので，第一級エーテルやメチルエーテルの開裂より容易に起こる．

- 環のひずみのためにエポキシドは容易に環開裂を起こす．たとえば，エポキシドは水と反応してグリコールを生成し，エチレンオキシドは Grignard 試薬と反応して第一級アルコールを生成する．それ以外のエポキシドもリチウム有機クプラートと反応して第二級アルコールおよび第三級アルコールを生成する．酸性溶液では，プロトン化したエポキシドが求核剤ともっぱら第三級炭素で反応する．塩基はアルキル基の少ないエポキシド炭素で反応する．

- エポキシドの開環反応は，酸性でも塩基性でも立体中心炭素の立体配置の反転を伴って起こる．

- グリコール（1,2-ジオール）はアルケンを OsO_4 で処理した後に加水分解することによって得られる．その変法である触媒量の OsO_4 と他の酸化剤を用いる方法，あるいはアルカリ性 $KMnO_4$ 水溶液による酸化でも合成できる．反応は立体特異的であり，アルケン二重結合に二つのヒドロキシ基がシン付加する．

- グリコールは，過ヨウ素酸で処理することにより，2 個のカルボニル化合物（アルデヒドあるいはケトン）に酸化的に開裂する．

- オキソニウム塩やスルホニウム塩は求核剤と反応して置換反応や脱離反応を起こす．オキソニウム塩はスルホニウム塩より反応性が高い．S-アデノシルメチオニン (SAM) は自然界でメチル化反応剤として働くスルホニウム塩である．

- 多くの分子内反応は，より大きな（負で小さい）$\Delta S^{\circ\ddagger}$ をもつので，対応する分子間反応より速く起こる．分子内反応の速度の増大は，分子内反応とそれに対応する分子間反応の速度定数の比である近接効果で特徴づけられ，これは実効モル濃度ともよばれる．$\Delta S^{\circ\ddagger}$ の差に基づく近接効果は 10^8 M に達する．

- 酵素の触媒能は，酵素が酵素–基質複合体を形成するという事実に基づく．複合体内で起こる反応は分子内反応なので強く加速される．

- 分子内求核置換反応は，反応によって六員環ないしそれより小さい環ができるときによく見られる．

- β-アルキルチオ基をもつハロゲン化アルキルは分子内で反応して三員環スルホニウムイオンを生成するが，これは求核剤と速やかに反応して開環する．ハロゲン化アルキルの α 炭素が立体中心であれば，立体配置の反転が続けて 2 回起こることになり，立体配置は保持される．

- エーテルは空気中に放置すると徐々に爆発性の過酸化物を生成し，ジエチルエーテルは特に引火性が高い．酸化と燃焼の両方でエーテルは危険物となる．それ以外の酸化反応に対してエーテルはほぼ不活性である．

- スルフィドは容易に酸化されてスルホキシドやスルホンを生成する．

- 有機合成における主要な 3 種類の操作は，(1) 官能基変換，(2) 立体化学の制御，(3) 炭素–炭素結合の生成，である．

追加問題

11・44 次の化合物の構造式を描け（正解が二つ以上ある場合もある）．

(a) Williamson エーテル合成では合成できない炭素数 9 個のエーテル

(b) Williamson エーテル合成で合成できる炭素数 9 個のエーテル

(c) 過剰の HI と加熱すると 1,4-ジヨードブタンを生成する炭素数 4 個のエーテル

(d) HBrと反応して唯一のハロゲン化アルキルとして臭化プロピルを生成するエーテル
(e) アルカリ性 KMnO₄ で処理した場合と m-クロロペルオキシ安息香酸と反応させ，ついで希酸で処理した場合で異なるグリコールを与える炭素数 4 個のアルケン
(f) (e)の反応条件で同じグリコールを与える炭素数 4 個のアルケン
(g) 1 種類のモノエポキシドと 2 種類のジエポキシド（立体異性体を数える）を与えるジエン C_6H_8
(h) ペルオキシカルボン酸と反応させ，ついで酸触媒加水分解した場合と OsO_4 で酸化した場合で同じグリコールを与えるアルケン C_6H_{12}

11・45 次の反応で得られる主要な有機生成物は何か．立体化学も示せ．
(a) 25 ℃ でジブチルスルフィドと 1 当量の H_2O_2
(b) 加熱下にジブチルスルフィドと 2 当量以上の H_2O_2
(c) cis-3-ヘキセンとモノペルオキシフタル酸マグネシウム（MMPP）
(d) (c)の生成物と $(CH_3)_2CuCNLi$，ついで H_3O^+
(e) (c)の生成物と酸水溶液
(f) (e)の生成物と過ヨウ素酸
(g) (d)の生成物と THF 中 NaH，ついで CH_3I
(h) (E)-3-メチル-3-ヘキセンとエタノール中 $Hg(OAc)_2$，ついで $NaBH_4$
(i) (h)の生成物と酸性メタノール
(j) (R)-1-ブロモ-3-メチルペンタンとエーテル中 Mg，ついでエチレンオキシド，ついで CH_3I

11・46 2-エチル-2-メチルオキシラン（あるいは指示した他の化合物）と次の反応剤との反応の生成物は何か．
(a) 水，H_3O^+
(b) 水，NaOH，加熱
(c) CH_3OH 中 $Na^+CH_3O^-$
(d) CH_3OH および触媒量の H_2SO_4
(e) ジリチウムジメチルシアノクプラート，ついで H_3O^+
(f) (c)の生成物 + HBr，25 ℃
(g) (d)の生成物 + HBr，25 ℃
(h) (c)の生成物 + NaH，ついで CH_3I
(i) (d)の生成物 + NaH，ついで CH_3CH_2I
(j) (a)の生成物 + 過ヨウ素酸
(k) (f)の生成物 + 乾燥エーテル中 Mg
(l) (k)の生成物 + エチレンオキシド，ついで H_3O^+

11・47 次の開環反応のどれが最も容易に起こるか．その理由を説明せよ．
(1) $CH_3OH + H_2C\overset{CH_2}{\underset{}{-}}CH_2 \xrightarrow{CH_3O^-} CH_3O-CH_2CH_2-CH_3$

(2) $CH_3OH + H_2C\overset{O}{-}CH_2 \xrightarrow{CH_3O^-} CH_3O-CH_2CH_2-OH$

(3) $CH_3OH + H_2C\overset{S}{-}CH_2 \xrightarrow{CH_3O^-} CH_3O-CH_2CH_2-SH$

11・48 次の開環反応のどれが最も容易に起こるか．その理由を説明せよ．
(1) $CH_3OH + H_2C\overset{O}{-}CH_2 \xrightarrow{CH_3O^-} CH_3O-CH_2CH_2-OH$

(2) $CH_3OH + \text{（テトラヒドロフラン）} \xrightarrow{CH_3O^-} CH_3O-CH_2CH_2CH_2CH_2-OH$

11・49 次の二つずつの化合物を，明確な溶解度の差，色の変化，気体の発生，沈殿の生成など容易に結果が出る物理的あるいは化学的試験で区別する方法を説明せよ．
(a) 3-エトキシプロペンと 1-エトキシプロパン
(b) 1-ペンタノールと 1-メトキシブタン
(c) 1-メトキシ-2-メチルプロパンと 2-クロロ-1-メトキシ-2-メチルプロパン

11・50 反応の副生成物として HCl が生成する場合，それを塩基水溶液で中和して反応混合物から除去するのが普通である．しかし塩基の使用が生成物あるいは反応条件と適合しない場合がある．プロピレンオキシド（2-メチルオキシラン）が HCl を定量的に除去するのに使えることが見いだされた．なぜこの方法がうまくいくのか説明せよ．

11・51 次の反応を行ったが，予期した生成物は得られなかった．失敗した理由を説明せよ．

(a) （イソブチル）-Br $\xrightarrow{\text{水中で Na}^+\text{EtO}^-}$ （イソブチル）-OEt

(b) HO—CH₂CH₂—Br $\xrightarrow{\text{Mg}}{\text{エーテル}}$ （エポキシド） $\xrightarrow{H_3O^+}$ HO—CH₂CH₂CH₂CH₂—OH

11・52 次の化合物を Grignard 試薬とエチレンオキシドの反応で合成できるだろうか．できるなら反応式を示せ．できないならその理由を示し，別のエポキシドを出発物とする合成法を書け．
(a) 2-ペンタノール　　(b) 1-ペンタノール

11・53 次のアルケンについて，OsO_4 ついで $NaHSO_3$ 水溶液と反応させたとき，通常の条件で原理的に分割できるラセミ体生成物を与えるかどうかを答えよ．
(a) エチレン　(b) cis-2-ブテン　(c) trans-2-ブテン
(d) cis-2-ペンテン

11・54 2-メチルオキシランの(+)-立体異性体を NaOH 水溶液と反応させると 1,2-プロパンジオールの (R)-(−)-立体異性体が得られる．この知見から (+)-2-メチルオキシ

11・55 (S)-2-エチル-2-メチルオキシランを酸触媒存在下で水と反応させて得られるジオールの主生成物の絶対立体配置を予測せよ。

11・56 六員環を生成する分子内反応はこれと競争する分子間反応よりも速いこと(§11・8)を考慮して、次の反応の生成物を予測せよ。

$$\text{HOCH}_2\text{CH}_2\overset{\text{CH}_3}{\underset{\text{CH}_3}{\text{C}}}\text{CH}_2\text{CH=CH}_2 \xrightarrow[\text{THF-H}_2\text{O}]{\text{Hg(OAc)}_2} \xrightarrow{\text{NaBH}_4}$$

分子式 $C_8H_{16}O$ の化合物

11・57 (3S,4S)-4-メトキシ-3-メチル-1-ペンテンをメタノール溶媒中で酢酸水銀(II)と反応させ、ついで NaBH$_4$ で処理すると、分子式 $C_8H_{18}O_2$ をもつ二つの異性体生成物が単離される。一方の化合物 A は光学不活性であるが、もう一方の化合物 B は光学活性である。この二つの化合物の構造式と絶対立体配置を書け。

11・58 出発物としてアルコール $A(*O = {}^{18}O)$ を用いてエーテル B を合成する方法として次の2通りのどちらがうまくいくだろうか。

A: 1-メチルシクロヘキサノール (*OH)
B: 1-メチル-1-メトキシシクロヘキサン (*OCH$_3$)

(1) A $\xrightarrow[\text{CH}_3\text{OH}]{\text{H}_2\text{SO}_4 (極少量)}$ (*OCH$_3$)

(2) A $\xrightarrow{\text{NaH}} \xrightarrow{\text{CH}_3\text{I}}$ (*OCH$_3$)

11・59 次の実験事実に基づくと化合物 A〜D は下記の四つの化合物のどれか。化合物 A, B, C は光学活性であるが、D は不活性である。過ヨウ素酸で処理すると、化合物 C と D は同じ生成物を与えるが、B は異なる生成物となる。化合物 A は過ヨウ素酸と反応しない。

(1) (2S,3S)-2,4-ジメトキシ-1,3-ブタンジオール
(2) meso-1,4-ジメトキシ-2,3-ブタンジオール
(3) (+)-1,4-ジメトキシ-2,3-ブタンジオール
(4) (2R,3R)-3,4-ジメトキシ-1,2-ブタンジオール

11・60 次の反応の主生成物を書け。(d), (g), (h), (i), (k) については生成物の立体化学を示せ。

(a) $\text{CH}_3\text{CH}_2\text{CH}_2-\text{Br} + \text{Na}^+ \text{EtO}^- \xrightarrow{\text{EtOH}}$

(b) $\text{H}_3\text{C}-\underset{\text{CH}_2\text{CH}_3}{\overset{\text{CH}_3}{\text{C}}}-\text{Br} + t\text{BuO}^-\text{K}^+ \xrightarrow{t\text{BuOH}}$

(c) $\underset{\text{H}_3\text{C}}{\overset{\text{H}_3\text{C}}{\text{C}}}=\text{CH}-\text{CH}_3 + (\text{CH}_3)_2\text{CH-OH (溶媒)} \xrightarrow{\text{Hg(OAc)}_2} \xrightarrow{\text{NaBH}_4}$

(d) シクロヘキシル-CH=CH-CH$_3$ + 3-クロロ安息香酸 $\xrightarrow{\text{CH}_2\text{Cl}_2}$

(e) $\text{H}_3\text{C-CH=CH}_2 + \text{H}_2\text{O} + \text{Br}_2 \longrightarrow \xrightarrow[\text{ピリジン}]{\text{CrO}_3}$

(f) $\text{BrCH}_2\text{CH}_2\text{CH}_2-\text{HC}\overset{\text{O}}{-}\text{CH}_2 + \text{HIO}_4 \xrightarrow{\text{H}_2\text{O}}$
(ヒント:過ヨウ素酸 HIO$_4$ はかなり強い酸である)

(g) $\underset{\text{オレイン酸}}{\text{CH}_3(\text{CH}_2)_6\text{CH}_2\overset{\text{H}}{\underset{}{\text{C}}}=\overset{\text{H}}{\underset{}{\text{C}}}\text{CH}_2(\text{CH}_2)_5\text{CH}_2-\text{C}(=\text{O})-\text{OH}} \xrightarrow[\text{H}_2\text{O}]{\text{KMnO}_4, {}^-\text{OH}}$

(h) シクロペンテンオキシド + Na$^+$N$_3^-$ $\xrightarrow{\text{H}_2\text{O}}$
ナトリウムアジド (表9・1参照)

(i) シクロペンテンオキシド + Li$_2$(CH$_3$)$_2$CuCN $\xrightarrow[\text{THF}]{\text{H}_3\text{O}^+}$

(j) ClCH$_2$CH$_2$CH$_2$CH$_2$Cl + Na$_2$S $\xrightarrow[\text{(極性非プロトン性溶媒)}]{\text{DMF}}$ 分子式 C_4H_8S の化合物

(k) meso-CH$_3$CH(OH)-CH(OH)CH$_3$ + H$_3$C-C$_6$H$_4$-SO$_2$Cl (1当量) $\xrightarrow{\text{ピリジン}} \xrightarrow{\text{NaOH}}$

11・61 次の化合物を指示された出発物から合成する方法を述べよ。他のどのような反応剤を用いてもよい。(1)と(m)を除いてすべてのキラルな化合物はラセミ体として合成すること。

(a) 3-メチル-1-ブテンから 2-エトキシ-3-メチルブタン
(b) 2-メチル-2-ブタノールから 2-エトキシ-2-メチルブタン
(c) エチレンオキシドから 4,4-ジメチル-1-ペンタノール
(d) 炭素2個以下の化合物から Et-S(=O)-CH$_2$CH$_2$CH$_2$CH$_3$

(e) アルケンから → シクロペンタン環に HO, H, CH₃, OH の置換基

(f) アルケンから → シクロペンタン環に HO, H, OH, CH₃ の置換基

(g) シクロヘキセンからシクロヘキシルイソプロピルエーテル

(h) 3-メチル-1-ブテンから → 4-メチルペンタナール様アルデヒド

(i) 3-メチル-1-ペンテンから → Et基, Me基をもつCH–C(=O)CH₂OCH₃

(j) 2-メチルプロペンから → Me₂C(OEt)–CH=O

(k) 塩化アリル (CH₂=CH–CH₂Cl) から EtO–CH₂–CH=O
(ヒント: 塩化アリルは S_N2 反応性が非常に高い)

(l) シクロペンテン-CH₂OH から エナンチオピュアな 2-メチルシクロペンタノン (H₃C, O)

(m) シクロペンテン-CH₂OH から エナンチオピュアな エポキシアルデヒド (H, O, CH=O)

11・62 エナンチオピュアな $(2R,3R)$-2,3-ジメチルオキシランから次の化合物をエナンチオピュアな形で合成する方法を述べよ.

(a) $(2R,3S)$-3-メトキシ-2-ブタノール
(b) $(3S)$-CH₃CH–C(OMe)–CH₃ (位置 3,2,1)
(c) $(2R,3S)$-CH₃CH(OEt)–CH(OMe)CH₃ (位置 2,3)
(d) $(2S,3R)$-CH₃CH(OEt)–CH(OMe)CH₃ (位置 2,3)

11・63 化合物 $A(C_8H_{16})$ を触媒を用いて水素化するとオクタンを与える.m-クロロペルオキシ安息香酸で処理すると A はエポキシド B を生成し,これを酸水溶液で処理すると分割可能な化合物 $C(C_8H_{18}O_2)$ を与える.A を OsO_4 ついで $NaHSO_3$ 水溶液で処理するとアキラルな化合物 D(C の立体異性体)が生成する.立体化学を含めてすべての化合物を同定せよ.

11・64 アルケンのオゾン分解にかわる方法として,アルケンを 2 当量の過ヨウ素酸および触媒量の OsO_4 で処理する方法がある.

(a) 次に示す反応における各反応剤の役割を説明せよ.2 当量の過ヨウ素酸が必要であることを説明できなければならない.

$$\text{(isopropylidenecyclohexane)} + 2\,H_5IO_6 \xrightarrow[H_2O]{OsO_4\,(\text{触媒量})}$$

$$(CH_3)_2C=O + O=\text{cyclohexanone} + 2\,H_3IO_4 + 2\,H_2O$$

(b) 次の反応式を完成させよ.

$$\text{(methylnorbornene)} + 2\,H_5IO_6 \xrightarrow[H_2O]{OsO_4}$$

11・65 次のアルケンを m-クロロペルオキシ安息香酸 (mCPBA) と反応させたときに原理的に生成するすべてのエポキシドの構造式を描け.それぞれの反応でどのエポキシドが主生成物となるか.その理由を説明せよ.

(a) cis-4,5-ジメチルシクロヘキセン
(b) (デカリン系アルケン CH₃, H)

11・66 $CH_3CH_2\overset{..}{S}CH_2CH_2\overset{..}{S}CH_2CH_3$ を 2 当量の CH_3I と反応させると,次の二重スルホニウム塩が沈殿する.

$$CH_3CH_2-\overset{+}{\underset{CH_3}{S}}-CH_2CH_2-\overset{+}{\underset{CH_3}{S}}-CH_2CH_3 \quad 2I^-$$

(a) この塩の生成機構を巻矢印表記法で示せ.
(b) よく調べると,この化合物は融点 123~124 °C と 154 °C の 2 種類の異性体の混合物であることがわかる.なぜ 2 種類の化合物が生成するのかを説明せよ.これらの異性体の関係は何か(ヒント:§6・9B 参照).

11・67 天然物から単離された S-アデノシルメチオニン(図 11・1)の水溶液を室温で数週間放置すると,溶液中に立体異性体である不純物が生成し,これは通常の方法で分離できる.この不純物の構造式を描き,これが生成する理由

11. エーテル，エポキシド，グリコール，スルフィドの化学   503

を説明せよ（ヒント：この過程で共有結合は開裂しない）．

11・68 天然に存在するアミノ酸である(S)-メチオニン（式 11・78）をメチオニンスルホキシドに変換すると，物理的性質の異なる2種類の異性体が生成する．これらの構造式を描け．両者の立体化学的関係は何か．

11・69 エポキシドを ^-OH と反応させたときに起こる副反応はポリマーの生成である．次の重合反応の機構を巻矢印表記法を使って説明せよ．

$$n\,H_3C-CH-CH_2 \xrightarrow{\ ^-OH\ } \left(-O-\underset{CH_3}{CH}-CH_2-\right)_n$$
(エポキシド)

11・70 (a) 次の反応の機構を巻矢印表記法を用いて書け．

アジリジン + Na$^+$ N$_3^-$ + H$_2$O $\xrightarrow[50\,°C]{\overset{+}{N}H_4Cl^-}$ シクロヘキシル(NH$_2$, N$_3$) + Na$^+$ ^-OH
(ナトリウムアジド，表9・1参照)

(b) アジリジンの反応はなぜこの弱い酸を必要とするのか（ヒント：アミン RNH$_2$ の pK_a は約32である）．

(c) アンモニウムイオンの pK_a は 9.25，アジリジンの共役酸の pK_a は約 7，HN$_3$ の pK_a は 4.2 である．ある学生が希 HCl(0.01 M) の方がよい触媒であるといったが，これは正しいだろうか．

11・71 メクロレタミン（ムスチン）という薬が抗腫瘍治療に使われてきた．

Cl—CH$_2$CH$_2$—N(CH$_3$)—CH$_2$CH$_2$—Cl
メクロレタミン（ムスチン）

これは窒素マスタードとよばれる一群の化合物の一種であり，シクロホスファミドやクロラムブシルといった抗腫瘍薬もこれに属する．

(a) メクロレタミンは 1,5-ジクロロペンタンよりも数千倍も速く水と求核置換反応を起こす．メクロレタミンの反応の生成物とその生成機構を書け．

(b) メクロレタミンの抗腫瘍効果は DNA を架橋させることに基づく（485ページコラム，特に式11・69と式11・70参照）．この架橋反応を巻矢印表記法で示せ（DNA の塩基を R$_3$N: で表せ）．

11・72 次の各対で，グリコールの一方は過ヨウ素酸酸化に不活性である．どちらのグリコールが不活性か．その理由を説明せよ（ヒント：反応の中間体の構造を考えよ）．

(a) [シクロヘキサン構造 A, (CH$_3$)$_3$C 置換，cis-ジオール] と [シクロヘキサン構造 B, (CH$_3$)$_3$C 置換，trans-ジオール]

(b) [デカリン構造 A: CH$_3$, HO, OH] と [デカリン構造 B: CH$_3$, HO, OH]

11・73 次の事実を機構を書いて説明せよ（次図参照）．

A: シクロヘキサン（SPh, Cl）
B: シクロヘキサン（SPh, OEt）
C: シクロヘキサン（SPh, Cl）立体異性体

(1) 80%エタノール水溶液中で化合物 A は反応して化合物 B を生成する．trans-B が生成する唯一の立体異性体であることに注意せよ．
(2) 光学活性な A は完全にラセミ体の B を与える．
(3) A の反応はその立体異性体である C やクロロシクロヘキサンの類似の置換反応より約 10^5 倍も速い．

11・74 次の反応について立体化学的結果を説明する機構を巻矢印表記法を用いて書け．各反応における不安定中間体の構造式を描き，なぜ不安定なのかを説明せよ．

(a) H$_3$C-N(環), H, Cl + EtOH (溶媒) → H$_3$C-N(環), H, OEt + HCl

(b) S(環), Cl + MeOH (溶媒) → S(環), OMe + HCl

11・75 δ-クロロブチルフェニルスルフィドを 20 M の水を含むジオキサン中 100 °C で反応させると環状化合物 X が生成単離される（次式参照）．この反応は同じ条件下での 1-クロロヘキサンの反応より 21 倍速い．

Ph—S—CH$_2$CH$_2$CH$_2$CH$_2$—Cl $\xrightarrow[\text{ジオキサン, 100 °C}]{20\,M\,水}$ 環状化合物 X
(δ-クロロブチルフェニルスルフィド)

(a) X の構造式を描き，その生成機構を巻矢印表記法を用いて示せ．
(b) この反応の近接効果を計算せよ．
(c) この反応の近接効果が式(11・61b)の類似の反応についての近接効果（例題 11・5 で計算した）よりずっと小さい理由を示せ．

11・76 次に示した反応の一つは純水中で純エタノール中よりも約 2000 倍速い．もう一つの反応は純エタノール中で純水中よりも約 20,000 倍速い．三つ目の反応はエタノール中でも水中でもほとんど同じ速さである．どの反応がエタノール中で速く起こり，どの反応が水中で速く起こ

504   11. エーテル, エポキシド, グリコール, スルフィドの化学

り, どの反応がその速さが溶媒によらないのか. その理由を説明せよ. 反応式では溶媒を ROH で示してある(ヒント: 表 8・2 に記載されたエタノールと水の誘電率の違いに注目せよ).

(1) $(CH_3)_3S^+ + {}^-OH \xrightarrow{ROH} CH_3-OH + (CH_3)_2S$ (S_N2 反応)

(2) $(CH_3)_3C-Cl + ROH \xrightarrow{溶媒}$
$[(CH_3)_3C^+ \atop Cl^-] \longrightarrow (CH_3)_3C-OR + HCl$ (S_N1 反応)

(3) $(CH_3)_3C-\overset{+}{S}(CH_3)_2 + ROH \xrightarrow{溶媒}$
$[(CH_3)_3C^+] \longrightarrow (CH_3)_3C-OR + RO\overset{+}{H_2}$
$+ S(CH_3)_2$ (S_N1 反応)

11・77 次に示した反応の機構を巻矢印表記法で書け.

(a) HO-C(CH₃)₂-CH=CH₂ + Br₂/H₂O → エポキシド-CH₂Br

(b) シクロヘキシル-CH₂CH₂CH=CH₂ (OH) + 少量の ⁻OH → スピロ化合物

(c) HS-シクロヘキシル-OTs (cis-H) + Na⁺ CH₃O⁻ → 二環性スルフィド + CH₃OH + Na⁺ ⁻OTs

(ヒント:生成物の構造式は次のように描き直すことができる) [チオフェン類似の図]

(d) H₃C-CH(O)C(CH₃)₂ + tBuO⁻ K⁺/DMSO → H₂C=CH-C(CH₃)₂(OH) (80%) + H₃C-CH(OH)-C(CH₃)=CH₂ (15%)

(e) シクロオクテン(S) + H-OSO₂CF₃ (強酸) → 二環性スルホニウム ⁻OSO₂CF₃

(f) エピスルフィド + H₃C-Br → CH₃S-CH₂CH₂-Br

(g) H₃C-CH(O)CH-CH₂OH + Na⁺ ⁻CN/H₂O-エタノール → HO-CH₂-C(CH₃)(CN)H + CH₃CH(OH)-C(H)(CN)(OH)

(h)
PhCH₂-S
|
H₃C-C(CH₃)-CH₂-CH(OTs)-CH₃ $\xrightarrow[CH_3OH]{NaHCO_3}$
H₃C-C(CH₃)(OCH₃)-CH₂-CH(SCH₂Ph)-CH₃
(収率 57%)

(i)
Ph-CH(OH)-C(OH)(CH₃)-CH₃ + Pb(OAc)₄ 四酢酸鉛(IV) →
Ph-CH=O + H₃C-CO-CH₃ + Pb(OAc)₂ 酢酸鉛(II) + 2 HOAc

(ヒント: 四酢酸鉛は過ヨウ素酸の場合とよく似た機構でジオールを開裂する)

11・78 (a) 次に示したように, 1,5-シクロオクタジエンは SCl_2 による求電子的付加によって化合物 A を与える(あわせて示してある A の立体配座に注意せよ). この立体化学を説明できる機構を巻矢印表記法で示せ(ヒント: 二重結合の一つへの SCl_2 の単純な求電子付加から出発せよ).

1,5-シクロオクタジエン + SCl₂ → A (Cl, S, Cl) = A の立体配座

(b) 次に示した A の反応の機構を考えよ.

A (Cl, S, Cl) + 2 Na⁺ N₃⁻ ナトリウムアジド(表 9・1 参照) $\xrightarrow[100\,°C]{H_2O}$ (N₃, S, N₃) + 2 Na⁺ Cl⁻

11・79 化合物 A, B, C は次に示した化合物のどれかである. メタノール中で KOH と処理すると, A はエポキシドを生成せず, B はエポキシド D を, C はエポキシド E を生成する. エポキシド D と E は立体異性体である. 同じ条件では, E の生成速度は D よりずっと遅い. A, B, C はそれぞれどの化合物か. 実験事実のすべてを説明せよ.

(1) (CH₃)₃C-シクロヘキシル-OH, Cl (trans)
(2) (CH₃)₃C-シクロヘキシル-OH, Cl (異なる立体配置)

OH
$(CH_3)_3C$
Cl

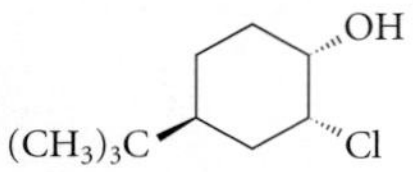

(3)

11・80 次に示した化合物のうち二つは ^{-}OH で処理すると容易にエポキシドを生成するが，一つはエポキシドの生成が遅く，残りの一つはまったくエポキシドを生成しない．それぞれの化合物はこのうちのどれか．その理由を説明せよ．

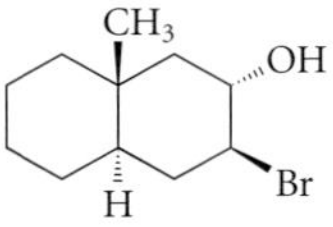

CH_3
OH
Br
H

A

CH_3
OH
Br
H

B

CH_3
HO
Br

C

CH_3
HO
Br

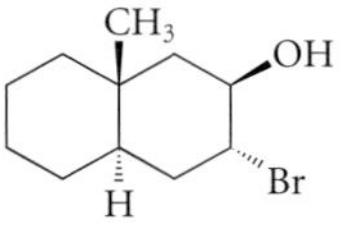

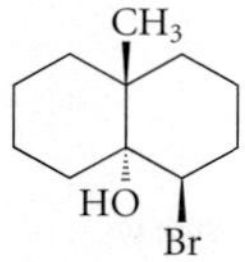

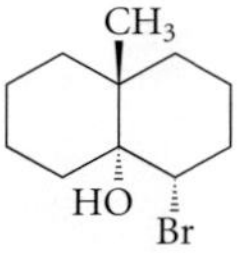

D

11・81 (a) 次の反応の機構を示して立体化学の結果を説明せよ（ヒント：例題 11・6 参照）．

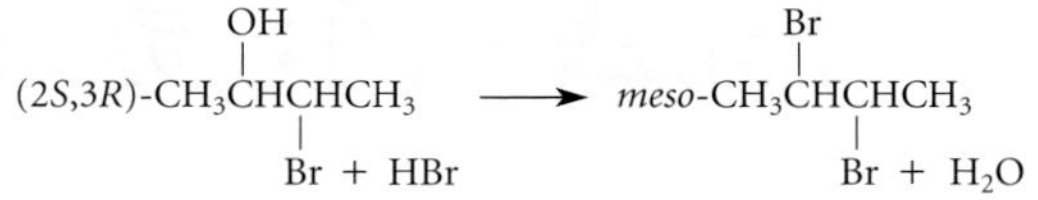

OH
(2*S*,3*R*)-$CH_3CHCHCH_3$
Br + HBr
Br
meso-$CH_3CHCHCH_3$
Br + H_2O

(2*S*,3*R*)-3-ブロモ-2-ブタノール　　*meso*-2,3-ジブロモブタン

(b) 3-ブロモ-2-ブタノールの 2*S*,3*S* 立体異性体に同じ反応を行うとどのような立体化学の結果が得られるか．

12

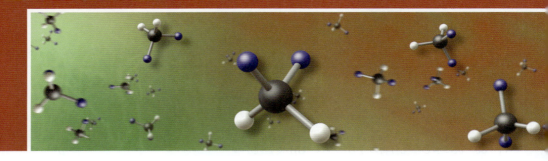

分光法入門：赤外分光法と質量分析法

　これまでの章では，反応から構造未知の生成物を単離したとき，その構造は何かの方法で決定できることを当然のことと考えてきた．かなり以前は，多くの有機化合物の構造を決定するために，手の込んだ面倒な化学分解法を用いる必要があった．この方法で得られる証拠は巧妙ではあるが，非常に時間がかかり，比較的多量の試料を必要とし，さまざまな間違いを含む可能性があった．しかし，この50～60年間に物理的な方法が利用できるようになり，化学者は非常に少量の物質を用いて正確に，迅速に，非破壊的に分子構造を決定できるようになった．これらの方法を用いると，以前は1年以上かかった構造決定を30分以内で行うことも決してめずらしくはない．本章と13章では，構造決定に用いる代表的な方法を学ぶことにする．

12・1　分光法入門

　現代の構造決定法の基礎となるのは，物質と光（または他の電磁波）の相互作用の研究すなわち**分光法**（spectroscopy）の分野である．分光法は化学や物理の多くの分野で非常に重要になっている．たとえば，軌道や結合について知られている多くのことは分光法から得られる．また，分光法は未知分子の構造決定に使うことができるので，実験有機化学者にとっても重要である．ここではおもに分光法の応用を中心に説明していくが，まず分光法の理論の基礎を少し学んでおこう．

A. 電磁波

　可視光は**電磁波**（electromagnetic radiation）の一種である．光は**波動**であるという概念はよく知られている．いいかえれば，光は正弦波や余弦波のような振動とみなすことができる．光波では何が実際に振動しているのであろうか．電磁波は，互いに直交した振動している電場ベクトルと磁場ベクトルからなる（図 12・1）．"場"の概念はわかりにくいかもしれない．電場は，エネルギーを荷電原子などの電

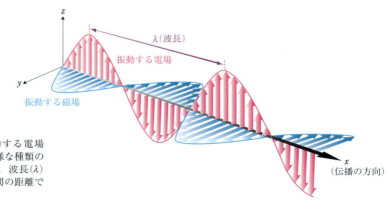

図 12・1　直交方向に振動する電場と磁場からなる電磁波．多様な種類の電磁波は波長だけが異なる．波長（λ）は隣合う山の間または谷の間の距離である．

荷に変換することができる．後で述べるように，この電磁波の電気的な側面は赤外分光法で重要である．磁場は，エネルギーを小さい磁石とみなすことができる磁気双極子に変換することができる．この電磁波の磁気的な側面は，13 章で学ぶ核磁気共鳴(NMR)分光法で重要である．電磁波としてほかに一般的なものとして，X線，紫外線(UV，紫外線ランプの放射)，赤外線(IR，熱ランプの放射)，マイクロ波(レーダーや電子レンジで使用)およびラジオ波(rf，AM，FM ラジオ信号やテレビ信号の送信用)がある．

電磁波は空間を"光速" c (3×10^8 m s^{-1} または 3×10^{10} cm s^{-1})とよばれる一定の速度で伝播する．電磁波で非常に重要な特徴は**波長**(wavelength)であり，ギリシャ文字の λ(ラムダ)と略す．図 12・1 に示すように，波長は隣合う山の間または谷の間の距離である．多様な種類の電磁波は基本的に同じであるが，波長が異なる．波長の違いが最も明確にわかるのは，色の現象である．たとえば，青色の光は赤色の光よりも短い波長をもつ．波長を示すためによく使う距離の単位は，電磁波の種類によって変わる．たとえば，紫外線と可視光の波長は，ふつうナノメートル(nm)で示す．1 nm は 10^{-9} m である．赤色の光は $\lambda = 680$ nm，青色の光は $\lambda = 480$ nm である．紫外線は青色の光より短い波長をもち，マイクロ波は可視光よりずっと長い波長をもつ．

波の波長と密接に関連しているのが周波数である．電磁波は静止しているのではなく空間を決まった速度 c で伝播するので，周波数の概念が必要である．波の**周波数**(frequency)は，波が空間を伝播するとき時間当たり，ある点を通過する波の数である．周波数を示すための一般的な記号は，ギリシャ文字の ν(ニュー)である．文字はよく似ているが，これは斜字体の v ではないことに気をつけてほしい．波長 λ をもつ波の周波数 ν は次のようになる．

$$\nu = \frac{c}{\lambda} \tag{12・1}$$

ここで c は光速である．λ は長さの次元をもつので，ν は時間の逆数の次元をもち，ふつう s^{-1} の単位が用いられ，これはヘルツ(Hz)とよばれることが多い．たとえば，赤色の光の周波数は以下のようになる．

$$\nu = \left(\frac{3 \times 10^8 \text{ m s}^{-1}}{680 \text{ nm}}\right)\left(10^9 \frac{\text{nm}}{\text{m}}\right)$$
$$= 4.4 \times 10^{14} \text{ s}^{-1} = 4.4 \times 10^{14} \text{ Hz} \tag{12・2}$$

この式から，赤色の場合ある点を 1 秒当たり 4.4×10^{14} の波が通過することがわかる．

問 題

12・1 以下の電磁波の周波数を計算せよ．
(a) $\lambda = 9 \times 10^{-6}$ m の赤外線　　(b) $\lambda = 480$ nm の青色の光

光は波とみなすこともできるが，粒子としてのふるまいも示す．光の粒子は**光子**(photon)とよばれる．光子のエネルギーと光の波長または周波数の関係は，物理の基本法則である．

$$E = h\nu = \frac{hc}{\lambda} \tag{12・3}$$

この式で，h は Planck 定数である．Planck 定数は以下の数値をもつ普遍的な定数である．

$$h = 6.626 \times 10^{-34} \text{ J s} \tag{12・4}$$

1 mol の光子に対して，Planck 定数は以下の値をもつ．

$$h = 3.99 \times 10^{-13} \text{ kJ s mol}^{-1} \tag{12・5}$$

式(12・3)は，電磁波のエネルギー，周波数と波長は互いに関係していることを示す．したがって，電

磁波の周波数または波長がわかれば，エネルギーもわかる．

電磁波の全領域は，電磁スペクトルとよばれる．電磁スペクトル内の電磁波の種類を図12・2に示す．式(12・1)と式(12・3)に従い，波長が減少するにつれて周波数とエネルギーが増加する．すべての電磁波は基本的に同じであり，種類により異なるのはエネルギーである．

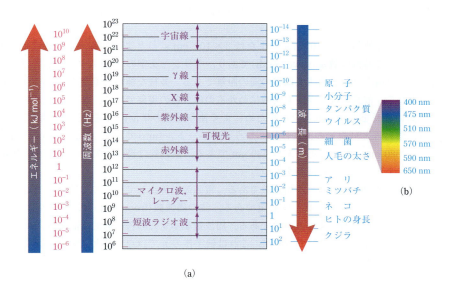

図 12・2 電磁スペクトル．(a) エネルギー(赤色の数値と目盛)，周波数(黒色の数値と線)，波長(青色の数値と目盛)を関数とした多様な種類の電磁波．波長をさまざまな物体のサイズと比較する(青字)．波長はエネルギーおよび周波数に反比例し，式(12・3)に示すように波長が長いほどエネルギーと周波数は小さいことに注意せよ．(b) 可視光の範囲を拡大．色と波長の対応を示す．

問　題

12・2 以下の光のエネルギーを $kJ\ mol^{-1}$ の単位で計算せよ．
 (a) 問題 12・1(a)の光　　(b) 問題 12・1(b)の光

12・3 図 12・2 を用いて以下の質問に答えよ．
 (a) X線のエネルギーは青色の光のエネルギーに比べて大きいか小さいか．
 (b) レーダー波のエネルギーは赤色の光のエネルギーに比べて大きいか小さいか．

B. 吸収分光法

構造決定で用いられる最も一般的な分光法は**吸収分光法**である．吸収分光法は，物質が電磁波のエネルギーを吸収できることに基づいており，吸収量を用いた光の波長の関数として表す．**吸収分光法**(absorption spectroscopy)の実験では，電磁波の吸収量を**分光光度計**(spectrophotometer)または**分光計**(spectrometer)とよばれる装置を用いて波長，周波数またはエネルギーの関数として決定する．吸収分光法の基本的な考え方を図12・3に図示する．実験にはまず電磁波の発生源が必要である．可視光の吸収を測定する実験では，光源は一般的な電球である．測定する物質すなわち試料を放射ビーム中に置く．検出器を用いて，吸収されないで試料を通過する光の強度を測定する．この強度を光源の強度から差し引くと，試料が吸収した光の量がわかる．試料に当てる光の波長を変化させ，各波長で吸収した光を，波長または周波数に対してプロットした透過光または吸収光のグラフとして記録する．このグラフは一般に試料の**スペクトル**(spectrum)とよばれる．

12・1 分光法入門

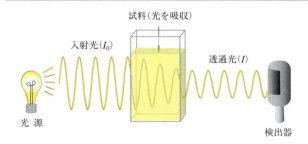

図 12・3 吸収分光法実験の概念図．光源からのある波長の光が試料を通過し，検出器に到達する．試料が光を吸収すると，試料を通過した光の強度は入射光の強度より小さくなる．入射光と試料を通過した光を比較すると，試料がどの程度光を吸収したかがわかる．スペクトルは，光の波長または周波数に対して吸収または透過した光の強度をプロットしたものである．

スペクトルの一例として炭化水素であるノナン $CH_3(CH_2)_7CH_3$ の赤外(IR)スペクトルを図 12・4 に示す．このスペクトルは，赤外線の波長領域で，ノナンの試料を透過した光の強度をプロットしたものである．次節でこのようなスペクトルをどのように解釈するかを詳しく学ぶ．

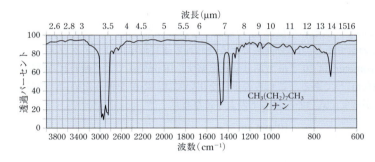

図 12・4 ノナンの IR スペクトル．ノナンの試料を透過した光を，波長(上の横軸)または波数(下の横軸)の関数としてプロットしてある．波数は周波数に比例し，§12・2A の式(12・6)で定義される．吸収は下向きのピークで示される．

化学者にとって分光法の非常に重要な特徴は，化合物のスペクトルはその構造によって決まることである．そのため，分光法は構造決定に用いることができる．この目的で，化学者は多くの種類の分光法を用いる．最も用いられる3種類の分光法と，各方法が提供する一般的な情報は以下のとおりである．

1. 赤外(IR)分光法: どのような官能基が存在するかの情報
2. 核磁気共鳴(NMR)分光法: 炭素と水素の数，それらのつながり方および，どのような官能基がその周辺にあるかに関する情報
3. 紫外-可視(UV-vis)分光法(単に UV 分光法ともよばれる): 存在する π 電子系の種類に関する情報

これらの分光法は，実用的な面はかなり異なるが，原理的には用いる光の周波数だけが異なる．4 番目の物理的技術である質量分析法は分子質量を決めることができるので，構造決定に広く用いられている．質量分析法は吸収分光法ではないので，NMR, IR, UV 分光法とは基本的に異なる．

 身近な分光法実験

分光光度計を使わなくても，分光法実験の基本的な考え方がわかる．緑色のガラスを通して太陽の白色光を見たとしよう．ここで太陽は光源，ガラスは試料，目が検出器であり，脳がスペクトルを与える．白色光はすべての波長の光が混合したものである．このガラスが緑色に見えるのは，ガラスが緑色の光だけを透過する，すなわち白色光の他の色(波長)を吸収するからである．この緑色のガラスと眼の間に赤色のガラスを置くと，赤色のガラスは黒色に見える．これは赤色のガラスが緑色の光を吸収するのでどの波長の光も眼に届かないからである．

本章では以後，赤外分光法と質量分析法を説明する．NMR 分光法は 13 章で，紫外–可視分光法は 15 章で解説する．

12・2 赤外分光法
A. IR スペクトル

他の吸収スペクトルと同様に，赤外(infrared, IR)スペクトルは物質が吸収した光を波長の関数として記録したものである．IR スペクトルは，§12・5 で簡単に述べるように**赤外分光計**とよばれる装置で測定する．実際に，有機化学者にとって最も興味があるのは，2.5×10^{-6} m $\sim 20 \times 10^{-6}$ m の波長の赤外線の吸収である．図 12・4 に示すノナンのスペクトルに戻って，IR スペクトルを詳しく学んでいこう．

このスペクトルを見直してみる．下の横軸にプロットされた数は光の**波数**(wavenumber)$\tilde{\nu}$ である(記号 $\tilde{\nu}$ はニューバーとよむ)．波数は単純に波長の逆数である．

$$\tilde{\nu} = \frac{1}{\lambda} \tag{12・6}$$

この式では，波長の単位は m なので，波数の単位は m の逆数すなわち $\mathrm{m^{-1}}$ となる．物理的には，波数は 1 m 当たりに含まれる波長の数である．IR 分光法でよく使われる波長の単位は**マイクロメートル**である．**マイクロメートル**(micrometer)は 10^{-6} m であり μm と略す．IR 分光法でよく使われる波数の単位は，**センチメートルの逆数**($\mathrm{cm^{-1}}$)である．これらの単位を用いて式(12・6)を使うために，換算係数 10^4 μm $\mathrm{cm^{-1}}$ をかける．したがって，式(12・6)は以下のようになる．

$$\tilde{\nu}\,(\mathrm{cm^{-1}}) = \frac{10^4\,\mu\mathrm{m\,cm^{-1}}}{\lambda\,(\mu\mathrm{m})} \tag{12・7a}$$

$$\lambda\,(\mu\mathrm{m}) = \frac{10^4\,\mu\mathrm{m\,cm^{-1}}}{\tilde{\nu}\,(\mathrm{cm^{-1}})} \tag{12・7b}$$

図 12・4 ではマイクロメートルとセンチメートルの逆数が使われている．赤外線の波数を $\mathrm{cm^{-1}}$ 単位で下の横軸に，波長を μm 単位で上の横軸に表示している(格子状の縦線は波数の目盛に相当する)．すなわち，式(12・7a)によると，波長 10 μm は波数 1000 $\mathrm{cm^{-1}}$ に相当する．図 12・4 では，10 μm と 1000 $\mathrm{cm^{-1}}$ が横軸の同じ位置にあることがわかる．

図 12・4 から，スペクトルの下にある波数は左にいくにつれて増加し，スペクトルの上にある波長は右にいくにつれて増加することに注意しよう．最後に，波数の目盛は，幅が異なる三つの個別の領域に区分されていることにも注意しよう．目盛は 2200 $\mathrm{cm^{-1}}$ と 1000 $\mathrm{cm^{-1}}$ で変わっている．目盛幅の変わる位置は分光計によって異なる．

波数，エネルギーと周波数の関係は，式(12・1)および式(12・3)を波数の定義を示す式(12・6)と組合わせることにより導くことができる．

$$\nu = \frac{c}{\lambda} = c\tilde{\nu} \tag{12・8a}$$

$$E = h\nu = \frac{hc}{\lambda} = hc\tilde{\nu} \tag{12・8b}$$

これらの式は，m 単位の λ，$\mathrm{m^{-1}}$ 単位の $\tilde{\nu}$，m $\mathrm{s^{-1}}$ 単位の c のように同じ単位で用いなければならない．式(12・8a)によると，周波数 ν と波数 $\tilde{\nu}$ は比例する．この比例関係のため，厳密ではないが波数のことを周波数ということもある．

次に図 12・4 の縦軸を考えよう．縦軸にプロットされた量は，**透過パーセント**である．**透過率** T は，試料に入る光の強さ I_0 に対する試料から出る光の強さ I の比で定義される(図 12・3 参照)．定義により，透過率は 0 と 1 の間の値をもつ小数である．

$$透過率 = T = \frac{I}{I_0} \tag{12・9a}$$

透過パーセントは $100 \times T$ である．

$$透過パーセント = \%T = 100 \times T \tag{12·9b}$$

もし試料がすべての光を吸収すると，何も透過しないので $I=0$ となり，試料の透過パーセントは 0% である．もし試料が光をまったく吸収しないとすると，すべて光が透過し $I=I_0$ となり，試料の透過パーセントは 100% である．すなわち，IRスペクトルの吸収は下向きに，すなわち"上下を逆にしたピーク"として記録される．図12・4から，ノナンのスペクトルの吸収は，約 $2850 \sim 2980$, 1470, 1380, $720\,\mathrm{cm}^{-1}$ にあることがわかる．透過率を使ってピークを表示するのは，おもに歴史的な理由である．すなわち，初期の装置では便宜的にデータがこのようにプロットされ，このやり方が単に変わっていないのである．

他の分光法では，吸収を"普通のピーク"として，すなわち上向きに表示する．この方法でデータをプロットするIR装置もある．この場合，プロットする量は<u>吸光度 A</u> である．吸光度は透過率の対数を<u>負</u>にしたものである．

$$吸光度 = A = -\log T = -\log \frac{I}{I_0} = \log \frac{I_0}{I} \tag{12·9c}$$

入射光の半分を吸収する試料は $\%T=50$ であり，このときの吸光度は $-\log 0.5 = 0.3$ である．

IRスペクトルを，図ではなく，全体または一部の重要なピークの位置を数値で表示することがある．強度は定性的に vs(非常に強い), s(強い), m(中程度) または w(弱い) の記号を使って表す．また，幅が狭いピーク(shと略記)もあれば，幅が広いピーク(brと略記)もある．ノナンのスペクトルは以下のようにまとめることができる．

$$\tilde{\nu}(\mathrm{cm}^{-1}):\ 2980 \sim 2850(\mathrm{s}), 1470(\mathrm{m}), 1380(\mathrm{m}), 720(\mathrm{w})$$

問題

12・4 (a) 波長 $6.0\,\mu\mathrm{m}$ の赤外線の波数 (cm^{-1}) はいくらか．
(b) 波数 $1720\,\mathrm{cm}^{-1}$ の光の波長はいくらか．

12・5 図12・4のノナンの赤外スペクトルにおいて，$1380\,\mathrm{cm}^{-1}$ の鋭いピークの吸光度を求めよ．

B. 赤外分光法の物理的基礎

構造の点からIRスペクトルを解釈するためには，分子がなぜ赤外線を吸収するかを理解する必要がある．IRスペクトルで観測される吸収は，分子中の振動の結果である．分子中の原子は静止しているのではなく，常に動いている．たとえば，典型的な有機化合物中のC–H結合を考えてみよう．これらの結合は，**結合振動**(bond vibration)とよばれるさまざまな伸縮や変角の振動により動いている．たとえば，このような振動の一つはC–H伸縮振動である．伸縮振動は，ばねの伸縮にたとえることができ

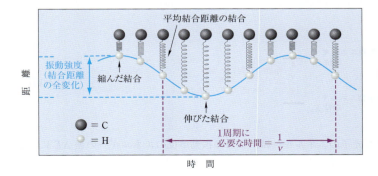

図12・5 化学結合はさまざまな種類の振動を起こす．ここに示すのは伸縮振動である．ばねで表示された結合の時間変化を示す．時間が経つにつれて，結合は伸び縮みする．ちょうど1周期の振動に必要な時間は，振動周波数の逆数である．

る(図12・5参照).この振動は一定の周波数νで,すなわち毎秒決まった回数起こる.あるC—H結合が毎秒 9×10^{13} 回の伸縮周波数をもつとすると,$1/(9 \times 10^{13})$ 秒(1.1×10^{-14} 秒)ごとに1回振動することを意味する.

図12・5の青色の線は,時間が経つにつれてC—H結合の伸縮が波のように動くことを示す.光の周波数と振動の周波数が完全に一致したときだけ,電磁波のエネルギーがC—H結合の振動波の動きに変換できることがわかる.すなわち,C—H振動の周波数が 9×10^{13} s^{-1} のとき,同じ周波数の光からエネルギーを吸収する.したがって,式(12・1)から,光は $\lambda = (3 \times 10^8 \text{ m s}^{-1})/(9 \times 10^{13} \text{ s}^{-1}) = 3.33 \times 10^{-6}$ m = 3.33 μm の波長をもたなければならない.この光に相当する波数(式12・7a)は 3000 cm^{-1} である.この波長の光が振動するC—H結合と相互作用すると,エネルギーが吸収されて,結合振動の周波数と強度の両方が増加する.すなわち,エネルギーを吸収すると,結合がより大きな周波数(実際には2倍の周波数)とより大きな強度(大きな伸びと縮み,図12・6)で振動する.この吸収がIRスペクトルのピークの原因となる.最終的には,結合は通常の元の強度の振動に戻り,その際エネルギーが熱として放出される.赤外線ランプによって肌が暖かく感じるのはこのためである.

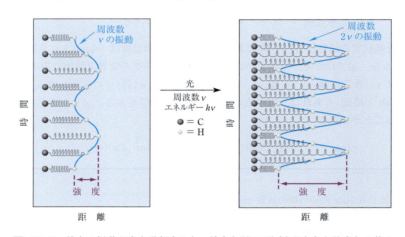

図12・6 結合の振動が光を吸収すると,結合(ばねで示す)が大きな強度と2倍の周波数で振動する.光の周波数は,吸収が起こる結合振動の周波数とちょうど一致しなければならない(強調するために強度の増加を誇張している).

赤外線の吸収を力学の考え方で表現することは直感的に役に立つが,結合の振動は量子理論に従う.この"結合のばね"を力学的なばねと比較してみよう.おもりをつけた力学的なばねを天井からフックでつり下げたとき,離す前に引張るおもりの距離を増減することにより,おもりとばねの系のエネルギーを連続的に変化することができる.しかし,結合では許容される振動エネルギーは量子化されている.すなわち,ある振動エネルギーだけが許容される.このようなエネルギーは振動エネルギー準位で特徴づけられる.結合が赤外線の1光子を吸収すると,振動エネルギーは次のエネルギー準位へと跳び上がる.

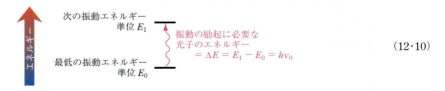

(12・10)

この遷移を起こすために必要な光子のエネルギーは,二つの振動準位のエネルギーの差 ΔE に等しい.式(12・10)の図が示すように,この差は $h\nu_0$ に等しく,ここで ν_0 は結合の振動数である.いいかえ

れば，振動の遷移を起こす光子の周波数は，結合の振動の周波数と同じである．もし結合の振動が量子化されていなければ，結合はどのエネルギーの光子も吸収することができ，スペクトルにはピークがないはずである．なぜ結合によって振動数(すなわち IR 吸収周波数)が異なるかについては，§12・3A で述べる．

以上をまとめると以下のようになる．

1. 結合は特定の周波数で振動する．
2. 光の波長と結合の振動の波長が一致したときだけ，赤外線からのエネルギーの吸収が起こる．

問題

12・6 典型的な C–H 結合の伸縮振動が約 9×10^{13} s^{-1} の周波数をもつとすると，ノナンの IR スペクトル(図 12・4)中のどのピークを C–H 伸縮振動に帰属することができるか．

12・7 ある一酸化炭素検出器は，一酸化炭素に特有な 2143 cm^{-1} の C≡O 伸縮振動の赤外線を検出するという原理に基づく．この伸縮振動は毎秒何回起こるか．

$:\overset{-}{C}\!\equiv\!\overset{+}{O}:$ 　一酸化炭素

12・3 赤外線の吸収と化学構造

ある分子の IR スペクトルの各ピークは，特定の一つの結合またはいくつかの結合の集合の振動によるエネルギーの吸収に対応する．IR スペクトルが化学者にとって役に立つのは，<u>すべての化合物において同じ種類の官能基は IR スペクトルの同じ領域で吸収を示す</u>からである．IR スペクトルにおける主要な吸収領域を表 12・1 に示す．

表 12・1　IR スペクトルの領域

波数領域(cm^{-1})	吸収の種類	領域の名称
3400〜2800	O–H, N–H, C–H 伸縮	官能基
2250〜2100	C≡N, C≡C 伸縮	
1850〜1600	C=O, C=N, C=C 伸縮	
1600〜1000	C–C, C–O, C–N 伸縮 さまざまな変角吸収	指　紋
1000〜600	C–H 変角	C–H 変角

典型的な有機化合物の IR スペクトルは，多くの吸収を含むので必ずしも容易に解釈できるとは限らない．IR スペクトルを使いこなすには，どの吸収が重要であるかを知る必要がある．ある吸収はかなり確実に特定の官能基が存在することを示すので構造決定に役立つ．たとえば，1700〜1750 cm^{-1} 領域の強いピークはカルボニル(C=O)基の存在を示す．確認用に使われるピークもあり，つまり他の種類の分子でも同様なピークが観測されるのだが，そのピークがあることによって別の方法で決定した構造を確認することができる．たとえば，IR スペクトルの 1050〜1200 cm^{-1} 領域の吸収は C–O 結合によるものであり，多くの官能基のうちアルコール，エーテル，エステルまたはカルボン酸の存在を示す．しかし，もし他の証拠(おそらく他の分光法から得られる)からその未知分子がエーテルであることがわかれば，この領域のピークによってエーテルの構造が確認できる．以降の節を読めば，IR 分光法で重要な吸収はそれほど多くないことがわかるであろう．

IR スペクトルだけから構造を完全に決定できることはまずない．むしろ，IR スペクトルは候補とな

る可能な構造を絞込むための情報を提供する．いったん未知化合物の構造が推測できれば，そのIRスペクトルを既知試料のものと比較し，同一であるかどうかを判断することができる．構造にわずかな違いがあっても，IRスペクトルでは，特に 1000～1600 cm^{-1} の領域で識別できる違いが生じる．この点は，cis- と trans-1,3-ジメチルシクロヘキサンの二つのジアステレオマーの IR スペクトルを重ね合わすことによりわかる(図 12・7)．二つのスペクトルで最も大きな違いは，スペクトルのこの領域にある（これらのスペクトルが異なることは，ジアステレオマーが異なる物理的性質をもつという原則を示す一例である）．この領域の吸収はふつう詳細に解釈できないが，"分子の指紋"として価値がある．このため，表 12・1 に示すようにスペクトルのこの領域は"指紋領域"とよばれる．

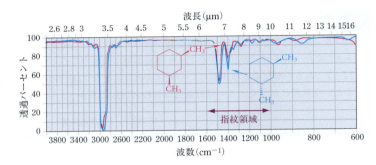

図 12・7　1,3-ジメチルシクロヘキサンのシス(赤色)とトランス(青色)立体異性体の IR スペクトルの比較．これらのスペクトルは非常に似ているが，指紋領域では違いが認められる．

A. 赤外吸収の位置を決定する要因

IR 分光法を用いるとき，特徴的な官能基の吸収が現れる波数を記憶しておいて，未知構造を決定するためにこれらの位置にピークを探すのも一つの方法である．しかし，IR 分光法の物理的基礎についてもう少し理解すると，IR 分光法をずっと知的に使い，重要なピークの位置をずっと容易に知ることができる．IR 吸収ピークの二つの特徴が特に重要である．第一はピークの位置，すなわちピークのある波数または波長である．第二はピークの強度，すなわちピークがどれくらい強いかである．これらの特徴をそれぞれ順番に考えていく．

IR 吸収の位置を支配する要因は何であろうか．最も重要なのは以下の3点である．

1. 結合の強さ
2. 結合をつくる原子の質量
3. 観測される振動の種類

古典物理学によって振動するばねの取扱いから導かれた Hooke (フック) の法則は，最初の二つの効果をうまく説明する．質量 M と m の 2 個の原子を結合で連結し，ばねとして取扱うことにしよう．ばね(結合)の硬さは力の定数 κ で表示され，力の定数が大きいほど，ばねは硬く，すなわち結合は強い．

以下の式は，波数と質量および力の定数の関係を示す．

$$\tilde{\nu} = \frac{1}{2\pi c}\sqrt{\frac{\kappa(m+M)}{mM}} \tag{12・11}$$

この式を使う前に，結合の強さが振動の周波数にどのように影響するかについて考えてみる．直感的には，強い結合が硬いばねに相当する．すなわち，強い結合が大きい力の定数をもつはずである．硬いばねに連結された物体は速く振動する，すなわち大きい周波数または波数で振動する．同様に，強い結

合に連結された原子もまた，高周波数で振動する．結合の強さの単純な指標は，結合を切断するのに必要なエネルギー，すなわち結合解離エネルギー（表5・3）である．したがって，結合解離エネルギーが大きいほど結合が強いということになる．すなわち，結合が強く結合解離エネルギーが大きいほど，IR吸収の波数が大きくなる．例題12・1にこの効果を示す．

例題 12・1

炭素-炭素二重結合の典型的な伸縮周波数は $1650\ \mathrm{cm}^{-1}$ である．炭素-炭素三重結合の伸縮周波数を予想せよ．

解　法　式(12・11)を用いる．与えられている二重結合の $\tilde{\nu}$ を $\tilde{\nu}_2$ とし，三重結合の伸縮周波数 $\tilde{\nu}_3$ を予想する．二重結合の力の定数を κ_2，三重結合の力の定数を κ_3 とすると，式(12・11)から $\tilde{\nu}_3$ と $\tilde{\nu}_2$ の比は以下のようになる．

$$\frac{\tilde{\nu}_3}{\tilde{\nu}_2} = \sqrt{\frac{\kappa_3}{\kappa_2}} \tag{12・12a}$$

炭素原子の質量は両者とも同じなので，質量の項はすべて消去される．もし力の定数がわかればこの問題を解くことができるが，与えられていない．ここで直感的に近似してみよう．ちょうど学んだように，力の定数は結合解離エネルギーに比例する．表5・3を調べてもよいが，単純に三重結合と二重結合の相対的な強さは3：2の比であると仮定してみる．もしそうであれば，式(12・12a)は以下のようになる．

$$\frac{\tilde{\nu}_3}{\tilde{\nu}_2} = \sqrt{\frac{3}{2}} = 1.22 \tag{12・12b}$$

ここで $\tilde{\nu}_2 = 1650\ \mathrm{cm}^{-1}$ を代入すると，$\tilde{\nu}_3$ は $1.22 \times 1650\ \mathrm{cm}^{-1} = 2013\ \mathrm{cm}^{-1}$ となる．

この値はどれくらい実際の値に近いであろうか．図14・5に進んでアルキンの C≡C 伸縮吸収を各自確認しよう．

ここで，結合の伸縮周波数に対する質量の効果を考えてみよう．この効果も式(12・11)からわかる．しかし，この式の特別な場合が非常に重要である．結合で連結された2個の原子の質量が非常に異なる（たとえばC−H結合の炭素と水素）としてみよう．異なる質量をもつ2個の原子間の結合に対する振動周波数は，重い物体の質量よりも軽い物体の質量に影響されやすい．以下のたとえでこの点を説明することができる．

結合の振動に対する質量の効果のたとえ

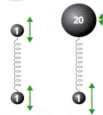

以下の三つの状況を考えてみよう．ばねに連結した2個の同じ軽いゴム球，同じばねで重い鉄球に連結したゴム球，同じばねでビルに連結したゴム球．2個のゴム球を連結したばねが伸縮するとき，両方の球が振動する．すなわち，この振動では両方の質量が関与している．ゴム球と鉄球を連結したばねが伸縮するとき，ゴム球が振動して鉄球はほとんど静止している．ゴム球とビルを連結したばねが伸縮するとき，ビルが動くことはありえないのでゴム球だけが振動しているように見える．後の二つの例では，重い方の質量は何桁も異なるが，振動周波数は実質的に同じである．したがって，重い方の質量が変わっても，振動周波数に対する効果はない．もし，同じばねの一方の末端に鉄球を連結して他方の末端をビルに連結したままにすると，重い方のビルの質量をまったく変えていなくても，周波数は顕著に減少する．すなわち，軽い方の質量が振動周波数を支配する．

ここで式(12・11)を用いて，軽い方の質量が振動周波数を決定することを確かめてみよう．この式で $M \gg m$ と仮定する．このような場合，軽い方の質量は式(12・11)の分子で無視することができるので，重い方の質量 M が消去されて式からなくなり，分母に軽い方の質量 m だけが残る．したがって，式(12・11)は以下のようになる

$$\tilde{\nu} = \frac{1}{2\pi c}\sqrt{\frac{\kappa}{m}} \quad (M \gg m \text{ のとき}) \tag{12・13}$$

この式に従うと，先ほど直感的に議論したように，重い原子と軽い原子の結合の振動周波数はおもに軽い原子の質量に依存する．そのため，C–H, O–H と N–H 結合はすべて IR スペクトルの同じ領域に吸収を示し，C=O, C=N と C=C 結合はいずれも同じ領域に吸収を示す(表12・1)．実際には，これらの結合の振動周波数には違いがあり，それはおもに質量の効果ではなく大部分は結合の強さの効果である．

振動周波数に対する質量の効果を示す最もよい具体例は，X–H 結合の結合振動の周波数を同位体置換した X–D 結合のものと比較することである．重水素 ^{2}H は原子質量2の水素の同位体である．この効果は問題12・9で考える．

問題

12・8 以下の結合はすべて IR スペクトルの 4000〜2900 cm^{-1} の領域に伸縮吸収をもつ．以下の結合を，伸縮周波数が最大のものから減少する順番に並べ，その理由を説明せよ(ヒント: 表5・3を調べよ)．

C–H, O–H, N–H, F–H

12・9 2-メチル-1-ペンテンの =C–H 伸縮吸収は 3090 cm^{-1} に観測される．もし水素を重水素に置換すると，=C–D 伸縮吸収の波数はいくらになるかを説明せよ(C–H と C–D 結合の力の定数は同じであると仮定せよ)．

吸収周波数が影響を受ける3番目の効果は，<u>振動の種類</u>である．分子の振動として一般的であるのは，伸縮振動と変角振動の2種類である．**伸縮振動**(stretching vibration)は，化学結合の軸に沿って起こる．**変角振動**(bending vibration)は，化学結合の軸に沿わないで起こる振動である．変角振動は，球がばねにつるされて横に揺れているのを連想すればよい．一般に，<u>変角振動は同じ置換基の伸縮振動に比べて低波数(長波長)で起こる</u>．

変角振動のたとえ

天井から硬いばねでつるした球を考えてみよう．球を軽くたたくと，前後に揺れる．ばねを伸ばすためには，ずっと大きなエネルギーが必要である．ばねを動かすために必要なエネルギーはその周波数に比例するので，揺れる(変角)運動は伸縮運動より低い周波数をもつ．

2原子分子(たとえば H–F)で可能な振動の種類は伸縮振動だけである．しかし，分子が3個以上の原子を含むとき，伸縮と変角の両方の振動が可能である．分子に許容される振動は，**基準振動モード**(normal vibrational mode)とよばれる．CH$_2$ 基の基準振動モードを図12・8に示す．この模型図は，有機分子中の他の基で見られる振動の原型とみなされる．変角振動は，CH$_2$ 基が<u>面内</u>または<u>面外</u>で動くような振動である．さらに，伸縮と変角の振動は，2個の振動する水素の平面に対して<u>対称</u>か<u>逆対称</u>になりうる．変角の動きには，関与する動きの種類を表示するための名称(はさみや横ゆれなど)がつけら

れている．これらの動きはそれぞれ特定の周波数で起こり，IRスペクトルでは対応するピークを示す（後述する理由によりピークが弱いまたは存在しないこともあるが）．典型的な有機分子のCH$_2$基では，これらの動きがすべて同時に起こる．すなわち，C−H結合が伸縮する間に，変角も起こる．ノナンのIRスペクトル(図12・4)は，C−H伸縮とC−H変角振動の両方の吸収を示す．2920 cm^{-1}のピークはC−H伸縮振動，1470 cm^{-1}と1380 cm^{-1}のピークはCH$_2$基とCH$_3$基のさまざまな変角モード，720 cm^{-1}のピークは別の変角モードである−CH$_2$−の横ゆれによるものである．すべての変角振動は，伸縮振動に比べて低波数(すなわち低エネルギー)で吸収することに注意しよう．

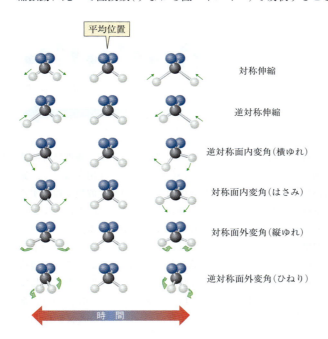

図 12・8 R−CH$_2$−R 構造中の CH$_2$ 基の基準振動モード．各模型図で，白色の球は水素，黒色の球は CH$_2$ の炭素，青色の球は R 基である．各基準モードの中央の模型図は，水素の平均位置を示す．各モードで水素が時間につれてどのように動くかは，中央から始めて左，中央，右，中央と見ていく．

B. 赤外吸収強度を決定する要因

　IRスペクトルはピークごとに非常に異なる強度をもつ．いくつかの要因が吸収の強度に影響を及ぼす．まず，試料中の分子の数が多いほど，分子中の吸収する置換基が多いほど，強いスペクトルを示す．すなわち，他の条件が同じであれば，高濃度の試料は低濃度の試料より強いスペクトルを示す．同様に，濃度が一定であれば，ノナンのようなC−H結合を多数もつ化合物は，同程度の分子量でC−H結合が少ない化合物よりも，強いC−H伸縮振動の吸収をもつ．

　分子の双極子モーメントも IR 吸収の強度に影響を及ぼす．その理由を理解するためには，光の性質と光が振動している結合とどのように相互作用するかを考えればよい．光波は，図12・1に示すように，直交して振動する電場と磁場からなる．IR 分光法に関係するのは振動している電場だけなので，ここでは磁場は考えなくてよい．図12・9(a)では，光の振動する電場を，紙面内で振動するベクトルとして示す．§12・1A から，電場は電荷に力を作用することを思い出そう．つまり，電場は電荷の動きに影響を及ぼす．電場は，電荷に対して電場の方向に加速成分を与える．特に，電荷が電場と同じ方向に動くとき，電場は電荷の速度を増大させる．すなわち，電場は電荷を"より大きく動かす"ことになる．

　§1・2D で極性の化学結合は結合双極子をもつことを学んだ．これは，極性結合を分離した正電荷と負電荷の系とみなしてよいことを意味する．もし極性結合が特定の周波数で振動するならば，結合の双極子は同じ周波数で振動する(図12・9b)．式(1・4)によると，結合双極子の強度は，結合した各原子の電荷の大きさだけでなく，原子間の距離すなわち結合距離にも比例する．すなわち，結合が伸びるに

図 12・9 (a) 光波の成分の一つである振動する電場は，時間とともに正弦関数で振動するベクトルとして表される．(b) (a)の光波と同じ周波数で振動する結合双極子．この図のように，光波と振動する結合双極子の周波数が一致すると，結合双極子は光波からエネルギーを吸収する(図 12・6 も参照)．二つの波の山と谷の位置を灰色の破線で示す．

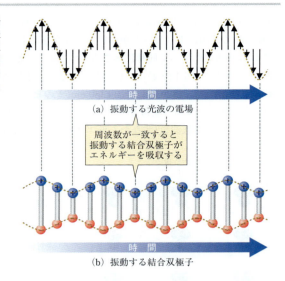

(a) 振動する光波の電場

周波数が一致すると振動する結合双極子がエネルギーを吸収する

(b) 振動する結合双極子

つれて結合双極子は増加し，結合が縮むにつれて結合双極子は減少する．光波に対して，極性結合は基本的には動く電荷の系である．光の電場は動く電荷の系(振動する結合双極子)に力を作用するので，光は極性結合と相互作用する．この相互作用が生じるのは，光波と結合中の電荷が同じ周波数で振動するときだけである．光の電場が結合双極子の電荷に力を作用するとき，結合双極子は図 12・6 に示すようにエネルギーを受取り，その結果光波はエネルギーを失う．この過程により吸収が生じる．

もし結合が双極子をもたないと，光波の電場が相互作用できる動く双極子はない．たとえば，分子が対称であるため，2,3-ジメチル-2-ブテンの C=C 結合は結合双極子をもたない．したがって，この結合の伸縮振動は光の電場と相互作用しない．C=C 伸縮振動は起こるが，光からエネルギーを吸収しない．これは，2,3-ジメチル-2-ブテンは IR スペクトルの 1600～1700 cm^{-1} の領域で C=C 伸縮の吸収をもたないことを意味する．この領域では，他の多くのアルケンの二重結合は C=C 伸縮の吸収をもつ．

$$\underset{\substack{\text{2,3-ジメチル-2-ブテン} \\ \text{双極子モーメント 0}}}{\begin{array}{c} H_3C \\ H_3C \end{array}\!\!\!C\!\!=\!\!C\!\!\!\begin{array}{c} CH_3 \\ CH_3 \end{array}} \xrightarrow{\text{C=C 伸縮}} \underset{\substack{\text{"伸びた" 2,3-ジメチル-2-ブテン} \\ \text{双極子モーメント 0}}}{\begin{array}{c} H_3C \\ H_3C \end{array}\!\!\!C\!\!=\!\!C\!\!\!\begin{array}{c} CH_3 \\ CH_3 \end{array}} \quad \text{C=C 伸縮振動の IR 吸収は観測されない} \quad (12\cdot14)$$

振動はするが IR 吸収を生じないような分子振動は**赤外不活性**(infrared-inactive)であるという．IR 不活性な振動は，別の分光法である Raman 分光法で観測できる．これに対して，IR 吸収を生じるような振動は**赤外活性**(infrared-active)であるという．実際に，対称性が高い化合物は非対称の異性体より単純な IR スペクトルをもつことが多い．これは，対称性が高い化合物は，分子の双極子モーメントがなく，比較的多数の赤外不活性の振動をもつためである．

双極子モーメントが 0 の分子であっても，分子がひずんで一時的な双極子モーメントを生じる分子振動をもつことがある．このような振動も赤外活性である．この状況の例を例題 12・2 に示す．このため，対称的な分子であっても，いくつかの振動は赤外活性である．

IR 吸収の強度は相当する振動に伴う双極子モーメントの変化の大きさによって決まるので，IR 吸収の強度は非常にさまざまである．したがって，IR 吸収の強度を予想する必要はなく，どの吸収が弱くてどの吸収が強いかの全体的な傾向がわかれば十分である．しかし，双極子モーメントが 0 の対称的な分子では，同じ官能基をもつ対称性が低い分子で観測される振動が IR 不活性である可能性には特に注意しなければならない．

例題 12・2

以下の分子振動のどれが赤外不活性か. (a) CO_2 の C＝O 対称伸縮, (b) CO_2 の C＝O 逆対称伸縮 (図 12・8 参照).

解　法　まず対称伸縮と逆対称伸縮の用語が何を意味しているかを理解しておく必要がある. これらは, 図 12・8 の C－H 伸縮振動との比較により定義できる. 対称伸縮では, 分子が対称面に対して対称性を保つように二つの C＝O 結合が同時に長く (または短く) なる.

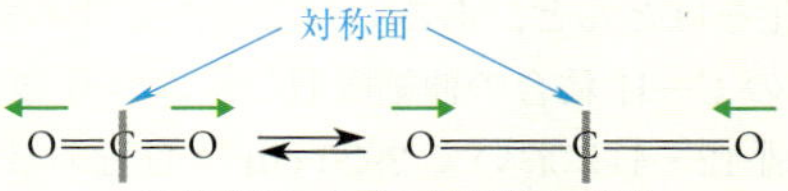

対称伸縮: 分子の対称性を保持

逆対称伸縮では, 一方の C＝O 結合が長くなるとき他方の C＝O 結合が短くなる.

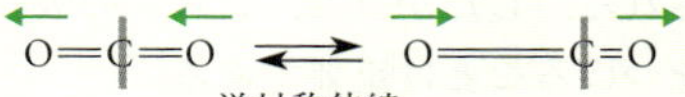

逆対称伸縮

これらの振動モードのどちらで, 双極子モーメントが変化するであろうか. CO_2 分子は直線形であるので, 二つの C＝O 結合の双極子は互いにちょうど反対を向く. 結合双極子の大きさは結合の各末端の部分電荷の大きさだけではなく電荷の間隔の距離にも比例する (式 1・4) ので, 結合が伸びると結合双極子が大きくなる. その結果, 対称伸縮で結合が対称的に伸びると両方の結合双極子が大きくなるが, 互いにちょうど同じ大きさで反対向きであるので, 双極子モーメントは 0 のままである. したがって, 対称伸縮振動は IR 不活性である.

逆対称伸縮では, 一方の C＝O 結合が長くなると他方の C＝O 結合が短くなる. "長い" C＝O 結合は "短い" C＝O 結合より大きい結合双極子をもつので, 二つの結合双極子はもはや打消しあわない. すなわち, 逆対称伸縮では CO_2 分子に一時的な結合双極子が生じる. その結果, この振動は赤外活性であり IR 吸収が生じる.

問　題

12・10　以下の振動のうちどれが赤外活性であり, どれが赤外不活性 (またはほとんど不活性) であるか.

(a) $CH_3CH_2CH_2CH_2C{\equiv}CH$　　C≡C 伸縮
(b) $(CH_3)_2C{=}O$　　C＝O 伸縮
(c)  シクロヘキサン環の "膨張" (全 C－C 結合の同時の伸縮)
(d) $CH_3CH_2C{\equiv}CCH_2CH_3$　　C≡C 伸縮
(e) 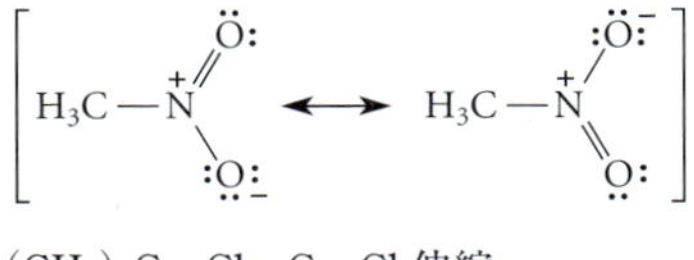 対称 N－O 伸縮
(f) $(CH_3)_3C{-}Cl$　　C－Cl 伸縮
(g) trans-3-ヘキセン　　C＝C 伸縮

12・4　官能基による赤外吸収

典型的な IR スペクトルは多くの吸収をもつが, スペクトル中のすべての吸収を解釈しようとしなくてもよい. これまでの経験から, 特定の官能基を判定して確認するために特に役立つ重要な吸収があることがわかる. 本節ではこの説明に焦点をしぼる. 試料のスペクトルを示し, 実際のスペクトルで吸収

がどのように現れるかがわかるようにしていく．

ここでは，1〜11 章で解説した官能基だけを考える．それ以外の官能基の IR スペクトルは，以降の章において短い節を設けて説明する．しかし，ここでの赤外分光法の知識があれば，これらの節はいつでも読んで理解することができる．加えて，重要な IR 吸収を付録 II にまとめた．

A. アルカンの IR スペクトル

アルカンに特有の構造的な特徴は，炭素–炭素単結合と炭素–水素単結合である．炭素–炭素単結合の伸縮は，双極子モーメントの変化をほとんど，あるいはまったく伴わないので，赤外不活性（またはほとんど不活性）である．アルカンの C–H 結合の伸縮吸収は，ふつう 2850〜2960 cm^{-1} の領域に観測される．ノナンの IR スペクトル（図 12・4）において 2920 cm^{-1} 付近のピークは，このような吸収の例である．また，さまざまな変角振動が指紋領域（ノナンの場合 1380 cm^{-1} と 1470 cm^{-1}）と C–H 変角領域（ノナンの場合 720 cm^{-1}）に観測される．これらの領域の吸収は，アルカンだけでなく H_3C 基や CH_2 基をもつどのような化合物でも予想される．したがって，これらの吸収はあまり役に立たないが，誤って他の官能基に帰属しないように気をつけることは重要である．

B. ハロゲン化アルキルの IR スペクトル

塩化アルキル，臭化アルキルおよびヨウ化アルキルの炭素–ハロゲン伸縮振動は，スペクトルの低波数側の端に現れるが，この領域には多くの妨害する吸収もある．ハロゲン化アルキルの構造決定には，IR スペクトルより NMR スペクトルと質量スペクトルの方が役立つ．

他のハロゲン化アルキルとは対照的に，フッ化アルキルは役立つ IR 吸収をもつ．単一の C–F 結合は，ふつう 1000〜1100 cm^{-1} の領域に非常に強い伸縮吸収をもつ．同じ炭素に複数のフッ素が結合すると，波数が増大する．たとえば，CF_3 基はふつう 1300〜1360 cm^{-1} の領域に伸縮吸収をもつ．

C. アルケンの IR スペクトル

アルケンやハロゲン化アルキルのスペクトルとは異なり，アルケンの IR スペクトルは非常に役立ち，炭素–炭素二重結合の有無だけではなく，二重結合における炭素の置換様式の決定を可能にする．典型的なアルケンの吸収を表 12・2 に示す．アルケンの吸収は C=C 伸縮吸収，=C–H 伸縮吸収と

表 12・2 アルケンの重要な吸収

官能基	吸収*	官能基	吸収*
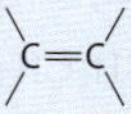 \C=C\ 伸縮吸収		=C–H 変角吸収	
—CH=CH₂（末端ビニル）	1640 cm^{-1} (m, sh)	—CH=CH₂（末端ビニル）	910, 990 cm^{-1} (s) 二つの吸収
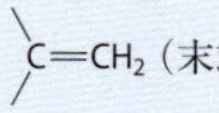 \C=CH₂（末端メチレン）	1655 cm^{-1} (m, sh)	\C=CH₂（末端メチレン）	890 cm^{-1} (s)
（二置換アルケン構造）	1660〜1675 cm^{-1} (w) 化合物によっては現れない	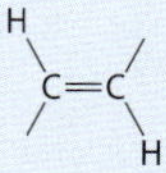 \C=C/ H H （トランスアルケン）	960〜980 cm^{-1} (s)
=C–H 伸縮吸収		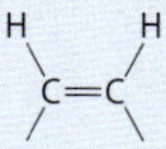 \C=C/ H H （シスアルケン）	675〜730 cm^{-1} (br) （化合物によっては不明確で変化することがある）
=C–H, =CH₂	3000〜3100 cm^{-1} (m)	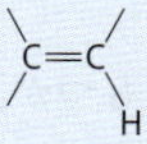 \C=C/ H （三置換）	800〜840 cm^{-1} (s)

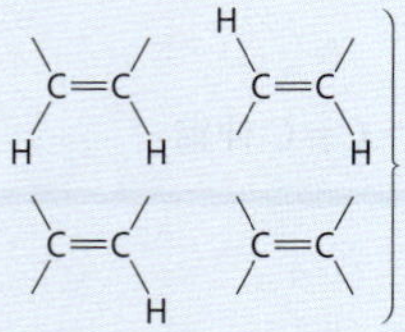

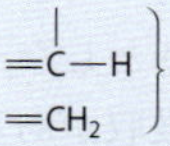

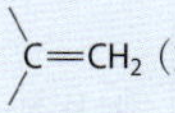

* 強度の表示：s = 強い，m = 中程度，w = 弱い．形状の表示：sh = 鋭い，br = 幅広い．

＝C–H 変角吸収の 3 種類に分類できる．炭素–炭素二重結合の伸縮振動は 1640～1675 cm^{-1} に現れる．二重結合にアルキル置換基が増えるほど，この伸縮吸収の波数は増加し強度は減少する傾向がある．強度が変わるのは，前節で説明した双極子モーメントの効果のためである．すなわち，C＝C 伸縮吸収は，1-オクテンの IR スペクトル（図 12・10a）では 1642 cm^{-1} に明確に現れるが，対称的なアルケンである *trans*-3-ヘキセンのスペクトル（図 12・10b）ではほとんど見えない．二重結合の各炭素が同じ数のアルキル基をもつ非対称なアルケンでも，C＝C 伸縮振動は弱いか存在しない．

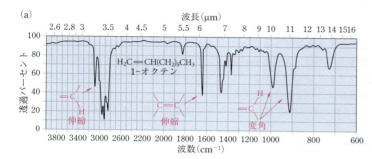

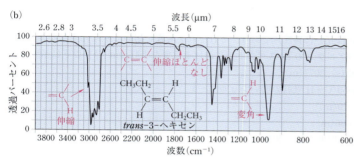

図 12・10　(a) 1-オクテンと (b) *trans*-3-ヘキセンの IR スペクトル．スペクトル中に示す重要な吸収帯を表 12・2 の対応する項目と比べてみること．

NMR スペクトルはアルケンの水素を観測するために特に役立つ（§ 13・7A）．それにもかかわらず，IR の ＝C–H 伸縮吸収はアルケン官能基の確認によく使われる．一般に，sp^2 混成炭素の C–H 結合の伸縮吸収は 3000 cm^{-1} より高波数に，sp^3 混成炭素の C–H 結合の伸縮吸収は 3000 cm^{-1} より低波数に現れる．すなわち，1-オクテンは 3080 cm^{-1} に ＝C–H 伸縮吸収をもち（図 12・10a），*trans*-3-ヘキセンは 3030 cm^{-1} にかろうじて認められる同様の吸収をもつ（図 12・10b）．＝C–H 伸縮吸収が高波数であるのは結合強度の効果によるもので，sp^2 混成炭素への結合は sp^3 混成炭素への結合より強く（表 5・3），強い結合は高波数で振動する．

IR スペクトルの低波数領域に現れるアルケンの ＝C–H 変角吸収は，多くの場合非常に強く，二重結合の置換様式を決定するために使うことができる．表 12・2 中の ＝C–H 変角吸収のうち最初の 3 種類すなわち末端ビニル，末端メチレンとトランスアルケンは信頼性が高い．1-オクテンの IR スペクトル（図 12・10a）では 910 cm^{-1} と 990 cm^{-1} に末端ビニルの吸収があり，*trans*-3-ヘキセンの IR スペクトル（図 12・10b）では 965 cm^{-1} にトランスアルケンの吸収がある．

例題 12・3

3 種類のアルケン A, B, C は分子式 C$_5$H$_{10}$ をもち，いずれも触媒的水素化によってペンタンが生成する．アルケン A は 1642, 990, 911 cm^{-1} に IR 吸収をもつ．アルケン B は 964 cm^{-1} に IR 吸収をもち 1600～1700 cm^{-1} の領域には吸収をもたない．アルケン C は 1658 cm^{-1} と 695 cm^{-1} に IR 吸収をもつ．3 種類のアルケンを同定せよ．

解　法　本問では，まず可能な構造をすべて書き，次に IR スペクトルを用いて構造を決定する．分子式と水素化の結果から，すべてのアルケンは枝分かれしていない炭素鎖をもちペンテンの異性体であることがわかる．したがって，化合物 A, B, C として可能な構造は以下のものだけである．

$$H_2C=CHCH_2CH_3 \qquad \underset{cis\text{-}2\text{-}ペンテン}{\overset{H_3C \qquad CH_2CH_3}{\underset{H \qquad \quad H}{C=C}}} \qquad \underset{trans\text{-}2\text{-}ペンテン}{\overset{H_3C \qquad \quad H}{\underset{H \qquad \quad CH_2CH_3}{C=C}}}$$

1-ペンテン

A の 990 cm^{-1} と 911 cm^{-1} の C−H 変角吸収は 1-アルケンであることを示すので，1-ペンテンのはずである．B の 964 cm^{-1} の C−H 変角吸収は，B が trans-2-ペンテンであることを示す（C=C 伸縮振動が存在しないのはなぜか）．残ったアルケン C は cis-2-ペンテンのはずであり，1658 cm^{-1} の C=C 伸縮吸収と 695 cm^{-1} の C−H 変角吸収はこの帰属に一致する．

この問題を解くためには，各化合物のすべての IR スペクトルではなく，鍵となる吸収だけが必要であることに気づいてほしい．

問　題

12・11　5 種類のアルケン $A \sim E$ は互いに異性体であり，それぞれを触媒を用いて水素化すると 2-メチルペンタンを生成する．5 種類のアルケンの IR スペクトルにおける重要な吸収 (cm^{-1}) を以下に示す．

化合物 A：912(s), 994(s), 1643(s), 3077(m)
化合物 B：833(s), 1667(w), 3050(C−H 吸収の弱いショルダー)
化合物 C：714(s), 1665(w), 3010(m)
化合物 D：885(s), 1650(m), 3086(m)
化合物 E：967(s), 1600〜1700 に吸収なし, 3040(m)

各アルケンの構造を決定せよ．

12・12　図 12・11 のスペクトルの一方は trans-2-ヘプテンであり，他方は 2-メチル-1-ヘキセンである．どちらのスペクトルがどちらの化合物のものか，その根拠を説明せよ．

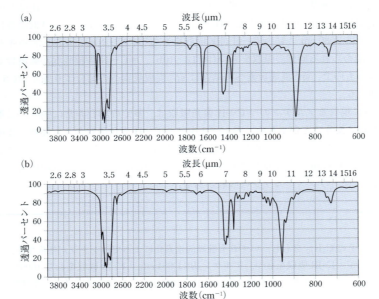

図 12・11　問題 12・12 の IR スペクトル

D. アルコールとエーテルの IR スペクトル

アルコールの最も特徴的な吸収は O-H 伸縮吸収である．吸収の位置と強度は，水素結合の程度によって決まり，したがってアルコールの物理的な状態に依存する．気相では O-H 基はほかの置換基と水素結合しないので，O-H 伸縮吸収は 3600 cm^{-1} 付近に中程度の強度のかなり鋭いピークで現れる．しかし，ふだんの IR 分光法でよく使われる大部分の液体と固体の試料では，O-H 基は強く水素結合し，IR スペクトルでは 3200～3400 cm^{-1} の領域に中程度から強い強度の幅広いピークを示す．このような吸収はアルコールの分光学的同定に重要であり，1-ヘキサノールの IR スペクトル（図 12・12）でもはっきりと現れている．

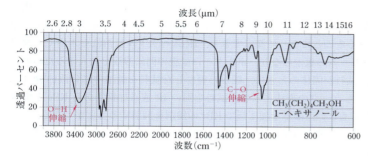

図 12・12 1-ヘキサノールの IR スペクトル．幅広い O-H 伸縮吸収が特徴的である．

アルコールの他の特徴的な吸収は，スペクトルの 1050～1200 cm^{-1} の領域に現れる強い C-O 伸縮吸収である．第一級アルコールはこの領域の低波数側の末端近くに，第三級アルコールは高波数側の末端近くに吸収をもつ．たとえば，この吸収は 1-ヘキサノールのスペクトルでは約 1060 cm^{-1} に現れる．エーテル，エステル，カルボン酸のような他のいくつかの官能基もスペクトルの同じ領域で C-O 伸縮吸収を示すので，C-O 伸縮吸収は O-H 伸縮吸収からまたは他の分光法から予想されたアルコールの存在を支持または確認するためにおもに使われる．

エーテルの最も特徴的な IR 吸収は C-O 伸縮吸収であり，先ほど述べた理由により，他のデータからすでにエーテルと予想されたときに確認する場合を除いてはあまり役に立たない．たとえば，ジプロピルエーテルとその異性体の 1-ヘキサノールはいずれも 1100 cm^{-1} 付近に強い C-O 伸縮吸収をもつ．

問題

12・13 図 12・13 の IR スペクトルは，以下の三つの化合物，2-メチル-1-オクテン，ブチルメチルエーテル，1-ペンタノールのうちどの化合物のものか．

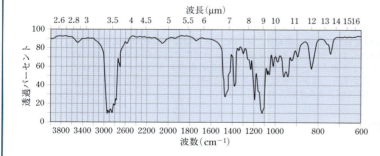

図 12・13 問題 12・13 の IR スペクトル

12・14 エーテルの IR スペクトルは二つの C-O 伸縮吸収をもつことがある．この理由を説明せよ（ヒント：図 12・8 参照）．

12・15 溶液中のアルコールの O-H 伸縮吸収の波数は，アルコールの溶液を希釈するにつれて変化する．この理由を説明せよ．

12・5　IR スペクトルの測定法

　IR スペクトルは**赤外分光計**(infrared spectrometer)の装置を用いて測定する．最も単純にいえば，IR 分光計は図 12・3 に示した吸収分光法の実験法に基づいている．装置は，赤外線源，赤外線の光路中の試料を固定する場所，および透過した光の強度を波長または波数を関数として測定するために必要な光学系と電子回路から構成される．最近の IR 分光計は Fourier 変換赤外分光計(FT-IR 分光計)とよばれ，数秒で IR スペクトルが得られる．本書中の IR スペクトルは FT-IR 分光計を用いて測定したものである．

　IR 分光計で使われる試料の容器("試料セル")は，赤外線を透過する材質で作らなければならない．ガラスは赤外線を吸収するので，使うことはできない．試料セルとして使われる一般的な材質は塩化ナトリウムである．希釈されていない("ニート")液体の IR スペクトルは，液体を光学的に研磨された 2 枚の塩の板の間に挟んで薄膜をつくることによって測定できる．IR スペクトルは溶液セル中でも測定でき，このセルは 2 枚の塩化ナトリウムの板からなり，ホルダーには板の間に溶液を注入するためのシリンジ導入口が備えられている．試料が固体のときは，細かい粉にした試料を鉱油中に分散("練り合わせ")したものを塩の板で挟む．もう一つの方法として，試料を別の IR 透過材質である KBr と混合(融解)して，透明な錠剤を作成してもよい．簡単な加圧機で KBr の錠剤を調製することができる．

　鉱油分散または溶媒を用いたとき，鉱油や溶媒自身が赤外線を吸収する領域では試料の吸収を妨害するので，注意しなければならない．ふつう，クロロホルム $CHCl_3$，クロロホルムを重水素で置換した重クロロホルム $CDCl_3$，塩化メチレン CH_2Cl_2 などいろいろな溶媒が使われる．自明ではあるが，水やアルコールのような塩化ナトリウムを溶解する溶媒は使うことができない．

　IR スペクトルを測定する新しい技術として，図 12・14 に示す**全反射減衰**(ATR)**法**とよばれるものがある．この技術では，ゲルマニウム，セレン化亜鉛または研究室ではダイヤモンドのような高屈折率の結晶性支持剤に広げて押しつけて試料の薄層(固体でも液体でもよい)を調製する．IR ビームを，結晶に対して下側の表面から各結晶面で反射するような角度で照射する．各表面の IR ビームは実際には各表面を数マイクロメートル通り抜け，反射 IR ビームの強度が試料の吸収によりいくらか減少("減衰")する．スペクトルは通常どおり，波長に対して吸収を測定したものである．ATR 法の利点は，光学的に研磨された塩化ナトリウム板を使わないでよいことと，塩化ナトリウムを溶解する物質も測定できることである．学部の実験用に比較的安価な ATR 装置が入手可能である．

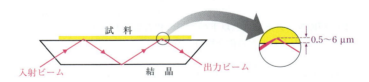

図 12・14　全反射減衰(ATR)法の概略図．赤外ビームが結晶支持板の内部表面から反射する．拡大図が示すように，各表面の IR ビームは実際には表面を越えて試料の中へ数マイクロメートル進入し，反射 IR ビーム(赤色の線の太さで表示)の強度は試料の吸収によって減少する．ほかの吸収スペクトルと同じように，波数に対して吸収強度を測定すると IR スペクトルが得られる．

12・6　質量分析法入門

　他の分光法とは対照的に，質量分析法は電磁波の吸収には関係なく，まったく異なる原理に基づく．名称が示すように，質量分析法は分子質量を決定するために用い，この目的では最も重要な技術である．分子構造を決定するための情報が得られる場合もある．

A. 電子イオン化質量スペクトル

　質量スペクトルを測定するために用いる装置は，**質量分析計**(mass spectrometer)とよばれる．その

一種である**電子イオン化(EI)質量分析計**(electron-ionization mass spectrometer)では，分析する有機化合物を真空室で気化して，6700 kJ mol^{-1} 以上に相当する 70 eV(電子ボルト)の高エネルギーの電子ビームで衝撃を加える．分子の電子雲はこれらの電子をはね返すので，電子は分子とは衝突しないが，かすめるような力を受けて方向を変える．高エネルギーの電子が近くを通り過ぎるので，エネルギーの高い電場の作用により分子から 1 電子が放出される．たとえば，メタンでこれが起こると，C−H 結合の一つから電子が失われる．

$$H:\underset{H}{\overset{H}{C}}:H + e^- \longrightarrow H:\underset{H}{\overset{H}{\overset{..}{C}}}{}^+H + 2e^- \quad (12 \cdot 15)$$

この反応の生成物を以下のように略記することがある．

$$H:\underset{H}{\overset{H}{\overset{..}{C}}}{}^+H \quad \text{は} \quad CH_4{}^{\cdot+} \quad \text{と略記される}$$

記号 $\cdot^+$ は，分子がラジカル(不対電子をもつ化学種)でありカチオンでもある**ラジカルカチオン**(radical cation)であることを意味する．化学種 $CH_4{}^{\cdot+}$ は，<u>メタンラジカルカチオン</u>とよばれる．

　この生成に続いて，メタンラジカルカチオンは<u>フラグメント化反応</u>とよばれる一連の反応で分解する．**フラグメント化反応**(fragmentation reaction)では，ラジカルカチオンが文字どおりばらばらになる．フラグメント化のイオン生成物(カチオンまたはラジカルカチオン)は，**フラグメントイオン**(fragment ion)とよばれる．たとえば，あるフラグメント化反応では，メタンラジカルカチオンは水素<u>原子</u>(ラジカル)を失って，カルボカチオンであるメチルカチオンを発生する．

$$\underset{\text{質量}=16}{CH_4{}^{\cdot+}} \longrightarrow \underset{\substack{\text{メチルカチオン} \\ \text{質量}=15}}{{}^+CH_3} + H\cdot \quad (12 \cdot 16)$$

水素原子は不対電子をもち，メチルカチオンは電荷をもつことに注目しよう．その結果，この場合はメチルカチオンが<u>フラグメントイオン</u>である．この過程は片羽矢印を用いて以下のように表示できる．

$$H-\underset{H}{\overset{H}{\overset{|}{C}}}{}^+H \longrightarrow H-\underset{H}{\overset{H}{\overset{|}{C}}}{}^+ + \cdot H \quad (12 \cdot 17)$$

あるいは，炭素原子が不対電子を伴ってもよい．この場合，フラグメント化の生成物はメチルラジカルとプロトンであり，プロトンがフラグメントイオンである．

$$\underset{\text{質量}=16}{CH_4{}^{\cdot+}} \longrightarrow \underset{\substack{\text{メチルラジカル}}}{\cdot CH_3} + \underset{\text{質量}=1}{H^+} \quad (12 \cdot 18)$$

分解反応がさらに起こると，連続的に小さい質量のフラグメントが生成する．片羽矢印表記を用いて分解反応がどのように起こるかを書いてみよう．

$$CH_3{}^+ \longrightarrow \underset{\text{質量}=14}{CH_2{}^{\cdot+}} + H\cdot \quad (12 \cdot 19a)$$

$$CH_2{}^{\cdot+} \longrightarrow \underset{\text{質量}=13}{CH^+} + H\cdot \quad (12 \cdot 19b)$$

$$CH^+ \longrightarrow \underset{\text{質量}=12}{C^{\cdot+}} + H\cdot \quad (12 \cdot 19c)$$

式 (12・16) と式 (12・19a)〜式 (12・19c) で生成するイオンは非常に不安定な化学種である．これらは，溶液反応中の反応中間体として関与するような種類の化学種ではない．たとえば，§9・6 で説明したように，メチルカチオンや第一級カルボカチオンは S_N1 反応の中間体として生成することは決してないことを思い出してほしい．質量分析計中でこれらのイオンが生成するのは，衝撃電子ビームによってメタン分子に非常に大きいエネルギーが作用するからである．

すなわち，メタンは質量分析計中でフラグメント化し，質量が異なるいくつかの正電荷をもつフラグメントイオン $CH_4^{\cdot+}$, CH_3^+, $CH_2^{\cdot+}$, CH^+, $C^{\cdot+}$, H^+ が生成する．質量分析計では，フラグメントイオンは**質量電荷比** m/z (mass-to-charge ratio, m = 質量, z = フラグメントの電荷) に従って分離する．EI 質量分析計で生じる大部分のイオンは電荷が 1 なので，m/z の値は一般にイオンの質量とみなすことができる．**質量スペクトル** (mass spectrum) は，イオンの質量 (または m/z) を関数とした各イオンの相対量，すなわち**相対存在量** (relative abundance) をグラフにしたものである．イオンが電子イオン化で生成するとき，質量スペクトルを **EI 質量スペクトル** (EI mass spectrum) とよぶ．メタンの EI 質量スペクトルを図 12・15 に示す．質量分析計で検出できるのはイオンだけであって，中性分子とラジカルは質量スペクトルにピークとして現れないことに注意しよう．メタンの質量スペクトルは m/z = 16, 15, 14, 13, 12, 1 にピークを示し，これらは図 12・16〜図 12・19 に示すように，メタンから電子の放出とフラグメント化によって生成したさまざまなイオン種に相当する．

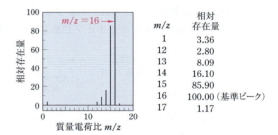

図 12・15 メタンの EI 質量スペクトル．なぜ m/z = 17 にイオンがあるか考えよう (答は §12・6B 参照)．

質量スペクトルは，高真空で気化することができるどのような分子でも測定することができ，大部分の有機化合物はこれにあてはまる．揮発性の低い分子を気化する他の技術も開発されており，§12・6E で簡単に説明する．質量分析計は，以下の三つの目的で使用する．(a) 未知化合物の分子質量を決定する．(b) スペクトル中のフラグメントイオンの分析から，未知化合物の構造 (または部分構造) を決定する．(c) 既知または候補となる構造をもつ化合物の構造を確認する．

どのようなフラグメント化も起こしていない電子放出に由来するイオンは，**分子イオン** (molecular ion) とよばれ，M と略す．分子イオンは，試料の分子の分子質量と等しい m/z 値に現れる．すなわち，メタンの質量スペクトルでは，分子イオンは m/z = 16 にある．1-ヘプテンの質量スペクトル (図 12・16) では，分子イオンは m/z = 98 にある．次節で説明する同位体によるピークを除けば，ふつうの質量スペクトルでは，分子イオンピークが最大の m/z をもつピークである．

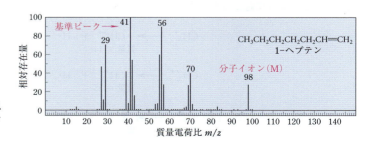

図 12・16 1-ヘプテンの EI 質量スペクトル．分子イオンが基準ピークではないことに注意せよ．

基準ピーク(base peak)は，質量スペクトル中で相対存在量が最大のイオン，すなわち最も高いピークをもつイオンである．基準ピークを任意に相対存在量100%とし，質量スペクトルのほかのピークは基準ピークに対する相対値で強度を測る．メタンの質量スペクトルでは，基準ピークは分子イオンと同じであるが，1-ヘプテンの質量スペクトル(図12・16)では，基準ピークは $m/z = 41$ にある．1-ヘプテンやほかの大部分の化合物のスペクトルでは，分子イオンと基準ピークは異なる．

B. 同位体ピーク

図12・15のメタンの質量スペクトルをもう一度見てみよう．この質量スペクトルには，分子質量より1単位大きい質量である $m/z = 17$ に小さいが確かにピークがある．このピークは，分子イオン(M)より1質量単位だけ大きいところにあるので，M＋1ピークとよばれる．このイオンが生じるのは，メタンは化学的に純粋であっても実際にはさまざまな炭素と水素の同位体を含む化合物の混合物であるからである．

$$\text{メタン} = {}^{12}\text{CH}_4, \;{}^{13}\text{CH}_4, \;{}^{12}\text{CDH}_3 \;\text{など}$$
$$m/z = \quad 16 \quad\;\; 17 \quad\;\; 17$$

いくつかの元素の同位体と天然存在比を表12・3に示す．

表 12・3 質量分析法で重要な代表的な同位体の精密質量と天然存在比

元素	同位体	精密質量	天然存在比, %
水 素	^{1}H	1.007825	99.985
	$^{2}\text{H}^{*}$	2.0140	0.015
炭 素	^{12}C	12.0000	98.90
	^{13}C	13.00335	1.10
窒 素	^{14}N	14.00307	99.63
	^{15}N	15.00011	0.37
酸 素	^{16}O	15.99491	99.759
	^{17}O	16.99913	0.037
	^{18}O	17.99916	0.204
フッ素	^{19}F	18.99840	100.
ケイ素	^{28}Si	27.97693	92.21
	^{29}Si	28.97649	4.67
	^{30}Si	29.97377	3.10
リ ン	^{31}P	30.97376	100.
硫 黄	^{32}S	31.97207	95.0
	^{33}S	32.97146	0.75
	^{34}S	33.96787	4.22
塩 素	^{35}Cl	34.96885	75.77
	^{37}Cl	36.96590	24.23
臭 素	^{79}Br	78.91834	50.69
	^{81}Br	80.91629	49.31
ヨウ素	^{127}I	126.90447	100.

＊ ^{2}H はふつう重水素として知られ，Dと略す．

メタンにおいて $m/z = 17$ の原因となりうるのは，$^{13}\text{CH}_4$ と $^{12}\text{CDH}_3$ である．各同位体化合物は，その量に比例した相対存在量をもつピークを与える．また，各同位体化合物の量は，含まれる同位体の天然存在比に直接関係する．したがって，$^{12}\text{CH}_4$ のメタンに対する $^{13}\text{CH}_4$ のメタンの存在量は，以下の式で求められる．

$$\text{相対存在量} = (^{13}\text{C ピークの存在量}/^{12}\text{C ピークの存在量}) \tag{12·20a}$$
$$= (\text{炭素数}) \times (^{13}\text{C の天然存在比}/^{12}\text{C の天然存在比})$$
$$= (\text{炭素数}) \times (0.0110/0.9890)$$
$$= (\text{炭素数}) \times 0.0111 \tag{12·20b}$$

メタンは炭素を1個だけもつので，$^{13}\text{CH}_4$ による $m/z = 17(\text{M}+1)$ のピークは $m/z = 16$ の約 1.1% である．同様な計算は重水素についても行うことができる．

$$\text{相対存在量} = (\text{水素数}) \times (^{2}\text{H の天然存在比}/^{1}\text{H の天然存在比}) \tag{12·21}$$
$$= 4 \times (0.00015/0.99985) = 0.0006$$

すなわち，メタン中で天然に存在する CDH_3 は 0.06% の同位体ピークを示す．同位体の寄与は非常に小さいので，M+1 ピークに大部分寄与するのは ^{13}C である．以後，M+1 ピークの強度の計算において ^2H の寄与は無視する．

炭素を2個以上含む化合物では，分子中の各炭素が ^{13}C として存在する確率が1.1%であるので，M+1 ピークは M ピークの 1.1% より大きい．たとえば，シクロヘキサンは6個の炭素をもち，分子イオンに対する M+1 イオンの存在量は $6 \times 1.1 = 6.6\%$ のはずである．シクロヘキサンの質量スペクトルでは，分子イオンピークの相対存在量が約 70% であり，M+1 イオンの相対存在量を計算すると $0.066 \times 70\% = 4.6\%$ となり，実測値に近い値である．分子イオンピークだけでなく，質量スペクトル中のあらゆるほかのピークも同位体ピークをもつ．

有機化学で重要ないくつかの元素は，かなり大きい天然存在比の同位体をもつ．表 12·3 から，ケイ素は M+1 と M+2 に有意なピークをもち，硫黄は M+2 に有意なピークをもち，そしてハロゲンである塩素と臭素は M+2 に非常に大きなピークをもつ．実際に，天然に存在する臭素は，ほぼ同量の ^{79}Br と ^{81}Br からなる．同位体の混合物は質量スペクトル中に特徴的な手がかりを示すので，その元素の存在を判定するために使用できる．

たとえば，図 12·17 のブロモメタンの EI 質量スペクトルを考えてみる．$m/z = 94$ と 96 のピークは，2種類の臭素の同位体を含む分子イオンによるものである．それらの相対存在量の比は $100:98 = 1.02$ であり，この値は臭素同位体の相対的な天然存在比によく一致する（表 12·3）．この2本の分子イオンは，"臭素の二重線"とよばれることもあり，1個の臭素を含む化合物の動かぬ証拠である．それぞれの大きな同位体ピークに加えて，質量数が1だけ大きいところに小さい同位体があることにも注目してほしい．これらのピークは，ブロモメタン中に存在する ^{13}C 同位体によるものである．たとえば，$m/z = 95$ のピークは ^{79}Br と ^{13}C を含むブロモメタンに，$m/z = 97$ のピークは ^{81}Br と ^{13}C を含むブロモメタンに由来する．

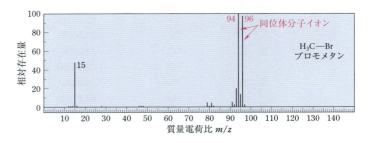

図 12·17 ブロモメタンの EI 質量スペクトル．$m/z = 94$ と $m/z = 96$ の2本の分子イオンはほぼ同じ存在量であり，^{79}Br と ^{81}Br の2種類の同位体の存在に由来する．

^{13}C や ^{18}O のような同位体は有機化合物中ではふつう少量しか存在しないが，これらの同位体を選択的に濃縮した化合物を合成することが可能である．同位体が特に役立つのは，化学的な性質をほとんど変化させずに特定の原子を特異的に標識できることである．このような化合物は，2種類の機構を区別するうえで特定の原子の変化の過程を追跡するためにも用いられる．ほかに，生化学の代謝の研究（生

体系で反応するときの化学物質の変化の過程を調べる研究)において非放射性同位体が使われることがある．化合物が同位体を多く含むと，同位体ピークは通常の場合に比べてずっと大きくなる．質量分析法は，標識化合物中に存在するこのような同位体の量を定量的に測定するために使われる．

> **問　題**
>
> **12・16**　テトラメチルシラン $(CH_3)_4Si$ の質量スペクトルは，$m/z = 73$ に基準ピークをもつ．$m/z = 74$ と 75 の同位体ピークの相対存在量を計算せよ．
>
> **12・17**　表 12・3 の情報から，クロロメタンの質量スペクトルの分子イオンピークがどのように現れるかを予想せよ．分子イオンが基準ピークであると仮定せよ．

C. フラグメント化

EI 質量スペクトルでは，分子イオンは電子を放出して生成する．このイオンが安定であれば，ゆっくりと分解して大きい相対存在量のピークとして質量分析計で検出される．このイオンが不安定であると，より小さい化学種に，ときには完全に分解する．以下の 2 種類のフラグメント化が最も一般的に観測され，どちらの場合も二つの生成物になる．

タイプ 1: 一方のフラグメント化生成物はラジカルであり，この場合他方の生成物は不対電子をもたないカチオン〔**偶数電子イオン**(even-electron ion)〕である．

タイプ 2: 一方のフラグメント化生成物は中性の分子であり，この場合他方の生成物は分子イオンのようにラジカルカチオン〔**奇数電子イオン**(odd-electron ion)〕である．

どちらの場合も，カチオンは**フラグメントイオン**(fragment ion)とよばれる．質量スペクトルで検出されるのはイオンだけであり，ラジカル(タイプ 1)または中性分子(タイプ 2)は検出されない．

タイプ 1 の例として，デカンの質量スペクトル中の $m/z = 57$ のイオンを考えてみよう(図 12・18)．

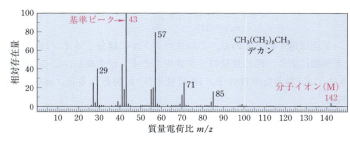

図 12・18　デカンの EI 質量スペクトル

このイオンは以下のように生成する．いくつかの可能な分子イオンのうち，炭素-炭素結合からの 1 電子の放出により生成するものがある．

$$CH_3CH_2CH_2CH_2{-}CH_2CH_2CH_2CH_2CH_2CH_3 \xrightarrow{-e^-} CH_3CH_2CH_2CH_2\overset{+}{\cdot}CH_2CH_2CH_2CH_2CH_2CH_3 \quad (12\cdot22)$$

デカン　　　　　　　　　　　　　　デカンの分子イオン
(ラジカルカチオン, $m/z = 142$)

次に，分子が電子を放出した場所で分裂し，$m/z = 57$ のカルボカチオンと質量 $= 85$ のラジカルが生成する．このフラグメント化では，カチオンだけが検出される．

$$CH_3CH_2CH_2CH_2\overset{+}{\cdot}CH_2CH_2CH_2CH_2CH_2CH_3 \longrightarrow CH_3CH_2CH_2\overset{+}{C}H_2 + \overset{\cdot}{C}H_2CH_2CH_2CH_2CH_2CH_3 \quad (12\cdot23)$$

デカンの分子イオン　　　　　　カチオン　　　　　　ラジカル
(ラジカルカチオン, $m/z = 142$)　　$m/z = 57$　　　(質量分析計で
(質量分析計で　　　検出されない)
検出される)

図 12・18 では $m/z = 85$ にもピークがあることに注意しよう.これはラジカルによるものではなく,同じ結合が反対の様式でフラグメント化したものであり,このとき $m/z = 85$ のカルボカチオンと質量 = 57 のラジカルが生じる.

$$CH_3CH_2CH_2\overset{+}{C}H_2 \mid CH_2CH_2CH_2CH_2CH_3 \longrightarrow CH_3CH_2CH_2\dot{C}H_2 + \overset{+}{C}H_2CH_2CH_2CH_2CH_3 \quad (12\cdot24)$$

デカンの分子イオン　　　　　　　　　　　ラジカル　　　　　　カチオン
　　　　　　　　　　　　　　　　　　　（質量分析計で　　　　$m/z = 85$
　　　　　　　　　　　　　　　　　　　　検出されない）　　（質量分析計で
　　　　　　　　　　　　　　　　　　　　　　　　　　　　　　検出される）

デカンの質量スペクトル中のほかの主要なピークは,別の結合が同じ機構によってフラグメント化することにより生じる.

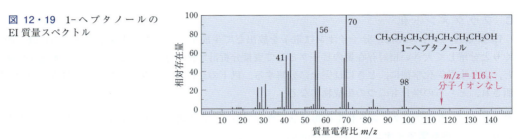

図 12・19　1-ヘプタノールの EI 質量スペクトル

タイプ 2 のフラグメント化は,多くの第一級アルコールの質量スペクトルでみられる.たとえば,図 12・19 に示す 1-ヘプタノール(分子質量 = 116)の質量スペクトルでは,分子イオンは酸素の非共有電子対の一つから電子が放出することにより生成する(非共有電子は結合中に保たれていないので,結合電子より容易に放出される).

$$CH_3(CH_2)_4CH_2-\overset{\ddot{\ddot{\mathrm{:O}H}}}{\underset{}{C}}H_2 \xrightarrow{-e^-} CH_3(CH_2)_4CH_2-\overset{+\cdot\ddot{\mathrm{O}H}}{\underset{}{C}}H_2 \quad (12\cdot25)$$

1-ヘプタノールの分子イオン
$m/z = 116$

分子イオンのタイプ 2 のフラグメント化は速く起こるので,このスペクトルには分子イオンはない.六員環遷移状態を経由する分子内水素移動により,同じ質量のラジカルカチオンが生成し,ここで酸素が脱離基として作用することができる.水(安定な中性分子,18 質量単位)が失われると,$m/z = \mathrm{M}-18 = 98$ の別の奇数電子イオンが残る.

(12・26a)

$m/z = 116$　　　　　　　　　　　$m/z = 98$

+ $H_2\ddot{\mathrm{O}}$:　(質量分析計では検出されない中性分子)

このイオンはさらにタイプ 2 のフラグメント化を起こして中性分子のエチレン(28 質量単位)と 5 個の炭素をもつ別の奇数電子ラジカルイオンとなるので,質量スペクトルでは $m/z = 98$ のピークはかなり小さい.

(12・26b)

$m/z = 98$ → $CH_3CH_2CH_2\dot{C}H-\overset{+}{C}H_2$ + $H_2C=CH_2$
　　　　　　　$m/z = 70$
　　　　　　　（基準ピーク）

このラジカルカチオンの生成物では，ラジカルとカルボカチオンが隣接した炭素に位置し，これはフラグメント化でよく観測される種類の奇数電子イオンである．この構造では，不対電子をもつ炭素と正電荷をもつ炭素は両方とも 2p 軌道をもつ．したがって，不対電子は二つの炭素の間に非局在化する．

$$[\text{CH}_3\text{CH}_2\text{CH}_2\dot{\text{C}}\text{H}-\overset{+}{\text{C}}\text{H}_2 \longleftrightarrow \text{CH}_3\text{CH}_2\text{CH}_2\overset{+}{\text{C}}\text{H}-\dot{\text{C}}\text{H}_2] \qquad (12\cdot26\text{c})$$

もし分子に含まれるのが C, H, O とハロゲンだけであれば，偶数電子フラグメントイオンは奇数の質量を，奇数電子フラグメントは偶数の質量をもつ．このことは，式(12・22)〜式(12・26)の例で確認することができる．すなわち，フラグメントイオンの質量が奇数と偶数のどちらであるかによって，その構造と起源に関する情報がすぐに得られる．

本節で示したすべての質量スペクトルからわかるように，質量スペクトルのピークは一般に同じ高さではない．何が質量スペクトルのイオンの相対存在量を支配するのであろうか．一般的には，最安定のイオンが最大の存在量で現れる．もしイオンが比較的安定であれば，分解が遅く比較的大きいピークとして現れる．もしイオンが比較的不安定であれば，速く分解して比較的小さいピークとして現れ，まったく現れないこともある．すでに学んだカルボカチオンの安定性の原則から，質量スペクトルにおいてなぜ大きいフラグメントイオンがあればそうでないものもあるかが理解できる．この考え方を例題 12・4 に示す．

例題 12・4

2,2,5,5-テトラメチルヘキサン（分子質量 = 142）の質量スペクトルでは，基準ピークが m/z = 57 に現れ，これは C_4H_9 の組成に相当する．(a) このピークを説明するフラグメントの構造式を示せ．(b) このフラグメントの存在量が多い理由を説明せよ．(c) このフラグメントが生成する機構を示せ．

解　法　最初の段階として 2,2,5,5-テトラメチルヘキサンの構造式を描く．

$$(\text{CH}_3)_3\text{C}-\text{CH}_2\text{CH}_2-\text{C}(\text{CH}_3)_3$$

(a) 組成 C_4H_9 のフラグメントは t-ブチルカチオンであり，どちらか一方の t-ブチル基への結合が開裂して生じたと考えられる．

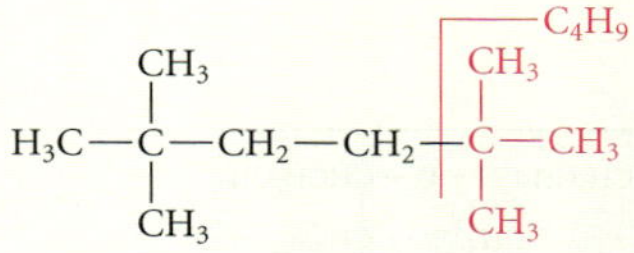

(b) 質量スペクトルで最も存在量の大きいピークは，最も安定なカチオンのフラグメントによるものである．t-ブチルカチオンは比較的安定なカチオン（第三級）であるので，比較的多く生成する．

(c) このカチオンが生成するためには，C-C 結合から 1 電子が放出されて，不対電子がメチレン炭素に残るように化合物がフラグメント化する（式 12・23，式 12・24 参照）．

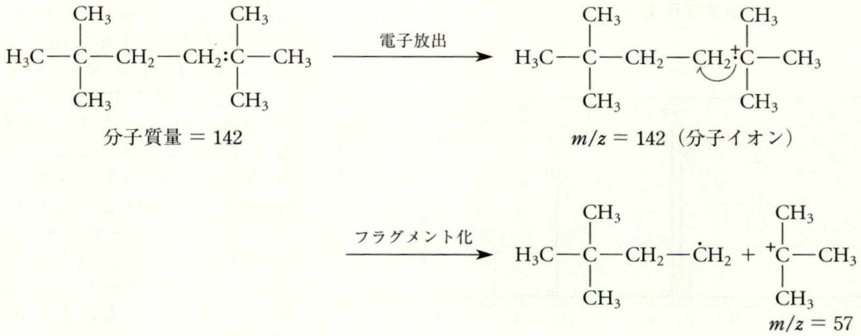

不対電子が t-ブチル基に残り $m/z = 85$ の第一級カルボカチオンが生成するように（いいかえれば，より安定なラジカルとより不安定なカルボカチオンが生成するように）フラグメント化が起こる可能性も考えられる．しかし $m/z = 85$ にはピークはない．この様式のフラグメント化が観測されないことは，フラグメント化の様式を決定するとき，カルボカチオンの安定性がラジカルの安定性よりも重要であることを示している．

問題

12・18 2,2,5,5-テトラメチルヘキサン（例題 12・4 の分子）の EI スペクトルにおいて最も大きい質量のピークは $m/z = 71$ に 33% の相対存在量で現れる．
(a) 分子の構造式において，どの結合でフラグメント化するとこのイオンが生じるか．
(b) このフラグメント化の機構を示せ．
(c) $m/z = 71$ のフラグメントイオンの構造式は何か（ヒント：カルボカチオンについて知っていることを適用せよ）．

12・19 1-ヘプタノールの質量スペクトルにおいて，以下のピークは奇数電子イオンと偶数電子イオンのどちらであるかを示せ（構造式を描く必要はない）．
(a) $m/z = 83$　　(b) $m/z = 56$　　(c) $m/z = 41$

12・20 2-クロロペンタンの質量スペクトルは，$m/z = 71$ と $m/z = 70$ にほぼ等しい強度の大きいピークを示す．
(a) 各ピークが偶数電子イオンと奇数電子イオンのどちらであるかを示せ．
(b) どのような安定な中性分子が失われると，奇数電子イオンが生じるか．
(c) 各フラグメントイオンが生成する機構を書け．

D. 分子イオン：化学イオン化質量スペクトル

分子イオンピークは，以下の二つの理由で質量スペクトルにおいて最も重要なピークである．まず，分子イオンの m/z は分子質量を示し，質量分析法の最も重要な使用法は分子質量を決定することであ

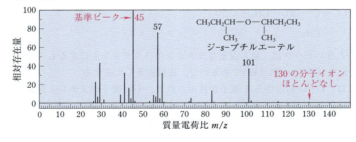

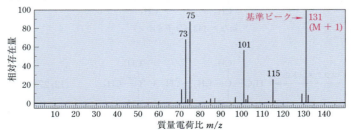

図 12・20 ジ-s-ブチルエーテルの質量スペクトル．(a) 電子イオン化（EI）質量スペクトル．(b) 化学イオン化（CI）質量スペクトル．EI スペクトルでは $m/z = 130$ の分子イオンはほとんど存在しないが，CI スペクトルでは分子イオン（$m/z = 131$ のプロトン化されたエーテルとして）が基準ピークである．CI スペクトルのフラグメントイオンの数は EI スペクトルのものより少ないことに注目しよう．

る．次に，分子イオンの質量は，フラグメント化による質量減少の計算の基準となる．

　残念ながら，質量スペクトルでは分子イオンのピークが弱いかまたは存在しないことがある．たとえば，図12・20(a)に示すジ-s-ブチルエーテルのEI質量スペクトルを考えてみよう．このエーテルの分子質量は130である．しかし，この質量のピークはほとんど存在しない．ジ-s-ブチルエーテルのEI質量スペクトルでは，3本の主要なピークが $m/z = 101$，$m/z = 57$，$m/z = 45$（基準ピーク）に現れる．$m/z = 101$ のピークは，29質量単位（すなわちエチル基）の減少に対応しており，以下のように起こる．まず，酸素の非共有電子対から電子が失われて分子イオンが生成する．

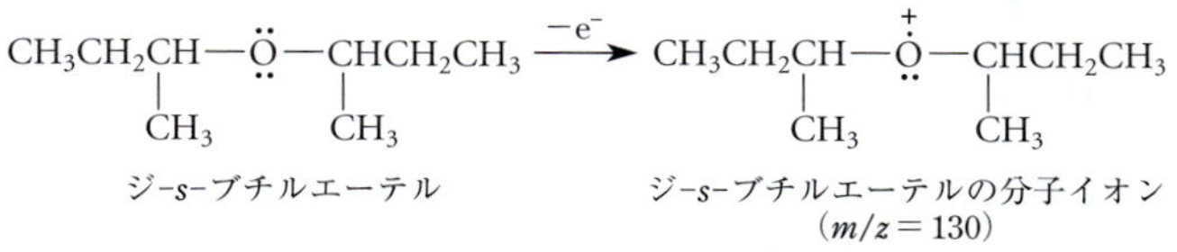

$$\begin{array}{c}\text{CH}_3\text{CH}_2\text{CH}-\ddot{\text{O}}-\text{CHCH}_2\text{CH}_3 \xrightarrow{-e^-} \text{CH}_3\text{CH}_2\text{CH}-\overset{+}{\ddot{\text{O}}}-\text{CHCH}_2\text{CH}_3\end{array} \quad (12\cdot28)$$

ジ-s-ブチルエーテル　　　　　　ジ-s-ブチルエーテルの分子イオン
$(m/z = 130)$

式(12・25)で説明したように，非共有電子は結合電子よりも容易に放出されることを思い出そう．次に，エチルラジカルが失われるがこの過程を質量分析では α 開裂，ラジカル化学では β 切断とよぶ．

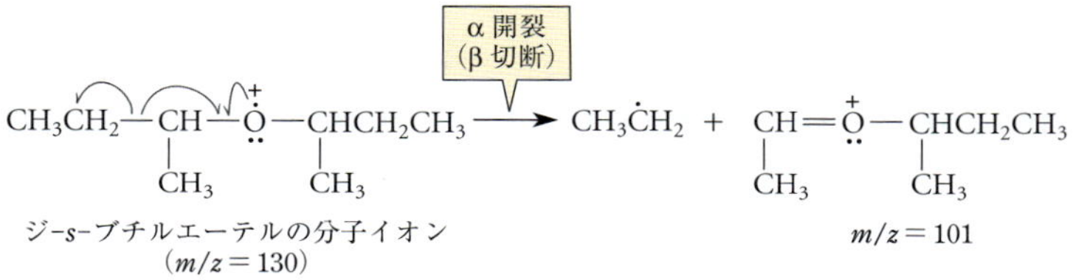

$$\text{CH}_3\text{CH}_2-\text{CH}-\overset{+}{\ddot{\text{O}}}-\text{CHCH}_2\text{CH}_3 \xrightarrow{\alpha\text{開裂}(\beta\text{切断})} \text{CH}_3\dot{\text{C}}\text{H}_2 + \text{CH}=\overset{+}{\text{O}}-\text{CHCH}_2\text{CH}_3 \quad (12\cdot29)$$

ジ-s-ブチルエーテルの分子イオン　　　　　　　　　　　　　　　$m/z = 101$
$(m/z = 130)$

このイオンはさらに反応して2-ブテン(56質量単位)が β 脱離して，$m/z = 45$ の基準ピークを生じる．

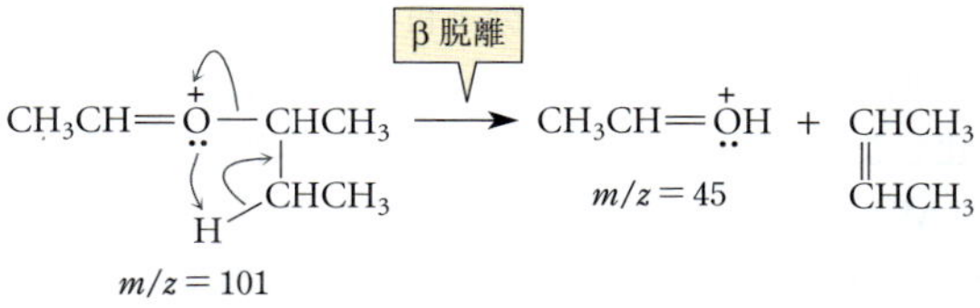

$$\text{CH}_3\text{CH}=\overset{+}{\ddot{\text{O}}}-\text{CHCH}_3 \xrightarrow{\beta\text{脱離}} \text{CH}_3\text{CH}=\overset{+}{\text{O}}\text{H} + \text{CHCH}_3 \quad (12\cdot30)$$

$m/z = 101$　　　　　　　　　　　$m/z = 45$　　　$\parallel$
　　　　　　　　　　　　　　　　　　　　　　　CHCH$_3$

　$m/z = 57$ のピークは誘導開裂とよばれる過程によって生成する．この過程は，S_N1 に類似したラジカルカチオンの解離にすぎない．

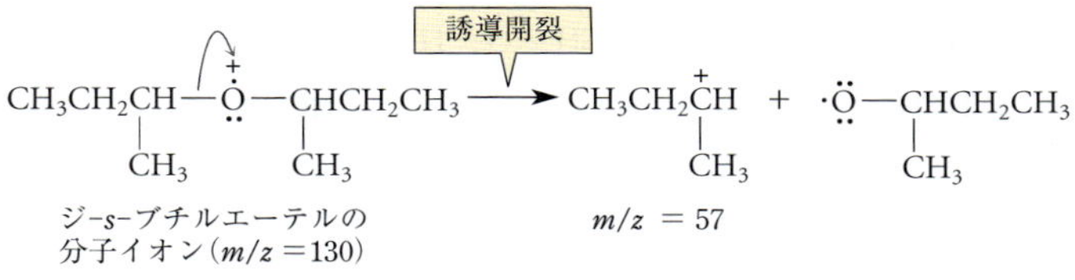

$$\text{CH}_3\text{CH}_2\text{CH}-\overset{+}{\ddot{\text{O}}}-\text{CHCH}_2\text{CH}_3 \xrightarrow{\text{誘導開裂}} \text{CH}_3\text{CH}_2\overset{+}{\text{CH}} + \cdot\ddot{\text{O}}-\text{CHCH}_2\text{CH}_3 \quad (12\cdot31)$$

ジ-s-ブチルエーテルの　　　　　　　　　　　　　　　$m/z = 57$
分子イオン$(m/z=130)$

ここで示した α 開裂，β 脱離および誘導開裂は，非共有電子対をもつ原子をもつ分子の質量スペクトルでは，非常に一般的な分解機構である．これらの過程は比較的安定なカチオンを生成するので，それが分子イオンの寿命が短い理由である．

　この例は，構造が未知の化合物において最大質量のイオンが分子イオンであるかフラグメントイオンであるかを，多くの場合確かめることができないことを示す．ここでの問題は，どのような方法で未知化合物の分子質量を確実に決定できるかということである．

　EI質量スペクトルでの分子イオンは，非常にエネルギーが高い電子衝撃の過程により生成する．分子が非常に高いエネルギーをもつと，そのエネルギーをフラグメント化によって放出しようとする．しかし，分子イオンを"よりソフトな"（より低いエネルギーで済む）方法により生成することができれば，

そのイオンがフラグメント化する傾向は減少するはずである．この目的で一般に使われるイオン化法は**化学イオン化**とよばれ，化学イオン化に由来する質量スペクトルは**化学イオン化質量スペクトル**（chemical-ionization mass spectrum）または短縮して **CI 質量スペクトル**（CI mass spectrum）とよばれる．

化学イオン化（chemical ionization）では，気化した測定対象の分子（ジ-s-ブチルエーテル）をメタンやイソブタンのような大過剰の**試薬ガス**と混合する．ここではメタンでこの過程を説明する．この混合物に電子衝撃を与えると，式（12・15）に示すように，エーテルではなく非常に高濃度の試薬ガスが選択的に（メタンラジカルカチオンに）イオン化される．これが起こると，メタンラジカルカチオンからプロトン1個が別のメタン分子に移動して $^+CH_5$ という化学種が生成する．

$$CH_4^{\cdot +} + CH_4 \longrightarrow \dot{C}H_3 + {}^+CH_5 \qquad (12\cdot32a)$$

この見慣れない化学種では，5個の水素がもとのメタンにあった4組の結合電子対を共有する．$^+CH_5$ で重要なことは非常に酸性度が高いことであり，実際に**気相でのプロトン源**となる．大部分の $^+CH_5$ はメタンと衝突するが（全体としては無反応），やがてエーテルと衝突すると，エーテルで最も塩基性度の高い酸素の非共有電子対がプロトン化される（§11・1）．このようにして，エーテルがイオン化する．

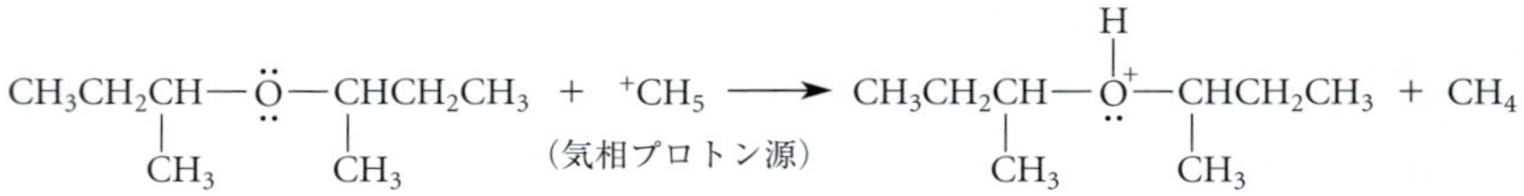

$$\underset{\substack{\text{ジ-}s\text{-ブチルエーテル}}}{CH_3CH_2\underset{\underset{CH_3}{|}}{C}H-\ddot{\underset{}{O}}-\underset{\underset{CH_3}{|}}{C}HCH_2CH_3} + \underset{\text{(気相プロトン源)}}{{}^+CH_5} \longrightarrow \underset{\substack{\text{ジ-}s\text{-ブチルエーテルの}\\ \text{共役酸}(m/z=131)}}{CH_3CH_2\underset{\underset{CH_3}{|}}{C}H-\overset{\overset{H}{|}}{\underset{\underset{CH_3}{|}}{O^+}}-\underset{}{C}HCH_2CH_3} + CH_4 \qquad (12\cdot32b)$$

この共役酸のカチオンは偶数電子イオンであり，ラジカルカチオンではない．CI 質量スペクトルでは，プロトンが加わるので，このイオンのピークは必然的に分子自身の分子質量より1質量単位大きいところに現れる．このイオンは比較的低エネルギーの過程で生成するため，EI 質量スペクトルの分子イオンに比べて容易にフラグメント化しない．ジ-s-ブチルエーテルの CI 質量スペクトルを図 12・20(b) に示した．ここでは $m/z = 131$ の M＋1 イオンが大きく，これが基準ピークである．このイオンからさまざまな中性分子が失われてフラグメントを生じるが，その数は比較的少ない．たとえば，$m/z = 75$ の最大のフラグメントピークは，式（12・30）に類似した β 脱離の過程で 2-ブテンが失われることにより生じる．

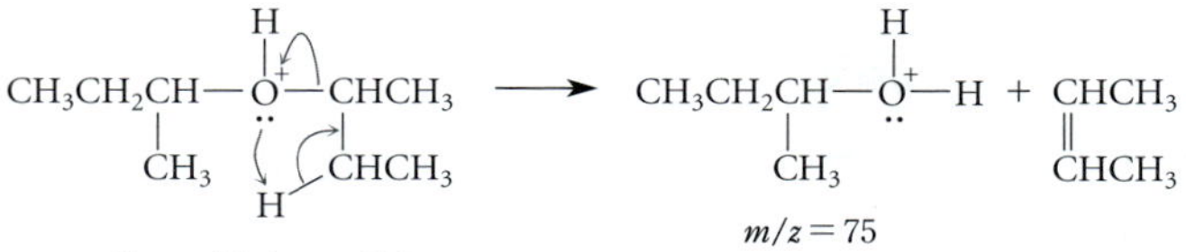

$$\underset{\substack{\text{ジ-}s\text{-ブチルエーテル}\\\text{の共役酸}(m/z=131)}}{CH_3CH_2CH-\overset{\overset{H}{|}}{O^+}-CHCH_3 \atop {|\ \ \ \ \ \ \ \ \ \ \ \ |\atop CH_3\ \ \ \ \ \ \ CHCH_3 \atop \ \ \ \ \ \ \ \ \ \ \ \ H}} \longrightarrow \underset{m/z=75}{CH_3CH_2CH-\overset{\overset{H}{|}}{O}-H \atop {| \atop CH_3}} + \underset{}{CHCH_3 \atop {\| \atop CHCH_3}} \qquad (12\cdot33)$$

一般的に，未知構造の化合物の質量分析法は EI と CI の両方の質量スペクトルを測定することにより調べる．CI 質量スペクトルはふつう強い M＋1 ピークを示し，これから分子質量 M がわかる．一方で，EI スペクトルの多様なフラグメント様式を用いて構造のほかの特徴を推測することができる．

問　題

12・21 (a) イソブチルメチルエーテル $CH_3OCH_2CH(CH_3)_2$ の EI 質量スペクトルでは，分子イオンはほんのわずかしかなく，α 開裂により生じる基準ピークが $m/z = 45$ にある．この α 開裂の過程を示し，質量 ＝ 45 のイオンの構造式を描け．
(b) ジ-s-ブチルエーテルの質量スペクトルとは対照的に，イソブチルメチルエーテルの質量スペクト

ルは誘導開裂(式 12・31)によるピークを示さない．カルボカチオンの安定性について知っていることを用いて，このピークが存在しないことを説明せよ．
(c) イソブチルメチルエーテルの CI 質量スペクトルを EI 質量スペクトルと比較すると，どのような大きな違いがあると予想されるか．
12・22 ジ-s-ブチルエーテルの CI 質量スペクトル(図 12・20b)において，以下の各フラグメントを説明する脱離反応を示せ(ヒント：β 脱離反応は C=O 二重結合を生成することもある)．
(a) $m/z = 101$　　(b) $m/z = 115$　　(c) $m/z = 73$

E. 質量分析計

　質量分析計は気相でイオンを生成し，質量の違いにより分離し，各質量のイオンの相対数を検出しなければならない．これまでにイオンを生成する二つの方法，すなわち電子イオン化と化学イオン化について学んだ．通常の"磁場セクター型"質量分析計では，移動するイオンの経路が磁場により曲がるという事実に基づいてイオンを分離する．磁場を作用すると，大きい m/z のイオンは小さい m/z のイオンよりも大きい半径の経路を通過する(図 12・21)．もう一つのイオン分離法は"飛行時間型"とよばれる．飛行時間型分析計は，電場中を移動するのに要する時間の長さによってイオンを区別する．小さい m/z のイオンは電場によって容易に加速されるので，大きい m/z のイオンに比べて電場中を短時間で移動する．イオン分離法によらず，イオンはイオン電流で検出する．本書中の質量スペクトルは，実際には相対的なイオン電流と m/z をプロットしたもので，最大のイオン電流(すなわち基準ピーク)を相対値 100 としている．

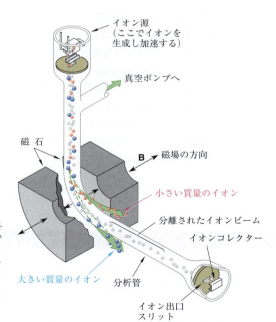

図 12・21 磁場セクター型質量分析計の概略図．試料を電子衝撃によりイオン化したあと，イオンを高電圧で加速し，磁場 **B** へ垂直な経路になるように導入する．磁場によりイオンの経路が曲がり，小さい質量のイオンの経路(赤色)は，大きい質量のイオンの経路(青色)より大きく曲がる．磁場を連続的に強くするにつれて，より大きい質量をもつイオンがちょうどイオン出口スリットに入る経路に達する．

　最近の質量分析計は非常に高感度であり，マイクログラム(10^{-6} g)からピコグラム(10^{-12} g)の量の物質で容易に質量スペクトルが測定できる．この理由のため，質量分析法は微量しかない物質の分析に非常に役立つ．血清中の薬物濃度の分析や，ごく微量しか得られない昆虫のフェロモンの構造決定(§14・9)の研究で重要な役割を果たしてきた．また，現代の科学捜査においても重要な手法である．
　質量分析計の動作特性の一つは，異なる質量のイオンをどの程度まで分離できるかを示す<u>分解能</u>であ

る．比較的単純な質量分析計は，数百の m/z の範囲にわたって，質量単位が1だけ異なるイオンを容易に区別することができる．高分解能質量分析計とよばれるさらに複雑な質量分析計は，質量単位の数千分の1の質量でさえ分離することができる．このような高分解能がなぜ役立つのであろうか．$m/z=124$ に分子イオンをもつ未知化合物を考えてみよう．このイオンに対して可能な二つの分子式は，$C_8H_{12}O$ と C_9H_{16} である．両方の式とも同じ**整数質量**(nominal mass，最も近い整数値と同じ質量)をもつ．しかし，もし各分子式の**精密質量**(exact mass，小数第4位またはそれ以上までの質量)を計算すると(表12・3の最も存在比の大きい同位体の値を用いて)，異なる結果が得られる．

$$C_8H_{12}O \quad 精密質量：124.0888$$
$$C_9H_{16} \quad 精密質量：124.1252$$

この差は0.0364質量単位であり，高分解能質量分析計で容易に区別できる．このような装置に用いるコンピューターは，精密質量から分子式を計算するプログラムを備えているので，質量スペクトル中の分子イオン(すなわち対象としている化合物)の元素分析だけでなく各フラグメントの元素分析を可能にする．コンピューターやほかの付属品を備えた最新の高分解能質量分析計は数千万円はするので，多数の研究者によって共有されることが多い．

　質量分析計によって化合物を分析するためには，まず試料を気化しなければならない．これは，ほとんど蒸気圧をもたない大きな分子では難しい問題である．質量分析計の研究では，大きな不揮発性の分子(その多くは生化学的に興味のある分子)から気相でイオンを生成する新しい方法が関心を集めた．MALDI〔マトリックス支援レーザー脱離イオン化(matrix-assisted laser desorption ionization)〕の略称でよばれる方法では，分析する物質(分析物)をレーザー光を吸収できるマトリックスとよばれる物質とともに結晶化する．過程は完全には解明されていないが，マトリックス-分析物の混合物にレーザー光で衝撃を与えると，最終的には分析物の気相イオンが生成して，これを質量分析計で分析する．ESI〔電子スプレーイオン化(electrospray ionization)〕の略称でよばれる別の方法では，スプレーで香水を噴霧するのと同じようにして，分析物の溶液を噴霧して高度に帯電した液滴とする．この過程において，気相で高度に帯電した分子が生成し，これを質量分析計で分析する．この技術を用いると，タンパク質，核酸や合成高分子のような100,000以上の分子質量をもつ物質の分析も可能になる．この方法で測定した質量スペクトルのいくつかの例を§27・8Bで説明する．これらの技術の発見と開発により，米国バージニア・コモンウェルス大学のJ. P. Fenn（フェン）と島津製作所の田中耕一は，2002年のノーベル化学賞を共同受賞した．

12章のまとめ

- 分光法は物質と電磁波の相互作用に基づく．電磁波はエネルギー，波長および周波数で特徴づけられ，式(12・3)の相互関係がある．
- 赤外(IR)分光法は分子振動による赤外線の吸収に基づく．IRスペクトルは，波数または波長の関数として試料を透過した赤外線をプロットしたものである．
- IRスペクトルの吸収の周波数は，吸収に関与する結合の振動の周波数と等しい．
- 吸収の波数または周波数は，強い結合と小さい原子質量が関与する振動でより大きくなる(式12・11と式12・13)．結合の振動に関与する二つの原子質量のうち小さいほうが，振動の周波数に大きい効果をもつ．
- 吸収の強度は，試料中の吸収する置換基の数および振動するとき分子に生じる双極子モーメントの変化の大きさとともに増大する．双極子モーメントが変化しない吸収は，赤外不活性である．
- IRスペクトルは，分子中に存在する官能基に関する情報を提供する．=C-Hの伸縮と変角吸収およびC=C伸縮吸収は，アルケンの同定に非常に役立つ．O-H伸縮吸収はアルコールに特徴的である．

- 電子イオン化(EI)質量分析法では，試料分子は電子を失いラジカルカチオンである分子イオンを生成する．多くの場合，この分子イオンはフラグメントイオンに分解する．フラグメントイオンの相対存在量は，質量電荷比 m/z の関数として記録される．質量電荷比は大部分のイオンではその質量に等しい．これらのフラグメントイオンの質量から，分子質量と部分構造を調べることができる．
- 質量スペクトルの各ピークは，天然存在比の同位体の存在に由来するより大きい質量のピークを伴う．このような同位体ピークは，塩素や臭素のような高い天然存在比をもつ2種類以上の同位体からなる元素の存在を確認するために特に役立つ．
- イオン性のフラグメントには，不対電子を含まない偶数電子イオンと，不対電子を1個含む奇数電子イオンの2種類がある．
- 化学イオン化(CI)質量分析法では，気相中で直接プロトン化することにより分子をイオン化する．これは EI よりずっと温和なイオン化法なので，同じ化合物の EI スペクトルに比べて分子イオン（共役酸として）の割合が多くなる．

追加問題

12・23 IR 吸収の波数を決定する要因を列挙せよ．

12・24 IR 吸収の強度を決定する二つの要因をあげよ．

12・25 以下の各化学変換をどのように行えばよいか．IR スペクトルのどのような変化を使えばこれらの反応が進行したかどうかを調べることができるか（IR 吸収の出現や消失について答えよ）．
(a) 1-メチルシクロヘキセン → メチルシクロヘキサン
(b) 1-ヘキサノール → 1-メトキシヘキサン

12・26 以下の各組の分子のうち，同一の IR スペクトルをもつのはどれか．また，異なるスペクトル（非常にわずかな違いであっても）をもつのはどれか．理由を詳しく説明せよ．
(a) 3-ペンタノールと(±)-2-ペンタノール
(b) (R)-2-ペンタノールと(S)-2-ペンタノール
(c)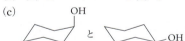
（各配座の IR スペクトルを個別に測定できると仮定せよ）

12・27 次ページに示す図 P12・27 の各 IR スペクトルは，以下の化合物のうちどれに対応するか（二つの化合物のスペクトルはないことに注意）．
(a) 1,5-ヘキサジエン (b) 1-メチルシクロペンテン
(c) 1-ヘキセン-3-オール (d) ジプロピルエーテル
(e) trans-4-オクテン (f) シクロヘキサン
(g) 3-ヘキサノール

12・28 ある学生が以下の反応を行った．

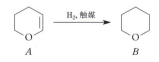

しかし，A と B の試料のラベルを貼り間違えたかもしれないので，IR スペクトルを測定した．次ページの図 P12・28 にスペクトルを示す．どちらのスペクトルが，どちらの試料のものか．なぜそれがわかるかを説明せよ．

12・29 (a) 赤色の C-H 結合の伸縮周波数を示してある．これらの結合を強くなる順番に並べよ．また，その理由を説明せよ．

$$RCH=\overset{H}{C}H \quad RCH_2\overset{H}{-} \quad RC\equiv C-H$$
$$3080\ cm^{-1} \quad 2850\ cm^{-1} \quad 3300\ cm^{-1}$$

(b) ≡C-H 結合の結合解離エネルギーが 558 kJ mol^{-1} であるとき，(a)の伸縮周波数を用いて RCH$_2$-H 中の C-H 結合の結合解離エネルギーを予想せよ．

12・30 以下の結合を伸縮周波数が増加する順番に並べ，その理由を説明せよ．

$$C=C \quad C\equiv C \quad C=O \quad C-C$$

12・31 (a) 水分子は3種類の異なる分子振動をもつ．水の3種類の振動モードについて図 12・8 のような図を作成せよ（ヒント：極限まで振動したとき，分子は振動が起こる前と異なる形に変化しなければならない）．
(b) 各振動は伸縮振動と変角振動のどちらか．
(c) 水蒸気の IR スペクトルは 1595, 3652, 3756 cm^{-1} に三つの吸収をもつ．どれが伸縮振動で，どれが変角振動であるかを説明せよ．

12・32 なぜニトロ化合物は 2 本の N-O 伸縮振動をもつかを説明せよ（ふつう 1370 cm^{-1} と 1550 cm^{-1} に現れる）．

$$\left[R-\overset{+}{\underset{\underset{\ddots}{\overset{\ddots}{O}:}}{N}}\overset{\overset{\ddots}{O}:}{} \longleftrightarrow R-\overset{+}{\underset{\underset{\ddots}{\overset{\ddots}{O}:}}{N}}\overset{\overset{\ddots}{O}:}{} \right]$$

本章章末問題の IR スペクトルはすべて，縦軸が透過パーセント，横軸(上)が波長(μm)，横軸(下)が波数(cm^{-1})である．

図 P12・27

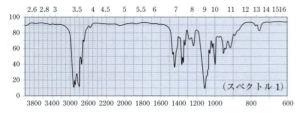
(スペクトル 1)

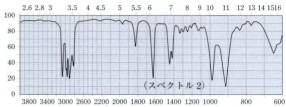
(スペクトル 2)

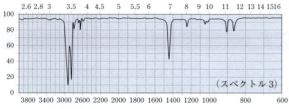
(スペクトル 3)

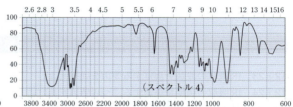
(スペクトル 4)

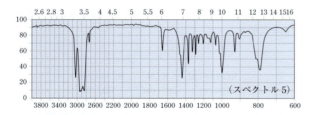
(スペクトル 5)

図 P12・28

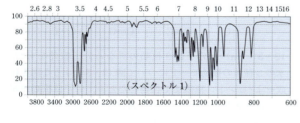
(スペクトル 1)

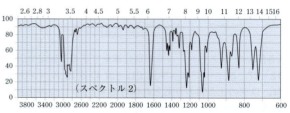
(スペクトル 2)

図 P12・33

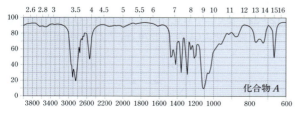
化合物 A

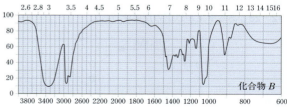
化合物 B

12・33 (a) なぜチオールの IR スペクトルの S−H 伸縮吸収は，アルコールの O−H 伸縮吸収よりも低波数(2550 cm^{-1})に現れるかを説明せよ．
(b) O−H と S−H 吸収の波数に差が生じるおもな理由は，硫黄の質量が大きいこと，あるいは 2 種類の結合の強さの違いのどちらによるものであろうか．なぜそうなるかを説明せよ．
(c) ラベルのない 2 本の瓶 A と B に液体が入っている．実験ノートによると，一方の化合物は $(HSCH_2CH_2)_2O$ で，他方は $(HOCH_2CH_2)_2S$ である．二つの化合物の IR スペクトルを図 P12・33 に示す．化合物 A と B を同定し，そのように選んだ理由を説明せよ．

12・34 (a) 研究室でラベルのない 2 種類の液体 C と D が見つかった．一方は重クロロホルム $CDCl_3$，他方はふつうのクロロホルム $CHCl_3$ であることがわかっている．図 P12・34 に示す 2 種類の化合物の IR スペクトルから，どちらの化合物がどちらであるかを示せ．また，その理由を説明せよ．
(b) これらの化合物は質量分析計によりどのように区別することができるか．

12・35 以下の各分子の EI 質量スペクトルで観測されたフラグメントについて，フラグメントの構造式と生成機構を説明せよ．

(a) CH$_3$CH$_2$CH$_2$−C(CH$_3$)(CH$_2$CH$_3$)−NH$_2$　$m/z=72$

(b) 3-メチル-3-ヘキサノール，$m/z = 73$
(c) 1-ペンタノール，$m/z = 70$
(d) ネオペンタン，$m/z = 57$

12・36 質量スペクトルのフラグメントとしてよく失われる，以下の中性分子の構造を示せ．
(a) C と H だけを含む化合物から失われる質量 28 の中性分子
(b) C, H, O を含む化合物から失われる質量 18 の中性分子
(c) 分子イオンの大きさの約 3 分の 1 の M＋2 ピークをもつ化合物から失われる質量 36 の中性分子

12・37 アルコール A を NaH つづいて CH_3I と反応させると，CI 質量スペクトルで $m/z = 117$ に強い M＋1 ピークをもつ化合物 B が生成する．化合物 A は，他の証拠から第三級アルコールであることがわかり，EI 質量スペクトルでは $m/z = 87$ と $m/z = 73$ (基準ピーク) に主要なフラグメントをもつ．化合物 A と B の構造を提案せよ．

12・38 THF 中で *trans*-2-ペンテンと BH_3 との反応を行い，つづいて $H_2O_2/{}^-OH$ で処理したところ 2 種類の生成物が単離された．2 種類の生成物の質量スペクトルを図 P12・38 に示す．化合物の構造式を提案せよ．

12・39 以下の各観測結果について，フラグメントイオンの構造式と生成機構を説明せよ．
(a) 1-メトキシブタンの EI 質量スペクトルは $m/z = 56$ と $m/z = 45$ (基準ピーク) にフラグメントイオンを示す．
(b) 2-メトキシブタンの EI 質量スペクトルは $m/z = 59$ に基準ピークを示す．

図 P12・34

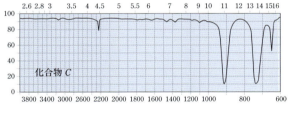
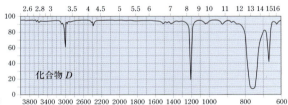

図 P12・38　縦軸は相対存在量，横軸は質量電荷比 m/z

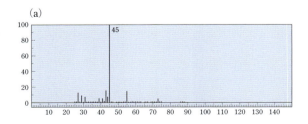
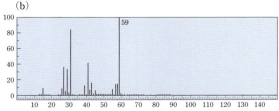

12・40 ジブロモメタンの質量スペクトルは，$m/z =$ 172, 174, 176 に約 1:2:1 の相対強度の 3 本のピークをもつ．その理由を説明せよ．

12・41 ジクロロメタンの質量スペクトル中の $m/z = 84$, 86, 88 の 3 本のピークの相対強度を予測せよ．

12・42 臭化エチルの EI 質量スペクトル中の以下のピークに対応するイオンの構造式を描き，各イオンの生成機構を示せ(括弧中の数字は相対存在量)．

(a) $m/z = 110 (98\%)$ (b) $m/z = 108 (100\%)$
(c) $m/z = 81 (5\%)$ (d) $m/z = 79 (5\%)$
(e) $m/z = 29 (61\%)$ (f) $m/z = 28 (25\%)$
(g) $m/z = 27 (53\%)$

12・43 ある化合物は炭素，水素，酸素と 1 個の窒素を含む．この化合物に由来する以下の各フラグメントイオンは奇数電子イオンかそれとも偶数電子イオンか．その理由を説明せよ．

(a) 分子イオン
(b) 1 個の窒素を含む偶数質量のフラグメントイオン
(c) 1 個の窒素を含む奇数質量のフラグメントイオン

12・44 (a) π 電子のイオン化に必要なエネルギーが，σ 電子のイオン化に必要なエネルギーより小さいのはなぜか説明せよ．
(b) π 電子のイオン化により生成する 1-ヘプテンの分子イオンの構造式を描け．
(c) 1-ヘプテンの EI 質量スペクトル(図 12・16)の基準ピークは $m/z = 41$ にあり，共鳴安定化されたカルボカチオンであるアリルカチオンに対応すると考えられている．

$$H_2C=CH-\overset{+}{C}H_2$$
アリルカチオン
$m/z = 41$

(b)で描いた分子イオンがアリルカチオンへと変換することを示す機構を，巻矢印(片羽矢印)を用いて書け．

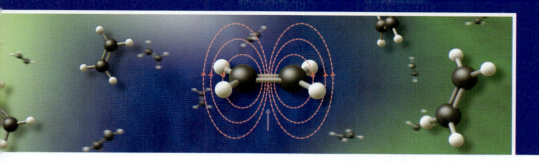

13

核磁気共鳴分光法

　赤外分光法は化合物中に存在する官能基の決定に用いることができ，質量分析法は分子とそのフラグメントの質量に関する情報を提供する．しかし，ごく少数の例外を除いて，これらの測定法から完全な構造を決定するために十分な情報は得られない．別の種類の分光法である核磁気共鳴(NMR)分光法を使うと，かなり詳しく分子構造を調べることができる．NMRと他の分光法を組合わせるかあるいはしばしばNMRだけで，多くの場合，非常に短時間で分子構造を完全に決定することができる．1950年代に市販の装置が導入されて以来，NMR分光法は有機化学に革命をもたらした．本章では，NMR分光法の基本原理を説明し，どのように構造決定に用いるかを述べる．

13・1　プロトンNMR分光法の概要

　NMR分光法は原子核を検出するために用いるが，検出できるのは§13・2でさらに説明するスピンとよばれる磁気的性質をもつ原子核だけである．プロトン(^{1}H)と炭素の存在比の少ない質量数13の同位体(^{13}C)はスピンをもち，NMRで検出することができる．炭素の一般的な同位体 ^{12}C はスピンをもたないので，この方法では検出できない（^{13}C NMR は§13・9で解説する）．

　歴史的に有機化学でNMRが最初に使用されたのは，そして今でも非常に重要な使用法であるのは，有機化合物中のプロトンすなわち水素核の検出である．この種のNMRは**プロトンNMR**(proton NMR)または ^{1}**H NMR** とよばれる．本章の前半ではプロトンNMRを説明する．

　NMRを学び始める最良の方法は，単純なNMRスペクトルを見ることである．図13・1に示すジメトキシメタンのプロトンNMRスペクトルを考えてみよう．

$$\text{CH}_3\text{O}-\text{CH}_2-\text{OCH}_3$$
ジメトキシメタン

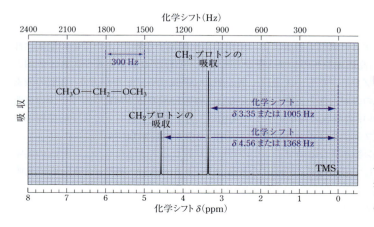

図13・1　ジメトキシメタンのプロトンNMRスペクトル．下の軸は100万分の1(ppm)単位の化学シフトの目盛で，上の軸は周波数単位(Hz)の化学シフトの目盛である．ピークは，化学的に異なる種類のプロトンによるエネルギーの吸収を示す．最も右にある小さいピークは，少量添加された基準物質であるテトラメチルシラン(TMS)のプロトンのものである．

このスペクトルは，x 軸の電磁波の相対周波数に対して，y 軸にエネルギーの吸収をプロットしたものである．吸収は分子中のプロトンを検出する．下の横軸は化学シフトであり δ で表され，その単位は ppm (100 万分の 1) である．ここでは，この単位がどのように導かれたかは述べない．単に軸上の位置を示すマーカーとしてみてほしい．上の横軸の数字は，ヘルツ (Hz, §12・1A で定義) 単位の周波数である．IR スペクトルと同じように，周波数は左から右に向かって減少する．

δ (ppm) 目盛の数字と周波数目盛の数字は比例する．本書中の大部分のスペクトルでは，周波数の数字は δ の数字のちょうど 300 倍である．すなわち，上の軸の周波数を $\Delta\nu$ の記号で示すと次のようになる．

$$\delta = \frac{\Delta\nu}{\nu_0} \quad (\Delta\nu \text{ は Hz 単位，} \nu_0 \text{ は MHz 単位}) \qquad (13\cdot1)$$

ここで $\nu_0 = 300$ MHz である．メガヘルツ (MHz) 単位の比例定数 ν_0 は，NMR 分光計の**動作周波数** (operating frequency) とよばれる．名称が意味するように，これは NMR 分光計の動作特性である．この関係については §13・3B でさらに学ぶ．

NMR スペクトル中のピークは，**共鳴** (resonance)，**吸収** (absorption) または**線** (line) とよばれる．横軸上の吸収の位置は**化学シフト** (chemical shift) とよばれる．ピークの位置は，下の横軸を用いてふつう ppm で表示する．この場合，吸収の化学シフトは δ とそれに続くピークの位置の数値で表す．すなわち，図 13・1 の三つのピークは，δ 0 ppm，δ 3.35 ppm，δ 4.56 ppm の化学シフトをもつ*．

最も右の δ 0 にある吸収は，ジメトキシメタンの吸収ではない．これは基準点を決めるために試料に加えたテトラメチルシラン (TMS) の吸収である．

$$\begin{array}{c} CH_3 \\ | \\ H_3C-Si-CH_3 \\ | \\ CH_3 \end{array}$$

テトラメチルシラン (TMS)

TMS の吸収位置を，スペクトルの x 軸上における δ 0 の位置と定義する．TMS が基準に使われるのは，単一の強い吸収をもち，化学的に不活性で，大部分の一般的な有機化合物よりも小さい化学シフトをもつからである．TMS はまた低沸点 (26.5 ℃) であり，試料を回収したいとき容易に取除くことができる．

δ 3.35 と δ 4.56 にある他の二つのピークは，ジメトキシメタンのプロトンの NMR 吸収である．さらに進む前に，なぜ二つの吸収があり，それらが異なる大きさをもつか推測できるであろうか．

二つの吸収があるのは，ジメトキシメタンには 2 組の化学的に区別できるプロトン，すなわち CH_2 プロトンと CH_3 プロトンがあるからである．δ 4.56 の共鳴は CH_2 プロトンの共鳴であり，δ 3.35 の共鳴は CH_3 プロトンの共鳴である．これは NMR についての非常に重要な点を示す．どのような化合物の NMR スペクトルであっても，化学的に区別できる (すなわち化学的に非等価な) 原子核は別々の共鳴 (偶然の重なりを除けば) を示す．この点は §13・3D でさらに説明する．

各吸収の化学シフトは，隣接する置換基の性質によって決まる．隣接する酸素 (または他の電気陰性原子) は，左へのシフトすなわち高周波数へのシフトをひき起こす．CH_2 プロトンをもつ炭素は <u>2 個</u>の酸素に隣接するのに対し，CH_3 プロトンをもつ炭素は <u>1 個</u>の酸素に隣接する．したがって，2 個の酸素に近いプロトン (CH_2 プロトン) の方が大きい化学シフトをもつ．この分析から NMR のもう一つの重要な点がわかる．NMR スペクトル中の吸収の化学シフトの変化は，対応するプロトンの化学的環境から予測することができる．化学シフトに及ぼす構造の効果は §13・3C で説明する．

各吸収に寄与しているプロトン数が異なるので，二つのピークは異なる大きさをもつ．δ 3.35 の共鳴 (6 個) は多くのプロトンが寄与しているので，δ 4.56 の共鳴 (2 個) より大きい．実際に，δ 3.35 の共鳴

---

*訳注: これ以降，原則として化学シフトの単位 ppm の表示は省略する．

はδ4.56の共鳴に対して約3倍の高さである．これはNMRスペクトルのさらにもう一つの重要な特徴を示している．ピークの大きさ（実際にはピークの下の面積）は，その吸収に寄与しているプロトン数に比例する．これは，化学的な種類別にプロトンを数えることができることを意味する．この点は§13・3Eでもう一度説明する．

化合物が隣接炭素上に水素をもつとき，NMRスペクトルはさらに非常に強力な情報を提供する．隣接炭素上のプロトンを数えることができる．分子中で2個の炭素が隣接していないので，NMRのこの特徴はジメトキシメタンのスペクトルには現れない．このもう一つのNMRの可能性はスピン結合とよばれる現象に由来し，§13・4で説明する．

まとめると，プロトンNMRは以下の4種類の情報を提供する．

1. 化学的に非等価なプロトンの組数
2. 各組のプロトンの化学的環境（化学シフト）
3. 各組の中のプロトン数
4. 隣接した組の中のプロトン数

これらの4種類の情報をもとに，多くの場合未知化合物の構造を完全に解明することができる．これらの考えを用いて，NMRスペクトルのさまざまな面から詳しくみていこう．まずNMRの現象そのものからみていくことにする．

13・2 NMR分光法の物理的基礎

NMR分光法を理解し上手に利用するために，その物理的な基礎を理解しなければならない．NMR分光法は，核スピンとよばれる性質から生じる原子核の磁気的性質に基づく．

ちょうど電子が量子数 $+1/2$ と $-1/2$ で表される2種類の許容のスピン状態をもつのと同じように，スピンをもつ原子核がある．水素核 ^{1}H すなわちプロトンも，量子数 $+1/2$ と $-1/2$ で表される2種類の状態のどちらかをとることができる．

核スピンの物理的な意義は，原子核が微小な磁石のようにふるまうことである．経験から，磁場が存在すると磁石は一定の方向を指すことを知っている．地球の磁場中でのコンパスの針の向きがその一例である．微小な磁石とみなすことができる原子核でも同じことが起こる．したがって，水素核の磁極は磁場中で配向するようになる．すなわち，水素を含む化合物を磁場中に置くと，水素の原子核は磁石になる．

化学試料中の水素核を，磁気極性（地球の南北に相当）を示す矢印を用いて表示することにする．磁場がないと，原子核の磁極は乱雑に配向する．磁場をかけると，$+1/2$ のスピンをもつ原子核の磁極は磁場に平行に配向し，$-1/2$ のスピンをもつものは磁場に逆平行に配向する．

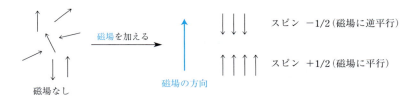

NMRにおける磁場の最も重要な効果は，磁場がプロトンの2種類のスピン状態がもつエネルギーにどのように影響するかである．磁場がないと，2種類のスピン状態は同じエネルギーをもつ．しかし磁場をかけると，2種類のスピン状態は異なるエネルギーをもち，スピン状態 $+1/2$ はスピン状態 $-1/2$ より低いエネルギーをもつ．プロトンpの2種類のスピン状態間のエネルギー差 $\Delta\varepsilon_p$ は **NMRの基本式**

(fundamental equation of NMR)によって表される．

$$\Delta\varepsilon_p = \frac{h\gamma_H}{2\pi}\mathbf{B}_p \tag{13・2}$$

この式では，h は 1 mol 当たりの Planck 定数(§ 12・1A) 3.99×10^{-13} kJ s mol^{-1}，$\mathbf{B}_p$ はそのプロトンにおけるテスラ(T)単位の磁場の強さ，γ_H は**磁気回転比**(gyromagnetic ratio)とよばれるプロトンの基本定数である．この定数の値は 267.53×10^6 rad T^{-1} s^{-1} である．この式は磁場が 0 であるとスピン状態のエネルギー差はないことを示す．そして，図 13・2 に示すように，磁場が強くなるほど 2 種類のスピン状態のエネルギー差が増大する．

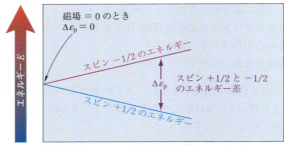

図 13・2 プロトンにおける磁場の増加がスピン状態 +1/2 と −1/2 のエネルギー差に及ぼす効果(式 13・2)．磁場がないとき 2 種類のスピン状態は同じエネルギーをもち，磁場が強くなるにつれて 2 種類のスピン状態のエネルギー差が増大する．

　最近の NMR 分光計で使われる典型的な磁場の強さは 7.05 T である．もちろんこれは非常に強い磁場である．この値を式(13・2)に代入すると，エネルギー差 $\Delta\varepsilon_p$ は約 0.00012 kJ mol^{-1} と計算できる．これは非常に小さいエネルギーである．もしこの値を $\Delta G°$ とみなして，§ 3・5 の式(3・36b)から 2 種類のスピン状態の平衡定数を計算すると，このエネルギーは平衡定数 0.9999516 に相当することがわかる．この平衡定数は非常に 1 に近いので，2 種類のスピン状態の存在比の差は非常に小さく，100 万個のプロトンを含む試料において，低エネルギーのスピン状態のプロトンは高エネルギーのスピン状態のプロトンに比べて約 20 個多いにすぎない．たとえこの差が非常に小さくても，これが物理的に重要であり NMR の基礎となる．スピン状態間にごくわずかなエネルギー差が生じるためには，非常に大きな磁場が必要である．

　ここまでのことをまとめると次のようになる．試料の分子を磁場中に置くと，各プロトンはエネルギーが $\Delta\varepsilon_p$ だけ異なる 2 種類のスピン状態のどちらかにあり，少し過剰のプロトンがスピン +1/2 をもつ．ここで試料に対して $\Delta\varepsilon_p$ にちょうど等しいエネルギー E_p の電磁波を作用すると，このエネルギーはスピン状態 +1/2 のいくつかのプロトンに吸収される．エネルギーの吸収により，プロトンはスピンの反転あるいは "フリップ" を起こし，スピン −1/2 の高エネルギー状態をとる．

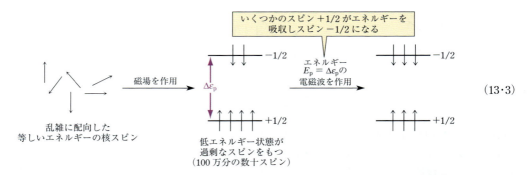

$$(13・3)$$

この吸収の現象は**核磁気共鳴**(nuclear magnetic resonance)とよばれ，**核磁気共鳴分光計**または **NMR**

分光計(NMR spectrometer, §13・11)とよばれる吸収分光計で検出することができる．この吸収の研究を **NMR 分光法**(NMR spectroscopy)とよぶ．図 13・1 のように，この吸収が NMR スペクトルで見られるピークとなる．NMR の共鳴現象は §1・4 で説明した共鳴構造式とはまったく関係ないことに注意しよう．

> NMR 実験では放射能は必要としない．一般的に原子核という用語が放射能の現象に関連しているので，誤解されないように，医学で広く普及している磁気共鳴画像法(MRI)は核磁気共鳴画像法とよばない．MRI は分子構造の決定に用いる NMR と同じ現象を利用する(§13・12)．

 以上をまとめると，原子核がエネルギーを吸収するためには，原子核が核スピンをもち磁場中に置かれなければならない．これらの二つの条件が満たされると，原子核は図 12・3 で示した単純な実験と概念的には同じである吸収分光法の実験で測定できる．エネルギーの吸収は，物理的には低エネルギーのスピン状態から高エネルギーのスピン状態への核スピンの"フリップ"に相当する．

 1 組のプロトン p の"スピンフリップ"に必要な電磁波の周波数は，式 $E_p = h\nu_p$ および式(13・2)から得られるエネルギーから次のように計算できる．

$$\text{吸収に必要なラジオ波の周波数} = \nu_p = \frac{E_p}{h} = \frac{\Delta\varepsilon_p}{h} = \frac{\gamma_H}{2\pi}\mathbf{B_p} \qquad (13\cdot 4)$$

 この式を用いると，7.05 T の磁場 $\mathbf{B_p}$ をかけた 1 組のプロトン p に対して，その組のプロトンを"スピンフリップ"させるのに必要な周波数は 300×10^6 Hz すなわち 300 メガヘルツ(MHz)である．この周波数は FM とアマチュア無線帯に近く，NMR 分光法で使われる電磁波は実質的にラジオ波である．NMR 実験で使われる典型的な周波数は 60 MHz から 950 MHz の範囲にあり，必要な磁場は式(13・4)に従い比例的に変化する．もちろん，ラジオ受信器を NMR 分光計の近くに置いて適切な周波数に合わせると，NMR 実験に伴い可聴な音が発生する．

> NMR 現象は 1945～1946 年に米国スタンフォード大学の F. Bloch(1905～1983)とハーバード大学の E. M. Purcell(1912～1997)の二人の物理学者の研究室で同時に発見された．Bloch と Purcell は NMR の研究で 1952 年にノーベル物理学賞を共同受賞した．

問 題

13・1 (a) プロトンにおける磁場が 11.74 T である NMR 分光計において，"スピンフリップ"に必要な周波数はいくらか．
(b) 試料に対する動作周波数が 900 MHz である NMR 実験において，"スピンフリップ"に必要なプロトンにおける磁場はいくらか．

13・3 NMR スペクトル: 化学シフトと積分

A. 化学シフト

 図 13・1 でみたように，ジメトキシメタンの 2 種類の化学的に区別できるプロトンは異なる化学シフトをもつ．前節における NMR 実験の説明から，化学シフトが何を意味するかを理解できるだろう．すなわち，磁場中にある 2 種類のプロトンは，異なる周波数の電磁波を吸収する．化学シフトは構造に関する多くのことを教えてくれるので，化学シフトの基礎を理解する必要がある．

 化学シフトを理解するときに重要な点は，プロトンが"感じる"有効磁場または局部磁場 $\mathbf{B_p}$ は，NMR 分光計がかける外部磁場 $\mathbf{B_0}$ と異なることである．一般に，$\mathbf{B_p}$ は $\mathbf{B_0}$ よりやや小さい．その理由は，

プロトンの近傍で円運動をする電子によって，外部磁場と反対向きの自己磁場が生じるからである．近傍の電子の円運動による局部磁場の減少は，**遮蔽**(shielding)とよばれる．したがって，プロトンの近くに Si のように比較的電気陰性度が小さい原子があると，プロトンの電子密度が増加し，外部磁場からのプロトンの遮蔽が増加する．逆に，プロトンの近くに O や Cl のように比較的電気陰性度が大きい原子があると，プロトンの電子密度が減少し，プロトンの遮蔽が減少する．要するに，遮蔽が大きいプロトンにおける局部磁場は，遮蔽が小さいプロトンにおける局部磁場より小さい．

これらの考えをジメトキシメタンの NMR スペクトル(図 13・1)に適用してみよう．

$$\overset{a}{\text{CH}_3}\text{O}—\overset{b}{\text{CH}_2}—\text{O}\overset{a}{\text{CH}_3} \quad \text{ジメトキシメタン}$$

プロトン a における局部磁場を $\mathbf{B}_a$，プロトン b における局部磁場を $\mathbf{B}_b$ とする．プロトン b は 2 個の酸素に隣接し，プロトン a は 1 個の酸素に隣接しているので，プロトン b はプロトン a よりも遮蔽されていない．したがって，次のようになる．

$$\mathbf{B}_b > \mathbf{B}_a \tag{13·5a}$$

不等式の両辺に $\gamma_\text{H}/2\pi$ をかけて式(13·4)を適用すると，相対的な吸収周波数が得られる．

$$\frac{\gamma_\text{H}}{2\pi}\mathbf{B}_b > \frac{\gamma_\text{H}}{2\pi}\mathbf{B}_a \tag{13·5b}$$

$$\nu_b > \nu_a \tag{13·5c}$$

すなわち，プロトン b はプロトン a よりも大きい周波数で共鳴する．あらゆるプロトンの化学シフトは，その共鳴周波数と基準化合物 TMS 中のプロトンの周波数の差として Hz 単位で定義される．したがって，式(13·5c)の両辺から TMS の共鳴周波数を引くと，プロトン a と b の化学シフトの関係が Hz 単位で得られる．

$$\nu_b - \nu_\text{TMS} > \nu_a - \nu_\text{TMS} \tag{13·5d}$$

$$\Delta\nu_b > \Delta\nu_a \tag{13·5e}$$

$$\text{H}^b \text{ の化学シフト} > \text{H}^a \text{ の化学シフト} \quad (\text{Hz 単位}) \tag{13·5f}$$

図 13・1 の NMR スペクトルにおける上部の周波数目盛は，$\Delta\nu$ の値の目盛である．図 13・3 でわかるように，$\Delta\nu_b$ は 1368 Hz，$\Delta\nu_a$ は 1005 Hz である．これらの周波数差は，プロトン a と b の化学的環境が異なることによるもので，2 組のプロトンの Hz 単位の**化学シフト**(chemical shift)である．したがっ

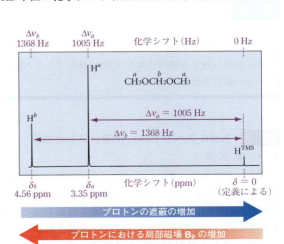

図 13・3 化学シフトに及ぼす局部磁場の効果を示すジメトキシメタンの NMR スペクトル(図 13・1)．化学シフトに差が生じるのは，化学的な環境が異なるとプロトンにおける局部磁場が異なるためである．

磁気遮蔽に似た現象

雨の日に外に出て傘を使うと，傘は雨を遮蔽する．もし傘を使わないと，ずぶぬれになる．小さい傘を使うと，ぬれるもののおそらくずぶぬれにはならない．同様に，電子は原子核を外部磁場から遮蔽する"磁気の傘"とみなすことができる．プロトン付近の電子密度が高いと"磁気の傘"は比較的大きく，プロトンにおける有効磁場すなわち局部磁場は小さい．この場合化学シフトは小さい．プロトンにおける電子密度が低いと"磁気の傘"は小さく，プロトンにおける局部磁場は大きい．この場合化学シフトは大きい．

て，プロトン b の化学シフトはプロトン a のものより大きい．

式(13・1)に示すように式(13・5e)の両辺を分光計の動作周波数 ν_0 で割ると，二つの化学シフトの関係が ppm 単位で得られる．

$$\frac{\Delta \nu_b}{\nu_0} > \frac{\Delta \nu_a}{\nu_0} \quad (\Delta \nu \text{ Hz 単位}, \nu_0 \text{ MHz 単位}) \tag{13・6a}$$

$$\delta_b > \delta_a \tag{13・6b}$$

図 13・1 も含め，本書中の大部分のスペクトルで用いた分光計の動作周波数は，300×10^6 Hz すなわち 300 MHz である．$\Delta \nu$ は Hz 単位で，ν_0 は MHz 単位で表示するので，δ の単位は <u>ppm</u> である．したがって，$\delta_a = 3.35$ ppm，$\delta_b = 4.56$ ppm となる．スペクトルの下の横軸の目盛から，直接 ppm 単位で化学シフトを読むことができる．Hz 単位の化学シフトは，動作周波数に対して非常に小さいことに注目しよう．そのため，プロトン a，プロトン b と TMS プロトンの相対的な遮蔽は，作用する外部磁場に比べて非常に小さい(問題 13・2 参照)．

要するに，プロトンの遮蔽が小さいほど，化学シフトは大きくなる．プロトン b の遮蔽はプロトン a の遮蔽より小さいので，プロトン b は大きい化学シフトをもつ．遮蔽の減少(<u>非遮蔽</u>ともよばれることがある)は，プロトン b における電子密度の減少の結果である．以上のことを図 13・3 にまとめた．

問題

13・2 TMS のプロトンに対する (a) プロトン a と，(b) プロトン b の遮蔽の減少は，T 単位でいくらか．300 MHz NMR の分光計の磁場の強さは 7.05 T である．

13・3 化合物 X の NMR スペクトルには，δ 1.3, 4.7, 4.6, 5.5 に四つの吸収がある．どの吸収が最も遮蔽されたプロトンによるものであるか．また，どの吸収が最も遮蔽されていないプロトンによるものであるか．説明せよ．

B. 化学シフトの目盛

前節では，化学シフトは Hz 単位の周波数差または ppm 単位の δ 値で表示できることを学んだ．以下に述べる理由により，化学シフトを表示するときは一般的に δ(ppm) の目盛を用いる．

ある NMR 分光計の動作特性は，磁石の強さすなわち外部磁場の強さ $\mathbf{B}_0$ で決まる．外部磁場に密接に関連しているのは，NMR 装置の<u>動作周波数</u> ν_0 である．これはまったく遮蔽されていない磁場におけるプロトンの共鳴周波数である．式(13・4)から $\mathbf{B}_\mathrm{p} = \mathbf{B}_0$ を用いて計算すると次のようになる．

$$\nu_0 = \frac{\gamma_\mathrm{H}}{2\pi} \mathbf{B}_0 \tag{13・7}$$

この式から二つのことに気づく．第一に，装置の動作周波数と外部磁場は比例する．第二に，外部磁場

の強さがわかれば動作周波数がわかり，その逆も同様である．たとえば，式(13·7)から，分光計が7.05 Tの磁場で動作するとき，その動作周波数は300,000,000 Hz すなわち 300 MHz になるはずである．"300 MHz のプロトン NMR スペクトル"の表記は，スペクトルを 7.05 T の磁場の装置で測定したことを意味する．

周波数差 $\Delta\nu$ で表示する化学シフトも，分光計の磁場の強さに比例する．すなわち，外部磁場が 2 倍になれば，Hz 単位の化学シフトも 2 倍になる．NMR 分光法ではさまざまな NMR 装置（そしてさまざまな外部磁場）が使われる．したがって，もし化学シフトを周波数差で表示すると，外部磁場や動作周波数がわからないと化学シフトに意味がない．測定に用いた分光計の種類に依存しない方法により化学シフトが表示できれば，もっと便利である．これが δ の目盛が使われる理由である．

$$\delta(\text{ppm}) = \frac{\Delta\nu(\text{Hz 単位})}{\nu_0(\text{MHz 単位})} \tag{13·1}$$

この定義により，$\Delta\nu$ と ν_0 の両方とも外部磁場と比例しており，磁場の依存性が比では打消されるので，δ は磁場に依存しない．したがって，ppm 単位であればある分子中のプロトンの化学シフトは，どのような磁場の強さすなわちどのような分光計においても同じである（スペクトルが溶媒，濃度や温度など同じ条件で測定されたと仮定する）．すなわち，$\Delta\nu$(Hz) で示したジメトキシメタンの CH_2 プロトンの化学シフト（図 13·1）は装置の磁場の強さに依存するが，δ(ppm) で示したプロトンの化学シフトはどのような分光計で測定しても 4.56 である．したがって，化学シフトは慣例的に ppm で表示する．もし必要があれば，周波数単位の化学シフトは動作周波数 ν_0 と式(13·1)中の δ の定義から計算できる．

ジメトキシメタンの NMR スペクトルはどのような磁場の強さにおいても 2 本の単一線であるので，なぜスペクトルを測定するためにより強力な NMR 装置を使いたいかは，この化合物の NMR スペクトルからは必ずしも明らかでない．しかし，§13·5B で学ぶように，強い磁場の NMR 装置を使うと多くの化合物のより詳しい NMR スペクトルが得られる．強い磁場であるほど，装置の感度も向上する（すなわち，低濃度で検出が可能になる）．その理由は，装置の感度は低エネルギー準位にあるスピンの過剰数に依存し，さらにこの過剰数は 2 種類のスピンエネルギー準位のエネルギー差に指数的に依存するためである（図 13·2 と関連の説明参照）．強い磁場の装置の問題点は価格が非常に高いことである．日常の研究に使用しやすい汎用の NMR 装置は，価格と感度の兼ね合いで決まる．本書での 300 MHz のスペクトルは，このような汎用の装置で測定したものである．

問 題

13·4 図 13·1 のスペクトルは 300 MHz の NMR 装置で測定したものである．次の外部磁場をもつ異なる装置で測定したとき，ジメトキシメタンの CH_3 プロトンの化学シフトは Hz 単位でいくらか．
 (a) 2.11 T　(b) 14.10 T

13·5 次の各動作周波数において 45 Hz 離れた二つの共鳴の化学シフト差は，ppm 単位でいくらか．
 (a) 60 MHz　(b) 300 MHz

C. 化学シフトと構造の関係

プロトンの化学シフトは近傍の置換基の影響を受けるので，プロトン共鳴の化学シフトからプロトンの化学的環境に関する情報が得られる．前節で述べたように，プロトンの化学シフトに影響を及ぼす最も重要な要因の一つは，近傍の置換基の電気陰性度である．この考え方を示すデータを表 13·1 に示す．練習として問題 13·6 を用いてこれらのデータを調べてみよ．

表 13・1 プロトン化学シフトにおよぼす電気陰性度の効果

エントリー	化合物	化学シフト δ(ppm)	電気陰性度(表1・1)
1	CH_3F	4.26	F 3.98
2	CH_3Cl	3.05	Cl 3.16
3	CH_3Br	2.68	Br 2.96
4	CH_3I	2.16	I 2.66
5	CH_2Cl_2	5.30	
6	$CHCl_3$	7.27	
7	CH_3CCl_3	2.70	
8	$(CH_3)_4C$	0.86	C 2.55
9	$(CH_3)_4Si$	0.00*	Si 1.90

* 定義による.

問題

13・6 (a) 表 13・1 のエントリー 1～4 を考えよ. 隣接するハロゲンの電気陰性度に伴い, プロトンの化学シフトはどのように変化するか.
(b) 表 13・1 のエントリー 2,5,6 を考えよ. 隣接するハロゲンの数に伴い, 化学シフトはどのように変化するか.
(c) 表 13・1 のエントリー 6,7 を考えよ. 電気陰性基からの距離によって, プロトンの化学シフトはどのように変化するか.
(d) $(CH_3)_4Si$ は表中の他の化合物よりもなぜ吸収の化学シフトが小さいかを説明せよ. また, TMS より小さい化学シフト(すなわち負の δ 値)をもつプロトンをもつ化合物を考えることができるか.

表 13・1 を調べることにより, 以下の要因によりプロトンの化学シフトが大きくなることを結論できる.

1. 近傍の置換基の電気陰性度の増加
2. 近傍の電気陰性置換基の数の増加
3. プロトンと電気陰性置換基の距離の減少

電気陽性基(Siなど)の効果は, 電気陰性基の逆である.

前節で学んだように, これらの効果の基礎となるのは, 異なる化学的環境では取囲む電子によるプロトンの磁気遮蔽が異なることである. ジメトキシメタンのスペクトル(図 13・3)もこれらの点を示している. 大きい化学シフトをもつ CH_2 プロトンは2個の酸素に隣接し, 1個だけの酸素に隣接する CH_3 プロトンよりも遮蔽が小さい.

化学シフトをかなり正確に予測する方法はあるが, ここでは特定の環境におけるプロトンの一般的な化学シフトの範囲を学ぶだけで十分である. 種々の官能基がある環境における炭素に結合したプロトンの化学シフトを図 13・4 に示す. たとえば, 図 13・4 からエーテルやアルコールの α プロトンは δ 3.2～4.2 の範囲の化学シフトをもつことがわかる.

図 13・4 中の化学シフトから, 近傍の置換基の電気陰性度が大きくなると化学シフトが大きくなるという考えが裏付けられる. この傾向にはいくつかの注目すべき例外があり, ビニルプロトンの化学シフト(二重結合の炭素に直接結合したプロトン δ 4.5～6.0), アリルプロトンの化学シフト(二重結合に直接結合した炭素に結合したプロトン δ 1.6～2.8)とベンゼン環に関連した類似のプロトン(フェニルプロトン δ 6.5～8.0, ベンジルプロトン δ 2.3～2.9)である. これらの置換基の化学シフトに及ぼす効果は,

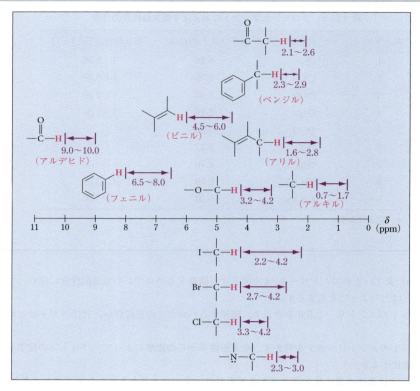

図 13・4 さまざまな化学的環境にある炭素に結合したプロトンに対する化学シフトのおおよその範囲

電気陰性度から予測されるものよりも大きい．この効果は π 電子の特別な非遮蔽効果のためであり，§13・7A の図 13・15 と §16・3B の図 16・2 で説明する．

このほかに，化学シフトについて二つの一般的な傾向は覚えておく価値がある．一つは，プロトンが結合している炭素にあるアルキル置換基の数に関係する．**メチルプロトン**(methyl proton, CH_3 基のプロトン)の化学シフトは，図 13・4 に表示された化学シフト範囲の右端にある．**メチレンプロトン**(methylene proton, CH_2 基のプロトン)の化学シフトは，メチルプロトンのものより 1 ppm 弱大きく，この化学シフト範囲の中央付近にある．最後に，**メチンプロトン**(methine proton, CH プロトン)の化学シフトは，ふつうさらに大きい．以下に示すエーテルの α プロトンの化学シフトがこの傾向を示す．

$H_3C—O—C(CH_3)_3$　　$CH_3CH_2—O—CH_2CH_3$　　$H_3C—\underset{CH_3}{CH}—O—\underset{CH_3}{CH}—CH_3$

　　メチルプロトン　　　　　メチレンプロトン　　　　　メチンプロトン
　　　 $\delta\,3.22$ 　　　　　　　　 $\delta\,3.45$ 　　　　　　　　 $\delta\,3.67$

化学シフトに関する 2 番目の傾向は，プロトンが 2 個以上の置換基に隣接するときに当てはまる．このような場合，化学シフトは両方の置換基から影響を受ける．以下の例がこの点を示す(この状況では α は"隣接する"ことを意味する)．

$CH_3CH_2—O—CH_2CH_3$　　　$H_3CO—CH_2—OCH_3$

　酸素 1 個の　　　　　　酸素 2 個の
αメチレンプロトン　　αメチレンプロトン
　 $\delta\,3.43$ 　　　　　　　 $\delta\,4.56$

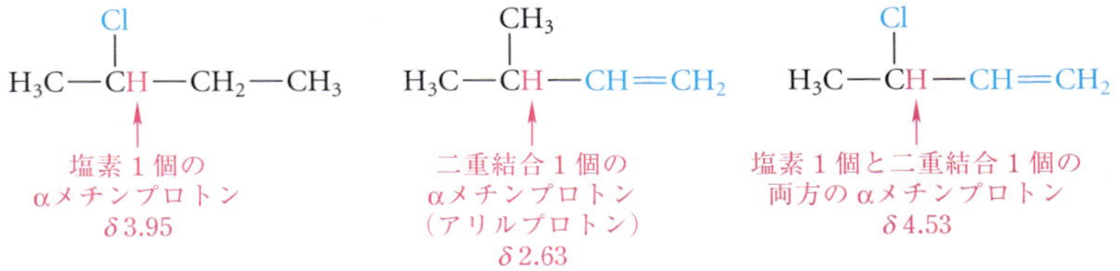

$$\begin{array}{c} \text{Cl} \\ | \\ \text{H}_3\text{C}-\text{CH}-\text{CH}_2-\text{CH}_3 \end{array} \qquad \begin{array}{c} \text{CH}_3 \\ | \\ \text{H}_3\text{C}-\text{CH}-\text{CH}=\text{CH}_2 \end{array} \qquad \begin{array}{c} \text{Cl} \\ | \\ \text{H}_3\text{C}-\text{CH}-\text{CH}=\text{CH}_2 \end{array}$$

塩素 1 個の
αメチンプロトン
δ 3.95

二重結合 1 個の
αメチンプロトン
（アリルプロトン）
δ 2.63

塩素 1 個と二重結合 1 個の
両方の αメチンプロトン
δ 4.53

表 13・1 のエントリー 2, 5, 6 も同じ点を示す．

問題

13・7 次の各組の化合物では，NMR スペクトルはいずれも単一の共鳴からなる．化学シフトが最小のものから順に化合物を並べよ．

(a) CH_2Cl_2 CH_2I_2 CH_3I
      A   B   C

(b)

$$\text{Cl}-\text{CH}_2\text{CH}_2-\text{Cl} \qquad \begin{array}{c} \text{CH}_3\;\text{CH}_3 \\ | \quad\; | \\ \text{Cl}-\text{C}-\text{C}-\text{Cl} \\ | \quad\; | \\ \text{CH}_3\;\text{CH}_3 \end{array} \qquad \begin{array}{c} \text{Cl}-\text{CH}-\text{CH}-\text{Cl} \\ | \qquad\; | \\ \text{Cl} \qquad \text{Cl} \end{array} \qquad \text{Cl}-\text{CH}_2-\text{Cl}$$

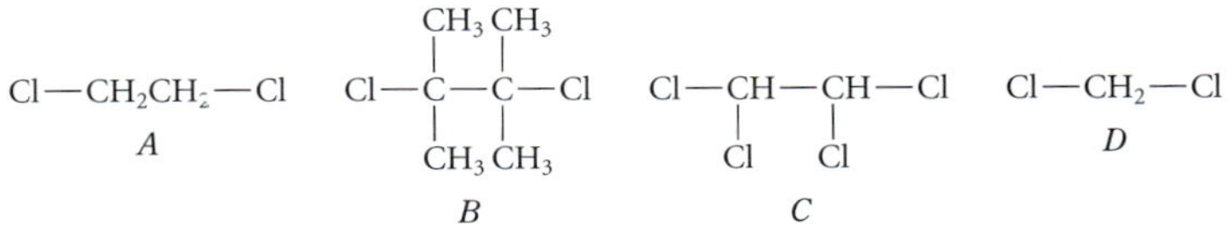

           A   B   C   D

(c) $(\text{CH}_3)_4\text{C}$ $(\text{CH}_3)_4\text{Sn}$ $(\text{CH}_3)_4\text{Si}$ （ヒント：電気陰性度の傾向を考えよ）
       A   B   C

D. NMR スペクトルの吸収の数

　分子中の異なるプロトンが異なる吸収を示すかどうか，どのように知ることができるであろうか．これは，異なるプロトンが異なる化学シフトをもつかどうかと尋ねることと同じである．プロトンは異なる環境にあれば，異なる化学シフトをもつ．多くの場合，2 個のプロトンが異なる環境にあるかどうかを決めることは直感的にわかる．たとえば，ジメトキシメタン $\text{CH}_3\text{O}-\text{CH}_2-\text{OCH}_3$ では，CH_2 プロトンの化学的な環境は CH_3 プロトンとは異なる．しかし，この区別はどのような場合でも直感的であるとは限らない．本節の説明により，2 個のプロトンが異なる化学シフトをもつと期待できるかどうかを厳密に決めることができる．

　化学シフトの非等価を予測することは，化学的な非等価を予測することと同じである．もし §10・9A をすでに読んで理解していれば，どのように予測したらよいかすでにわかっているはずである（もし §10・9A を学んでいなければ，ここを読み進める前に学んでおいてほしい）．化学的に非等価なプロトンは，原則として異なる化学シフトをもつ．"原則として"という表現を用いるのは，化学シフト差が検出できないほど小さいことがありうるからである．化学的に等価なプロトンは同一の化学シフトをもつ．

　§10・9A で学んだように，構造的に非等価なプロトンは化学的に非等価であることを思い出そう．分子の残りの部分との連結関係をたどることによって，2 個のプロトンが構造的に等価であるかどうかがわかる．たとえば，ジメトキシメタンの CH_3 プロトンと CH_2 プロトンは異なる連結関係をもつので，その結果構造的に非等価である．したがって，これらのプロトンは化学的に非等価であり，異なる化学シフトをもつ（図 13・1）．

　§10・9A から，ジアステレオトピックな置換基は構造的に等価であるが，化学的には非等価であることも思い出そう．したがって，ジアステレオトピックなプロトンは原則として異なる化学シフトをもつことになる．

対照的に，アキラルな環境にある限り，エナンチオトピックなプロトンは化学的に等価である．すなわち，CCl_4 や $HCCl_3$ のようなアキラルな溶媒中では，エナンチオトピックなプロトンは同一の化学シフトをもつ．しかし，エナンチオピュアなキラルな溶媒中，または酵素活性部位のようなキラルな環境では，エナンチオトピックなプロトンは原則として異なる化学シフトをもつ．

最後に，§10・9A で学んだように，ホモトピックなプロトンは化学的に等価である．すなわち，ホモトピックなプロトンはどのような環境においても同一の化学シフトをもつ．

例題 13・1 は，構造的に等価なプロトンを含むいくつかの場合において，§10・9A の結果を用いてどのように化学シフトの等価と非等価を決定するかを示す．

例題 13・1

以下の各化合物において，H^a と H^b は構造的に等価である．おのおので，この二つのプロトンは同じ化学シフトをもつと予想されるかまたは異なる化学シフトをもつと予想されるか．

(a)

H^a
Cl
C=C
H^b
CH3

(b)

H^a
H3C—C—OH
H^b

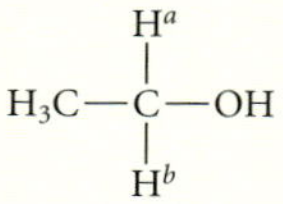

(c)

H^a
Cl
H3C—C—CH—CH3
H^b

(d)

H^a
CH3O—C—OCH3
H^b

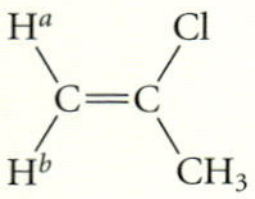

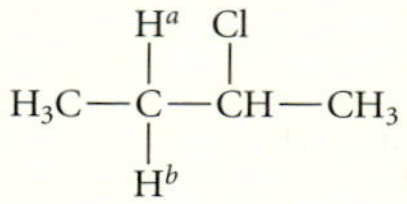

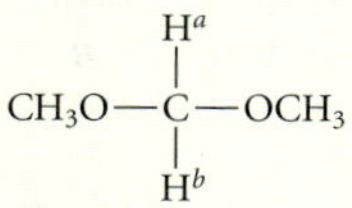

解　法　§10・9A の原則を応用して，注目するプロトンが化学的に等価であるかどうかを決定する．2 個のプロトンが化学的に等価であれば，同じ化学シフトをもつ．もしそうでなければ，原則として異なる化学シフトをもつ．注目するプロトンが構造的に等価であることが前提になっているので，プロトンがジアステレオトピック，エナンチオトピックまたはホモトピックのどれであるかを決めればよい．

(a) プロトン H^a と H^b に対して置換試験(§10・9A)を行う．すなわち，H^a と H^b を順番に丸で囲んだプロトンに置き換え，得られた二つの構造の関係を調べる．

H^a を置換
H^b を置換
ジアステレオマー

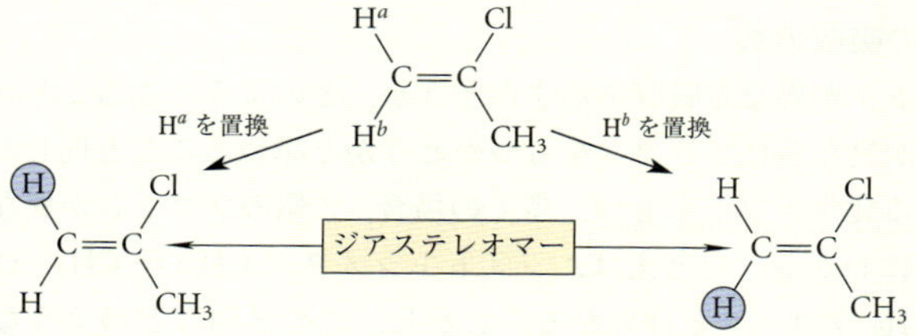

“H” と “丸で囲んだ H” は異なる原子とみなすことを思い出してほしい．得られた二つの構造は *E,Z* 異性体であり，したがってジアステレオマーである．その結果，H^a と H^b はジアステレオトピックであり，それゆえ化学的に非等価である．これらのプロトンは異なる化学シフトをもつ．

(b) エタノールの 2 個の α プロトンに対して置換試験を行う．

H^a を置換
H^b を置換
180° 回転
エナンチオマー

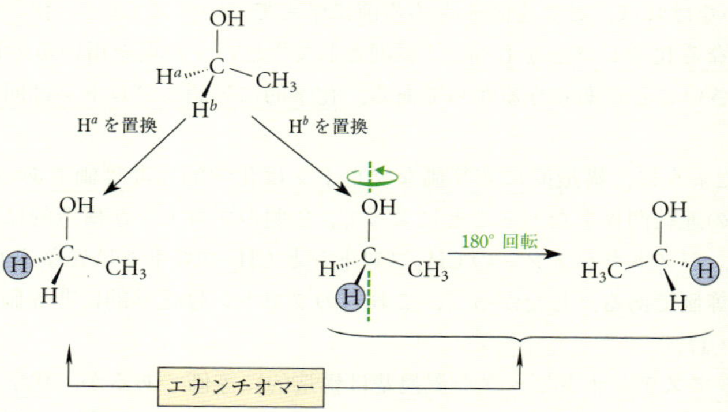

得られた二つの構造はエナンチオマーであるので，2 個のプロトンはエナンチオトピックであり（ふつ

うのアキラルな溶媒中では）同じ化学シフトをもつ．

(c) 2-クロロブタンのプロトン H^a と H^b に対して置換試験を行う．置換試験前の構造は，1個のキラル炭素をもつことに気づいてほしい．この炭素に対して特定の立体配置(2R または 2S)を選び（以下では 2S を用いる），置換試験の間は最初に選んだ立体配置を維持する（丸で囲んだ水素は丸のない水素より優先順位が高いとする）．

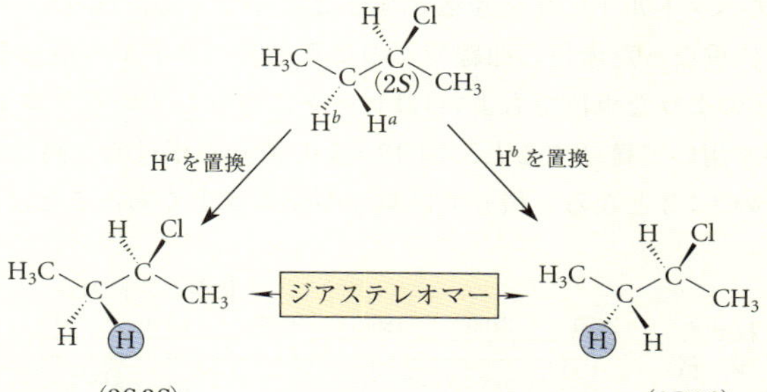

置換試験によりジアステレオマーが得られるので，これらのプロトンはジアステレオトピックであり，それゆえ化学的に非等価である．これらのプロトンは異なる化学シフトをもつ．

(d) これはジメトキシメタンである（図 13・1）．置換試験は，2個のプロトンがホモトピックであることを示す（実際に試験してみよ）．すなわち，これらは同じ化学シフトをもつ．このため，NMR スペクトルではこれらのプロトンは単一の共鳴として観測される．同様に，2個の CH_3 基はホモトピックであり，各 CH_3 基の中で3個のプロトンもまたホモトピックである．したがって，すべての6個の CH_3 プロトンは単一の共鳴として観測される．

プロトンがジアステレオトピックになる典型的な二つの状況として，例題 13・1(a)のような二重結合のジアステレオトピックなプロトンと，例題 13・1(c)のようなキラル炭素を含む分子中のメチレン基のジアステレオトピックなプロトンがある．これらのプロトンは化学的に非等価であり，異なる化学シフトをもつ．これらの状況に十分に注意しなければ，このような置換基を誤って化学的に等価であるとみなしかねない．

未知化合物における化学的に非等価なプロトンの組の最小数は，NMR スペクトルの異なる共鳴の数を数えることにより決定できるので，化学シフトが等価か非等価かを理解することは重要である．ここで "最小" という表現を用いるのは，化学的に異なる置換基の共鳴が重なる可能性があるためである．したがって，単純にシグナルの数を数えることで，化学構造に関してかなり多くのことがわかる．

問 題

13・8 次の各構造中の H^a と H^b は，同じ化学シフトをもつと予想されるかまたは異なる化学シフトをもつと予想されるか．

(a), (b), 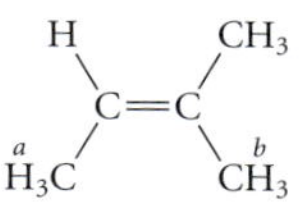 (c), 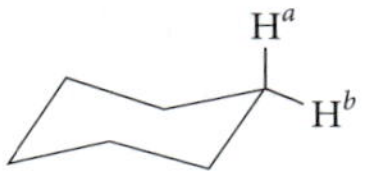 (d)

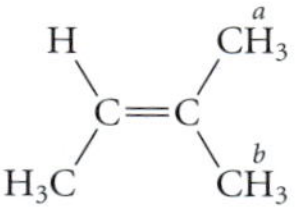

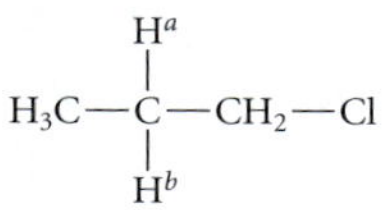

13・9 次の各化合物の NMR スペクトルでは，異なる吸収がいくつ観測されるか．説明せよ．

(a), (b) $(CH_3)_3C-C(CH_3)_2$ の Cl 置換体, (c)

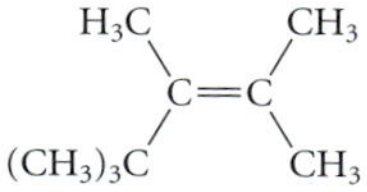

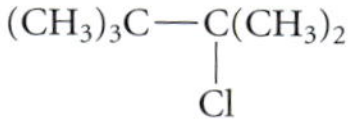

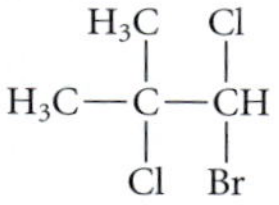

E. 積分によるプロトン数の決定

NMR 吸収の大きさはその吸収に寄与しているプロトン数に依存するので，図 13・1 のジメトキシメタンの二つの共鳴は同じ大きさではない．NMR 吸収の強度は，**積分**(integration)とよばれる吸収ピークの全面積から決定する．曲線の下の面積を決定するために幾何学で用いる積分操作と同じ手続きによって，ピークを数学的に積分することによりこの量を決定することができる．NMR 装置(または付属のコンピューター)はスペクトル上に積分を表示することができる．図 13・5 のジメトキシメタンのスペクトルでは，ピークに重なった赤色の曲線でこのようなスペクトルの積分を示す．積分の相対的な高さ(ミリメートルなどどのような単位でもよい)はピークに寄与しているプロトン数に比例する．定規かチャートの目盛り間隔を用いて確認すると，図 13・5 の積分の相対的な高さは 1：3 の比であり，プロトンの数も 2 個と 6 個の 1：3 となる．積分では数%の誤差はよくあることに注意してほしい．

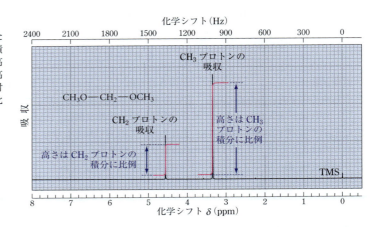

図 13・5 積分を重ね合わせた図 13・1 の NMR スペクトル．積分は赤色の曲線である．積分の高さを青色の矢印で示す．積分の高さは絶対的な意味をもたず，相対的な高さは各組のプロトン数に比例する．

積分は各種類の水素の絶対数ではなく比を示すことを忘れてはならない．水素の絶対数がよくわからない場合もある．すなわち，図 13・5 のスペクトルが未知化合物のものであるとすると，図 13・5 の積分は 2H：6H の比の水素 8 個分，3H：9H の比の水素 12 個分，あるいは他の 4 の倍数個分の水素である可能性がある．この状況では，どれが正しいかを決定するために分子式が必要となる．

本書では，NMR スペクトルの積分は，図 13・5 のように積分曲線で示すか，図 13・7(558 ページ)のように各共鳴の上に赤色で実際の水素数を示すことにより表示する．

2 種類以上の化合物を含む試料では，各化合物のスペクトル強度はその濃度に比例する．すなわち，大部分のスペクトルでは，TMS は非常に低い濃度で加えているのでそのピークの強度は非常に小さい．たとえば，図 13・5 では，もし TMS がジメトキシメタンと同じ濃度であれば，TMS は 12 個の水素をもつので，TMS の共鳴は δ 3.35 の共鳴の 2 倍の強度になるはずである．実際に，TMS のもう一つの利点は，12 個もの等価な水素をもつので，ほんのわずかな量を加えるだけで測定できる基準線を示す．

F. 化学シフトと積分を用いた未知構造の決定

未知構造を決定するための NMR 分光法の応用について，これまでの節で述べた要点をまとめる．

まず，分子中の化学的に非等価なプロトンの組は，NMR スペクトルにおいて原則として異なる共鳴を示す．すなわち，吸収の数は原則として化学的に非等価なプロトンの組の数を示す．次に，各組のプロトンの化学シフトから，どのような置換基が隣接しているかについての情報が得られる．最後に，各吸収の積分は，寄与しているプロトン数に比例する．すなわち，積分は非等価な組ごとの相対的なプロトン数を示す．もしプロトンの合計数が分子式からわかっていれば，各組のプロトンの絶対数を計算することができる．

これらの考え方をまとめると，NMR分光法による未知構造の決定の手順は次のようになる．

1. 不飽和度や存在する可能性がある官能基など，分子式からわかる分子構造についての情報を書きだす．
2. 吸収の数から，化学的に非等価な水素の組がいくつあるかを決定する．
3. スペクトル全体の積分の合計と分子式を用いて，プロトン1個当たりの積分の値を決定する．
4. 各吸収の積分と3．の結果を用いて，各組のプロトン数を決定する．
5. 各組の化学シフトから，どの組のプロトンが存在する各官能基に最も近いかを決定する．
6. それぞれの証拠に一致する部分構造を描き，次にすべての証拠に一致するすべての可能な構造を描きだす．
7. 図13・4を用いて，各構造中のプロトンの化学シフトを見積もる．予測と実測の化学シフトが最もよく一致する構造を選ぶ．

この手法を例題13・2に示す．

例題 13・2

分子式 $C_5H_{11}Br$ をもつ未知化合物のNMRスペクトルは，δ 1.02 (相対積分 8,378 単位)と δ 3.15 (相対積分 1,807 単位)の二つの共鳴からなる．この化合物の構造を決定せよ．

解 法 以下の七つのステップに従って考える．

ステップ1 不飽和度は0である(式4・7)ので，化合物は環も二重結合ももたない．この化合物は単純なハロゲン化アルキルである．

ステップ2 スペクトルが2本の線(吸収)からなるので，化合物が含む化学的に非等価な水素は2組だけである．

ステップ3 積分の合計は $(8,378+1,807) = 10,185$ 単位である．分子式は11個の水素を示すので，水素当たりの積分は $10,185/11 = 926$ となる．

ステップ4 大きいピークは $(8,378/926) = 9.05$ プロトン，小さいピークは $(1,807/926) = 1.95$ プロトンを示す．これらを整数にすると，2本のピークは9:2の比になる．多くの場合，積分は数%の誤差を含むことを思い出してほしい．これで11個すべてのプロトンが説明できた．

ステップ5 プロトン2個の組は化学シフトが大きいので，プロトン9個の組より臭素に近いはずである．

ステップ6 ステップ5の結論に一致する部分構造は次のようになる．

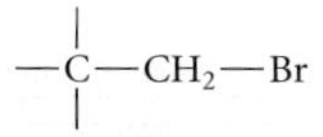

$$-\underset{|}{\overset{|}{C}}-CH_2-Br$$

この部分構造と分子式を比較すると，炭素3個とプロトン9個がこの部分構造から不足していることがわかる．プロトン9個は化学的に等価である．前の構造にメチル基を3個加えると，正しい構造になる．

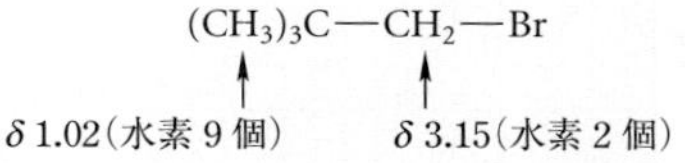

$$\underset{\delta\,1.02\,(水素9個)}{(CH_3)_3C}-\underset{\delta\,3.15\,(水素2個)}{CH_2-Br}$$

臭化ネオペンチル

ステップ7 化学シフトの説明に従うと，臭素の α メチレンプロトンは，図13・4に示す範囲の中央の化学シフト (約 δ 3.4) をもつはずである．実測の化学シフトはこの値に非常に近い．メチルプロトンの化学シフトは約 δ 1.2 のアルキル領域にあるはずであり，実測の化学シフトはやはりこの値に非常に近い．

問題

13・10 次の各場合において，示されたデータにあてはまるただ一つの構造式を描け．
(a) 分子式 $C_7H_{15}Cl$ の化合物で，δ 1.08 と δ 1.59 に 2 本の NMR 吸収をもち，相対積分比はそれぞれ 3：2 である．
(b) 分子式 $C_5H_9Cl_3$ の化合物で，δ 1.99，δ 4.31，δ 6.55 に 3 本の NMR 吸収をもち，相対積分比はそれぞれ 6：2：1 である．

13・11 次の化合物の NMR スペクトルをおおよその化学シフトも含めて予測せよ．またその理由を説明せよ．

$$CH_3O-CH_2-\underset{\underset{OCH_3}{\overset{|}{CH_2}}}{\overset{\overset{OCH_3}{|}}{C}}-CH_2-OCH_3$$

13・12 ある実験補助員が誤って臭化 t-ブチルにヨウ化メチルを混合したため，学部の有機実験において奇妙な結果が得られた．この混合物の NMR スペクトルは，相対積分比 5：1 で δ 2.2 と δ 1.8 に 2 本の単一吸収を示した．
(a) 混合物中の各化合物の物質量の割合(mol%)はいくらか(ヒント: 解析する前に，各吸収がどの化合物のものであるか帰属すること)．
(b) $(CH_3)_3C-Br$ 中の 1 mol% の CH_3I の不純物と，CH_3I 中の 1 mol% の $(CH_3)_3C-Br$ の不純物のうち，NMR により検出しやすいのはどちらであるか．

13・4 NMR スペクトル: スピン-スピン分裂

化学シフトと積分から重要な情報を得ることができるが，NMR スペクトルのもう一つの特徴は，化学構造についてさらに詳しい情報を与えることである．ブロモエタン(臭化エチル)を考えてみよう．

$$\overset{a}{H_3C}-\overset{b}{CH_2}-Br \quad \text{ブロモエタン}\\(臭化エチル)$$

この分子は，a と b で示した 2 組の化学的に異なる水素をもつ．この 2 組のプロトンの NMR 吸収は積分比 3：2 となり，プロトン a の吸収が小さい δ をもつと予想される．ブロモエタンの NMR スペクトルを図 13・6 に示す．スペクトルには予想するより多くの線があり，全部で 7 本である．さらに，線は二つの異なるグループに分類され，3 本線の集団すなわち三重線が小さい δ の位置にあり，4 本線の集

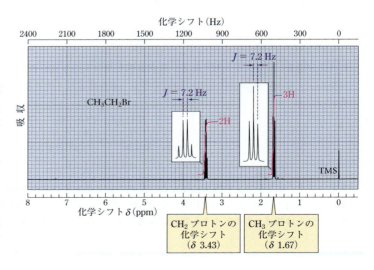

図 13・6 分裂を示すブロモエタンの NMR スペクトル．CH_3 プロトンの共鳴は，隣接炭素が 2 個のプロトンをもつので 3 本(三重線)に分裂する．CH_2 プロトンの共鳴は，隣接炭素が 3 個のプロトンをもつので 4 本(四重線)に分裂する．分裂から隣接原子上のプロトン数がわかることに注目しよう．隣接原子のプロトン数を n とすると，分裂パターンは等間隔の $n+1$ 本線となる．各集団中の線の間隔(この場合 7.2 Hz)が結合定数 J である．

団すなわち四重線が大きい δ の位置にある．詳細を見やすくするために，それぞれの集団を横軸方向に拡大したものをスペクトルの枠内に示す．三重線の3本線はすべて CH_3 のプロトンの吸収であり，四重線の4本線はすべて CH_2 のプロトンの吸収であることがわかる（三重線と四重線の相対積分は，赤色で示すようにそれぞれ3：2である）．各集団の化学シフトはその中心にあるとすると，図13・4の予測と一致する．

等価な原子核の組のNMR共鳴が2本以上で現れるとき，共鳴は分裂しているという．**分裂**(splitting)は，1組のプロトンが隣接プロトンのNMR吸収に及ぼす効果に由来する．分裂の物理的な理由は§13・4Bで考える．まず，分裂パターンの現れ方とそれからわかる構造に関する情報に注目してみよう．

A. $n+1$ 分裂則

積分は各共鳴のプロトン数を示すのに対し，分裂パターンは別のプロトン数すなわち観測プロトンに隣接するプロトン数を示す．観測プロトンの分裂線の数と隣接プロトン数の関係は **$n+1$ 則**（$n+1$ rule）として知られ，n 個の隣接プロトンがあると観測プロトンの共鳴は等間隔の $n+1$ 本の線に分裂する．

$n+1$ 則によりブロモエタン中のスペクトルの分裂パターンがどのように説明できるかを調べてみる．まずメチル基 CH_3 の共鳴を考える．CH_3 基に隣接する炭素は2個のプロトンをもつので，CH_3 プロトン自身の共鳴は $2+1=3$ 本の線すなわち三重線に分裂する．3個のメチルプロトンがあるという事実は偶然の一致であり，積分により決定するプロトン数は分裂とは関係がない．

次にメチレン基 CH_2 の共鳴を考える．CH_2 基に隣接する炭素は3個の等価なプロトンをもつので，CH_2 プロトンの共鳴は $3+1=4$ 本の線すなわち四重線に分裂する．

分裂は常に相互に起こる．すなわち，プロトン a によりプロトン b が分裂すると，プロトン a もプロトン b により分裂する．したがって，ブロモエタンのスペクトルでは，CH_3 の共鳴は CH_2 プロトンにより分裂し，CH_2 の共鳴は CH_3 プロトンにより分裂する．2組のプロトンが互いに分裂するとき，これらは**スピン結合している**(spin-coupled)という．したがって，ブロモエタンの CH_3 と CH_2 プロトンはスピン結合している．

隣接炭素には2H，　　$H_3C—CH_2—Br$　　隣接炭素には3H，
$2+1=3$ 本の線（三重線）　　　　　　　　　　$3+1=4$ 本の線（四重線）

これまでのNMRスペクトルの例では，なぜ分裂が観測されなかったのであろうか．第一に，化学的に等価な水素の間では分裂は観察されない．すなわち，ヨードメタンの3個の水素が一重線で観測されるのは，水素が化学的に等価なためである．同様に，1,1,2,2-テトラクロロエタンの2個の水素も一重線で現れるのは，たとえ異なる炭素に結合していても2個の水素が化学的に等価なためである．

$H_3C—I$　　　　　　$Cl_2CH—CHCl_2$
ヨードメタン　　　　1,1,2,2-テトラクロロエタン
水素は化学的に等価　　　水素は化学的に等価
分裂は観測されない　　　分裂は観測されない

第二に，飽和炭素原子では，隣接していない炭素原子上のプロトン間の分裂はふつう観測されない．すなわち，ジメトキシメタンのプロトン（図13・1）は隣接していない炭素上にあるので，分裂は無視できるほど小さい．この化合物のNMRスペクトルでは，二つの吸収はともに一重線（分裂していない単一線）である．

このように分裂から連結関係の情報がわかる．あるプロトンの共鳴を観測すると，その分裂は隣接した原子上にいくつのプロトンがあるかを教えてくれる．

ここで，スピン結合による分裂についてさらに詳しく考えてみよう．分裂の隣接ピーク間の間隔をHz単位で測定したものは，**結合定数**(coupling constant, J の記号で表示)とよばれる．この間隔は，ス

ペクトルの上側の横軸にある Hz 単位の目盛を用いておおよそ測ることができるが，正確な値はコンピューターによるスペクトル解析から決定する．ブロモエタン (図 13・6) では，間隔は 7.2 Hz である．互いにスピン結合したプロトンの組は，同じ J 値をもたなければならない．すなわち，ブロモエタンの CH_2 プロトンと CH_3 プロトンは互いに分裂しているので，それらの結合定数は両方とも同じである．CH_3 プロトンを a，CH_2 プロトンを b とするとき，$J_{ab} = J_{ba}$ である．Hz 単位の化学シフト (式 13・5e) とは異なり，結合定数は動作周波数または外部磁場の強さによって変化しない．すなわち，スペクトルを 60 MHz または 300 MHz のどちらで測定しても，ブロモエタンの J 値は 7.2 Hz である．

多くの場合，分裂した共鳴の化学シフトは分裂パターンの中央かその近くにある．すなわち，ブロモエタンのスペクトルでは，CH_2 プロトンの化学シフトは四重線の中央にあり，CH_3 プロトンの化学シフトは三重線の中央にある．

一群の線が，異なる強度のいくつかの個別の吸収ではなく単一の分裂した吸収であるかどうかは，どのようにしたらわかるだろうか．あいまいな場合もあるが，分裂パターンは構成している線の相対強度から明らかになる場合が多い．これらの強度は，表 13・2 に示すようにはっきりと決められた比をもつ．たとえば，ブロモエタンの共鳴からわかるように三重線の相対強度は 1：2：1 の比であり，四重線の相対強度は 1：3：3：1 の比である．実際には，これらの比から少しずれることがあるが，このようなずれはスピン結合したプロトンの化学シフトが非常に近いときに顕著になる．§13・7 でこのような例をみることにする．

1 組のプロトンは，隣接炭素が 2 個以上である場合それぞれの炭素上のプロトンによって分裂する．このような状況の例は 1,3-ジクロロプロパンでみられ，そのスペクトルを図 13・7 に示す．

$$Cl—\overset{b}{CH_2}—\overset{a}{CH_2}—\overset{b}{CH_2}—Cl \quad \text{1,3-ジクロロプロパン}$$

表 13・2　一般的な NMR 分裂パターン中の線の相対強度

等価な隣接プロトン数	分裂パターンの線の数 (名称)	分裂パターン中の相対的な線の強度						
0	1 (一重線)				1			
1	2 (二重線)				1	1		
2	3 (三重線)				1	2	1	
3	4 (四重線)			1	3	3	1	
4	5 (五重線)		1	4	6	4	1	
5	6 (六重線)		1	5	10	10	5	1
6	7 (七重線)	1	6	15	20	15	6	1

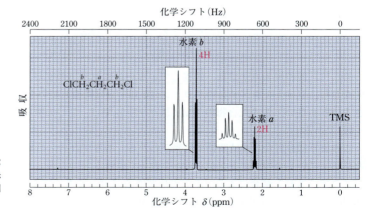

図 13・7　1,3-ジクロロプロパンの NMR スペクトル (積分を赤色の数字で示す)．水素 a は 4 個の水素 b により分裂する．

この化合物は，a と b で表示した 2 組の化学的に非等価なプロトンをもつ．このスペクトルを理解するために鍵となるのは，4 個のプロトン H^b がすべて化学的に等価であることに気づくことである．したがって，隣接炭素上には 4 個のプロトンがあるので，H^a の吸収は五重線に分裂する．ここでは，2 個のプロトンが一方の炭素上にあり，2 個のプロトンがもう一方の炭素上にあることは重要ではない．H^b の吸収は三重線であり，大きい化学シフトをもつ．

> **問 題**
>
> **13・13** 次の各化合物の NMR スペクトルを，分裂とおおよその化学シフトも含めて予測せよ．結合定数はブロモエタンのものとほぼ等しいと仮定せよ．
> (a) $H_3C-CHCl_2$ (b) $ClCH_2-CHCl_2$ (c) 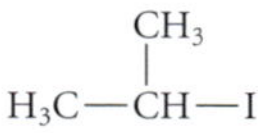 $H_3C-\underset{\underset{CH_3}{|}}{CH}-I$
> (d) $CH_3O-CH_2CH_2CH_2-OCH_3$ (e) 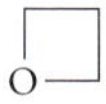 シクロブタノン (f) 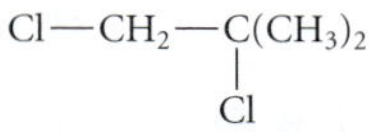 $Cl-CH_2-\underset{\underset{Cl}{|}}{C(CH_3)_2}$

B. 分裂はなぜ起こるのか？

分裂が起こるのは，隣接プロトンのスピンによって生じた磁場が，観測プロトンが受ける全体の磁場に影響を及ぼすためである．これを理解するために，2 個の等価なプロトン b に隣接した 1 組の等価なプロトン a（ブロモエタンのメチルプロトンのように）を解析してみる．隣接プロトン b には，どのようなスピンの可能性があるだろうか．どの 1 個の分子においても，2 個のプロトンが両方とも $+1/2$ のスピンをもつか，両方とも $-1/2$ のスピンをもつか，異なるスピンをもつか（このときプロトン b のスピンには 2 通りあり，プロトン 1 が $+1/2$ のスピンでプロトン 2 が $-1/2$ のスピンであるか，その逆である）のどれかである．

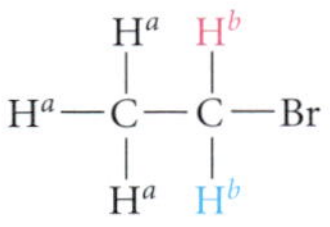

$$\begin{array}{c} H^a\ \ H^b \\ | \ \ \ | \\ H^a-C-C-Br \\ | \ \ \ | \\ H^a\ \ H^b \end{array}$$

	プロトン b					
	1	2	1	2	1	2
スピンの組合わせ	$+1/2$	$+1/2$	$+1/2$	$-1/2$	$-1/2$	$-1/2$
			$-1/2$	$+1/2$		

(13・8)

プロトン a がスピン $+1/2$ をもつ 2 個のプロトン b の隣にあるとしよう．プロトン b のスピンは外部磁場に平行であるので，外部磁場を強める働きをもち，プロトン a にはプロトン b が存在しないときよりも少しだけ大きい磁場が作用する．したがって，プロトン a の共鳴には，より大きいエネルギー（周波数）の放射が必要になる．この結果が，分裂パターン中の高い周波数の線である（図 13・8）．次に，プロトン a がスピン $-1/2$ をもつ 2 個のプロトン b の隣にあるとしよう．これらのプロトン b のスピンは外部磁場に逆平行であるので，外部磁場を弱める働きをもち，その結果プロトン a にはプロトン b が存在しないときよりも少しだけ小さい磁場が作用する．したがって，プロトン a の共鳴には，より低い周波数の放射が必要になる．この結果が，分裂パターン中の低い周波数の線である．最後に，2 個のプロトン b が反対のスピンをもつとしよう．この場合，2 個のプロトン b の効果は打消しあい，プロトン a にはプロトン b が存在しないときと同じ磁場が作用する．この結果が，分裂パターン中の中央の線である．このように，分裂パターンには 3 本の線がある．

これらの線の強度はどうであろうか．各プロトンがスピン $+1/2$ をもつ確率と，スピン $-1/2$ をもつ確率はほぼ同じである．$+1/2$ 状態にあるスピンの過剰数（式 13・3）は非常に小さいので，分裂の解析では無視することができる．そこで，強度は各スピンの組合わせの相対的な確率に従う．プロトン b が両方ともスピン $+1/2$ をもつ確率は，両方ともスピン $-1/2$ をもつ確率と等しい．しかし，組合わ

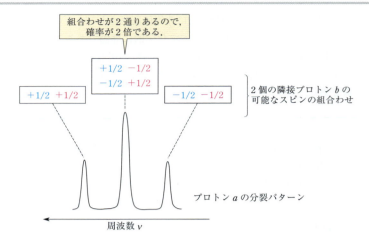

図 13・8 2個の隣接プロトンbによる1組のプロトンaの三重線への分裂の解析．プロトンbのスピンが両方とも外部磁場に平行に配向すると（スピン +1/2），局部磁場が増大し，プロトンaの共鳴に高い周波数が必要になる．プロトンbのスピンが両方とも外部磁場に逆平行に配向すると（スピン -1/2），局部磁場が減少し，プロトンaの共鳴に低い周波数が必要になる．隣接プロトンbが反対のスピンをもつとき，局部磁場は影響を受けないので，プロトンaの共鳴周波数は変化しない．隣接プロトンbがこのスピンの組合わせをもつ確率は2倍であるので，三重線の中央の線は両端の線の2倍の強度をもつ．

せが2通りあるため，プロトンが反対のスピンをもつ確率は2倍になる（式13・8）．したがって，分裂パターンの中央の線は両端の線の2倍大きくなり，プロトンaの共鳴は1：2：1の三重線で観測される．

> スピンの組合わせは，1組のさいころを振ったときの組合わせにたとえることができる．合計が3になる確率は2になるときの2倍である．それは，3になるのは(2+1)と(1+2)の2通りあるが，2になるのは(1+1)の1通りしかないからである．

同様な方法で，ブロモエタンのプロトンbの分裂を解析することができるはずである（問題13・14）．

1個のプロトンは隣接プロトンのスピンをどのように"知る"ことができるのであろうか．プロトンスピン間の相互作用のうち最も重要であるのは，その間にある化学結合の電子を通しての相互作用である．この相互作用は，プロトン間の化学結合が多いほど弱くなる．したがって，鎖状化合物では隣接した飽和炭素上のプロトン間の結合定数は一般的に 5～8 Hz であるが，さらに離れたプロトン間の結合定数はふつう非常に小さい．このため，隣接していない炭素原子上のプロトン間では，ふつう分裂が観測されない．

> プロトンのスピン結合に及ぼす距離の効果は，ふつうの磁石と数個のクリップを用いた観測でたとえることができる．もし磁石にクリップ1個をつけると，そのクリップに2番目のクリップをつけることができ，さらに多くのクリップをつけることができるかもしれない．しかし，磁石の磁場は距離とともに減少するので，ふつうは3番目または4番目のクリップは磁化されない．

問 題

13・14 3個の等価な隣接プロトンaにより，1組の等価なプロトンbが四重線に分裂することを説明せよ．分裂パターンの各線の相対強度も説明せよ．これはブロモエタンの CH_2 プロトンの分裂パターンである．

C. 分裂をもつ NMR スペクトルを用いた未知構造の決定

これで NMR の基礎をすべて学んだ．NMR スペクトルから得られる情報を種類ごとにまとめておく．

1. 共鳴の数から，化学的に区別できる水素の組数または種類がわかる．
2. 化学シフトから，観測プロトンの近くの官能基に関する情報がわかる．共鳴の数（偶然重なる場合を除いて）すなわちスペクトル中に現れる異なる化学シフトの数は，化学的に非等価なプロトンの組の数に等しい．
3. 積分から，それぞれの共鳴に寄与しているプロトンの相対数がわかる．
4. 分裂パターンから，観測プロトンに隣接するプロトンの数がわかる．

パズルを解くように NMR スペクトルのこれら四つの要素を組合わせると，化学構造について非常に多くのことが説明できる．NMR スペクトルだけから完全な構造を決定できることもよくある．

教科書や論文では，紙面の制約からふつう簡略化した方式で NMR スペクトルを記録する．本書で用いる方式は，各共鳴の化学シフトの後に，もしわかっていれば，積分，（もし分裂していれば）分裂パターン，結合定数を続ける．分裂パターンに使う略号は，s（一重線），d（二重線），t（三重線），q（四重線）であり，分裂の種類がはっきりしない複雑なパターンは m（多重線）と表示する．各分裂パターンの相対強度は，表 13・2 中の相対強度とほぼ一致すると想定される．たとえば，ブロモエタンのスペクトル（図 13・6）をまとめると次のようになる．

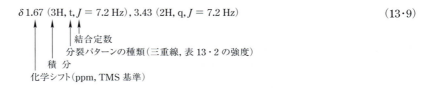

$$\delta\ 1.67\ (3H, t, J = 7.2\ Hz),\ 3.43\ (2H, q, J = 7.2\ Hz) \tag{13・9}$$

スペクトルを見た方が，より簡単に解釈できる場合も多いであろう．そのようなときには，スペクトルの略図を書くことをためらわないでほしい．各ピークに対して垂直な線を使うことによって，スペクトルの略図がすぐに書ける．

ここまでで，分裂の情報も含む NMR スペクトルを用いて，構造を決定するために必要な手段を身につけたはずである．分裂の情報が含まれても，§13・3F で示した問題の一般的な解き方はそのまま使うことができる．部分構造を書くとき（ステップ 6），分裂の情報を考慮することだけを覚えておけばよい．例題 13・3 はこの手法を示す．

例題 13・3

次の NMR スペクトルを示す分子式 $C_7H_{16}O_3$ の化合物の構造式を描け．$\delta\ 1.30(3H, s),\ 1.93(2H, t, J = 7.3\ Hz),\ 3.18(6H, s),\ 3.33(3H, s),\ 3.43(2H, t, J = 7.3\ Hz)$．IR スペクトルは O–H 伸縮吸収を示さない．

解法　§13・3F の手順を用いて解いていく．

ステップ 1　不飽和度は 0 であり，この未知化合物は環も二重結合も三重結合ももたない．IR スペクトルからアルコールではない．したがって，すべての酸素はエーテル結合として含まれていなければならない．

ステップ 2　未知化合物は 5 組の化学的に非等価なプロトンをもつ．

ステップ 3〜4　各共鳴のプロトン数は問題文中にあるので，ステップ 3,4 はとばすことができる．

ステップ 5　$\delta\ 3.18,\ \delta\ 3.33,\ \delta\ 3.43$ のプロトンは，酸素に結合した炭素原子上にある（図 13・4 参照）．

ステップ 6　$\delta\ 3.33$ の共鳴は 3 個の等価なプロトンによるもので，メチル基でなければならない．メチル基は酸素に結合しているので（ステップ 5），これはメトキシ基 $-OCH_3$ となる．$\delta\ 3.18$ の共鳴は 6 個

の等価なプロトンによるもので，これらのプロトンも酸素原子に結合している炭素上にある．これには2通りの可能性があり，隣接炭素に水素がない3個の等価な CH_2O 基か，または2個の等価な OCH_3 基である．もし3個の等価な CH_2O 基があれば，すでに考慮した1個の酸素に加えてさらに3個の酸素がなければならない．分子は酸素原子を3個しか含まないので，この可能性はない．したがって，$\delta 3.18$ の共鳴は2個の等価な $-OCH_3$ に対応する．$\delta 3.43$ のプロトン2個分の共鳴は CH_2O 基でなければならない．また，三重線に分裂していることから，隣に CH_2 基があるはずである．これまでの観測に一致する部分構造は以下のとおりである．

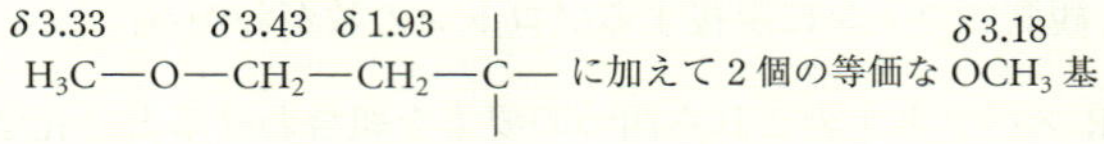

$$\underset{H_3C}{\overset{\delta 3.33}{}}-O-\underset{CH_2}{\overset{\delta 3.43}{}}-\underset{CH_2}{\overset{\delta 1.93}{}}-C- \text{に加えて2個の等価な } OCH_3 \text{ 基} \quad \overset{\delta 3.18}{}$$

化学シフトから，$\delta 1.30$ のプロトン3個は，酸素に結合していない，すなわち炭素に結合した別のメチル基のものでなければならない．メチル基のプロトンは一重線であるので，これに結合している炭素は水素をもたない．メチル基1個の残された炭素への結合および2個の等価なメトキシ基への結合をつくると，最終的な構造が得られる．

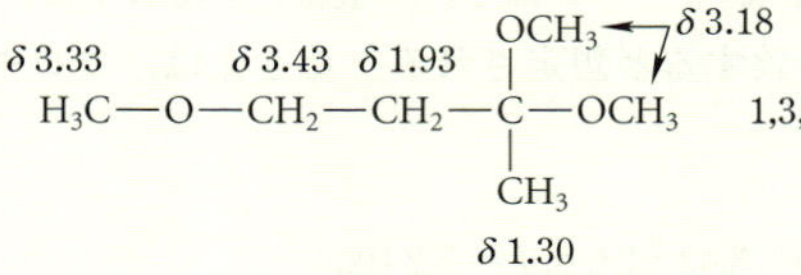

$$H_3C-O-CH_2-CH_2-\underset{\underset{\delta 1.30}{CH_3}}{\overset{OCH_3}{\underset{|}{C}}}-OCH_3 \quad \text{1,3,3-トリメトキシブタン}$$

(化学シフト: $\delta 3.33, \delta 3.43, \delta 1.93$, $OCH_3 \; \delta 3.18$)

ステップ7　化学シフトは図 13・4 に示すものとすべて一致している．$\delta 1.93$ の CH_2 基と $\delta 1.30$ の CH_3 基の化学シフトから，もう一つの傾向がわかる．酸素は，β プロトン（酸素から2番目の炭素上のプロトン）に対して化学シフトをほぼ 0.2〜0.3 ppm 大きくする効果をもつ．ふつう CH_2 基は約 $\delta 1.2$ の化学シフトをもつが，$\delta 1.94$ のプロトンは3個の β 酸素により 0.7〜0.8 ppm シフトしている．同様に，メチル基はふつう $\delta 0.9$ の化学シフトをもつが，$\delta 1.30$ のプロトンはメトキシ基の2個の β 酸素によりシフトしている．

問題

13・15　例題 13・3 のデータから，以下の二つの構造はなぜ除外できるかを説明せよ．

(a) $CH_3OCHCH_2CHCH_3$ （OCH_3 が中央のCH に，OCH_3 が右のCH に）

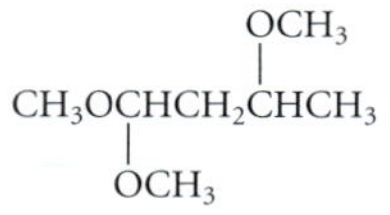

(b) $CH_3OCH_2CHCHOCH_3$ （OCH_3 が中央の左側のCH に，OCH_3 が中央の右側のCH に）

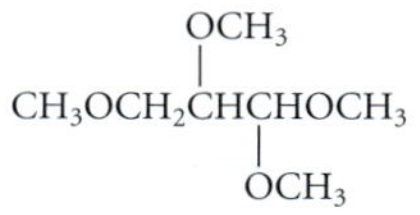

13・16　以下の各化合物の構造を示せ．
(a) C_3H_7Br: $\delta 1.03 (3H, t, J = 7\text{ Hz}), 1.88 (2H, 六重線, J = 7\text{ Hz}), 3.40 (2H, t, J = 7\text{ Hz})$
(b) $C_2H_3Cl_3$: $\delta 3.98 (2H, d, J = 7\text{ Hz}), 5.87 (1H, t, J = 7\text{ Hz})$
(c) $C_5H_8Br_4$: $\delta 3.6 (s, スペクトル中に共鳴は一つだけ)$

13・17　分子式 $C_{11}H_{24}O_3$ をもつ化合物 X は，IR スペクトルにおいて O−H 伸縮吸収をもたない．この化合物は以下のプロトン NMR をもつ．$\delta 1.2 (3H, s), 1.4 (6H, t, J = 7\text{ Hz}), 3.2 (9H, s), 3.4 (6H, t, J = 7\text{ Hz})$．$X$ の構造を示し，その理由を説明せよ．

分光法の重要な使用法は，他の情報から考えられる構造を確認することである．たとえば，既知の出発物に対してよく知られた反応を行うと，主生成物の構造は反応の知識から予測できることがよくある．NMR スペクトルを用いると，以下の問題に示すように，予想される構造を確認（または除外）することができる．

問題

13・18 3-ブロモプロペンを過酸化物の存在下で HBr と反応させると,以下の NMR スペクトルをもつ化合物 A が生成した.$\delta\, 3.60\,(4\mathrm{H},\mathrm{t},J=6\,\mathrm{Hz}),\,2.38\,(2\mathrm{H},\text{五重線},J=6\,\mathrm{Hz})$.
(a) 反応から A は何であると考えられるか.
(b) NMR スペクトルを用いてその推論が正しいか間違っているかを確認し,A を同定せよ.

13・5 複雑な NMR スペクトル

化合物によっては,NMR スペクトルが $n+1$ 則で予想される単純なものではない分裂パターンをもつことがある.このような複雑なスペクトルが現れる一般的な原因は二つある.第一は 1 組のプロトンが 2 組以上のプロトンにより分裂する場合で,**複合分裂**とよばれる.第二は $n+1$ 則自身が成り立たなくなる場合である.本節では,これらの状況をそれぞれ説明し,どのように扱えばよいかを示す.

A. 複合分裂

複合分裂を理解するためには,**ビシナル結合定数**(vicinal coupling constant)とよばれる隣接炭素上のプロトン間の結合定数 J の大きさを支配する要因をまず理解しなければならない.結合定数は分裂パターンの個別の線の間隔であることを思い出してほしい.ビシナル結合定数を支配する主要な要因の一つは,スピン結合するプロトンへの結合のなす二面角 θ である.図 13・9 に示す曲線の関係は **Karplus 曲線**(Karplus curve)とよばれる.これは,2013 年ノーベル化学賞を受賞した米国ハーバード大学の化学者である M. Karplus(1930〜)にちなんで名づけられた.この曲線を示す式は以下のとおりである.

$$J = J_0 \cos^2 \theta \tag{13・10}$$

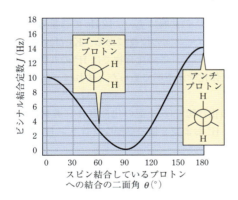

図 13・9 式(13・10)に対して $J_0 = 10\,(\theta \leq 90°)$ と $J_0 = 14\,(90° \leq \theta \leq 180°)$ でプロットした Karplus 曲線.この曲線は,二面角を関数とした 2 個のビシナルプロトン間の結合定数を示す.ゴーシュプロトン($\theta = 60°$)とアンチプロトン($\theta = 180°$)の値をグラフ中に示す.アンチのときの分裂がゴーシュのときの分裂よりずっと大きいことがわかる.

ここで,J_0 は θ の領域によって二つの異なる値をもつ.図 13・9 のプロットにおいて,$\theta \leq 90°$ では $J_0 = 10$,$\theta \geq 90°$ では $J_0 = 14$ である($\cos^2 90° = 0$ であるので,$\theta = 90°$ での値は一致する).J_0 の正確な値は,スピン結合しているプロトンをもつ炭素の置換基や他の構造的な特徴によって決まる.たとえば,電気陰性な置換基では値が少し小さくなる.しかし,この曲線についてわかる重要なことは,J_0 の正確な大きさではなくむしろ,(1) $\theta = 180°$ ですなわち 2 個のプロトンがアンチの関係をもつとき J は最大であることと,(2) $\theta = 60°$ のときすなわち 2 個のプロトンがゴーシュの関係をもつとき,J は非常に小さいことである.J の観測値は以下の範囲にある.

二面角 $\theta = 180°$ $J_{\text{anti}} = 8\sim 15\,\mathrm{Hz}$

二面角 $\theta = 60°$ $J_{\text{gauche}} = 2\sim 5\,\mathrm{Hz}$

これらの範囲から，C−H 結合間の関係がアンチであるかゴーシュであるかはプロトン間の結合定数によって明確に区別することができる．

この分裂の角度依存の理由は何であろうか．プロトン間の分裂は，プロトン間の結合中の電子により生じることを思い出そう（§13・4B）．結合定数の大きさは，これらの電子を含む結合軌道間の相互作用の強さに依存する．C−H 結合の sp^3 軌道は，同一平面内にあるときすなわちアンチ形か重なり形になったとき，最も強く相互作用する．直角の関係にある軌道はまったく相互作用しない．軌道がゴーシュの関係をもつとき，相互作用は弱い．

Karplus の関係を最もよく示すのは，次の2種類のジアステレオマーのように，有利な立体配座を一つだけもつ分子である．星印はいす形構造と Newman 投影図中で対応する炭素を示す．

A
H^a と H^b はアンチ
$J_{ab} \approx 12$ Hz

B
H^a と H^b はゴーシュ
$J_{ab} \approx 3$ Hz

大きい t-ブチル基とメチル基がエクアトリアル位を占めるので（249 ページの式 7・7），これらの分子はほとんど完全に単一のいす形配座で存在する．各立体異性体の NMR スペクトル中の H^a の共鳴だけに注目してみよう．この共鳴は最大の化学シフトをもつので，スペクトル中で他の共鳴と十分に離れ，容易に帰属できる（スペクトルの残りの部分は無視する）．各場合で，プロトン H^a の共鳴の分裂を2個の等価なプロトン H^b によるものに限って考えてみよう．最初の分子 A では，C−H^a 結合は等価な各 C−H^b 結合のアンチの位置にある．Karplus 曲線によると，これらの2個のプロトン間の結合定数は大きいことが予測され，実際に約 12 Hz である．したがって，H^a の共鳴は $J_{ab} = 12$ Hz の三重線である．2番目の分子 B では，C−H^a 結合は等価な各 C−H^b 結合のゴーシュの位置にある．Karplus 曲線はずっと小さい結合定数を予測し，実際に約 3 Hz である．したがって，この化合物では H^a の共鳴は $J_{ab} = 3$ Hz の三重線である．もし，この2種類の化合物の相対立体化学が不明であったとすれば，結合定数を解析することにより確実に帰属することができる．

これで複合分裂の問題を考える準備ができた．次の化合物では（上記の化合物 A に非常に似ているがメチル基はない），H^a の共鳴は2個の等価なプロトン H^b および2個の等価なプロトン H^c により分裂する．

trans-1-*t*-ブチル-4-クロロシクロヘキサン
（＊は対応する炭素を示す）

H^b と H^c は等価ではない．H^a は H^b に対してアンチであるが，H^c に対してはゴーシュであるので，Karplus 曲線によると J_{ab} と J_{ac} はかなり異なるはずである．あるプロトンが異なる結合定数をもつ2種類のプロトンとスピン結合するとき，それぞれの分裂を連続的に適用する．同じプロトンに異なる分裂が同時に起こることを**複合分裂**（multiplicative splitting）とよぶ．この場合，2種類の分裂は $J_{ab} = 11.8$ Hz と $J_{ac} = 4.3$ Hz で観測される．これにより生じるスペクトルを理解するために，**分裂図**（splitting diagram）を作成する．図 13・10（a）に示すこの種の図では，適切な高さの単一線を用いて分裂パターンの個別の共鳴を示す．図の一番上に示すような，H^a の化学シフトの位置にある単一線から始める．ここで2種類の分裂をそれぞれ適用していく．J_{ab} から始めると，その結果は線の間隔が 11.8 Hz である

三重線(線の強度は 1：2：1)になる．ここで図示した分裂パターンのそれぞれの線に対して，次に強度を適切に分けて 2 番目の分裂 $J_{ac} = 4.3$ Hz を適用する．すると，三重線の三重線すなわち 9 本線のパターンが得られる．この化合物における H^a の実際の共鳴を図 13・10(b)に示す．2 種類の分裂を適用する順番は関係なく，どちらから始めても最終的な結果は同じである．

次に，同じ化合物のシス立体異性体における H^a の分裂を考える．

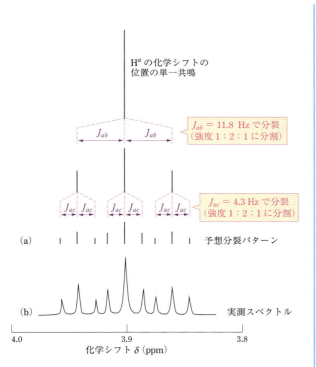

cis-1-t-ブチル-4-クロロシクロヘキサン
(* は対応する炭素を示す)

この化合物では，H^a は H^b に対しても H^c に対してもゴーシュの関係にある．この場合，2 種類の分裂すなわち J_{ab} と J_{ac} は等しい(2.9 Hz)ことがわかる．これは，2 種類のねじれ角(C–H^a と C–H^b，および C–H^a と C–H^c)が実質的に等しいことから理解できる．この状況の分裂図を図 13・11(a)に示す．2 種類の等しい分裂を連続的に適用すると，いくつかの線がちょうど重なりほぼ五重線になる．これは，

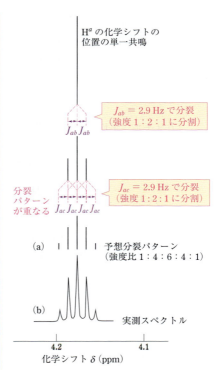

図 13・10 (a) 単一の共鳴に対して，異なる結合定数をもつ 2 種類の連続的な三重線への分裂を示す分裂図．共鳴は高さに比例する相対強度をもつ垂直線で示す．分裂はパターンの各線に対して適用し，もとの線の強度を分裂後の線では 1：2：1 の比に分割する．最初に大きい分裂を適用しているが，順番は関係ない．(b) この場合に相当する実測スペクトル．

図 13・11 (a) ある共鳴に対して，二つの等しい三重線への分裂を示す分裂図．用いる手順は図 13・10(a)と同じである．この場合，内側の線が重なるので，重なる線の強度を加える．その結果，分裂パターンは 9 本ではなく 5 本の線となり，その比は $n+1$ 則を全部で 4 個の隣接プロトンに適用したものと一致する．(b) この場合に相当する実測スペクトル．

$n+1$ 則で $n=$ 隣接プロトンの総数として予想した結果とちょうど同じである．プロトン H^a は 4 個の隣接プロトンをもつので，表 13・2 に示すように H^a の共鳴は相対強度 1：4：6：4：1 の 4＋1 ＝ 5 本線になる．実測のスペクトルを図 13・11(b) に示す．

これらの例からわかることは，2 種類の等しい分裂を複合的に適用すると，その結果は隣接プロトンの総数を用いて $n+1$ 則から予測したものと同じであるということである．

これまでの二つの例は，主要な立体配座が一つだけ存在する化合物である．プロトンの角度の関係が常に変わるような二つ以上の立体配座で分子が存在するとき，何が起こるであろうか．もし立体配座が単結合のまわりの内部回転のように非常に速く相互変換すれば，結合定数は平均化されて複合分裂は見られない．たとえば，ブロモエタンでは（図 13・6 の NMR スペクトル），もし内部回転を"凍結"して一瞬の時間で分裂を解析することができれば，以下のようになる．

メチルプロトン（赤色）は 2 種類の異なる環境にあり，一方の環境のプロトンは他方の環境のプロトンの 2 倍である．各環境にあるプロトンでは，メチレンプロトンに対して異なる結合定数をもつ．しかし，時間とともにメチルプロトンの位置は内部回転によって速く交換するので，ある炭素上のプロトンの分裂は平均化される．たとえば，メチルプロトンの 6 種類の異なる分裂が平均化されると以下のようになる．

$$J(\text{メチル，平均}) = \frac{(2J_{\text{gauche}}) + (J_{\text{gauche}} + J_{\text{anti}}) + (J_{\text{gauche}} + J_{\text{anti}})}{6} = \frac{4J_{\text{gauche}} + 2J_{\text{anti}}}{6} \quad (13\cdot 11a)$$

同様に，メチレンプロトン（青色）の 6 種類の異なる分裂が平均化されると以下のようになる．

$$J(\text{メチレン，平均}) = \frac{(2J_{\text{gauche}} + J_{\text{anti}}) + (2J_{\text{gauche}} + J_{\text{anti}})}{6} = \frac{4J_{\text{gauche}} + 2J_{\text{anti}}}{6} \quad (13\cdot 11b)$$

当然のことながら，2 個のプロトンに対して平均化された結合定数は同じである．図 13・6 から，実測のブロモエタンの結合定数は 7.2 Hz である．この値はゴーシュとアンチの分裂に対して知られている範囲内の値 $J_{\text{gauche}} = 3.9$ Hz と $J_{\text{anti}} = 13.9$ Hz を用いて，上記の式から計算した値と一致している．速い内部回転を起こしている隣接炭素上のプロトン間では，結合定数は一般的に 6～8 Hz の範囲にある．これは立体配座の平均化の結果である．幸いにも，速い内部回転による平均化のため，ブロモエタンではメチレンプロトンと 2 種類の異なるメチルプロトンの間の複合分裂を心配する必要はない．以上をまとめると，複数の速く相互交換している立体配座をもつ分子では，本来異なる結合定数が平均化されて一つの値になる．

ここで，隣接炭素上のプロトン間の分裂は複合的になることも同じになることもあることを学んだ．初心者が悩むことは，未知化合物の NMR スペクトルを読むときに，どちらの種類の分裂になるかをどのように判断するのかということである．実際には，未知化合物のスペクトルそのものからわかる．もしスペクトルが一重線および表 13・2 に示す強度をもつ二重線，三重線，四重線，五重線などの単純な分裂パターンからなるとき，複合分裂により複雑になることを心配しないで $n+1$ 則を用いることができる．この点を示すために，図 13・12 に化合物 C_3H_6BrCl の NMR スペクトルを示す．このスペクトルは，二つの三重線と一つの五重線のあわせて三つの単純な分裂パターンをもつ．分裂パターンが単純

なことは，複合分裂を考慮する必要がないことを示す．各パターンがプロトン2個分の積分をもつことから，可能な構造は次の一つだけである．

$$\text{Br}-\overset{a}{\text{CH}_2}-\overset{b}{\text{CH}_2}-\overset{c}{\text{CH}_2}-\text{Cl}$$

1-ブロモ-3-クロロプロパン

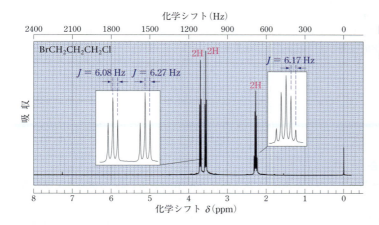

図 13・12 ほぼ等しい結合定数をもつ非等価なプロトンによる分裂を示すNMRスペクトル

プロトン H^b の共鳴は五重線であり，これは隣接プロトンの合計が4個の場合に予想される分裂パターンである．

構造をみると，H^a と H^c は非等価であるので，J_{ab} と J_{bc} の値が等しくない可能性を心配するかもしれない．実際に，これらの結合定数は等しくないが，差はほんのわずかである（結合定数の差が非常に小さいと，複合分裂は生じない）．しかし，結合定数の差が顕著になると，H^b の分裂は複合的になり，H^b は三重線の三重線（最高9本線）になるはずである．この状況のもう一つの見方は，H^b の共鳴がほぼ等しい結合定数で複合的になっているとみることである．結合定数が等しいとき，隣接プロトンの総数を $n+1$ 則に適用できることを思い出してほしい（図 13・11）．

以上のことをまとめると，未知化合物のスペクトルを見たとき，一般的な分裂パターンからなる場合は，複合分裂の可能性を考えないで $n+1$ 則を適用すればよい．

分裂が複雑であればどうなるであろうか．初心者は複雑な分裂パターンを解釈しようとしなくてよい．有機化学を学んでいくにつれて，いくつかの一般的な複合分裂がわかるようになるであろう．分裂図を作成して，比較的単純な複合分裂を"逆に"解析することもできる．また，複雑なパターンを詳細に解析するためのコンピューターシミュレーションのプログラムもある．しかし，たとえスペクトルが複雑であっても，$n+1$ 則で容易に解釈できる単純な非複合分裂パターンが含まれていることもあり，化学シフトと積分の情報を使うこともできる．これだけの情報で，すべての分裂を詳細に解析しなくても構造決定に十分なことがある．次節ではこの手法を説明する．

問題

13・19 次の化合物は未知であるが，合成できたとしてその同定について考えてみよう．次の各仮定のもとでNMRスペクトルを予測せよ．

(a) $J_{ab} = J_{bc}$　　(b) $J_{ab} \neq J_{bc}$

13・20 1,1,2-トリクロロプロパンの NMR スペクトルの 3 種類の共鳴は，以下の特徴をもつ．

$$\underset{a}{Cl_2CH}-\underset{b}{\underset{|}{CH}}-\underset{c}{CH_3}$$
$$\overset{|}{Cl}$$

H^a: δ 5.82, $J_{ab} = 3.6$ Hz
H^b: δ 4.40, $J_{ab} = 3.6$ Hz, $J_{bc} = 6.6$ Hz
H^c: δ 1.78, $J_{bc} = 6.6$ Hz

縦線でスペクトルの分裂線を表示し，分裂図を描いて H^b の吸収の形を決めて，スペクトルの形を図示せよ（分裂図を描く場合グラフ用紙を使うと便利である）．

13・21 以下の各仮定のもとで，1,2-ジクロロプロパンの NMR スペクトルを予想せよ．H^b と H^c はジアステレオトピックであり化学的に非等価であることに注意せよ．
(a) $J_{ab} = J_{ac}$ (b) $J_{ab} \neq J_{ac}$

$$H_3C-\underset{\underset{Cl}{|}}{\overset{\overset{H^a}{|}}{C}}-\underset{\underset{H^c}{|}}{\overset{\overset{H^b}{|}}{C}}-Cl \qquad 1,2\text{-ジクロロプロパン}$$

B. $n+1$ 則が成り立たない場合

すべての共鳴が $n+1$ 則に従う NMR スペクトルは，**1 次スペクトル**（first-order spectrum）とよばれる．ここまでに説明したすべてのスペクトルは，前節で説明した複雑な複合パターンも含めて，分裂パターンは 1 次であった．しかし，化合物によっては，スペクトルが $n+1$ 則で予想されるより複雑な分裂パターンをもつことがある．このようなスペクトルは特別なコンピュータープログラムを用いれば厳密に解析することができるが，このような方法を使わなくても非常に多くの情報が得られる．そのような例を例題 13・4 に示す．

例題 13・4

図 13・13 に示す NMR スペクトルをもつ分子式 $C_6H_{13}Cl$ の化合物の構造を決定せよ．

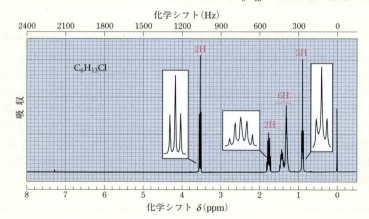

図 13・13 例題 13・4 の NMR スペクトル

解 法 この未知化合物は不飽和度が 0 であるので，塩化アルキルである．スペクトルは，δ 1.2〜1.5 の範囲に容易に解釈できない非常に複雑な分裂パターンをもつ．このスペクトルにはさらに 3 種類の 1 次の分裂があり，プロトン 2 個分の積分をもつ δ 3.52 の三重線，プロトン 3 個分の積分をもつ δ 0.9 の三重線およびプロトン 2 個分の積分をもつ δ 1.77 の五重線である．δ 1.2〜1.5 の範囲の複雑なパターンが，残りの水素によるものである．三重線である δ 3.52 の共鳴の化学シフトは，塩素をもつ炭素上のプロトンによるものでなければならない．これは水素 2 個分に当たるので，直ちに部分構造 $-CH_2Cl$ を書くことができる．この分裂から隣接炭素には 2 個のプロトンがあることがわかる．この情報から部分

構造は −CH₂CH₂Cl となる. δ0.9 のプロトン 3 個分の共鳴はメチル基でなければならない. これが三重線に分裂しているので, 部分構造は CH₃CH₂− となる. δ1.77 の五重線を考慮しなくても, 構造を決定するための情報は十分である. 分子式 C₆H₁₃Cl で上記の部分構造をもつ化合物は 1-クロロヘキサン CH₃CH₂CH₂CH₂CH₂CH₂Cl だけである. 五重線からさらに情報が得られる. 積分はプロトン 2 個分であり, −CH₂− のはずである. 五重線の分裂は隣接プロトンが 4 個あることを示し, すなわち −CH₂**CH₂**CH₂− となる. この共鳴は 2 番目に大きい化学シフトをもち, δ3.52 のプロトンを除けば塩素に最も近いはずである. このことから部分構造は −CH₂**CH₂**CH₂Cl となり, 提案した構造と完全に一致する.

例題 13・4 から, 大部分のスペクトルは過剰な情報を含むので, 構造を決定するためにスペクトル中のすべての分裂パターンを解釈する必要はないことがわかる.

しかし, NMR で非常に重要なことを, 1-クロロヘキサンの NMR スペクトルがなぜ非常に複雑であるか, すなわちなぜ 1 次ではないかという問から学ぶことができる. 結合しているプロトン間の Hz 単位の化学シフト差が結合定数よりずっと大きければ, ふつう 1 次のスペクトルが観測されることがわかる. 二つの共鳴 a と b の化学シフト差を $\Delta\nu_{ab}$(Hz 単位), 結合定数を J_{ab} とするとき, この条件は単純に以下のように表現される.

$$1 次の分裂の条件: \quad \Delta\nu_{ab} \gg J_{ab} \quad (13\cdot12)$$

実際に, この条件は, 2 個の結合したプロトンの分裂パターンが重ならないとき, 1 次の分裂が期待できると解釈することができる. たとえば, 1-クロロヘキサンのスペクトル(図 13・13)では, δ0.93 の共鳴の分裂パターンは, δ1.3 の結合しているプロトンの分裂パターンと重なっていないので, 1 次であり単純な三重線である. しかし, δ1.3〜1.5 の領域では, 3 種類の異なるプロトンの分裂パターンが重なっている. その結果, これらのプロトンの分裂は 1 次ではなくなり, $n+1$ 則を用いた解釈ができなくなる.

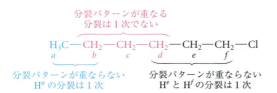

同様に, H^e と H^f の分裂パターンは互いに十分に離れており H^d のパターンとも離れているので, 1 次である.

NMR の重要な特徴の一つは, 1 次ではない分裂パターンを単純にする実験的な方法があることである. 結合定数は動作周波数または外部磁場の強さによって変わらない. §13・3B で述べたように, NMR 実験はさまざまな動作周波数(式 13・7 中の ν_0)と相当する磁場強度 **B₀** で行うことができる. Hz 単位の化学シフトは使用する動作周波数に比例して変化することも思い出してほしい. その結果, 非常に強い磁場とそれに対応する大きい動作周波数を用いれば, Hz 単位の化学シフトはずっと大きくなるが結合定数は変わらない. その結果, 式(13・12)の 1 次になるための条件を満たしやすくなる. この点を図 13・14 に示す. ここでは, 二つの異なる磁場強度(すなわち二つの異なる動作周波数)で測定した 1-クロロペンタンの NMR スペクトルの δ1.2〜1.8 の領域を比較する. 弱い磁場(図 13・14a)よりも強い磁場(図 13・14b)を用いた方が, H^b/H^c 領域のスペクトルの分離がよくなり単純になっていることがわかる. 300 MHz のスペクトル(図 13・14a)では, H^b と H^c の分裂パターンはかなり重なっているので, 分裂は 1 次ではない. しかし, 600 MHz のスペクトル(図 13・14b)では, Hz 単位の化学シフト差は 2

倍になるが，結合定数は変わらない．その結果，H^b と H^c の分裂パターンは十分に分かれ，$n+1$ 則が適用できるようになる（H^c のパターンが明らかに複雑であるのは，複合分裂の結果である．§13・5A）．

図 13・14　1-クロロペンタンの NMR スペクトルにおける H^b, H^c と H^d 領域（δ 1.2〜1.8）の対比．(a) 300 MHz のスペクトル．(b) 600 MHz のスペクトル．(a)では，H^b と H^c の分裂パターンは重なっているので，プロトン間の分裂は 1 次ではない．(b)では，H^b と H^c の分裂パターンは十分に離れているので 1 次である（H^c の分裂は，結合定数 J_{bc} と J_{cd} が異なるため複合分裂である，§13・5A）．

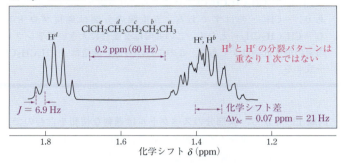

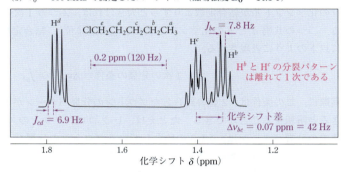

非常に強い磁場で測定する装置は，購入も維持も非常に費用がかかる．比較的単純な分子を用いてこのような装置の利点を示してきたが，このような装置は，弱い磁場で測定するとどうしようもなく複雑な NMR スペクトルを示す複雑な分子の構造を解明するために使われることが多い．

問 題

13・22 以下に示す 300 MHz NMR スペクトルから，ハロゲン化アルキル($C_5H_{11}Br$)の二つの異性体を同定せよ．

化合物 A: δ 0.91(6H, d, $J = 6$ Hz), 1.7〜1.8(3H, 複雑), 3.42(2H, t, $J = 6$ Hz)
化合物 B: δ 1.07(3H, t, $J = 6.5$ Hz), 1.75(6H, s), 1.84(2H, q, $J = 6.5$ Hz)
(a) 各化合物の構造式を示し，その理由を説明せよ．
(b) 化合物 A のスペクトルを 600 MHz で測定すると，どのように変わるか予想せよ．

13・6　プロトン NMR における重水素置換の利用

プロトン(^1H)NMR において，重水素(^2H または D)の特別な使用法がある．重水素は核スピンをもつが，重水素 NMR とプロトン NMR は一定の磁場強度では必要とする動作周波数が非常に異なる．その結果，重水素 NMR の吸収はプロトン NMR に用いられる条件では検出されない．すなわち，プロトン NMR では重水素は事実上 "静か" である．

この事実に基づく重要で実用的な応用の一つは，NMR 実験において重水素化溶媒を使用することである．ふつうのプロトン NMR 実験では，試料は自由に流動する液体状態でなければならないので，固

体や粘度の高い液体の試料では溶媒が必要である．溶媒が試料の NMR スペクトルを妨害しないようにするために，溶媒はプロトンを含まないか，溶媒のプロトンが試料の吸収を隠す NMR 吸収をもたないかのどちらかでなければならない．四塩化炭素 CCl_4 はプロトンをもたず ^1H NMR 吸収を示さないので，有用な溶媒である．しかし，多くの有機化合物は四塩化炭素には溶解しない．さらに，この溶媒は毒性が高いために使われなくなった．多くの有用な有機溶媒は水素を含み，妨害の原因となる吸収をもつ．幸いにも，水素が重水素に置換された多くのこのような有機溶媒が利用可能である．これらの重水素化溶媒は妨害する NMR 吸収をもたない．このような溶媒のうち最も広く使われているのは，クロロホルム $CHCl_3$ の重水素化体の $CDCl_3$ (クロロホルム-d または "重クロロホルム") である．本書中の大部分のスペクトルは $CDCl_3$ 中で測定されたものである．スペクトルでは $\delta 7.3$ 付近に小さい共鳴が見えるかもしれない．これは市販の $CDCl_3$ 中に存在する非常に微量の $CHCl_3$ によるものである．

プロトン-重水素の分裂の結合定数は非常に小さい．H と D が隣接炭素上にあったとしても，H-D の結合は無視できるほど小さい．この理由により，重水素置換は NMR スペクトルを単純にして共鳴を帰属するために使うことができる．重水素置換は非常に複雑な分子において役に立つのがふつうであるが，ブロモエタンの共鳴の帰属 (図 13・6) でどのように使えるかをみていく．もし CH_3CD_2Br を合成し NMR スペクトルを測定すると，NMR スペクトルからブロモエタンの四重線が消えて，残された共鳴は一重線になることがわかるであろう．この実験から，CH_2 基の共鳴が四重線で，CH_3 基の共鳴が三重線であることが確認できる．

重水素を使用して NMR スペクトルを単純にする手法は，特にアルコールにおいて重要である．アルコールの溶液を少量の D_2O と振るだけで，O-H プロトンが重水素に非常に速く交換する．この方法は **D_2O 交換** (D_2O exchange) または，より口語的に "D_2O 振とう (D_2O shake)" とよばれる．この交換により O-H の共鳴が消えて (したがって同定できる)，さらに α プロトンと O-H プロトンのあらゆる分裂がなくなる．したがって，残された分裂は β プロトンとの分裂だけになる．たとえば，乾燥したエタノールのスペクトル (図 13・19a 参照) を D_2O と振ると以下のようになる．

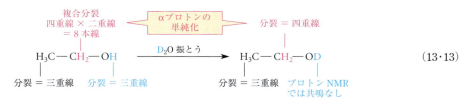

(13・13)

以上をまとめると，水素を重水素に置換すると，プロトン NMR スペクトルからその共鳴は消えて，その水素により生じるあらゆる分裂がなくなる．

問 題

13・23 図 13・13 に示す 1-クロロヘキサンの 300 MHz NMR スペクトルにおいて，$\delta 1.2 \sim 1.5$ の領域は複雑で 1 次ではない．必要な化合物を合成できると仮定して，スペクトルのこの領域に吸収をもつプロトンの化学シフトを決定するために，重水素置換をどのように使えばよいか説明せよ．スペクトルはどのようになり，その結果をどのように解釈するかを説明せよ．

13・24 (a) 3-メチル-2-ブテン-1-オールと，(b) 3,3-ジメチル-2-ブタノールの NMR に D_2O 振とうを行うと NMR スペクトルはどのように変化するかを説明せよ．

13・7　特徴的な官能基の NMR 吸収

本節では，すでに学んだ主要な官能基の重要な NMR 吸収を概説する．他の官能基の NMR スペクトルは，各官能基を説明する以降の章で説明する．化学シフトの情報をまとめた表を付録Ⅲに示す．

A. アルケンの NMR スペクトル

アルケンのプロトン NMR 吸収における二つの特徴は，**ビニルプロトン**(vinylic proton)とよばれる二重結合のプロトン（以下の構造で赤色で示す）と，**アリルプロトン**(allylic proton)とよばれる二重結合に隣接する炭素上のプロトン（以下の構造で青色で示す）の吸収である．これらの2種類のプロトンを混同してはいけない．代表的なアルケンの化学シフトを以下の構造中に示し，図 13・4 にまとめた．

$$\text{ビニルプロトン} \quad H\ \delta 5.58 \qquad \delta 4.92\ \text{H} \quad \delta 1.99 \qquad \delta 0.88 \\ \text{末端ビニル} \qquad\qquad \text{CH}_2-\text{CH}_2-\text{CH}_3 \\ \text{プロトン} \qquad\qquad C=C \qquad \delta 1.32 \\ \text{アリルプロトン}\ H\ \delta 1.97 \qquad \delta 4.88\ \text{H} \quad \text{H}\ \delta 5.68 \\ \qquad\qquad\qquad\qquad\qquad\qquad\quad \text{内部ビニルプロトン}$$

(13・14)

これらの構造では，アリルプロトンはふつうのアルキルプロトンよりも大きい化学シフトをもつが，ビニルプロトンよりはずっと小さい化学シフトをもつ．さらに，内部ビニルプロトンの化学シフトは末端ビニルプロトンのものより大きい．この枝分かれによる化学シフトの傾向は，飽和炭素原子のメチル，メチレン，メチンプロトンの相対化学シフトで見られた傾向(§13・3C)と同じであることを思い出してほしい．

ビニルプロトンの化学シフトは，アルケン官能基の電気陰性度から予測されるものよりずっと大きく，以下のように理解できる．NMR 分光計中のアルケン分子が，図 13・15 に示すように外部磁場 B_0 に対して配向したと考えてみよう．外部磁場は，アルケンの面の上と下の閉じた輪の中でπ電子の循環を誘起する．この電子の循環は，環の中心で外部磁場 B_0 と反対向きの誘起磁場 B_i を起こす．この誘起磁場は，閉じた環の等高線として表示することができる．誘起磁場はπ結合の領域では外部磁場 B_0 と反対向きであるが，誘起磁場は曲がっているので，ビニルプロトンの位置では B_0 と同じ向きになる．したがって，誘起磁場はビニルプロトンにおける局部磁場を強くする．その結果，ビニルプロトンはより強い局部磁場を受ける．これは，ビニルプロトンの共鳴には高い周波数が必要であることを意味する(式 13・4)．その結果，NMR 吸収は比較的大きい化学シフトをもつ．

溶液中の分子は常に速く動き回っているので，外部磁場に対して図 13・15 に示すように配向しているアルケン分子は，どの瞬間においてもほんの少数である．ビニルプロトンの化学シフトは，すべての分子の配向の平均である．しかし，この特定の配向が化学シフトにこのような大きな影響を及ぼす．

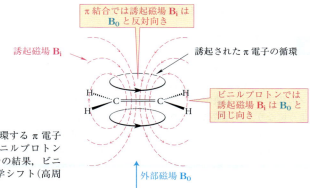

図 13・15 アルケンでは，循環するπ電子による誘起磁場 B_i（赤色）はビニルプロトンにおいて外部磁場を強める．その結果，ビニルプロトンは比較的大きい化学シフト（高周波数）の NMR 吸収をもつ．

アルケンのビニルプロトン間の分裂は，結合するプロトンの位置関係に強く依存する．典型的な結合定数を表 13・3 に示す．最も重要なのは，トランスプロトン間，シスプロトン間およびジェミナルプロ

トン間の分裂の3種類である。トランスプロトン間の分裂が最大で，シスプロトン間の分裂が中間で，ジェミナルプロトン間の分裂は非常に小さい。これらの結合定数は，IRスペクトルにおける特徴的な＝C−H変角吸収帯(§12・4C)とともに，アルケンの立体化学を決定する重要な方法である。

表 13・3 アルケンにおけるプロトンの分裂の結合定数

プロトンの関係	関係の名称	結合定数 J(Hz)
H₂C=CH₂ (cis)	シス	6〜14
H₂C=CH₂ (trans)	トランス	11〜18
geminal	ジェミナル	0〜3.5
vicinal	ビシナル	4〜10
allylic (二重結合はシスまたはトランス)	4結合（アリル）	0〜3.0
5-bond (二重結合はシスまたはトランス)	5結合	0〜1.5

ビニルプロトンの分裂の例を図13・16に示す。これは次の化合物のNMRスペクトルである。

2,2-ジメチルプロパン酸ビニル
（ピバル酸ビニル）

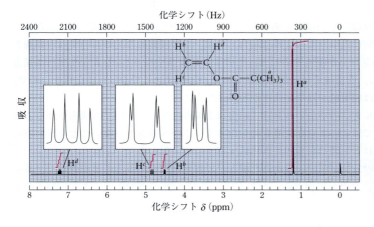

図 13・16 ピバル酸ビニルのNMRスペクトル。ビニル領域の拡大図を示す。これらのプロトンの共鳴は，図13・17で解析する複合分裂を示す．

このスペクトルにはアルケンの3種類の分裂がすべてみられ，複合分裂が比較的わかりやすい役に立つ事例である（この分子がみなれない官能基をもつことは問題なく，原則は同じである）．ピバル酸ビニルの9個の等価な t-ブチルプロトン(H^a)は，$\delta 1.22$ に大きい一重線を示す．このスペクトルの興味深い部分は，ビニルプロトンの共鳴を含む領域である（一般的に $\delta 4.5$ より大きい化学シフトをもつ，図 13・4 参照）．プロトン H^b と H^c は電気陰性の酸素から遠いので小さい化学シフトをもち，$\delta 4.5 \sim 5.0$ の領域に複雑な共鳴を示す．$\delta 7.0 \sim 7.5$ の領域の4本の線はすべてプロトン H^d の共鳴である．

各ビニルプロトンは，異なる結合定数で他の2個のプロトンと分裂する．その結果，分裂は複合的であり，各プロトンの共鳴は二重線の二重線になる．

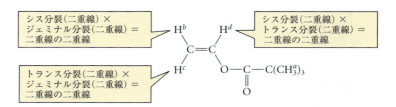

3個のプロトンの分裂図を図 13・17 に示す．結合定数により各共鳴に対応するプロトンを容易に帰属できる．たとえば，プロトン H^d の共鳴は2種類の最大の（シスとトランスの）分裂をもち，H^b の共鳴は2種類の最小の（ジェミナルとシス）分裂をもち，H^c の共鳴は2種類の小さい（ジェミナル）分裂と大きい（トランス）分裂をもつ．この分裂パターンは末端ビニル基 $H_2C=CH-$ ではほとんどいつも観測される．

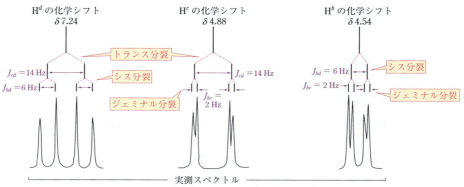

図 13・17　図 13・16 の複合分裂の解析のための分裂図．トランス，シス，ジェミナルの結合定数は表 13・3 の値と一致していることに注意しよう．

原則として，これらの線の強度は等しいはずである（表 13・2）．しかし，この場合はスピン結合しているプロトンの化学シフトが非常に近い．このような場合，表 13・2 の理想的な比からのずれが観測される．結合するプロトンの化学シフトが接近するほど，そのずれは大きくなる（このようなずれは傾きとよばれることもある）．しかし，四重線では分裂パターンの線の間隔は同じでなければならないので，この場合の各4本線のパターンは四重線ではないことが容易にわかる．

表 13・3 の最後の2例は，アルケンの小さい分裂は4結合以上離れたプロトン間でも観測されることがあることを示す．飽和化合物ではこのような距離を通した分裂はふつう観測されないことを思い出してほしい．このような長距離プロトン間にある相互作用は π 電子により伝わる．

ジェミナル，4結合と5結合の分裂が明確に分かれた線として容易に識別できることが少なく，多くのスペクトルでは少し幅広いピークとして現れる．たとえば，図 13・18 の NMR スペクトルがこのような場合である（問題 13・25）．

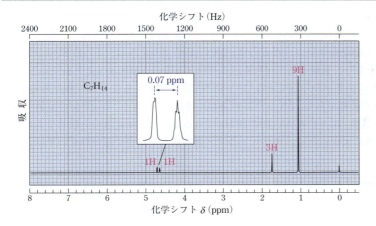

図 13・18 問題 13・25 の NMR スペクトル

問題

13・25 図 13・18 に示す NMR スペクトルから，分子式 C_7H_{14} をもつ化合物の構造を決定せよ．どのようにその構造に到達したかを詳しく説明せよ．

B. アルカンとシクロアルカンの NMR スペクトル

典型的なアルカンのすべてのプロトンは非常に似た化学的環境にあるので，大部分のアルカンとシクロアルカンの NMR スペクトルでは，化学シフトはふつう $\delta\,0.7 \sim 1.7$ の非常にせまい範囲に分布する．

興味深い例外の一つはシクロプロパン環のプロトンの化学シフトである．ふつう $\delta\,0 \sim 0.5$ の非常に小さい化学シフトに吸収を示し，アルカンとしては異常である．なかには TMS の化学シフトより小さい位置(すなわち負の δ 値)に共鳴をもつものもある．たとえば，赤色で示す *cis*-1,2-ジメチルシクロプロパンの環プロトンの化学シフトは $\delta\,-0.11$ である．

この異常な化学シフトの原因は，外部磁場からシクロプロパンのプロトンを遮蔽するように配向するシクロプロパン環の誘起電子循環である．その結果，プロトンの受ける局部磁場は小さくなり，化学シフトが減少する．

C. ハロゲン化アルキルとエーテルの NMR スペクトル

これまで本章では NMR の原理を説明するために，いくつかのハロゲン化アルキルとエーテルの NMR スペクトルを示してきた．ハロゲンによる化学シフトの効果は，ふつう電気陰性度に依存する．ほとんどの場合，クロロ基とエーテル酸素が隣接プロトンの化学シフトに及ぼす効果はほぼ同じである(図 13・4)．しかし，シクロプロパンと同様に，エポキシドは鎖状エーテルに比べてかなり小さい化学シフトをもつ．

フッ素を含む化合物の NMR スペクトルでは，特徴的な分裂が観測される．フッ素の一般的な同位体 (^{19}F) は核スピンをもつ．プロトンの共鳴は，隣接プロトンによる分裂と同じように隣接フッ素によって分裂する．ここでも同じ $n+1$ 則が成り立つ．たとえば，$HCCl_2F$ のプロトンは，$\delta\,7.43$ に中心をもち 54 Hz の大きい結合定数 J_{HF} をもつ二重線として現れる．これはフッ素の NMR スペクトルではなく，フッ素により生じるプロトンスペクトルの分裂である（フッ素 NMR を測定することも可能であるが，同じ磁場では異なる動作周波数が必要である．^{1}H と ^{19}F の NMR は重ならない）．H−F 結合定数の値は H−H 結合定数より大きい．$(CH_3)_3C-F$ の J_{HF} 値は 20 Hz であるが，同じ結合数の一般的な J_{HH} 値は 6〜8 Hz である．J_{HF} 値は非常に大きいので，プロトンとフッ素のスピン結合は四つ以上の単結合を通しても観測されることがある．

> **問題**
>
> **13・26** 以下のプロトン NMR スペクトルをもつ化合物の構造を決定せよ．
> (a) $C_4H_{10}O$: $\delta\,1.13\,(3H, t, J = 7\,Hz)$, $3.38\,(2H, q, J = 7\,Hz)$
> (b) $C_3H_5F_2Cl$: $\delta\,1.75\,(3H, t, J = 17.5\,Hz)$, $3.63\,(2H, t, J = 13\,Hz)$
>
> **13・27** フッ化エチルの NMR スペクトルは塩化エチルの NMR スペクトルとどのように異なるかを説明せよ．

D. アルコールの NMR スペクトル

第一級と第二級アルコールの α 炭素上のプロトンは，エーテルと同じ $\delta\,3.2$〜4.2 の範囲の化学シフトをもつ（図 13・4 参照）．第三級アルコールは α プロトンをもたないので，IR スペクトルにおける O−H 伸縮吸収の観測と NMR で $>CH-O$ の吸収がないことを組合わせると，第三級アルコール（またはフェノール，§16・3B 参照）のよい証拠となる．

アルコールの OH プロトンの化学シフトは，スペクトルを測定する条件でアルコールがどの程度水素結合に関与しているかに依存するので，予測することが難しい．たとえば，純粋なエタノールではアルコール分子はほとんど水素結合を形成しており，OH プロトンの化学シフトは $\delta\,5.3$ である．少量のエタノールを CCl_4 に溶解すると，エタノール分子は希釈され水素結合を形成しにくくなり，OH の吸収は $\delta\,2$〜3 に現れる．気相では水素結合はほとんどなく，エタノールの OH 共鳴は $\delta\,0.8$ に現れる．

> 気相での O−H プロトンの化学シフトは，酸素のような電気陰性原子に結合したプロトンに予想される化学シフトほど大きくない．会合していない OH プロトンの化学シフトが驚くほど小さいことは，酸素の非共有電子対の循環により生じる誘起磁場によるものと考えられている．この磁場が OH プロトンを外部磁場から遮蔽する（§13・3A）．一方で，水素結合を形成したプロトンが大きい化学シフトをもつのは，電子密度が低く正電荷が大きくなるためである（§8・5C）．

アルコールの OH プロトンと α プロトンの間の分裂は興味深い．乾燥したエタノールの NMR スペクトルを図 13・19(a) に示す．$n+1$ 分裂則により，エタノールの OH の共鳴は三重線であり，CH_3 の共鳴も三重線である．しかし，二つの分裂の結合定数は明らかに異なるため，スペクトル中の $\delta\,3.7$ の CH_2 プロトンの共鳴は，隣接する CH_3 と OH プロトンの両方による複合分裂（§13・5A）を示し，$4 \times 2 = 8$ 本の線となる．

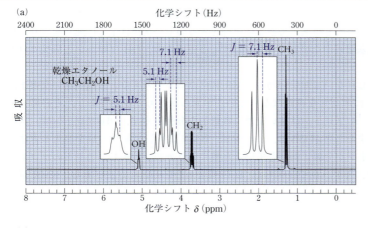

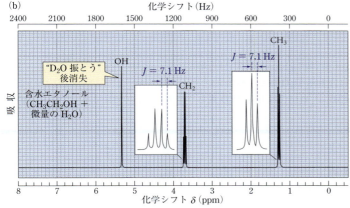

図 13・19 エタノールの NMR スペクトル．(a) 無水すなわち非常に乾燥したエタノール．CH_2 の共鳴は CH_3 と OH プロトンの両方と分裂する．(b) 含水酸性のエタノール．CH_2 の共鳴は CH_3 プロトンとだけ分裂する．乾燥と含水の条件における OH 共鳴の化学シフトにも注目してほしい．含水条件では水素結合が強くなるので，化学シフトが大きくなる．"D_2O 振とう"（式 13・13）を行うと，やはり(b)のスペクトルが得られるが，O−H の共鳴は消失する．

しかし，微量の水，酸または塩基をエタノールに加えると，スペクトルは図 13・19(b) に示すように変化する．水，酸または塩基の存在により，O−H 共鳴は単一線になりこのプロトンに関係するすべての分裂が消える．すなわち，CH_2 プロトンの共鳴は見かけ上は CH_3 プロトンとだけ分裂して四重線になる．この種の挙動は，電気陰性原子に結合したプロトンをもつアルコール，アミンや他の化合物において非常に一般的である．

分裂に及ぼす水のこの効果は，**化学交換**(chemical exchange) とよばれる現象によるものである．この化学交換は，NMR スペクトルを測定する間に非常に速く起こる平衡反応である．この場合，平衡反応はアルコールのプロトンと水（または他のアルコール分子）のプロトン間のプロトン交換である．たとえば，酸触媒プロトン交換は，二つの連続的な酸-塩基反応として起こる．

$$R-\ddot{O}: + H-\overset{+}{O}H_2 \rightleftharpoons R-\overset{+}{O}-H + :\ddot{O}H_2 \qquad (13\cdot15a)$$
$$\qquad\quad H \qquad\qquad\qquad\qquad H$$

$$R-\overset{+}{\ddot{O}}-H \rightleftharpoons R-\ddot{O}-H + H-\overset{+}{O}H_2 \qquad (13\cdot15b)$$
$$\quad H \;\; :\ddot{O}H_2$$

（⁻OH 触媒交換の機構は各自書いてみよ）．§13・8 で説明する理由により，速く交換するプロトンは隣接プロトンと分裂を示さない．酸と塩基は交換反応を触媒するので，交換は十分に速く起こり，分裂が消えてしまう．酸または塩基触媒がないとこの交換はずっと遅くなり，OH プロトンと隣接プロトンの分裂が観測される．

実用的には，アルコールかもしれない未知化合物の NMR スペクトルを考えるときは，速い交換または遅い交換の可能性があることに注意しなければならない．中間の状況も一般的であり，その場合は OH プロトンの共鳴は幅広いが，α プロトンは速い交換に特徴的な分裂を示す．OH プロトンは，次の 2 種類のどちらかの方法で確認することができる．一つ目は，NMR 試料管に微量の酸を加える方法である．α プロトンと O−H プロトンが分裂に関与していると酸により分裂が消失し，これらのプロトンの共鳴が単純になる．二つ目は，§13・6 で説明した"D_2O 振とう"を用いる方法である．NMR 試料管に D_2O を 1 滴加えて振ると，OH プロトンが D_2O のジュウテロンと速く交換してアルコールは OD 基になる．その結果，スペクトルをもう一度測定すると O−H 共鳴は消失する．O−H プロトンがもはや存在しないので，O−H プロトンによる α プロトンの分裂も消失する．

問　題

13・28 以下の各化合物の構造を示せ〔br は broad（幅広い）の略〕．
(a) $C_4H_{10}O$：δ 1.27(9H, s), 1.92(1H, br s, D_2O 振とう後消失)
(b) $C_5H_{10}O$：δ 1.78(3H, s), 1.83(3H, s), 2.18(1H, br s, D_2O 振とう後消失), 4.10(2H, d, J = 7 Hz), 5.40(1H, t, J = 7 Hz)

13・8　動的な系の NMR 分光法

シクロヘキサンの NMR スペクトルは δ 1.4 の一重線からなる．しかし，シクロヘキサンはジアステレオトピックで化学的に非等価な 2 組の水素すなわちアキシアル水素とエクアトリアル水素をもつ．なぜ，シクロヘキサンは各種類の水素に対して一つ，あわせて二つの共鳴をもたないのであろうか．シクロヘキサンは，§7・2B で説明したように速い配座平衡すなわちいす形相互変換を起こすことを思い出そう．シクロヘキサンの NMR スペクトルが共鳴を一つだけしか示さない理由はいす形相互変換の速度に関係があり，これが非常に速く起こるので NMR 装置は 2 種類の立体配座の平均しか検出できない．いす形相互変換によりアキシアルとエクアトリアルのプロトンは互いに入れ替わるので（245 ページの式 7・6），シクロヘキサンの"平均化された"プロトンの共鳴が観測され，このときプロトンは半分の時間はアキシアルで残りの半分はエクアトリアルにある．この例は NMR 分光学の重要な特徴であり，速い平衡にある化合物のスペクトルは，平衡に関与しているすべての化学種の時間平均の単一のスペクトルである．いいかえれば，分子で起こるできごとを時間で分解するためには，NMR 分光計には本質的な限界がある．

この現象を正確に示す式があるが，日常の経験にたとえると理解することができる．1 秒に約 100 回の速度で回転する 3 枚羽根の扇風機またはプロペラをみているとしよう（図 13・20）．人間の目では個別の羽根を見ることはできず，全体がぼんやりと見えるだけである．このような見え方は，羽根と羽根の間の何もない空間との時間平均である．約 0.1 秒のシャッター速度でこの扇風機の写真を撮ると，同じ理由によりやはり写真では羽根がぼんやりとみえる．すなわち，カメラのシャッターが開いている間(0.1 s)に，羽根は 10 回転する（図 13・20a）．ここで，羽根の回転を 1 秒当たり約 1 回転に遅くしたとしよう．シャッターが開いている間に，羽根は 0.1 回転すなわち約 36° しか回転しない．羽根は先ほどよりはっきりするが，まだ少しぼんやりしている（図 13・20b）．最後に，羽根を非常

にゆっくりとすなわち 100 秒ごとに 1 回転しているとしよう．シャッターが開いている間に，扇風機の羽根は 1 周の 1/1000 すなわち約 0.36° だけしか回転しない．写真を撮ると，個別の羽根が比較的はっきりとした焦点で見える（図 13・20c）．シクロヘキサンの速い配座平衡と NMR 分光計の関係は，速く回転しているプロペラと遅いカメラのシャッターの関係にたとえることができる．

(a) 1 秒当たり 100 回転，完全にぼやけた画像 (b) 1 秒当たり 1 回転，個別の羽根は見えるが，ぼやけている (c) 1 秒当たり 0.01 回転，個別の羽根がはっきりとした焦点で見える

図 13・20 さまざまな速度で回転している 3 枚羽根のプロペラを 0.1 秒のシャッター速度で写真を撮ったときに見える画像．(a) プロペラの速度 ＝ 1 秒当たり 100 回転（100 Hz），(b) プロペラの速度 ＝ 1 Hz，(c) プロペラの速度 ＝ 0.01 Hz．回転速度が増加するにつれて，プロペラの個別の羽根は区別できなくなり，ぼんやりと見えることがわかる．

温度を下げていす形相互変換の速度が減少すると，2 種類のシクロヘキサンのプロトンが観測できる．1 個を残してその他のプロトンを重水素に置換したシクロヘキサンの試料を冷却するとしてみよう（H と D の間の分裂は非常に小さいので，重水素を使うと隣接プロトンとの分裂がほとんど除去される，§ 13・6）．

$$\text{シクロヘキサン-}d_{11} \tag{13・16}$$

いす形相互変換により，ただ一つ残ったプロトンはアキシアル位とエクアトリアル位を交互に入替わる．

さまざまな温度におけるシクロヘキサン-d_{11} の NMR スペクトルを図 13・21 に示す．室温では，ふ

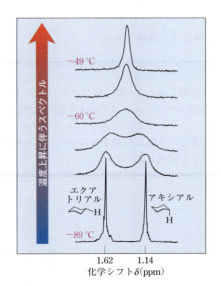

図 13・21 温度変化測定したシクロヘキサン-d_{11}（式 13・16 の構造）の 60 MHz プロトン NMR スペクトル．温度を下げていす形相互変換の速度が減少すると，アキシアルとエクアトリアルのプロトンが個別に観察できる．

つうのシクロヘキサンと同様にスペクトルは単一線である．温度を下げるにつれて，共鳴は幅広くなり，−60 ℃ 付近でもとの共鳴を中心とした二つの幅広い共鳴に分かれる．温度をさらに下げると，スペクトルは二つの鋭い単一線になる．すなわち，温度を下げるといす形相互変換が遅くなり，低温では NMR 分光法は両方のいす形を独立に検出することができる．これは，図 13・20 のプロペラの写真を一定のシャッター速度で撮り，プロペラの回転速度を下げていくと，ぼやけた画像が消えて個別の羽根がはっきりと分かれるようになることと類似している．

異なる温度のスペクトルからの情報を用いて，いす形相互変換の速度を計算することができる．図 7・6(246 ページ)に示すいす形相互変換のエネルギー障壁は，この種の観測から得られた．

NMR 分光法は室温ではシクロヘキサンの二つのいす形配座の時間平均を検出するが，それと同じように速い配座平衡を起こしている分子では，NMR はすべての立体配座の平均を検出する．すなわち，ブロモエタン CH_3CH_2Br の分子中では炭素−炭素結合の内部回転が非常に速く起こるので，CH_3 プロトンの共鳴は一つだけで CH_2 プロトンとの分裂の結合定数も一つだけである(結合定数の平均化は §13・5A で説明した)．もし回転が非常に遅く NMR 分光計が個別の立体配座を区別することができれば，ブロモエタンの NMR スペクトルは複雑になるであろう．

NMR の時間平均の効果は，単に立体配座の平衡だけに限られない．速い過程(化学反応でもよい)を起こしている分子のスペクトルも，NMR 分光法によって平均化される．このため，たとえば，アルコールの OH プロトンによる分裂が化学交換により消失する(§13・7D)．たとえば，メタノールの CH_3 プロトンのスペクトルに及ぼす化学交換の効果を考えてみよう．十分に乾燥したメタノールでは，CH_3 プロトンは OH プロトンとの分裂により二重線になる．

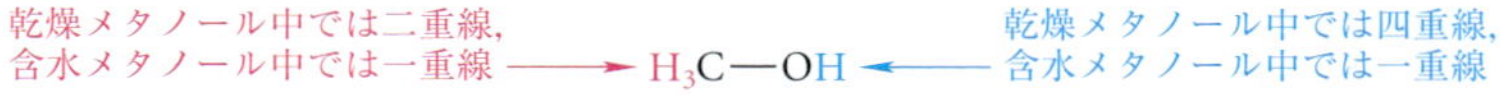

乾燥メタノール中では二重線，含水メタノール中では一重線 ⟶ H_3C—OH ⟵ 乾燥メタノール中では四重線，含水メタノール中では一重線

図 13・8 から，メチルプロトンの分裂が起こるのは隣接する OH プロトンが 2 種類のスピンのどちらかをもつためであることを思い出してほしい．メタノールに酸または塩基を加えると，OH プロトンの交換が速くなり，異なるスピンのプロトンが迅速に OH に出入りする．したがって，どの 1 分子においても，CH_3 プロトンは半分の時間はスピン $+1/2$ の OH プロトンに，あとの半分の時間はスピン $-1/2$ の OH プロトンに隣接している(2 種類のスピン状態のプロトン数にある非常にわずかな差は無視できる)．いいかえれば，CH_3 プロトンが"見ている"のは，時間的に 0 に平均化されたスピンをもつ隣接 OH プロトンである．プロトンはスピンが 0 の隣接原子核によって分裂しないので，速い交換により CH_3 プロトンの分裂は消失する．同様な理由により，メタノールの OH プロトンのスペクトルも説明でき，乾燥試料では四重線であるが，微量の水を含む試料では一重線である．

問 題

13・29 NMR の時間尺度で炭素–炭素結合の回転が十分に遅くなるように，1-ブロモ-1,1,2-トリクロロエタンの試料を冷却することができたと仮定する．NMR スペクトルにはどのような変化が起こると予想されるかを説明せよ．

13・30 1-クロロ-1-メチルシクロヘキサンを室温から非常に低温に冷却するにつれて，メチル基の NMR 共鳴にどのような変化が起こると予想されるかを詳しく説明せよ．

13・9 他核の NMR 分光法：炭素 NMR

A. 他核の NMR 分光法

これまでプロトン NMR に説明を集中してきたが，核スピンをもつどのような原子核でも NMR 分光法により研究することができる．表 13・4 にスピン $±1/2$ のいくつかの他核を示した．一定の磁場強

表 13・4 スピン ±1/2 をもついくつかの原子核の性質

同位体	相対感度	天然存在比(%)	観測周波数 ν_n (MHz)*	磁気回転比 γ_n†
^{1}H	(1.00)	99.98	300	267.53
^{13}C	0.0159	1.10	75	67.28
^{19}F	0.834	100	282	251.79
^{31}P	0.0665	100	122	108.40

* 磁場 $B_0 = 7.05$ T の値.
† 単位は $\times 10^6$ rad T^{-1} s^{-1}, 式(13・17)で定義.

度では，原子核によって異なる周波数範囲のエネルギーを吸収する．一定の磁場強度 B_0 での吸収周波数は，それぞれの磁気回転比を用いて式(13・4)から以下のように計算することができる.

$$\nu_n = \frac{\Delta \varepsilon_n}{h} = \frac{\gamma_n}{2\pi} B_0 \tag{13・17}$$

この式では，$\Delta \varepsilon_n$ は原子核 n のスピンのエネルギー準位間のエネルギー差，γ_n は原子核 n の磁気回転比，B_0 は外部磁場である．この式は，磁場強度が一定であれば，あらゆる原子核の吸収周波数は磁気回転比に依存することを示す．たとえば，プロトンの磁気回転比 γ_H は 267.53×10^6 rad T^{-1} s^{-1} である．したがって，外部磁場が 7.05 T であれば，プロトン NMR で必要な動作周波数は 300 MHz である．^{13}C の磁気回転比 γ_H は 67.28×10^6 rad T^{-1} s^{-1} であるので，同じ磁場強度における ^{13}C NMR に必要な動作周波数もプロトンの約 4 分の 1 すなわち約 75 MHz である.

^{1}H と ^{19}F を含むフッ化アルキルのような，2 種類の磁気的に活性な原子核を含む分子があるとしよう．このような分子のプロトン NMR スペクトルでは，プロトンの NMR シグナルは観測されるが，フッ素のシグナルは観測されない(しかし，フッ素により生じるプロトンの分裂は観測される，§13・7C)．フッ素 NMR を観測するためには異なる周波数範囲を用いなければならないが，この場合フッ素の共鳴は観測されるがプロトンの共鳴は観測されない．この状況では，隣接プロトンによるフッ素シグナルの分裂が観測される.

B. ^{13}C NMR 分光法

すべての有機化合物は炭素を含むので，炭素の NMR 分光法は非常に重要である．しかし，炭素の最も存在比の高い同位体(^{12}C)は核スピンをもたないので，NMR で検出することはできない．表 13・4 が示すように，核スピンをもつ炭素の同位体は ^{13}C だけである．^{13}C の NMR 分光法は **^{13}C NMR 分光法**(^{13}C NMR spectroscopy)とよばれ，短くして単に**炭素 NMR**(carbon NMR)ということがよくある.

^{13}C NMR スペクトルの一つの問題は，炭素核の磁気的な性質のため，^{13}C 核の共鳴はプロトンよりも本質的に弱いことである．それぞれの原子核の NMR シグナルの固有強度は，磁気回転比の 3 乗に比例する．すなわち，プロトンのシグナルと同数の ^{13}C 原子のシグナルの相対強度は，$(\gamma_H/\gamma_C)^3 = (267.53/67.28)^3$ すなわち 62.9 である．いいかえれば，^{13}C NMR の共鳴はプロトンの共鳴に比べて強度が約 $1/62.9 = 0.0159$ 倍である．もう一つの問題は ^{13}C 同位体の天然存在比が低いことである．有機化合物が含む ^{13}C は各炭素の位置で約 1.1％だけである．したがって，固有強度と低い天然存在比の相乗効果から，炭素の共鳴はプロトンの共鳴の $0.0159 \times 0.011 = 0.000175$ 倍の強度である.

^{13}C NMR の共鳴が弱いことはかつて検出するための重大な障害であったが，装置(§13・11)とコンピューターの能力の進歩により，天然存在比の ^{13}C を含む化合物の ^{13}C NMR スペクトルを容易に測定することが可能になった．これらの進歩(§13・11)により，単一の NMR スペクトルを数分の 1 秒で取込み，コンピューターにデジタル的に保存することが可能になった．ある化合物の実用的な ^{13}C NMR スペクトルを得るためには，この化合物の ^{13}C NMR 炭素スペクトルを数千回測定して積算する．電気

的なノイズはランダムであるので，多くのスペクトルを積算するとノイズは減少し共鳴そのものは増大する．同じ化合物の同じ濃度の1回のプロトンNMRスペクトルと同じ強度を得るためには，ほぼ6000回の ^{13}C NMRスペクトルをこのようにして積算しなければならない．

^{13}C NMRの原理はプロトンNMRと実質的に同じであるが，^{13}C NMRはいくつかの独自の特徴をもつ．まず，炭素間のスピン結合(分裂)はふつう観測されない．これは ^{13}C の天然存在比が低いためである．^{13}C NMR は一般的な同位体の ^{12}C ではなく ^{13}C の共鳴を測定する．ある炭素で ^{13}C に出会う確率は 0.0110 であるので，同じ分子内にある任意の2個の炭素で ^{13}C に出会う確率は $(0.0110)^2$ すなわち 0.00012 である．これは，<u>同じ分子内で2個とも ^{13}C 原子であることはほとんどない</u>ことを意味する(スピン結合が観測されるには，2個の ^{13}C 原子が同じ分子内になければならない)．しかし，^{13}C で同位体標識した化合物を合成することができ，この場合通常の分裂の規則が成り立つ(問題13・63参照)．

^{13}C NMRの2番目の重要な特徴は，化学シフトの範囲がプロトンNMRと比べて非常に広いことである．図13・22に示す典型的な炭素の化学シフトは，約200 ppmの範囲におよぶ．いくつかの例外はあるものの，炭素の化学シフトの傾向はプロトンの化学シフトの傾向と似ているが，^{13}C NMRの化学シフトは化学的な環境の小さな変化により敏感である．その結果，非常に似た化学的な環境にある2個の炭素であっても，別々の共鳴として観測できることが多い．この点を3-メチルペンタンの ^{13}C NMRスペクトルで示す．化学的に非等価な各組の炭素は，別々にはっきりと識別できる共鳴を示す．

$$\begin{array}{c}
\delta\,18.8 \\
CH_3 \\
H_3C\!-\!CH_2\!-\!CH\!-\!CH_2\!-\!CH_3 \\
\delta\,11.5 \quad \delta\,29.2 \quad \delta\,36.2
\end{array}$$

この例が示すように，炭素の化学シフトはそれに結合した炭素数に依存し，多くの場合 δ(第三級) >

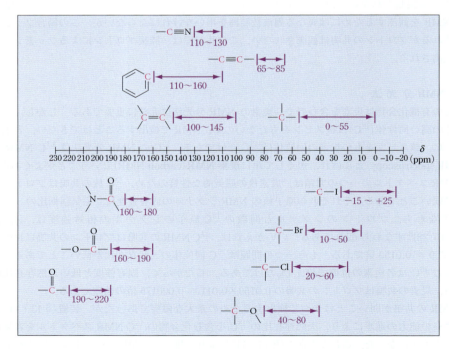

図 13・22 一般的な官能基に対する炭素の化学シフトのチャート．炭素の化学シフトの範囲はプロトンの場合の10倍以上である(図13・4と比較せよ)．そのため，非常に似た化学的な環境にある炭素でも，ふつう区別できる共鳴を示す．

δ(第二級) > δ(メチル) の順番となる.

^{13}C NMR の 3 番目の重要な特徴は, プロトンによる ^{13}C 共鳴の分裂(^{13}C−^{1}H 分裂)が大きいことであり, 直接結合したプロトンの典型的な結合定数は 120〜200 Hz である. さらに, 炭素 NMR のシグナルはさらに離れたプロトンによっても分裂する. このような分裂は役に立つこともあるが, ^{13}C−H 分裂パターンが重なることにより, ^{13}C NMR スペクトルの解釈が非常に複雑になることの方が多い. ^{13}C NMR の測定では多くの場合, 特別な測定法により分裂を取除く. プロトンとのスピン結合を取除いたスペクトルを, **プロトンデカップリング ^{13}C NMR スペクトル**(proton-decoupled ^{13}C NMR spectrum)とよぶ. このようなスペクトルでは, 化学的に非等価な炭素の組ごとに単一の分裂のない線が観測される.

これらの点を, 図 13・23 に示す 1-クロロヘキサンのプロトンデカップリング ^{13}C NMR スペクトルで説明する. 炭素スペクトルは, 分子中の各炭素に対応する 6 本の単一線からなる. 図 13・23 中の線の帰属は, 炭素の化学シフトがプロトンの化学シフトと同じように, 電気陰性の塩素からの距離に従い減少することを示す.

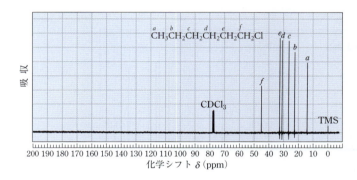

図 13・23 1-クロロヘキサンのプロトンデカップリング ^{13}C NMR スペクトル. 各炭素の共鳴が観測されていることがわかる. "CDCl$_3$" と表示するピークは溶媒の ^{13}C 共鳴によるものである. CDCl$_3$ の炭素のシグナルが三重線であることは問題 13・50(b)で考える.

^{13}C NMR スペクトルは, 分子の対称性に基づいて密接に関連した化合物を区別するときに非常に役立つ. この考えに基づくと, 対称的な化合物では, 対称性が低い異性体より化学的に非等価な炭素の組が少なくなる. この点を例題 13・5 で説明する.

例題 13・5

^{13}C NMR 分光法を使うと, 1-クロロペンタンと 3-クロロペンタンの 2 種類の異性体をどのように区別することができるであろうか.

解 法 まず 2 種類の化合物の構造式を描く.

$$\underset{\text{1-クロロペンタン}}{\text{CH}_3\text{CH}_2\text{CH}_2\text{CH}_2\text{CH}_2\text{Cl}} \quad \underset{\text{3-クロロペンタン}}{\text{CH}_3\text{CH}_2\overset{\overset{\text{Cl}}{|}}{\text{CH}}\text{CH}_2\text{CH}_3}$$

化学的に非等価な各組の炭素が別々の共鳴で観測されるならば, 1-クロロペンタンのプロトンデカップリング ^{13}C NMR スペクトルは 5 本の線からなるはずである. しかし, 3-クロロペンタンでは, 2 個の CH$_3$ 炭素が化学的に等価であり, 2 個の CH$_2$ 炭素が化学的に等価であるので, スペクトルは 3 本だけからなるはずである. この例が示すように, 分子が対称的であれば, 吸収の数は炭素の数より少なくなる.

問題

13・31 3-ヘプタノール(A)と 4-ヘプタノール(B)のプロトンデカップリング ^{13}C NMR スペクトルを図 13・24 に示す．各スペクトルがどちらの化合物のものかを示し，その理由を説明せよ．

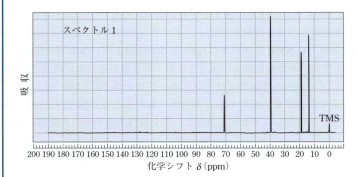

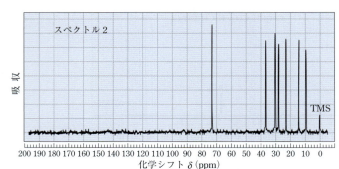

図 13・24 問題 13・31 のプロトンデカップリング ^{13}C NMR スペクトル

13・32 1,1-ジクロロシクロヘキサンと cis-1,2-ジクロロシクロヘキサンを区別するために，^{13}C NMR スペクトルのどこに着目したらよいかを 2 点示せ．

---

^{13}C NMR スペクトルでは，スペクトル測定に用いられる測定法(§13・11)が原因でピーク強度が炭素数以外の要因で決まるので，ふつう積分は行わない．しかし，この事実も役に立つことがある．たとえば，プロトンデカップリングの手法は，水素をもつ炭素のピークを増大する．したがって，第四級炭素，カルボニル基の炭素や第三級アルコールの α 炭素のように水素をもたない炭素の共鳴は，ふつう他の炭素の共鳴よりも小さい．

いくつかの手法を用いると各炭素に直接結合したプロトン数がわかるので，^{13}C NMR スペクトルがさらに役立つ．いいかえれば，^{13}C NMR スペクトル中の各炭素シグナルがメチル，メチレン，メチンまたは第四級炭素のいずれかのものであるかがわかる．このような決定を可能にする方法の一つは，**DEPT**(Distortionless Enhancement with Polarization Transfer)の略称で知られている．DEPT 法では，メチル，メチレン，メチン炭素のスペクトルが別々に得られ，これらのスペクトルの各線は全体の ^{13}C NMR スペクトルの線に対応している．DEPT スペクトルでは現れない全体の ^{13}C NMR スペクトルの線は，水素が結合していない炭素によるものである．この方法をショウノウの DEPT スペクトル(図 13・25)で示す．

ショウノウの全体のスペクトル(図 13・25d)では二つのことに気づく．まず，すでに指摘したように，第四級炭素の強度は他のものより小さい．次に，カルボニル基から離れた炭素(炭素 4～9)の化学シフトは，第四級 > 第三級 > 第二級 > メチルの順番である．この傾向は本節ですでに説明した．カ

ルボニル基の炭素またはその近くの炭素の化学シフトは，酸素の電気陰性度と π 電子循環の非遮蔽効果により増加する．これらの効果はプロトン NMR 分光法でも観測される．（図 13・15 参照）

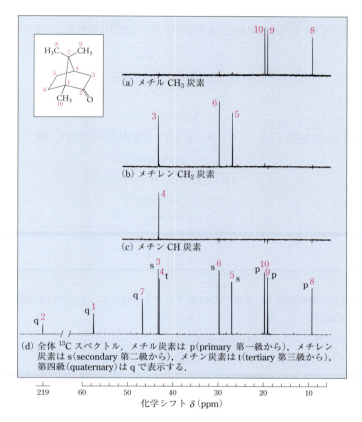

図 13・25 DEPT 法により編集したショウノウ（構造式は左の四角内）の ^{13}C NMR スペクトル．メチル CH$_3$ 炭素の共鳴を(a)に，メチレン CH$_2$ 炭素の共鳴を(b)に，メチン CH 炭素の共鳴を(c)に示す．これらの三つのスペクトル中の各ピークは，(d)に示す全体スペクトル中のどれかのピークに対応する．全体スペクトルで(a),(b),(c)に現れていない吸収は，カルボニル炭素か第四級炭素である．各ピークの上の数字は，ショウノウの構造式中の番号に対応している．全体スペクトルでは，カルボニル炭素（炭素-2）と第四級炭素（炭素-1，炭素-7）の共鳴の強度は水素が結合した炭素の強度より低いことに注目しよう（米国パデュー大学 John Kozlowski の厚意による）．

例題 13・6

分子式 C$_7$H$_{16}$O$_3$ の化合物は以下の ^{13}C NMR-DEPT スペクトルを示す（括弧内の数字は結合水素数）．

$$\delta\ 15.2(3),\ 59.5(2),\ 112.9(1)$$

この化合物の構造を決定せよ．

解 法 不飽和度が 0 であるので，この化合物は環も二重結合ももたない．^{13}C NMR スペクトルからすぐにわかることは，3 本の線があるので，この化合物は 3 組の化学的に非等価な炭素をもつ．1 組（δ 15.2）はメチル基（結合水素数 3）であり，化学シフトから酸素にそれほど近くはない．

$$\delta\ 15.2\quad H_3C\!-\!\overset{|}{\underset{|}{C}}\!-$$

もう 1 組はメチレン CH_2 であり，エーテルの α 炭素に対する化学シフトの範囲内にある (図 13・22).

$$\delta\,59.5 \;\; —CH_2—O—$$

最後の組は一つ以上のメチン CH 基であり，化学シフトから 2 個以上の酸素に結合していなければならない.

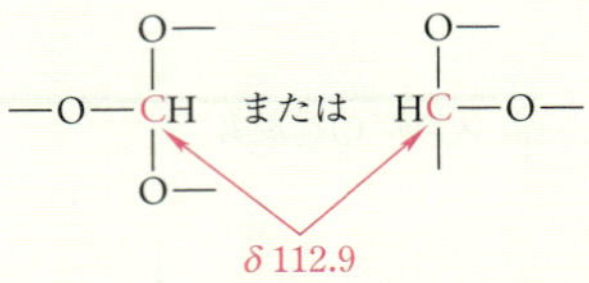

$$—O—\underset{|\;O—}{\overset{|\;O—}{CH}} \;\;\; または \;\;\; HC—O—$$

$$\delta\,112.9$$

これらの部分構造をもつもののうち，トリエトキシメタンだけが 3 本の吸収を示す.

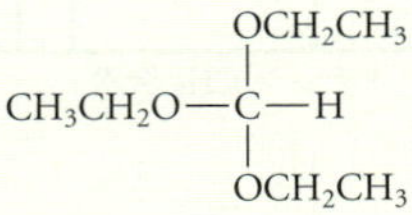

$$CH_3CH_2O—\underset{\underset{OCH_2CH_3}{|}}{\overset{\overset{OCH_2CH_3}{|}}{C}}—H$$

トリエトキシメタン

問 題

13・33 以下の各化合物が例題 13・6 の ^{13}C NMR データと一致していない理由を説明せよ.

(a) $CH_3CH_2O—\underset{\underset{OCH_3}{|}}{\overset{\overset{OCH_2CH_3}{|}}{C}}—CH_3$

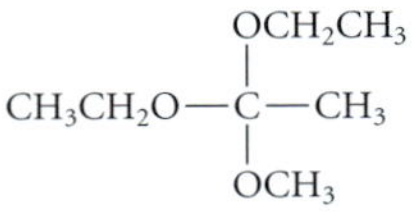

(b) $CH_3OCH_2—\underset{\underset{CH_2OCH_3}{|}}{\overset{\overset{CH_2OCH_3}{|}}{C}}—H$

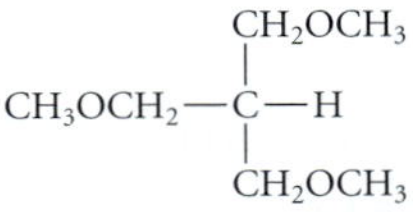

13・10 分光法を用いた構造解析の問題の解き方

ここで，IR, NMR と質量分析法で学んだことを用いて，複数の手法が必要な問題を解く準備ができた．例題 13・7 と例題 13・8 はこのような手法を示す．どの場合も問題の解き方は一つではないが，以下の手順が役に立つはずである．

1. 質量スペクトルから，可能であれば分子量を決定する．
2. 元素分析のデータがあれば，分子式を計算し，不飽和度を決定する．
3. OH 基やアルケンなど分子式に一致するあらゆる官能基について，IR と NMR の両スペクトル中に証拠を探す．スペクトルからわかる部分構造を書きだす．
4. ^{13}C NMR スペクトルを使い，もし可能であればプロトン NMR スペクトルも使い，非等価な炭素またはプロトン (または両方) の組の数を決定する．もしプロトン NMR スペクトルが複雑であれば，組の数を決定することはできないかもしれないが，ある程度の範囲にしぼることはできるはずである．
5. §13・3F と §13・4C の両方の手順を適用して，NMR を完全に解析する．スペクトルに一致する部分構造とすべての可能な完全な構造を，間違いなく書きだすこと．部分構造を書くにつれて，何個の炭素が考慮されていないかがわかる．異なる部分構造が炭素を共有することもある．各構造がどのようなスペクトルの特徴をもつかを予想し，可能な構造のうちのどれがそのような特徴を示すかを探す．構造を決定するスペクトルのある特徴を見渡すのが簡単なこともある．
6. 最後に，提案した構造がすべてのスペクトルと矛盾がないことを確認する．

例題 13・7

図 13・26 に示す IR, NMR, EI 質量スペクトルをもつ化合物の構造を決定せよ．

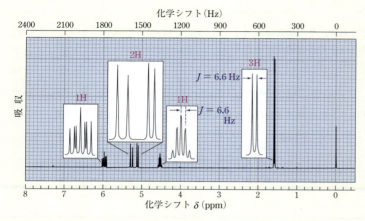

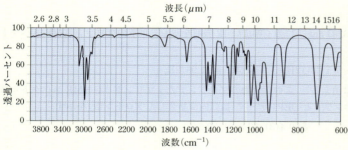

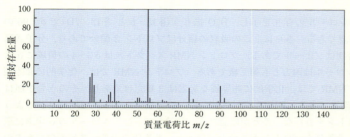

図 13・26 例題 13・7 のプロトン NMR, IR, EI 質量スペクトル．NMR スペクトル中の各共鳴の積分を赤色の数字で示す．

解　法　この化合物の EI 質量スペクトルは $m/z = 90$ と 92 に 1 組のピークを示す．ここで，後者のピークは前者のピークの大きさの約 3 分の 1 である．このパターンは塩素が存在することを示す．さらに，$m/z = 55$ の基準ピークは Cl (それぞれ 35 と 37 質量単位) の放出に相当する．分子質量 90 (^{35}C の同位体に対して) の塩素を含む化合物であると仮定してみる．IR スペクトルでは 1642 cm^{-1} のピークは C=C 伸縮を示し，NMR スペクトルではビニルプロトンの領域に複雑なシグナルがある．明らかにこの化合物は塩素を含むアルケンである．

NMR スペクトルでは，全部で 7 個の水素のうち，δ 5～6 のビニルプロトンの領域は 3 個の水素，δ 4.6 の四重線は 1 個の水素，δ 1.6 の二重線は 2 個の水素を示す．もしこの化合物が水素 7 個 (7 質量単位) と塩素 1 個 (35 質量単位) をもつならば，残りの 48 質量単位は炭素 4 個に相当し，そのうち 2 個はアルケンの二重結合の一部である．したがって，可能な分子式は C_4H_7Cl となる．

この分子式の不飽和度は 1 である．すなわち，分子は二重結合を一つだけもつ．NMR の積分はビニルプロトンが 3 個あることを示すので，分子は -CH=CH$_2$ 基を含まなければならない．IR スペクトルにおける 930 cm^{-1} と 990 cm^{-1} のピークは，この置換基と一致する．ただし，後者のピークは一般的

なこの種のアルケンと比べてやや高波数である. δ 1.6 のプロトン 3 個分の二重線は, CH 基に隣接したメチル基であることを示す.

$$H_3C-CH-$$

δ 4.6 の吸収はプロトン 1 個分であり, その結合定数 ($J = 6.6$ Hz) は δ 1.6 の吸収のものと一致する. δ 4.6 の吸収の分裂と化学シフトは次の部分構造に一致する.

$$H_3C-\underset{\underset{Cl}{|}}{CH}-CH=$$

90 の分子量と 3 個のビニルプロトンをもつことから, 可能な完全な構造は次のものだけである.

$$\underset{\delta 4.60}{\underset{\delta 1.60}{H_3C}-\underset{\underset{Cl}{|}}{CH}-\underset{\delta 5.9\sim 6.0}{CH}=\underset{\delta 5.0\sim 5.3}{CH_2}}$$

例題 13・8

分子式 $C_8H_{18}O_2$ の化合物は, 3293 cm^{-1} に強く幅広い IR 吸収を示し, 以下のプロトン NMR スペクトルをもつ.

$$\delta 1.22 (12H, s), 1.57 (4H, s), 1.96 (2H, s)$$

(D_2O 振とう後 δ 1.96 の吸収は消える). この化合物のプロトンデカップリング ^{13}C NMR スペクトルは 3 本の線からなり, 以下の化学シフトと DEPT データ (括弧内は結合したプロトン数) を示す.

$$\delta 29.4 (3), 37.8 (2), 70.5 (0)$$

この化合物を同定せよ.

解 法 IR スペクトルはアルコールの存在を示し, D_2O 振とう (§13・6 と §13・7D) で δ 1.96 の NMR 吸収が消えることから確認できる. さらに, この吸収の積分はプロトン 2 個分であり, 分子式は酸素を 2 個含むので, この化合物はジオールである. プロトン NMR スペクトルは δ 3〜4 の領域に α 水素の共鳴をもたないので, アルコールは両方とも第三級である. プロトン NMR では, 化学的に非等価な水素は 3 組だけである. ^{13}C NMR では, 化学的に非等価な炭素は 3 組だけであり, そのうち 1 組は第三級アルコールの 2 個の α 炭素である. DEPT のデータから, 第三級アルコールで期待されるように, 1 組の炭素は結合したプロトンをもたないことが確認でき, 化学シフトはアルコールの α 炭素に期待されるものと一致している. 非等価なプロトンが 3 組だけであり, 非等価な炭素が 3 組だけであるので, 構造の対称性はかなり高い. このデータを満たすのは以下の構造だけである.

$$H_3C-\underset{\underset{OH}{|}}{\overset{\overset{CH_3}{|}}{C}}-CH_2CH_2-\underset{\underset{OH}{|}}{\overset{\overset{CH_3}{|}}{C}}-CH_3$$

2,5-ジメチル-2,5-ヘキサンジオール

問題

13・34 (a) 以下の各構造が例題 13・7 のデータに一致しない理由を説明せよ.

A: *trans*-1-クロロ-2-ブテン　　B: 2-クロロ-1-ブテン

(b) 例題 13・7 の最後で構造を決めるために, ビニルプロトンの共鳴を詳しく解析する必要はなかった

が，これらの共鳴をさらに考えることは興味深い．まず，例題の最後で示したビニルプロトンの共鳴の帰属が正しいことを確認せよ．NMRスペクトル（図13・26）中で，＝CH₂プロトンの共鳴が互いに観測できるほど分裂していないことに気づく（表13・3，ジェミナルプロトン）．次に，この化合物の構造を書き，＝CH₂プロトンと他のビニルプロトンとの立体化学的な関係を示せ．δ5.0〜5.3の領域の共鳴はどの＝CH₂プロトンに帰属できるか．また，なぜそのようになるかを説明せよ（ヒント：図13・15参照）．

13・35 以下の各構造が例題13・8のスペクトルデータになぜ一致しないかを説明せよ．

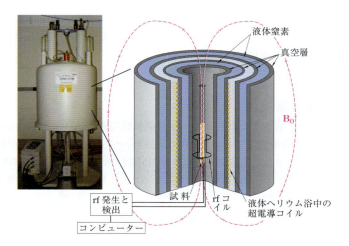

13・11 NMR分光計

NMR分光計の基本的な構成を図13・27に示す．核スピン状態にわずかなエネルギー差が生じるように，NMR装置にはまず強い磁場が必要である．初期のNMR装置で用いられたのは，0.7〜2.3Tの範囲の磁場を発生する電磁石または永久磁石であった．最近の装置は，超伝導のワイヤで製作した大きなソレノイドすなわちドーナツ形のワイヤコイルを用いる．コイル中の電流の流れにより磁場が発生する．超伝導のワイヤでは，電流はいったん流れると無限に持続し電気抵抗なしで流れる．一般的な超電

図13・27 300 MHz NMR分光計とソレノイド容器の断面．ソレノイドの高さは約1mである（試料とrfコイルの大きさは誇張されている）．ソレノイドの中心は，超伝導ワイヤのコイルである．超伝導は非常に低い温度を必要とするので，コイルは約4Kの温度をもつ液体ヘリウム中に浸す．これを真空容器（いわば大きな魔法びん）により周囲から遮蔽する．この真空容器は別の液体窒素の"魔法びん"に入っている．ソレノイドに電気を流すと，大きな電流が抵抗0でコイルを流れる．この電流が7.05Tの磁場を誘起する（赤色破線）．この強さの磁場に必要な大きな電流は，超伝導合金を用いることにより初めて可能になり，もしふつうのワイヤを用いると多量の熱が発生する．試料は細いガラス管に入れ，ソレノイドの中心のすき間の中の試料プローブの内側に置く．プローブの中で，試料はラジオ周波数(rf)コイルに囲まれ，このコイルはrf放射を発信し，rf放出を測定するために使う．試料管は，試料全体にわたる磁場の小さい差を平均化するために速く回転させる．本書の多くのスペクトルはこの装置で測定された．

導ではないソレノイドにもし強い磁場に必要な電流を流すと非常に大きい抵抗（したがって熱）が生じるので，超電導のソレノイドが必要である．超電導を示すほとんどの金属は非常に低温においてだけ超電導になる．このような低温を維持するために液体ヘリウムを使うので，ソレノイドは精巧な低温槽（いわば多層の魔法びん）に収容されている．20 T 以上の磁場を発生することができる超電導のソレノイドを製作することが可能である．

NMR 実験の 2 番目の構成要素はラジオ波（rf）放射である．試料を囲む小さいワイヤコイルを用いてラジオ波を放射し，その吸収を検出する．試料は縦方向の軸のまわりに速く回転するガラス管に入れる．試料と rf コイルは，ソレノイドの中心（すなわちワイヤの"ドーナツ"の"穴"の中に）に挿入できる精密に製作されたプローブ中に収容されている．磁石またはソレノイドを除くと，NMR 装置は本質的にはラジオ発信器と受信器である．

初期の装置の NMR 実験では，rf 放射の周波数をゆっくりと変化させて，各共鳴を別々に検出していた．この手法では，スペクトルを測定するのに数分かかった．1970 年代前半まではこの手法が分光計で使われていたが，現在の NMR 分光計では**パルス-Fourier 変換 NMR**（pulse-Fourier-transform NMR, FT-NMR）とよばれる手法が用いられている．FT-NMR では，広幅周波数を含む rf パルスによりすべてのプロトンを同時に励起し，スピンが平衡状態に戻るときの rf エネルギーの放出を分析することによってスペクトルが得られる．FT-NMR を用いると，全体のプロトン NMR スペクトルを 1 秒未満で測定することができる．その結果，ある試料のスペクトルを比較的短時間に繰返し（試料の濃度と同位体に応じて 50 回から 20,000 回）測定することができる．コンピューターがデータを保存し，解析し，数学的にスペクトルを積算する．電気的な雑音はランダムなので，多数のスペクトルにわたって平均すると雑音は 0 になり，試料の共鳴は強められて 1 回の実験で得られたスペクトルよりずっと強くなる．FT-NMR 法により，構造決定のために ^{13}C NMR を日常的に用いることができる．FT-NMR 法の応用に必要な比較的安価な専用の小型コンピューターが利用できるようになってから，FT-NMR 装置は本格的に実用的になった．

FT-NMR 法はスイス，チューリヒのスイス連邦工科大学の R. R. Ernst（エルンスト）（1933～）により考案され，彼はこの貢献により 1991 年ノーベル化学賞を受賞した．

13・12 磁気共鳴画像法

医学分野における NMR の最も重要な利用の一つは**磁気共鳴画像法**（magnetic resonance imaging：MRI）である．MRI は生物医学的画像法の非侵襲的な方法の一つであり，特に軟部組織を可視化するために有用である．本章で学んできた構造決定のための NMR 技術と同じように，MRI では X 線よりもはるかに危険性が低い高磁場とラジオ波放射を用いる．しかし，構造決定用の NMR とは異なり，MRI には化学シフトも分裂もない．むしろ，MRI は核緩和とよばれる物理的な現象を用いてさまざまな生理学的な環境にある単一の化合物すなわち水のプロトンをモニターする．核緩和を概念的に理解するためには，核スピンの見方を少し広げなければならない（図 13・28）．まず，"スピン"の用語は原子核が回転する電荷のようにふるまうことを意味する．回転する電荷は，強度と方向をもつ磁場を生じる．したがって，回転する電荷をベクトルで示すことができる．これは，回転する電荷を"南"から"北"方向へのベクトルをもつ小さい棒磁石とみなすことができることを意味する．いいかえれば，スピンベクトルの方向は棒磁石の方向である．これまでの説明では，核スピンを磁場の方向に対して単に"上向き"（+1/2）と"下向き"（−1/2）と特徴づけた．しかし，スピンのベクトルは止まっているのではなく，磁場の方向のまわりに歳差している．歳差運動は回転しているジャイロスコープまたはこまに似ている（図 13・28a）．こまはそれ自身の軸のまわりに回転するだけでなく，こまの軸も重力の軸のまわりに回転する．同様に（図 13・28b），核スピンのベクトル M は z 軸で定義される磁場の方向のまわりに歳差する．歳差の周波数すなわち秒当たりの歳差回数は，式（13・7）で定義する周波数 ν_0 である．ここで，

スピンベクトル M を，M_z とよばれる z 軸成分と M_{xy} とよばれる xy 成分の二つの成分に分離してみよう（図 13・28c）．M_z は静止しているが，M_{xy} は周波数 ν_0 で回転している．ここですでに学んだことと結びつけると，"上向き"と"下向き"は M_z の方向のことである．図 13・28(c)は，"上向き"($+1/2$)のスピンを示している．"下向き"($-1/2$)のスピンは，これを磁場の方向に対して単に 180°"フリップ"した図で示すことができる．

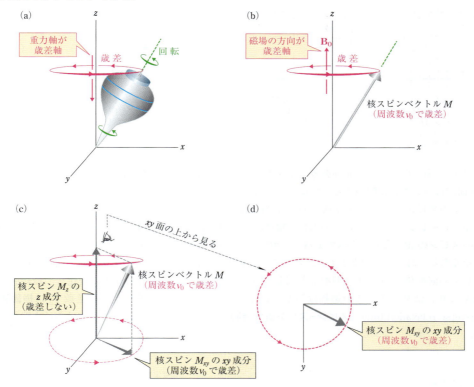

図 13・28 核スピンの歳差．(a) 緑色の軸のまわりでこまが回転する．歳差は，重力の方向にある z 軸のまわりのスピン軸そのものの回転である．(b) 核スピンの歳差は，外部磁場の方向で決まる軸のまわりで共鳴周波数 ν_0 で起こる．(c) 核スピンベクトル M の垂直成分すなわち z 軸に沿った静的成分 M_z と xy 面内の歳差成分 M_{xy} への分解．(d) xy 平面の上からの歳差成分 M_{xy} をみた図．

ここで，磁場中にある多数の水分子を想像してみよう．式(13・3)で学んだように，水分子のプロトンにはスピン $+1/2$ をもつものもスピン $-1/2$ をもつものもある．2 種類のスピン状態は平衡にあり，低エネルギー(スピン $+1/2$)のプロトンがわずかに過剰に存在する．これらの磁化の M_z 成分を足しあわせた合計値は $M_{z,eq}$ になり，"上向き"(低エネルギー)状態のスピンが過剰であるので，$M_{z,eq}$ は"上向き"である．もし水分子からなるこの系に，プロトン共鳴周波数の強いラジオ波(rf)を一挙に照射すると，低エネルギーの"上向き"のプロトンのスピンが"フリップ"して高エネルギーの"下向き"のスピンになる．パルスを照射すると，"下向き"のスピン数が増加するので，M_z の値は全体として減少する．rf 照射を停止すると，プロトンのスピンは平衡に戻ろうとする．**核緩和**(nuclear relaxation)とは，まさに平衡に戻ることである．平衡に戻るとき，高エネルギー($-1/2$)の状態は，さまざまな機構で周囲に対してエネルギーを失う．しかし，この時点でスピン成分 M_z と M_{xy} の緩和を別々に考える必要がある．

M_z の緩和は速度定数 $1/T_1$ をもつ固有の速さで起こり，この速度定数は 1 次反応速度定数のように s^{-1} の次元をもつ．したがって，速度定数の逆数 T_1 は s の次元をもつ．この量 T_1 は **縦緩和時間**(longitudinal relaxation time, スピン-格子緩和時間ともいう)とよばれる．T_1 は，水のプロトンのスピンが ("フリップ"によって)平衡に戻るために必要な時間を示す指標である．パルス-緩和の過程を以下の図に示す．平衡時のスピンの過剰数は説明のためにかなり誇張されているが，実際の過剰数は 100 万のうち数個である．

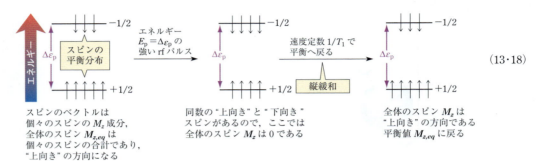
(13・18)

次に xy 平面内のスピンの成分を考えてみよう．rf パルスを照射する前は，スピンベクトルの xy 成分は xy 面内にランダムに配向する．すなわち，スピンの歳差角はランダムに分布している．したがって，多数の水のスピンベクトルの xy 成分の合計 M_{xy} は 0 である．rf パルスを照射すると，核スピンの歳差に位相コヒーレンスが生じる(この過程の物理的な説明は省略する)．すなわち，rf パルスを照射すると，多数のスピンの M_{xy} 成分はすべて x 軸と y 軸に対して同じ回転角をもち，それらの合計 M_{xy} はもはや 0 ではなくなる．時間の経過とともに，これらの回転の位相はずれ始める．すなわち，回転速度は，異なるスピンの回転角が rf パルス照射前と同じようにランダムになるように徐々に変化し，最終的に M_{xy} は完全に 0 に減衰する．この過程は速度定数 $1/T_2$ で起こる．この速度定数の逆数 T_2 は **横緩和時間** (transverse relaxation time, **スピン-スピン緩和時間**ともいう)とよばれる．横緩和はふつう縦緩和より速い．

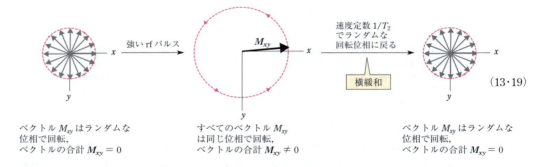
(13・19)

MRI 画像法は人体の各部の T_1 と T_2 を測定することにより決定する．一連の rf パルスが必要であることを除けば，正確な解析法を理解する必要はない．一連の測定を何度も繰返して結果を平均化する．実際に患者にはさまざまな rf パルスが聞こえる．

図 13・29 に示した MRI 画像は，人体のさまざまな部位の緩和時間を画像化したものである．MRI で中心となる原理は，T_1 と T_2 が水の生理学的な環境に依存することである．たとえば，T_1 は流動性の水では 1.5～2 s，水を含む組織では 0.4～1.2 s，脂肪では 0.1～0.15 s である．したがって，ここで見ている MRI 画像は脳の"写真"ではなく，脳の各部位にある水の緩和速度のマップである．これらの速度は部位によって変わるので，実際に MRI 画像は生理学的な環境の画像である．患者が MRI 画像診断を受けると，一般に T_1 値や T_2 値を強調したさまざまな画像が得られる．

核緩和は核スピンから周囲へのエネルギーの放出を伴う．この過程はあまり効果的ではなく，T_1 の

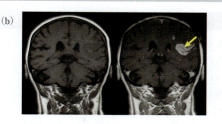

図 13・29 (a) 最新の MRI 装置. 患者はベッドに横たわり, 画像を測定するために磁石の空洞を移動する. (b) T_1 強調の MRI 画像. 左は Gd^{3+} 造影剤なし. 右は Gd^{3+} あり. Gd^{3+} を用いて診断すると, 脳卒中後の脳への異常な血液の浸透が認められる(黄色矢印).

過程では特にそうである. しかし, 縦緩和は常磁性物質すなわち不対電子をもつ物質を加えると加速する. このような物質は MRI で造影剤として用いられる. この目的で用いられる最も一般的な物質の一つは希土類イオンであるガドリニウム(III)であり, 以下の構造のような多様な配位化合物として用いられる.

ガドペンテト酸
(Optimark®, Magnevist®)

このイオンは不対電子を 7 個もつ(周期表中の最高記録である). 溶媒の水分子(青色)が Gd^{3+} イオンの配位領域に入ると, 核スピンは Gd^{3+} 電子のスピンと相互作用してエネルギーの授受が起こる. 水分子は溶媒と Gd^{3+} の間を非常に速く交換するので, 実際にこの過程は水の T_1 緩和を加速し, T_1 の値が減少する. この効果の大きさは Gd^{3+} の濃度に依存するが, Gd^{3+} が低濃度でもふつう 3~8 倍の効果がある. 造影剤は水溶性であるので, この増強は造影剤がよく浸透する非常に水の多い生理学的領域で最大になる. たとえば, 図 13・29(b)の画像では, 血液が周囲の脳組織に浸透している動脈瘤が可視化されている.

MRI の研究に対して, 米国イリノイ大学の P. Lauterbur(ラウターバー)(1929~2007)と英国ノッティンガム大学の Sir P. Mansfield(マンスフィールド)(1933~2017)は, 2003 年ノーベル生理学・医学賞を共同受賞した.

NMR の他の応用にも注目すべきものがある. 固体 NMR は薬物, 石炭や工業高分子のような種々の重要な固体物質の性質の研究に使われている. リン NMR(^{31}P NMR)は生化学的な過程を研究するために用いられ, 完全な細胞や完全な組織でさえ測定できる場合がある. 機能 MRI(fMRI)は MRI の変法であり, 脳のさまざまな部位への血流の差を観測することにより知的活動をマッピングすることができる. これが可能であるのは, 酸素が少ない血液の磁気的性質が, MRI 画像のコントラストを比較的高くするためである. 比較的高レベルの酸素を含む血液によって生じるコントラストの低下を, 好きなことを学ぶまたは考えるような過程に伴う脳活動のマップに変換することができる. 機能 MRI は精神疾患の新しい診断法としても期待されている.

核磁気共鳴はかつては物理の分野で好奇心をひく現象にすぎなかったが, 化学だけでなく医学にも革命をもたらし, あらゆる分野にさらに応用範囲を広げつつある.

13章のまとめ

- NMR スペクトルは，磁場の存在下で原子核によるラジオ波(rf)源からのエネルギーの吸収を記録する．吸収により核スピンの"スピン-フリップ"すなわち高エネルギー準位への昇位が起こる．
- スピンをもつ原子核だけが NMR スペクトルを示す．プロトン(^{1}H)と炭素-13(^{13}C)はスピン ±1/2 をもつ原子核である．
- プロトン NMR スペクトルの三つの要素は，観測するプロトンの化学的な環境の情報を与える化学シフト，観測するプロトンの相対数を示す積分，および隣接原子上のプロトン(または他のスピン活性核)数の情報を与える分裂である．
- プロトン NMR と ^{13}C NMR の化学シフトは，それぞれ図 13・4 と図 13・22 を用いて予測することができる．
- 原則として，化学的に非等価な原子核は異なる化学シフトをもつ．構造的に非等価な原子核とジアステレオトピックな原子核は化学的に非等価である．
- $n+1$ 則に従い，多くのスペクトルで観測される分裂が決まる．ある原子核が2組以上の化学的に非等価な原子核によって分裂すると，分裂は複合的になる．すなわち，各組により生じる分裂について $n+1$ 則を任意の順番で連続的に適用した結果となる．
- プロトンなどのスピン ±1/2 の原子核による分裂は，理想的には個々の線が表 13・2 に示す相対強度をもつ分裂パターンとなる．実際には，分裂パターンは傾きを示し，強度がずれることがある．相互に分裂するプロトンの化学シフト差が小さいほど，このずれは大きい．
- 2個の原子核の間に生じる分裂の大きさは結合定数 J で表される．ビシナルプロトン間の分裂では，J の大きさは Karplus の関係(式 13・10)に従い，スピン結合したプロトンの間の二面角に伴い変化する．たとえば，アンチのプロトン間の分裂は，ゴーシュのプロトン間の分裂よりずっと大きい．この関係を用いて分子の立体配座が決定できる場合がある．スピン結合しているプロトン間の二面角が配座変換により速く変化するときは，実測の結合定数は加重平均となる．
- 2個のスピン結合しているプロトンの共鳴において，化学シフト差(Hz 単位)と結合定数が同じくらいのとき，分裂は $n+1$ 則で予想するより複雑になる．Hz 単位の化学シフトは動作周波数に比例して増大するが，結合定数はそうでないので，弱い磁場で1次ではないスペクトルを示す多くの化合物は，強い磁場では1次のスペクトルを示す．
- 重水素の共鳴はプロトン NMR スペクトルでは観測されない．すなわち，アルコールの溶液を D_2O と振る("D_2O 振とう")と，重水素との速い交換により OH プロトンの共鳴は取除かれる．
- 速い平衡にある化学種では，時間平均の NMR スペクトルが観測される．平衡に関与する過程を遅くすることにより(たとえば，温度を下げることにより)，個々の化学種の吸収を観測することが可能である．
- 化合物中の炭素核の NMR は，同位体の天然存在比が低いにもかかわらず，^{13}C NMR スペクトルとして観測される．
- プロトンデカップリング ^{13}C NMR では，炭素-プロトンのスピン結合は取除かれる．化学的に非等価な各組の炭素は単一の線として現れる．各炭素に結合しているプロトン数は，DEPT 法を用いて決定することができる．
- 磁気共鳴画像法(MRI)は，医学で用いられる安全で非侵襲的な画像法技術である．MRI の画像は異なる生理学的環境にある水分子のプロトン緩和時間の違いに基づく．2種類の緩和時間が観測され，一つは z 磁化が平衡に戻るときの速度で決まる縦緩和時間 T_1，もう一つは核歳差の位相角(xy 磁化)がランダムになる速度で決まる横緩和時間 T_2 である．常磁性イオン Gd^{3+} の配位化合物が存在すると T_1 の値は顕著に減少するので，これらの化合物は MRI の造影剤として広く用いられている．

追加問題

注意: 追加問題中では，指示のない限り "NMR" はプロトン NMR のことをさす．また，すべての ^{13}C NMR スペクトルはプロトンデカップリングで測定したものである．

13・36 NMR スペクトルから得られる4種類の重要な情報は何か．また，各情報をどのように使うか．

13・37 NMR スペクトルを用いて，以下の各組の化合物をどのように区別することができるか．区別するときに NMR スペクトルのどの特徴に注目するかを詳しく明確に説明せよ．

(a) シクロヘキサンと *trans*-2-ヘキセン

(b) *trans*-3-ヘキセンと 1-ヘキセン
(c) 1,1-ジクロロヘキサン，1,6-ジクロロヘキサン，1,2-ジクロロヘキサン
(d) *t*-ブチルメチルエーテルとイソプロピルメチルエーテル
(e) $Cl_3C-CH_2-CH_2-CHF_2$ と $H_3C-CH_2-CCl_2-CClF_2$

13・38 以下の各問に対してできるだけ簡潔に答えよ．
(a) NMR 分光法は他の吸収分光法と概念的にどのように異なるか．
(b) NMR 実験で原子核がエネルギーを吸収すると，物理的に何が起こるか．
(c) プロトンの化学シフト(周波数単位)は NMR 装置の磁場の強さとともにどのように変化するか．
(d) 結合定数 J と NMR 装置の磁場の強さの間にはどのような関係があるか．
(e) ビシナルプロトンの結合定数とそれらの結合の二面角の間にはどのような関係があるか．
(f) なぜ ppm 単位の化学シフトは動作周波数によって変化しないのか．
(g) NMR スペクトルが 1 次になるためには，どのような条件を満たさなければならないか．

13・39 以下の各化合物の構造式を示せ(二つ以上の正解が可能な場合もある)．
(a) アルケンではない炭素 6 個の炭化水素．プロトン NMR は 1 本の一重線からなる．
(b) 炭素 6 個のアルケン．プロトン NMR は 1 本の一重線からなる．
(c) 炭素 8 個のエーテル．プロトン NMR は 1 本の一重線からなり，プロトンデカップリング ^{13}C NMR は 2 本の線からなる．
(d) 炭素 9 個の炭化水素．プロトン NMR は 2 本の一重線からなる．

(e) 炭素 7 個の炭化水素．プロトン NMR は δ 0.23 と δ 1.21 の 2 本の一重線からなり，プロトンデカップリング ^{13}C NMR スペクトルは 3 本の線からなる．

13・40 以下の分子式と NMR スペクトルに相当する構造を示せ．
(a) C_5H_{12}： δ 0.93, s
(b) C_5H_{10}： δ 1.5, s
(c) $C_4H_{10}O_2$： δ 1.36(3H, d, J = 5.5 Hz), 3.32(6H, s), 4.63(1H, q, J = 5.5 Hz)
(d) $C_7H_{16}O$： 図 P13・40(a) の NMR スペクトル．
(e) C_8H_{16}： 図 P13・40(b) の NMR スペクトル．この化合物を触媒的水素化すると 2,2,4-トリメチルペンタンになる．
(f) $C_7H_{12}Cl_2$： δ 1.07(9H, s), 2.28(2H, d, J = 6 Hz), 5.77(1H, t, J = 6 Hz).
(g) $C_2H_2Br_2F_2$： δ 4.02(t, J = 16 Hz)
(h) $C_2H_2F_3I$： δ 3.56(q, J = 10 Hz)
(i) $C_7H_{16}O_4$： δ 1.93(t, J = 6 Hz), 3.35(s), 4.49(t, J = 6 Hz); 相対積分 1：6：1
(j) $C_6H_{14}O$： δ 0.91(6H, d, J = 7 Hz), 1.17(6H, s), 1.48(1H, s, D_2O 振とう後消失), 1.65(1H, 七重線, J = 7 Hz)
^{13}C NMR： δ 17.6, 26.5, 38.7, 73.2

13・41 以下の反応を行うにあたり，各出発物の NMR スペクトルをもっているとする．各場合で，反応が進行したことを確認するには，NMR スペクトルのどこに注目すればよいか説明せよ．
(a) $(CH_3)_2C=CH_2 + HBr \longrightarrow (CH_3)_3CBr$
(b) $(CH_3)_2C=C(CH_3)_2 + HCl \longrightarrow (CH_3)_2CHC(CH_3)_2$
                                                              |
                                                              Cl

13・42 化合物 *A* は Pd/C 上で H_2 と反応し，メチルシクロヘキサンを生成する．化合物 *A* は 1-メチルシクロヘキセンまたは 3-メチルシクロヘキセンと考えられるが，こ

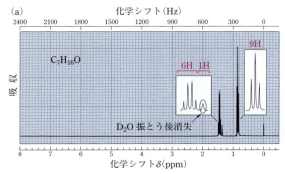
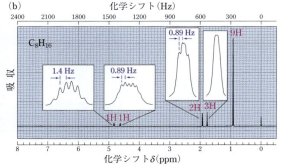

図 **P13・40** (a) 問題 13・40(d) と，(b) 問題 13・40(e) の NMR スペクトル．(b) の青色の数字は結合定数．

れらの二つの構造のどちらであるかを決定するための証拠として,プロトン NMR スペクトルのどこに注目すればよいか.

13・43 以下の各化合物の ^{13}C NMR スペクトルでは,いくつの吸収が観測されるであろうか(いす形配座の相互変換は速いと仮定せよ).

(a)　　　　　　　　(b)

13・44 以下の各組の化合物において,もしあるとすれば,プロトン NMR スペクトルはどのように異なるかを説明せよ.

(a) $(CH_3)_2CH-Cl$ と $(CH_3)_2CD-Cl$
(b) $Cl-CD_2CH_2CH_2-Cl$ と $Cl-CH_2CH_2CH_2-Cl$
(c) $(1R,2R)-D-CH(Cl)-CH(Cl)-CH_3$
　　$(1S,2R)-D-CH(Cl)-CH(Cl)-CH_3$
　　$ClCH_2-C(Cl)_2-D$ と CH_3

13・45 4本のビン A, B, C, D には "C_6H_{12}" のラベルだけがあり,無色の液体が入っている.以下のスペクトルから,これらの化合物を同定せよ.

化合物 A: NMR: δ 1.66(s) に1本線だけ,IR: 1620〜1700 cm^{-1} の範囲に吸収なし,CCl_4 中で Br_2 と反応する

化合物 B: IR: 3080, 1646, 888 cm^{-1},NMR スペクトルは図 P13・45(a)

化合物 C: IR: 3090, 1642, 911, 999 cm^{-1},NMR スペクトルは図 P13・45(b)

化合物 D: NMR: δ 1.40(s) に1本線だけ,CCl_4 中で Br_2 と反応しない

13・46 図 P13・46 に示す NMR スペクトルは以下の化合物のうちどれのものであるか.それを選んだ理由を詳しく説明せよ.また,δ 3.7 の共鳴が非常に複雑であるのはなぜか説明せよ.

A: cis-3-ヘキセン　　B: (Z)-1-エトキシ-1-ブテン
C: 2-エチル-1-ブテン　　D: $Cl_2CH-CH(OCH_2CH_3)_2$
E: $Cl-CH(OCH_2CH_3)-CH(Cl)-OCH_2CH_3$

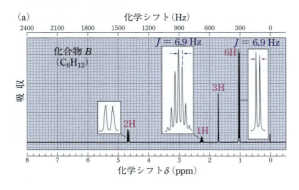
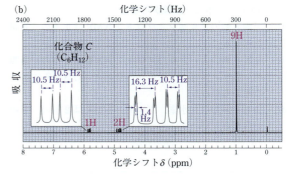

図 P13・45 問題 13・45 の NMR スペクトル.(a) 化合物 B のスペクトル.(b) 化合物 C のスペクトル.青色の数字は結合定数.

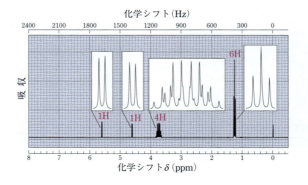

図 P13・46 問題 13・46 の NMR スペクトル

13・47 1,2,3-トリクロロプロパンの 2 種類のプロトン H^a と H^b は，わずかに異なる化学シフトをもち，それぞれの分裂パターンは二重線の二重線である．一方のプロトンは $J = 9.0$ Hz, 4.9 Hz であり，他方は $J = 9.0$ Hz, 6.0 Hz である．

1,2,3-トリクロロプロパン

(a) なぜ H^a と H^b は異なる化学シフトをもつか説明せよ（ヒント: H^a と H^b はどのような関係にあるか）．
(b) 各プロトンの分裂パターンはなぜ二重線の二重線であるかを説明せよ．

13・48 バリンメチルエステル塩酸塩のプロトン NMR スペクトルを次にまとめた．

バリンメチルエステル塩酸塩

プロトン H^e は速く交換しているので，H^e は H^d により分裂しない（逆もまた同様である）．また，プロトン H^a と H^b の化学シフトは逆かもしれないが，重要な点は化学シフトが異なることである．

(a) なぜプロトン H^a と H^b は異なる化学シフトをもち，なぜそれぞれの分裂は二重線であるか説明せよ．
(b) 分裂図を作ることによりプロトン H^c の分裂を書け（ヒント: これは複合分裂の例である．結合定数は構造式中に示す）．

13・49 次の ^{13}C NMR-DEPT スペクトルは次の化合物のうちどれに対応するか（結合しているプロトン数を括弧内に示す）．

δ 15.5(3), 20.1(3), 60.7(2), 99.6(1)

$CH_3CH_2O-CH-OCH_2CH_3 \qquad CH_3OCH_2-CH-CH_2OCH_3$
$\qquad\qquad\quad |\qquad\qquad\qquad\qquad\qquad\qquad |$
$\qquad\qquad\quad CH_3\qquad\qquad\qquad\qquad\qquad\quad CH_3$
$\qquad\qquad\quad A \qquad\qquad\qquad\qquad\qquad\qquad\quad B$

$CH_3CHO-CH_2CH_2-OCHCH_3$
$\quad |\qquad\qquad\qquad\qquad\quad |$
$\quad CH_3\qquad\qquad\qquad\qquad CH_3$
$\qquad\qquad\quad C$

13・50 本章ではスピン ±1/2 をもつ原子核だけを説明してきたが，^{14}N や重水素（^{2}H または D）などいくつかの原子核はスピン 1 をもつ．これは，スピンには等確率の 3 種類の可能性 +1, 0, −1 があることを意味する．

(a) $^+NH_4$ のプロトン NMR では，何本の線が観測されると予想できるか．また，各線の理論的な相対強度はどのようになるか．
(b) $CDCl_3$ の ^{13}C NMR では，何本の線が観測されると予想できるか（解答は図 13・23 を参照）．
(c) 隣接炭素上の重水素によるプロトンの分裂はふつう無視できるほど小さいが，同じ炭素上の重水素によるプロトンの分裂はかなり大きい場合がある．プロトン NMR により H_2CD-I, D_2CH-I と D_3C-I の試料をどのように区別することができるかを説明せよ．また，他にどのような手法を用いて決定することができるか．

13・51 化合物 A は 3200〜3500 cm^{-1} に強く幅広い IR 吸収をもち，図 P13・51(a)のプロトン NMR スペクトルを

図 P13・51 問題 13・51 の NMR スペクトル．(a) 化合物 A のスペクトル．(b) 化合物 B のスペクトル．化合物 B のスペクトルでは，δ 5.1 の共鳴の拡大図は他の共鳴の拡大図に比べて水平方向に大きく拡大されている．スペクトル(b)の青色の数字は結合定数である．

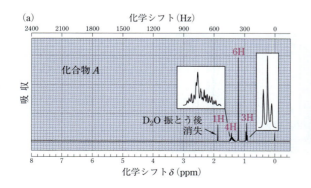
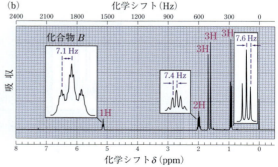

示す．化合物 A を H_2SO_4 と反応させると，化合物 B が得られる．化合物 B は EI 質量スペクトルで $m/z = 84$ に分子イオンをもつ．その NMR スペクトルを図 P13・51(b) に示す．化合物 A と B を同定せよ．

13・52 次の各化合物の構造を示せ．

(a) 化合物 A:
$C_6H_{14}O_2$，IR: 3200〜3600 cm^{-1}（幅広い，強），1090 cm^{-1}（強），NMR スペクトルは図 P13・52(a)（注意: 非常に乾燥した試料で測定）．

(b) 化合物 B:
$C_5H_{10}O$，IR: 3200〜3600 cm^{-1}（幅広い，強），3085 cm^{-1}（鋭い），1658 cm^{-1}（鋭い），1055 cm^{-1}，875 cm^{-1}，NMR スペクトルは図 P13・52(b)．

13・53 図 P13・53 のプロトン NMR を示す化合物 A（$C_5H_{10}O$）を同定せよ．化合物 A は，IR スペクトルでは 3200〜3600 cm^{-1}（幅広い，強），1676 cm^{-1}（弱），965 cm^{-1} に吸収をもち，^{13}C NMR スペクトル（結合プロトン数を括弧内に示す）では δ 17.5(3)，23.3(3)，68.8(1)，125.5(1)，135.5(1) に吸収をもつ．化合物 A は光学不活性であるが，鏡像異性体に分割することができる．

13・54 次のスペクトルをもつ化合物の構造を示せ．
NMR: δ 1.28(3H, t, $J = 7$ Hz)，3.91(2H, q, $J = 7$ Hz)，5.0 (1H, d, $J = 4$ Hz)，6.49(1H, d, $J = 4$ Hz)
IR: 3100，1644(強)，1104，1166，694(強) cm^{-1}，700〜1100 cm^{-1} および 3100 cm^{-1} 以上の範囲には吸収なし．

質量スペクトル: $m/z = 152, 150$（等しい強度，分子イオン2本）

13・55 ある化学会社が販売した 2,5-ヘキサンジオールの試料が，正しい化合物ではないとクレームがあった．試料が次の ^{13}C NMR スペクトルをもつことがその証拠として示された．
$$\delta\ 23.2, 23.5, 35.1, 35.8, 67.4, 67.8$$
（スペクトルには2本の接近した吸収が3組あることに注意せよ）．^{13}C NMR スペクトルを確かめることにより，この試料は 2,5-ヘキサンジオールだけからなることを確実に回答することができる．この ^{13}C NMR スペクトルがこの主張に一致するのはなぜであるかを説明せよ．

13・56 (a) 4-メチル-1-ペンテン-3-オールのプロトン NMR スペクトルでは，何組の異なるプロトンの吸収（分

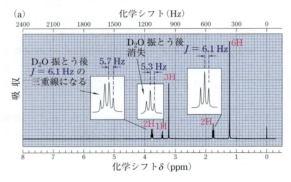
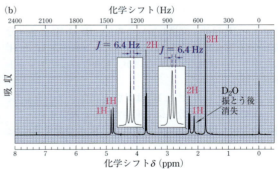

図 **P13・52** 問題 13・52 の NMR スペクトル

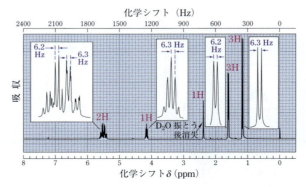

図 **P13・53** 問題 13・53 の NMR スペクトル．各共鳴の上に赤色で実際の水素数で積分を表示する．青色の数字は結合定数である．

裂は無視する)が観測されるだろうか.
(b) 4-メチル-1-ペンテン-3-オールの ^{13}C NMR スペクトルでは,いくつの吸収が観測されるだろうか.

13・57 (a) 非常に乾燥した 2-クロロエタノールのプロトン NMR スペクトルは,微量の酸の水溶液を含む同じ化合物のスペクトルとどのように異なるであろうか.説明せよ.

(b) (a)の化合物のプロトン NMR スペクトルは,D_2O 振とうするとどのように変化するであろうか.説明せよ.

13・58 ビタミン D_3 の NMR スペクトルを図 P13・58 に示す.

星印*をつけた共鳴を,どの部分構造に対応するかを示すことにより解釈せよ(置換基の中の個々の共鳴を帰属する必要はない).なぜその部分構造を選んだかを説明せよ.

13・59 分子式 $C_5H_{10}O_2$ の化合物 X は,IR スペクトルにおいて 1000〜1100 cm^{-1} の領域に強い吸収,3000〜3600 cm^{-1} の領域に強く幅広い吸収をもち,1600〜1700 cm^{-1} の領域に吸収はもたない.X のプロトン NMR を図 P13・59 に示す.試料を D_2O と振とうすると,δ 3.5 の三重線は消えて,δ 3.7 の二重線は一重線になる.この化合物の構造を決定し,その理由を詳しく説明せよ.

13・60 ある反応を行うと,次の立体異性体の混合物が生成した.プロトン NMR を用いてこれらの構造をどのように区別することができるか説明せよ.

13・61 ^{17}O は核スピンをもつ存在比の小さい同位体である.CCl_4 中に溶解した少量の水の ^{17}O NMR を測定すると,三重線(強度比 1:2:1)が現れた.水を非常に酸性度の高い HF-SbF_5 の溶媒に溶解すると,^{17}O NMR は 1:3:3:1 の四重線になった.このようなスペクトルが観測された理由を説明せよ(ヒント: この溶媒は H^+ SbF_6^- と考えよ).

13・62 "裸の"プロトンすなわち化学的に何にも結合していない気相中の H^+ の試料の NMR スペクトルを測定すると考えてみよう.プロトンの共鳴は,次のどの化学シフトの範囲に現れるであろうか.また,それはなぜであろうか.

$$\delta > 8 \qquad 8 > \delta > 0 \qquad \delta < 0 \text{ (すなわち負の δ)}$$

13・63 同位体 ^{13}C の比率が低いため,天然存在比の ^{13}C NMR では炭素-炭素の分裂は現れない.しかし,^{13}C を濃縮した化合物では分裂を観測することができる.各位置に 50%の ^{13}C を含む CH_3CH_2Br を合成した.これは,^{13}C を含まない分子のほかに,一方の位置に ^{13}C を含む分子,両方の位置に ^{13}C を含む分子もあることを意味する.この化合物のスペクトルはどのようになることが予想できるであろうか.この化合物のプロトンデカップリング ^{13}C NMR スペクトルを書け(ヒント: 存在するすべての化学種を書きだし,それらの相対量を決定する.二つの事柄が同時に起こる確率はそれぞれの事柄が起こる確率の積になることに注意して相対量を決定する.混合物のスペクトルには,混合物中の各化合物のピークが現れる).

13・64 (a) 電子はスピンをもつので,電子も磁気共鳴

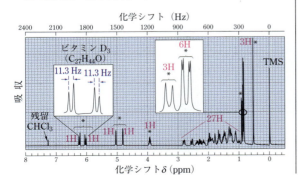

図 P13・58 ビタミン D_3 の NMR スペクトル.青色の数字は結合定数である.δ 6.0〜6.4 の領域の拡大図は,他の拡大図の縮尺と異なる.

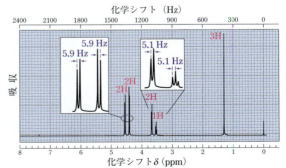

図 P13・59 問題 13・59 のプロトン NMR スペクトル.積分(赤色)は実際の水素数,青色の数字は結合定数である.

を起こすことができる．電子スピン共鳴分光法(ESR分光法)は，ラジカル中の不対電子の磁気共鳴を研究するために用いられる(ESR分光法における不対電子はNMR分光法のプロトンにあたる)．メチルラジカル・CH_3 中の不対電子のESRスペクトルは，なぜ強度比が 1:3:3:1 の4本線の四重線になるかを説明せよ．

(b) 電子の磁気回転比は $1.76×10^{11}$ rad T^{-1} s^{-1} であり，プロトンのものより 658 倍大きい．0.34 T の磁場(ESR分光計で使われる一般的な磁場)で，不対電子の磁気共鳴を検出するために必要な動作周波数はいくらか．また，この周波数は電磁スペクトルのどの領域にあたるか(図 12・2 を調べよ)．

13・65 2,2,3,3-テトラクロロブタンの 60 MHz プロトン NMR スペクトルは，25 ℃ では鋭い一重線であるが，-45 ℃ では約 10 Hz 離れた異なる強度の 2 本の一重線になる．

(a) 温度を変化させたときのスペクトルの変化を説明せよ．

(b) 低温で観測された 2 本の線はなぜ異なる強度をもつかを説明せよ．

13・66 ヨードシクロヘキサンのNMRスペクトルを -80 ℃ で測定した．この温度では，いす形配座間の相互変換は遅く，各いす形配座を別々に測定することができる．

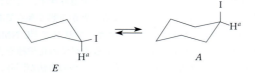

プロトン H^a の共鳴は残りのスペクトルから十分に離れている．-80 ℃ における一方のいす形配座のプロトン H^a の共鳴を図 P13・66 に示す．

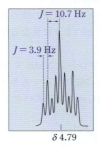

図 P13・66 -80 ℃ におけるヨードシクロヘキサンの 2 種類のいす形配座のうち一方の配座の H^a のプロトン NMR 共鳴．

(a) 図 P13・66 に示す H^a の共鳴はどちらの立体配座のものであるか．説明せよ．

(b) もう一方のいす形配座の H^a の共鳴(ここには示していない)は，図 P13・66 の共鳴とどのように異なると予想できるか．

(c) -80 ℃ では 2 種類の立体配座に対する H^a 共鳴の積分比は 3.39:1 である．2 種類の立体配座の ΔG はいくらか．配座解析についてわかったことから，どちらの立体配座が有利であるか．

13・67 1-ブロモプロパンの ^{13}C NMR スペクトルは，この化合物を非常に低温に冷却するとどのように変化すると予想されるか．

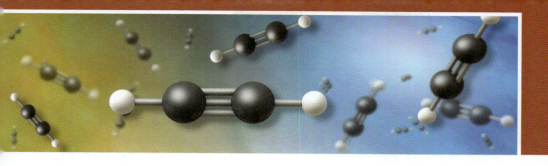

14

アルキンの化学

　アルキン(alkyne)は炭素–炭素三重結合を含む炭化水素であり，最も単純な化合物はアセチレン H–C≡C–H である．炭素–炭素三重結合の化学は，多くの点で炭素–炭素二重結合の化学と似ている．実際に，アルキンとアルケンは多数の同じ付加反応を起こす．しかし，アルキンに独自の反応があり，その多くは水素と三重結合の炭素の結合 ≡C–H に関係する．アルキンは他の種類の有機化合物を合成するためにも役立つので，本章では，アルキンの合成的な利用についても解説する．

14・1 アルキンの構造と結合

　アセチレンの各炭素は二つの原子，すなわち水素ともう一つの炭素に結合しており，アセチレンの H–C≡C の結合角は 180° である(§1・3B)．すなわち，アセチレン分子は直線形である．

$$\text{H}-\text{C}\underset{180°}{\overset{\leftarrow 0.12\,\text{nm} \rightarrow}{\equiv}}\text{C}-\text{H} \quad 0.106\,\text{nm}$$

C≡C 結合の結合距離は 0.12 nm であり，結合距離がそれぞれ 0.133 nm と 0.154 nm である C=C 結合と C–C 結合より短い．

　炭素–炭素三重結合の結合角は 180° であるので，アルキンではシス–トランス異性は生じない．すなわち，2-ブテンにはシスとトランスの立体異性体が存在するが，2-ブチンには存在しない．直線的な構造であることのもう一つの結果は，シクロオクチンより小さいシクロアルキンはふつうの条件で単離することができないことである(問題 14・1 参照)．

　結合の混成軌道モデルは，アルキンの結合を説明するために役立つ．§4・1A で学んだように，炭素の混成と幾何構造は関連しており，四面体炭素は sp^3 混成，平面三角形炭素は sp^2 混成である．アルキンで見られる直線形の構造は，図 14・1 に図示する sp 混成とよばれる炭素の 3 種類目の混成様式で特

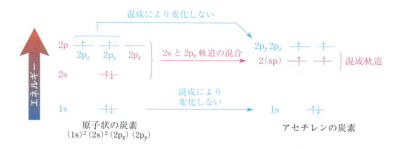

図 14・1　概念的には sp 混成の炭素の軌道は，赤色で示すように 2s 軌道と 2p 軌道の一つとの混合に由来する．二つの sp 混成軌道が生成し(赤色)，二つの 2p 軌道が混成しないで残る(青色)．

徴づけられる．炭素の 2s 軌道と一つの 2p 軌道（たとえば $2p_x$ 軌道）が混合して二つの新しい混成軌道が生成すると考えてみよう．二つの新しい軌道は半分が s で残りの半分が p であるので，sp 混成軌道とよばれる．二つの 2p 軌道（$2p_y$ と $2p_z$）は混成に含まれていない．したがって，**sp 混成軌道**（sp hybrid orbital）は，同じ主量子数をもつ s 軌道一つと p 軌道一つの混合により生じる軌道である．

sp 軌道は sp^2 軌道や sp^3 軌道と非常に似た形をもつ（図 14・2，図 1・16a および図 4・4a と比較せよ）．しかし，sp 混成軌道の電子は，平均すると sp^2 や sp^3 混成軌道の電子より炭素の原子核にやや近いところに存在する．いいかえれば，sp 軌道は sp^2 や sp^3 混成軌道より少し小さい．これは，sp 軌道の s 性が sp^2 や sp^3 混成軌道よりも大きく，2s 電子は平均すると 2p 電子よりも原子核の近くにあるからである．図 14・2(c) に示すように，sp 混成の炭素原子は互いに 180° の方向で二つの sp 軌道をもつ．混成していない二つの 2p 軌道は，互いに直交しかつ sp 軌道にも直交する軸上にある．

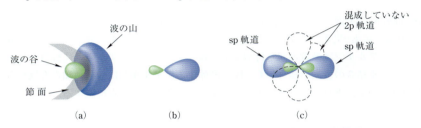

図 14・2　(a) sp 混成軌道の透視図．(b) 一般的に使われる sp 混成軌道の表示．(c) 二つの sp 混成軌道を同時に表示．"残された"（混成していない）2p 軌道を破線で示す．sp 混成軌道は 180° の方向に向いていることに注目しよう．青色と緑色はそれぞれ波の山と波の谷を示す．

アセチレンの σ 結合は，2 個の sp 混成炭素原子と 2 個の水素原子の組合わせからできる（図 14・3）．炭素原子間の一つの結合は，それぞれ 1 個の電子を含む二つの sp 混成軌道の重なりにより生じる σ 結合である．この結合は sp-sp σ 結合である．各炭素の残りの sp 軌道は水素の 1s 軌道と重なり，炭素-水素 σ 結合を形成する．これらの結合は sp-1s σ 結合である．sp 混成軌道の電子密度は他の混成軌道の電子密度より原子核に近いので，アセチレンの C—H 結合（0.106 nm）はエチレンとエタンの C—H 結合（それぞれ 0.108 nm と 0.111 nm）より短い．アセチレンの C—H 結合（結合解離エネルギー 558 kJ mol^{-1}）はエチレンやエタンの C—H 結合（それぞれ 463 kJ mol^{-1}，423 kJ mol^{-1}）よりも強い（表 5・3）．この結合強度の効果が生じるのは，アセチレンの C—H 結合において低エネルギーの 2s 軌道の割合が，sp^2 または sp^3 混成軌道の結合における割合よりも大きいためである．アセチレンの直線的な構造は，各炭素における sp 軌道が 180° の方向を向くためであることに注目してほしい．ここで繰返すが，混成と幾何構造は関連している．

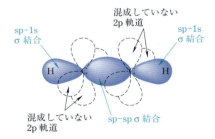

図 14・3　アセチレンの σ 結合骨格（青色で示す）．二つの炭素の sp 混成軌道の重なりが炭素-炭素 σ 結合をつくり，炭素の sp 混成軌道と水素の 1s 軌道の重なりが炭素-水素 σ 結合をつくる．破線で示す各炭素の二つの 2p 軌道は，σ 結合に関与していない（図 14・4 参照）．

各炭素の残された 2p 軌道が重なり，π 結合を形成する．アセチレンの各炭素は二つの 2p 軌道をもつので，二つの π 結合が形成される．結合を形成する前の 2p 軌道と同様に，二つの π 結合は互いに直交している．この重なりから生じる二つの結合性 π 分子軌道を図 14・4 に示す．アセチレン分子は完全

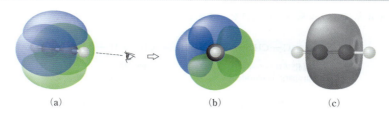

図 14・4 アセチレンの二つの結合性 π 分子軌道. (a) 透視図. (b) (a)の視線の方向から見た図. (a)と(b)の青色と緑色は, 波の山と波の谷を表示する. (c) アセチレンの全体の π 電子密度. アセチレンは完全に π 電子に囲まれている.

に π 電子に囲まれていることに注目しよう. 結合を形成するすべての π 電子の全電子密度は, 分子の軸のまわりに樽状の円筒をつくる (図 14・4c). この π 電子の円筒は, アセチレンの静電ポテンシャル図 (EPM) で特にはっきりわかる. これを分子の平面の上下で π 電子密度をもつエチレンの EPM と比較せよ.

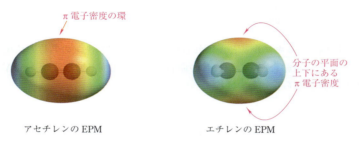

アセチレンの EPM　　　エチレンの EPM

以下の生成熱から, アルキンがその異性体であるジエンより不安定であることがわかる.

$$\text{H—C} \equiv \text{C—CH}_2\text{CH}_2\text{CH}_3 \qquad \text{H}_3\text{C—C} \equiv \text{C—CH}_2\text{CH}_3 \qquad \text{H}_2\text{C} = \text{CH—CH}_2\text{—CH} = \text{CH}_2$$

	1-ペンチン	2-ペンチン	1,4-ペンタジエン
ΔH_f°	$+144 \text{ kJ mol}^{-1}$	$+129 \text{ kJ mol}^{-1}$	$+106 \text{ kJ mol}^{-1}$

いいかえると, もし他の条件が同じであれば, sp 混成状態は本質的に sp^2 混成よりも不安定である. またこれらの生成熱から, 二重結合と同様に三重結合が炭素鎖の末端より内部にあるほうが安定であることもわかる.

問 題

14・1 (a) シクロヘキシンの模型を組立ててみよ. この化合物がなぜ不安定であるかを説明せよ.
(b) シクロデシンの模型を組立ててみよ. この化合物の安定性をシクロヘキシンの安定性と定性的に比較し, それがなぜかを説明せよ.

14・2 アルキンの命名法

慣用名では, 単純なアルキンは母体化合物であるアセチレンの誘導体として命名する.

$$\text{H}_3\text{C—C} \equiv \text{C—H} \qquad \text{H}_3\text{C—C} \equiv \text{C—CH}_3 \qquad \text{CH}_3\text{CH}_2\text{—C} \equiv \text{C—CH}_3$$

メチルアセチレン　　　ジメチルアセチレン　　　エチルメチルアセチレン
methylacetylene　　　dimethylacetylene　　　ethylmethylacetylene

慣用名では, **プロパルギル基** (propargyl group) $\text{HC} \equiv \text{C—CH}_2\text{—}$ の誘導体として命名する化合物があ

る。プロパルギル基はアリル基の二重結合を三重結合に置き換えたものである。

$$HC\equiv C-CH_2-Cl \qquad H_2C=CH-CH_2-Cl$$

塩化プロパルギル　　　塩化アリル
propargyl chloride　　allyl chloride

予想されるように，アルキンの置換命名法はアルケンの場合と非常に似ている。相当するアルカンの名称の語尾 ane を，接尾語 yne に置き換え，三重結合にできるだけ小さい番号をつける。日本語名はこれを字訳する。

$$H_3C-C\equiv C-H \qquad CH_3CH_2CH_2CH_2-C\equiv C-CH_3 \qquad H_3C-CH_2-C\equiv C-H$$

プロピン　　　　　　2-ヘプチン　　　　　　　1-ブチン
propyne　　　　　2-heptyne　　　　　　1-butyne

$$H_3C-CH-C\equiv C-CH_3 \qquad HC\equiv C-CH_2-CH_2-C\equiv C-CH_3$$
$$|$$
$$CH_3$$

4-メチル-2-ペンチン　　　　　　1,5-ヘプタジイン
4-methyl-2-pentyne　　　　　　1,5-heptadiyne

三重結合を含む置換基(<u>アルキニル基とよばれる</u>)は対応するアルキンの名称の語尾の e を接尾語 yl に置き換える。これは，二重結合を含む置換基の命名とちょうど同じである(§4・2A)。アルキニル基は主鎖に結合している位置から番号をつける。

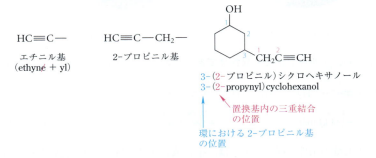

アルケンの場合と同じように，次の例(上記の例でも)における −OH のような主基として命名される置換基は，三重結合に優先して番号をつける(付録 I "有機化合物の置換命名法"参照)。

$$HC\equiv C-CH_2-\underset{\underset{OH}{|}}{CH}-CH_3$$

4-ペンチン-2-オール
4-pentyn-2-ol　　OH 基が番号づけで優先する

分子が二重結合と三重結合の両方を含むとき，語尾は enyne となる。二重結合，三重結合に関係なく多重結合の位置番号の組合わせが小さくなるように主鎖に番号をつける。しかし，この規則で決まらないとき，二重結合が三重結合に優先する。

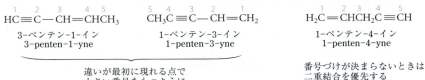

> **問 題**
>
> **14・2** 以下の各アルキンの Lewis 構造式を描け．
> (a) イソプロピルアセチレン　　(b) シクロノニン　　(c) 4-メチル-1-ペンチン
> (d) 1-エチニルシクロヘキサノール　　(e) 2-ブトキシ-3-ヘプチン　　(f) 1,3-ヘキサジイン
>
> **14・3** 以下の各化合物の置換命名法による名称を書け．(a)と(b)は慣用名も示せ．
> (a) CH₃CH₂CH₂CH₂C≡CH　　(b) CH₃CH₂CH₂CH₂C≡CCH₂CH₂CH₂CH₃
>
> (c) 　　　　OH
> 　　　　　｜
> 　H₃C—C—C≡C—CH₃
> 　　　　　｜
> 　　　　CH₃
>
> (d) HC≡CCHCH₂CH₂CH₃ 　（以下の C=C 構造）
>
>   H₂C   H
>   \\   /
>   C=C
>   /   \\
>   H   CH₂OCH₃
>
> (e) 　　　　　　　OH
> 　　　　　　　　｜
> 　　HC≡C—CH—CH=CH₂

14・3 アルキンの物理的性質

A. 沸点と溶解性

大部分のアルキンの沸点は，類似のアルケンやアルカンの沸点とあまり変わらない．

	HC≡C(CH₂)₃CH₃	H₂C=CH(CH₂)₃CH₃	H₃C—CH₂(CH₂)₃CH₃
	1-ヘキシン	1-ヘキセン	ヘキサン
沸点：	71.3 ℃	63.4 ℃	68.7 ℃
密度：	0.7155 g mL⁻¹	0.6731 g mL⁻¹	0.6603 g mL⁻¹

アルカンやアルケンと同様に，アルキンの密度は水よりずっと小さく，水に不溶である．

B. アルキンの赤外分光法

多くのアルキンは，赤外(IR)スペクトルの 2100～2200 cm⁻¹ の領域に C≡C 伸縮吸収をもつ．たとえば，1-オクチンの IR スペクトルではこの吸収は 2120 cm⁻¹ にはっきりと現れる(図 14・5)．しかし，双極子モーメントの効果のため，この吸収は多くの対称なまたは対称に近いアルキンでは非常に弱いか現れない(§ 12・3B)．たとえば，4-オクチンは C≡C 伸縮吸収をまったくもたない．

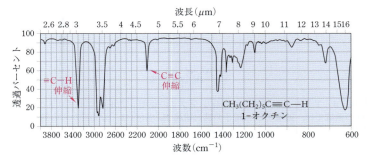

図 14・5　1-オクチンの IR スペクトル．赤字で示した二つの吸収は重要であるが，4-オクチンのスペクトルにはない．

C≡C 伸縮吸収(2120 cm⁻¹)は，C=C 伸縮吸収(1640～1675 cm⁻¹)よりもかなり高波数にある．これは，吸収波数に及ぼす結合強度の効果の明らかな例である(§ 12・3A と例題 12・1 参照)．

1-アルキンで非常に役立つ吸収は，約 3300 cm⁻¹ に現れる ≡C—H 伸縮吸収である．1-オクチンのスペクトル(図 14・5)で非常に目立つ強く鋭い吸収は，他の C—H 伸縮吸収から十分に離れている．1-

アルキン以外のアルケンは ≡C–H 結合をもたないので，この吸収を示さない．

C. アルキンの NMR 分光法

プロトン NMR 分光法　アルキンのプロトン NMR スペクトルで観測される典型的な化学シフトを，アルケンの類似の化学シフトと比較してみる．

$$\begin{array}{ll}
-\text{C}\equiv\text{C}-\text{H} & \text{アルキニルプロトン}\\
& \delta\,1.7\sim2.5
\end{array}
\qquad
\begin{array}{ll}
\text{C}=\text{C}-\text{H} & \text{ビニルプロトン}\\
& \delta\,4.5\sim5.5
\end{array}$$

$$\begin{array}{ll}
-\text{C}\equiv\text{C}-\text{C}-\text{H} & \text{プロパルギルプロトン}\\
& \delta\,1.8\sim2.2
\end{array}
\qquad
\begin{array}{ll}
\text{C}=\text{C}-\text{C}-\text{H} & \text{アリルプロトン}\\
& \delta\,1.8\sim2.2
\end{array}$$

アリルとプロパルギルプロトンの化学シフトは非常に似ているが(二重結合も三重結合も両方とも π 電子をもつ事実から予想されるように)，アルキニルプロトンの化学シフトはビニルプロトンの化学シフトよりずっと小さい．

アルキニルプロトンで観測される異常な化学シフトの説明は，効果の方向は逆であるが，ビニルプロトンの化学シフトの説明(図 13・15)に密接に関連している．溶液中のアルキン分子は速く動き回っているが，アルキニルプロトンの化学シフトは，図 14・6 に示すような磁場に対するアルキン分子の特定の配向で生じる効果によって支配される．アルキン分子が外部磁場 B_0 中でこの図が示すように配向すると，分子を取囲む π 電子の円筒に誘起電流が生じる(図 14・4c)．ここで生じた誘起磁場 B_i は円筒の軸に沿って外部磁場と反対向きである．アルキニルプロトンはこの軸上にあるので，このプロトンでの局部磁場は減少する．その結果，式(13・4)により，アルキニルプロトンがもつ NMR 吸収の化学シフトは，この効果がないと考えたときよりも小さい．

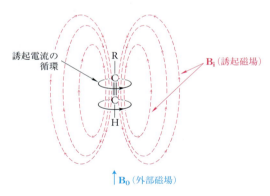

図 14・6　アルキニルプロトンの化学シフトの説明．アルキニルプロトンが占める空間の領域では，循環する π 電子の誘起磁場 B_i (赤色)は，分光計からの外部磁場 B_0 (青色)とは反対向きである．その結果，アルキニルプロトンにおける局部磁場は減少する．したがって，アルキニルプロトンは比較的小さい化学シフトをもつ．同じ効果により，アルキンの ^{13}C NMR スペクトルにおけるアセチレン炭素とプロパルギル炭素の化学シフトが説明できる．

^{13}C NMR 分光法　^{13}C NMR におけるアルキンの化学シフトは，プロトンの化学シフトと同じ影響を受ける．二重結合の炭素は $\delta\,100\sim145$ の範囲の化学シフトをもつが，三重結合の炭素の化学シフトはかなり小さく $\delta\,65\sim85$ の範囲にある．アルキニルプロトンのように，プロパルギル炭素も小さい化学シフトをもち，アルカン炭素に比べて 5～15 ppm ほど小さい．次に示す 2-ヘプチンの化学シフトが

典型的である．

$$\underset{\text{2-ヘプチン}}{\overset{\delta 3.3 \quad 75.2 \quad 79.2 \quad 18.7 \quad 31.7 \quad 22.3 \quad 13.8}{H_3C-C\equiv C-CH_2-CH_2-CH_2-CH_3}}$$

（プロパルギル炭素：$\delta 3.3$, 75.2 側／アセチレン炭素：75.2, 79.2）

たとえば，プロパルギル位のメチル炭素の化学シフト（$\delta 3.3$）をもう一つのメチル炭素の化学シフト（$\delta 13.8$）と比較しよう．後者はアルカンのメチル基の化学シフトと非常に近い．

これらの化学シフトの効果は，アルキニルプロトンの化学シフト（図 14・6）と同じように説明できる．

問題

14・4 分子量 82 で，図 14・7 の IR スペクトルと次の NMR スペクトルをもつ化合物を同定せよ．
$\delta 1.90$ (1H, s), 1.21 (9H, s)

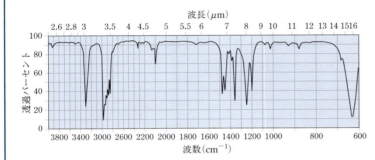

図 14・7 問題 14・4 の IR スペクトル

14・5 (a) 以下の各 ^{13}C NMR スペクトルは 2-ヘキシンまたは 3-ヘキシンのどちらのものか．その根拠を説明せよ．
　スペクトル A: $\delta 3.3, 13.6, 21.1, 22.9, 75.4, 79.1$
　スペクトル B: $\delta 12.7, 14.6, 81.0$
(b) 二つのスペクトル中の各共鳴はどの炭素原子に帰属できるか．

14・6 プロピンのプロトン NMR スペクトルの標準スペクトルを調べたところ，予想外に $\delta 1.8$ の単一の分裂していない吸収からなることがわかった．これがなぜプロピンの NMR に間違いないかを説明せよ．

14・4 三重結合への付加反応入門

4章と5章では，二重結合への付加反応など最も一般的なアルケンの反応を学んだ．三重結合に対しても付加反応が起こるが，多くの場合同じように置換したアルケンの同じ反応よりもいくぶん遅い．たとえば，HBr が三重結合に付加すると以下のようになる．

$$\underset{\text{1-ヘキシン}}{CH_3(CH_2)_3C\equiv CH} + HBr \xrightarrow[CH_2Cl_2]{Et_4N^+Br^-} \underset{\substack{\text{2-ブロモ-1-ヘキセン}\\(\text{収率 }89\%)}}{CH_3(CH_2)_3\underset{Br}{C}=CH_2} \qquad (14\cdot1)$$

付加の位置選択性は，アルケンへの HBr の付加でみられた位置選択性（§4・7A）と同様である．臭素は

アルキル置換基をもつ三重結合炭素に付加する．アルケンの付加でのように，過酸化物が存在するとラジカル中間体を経由するので位置選択性は逆になる（§5・6）．

$$\text{CH}_3(\text{CH}_2)_3\text{C}\equiv\text{CH} + \text{HBr} \xrightarrow[0\sim5\,^\circ\text{C},\,1\,\text{h}]{\text{過酸化物}} \text{CH}_3(\text{CH}_2)_3\text{CH}=\text{CHBr} \qquad (14\cdot2)$$

1-ヘキシン　　　　　　　　　　　　　　　　　1-ブロモ-1-ヘキセン
　　　　　　　　　　　　　　　　　　　　　　立体化学は未決定
　　　　　　　　　　　　　　　　　　　　　　（収率74％）

アルキンへの付加は置換アルケンを生成するので，多くの場合さらに付加が起こる．

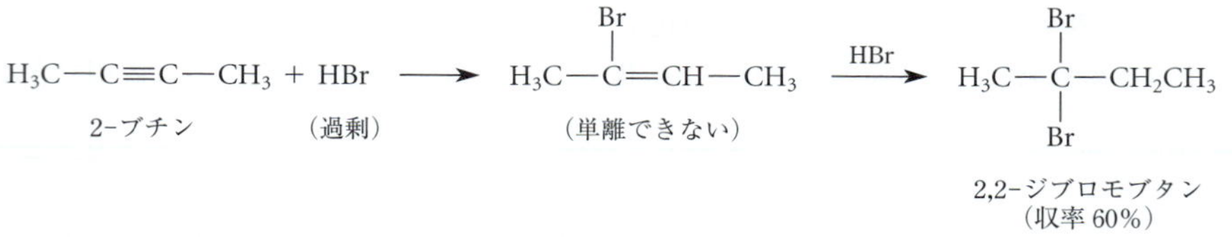

$$\text{H}_3\text{C}-\text{C}\equiv\text{C}-\text{CH}_3 + \text{HBr} \longrightarrow \text{H}_3\text{C}-\underset{}{\overset{\text{Br}}{\text{C}}}=\text{CH}-\text{CH}_3 \xrightarrow{\text{HBr}} \text{H}_3\text{C}-\underset{\text{Br}}{\overset{\text{Br}}{\text{C}}}-\text{CH}_2\text{CH}_3 \qquad (14\cdot3\text{a})$$

2-ブチン　　　（過剰）　　　　　（単離できない）　　　　　　2,2-ジブロモブタン
　　　　　　　　　　　　　　　　　　　　　　　　　　　　　（収率60％）

この付加反応の位置選択性は，二つの可能なカルボカチオン中間体の相対的な安定性によって決まる．この二つのカルボカチオンのうち一方（以下の式中のA）は，共鳴により安定化されている．Hammondの仮説（§4・8D）により，このカルボカチオンはより速く生成する．

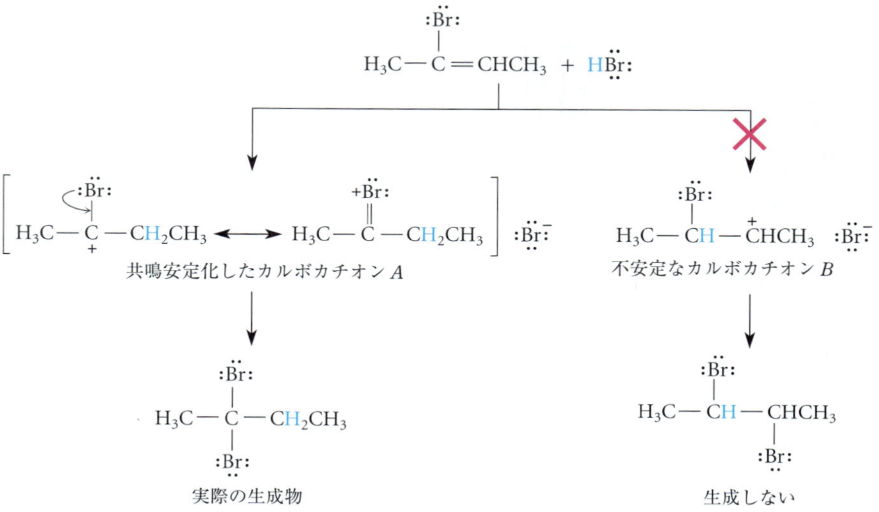

(14・3b)

ハロゲン化水素またはハロゲンのアルキンへの付加では，2番目の付加はふつう最初の付加よりも遅い．この理由は，最初の付加で分子に入ったハロゲンの極性効果（§3・6C）により，2番目の付加のカルボカチオン生成の速度が遅くなるためである．いいかえれば，式(14・3b)のカルボカチオンAとBは両方とも臭素の極性効果により不安定化され，この極性効果はカルボカチオンAでは共鳴安定化により部分的に相殺される．2番目の付加は遅いので，式(14・1)のように，1当量のHBrを使うと最初の付加の生成物を単離することができる．

問　題

14・7　3-ヘキシンへの1当量のBr_2の付加で生じる生成物は何か．このとき，どのような立体異性体が生成する可能性があるか．

14・8　HClの3-ヘキシンへの付加はアンチ付加で起こる．生成物の構造，立体化学および名称を答えよ．

14・5 アルキンのアルデヒドとケトンへの変換

A. アルキンの水和

水は三重結合に付加することができる．この反応は強酸により触媒されるが，希酸と水銀(II)イオン(Hg^{2+})触媒の組合わせを用いると，反応は速くなり収率が高くなる．

$$\text{シクロヘキシルアセチレン} + H_2O \xrightarrow{Hg^{2+}, \text{ 希 } H_2SO_4} \text{シクロヘキシルメチルケトン (収率 91\%)} \tag{14・4}$$

水の三重結合への付加は，二重結合への相当する付加と同様に，**水和**(hydration)とよばれる．アルキンの水和はケトンを生成する(アルデヒドを生成するアセチレン自身の場合を除く，例題 14・1 参照)．後述のようにアルケンの水和とは異なり，アルキンの水和は不可逆である．

Hg^{2+} 触媒過程は合成的に有用であるが，アルケンの水和(§4・9B)と対比できるように，酸触媒水和の機構に焦点をあてよう．アルキンとアルケンの水和は，どちらも同じ段階すなわち炭素‒炭素 π 結合のプロトン化によるカルボカチオンの生成で始まる．

$$R-C\equiv CH + H-\overset{+}{O}H_2 \longrightarrow R-\overset{+}{C}=CH_2 + :\overset{..}{O}H_2 \tag{14・5a}$$
ビニルカチオン

この種のカルボカチオンは**ビニルカチオン**(vinylic cation)とよばれる．ビニルカチオンでは，電子不足の炭素は sp 混成であり，二つの 2p 軌道をもつ(図 14・8)．一方の 2p 軌道は空であり，他方の 2p 軌道を使ってもう一つの二重結合の炭素と π 結合をつくる．カルボカチオンはアルキル基 ―R をもつ炭素で生じることに注目しよう．なぜであろうか．

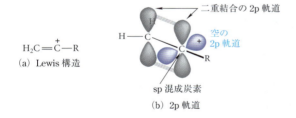

図 14・8 ビニルカチオン．(a) Lewis 構造式．(b) 2p 軌道の配置．sp 混成の炭素原子では，一つの 2p 軌道(青色)は空である．もう一つの 2p 軌道は，隣接する炭素の 2p 軌道との π 結合形成に使われる．

他のカルボカチオンと同じように，ビニルカチオンは求核剤すなわちこの場合は水と Lewis 酸‒塩基会合反応を起こすことができる．ひき続く Brønsted 酸‒塩基反応により，ビニルアルコールすなわちエノールが生成物として得られる．

$$R-\overset{+}{C}=CH_2 \xrightarrow{:\overset{..}{O}H_2} R-\underset{\overset{|}{:\overset{+}{O}-H}}{\overset{|}{C}}=CH_2 \xrightleftharpoons{:\overset{..}{O}H_2} R-\underset{:\overset{..}{O}H}{\overset{|}{C}}=CH_2 + H_3\overset{..}{O}{}^+ \tag{14・5b}$$
エノール

エノール(enol)は，OH 基が二重結合の炭素に結合している特別な種類のアルコールである．大部分のエノールは不安定ですぐに対応するアルデヒドやケトンに変換するので，単離することはできない．

$$R-\underset{OH}{\overset{|}{C}}=CH_2 \xrightleftharpoons{} R-\underset{O}{\overset{\|}{C}}-CH_3 \tag{14・5c}$$
エノール　　ケトン

式(14・5c)は，アルキンが反応するとなぜケトンが生成物として得られるかを明らかにしている．最初に生成したエノールがすぐにケトンに変換するからである．

式(14・5c)は，アルケンの水和とは異なり，アルキンの水和がなぜ不可逆であるかも示している．アルデヒドまたはケトンとエノール異性体との平衡は，アルデヒドまたはケトンに非常に有利である．エノールの平衡時の濃度は，多くの場合非常に低く，一般的には10^{-8}かそれ以下である（アルデヒド，ケトンとそれらのエノール異性体の関係は22章で詳しく解説する）．ここで重要なのは，式(14・5c)の平衡が非常に右に偏っているので，アルキンの水和は事実上不可逆になるということである．

何がエノールを不安定にしているのであろうか．実際，エノールの構造は特に不利ではない．エノールが不安定であるのは，さらに安定なケトンの異性体に速く変換できるからである．ケトンがエノールより安定であるのは，おもにC=O結合がC=C結合よりかなり強いためである．

エノールからケトンへの酸触媒変換がどのように起こるか考えてみよう．すでに学んだように，アルキンの最初の付加生成物は二重結合をもち，これがさらに付加を起こすので，アルキンはしばしば付加反応を2回起こすことがある．エノールは当然アルケンであり，そのπ結合がプロトン化されうるので，エノールがさらに反応してもおかしくない．エノールのプロトン化により生じるカルボカチオンは，<u>共鳴安定化</u>している．

$$\text{R-C(OH)=CH}_2 + \text{H-OH}_2^+ \rightleftarrows [\text{R-C(OH)-CH}_3 \leftrightarrow \text{R-C(=OH}^+\text{)-CH}_3] + \text{:OH}_2 \quad (14 \cdot 6a)$$

共鳴安定化したカルボカチオン

右側の共鳴構造式は，このカルボカチオンがケトンの共役酸であることを示している．これがプロトンを失うとケトンが生成する．

$$\text{R-C(}^+\text{OH)-CH}_3 + \text{:OH}_2 \rightleftarrows \text{R-C(=O)-CH}_3 + \text{H-OH}_2^+ \quad (14 \cdot 6b)$$

したがって，以上のことをまとめると，アルキンは酸触媒水和を起こしてエノールになり，これが反応条件下でケトンに速やかに不可逆的に変換する．

アルキンのHg^{2+}触媒水和は，オキシ水銀化の変形である（§5・4A）．アルケンのオキシ水銀化と同様に，カルボカチオン転位は起こらない．Hg^{2+}触媒水和では転位が起こらないという特徴は，有機合成で用いるために好ましい．二つの反応の異なるところは，アルケンの場合水銀を取除くのに還元剤が必要であり（§5・4A），当量のHg^{2+}が必要であることである．しかし，アルキンの水和では水銀イオンは触媒であり，オキシ水銀化の生成物と酸との反応により再生する．

$$\text{R-C} \equiv \text{CH} + \text{Hg}^{2+} + 2\text{H}_2\text{O} \longrightarrow \underset{\text{HO}}{\overset{\text{R}}{\text{C}}} = \underset{\text{H}}{\overset{\text{Hg}^+}{\text{C}}} + \text{H}_3\text{O}^+ \quad (14 \cdot 7a)$$

オキシ水銀化
付加生成物

$$\text{R-C(OH)=CH(Hg}^+\text{)} + \text{H-OH}_2^+ \longrightarrow \text{R-C(OH)}^+\text{-CH}_2\text{(Hg}^+\text{)} + \text{:OH}_2 \longrightarrow \text{R-C(OH)=CH}_2 + \text{Hg}^{2+} \quad (14 \cdot 7b)$$

（触媒が再生）

水銀イオンはアルキンの水和においては触媒なので，比較的少量を用いるだけでよい．

アルキンの水和は，出発物が1-アルキンまたは対称アルキン（三重結合の両端に同じ置換基をもつア

14・5 アルキンのアルデヒドとケトンへの変換　611

ルキン)であれば，ケトンを合成するための有効な方法である．この点を例題 14・1 で説明する．

例題 14・1

アルキンの水和により構造異性体が生成することなく合成できるのは，以下の化合物のうちどちらか．その理由を説明せよ．

(a) CH$_3$CH=O　アセトアルデヒド
(b) CH$_3$CH$_2$CCH$_2$CH$_3$ (with =O)　3-ペンタノン

解　法　まず，どのようなアルキンを出発物として用いると目的の生成物になるかを考える．本文中の反応式(たとえば式 14・5a〜c)から，出発物の三重結合の 2 個の炭素が，生成物中の C=O 基の炭素と隣接炭素になることがわかる．すなわち，(a)では，出発物となりうるアルキンはアセチレン HC≡CH だけである．(b)では，可能な出発アルキンは 2-ペンチン CH$_3$C≡CCH$_2$CH$_3$ だけである．

次に残されているのは，これらのアルキンの水和が問題中の生成物だけを生成するかどうかを示すことである．比較的純粋な化合物だけを生成するのが，よい合成法であることを思い出そう．アセチレンの水和はもちろんアセトアルデヒドだけを生成する(実際に，アセトアルデヒドはアルキンの水和で合成することができるただ一つのアルデヒドである)．しかし，2-ペンチンの三重結合の炭素は両方ともアルキル基をもつので，2-ペンチンを水和するとほぼ同量の 2-ペンタノンと 3-ペンタノンを含む混合物が得られる．すなわち，どちらか一方の炭素でのプロトン化がかなり有利になる理由はない．

$$H_3C-C\equiv C-CH_2CH_3 \xrightarrow[H_3O^+, H_2O]{Hg^{2+}} \begin{array}{c} \text{エノール体} \end{array} \xrightarrow{H_3O^+} \begin{array}{c} \text{2-ペンタノン} \\ \text{3-ペンタノン} \end{array}$$

(各炭素に一つのアルキル基)

したがって，水和を行うと分離が必要な構造異性体の混合物が得られ，目的生成物の収率は低くなる．つまり，水和は 3-ペンタノンを合成するためによい方法ではない．しかし，2-ペンタノンは別のアルキンの水和で合成することができる(問題 14・9a 参照)．

問　題

14・9 以下の各化合物は，どのアルキンから酸触媒水和により合成することができるか．
(a) CH$_3$CCH$_2$CH$_2$CH$_3$ (with =O)
(b) (CH$_3$)$_3$C—C(=O)—CH$_3$
(c) CH$_3$(CH$_2$)$_4$—C(=O)—(CH$_2$)$_4$CH$_3$ 程度の構造

14・10 以下の各化合物を合成するために，アルキンの水和は適切ではない．なぜかを説明せよ．
(a) CH$_3$CH$_2$CH=O
(b) (CH$_3$)$_3$C—C(=O)—C(CH$_3$)$_3$
(c) シクロヘキサノン

14・11 以下のどの化合物がエノールであるか．エノールであるものについて，変換により生じるケトンの構造を示せ．

A: CH$_3$-C(OH)=CH-CH$_2$CH$_3$ 型
B: CH$_3$-CH(OH)-CH=CH-CH$_3$ 型
C: CH$_3$CH-C(OH)-CH$_2$CH$_3$
D: シクロヘキセン環に HO, OH, Me 置換

B. アルキンのヒドロホウ素化-酸化

アルキンのヒドロホウ素化はアルケンの同じ反応と類似している(§5・4B).

$$3\ CH_3CH_2-C{\equiv}C-CH_2CH_3 + BH_3 \xrightarrow{THF} \left(\begin{array}{c} CH_3CH_2 \\ \end{array} C{=}C \begin{array}{c} CH_2CH_3 \\ B \end{array}\right)_3 \quad (14\cdot 8a)$$

3-ヘキシン

アルケンの同様な反応と同じように,有機ボランをアルカリ性過酸化水素で酸化すると対応する"アルコール"が得られるが,この場合はエノールである.前項に示したように,エノールはさらに反応して相当するアルデヒドまたはケトンになる.

$$\left(\begin{array}{c}CH_3CH_2\\H\end{array}C{=}C\begin{array}{c}CH_2CH_3\\B\end{array}\right)_3 \xrightarrow{H_2O_2/OH^-} \begin{array}{c}CH_3CH_2\\H\end{array}C{=}C\begin{array}{c}CH_2CH_3\\OH\end{array} \longrightarrow CH_3CH_2CH_2-\underset{\|}{\overset{O}{C}}-CH_2CH_3 \quad (14\cdot 8b)$$

エノール 　　3-ヘキサノン

式(14・8a)の有機ホウ素生成物は二重結合をもつので,BH_3の2番目の付加は原則として可能である.しかし,アルキンが1-アルキンでなければ,式に示すように,最初の付加だけが起こるように反応条件を制御することができる.

もしアルキンが1-アルキン(すなわち,炭素鎖の末端に三重結合をもつアルキン)であれば,BH_3の2番目の付加を防ぐことはできない.

$$R-C{\equiv}CH + BH_3 \longrightarrow \text{複数の付加反応}$$

1-アルキン

しかし,BH_3の代わりに非常に枝分かれした置換基を含む有機ボランを使うと,1-アルキンのヒドロホウ素化は1回の付加で止めることができる.この目的で開発された反応剤の一つは,式(14・9)に示した骨格構造をもつジシアミルボランである(ジシアミルボランはどのように合成できるか,§5・4B参照).

$$\left(\begin{array}{cc}CH_3 & CH_3\\H-C-C- \\ CH_3 & H\end{array}\right)B-H \quad \text{簡略表記すると} \quad \left(\vdash\!\!\!\dashv\right)_2BH \quad (14\cdot 9)$$

ジシアミルボラン

ジシアミルボラン分子は非常に大きく高度に枝分かれしているので,1-アルキンに対して1当量しか反応しない.2番目の分子の付加が起こると,生成物に大きな van der Waals 反発が生じる.多くの場合,van der Waals 反発あるいは立体効果は,望ましい反応を妨害する.しかし,この場合は van der Waals 反発を有効に利用して,望ましくない2番目の付加が起こらないようにしている.

$$CH_3(CH_2)_5-C{\equiv}CH \xrightarrow[THF]{(\vdash\!\!\dashv)_2BH} \begin{array}{c}CH_3(CH_2)_5\\H\end{array}C{=}C\begin{array}{c}H\\B(\vdash\!\!\dashv)_2\end{array} \xrightarrow{\underset{OH^-}{H_2O_2}}$$

$$\begin{array}{c}CH_3(CH_2)_5\\H\end{array}C{=}C\begin{array}{c}H\\OH\end{array} \longrightarrow CH_3(CH_2)_5-CH_2-CH{=}O \quad (14\cdot 10)$$

(エノール)　　オクタナール
(アルデヒド,収率70%)

この例から，アルキンのヒドロホウ素化の位置選択性は，アルケンのヒドロホウ素化の場合(§5・4B)と同様である．すなわち，ホウ素は三重結合のアルキル基のない炭素原子に付加し，水素はアルキル基のある炭素に付加する．

1-アルキンを出発物として用いたとき，ヒドロホウ素化-酸化と酸触媒水和から異なる生成物が得られるので，これらの反応はアルデヒドとケトンの合成のための相補的な方法である．これはちょうどアルケンからアルコールを合成するとき，ヒドロホウ素化-酸化とオキシ水銀化-還元が相補的な方法であるのと同じである．

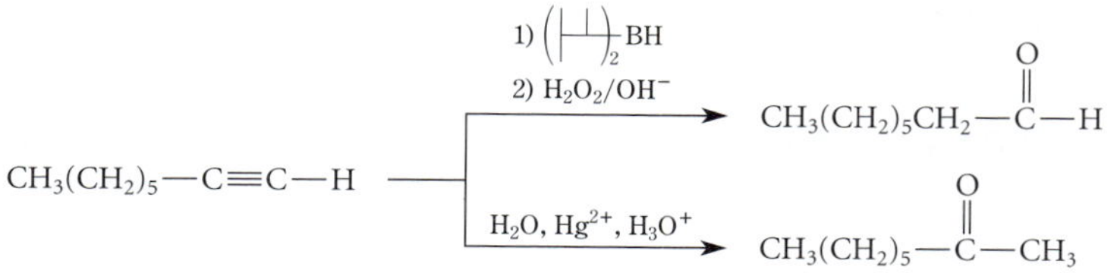

$$CH_3(CH_2)_5-C\equiv C-H \xrightarrow[\text{H}_2\text{O, Hg}^{2+}, \text{H}_3\text{O}^+]{\text{1) (}\rangle_2\text{BH; 2) H}_2\text{O}_2/\text{OH}^-} \begin{array}{l} CH_3(CH_2)_5CH_2-\overset{O}{\overset{\|}{C}}-H \\ CH_3(CH_2)_5-\overset{O}{\overset{\|}{C}}-CH_3 \end{array} \qquad (14\cdot11)$$

1-アルキンのヒドロホウ素化-酸化は<u>アルデヒド</u>を生成し，1-アルキン(アセチレン自身以外)の水和は一方のアルキル基がメチル基である<u>ケトン</u>を生成する．

問題

14・12 (a) シクロヘキシルアセチレンと (b) 2-ブチンに対して，ヒドロホウ素化-酸化と水銀イオン触媒水和の結果を比較せよ．

14・6　アルキンの還元

A. アルキンの触媒的水素化

アルケンと同様に(§4・9A)，アルキンも触媒的水素化を起こす．最初の水素の付加によりアルケンになり，2番目の水素の付加でアルカンになる．

$$R-C\equiv C-R \xrightarrow{H_2, \text{触媒}} R-CH=CH-R \xrightarrow{H_2, \text{触媒}} R-CH_2-CH_2-R \qquad (14\cdot12)$$

もし反応混合物が触媒作用を妨害する化合物である**触媒毒**(catalyst poison)を含むと，アルキンの水素化をアルケンの段階で止めることができるため，触媒的水素化はかなり幅広く用いることができる．有用な触媒毒として，Pb^{2+} 塩やピリジン，キノリンや他のアミンのような窒素化合物がある．

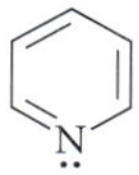

ピリジン 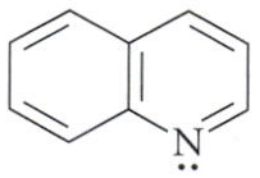　　　キノリン

これらの化合物は，アルキンのアルケンへの水素化を妨害することなく，<u>選択的にアルケンの水素化を阻害する</u>．たとえば，$Pd/CaCO_3$ 触媒を $Pb(OAc)_2$ で洗浄すると，**Lindlar 触媒**(Lindlar catalyst)として知られる被毒触媒が得られる．Lindlar 触媒の存在下では，アルキンは水素化されて対応するアルケンになる．

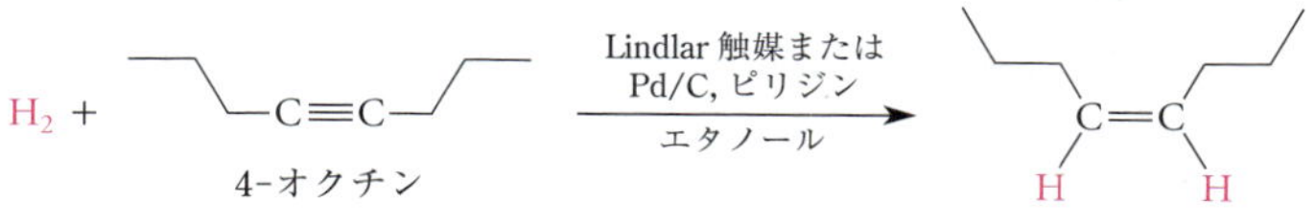

$$H_2 + \text{4-オクチン} \xrightarrow[\text{エタノール}]{\text{Lindlar 触媒または Pd/C, ピリジン}} \textit{cis}\text{-4-オクテン} \qquad (14\cdot13)$$

式(14・13)に示すように，アルケンの水素化(§7・8E)と同様に，アルキンの水素化は立体選択的なシン付加である．すなわち，被毒触媒が存在すると，適切なアルキンは水素化されてシス形アルケンになる．実際に，<u>アルキンの触媒的水素化は，シス形アルケンを合成するための最良の方法の一つである</u>．

触媒毒がないと，2当量の H_2 が三重結合に付加する．

$$2H_2 + \text{CH}_3\text{CH}_2\text{CH}_2\text{C} \equiv \text{CCH}_2\text{CH}_2\text{CH}_3 \xrightarrow[\text{触媒毒なし}]{\text{Pd/C}} \text{オクタン} \tag{14・14}$$

4-オクチン → オクタン

したがって，アルキンの触媒的水素化は触媒毒の有無により，アルケンまたはアルカンの合成に用いることができる．触媒毒がアルケンの水素化をどのように抑制しているかは，十分に理解されていない．

問 題

14・13 以下の各反応で生成する主要な有機生成物を示せ．

(a) $CH_3(CH_2)_5C \equiv CH + H_2 \xrightarrow{\text{Lindlar 触媒}}$
1-オクチン

(b) 触媒毒なしで(a)と同じ反応

(c) (3-ピリジル)—$C \equiv CH + H_2 \xrightarrow{\text{Pd/C}}$

(d) $H_3C—C \equiv C—CH_2CH_3 + D_2 \xrightarrow{\text{Lindlar 触媒}}$
2-ペンチン

B. 液体アンモニア中でナトリウムを用いたアルキンの還元

アルキンを液体アンモニア中でアルカリ金属(ふつうナトリウム)と反応させると，トランス形アルケンが得られる．

$$\text{4-オクチン} + 2\text{Na} + 2\ddot{\text{N}}\text{H}_3 \longrightarrow \textit{trans}\text{-4-オクテン (収率 97\%)} + 2\text{Na}^+ \ ^-\ddot{\text{N}}\text{H}_2 \tag{14・15}$$

液体アンモニア中でのナトリウムを用いたアルキンの還元は，シス形アルケンを合成するために使われる触媒的水素化と相補的である(§14・6A)．

$$R—C \equiv C—R \begin{cases} \xrightarrow{\text{Na/NH}_3} \text{トランス形アルケン} \\ \xrightarrow[\text{(§14・6A)}]{\text{H}_2/\text{被毒触媒}} \text{シス形アルケン} \end{cases} \tag{14・16}$$

Na/NH$_3$ 還元の立体化学は以下の機構に従う．もしナトリウムやその他のアルカリ金属が純粋な液体アンモニアに溶解すると，アンモニアと錯形成した電子(<u>溶媒和電子</u>)を含む濃い青色の溶液が生成する．

$$\text{Na}\cdot + n\text{NH}_3\ (\text{liq}) \longrightarrow \text{Na}^+ + \text{e}^-(\text{NH}_3)_n \tag{14・17}$$

溶媒和電子

溶媒和電子は最も単純なラジカルとみなすことができる．ラジカルは三重結合に付加することを思い出してほしい(式 14・2)．溶媒和電子とアルキンの反応は，三重結合への電子の付加で始まる．生じた化学種は不対電子と負電荷の両方をもつ．このような化学種は**ラジカルアニオン**(radical anion)とよばれる．

$$R-C\equiv C-R \;\; \overset{e^- \; Na^+}{\rightleftarrows} \;\; R-\dot{C}=\ddot{C}-R \;\; Na^+ \quad (14\cdot 18a)$$
$$\text{ラジカルアニオン}$$

ラジカルアニオンは非常に強い塩基なので，アンモニアから容易にプロトンを引抜いてビニルラジカルになる．ここでは，不対電子は二重結合の一つの炭素にある．この反応は，Brønsted 酸-塩基反応でありラジカル反応ではないことに注意してほしい．

$$R-\dot{C}=\ddot{C}-R \;\; (Na^+) \;\; \overset{H-NH_2}{\longrightarrow} \;\; R-\dot{C}=C\overset{H}{\underset{R}{}} + \;\; ^-\ddot{N}H_2 \;\; Na^+ \quad (14\cdot 18b)$$
$$\text{ビニルラジカル}$$

このようにしてラジカルアニオンが消費されると，式(14・18a)の反応は不利な平衡に逆らって右へ進む．アミンの非共有電子対と同様に(§6・9B)，ビニルラジカルは非常に速く反転し，シス形とトランス形のラジカル間の平衡はトランス形ラジカルに有利になる．これは，トランス形アルケンがシス形アルケンより安定であるのと同じ理由によるもので，トランス形ラジカルでは R 基間の反発が減少している．

$$\underset{\substack{\text{トランス形ビニルラジカル}\\(\text{平衡で非常に有利})}}{\overset{R}{\underset{R}{}}C=C\overset{H}{\underset{}{}}} \;\; \longleftarrow \;\; \underset{\text{反転の遷移状態}}{\left[R-C=C\overset{H}{\underset{R}{}} \right]^{\ddagger}} \;\; \longrightarrow \;\; \underset{\text{シス形ビニルラジカル}}{\overset{R}{\underset{R}{}}C=C\overset{H}{\underset{R}{}}} \quad (14\cdot 18c)$$

次に，ビニルラジカルが電子を受取りアニオンが生成する．

$$\overset{R}{\underset{R}{}}C=C\overset{H}{\underset{}{}} \;\; \underset{\text{溶媒和電子 } e^- \;\; Na^+}{} \;\; \longleftrightarrow \;\; \overset{R}{\underset{R}{}}C=C\overset{H}{\underset{}{}} \;\; Na^+ \quad (14\cdot 18d)$$

機構のこの段階が，反応の生成物決定段階である(§9・6B)．シス形とトランス形のビニルラジカルと溶媒和電子の反応の速度定数は，おそらく同じである．しかし，各ラジカルの反応の実際の速度は，速度定数とラジカルの濃度の積によって決まる．トランス形ビニルラジカルは非常に高濃度で存在するので，反応の主生成物であるトランス形アルケンはこのラジカルに由来する．

式(14・18d)で生成したアニオンもアミドアニオンより塩基性が強く，別の Brønsted 酸-塩基反応でアンモニアからプロトンを容易に引抜き，付加反応が完了する．

$$Na^+ \;\; \overset{R}{\underset{R}{}}C=C\overset{H}{\underset{}{}} \;\; \longrightarrow \;\; \underset{\substack{\text{トランス形アルケン}\\ pK_a = 42}}{\overset{R}{\underset{H}{}}C=C\overset{H}{\underset{R}{}}} + \;\; ^-\ddot{N}H_2 \;\; Na^+ \quad (14\cdot 18e)$$
$$pK_a = 35 \;\; H-\ddot{N}H_2$$

ふつうのアルケンは溶媒和電子とは反応しない(式 14・18a に相当する最初の平衡は非常に不利である)ので, 反応はトランス形アルケンの段階で停止する.

反応条件を適切に工夫しない限りは, アルキンの Na/NH$_3$ 還元は 1-アルキンではうまく進行しない(これは問題 14・40 で検討する). しかし, 1-アルキンの 1-アルケンへの還元は触媒的水素化により容易に行うことができる(§14・6A)ので, これはこの反応の重大な限界とはならない.

問　題

14・14 3-ヘキシンを以下の各方法で反応させたときに得られる生成物は何か(ヒント: 二つの反応の生成物は立体異性体である).
(a) 液体アンモニア中でナトリウムと反応させ, その生成物を Pd/C 上で D$_2$ と反応させる.
(b) Pd/C 上で H$_2$ と反応させ, その生成物を Pd/C 上で D$_2$ と反応させる.

14・7　1-アルキンの酸性度

A. アルキニルアニオン

大部分の炭化水素は Brønsted 酸としては反応しない. しかし, 非常に強い塩基 B:$^-$ によって炭化水素からプロトンが引抜かれる反応を考えてみよう.

$$\text{—C—H} + \text{B:}^- \rightleftarrows \text{—C:}^- + \text{B—H} \tag{14・19}$$

カルボアニオン

この式で, 炭化水素の共役塩基は炭素アニオンすなわちカルボアニオンである. §9・8C で学んだようにカルボアニオンは炭素上に非共有電子対と負電荷をもつ化学種である.

アルカンの共役塩基はふつうアルキルアニオンとよばれ, sp^3 軌道中に電子対をもつ. このようなイオンの例は 2-プロパニドアニオンである.

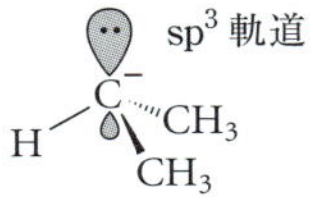

(2-プロパニドアニオン (アルキルアニオン), sp^3 軌道)

アルケンの共役塩基はふつうビニルアニオンとよばれ, sp^2 軌道中に電子対をもつ. この種のカルボアニオンの例は 1-プロペニドアニオンである.

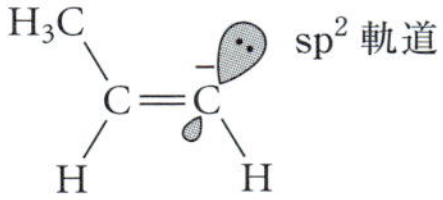

(1-プロペニドアニオン (ビニルアニオン), sp^2 軌道)

1-アルキンのイオン化で得られるアニオンはふつうアルキニルアニオンとよばれ, sp 軌道中に電子対をもつ. この種のアニオンの例は 1-プロピニドアニオンである.

(H$_3$C—C≡C:$^-$ sp 軌道　1-プロピニドアニオン (アルキニルアニオン))

いろいろな種類の脂肪族炭化水素について, おおよその酸性度が測定されるか見積もられている.

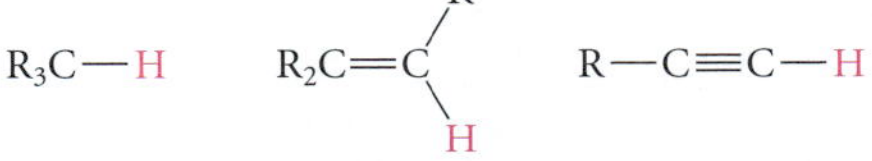

$$R_3C\text{—H} \qquad R_2C=C{R \atop H}\text{—H} \qquad R\text{—C}\equiv C\text{—H} \tag{14・20}$$

炭化水素の種類	アルカン	アルケン	アルキン
pK_a 概算値	55	42	25

これらのデータから，カルボアニオンが非常に強い塩基(すなわち炭化水素は非常に弱い酸)であること，そしてアルキンが脂肪族炭化水素の中で最も強い酸性を示すことがわかる．

アルキルアニオンとビニルアニオンを，相当する炭化水素からプロトンを引抜いて生成することはほとんどない．すなわち，これらの炭化水素は酸性度が非常に低い．しかし，アルキンは十分な酸性を示すので，強塩基を用いると共役塩基であるアルキニルアニオンが生成する．この目的でよく使われる塩基の一つは，共役酸である液体アンモニア中に溶解したナトリウムアミド Na^+ $^-:\ddot{N}H_2$ である．アミドイオン $^-:\ddot{N}H_2$ はアンモニアの共役塩基であり，アンモニアの酸としての pK_a は約 35 である．

$$B:^- + :NH_3 \rightleftharpoons {}^-:\ddot{N}H_2 + B-H \quad (14\cdot21)$$
$pK_a = 35$ 　　アミドイオン

この pK_a を，アンモニアの共役酸であるアンモニウムイオン $^+NH_4$ ($pK_a = 9.25$)のものと混同してはいけない．

アミドイオンはアルキニルアニオンよりずっと強い塩基であるので，アミドによりアルキニルプロトンを引抜く平衡は非常に有利である．

$$R-C\equiv C-H \ \ ^-:\ddot{N}H_2 \ Na^+ \xrightarrow{NH_3(liq)} R-C\equiv \bar{C}: Na^+ + \ddot{N}H_3 \quad (14\cdot22)$$

実際に，アルキンのナトリウム塩は，$NaNH_2$ を用いて 1-アルキンから定量的に(すなわち収率100%で)生成する．アミドイオンはビニルアニオンまたはアルキルアニオンよりもずっと弱い塩基であるので，ナトリウムアミドを用いてこれらのイオンを合成することはできない(問題 14・17)．

アルキンの相対的な酸性度は，$R-C\equiv C-MgBr$ の一般構造式をもつアルキニル Grignard 試薬の一般的な調製法で活用されている．§9・8B から，Grignard 試薬は一般的にハロゲン化アルキルとマグネシウムの反応により調製することを思い出してほしい．この方法によりアルキニル Grignard 試薬を調製するための"ハロゲン化アルキル"の出発物は，1-ブロモアルキンすなわち $R-C\equiv C-Br$ である．このような化合物は一般に市販されていないし，調製して保存するのは難しい．幸いにも，アルキニル Grignard 試薬は，1-アルキンと他の Grignard 試薬の酸-塩基反応により調製することができる．この目的で，臭化メチルマグネシウムまたは臭化エチルマグネシウムがよく使われる．

$$Bu-C\equiv C-H + CH_3CH_2-MgBr \xrightarrow{THF} Bu-C\equiv C-MgBr + CH_3CH_3 \quad (14\cdot23)$$
　　　　　　　　　　　　　　　　　　　　　アルキニル　　　　　エタン
　　　　　　　　　　　　　　　　　　　　　Grignard 試薬　　　(気体)

$$H-C\equiv C-H + CH_3CH_2-MgBr \xrightarrow{THF} H-C\equiv C-MgBr + CH_3CH_3 \quad (14\cdot24)$$
(過剰量)　　　　　　　　　　　　　　　臭化エチニルマグネシウム

この反応は非常に速く，気体のエタンが生成(Grignard 試薬として CH_3CH_2MgBr を用いたとき)するので完全に進行する．この反応は，金属がある炭素から別の炭素へ移動する**金属交換反応**(transmetallation)の一例である．しかし，この反応は実は Brønsted 酸-塩基反応にすぎない．

共役酸-塩基の組合わせ

$$BrMg^+ :\bar{C}H_2CH_3 \ H-C\equiv C-R \longrightarrow H-CH_2CH_3 + BrMg^+ :\bar{C}\equiv C-R \quad (14\cdot25)$$

共役塩基-酸の組合わせ

Grignard 試薬は共有結合の化合物であるが，平衡の酸-塩基の性質を強調するために，この式中の 2 種類の Grignard 試薬はイオン化合物で表されている．この反応は，原理的には Grignard 試薬と水またはアルコールとの反応と同様である(式 9・67)．Brønsted 酸-塩基の平衡と同様に，この平衡では弱い塩

基すなわちアルキニル Grignard 試薬の生成が有利になる．臭化エチルマグネシウムとの反応で気体のエタンが発生するので反応は不可逆になり，以前は 1-アルキンの定性試験としても用いられた．内部三重結合をもつアルキンは，酸性のアルキニル水素をもたないので反応しない．

有機リチウム反応剤のような他の有機金属反応剤も，類似の金属交換反応で調製することができる．

$$\text{1-ヘプチン} \quad \text{ブチルリチウム} \xrightarrow{\text{ヘキサン, } -70\,^\circ\text{C}} \text{アルキニルリチウム} + \text{ブタン} \quad (14\cdot 26)$$

炭化水素の相対的な酸性度の理由は何であろうか．§3・6Aでは，酸 A−H の酸性度に影響をおよぼす二つの要因，すなわち A−H 結合の強さと置換基 A の電気陰性度について説明した．結合解離エネルギーによれば，アルキニル C−H 結合はすべての脂肪族炭化水素の C−H 結合の中で最も強い．

$$\underset{\substack{\text{アルキニル C−H}\\(548\,\text{kJ mol}^{-1})}}{\text{R−C≡C−H}} > \underset{\substack{\text{ビニル C−H}\\(460\,\text{kJ mol}^{-1})}}{\text{R}_2\text{C=C(R)−H}} > \underset{\substack{\text{アルキル C−H}\\(402\sim 418\,\text{kJ mol}^{-1})}}{\text{R}_3\text{C−H}} \quad (14\cdot 27)$$

結合解離エネルギー

もし結合の強さが炭化水素の酸性を支配するおもな要因であれば，アルキンは最も酸性度が低い炭化水素のはずである．実際にはアルキンは最も酸性度が高い炭化水素なので，炭素自身の電気陰性度が酸性度を支配しているはずである．すなわち，炭素原子の相対的な電気陰性度は $sp^3 < sp^2 < sp$ の順に増加し，電気陰性度による酸性度の差が，結合の強さの効果を上回らなければならない．

この混成による電気陰性度の効果は，アルケンの双極子モーメント（§4・4）と同じように説明できる．アルキニル C−H 結合を x 軸上に置いたとき，アルキニル炭素の 2p 軌道の軸は y と z 軸上にある．したがって，x 軸に沿う方向では，アルキニル炭素の陽性の原子核は 2p 電子により覆われていない．そのため，sp 炭素の原子核はこの軸に沿って電子を非常に強く引寄せる．すなわち，<u>アルキニル炭素は x 軸に沿って特に電気陰性である</u>．

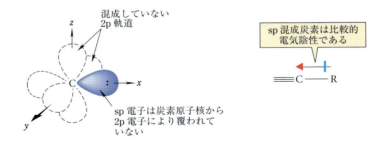

ここで，混成，電気陰性度と酸性度についてこれまで学んだことをまとめる．

1. 炭素の電気陰性度は混成軌道の s 性が大きくなるほど<u>増加</u>する．すなわち，

   炭素の電気陰性度の順番：　　$sp^3 < sp^2 < sp$

2. 結合した水素の酸性度は混成軌道の s 性が大きくなるほど<u>増加</u>する．すなわち，

   $$pK_a(C_{sp^3}-H) > pK_a(C_{sp^2}-H) > pK_a(C_{sp}-H)$$

   したがって，共役塩基アニオンの塩基性度はこの順で減少する．

ここでの説明の中心は炭素の混成であったが，同じ一般的な傾向はどの原子にも適用できる．たとえ

ば，ピリジンとピペリジンの窒素の塩基性の大きな違いは，混成の違いにより説明することができる．

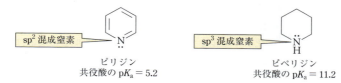

ピリジン
共役酸の pK_a = 5.2

ピペリジン
共役酸の pK_a = 11.2

この場合，塩基はアニオンではなく中性であり，共役酸はカチオンである．それにもかかわらず，同じ一般的な傾向が成り立つ．

問題

14・15 以下の各化合物では，窒素にプロトン化が起こる．それぞれの共役酸を書け．どちらの化合物の塩基性度が大きいかを説明せよ．

$$H_3C-CH=\ddot{N}H \qquad H_3C-C\equiv N:$$
$$A \qquad\qquad\qquad B$$

14・16 (a) 気相中で，イオン A はイオン B より酸性度が高い．この酸性度の順番は混成で説明できるかどうかを答えよ．

$$H_3C-\overset{+}{\underset{..}{O}}H_2 \qquad H_3C-CH=\overset{+}{\underset{..}{O}}H$$
$$A \qquad\qquad\qquad B$$

(b) イオン B は共鳴により安定化されるがイオン A は安定化されないので，イオン B の方が酸性度が低い．イオン B の共鳴構造式を描き，エネルギー図を用いて，なぜイオン B の安定化が酸性度を低下させるのかを示せ．

(c) 水溶液中では，イオン A はイオン B より酸性度が低い．その理由を説明せよ(ヒント：§8・5C参照)．

14・17 (a) 炭化水素とアンモニアの pK_a を用いて，(1) 式(14・22)の反応，および (2) アルカンのアミドイオンとの類似の反応について平衡定数を計算せよ(ヒント：例題3・6参照)．

(b) この計算を用いて，アルカンからアルキルアニオンを生成するために，なぜナトリウムアミドを用いることができないか説明せよ．

B. 求核剤としてのアルキニルアニオン

アルキニルアニオンは単純な炭化水素のアニオンの中で最も弱い塩基であるが，強塩基であることには変わりなく，たとえば水酸化物イオンやアルコキシドイオンよりずっと強い塩基である．アルキニルアニオンは，ハロゲン化アルキルやスルホン酸アルキルとの S_N2 反応(§9・4と§10・4A)のような，強塩基に特徴的な多くの反応を起こす．したがって，アルキニルアニオンは，他のアルキンを合成するための S_N2 反応の求核剤として用いることができる．

$$CH_3CH_2CH_2CH_2-Br: + Na^+ \; :C\equiv CH \xrightarrow{NH_3(liq)} CH_3CH_2CH_2CH_2-C\equiv CH + Na^+ \; :\ddot{B}\ddot{r}:^- \qquad (14\cdot28)$$

1-ブロモブタン（求電子剤，脱離基） ＋ ナトリウムアセチリド（求核剤） → 1-ヘキシン（収率 64%）

$$CH_3CH_2CH_2CH_2-C\equiv \ddot{C}: Na^+ + H_3C-Br: \longrightarrow CH_3CH_2CH_2CH_2-C\equiv C-CH_3 + Na^+ \; :\ddot{B}\ddot{r}:^- \qquad (14\cdot29)$$

2-ヘプチン

14. アルキンの化学

これらの反応中のアルキニルアニオンは，液体アンモニア中で適当な 1-アルキンを $NaNH_2$ と反応させると生成する（§14・7A）．他の大部分の S_N2 反応と同様に，ハロゲン化アルキルとスルホン酸アルキルは，混み合っていない第一級化合物でなければならない（理由は §9・4D と §9・5G 参照）．アルキニルアニオンのハロゲン化アルキルまたはスルホン酸アルキルとの反応は，<u>炭素-炭素結合形成法</u>の一つとして重要である．これまでに説明してきた方法をまとめてみよう．

1. カルベンのアルケンへの付加によるシクロプロパンの生成（§9・9）
2. Grignard 試薬とエチレンオキシドとの反応，リチウム有機クプラートとエポキシドとの反応（§11・5C）
3. アルキニルアニオンのハロゲン化アルキルまたはスルホン酸アルキルとの反応（本節）

問 題

14・18 以下の各反応における生成物の構造式を描け．
(a) $H_3C-C\equiv\bar{C}:Na^+ + CH_3CH_2-I \longrightarrow$
(b) トシル酸ブチル + $Ph-C\equiv\bar{C}:Na^+ \longrightarrow$
(c) $H_3C-C\equiv C-MgBr$ + エチレンオキシド $\xrightarrow{\quad} \xrightarrow{H_3O^+}$
(d) $Br(CH_2)_5Br + HC\equiv\bar{C}:Na^+$（過剰）$\longrightarrow$

14・19 4,4-ジメチル-2-ペンチンを合成するために，$H_3C-C\equiv\bar{C}:Na^+$ と臭化 t-ブチルの反応を行ったが，目的の生成物はまったく得られなかった．実際の生成物は何だったか．

14・20 ハロゲン化アルキルとアルキンから 4,4-ジメチル-2-ペンチン（問題 14・19 の化合物）を合成する方法を示せ．

14・21 アルキンとハロゲン化アルキルから 2-ペンチンを合成するための 2 種類の方法を示せ．

14・22 2-ヘプチン（式 14・29 の生成物）の合成に用いることができる，別の組合わせの反応物を示せ．

14・8 アルキンを用いた有機合成

これまで学んできたアルキンの反応と有機合成を組合わせてみよう．例題 14・2 を解くためには，有機合成のすべての基本的な工程，すなわち炭素-炭素結合の生成，官能基の変換および立体化学の制御が必要である（§11・10）．

この問題では，炭素 5 個以下の出発物を使うことが条件であることに注意しよう．この条件があるのは，このような化合物は容易に購入でき比較的安価なためである．

例題 14・2

以下の化合物を，アセチレンと炭素数 5 個以下の他の化合物から合成する経路を示せ．

$$\underset{H}{\overset{CH_3(CH_2)_6}{}}C=C\underset{H}{\overset{CH_2CH_2CH(CH_3)_2}{}}$$

cis-2-メチル-5-トリデセン

解 法 いつもどおり，目的分子から始めて逆に向かっていく．まず，目的分子の立体化学に注目すると，シス形のアルケンである．これまでに学んだトランス異性体を含まないシス形アルケンを合成する方法は一つだけ，すなわちアルキンの触媒的水素化である（§14・6A）．したがって，合成の最後の段階は次の反応となる．

14・8 アルキンを用いた有機合成

$$CH_3(CH_2)_6-C\equiv C-CH_2CH_2CH(CH_3)_2 \xrightarrow[\text{Lindlar 触媒}]{H_2} \underset{H}{\overset{CH_3(CH_2)_6}{>}}C=C\underset{H}{\overset{CH_2CH_2CH(CH_3)_2}{<}} \quad (14\cdot30a)$$

2-メチル-5-トリデシン　　　　　　　　　　　　　　　　　（目的分子）

次の課題は，式(14・30a)の出発物として用いられるアルキンを合成することである．必要なアルキンは炭素14個を含み，問題の条件は炭素5個以下の化合物を使うことであるので，炭素-炭素結合を形成するいくつかの反応を使わなければならない．三重結合には二つの第一級アルキル基があり，どちらもハロゲン化アルキルのアルキニルアニオンとの反応で導入することができる．それらを導入する順番は任意である．アルキン合成の最後の段階のアルキンの右側に，炭素5個の部分構造を導入してみる．そのためには，1-ノニンの共役塩基であるアルキニルアニオンを生成し，これを適切な市販の炭素5個のハロゲン化アルキルすなわち1-ブロモ-3-メチルブタンと反応させればよい(§14・7B)．

$$CH_3(CH_2)_6-C\equiv C-H \xrightarrow[\text{NH}_3(\text{liq})]{\text{NaNH}_2} CH_3(CH_2)_6-C\equiv \bar{C}: \xrightarrow{Br-CH_2CH_2CH(CH_3)_2 \atop (1-ブロモ-3-メチルブタン)}$$
1-ノニン

$$CH_3(CH_2)_6-C\equiv C-CH_2CH_2CH(CH_3)_2 \quad (14\cdot30b)$$

この反応の出発物である1-ノニンは，1-ブロモヘプタンとアセチレンのナトリウム塩から合成できる．

$$H-C\equiv C-H \xrightarrow[\text{NH}_3(\text{liq})]{\text{NaNH}_2} Na^+ :\bar{C}\equiv C-H \xrightarrow{CH_3(CH_2)_6Br} CH_3(CH_2)_6-C\equiv C-H \quad (14\cdot30c)$$
(NaNH₂ に対して過剰量)

アセチレンのプロトンを<u>1個だけ取除く</u>と得られる<u>モノアニオン</u>を確実に生成するために，ナトリウムアミドに対して過剰量のアセチレンが必要である．もしアセチレンより多いナトリウムアミドが存在すると，<u>ジアニオン</u> :$\bar{C}\equiv\bar{C}$: がいくらか生成し他の反応が起こる可能性がある(その反応の生成物は何だろうか)．アセチレンは安価で生成物から容易に分離できる(気体である)ので，過剰量を用いても問題は生じない．

式(14・30c)で用いる1-ブロモヘプタンは5個より多い炭素をもつので，これも合成しなければならない．この目的を達成するための反応経路を次に示す．

$$CH_3CH_2CH_2CH_2CH_2-Br \xrightarrow[\text{エーテル}]{\text{Mg}} \xrightarrow{\overset{O}{\underset{H_2C-CH_2}{\triangle}}} \xrightarrow{H_3O^+}$$
1-ブロモペンタン

$$CH_3CH_2CH_2CH_2CH_2CH_2-OH \xrightarrow[\text{H}_2\text{SO}_4]{\text{濃 HBr}} CH_3CH_2CH_2CH_2CH_2CH_2-Br \quad (14\cdot30d)$$
1-ヘプタノール　　　　　　　　　　　　　　1-ブロモヘプタン

これで合成が完了した．まとめると以下のようになる．

$$HC\equiv CH \text{(過剰量)} \xrightarrow[\text{NH}_3(\text{liq})]{\text{NaNH}_2} \xrightarrow{CH_3(CH_2)_6Br \text{ (式 14·30d)}} CH_3(CH_2)_6C\equiv CH \xrightarrow[\text{NH}_3(\text{liq})]{\text{NaNH}_2}$$

$$\xrightarrow{BrCH_2CH_2CH(CH_3)_2} CH_3(CH_2)_6C\equiv CCH_2CH_2CH(CH_3)_2 \xrightarrow[\text{Lindlar 触媒}]{H_2} \underset{H}{\overset{CH_3(CH_2)_6}{>}}C=C\underset{H}{\overset{CH_2CH_2CH(CH_3)_2}{<}} \quad (14\cdot30e)$$

有機合成の問題に取組む経験を重ねていくにつれて，学んだ反応がどのように他の反応と関連しているのかを考えたくなるであろう．たとえば，アルケンはアルキンから合成することができるので，エポキシドやアルコールのようなアルケンから合成できる化合物の出発物としてアルキンを用いることがで

きる．図14・9は，アルキンからアルケンを経由して2段階だけで合成できる多種類の化合物を示す．もしさらに段階数が増えれば，この図にはさらに多くの合成可能な化合物が含まれるであろう．合成に役立つ反応をさらに学んだら，このような"合成ネットワーク"すなわち異なる官能基をもつ化合物をどのように相互変換できるかを図式にしてみるとよい．

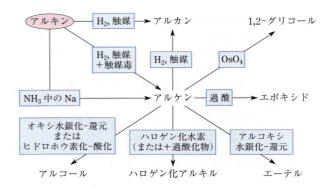

図14・9 アルキンを出発物としてアルケンの反応を関連づけた合成ネットワーク

問題

14・23 以下の各化合物をアセチレンと他の5個以下の炭素を含む化合物から合成する方法を示せ．

(a) $CH_3CH_2CH_2CH_2CH_2CH_2CH_2CH_2—OH$
1-ノナノール

(b) $H_3C—\underset{\underset{O}{\|}}{C}—(CH_2)_8CH_3$
2-ウンデカノン

(c) trans-2-ヘプテン

14・9 フェロモン

問題14・24と問題14・25が示すように，アルキンの化学は自然界で情報交換やシグナル伝達に用いられる化学物質である多くの**フェロモン**(pheromone)の合成に応用することができる．交尾可能であることを伝達するためにある種の昆虫の雌が分泌する単一または一群の化合物はフェロモンの一例である．ノシメマダラメイガ(*Plodia interpunctella*，米国で一般的なガの一種)の雌の性誘引物質はそのような化合物である．

酢酸(9Z,12E)-9,12-テトラデカジエニル
(ノシメマダラメイガの雌の性誘引フェロモン)

フェロモンは防御のため，臭跡を残すためや他の多くの目的でも使われる．フランスとイタリアでは雌ブタを用いて地中に埋まっているトリュフを見つけることが伝統的に行われてきたが，最近になって，このようなことができるのは，トリュフが交配前行動の間に雄ブタの唾液中に分泌される性誘引物質とたまたま同一のステロイドを含むためであることが発見された．

約30年前，科学者はフェロモンを用いると種に特異な形式で昆虫を制御できるかもしれないと考え始めた．たとえば，性誘引物質を用いて，他の昆虫の個体数に影響を及ぼすことなく，選択的にある昆虫種の雄だけを引寄せて捕獲するという考えである．あるいは，ある種の雄を性誘引物質の散布により

混乱させると，適切な雌のもとにたどり着けなくすることができる．うまく使うと，この戦略は昆虫の繁殖周期を阻害するはずである．DDT のような農薬が環境に有害な影響を与え，その結果禁止されたことに刺激されて，このような非常に特異的な生化学的な方法に興味がもたれた．

実験によるとこれらの方法により昆虫の個体数を広範囲に制御することはできなかったが，特定の場合にはうまく使うことができる．たとえば，一般的なノシメマダラメイガの局部的な来襲は，雌の性誘引物質を用いる市販の捕獲器で根絶することができる（図 14・10）．大規模な農業では，交配フェロモンを用いた捕獲器は，昆虫来襲の"早期警戒"システムとして有用である．この方法を用いると，標的の昆虫が捕獲器に現れたときだけ従来の農薬を使えばよい．この方法を用いることにより，米国の大部分で従来の農薬の使用を 70% 程度削減することが可能になった．性フェロモン，集合フェロモン（ある植物種への連係攻撃のため昆虫を集めるフェロモン），カイロモン（寄生植物選別のために異種間伝達として機能する植物由来の化合物）がこのような方法で商業的に用いられている．現在では 250 種類以上の害虫の誘引物質が市販されている．

図 14・10　一般的なガの一種であるノシメマダラメイガの発生を市販の捕獲器を用いて制御する．捕獲器上のパッドには雌の交配フェロモンをしみこませてある．フェロモンに誘引された雄は捕獲器の粘着面で動けなくなり死ぬ．このようにしてガの交配周期が阻害される．これらの捕獲器を使うことにより，殺虫剤による食料倉庫の燻蒸は不要になった．

問題

14・24　グレープベリーモス（ブドウの害虫であるガの一種）の性誘引物質の合成の過程で，次のアルケンのシスとトランスの異性体が必要であった．

$$CH_3CH_2CH=CHCH_2CH_2CH_2CH_2CH_2CH_2—O\diagdown\diagup$$

(a) 次のハロゲン化アルキルと他の有機化合物から，このアルケンのシス異性体を合成する方法を示せ．

$$Br—CH_2CH_2CH_2CH_2CH_2CH_2—O\diagdown\diagup$$

(b) 同じハロゲン化アルキルと他の有機化合物から，このアルケンのトランス異性体を合成する方法を示せ．

14・25　次の化合物は，ノシメマダラメイガの交配フェロモン（構造は前ページ）のある合成法における中間体である．この化合物を 1 段階でフェロモンに変換する反応を示せ．

$$\underset{H_3C}{\overset{H}{>}}C=C\underset{H}{\overset{CH_2}{<}}—CH_2—C≡C—CH_2CH_2CH_2CH_2CH_2CH_2—O—\overset{\overset{O}{\|}}{C}—CH_3$$

14・10　アルキンの存在と用途

天然に存在するアルキンは比較的めずらしい．アルキンは石油の成分として存在しないので，その代わりに他の化合物から合成する．

アセチレン自身は二つの一般的な原料から製造する．アセチレンは電気炉の中でコークス（石炭からの炭素）と酸化カルシウムを加熱することにより製造し，このときまず炭化カルシウム CaC_2 が生成する．

$$CaO + 3C \xrightarrow{\text{加熱}} CaC_2 + CO \qquad (14 \cdot 31a)$$

酸化カルシウム　　　　　　　　　　炭化カルシウム　一酸化炭素

炭化カルシウムは，概念的にはアセチレンジアニオンのカルシウム塩とみなされる有機金属化合物である．他のアルキニルアニオンと同様に，炭化カルシウムは水と激しく反応してアセチレンを生成する．この反応の副生成物である酸化カルシウムは式(14・31a)で再利用することができる．

$$Ca^{2+} \; \text{:}\overset{-}{C}\!\equiv\!\overset{-}{C}\text{:} + H_2O \longrightarrow HC\equiv CH + CaO \qquad (14 \cdot 31b)$$

炭化カルシウム　　　　　　　　アセチレン

このカーバイドプロセスは日本や東ヨーロッパで広く利用されており，米国でも炭素源として石炭の使用が増加するにつれて重要になっていくであろう．

アセチレン製造の 2 番目の方法は米国で広く用いられており，1400 ℃ 以上の温度においてエチレンを熱"クラッキング"（すなわち分解）すると，アセチレンと水素が生成する．これより低い温度ではこの過程は熱力学的に不利である．

アセチレンの最も重要な用途は，以下の例に示すような化学工業の原料用である．

$$HC\equiv CH + HCl \xrightarrow{HgCl_2} H_2C\!=\!CHCl \qquad (14 \cdot 32)$$

アセチレン　　　　　　　　塩化ビニル
　　　　　　　　　　　　ポリ塩化ビニル(PVC)の
　　　　　　　　　　　　製造で使われるモノマー

$$2\,HC\equiv CH \xrightarrow{\text{触媒}} HC\equiv C-CH\!=\!CH_2 \xrightarrow{HCl} H_2C\!=\!\underset{\underset{Cl}{|}}{C}\!-\!CH\!=\!CH_2 \qquad (14 \cdot 33)$$

アセチレン　　　　　　　ビニルアセチレン　　　　　　　クロロプレン
　　　　　　　　　　　　　　　　　　　　　　　　　　（重合するとネオプレン
　　　　　　　　　　　　　　　　　　　　　　　　　　ゴム，§15・5）

アセチレンの消費量としてはそれほど多くはないものの，酸素–アセチレン溶接はアセチレンの重要な用途である．この目的で使用されるアセチレンはボンベで供給されるが，空気中濃度が 2.5～80% で爆発するので危険である．さらに，中圧であっても気体のアセチレンは不安定であるので，この物質は圧縮ガスとしては販売されていない．アセチレンのボンベには，アセトンのような溶媒で飽和した多孔性物質が入っている．アセチレンはアセトンに十分に溶解するので，実際に大部分のアセチレンは溶解している．アセチレンが気体として放出されるにつれて，必要に応じてさらに多くの気体が溶液から出てくる．これは Le Châtelier の原理の一例である．

14章のまとめ

- アルキンは炭素–炭素三重結合を含む化合物である．三重結合の炭素は sp 混成である．sp 軌道の電子は sp^2 または sp^3 軌道の電子より少し原子核に近いところにある．
- アルキンの炭素–炭素三重結合は，一つの σ 結合と二つの互いに直交した π 結合からなる．π 結合に伴う電子密度は，三重結合を取囲む円筒内に存在する．磁場中で π 電子の誘起電流はアルキニルプロトンおよびアルキニル炭素とプロパルギル炭素を遮蔽し，NMR スペクトルでは比較的小さい化学シフトが観測される．

- sp 混成状態は，sp^2 または sp^3 混成状態よりも不安定である．このため，アルキンはアルケンの異性体より大きい生成熱をもつ．
- アルキンは 2 種類の一般的な反応性を示す．
  1. 三重結合への付加
  2. アセチレン ≡C－H 結合での反応
- 有用な三重結合への付加には，Hg^{2+} 触媒水和，ヒドロホウ素化，触媒的水素化と液体アンモニア中でのナトリウムを用いた還元がある．
- アルキンの水和とヒドロホウ素化-酸化はいずれもエノールを生成し，それが自発的に異性化してアルデヒドまたはケトンを生成する．
- 被毒触媒を用い，アルキンを触媒的水素化すると，シス形アルケンが得られる．被毒していないと，アルカンまで水素化される．液体アンモニア中でアルカリ金属を用いてアルキンを還元すると，ラジカルアニオン中間体を含む反応により，対応するトランス形アルケンが得られる．
- 1-アルキンは約 25 の pK_a をもち，脂肪族炭化水素のなかでは最も酸性度が高い．この酸性度は 1-アルキンの sp 混成炭素の電気陰性度のためである．C－H の酸性度は s 性が大きくなるほど $pK_a(C_{sp^3}-H) > pK_a(C_{sp^2}-H) > pK_a(C_{sp}-H)$ の順番に増加し，他の原子でも同様な傾向がみられる．
- 炭素の電気陰性度は s 性が大きくなるほど $sp^3 < sp^2 < sp$ の順番に大きくなる．
- 1-アルキンの酸性プロトンが脱離すると，アルキニルアニオンが得られる．アルキニルアニオンは，1-アルキンを強塩基であるナトリウムアミド $NaNH_2$ と反応させると生成する．関連する金属交換反応では，アルキニル Grignard 試薬または有機リチウム反応剤は，1-アルキンのハロゲン化アルキルマグネシウムまたはアルキルリチウム反応剤との反応によりそれぞれ生成することができる．
- アルキニルアニオンは優れた求核剤であり，第一級ハロゲン化アルキルやスルホン酸アルキルと S_N2 反応を起こして，新しい炭素-炭素結合を形成する．

追加問題

14・26 1-ヘキシンまたは指示された他の化合物を以下の各反応剤と反応させるとき，予想される主生成物を示せ．
(a) HBr (b) H_2, Pd/C (c) H_2, Pd/C, Lindlar 触媒
(d) (c)の生成物 + O_3，ついで$(CH_3)_2S$
(e) THF 中(c)の生成物 + BH_3，ついで $H_2O_2/^-OH$
(f) (c)の生成物 + Br_2
(g) 液体アンモニア中 $NaNH_2$
(h) (g)の生成物 + CH_3CH_2I
(i) Hg^{2+}, H_2SO_4, H_2O
(j) ジシアミルボラン，ついで $H_2O_2/^-OH$
(k) エーテル中 CH_3CH_2MgBr
(l) (k)の生成物にエチレンオキシド，ついで H_3O^+

14・27 4-オクチンまたは指示された他の化合物を以下の各反応剤と反応させるとき，予想される主生成物を示せ．
(a) H_2, Pd/C 触媒 (b) H_2, Lindlar 触媒
(c) (b)の生成物 + O_3，ついで H_2O_2/H_2O
(d) 液体アンモニア中 Na 金属
(e) Hg^{2+}, H_2SO_4, H_2O (f) BH_3，ついで $H_2O_2/^-OH$

14・28 以下のアルキンの名称は，構造を明確に特定することができるが，すべて間違っている．各化合物の正しい名称を答えよ．
(a) 2-ヘキシン-4-オール
(b) 6-メトキシ-1,5-ヘキサジイン
(c) 1-ブチン-3-エン
(d) 5-ヘキシン

14・29 次の条件を満たす炭素と水素だけを含む化合物の構造式を描け．
(a) 環を一つ含む炭素 5 個の安定なアルキン
(b) 炭素 6 個のキラルなアルキン
(c) 炭素 6 個のアルキンで，THF 中で BH_3 ついで $H_2O_2/^-OH$ と反応させても，$H_2O/Hg^{2+}/H_3O^+$ との反応でも同じただ一つの化合物を生成するもの
(d) ジアステレオマーが存在する炭素 6 個のアルキン

14・30 結合に関与する混成軌道に基づいて，以下の各組の結合を結合距離が増大する順に並べよ．
(a) エチレンの C－H 結合，エタンの C－H 結合，アセチレンの C－H 結合
(b) プロパンの C－C 単結合，プロピンの C－C 単結合，プロペンの C－C 単結合

14・31 各組のアニオンを塩基性度が最も低いものから順番に並べよ．また，その理由を説明せよ．
(a) $CH_3CH_2\ddot{\underset{..}{O}}:^-$, $HC\equiv\bar{C}:$, $:\ddot{\underset{..}{F}}:^-$
(b) $CH_3(CH_2)_3C\equiv\bar{C}:$, $CH_3(CH_2)_4\bar{C}H_2$, $CH_3(CH_2)_3CH=\bar{C}H$

14・32 容易に結果がわかる単純な観察または化学的試験を用いて，以下の各組の化合物をどのように区別するこ

とができるかを示せ（分光法を用いないこと）．
(a) cis-2-ヘキセンと1-ヘキシン
(b) 1-ヘキシンと2-ヘキシン
(c) 4,4-ジメチル-2-ヘキシンと3,3-ジメチルヘキサン
(d) プロピンと1-デシン

14・33 以下の各化合物をアセチレンと他の反応剤から合成する方法を示せ．
(a) $CH_3CH_2CD_2CD_2CH_2CH_3$ (b) 1-ヘキセン
(c) 3-ヘキサノール   (d) 1-ヘキシン
(e) $CH_3(CH_2)_7$-C(=O)-OH
(f) $(CH_3)_2CHCH_2CH_2CH=O$
(g) cis-2-ペンテン   (h) trans-3-デセン
(i) meso-4,5-オクタンジオール
(j) (Z)-3-ヘキセン-1-オール

14・34 1-ブチンだけを炭素源として用いて，以下の各化合物の合成法を示せ．
(a) $CH_3CH_2C≡C-D$ (b) $CH_3CH_2CD_2CD_3$
(c) $CH_3CH_2CH_2COH$ (=O)
(d) 1-ブトキシブタン（ジブチルエーテル）
(e) $(3R,4S)$-$CH_3CH_2CHCHCH_2CH_2CH_3$ のラセミ体
   （D, D）
(f) オクタン   (g) $CH_3CH_2CCH_3$ (=O)

14・35 (a) 次のケトンを自発的に生成する可能性のあるエノールの構造式を，立体異性体も含めてすべて描け．
$CH_3CH_2-C(=O)-CH(CH_3)_2$

(b) アルキンの水和はこの化合物の合成法としてふさわしいか．もしそうであれば反応式を示せ．もしそうでなければその理由を説明せよ．

14・36 "C_6H_{10} 異性体"のラベルがついた箱に，3種類の試料 A, B と C が入っている．化合物とともに，図 P14・36 に示す A と B の IR スペクトルもある．実験ノートの断片的なデータは，これらの化合物は 1-ヘキシン，2-ヘキシンと 3-メチル-1,4-ペンタジエンであることを示す．3種類の化合物を同定せよ．

14・37 家庭用のハエ取り器に用いるためにイエバエの性フェロモンであるムスカルアが必要となった．この化合物を炭素5個以下のアルキンから合成する方法を示せ．

$CH_3(CH_2)_7$ \ / $(CH_2)_{12}CH_3$
       C=C
    H /   \ H
ムスカルア

14・38 マイマイガのフェロモンであるラセミ体のディスパールアを，アセチレンと炭素5個以下の他の化合物から合成する方法を示せ．

$CH_3(CH_2)_5$-C(H)-O-C(H)-$(CH_2)_4CH(CH_3)_2$
ディスパールア

14・39 式(14・24)の金属交換反応により臭化エチニルマグネシウムを調製するとき，大過剰のアセチレンの THF 溶液中に対して臭化エチルマグネシウムを加える．この操作では，次に示す2種類の副反応が起こる可能性がある．

(1) $H-C≡C-MgBr + CH_3CH_2-MgBr \longrightarrow$
   $CH_3CH_3 + BrMg-C≡C-MgBr$

(2) $2H-C≡C-MgBr \rightleftharpoons H-C≡C-H$
   $+ BrMg-C≡C-MgBr$

(a) 反応(1)の機構を示し，なぜ過剰なアセチレンがこの反応を防ぐのに重要であるかを説明せよ．
(b) 反応(2)の機構を示し，なぜ過剰なアセチレンがこの反応を防ぐのに重要であるかを説明せよ．
(c) 溶媒としてテトラヒドロフラン（THF）を用いているのは，望ましくない副生成物である $BrMgC≡CMgBr$ がこの溶媒に比較的溶解するためである．副反応を両方

図 P14・36 問題 14・36 の IR スペクトル

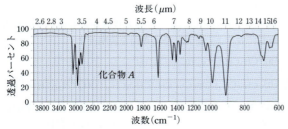

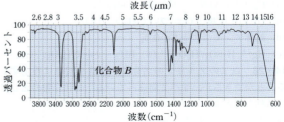

とも最小にするときに，この副生成物が溶解することがなぜ重要であるかを説明せよ．

14・40 (a) 1-アルキンを用いて液体アンモニア中でNaによりアルケンに還元するとき，3 mol の 1-アルキンから 1 mol のアルケンと 2 mol のアルキニルアニオンが得られる．

$$3\text{RC}\equiv\text{CH} \xrightarrow[\text{NH}_3(\text{liq})]{\text{Na}} \text{RCH}=\text{CH}_2 + 2\text{RC}\equiv\text{C}^-\text{Na}^+$$

この還元の機構と1-アルキンの酸性度の知識を用いて，この結果を説明せよ．

(b) $(NH_4)_2SO_4$ を反応混合物に加えると，1-アルキンは完全にアルケンになる．その理由を説明せよ(ヒント：アンモニウムイオンの pK_a は 9.25 である)．

14・41 以下の3種類のカルボン酸を，酸性度が高くなる(pK_a が小さくなる)順番に並べよ．そのように並べた理由を説明せよ(ヒント：β炭素の電気陰性度を考慮せよ)．

$$\underset{A}{H_2C=CHCH_2CO_2H} \quad \underset{B}{HC\equiv CCH_2CO_2H} \quad \underset{C}{CH_3CH_2CH_2CO_2H}$$

14・42 IRとプロトンNMRスペクトルから以下の化合物を同定せよ．

(a) $C_6H_{10}O$:
NMR: δ 1.43 (6H, s), 2.41 (1H, s), 3.31 (3H, s)
IR: 2110, 3300 cm^{-1} (鋭い)

(b) C_4H_6O: EtMgBr と反応すると気体が発生
NMR: δ 2.43 (1H, t, $J = 2$ Hz), 3.41 (3H, s), 4.10 (2H, d, $J = 2$ Hz)
IR: 2125, 3300 cm^{-1}

(c) C_4H_6O:
NMR: 図 P14・42
IR: 2100, 3300 cm^{-1} (鋭い), 3350 cm^{-1} の幅広く強い吸収と重なる．

(d) C_5H_6O:
NMR: δ 3.10 (1H, d, $J = 2$ Hz), 3.79 (3H, s), 4.52 (1H, 二重線の二重線, $J = 6$ Hz, 2 Hz), 6.38 (1H, d, $J = 6$ Hz)
IR: 1634, 2102, 3300 cm^{-1}

14・43 (a) IR 吸収を 3300 cm^{-1} と 2100 cm^{-1} に示し，^{13}C NMR スペクトルで δ 27.3, 31.0, 66.7, 92.8 に吸収をもつ分子式 C_6H_{10} の化合物を同定せよ．

(b) 1-ヘキシンと 4-メチル-2-ペンチンを ^{13}C NMR によりどのように区別することができるか説明せよ．

14・44 以下の既知の各変換に対して機構を示せ．可能な場合は，巻矢印を用いよ．

(a) $\text{Ph}-\text{C}\equiv\text{C}-\text{H} \xrightarrow[\text{THF}]{\text{NaOD, D}_2\text{O(大過剰量)}} \text{Ph}-\text{C}\equiv\text{C}-\text{D}$

(b) $\text{Ph}-\text{C}\equiv\text{CH} + \text{Br}_2 \xrightarrow{\text{H}_2\text{O}} \text{Ph}-\underset{\underset{\text{O}}{\|}}{\text{C}}-\text{CH}_2\text{Br} + \text{HBr}$

14・45 化合物 $A (C_6H_6)$ を Lindlar 触媒下で水素化すると化合物 B になる．ついで，化合物 B をオゾン分解し H_2O_2 水溶液で処理すると，コハク酸と 2 当量のギ酸が生成する．触媒毒がないと，A を水素化するとヘキサンが生成する．化合物 A の構造を示せ．

$$\underset{\text{コハク酸}}{\text{HOC}-\text{CH}_2\text{CH}_2-\text{COH}} \quad \underset{\text{ギ酸}}{\text{H}-\text{COH}}$$
(with C=O groups)

14・46 光学活性なアルキン $A (C_{10}H_{14})$ を触媒を用いて水素化するとブチルシクロヘキサンになる．A を EtMgBr と

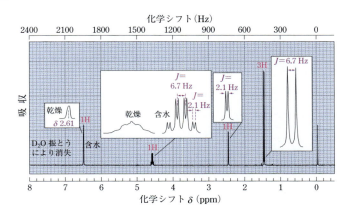

図 P14・42　問題 14・42(c) の NMR スペクトル．スペクトルを測定する前に，化合物に微量の酸水溶液を加えてある．積分(プロトン数として)を各吸収の上に赤色で示す．"乾燥"の表示がある吸収は，酸を加える前の非常に乾燥した試料で測定したものであり，"含水"の表示がある吸収は，酸水溶液の存在下で測定したものである．

反応させても気体は発生しない．キノリンの触媒毒の存在下で Pd/C を用いて A を水素化し，その生成物を O₃ ついで H₂O₂ と反応させると，<u>光学活性な</u>トリカルボン酸 $C_8H_{12}O_6$ が生成する（トリカルボン酸は三つの CO_2H 基をもつ化合物である）．A の構造を示し，すべての観測結果を説明せよ．

14・47 本章またはこれまでの章で得た知識を用いて次の反応を完成せよ．

(a)
$$CH_3CH_2CH_2CH_2C\equiv CH \xrightarrow{EtMgBr} \xrightarrow{D_2O}$$

(b)
$$CH_3CH_2CH_2CH_2-C\equiv C-H + Bu-Li \xrightarrow{Me_3SiCl}$$

（ヒント：第三級ハロゲン化アルキルとは異なり，第三級ハロゲン化シリルは求核置換反応を起こすが，脱離反応は起こさない）

(c)
$$CH_3(CH_2)_6-C\equiv CH \xrightarrow{NaNH_2}$$

$$\xrightarrow{CH_3CH_2-O-\underset{\underset{O}{\parallel}}{\overset{\overset{O}{\parallel}}{S}}-O-CH_2CH_3 \text{（ジエチル硫酸）}}$$

（ヒント：§10・4C 参照）

(d) $\text{Li}-C\equiv CH$ （1当量） + F～～～Cl →

(e) $Ph-CH=CH_2 + Br_2 \longrightarrow \xrightarrow{NaNH_2}$

$\xrightarrow{\text{中和}(H_3O^+)}$ （臭素を含まない炭化水素）

（ヒント：§9・5 参照）

(f) $Ph-C\equiv C-Ph + HCCl_3 \xrightarrow{K^+ Me_3CO^-}$

（ヒント：§9・9A 参照）

付　録

付録 I. 有機化合物の置換命名法

有機化合物の置換命名法は，主基と主鎖に基づく*．
主基は以下の優先順位に従って決定する．

$$-\underset{\text{カルボン酸}}{\overset{\overset{\text{O}}{\|}}{\text{C}}-\text{OH}} > -\underset{\text{酸無水物}}{\overset{\overset{\text{O}}{\|}}{\text{C}}-\overset{\overset{\text{O}}{\|}}{\text{C}}-} > -\underset{\text{エステル}}{\overset{\overset{\text{O}}{\|}}{\text{C}}-\text{OR}} >$$

$$-\underset{\text{酸ハロゲン化物}}{\overset{\overset{\text{O}}{\|}}{\text{C}}-\text{X}} > -\underset{\text{アミド}}{\overset{\overset{\text{O}}{\|}}{\text{C}}-\text{NR}_2} > -\underset{\text{ニトリル}}{\text{C}\equiv\text{N}} > -\underset{\text{アルデヒド}}{\overset{\overset{\text{O}}{\|}}{\text{C}}-\text{H}} >$$

$$-\underset{\text{ケトン}}{\overset{\overset{\text{O}}{\|}}{\text{C}}-} > -\underset{\substack{\text{アルコール,}\\\text{フェノール}}}{\text{OH}} > -\underset{\text{チオール}}{\text{SH}} > -\underset{\text{アミン}}{\text{NR}_2}$$

決定できるまで以下の基準を順番に適用して，主鎖を決定する．
1. 主基に対応する置換基の数が最大のもの
2. 二重結合と三重結合をあわせた数が最大のもの
3. 鎖が最長のもの
4. 接頭語としてつける置換基の数が最大のもの

決定できるまで以下の基準を順番に適用して，主鎖に番号をつける．複数の番号づけが可能であるとき，最初に違いが現れる位置番号で比較する．
1. 接尾語となる主基，すなわち名称中で基本とする置換基に最小番号をつける．
2. 多重結合に最小番号をつけ，これで決まらないときは二重結合が三重結合に優先する．
3. "最初に違いが現れる位置番号"の規則(§2・4C, 規則8)を考慮して，主基以外の置換基に最小番号をつける．
4. 名称中に最初に現れる接頭語として名称をつける置換基に最小番号をつける．

主鎖に対応する炭化水素から始めて，名称を組立てる．
1. 主基を示す接尾語と番号をつける．この番号は名称中で最後に出てくるものである．
2. もし主基がなければ，置換炭化水素として化合物を命名する．
3. 主基以外の置換基の名称と番号を，アルファベット順に名称の先頭につける．

これらの原則で，本書中のほとんど場合を網羅することができる(たとえば，例題8・1～例題8・3参照)．さらに詳しい命名法の解説については，IUPACによる"Nomenclature of Organic Chemistry"(Pergamon Press, 1979)〔日本語版：平山健三，平山和雄訳著，"有機化学・生化学命名法"，改訂第2版，南江堂，1988〕を参照してほしい．

1993年に，IUPAC〔R. Panico, W. H. Powell, J.-C. Richer (senior editor)〕は"A Guide to IUPAC Nomenclature of Organic Compounds(Recommendations 1993)"(Blackwell Scientific publications)を発表した．この規則は，比較的単純な化合物の命名法にも影響する大きな変更を推奨した．この変更は主基の表記法である．1979規則(本書で採用)では，主基または多重結合の位置を炭化水素の名称の前に番号をつけて示すが，1993規則では，主基または多重結合の位置を接尾語そのものの前に番号をつけて示す．これらの違いは下に示した例からよくわかる．

1993規則は必ずしも広く普及していない．したがって，どちらの命名法に従う名称も許容できる．

	$\text{H}_2\text{C}=\text{CHCH}_2\text{CH}_2\text{CH}_3$	$\text{HOCH}_2\text{CH}_2\text{CH}_2\text{CH}_2\text{CH}_3$	$\text{HOCH}_2\text{CH}_2\text{CH}_2\text{CH}=\text{CH}_2$
1979 規則:	1-ペンテン 1-pentene	1-ペンタノール 1-pentanol	4-ペンテン-1-オール 4-penten-1-ol
1993 規則:	ペンタ-1-エン pent-1-ene	ペンタン-1-オール pentan-1-ol	ペンタ-4-エン-1-オール pent-4-en-1-ol

---

* 訳注：有機化合物の命名法および日本語表記については以下の参考書を参照されたい．
"化合物命名法 —IUPAC勧告に準拠 第2版"，東京化学同人(2016).

付録 II. 有機化合物の赤外吸収

この表は，本書で解説した重要な赤外吸収をまとめたものである．より詳しい表が必要な場合は，以下のような専門書を調べるとよい．
・K. Nakanishi and P. H. Solomon, "Infrared Absorption Spectroscopy", San Francisco: Holden-Day (1977).
・P. Crews, J. Rodríguez, M. Jaspars, "Organic Structure Analysis", Chapter 8, Oxford University Press (1998).
［訳注：第2版が2010年に出版されている．］

吸収の種類	波数 cm^{-1}（強度）*	備考
アルカン		
C—H 伸縮	2850〜3000 (m)	脂肪族 C—H 結合をもつすべての化合物が示す
アルケン		
C=C 伸縮		
—CH=CH$_2$	1640 (m)	
>C=CH$_2$	1655 (m)	
その他	1660〜1675 (w)	対称アルケンでは観測されない
=C—H 伸縮	3000〜3100 (m)	
=C—H 変角		
—CH=CH$_2$	910〜990 (s)	
>C=CH$_2$	890 (s)	
シス H,H C=C	960〜980 (s)	
H,H C=C	675〜730 (s)	位置は大きく変化する
H C=C	800〜840 (s)	
アルコールとフェノール		
O—H 伸縮	3200〜3400 (s)	
C—O 伸縮	1050〜1250 (s)	エーテルやエステルなどの C—O 結合をもつ他の化合物にも存在
アルキン		
C≡C 伸縮	2100〜2200 (m)	多くの内部アルキンでは存在しないか弱い
≡C—H 伸縮	3300 (s)	1-アルキンだけに存在
芳香族化合物		
C=C 伸縮	1500, 1600 (s)	2本の吸収
C—H 変角	650〜750 (s)	
倍音	1660〜2000 (w)	

吸収の種類	波数 cm^{-1}（強度）*	備考
アルデヒド		
C=O 伸縮		
通常	1720〜1725 (s)	
α,β-不飽和	1680〜1690 (s)	
ベンズアルデヒド	1700 (s)	
C—H 伸縮	2720 (m)	
ケトン		
C=O 伸縮		
通常	1710〜1715 (s)	環が小さくなるほど増加（下巻 表 21・3）
α,β-不飽和	1670〜1680 (s)	
アリールケトン	1680〜1690 (s)	
カルボン酸		
C=O 伸縮		
通常	1710 (s)	
安息香酸	1680〜1690 (s)	
O—H 伸縮	2400〜3000 (s)	非常に幅広い
エステルとラクトン		
C=O 伸縮	1735〜1745 (s)	環が小さくなるほど増加（下巻 表 21・3）
酸塩化物		
C=O 伸縮	1800 (s)	2本目の弱い吸収帯が 1700〜1750 cm^{-1} に観測されることがある
酸無水物		
C=O 伸縮	1760, 1820 (s)	2本の吸収．環状無水物の環が小さくなるほど増加
アミドとラクタム		
C=O 伸縮	1650〜1655 (s)	環が小さくなるほど増加（下巻 表 21・3）
N—H 変角	1640 (s)	
N—H 伸縮	3200〜3400 (m)	第一級アミドでは2本の吸収が観測されることがある
ニトリル		
C≡N 伸縮	2200〜2250 (m)	
アミン		
N—H 伸縮	3200〜3375 (m)	特に第一級アミンでは，複数の吸収が観測されることがある

* (s)＝強い，(m)＝中程度，(w)＝弱い．

付録 III. 有機化合物のプロトン NMR 化学シフト

この付録は，官能基の一部であるプロトンの化学シフトの表および官能基に隣接したプロトンの化学シフトの表に分かれている．

A. 官能基内のプロトン

官能基	化学シフト(ppm)	官能基	化学シフト(ppm)	官能基	化学シフト(ppm)
−C−C−H	0.7〜1.5	C₆H₅−H	6.5〜8.5	−C−NH−	0.5〜1.5
C=C−H	4.6〜5.7	−C(=O)−H	9〜11	C₆H₅−NH−	2.5〜3.5
−O−H	溶媒とO−Hの酸性度に伴い変化	−C(=O)−N−H	7.5〜9.5		
−C≡C−H	1.7〜2.5				

B. 官能基に隣接したプロトン

この表は，下図の一般的な環境にあるプロトンに対する化学シフトの範囲を示す．

$$\text{H}-\overset{|}{\underset{|}{\text{C}}}-\text{G}$$

ここで，G は次表の一番左の列に示す官能基であり，他の二つは炭素または水素への結合である．残りの列は，それぞれメチルプロトン(H_3C-G)，メチレンプロトン($-CH_2-G$)およびメチンプロトン($-CH-G$)のおおよその化学シフトを示す．以下の表のシフトは典型的なもので，構造によっては 10 分の数 ppm 程度は変化する．メチンプロトンの化学シフトはふつうメチレンプロトンの化学シフトより大きく，メチレンプロトンの化学シフトはメチルプロトンの化学シフトより大きい．炭素置換基が一つ増えるにつれて，化学シフトは 0.3〜1.0 ppm 大きくなる．

官能基 G	H_3C-Gの化学シフト(ppm)	$-CH_2-G$の化学シフト(ppm)	$-CH-G$の化学シフト(ppm)
−H	0.2		
−CR₃	0.9	1.2	1.4
−F	4.3	4.5	4.8
−Cl	3.0	3.4	4.0
−Br	2.7	3.4	4.1
−I	2.2	3.2	4.2
−CR=CR₂ (R=アルキル, H)	1.8	2.0	2.3
−C≡CR (R=アルキル, H)	1.8	2.2	2.8
−C₆H₅	2.3	2.6	2.8
RO−	3.3 (R=アルキル) 3.5 (R=H) 3.7 (R=アリール)	3.4 (R=アルキル, H) 4.0 (R=アリール)	3.6 (R=アルキル, H) 4.6 (R=アリール)
RS− (R=アルキル, H)	2.4	2.6	3.0
R−C(=O)−	2.1 (R=アルキル) 2.6 (R=アリール)	2.4 (R=アルキル) 2.7 (R=アリール)	2.6 (R=アルキル) 3.4 (R=アリール)

(付録 III B 表つづき)

官能基 G	H₃C—G の化学シフト(ppm)	—CH₂—G の化学シフト(ppm)	—CH—G の化学シフト(ppm)
RO—C(=O)— (R＝アルキル, H)	2.1	2.2	2.5
R—C(=O)—O—	3.6 (R＝アルキル) 3.8 (R＝アリール)	4.1 (R＝アルキル, アリール)	5.0 (R＝アルキル, アリール)
R₂N—C(=O)— (R＝アルキル, H)	2.0	2.2	2.4
R—C(=O)—N(R)— (R＝アルキル, H)	2.8	3.4	3.8
—NR₂ (R＝アルキル, H)	2.2	2.4	2.8
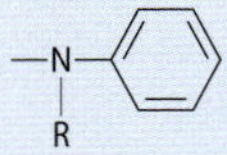 —N(R)(C₆H₅) (R＝アルキル, H)	2.6	3.1	3.6
N≡C—	2.0	2.4	2.9

付録 IV. 有機化合物の ^{13}C NMR 化学シフト

　この付録は，官能基内にある炭素の化学シフトの表および官能基に隣接したアルキル炭素の化学シフトの表に分かれている．それぞれの場合について，化学シフトの典型的な範囲を示す．

A. 官能基内の炭素の化学シフト

官能基	化学シフト範囲(ppm)	官能基	化学シフト範囲(ppm)
—CH₃	8〜23	>C=O	200〜220
—CH₂—	20〜30		
—CH—	21〜33	—C(=O)—O—R (R＝アルキル, H)	170〜180
—C—	17〜29		
C=C	105〜150*	—C(=O)—N(R)R (R＝アルキル, H)	165〜175
—C≡C—	66〜93*		
C₆H₅—R	125〜150*	—C≡N	110〜120

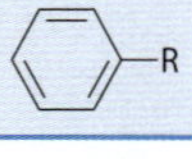

＊　アルキル基が置換すると化学シフトが大きくなる．

B. 官能基に隣接した炭素の化学シフト

　ほとんどの場合，炭素にアルキル置換基があると化学シフトが大きくなる．メチル炭素の化学シフトはこの範囲の小さい方にあり，第三級と第四級炭素の化学シフトはこの範囲の大きい方にある．

官能基(G)	G—C— 中の炭素の化学シフト範囲(ppm)	官能基(G)	G—C— 中の炭素の化学シフト範囲(ppm)
R₂C=CR—	14～40	RO— (R＝アルキル)	70～79
HC≡C—	18～28		
C₆H₅—	29～45	R−C(=O)− (R＝アルキル, H)	43～50
F—	83～91		
Cl—	44～68	RO−C(=O)− (R＝アルキル, H)	33～44
Br—	32～65		
I—	5～42	R₂N—	41～51 (R＝H) 53～60 (R＝アルキル)
HO—	62～70	N≡C—	16～28

付録 V. 合成法のまとめ

以下の合成法を，本書で解説した順番に一覧にする．反応ごとに解説した節を( )内に示す．したがって，本書をどの時点においてもそれまでに学んだ方法を復習することができる．

多くの場合，一つの方法が複数の官能基を含む化合物にも応用できることを忘れてはならない．すなわち，触媒的水素化はフェノールからアルコールへの変換に用いることができるが，実際の変換は −CH=CH− 基から −CH₂−CH₂− 基の生成であるので，この反応は "アルカンと芳香族炭化水素の合成" に分類されている．ここでは，−OH 基の存在は偶然である．

A. アルカンと芳香族炭化水素の合成
1. アルケンの触媒的水素化(§4・9A)
2. Grignard 試薬および関連反応剤の加プロトン分解(§9・8C)
3. アルケンへのカルベノイドの付加によるシクロプロパンの合成(Simmons-Smith 反応，§9・9B)
4. アルキンの触媒的水素化(§14・6A)
5. 芳香族化合物の Friedel-Crafts アルキル化(§16・4E)
6. 芳香族化合物の触媒的水素化(§16・6)
7. アリールトリフラートとアリールスタンナンまたはアルキルスタンナンとの Stille 反応による置換芳香族炭化水素の合成(§18・10B)
8. アルデヒドまたはケトンの Wolff-Kishner 還元または Clemmensen 還元(§19・12)
9. アリールジアゾニウム塩と次亜リン酸の反応(§23・10A)

B. アルケンの合成
1. ハロゲン化アルキルまたはスルホン酸エステルのβ脱離反応(§9・5，§10・4A，§17・3B)
2. アルコールの酸触媒脱水(§10・2)
3. アルキンの触媒的水素化(内部アルケンを用いると cis-アルケンが得られる，§14・6A)
4. 液体アンモニア中，アルカリ金属を用いるアルキンの還元(内部アルケンを用いると trans-アルケンが得られる，§14・6B)
5. ジエンとアルケンとの Diels-Alder 反応による環状アルケンの合成(§15・3，§28・3)
6. ハロゲン化アリールとアルケンとの Heck 反応によるアリール置換アルケンの合成(§18・6A)
7. アリールボロン酸，ビニルボロン酸とハロゲン化アリールまたはハロゲン化ビニルとの Suzuki カップリング(§18・6B)
8. アルケンメタセシス(§18・6C)
9. アルデヒドまたはケトンの Wittig 反応(§19・13)
10. アルデヒドまたはケトンのアルドール縮合反応によるα,β-不飽和アルデヒドまたはケトンの合成(§22・4)
11. 水酸化第四級アンモニウムの Hofmann 脱離(§23・8)

C. アルキンの合成
1. ハロゲン化アルキルまたはスルホン酸エステル

によるアルキニルアニオンのアルキル化(§14・7B)
2. 二ハロゲン化アルキルまたはハロゲン化ビニルのβ脱離反応(§18・2)

D. ハロゲン化アルキル，アリール，ビニルの合成
1. アルケンへのハロゲン化水素の付加(§4・7, §15・4A)
2. アルケンへのハロゲンの付加によるビシナル二ハロゲン化物の合成(§5・2)
3. 過酸化物存在下でのアルケンへのHBrの付加(§5・6)
4. アルキンへのハロゲンまたはHBrの付加(§14・4)
5. アルケンへのジハロメチレンの付加によるジハロシクロプロパンの合成(§9・9A)
6. HBr，塩化チオニル，トリフェニルホスフィンジブロミドとアルコールとの反応(§10・3, §10・4D)
7. ハロゲン化物イオンとスルホン酸エステルまたは他のハロゲン化アルキルとの反応(§10・4A, §17・4)
8. 芳香族化合物のハロゲン化(§16・4A)
9. アルケンのアリル位または芳香族炭化水素のベンジル位の臭素化(§17・2)
10. アルデヒド，ケトン，カルボン酸のα-ハロゲン化(§22・3A, C)
11. アリールジアゾニウム塩と塩化銅(I)，臭化銅(I)またはヨウ化カリウムとの反応によるハロゲン化アリールの合成(Sandmeyer反応および関連反応，§23・10A)

E. Grignard試薬と関連有機金属化合物の合成
1. 金属とハロゲン化アルキルおよびハロゲン化アリールとの反応(§9・8B)
2. ハロゲン化銅(I)とアルキルリチウム反応剤との反応によるリチウムジアルキルクプラートの合成(§11・5C)
3. 金属-水素交換によるアルキニルGrignard試薬の合成(§14・7A)
4. 塩化トリアルキルスズとGrignard試薬の反応によるアルキルまたはアリールスタンナンの合成(§18・10B)

F. アルコールとフェノールの合成
(特記していない限り，アルコールへのみ適用できる合成法)

1. アルケンの酸触媒水和(工業的に使われる，実験室規模ではよい合成法ではない，§4・9B)
2. アルケンからのハロヒドリンの合成(§5・2B)
3. アルケンのオキシ水銀化-還元(§5・4A)
4. アルケンのヒドロホウ素化-酸化(§5・4B)
5. エポキシドの開環反応(§11・5A, B)
6. Grignard試薬とエチレンオキシドとの反応(§11・5C)
7. リチウム有機クプラートとエポキシドとの反応(§11・5C)
8. アルデヒドまたはケトンの還元(§19・8, §22・10, §24・8D)
9. Grignard試薬または関連反応剤とアルデヒドまたはケトンとの反応(§19・9, §22・11A)
10. カルボン酸の第一級アルコールへの還元(§20・10)
11. エステルの第一級アルコールへの還元(§21・9A)
12. Grignard試薬または関連反応剤とエステルとの反応(§21・10A)
13. アルデヒドまたはケトンのアルドール付加によるβ-ヒドロキシアルデヒドまたはβ-ヒドロキシケトンの合成(§22・4)
14. 芳香族ジアゾニウム塩の水との反応によるフェノールの合成(§23・10A)
15. アリル型アリールエーテルのClaisen転位によるフェノールの合成(§28・4B)

G. グリコールの合成
1. エポキシドの酸触媒加水分解(§11・5B)
2. 四酸化オスミウムまたはアルカリ性水溶液中での過マンガン酸カリウムとアルケンの反応(§11・6A)

H. エーテル，アセタール，スルフィドの合成
1. ハロゲン化アルキルまたはスルホン酸エステルによるアルコキシド，フェノキシド，チオラートのアルキル化(Williamson合成，§11・2A, §18・7B, §24・7)
2. アルケンのアルコキシ水銀化-還元(§11・2B)
3. アルコールの酸触媒脱水反応(§11・2C)
4. アルコールのアルケンへの酸触媒付加反応(§11・2C)
5. アルコキシドおよびアルコールのエポキシドとの反応(§11・5A, B)
6. アルコキシドとハロゲン化2-または4-ニトロアリールとの反応(§18・4)

7. アルデヒドまたはケトンとアルコールの酸触媒反応によるアセタールの合成(§19・10A, §24・6)
8. α,β-不飽和カルボニル化合物へのチオールの共役付加(§22・9A)

I. エポキシドの合成
1. ペルオキシカルボン酸によるアルケンの酸化(§11・3A)
2. ハロヒドリンの環化(§11・3B)
3. アリル型アルコールの不斉エポキシ化(§11・11)

J. ジスルフィドの合成
1. チオールの酸化(§10・10, §27・8)

K. アルデヒドの合成
1. アルケンのオゾン分解(炭素-炭素結合が開裂するため使用は限られる, §5・5)
2. 第一級アルコールの酸化(§10・7A)
3. グリコールの酸化的開裂(炭素-炭素結合が開裂するため使用は限られる, §11・6B, §24・8C)
4. アルキンのヒドロホウ素化-酸化(§14・5B)
5. アリル型あるいはベンジル型アルコールの MnO_2 による酸化(§17・5A)
6. 酸塩化物の還元(§21・9D)
7. アルデヒドのアルドール付加反応による β-ヒドロキシアルデヒドの合成(§22・4)
8. アルデヒドのアルドール縮合による α,β-不飽和アルデヒドの合成(§22・4)
9. Kiliani-Fischer 合成(§24・9)および Ruff 分解(§24・10B)によるアルドースから別のアルドースの合成

L. ケトンの合成
1. アルケンのオゾン分解(炭素-炭素結合が開裂するため使用は限られる, §5・5)
2. 第二級アルコールの酸化(§10・7A)
3. グリコールの酸化的開裂(炭素-炭素結合が開裂するため使用は限られる, §11・6B)
4. 水銀(II)イオンを触媒に用いるアルキンの水和(§14・5A)
5. 芳香族化合物の Friedel-Crafts アシル化(§16・4F)
6. フェノールのキノンへの酸化(§18・8A)
7. リチウムジアルキルクプラートと酸塩化物の反応(§21・10B)
8. ケトンのアルドール縮合による α,β-不飽和ケトンの合成(§22・4)
9. エステルの Claisen 縮合および Dieckmann 縮合による β-ケトエステルの合成(§22・6A, B)
10. エステルの交差 Claisen 縮合による β-ジケトンの合成(§22・6C)
11. アセト酢酸エステル合成(§22・8C)
12. リチウムジアルキルクプラートの付加(§22・11B)を含む, α,β-不飽和ケトンへの共役付加反応(§22・9)

M. スルホキシドとスルホンの合成
1. スルフィドの酸化(§11・9)

N. カルボン酸とスルホン酸の合成
(特記していない限り, カルボン酸にのみ適用できる合成法)
1. アルケンのオゾン分解(炭素-炭素結合が開裂するため使用は限られる, §5・5)
2. 第一級アルコールの酸化(§10・7B)
3. チオールのスルホン酸への酸化(§10・10)
4. 芳香族化合物のスルホン化によるアレーンスルホン酸の合成(§16・4D)
5. アルキルベンゼンの側鎖の酸化(§17・5C)
6. アルデヒドの酸化(§19・14)
7. Grignard 試薬または関連反応剤の二酸化炭素との反応(§20・6)
8. カルボン酸誘導体(特にニトリル)の加水分解(§21・7, §21・11, §25・5A, §27・4C)
9. メチルケトンのハロホルム反応(炭素-炭素結合が開裂するため使用は限られる, §22・3B)
10. マロン酸エステル合成(§22・8A, §27・4B)
11. α-アミノ酸の Strecker 合成(§27・4C)

O. エステルの合成
1. 塩化スルホニルとアルコールおよびフェノールとの反応(スルホン酸エステルの合成, §10・4A, §18・10B)
2. 第一級または第二級アルコールとカルボン酸との酸触媒エステル化(§20・8A, §24・7, §27・5)
3. ジアゾメタンによるカルボン酸のメチル化(§20・8B)
4. ハロゲン化アルキルによるカルボン酸塩のアルキル化(§20・8B)
5. アルコールおよびフェノールと酸塩化物, 酸無水物, エステルとの反応(§21・8, §24・7)
6. エステルの Claisen 縮合および Dieckmann 縮合による β-ケトエステルの合成(§22・6A, B)

7. マロン酸エステル合成，アセト酢酸エステル合成，直接アルキル化を含むエステルエノラートイオンのアルキル化(§22・8)
8. α,β-不飽和エステルへの共役付加(§22・9, §22・11B)

P. 酸無水物の合成
1. カルボン酸の脱水剤との反応(§20・9B)
2. カルボン酸塩と酸塩化物との反応(§21・8A)

Q. 酸塩化物の合成
1. 塩化チオニル，五塩化リンまたは関連反応剤とカルボン酸またはスルホン酸との反応(§20・9A)
2. 芳香族化合物のクロロスルホン化によるハロゲン化アレーンスルホニルの合成(§20・9A)

R. アミドの合成
1. アミンと酸塩化物，酸無水物，エステルとの反応(§21・8, §23・7C, §27・5)
2. ジイソプロピルカルボジイミドによるアミンとカルボン酸の縮合(§27・6)

S. ニトリルの合成
1. アルデヒドまたはケトンからのシアノヒドリンの合成(§19・7A, B, §24・9)
2. シアン化物イオンとハロゲン化アルキルおよびスルホン酸エステルとの反応(§21・11)
3. α,β-不飽和カルボニル化合物へのシアン化物イオンの共役付加(§22・9A)
4. 芳香族ジアゾニウム塩とシアン化銅(I)の反応(§23・10A)

T. アミンの合成
1. アミドの還元(§21・9B)
2. ニトリルの還元による第一級アミンの合成(§21・9C)
3. アンモニアまたはアミンの直接アルキル化(過剰アルキル化の可能性があるため使用は限られる，§23・7A, §27・4A)
4. アルデヒドおよびケトンの還元的アミノ化(§23・7B)
5. アニリン誘導体の芳香族置換反応(§23・9)
6. 第一級アミンの Gabriel 合成および Staudinger 合成(§23・11A)
7. ニトロ化合物の還元(§23・11B)
8. ハロゲン化アリールやアリールトリフラートの Pd 触媒アミノ化(§23・11C)
9. Curtius 転位および Hofmann 転位(§23・11D)
10. α-アミノ酸の Strecker 合成(§27・4C)

U. ニトロ化合物の合成
1. 芳香族化合物のニトロ化(§16・4C, §18・9)

付録 VI. 炭素–炭素結合形成反応

炭素–炭素結合を形成する反応は，炭素鎖または炭素環を形成するために用いられるので，有機化学において非常に重要である．これらの反応を，本書で解説した順番に一覧にする．反応ごとに解説した節を( )内に示す．

1. アルケンへのカルベンまたはカルベノイドの付加によるシクロプロパンの合成(§9・9)
2. Grignard 試薬とエチレンオキシドとの反応(§11・5C)
3. リチウム有機クプラートとエポキシドとの反応(§11・5C)
4. ハロゲン化アルキルまたはスルホン酸アルキルとアルキニルアニオンとの反応(§14・7B)
5. Diels-Alder 反応(§15・3, §28・3)
6. Friedel-Crafts アルキル化(§16・4E)と Friedel-Crafts アシル化(§16・4F)
7. ハロゲン化アリールとアルケンとの Heck 反応(§18・6A)
8. アリールボロン酸またはビニルボロン酸とハロゲン化アリールまたはハロゲン化ビニルとの Suzuki カップリング(§18・6B)
9. アルケンメタセシス(§18・6C)
10. アリールトリフラートと有機スズ化合物との Stille 反応(§18・10B)
11. シアノヒドリンの生成(§19・7, §24・9, §27・4C)
12. Grignard 試薬および関連反応剤のアルデヒドまたはケトンとの反応(§19・9)
13. Wittig アルケン合成(§19・13)
14. Grignard 試薬および関連反応剤の二酸化炭素との反応(§20・6)
15. Grignard 試薬および関連反応剤のエステルとの反応(§21・10A)
16. リチウムジアルキルクプラートの酸塩化物との

反応(§21・10B)
17. シアン化物イオンのハロゲン化アルキル,スルホン酸アルキルとの反応(§21・11)
18. アルドール付加およびアルドール縮合(§22・4)
19. Claisen 縮合および関連する縮合(§22・6)
20. マロン酸エステル合成(§22・8A,§27・4B)
21. ハロゲン化アルキル,アルキルトシラートによるエステルエノラートのアルキル化(§22・8B)
22. アセト酢酸エステル合成(§22・8C)
23. α,β-不飽和カルボニル化合物へのシアン化物イオン(§22・9A)またはエノラートイオン(§22・9C)の共役付加
24. α,β-不飽和カルボニル化合物へのリチウムジアルキルクプラートの共役付加(§22・11B)
25. シアン化銅(I)と芳香族ジアゾニウム塩の反応(§23・10A)
26. 電子環状反応による環の形成(§28・2)
27. Claisen 転位(§28・4B)

付録 Ⅶ. 有機官能基の典型的な酸性度と塩基性度

A. イオン化してアニオン性の共役塩基を生成する官能基の酸性度

官能基	構造*	共役塩基の構造	典型的な pK_a
スルホン酸	R–S(=O)(=O)–O–H	R–S(=O)(=O)–O⁻	−2.8(強酸)
カルボン酸	R–C(=O)–O–H	R–C(=O)–O⁻	4〜5
フェノール†	X–C₆H₄–O–H	X–C₆H₄–O⁻	9〜11
チオール	R–S–H	R–S⁻	10〜12
スルホンアミド	R–S(=O)(=O)–N(H)–R	R–S(=O)(=O)–N⁻–R	10
アミド	R–C(=O)–N(H)–R	R–C(=O)–N⁻–R	15〜17
アルコール	R–O–H	R–O⁻	15〜19
アルデヒド,ケトン	R–C(=O)–CR₂H	R–C(=O)–C⁻R₂	17〜20
エステル	R₂C(H)–C(=O)–OR	R₂C⁻–C(=O)–OR	25
アルキン	R–C≡C–H	R–C≡C⁻	25
ニトリル	R₂C(H)–C≡N	R₂C⁻–C≡N	25
アミン	R₂N–H	R₂N⁻	32
アルケン	R₂C=C(H)R	R₂C=C⁻R	42
ベンジル位のアルキル基	Ar–CR₂H	Ar–C⁻R₂	42
アルカン	R₃C–H	R₃C⁻	55〜60

* 構造中,R=アルキルまたは H. 酸性水素を赤色で示す. † X = 一般的な環の置換基.

B. プロトン化してカチオン性の共役酸を生成する官能基の塩基性度

特定の官能基の酸としてのふるまいと同じ官能基の塩基としてのふるまいを区別することに注意しなければならない．たとえば，アルコールが酸として働くと，RO−H プロトンを失いアルコキシドが生成する（上記表 A 参照）．アルコールが塩基として働くと，プロトンを受取り RO^+H_2 が生成する．これらの過程は異なる pK_a をもつまったく違う過程である．アルコールの酸性度を議論するとき，適切な pK_a はアルコール自身のものである（上記表 A 参照）．この同じ pK_a は，アルコールの共役塩基であるアルコキシド RO^- の塩基性度も説明する．アルコール自身の塩基性度を説明するときは，適切な pK_a は以下の表に示す RO^+H_2 の酸性度の値を用いる必要がある．

官能基	構造*,‡	共役酸の構造*,‡	典型的な共役酸の pK_a
アルキルアミン	R_3N	$R_3N^+{-}H$	9〜11
ピリジン	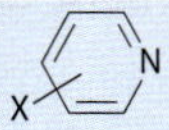 X—(pyridine)	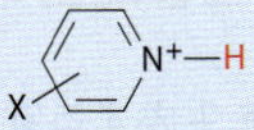 X—(pyridinium)—H	5
芳香族アミン	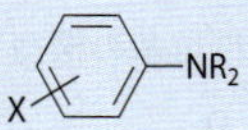 X—Ar—NR_2	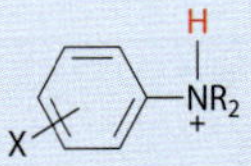 X—Ar—N^+HR_2	4〜5
アミド	R−C(=O)−NR_2	R−C(=O^+H)−NR_2	−1
アルコール，エーテル	R−O−R	R−O^+H−R	−2〜−3
エステル，カルボン酸	R−C(=O)−OR	R−C(=O^+H)−OR	−6
フェノール，芳香族エーテル†	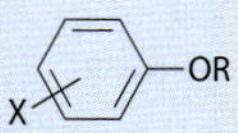 X—Ar—OR	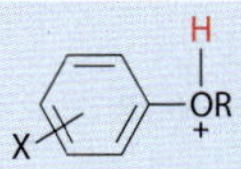 X—Ar(^+H)—OR	−6〜−7
チオール，スルフィド	R−S−R	R−S^+H−R	−6〜−7
アルデヒド，ケトン	R−C(=O)−R	R−C(=O^+H)−R	−7
アルケン	$R_2C{=}CR_2$	$R_2C^+{-}CHR_2$	−8〜−10
ニトリル	R−C≡N	R−C≡N^+−H	−10

* 構造中，R ＝ アルキルまたは H．共役酸中，酸性水素を赤色で示す．
‡ X ＝ 一般的な環の置換基．
† 置換基が生じるカルボカチオンを強く安定化することができれば，フェノールまたは芳香族エーテルでは環の炭素がプロトン化される．

付録 Ⅷ. 代表的な定数

R(気体定数)	8.314×10^{-3} kJ K^{-1} mol^{-1}
298 K(25°C)における RT	2.478 kJ mol^{-1}
310 K(37°C)における RT	2.577 kJ mol^{-1}
298 K(25°C)における $2.303RT$	5.706 kJ mol^{-1}
310 K(37°C)における $2.303RT$	5.936 kJ mol^{-1}
N(Avogadro 数)	6.022×10^{23} mol^{-1}
k(Boltzmann 定数)	1.381×10^{-26} kJ K^{-1}
h(Planck 定数)	6.626×10^{-37} kJ s
c(光速)	3.0×10^{8} m s^{-1}
γ_H(プロトンの磁気回転比)	267.53×10^{6} rad T^{-1} s^{-1}
γ_C(^{13}C の磁気回転比)	67.28×10^{6} rad T^{-1} s^{-1}
単位の換算	
1 kcal = 4.184 kJ	
1 atm = 101.325 kPa	

掲 載 図 出 典

p.1 © 2014 Novartis AG. Sample for educational use only.
p.15 写真 copyright © by Marc Loudon
p.64 図 2・9 © Stan Honda/AFP/Getty Images
p.64 写真 copyright © by Marc Loudon
p.66 図 2・10 The source of the historical ice-core CO_2 data is D.M. Etheridge, Division of Atmospheric Research, Australian Commonwealth Scientific and Industrial Research Organization (CSIRO). The source of the data in the inset is C. D. Keeling of the Scripps Institute of Oceanography, and the National Oceanic and Atmospheric Administration (NOAA).
p.69 図 2・11 © Jenna Wagner/iStockphoto.com
p.70 図 2・13 Mark Stoermann, Fair Oaks Farms のご厚意による．挿入写真 © Dr. T. J. Beveridge/Visuals Unlimited/Getty Images
p.70 © BARRI/Shutterstock.com
p.133 © Borisov/Shutterstock.com
p.138 © Yingzaa_ST/Shutterstock.com
p.144 © Maxisport/Shutterstock.com
p.146 © Phillip Lange/Shutterstock.com
p.150 Eastern Catalytics のご厚意による．
p.169 © Marcel Clemens/Shutterstock.com
p.172 © Paramonov Alexander/Shutterstock.com
p.176 © Anettphoto/Shutterstock.com
p.192 © ueg/iStockphoto.com
p.194 © Denis and Yulia Pogostins/Shutterstock.com
p.213 © Science & Society/SuperStock, Inc./amanaimages
p.229 図 6・18 G. B. Kauffman and R. D. Myers, *Journal of Chemical Education* (1975), 52, 777 より許可を得て転載．Copyright © by the American Chemical Society
p.263 © Nhu Nguyen
p.270 © Altin Osmanaj/Shutterstock, Inc.
p.299 © Tim Vickers
p.329 © Stepan Popov/Shutterstock.com
p.358 © Robert Semnic/Dreamstime.com
p.359 図 9・7 写真は Tina Bunyavirock, M.D., and R. Edward Coleman, M.D. のご厚意による．*Journal of Nuclear Medicine* (2006), 47, 251 より許可を得て転載．Copyright © by the Society of Nuclear Medicine.
p.385 © Paramonov Alexander/Shutterstock.com
p.395 George Stuart, *Artist galleryhistoricalfigures.com*
p.405 © Mediscan/Alamy
p.432 © imageBROKER/SuperStock, Inc./amanaimages
p.434 Coterie Cellars, San Jose, California のご厚意により許可を得て掲載．
p.446 図 10・5 © Gloria P. Meyerie/Dreamstime.com
p.447 © Bonnie L. Harper/Lady Bird Johnson Wildflower Center
p.480 © Laguna Design/Science Source/amanaimages
p.485 The Library of Congress のご厚意による．
p.492 Carol F. Lippa, M.D./Drexel University College of Medicine
p.509 図 12・4, p.514 図 12・7, p.521 図 12・10, p.522 図 12・11, p.523 図 12・12; 図 12・13, p.538 図 P12・27; 図 P12・28; 図 P12・33, p.539 図 P12・34, p.567 図 13・12, p.587 図 13・26（中央）, p.598 図 P13・52, p.599 図 P13・58; 図 13・59, p.605 図 14・5, p.607 図 14・7, p.626 図 P14・36 Sigma-Aldrich Co., LLC. から許可を得て Aldrich Library of IR spectra より改変．
p.526 図 12・16, p.528 図 12・17, p.529 図 12・18, p.530 図 12・19, p.539 図 P12・38, p.587 図 13・26（上, 下） NIH-EPA
p.532 図 12・20 Dr. Karl Wood, Purdue Mass Spectrometry Center のご厚意による．
p.541 図 13・1, p.556 図 13・6, p.558 図 13・7, p.568 図 13・13, p.570 図 13・14, p.573 図 13・16, p.575 図 13・18, p.577 図 13・19, p.583 図 13・23, p.595 図 P13・40, p.596 図 P13・45; 図 P13・46, p.597 図 P13・51, p.598 図 P13・53 Purdue Magnetic Resonance Laboratory
p.547 © Monkey Business Images Ltd./ Dreamstime.com
p.579 図 13・21 F. A. Bovey, *Chemical and Engineering News*, August 30, 1965 より許可を得て転載．Copyright © by The American Chemical Society
p.584 図 13・24 © Bio-Rad Laboratories, Inc., Informatics Division, Sadtler Software & Databases. All Rights Reserved.
p.585 図 13・25 DEPT-NMR spectrum of camphor, John Kozlowski, Purdue University のご厚意による．
p.589 図 13・27 写真 © Marc Loudon
p.593 図 13・29 (a) Philips Corporation のご厚意による．(b) Karen Hellerhof のご厚意による．
p.600 図 P13・66 "Conformational preferences in monosubstituted cyclohexanes determined by nuclear resonance spectroscopy," F. R. Jensen, C. H. Bushweller, and B. H. Beck, *J. Amer. Chem. Soc.* (1969), **91**(2), 344-351, Fig. 1c. より許可を得て改変．
p.623 図 14・10 © Marc Loudon

和文索引

あ

IR スペクトル　510
　——の吸収領域　513
　化合物別の——　520
IUPAC　52
アキシアル　242
アキラル　202
アスコルビン酸　107
アセチレン　5, 601, 624
　——の構造　15
　——のσ結合　602
　——のπ分子軌道　603
アセチレン類 → アルキン
アセトアミド　103
アセブトロール　74
S-アデノシルメチオニン → SAM
(S)-アテノロール　339
アニオン　3
アノード　425
油　64
アミン　224
　——の反転　229
アミンオキシド　474
アリルアルコール　289
アリル型アルコール　495
アリル基　288
アリール基　68
アリルプロトン　572
RS 表示法　205
アルカン　40
　——の IR スペクトル　520
　——の NMR スペクトル　575
　——の置換命名法　52
　——の燃焼　65
　——の物理的性質　41, 61
　——のラジカルハロゲン化　390
アルキニルアニオン　616
　求核剤としての——　619
アルキニル基　604
アルキニル Grignard 試薬　617
アルキニルプロトン　606
アルギニン　480
アルキル化剤　418
アルキル基　53
アルキン　40, 601
　——のアルデヒドとケトンへの変換　609
　——の NMR 分光法　606
　——の還元　613, 614
　——の触媒的水素化　613

　——の水和　609
　——の生成熱　603
　——の赤外分光法　605
　——のヒドロホウ素化-酸化　612
　——の物理的性質　605
　——の命名法　603
アルケン　40, 109
　——とハロゲンとの反応　161
　——の IR スペクトル　520
　——のアルコキシ水銀化-還元　458
　——のアルコールへの変換　166
　——の安定性　131
　——の NMR スペクトル　572
　——のオキシ水銀化-還元　166
　——のオゾン分解　174
　——の結合定数　573
　——の混成　110
　——の酸化　461
　——の触媒的水素化　150
　——の水和　152
　——のヒドロホウ素化-酸化　168
　——の物理的性質　126
　——の命名法　117
　——へのハロゲン化水素の付加　133
　——への付加反応　159, 273
　——へのラジカル付加　178
アルコキシ水銀化-還元　458
アルコキシド　342, 403
アルコール　286
　——と塩化チオニルの反応　419
　——とトリフェニルホスフィンジブロミドの反応　420
　——とハロゲン化水素の反応　412
　——の IR スペクトル　523
　——のアルケンからの合成　166, 172
　——の NMR スペクトル　576
　——の塩基性　407
　——の構造　295
　——の酸化　430
　——の酸触媒脱水反応　408
　——の酸性度　403
　——の脱水　153
　——のハロゲン化アルキルへの変換　423
　——の沸点　303
　——の命名法　289
アルコールデヒドロゲナーゼ　433
アルデヒド
　——のアルキンからの合成　609
　——のアルコールからの合成　431
R 表記　67
α 開裂　533
α 脱離　387

α 炭素　287, 343
アンチ結合　46
アンチ脱離　366
アンチ配座　46
アンチ付加　271, 274
アンモニア
　——の構造　15
　——の混成軌道　34

い，う

EI 質量スペクトル　526
EI 質量分析計　525
ee → 鏡像異性体過剰率
ESI　536
イオノホア　330
イオン化合物　3
イオン化ポテンシャル　98
イオン結合　3
イオン積定数　88
イオンチャネル　332
イオン対　322, 379
E1 機構　375
E2 機構　362
EZ 表記法　120
異常分散　214
いす形相互変換　245, 578
いす形配座　240
異性体　51
イソブタン　51
イソブチル基　53
イソプロピルアルコール　289
イソプロピル基　53
1,3-ジアキシアル相互作用　248
1 次スペクトル　568
1 次反応　347
位置選択的　134
E1 反応　375
E2 反応　362
　——における速度論的重水素同位体効果　364
　——における脱離基の効果　364
　——の位置選択性　367
　——の立体化学　365
EPM → 静電ポテンシャル図
イブプロフェン　94, 214
イマチニブ　1
陰イオン → アニオン
引火点　491

Williamson エーテル合成　457
右旋性　209

え，お

液体アンモニア　614
エクアトリアル　242
SAM　479
S_N1 機構　375
S_N2 機構　349
S_N1 反応　375
　——の立体化学　378
S_N2 反応　349
　——におけるアルキル基の効果　354
　——における脱離基の効果　361
　——の溶媒依存性　357
　——の立体化学　351
　アルキニルアニオンの——　619
s 軌道　22
17β-エストラジオール　264
sp 混成軌道　602
sp^2 混成軌道　110, 111
sp^3 混成軌道　33
エタノール　446
　——の NMR スペクトル　577
　——の生物学的酸化　433
エタン　39
　——の混成軌道　39
　——の二面角とエネルギー　44
　——の Newman 投影図　42
　——の立体配座　42
エチルメチルエーテル　293
エチレン　5, 109, 194
　——の構造　110
　——の σ 結合　111
　——の π 結合　112
エチレングリコール　289
X 線結晶解析　11
^{1}H NMR → プロトン NMR
HCFC → ヒドロクロロフルオロカーボン
ATR 法 → 全反射減衰法
エーテル　287
　——の IR スペクトル　523
　——のアルケンからの合成　458, 459
　——のアルコールからの合成　456, 459
　——の NMR スペクトル　575
　——の塩基性　455
　——の開裂　464
　——の構造　295
　——の酸化　490
　——の命名法　293
エテン → エチレン
エトキシドイオン　349
エナンチオトピック　437, 552
エナンチオピュア　211
エナンチオマー → 鏡像異性体
NAD$^+$　434
NMR 分光計　544, 589
NMR 分光法　541, 545
　他核の——　580
　動的な系の——　578
NMR の基本式　543
NMMO → N-メチルモルホリン N-オキシド

$n+1$ 則　557
エネルギー障壁　142, 146
エノール　287, 609
エピスルホニウムイオン　481
FT-IR 分光計 → Fourier 変換赤外分光計
FT-NMR → パルス-Fourier 変換 NMR
FDG → 2-(^{18}F)フルオロ-2-デオキシ-D-グルコピラノース
エポキシド　294
　——と有機金属反応剤の反応　471
　——のアルケンの酸化による合成　461
　——の求核置換反応　466
　——のハロヒドリンからの合成　463
MRI → 磁気共鳴画像法
MALDI　536
MAO → モノアミンオキシダーゼ
MMPP → モノペルオキシフタル酸マグネシウム
MO → 分子軌道
mCPBA → m-クロロペルオキシ安息香酸
MTO 技術　448
MTBE → t-ブチルメチルエーテル
LUMO　353
塩化シクロペンチルマグネシウム　384
塩化スルホニル　415
塩化チオニル　419
塩化トシル → 塩化 p-トルエンスルホニル
塩化 p-トルエンスルホニル　415
塩基　75
　——と酸　75
　——の構造　372
　Brønsted——　83
　Lewis——　76
塩基性
　——と求核性　355
　アルコールの——　407
　チオールの——　407
塩基性度定数　89
円筒対称　30
エントロピー　310
オキシ水銀化　166
オキシ水銀化-還元　168, 278
オキシラン（エポキシドも見よ）　294
オキソニウム塩　478
オキソラン → テトラヒドロフラン
オクタノール-水分配係数　330
オクタン価　70
オクテット則　3, 5
オクテットの拡張　415, 442
オスミウム酸エステル　474
オゾニド　174
オゾン　176
オゾン層　394
オゾン分解　174, 177
オメプラゾール　236
オレイン　283
オレフィン → アルケン
温室効果ガス　66

か

開始段階（ラジカルの）　181

改質　70
解離イオン　322
解離状態　91
　——と pK_a　93
化学イオン化　534
化学イオン化質量スペクトル　534
化学結合　3
化学交換　577, 580
化学シフト　542, 546
　炭素の——　582
　プロトンの——　549, 550
化学的等価性　436
化学文献　57
架橋二環化合物　258
角運動量量子数　20
核間メチル基　264
核緩和　591
核磁気共鳴（NMR も見よ）　544
核スピン　543
　——の歳差　591
重なり形配座　43
過酸 → ペルオキシカルボン酸
過酸化ジエチル　491
過酸化水素　16
過酸化物効果　178
加水分解　174
片羽矢印表記法　180
カチオン　3
価電子　3, 26
価電子カウント　6
ガドペンテト酸　593
カーバイドプロセス　624
Karplus 曲線　563
加プロトン分解　386
過マンガン酸イオン　430
過ヨウ素酸　476
加溶媒分解　374
カラムクロマトグラフィー　222
カリウムイオンチャネル　333
カリウム t-ブトキシド　343
カルベノイド　390
カルベン　387
カルボアニオン　385
カルボカチオン　135, 375
　——の構造と安定性　136
カルボカチオン転位　139
カルボニウムイオン → カルボカチオン
カルボン　225
カルボン酸
　——のアルコールからの合成　432
Cahn-Ingold-Prelog 則　120
還元　425
　アルキンの——　613
還元剤　428
緩衝液　92
官能基　67
　——変換　493
慣用命名法　288

き

基　179

和文索引　15

基官能命名法　288
機　構　135
基　質　489
基準振動モード　516
基準ピーク　527
奇数電子イオン　529
拮抗阻害剤　490
軌道相互作用図　29
軌道量子数　20
逆合成解析　445
逆対称伸縮　517
求核原子　→　求核中心
求核剤　80
　　──の塩基性　355
求核性　355
求核置換(反応)　341, 342
求核中心　80
吸光度　511
吸収(NMRの)　542
吸収分光法　508
求電子原子　→　求電子中心
求電子剤　80
求電子中心　80
求電子付加(反応)　161
吸熱反応　128
球棒模型　14
鏡像異性体　202
　　──の物理的性質　207
鏡像異性体過剰率　211
鏡像異性体区別の原理　222, 266
鏡像異性体的に純粋　→　エナンチオピュア
鏡像異性体分割　→　分割
協奏機構　170
橋頭位炭素　258
共　鳴　542
共鳴安定化　18
共鳴構造式　17
共鳴混成体　17
共役塩基　85
共役酸　85
共役酸-塩基対　85
共有結合　4
供与体溶媒　→　ドナー性溶媒
極性共有結合　8
極性効果　99, 101
極性頭部　327
極性分子　9
極性溶媒　312
局部磁場　545
キラリティー　202
キラル　202
キラルクロマトグラフィー　223
キラル固定相　223
キラル中心　203
均一開裂　180, 391
均一系触媒　150
近接効果　484
金属交換反応　617

く～こ

グアニン　485
空間充填模型　14
偶数電子イオン　529
クバン　259
クラウンエーテル　330
クラッキング　624
グリコール　289, 473
　　──の合成　473
　　──の酸化的開裂　476
グリシン　102
グリセリン　289, 326
グリセロール　→　グリセリン
Grignard 試薬　384
　　──とエポキシドの反応　471
クリプタート　331
クリプタンド　331, 359
グルクロン酸抱合反応　318
Krebs 回路　452
クロマトグラフィー　222
クロマトグラム　223
クロム酸イオン　428
クロム酸無水物　431
クロラムフェニコール　318
クロラムブシル　485
クロルデン　395
クロロクロム酸ピリジニウム　431
クロロスルフィニル基　419
クロロスルフィン酸エステル　419
クロロフルオロカーボン　394
クロロプレン　624
m-クロロペルオキシ安息香酸　461

形式電荷　6
K_a　→　酸解離定数
結合解離エネルギー　98, 188, 189, 515, 618
結合角　12
結合角ひずみ　257
結合距離　12
結合次数　12, 30
結合性分子軌道　28
結合双極子　10, 517
結合定数　557
ケトン
　　──のアルキンからの合成　609
　　──のアルコールからの合成　431
K_b　→　塩基性度定数
原子価殻　3
原子価殻電子対反発理論　13
原子価軌道　26
原子核　541
　　──の性質　581
原子価電子　→　価電子
原子軌道　19
原子のつながり方　11, 41
原子引き抜き　181
元素効果　98

光学活性　209
光学純度　212
光学分割　→　分割
光　子　507
高次有機クプラート　472
構成原理　25

酵素　154, 266
構造　11
構造異性体　51
構造式　40
酵素-基質複合体　489
高分解能質量分析計　536
高密度ポリエチレン　193
呼気分析装置　432
国際純正・応用化学連合　→　IUPAC
ゴーシュ結合　46
ゴーシュ配座　45
$gauche$-ブタン相互作用　249
骨格構造式　59
固定相　223
木挽き台投影図　49
孤立電子対　→　非共有電子対
コルチゾン　264
コレステロール　264
混合エントロピー　310
混　成　32
　　──と分子構造　34
混成軌道　32
混和性　315

さ，し

Zaitsev 則　368
Zaitsev 脱離　368
細胞膜　326
酢　酸　100
酢酸水銀(II)　166
左旋性　209
サリドマイド　213
酸　75
　　──と塩基　75
　　──の解離平衡　91
　　Brønsted──　83
　　Lewis──　76
酸　化　425
　　アルケンの──　461
　　アルコールの──　430
　　エーテルの──　490
　　スルフィドの──　491, 492
　　チオールの──　443
酸解離定数　87
三角錐構造　15
酸化剤　428
酸化数　425
酸化的開裂　476
三酸化クロム　→　クロム酸無水物
三重結合　5
酸性度
　　──と構造　97
　　──と周期表　98
　　1-アルキンの──　616
　　アルコールの──　403
　　炭化水素の──　618
　　チオールの──　403
三フッ化ホウ素　75
　　──の構造　14

CI 質量スペクトル　→　化学イオン化質量スペクトル

1,3-ジアキシアル相互作用　248
ジアステレオ異性体　→　ジアステレオマー
ジアステレオトピック　437, 551
ジアステレオマー　217
CSP　223
ジエチルエーテル　293, 491
^{13}C NMR 分光法　→　炭素 NMR
CFC　→　クロロフルオロカーボン
1,4-ジオキサン　294
ジオスゲニン　263
磁気回転比　544
磁気共鳴画像法　590
磁気量子数　20
σ 結合　30
シクロアルカン　58
　——の NMR スペクトル　575
　——の生成熱　239
　——の物理的性質　59
　——の命名法　60
シクロブタン　257
シクロプロパン　258
　——のカルベンによる合成　388
シクロヘキサン　59, 578
　——の温度変化させた NMR　579
　——の透視図の描き方　242
　——の立体配座　240, 246
　一置換——　247
　二置換——　249
シクロヘキサン-d_{11}　579
シクロペンタン　256
シクロホスファミド　485
2,4-ジクロロフェノキシ酢酸　394
ジクロロメチレン　387
四酸化オスミウム　474
ジシアミルボラン　612
脂質　326
シス　250
シス縮合　260
シス-トランス異性体（二重結合立体異性体も見よ）　115
　——の安定性　130
　シクロヘキサンの——　249
ジスルフィド　442, 443
ジスルフィド結合　444
実験式　239
実効モル濃度　484
質量スペクトル　526
質量電荷比　526
質量分析計　524, 535
　磁場セクター型——　535
質量分析法　524
自動酸化　491
ジブロモトリフェニルホスホラン　→　トリフェニルホスフィンジブロミド
脂肪　64
脂肪族炭化水素　40
ジボラン　170
ジメチルスルホキシド　492
N,N-ジメチルホルムアミド　357
四面体構造　13
Simmons-Smith 反応　389
指紋領域　514

字訳　52
Sharpless エポキシ化　→　不斉エポキシ化
遮蔽　546
臭化エチルマグネシウム　384, 386
臭化フェニルマグネシウム　384
重合体　→　ポリマー
重合反応　191
重水素置換　570
周波数　507
収率　→　パーセント収率
主基　290
縮合二環化合物　258
主鎖　52, 290
酒石酸　231
酒石酸ジエチル　→　DET
主量子数　20
順位則　121
掌性　202
ショウノウ　262
　——の NMR スペクトル　585
正味のイオン反応式　342
触媒　149
触媒的水素化　150, 278, 613
触媒毒　613
伸縮吸収　520
　C—H 結合の——　520
伸縮振動　516
親水性基　327
シン脱離　365
振動エネルギー準位　512
シン付加　271
　協奏的——　277
親油性基　→　疎水性基

す～そ

Hg^{2+} 触媒水和　610
水素
　——の原子軌道　19
　——の分子軌道　27
水素化ナトリウム　404
水素結合　303, 324
水素結合供与体　303
水素結合受容体　303
水和　152, 609
スチルベン　462
ステレオジェン原子（立体中心も見よ）　203
ステレオジェン中心　→　立体中心
ステロイド　263
スピロ環状化合物　258
スピン結合　557
スピン-格子緩和時間　→　縦緩和時間
スピン-スピン緩和時間　→　横緩和時間
スピン-スピン分裂　556
スペクトル　508
スルフィド　287
　——の塩基性　455
　——の合成　456
　——の構造　295
　——の酸化　491, 492
　——の命名法　293

スルフィン酸　442
スルフェン酸　442
スルフヒドリル基　286
スルホキシド　491
スルホニウムイオン　230
スルホニウム塩　478
スルホラン　→　テトラメチレンスルホン
スルホン　491
スルホン酸　414, 442, 443
スルホン酸エステル　415

整数質量　536
生成熱　128
　シクロアルカンの——　239
生成物決定段階　376
生体異物　318
成長段階（ラジカルの）　182, 391
静電引力　3, 323
静電ポテンシャル図　8, 301
精密質量　536
性誘引物質　622
赤外活性　518
赤外スペクトル　→　IR スペクトル
赤外不活性　518
赤外分光計　524
赤外分光法　506
積分　554
石油　68
節　22
接触分解　70
絶対立体配置　214
セファリン　327
セボフルラン　394
セロトニン　453
線（NMR 吸収の）　→　吸収
遷移状態　142, 144
線-くさび構造式　13, 48
旋光計　209
旋光度　209
選択的結晶化　226
全電子密度　31
全反射減衰法　524

造影剤　593
双極子モーメント　9, 517
双極子-誘起双極子引力　315
双極性溶媒　312
相対速度　348
相対存在量　526, 527
相対平衡濃度　96
総熱量不変の法則　→　Hess の法則
速度　→　反応速度
速度則　347
速度定数　347
速度論的 1 次同位体効果　364
疎水結合　320, 328
疎水性基　328

た　行

対イオン　379

第一級　58, 287
第三級　58, 287
対称心　204
対称伸縮　517
対称性　307
対称点 → 対称心
対称面　204
対称要素　204
第二級　58, 287
第四級　58
多環化合物　259
多段階合成　444
多段階反応　145
脱　水　408
脱離基　80
脱離（反応）　343
　──と置換反応　381
縦緩和時間　591
炭化水素　39
　──の酸化度　616
単環化合物　239
短縮構造式　41, 56
炭　素
　──の化学シフト　582
　──の電子配置　25
炭素 NMR　581
炭素－炭素結合
　──の生成　493
単量体 → モノマー

チオエーテル → スルフィド
チオフェン　294
チオラート　403, 405
チオラート複合体　405
チオール　286, 442
　──の塩基性　407
　──の構造　295
　──の酸化　443
　──の酸性度　403
　──の命名法　289
力の定数　514
置換基　53
置換試験　436
置換（反応）　271
　──と脱離反応　381
　──の立体化学　271
　反対側での──　275
置換命名法　52, 117, 288
地球温暖化　66
チタン（IV）イソプロポキシド　495
超共役　137
超電導ソレノイド　590
直線構造　15

釣針表記法 → 片羽矢印表記法

DET　496
DEPT　584
THF → テトラヒドロフラン
TMAO → トリメチルアミン N-オキシド
TMS → テトラメチルシラン
DMSO → ジメチルスルホキシド
DMF → N,N-ジメチルホルムアミド

停止段階（ラジカルの）　182
ディスパールア　626
D_2O 交換 → D_2O 振とう
D_2O 振とう　571, 578
DDT　395
低密度ポリエチレン　192
デカリン　260
テストステロン　264
デスフルラン　394
テトラヒドロフラン　294
テトラフルオロホウ酸イオン　6, 75
テトラヘドラン　259
テトラメチルシラン　542
テトラメチレンスルホン　492
DEPT　584
テフロン　192, 300
δ　542, 547
転位（反応）　139, 378
電荷効果　99
電荷-双極子相互作用　324
電気陰性　8
電気陰性度　8, 618
　Pauling の──　8
電気陽性　8
電子イオン化質量分析計 → EI 質量分析計
電子求引性極性効果　101
電子供与性極性効果　101
電子親和力　98
電子スピン　25
電子スプレーイオン化 → ESI
電磁スペクトル　508
電子線回折　11
電子対置換反応　78
電磁波　506
電子配置　25
電子不足化合物　75
天然ガス　69
伝搬段階（ラジカルの）→ 成長段階

銅-亜鉛合金　389
同位体
　──の精密質量　527
　──の天然存在比　527
同位体ピーク　527
投影結合　42
等　価
　化学的に──　436, 551
　構造的に──　436
透過パーセント　510
透過率　510
動作周波数　542
同族列　41
等電的　4
トシラート　415
ドデカヘドラン　259
ドナー性溶媒　313
ドナー相互作用　323
トランス　251
トランス縮合　260
トリフェニルホスフィンジブロミド
　　　　　　　　　　　420
トリフラート　416

トリフルオロメタンスルホン酸エステル
　　　　　　　　　　　416
トリメチルアミン N-オキシド　474

な 行

内部回転　43, 580
内部鏡面 → 対称面
Na/NH_3 還元　614
ナトリウムエトキシド　343
ナノメートル　507
二環化合物　258
二クロム酸イオン　431
ニコチン　95, 108, 329
ニコチンアミドアデニンジヌクレオチド
　　　　　　　　　→ NAD^+
二酸化炭素
　──の結合双極子　10
2 次反応　347
二臭化スチルベン　367
二重結合　5
二重結合立体異性体　115
ニトロメタン　82
　──の共鳴構造式　17
二面角　16, 42
Newman 投影図　42
二リン酸エステル　421
二リン酸ファルネシル　421
ニルバノール　225

ネオペンチル基　53
ねじれ角　16
ねじれ形配座　43
ねじれひずみ　43
ねじれ舟形配座　245
熱分解　174
熱分解法　193
燃　焼　65

ノナクチン　332

は

バイオ燃料　447
π 結合　112
配座 → 立体配座
配座解析　47, 249
配座鏡像異性体　227
配座ジアステレオマー　227
倍数接頭語　54
Heisenberg の不確定性原理　19
π 分子軌道　112, 113
π^* 分子軌道　113
Pauli の排他原理　25
波　数　510
パーセント収率　165
旗ざお水素　245
波　長　507
発　酵　434
発熱反応　128

波動関数　20
Hammond の仮説　148, 393
パラフィン → アルカン
パルス-Fourier 変換 NMR　590
バルビタール　337
α-ハロカルボアニオン　389
ハロゲン
　　——のアルケンへの付加　161
ハロゲン化アルキル　286, 341
　　——の IR スペクトル　520
　　——のアルコールからの合成　423
　　——の NMR スペクトル　575
　　——の構造　295, 372
　　——の置換反応と脱離反応　381
　　——の沸点　302
　　——の命名法　288
ハロゲン化水素
　　——とアルコールの反応　412
　　——のアルキンへの付加　607
　　——のアルケンへの付加　133
ハロヒドリン　163
　　——の環化　463
ハロホルム　288
反結合性分子軌道　28
反応座標　142
反応次数
　　各反応物の——　347
　　全体的な——　347
反応自由エネルギー図　142
反応性-選択性の原理　393
反応性中間体　135
反応速度　142, 346
半反応　425

ひ

PET → 陽電子放射断層撮影法
p 軌道　23
非共有電子対　5
非供与体溶媒 → 非ドナー性溶媒
pK_a　87
　　——と解離状態　93
　　——の値（表）　88
pK_b　89
飛行時間型　535
PCC → クロロクロム酸ピリジニウム
微視的可逆性の原理　154
ビシナル結合定数　563
ビシナル二ハロゲン化物　161
比旋光度　209
ビタミン　338
非等価
　　化学的に——　436, 551
非ドナー性溶媒　313
ヒドリド　404
ヒドリド移動　141
ヒドロキシ基　286
ヒドロクロロフルオロカーボン　394
ヒドロペルオキシド　491
ヒドロホウ素化　170, 172
ヒドロホウ素化-酸化　171
　　——の立体化学　276

アルキンの——　612
アルケンの——　168
ビニルアニオン　616
ビニルカチオン　609
ビニル基　288
ビニルプロトン　572
ビニルラジカル　615
ppm　542, 547
非プロトン性溶媒　312
標準エンタルピー変化　128
標準解離自由エネルギー　95
標準活性化エンタルピー　482
標準活性化エントロピー　482
標準活性化自由エネルギー　142
標準生成熱　128

ふ〜ほ

ファルネシル化　421
不安定中間体 → 反応性中間体
van der Waals 引力　298
van der Waals 半径　46
van der Waals 反発　46, 354
VSEPR 理論 → 原子価殻電子対反発理論
封筒形配座　256
フェニル基　68, 288
フェニル酢酸　107
フェニルリチウム　384
フェノール　286
フェロモン　622
付加環化　160, 175
付加重合体　191
付加（反応）　132
　　——の立体化学　269
　　アルキンへの——　608
　　アルケンへの——　159
不均一開裂　179
不均一系触媒　150
複合分裂　564
複素環化合物　294
　　——の命名法　294
不斉エポキシ化　494, 496
不斉炭素原子　202
不斉中心　203
ブタン
　　——のアンチ配座　46
　　——のゴーシュ配座　46
　　——の二面角とエネルギー　45
　　——の立体配座　44, 227
ブタン酸　100
2,3-ブタンジオール　219
t-ブチルカチオン　135
s-ブチル基　53
t-ブチル基　53
t-ブチルヒドロペルオキシド　495
t-ブチルメチルエーテル　70, 448
ブチルリチウム　384
Hooke の法則　514
沸点　62, 297
2-ブテン　114
　　——異性体のエンタルピー差　129
舟形配座　244

不飽和脂肪　64
不飽和数 → 不飽和度
不飽和炭化水素　109
不飽和度　125
フマラーゼ　154, 265
フマル酸イオン　154
フラグメントイオン　525, 529
フラグメント化反応　525
フラン　294
Planck 定数　507
Fourier 変換赤外分光計　524
フリーラジカル → ラジカル
フルオロカーボン　300
2-(^{18}F)フルオロ-2-デオキシ-D-グルコ
　　　　　ピラノース　358
フレオン　394
Bredt 則　262
Brønsted 塩基　83
Brønsted 酸　83
Brønsted 酸-塩基反応　83
プロゲステロン　264
プロトン
　　——の化学シフト　549, 550
プロトン NMR　541
プロトン交換　577
プロトン性溶媒　312
プロトンデカップリング ^{13}C NMR スペ
　　　　　クトル　583
プロパルギル基　603
プロパン　110
プロピルアルコール　289
(S)-プロプラノロール　339
プロポフォール　338
ブロモニウムイオン　162
ブロモヒドリン　163
ブロモメタン　78
分　割　214, 221, 270
分割剤　222
分極率　299, 360
分光計 → 分光光度計
分光光度計　508
分光法　506
分散力 → van der Waals 引力
分子イオン　526
分子イオンピーク　532
分子間引力　296
分子間斥力　296
分子間反応　480
分子軌道　27
分子軌道法　26
分子式　40
分子内反応　479
分子認識化学 → ホスト-ゲスト化学
分子の幾何学的形状　11
分子模型　14
Hund の規則　25
分別蒸留　68
分裂（NMR の）　557
分裂図　564
分裂パターン（NMR の）　558

平面環構造式　250
平面三角形構造　14

平面偏光 208
ベシクル 328
Hess の法則 128
β 切断 → α 開裂
β 脱離 343, 362
β 炭素 343
ペニシラミン 405
ペルオキシカルボン酸 461
ペルオキシ酸 → ペルオキシカルボン酸
変角振動 516
偏光 → 平面偏光
ベンジルアルコール 289
ベンジル基 288
Henderson-Hasselbalch 式 92
Whitmore 転位 140
方位量子数 → 角運動量量子数
傍観イオン 342
芳香族炭化水素 40
飽和脂肪 64
飽和炭化水素 109
補酵素 434
ホスト-ゲスト化学 333
ホスファチジルエタノールアミン 327
ホスフィン 230, 442
ホスフィンオキシド 442
ホスホン酸 442
ホモトピック 437, 552
ボラン 169
ポリエチレン 191
ポリマー 191
ホルムアルデヒド 5

ま 行

マイクロ波分光法 11
Marker 分解 263
巻矢印表記法 77, 134
　　間違った―― 84
マジック酸 138
マスタードガス 485
Maxwell-Boltzmann 分布 144
マトリックス支援レーザー脱離イオン化
　　　　　　　→ MALDI
Markovnikov 則 133, 368
　　修正―― 160
MALDI 536
マロン酸 107
水
　　――の結合双極子 10
無極性尾部 327
無極性溶媒 312
ムスカルア 626
メクロレタミン 485
メシラート 415

メソ化合物 220
　　環状―― 253
メソ体 → メソ化合物
メタノール 447
メタン 5
　　――の混成軌道 33
　　――の四面体構造 13
　　――の分子模型 14
メチオニン 492
メチルアルコール 289
メチルアンモニウムイオン 78
メチル基 53
メチルシクロヘキサン 248
3-メチルピリジン 108
メチルプロトン 550
2-メチルプロペン 135
N-メチルモルホリン N-オキシド 474
メチルラジカル 187
メチレン 389
メチレン基 41
メチレンプロトン 550
メチンプロトン 550
メトキシメチルカチオン 82
　　――の共鳴構造式 18
メルカプタン 286
メルカプチド → チオラート
メルカプト基 → スルフヒドリル基
面 270
モノアミンオキシダーゼ 453
モノペルオキシフタル酸マグネシウム
　　　　　　　　　　462
モノマー 191

ゆ〜れ

有機金属化合物 383
誘起効果 → 極性効果
有機合成 444
誘起磁場 572
誘起双極子 298
有機リチウム反応剤 384
有効磁場 545
融点 62, 306
誘電率 312
誘導開裂 533
遊離基 → ラジカル
陽イオン → カチオン
溶液 309
溶解自由エネルギー 310
溶解性 313
ヨウ化メチル 349
陽極 → アノード
溶質 309
陽電子放射断層撮影法 358
溶媒 309
　　――の性質 314
溶媒かご → 溶媒和殻

溶媒和 323
溶媒和殻 309, 323
溶媒和電子 614
横緩和時間 592
ラジオ波 545
ラジカル 179, 180
　　――の再結合 182, 391
　　――の生成熱 186
ラジカルアニオン 615
ラジカル開始剤 181
ラジカルカチオン 525
ラジカル重合 191
ラジカル置換反応 391
ラジカルハロゲン化 390
　　――の位置選択性 392
ラジカル付加反応 178
ラジカル連鎖機構 391
ラジカル連鎖反応 180
ラセミ化 213
ラセミ体 212, 352
Raman 分光法 518
リシン 480
リチウムジアルキルクプラート 472
律速段階 146
立体異性体 114, 201
立体化学 201
　　――の制御 493
立体化学相関 214
立体効果 186, 354
立体選択的反応 273
立体中心 115, 203
立体特異的反応 275
立体配座 43
　　シクロヘキサンの―― 240
立体配置 206
　　――の反転 272, 352
　　――の保持 271
硫酸 442
量子化 512
量子数 20
両親媒性 328
両性化合物 85
リン酸 442
リン脂質 326
リン脂質二分子膜 328
隣接基加速 → 隣接基関与
隣接基関与 481
Lindlar 触媒 613
Lewis 塩基 76
Lewis 構造式 5
Lewis 酸 76
Lewis 酸-塩基会合反応 76
Lewis 酸-塩基解離反応 76
Le Châtelier の原理 153, 345
LUMO 353
レシチン 327
連鎖成長ラジカル 182

欧文索引

A

α-carbon 287, 343
α-elimination 387
absolute configuration 214
absorption 542
absorption spectroscopy 508
acetylene 40
achiral 202
acid dissociation constant 87
addition 132
addition polymer 191
alcohol 286
aliphatic hydrocarbon 40
alkane 40
alkene 40, 109
alkene hydration 152
alkoxide 342
alkoxymercuration-reduction 458
alkylating agent 418
alkyl group 53
alkyl halide 286
alkyne 40, 601
allyl 288
allylic proton 572
alpha-carbon 287
amine 224
amine inversion 229
amphipathic 328
amphoteric compound 85
anchimeric assistance 482
angle strain 257
angular methyl group 264
angular momentum quantum number 20
anti-addition 271
anti bond 46
antibonding MO 28
antibonding molecular orbital 28
anti conformation 46
anti-elimination 366
apolar solvent 312
aprotic solvent 312
aromatic hydrocarbon 40
aryl group 68
asymmetric carbon atom 202
asymmetric center 203
asymmetric epoxidation 496
atomic connectivity 11
atomic orbital 19
ATR 524
Aufbau principle 25
autoxidation 491
axial 242
azimuthal quantum number 20

B

β-carbon 343
β-elimination 343
ball-and-stick model 14
base peak 527
basicity constant 89
bending vibration 516
benzyl 288
bicyclic compound 258
boat conformation 244
boiling point 62, 297
bond angle 12
bond dipole 10
bond dissociation energy 98, 188
bonding MO 28
bonding molecular orbital 28
bond length 12
bond order 12
bond vibration 511
Bredt's rule 262
bridged bicyclic compound 258
bridge-head carbon 258
bromohydrin 163
bromonium ion 162
Brønsted acid 83
Brønsted acid-base reaction 83
Brønsted base 83

C

Cahn-Ingold-Prelog system 120
carbanion 385
carbene 387
carbenoid 390
carbocation 135
carbonium ion 135
carbon NMR 581
catalyst 149
catalyst poison 613
catalytic hydrogenation 150
center of symmetry 204
CFC 394
chair conformation 240
chair interconversion 245
charge-dipole interaction 324
chemical bond 3
chemical exchange 577
chemical ionization 534
chemical-ionization mass spectrum 534
chemical literature 57
chemically equivalent 436
chemically nonequivalent 436
chemical shift 542, 546

chiral 202
chiral chromatography 223
chirality 202
chiral stationary phase 223
chromatogram 223
chromatography 222
CI mass spectrum 534
cis 250
cis-trans isomer 115
^{13}C NMR spectroscopy 581
coenzyme 434
column chromatography 222
combustion 65
common nomenclature 288
competitive inhibitor 490
compound class 67
concerted mechanism 170
condensed structural formula 41
conformation 43
conformational analysis 47, 249
conformational diastereomer 227
conformational enantiomer 227
congruent 201
conjugate acid 85
conjugate acid-base pair 85
conjugate base 85
connectivity 41
constitutional isomer 51
constitutionally equivalent 436
coupling constant 557
covalent bond 4
crown ether 330
cryptand 331
CSP 223
curved-arrow notation 77
cycloaddition 160, 175
cycloalkane 58
cyclohexane 59
cylindrical symmetry 30

D

δ 542, 547
dash-wedge structure 48
DDT 395
degree of unsaturation 125
dehydration 408
DEPT 584
DET 496
dextrorotatory 209
diastereoisomer 217
diastereomer 217
diastereotopic 437
1,3-diaxial interaction 248
dielectric constant 312
dihedral angle 16
diphosphate ester 421

dipolar solvent 312
dipole-induced dipole attraction 315
dipole moment 9
dispersion interaction 298
dissociated ion 322
dissociation state 91
distortionless enhancement with polarization transfer 584
DMF 357
D$_2$O exchange 571
donor interaction 323
donor solvent 313
D$_2$O shake 571
double bond 5
double-bond stereoisomer 115

E

eclipsed conformation 43
ee 211
effective molarity 484
EI 525
EI mass spectrum 526
electromagnetic radiation 506
electron affinity 98
electron deficient compound 75
electron diffraction 11
electron-donating polar effect 102
electronegative 8
electronegativity 8
electronic configuration 25
electron-ionization mass spectrometer 525
electron-pair displacement reaction 78
electron spin 25
electron-withdrawing polar effect 101
electrophile 80
electrophilic addition 161
electrophilic atom 80
electrophilic center 80
electropositive 8
electrospray ionization 536
electrostatic attraction 3, 323
electrostatic potential map 8, 301
element effect 98
elimination reaction 343
E1 mechanism 375
E2 mechanism 362
empirical formula 239
enantiomer 202
enantiomerically pure 211
enantiomeric excess 211
enantiomeric resolution 214
enantiopure 211

enantiotopic 437
endothermic reaction 128
energy barrier 142
enol 287, 609
entropy 310
entropy of mixing 310
envelope conformation 256
enzyme 154
enzyme-substrate complex 489
EPM 8, 301
epoxide 294
equatorial 242
E1 reaction 375
E2 reaction 362
ESI 536
ether 287
ethyl 53
even-electron ion 529
exact mass 536
exothermic reaction 128
E,Z system 120

F〜I

face 270
FDG 358
first-order reaction 347
first-order spectrum 568
fishhook notation 180
flash point 491
formal charge 6
fractional distillation 68
fragmentation reaction 525
fragment ion 525, 529
free energy of solution 310
free radical 180
free-radical chain reaction 180
free-radical initiator 181
free-radical polymerization 191
free-radical substitution 391
frequency 507
FT-NMR 590
functional group 67
fundamental equation of NMR 544
fused bicyclic compound 258

gauche bond 46
gauche-butane interaction 249
gauche conformation 45
glycol 289, 473
Grignard reagent 384
group 179
gyromagnetic ratio 544

half-reaction 425
haloform 288
halohydrin 163
Hammond's postulate 148
handedness 202
HCFC 394
Heisenberg uncertainty principle 19
Henderson-Hasselbalch equation 92
Hess's law 128
heterocyclic compound 294

heterogeneous catalyst 150
heterolysis 179
heterolytic cleavage 179
higher-order organocuprate 472
^{1}H NMR 541
homogeneous catalyst 150
homologous series 41
homolysis 180
homolytic cleavage 180
homotopic 437
Hund's rule 25
hybridization 32
hybrid orbital 32
hydration 152, 609
hydride shift 141
hydroboration 170
hydroboration-oxidation 171
hydrocarbon 39
hydrogen-bond acceptor 303
hydrogen-bond donor 303
hydrogen bonding 303
hydrogen-bonding interaction 324
hydrolysis 174
hydrophilic group 327
hydrophobic bonding 320
hydrophobic group 328
hydroxy group 286
hyperconjugation 137

induced dipole 298
inductive effect 101
infrared-active 518
infrared-inactive 518
infrared spectrometer 524
initiation step 181
integration 554
intermolecular attraction 296
intermolecular reaction 480
intermolecular repulsion 296
internal mirror plane 204
internal rotation 43
International Union of Pure and Applied Chemistry 52
intramolecular reaction 479
inversion of configuration 272
ionic bond 4
ionic compound 3
ionization potential 98
ionophore 330
ion pair 322
isobutyl 53
isomer 51
isopropyl 53
IUPAC 52

K, L

K_a 87
Karplus curve 563
K_b 89
kinetic primary isotope effect 364
law of constant heat summation 128
leaving group 80

Le Châtelier's principle 153
levorotatory 209
Lewis acid 76
Lewis acid-base association reaction 76
Lewis acid-base dissociation reaction 76
Lewis base 76
Lewis structure 5
like dissolves like 313
Lindlar catalyst 613
line-and-wedge structure 13, 48
linear 15
lipid 326
lithium dialkylcuprate 472
lone pair 5
longitudinal relaxation time 591
lowest unoccupied molecular orbital 353
LUMO 353

M

magic acid 138
magnetic quantum number 20
magnetic resonance imaging 590
MALDI 536
MAO 453
Markovnikov's rule 133
mass spectrometer 524
mass spectrum 526
mass-to-charge ratio 526
matrix-assisted laser desorption ionization 536
Maxwell-Boltzmann distribution 144
mCPBA 461
mechanism 135
melting point 62, 306
mercaptan 286
mercapto group 286
meso compound 220
meso form 220
mesylate 415
methine proton 550
methyl 53
methylene 389
methylene group 41
methylene proton 550
methyl proton 550
microwave spectroscopy 11
miscible 315
MMPP 462
MO 27
molecular formula 40
molecular geometry 11
molecular ion 526
molecular model 14
molecular orbital 27
monocyclic compound 239
monomer 191
MRI 590
MTBE 70, 448
MTO 448
multiplicative splitting 564
multistep reaction 145
multistep synthesis 444

N, O

NAD$^+$ 434
NADH 434
neighboring-group participation 481
neopentyl 53
net ionic equation 342
Newman projection 42
NMMO 474
NMR spectrometer 545
NMR spectroscopy 545
node 22
nominal mass 536
nondonor solvent 313
nonpolar tail 327
normal vibrational mode 516
$n+1$ rule 557
nuclear magnetic resonance 544
nuclear relaxation 591
nucleophile 80
nucleophilic atom 80
nucleophilic center 80
nucleophilic displacement reaction 341
nucleophilicity 355
nucleophilic substitution reaction 341

octanol-water partition coefficient 330
octet expansion 442
octet rule 3, 5
odd-electron ion 529
olefin 40, 109
operating frequency 542
opposite-side substitution 275
optically active 209
optical purity 212
optical resolution 214
optical rotation 209
orbital interaction diagram 29
organic synthesis 444
organolithium reagent 384
organometallic compound 383
overall kinetic order 347
oxidation 425
oxidizing agent 428
oxonium salt 478
oxymercuration 166
oxymercuration-reduction 168
ozonide 174
ozonolysis 174

P

π molecular orbital 113
π^* molecular orbital 113
paraffin 40
Pauli exclusion principle 25
peracid 461
percentage yield 165
peroxide effect 178
peroxyacid 461
peroxycarboxylic acid 461

PET 358
petroleum 68
phenol 286
phenyl 288
phenyl group 68
pheromone 622
phospholipid 326
phospholipid bilayer 328
photon 507
pi bond 112
pK_a 87
pK_b 89
planar-ring structure 250
plane of symmetry 204
plane-polarized light 208
polar covalent bond 8
polar effect 101
polar head group 327
polarimeter 209
polarizability 299
polarized light 208
polar molecule 9
polar solvent 312
polycyclic compound 259
polyethylene 191
polymer 191
polymerization reaction 191
positron emission tomography 358
ppm 542, 547
primary 58, 287
principal chain 52, 290
principal group 290
principal quantum number 20
principle of microscopic reversibility 154
product-determining step 376
propagation step 182
propargyl group 603
propyl 53
protic solvent 312
proton-decoupled ^{13}C NMR spectrum 583
proton NMR 541
protonolysis 386
proximity effect 484
pulse-Fourier-transform NMR 590

Q, R

quantum number 20
quaternary 58

racemate 212
racemization 213
radical 179
radical anion 615
radical cation 525
radicofunctional nomenclature 288
rate 142
rate constant 347
rate-determining step 146
rate law 347
rate-limiting step 146
reaction coordinate 142
reaction free-energy diagram 142
reactive intermediate 135
reactivity-selectivity principle 393
rearrangement 139
reducing agent 428
reduction 425
regioselective 134
relative abundance 526
relative rate 348
resolution 214
resolving agent 222
resonance 542
resonance hybrid 17
resonance-stabilization 18
resonance structure 17
retention of configuration 271
retrosynthetic analysis 445
R notation 67

S, T

σ bond 30
SAM 479
saturated hydrocarbon 109
sawhorse projection 49
s-butyl 53
secondary 58, 287
second-order reaction 347
selective crystallization 226
sequence rule 121
shielding 546
sigma bond 30
Simmons-Smith reaction 389
skeletal structure 59
S_N1 mechanism 375
S_N2 mechanism 349
S_N1 reaction 375
S_N2 reaction 349
solute 309
solution 309
solvate 323
solvation 323
solvation shell 309, 323
solvent 309
solvent cage 309, 323
solvolysis 374
space-filling model 14
specific rotation 209
spectator ion 342
spectrometer 508
spectrophotometer 508
spectroscopy 506
spectrum 508
sp hybrid orbital 602
spin-coupled 557
spirocyclic compound 258
splitting 557
splitting diagram 564
staggered conformation 43
standard enthalpy change 128
standard enthalpy of activation 482
standard entropy of activation 482
standard free energy of activation 142
standard free energy of dissociation 95
standard heat of formation 128
stationary phase 223
stereocenter 115, 203
stereochemical configuration 206
stereochemical correlation 214
stereochemistry 201
stereogenic atom 115
stereogenic center 115
stereoisomer 114, 201
stereoselective reaction 273
stereospecific reaction 275
steric effect 186, 354
steroid 263
stretching vibration 516
structural formula 40
structure 11
substituent 53
substitution reaction 271
substitution test 436
substitutive nomenclature 52, 288
substrate 489
sulfhydryl group 286
sulfide 287
sulfonate ester 415
sulfone 491
sulfonic acid 414
sulfonium salt 478
sulfoxide 491
symmetry element 204
syn-addition 271
syn-elimination 365
target molecule 444
t-butyl 53
termination step 182
tertiary 58, 287
tetrahedron 13
thermal cracking 193
thermolysis 174
THF 294
thioether 287
thiol 286
TMAO 474
TMS 542
torsional strain 43
torsion angle 16
tosylate 415
total electron density 31
trans 251
transition state 142
transmetallation 617
transverse relaxation time 592
triflate 416
trigonal planar 14
trigonal pyramidal 15
triple bond 5
twist-boat conformation 246

U～X

unsaturated hydrocarbon 109
unsaturation number 125
unshared pair 5
unstable intermediate 135
valence electron 3, 26
valence electron count 6
valence orbital 26
valence shell 3
valence-shell electron-pair repulsion theory 13
van der Waals attraction 298
van der Waals radius 46
van der Waals repulsion 46
vicinal coupling constant 563
vicinal dihalide 161
vinyl 288
vinylic cation 609
vinylic proton 572
VSEPR theory 13
wavefunction 20
wavelength 507
wavenumber 510
Williamson ether synthesis 457
xenobiotic 318
X-ray crystallography 11

監 訳 者

山　本　　　学

- 1941年 東京に生まれる
- 1964年 東京大学理学部 卒
- 1969年 東京大学大学院理学系研究科博士課程 修了
- 1994年 北里大学理学部 教授
- 北里大学名誉教授
- 専攻 物理有機化学
- 理 学 博 士

訳　者

後　藤　　　敬

- 1966年 愛媛県に生まれる
- 1989年 東京大学理学部 卒
- 1994年 東京大学大学院理学系研究科博士課程 修了
- 現 東京工業大学理学院 教授
- 専攻 有機元素化学, 構造有機化学
- 博士(理学)

豊　田　真　司

- 1964年 香川県に生まれる
- 1986年 東京大学理学部 卒
- 1988年 東京大学大学院理学系研究科修士課程 修了
- 現 東京工業大学理学院 教授
- 専攻 物理有機化学, 構造有機化学
- 博士(理学)

箕　浦　真　生

- 1964年 東京に生まれる
- 1988年 埼玉大学理学部 卒
- 1995年 東京大学大学院理学系研究科博士課程 修了
- 現 立教大学理学部 教授
- 専攻 有機元素化学, 物理有機化学
- 博士(理学)

村　田　　　滋

- 1956年 長野県に生まれる
- 1979年 東京大学理学部 卒
- 1981年 東京大学大学院理学系研究科修士課程 修了
- 現 東京大学大学院総合文化研究科 教授
- 専攻 有機光化学, 有機反応化学
- 理 学 博 士

第1版 第1刷 2018年3月30日 発行

ラウドン 有 機 化 学 (上)
原著第6版

ⓒ 2018

監訳者　　山　本　　　学
発行者　　小　澤　美奈子
発　行　　株式会社 東京化学同人
　　　　　東京都文京区千石3丁目36-7(〒112-0011)
　　　　　電話 03-3946-5311・FAX 03-3946-5317
　　　　　URL: http://www.tkd-pbl.com/

印　刷　株式会社 木元省美堂
製　本　株式会社 松岳社

ISBN978-4-8079-0943-8
Printed in Japan
無断転載および複製物 (コピー, 電子データなど) の配布, 配信を禁じます.